MODULO

SCIENCES PERSPECTIVES 10

ÉQUIPE DE LA VERSION ORIGINALE ANGLAISE

Auteurs, 10ᵉ année

Christine Adam-Carr
Ottawa Catholic School Board

Martin Gabber
Ancien membre, Durham District School Board

Christy Hayhoe
Auteure et réviseure, ressources pédagogiques en sciences

Douglas Hayhoe, Ph. D.
Département d'éducation, Tyndale University College

Katharine Hayhoe, B. Sc., M. Sc.
Professeure, Département des sciences de la Terre, Texas Tech University

Milan Sanader, B. Sc., B. Éd., M. Éd.
Dufferin-Peel Catholic District School Board

Barry LeDrew
Curriculum and Educational Resources Consulting Ltd.

Consultant de programme principal

Maurice DiGiuseppe, Ph. D.
University of Ontario Institute of Technology (UOIT)
Ancien membre, Toronto Catholic District School Board

Consultants de programme

Douglas Fraser
District School Board Ontario North East

Martin Gabber
Ancien membre, Durham District School Board

Douglas Hayhoe, Ph. D.
Département d'éducation, Tyndale University College

Jeffrey Major, M. Éd.
Thames Valley District School Board

CONSULTANTE PÉDAGOGIQUE DE LA VERSION FRANÇAISE

Nathalie Fournier, B. Sc., M. Sc. Éd.
Kawartha Pine Ridge District School Board

MODULO

Gestion éditoriale de l'ouvrage français : Sine Qua Non
Traduction : Michel Arsenault, Frédéric Gingras, Eva Labarias, Michèle Morin, Patricia Renfer, Anne Thériault

5800, rue Saint-Denis, bureau 900
Montréal (Québec) H2S 3L5 Canada
Téléphone : 514 273-1066
Télécopieur : 514 276-0324 ou 1 800 814-0324
info.modulo@tc.tc

Modulo Sciences Perspectives 10
© Groupe Modulo inc., 2011
© 2009 *Nelson Science Perspective 10*
Version anglaise publiée par Nelson Education Ltd.

Dépôt légal — Bibliothèque et Archives nationales du Québec, 2010
Bibliothèque et Archives Canada, 2010
ISBN-13 : 978-2-89650-312-4
ISBN-10 : 2-89650-312-9

Il est illégal de reproduire ce livre en tout ou en partie, par n'importe quel procédé, sans l'autorisation de la maison d'édition ou d'une société dûment mandatée.

Imprimé au Canada
3 4 5 6 7   HN   26 25 24 23 22

Ce projet est financé en partie par le gouvernement du Canada

COLLABORATEURS

Vérification scientifique

Andrew P. Dicks, Ph. D.
Conférencier principal, Département de chimie, Université de Toronto

Michelle French, B. Sc., M. Sc., Ph. D.
Conférencière, Department of Cell and Systems Biology, Université de Toronto

William Gough
Professeur en science de l'environnement, Université de Toronto

Dr Elizabeth L. Irving, O.D., Ph. D.
Chaire de recherche du Canada en biologie animale
Professeure agrégée, École d'optométrie, Université de Waterloo

Meredith White-McMahon, Ph. D.
St. James-Assiniboia School Division

Conseillers, évaluation

Aaron Barry, M.B.A., B. Sc., B. Éd.
Sudbury Catholic DSB

Damian Cooper
Auteur, Nelson Education

Mike Sipos, B. Éd. Phys., B. Éd.
Sudbury Catholic DSB

Révision, catholicisme

Ted Laxton
Sacred Heart Catholic School, Wellington Catholic DSB

Conseiller, éducation environnementale

Allan Foster, Ph. D. (éducation)
Working Group on Environmental Education, Ontario
Ancien directeur de l'éducation, Kortright Centre for Conservation

Conseillère, culture, ALS

Vicki Lucier, B.A., B. Éd., Adv. Ed.
Consultante en ALS, Simcoe County DSB

Conseillers, littératie

Jill Foster
Animatrice-formatrice en littératie, Durham DSB

Jennette MacKenzie
Directrice nationale, recherche et perfectionnement de l'éducation, Nelson Education Ltd.

Michael Stubitsch
Conseiller pédagogique

Conseiller, numératie

Justin DeWeerdt
Conseiller en programmes d'études, Trillium Lakelands DSB

Conseiller, sécurité

Jim Agban
Ancien président, Comité de sécurité de l'Association des professeurs de sciences de l'Ontario (STAO/APSO)

Conseillère, STSE

Joanne Nazir
Ontario Institute for Studies in Education (OISE), Université de Toronto

Conseiller, technologie et TIC

Luciano Lista, B.A. B. Éd., M.A.
Conseiller, TIC en milieu scolaire
Directeur de l'apprentissage en ligne, Toronto Catholic DSB

Comité consultatif et enseignants réviseurs

Christopher Bonner
Ottawa Catholic DSB

Charles J. Cohen
Community Hebrew Academy of Toronto

Jeff Crowell
Halton Catholic DSB

Tim Currie
Bruce Grey Catholic DSB

Lucille Davies
Limestone DSB

Greg Dick
Waterloo Region DSB

Matthew Di Fiore
Dufferin-Peel Catholic DSB

Ed Donato
Simcoe Muskoka Catholic DSB

Dave Doucette, B. Sc., B. Éd.
York Region DSB

Chantal D'Silva, B. Sc., M. Éd.
Toronto Catholic DSB

Naomi Epstein
Community Hebrew Academy of Toronto

Xavier Fazio
Faculté de l'éducation, Université Brock

Daniel Gajewski, B. Sc.(Honor), B. Éd.
Ottawa Catholic DSB

Stephen Haberer
Kingston Collegiate and Vocational Institute, Limestone DSB
Faculté de l'éducation, Université Queen's

Shawna Hopkins, B. Sc., B. Éd., M. Éd.
Niagara DSB

Chris Howes, B. Sc., B. Éd.
Durham DSB

Janet Johns
Upper Canada DSB

Michelle Kane
York Region DSB

Dennis Karasek
Thames Valley DSB

Roche Kelly, B. Sc., B. Éd.
Durham DSB

Mark Kinoshita
Toronto DSB

Emma Kitchen, B. Sc., B. Éd.
Near North DSB

Stephanie Lobsinger
St. Clair Catholic DSB

Alistair MacLeod, B. Sc., D.E.S.S. (éducation), M.B.A.
Limestone DSB

Doug McCallion, B. Sc., B. Éd., M. Sc.
Halton Catholic DSB

Nadine Morrison
Hamilton-Wentworth DSB

Dermot O'Hara, B. Sc., B. Éd., M. Sc.
Toronto Catholic DSB

Mike Pidgeon
Toronto DSB

William J.F. Prest
Rainbow DSB

Ron M. Ricci, B. Sc. (ingénierie), B. Éd.
Greater Essex DSB

Charles Stewart, B. Sc., B. Éd.
Peel DSB

Richard Towler
Peel DSB

Carl Twiddy
Ancien membre, York Region DSB

Jim Young
Limestone DSB

Table des matières

Explore ton manuel xii

UNITÉ A : INTRODUCTION À LA MÉTHODE SCIENTIFIQUE ET AU CHOIX DE CARRIÈRE 2

Halte STSE : Les sciences dans ta vie. 3

CHAPITRE 1
Les sciences dans la vie et au travail 4

Concepts clés. 5
Éveille-toi aux sciences : Une bouffée d'air frais ! 6
Halte lecture : Comment lire des textes informatifs 7
1.1 Appliquer la méthode scientifique 8
   Sciences en action : Déterminer des variables et faire des prédictions 11
   Sciences en action : Analyser des données .. 13
   Sciences en action : Faire passer un message 15
1.2 La culture scientifique dans la vie et le travail au Canada 16
Résumé des concepts clés 19

UNITÉ B : FONCTIONS ET SYSTÈMES ANIMAUX ET VÉGÉTAUX 20

Halte STSE : La technologie médicale. 21
À voir 22
   Aperçu de l'activité de fin d'unité : Aide en santé familiale 22
   Que sais-tu ? 23

CHAPITRE 2
Les cellules, la division cellulaire et la différenciation cellulaire 24

Concepts clés. 25
Éveille-toi aux sciences : Tu peux changer les choses !. 26
Qu'en penses-tu ? 27
Halte lecture : Faire des liens 28
2.1 Les cellules végétales et les cellules animales. . 29
Technolien : Voir à l'intérieur. 33
2.2 **RÉALISE UNE ACTIVITÉ :**
   Observe des cellules végétales et animales... 34
2.3 L'importance de la division cellulaire 36
2.4 **MÈNE UNE EXPÉRIENCE :**
   Qu'est-ce qui limite la taille d'une cellule ?... 38
2.5 Le cycle cellulaire 40
   Sciences en action : Reconnaître les phases de la mitose 44
Géniales, les sciences ! Le vieillissement : c'est inscrit dans nos cellules 45
2.6 **RÉALISE UNE ACTIVITÉ :**
   Observe la division cellulaire 46
2.7 Le cancer : quand la division cellulaire se détraque 48
   Recherche en action : Dépistage et prévention du cancer 51
   Action citoyenne : Sensibilisation et recherche sur le cancer 52
2.8 **RÉALISE UNE ACTIVITÉ :**
   Compare des cellules cancéreuses avec des cellules normales 56
2.9 Les cellules spécialisées 58
2.10 **RÉALISE UNE ACTIVITÉ :**
   Examine des cellules spécialisées. 61
Résumé des concepts clés 62
Qu'en penses-tu maintenant ? 63
Révision du chapitre 2. 64
Questionnaire du chapitre 2 66

CHAPITRE 3

Les systèmes animaux **68**

Concepts clés 69
Éveille-toi aux sciences : Une trachée toute neuve 70
Qu'en penses-tu ? 71
Halte écriture : Écrire pour expliquer et décrire des observations 72

- 3.1 L'organisation hiérarchique de la structure des organismes animaux 73
- 3.2 Les cellules souches et la différenciation cellulaire 77
  - Recherche en action : La recherche sur les cellules souches au Canada 78
- 3.3 L'appareil digestif 80
- 3.4 Le système circulatoire 83
  - Sciences en action : Étudier les vaisseaux sanguins 85
  - Recherche en action : Les problèmes liés au système circulatoire 87
- 3.5 **RÉALISE UNE ACTIVITÉ :** Étudie les systèmes organiques d'une grenouille 88

Sciences appliquées : Le virus du Nil occidental 90

- 3.6 L'appareil respiratoire 91
  - Recherche en action : Les scientifiques du Canada 95
- 3.7 La greffe d'organes 96
  - Recherche en action : La xénogreffe et l'éthique 98
- 3.8 L'appareil locomoteur 99
- 3.9 **RÉALISE UNE ACTIVITÉ :** Examine la structure et les fonctions des tissus d'une aile de poulet 102
- 3.10 Le système nerveux 104
  - Sciences en action : Les concentrations de récepteurs 105
  - Recherche en action : L'analyse d'ADN 107
- 3.11 Les interactions entre les systèmes 108
  - Recherche en action : La collaboration des systèmes 111

Technolien : Le suivi de santé d'un bébé à naître 112

- 3.12 **PRONONCE-TOI SUR UN ENJEU :** Immuniser ou ne pas immuniser ? 113

Résumé des concepts clés 114
Qu'en penses-tu maintenant ? 115
Révision du chapitre 3 116
Questionnaire du chapitre 3 118

CHAPITRE 4

Les systèmes végétaux **120**

Concepts clés 121
Éveille-toi aux sciences : Les tissus végétaux 122
Qu'en penses-tu ? 123
Halte lecture : Poser des questions 124

- 4.1 Les systèmes des plantes 125
- 4.2 Les systèmes tissulaires des plantes 129
  - Recherche en action : Quand les plantes sont malades 133
- 4.3 **PRONONCE-TOI SUR UN ENJEU :** Les produits issus de plantes transgéniques .. 134
- 4.4 Le fonctionnement coopératif des tissus ... 136
  - Sciences en action : Fabriquer un modèle de cellules de garde 138
- 4.5 **RÉALISE UNE ACTIVITÉ :** Les cellules et les tissus des plantes 140

Sciences appliquées : Pour l'amour des plantes : les Jardins botaniques royaux 142

- 4.6 La croissance des plantes 143

Résumé des concepts clés 148
Qu'en penses-tu maintenant ? 149
Révision du chapitre 4 150
Questionnaire du chapitre 4 152

À revoir – Unité B 154
  Concepts clés 154
  Fais un résumé 155
  Perspectives d'avenir 155

Activité de fin d'unité B : Aide en santé familiale 156

Révision de l'unité B 158

Questionnaire de l'unité B 164

UNITÉ C : LES RÉACTIONS CHIMIQUES 166

Halte STSE : L'aspirine et l'héroïne 167

À voir 168

Aperçu de l'activité de fin d'unité : Le choc acide : un mal silencieux 168

Que sais-tu ? 169

CHAPITRE 5

Les produits chimiques et leurs propriétés 170

Concepts clés. 171

Éveille-toi aux sciences : L'ascenseur spatial 172

Qu'en penses-tu ? 173

Halte écriture : Rédiger un résumé 174

5.1 Les propriétés et les changements de la matière. 175

Action citoyenne : L'élimination du cadmium 176

Recherche en action : Des produits chimiques pour tes cheveux 177

Sciences appliquées : Le traitement des déchets dangereux. 179

5.2 **RÉALISE UNE ACTIVITÉ :** Changement physique ou changement chimique ? 180

5.3 Les produits dangereux et la sécurité au travail 182

Recherche en action : Quel est le meilleur agent de blanchiment ? 183

5.4 Les tendances périodiques 184

5.5 Les atomes et les ions 188

Sciences en action : Les ions et le tableau périodique. 191

5.6 Les composés ioniques 192

Sciences en action : Détecter la présence d'électrolytes 194

5.7 Les noms et les formules des composés ioniques. 196

Sciences en action : Deux nuances de fer . . 199

5.8 **PRONONCE-TOI SUR UN ENJEU :** Conclusions sur le chlore 201

5.9 Les ions polyatomiques. 202

5.10 Les molécules et les liaisons covalentes 206

Sciences en action : Des modèles moléculaires 208

Recherche en action : Les marées noires. . . 211

5.11 **MÈNE UNE EXPÉRIENCE :** Les propriétés des composés ioniques et des composés moléculaires 213

Résumé des concepts clés. 214

Qu'en penses-tu maintenant ? 215

Révision du chapitre 5. 216

Questionnaire du chapitre 5 218

CHAPITRE 6

Les produits chimiques et leurs réactions . 220
Concepts clés.................................221
Éveille-toi aux sciences : La fontaine au cola-menthe..222
Qu'en penses-tu ?..............................223
Halte lecture : Faire des inférences................224

6.1 Décrire les réactions chimiques...........225

6.2 **MÈNE UNE EXPÉRIENCE :**
Y a-t-il perte ou gain de masse pendant une réaction chimique ? 228

6.3 La conservation de la masse dans les réactions chimiques....................230

Sciences en action : Représenter des équations chimiques équilibrées 232

6.4 L'information fournie par les équations chimiques 233

Recherche en action : Technicienne ou technicien d'appareils de chauffage au gaz..236

6.5 Les types de réactions chimiques : la synthèse et la décomposition 237

Recherche en action : Une proposition pour interdire les engrais 239

6.6 Les types de réactions chimiques : le déplacement simple et le déplacement double..........240

Recherche en action : Quand l'or perd de son lustre............................241

6.7 **RÉALISE UNE ACTIVITÉ :**
Les réactions de synthèse et de décomposition 244

6.8 **RÉALISE UNE ACTIVITÉ :**
Les réactions de déplacement 246

6.9 Les types de réactions chimiques : la combustion........................248

Action citoyenne : Les détecteurs de monoxyde de carbone....................249

Recherche en action : Combattre le feu à l'aide d'une FTSS 251

6.10 La corrosion 252

Géniales, les sciences ! Des bijoux toxiques 255
Résumé des concepts clés.......................256
Qu'en penses-tu maintenant ?....................257
Révision du chapitre 6..........................258
Questionnaire du chapitre 6 260

CHAPITRE 7

Les acides et les bases 262
Concepts clés.................................263
Éveille-toi aux sciences : Sudbury reverdit 264
Qu'en penses-tu ?..............................265
Halte écriture : Rédiger un rapport scientifique.......266

7.1 **RÉALISE UNE ACTIVITÉ :**
Classe les acides et les bases..............267

7.2 Les propriétés, les noms et les formules....268

7.3 L'échelle de pH 272

Sciences en action : Visualiser l'échelle de pH 273

7.4 **RÉALISE UNE ACTIVITÉ :**
Le pH dans les produits ménagers 276

7.5 Les réactions de neutralisation 278

Sciences en action : Neutraliser une substance 280

7.6 **RÉALISE UNE ACTIVITÉ :**
Analyse un déversement d'acide 282

7.7 **PRONONCE-TOI SUR UN ENJEU :**
Minimiser les risques pour une communauté . 283

Géniales, les sciences ! Une peinture qui combat la pollution 284

7.8 Les précipitations acides 285

Technolien : Les épurateurs : des antiacides pour cheminées industrielles 291
Résumé des concepts clés.......................292
Qu'en penses-tu maintenant ?....................293
Révision du chapitre 7..........................294
Questionnaire du chapitre 7 296

À revoir – Unité C 298
Concepts clés 298
Fais un résumé 299
Perspectives d'avenir 299

Activité de fin d'unité C :
Le choc acide : un mal silencieux.........300

Révision de l'unité C 302

Questionnaire de l'unité C 308

UNITÉ D : LES CHANGEMENTS CLIMATIQUES 310

Halte STSE : À qui la faute ? 311

À voir 312

Aperçu de l'activité de fin d'unité : La modification du climat de la planète 312

Que sais-tu ? 313

CHAPITRE 8

Le système climatique terrestre et les phénomènes naturels 314

Concepts clés. 315
Éveille-toi aux sciences : Des vestiges d'un autre climat. . 316
Qu'en penses-tu ? 317
Halte lecture : Trouver l'idée principale 318
8.1 Le temps et le climat 319
8.2 Les classifications climatiques 322
   Recherche en action : Classer ton climat . . 324
8.3 Le système climatique terrestre et l'énergie du Soleil. 325
   Sciences en action : Tester un modèle du système énergétique Terre-Soleil. 327
8.4 Les composantes du système climatique terrestre 330
   Recherche en action : Les jours de smog . . 332
8.5 **RÉALISE UNE ACTIVITÉ :**
   Compare des climats canadiens. 336

8.6 L'effet de serre. 338
   Sciences en action : Comment d'infimes concentrations peuvent tout changer 341
8.7 **RÉALISE UNE ACTIVITÉ :**
   Modélise l'effet de serre. 343
8.8 Le transfert d'énergie dans le système climatique 344
   Sciences en action : Simuler les courants atmosphériques et océaniques 344
8.9 Les changements climatiques à long terme et à court terme 348
   Recherche en action : El Niño 352
   Sciences en action : Explorer l'activité solaire. 353
Sciences appliquées : Le lac Agassiz : l'étude du climat du passé 354
8.10 Les boucles de rétroactions et le climat 355
   Sciences en action : Tester l'effet albédo . . . 356
8.11 L'étude des climats du passé 358
   Sciences en action : Anciens climats des terres arctiques 361
Résumé des concepts clés. 362
Qu'en penses-tu maintenant ? 363
Révision du chapitre 8. 364
Questionnaire du chapitre 8 366

CHAPITRE 9

Le déséquilibre du climat terrestre 368

Concepts clés 369
Éveille-toi aux sciences : Des vies bouleversées 370
Qu'en penses-tu ? 371
Halte lecture : Résumer l'information 372

9.1 Les indicateurs des changements climatiques.. 373
   Sciences en action : Calculer l'élévation du niveau de la mer 375
   Recherche en action : Les changements climatiques sont-ils toujours néfastes ? 378

Technolien : La collecte de données à l'aide de satellites.. 379

9.2 RÉALISE UNE ACTIVITÉ :
   Analyse l'étendue de la glace de mer 380

9.3 RÉALISE UNE ACTIVITÉ :
   La dilatation thermique et le niveau de la mer 382

9.4 L'impact des gaz à effet de serre sur les températures mondiales 384
   Sciences en action : Les concentrations de dioxyde de carbone et le climat 387

9.5 Les émissions canadiennes de gaz à effet de serre 390

9.6 La modélisation climatique comme indicateur des changements climatiques............. 393

Résumé des concepts clés..................... 396
Qu'en penses-tu maintenant ?................. 397
Révision du chapitre 9........................ 398
Questionnaire du chapitre 9................... 400

CHAPITRE 10

Évaluer les changements climatiques et y réagir...................... 402

Concepts clés 403
Éveille-toi aux sciences : Les technologies vertes 404
Qu'en penses-tu ? 405
Halte lecture : Synthétiser l'information 406

10.1 Les modèles climatiques et l'énergie propre 407
   Sciences en action : Estimer le climat du futur en Ontario.......................... 409

10.2 Les impacts mondiaux des changements climatiques 412
   Recherche en action : La controverse entourant les changements climatiques 414
   Recherche en action : La lutte pour l'Arctique................................. 416
   Action citoyenne : Comment pouvons-nous protéger l'Arctique ? 417

Géniales, les sciences ! La géo-ingénierie pour contrer les changements climatiques ? 418

10.3 Les impacts des changements climatiques sur l'Ontario 419

10.4 Les mesures à prendre pour limiter les changements climatiques 423
   Recherche en action : Les émissions de GES dans ta communauté.................... 426

10.5 Que pouvons-nous faire individuellement ? 429
   Recherche en action : Les appareils ENERGY STAR®................................... 429
   Recherche en action : Les produits locaux.. 430
   Action citoyenne : Nous avons toutes et tous un rôle à jouer 431

10.6 PRONONCE-TOI SUR UN ENJEU :
   Les changements climatiques : agir maintenant ou plus tard ?.......................... 434

Résumé des concepts clés..................... 436
Qu'en penses-tu maintenant ?................. 437
Révision du chapitre 10....................... 438
Questionnaire du chapitre 10.................. 440

À revoir – Unité D 442
   Concepts clés 442
   Fais un résumé 443
   Perspectives de carrière................... 443

Activité de fin d'unité D : La modification du climat de la planète................... 444

Révision de l'unité D......................... 446

Questionnaire de l'unité D 452

UNITÉ E : LA LUMIÈRE ET L'OPTIQUE GÉOMÉTRIQUE 454

Halte STSE : Une fenêtre sur le monde 455
À voir 456
Aperçu de l'activité de fin d'unité : Construire un instrument d'optique 456
Que sais-tu ? 457

CHAPITRE 11

La production et la réflexion de la lumière 458

Concepts clés 459
Éveille-toi aux sciences : Le laser 460
Qu'en penses-tu ? 461
Halte écriture : Rédiger un texte argumentatif 462

11.1 Qu'est-ce que la lumière ? 463
    Recherche en action : Se protéger des rayons du Soleil 465
    Sciences en action : Voir le spectre visible . . 467

11.2 Comment la lumière est-elle produite ? 470
    Action citoyenne : Penser à l'avenir 473
    Sciences en action : Briller dans le noir 474
    Sciences en action : Des bonbons pour la science 475

11.3 Le laser : un type de lumière très spécial . . 477
    Recherche en action : Les différentes applications du laser 478

11.4 Le modèle ondulatoire de la lumière 479
    Sciences en action : Voir la lumière 480

11.5 RÉALISE UNE ACTIVITÉ :
La réflexion de la lumière dans un miroir plan 482

11.6 Les lois de la réflexion 484
    Sciences en action : La réflexion de la lumière 484
    Sciences en action : Les rétroréflecteurs . . . 486

Technolien : Nettoyer avec la lumière 487

11.7 Les images produites par les miroirs plans . . 488
    Sciences en action : Écrire en réfléchissant . . 488
    Sciences en action : Produire des images, plus d'images, encore plus d'images 489

11.8 MÈNE UNE EXPÉRIENCE :
Localise les images dans un miroir plan 494

11.9 Les images dans les miroirs courbes 496

11.10 MÈNE UNE EXPÉRIENCE :
Localise les images produites par les miroirs courbes 502

Résumé des concepts clés 504
Qu'en penses-tu maintenant ? 505
Révision du chapitre 11 506
Questionnaire du chapitre 11 508

CHAPITRE 12

La réfraction de la lumière 510

Concepts clés 511
Éveille-toi aux sciences : Aller-retour de la Terre à la Lune ! 512
Qu'en penses-tu ? 513
Halte lecture : Évaluer un texte 514

12.1 Qu'est-ce que la réfraction ? 515
    Sciences en action : Explorer la lumière . . . 515
    Sciences en action : Examiner la lumière par une fenêtre 518

12.2 RÉALISE UNE ACTIVITÉ :
Le trajet de la lumière – de l'air à l'acrylique . . 520

12.3 RÉALISE UNE ACTIVITÉ :
La réfraction de la lumière dans différents milieux 522

12.4 L'indice de réfraction 524

12.5 La réflexion totale interne 526

12.6 RÉALISE UNE ACTIVITÉ :
Mesure les angles critiques de différents milieux 532

Sciences appliquées : La cape d'invisibilité : pour se cacher en plein jour 534

12.7 Les phénomènes liés à la réfraction 535
    Recherche en action : D'autres phénomènes optiques atmosphériques 539

Résumé des concepts clés 540
Qu'en penses-tu maintenant ? 541
Révision du chapitre 12 542
Questionnaire du chapitre 12 544

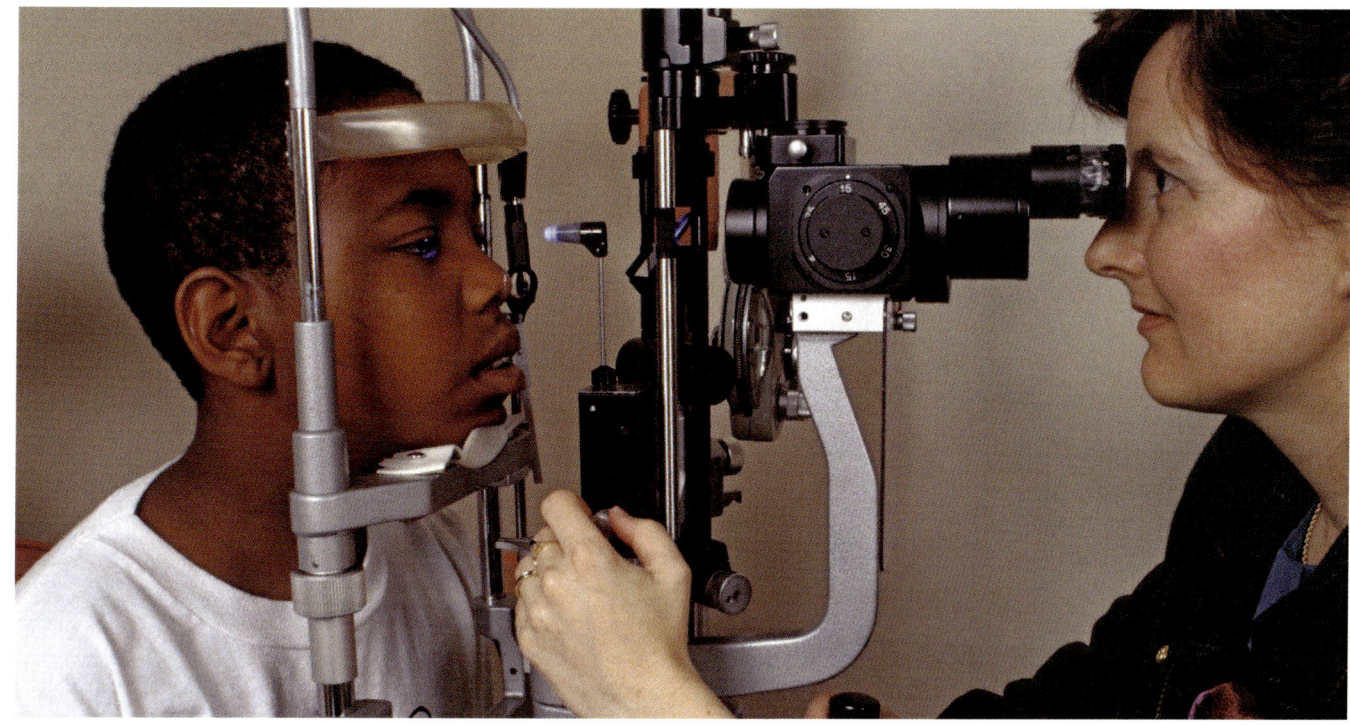

CHAPITRE 13

Les lentilles et les instruments d'optique 546

Concepts clés 547

Éveille-toi aux sciences : Départager la réalité
de la fiction. 548

Qu'en penses-tu ? 549

Halte écriture : Rédiger une analyse critique. 550

13.1 Les lentilles et la formation des images 551

13.2 RÉALISE UNE ACTIVITÉ :
Localise des images dans les lentilles 554

13.3 Les images dans les lentilles 556

    Sciences en action : Explorer le prisme
    triangulaire 556

13.4 Les équations des lentilles. 562

13.5 Les applications des lentilles. 567

Géniales, les sciences ! L'anneau d'Einstein 571

13.6 L'œil humain 572

    Sciences en action : Localiser la tache aveugle
    de ton œil 573

    Recherche en action : D'autres troubles
    de la vision 577

13.7 PRONONCE-TOI SUR UN ENJEU :
La chirurgie oculaire au laser. 578

Résumé des concepts clés 580

Qu'en penses-tu maintenant ? 581

Révision du chapitre 13. 582

Questionnaire du chapitre 13 584

À revoir – Unité E 586

    Concepts clés 586

    Fais un résumé 587

    Perspectives d'avenir 587

**Activité de fin d'unité E : Construire un
instrument d'optique**. 588

Révision de l'unité E 590

Questionnaire de l'unité E 596

Appendice A : La boîte à outils 598

**Appendice B : Qu'est-ce que
la science ?**. 648

**Réponses courtes et réponses
numériques** 658

Glossaire 667

Index 674

Mention des sources 683

Explore ton manuel

Ton manuel va te guider dans le monde passionnant des sciences. Voici un aperçu en trois parties des éléments importants qu'il contient. La partie **Mise en train** présente tout le matériel d'introduction qui précède chaque unité et chapitre. **À l'action !** contient les différentes composantes de chaque chapitre. Enfin, le **Bloc synthèse** passe en revue tous les éléments de fin de chapitre et de fin d'unité.

Mise en train

Amorce de l'unité
Chacune des cinq unités est identifiée par une lettre et un titre. À partir de la photo de présentation, amuse-toi à prédire ce que tu pourrais y apprendre.

Attentes
Les attentes décrivent ce que tu devrais être capable de faire à la fin de l'unité.

Idées maîtresses
Les idées maîtresses résument les concepts que tu dois retenir après avoir terminé l'étude de l'unité.

Halte STSE
Ces articles établissent des liens entre des réalités courantes et les sujets scientifiques que tu vas aborder dans l'unité.

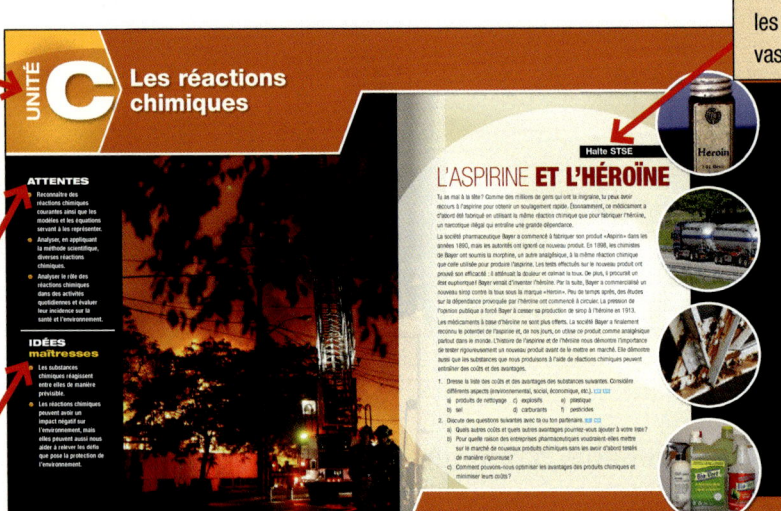

Schéma conceptuel
Le schéma conceptuel comporte une liste de sujets et de photos qui résument ce que tu vas apprendre dans l'unité.

Que sais-tu ?
Cette rubrique énumère les concepts et les habiletés que tu as acquis au cours des années précédentes et que tu vas utiliser pendant ton exploration de l'unité. Utilise les questions pour déterminer ce que tu sais déjà avant d'entreprendre l'unité.

Aperçu de l'activité de fin d'unité
Cet encadré t'annonce quelle est l'activité que tu vas réaliser à la fin de l'unité.

Signet de fin d'unité
Quand tu aperçois ce signet, réfléchis au lien qui existe entre la section et l'activité de fin d'unité.

Évaluation
L'encadré Évaluation t'indique comment tu vas démontrer, à la fin de l'unité, ce que tu as appris.

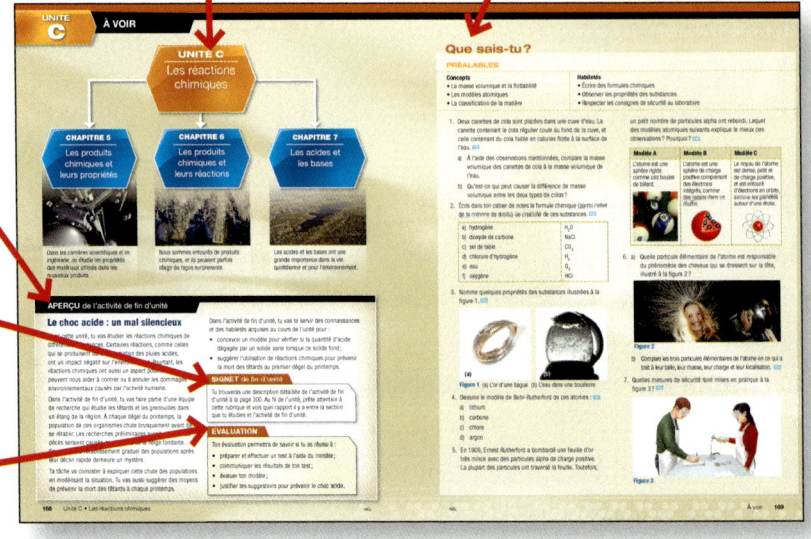

Amorce du chapitre
Chaque chapitre est identifié par un nombre, un titre et une question clé à laquelle tu devrais pouvoir répondre à la fin du chapitre.

Concepts clés
Cette rubrique présente les principales notions et habiletés que tu vas acquérir dans ce chapitre.

Éveille-toi aux sciences
Ces articles relient à de fascinantes innovations techniques les sujets abordés dans le chapitre.

Qu'en penses-tu?
À partir de ce que tu sais déjà, tu vas déterminer si tu es d'accord ou non avec des énoncés liés aux notions qui vont être présentées dans le chapitre.

Halte lecture / Halte écriture
Ces stratégies de lecture et d'écriture vont t'aider à acquérir les concepts scientifiques tout en développant tes habiletés en prévision du TPCL (test provincial de compétences linguistiques).

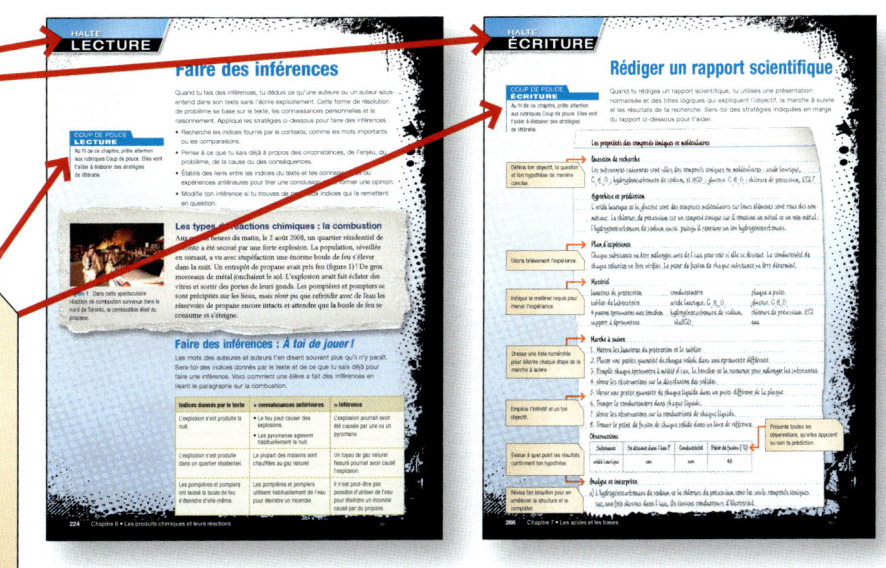

Coup de pouce – Lecture / Coup de pouce – Écriture
Les coups de pouce Lecture sont des stratégies de compréhension en lecture qui vont t'aider à mieux comprendre les concepts scientifiques que présente un texte. Les coups de pouce Écriture sont des suggestions pour t'aider à perfectionner tes habiletés d'écriture.

Explore ton manuel   xiii

À l'action !

Vocabulaire
Tu vas apprendre beaucoup de nouveaux termes au cours de chaque chapitre. Ces termes clés apparaissent en gras dans le texte. Tu vas trouver leur définition dans la marge et dans le glossaire à la fin du manuel.

Coup de pouce – Apprentissage
Ce sont des stratégies utiles pour t'aider à apprendre de nouvelles notions et à comprendre ce que tu lis.

Info carrière
Ce symbole t'invite à te renseigner en ligne sur des carrières reliées aux sciences.

Exemple de problème
Tu vas voir dans cette rubrique comment résoudre des problèmes en suivant les étapes de la méthode DRASÉ (Données, Recherche, Analyse, Solution, Énoncé). Assure-toi de vérifier que tu as bien compris en faisant les exercices.

Sciences en action
Ces rubriques présentent de petites activités amusantes conçues pour t'aider à comprendre des concepts et à améliorer tes habiletés scientifiques.

Consignes de sécurité
Lis attentivement ces mises en garde sur les dangers potentiels que présentent certaines recherches ou activités. Elles apparaîtront en rouge et seront précédées d'un symbole SIMDUT.

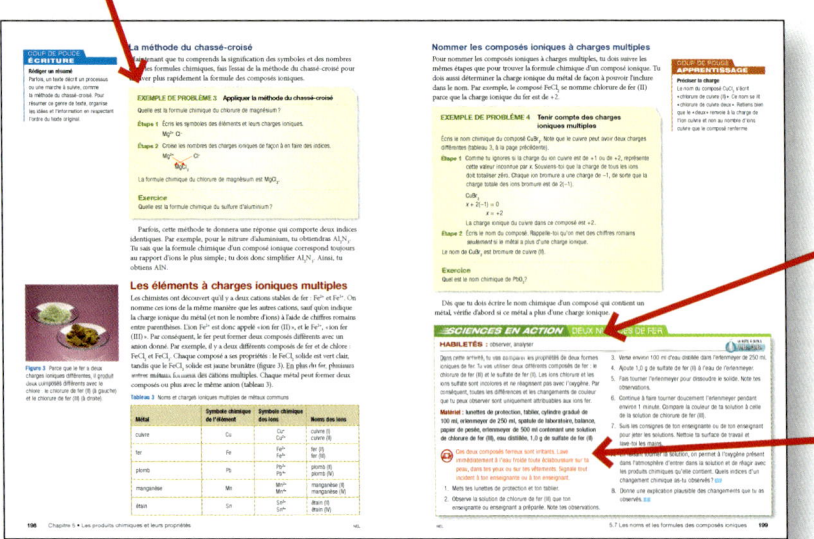

xiv   Explore ton manuel

Recherche en action
Ces activités axées sur la recherche vont t'aider à établir un lien entre les sciences, la technologie et le monde qui t'entoure, et à développer ta pensée critique et ta capacité à prendre des décisions judicieuses.

Action citoyenne
Ces activités t'incitent à être une citoyenne ou un citoyen responsable et à promouvoir l'intendance de l'environnement en t'engageant activement dans ton milieu.

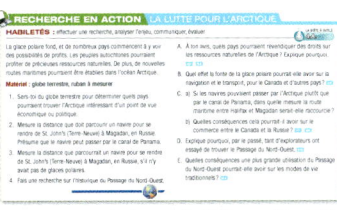

Signet de fin d'unité
Le signet t'indique que les concepts que tu as appris dans la section vont t'aider à réaliser l'activité de fin d'unité.

Le savais-tu ?
Tu vas lire dans ces rubriques des renseignements intéressants sur des réalités reliées aux sujets que tu vas aborder.

En résumé
À la fin de chaque bloc théorique, ce résumé des principales notions va te permettre de revoir ce que tu as appris.

Format magazine
Tu vas trouver ces rubriques dans chaque unité. Elles te renseigneront sur de passionnantes innovations scientifiques, sur des nouvelles technologies emballantes, sur des carrières dans le domaine scientifique ou sur le rôle des sciences dans ta vie de tous les jours.

Vérifie ta compréhension
Pour vérifier ta compréhension des concepts que tu viens d'apprendre, réponds aux questions à la fin de chaque bloc théorique.

Icône TPCL
Cette icône t'indique que le matériel qui suit va t'aider à développer tes habiletés en littératie en prévision du test provincial de compétences linguistiques (TPCL).

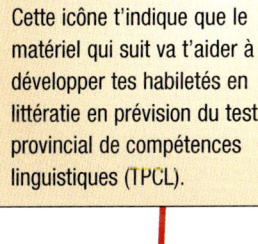

Explore ton manuel **xv**

Réalise une activité
Ces activités pratiques te permettent d'observer certains éléments scientifiques fondamentaux que tu es en train d'apprendre.

Habiletés
Au début de chaque activité, tu vas trouver une liste qui énumère les habiletés que tu vas utiliser pour résoudre le problème ou atteindre le but de l'activité proposée.

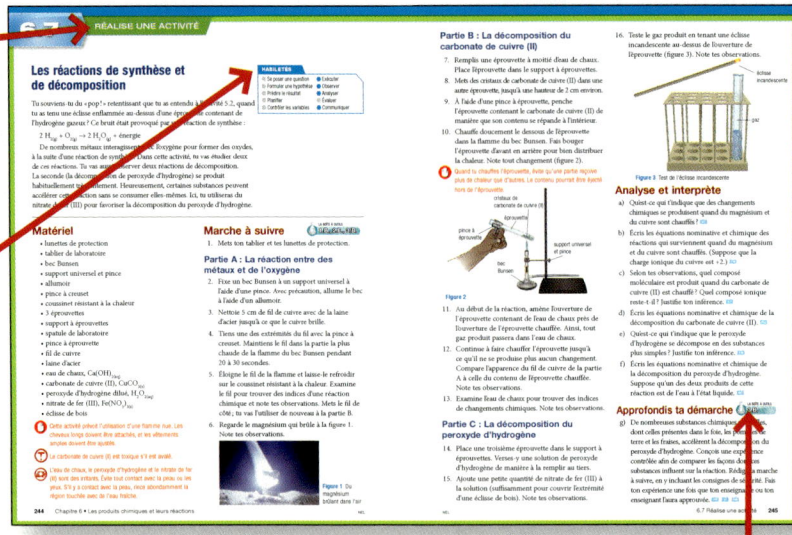

Icône de *La boîte à outils*
Cette icône te renvoie à l'appendice *La boîte à outils* où tu vas trouver de l'information et des conseils utiles.

Prononce-toi sur un enjeu
Ces activités te donnent l'occasion d'examiner des enjeux sociaux ou environnementaux qui ont un lien avec l'unité. Elles exigent souvent de la recherche, la prise de décisions et de la communication.

Ce symbole t'indique que tu vas pouvoir obtenir plus d'information en ligne. Demande à ton enseignante ou à ton enseignant tous les détails qui vont te permettre de naviguer dans le monde fascinant des sciences !

Mène une expérience
Ces expériences scientifiques vont te donner l'occasion de développer tes habiletés scientifiques.

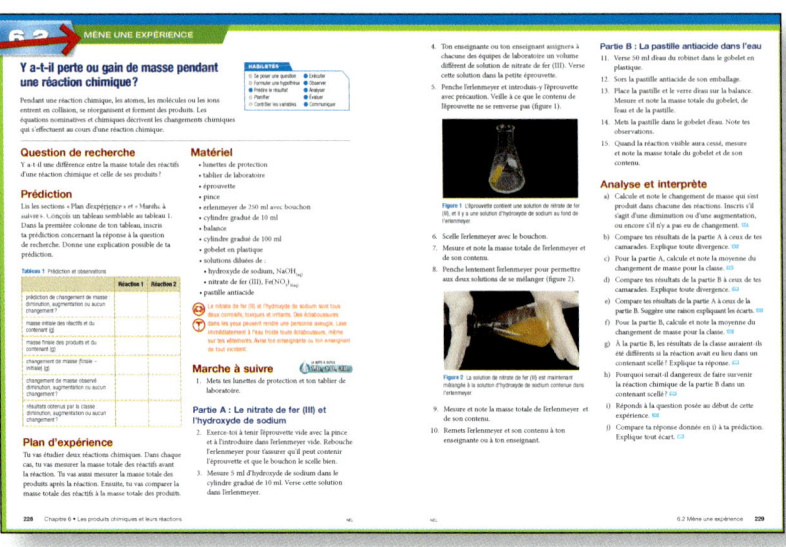

xvi Explore ton manuel

Bloc synthèse

Résumé des concepts clés
Le résumé des concepts clés donne un aperçu des principales notions et habiletés que tu as acquises au cours du chapitre. Les nombres entre parenthèses renvoient à la section où ces concepts ont été abordés.

Qu'en penses-tu maintenant?
Réfléchis à ce que tu as appris dans le chapitre et vois si tu as changé d'opinion en te demandant si tu es d'accord ou non avec chacun des énoncés.

Vocabulaire
Cette rubrique énumère tous les termes clés que tu as appris et le numéro de la page où chacun d'entre eux est défini.

Idées maîtresses
Le crochet indique quelles idées maîtresses ont été traitées dans le chapitre.

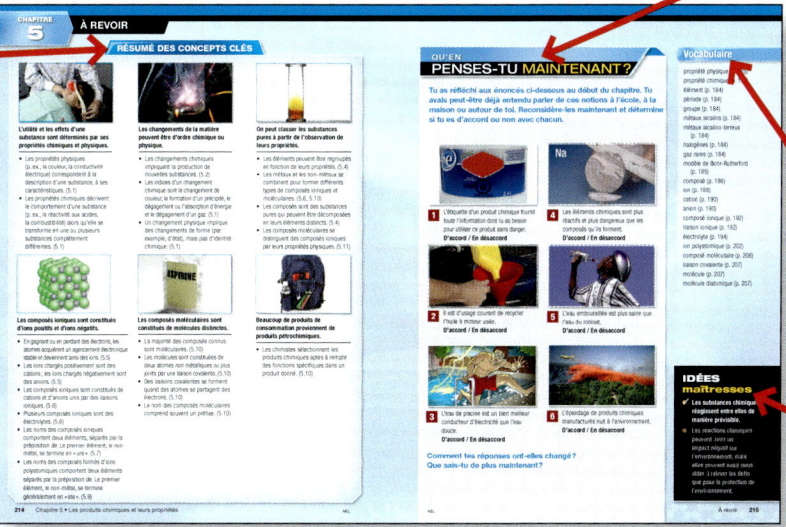

Révision du chapitre
Réponds aux questions pour vérifier ta compréhension et mettre en application les nouvelles connaissances que tu as acquises dans le chapitre.

Recherches en ligne
Cette rubrique t'invite à mener des recherches en ligne. Demande à ton enseignante ou à ton enseignant de te renseigner sur les ressources mises à ta disposition.

Icônes de la grille d'évaluation
Chacune des questions est suivie de symboles indiquant les compétences que tu dois utiliser pour répondre à la question.

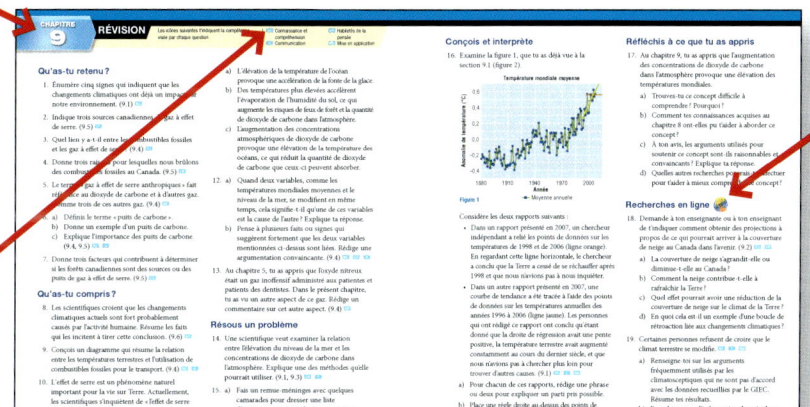

Questionnaire du chapitre
Le questionnaire est un outil efficace qui va te permettre de vérifier ta compréhension des concepts que tu as abordés au cours du chapitre.

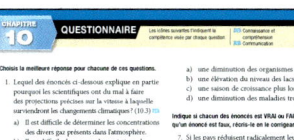

Explore ton manuel xvii

Résumé des concepts clés de l'unité

Cette rubrique regroupe les concepts clés de chacun des chapitres et résume les principales notions de l'unité.

Fais un résumé

Résume ce que tu as appris dans l'unité en réalisant l'activité proposée dans cette rubrique.

Perspectives d'avenir

Fais des liens entre ce que tu as appris dans l'unité et les possibilités de carrière en effectuant l'activité proposée dans cette rubrique.

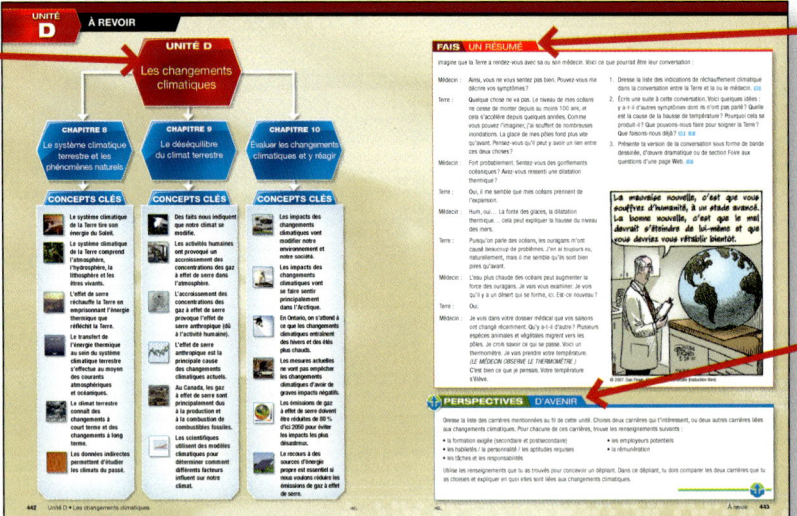

Activité de fin d'unité

Tu vas démontrer les habiletés et les connaissances que tu as développées dans cette unité en affrontant le défi que pose l'activité de fin d'unité.

Habiletés

Cette liste indique les habiletés qui vont te servir à effectuer l'activité de fin d'unité.

Liste de vérification de l'évaluation

Cette liste de vérification indique les critères à partir desquels ton enseignante ou ton enseignant va évaluer ton travail dans l'activité de fin d'unité. Lis attentivement cette liste avant de réaliser la tâche.

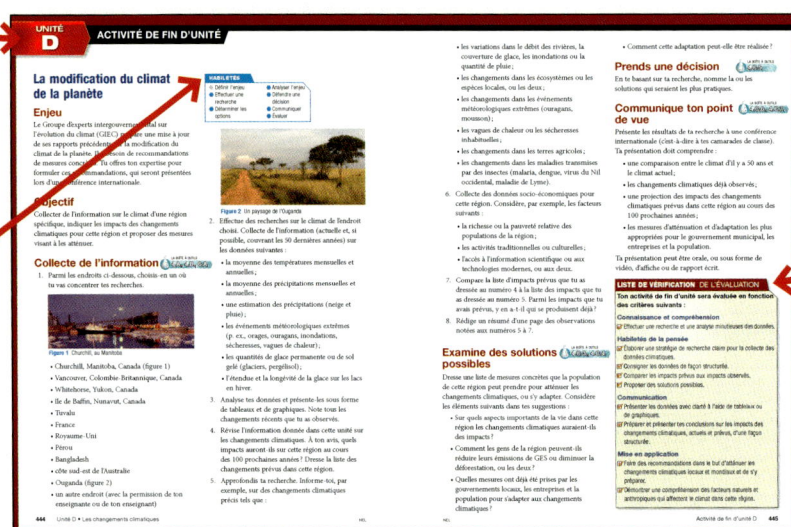

Révision de l'unité

Tu vas répondre aux questions de révision de l'unité pour vérifier ta compréhension de tous les concepts et habiletés que cette unité a présentés.

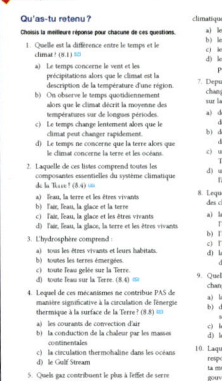

xviii   Explore ton manuel

Questionnaire de l'unité

Le questionnaire de l'unité te donne l'occasion de vérifier ta compréhension des principales notions de l'unité.

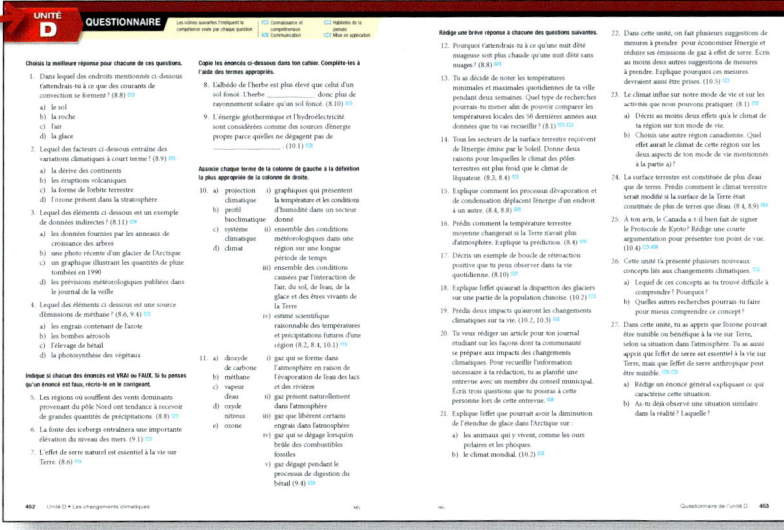

La boîte à outils

Consulte l'appendice *La boîte à outils* pour te renseigner au sujet des habiletés et notions scientifiques. Cette ressource est divisée en sections numérotées. Quand tu vois une icône de *La boîte à outils*, tu peux consulter la section pertinente dans cette ressource.

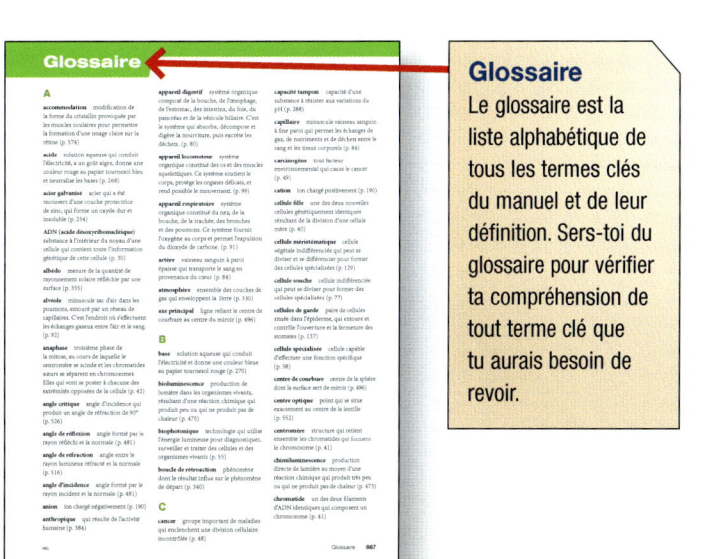

Glossaire

Le glossaire est la liste alphabétique de tous les termes clés du manuel et de leur définition. Sers-toi du glossaire pour vérifier ta compréhension de tout terme clé que tu aurais besoin de revoir.

UNITÉ A

Introduction à la méthode scientifique et au choix de carrière

OBJECTIFS du programme de sciences

- Acquérir une compréhension solide des concepts scientifiques de base.
- Développer et mettre en pratique des habiletés en recherche scientifique et en communication.
- Faire des rapprochements entre les sciences, la technologie, la société et l'environnement.

Halte STSE

LES SCIENCES DANS TA VIE

Les objectifs de l'enseignement des sciences visent bien plus que la simple acquisition de données ou de connaissances scientifiques. Ton programme de sciences et ce manuel ont été conçus pour t'aider à comprendre le rôle des sciences dans ton quotidien et l'impact des sciences et de la technologie sur la société et l'environnement.

Dans cette première unité, tu vas t'initier aux habiletés scientifiques importantes que l'étude de la biologie, de la chimie, de la physique et des sciences de la Terre et de l'espace va te permettre de développer dans les unités suivantes.

Au cours des quatre unités qui vont suivre, tu vas avoir plusieurs occasions d'apprendre à l'aide de la méthode scientifique. Grâce à tes recherches, tu vas développer, mettre en pratique et perfectionner les habiletés essentielles à la recherche scientifique. Ces habiletés ne vont pas te servir uniquement à l'apprentissage des sciences au secondaire ; elles vont aussi t'être utiles durant tes études postsecondaires et au quotidien. Tu vas aussi avoir l'occasion d'explorer des carrières reliées à divers sujets scientifiques.

À ton niveau scolaire, l'apprentissage des sciences consiste surtout à établir des liens. Tout au long de ce cours, tu vas parvenir à comprendre comment les sciences, la technologie, la société et l'environnement (STSE) sont indissociables. Tu vas relier ces relations STSE à tes expériences personnelles et tu vas acquérir une culture scientifique.

Réfléchir, partager, discuter

1. Donne cinq exemples de l'intervention directe ou indirecte des sciences ou de la technologie dans ta vie quotidienne. **MA**
2. Fais équipe avec une ou un camarade et échangez vos idées. Faites un remue-méninges pour trouver d'autres exemples. **C**
3. Joignez-vous à une autre équipe et partagez vos listes. Éliminez les répétitions et perfectionnez la liste finale. Faites connaître cette liste à vos camarades de classe. **C MA**

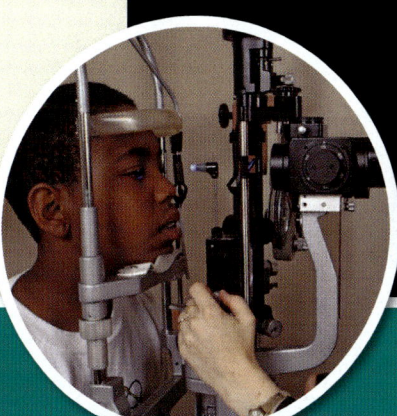

CHAPITRE 1

Les sciences dans la vie et au travail

QUESTION CLÉ : Quelles sont les habiletés nécessaires pour effectuer des recherches scientifiques ?

Les sciences sont partout et non pas seulement dans les laboratoires.

UNITÉ A
Introduction à la méthode scientifique et au choix de carrière

CHAPITRE 1
Les sciences dans la vie et au travail

CONCEPTS CLÉS

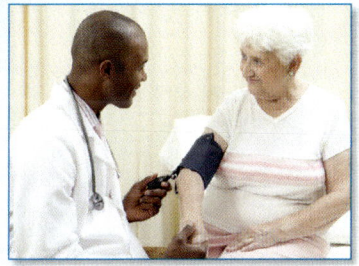

Les sciences et la technologie jouent un rôle important dans notre vie quotidienne.

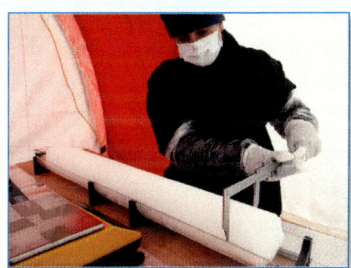

Une démarche scientifique peut être menée de différentes manières ; tout dépend de la question à laquelle on cherche à répondre.

Toutes les démarches scientifiques reposent sur l'enregistrement minutieux d'observations exactes et répétées.

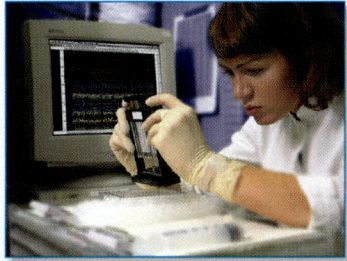

Il est nécessaire d'analyser et d'interpréter attentivement ses observations pour en dégager le sens.

La capacité à communiquer clairement est essentielle à la diffusion et à l'échange de découvertes scientifiques et d'idées.

La culture scientifique permet de prendre des décisions personnelles judicieuses, d'assumer ses responsabilités citoyennes et de faire de bons choix professionnels.

ÉVEILLE-TOI AUX SCIENCES

Une Bouffée d'air frais!

Avant son départ pour l'école, Jonathan vérifie en ligne l'indice de la qualité de l'air (IQA). Le site Web, fruit d'une collaboration des gouvernements fédéral et provinciaux, fournit toutes les heures cet indice mis à jour. Aujourd'hui, la météo prévoit une journée très chaude de 36 °C avec très peu de vent. Ce sont les conditions parfaites pour une vilaine journée de smog!

Jonathan est plus conscient de la qualité de l'air depuis sa première crise d'asthme il y a quelques années. Les jours de smog intense, il est à bout de souffle, il a la respiration sifflante et il souffre de fatigue et de maux de tête. Ces jours-là, il demeure à l'intérieur et limite ses activités physiques. Quand le smog se dissipe, les symptômes de Jonathan disparaissent et il peut reprendre ses activités extérieures habituelles.

Jonathan décide de ses activités extérieures de la journée en fonction de l'échelle de l'IQA. Cette échelle va de 1 à 10+. Les nombres les plus bas indiquent une bonne qualité de l'air et des risques peu élevés pour la santé, tandis que les nombres les plus élevés indiquent une mauvaise qualité de l'air et des risques élevés pour la santé.

Le smog et la pollution résultant de la circulation automobile causent de graves problèmes de qualité de l'air dans de nombreuses grandes villes. Un rapport publié en 2007 par la Ville de Toronto indique que la pollution de l'air résultant du trafic routier cause chaque année dans cette ville environ 440 décès prématurés et 1 700 hospitalisations. Les coûts directs et indirects reliés à ces décès prématurés s'élèvent à environ 2,2 milliards de dollars.

Qu'est-ce que le smog et quelles en sont les causes? Le smog affecte-t-il tout le monde ou seulement les gens à risque? Les changements climatiques ont-il une incidence sur la qualité de l'air que nous respirons? Que pouvons-nous faire pour remédier à ce problème?

Figure 1 L'échelle de l'IQA indique la qualité de l'air et le niveau de risque pour la santé humaine.

HALTE LECTURE

Comment lire des textes informatifs

Un texte informatif contient souvent une foule de renseignements écrits et visuels. Pour mieux comprendre ce que tu lis, applique les stratégies suivantes :

Avant la lecture

- Donne-toi un aperçu du texte : fais un survol des titres, des mots en gras, des schémas et diagrammes, des photos, des illustrations et des légendes.
- Détermine comment le texte est structuré.
- Pense à ce que tu sais déjà sur le sujet.
- Donne-toi une intention de lecture : reformule sous forme de questions les titres des paragraphes.

Pendant la lecture

- Lis pour répondre aux questions que tu as formulées précédemment.
- Fais des liens avec ce que tu sais déjà.
- Confirme, rejette ou modifie ton point de vue en fonction de la nouvelle information.
- Pose-toi des questions.
- Fais une pause de temps à autre pour vérifier ta compréhension.
- Détermine les idées principales.
- Prends des notes ou utilise des papillons adhésifs pour relever les points essentiels.

Après la lecture

- Réfléchis à ce que tu as appris.
- Vérifie si tu as répondu aux questions qui guidaient ton intention de lecture.
- Résume ce que tu as appris dans un organisateur graphique ou en te rappelant certains détails du texte.
- Demande-toi en quoi ce que tu as appris concorde avec ce que tu savais déjà sur le sujet.

1.1 Appliquer la méthode scientifique

Les scientifiques présument que tout événement a une cause. Autrefois, les gens considéraient les maladies comme des châtiments divins ou l'œuvre des mauvais esprits. De telles croyances persistent encore dans certaines cultures. Des découvertes, comme l'invention du microscope, ont depuis permis de démontrer que beaucoup de maladies résultent d'infections attribuables à des micro-organismes. Les scientifiques peuvent donc maintenant affirmer que ces micro-organismes « causent » la maladie (figure 1).

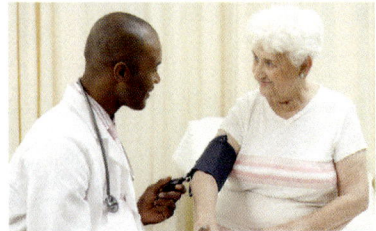

Figure 1 La pression artérielle s'élève généralement avec l'âge, mais l'hypertension artérielle n'est pas directement causée par l'âge, pas plus qu'elle ne cause la vieillesse.

variable toute condition qui change ou modifie les résultats d'une recherche scientifique

variable indépendante variable sur laquelle la chercheuse ou le chercheur peut exercer un contrôle

variable dépendante variable qui subit l'influence de la variable indépendante

expérience contrôlée expérience dans laquelle on modifie volontairement la variable indépendante pour découvrir quel changement, s'il y en a un, cela va produire sur la variable dépendante

étude d'observation observation rigoureuse d'un sujet ou d'un phénomène et enregistrement minutieux des données d'observation dans le but de rassembler de l'information scientifique pour répondre à une question

étude de corrélation étude dans laquelle une chercheuse ou un chercheur examine la relation entre deux variables

Divers types de démarches scientifiques

Toutes les démarches scientifiques font appel à des processus similaires pour répondre à des questions. Dans la plupart des cas, il s'agit de déterminer les relations entre des variables. Une **variable** est toute caractéristique susceptible de changer en cours de recherche. On appelle **variable indépendante** toute variable qui est volontairement modifiée ou choisie par la chercheuse ou le chercheur. On appelle **variable dépendante** une variable qui subit l'influence de la variable indépendante et qui ne peut pas être directement manipulée. Il existe trois types courants de démarches scientifiques : l'expérience contrôlée, l'étude d'observation et l'étude de corrélation.

L'expérience contrôlée

Quand le but d'une expérience scientifique est de déterminer si une variable a un effet sur une autre variable, on mène une **expérience contrôlée**. Il s'agit d'une expérience dans laquelle on contrôle (modifie ou sélectionne) la variable indépendante pour déterminer si la variable dépendante est influencée par ce changement. Par exemple, pour déterminer l'effet de la température sur le taux de réaction chimique, il est pertinent de mener une expérience contrôlée. Dans ce cas, on modifierait la température (variable indépendante) et on observerait toute variation du taux de réaction (variable dépendante).

L'étude d'observation

Le but d'une démarche scientifique est souvent de recueillir de l'information pour répondre à une question sur un phénomène naturel. Les **études d'observation** consistent à observer un phénomène sans l'influencer. Ces observations permettent de formuler une question. Parfois, les chercheuses et chercheurs prédisent la réponse à la question et expliquent leur prédiction.

Dans des domaines comme l'astronomie et l'écologie, les scientifiques se basent surtout sur les études d'observation. Par exemple, pour déterminer les conditions climatiques d'une région, on ferait des observations durant plusieurs années, on enregistrerait les précipitations, la température et le régime des vents. Quand on aurait recueilli suffisamment de données, on pourrait décrire le climat régional. On pourrait, grâce à des observations constantes, reconnaître tout changement dans le climat.

L'étude de corrélation

La ou le scientifique qui mène une **étude de corrélation** tente de déterminer si une variable donnée influe ou pas sur une autre variable, sans manipuler aucune de ces variables. Son intervention se limite à l'observation des variables qui changent naturellement.

Une corrélation mesure le degré de variation de deux séries de données l'une par rapport à l'autre. Une corrélation positive indique qu'il y a une relation directe entre les variables : une augmentation de la valeur d'une variable correspond à une augmentation de la valeur de l'autre variable (figure 2(a)). Une corrélation négative indique une relation inverse : une augmentation de la valeur d'une variable correspond à une diminution de la valeur de l'autre variable (figure 2(b)). On peut tracer une droite de régression entre les points qu'on a reportés sur un diagramme de dispersion. Cette droite illustre la relation (positive ou négative) entre les deux variables.

S'il n'y a pas de relation entre les deux variables, on dit que la corrélation est nulle (figure 2(c)).

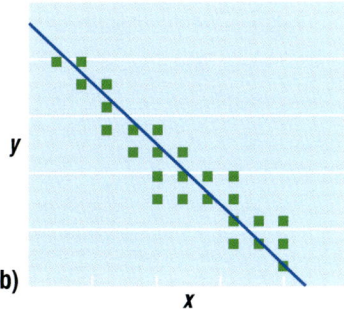
(a)

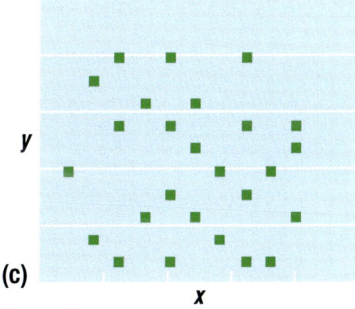
(b)

Tableau 1 Scolarité et salaire

Personne	Scolarité (années)	Salaire annuel (000 $)	Personne	Scolarité (années)	Salaire annuel (000 $)
1	12	45	14	12	50
2	19	110	15	15	75
3	11	40	16	12	55
4	15	65	17	14	70
5	14	60	18	17	65
6	20	140	19	12	55
7	18	100	20	16	80
8	11	50	21	15	145
9	18	95	22	13	60
10	18	90	23	16	55
11	13	50	24	10	40
12	19	100	25	17	95
13	10	50			

(c)

Figure 2 (a) Dans cette corrélation positive, la variable *y* augmente quand la variable *x* augmente. (b) Dans cette corrélation négative, *y* diminue quand *x* augmente. (c) S'il n'y a pas de corrélation, il n'y a pas de régularité.

Voici un exemple illustrant cette notion. Examine la relation entre le salaire annuel moyen et les années de scolarité (tableau 1 et figure 3). Comme on peut s'y attendre, il y a une corrélation positive entre ces deux variables. Plus la scolarité augmente, plus le salaire annuel moyen augmente. Toutefois, les gens qui ont de nombreuses années de scolarité n'ont pas tous un salaire très élevé. De même, certaines personnes qui ont peu d'années de scolarité ont un salaire élevé. Par ailleurs, il est aussi possible que deux personnes ayant un même niveau d'instruction aient des salaires différents.

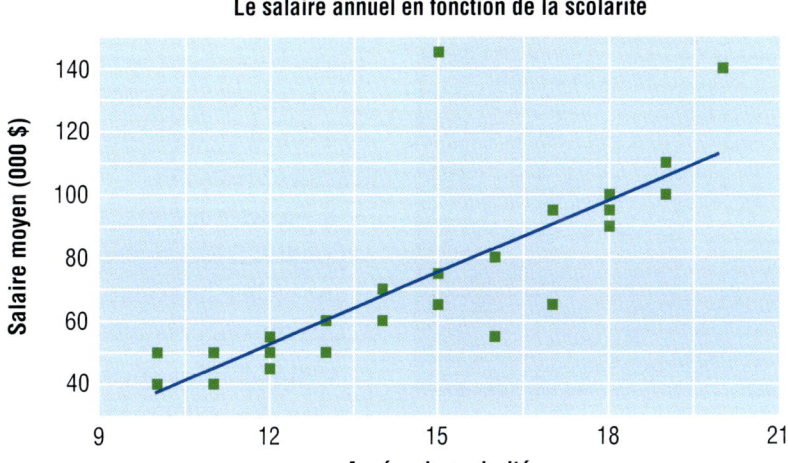

Figure 3 Le diagramme des données du tableau 1 permet de constater une corrélation positive entre la scolarité et le salaire.

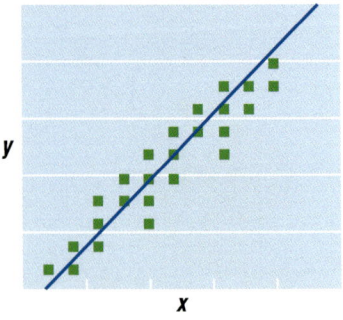

Figure 4 Une forte corrélation positive

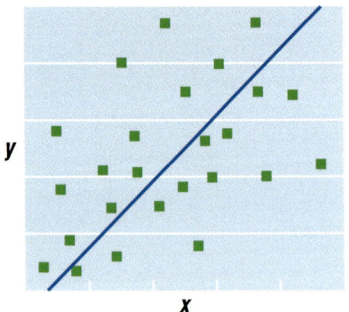

Figure 5 Une faible corrélation positive

Quand la plupart des données recueillies se situent près de la droite de régression, c'est qu'il y a une forte corrélation entre les variables (figure 4). Une faible corrélation indique que la relation entre les variables est moins forte. Les points représentant les données ne se situent pas aussi près de la droite de régression (figure 5). Quand on sait qu'il y a une corrélation entre deux variables, on peut prédire une variable à partir de l'autre. Généralement, plus la corrélation est forte (qu'elle soit positive ou négative), plus il est probable que la prédiction soit juste. Dans l'exemple de la figure 3, on pourrait prédire avec assez de certitude qu'une personne ayant un niveau élevé de scolarité gagnera un salaire élevé.

Les études de corrélation nécessitent de très grands échantillonnages et plusieurs répétitions pour produire des résultats valables. Une corrélation entre deux variables n'indique pas forcément qu'une variable a un effet sur l'autre. Ce pourrait être seulement une coïncidence. Par exemple, imagine une étude de corrélation qui montrerait que, dans une année donnée, le nombre de naissances et le nombre de séismes ont augmenté. Il est fortement improbable qu'on puisse établir un lien raisonnable entre les deux phénomènes. La corrélation n'est donc pas significative.

Les rapports de corrélation peuvent être trompeurs. Par exemple, un journal a un jour titré qu'une recherche avait démontré une corrélation positive entre la grandeur des élèves et l'aptitude pour les mathématiques. Les élèves plus grands réussissaient mieux à résoudre des problèmes. Ce que la recherche ou le journal avait omis d'indiquer, c'était que cette étude comprenait des élèves de différents âges. Les élèves plus grands, c'est-à-dire ceux qui avaient plus de facilité, étaient probablement plus âgés que les élèves de plus petite taille. Si l'étude avait été menée auprès d'élèves du même âge, il n'y aurait probablement pas eu de corrélation entre les deux variables.

Les études de corrélation permettent aux chercheuses et aux chercheurs de faire progresser la science sans réaliser d'expériences, en faisant plutôt des études sur le terrain, des entrevues ou des sondages. Ils peuvent également étudier des relations à l'aide de données établies par d'autres scientifiques.

Les habiletés en recherche scientifique et en communication

Pour effectuer correctement une recherche scientifique, on doit posséder certaines habiletés. Ces habiletés peuvent être réparties en quatre catégories : 1) la planification, 2) l'expérimentation, la recherche et la résolution de problèmes, 3) l'analyse et l'interprétation, 4) la communication.

La planification

Toutes les recherches scientifiques ont pour point de départ une question. Les questions peuvent résulter de l'observation d'un phénomène naturel ou de la curiosité d'un individu (figure 6). Elles proviennent souvent d'expériences ou d'études préalables.

Il y a des questions auxquelles la recherche scientifique ne permet pas de répondre ; il est donc important de soulever les bonnes questions. Pour mener à une recherche scientifique, une question doit être vérifiable. Les questions de recherche ont certaines caractéristiques :

- Elles doivent porter sur des êtres vivants, sur des éléments non vivants ou sur des phénomènes naturels.
- On doit pouvoir y répondre à l'aide d'une démarche scientifique.
- On peut y répondre en recueillant et en analysant des données qu'on présentera comme résultats.

Figure 6 Intrigués par l'étrangeté des formations rocheuses qu'ils étaient les premiers à observer dans une caverne, des scientifiques en ont proposé des explications.

Si on juge devoir mener une expérience contrôlée sur une question donnée, il convient alors d'avancer une réponse plausible à cette question. On appelle **hypothèse** cette réponse provisoire fondée sur la connaissance scientifique existante. L'hypothèse porte directement sur la question et établit une relation entre une variable indépendante et une variable dépendante. Elle remplit deux fonctions : 1) elle propose une explication plausible, 2) elle propose une méthode pour recueillir des données aptes à soutenir ou à réfuter l'explication proposée.

Si on ne peut pas formuler une hypothèse, faute d'explication scientifique, on peut faire une simple **prédiction**. Une prédiction est un énoncé qui annonce la conclusion d'une expérience contrôlée, mais sans proposer d'explication. Une prédiction n'est pas une devinette : elle se base sur une connaissance préalable et un raisonnement logique.

Une hypothèse comprend habituellement une prédiction. Elle est souvent énoncée sous la forme suivante : « Si…, alors…, parce que… » La partie « Si… alors » constitue la prédiction ; la partie commençant par « parce que » constitue l'explication.

hypothèse réponse plausible ou explication non vérifiée à la question de départ d'une expérience

prédiction énoncé qui annonce le résultat d'une expérience contrôlée

SCIENCES EN ACTION — DÉTERMINER DES VARIABLES ET FAIRE DES PRÉDICTIONS

HABILETÉS : prédire le résultat, communiquer

LA BOÎTE À OUTILS
3.B.2.

Dans cette activité, tu vas déterminer des variables dépendantes et des variables indépendantes, et tu vas faire des prédictions sur l'issue de recherches scientifiques.

Matériel : cahier ou papier, stylo

1. Chacune des questions suivantes pourrait être le point de départ d'une recherche scientifique.
   - Quel rapport y a-t-il entre le volume de l'eau et sa température ?
   - Quel effet les phosphates ont-ils sur la croissance des plantes aquatiques ?
   - Quelle relation y a-t-il entre la taille de l'image d'un objet dans un miroir et la distance entre cet objet et le miroir ?
   - Y a-t-il un rapport entre la température moyenne et le nombre de pins dans une aire donnée ?
   - Comment la température influe-t-elle sur la taille des cristaux qui se forment dans une solution ?
   - Quelle incidence la disponibilité de la nourriture a-t-elle sur la capacité des pingouins à pondre des œufs ?

A. Pour chaque question, détermine une variable indépendante et une variable dépendante possibles, puis fais une prédiction.

Une hypothèse ou une prédiction fournit un cadre de recherche. Elle permet d'identifier les variables et de déterminer laquelle est la variable indépendante et laquelle est la variable dépendante. Une hypothèse ou une prédiction propose aussi un plan d'expérience pour tester rigoureusement cette hypothèse. Le **plan d'expérience** décrit brièvement la marche à suivre. La valeur et la réussite d'une recherche dépendent de la rigueur de l'expérience, de sorte qu'une planification soigneuse est cruciale à ce stade.

Lorsqu'on planifie une recherche, il faut :
- identifier les variables indépendantes et les variables dépendantes ;
- établir comment on mesurera les changements que connaîtront les variables ;
- préciser comment contrôler les variables qui ne seront pas mesurées ;
- sélectionner le matériel et les instruments de mesure (figure 7) ;
- prévoir et prendre les précautions nécessaires pour assurer sa sécurité et celle d'autrui ;
- décider du format dans lequel on consignera ses observations.

plan d'expérience brève description de la marche à suivre pour tester une hypothèse

Figure 7 L'équipement spécialisé est nécessaire aux recherches rigoureuses.

L'expérimentation, la recherche et la résolution de problèmes

Une fois qu'on a planifié sa recherche, il faut respecter rigoureusement la marche à suivre qu'on a établie au stade de la planification (figure 8). Si certaines marches à suivre présentent des problèmes, on doit les modifier sans changer la structure d'ensemble de la recherche. Il est important de noter toutes les modifications apportées à la marche à suivre au cas où on voudrait répéter cette recherche ou dans l'éventualité où une autre personne le voudrait. S'il s'agit de problèmes insurmontables, il va falloir reprendre l'étape de la planification.

En réalisant une marche à suivre, il faut toujours rester à l'affût des dangers potentiels. Lis attentivement la section portant sur la sécurité dans *La boîte à outils* avant de commencer une recherche et reviens-y dès que tu as une quelconque inquiétude.

Quand on effectue une recherche, on doit faire des observations précises à intervalles réguliers et les consigner avec soin. Toute information qu'on obtient en sollicitant un ou plusieurs sens ou un prolongement des sens constitue une observation. Les observations peuvent être quantitatives (numériques) ou qualitatives (non numériques).

Les **observations quantitatives** sont basées sur des mesures ou un calcul (figure 9). La longueur, la masse, la température et le relevé de population sont différents exemples de mesures quantitatives. Savoir mesurer est une habileté importante quand il s'agit de faire des observations. Pour obtenir des mesures précises et exactes, il est essentiel de choisir l'instrument de mesure qui convient.

Les **observations qualitatives** sont des descriptions des caractéristiques d'objets ou de phénomènes dépourvues de toute référence à une mesure ou à un nombre. Les observations qualitatives courantes ont trait à l'état de la matière (solide, liquide ou gazeux), à la texture et à l'odeur. Ce sont des caractéristiques qui ne peuvent pas être mesurées directement.

La méthode ou le format d'enregistrement des observations dépend du type d'observation qu'on fait. Les observations quantitatives sont souvent consignées dans un tableau. Les observations qualitatives peuvent être rédigées ou enregistrées sous forme de photos ou de croquis (figure 10). Il faut veiller à consigner ses observations de façon claire et précise pour éviter d'avoir à élaborer de mémoire le compte rendu de ses découvertes.

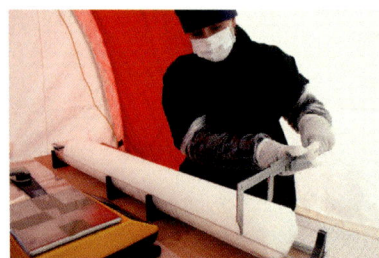

Figure 8 Des scientifiques retirent une carotte glaciaire qui a été prélevée dans un glacier, selon le plan d'expérience établi. Ces carottes glaciaires fournissent des indices sur les conditions environnementales lors de la formation du glacier.

observation quantitative observation numérique reposant sur la prise de mesures ou sur un calcul

observation qualitative observation non numérique décrivant les caractéristiques de certains objets ou événements

Figure 9 Deux membres d'une patrouille de ski mesurent et enregistrent les niveaux d'épaisseur de la neige pour prévoir les avalanches. Comme cette observation fait intervenir la prise de mesures, il s'agit d'une observation quantitative. S'ils notent que les couches inférieures de neige sont plus compactées que les couches supérieures, il s'agira cependant d'une observation qualitative.

Figure 10 Ce scientifique de terrain reporte ses notes manuscrites à l'ordinateur.

L'analyse et l'interprétation

On ne présente généralement pas les données recueillies au cours d'une recherche dans les tableaux d'observation qu'on dresse sur le terrain. En effet, on tire habituellement plus d'information de ces données brutes en les analysant et en les examinant attentivement. De plus, en reportant des données quantitatives sur des diagrammes, on peut faire ressortir plus nettement des régularités ou des tendances (figure 11).

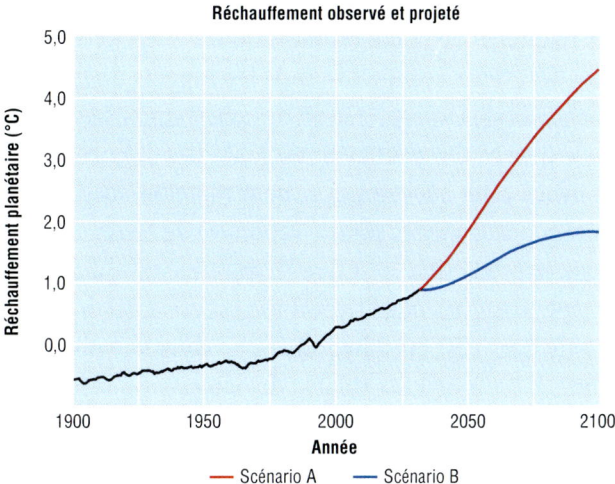

Figure 11 Les deux courbes illustrent les conséquences possibles de deux scénarios. La courbe rouge représente un scénario dans lequel les êtres humains continuent à dépendre des combustibles fossiles. La courbe bleue représente la situation qu'on prédit si les êtres humains passent à des sources d'énergie propres et conservent l'énergie.

SCIENCES EN ACTION — ANALYSER DES DONNÉES

HABILETÉS : analyser, communiquer

LA BOÎTE À OUTILS
3.B.7., 6.A.

La collecte de données est la consignation structurée de l'information. L'analyse de données consiste à étudier des données pour en dégager des régularités ou des tendances. L'interprétation de données consiste à expliquer ces régularités et ces tendances. Dans cette activité, tu vas analyser et interpréter des données.

Matériel : cahier, papier millimétré, stylos ou crayons-feutres

1. Le tableau 2 présente l'estimation trimestrielle sur six ans de la population de mulots dans un grand champ. Étudie attentivement ces données.
2. Reporte ces données dans un diagramme linéaire à l'aide d'un crayon-feutre ou d'un stylo.
3. Calcule la population moyenne de chaque année en faisant la moyenne des quatre nombres trimestriels.
4. Reporte les moyennes annuelles que tu as calculées dans le même diagramme à l'aide d'un crayon-feutre ou d'un stylo de couleur différente.
A. Décris les régularités ou les tendances que tu observes dans les données du tableau 2.
B. Qu'arrive-t-il à cette population ? Crois-tu que cette tendance va se poursuivre indéfiniment ? Explique ton raisonnement.
C. Explique pourquoi le diagramme contenant les données trimestrielles de population présente un trait zigzagant plutôt qu'un trait droit.
D. Y a-t-il un avantage à calculer et à reporter dans le diagramme la population de chaque année ? Explique ton point de vue.
E. Est-il plus aisé de dégager des régularités ou des tendances quand les données sont présentées dans un tableau ou quand elles sont reportées dans un diagramme ? Explique ton point de vue.

Tableau 2 Données sur la population de mulots

Trimestre	Population de mulots	Trimestre	Population de mulots
2004 T1	520	2007 T1	790
2004 T2	570	2007 T2	870
2004 T3	615	2007 T3	930
2004 T4	550	2007 T4	860
2005 T1	600	2008 T1	875
2005 T2	660	2008 T2	940
2005 T3	725	2008 T3	1 010
2005 T4	675	2008 T4	990
2006 T1	705	2009 T1	950
2006 T2	780	2009 T2	1 040
2006 T3	820	2009 T3	1 090
2006 T4	780	2009 T4	980

L'analyse des observations permet aussi de repérer toute erreur de mesure. On doit vérifier soigneusement toute mesure qui contraste nettement avec les autres. Si cette mesure très différente résulte d'une erreur de mesure, il faut la consigner mais ne pas en tenir compte dans l'analyse.

Une habileté particulièrement importante en recherche scientifique est l'aptitude à évaluer les données qu'on tire de ses observations. La qualité de ces données dépend de la qualité de certains autres aspects de la recherche, soit du plan d'expérience, des marches à suivre, de l'équipement et du matériel, ainsi que des habiletés de la chercheuse ou du chercheur. Pour évaluer les données, on doit tenir compte de tous les aspects de la recherche.

Le but ultime de l'analyse et de l'interprétation des observations est de répondre à la question de départ. On peut avoir en main des données permettant de répondre avec assurance à cette question. Il se peut toutefois aussi qu'on ne dispose pas de suffisamment de données pour y répondre de façon probante. Si les données confirment la prédiction, c'est que l'hypothèse est valide ; ces dernières ne prouvent cependant pas que l'hypothèse est vraie. Si les données ne confirment pas la prédiction, c'est que l'hypothèse ne constitue probablement pas une explication valide. Il est tout aussi valable de découvrir que les données confirment la validité d'une hypothèse que d'apprendre qu'elles ne la confirment pas. En recherche scientifique, le rejet d'une hypothèse n'est pas un échec, mais une étape sur le chemin menant à la découverte d'une réponse à la question.

En sciences, il est rare qu'un travail ne nécessite qu'une seule expérience. Parfois, d'autres chercheuses et chercheurs répètent l'expérience, afin de vérifier s'ils obtiennent les mêmes résultats. Dans le domaine scientifique, une question déclenche souvent une réaction en chaîne qui soulève d'autres questions, lesquelles mènent à d'autres recherches et à la formulation d'autres questions. À la fin de toute recherche, la ou le scientifique formule des questions comme celles-ci : Qu'est-ce que cela signifie ? Cette information a-t-elle un intérêt pratique ? Comment peut-on utiliser cette information ? À quelles autres questions doit-on répondre ? Quelles nouvelles questions les résultats de cette recherche soulèvent-ils ?

La communication

Les scientifiques partagent leur information avec le reste de la communauté scientifique : c'est là une caractéristique clé de la recherche scientifique (figure 12).

Figure 12 Le partage de l'information est une caractéristique clé de la recherche scientifique.

Avant la publication des résultats d'une étude scientifique dans une revue scientifique, d'autres scientifiques les examinent pour effectuer ce qu'on appelle un « contrôle par les pairs ». D'autres expertes et experts vérifient la validité des données et s'assurent de la rigueur de l'étude. L'information doit être communiquée de façon claire et exacte. Il importe de partager non seulement les découvertes, mais aussi le processus ayant permis d'obtenir les données. Pour que la recherche puisse être répétée par d'autres, il est aussi important de faire connaître le plan d'expérience et la marche à suivre. En partageant leurs résultats et les techniques qu'ils ont utilisées pour obtenir, analyser et interpréter leurs données, les scientifiques donnent à d'autres la possibilité de réviser les données ou de les utiliser dans une recherche future. La méthode la plus courante pour communiquer les résultats d'une recherche est la rédaction d'un rapport de laboratoire.

SCIENCES EN ACTION — FAIRE PASSER UN MESSAGE

HABILETÉS : planifier, évaluer, communiquer

LA BOÎTE À OUTILS
3.B.8, 3.B.9.

La justesse de la communication est aussi importante en sciences que dans la vie courante. Dans cette activité, tu vas tenter de démontrer, en collaboration avec une ou un camarade, l'importance d'une communication précise et la nécessité de développer et de perfectionner tes habiletés en ce domaine.

Matériel : cahier ou papier, stylo

1. Tu dois choisir une tâche quotidienne, par exemple nouer des lacets de chaussures, préparer un repas, aller d'un endroit à un autre ou installer un logiciel sur un ordinateur. Ce doit être une tâche qui n'est pas dangereuse. Ne dis pas à tes camarades quelle tâche tu as choisie et ne fournis pas de consignes additionnelles.
2. Rédige un ensemble de consignes détaillées qui devraient permettre à quelqu'un d'autre de réaliser cette tâche.
3. Échange tes instructions avec une ou un camarade.
4. Réalise la tâche en suivant les instructions et sans poser de questions. Si nécessaire, complète la tâche à la maison.
5. Rends compte de ton expérience à ta ou à ton camarade.

A. Dans quelle mesure as-tu réussi à réaliser la tâche ? Explique-toi.
B. Pourquoi est-il difficile de communiquer de façon claire et exacte ?
C. De quelles habiletés as-tu besoin pour communiquer clairement ? Que dois-tu faire pour développer de telles habiletés ?
D. Quelle stratégie as-tu utilisée pour clarifier le plus possible tes instructions ?
E. Qu'aurais-tu pu faire pour communiquer plus clairement ?

EN RÉSUMÉ

- La curiosité que nous éprouvons pour ce qui nous entoure et les observations que nous en faisons débouchent souvent sur des questions qui enclenchent des recherches scientifiques.
- Un premier type de démarche scientifique est l'expérience contrôlée, dans laquelle la chercheuse ou le chercheur maintient toutes les variables constantes sauf deux. Elle ou il en modifie une (la variable indépendante) et observe comment l'autre (la variable dépendante) réagit à cette modification.
- L'étude d'observation est un deuxième type de démarche scientifique, dans laquelle la chercheuse ou le chercheur recueille des données en observant une situation sans intervenir.
- L'étude de corrélation est un troisième type de démarche scientifique, dans laquelle la chercheuse ou le chercheur analyse des données pour voir s'il y a une relation entre un couple de variables. Le résultat peut être une corrélation positive, négative ou nulle. La corrélation peut être forte ou faible.
- Les habiletés nécessaires à la recherche scientifique sont : la planification (formuler une question et déterminer la meilleure façon d'y trouver réponse) ; l'expérimentation, la recherche et la résolution de problèmes (mener à bien une expérience et faire des observations d'une façon structurée) ; l'analyse et l'interprétation (chercher des régularités ou des tendances dans les observations) ; la communication (faire part de ses découvertes aux autres).

1.2 La culture scientifique dans la vie et le travail au Canada

La connaissance scientifique et l'innovation technologique jouent un rôle toujours plus important dans notre vie quotidienne. Les nouvelles technologies sont conçues de façon que l'individu moyen puisse s'en servir sans en comprendre le fonctionnement. Beaucoup de gens croient que les sciences et la technologie sont trop complexes pour être comprises par la plupart d'entre nous.

Qu'est-ce que la culture scientifique ?

Carl Sagan, un astronome et écrivain célèbre du 20ᵉ siècle, avait compris la nécessité de posséder une culture scientifique et technologique. Dans son livre *The Demon-Haunted World*, Sagan déclarait : « Nous avons mis en place une civilisation mondiale dont les mécanismes vitaux dépendent des sciences et de la technologie. Nous nous sommes aussi organisés pour que presque personne ne comprenne les sciences et la technologie. Cela nous mène droit au désastre. Nous y échapperons pendant un certain temps mais, tôt ou tard, cette explosive mixture d'ignorance et de concentration des pouvoirs nous sautera au visage. » (traduction libre)

Pour prendre de judicieuses décisions personnelles et se comporter en citoyennes et citoyens responsables, il est nécessaire de posséder une culture scientifique et technologique. Selon l'Association des professeurs de sciences de l'Ontario, « une personne qui possède une culture scientifique et technologique peut lire et comprendre les reportages des médias sur les sciences et la technologie, poser un regard critique sur l'information présentée et se lancer avec confiance dans des discussions et des processus de prise de décision portant sur les questions d'ordre scientifique et technologique ».

Pour lire des déclarations de scientifiques réputés sur la valeur de la culture scientifique :

La culture scientifique dans une carrière en sciences

Jette un regard sur tes camarades de ton groupe de sciences. Certains d'entre vous vont probablement poursuivre des études postsecondaires et entreprendre une carrière dans la recherche scientifique (figure 1(a)).

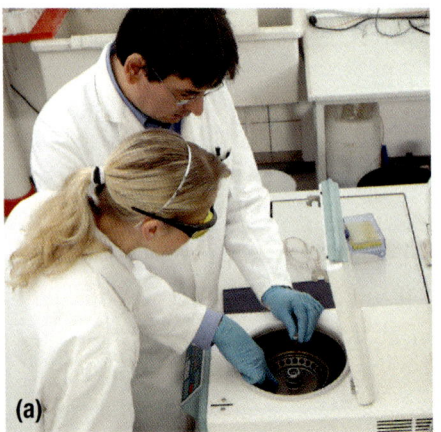
(a)
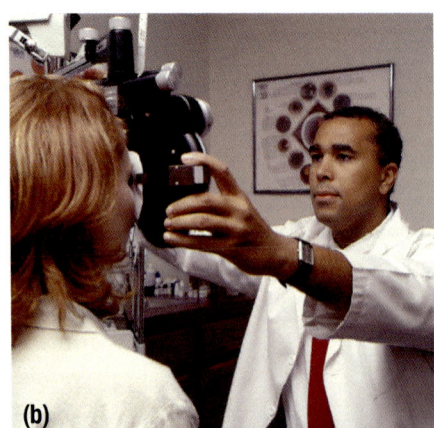
(b)

(c)

Figure 1 Certains scientifiques mènent leur recherche en laboratoire. D'autres mènent leur recherche dans la nature.

D'autres vont faire carrière en médecine, en géologie, en génie ou en sciences de l'environnement (figures 1(b) et 1(c), à la page précédente). Les employeurs sont généralement à la recherche d'individus dotés d'un esprit critique, d'une capacité de résolution de problèmes bien aiguisée et d'une aptitude à travailler en équipe. Le programme de sciences est axé sur le développement de ces habiletés.

Les Canadiennes et Canadiens sont à l'œuvre dans de nombreuses disciplines scientifiques. Nos scientifiques sont mondialement reconnus dans des domaines comme l'astronomie, l'exploration spatiale, la médecine, la génétique, les sciences de l'environnement et les technologies de l'information et de la communication (TIC). La liste de leurs découvertes et de leurs inventions et innovations technologiques est impressionnante. La théorie des plaques tectoniques, la découverte de l'insuline, l'invention du stimulateur cardiaque et le concept du temps légal constituent des apports considérables pour l'humanité.

Au fil de ce manuel, tu vas avoir l'occasion d'explorer des carrières en lien avec le domaine scientifique à l'étude. Chacun de ces symboles accompagnés d'une note en marge va t'indiquer de faire des recherches pour connaître les exigences d'études et de formation relatives aux différentes carrières scientifiques et les rôles et responsabilités qui s'y rattachent.

La culture scientifique pour un engagement personnel et citoyen

Peu de gens occupent un emploi directement relié aux sciences. Toutefois, nous sommes toutes et tous des citoyens. La citoyenneté s'accompagne d'un certain nombre de droits et de responsabilités. Un de nos droits fondamentaux est le droit à une éducation pleine et entière. Ce droit est assorti de la responsabilité d'utiliser cette éducation pour améliorer notre sort et celui de la société. Les sciences et la technologie ont des effets sur nos vies. Il est important pour nous de reconnaître et de comprendre ces effets, de façon à pouvoir prendre des décisions rationnelles et éthiques sur les enjeux qui nous touchent personnellement et qui concernent la société.

Figure 2 Les sciences et la technologie influent sur nos décisions quotidiennes.

À certains moments de ta vie, tu vas devoir prendre des décisions reliées à ton mode de vie. Tu vas devoir comprendre les différents types de diagnostics médicaux et les traitements qui te sont offerts. Tu auras aussi intérêt à savoir quels produits acheter (figure 2, à la page précédente). Tu vas devoir prendre des décisions sur des questions cruciales : les changements climatiques, la pollution, l'épuisement des ressources naturelles, la protection des espèces, les nouvelles technologies médicales, l'exploration spatiale et la faim dans le monde.

En tant que société, nous devons considérer les impacts tant positifs que négatifs du développement et de l'usage du savoir scientifique et des nouvelles technologies. Nous ne pouvons pas prévoir toutes les conséquences possibles de toutes les réalisations. Cependant, nous devons connaître les implications positives et négatives des nouvelles technologies, sans quoi nous pourrions avoir des surprises très désagréables une fois certaines technologies adoptées.

Il est important de comprendre les notions scientifiques fondamentales. Toutefois, il est impossible de tout savoir en sciences ou d'être au fait de tous les progrès technologiques ou découvertes scientifiques. Pour acquérir une culture scientifique, il est tout aussi important de se renseigner sur les sciences que d'en apprendre les notions. Il est important de savoir ce que les sciences peuvent accomplir, de savoir que la connaissance qu'elles produisent est fiable et que, malgré leurs insuffisances, les sciences sont le meilleur moyen de se renseigner sur le monde. Il est de plus tout aussi important d'être capable de trouver et d'évaluer de l'information pour prendre des décisions éclairées.

Les sciences et la technologie sont en continuelle évolution. Une personne qui possède une bonne culture scientifique comprend que l'avenir sera très différent du présent. Elle comprend aussi que la société influence les sciences et la technologie autant que les sciences et la technologie influencent la société. Acquérir une culture scientifique n'est pas utile seulement pour se préparer à devenir une ou un scientifique. Acquérir une culture scientifique est essentiel pour tous, qu'on possède une petite entreprise ou une agence de voyages, qu'on fasse du droit, de la construction, de la mécanique automobile, de la médecine ou de la recherche scientifique. Peu importe tes plans ou tes ambitions, tu dois te donner une bonne culture scientifique.

EN RÉSUMÉ

- Les gens qui possèdent une culture scientifique peuvent comprendre et évaluer l'information rattachée aux sciences et à la technologie, et prendre ainsi de meilleures décisions.
- Pour être une citoyenne ou un citoyen informé, il est nécessaire d'avoir une compréhension générale des sciences.
- De nombreuses carrières nécessitent des habiletés et des connaissances scientifiques particulières.
- Un grand nombre de Canadiennes et Canadiens ont apporté de précieuses contributions au développement des sciences et de la technologie dans le monde.

À REVOIR

CHAPITRE 1

RÉSUMÉ DES CONCEPTS CLÉS

Les sciences et la technologie jouent un rôle important dans notre vie quotidienne.

- Les sciences et la technologie ont une incidence quotidienne sur la vie de tous les individus.
- La plupart des gens ne comprennent pas les fondements des sciences et de la technologie qu'ils utilisent au quotidien.
- De nombreux enjeux sociaux importants, comme les changements climatiques et la pollution, sont liés aux sciences et à la technologie.

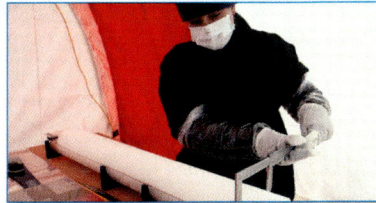

Une démarche scientifique peut être menée de différentes manières ; tout dépend de la question à laquelle on cherche à répondre.

- Les observations soulèvent souvent des questions qui enclenchent une recherche scientifique.
- Le type de recherche scientifique dépend de la nature de la question.
- Les expériences contrôlées peuvent servir à déterminer comment une variable indépendante influe sur une variable dépendante.
- Une hypothèse est une réponse et une explication plausibles à une question scientifique. Les hypothèses peuvent être énoncées au début ou à la fin d'une recherche scientifique.

Toutes les démarches scientifiques reposent sur l'enregistrement minutieux d'observations exactes et répétées.

- Les observations sont de l'information qu'on obtient en sollicitant ses sens ou un équipement qui les prolonge.
- Les observations peuvent être quantitatives (elles nécessitent des mesures ou des calculs) ou qualitatives (elles font intervenir des descriptions).
- Toutes les observations devraient être consignées avec exactitude.
- La répétition des observations permet d'éliminer les erreurs et d'accroître la valeur des données.

Il est nécessaire d'analyser et d'interpréter attentivement ses observations pour en dégager le sens.

- L'analyse de données consiste à étudier des données pour dégager des régularités ou des tendances.
- L'interprétation des données consiste à expliquer ces régularités et ces tendances.
- L'analyse et l'interprétation peuvent permettre de répondre à la question scientifique de départ.
- Il se peut que l'interprétation des observations soulève des questions supplémentaires et mène à d'autres recherches scientifiques.

La capacité à communiquer clairement est essentielle à la diffusion et à l'échange de découvertes scientifiques et d'idées.

- On s'attend à ce que les scientifiques fassent part de leurs découvertes aux autres scientifiques et au public.
- Les résultats des recherches scientifiques devraient être rapportés clairement et honnêtement.
- Une communication scientifique efficace permet à d'autres de reproduire les recherches scientifiques.

La culture scientifique permet de prendre des décisions personnelles judicieuses, d'assumer ses responsabilités citoyennes et de faire de bons choix professionnels.

- Les carrières en sciences et les carrières reliées aux sciences nécessitent des connaissances et des habiletés scientifiques.
- La connaissance et les habiletés scientifiques sont essentielles pour prendre des décisions personnelles et collectives logiques et éclairées.

UNITÉ B
Fonctions et systèmes animaux et végétaux

ATTENTES

- Décrire l'organisation hiérarchique, la structure, la fonction et l'interdépendance des systèmes animaux et végétaux.
- Analyser, en appliquant la méthode scientifique, la division cellulaire, la différenciation cellulaire et l'organisation des différents systèmes chez les organismes vivants.
- Évaluer les effets de mesures gouvernementales, de choix personnels et de l'évolution des technologies sur la santé de systèmes animaux et végétaux.

IDÉES maîtresses

- Les plantes et les animaux, y compris les êtres humains, sont constitués de cellules, de tissus et d'organes spécialisés qui sont organisés en systèmes.
- Les progrès de la médecine et de la technologie médicale peuvent avoir des conséquences d'ordre social et moral.

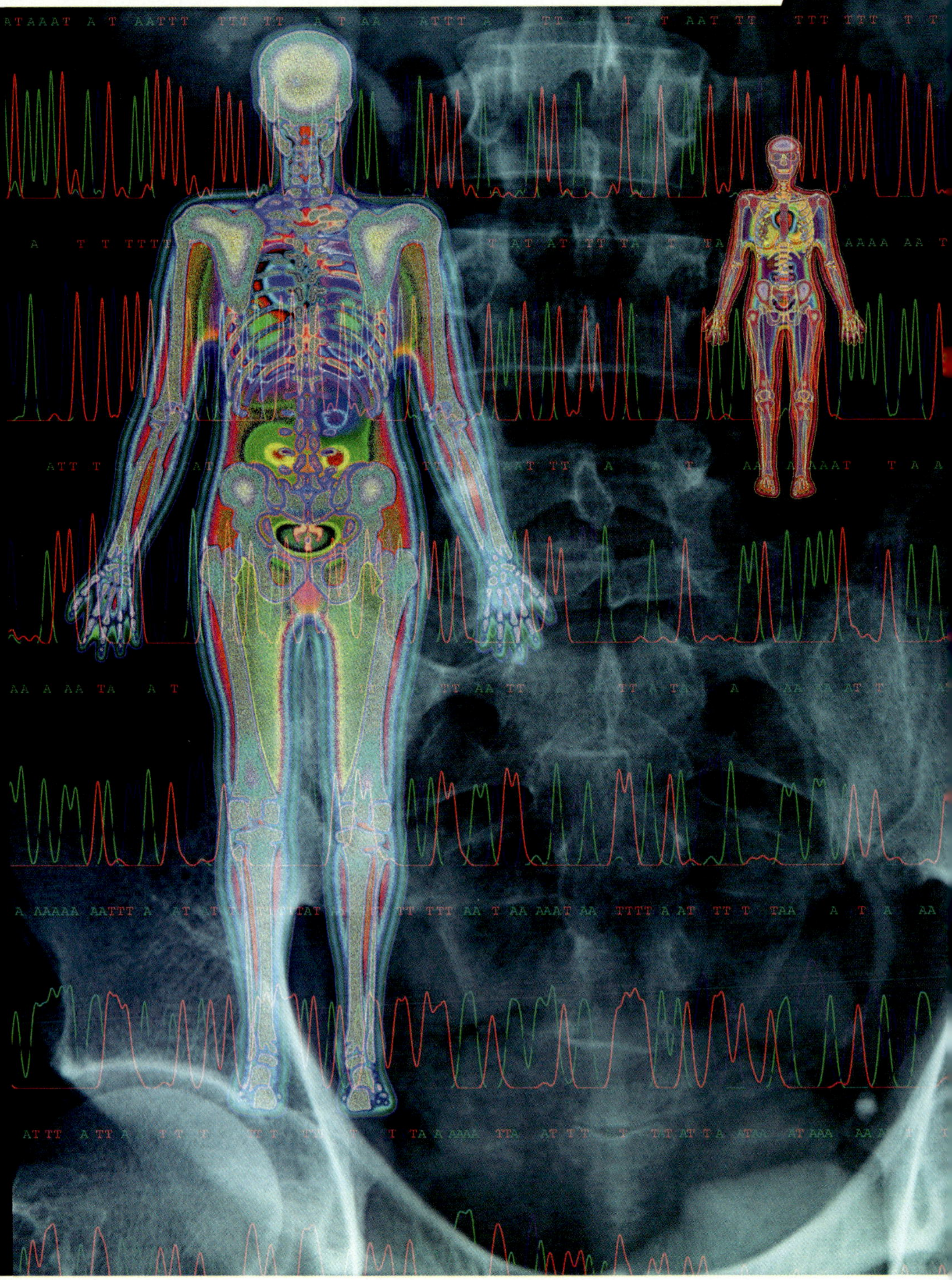

Halte STSE

LA TECHNOLOGIE
MÉDICALE

La plupart d'entre nous ont déjà été en contact d'une manière quelconque avec la technologie médicale. Même si nous n'avons pas nous-mêmes fait l'objet d'un traitement, nous connaissons probablement une personne qui en a bénéficié. Si tu t'es déjà cassé un os, on t'a probablement fait des radiographies. Si une personne de ta famille souffre d'une affection rénale, il se peut qu'elle suive un traitement de dialyse. Tu connais peut-être quelqu'un qui a subi une greffe d'organe, une chirurgie cardiaque ou un traitement de fertilité. Pour diagnostiquer et traiter les problèmes de santé, les professionnelles et professionnels de la santé recourent à de nombreuses technologies.

Réfléchir, partager, discuter

1. Dresse une liste des technologies médicales dont toi, ou des gens de ta connaissance, avez bénéficié. Décris chaque technologie et son fonctionnement de la façon la plus détaillée possible. Si possible, décris comment tu te sentais durant l'intervention. Considérais-tu cette technologie d'un œil positif ou négatif ? C MA

2. Fais voir ta liste à une ou à un camarade. C

3. Discute des sentiments que t'inspirent les technologies. Certaines posent-elles des problèmes d'éthique ? C MA

4. Les technologies ont-elles modifié l'espérance de vie et la qualité de vie des êtres humains ? Explique ta réponse. C MA

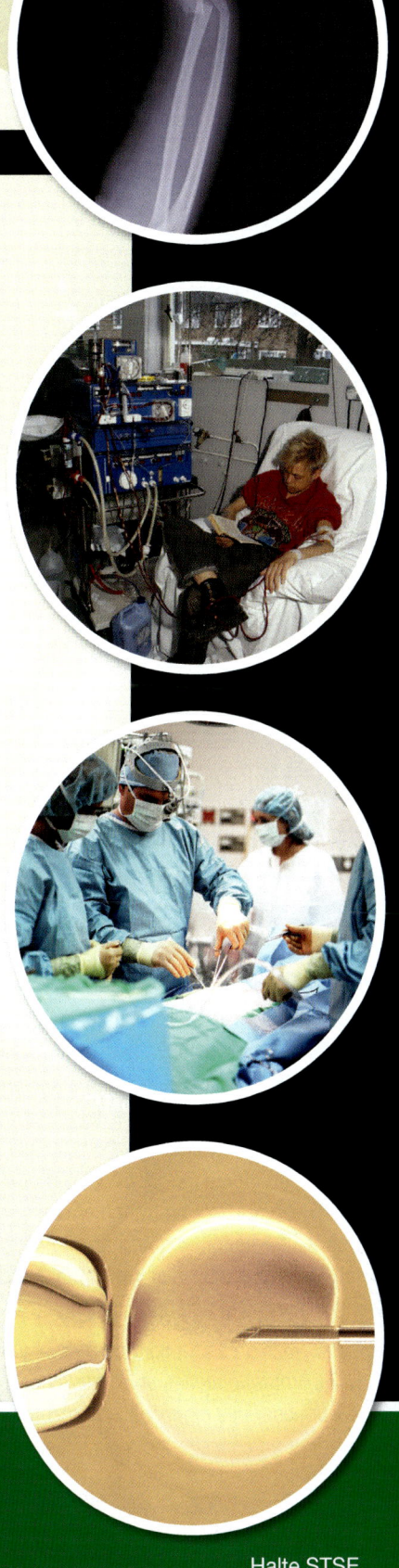

Unité B — À VOIR

UNITÉ B
Fonctions et systèmes animaux et végétaux

CHAPITRE 2
Les cellules, la division cellulaire et la différenciation cellulaire

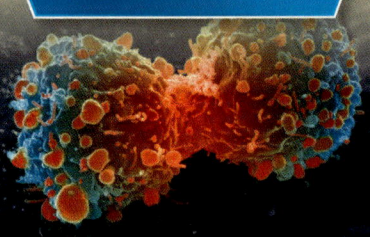

Les cellules se divisent pour que l'organisme puisse grandir, se réparer lui-même et se reproduire.

CHAPITRE 3
Les systèmes animaux

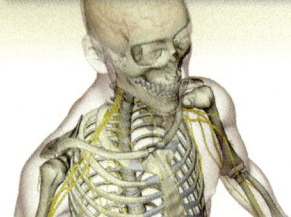

Les animaux ont plusieurs systèmes organiques interdépendants.

CHAPITRE 4
Les systèmes végétaux

Les pousses et les racines des végétaux contiennent des tissus spécialisés qui constituent les racines, les tiges, les feuilles et les fleurs des plantes.

APERÇU de l'activité de fin d'unité

Aide en santé familiale

Une personne de ta connaissance est malade ou blessée. Elle a besoin de ton soutien et de tes connaissances. Pour l'aider, tu lui offres de te documenter sur son problème de santé et de la renseigner.

Pour cette activité, vous travaillerez en groupe. Vous devrez choisir l'une des mises en situation proposées. Vous allez devoir ensuite examiner la question, vous documenter sur la maladie ou la blessure dont il s'agit, recueillir de l'information sur la façon dont le fonctionnement normal du système organique est affecté par ce trouble, et découvrir quels tests diagnostiques et choix de traitement sont offerts. Vous allez analyser l'information et déterminer l'option qui vous semble la meilleure. Vous allez ensuite communiquer ce que vous avez découvert à la personne concernée ou à sa famille.

Rappelez-vous qu'il faut se méfier de tout autodiagnostic ; seuls les professionnelles et professionnels de la santé devraient poser des diagnostics et recommander des traitements, en consultation avec la personne concernée ou sa famille.

Au cours de cette unité, vous allez acquérir des connaissances et des habiletés qui vont vous aider à accomplir cette tâche.

SIGNET de fin d'unité

Tu trouveras une description détaillée de l'activité de fin d'unité à la page 156. Au fil de l'unité, prête attention à cette rubrique et vois quel rapport il y a entre la section que tu étudies et l'activité de fin d'unité.

ÉVALUATION

Ton évaluation permettra de savoir si tu as réussi à :

- t'attaquer au problème de santé choisi et à proposer des solutions appropriées ;
- élaborer des conseils éclairés à l'intention de la patiente ou du patient ;
- communiquer cette information de façon efficace à ton auditoire.

Que sais-tu ?

PRÉALABLES

Concepts
- La structure de la cellule
- La satisfaction des besoins vitaux
- L'organisation interne d'un organisme
- Les systèmes organiques humains

Habiletés
- Utiliser un microscope optique
- Définir des enjeux
- Déterminer les avantages et les coûts des progrès scientifiques

1. Tous les êtres vivants sont composés de cellules. Explique comment un organisme unicellulaire peut faire tout ce qu'un organisme multicellulaire peut faire. CC

2. Démontre à l'aide d'un schéma conceptuel comment une amibe (un organisme unicellulaire), un ver et un être humain se procurent de l'oxygène. CC C

3. Construis un diagramme de Venn et indiques-y les principales différences entre les cellules végétales et les cellules animales. CC C

4. a) Quel processus est illustré à la figure 1 ?
   b) Comment ce processus influe-t-il sur les cellules ? CC MA

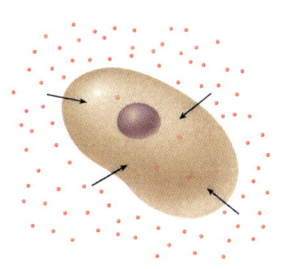 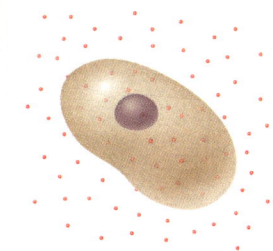

Figure 1 Des particules pénètrent dans une cellule.

5. Transcris le tableau 1 dans ton cahier. Remplis le tableau en décrivant comment les trois organismes satisfont les besoins fondamentaux indiqués (s'ils le font). CC

Tableau 1

Organisme	Besoins		
	Nutrition	Mouvement	Échange gazeux
érable			
amibe			
être humain			

6. a) Donne quatre différences structurelles entre un nénuphar et un être humain.
   b) Donne quatre différences structurelles entre une amibe et un être humain. CC

7. a) Fais un schéma conceptuel et inclus-y les termes suivants : cellule, tissu, organe, système organique. Ajoute des mots et des exemples pour établir des liens.
   b) Enrichis ton schéma conceptuel en y ajoutant des termes connexes. CC

8. Associe les organes suivants à leur système organique : CC

Organe	Système
a) cœur	respiratoire
b) estomac	circulatoire
c) poumon	nerveux
d) moelle épinière	digestif

9. a) De quelle manière as-tu observé des cellules dans tes cours de sciences précédents ?
   b) Décris les difficultés que tu as connues en tentant d'examiner des cellules. MA

10. Sans l'invention du microscope, notre connaissance et notre compréhension des cellules ne seraient pas ce qu'elles sont. Comment cette technologie a-t-elle amélioré notre compréhension de la structure des cellules ? MA

11. Réfléchis à ton usage du microscope au cours de tes études, puis réponds aux questions suivantes : CC
    a) Comment doit-on transporter un microscope ?
    b) Avec quelle lentille commencerais-tu l'examen d'une préparation microscopique ?
    c) Quand utilises-tu la vis macrométrique ?
    d) Énumère les étapes d'élaboration d'une préparation microscopique humide.
    e) Décris la bonne façon d'utiliser la lentille de haute puissance.
    f) Quelle lentille devrais-tu mettre en place au-dessus de la platine avant de ranger le microscope ?

12. Grâce au génie génétique, des scientifiques ont développé des cultures résistantes aux organismes nuisibles. Ces plantes ne nécessitent pas autant de pesticides chimiques que les plantes ordinaires. Toutefois, ces cultures résistantes peuvent se croiser avec des plantes indigènes et causer des problèmes aux populations naturelles. MA
    a) Quel est le principal enjeu ici ?
    b) Donne au moins quatre parties prenantes.
    c) Donne un impact positif et un impact négatif de ce type de cultures, en adoptant le point de vue de chacune des parties prenantes.

CHAPITRE 2

Les cellules, la division cellulaire et la différenciation cellulaire

QUESTION CLÉ : Comment et pourquoi les cellules se divisent-elles ?

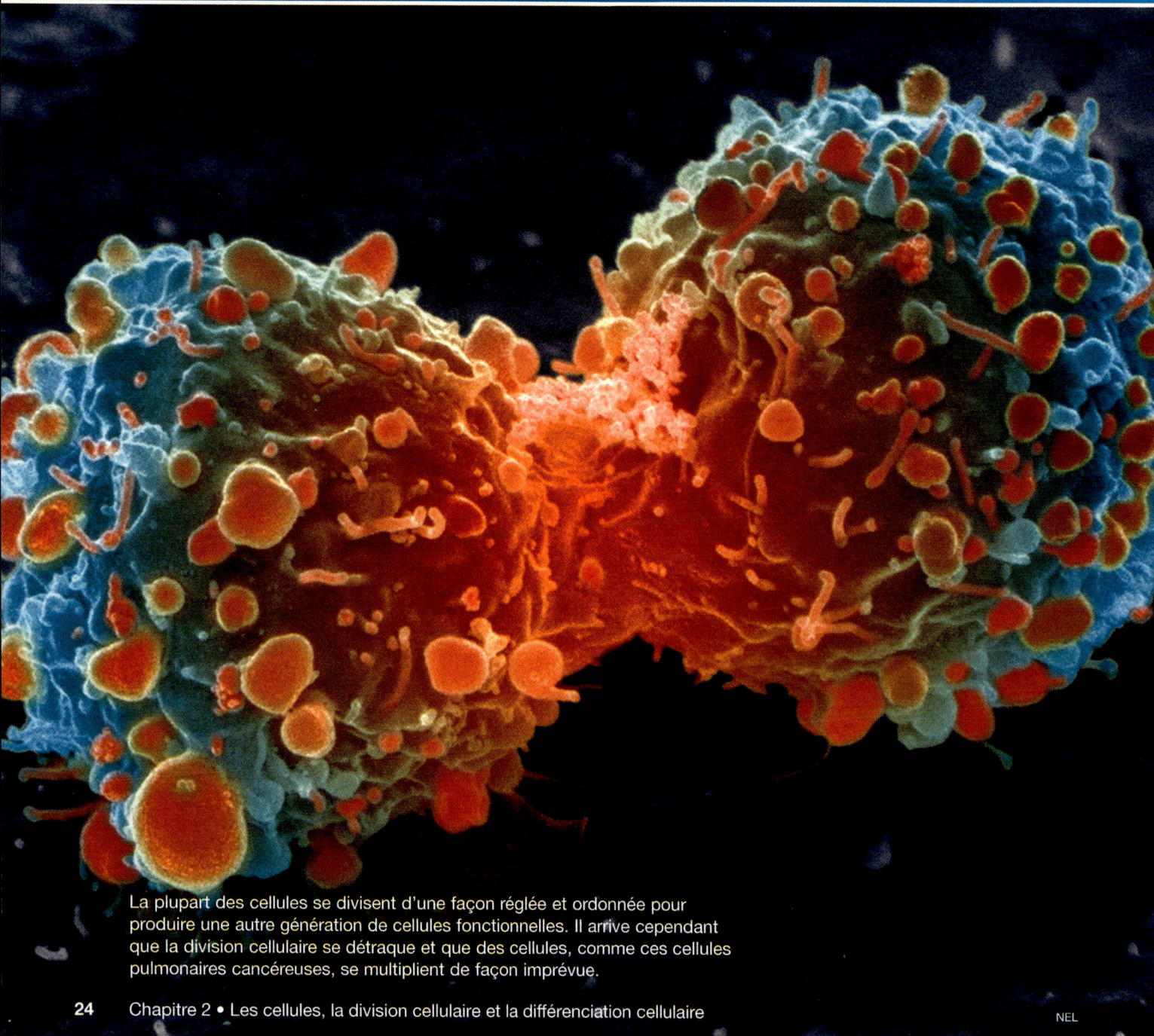

La plupart des cellules se divisent d'une façon réglée et ordonnée pour produire une autre génération de cellules fonctionnelles. Il arrive cependant que la division cellulaire se détraque et que des cellules, comme ces cellules pulmonaires cancéreuses, se multiplient de façon imprévue.

UNITÉ B
Fonctions et systèmes animaux et végétaux

CHAPITRE 2
Les cellules, la division cellulaire et la différenciation cellulaire

CHAPITRE 3
Les systèmes animaux

CHAPITRE 4
Les systèmes végétaux

CONCEPTS CLÉS

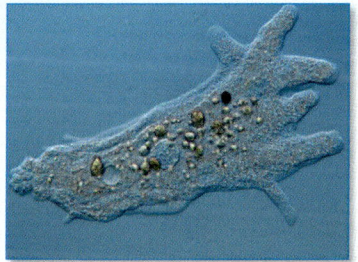

Tous les organismes sont constitués d'une ou de plusieurs cellules.

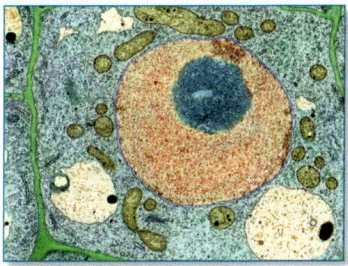

Les microscopes nous permettent d'examiner des cellules en détail.

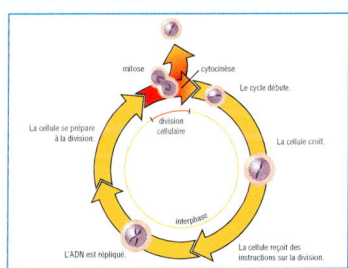

Le cycle cellulaire se déroule suivant des stades distincts.

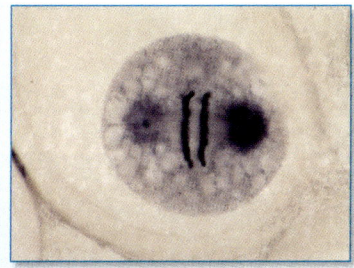

La division cellulaire est essentielle à la croissance, à la réparation et à la reproduction des organismes.

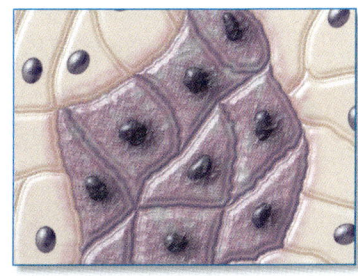

Les cellules cancéreuses se divisent généralement plus rapidement que les cellules normales.

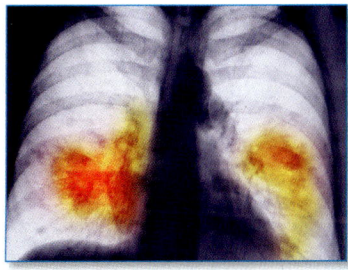

Les technologies d'imagerie médicale jouent un rôle important dans le diagnostic et le traitement des maladies.

ÉVEILLE-TOI AUX SCIENCES

Tu peux changer les choses !

Chaque jour, la science médicale met au point de nouvelles façons de traiter, et même de guérir, certains des nombreux types de cancers. La recherche médicale donne des résultats, mais elle coûte cher.

Jusqu'à présent, le Relais pour la vie a recueilli plus de 50 millions de dollars pour la recherche sur le cancer. Bien que le Relais pour la vie ait pour objectif de recueillir des fonds, cette campagne nationale de la Société canadienne du cancer est plus qu'une simple collecte de fonds. Partout au Canada, les gens participent au Relais pour la vie afin de célébrer la victoire des personnes qui ont survécu au cancer, de rendre hommage aux parents et amis qui en sont morts, de sensibiliser le public à la recherche sur le cancer et de lutter ensemble contre cette maladie.

Chaque année, dans plus d'une centaine de communautés de l'Ontario, des gens forment des équipes de relais et se trouvent des commanditaires. Durant toute une nuit, les équipes se relaient pour faire d'innombrables tours de piste en courant ou en marchant. Il n'y a pas de compétition ; tout le monde gagne. Un sens communautaire et un esprit de solidarité animent les participantes et participants.

Il n'y a pas d'idées trop farfelues quand il s'agit de recueillir des fonds pour la recherche médicale. Une station de radio de Toronto a commandité une course cycliste de plus de 200 km entre Toronto et Niagara Falls. Une boutique de tir à l'arc de Waterloo tient chaque année un « Shoot for the Cure », dans lequel les meilleures performances rapportent à la recherche sur le cancer des dons de commanditaires. Pour leur part, la Fondation canadienne du cancer du sein et la campagne du Ruban rose s'emploient à sensibiliser le public au dépistage précoce du cancer du sein et à recueillir de l'argent pour la recherche.

Figure 1 La Société canadienne du cancer a commencé à vendre des jonquilles dans le cadre d'une collecte de fonds en 1957. Il se vend maintenant plus de 2 millions de jonquilles chaque année pour la recherche sur le cancer.

Les collectes de fonds et la sensibilisation à la maladie peuvent se faire à toutes les échelles et ne nécessitent pas d'exploits athlétiques. Toute activité peut être un moteur de changement et mener à la découverte d'une façon de guérir le cancer ou d'autres maladies. Participe à un événement connu ou lances-en un. Fais-toi commanditer pour descendre des pentes de ski. Tiens un dansethon ou un patinothon. Couds, lis, lave des voitures !

Que fait ton école pour la recherche sur le cancer ? Qu'aimes-tu faire ? Est-ce que cette activité pourrait se transformer en collecte de fonds ? Existe-t-il dans ton école un groupe que tu pourrais rallier à ta cause ? N'importe quelle idée peut faire du chemin : il suffit d'y croire assez pour gagner les autres à sa cause. Tu peux vraiment changer les choses !

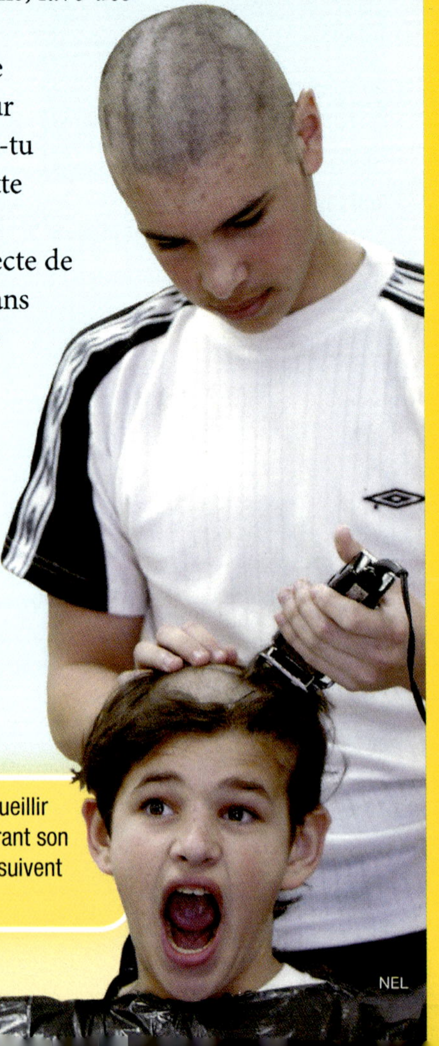

Figure 2 Un moyen de recueillir de l'argent tout en démontrant son soutien aux personnes qui suivent une chimiothérapie

QU'EN PENSES-TU ?

Beaucoup des notions que tu vas explorer dans ce chapitre sont des notions que tu as déjà abordées. Tu pourrais en avoir entendu parler à l'école, à la maison ou autour de toi. Les énoncés ci-dessous ne sont pas tous vrais. Examine chacun et détermine si tu es d'accord ou non.

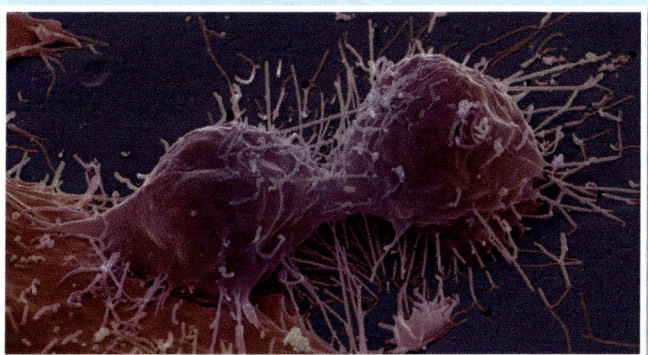

1 Toute nouvelle cellule provient d'une cellule préexistante.
D'accord / En désaccord

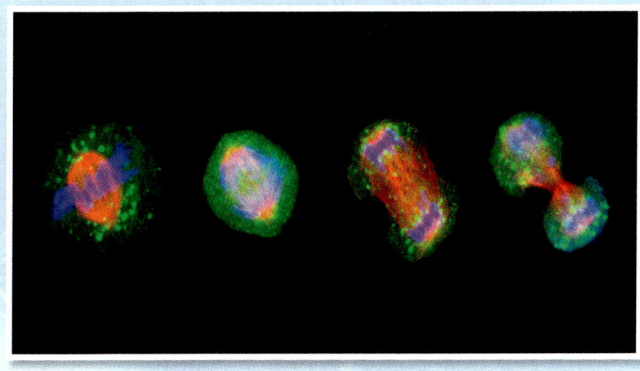

4 La mitose et le cycle cellulaire sont des processus identiques.
D'accord / En désaccord

2 Toutes les cellules végétales sont vertes.
D'accord / En désaccord

5 La diffusion est le mouvement de particules d'une région de haute concentration vers une région de basse concentration.
D'accord / En désaccord

3 Les cellules végétales et les cellules animales contiennent toutes les mêmes organites.
D'accord / En désaccord

6 Toute radiation est nuisible aux êtres humains.
D'accord / En désaccord

HALTE LECTURE

Faire des liens

Quand tu fais des liens avec un texte, tu relies des idées et de l'information d'un nouveau texte à tes expériences personnelles ou à ta connaissance d'autres textes ou d'événements mondiaux. Il existe trois grands types de liens que tu peux établir pour faciliter ton interprétation d'un texte.

- **Des liens entre le texte et toi :** fais des liens entre le texte et ton expérience personnelle.
- **Des liens entre des textes :** fais des liens entre le texte et d'autres textes que tu as lus ou parcourus.
- **Des liens entre le texte et le monde :** fais des liens entre les événements et les enjeux présentés dans le texte et le monde.

> **COUP DE POUCE**
> **LECTURE**
>
> Au fil de ce chapitre, prête attention aux rubriques Coup de pouce. Elles vont t'aider à élaborer des stratégies de littératie.

Taux de croissance cellulaire et cancer

Une cellule cancéreuse est une cellule qui continue à se diviser malgré le fait que le noyau ou des cellules environnantes lui transmettent des signaux d'arrêter. Cette croissance et cette division cellulaire incontrôlées peuvent créer un amas de cellules qui grossit rapidement et forme une tumeur (figure 1). Les cellules de la tumeur peuvent demeurer solidaires et n'avoir pas d'effet grave sur les tissus environnants. Il s'agit alors d'une tumeur bénigne. Les cellules d'une tumeur bénigne ne sont pas cancéreuses. Toutefois, il arrive qu'une tumeur bénigne devienne si grosse qu'elle presse sur les cellules et les tissus environnants, ce qui peut nuire à leur fonctionnement normal.

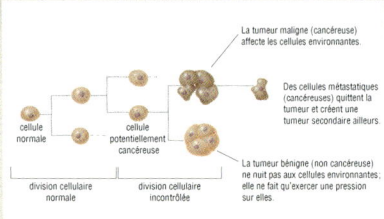

Figure 1 Une tumeur est une masse de cellules dépourvues de fonction. Elle peut demeurer bénigne ou devenir maligne. Les cellules d'une tumeur peuvent se métastaser (se propager à d'autres régions du corps). Les tumeurs malignes et métastatiques sont considérées comme cancéreuses.

Faire des liens : *À toi de jouer !*

Faire des liens peut t'aider à comprendre un texte, car cela va t'amener à visualiser l'information, à faire des inférences, à te former des opinions ou à tirer des conclusions. Vois comment un élève a établi des liens avec le texte précédent sur les cellules cancéreuses.

Les liens que j'ai faits avec le texte	Comment ce lien m'a aidé à comprendre le texte et à y réagir
Lien entre le texte et moi : au sujet de mon oncle dont le cancer de la prostate a été détecté tôt et traité avec succès	Ce lien m'a aidé à me former une opinion sur l'importance de faire faire son bilan de santé régulièrement.
Lien entre des textes : entre le schéma et le jeu électronique *L'invasion des Cathares*	Ce lien m'a aidé à visualiser la propagation du cancer dans l'organisme.
Lien avec le monde : entre le texte et les statistiques relatives au cancer, qui est la première cause de décès au Canada	Ce lien m'a aidé à tirer des conclusions sur les raisons pour lesquelles près de 50 % des personnes atteintes de cancer en meurent.

Les cellules végétales et les cellules animales

2.1

La biologie repose sur trois idées simples mais essentielles. Ces trois idées constituent la **théorie cellulaire**, qui se résume comme suit :

1. Tous les êtres vivants sont constitués d'une ou de plusieurs cellules et de leurs produits.
2. La cellule est l'unité fondamentale capable d'effectuer tous les processus vitaux.
3. Toutes les cellules proviennent d'autres cellules ; elles ne proviennent pas de la matière inerte.

Tous les êtres vivants sont constitués de cellules, qui peuvent être très simples ou très complexes. Les organismes les plus simples sont les archées et les bactéries. Ces formes de vie unicellulaires sont appelées **procaryotes** (figure 1(a)). Ces cellules n'ont pas de noyau. Des cellules plus complexes forment des organismes unicellulaires ou multicellulaires. Ces cellules, appelées **eucaryotes**, ont une organisation interne plus complexe, y compris un noyau. Les eucaryotes comprennent tous les protistes, les champignons, les animaux et les végétaux, depuis la minuscule amibe jusqu'à la baleine la plus énorme et l'arbre le plus haut (figures 1(b) à 1(d)). Leurs cellules sont beaucoup plus grosses que celles des procaryotes : des dizaines de milliers de fois plus grosses.

théorie cellulaire théorie énonçant que tous les êtres vivants sont constitués d'une ou de plusieurs cellules, que la cellule est l'unité de base de la vie et que toutes les cellules proviennent de cellules préexistantes

procaryote cellule qui ne possède ni noyau ni autres organites entourés d'une membrane

eucaryote cellule qui contient un noyau et d'autres organites, tous entourés d'une fine membrane

La structure cellulaire

Les organes spécialisés de ton corps effectuent tous les processus vitaux. Une cellule eucaryote a aussi des parties spécialisées, appelées **organites**, qui remplissent des fonctions spécifiques nécessaires à la vie.

organite structure cellulaire qui exécute une fonction spécifique pour la cellule

COUP DE POUCE
LECTURE

Faire des liens
Quand tu tentes d'établir des liens avec un texte, formule des réflexions ou des questions du genre de :
- Cet exemple me rappelle…
- Ce diagramme m'amène à me demander pourquoi…
- Ces données sont-elles exactes ?
- Ai-je déjà lu là-dessus ?

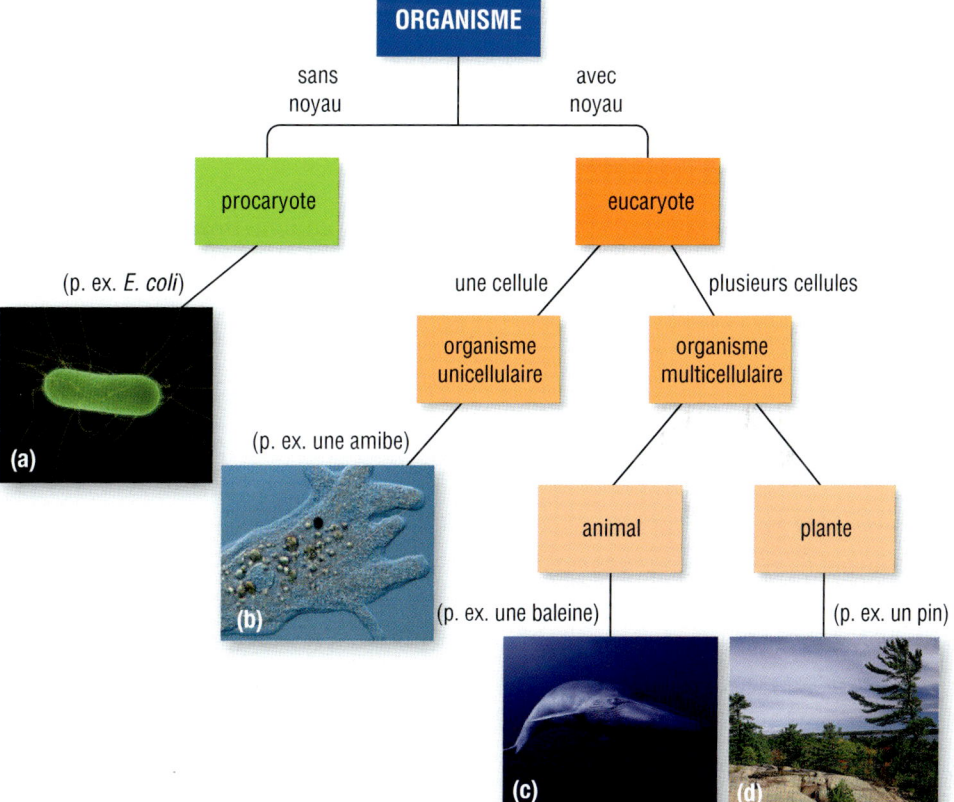

Figure 1 La relation entre les procaryotes et les eucaryotes. La bactérie (a) est un procaryote. L'amibe (b), la baleine (c) et le pin (d) sont tous des eucaryotes.

Les structures communes aux cellules végétales et animales

Toutes les cellules doivent réaliser les mêmes activités vitales : consommer de l'énergie, absorber et emmagasiner de la matière, éliminer les déchets, acheminer des substances et se reproduire. Chaque organite a une fonction spécifique à l'intérieur de la cellule. Les divers organites d'une cellule travaillent ensemble pour répondre aux besoins de la cellule et de tout l'organisme. La figure 2 illustre les organites dans une cellule végétale typique et dans une cellule animale typique.

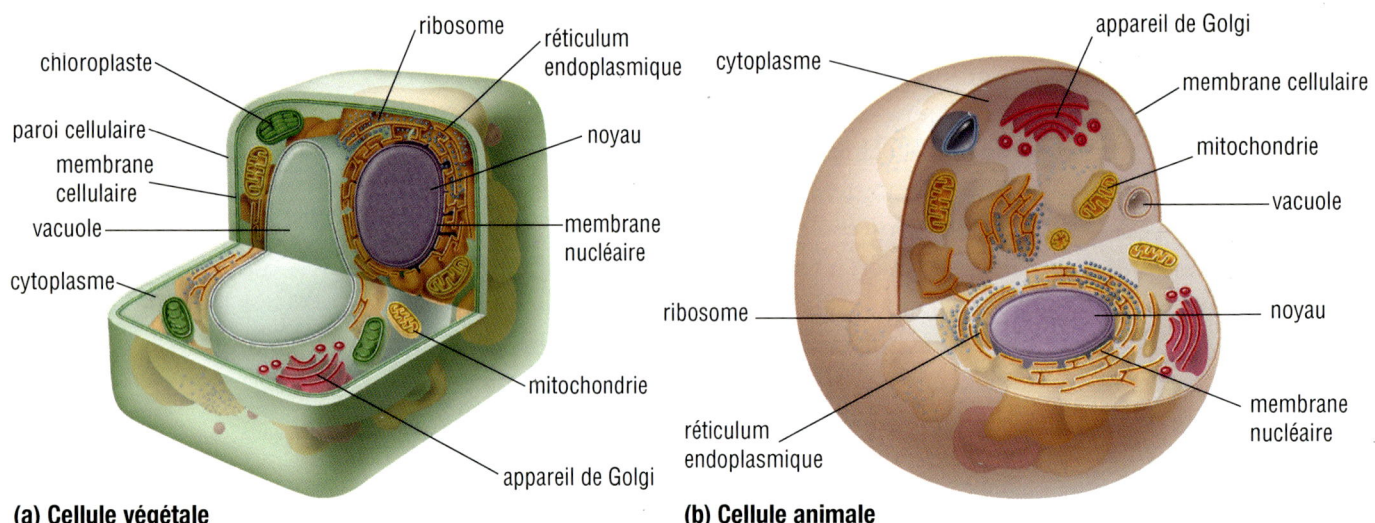

(a) Cellule végétale

(b) Cellule animale

Figure 2 Les cellules végétales et les cellules animales ont plusieurs organites en commun, mais elles présentent aussi certaines différences.

LE CYTOPLASME

Tous les organites à l'intérieur de la cellule baignent dans le cytoplasme. Le cytoplasme est surtout composé d'eau, mais il contient aussi beaucoup d'autres substances que la cellule garde en réserve. Il se produit de nombreuses réactions chimiques dans le cytoplasme, dont la texture gélatineuse peut devenir liquide pour permettre aux organites d'y circuler.

LA MEMBRANE CELLULAIRE

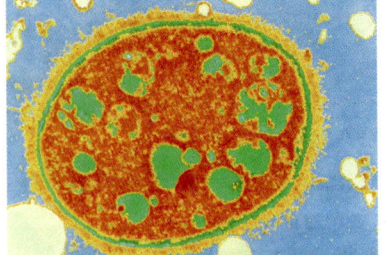

Figure 3 Cette image obtenue par microscopie électronique en transmission (MET) fait ressortir la membrane cellulaire en vert.

Une membrane cellulaire composée d'une double couche flexible enveloppe la cellule (figure 3). Sa fonction consiste à la fois à contenir la cellule et à permettre à certaines substances d'y pénétrer tout en empêchant d'autres de le faire. Par exemple, les molécules d'eau et d'oxygène peuvent passer facilement à travers la membrane cellulaire, mais de plus grosses molécules, comme les protéines, ne le peuvent pas. C'est pourquoi on la qualifie de « membrane semi-perméable ».

LE NOYAU

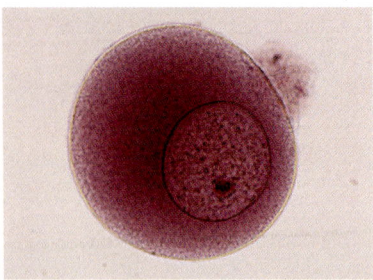

Figure 4 Ce gros noyau est aisément visible à l'intérieur de cette cellule d'étoile de mer.

ADN (acide désoxyribonucléique) substance à l'intérieur du noyau d'une cellule qui contient toute l'information génétique de cette cellule

Le noyau d'une cellule est généralement sphérique (figure 4). Il contient l'information génétique qui contrôle toutes les activités cellulaires. Cette information est emmagasinée dans les chromosomes qui contiennent l'**ADN (acide désoxyribonucléique)**, la substance qui transporte les instructions codées concernant toute l'activité cellulaire. Quand une cellule se divise, l'ADN est copié ; ainsi, chaque nouvelle cellule reçoit un ensemble complet de chromosomes.

LES MITOCHONDRIES

Les mitochondries sont les « centrales énergétiques » de la cellule : elles mettent de l'énergie à sa disposition (figure 5). Les cellules actives, telles les cellules musculaires, possèdent plus de mitochondries que les cellules moins actives, comme les cellules adipeuses. Les cellules emmagasinent l'énergie sous forme de glucose (un sucre). Les mitochondries contiennent des enzymes qui favorisent la transformation de l'énergie stockée en énergie aisément utilisable. Ce processus s'appelle « respiration cellulaire » et requiert de l'oxygène. Les déchets de cette réaction sont du dioxyde de carbone et de l'eau.

glucose + oxygène → dioxyde de carbone + eau + énergie utilisable

Les cellules dans lesquelles la respiration doit se produire très rapidement, comme les cellules des muscles et les cellules du foie, ont beaucoup de mitochondries. Par contre, les cellules plutôt inactives, comme les cellules adipeuses, ont en général très peu de mitochondries.

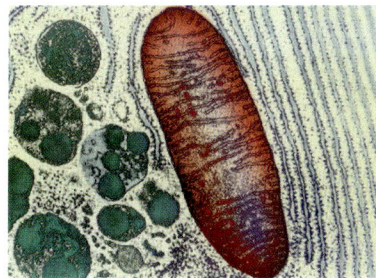

Figure 5 La mitochondrie (17 000X) est la grande structure ovale rougeâtre qui apparaît sur cette image obtenue par MET.

LE RÉTICULUM ENDOPLASMIQUE

Le réticulum endoplasmique est un réseau tridimensionnel de tubes et de sacs (figure 6). Il s'étend dans tout le cytoplasme, de la membrane nucléaire à la membrane cellulaire. Ses tubes remplis de fluides transportent des matières, comme les protéines, dans la cellule. Dans le cerveau, il contribue à la production et à la libération des hormones. Dans les muscles, il intervient dans la contraction musculaire.

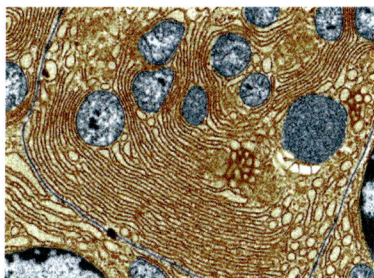

Figure 6 Le réticulum endoplasmique (5 500X), coloré en brun sur cette MET, transporte des matières dans toute la cellule.

L'APPAREIL DE GOLGI

L'appareil de Golgi recueille et transforme des matières dont la cellule doit se débarrasser (figure 7). Il fabrique et sécrète également du mucus. Les cellules qui sécrètent beaucoup de mucus, comme les cellules qui tapissent l'intestin, contiennent beaucoup d'appareils de Golgi.

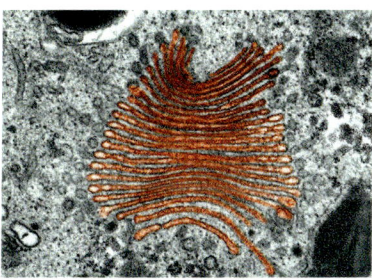

Figure 7 L'appareil de Golgi (30 000X)

LES VACUOLES

Une vacuole est une poche qui renferme du liquide. Les fonctions des vacuoles varient beaucoup, selon le type de cellule. Ces fonctions peuvent consister à contenir certaines substances, à débarrasser la cellule de substances indésirables et à maintenir la pression interne des fluides (turgescence) dans la cellule. Les cellules animales peuvent avoir de nombreuses petites vacuoles qui ne sont souvent pas visibles. Les cellules de plantes matures ont généralement une vacuole centrale qui est visible au microscope optique. Certaines cellules animales peuvent, en changeant de forme, envelopper et entourer de petits objets pour les faire pénétrer à l'intérieur de la cellule. C'est ainsi que l'amibe se procure de la nourriture. Certains globules blancs engloutissent les bactéries pour les tuer. Au cours de ce processus, une portion de la membrane cellulaire se retourne et forme une vacuole à l'intérieur de la cellule jusqu'à ce que l'objet englouti soit digéré. Ensuite, tout déchet est rejeté hors de la cellule et la vacuole fusionne de nouveau avec la membrane cellulaire.

Les organites exclusifs aux cellules végétales

Les cellules végétales et les cellules animales ont en commun plusieurs structures, mais elles présentent aussi certaines différences. Les cellules végétales ont certains organites que les cellules animales n'ont pas (figure 8).

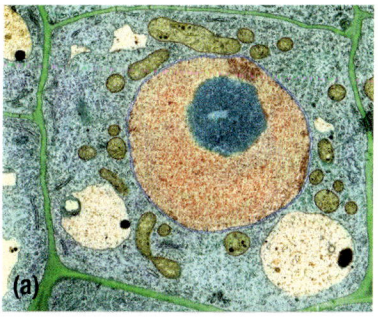

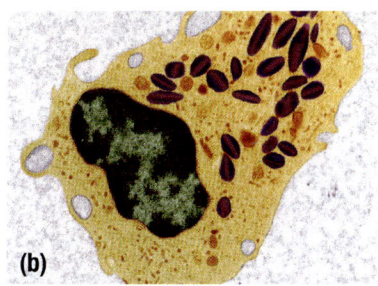

Figure 8 Les cellules végétales (a) ont une paroi cellulaire, de grandes vacuoles et des chloroplastes (5 500X), ce que les cellules animales (b) n'ont pas (2 500X).

LA PAROI CELLULAIRE

La paroi cellulaire recouvre la membrane cellulaire des cellules végétales. C'est une structure rigide mais poreuse faite de cellulose. Elle donne sa forme à la cellule et la protège. La cellulose peut maintenir sa cohésion longtemps après la mort de la plante. Le papier dont est fait ton manuel est composé en grande partie de cellulose.

LA VACUOLE

Les cellules végétales ont habituellement une grande vacuole, qui occupe presque tout l'espace à l'intérieur de la cellule. Quand les vacuoles sont remplies d'eau, la pression de la turgescence garde les cellules bien gonflées, ce qui donne de la fermeté à la tige et aux feuilles des plantes. Cependant, si le niveau d'eau diminue, les vacuoles perdent leur turgescence et les cellules ramollissent. Les tiges et les feuilles de la plante deviennent molles et pendantes jusqu'à ce qu'il y ait un nouvel apport d'eau.

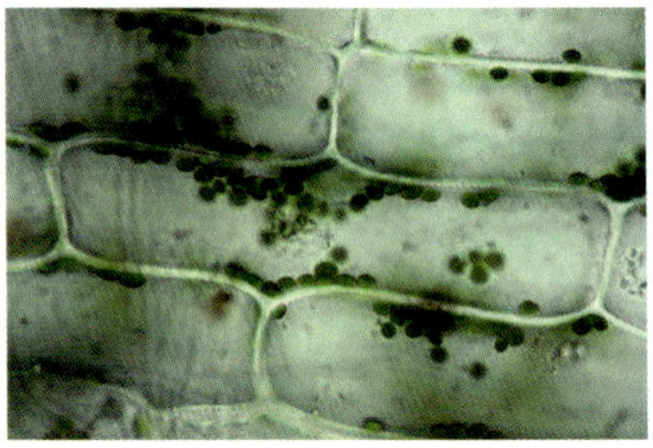

LES CHLOROPLASTES

De nombreuses cellules végétales qui sont exposées à la lumière, telles les cellules des feuilles, ont des structures appelées « chloroplastes » (figure 9). Les chloroplastes contiennent de la chlorophylle, ils donnent aux feuilles leur couleur verte, et surtout, ils absorbent l'énergie lumineuse. Cette énergie lumineuse sert à la photosynthèse :

dioxyde de carbone + eau + énergie (lumière solaire) → glucose + oxygène

Grâce à la photosynthèse, les plantes tirent leur énergie du Soleil et fabriquent leur propre nourriture. Pour métaboliser le glucose, les cellules végétales s'en remettent aux mitochondries, tout comme les cellules animales.

Figure 9 Les chloroplastes des cellules végétales (250X)

EN RÉSUMÉ

- La théorie cellulaire établit que tous les êtres vivants sont constitués de cellules, que la cellule est l'unité de base de la vie et que toutes les cellules résultent de la reproduction d'autres cellules.
- Les organismes unicellulaires les plus simples, y compris les bactéries, sont des procaryotes. Les organismes plus complexes, y compris les organismes multicellulaires, sont des eucaryotes.
- Les cellules eucaryotes contiennent des organites qui remplissent des fonctions vitales spécifiques.
- La membrane cellulaire, le cytoplasme, le noyau, les mitochondries, le réticulum endoplasmique, l'appareil de Golgi et les vacuoles se trouvent tant dans les cellules végétales que dans les cellules animales.
- Les structures qu'on ne trouve que dans les cellules végétales sont les chloroplastes, une grande vacuole et la paroi cellulaire.

VÉRIFIE TA COMPRÉHENSION

1. Résume la théorie cellulaire en tes propres mots.
2. Tes cellules sont-elles procaryotes ou eucaryotes ? Explique ta réponse.
3. Quelle est la différence la plus évidente entre les cellules procaryotes et les cellules eucaryotes ?
4. Comment le noyau coordonne-t-il les activités cellulaires ?
5. Quand tu fais de l'exercice, tu respires plus profondément et plus rapidement. À partir de ce que tu sais sur les organites, explique pourquoi il en est ainsi.
6. Les cellules végétales ne contiennent pas toutes des chloroplastes. Quelle est l'explication la plus probable de cela ?
7. Les cellules végétales sont entourées d'une paroi cellulaire. Quelle est la fonction de cette structure ?
8. Les cellules végétales peuvent fabriquer leur propre « nourriture », soit le glucose. Pourquoi les cellules végétales ont-elles des mitochondries ?

Voir à l'intérieur

Depuis des siècles, les scientifiques explorent au microscope le fonctionnement interne du corps humain. Toutefois, les microscopes optiques ont leurs limites. La nature même de la lumière restreint la taille des objets que ces microscopes permettent de voir. De plus, il est impossible de regarder à l'intérieur de tissus solides au moyen de la microscopie traditionnelle. Heureusement, de nouvelles technologies permettent maintenant d'explorer davantage l'intérieur des tissus et des organes. Les images qui en résultent sont en train de révolutionner la façon de diagnostiquer les maladies.

La microscopie à balayage confocal est l'une des innovations en ce domaine. Cette technique tire profit de la fluorescence. Une matière est fluorescente si elle émet de la lumière visible immédiatement après avoir absorbé de la lumière ultraviolette (UV). En microscopie à balayage confocal, les scientifiques introduisent des substances fluorescentes dans les tissus ou les cellules à examiner. Ces marqueurs fluorescents brillent quand on les regarde au microscope. Différents marqueurs fluorescents brillent quand ils absorbent différentes ondes lumineuses. La microscopie à balayage confocal permet aux scientifiques d'observer la fluorescence sur plus d'un plan. Pour ce faire, cette technologie concentre de minuscules faisceaux de lumière sur le spécimen, plutôt que de le baigner dans une lumière provenant d'une source unique. De cette façon, la personne qui observe peut voir beaucoup plus de détails en fort grossissement et en trois dimensions (figure 1). La microscopie à balayage confocal sert à diagnostiquer un vaste éventail de troubles de santé dont l'épilepsie, des maladies de l'œil, des troubles génétiques tels que le syndrome d'Alport, de même que le cancer de la peau. On n'a pas encore fini de découvrir de nouveaux usages à cette technologie.

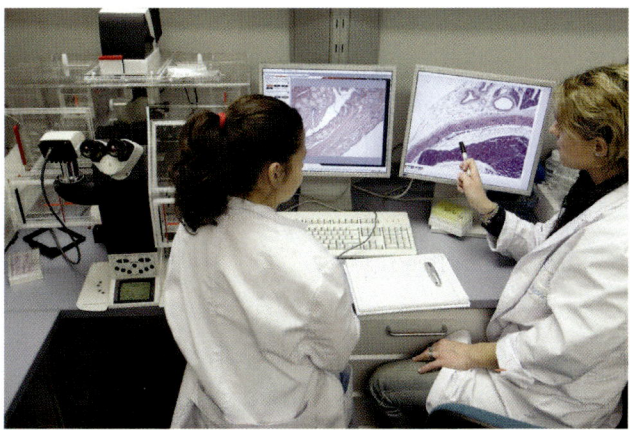

Figure 1 Un microscope à balayage confocal

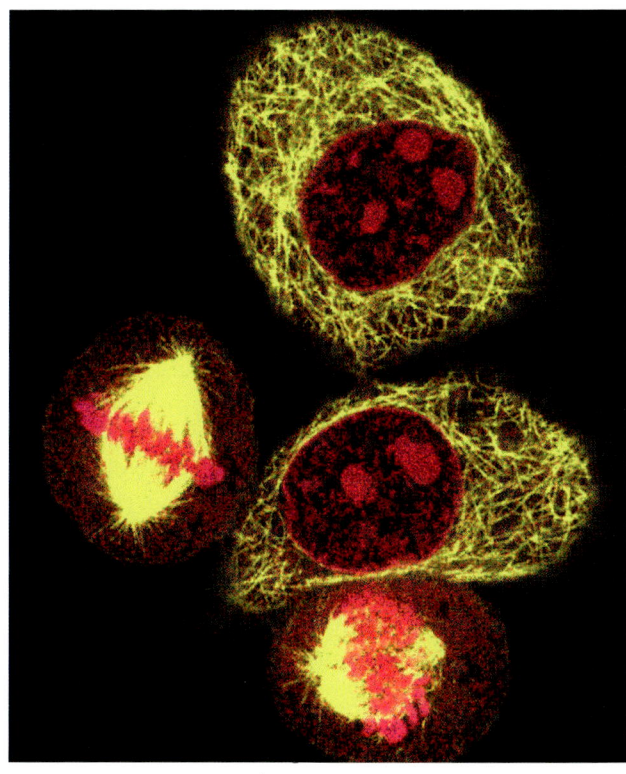

Figure 2 Des innovations récentes en microscopie permettent aux scientifiques de mieux comprendre la structure et le fonctionnement du corps humain.

La microscopie multiphotonique est un prolongement de la microscopie à balayage confocal. Les microscopes multiphotoniques dirigent avec précision une impulsion laser infrarouge (IR) sur le point à étudier dans un échantillon. Un marqueur fluorescent dans l'échantillon absorbe la lumière infrarouge et brille en ce point précis. La lumière infrarouge ne se disperse pas autant que la lumière visible quand elle traverse le spécimen, de sorte que les scientifiques peuvent « regarder » plus en profondeur dans l'échantillon (figure 2). La microscopie multiphotonique n'endommage pas les cellules vivantes. En fait, cette technique est si sûre que les médecins s'en servent pour diagnostiquer des maladies de l'œil. On pense que cette technologie pourrait aussi aider à comprendre les maladies cérébrales. Elle pourrait permettre de détecter le cancer dans des organes internes à l'aide d'une sonde munie d'une minuscule caméra.

Ces technologies ne sont qu'un début. D'autres innovations, telles que la microholographie numérique et la microscopie à illumination structurée, ou 3D-SIM, pourraient bien un jour permettre aux médecins de voir de près et en détail tout ce qui se passe à l'intérieur de nos cellules, de nos tissus et de nos organes.

2.2 RÉALISE UNE ACTIVITÉ

Observe des cellules végétales et animales

Dans cette activité, tu vas observer et comparer une cellule végétale typique avec une cellule animale typique. Tu vas examiner les organites de chacune et déterminer les principales différences. La cellule végétale va être prélevée sur un oignon; la cellule animale sera une lame préparée de cellules de joue humaine. Une fois que tu auras observé ces cellules au microscope, tu vas élaborer des dessins biologiques et y consigner tes observations.

HABILETÉS
- Se poser une question
- Formuler une hypothèse
- Prédire le résultat
- Planifier
- Contrôler les variables
- Exécuter
- Observer
- Analyser
- Évaluer
- Communiquer

Objectif

Partie A : Faire une préparation humide de cellules d'oignon, étudier une cellule au microscope et faire un schéma avec mots-étiquettes des caractéristiques observées.

Partie B : Examiner une lame préparée de cellules de joue humaine, étudier une cellule au microscope et faire un schéma avec mots-étiquettes des caractéristiques observées.

Matériel

- tablier de laboratoire
- gants jetables
- lame et lamelle propres
- pinces ou pincettes
- microscope
- bouteille compte-gouttes
  - d'eau distillée
  - de teinture d'iode
- oignon
- essuie-tout
- lame préparée de cellules de joue humaine

✋ La teinture d'iode est toxique. Elle peut aussi tacher la peau et les vêtements. Mets un tablier et des gants imperméables quand tu manipules de l'iode au laboratoire.

Marche à suivre

LA BOÎTE À OUTILS
2.D., 3.B.6.

Partie A : Faire une préparation humide de cellules d'oignon

1. Mets ton tablier et tes gants jetables.
2. Mets une goutte d'eau distillée sur une lame de microscope propre.
3. À l'aide des pinces, prélève la fine membrane translucide d'un petit morceau d'oignon.
4. Place avec soin cette membrane sur la goutte d'eau.
5. Abaisse soigneusement un côté de la lamelle de façon à couvrir l'échantillon.
6. Examine l'échantillon à travers la lentille de faible puissance. Fais la mise au point à l'aide de la vis macrométrique.
7. Fais un schéma avec mots-étiquettes pour montrer la disposition des cellules individuelles.
8. Pour colorer le spécimen, mets une goutte de teinture d'iode à l'une des extrémités de la lamelle. Tiens un bout d'essuie-tout à l'autre extrémité de façon à étaler la teinture sous la lamelle (figure 1).

Figure 1 Colorer une préparation humide de peau d'oignon à l'aide d'iode

9. Observe l'échantillon à travers la lentille de moyenne puissance. Fais la mise au point à l'aide de la vis micrométrique.
10. Observe une cellule. Fais un schéma des structures visibles et identifie-les à l'aide de mots-étiquettes.
11. Rince la lame et nettoie-la comme il faut.
12. Si ton enseignante ou enseignant te fournit des lames préparées d'autres cellules végétales, observe-les et note tes observations.

Partie B : Examiner une lame préparée de cellules de joue humaine

13. Observe la lame préparée de cellules de joue humaine au microscope à travers la lentille de faible puissance. Essaie de trouver une zone dans la préparation où les cellules ne se chevauchent pas. Fais la mise au point sur une cellule à l'aide de la vis macrométrique.

14. Observe l'échantillon à travers la lentille de moyenne puissance. Fais la mise au point sur une cellule à l'aide de la vis micrométrique.

15. Observe une cellule. Si nécessaire, utilise la lentille de haute puissance. Fais un schéma avec mots-étiquettes de cette cellule et de toute structure visible.

Analyse et interprète

a) Quelles structures as-tu réussi à identifier dans les cellules d'oignon ?

b) Quelles structures as-tu réussi à identifier dans les cellules de joue ?

c) Quelle était la différence la plus évidente entre ces deux types de cellules ?

d) Pour quelle(s) raison(s) les cellules d'oignon sont-elles des cellules végétales typiques ? Explique ta réponse.

e) À ton avis, pourquoi a-t-on choisi d'utiliser des cellules provenant de tissus humains et d'oignon dans cette activité ?

f) Quelle différence as-tu remarquée dans les cellules avant et après la coloration à l'iode ? Pourquoi t'avait-on conseillé de colorer ces cellules ?

Approfondis ta démarche

g) Si tu as examiné d'autres cellules végétales au cours de cette activité, décris ce qui les distinguait d'une cellule d'oignon. Explique ces différences.

h) La plupart des livres indiquent que les cellules végétales contiennent des chloroplastes. D'après tes observations, est-ce que c'est vrai ? Explique ta réponse et justifie-la.

i) T'attends-tu à ce que les cellules animales se ressemblent toutes ? Explique ta réponse.

2.3 L'importance de la division cellulaire

Ta vie a commencé par une seule cellule : un ovule fécondé. À présent, ton corps est constitué de billions de cellules. Comment une seule cellule devient-elle une plante ou un animal ? Au moyen de la division cellulaire, qui permet aux organismes de se reproduire, de croître et de se réparer.

La division cellulaire et la reproduction

La capacité de se reproduire est une caractéristique importante commune à tous les êtres vivants, de la bactérie à l'éléphant. Toutes les cellules, y compris les organismes unicellulaires, se reproduisent par division cellulaire. Chaque fois qu'une cellule mère se divise, il en résulte deux nouveaux organismes (figure 1). Chacun hérite de l'information génétique de son parent. Chaque nouvelle cellule obtient l'ensemble de l'information génétique. Dans ce type de reproduction, appelée **reproduction asexuée**, un seul parent intervient. Toute progéniture sera une copie génétique conforme de ce parent.

Les organismes multicellulaires ont aussi besoin de se reproduire et de transmettre leur information génétique à leur progéniture. Certains le font par reproduction asexuée (figure 2). Dans ce cas, un seul parent intervient et les petits auront exactement le même ADN que ce parent.

Dans le processus de **reproduction sexuée**, une cellule provenant d'un parent se fusionne à une cellule provenant d'un autre parent. Ces deux cellules parentales sont différentes des autres cellules du corps : elles ne contiennent que la moitié de l'ADN que contient habituellement une cellule. Ces « demi-cellules » s'appellent « gamètes ». Pour produire des gamètes, certaines des cellules des parents subissent un processus de division cellulaire supplémentaire appelé « méiose ». Quand les deux gamètes se combinent, le descendant hérite de caractéristiques de ses deux parents (figure 3).

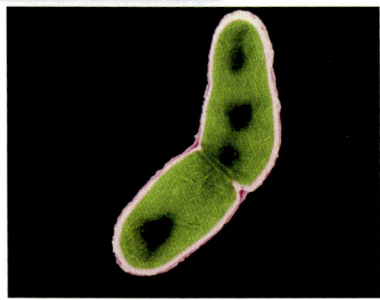

Figure 1 Les bactéries produisent de nouveaux individus simplement en se divisant en deux. Dans des conditions idéales, les bactéries (18 000X) peuvent doubler en nombre toutes les 20 minutes.

reproduction asexuée processus de reproduction à partir de seulement un parent. La progéniture issue de la reproduction asexuée est génétiquement identique au parent.

reproduction sexuée processus de reproduction résultant de la fusion de deux cellules sexuelles (gamètes). La progéniture issue de la reproduction sexuée a de l'information génétique de chacun des deux parents.

Pour en savoir plus sur la méiose :

Figure 2 La joubarbe se reproduit de façon asexuée.

Figure 3 Dans la reproduction sexuée, les cellules contiennent de l'ADN des deux parents.

La division cellulaire et la croissance

Tous les organismes grandissent. À mesure que les organismes multicellulaires croissent, le nombre de leurs cellules augmente. Pourquoi est-ce le nombre de cellules qui augmente et pas simplement la taille des cellules ? Cela a à voir avec la façon dont la cellule utilise les substances chimiques.

Les cellules végétales et animales ont besoin des mêmes éléments : une source d'énergie, des nutriments, de l'eau et des gaz (figure 4, à la page suivante). Pour participer aux réactions chimiques à l'intérieur de la cellule, de nombreuses substances chimiques doivent être sous forme de solution (dissoutes dans l'eau). Il est donc très important que les cellules contiennent beaucoup d'eau. La cellule doit évacuer le dioxyde de carbone et certains autres produits de déchet.

Pourquoi le nombre de cellules augmente-t-il à mesure qu'un organisme grandit? Les substances chimiques nécessaires à l'activité et à la croissance cellulaires pénètrent dans la cellule par la membrane et se rendent à l'endroit où elles sont utilisées. Ce mouvement des substances chimiques se produit par **diffusion**. Les substances chimiques se diffusent d'une région de forte concentration à une région de faible **concentration** (figure 5). La concentration est la quantité d'une substance (le soluté) dans un volume donné de solution. L'eau entre dans les cellules et en sort par **osmose**. Au cours du processus d'osmose, l'eau va toujours en direction de la concentration la plus forte.

La diffusion et l'osmose prennent du temps. Pour que la cellule fonctionne correctement, ses diverses parties doivent disposer de substances chimiques particulières dans la bonne quantité d'eau. Les déchets doivent aussi se diffuser rapidement hors de la cellule de façon à ne pas l'empoisonner. Quand une cellule devient trop grosse, les substances chimiques et l'eau qu'elle contient ne peuvent pas s'y déplacer suffisamment vite.

La division cellulaire et la réparation

Chaque jour, ton corps élimine des millions de cellules de peau mortes, qui toutes sont remplacées par de nouvelles cellules. Ton corps remplace chaque globule rouge environ tous les 120 jours. Si tu te casses un os, les cellules se divisent pour réparer la fracture. Chaque blessure nécessite de nouvelles cellules pour combler les brèches. Tous les organismes doivent se réparer pour rester en vie.

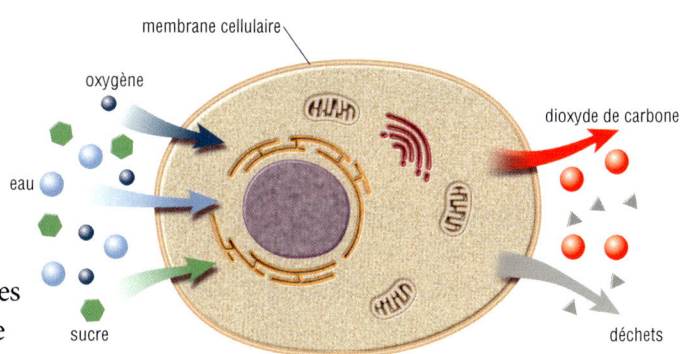

Figure 4 Les substances qui entrent dans une cellule animale typique et qui en sortent

diffusion mécanisme de transport permettant aux substances chimiques d'entrer dans la cellule et d'en sortir en passant d'une région de forte concentration à une région de faible concentration

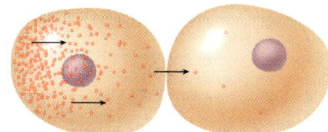

forte concentration   faible concentration

Figure 5 Les particules rouges se diffusent à travers la première cellule et pénètrent dans la suivante.

concentration quantité d'une substance (le soluté) contenue dans un volume donné de solution

osmose mouvement d'un fluide, généralement de l'eau, à travers une membrane vers une zone de soluté en plus haute concentration

Pour en savoir plus sur l'osmose :

EN RÉSUMÉ

- La division cellulaire est nécessaire à la reproduction, à la croissance et à la réparation des organismes.
- La reproduction implique la transmission de l'information génétique du ou des parents à la progéniture.
- À mesure que les organismes multicellulaires croissent, leurs cellules répliquent leur information génétique et se divisent.
- Les substances chimiques se diffusent à l'intérieur, à travers et hors des cellules. Ce processus de diffusion doit s'effectuer assez rapidement pour que la cellule fonctionne bien.
- Quand une partie d'un organisme est endommagée, les cellules saines se divisent pour réparer la blessure.

✓ VÉRIFIE TA COMPRÉHENSION

1. Donne trois raisons d'être de la division cellulaire.
2. Un message publicitaire vantant l'efficacité d'un produit de nettoyage prétend que ce produit tue « 99,9 % de toutes les bactéries ». Une surface nettoyée sera-t-elle exempte de bactéries à jamais ? Explique ta réponse.
3. Donne trois différences entre la reproduction asexuée et la reproduction sexuée.
4. Grâce à quels processus les substances chimiques peuvent-elles pénétrer dans les cellules, y circuler et en sortir ?
5. Pourquoi les cellules se divisent-elles au lieu de grossir à mesure que l'organisme grandit ?
6. Une blessure légère guérit à la longue. Explique comment cela se passe.

2.4 MÈNE UNE EXPÉRIENCE

Qu'est-ce qui limite la taille d'une cellule?

Pourquoi les cellules cessent-elles de grandir et se mettent-elles à se diviser quand elles atteignent une taille bien définie?

Dans cette expérience, tu vas utiliser des cellules modèles pour étudier des facteurs susceptibles de limiter la taille des cellules. Ces cellules modèles contiennent une substance incolore qui rosit au contact de l'hydroxyde de sodium.

HABILETÉS
- Se poser une question
- Formuler une hypothèse
- Prédire le résultat
- Planifier
- Contrôler les variables
- Exécuter
- Observer
- Analyser
- Évaluer
- Communiquer

Question de recherche
Comment la taille d'une cellule influe-t-elle sur la distribution des substances chimiques dans la cellule?

Hypothèse et prédiction
Prédis une réponse à la question de recherche, à partir de ce que tu sais sur la diffusion dans les cellules.

Plan d'expérience
Tu vas utiliser des cubes d'agar-agar de différentes tailles comme modèles de cellules vivantes. Tu vas plonger ces «cellules» dans une solution d'hydroxyde de sodium pendant 10 minutes. Tu devras observer si l'hydroxyde de sodium se diffuse vers le centre d'une grande cellule aussi rapidement que vers le centre d'une petite cellule. Tu vas aussi étudier la relation entre la surface et le volume de cellules de différentes tailles et tirer des conclusions sur la taille maximale d'une cellule.

Matériel
- lunettes de protection
- tablier de laboratoire
- gants jetables
- bécher de 250 ml ou gobelet en plastique
- 2 baguettes de verre ou bâtonnets
- minuterie
- spatule
- règle
- scalpel
- 3 cubes d'agar-agar de phénolphtaléine de tailles différentes
- 100 ml d'une solution d'hydroxyde de sodium
- essuie-tout

 La solution d'hydroxyde de sodium est corrosive et peut t'irriter la peau ou les yeux. Évite de t'en éclabousser la peau, les yeux ou les vêtements. Rince immédiatement tout dégât à l'eau froide et informes-en ton enseignante ou ton enseignant. Suis avec soin ses instructions pour éliminer le problème.

Marche à suivre
LA BOÎTE À OUTILS 3.B.

1. Mets tes lunettes de protection, ton tablier et tes gants. Mets tes trois «cellules» d'agar-agar dans le bécher ou dans le gobelet.

2. Verse suffisamment de solution d'hydroxyde de sodium dans le bécher pour recouvrir complètement les cellules.

3. Laisse reposer tes cellules dans la solution d'hydroxyde de sodium pendant 10 minutes. Retourne doucement les cellules à l'aide des baguettes de verre ou des bâtonnets à de nombreuses reprises. Assure-toi que tous les côtés des cellules entrent en contact avec la solution. Prends garde de ne pas couper ou érafler les cellules en les retournant.

4. Après 10 minutes, retire les cellules du bécher à l'aide de la spatule. Assèche chaque cellule en l'épongeant avec un essuie-tout.

5. Transcris le tableau 1 (à la page suivante) dans ton cahier.

6. Mesure avec soin la longueur en millimètres de l'un des côtés d'une cellule (cellule A). Reporte cette mesure à la place qui convient dans ton tableau.

7. Coupe avec soin la cellule A en deux à l'aide du scalpel.

 Manie le scalpel avec beaucoup de prudence. Cet instrument est assez aiguisé pour te couper la peau. Coupe toujours en procédant vers une planche à découper ou un essuie-tout : jamais en direction de ta main.

Tableau 1 Observation de trois cellules dans une solution d'hydroxyde de sodium

Cellule	Longueur d'un côté (mm)	Superficie d'un côté (mm²)	Superficie totale (mm²)	Volume de la cellule (mm³)	Rapport entre la superficie totale et le volume	Distance sur laquelle la couleur s'est propagée dans le cube (mm)
A						
B						
C						

8. Là où l'hydroxyde de sodium s'est diffusé dans les cellules, l'agar-agar sera devenu rose ou violet. Mesure jusqu'où le changement de couleur s'est effectué dans la cellule A. Reporte cette mesure dans ton tableau.

9. Répète les étapes 6 à 8 avec la cellule B, puis avec la cellule C.

10. Suis les consignes de ton enseignante ou de ton enseignant pour te débarrasser correctement de toutes les matières usées.

Analyse et interprète

a) Que t'apprend le changement de couleur dans tes cellules sur la diffusion de l'hydroxyde de sodium?

b) Les cellules ont-elles toutes changé de couleur d'un côté à l'autre? Explique ta réponse.

c) Calcule la superficie d'un côté de chaque cellule. Inscris ces valeurs dans ton tableau.

d) Calcule la superficie totale (des six côtés) de chaque cellule. Inscris ces valeurs dans ton tableau.

e) Calcule le volume (longueur × largeur × hauteur) de chaque cellule. Inscris ces valeurs dans ton tableau.

f) Calcule la vitesse de diffusion en millimètres par minute pour chaque cellule. Reporte cette information dans ton tableau.

g) Comment le rapport entre la superficie et le volume se modifie-t-il à mesure que la taille de la cellule augmente?

h) Réponds à la question de recherche.

i) Compare ta réponse en h) à ton hypothèse ou à ta prédiction. Ta prédiction était-elle juste?

j) Imagine que l'hydroxyde de sodium est un nutriment essentiel dans toutes les parties d'une cellule vivante. Les différentes parties de chaque cellule ont-elles toutes obtenu ce « nutriment » en moins de 10 minutes? Dans quelle cellule le nutriment a-t-il pu se diffuser dans tout (ou presque tout) le volume? Explique ton raisonnement en utilisant les termes *superficie* et *volume*.

k) Si toute l'activité cellulaire se déroule à l'intérieur de la cellule, mais que toutes les matières entrent et sortent à travers la surface de la cellule, explique l'importance du rapport superficie/volume.

l) Si toutes les parties d'une cellule ont besoin d'être rapidement approvisionnées en une substance quelconque, vaut-il mieux que la cellule soit grosse ou petite?

m) Pour quelle(s) raison(s) un cube d'agar-agar est-il un bon modèle de cellule? En quoi laisse-t-il à désirer comme modèle de cellule?

Approfondis ta démarche

n) Prédis quelle incidence la température pourrait avoir sur les résultats de cette activité. Explique ton raisonnement.

o) Prédis comment la concentration d'hydroxyde de sodium pourrait influencer les résultats de cette activité. Justifie ta prédiction.

p) Au cours de tes années d'études précédentes, tu as appris la théorie particulaire. Quel lien y a-t-il entre la théorie particulaire et la diffusion de substances dans une cellule?

2.5 Le cycle cellulaire

En croissant et en se divisant, les cellules eucaryotes passent par trois stades distincts. Ces stades constituent ce qu'on appelle le **cycle cellulaire** (figure 1). Les stades du cycle cellulaire sont l'interphase, la mitose et la cytocinèse. Durant l'interphase, les cellules croissent et se préparent à se diviser. La division cellulaire se produit durant la mitose et la cytocinèse.

cycle cellulaire les trois stades (interphase, mitose et cytocinèse) par lesquels passe une cellule qui croît et se divise

Pour voir une animation du cycle cellulaire :

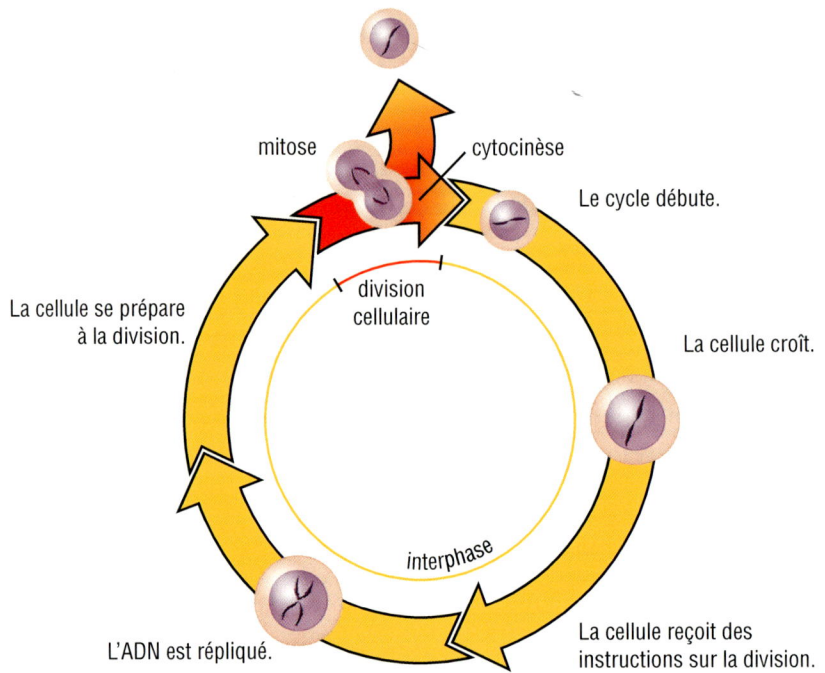

Figure 1 Le cycle cellulaire comprend trois stades : l'interphase, la mitose et la cytocinèse. L'interphase est la période de croissance de la cellule entre deux divisions cellulaires.

Le temps qu'il faut pour compléter un cycle varie. Les cellules embryonnaires se divisent rapidement. Le cycle de certaines cellules de ton corps peut avoir une durée de 30 heures. Les cellules très spécialisées, comme les cellules nerveuses matures, peuvent ne jamais se diviser.

L'interphase

L'interphase est le plus long stade pour la plupart des cellules, mais ce n'est pas un stade de repos. Durant l'**interphase**, la cellule exécute toutes les activités vitales, sauf la division. Ces activités comprennent la croissance, la respiration cellulaire et toutes les fonctions spécialisées de la cellule. Durant ce stade, le matériel génétique, l'ADN, est sous forme de très longs filaments minces et invisibles. Quand la cellule se prépare à la division cellulaire, ces filaments sont dupliqués de façon à produire deux filaments identiques du matériel génétique. Davantage d'organites sont également formés.

interphase stade du cycle cellulaire durant lequel la cellule exécute ses fonctions normales et son matériel génétique est copié en prévision de la division cellulaire

mitose stade du cycle cellulaire durant lequel l'ADN se divise dans le noyau. Ce stade constitue la première partie du processus de la division cellulaire.

cytocinèse stade du cycle cellulaire durant lequel le cytoplasme se divise pour former deux cellules identiques. Ce stade constitue la dernière partie du processus de la division cellulaire.

cellule fille une des deux nouvelles cellules génétiquement identiques résultant de la division d'une cellule mère

La division cellulaire

La division cellulaire se déroule en deux stades : la **mitose**, c'est-à-dire la division du contenu du noyau, et la **cytocinèse**, c'est-à-dire la division du reste de la cellule, soit le cytoplasme, les organites et la membrane cellulaire (figure 2, à la page suivante). Chaque division cellulaire produit deux cellules génétiquement identiques appelées **cellules filles**.

La mitose comprend quatre phases : la **p**rophase, la **m**étaphase, l'**a**naphase et la **t**élophase (PMAT). Les cellules passent graduellement d'une phase à la suivante.

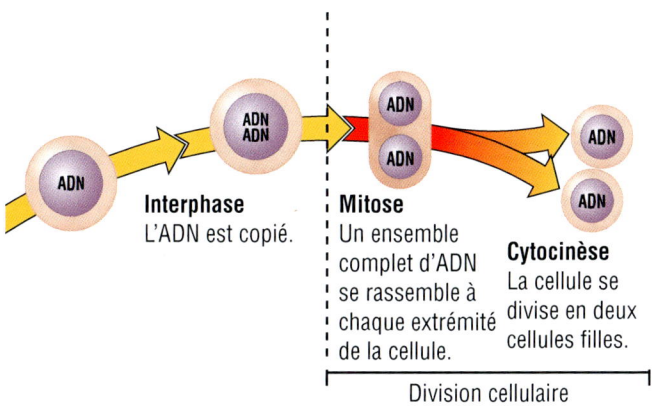

Figure 2 Les trois stades du cycle cellulaire au cours duquel une cellule mère croît, duplique son ADN et se divise en deux cellules filles

La prophase

À la fin de l'interphase, la cellule entreprend la première phase de la mitose : la **prophase**. Les longs filaments d'ADN se condensent en une forme compacte et deviennent des **chromosomes** visibles au microscope optique (figure 3(a)). Parce que l'ADN a été copié durant l'interphase, chaque chromosome est constitué de deux filaments identiques appelés « chromatides sœurs ». Chaque filament est appelé **chromatide**. Les chromatides sœurs sont rattachées par un **centromère**. La membrane nucléaire se décompose durant la prophase.

La métaphase

Durant la **métaphase**, les chromosomes s'alignent au milieu de la cellule (figure 3(b)). Ce stade est aisément reconnaissable. Tous les chromosomes doivent être alignés pour que la mitose se poursuive.

prophase première phase de la mitose, durant laquelle les chromosomes deviennent visibles et la membrane nucléaire se dissout

chromosome structure du noyau cellulaire constituée d'une portion de l'ADN de la cellule, condensée en une structure qui est visible au microscope optique

chromatide un des deux filaments d'ADN identiques qui composent un chromosome

centromère structure qui retient ensemble les chromatides qui forment le chromosome

métaphase deuxième phase de la mitose, durant laquelle les chromosomes s'alignent au milieu de la cellule

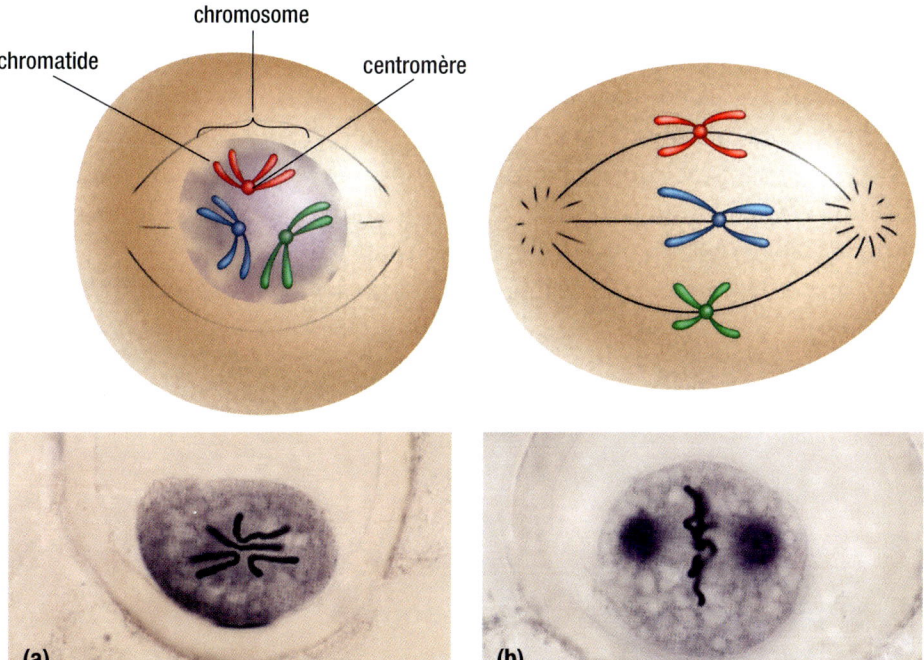

COUP DE POUCE
APPRENTISSAGE

Stades et phases

Le cycle cellulaire comprend trois stades : l'interphase, la mitose et la cytocinèse. La mitose comporte quatre phases. Même si le terme *interphase* se termine par « phase », ne t'y trompe pas : c'est un stade, pas une phase !

Figure 3 Les deux premières phases de la mitose : (a) la prophase et (b) la métaphase

anaphase troisième phase de la mitose, au cours de laquelle le centromère se scinde et les chromatides sœurs se séparent en chromosomes filles qui vont se poster à chacune des extrémités opposées de la cellule

télophase dernière phase de la mitose, au cours de laquelle les chromatides se déroulent et une membrane nucléaire se reforme autour des chromosomes se trouvant chacun à une extrémité de la cellule

Pour voir une animation sur la mitose :

L'anaphase

Durant l'**anaphase**, le centromère se scinde, et les chromatides sœurs se séparent (figure 4(a)). On les appelle désormais « chromosomes filles ». Chaque chromosome fille va se poster à une extrémité opposée de la cellule.

La télophase

La **télophase** est la dernière phase de la mitose (figure 4(b)). Les chromosomes filles s'étirent et s'amincissent au point de n'être plus visibles. Une nouvelle membrane nucléaire se forme autour de chaque groupe de chromosomes filles. À ce moment-là, la cellule semble avoir deux noyaux.

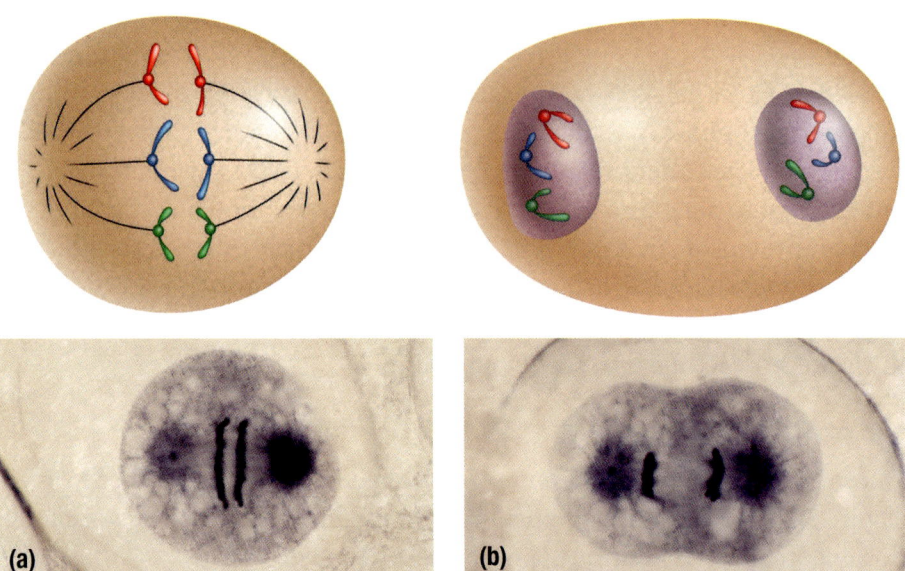

Figure 4 Les deux dernières phases de la mitose : (a) l'anaphase et (b) la télophase

La cytocinèse

La cytocinèse est le dernier stade de la division cellulaire. Le cytoplasme se divise et produit ainsi deux cellules filles génétiquement identiques. Le processus de la cytocinèse est légèrement différent dans les cellules animales et les cellules végétales. Dans une cellule végétale, une plaque se développe entre les cellules filles pour former une nouvelle paroi cellulaire (figure 5(a)). Dans une cellule animale, la cellule se scinde en son centre (figure 5(b)).

Figure 5 La cytocinèse des cellules végétales et animales. (a) Dans une cellule végétale, une plaque se développe pour former une nouvelle paroi cellulaire, de façon à séparer les contenus des nouvelles cellules les uns des autres. (b) Dans une cellule animale, la membrane cellulaire se scinde en son centre pour former deux nouvelles cellules.

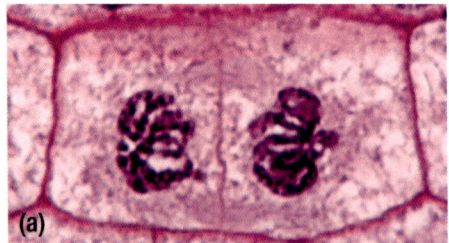 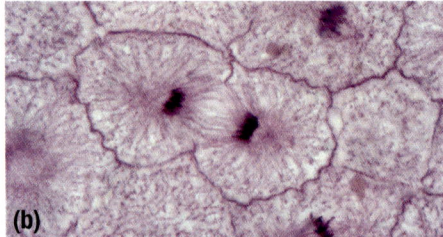

Le déplacement des chromosomes

Durant la mitose, les mouvements des chromosomes sont contrôlés par les fibres fusiformes : des structures spécialisées qui s'attachent au centromère de chaque chromosome. Elles se forment à la fin de l'interphase. Durant la prophase et la métaphase, les fibres fusiformes entraînent les chromosomes vers le milieu de la cellule. Finalement, durant l'anaphase, elles tirent les chromosomes filles vers les extrémités opposées de la cellule.

Pour en savoir plus sur la formation et l'action des fibres fusiformes :

La division cellulaire — Vue d'ensemble

La figure 6 illustre le déroulement des différents stades de la division cellulaire au cours du cycle cellulaire.

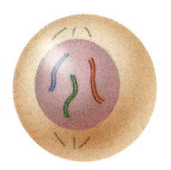 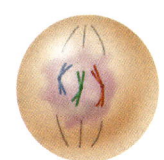 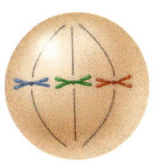   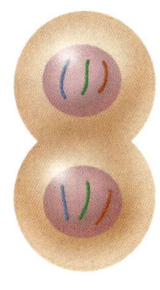 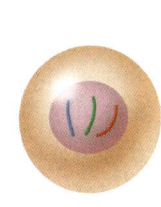

fin de l'interphase
La cellule a grandi. De nouveaux organites se sont formés. L'ADN s'est répliqué dans le noyau.

prophase
L'ADN se condense, raccourcit et s'épaissit pour former des chromosomes. Chaque chromosome est constitué de deux chromatides identiques. La membrane nucléaire commence à se dissoudre, libérant ainsi les chromosomes dans le cytoplasme.

métaphase
Les chromosomes s'alignent au milieu de la cellule. La membrane nucléaire se dissout complètement.

anaphase
Une fois alignés au milieu de la cellule, tous les chromosomes se séparent en deux parties identiques en forme de filaments (auparavant les chromatides; désormais les chromosomes filles). Les fibres fusiformes entraînent les chromosomes filles vers les extrémités opposées de la cellule.

télophase
Dans la dernière phase de la mitose, les chromosomes parviennent aux extrémités opposées de la cellule et commencent à s'allonger. Une nouvelle membrane nucléaire commence à se former autour des chromosomes à chaque extrémité de la cellule.

cytocinèse
Durant la cytocinèse, le cytoplasme de la cellule se divise. Dans une cellule animale, la cellule se scinde en son centre et forme deux nouvelles cellules filles. Dans une cellule végétale, une plaque se développe et forme une paroi cellulaire qui sépare les contenus des nouvelles cellules.

début de l'interphase
Les deux nouvelles cellules filles entrent dans l'interphase, et le cycle cellulaire se poursuit.

Figure 6 Les stades de la division cellulaire

Les points de contrôle du cycle cellulaire

Durant le cycle cellulaire, les activités de la cellule sont contrôlées en des points précis, appelés « points de contrôle ». À chaque point de contrôle, des protéines spécialisées surveillent les activités cellulaires et l'environnement de la cellule. Ces protéines envoient des messages au noyau. Le noyau commande alors à la cellule de se diviser ou non. Une cellule devrait demeurer dans l'interphase et ne pas se diviser si :

- des signaux en provenance des cellules environnantes lui indiquent de ne pas se diviser ;
- il n'y a pas suffisamment de substances nutritives pour assurer sa croissance ;
- l'ADN à l'intérieur du noyau ne s'est pas répliqué ;
- l'ADN est endommagé.

Si l'ADN est endommagé et que le cycle cellulaire est peu avancé, la cellule pourrait avoir le temps de réparer l'ADN endommagé. Si l'ADN est trop endommagé, la cellule est généralement détruite. Ce processus vital favorise la santé des organismes.

LE SAVAIS-TU ?

La découverte des points de contrôle du cycle cellulaire
La découverte des protéines qui régulent le cycle cellulaire a été soulignée par l'attribution du prix Nobel de physiologie ou de médecine 2001. Ce prix a été décerné conjointement à trois chercheurs : Leland H. Hartwell des États-Unis, et Tim Hunt et Paul M. Nurse du Royaume-Uni.

SCIENCES EN ACTION : RECONNAÎTRE LES PHASES DE LA MITOSE

HABILETÉS : observer, évaluer, communiquer

LA BOÎTE À OUTILS
5, 6.A.

Explore des ressources en ligne pour t'aider à reconnaître les différents stades et phases du cycle cellulaire.

1. Examine les images des cellules aux divers stades du cycle cellulaire sur les sites qui te sont proposés. Étudie les descriptions des différentes phases de la mitose. Nomme les phases illustrées.
2. Calcule le pourcentage de cellules à chaque stade ou phase.

A. Quelle phase de la mitose as-tu eu le plus de difficulté à reconnaître ? À quoi reconnaîtras-tu cette phase à l'avenir ? **CC**
B. Compare la proportion de cellules aux divers stades et phases du cycle cellulaire. Résume, à l'aide d'un énoncé, le pourcentage de cellules aux différents stades et phases. **CC**
C. Illustre le pourcentage de cellules à chaque phase de la mitose à l'aide d'un graphique circulaire. **CC**
D. Quelle phase de la mitose dure le plus longtemps ? Explique ce qui t'amène à tirer cette conclusion. **HP**

EN RÉSUMÉ

- Les cellules accomplissent un cycle cellulaire qui comprend la croissance et la préparation à la division (interphase), puis la division cellulaire (mitose et cytocinèse).
- Dans l'interphase, la cellule réalise toutes les activités cellulaires normales, dont la réplication, ou copie, de son ADN.
- La mitose est la division du noyau en deux noyaux identiques. La mitose comprend quatre phases : la prophase, la métaphase, l'anaphase et la télophase (PMAT).

- La mitose est suivie de la cytocinèse, au cours de laquelle la cellule entière se divise en deux nouvelles cellules filles.
- Au cours de la cytocinèse d'une cellule animale, la cellule se divise pour former deux cellules filles.
- Au cours de la cytocinèse d'une cellule végétale, une nouvelle paroi cellulaire se forme pour séparer les deux cellules filles.

VÉRIFIE TA COMPRÉHENSION

1. Au cours de quel stade du cycle cellulaire la réplication de l'ADN se produit-elle ? **CC**
2. Pourquoi est-il nécessaire que la cellule copie son ADN ? **CC**
3. Pourquoi les chromosomes sont-ils visibles durant la mitose et pas à d'autres moments ? **CC**
4. Au microscope, certaines cellules peuvent sembler être entre la métaphase et l'anaphase (figure 7). Explique cette observation. **HP**

5. À quel stade ou phase du cycle cellulaire chacune des descriptions suivantes correspond-elle ? **CC**
   a) Une nouvelle paroi cellulaire commence à se former.
   b) La membrane du noyau se dissout.
   c) Les chromosomes filles commencent à se séparer.
   d) La cellule commence à se diviser en son centre.
   e) D'épais filaments de chromosomes sont visibles dans deux régions distinctes de la cellule.
   f) La cellule croît et copie son ADN.
6. Résume, dans un tableau, ce qui se produit durant les trois stades du cycle cellulaire. **CC C**
7. Les manuels de biologie décrivaient autrefois l'interphase comme une « phase de repos ». En tenant compte de ce que tu as appris, explique ce qui ne va pas dans ce terme. **CC**

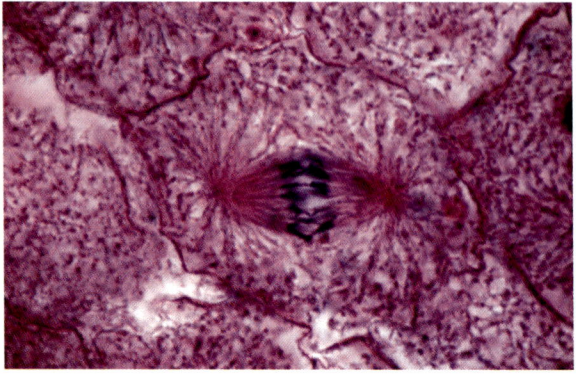

Figure 7

GÉNIALES, LES SCIENCES !

Le vieillissement : c'est inscrit dans nos cellules

« C'est ennuyeux, et pourtant c'est encore le seul moyen qu'on ait trouvé jusqu'ici de vivre longtemps. » Voilà ce que disait le compositeur français Daniel-François-Esprit Auber à propos du vieillissement. La raison du vieillissement échappe à la science, mais les scientifiques du monde entier sont de plus en plus fébriles, car la clé de ce mystère semble maintenant à notre portée : elle se trouve dans les cellules (figure 1).

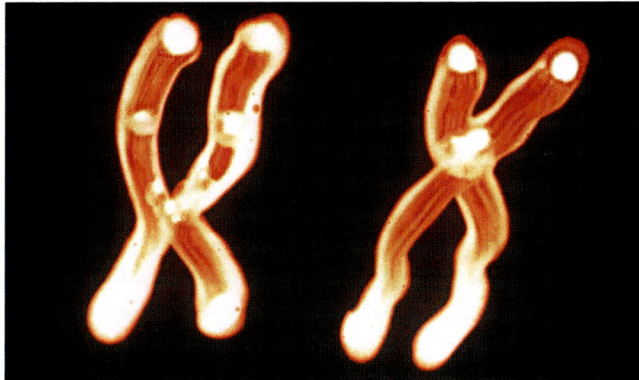

Figure 2 Les télomères, situés à l'extrémité de chaque chromosome, raccourcissent avec l'âge.

Figure 1 La raison pour laquelle nous vieillissons demeure l'un des mystères de la science.

Le phénomène du vieillissement est complexe, mais grâce à des découvertes récentes, les scientifiques commencent à comprendre ce qui amène nos cellules à cesser de se diviser et à mourir. On sait qu'à partir de la cinquantaine, il se produit de plus en plus de divisions cellulaires défectueuses. Il en résulte une augmentation graduelle, dans tout le corps, de cellules qui ne fonctionnent pas correctement, ce qui finit par causer des troubles comme la maladie d'Alzheimer et l'ostéoporose. Parfois, des erreurs de division cellulaire affectent directement certaines parties du corps en endommageant de l'information génétique vitale. Par exemple, les cellules contiennent un gène appelé « COX-2 », qui constitue une protéine essentielle. Il arrive que des erreurs durant la duplication de l'ADN et la division cellulaire produisent des copies défectueuses de ce gène dans les cellules filles et que cela cause de l'insuffisance cardiaque et de l'insuffisance rénale. Parfois, des gènes reliés au fonctionnement et à l'entretien cellulaire général cessent de fonctionner. En fait, les scientifiques ont identifié des centaines de gènes qui sont directement reliés au vieillissement. Ce sont les fameux « gènes du vieillissement », répertoriés dans la base de données en ligne GenAge.

Les chromosomes changent avec l'âge. Les télomères sont des régions de l'ADN situées à l'extrémité de chaque chromosome (figure 2). Ils ont pour fonction d'empêcher les chromosomes de s'endommager durant la division cellulaire, un peu comme l'embout de plastique à l'extrémité d'un lacet l'empêche de se détériorer. À mesure que la cellule vieillit, les télomères raccourcissent. Quand ils sont trop courts, la division cellulaire cesse complètement. C'est un peu comme si les télomères étaient des horloges effectuant le compte à rebours du nombre de divisions qu'un chromosome peut subir.

De nouvelles recherches ont révélé un autre lien possible entre la division cellulaire et le vieillissement : la position du centromère. Chez certaines mouches à fruit âgées, les centromères ne s'alignent parfois pas correctement durant la métaphase à cause de l'absence ou du mauvais fonctionnement des protéines responsables de cet alignement. La division cellulaire reste en suspens jusqu'à ce que les centromères s'alignent correctement (figure 3). Il se pourrait que le rythme de la division cellulaire soit conditionné par ces protéines qui « veillent » à l'orientation des centromères.

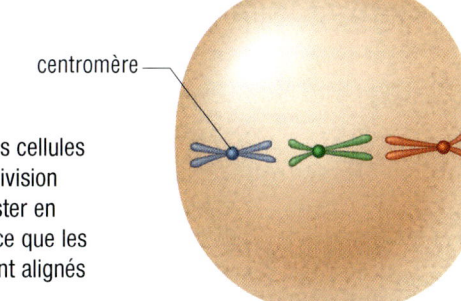

Figure 3 Dans les cellules vieillissantes, la division cellulaire peut rester en suspens jusqu'à ce que les centromères soient alignés correctement.

Les scientifiques étudient de près les gènes du vieillissement, les télomères et les « gardes » centromères. On croit que ces éléments recèlent non seulement les secrets du vieillissement, mais aussi les secrets du cancer. Le vieillissement et le cancer sont les deux côtés d'une même médaille : division cellulaire insuffisante ou division cellulaire excessive. La résolution de l'un de ces mystères pourrait bien déboucher sur la résolution de l'autre.

2.6 RÉALISE UNE ACTIVITÉ

Observe la division cellulaire

Dans cette activité, tu vas observer des lames préparées et des photographies de cellules qui, lorsqu'elles étaient vivantes, se divisaient rapidement. Tu vas examiner des cellules végétales prélevées à la pointe d'une racine et des cellules animales provenant d'un embryon de poisson. Dans la partie A, tu vas déterminer les caractéristiques des cellules qui se divisent rapidement. Dans la partie B, tu vas identifier les trois stades du cycle cellulaire et les quatre phases de la mitose dans chaque organisme.

HABILETÉS
- Se poser une question
- Formuler une hypothèse
- Prédire le résultat
- Planifier
- Contrôler les variables
- Exécuter
- Observer
- Analyser
- Évaluer
- Communiquer

Objectif

Partie A : Observer les cellules prélevées à la pointe d'une racine d'oignon et celles d'un embryon de corégone qui se divisent rapidement.

Partie B : Identifier les stades du cycle cellulaire et les phases de la mitose dans chaque organisme.

Matériel

- microscope
- lame préparée d'une pointe de racine d'oignon, section longitudinale
- photographies des cellules d'un embryon de corégone
- papier lentille

Marche à suivre

LA BOÎTE À OUTILS
2.D., 3.B.6.

Partie A : Observer des cellules qui se divisent activement

1. Nettoie la lame contenant la pointe de racine d'oignon à l'aide du papier lentille. Place-la sur la platine de ton microscope de façon à viser les cellules se trouvant juste au-dessus de la coiffe de la racine et légèrement d'un côté. Guide-toi à l'aide de la figure 1.

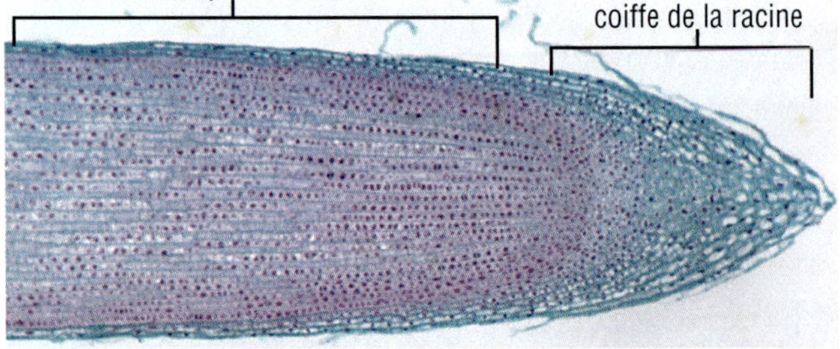

Figure 1 Les cellules se trouvant au-dessus de la coiffe de la racine permettent le mieux d'observer la mitose.

2. Observe la lame à l'aide de la lentille de faible puissance. Fais la mise au point à l'aide de la vis macrométrique. Commence un dessin biologique pour décrire les stades du cycle cellulaire. Donne un titre à ton dessin.

3. Déplace la lame jusqu'à ce que tu voies une région où des cellules sont à différentes phases de la mitose, un peu comme à la figure 2. Mets en position la lentille de puissance moyenne. N'utilise que la vis micrométrique pour faire la mise au point. Identifie les cellules qui sont au stade de la mitose ou de la cytocinèse et celles qui sont dans l'interphase. Place la lame au centre de la platine de façon à pouvoir voir plusieurs cellules en train de se diviser. Ajoute des détails à ton dessin.

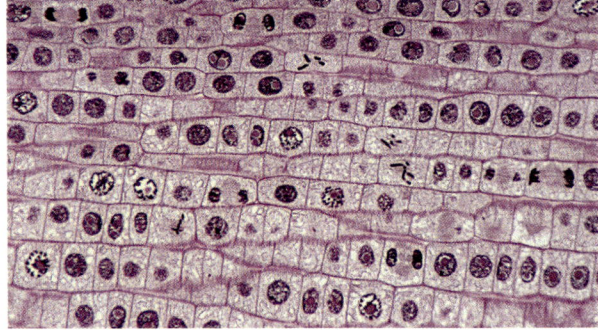

Figure 2 Des cellules de racine d'oignon à différents stades du cycle cellulaire, y compris à certaines phases de la mitose

Partie B : Identifier les phases de la mitose

4. Mets en position l'objectif de haute puissance. Repère des cellules aux différents stades du cycle cellulaire : mitose, cytocinèse et interphase. Fais des schémas avec mots-étiquettes de ces cellules.

5. Observe attentivement les cellules au stade de la mitose. Identifie au moins une cellule pour chacune des quatre phases de la mitose : prophase, métaphase, anaphase et télophase. Fais des schémas avec mots-étiquettes de ces cellules.

6. Remets en position la lentille de faible puissance et enlève la lame de racine d'oignon. Range le microscope et le matériel.

7. Observe les photographies des cellules d'embryon de corégone à la figure 3. Repères-y des cellules à tous les stades du cycle cellulaire. (Attention ! Ces photographies ne sont pas présentées dans l'ordre « PMAT ».)

8. Dessine des schémas avec mots-étiquettes de ces cellules en interphase, en prophase, en métaphase, en anaphase, en télophase et en cytocinèse.

Analyse et interprète

a) À ton avis, pourquoi les pointes de racines d'oignon et les embryons de corégone ont-ils été choisis comme exemples dans cette activité ?

b) Les cellules qui se divisent activement ont-elles une apparence différente des cellules qui se divisent moins souvent ? Explique tes observations en prenant l'exemple de la pointe de racine d'oignon.

c) Justifie ta réponse en b) en te basant sur ce que tu sais du cycle cellulaire.

d) Compare l'apparence des cellules animales à celle des cellules végétales durant l'interphase, la mitose et la cytocinèse. Tu peux utiliser un organisateur graphique.

e) Décris les différences que tu as observées entre les cellules végétales et les cellules animales durant la cytocinèse.

f) Quelles phases as-tu eu le plus de difficultés à reconnaître ? Pourquoi ?

Approfondis ta démarche

g) Où se trouvaient les cellules en cours de division dans la pointe de racine d'oignon ? Explique cette observation. (Indice : Quelle activité végétale nécessite la division cellulaire ?)

h) T'attendrais-tu à ce que les cellules d'un embryon de corégone continuent de se diviser indéfiniment ? Explique ta réponse.

i) On croit que certains herbicides, tel le 2,4-D, accélèrent la division des cellules végétales. À ton avis, pourquoi cela tue-t-il les plantes ? Pourquoi serait-il dangereux que cet insecticide ait le même effet sur les cellules humaines ?

j) Que se passerait-il si deux cellules filles d'un organisme n'avaient pas des chromosomes identiques une fois la division effectuée ?

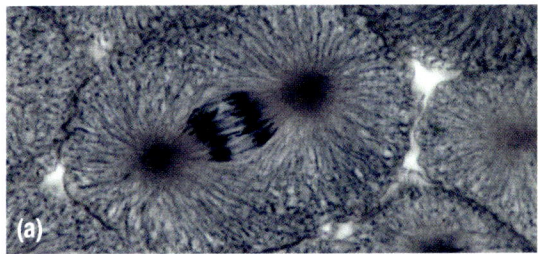

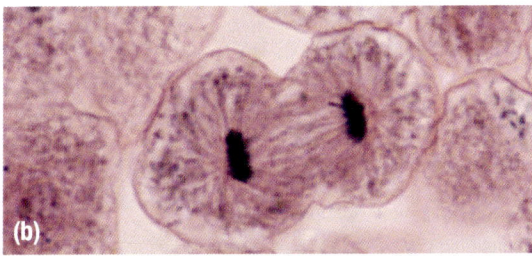

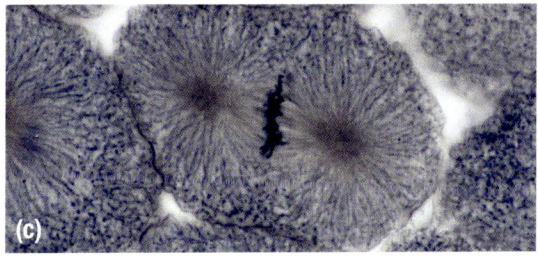

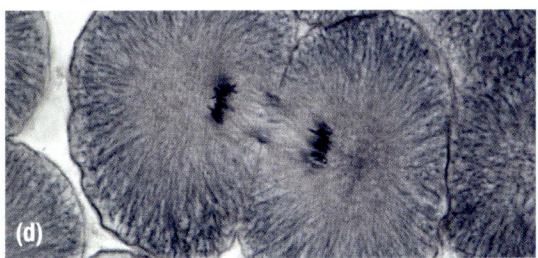

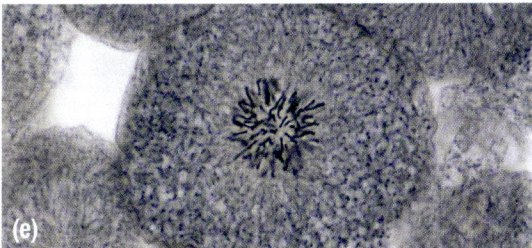

Figure 3 Les cellules d'embryon de corégone se divisent rapidement ; plusieurs d'entre elles sont au stade de la mitose.

2.7 Le cancer : quand la division cellulaire se détraque

cancer groupe important de maladies qui enclenchent une division cellulaire incontrôlée

Le **cancer** est un ensemble de maladies qui se caractérisent par une croissance et une division incontrôlées des cellules. Il résulte d'une modification de l'ADN qui contrôle le cycle cellulaire. Cette modification empêche les cellules de demeurer dans l'interphase le temps qu'il faudrait normalement. Un ou plusieurs des points de contrôle (voir section 2.5) ne remplissent pas leur rôle, de sorte que la cellule et toutes ses cellules filles subséquentes continuent à se diviser de façon incontrôlée.

Certains types de cancer sont héréditaires, tandis que d'autres résultent de facteurs environnementaux. Certains cancers peuvent avoir des causes à la fois héréditaires et environnementales. Le cancer n'est pas contagieux et il ne touche pas que les êtres humains ; il s'attaque à beaucoup d'autres organismes, comme les chiens, les poissons et même les plantes.

COUP DE POUCE
LECTURE

Faire des liens
Dès qu'une partie du texte que tu lis te rappelle une expérience personnelle ou te fait penser à un événement que ta famille ou tes camarades ont vécu, note-le rapidement sur un papillon adhésif et colle cette note au texte. Ta lecture terminée, tu vas pouvoir passer en revue ces liens entre le texte et toi, et en faire la synthèse.

Taux de croissance cellulaire et cancer

Une cellule cancéreuse est une cellule qui continue de se diviser en dépit des messages que lui envoient le noyau ou les cellules environnantes de cesser de croître et de se diviser. La croissance et la division cellulaires incontrôlées peuvent créer une masse de cellules qui grossit rapidement pour former une **tumeur** (figure 1). Les cellules de cette tumeur peuvent rester ensemble et ne pas avoir d'effets graves sur les tissus environnants. Il s'agit alors d'une **tumeur bénigne**. Ces cellules ne sont pas cancéreuses. Toutefois, il arrive qu'une tumeur bénigne devienne si grosse qu'elle envahisse les cellules et les tissus environnants. Cela peut nuire à leur fonctionnement normal. Une masse de cellules constitue une **tumeur maligne** si elle nuit au fonctionnement des cellules et des tissus environnants, en empêchant par exemple la production d'enzymes ou d'hormones. Les tumeurs malignes peuvent même détruire les tissus environnants. Les cellules d'une tumeur maligne sont considérées comme cancéreuses.

tumeur masse de cellules dépourvues de fonction au sein de l'organisme qui croissent et se divisent sans discontinuer

tumeur bénigne tumeur qui ne nuit pas aux tissus environnants autrement que par la pression qu'elle exerce sur eux

tumeur maligne tumeur qui nuit au fonctionnement des cellules environnantes ; tumeur cancéreuse

Dans certains cas, les cellules cancéreuses se détachent de la tumeur originale (primaire) et migrent vers une autre partie du corps. Si elles s'y établissent et continuent de croître et de se diviser de façon incontrôlée, elles peuvent permettre le développement d'une nouvelle tumeur (secondaire) (figure 2, à la page suivante). Ce processus s'appelle **métastase**.

Pour en savoir plus sur le cancer :

métastase processus par lequel des cellules cancéreuses se détachent de la tumeur de départ (primaire) et implantent une autre tumeur (secondaire) ailleurs dans le corps

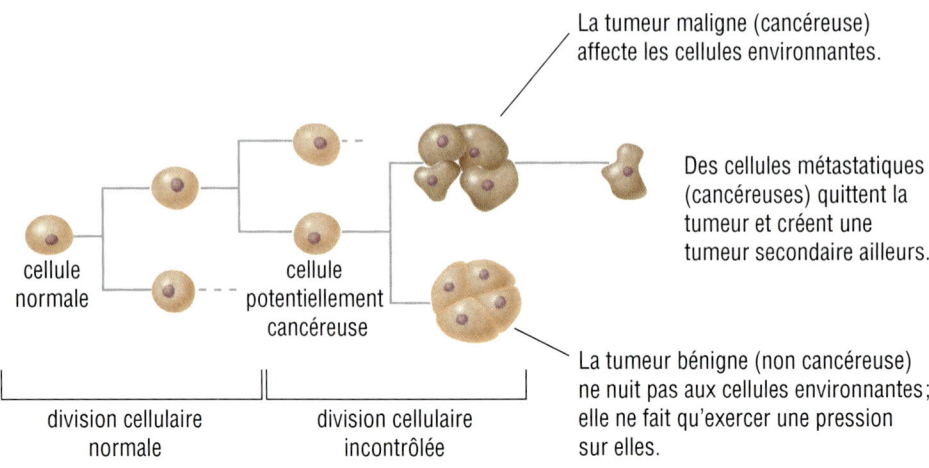

Figure 1 Une tumeur est une masse de cellules dépourvues de fonction. Une tumeur peut demeurer bénigne, mais elle peut devenir maligne. Les cellules tumorales peuvent se métastaser en se propageant à d'autres régions du corps. Les tumeurs malignes et métastatiques sont considérées comme cancéreuses.

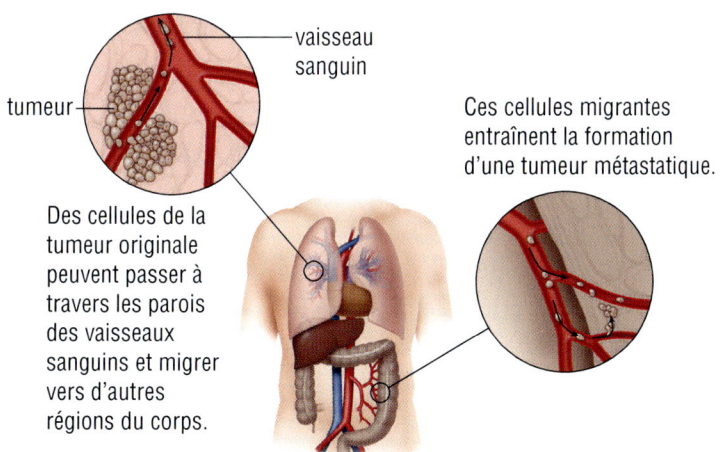

Figure 2 Les cellules cancéreuses peuvent parfois se libérer du site de la tumeur primaire. Ces cellules métastatiques peuvent être transportées dans les vaisseaux sanguins. Des tumeurs secondaires peuvent alors se développer en d'autres endroits du corps.

Les causes du cancer

Chaque fois qu'une cellule se divise, son ADN est fidèlement répliqué. Habituellement, ce processus se fait sans erreurs. Parfois, cependant, des changements aléatoires se produisent dans l'ADN. Il se produit ce qu'on appelle des **mutations**. Ces changements peuvent causer la mort de la cellule ou lui permettre de survivre et de continuer à croître et à se diviser. Très rarement, cette mutation se produit dans l'ADN qui contrôle la division cellulaire. Quand l'ADN essentiel au cycle cellulaire se met à se comporter anormalement, les cellules peuvent devenir cancéreuses ; elles prolifèrent alors de façon effrénée grâce à des mitoses et à des cytocinèses répétées et incontrôlées, jusqu'à l'épuisement de tous les nutriments.

Certaines mutations sont attribuables à des **carcinogènes**, c'est-à-dire à des facteurs environnementaux qui causent le cancer. Les carcinogènes bien connus sont la fumée de tabac ; les rayons X et les rayons UV ; certains virus, comme le virus du papillome humain (VPH) et l'hépatite B ; certaines substances chimiques contenues dans les plastiques ; de nombreux solvants organiques. Dans un groupe de gens exposés à un carcinogène, certains vont développer un cancer, alors que d'autres, non. Or, on ne sait pas encore prédire qui développera un cancer. Tant que ce processus ne sera pas complètement compris, il vaut mieux éviter de s'exposer aux carcinogènes.

Certains cancers semblent être héréditaires, du moins en partie. Cela signifie que l'ADN transmis d'une génération à la suivante peut contenir de l'information qui mène à la maladie. Ces cancers comprennent certains cancers du sein et du côlon. Un lien génétique augmente la probabilité de développer un type particulier de cancer, mais cela ne signifie pas qu'on développera forcément ce cancer.

mutation changement aléatoire dans l'ADN

carcinogène tout facteur environnemental qui cause le cancer

Cancer et tabagisme

Le cancer du poumon est l'un des types de cancer les plus communs dans la population canadienne âgée de plus de 40 ans. Selon Santé Canada, 9 cas sur 10 sont actuellement causés par le tabagisme. Les substances carcinogènes contenues dans le tabac n'affectent pas seulement les poumons. Fumer accroît aussi le risque de développer plus d'une douzaine d'autres types de cancer (figure 3). La bonne nouvelle, c'est qu'on peut éviter la plupart des cancers liés au tabagisme simplement en cessant de fumer (ou mieux, en ne commençant jamais) et en évitant la fumée secondaire.

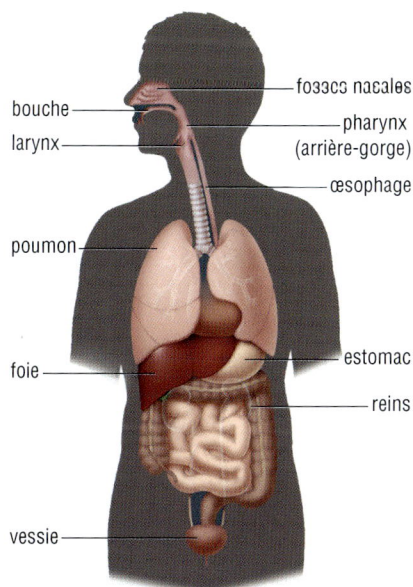

Figure 3 Les substances carcinogènes contenues dans la fumée de tabac peuvent affecter toutes ces parties du corps.

COUP DE POUCE
LECTURE

Faire des liens
Faire des liens entre le texte et le monde signifie faire appel aux connaissances que tu as acquises à propos des réalités du monde. Ce type de liens peut être très utile quand tu entreprends la lecture d'un texte scientifique, car il te permet d'aborder les idées et l'information du texte dans un esprit critique.

test de Papanicolaou test qui consiste à faire un prélèvement de cellules du col de l'utérus pour déterminer si elles présentent une croissance anormale

Pour lire sur les résultats d'une études qui s'est penchée sur les facteurs relatifs au développement du cancer de la prostate :

Le dépistage du cancer

Le dépistage du cancer consiste à faire des vérifications même s'il n'y a pas de symptômes de cancer. Le dépistage peut se faire à la maison, dans le cadre d'une vérification médicale de routine, ou lors d'un rendez-vous au bureau de la ou du médecin. Le dépistage est particulièrement important pour les personnes qui ont des antécédents familiaux de certains cancers. Si c'est ton cas, tu peux te soumettre à un dépistage génétique pour déterminer si tu as hérité d'un matériel génétique (ADN) qui te prédispose au cancer. Le dépistage est également précieux pour les gens qui sont exposés à des carcinogènes à cause de leur travail ou de leur mode de vie.

Le dépistage ne prévient pas le cancer, mais il augmente la probabilité de le détecter suffisamment tôt pour pouvoir l'éradiquer. C'est une façon efficace de réduire ton risque de développer un cancer.

De nombreuses femmes procèdent régulièrement à l'auto-examen des seins, à la recherche de bosses qui pourraient signaler un cancer du sein. Les femmes peuvent aussi se soumettre au dépistage du cancer du col de l'utérus en passant régulièrement, à partir de 18 ans, le **test de Papanicolaou**. En faisant analyser un prélèvement de cellules du col de l'utérus de sa patiente, la ou le médecin peut détecter les signes précoces de cancer.

Les hommes peuvent détecter de façon précoce le cancer du testicule en procédant à l'auto-examen des testicules. Il existe aussi un test sanguin, appelé « test de l'APS », pour dépister le cancer de la prostate. Ce test n'est pas très répandu auprès des hommes de moins de 50 ans, car l'incidence du cancer de la prostate est très faible dans ce groupe d'âge.

Pour réduire ton risque de développer un cancer de la peau, fais vérifier régulièrement par une ou un médecin ou dermatologiste l'évolution de tes grains de beauté. Tu peux apprendre à procéder à l'auto-examen de tes grains de beauté. Le tableau 1 illustre « l'ABCD des grains de beauté ». Les lettres de ce sigle renvoient à **A**symétrie, **B**ords irréguliers, **C**ouleur et **D**iamètre. Si tu remarques un grain de beauté ou une excroissance suspects, montre-les à ta ou à ton médecin.

Tableau 1 L'ABCD de l'examen des grains de beauté

	Asymétrie	Bord	Couleur	Diamètre
Bénin				
Malin				

Réduire ton risque de cancer

La prévention du cancer et le dépistage précoce sont très importants. De nombreux facteurs peuvent avoir une influence sur le risque de développer un cancer. Parmi ces risques, il y a les antécédents médicaux personnels et familiaux, les carcinogènes dans l'environnement, et le mode de vie. Renseigne-toi sur ces facteurs pour pouvoir réduire au minimum ton exposition aux risques de cancers connus.

RECHERCHE EN ACTION — DÉPISTAGE ET PRÉVENTION DU CANCER

HABILETÉS : définir l'enjeu, effectuer une recherche, déterminer les options, défendre une décision, communiquer

LA BOÎTE À OUTILS
4.B., 4.C.

Chaque année, en Ontario, environ 150 femmes meurent du cancer du col de l'utérus. Il existe plusieurs causes à ce cancer, mais les recherches ont démontré que le principal facteur de risque est une infection non traitée au virus du papillome humain (VPH). En prévenant les infections au VPH, on peut réduire le risque de développer le cancer du col de l'utérus.

1. Fais une recherche sur le cancer du col de l'utérus, ou sur un autre type de cancer, pour découvrir pourquoi ce cancer est particulièrement dangereux.
2. Trouve de l'information sur les moyens de réduire le risque de développer le type de cancer sur lequel tu as choisi de te documenter. Consulte plusieurs sources.

A. Analyse l'information que tu as recueillie. Détermine quelle approche de prévention du cancer tu soutiens. Présente ta décision par écrit en exposant ton raisonnement.

B. Quelles questions te poses-tu encore sur le dépistage et la prévention de ce type de cancer ? Selon toi, comment pourrais-tu obtenir des réponses à ces questions ?

C. En classe, débattez des problèmes médicaux et éthiques entourant le dépistage et la prévention du cancer.

Les choix touchant le mode de vie

Pour réduire ton risque de développer un cancer, tu peux faire plusieurs choix touchant ton mode de vie, en plus d'éviter la fumée du tabac. Adopter un régime alimentaire sain comprenant beaucoup de fruits et de légumes et peu de viandes grasses est déjà un bon début. Les recherches ont démontré que des « superaliments » contiennent des substances susceptibles d'aider ton corps à se protéger de certains cancers (figure 4). Même si des compléments vitaminiques contiennent certaines de ces substances, la meilleure façon de se les procurer consiste à manger l'aliment lui-même. Ces « superaliments » ne préviennent pas le cancer, mais ils réduisent ton risque de développer un cancer.

Pour déterminer la composition de ton bilan de santé :

LE SAVAIS-TU ?

Antisudorifiques et cancer du sein — Mythe ou réalité ?

Il n'y a pas de lien avéré entre l'usage des antisudorifiques et le cancer du sein. Il s'agit d'un mythe qui s'est répandu par courriels et dans Internet. En 2002, une étude a établi qu'il n'y avait pas d'augmentation du risque de cancer du sein chez les femmes qui utilisaient les antisudorifiques ou les déodorants, même si elles appliquaient le produit immédiatement après s'être rasé les aisselles.

Figure 4 Ces « superaliments » contre le cancer sont riches en substances qui favorisent la santé.

tomates — carrottes — avocats — pamplemousses
raisins rouges — brocoli — ail — framboises
noix — chou — figues

2.7 Le cancer : quand la division cellulaire se détraque

ACTION CITOYENNE

Sensibilisation et recherche sur le cancer

LA BOÎTE À OUTILS
4.C.7.

La Société canadienne du cancer s'efforce de sensibiliser les gens aux facteurs liés au mode de vie susceptibles de causer le cancer, aux mesures de prévention et aux méthodes de dépistage précoce.

La recherche sur le cancer est coûteuse et laborieuse. On met parfois des années à réaliser une étude complète, et les fonds alloués à la recherche ne sont pas infinis. Chaque année, plusieurs projets de recherche valables doivent être abandonnés à cause du manque de ressources financières.

Comment peux-tu faire ta part?

Un individu peut vraiment faire avancer les choses. Terry Fox en a fait la preuve ! Il avait 18 ans quand les médecins ont diagnostiqué un cancer des os dans sa jambe droite. Le seul traitement disponible à l'époque était l'amputation de la jambe au-dessus du genou. Cet extraordinaire jeune homme a réussi à sensibiliser le monde entier à l'importance de la recherche sur le cancer en se donnant pour objectif de traverser le Canada à la course. Il a parcouru ainsi plus de 5 000 km entre St. John's à Terre-Neuve et Thunder Bay en Ontario, avant de découvrir que le cancer s'était propagé à ses poumons. Il est mort le 28 juin 1981, à l'âge de 22 ans. Les efforts de ce jeune Canadien héroïque ont incité d'autres individus à recueillir des millions de dollars en son nom pour la recherche sur le cancer.

Les occasions de t'engager à sensibiliser les gens au cancer et à recueillir des fonds ne manquent certainement pas au sein de ta communauté. De quelle façon pourrais-tu aider ? Pour le savoir, effectue des recherches en ligne, parle à un membre d'une équipe de recherche sur le cancer, consulte le personnel d'un organisme voué à la lutte contre le cancer ou trouve un moyen qui te convient davantage. Prépare un message écrit ou verbal à l'intention de tes camarades et tâche de les rallier à ta cause.

Figure 5 Terry Fox au cours de son Marathon de l'espoir

Diagnostiquer le cancer

Une tumeur qui grossit peut causer de l'inflammation ou de l'inconfort. La personne atteinte peut se sentir très fatiguée ou se mettre à maigrir sans raison. Il est essentiel de diagnostiquer rapidement un cancer, car cela améliore les chances de guérison. Si la ou le médecin suspecte la présence d'une tumeur, elle ou il prescrira des examens médicaux plus approfondis. Ces examens peuvent nécessiter le recours à certaines techniques d'imagerie particulières.

Les technologies d'imagerie médicale

Les technologies d'imagerie médicale comprennent l'endoscopie, les rayons X, l'échographie, la tomodensitométrie et l'imagerie par résonance magnétique (IRM).

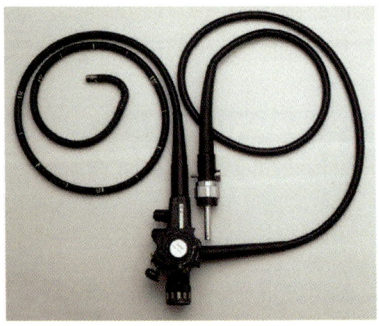

Figure 6 Un endoscope

L'endoscope sert communément à dépister le cancer du côlon. Cet instrument se compose d'un câble à fibre optique qui émet de la lumière, d'une minuscule caméra et d'un câble qui retransmet les images sur un écran (figure 6). On peut aussi y fixer des instruments, comme des pinces. La caméra permet de repérer les excroissances anormales. Les pinces peuvent servir à prélever un fragment de tissu (biopsie) de toute excroissance suspecte en vue de l'examiner au microscope.

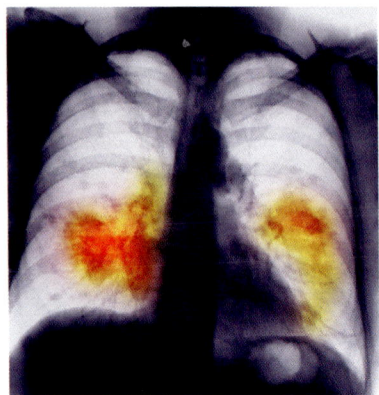

Figure 7 Radiographie pulmonaire d'un patient atteint du cancer du poumon (zones rouges)

Tu connais sans doute déjà les rayons X. Les radiographies permettent aux médecins d'examiner des parties du corps telles que les os ou les poumons (figure 7). La mammographie est une technique spéciale qui permet d'examiner les tissus du sein.

Les rayons X peuvent endommager l'ADN. Ils sont particulièrement nuisibles aux cellules qui se divisent rapidement, comme celles d'un fœtus en croissance. Les femmes enceintes doivent donc les éviter.

L'échographie, une autre technique d'imagerie médicale, génère des images numériques à partir d'ondes décimétriques. L'image numérique permet aux médecins d'examiner certaines parties molles de l'organisme, comme le cœur ou le foie (figure 8).

La tomodensitométrie est une autre technique d'imagerie médicale courante. Elle permet de prendre de multiples rayons X du corps sous plusieurs angles différents. Ces images sont ensuite assemblées par ordinateur pour former une série d'images détaillées. Cette technologie permet aux médecins d'examiner des parties du corps que des radiographies ordinaires ne leur permettent pas de voir (figure 9).

L'imagerie par résonance magnétique (IRM) est une quatrième technique d'imagerie médicale (figure 10). Dans une IRM, des ondes radio et un champ magnétique puissant produisent des images plus détaillées que celles obtenues par tomodensitométrie. Des images tridimensionnelles sont produites par ordinateur.

> **COUP DE POUCE LECTURE**
>
> **Note les liens**
> Fais-toi un journal à double entrée (« Liens » et « Compréhension »). Sers-toi du côté gauche (« Liens ») pour consigner les liens entre le texte et ton vécu, les liens entre des textes, et les liens entre le texte et le monde. Du côté droit (« Compréhension »), explique en quoi ces liens t'ont permis de mieux comprendre le texte, par exemple en visualisant l'information, en faisant des prédictions ou des inférences, en posant des jugements, en te formant une opinion, en tirant des conclusions et en les appuyant, ou encore en interprétant l'information.

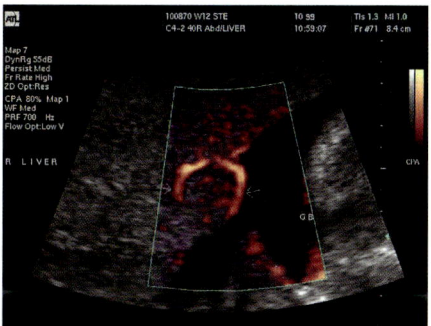

Figure 8 Échographie du foie montrant l'augmentation du flux sanguin (zones orangées) causée par des tumeurs malignes

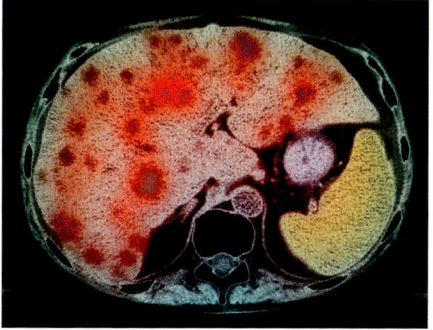

Figure 9 Tomodensitogramme de la coupe transversale d'un foie. Les tumeurs cancéreuses correspondent aux zones rouge foncé.

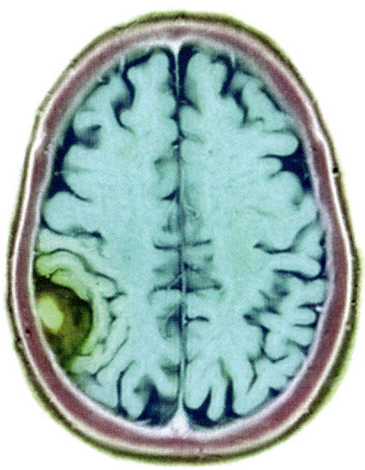

Figure 10 Image obtenue par IRM d'un cancer du cerveau (zone verte)

L'examen des cellules

Si l'un des tests ou l'une des images médicales présente des anomalies, on examine au microscope un échantillon des cellules potentiellement cancéreuses. C'est là l'unique façon de confirmer un diagnostic de cancer.

Certains échantillons de cellules peuvent être prélevés aisément, par exemple les échantillons de cellules sanguines. La leucémie est un cancer qui s'attaque au sang et qui entraîne souvent un excès de globules blancs par rapport aux globules rouges. Les techniciennes et techniciens expérimentés peuvent reconnaître ce problème en examinant un échantillon sanguin au microscope.

Il faut parfois pratiquer une opération chirurgicale pour prélever certains échantillons de cellules tumorales. C'est ce qu'on appelle « faire une biopsie ». On examine ensuite l'échantillon au microscope. On peut aussi mener des tests pour détecter des anomalies génétiques. Si on détermine que les cellules tumorales ne sont pas malignes (pas cancéreuses), on diagnostiquera une tumeur bénigne. Les cellules cancéreuses sont souvent de forme irrégulière (figure 11).

Une fois le diagnostic posé, les médecins doivent découvrir où le cancer a pris naissance. Ils doivent aussi établir la grosseur de la tumeur, son taux de croissance et s'il y a eu propagation. Cette information va les aider à déterminer les traitements appropriés et à en prédire les résultats.

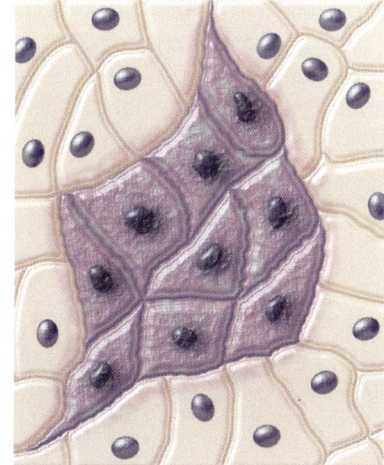

Figure 11 Illustration de cellules cancéreuses (en violet) au milieu de cellules normales (en rose pâle). Remarque les formes irrégulières des cellules cancéreuses.

Les traitements contre le cancer

Le but des traitements contre le cancer est de ralentir la croissance des tumeurs ou de détruire le plus de cellules cancéreuses possible. De nos jours, les trois grandes méthodes courantes de traitement du cancer sont : la chirurgie, la chimiothérapie et la radiothérapie. La biophotonique est une nouvelle technique. Un plan de traitement contre le cancer peut faire appel à l'une de ces méthodes ou en combiner certaines.

Traiter le cancer nécessite la collaboration de plusiers spécialistes : chirurgiennes et chirurgiens, oncologues (médecins spécialistes des tumeurs), radio-oncologues et personnel soignant.

La chirurgie

Dans certains cas, la chirurgie, c'est-à-dire l'ablation des tissus cancéreux, est la méthode de traitement qui convient le mieux. Si la tumeur est aisément accessible et bien délimitée, les médecins pourraient recommander cette option.

La chimiothérapie

La chimiothérapie est une méthode de traitement du cancer à l'aide de médicaments. Ces médicaments ont pour effet de ralentir ou de faire cesser la division des cellules cancéreuses et leur propagation à d'autres parties du corps. Ils peuvent être administrés par injection ou par la bouche. Les effets secondaires peuvent comprendre la perte des cheveux, des nausées et la fatigue, mais les bienfaits du traitement l'emportent généralement sur ses effets négatifs.

La chimiothérapie est souvent l'une des premières étapes dans le traitement du cancer. Elle vise à réduire la taille de la tumeur en prévision de la chirurgie ou de la radiothérapie. Son principal avantage est que les médicaments circulent dans le corps et atteignent presque toutes les tumeurs, même les plus petites.

La radiothérapie

Les cellules cancéreuses peuvent facilement être endommagées par un rayonnement ionisant parce qu'elles se divisent rapidement. La radiothérapie tire profit de cette vulnérabilité. Le rayonnement est émis en faisceau concentré sur la tumeur ou par l'implantation d'une source radioactive dans la tumeur (figure 12).

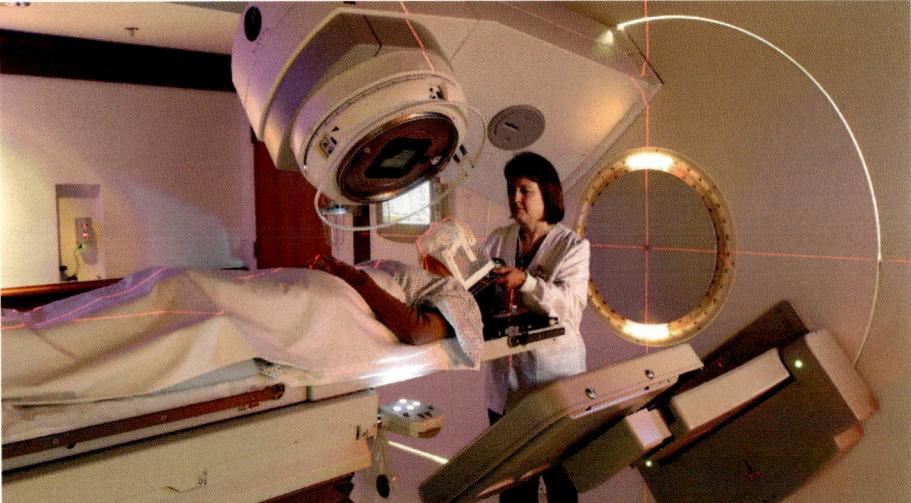

Figure 12 La radiothérapie est administrée à l'aide de machines technologiquement très avancées.

Pour en savoir plus sur les carrières dans le domaine de l'oncologie :

Pour te renseigner sur les délais d'attente pour les chirurgies du cancer dans ta région :

LE SAVAIS-TU ?

La barrière hématoencéphalique ou barrière sang-cerveau

Il est très difficile d'acheminer au cerveau des médicaments pour traiter des tumeurs. Pourquoi ? À cause d'une barrière de cellules denses qui empêche la plupart des substances chimiques de passer du sang au cerveau.

COUP DE POUCE
LECTURE

Fais des recoupements

Au cours de ta lecture, sers-toi de papillons adhésifs pour noter des liens avec d'autres textes que tu as déjà lus ou parcourus. Ta lecture terminée, tu pourras vérifier ces liens pour voir si la nouvelle information correspond ou non à ce que tu sais déjà.

La biophotonique

La plus récente arme de lutte contre le cancer, la **biophotonique**, utilise des faisceaux de lumière pour détecter et traiter le cancer. Il s'agit d'un outil diagnostique très sensible, qui permet la détection précoce du cancer. La biophotonique a moins d'effets secondaires que le traitement de radiothérapie habituel, car elle permet de cibler avec plus de précision les tissus cancéreux. L'Université de Toronto est actuellement à l'avant-garde dans ce domaine de recherche.

La recherche scientifique et les innovations technologiques contribuent grandement à améliorer notre compréhension de la biologie cellulaire. Les équipes canadiennes de recherche mettent tout en œuvre pour découvrir de meilleurs moyens de prévenir, de diagnostiquer et de traiter le cancer.

biophotonique technologie qui utilise l'énergie lumineuse pour diagnostiquer, surveiller et traiter des cellules et des organismes vivants

Pour en savoir plus sur la biophotonique :

> **SIGNET de fin d'unité**
> L'information sur le diagnostic et le traitement du cancer peut être utile à l'activité de fin d'unité décrite à la page 156.

EN RÉSUMÉ

- Le cancer est un groupe de maladies qui résultent d'une croissance cellulaire incontrôlée.
- Il y a des tumeurs bénignes (non cancéreuses) et des tumeurs malignes (cancéreuses).
- Certaines cellules cancéreuses sont capables de se propager à d'autres régions du corps suivant un processus appelé « métastase ».
- De nombreux cancers ne présentent pas de symptômes dans les premiers stades de leur développement.
- On peut réduire ses risques de cancer en évitant les carcinogènes et en optant pour un mode de vie sain.
- Diverses technologies d'imagerie médicale, dont l'endoscopie, les rayons X, la tomodensitométrie et l'imagerie par résonance magnétique (IRM), permettent de détecter les anomalies et de diagnostiquer le cancer.
- La biopsie est une méthode de diagnostic qui consiste à prélever chirurgicalement des cellules pour les examiner au microscope.
- De nombreux tests de dépistage améliorent les chances de guérison en permettant un diagnostic précoce du cancer.
- Les principales méthodes de traitement du cancer sont la chirurgie, la chimiothérapie et la radiothérapie. La biophotonique est la plus récente innovation technologique en ce domaine.

VÉRIFIE TA COMPRÉHENSION

1. En quoi le comportement des cellules cancéreuses se distingue-t-il de celui des cellules normales ?
2. a) Le cancer peut-il être transmis de façon héréditaire ? Explique ta réponse.
   b) Le cancer peut-il t'être transmis par une personne cancéreuse ? Explique ta réponse.
3. a) Qu'est-ce qu'un carcinogène ?
   b) Donne quelques exemples de carcinogènes que tu pourrais rencontrer au quotidien.
4. Pourquoi le cancer peut-il aisément passer inaperçu aux premiers stades de son développement ?
5. Énumère au moins cinq techniques de diagnostic servant au dépistage du cancer.
6. Décris brièvement les trois principales méthodes courantes de traitement du cancer.
7. Pourquoi les médecins vont-ils s'inquiéter de la présence de cellules cancéreuses dans le sang d'une ou d'un patient ?
8. Indique au moins trois changements simples liés au mode de vie qui pourraient aider à réduire ton risque de développer un cancer.
9. Quels tests de dépistage les jeunes personnes adultes devraient-elles inclure dans leur plan de lutte contre le cancer ?
10. Pourquoi y a-t-il des risques de récurrence du cancer, même après l'ablation d'une tumeur maligne ?

2.8 RÉALISE UNE ACTIVITÉ

Compare des cellules cancéreuses avec des cellules normales

HABILETÉS
- Se poser une question
- Formuler une hypothèse
- Prédire le résultat
- Planifier
- Contrôler les variables
- Exécuter
- Observer
- Analyser
- Évaluer
- Communiquer

Dans cette activité, tu vas examiner des micrographies ou des lames préparées pour comparer des cellules normales avec des cellules cancéreuses de même type. Tu vas chercher des preuves que ces cellules se divisent à des taux différents.

Objectif
Comparer les taux de division cellulaire de cellules cancéreuses et de cellules normales (non cancéreuses).

Matériel
- micrographies ou lames préparées de cellules normales et de cellules cancéreuses
- microviseur ou microscope
- papier lentille

Marche à suivre

BOÎTE À OUTILS
2.D., 3.B.6.

1. Nettoie soigneusement la micrographie ou la lame à l'aide d'une feuille de papier lentille.
2. Examine une section de tissu sain à l'aide du microviseur ou du microscope (figure 1). Si tu utilises un microscope, commence avec la lentille de faible puissance avant de passer aux lentilles de moyenne et de haute puissances. Consigne tes observations. Note la taille et la forme des cellules, leur disposition et toute structure importante que tu peux distinguer.
3. Compte le nombre de cellules au stade de la division. Compte le nombre de cellules qui se divisent, y compris les cellules qui sont aux stades de la mitose et de la cytocinèse. (La mitose est le stade au cours duquel les chromosomes sont visibles et ont l'aspect de structures sombres qui ressemblent à des fils. La cytocinèse est le stade au cours duquel la cellule se scinde en deux.)
4. Estime le pourcentage de cellules en division, à l'aide de la formule suivante :

$$\left(\frac{\text{nombre de cellules en division}}{\text{nombre total de cellules}}\right) \times 100\,\%$$

5. Fais un dessin biologique d'une petite zone présentant environ 10 cellules typiques.
6. Répète les étapes 3 à 5, cette fois en examinant la section de tissu cancéreux (figure 2). Veille à bien observer le même type de tissu que celui que tu as observé à l'étape 3.
7. Rapporte l'équipement à ton enseignante ou à ton enseignant.

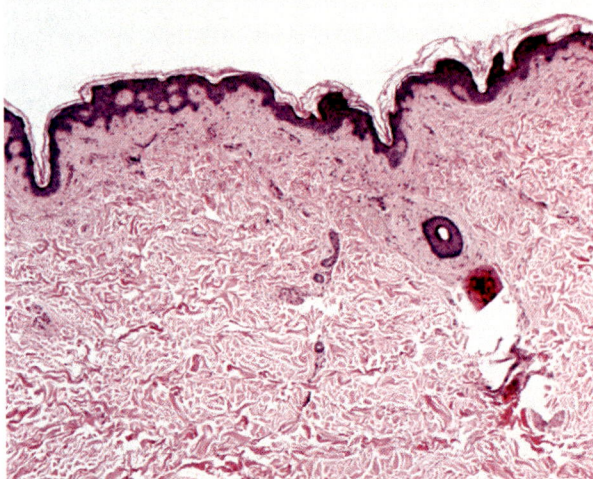

Figure 1 Échantillon de cellules de peau saines

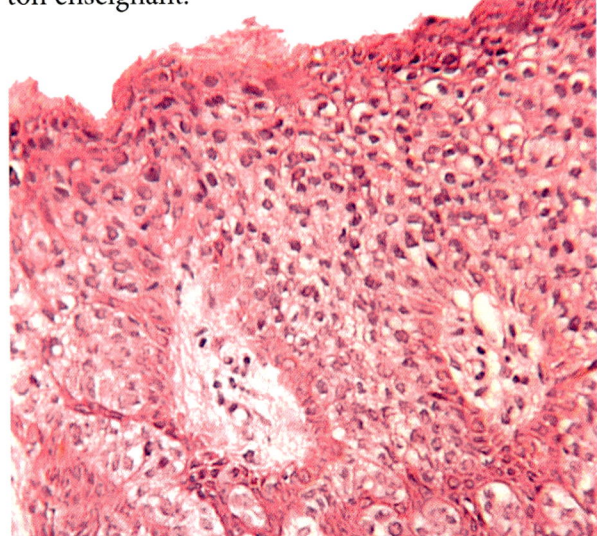

Figure 2 Échantillon de cellules de peau cancéreuses

Analyse et interprète

a) Qu'as-tu remarqué en comparant l'organisation des cellules normales avec l'organisation des cellules cancéreuses ?

b) Décris toute différence de taille et de forme dans ces deux types de cellules.

c) Qu'as-tu remarqué en comparant le noyau des cellules normales au noyau des cellules cancéreuses ?

d) i) Quel pourcentage de cellules normales étaient au stade de la division ?

   ii) Quel pourcentage de cellules cancéreuses étaient au stade de la division ?

   iii) Compare le taux de division cellulaire des cellules cancéreuses au taux de division cellulaire des cellules normales.

e) Après une division cellulaire normale, les cellules filles sont du même type de cellule spécialisée que la cellule mère. Les cellules cancéreuses semblent-elles spécialisées ? Consulte tes observations pour t'aider à répondre.

f) Les cellules normales possèdent des régulateurs internes qui contrôlent la division. Cela empêche la prolifération des cellules. D'après tes observations, penses-tu que ces régulateurs internes fonctionnent dans les cellules cancéreuses ? Explique ta réponse.

g) Résume les différences que tu as observées entre les cellules cancéreuses et les cellules normales.

Approfondis ta démarche

h) La division cellulaire nécessite de l'énergie. Comment cela pourrait-il expliquer pourquoi le cancer est nuisible aux cellules environnantes ?

i) Les carcinogènes causent parfois le cancer. Quelle(s) structure(s) cellulaire(s) est (sont) affectée(s) par les carcinogènes ? Justifie ta réponse.

2.9 Les cellules spécialisées

Dans ce chapitre, tu as étudié la croissance et la division des cellules végétales et animales. Tu as vu que le nombre d'organites que contient une cellule dépend de la fonction de cette cellule. Tu as aussi appris comment les cellules croissent parfois de façon incontrôlée et forment des tumeurs. Maintenant, tu vas examiner quelques-uns des nombreux types de cellules (ayant toutes leur fonction particulière) qui constituent les plantes et les animaux.

Selon la théorie cellulaire, toute cellule provient d'une cellule préexistante. Tu as commencé ta vie sous la forme d'un ovule fécondé. Une cellule unique est aussi à l'origine d'arbres gigantesques comme le séquoia. Cependant, les nombreuses cellules qui constituent les organismes complexes ne sont pas toutes identiques. Observe n'importe quel être vivant autour de toi : tous sont constitués de cellules ayant différentes structures et fonctions.

Tu peux comparer un organisme multicellulaire à une grande ville. Une ville a besoin d'énergie, de voies de circulation, d'un système d'élimination des déchets et d'une administration pour que tout fonctionne efficacement. Les différents secteurs de la ville ont des vocations distinctes et les diverses entreprises satisfont des besoins différents. Les mécaniciennes et mécaniciens réparent les véhicules automobiles. Les hygiénistes dentaires contribuent à la santé de nos dents. Les agricultrices et agriculteurs nous fournissent de la nourriture. On pourrait allonger la liste presque à l'infini. Tu ne t'attends pas à ce qu'une même personne répare ta voiture, te soigne les dents et te vende de la nourriture. Chacune de ces tâches est effectuée par une personne spécialement formée pour cette tâche : par une ou un spécialiste.

Ton corps a des besoins similaires à ceux d'une ville : énergie, transport et circulation, élimination des déchets, etc. Chaque cellule ne peut à la fois digérer la nourriture, combattre la maladie, transporter des nutriments et coordonner tes mouvements corporels. Les **cellules spécialisées** présentent des différences physiques et chimiques qui leur permettent de très bien effectuer une tâche en particulier. La figure 1 présente quelques-unes des différentes sortes de cellules qui tapissent la trachée (le conduit par lequel l'air passe de la bouche aux poumons). Observe les cellules en gobelet colorées en orangé. Elles contiennent de nombreux appareils de Golgi qui sécrètent du mucus.

La différenciation cellulaire implique une modification de la forme et de la fonction. Les diverses cellules spécialisées peuvent présenter des apparences très différentes les unes des autres.

cellule spécialisée cellule capable d'effectuer une fonction spécifique

Figure 1 Ces cellules spécialisées empêchent la saleté d'entrer dans les poumons. Les cellules orange sont des cellules en gobelet. Elles sécrètent du mucus. Les parties qui ont l'air de brins d'herbe verts sont des cils, des prolongements de la cellule ayant l'apparence de poils. Les cils peuvent bouger. Ils transportent le mucus le long de la trachée pour piéger et repousser toute poussière ou saleté.

Les cellules animales présentent une grande variété de structures et de fonctions spécialisées (figure 2). Les cellules musculaires qui consomment beaucoup d'énergie, par exemple, contiennent beaucoup de mitochondries. Les cellules qui produisent du mucus dans l'intestin possèdent beaucoup d'appareils de Golgi. Ces cellules sont spécialisées : elles exécutent des fonctions particulières.

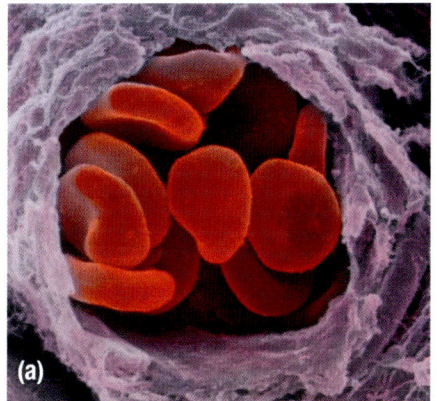

(a) Les globules rouges sont des cellules qui contiennent l'hémoglobine qui transporte l'oxygène dans le sang. Ces cellules sont souples, ce qui leur permet de circuler aisément dans les vaisseaux sanguins.

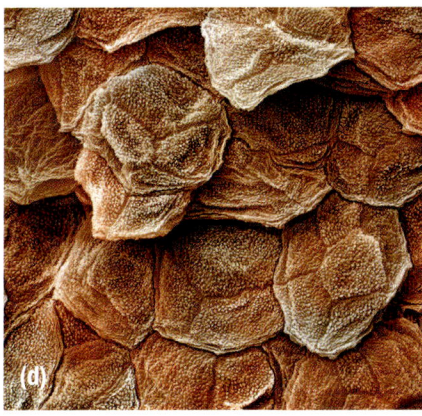

(d) Les couches de cellules de peau sont étroitement serrées de façon à recouvrir l'extérieur du corps, à protéger les cellules à l'intérieur et à réduire la déshydratation.

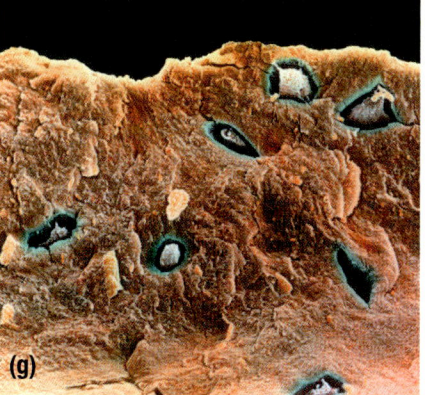

(g) Les cellules osseuses recueillent le calcium des aliments et assurent la croissance et la réparation des os. Elles construisent de l'os autour d'elles et créent ainsi le squelette.

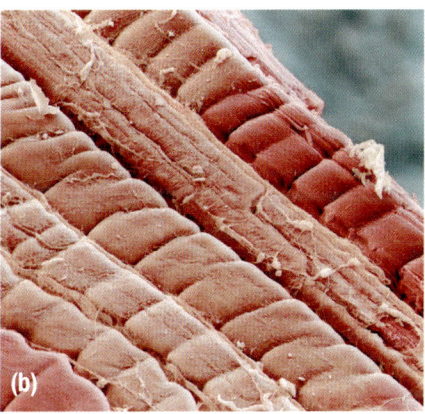

(b) Les cellules musculaires sont organisées en paquets appelés « fibres musculaires ». Elles peuvent se contracter, ce qui fait bouger les os.

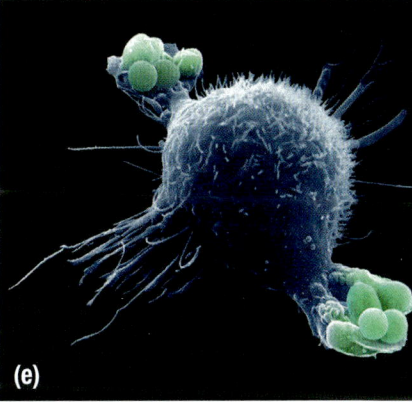

(e) Les globules blancs sont des cellules qui peuvent se déplacer comme une amibe pour engloutir des bactéries et combattre l'infection.

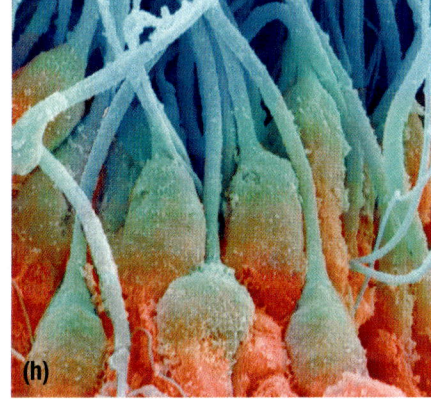

(h) Les spermatozoïdes sont des cellules qui assurent le transport de l'ADN d'un parent mâle à l'ovule, la cellule du parent femelle.

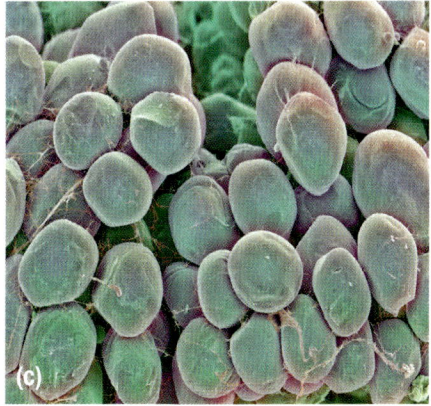

(c) Les cellules adipeuses ou graisseuses ont une grande vacuole dans laquelle sont stockées des molécules de graisse. C'est ainsi que ce type de cellules emmagasine l'énergie chimique.

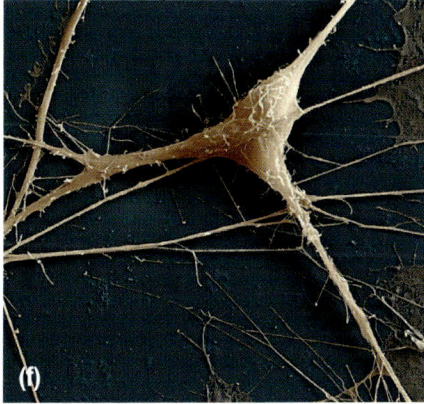

(f) Les cellules nerveuses sont longues et minces et possèdent de nombreuses ramifications. Elles conduisent les impulsions électriques nécessaires à la coordination de l'activité corporelle.

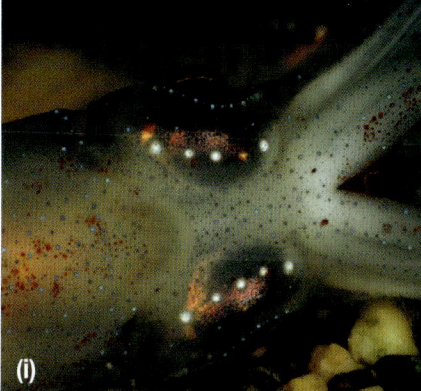

(i) Certains animaux nocturnes et d'autres qui vivent dans les profondeurs de l'océan ont des cellules qui peuvent émettre de la lumière. Ces cellules sont appelées « photophores ».

Figure 2 Quelques-uns des nombreux types de cellules animales spécialisées

Les plantes possèdent aussi des cellules spécialisées. La structure et la fonction des cellules dans une feuille sont différentes de celles des cellules du tronc d'un arbre. La figure 3 présente certaines des cellules végétales spécialisées.

Dans les prochains chapitres, tu vas apprendre comment les cellules coopèrent au sein des organismes complexes. Le chapitre 3 est consacré aux animaux, et le chapitre 4, aux végétaux.

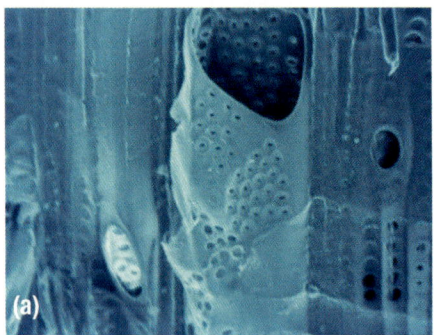
(a) Certaines cellules végétales transportent de l'eau et des minéraux dissous dans toute la plante.

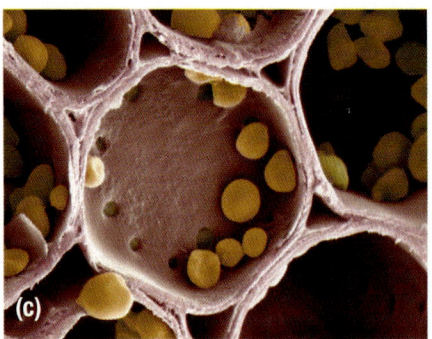
(c) Les cellules de stockage contiennent des structures particulières qui emmagasinent l'amidon, une source d'énergie pour la plante.

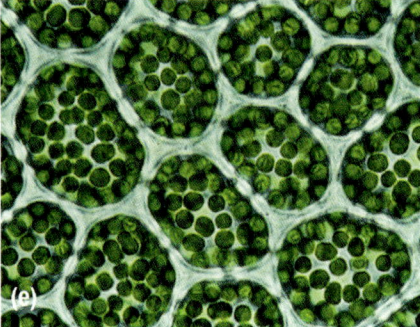
(e) Les cellules photosynthétiques contiennent beaucoup de chloroplastes pour capter l'énergie solaire et la transformer en sucre pour la plante.

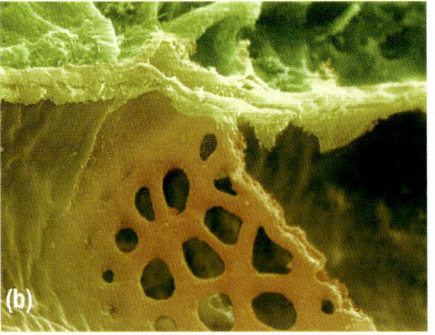
(b) D'autres cellules transportent des sucres dissous autour de la plante.

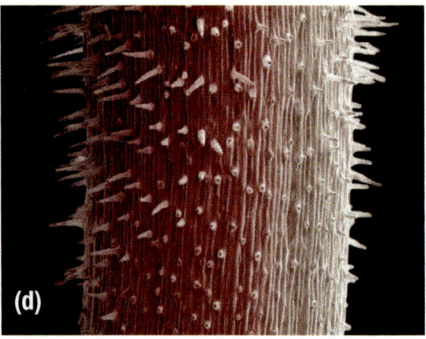
(d) Les cellules épidermiques sur les jeunes racines ont des poils par lesquels elles absorbent l'eau du sol.

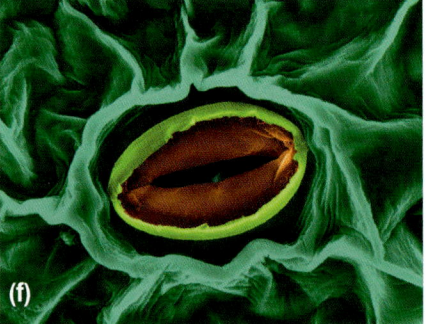
(f) Les cellules stomatiques ou cellules de garde se trouvent à la surface des feuilles ; elles permettent de réguler la perte d'eau.

Figure 3 Les végétaux possèdent aussi une grande variété de cellules spécialisées.

EN RÉSUMÉ

- Tous les organismes multicellulaires sont en grande partie constitués de cellules spécialisées.
- Les cellules spécialisées sont dotées de structures qui leur permettent de remplir des fonctions spécifiques.
- Une cellule spécialisée exécute une fonction primaire au lieu de faire tout ce dont l'organisme a besoin pour survivre.

VÉRIFIE TA COMPRÉHENSION

1. Pourquoi les organismes complexes sont-ils constitués de cellules spécialisées ?
2. Pense à ton propre corps. Énumère au moins quatre activités que ton corps doit effectuer pour te garder en vie.
3. Choisis deux cellules spécialisées mentionnées dans la présente section. Compare leurs structures et leurs fonctions.
4. Chaque cellule de ton corps provient d'un ovule fécondé. Qu'est-ce que cela t'indique à propos des différences dans l'ADN de deux cellules du corps ?
5. Les cellules végétales se spécialisent-elles de la même façon que les cellules animales ? Illustre ta réponse à l'aide d'exemples de chaque type de cellules.
6. Pourquoi les organismes unicellulaires ne présentent-ils pas de spécialisation ?

RÉALISE UNE ACTIVITÉ 2.10

Examine des cellules spécialisées

Quand tu passes un examen médical de routine, on t'envoie souvent au centre de prélèvements pour une prise de sang. On se sert de ce prélèvement pour préparer un frottis sanguin sur une lame qu'on va examiner au microscope. On colore généralement la préparation pour rendre certaines cellules plus visibles (figure 1).

Le personnel technique qui examine les prélèvements sanguins sait bien repérer les cellules qui ont l'air différent. Parfois, on calcule les proportions de différents types de cellules ou on cherche des cellules de formes anormales ou des agrégats cellulaires (accumulations de cellules). Dans cette activité, tu vas avoir l'occasion d'examiner une variété de cellules spécialisées, tant végétales qu'animales.

HABILETÉS
- Se poser une question
- Formuler une hypothèse
- Prédire le résultat
- Planifier
- Contrôler les variables
- Exécuter
- Observer
- Analyser
- Évaluer
- Communiquer

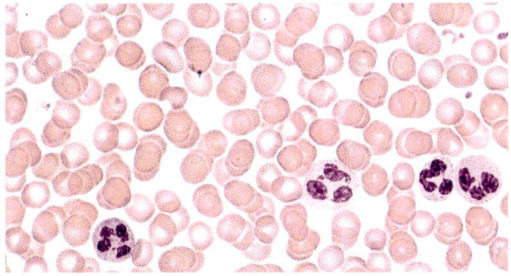

Figure 1 Sur cette lame préparée, on a coloré les globules blancs en violet pour les rendre plus visibles.

Objectif
Examiner une variété de cellules spécialisées végétales et animales.

Matériel
- lames préparées de cellules spécialisées (telles que : cellules épithéliales de la joue, cellules des muscles du squelette, cellules de tissu pulmonaire, pointe d'une racine d'oignon, coupe transversale d'une feuille)
- microscope
- papier lentille

Marche à suivre

1. Choisis l'une des lames préparées et nettoie-la soigneusement à l'aide du papier lentille. Examine les cellules de cette lame en manipulant le microscope selon la méthode prescrite. Note leur forme, leur couleur, et indique si elles sont rapprochées ou distantes les unes des autres. Fais un dessin biologique avec mots-étiquettes d'une ou deux cellules.

2. Déplace la lame pour trouver différents types de cellules. Note tes observations.

3. Refais les étapes 1 et 2 avec d'autres lames préparées. Note tes observations soigneusement en précisant les différences entre les types de cellules.

Analyse et interprète

a) Par quels moyens aurait-on pu rendre les cellules de la lame plus faciles à voir ?

b) Réfléchis à chacun des types de cellules que tu as examinés. Résume les différences structurelles qui existent entre eux.

c) Pour chaque type de cellule, trouve par inférence comment la structure de ces cellules convient à leur fonction et explique ton inférence.

Approfondis ta démarche

d) Choisis un des types de cellules que tu as examinés. Fais une recherche sur une maladie qui résulte du dysfonctionnement de ces cellules. Fais le lien entre la structure et la fonction des cellules et cette maladie. Élabore et soumets un bref compte rendu sur la maladie que tu as choisie. Ton compte rendu peut prendre la forme d'une présentation orale, écrite ou électronique.

CHAPITRE 2 — À REVOIR

RÉSUMÉ DES CONCEPTS CLÉS

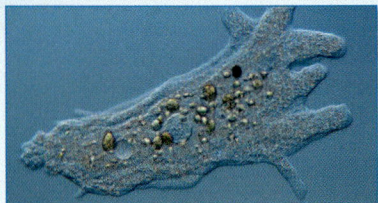

Tous les organismes sont constitués d'une ou de plusieurs cellules.

- Selon la théorie cellulaire, la cellule est l'unité fondamentale de la vie, tous les organismes sont constitués d'une ou de plusieurs cellules, et toutes les cellules proviennent de cellules préexistantes. (2.1)
- Les organismes unicellulaires, comme les bactéries, ne sont composés que d'une cellule. (2.1)
- Tous les végétaux et tous les animaux, y compris les êtres humains, sont des organismes multicellulaires et font partie des eucaryotes. (2.1)

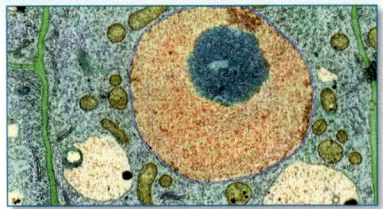

Les microscopes nous permettent d'examiner des cellules en détail.

- Les cellules végétales et animales ont en commun la majeure partie de leurs structures cellulaires. (2.1, 2.2)
- Les matières utiles à l'activité cellulaire traversent la membrane cellulaire par diffusion et par osmose. (2.3)
- Les cellules végétales contiennent une paroi cellulaire, une grande vacuole centrale et des chloroplastes. (2.1, 2.2)
- Les cellules croissent et se divisent pour remplacer les cellules usées, pour assurer la croissance des organismes, pour réparer les cellules endommagées et pour se reproduire. (2.3)

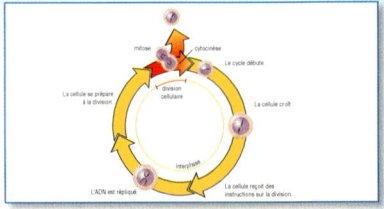

Le cycle cellulaire s'effectue suivant des stades distincts.

- Le cycle cellulaire comprend trois stades : l'interphase, la mitose et la cytocinèse. (2.5)
- L'interphase est le stade pendant lequel les cellules croissent, exécutent leurs fonctions spécifiques, produisent davantage d'organites et répliquent leur ADN. (2.5)
- La mitose est la division de l'ADN dans le noyau d'une cellule. (2.5)
- La cytocinèse est la division de la cellule entière en deux nouvelles cellules filles identiques. (2.5)

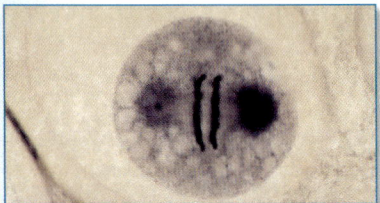

La division cellulaire est essentielle à la croissance, à la réparation et à la reproduction des organismes.

- Dans le cycle cellulaire, la division cellulaire s'effectue au cours de la mitose et de la cytocinèse. (2.5)
- Au cours de la mitose, chaque cellule fille reçoit une copie conforme de l'ADN de la cellule mère. (2.5)
- Les cellules passent par quatre phases au cours de la mitose : la prophase, la métaphase, l'anaphase et la télophase (PMAT). (2.5)

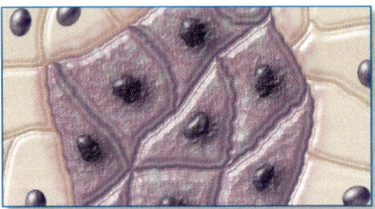

Les cellules cancéreuses se divisent généralement plus rapidement que les cellules normales.

- Le cancer se caractérise par la croissance et la division incontrôlées de groupes de cellules susceptibles de former une tumeur. (2.7)
- Une tumeur bénigne n'affecte pas gravement les cellules environnantes et ne se propage pas dans l'organisme. (2.7)
- Une tumeur maligne est constituée de cellules cancéreuses ; elle peut envahir et endommager les tissus environnants. (2.7)
- Les cellules cancéreuses peuvent se métastaser. (2.7)
- La prévention et le dépistage permettent de réduire au minimum les risques de cancer. (2.7)

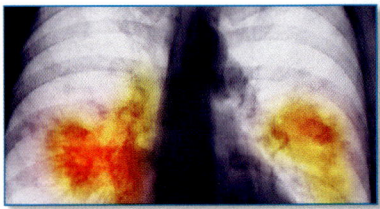

Les technologies d'imagerie médicale jouent un rôle important dans le diagnostic et le traitement des maladies.

- Le dépistage fait parfois intervenir des technologies d'imagerie médicale. (2.7)
- Les technologies d'imagerie médicale comprennent l'endoscopie, les rayons X, l'échographie, la tomodensitométrie et l'imagerie par résonance magnétique (IRM). (2.7)
- Les technologies d'imagerie médicale sont des outils diagnostiques dont on se sert couramment pour détecter le cancer et d'autres maladies. (2.7)
- L'examen microscopique des cellules est le seul moyen de confirmer un diagnostic de cancer. (2.7)

QU'EN PENSES-TU MAINTENANT?

Tu as réfléchi aux énoncés ci-dessous au début du chapitre. Tu avais peut-être déjà entendu parler de ces notions à l'école, à la maison ou autour de toi. Reconsidère-les maintenant et détermine si tu es d'accord ou non avec chacun.

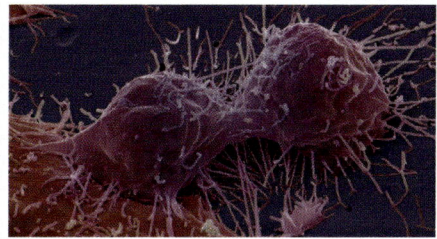

1 Toute nouvelle cellule provient d'une cellule préexistante.
D'accord / En désaccord

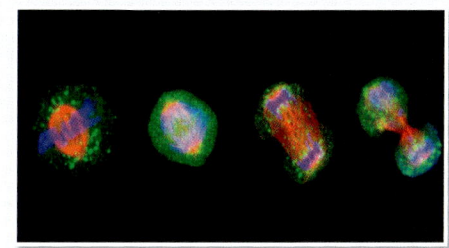

4 La mitose et le cycle cellulaire sont des processus identiques.
D'accord / En désaccord

2 Toutes les cellules végétales sont vertes.
D'accord / En désaccord

5 La diffusion est le mouvement de particules d'une région de haute concentration vers une région de basse concentration.
D'accord / En désaccord

3 Les cellules végétales et les cellules animales contiennent toutes les mêmes organites.
D'accord / En désaccord

6 Toute radiation est nuisible aux êtres humains.
D'accord / En désaccord

**Comment tes réponses ont-elles changé?
Que sais-tu de plus maintenant?**

Vocabulaire

théorie cellulaire (p. 29)
procaryote (p. 29)
eucaryote (p. 29)
organite (p. 29)
ADN (acide désoxyribonucléique) (p. 30)
reproduction asexuée (p. 36)
reproduction sexuée (p. 36)
diffusion (p. 37)
concentration (p. 37)
osmose (p. 37)
cycle cellulaire (p. 40)
interphase (p. 40)
mitose (p. 40)
cytocinèse (p. 40)
cellule fille (p. 40)
prophase (p. 41)
chromosome (p. 41)
chromatide (p. 41)
centromère (p. 41)
métaphase (p. 41)
anaphase (p. 42)
télophase (p. 42)
cancer (p. 48)
tumeur (p. 48)
tumeur bénigne (p. 48)
tumeur maligne (p. 48)
métastase (p. 48)
mutation (p. 49)
carcinogène (p. 49)
test de Papanicolaou (p. 50)
biophotonique (p. 55)
cellule spécialisée (p. 58)

IDÉES maîtresses

✓ Les plantes et les animaux, y compris les êtres humains, sont constitués de cellules, de tissus et d'organes spécialisés qui sont organisés en systèmes.

✓ Les progrès de la médecine et de la technologie médicale peuvent avoir des conséquences d'ordre social et moral.

CHAPITRE 2 — RÉVISION

Les icônes suivantes t'indiquent la compétence visée par chaque question.

- **CC** Connaissance et compréhension
- **C** Communication
- **HP** Habiletés de la pensée
- **MA** Mise en application

Qu'as-tu retenu ?

1. Quels sont les trois stades du cycle cellulaire ? (2.5) **CC**

2. À quel stade du cycle cellulaire la réplication de l'ADN a-t-elle lieu ? (2.5) **CC**

3. Énumère et décris brièvement les phases de la mitose. (2.5) **CC**

4. Observe la figure 1. (2.1-2.6) **CC**
   a) Indique si chacune des cellules représentées est une cellule animale ou végétale.
   b) Quel stade du cycle cellulaire (et, si applicable, quelle phase de la mitose) est représenté dans chaque schéma ?

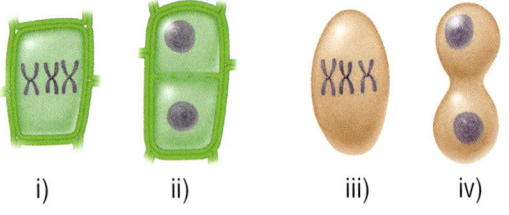

i)   ii)   iii)   iv)

Figure 1

5. Quelles sont les caractéristiques dangereuses des cellules cancéreuses ? (2.7) **CC MA**

Qu'as-tu compris ?

6. Tu peux souvent sentir l'odeur de cuisson des aliments même si tu te trouves dans une pièce très éloignée de la cuisine. Par quel processus cette odeur se propage-t-elle dans la maison ? (2.3) **CC**

7. Décris brièvement les différences entre la division d'une cellule animale et celle d'une cellule végétale. (2.5) **CC**

8. Explique en tes mots pourquoi la mitose est importante pour les eucaryotes. (2.2, 2.5) **HP**

9. En quoi le cycle cellulaire d'une cellule cancéreuse est-il différent de celui d'une cellule normale ? (2.7, 2.8) **HP**

10. Quelles structures assurent le mouvement des chromosomes durant la mitose ? (2.5) **CC**

11. Explique la différence entre un chromosome et une chromatide. (2.5) **CC**

12. a) Explique pourquoi les cellules ne doivent pas excéder une taille bien définie.
    b) Les cellules musculaires sont généralement plus petites que les cellules adipeuses de stockage. Pourquoi ? (2.3, 2.4, 2.9) **CC MA**

Résous un problème

13. Pourquoi les cellules de la peau sont-elles si vulnérables au cancer ? (2.7) **HP MA**

14. Nomme une partie importante des végétaux où les cellules effectuent de fréquentes mitoses. (2.3, 2.6) **CC**

15. Nomme au moins trois mesures de prévention et de dépistage que tu peux prendre pour réduire ton risque de développer un cancer. (2.7) **CC MA**

16. Le tableau 1 indique combien des cellules de deux échantillons sont dans l'interphase, dans chaque phase de la mitose et dans la cytocinèse. Pour chaque échantillon, le pourcentage de cellules à un stade ou une phase donnés correspond à la durée (en pourcentage du cycle cellulaire) de ce stade ou de cette phase. Par exemple, si 50 % des cellules d'un échantillon étaient dans l'interphase, tu pourrais conclure que l'interphase occupe 50 % de la durée totale du cycle cellulaire. (2.5, 2.6) **CC HP**
    a) Pour chacun des échantillons, calcule le pourcentage de temps que passent les cellules à chaque stade ou phase du cycle cellulaire.
    b) Trace un graphique circulaire pour chaque échantillon.
    c) En quoi ces deux échantillons sont-ils différents ?
    d) Explique ces différences.

Tableau 1 Observation de cellules à différents stades ou phases

	Nombre de cellules par stade ou phase					
	Interphase	Prophase	Métaphase	Anaphase	Télophase	Cytocinèse
Échantillon A	320	10	3	2	1	1
Échantillon B	250	46	14	9	3	4

17. Tu as remarqué qu'un grain de beauté derrière le bras de ton ami semble s'étendre. Ton ami croit qu'il n'y a pas lieu de s'en faire et compte ignorer la chose. Que devrais-tu lui conseiller? (2.7) CC MA

Conçois et interprète

18. Qu'est-ce que la lumière solaire a en commun avec les produits chimiques dans l'environnement que l'on soupçonne d'être cancérigènes? (2.7) CC HP MA

19. Pourquoi est-il important que les femmes qui pourraient être enceintes évitent de passer des rayons X? (2.7) CC HP MA

20. La radiation sert tant aux rayons X qu'aux traitements de radiothérapie contre le cancer. Et pourtant, elle cause aussi le cancer. Explique comment cela est possible. (2.7) HP MA

Réfléchis à ce que tu as appris

21. Dans ce chapitre, tu as appris le cycle cellulaire, y compris les phases de la mitose.
    a) As-tu eu de la difficulté à comprendre la mitose?
    b) Si oui, quelles stratégies as-tu adoptées pour surmonter cette difficulté?
    c) Sinon, qu'est-ce qui t'a facilité la compréhension de ce concept?

Recherches en ligne

22. Depuis l'Antiquité, les gens cherchent la fontaine de Jouvence dans l'espoir de ralentir ou d'arrêter le processus de vieillissement. Aujourd'hui, la recherche antivieillissement se concentre sur l'alimentation, les médicaments, l'activité physique et la réduction de l'apport calorique. HP C MA
    a) Fais une recherche sur une histoire reliée à la fontaine de Jouvence, comme la légende de Ponce de León.
    b) Choisis un domaine de la recherche moderne et fais un article sur son potentiel en tant que méthode pour prolonger la vie.
    c) Compose une histoire sur la fontaine de Jouvence en utilisant ton domaine de recherche comme thème principal.

23. Les plantes produisent leur propre nourriture à partir de dioxyde de carbone et d'eau en exploitant l'énergie de la lumière solaire dans un processus appelé «photosynthèse». Ce processus se déroule dans les chloroplastes. (2.1) HP C
    a) Fais une recherche pour découvrir quelles substances chimiques donnent aux chloroplastes leur couleur verte et pourquoi ces substances sont nécessaires à la photosynthèse.
    b) Présente tes découvertes sur une affiche ou de toute autre façon qui convient.

24. Fais une recherche sur les conséquences que peut avoir la fréquentation des salons de bronzage sur la santé, puis prépare un compte rendu. HP C MA

25. Les plantes développent parfois des excroissances ou des tumeurs appelées «galles». Mène une recherche pour découvrir les causes et les effets des galles végétales. Conçois une présentation illustrée de ta recherche. HP C

26. Fais une recherche sur le travail que font les scientifiques pour prévenir le cancer. Choisis un domaine précis de la recherche sur le cancer. Prépare un compte rendu de tes découvertes et présente-le de la façon qui te convient. HP C

27. En quoi l'application d'un écran solaire réduit-elle ton risque de développer un cancer de la peau? Mène une recherche pour établir l'efficacité de différents écrans solaires à prévenir le cancer de la peau. HP MA

28. Demande à une ou à un vétérinaire quelles options s'offrent à toi si ton animal domestique développe un cancer. HP MA

29. Le développement rapide de cellules n'est pas toujours le signe de la présence d'un cancer. Un certain virus peut amener les cellules de la peau à se diviser rapidement et à produire une verrue. Fais une recherche pour découvrir comment et pourquoi un virus peut produire des verrues. HP C MA

30. Choisis un sujet dont traite ce chapitre et fais approuver ton choix par ton enseignante ou ton enseignant. Documente-toi sur ton sujet et élabore un compte rendu de tes découvertes d'une façon appropriée. HP C

CHAPITRE 2 — QUESTIONNAIRE

Choisis la meilleure réponse pour chacune de ces questions.

1. Les chromosomes se déplacent vers les extrémités opposées de la cellule durant (2.5)
   a) la prophase.
   b) la métaphase.
   c) l'anaphase.
   d) la télophase.

2. La tâche des mitochondries est d'approvisionner les cellules en (2.1)
   a) énergie.
   b) nutriments.
   c) oxygène.
   d) protéines.

3. Les cellules végétales et les cellules animales diffèrent parce que les cellules végétales ont (2.1, 2.2)
   a) une paroi cellulaire.
   b) une membrane cellulaire.
   c) une membrane nucléaire.
   d) un réticulum endoplasmique.

4. Les cellules procaryotes diffèrent des cellules eucaryotes en ce qu'elles ne contiennent pas (2.1)
   a) de cytoplasme.
   b) d'ADN.
   c) d'organites.
   d) de noyau.

Indique si chacun des énoncés est VRAI ou FAUX. Si tu penses qu'un énoncé est faux, récris-le en le corrigeant.

5. Les cellules des tumeurs bénignes peuvent se détacher de la tumeur originale et migrer dans différentes parties du corps. (2.7)

6. La mitose est le plus long stade du cycle cellulaire. (2.5)

7. La biophotonique est une technologie qui utilise des faisceaux de lumière pour détecter et traiter le cancer. (2.7)

Copie les énoncés ci-dessous dans ton cahier. Complète-les à l'aide des termes appropriés.

8. Dans la reproduction _____ , les descendants sont des copies génétiquement identiques aux parents. (2.3)

9. Les facteurs environnementaux, comme la fumée du tabac, les rayons X et les rayons UV qui causent le cancer, sont des _____. (2.7)

Associe chaque terme de la colonne de gauche à la description qui lui convient le mieux dans la colonne de droite.

10. a) diffusion
    b) osmose
    c) concentration
    d) cancer
    e) tumeur

    i) la quantité de substance (soluté) par volume de solution donné
    ii) la maladie résultant d'une division cellulaire incontrôlée
    iii) le processus par lequel des particules se propagent de régions à haute concentration vers des régions à basse concentration
    iv) le mouvement de l'eau de régions de haute concentration en eau vers des régions de basse concentration en eau
    v) une masse de cellules dépourvues de toute fonction organique qui se divisent de façon incontrôlée (2.3, 2.7)

Rédige une brève réponse à chacune des questions suivantes.

11. Une cellule de cheval compte 60 chromosomes. Combien de chromosomes chaque nouvelle cellule de cheval aura-t-elle après la mitose ? (2.3, 2.5)

12. Comment les chloroplastes de chaque cellule végétale contribuent-ils au fonctionnement d'ensemble de la plante ? (2.1)

13. Copie le tableau 1 dans ton cahier. Dans la deuxième colonne, inscris la fonction de la cellule. Dans la troisième colonne, explique comment la structure de la cellule est adaptée à cette fonction. (2.9)

    Tableau 1 Fonction et structure des cellules

Type de cellule	Quelle est sa fonction ?	En quoi cette structure est-elle adaptée à sa fonction ?
globule rouge		
cellule nerveuse		
cellule adipeuse		
spermatozoïde		
cellule épithéliale d'une racine végétale		
cellule photosynthétique		

14. Le cycle cellulaire varie selon les types de cellules. On te donne des échantillons de cellules prélevées sur une plante. Certaines de ces cellules ont un cycle cellulaire de 24 heures. D'autres en ont un de 72 heures. (2.5, 2.6)

    a) Prédis quel ensemble de cellules a été prélevé à la pointe de la racine de la plante. Justifie ta réponse.
    b) D'où l'autre ensemble de cellules pourrait-il provenir ?

15. Est-ce que la mitose se produit en ce moment dans ton corps ? Explique ta réponse. (2.3, 2.5)

16. Trace un diagramme de Venn pour illustrer les similarités et les différences entre la cellule végétale et la cellule animale. (2.1, 2.2)

17. Durant la prophase, la membrane nucléaire se dissout. Elle se reforme durant la télophase. Explique pourquoi cette action est importante pour la division cellulaire. (2.5)

18. Tu as envie de comparer les taux actuels de divers types de cancer à leurs taux d'il y a 50 ans. (2.7)

    a) Où pourrais-tu trouver l'information qui te permettrait de faire cette recherche ?
    b) Selon ce que tu connais du cancer et de ses causes, pour quelles raisons ces taux peuvent-ils avoir changé depuis 50 ans ?

19. Certains antibiotiques empêchent les cellules bactériennes de répliquer leur ADN. (2.3, 2.5)

    a) Comment ce type d'antibiotiques peut-il arrêter une infection bactérienne ?
    b) Ces antibiotiques n'ont aucun effet sur la capacité de réplication de l'ADN des cellules humaines. Pourquoi est-ce important ?

20. Imagine que tu écris un article sur la prévention du cancer pour le journal de l'école. (2.7)

    a) Explique les causes du cancer qui intéressent le plus ton groupe d'âge.
    b) Donne trois choix reliés au mode de vie que des élèves peuvent faire pour réduire les risques de développer un cancer.

21. Conçois une expérience pour déterminer si la température influence le taux de mitose des cellules végétales. Décris ta marche à suivre, en précisant les variables indépendante et dépendante et les contrôles nécessaires. (2.3, 2.5)

22. Les cellules musculaires et les cellules nerveuses humaines se divisent rarement une fois qu'elles sont formées. Quel effet cette caractéristique des cellules nerveuses et musculaires a-t-elle sur un individu qui a subi une blessure à la moelle épinière ? (2.9)

23. Tu rencontres une amie qui a un étrange grain de beauté sur le bras. (2.7, 2.8)

    a) Quelles questions pourrais-tu lui poser sur ce grain de beauté ?
    b) Quelles caractéristiques t'amèneraient à lui conseiller de consulter une ou un dermatologue ?

24. a) Définis reproduction asexuée et reproduction sexuée en tes propres mots.
    b) Laquelle des méthodes de reproduction produit une population plus génétiquement variée ? Explique ta réponse. (2.3)

CHAPITRE 3

Les systèmes animaux

QUESTION CLÉ : Quelles sont les structures et les fonctions des divers systèmes organiques des animaux ?

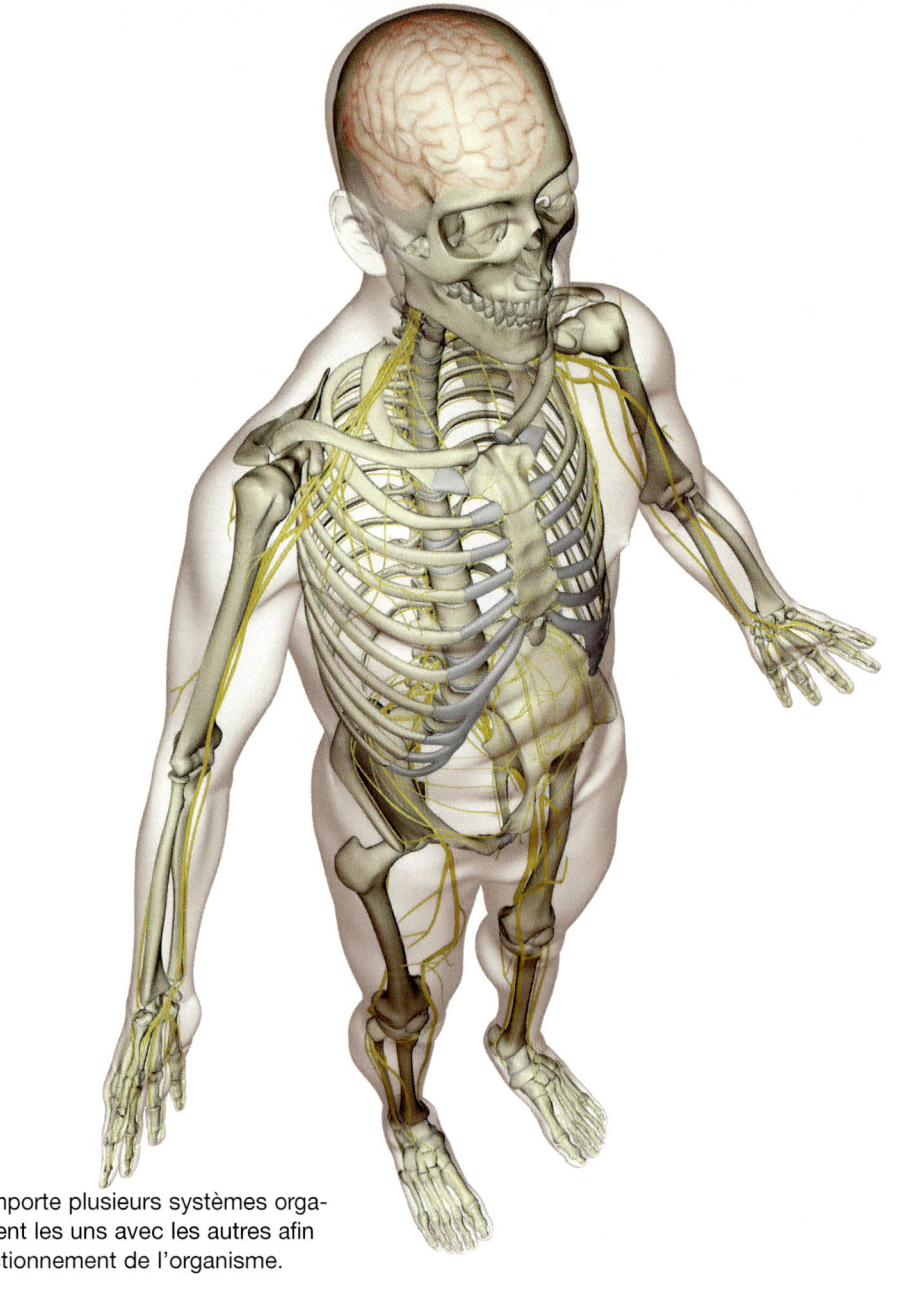

Le corps humain comporte plusieurs systèmes organiques qui interagissent les uns avec les autres afin d'assurer le bon fonctionnement de l'organisme.

UNITÉ B
Fonctions et systèmes animaux et végétaux

CHAPITRE 2 — Les cellules, la division cellulaire et la différenciation cellulaire

CHAPITRE 3 — Les systèmes animaux

CHAPITRE 4 — Les systèmes végétaux

CONCEPTS CLÉS

Les animaux complexes sont constitués de cellules, de tissus, d'organes et de systèmes organiques.

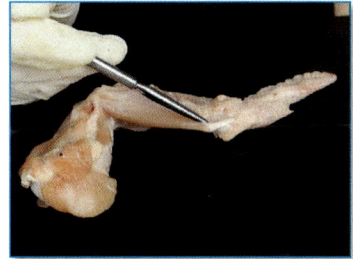

Les scientifiques utilisent des techniques de laboratoire pour étudier les structures et les fonctions des organismes animaux.

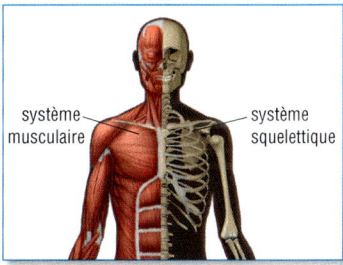

Chaque système organique accomplit une fonction spécifique grâce à la structure spécifique correspondante.

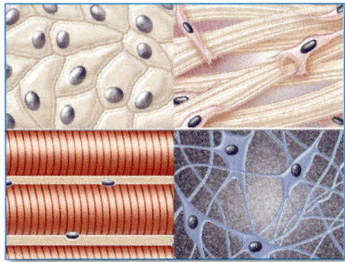

Il y a quatre principaux types de tissus animaux.

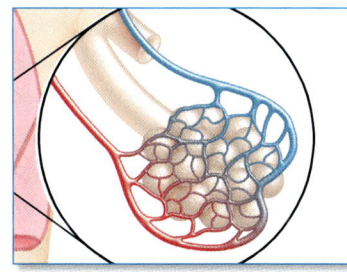

Les systèmes organiques interagissent les uns avec les autres pour assurer le bon fonctionnement de l'organisme.

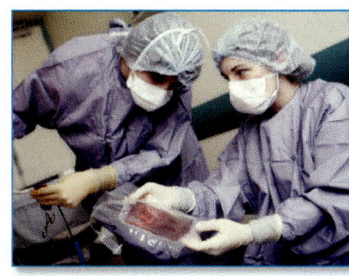

Grâce à la recherche, les gens peuvent guérir plus facilement des maladies et des blessures.

ÉVEILLE-TOI AUX SCIENCES

UNE TRACHÉE TOUTE NEUVE

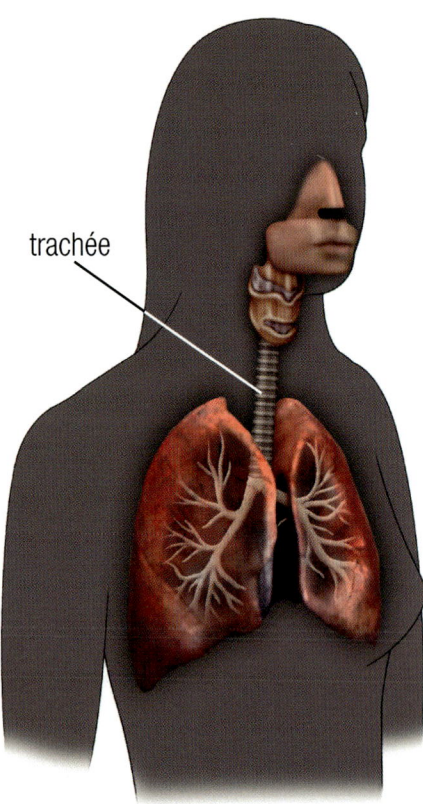

trachée

À cause d'une tuberculose, Claudia Castillo, âgée de 30 ans, souffrait d'un collapsus de la trachée. En conséquence, elle était souvent essoufflée, contractait facilement des infections et ne pouvait pas prendre soin de ses enfants. La recherche médicale lui a apporté une solution.

Au printemps 2008, des médecins de Barcelone, en Espagne, ont utilisé la trachée d'un donneur qui venait de mourir d'un accident vasculaire cérébral (AVC) pour aider Claudia à se reconstruire une trachée. Les médecins ont d'abord enlevé les cellules vivantes de la trachée du donneur, pour ne laisser qu'une structure de cartilage mort. Ils y ont greffé des cellules souches provenant de la moelle osseuse de Claudia. Il en a résulté une trachée hybride, constituée des cellules de Claudia et de la structure de la trachée du donneur. Comme il ne restait plus de cellules vivantes du donneur sur cette structure, le corps de Claudia risquait moins de la rejeter.

Depuis la transplantation, Claudia n'a même pas besoin de prendre des médicaments pour prévenir le rejet. Elle a repris ses activités normales avec ses enfants.

Les scientifiques peuvent-ils produire en laboratoire des organes complets à partir des cellules des patientes et patients ? Les cellules souches pourront-elles, dans l'avenir, être utilisées pour ralentir le processus de vieillissement ou peut-être même obtenir la vie éternelle ? Qu'en penses-tu ? S'agit-il d'objectifs scientifiques acceptables ?

QU'EN PENSES-TU?

Beaucoup des notions que tu vas explorer dans ce chapitre sont des notions que tu as déjà abordées. Tu pourrais en avoir entendu parler à l'école, à la maison ou autour de toi. Les énoncés ci-dessous ne sont pas tous vrais. Examine chacun et détermine si tu es d'accord ou non.

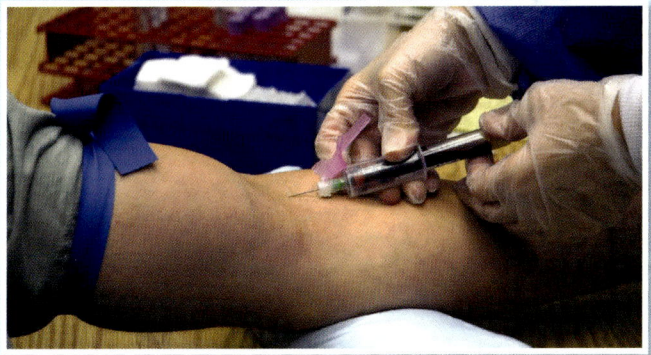

1 Quand du sang est prélevé du corps, les cellules sanguines restantes se divisent pour produire plus de sang.
D'accord / En désaccord

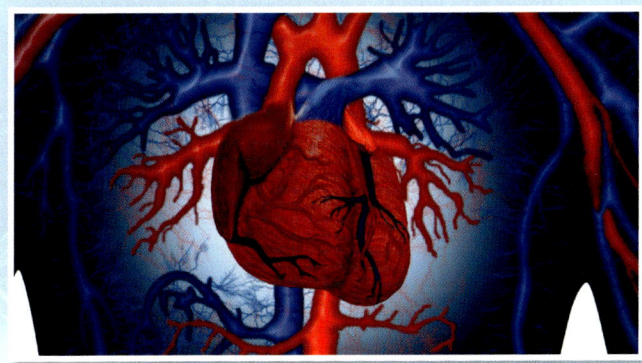

4 Chacun de nos organes fonctionne de façon autonome par rapport aux autres organes.
D'accord / En désaccord

2 Tous les organes du corps sont constitués de cellules vivantes.
D'accord / En désaccord

5 Les systèmes organiques d'une grenouille sont les mêmes que ceux d'un être humain.
D'accord / En désaccord

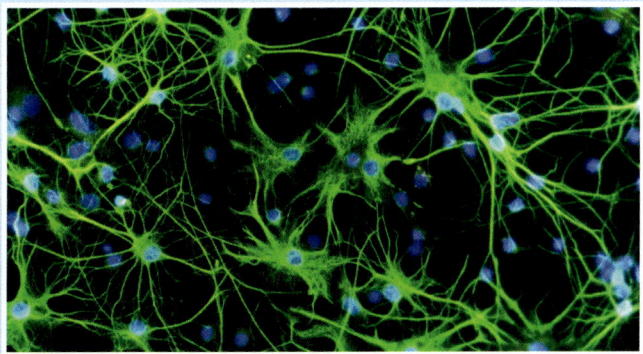

3 Toutes les cellules animales se ressemblent.
D'accord / En désaccord

6 Chez certains animaux, des membres peuvent repousser.
D'accord / En désaccord

HALTE ÉCRITURE

Écrire pour expliquer et décrire des observations

**COUP DE POUCE
ÉCRITURE**

Au fil de ce chapitre, prête attention aux rubriques Coup de pouce. Elles vont t'aider à élaborer des stratégies de littératie.

Quand tu écris pour expliquer et décrire des observations, tu dois prendre en note les caractéristiques que tes sens te permettent d'observer, comme la forme, la texture ou le comportement, ainsi que celles mesurées à l'aide d'instruments, comme la longueur, la masse ou la vitesse. Efforce-toi de noter tes observations très clairement et avec précision. Voici un exemple de notes qui décrivent et expliquent des observations. Des stratégies pour rédiger efficacement sont données en marge.

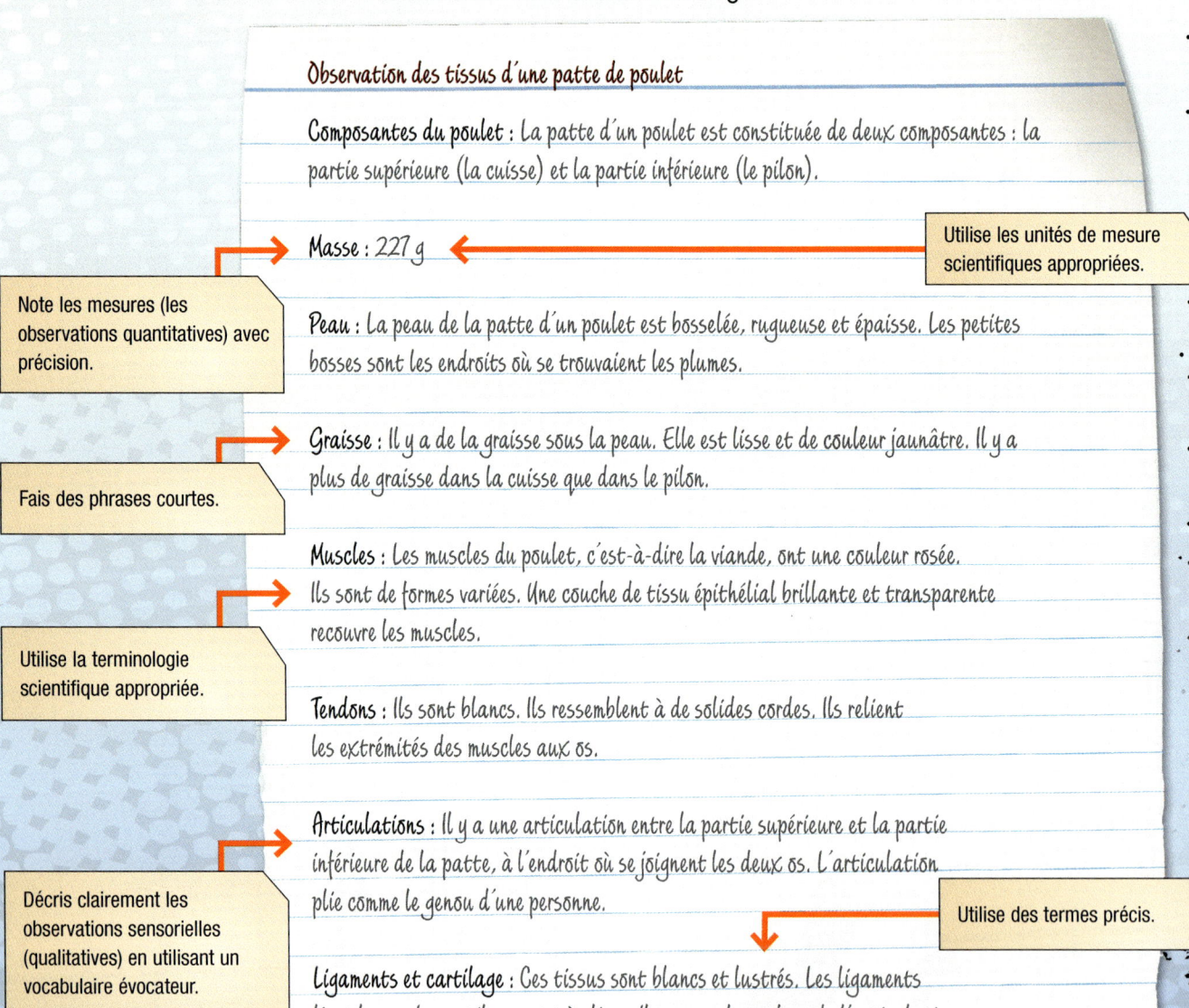

Observation des tissus d'une patte de poulet

Composantes du poulet : La patte d'un poulet est constituée de deux composantes : la partie supérieure (la cuisse) et la partie inférieure (le pilon).

Masse : 227 g
— *Utilise les unités de mesure scientifiques appropriées.*

— *Note les mesures (les observations quantitatives) avec précision.*

Peau : La peau de la patte d'un poulet est bosselée, rugueuse et épaisse. Les petites bosses sont les endroits où se trouvaient les plumes.

Graisse : Il y a de la graisse sous la peau. Elle est lisse et de couleur jaunâtre. Il y a plus de graisse dans la cuisse que dans le pilon.

— *Fais des phrases courtes.*

Muscles : Les muscles du poulet, c'est-à-dire la viande, ont une couleur rosée. Ils sont de formes variées. Une couche de tissu épithélial brillante et transparente recouvre les muscles.

— *Utilise la terminologie scientifique appropriée.*

Tendons : Ils sont blancs. Ils ressemblent à de solides cordes. Ils relient les extrémités des muscles aux os.

Articulations : Il y a une articulation entre la partie supérieure et la partie inférieure de la patte, à l'endroit où se joignent les deux os. L'articulation plie comme le genou d'une personne.

— *Décris clairement les observations sensorielles (qualitatives) en utilisant un vocabulaire évocateur.*

— *Utilise des termes précis.*

Ligaments et cartilage : Ces tissus sont blancs et lustrés. Les ligaments lient les os. Le cartilage est très lisse. Il recouvre la surface de l'articulation.

Moelle osseuse : Au centre des os se trouve la moelle, qui est molle, rouge et gluante. Les cellules sanguines sont créées dans la moelle.

3.1 L'organisation hiérarchique de la structure des organismes animaux

Les organismes multicellulaires, comme les animaux, sont constitués de nombreux types de cellules spécialisées. Chaque cellule spécialisée a une fonction particulière. Chez la méduse, les cellules servant à piquer aident l'animal à capturer sa proie, et chez la luciole femelle, les cellules luminescentes peuvent être utilisées pour attirer un mâle. Les cellules plus ordinaires, comme les cellules des muscles et des os, les cellules sanguines et les cellules sensorielles permettant de distinguer les formes, les sons et les odeurs, sont elles aussi très spécialisées.

Les organismes unicellulaires, comme les bactéries et les cyanobactéries (les « algues bleues »), ont un fonctionnement autonome. Ils ne dépendent pas directement d'autres cellules, contrairement aux cellules animales spécialisées qui, laissées à elles-mêmes, ne peuvent pas survivre. Une seule cellule d'os, de cheveu ou d'estomac mourrait rapidement si elle était séparée des cellules environnantes. Ces cellules vivent et accomplissent leur tâche en fonction d'un ensemble de cellules, qui constituent le corps de l'animal. En fait, le corps d'un gros animal peut être constitué de billions de cellules. Toutes ces cellules travaillent ensemble pour constituer un organisme entier et lui permettre de survivre et de se reproduire.

La complexité des organismes animaux varie considérablement. Certains animaux, comme les éponges, ont une structure corporelle simple. Celles des limaces et des escargots sont plus complexes. Les vertébrés (les animaux qui possèdent une colonne vertébrale), comme les oiseaux, ont des corps très complexes (figure 1).

Pour comprendre comment les cellules spécialisées travaillent ensemble dans les organismes complexes, pense aux nombreuses tâches importantes que doit accomplir un organisme entier : la nutrition, la respiration, la locomotion et la reproduction, par exemple. Dans cette section, tu étudieras comment le corps animal est organisé pour accomplir ces fonctions.

Figure 1 La complexité des corps animaux, par ordre croissant : l'éponge (a), la limace de mer (b) et le cardinal (c)

Le corps animal – les niveaux d'organisation

Les corps des animaux sont très différents les uns des autres. Un escargot ne ressemble pas à un manchot. Pourtant, tous les animaux sont constitués de cellules organisées afin de pouvoir effectuer toutes les fonctions vitales. Il y a des niveaux d'organisation à l'intérieur de chaque animal. Ces niveaux d'organisation forment une **hiérarchie**, où l'organisation « la plus complexe » se trouve tout en haut, et l'organisation « la moins complexe », tout en bas.

Tu connais déjà certains de ces niveaux d'organisation hiérarchique. Dans les années passées, tu as étudié certains organes humains, ainsi que l'appareil digestif et le système circulatoire, et tu as peut-être même déjà utilisé le terme « tissu ». Tous ces mots font référence à l'organisation hiérarchique du corps animal. Combien y a-t-il de niveaux ? Quel est leur classement en ce qui concerne la complexité ?

hiérarchie structure organisationnelle, où les éléments les plus complexes ou importants se trouvent tout en haut, et les éléments les plus simples ou les moins importants, tout en bas

Prends comme exemple l'organisation hiérarchique d'un animal en particulier : le cerf de Virginie. Commençons par le niveau organisationnel le plus simple. La figure 2(a) montre une cellule musculaire du cœur du cerf. Chaque cellule musculaire du cœur est ramifiée, ce qui lui permet d'être liée aux autres cellules musculaires du cœur. Ensemble, ces cellules composent le **tissu** musculaire (figure 2(b)). La figure 2(c) montre le cœur lui-même, qui représente le niveau organique. Un **organe** est constitué de deux types de tissus ou plus, qui fonctionnent de concert pour accomplir une fonction complexe. En plus du tissu musculaire, le cœur est constitué de deux autres types de tissus : le tissu nerveux et le tissu conjonctif. Un **système organique** est composé d'un ou de plusieurs organes et d'autres structures qui travaillent ensemble pour accomplir une fonction corporelle vitale. Le cœur, les vaisseaux sanguins et le sang sont des composantes du système circulatoire (figure 2(d)). L'organisme – dans ce cas-ci, le cerf de la figure 2(e) – est constitué de différents systèmes organiques qui travaillent ensemble.

tissu ensemble de cellules similaires qui accomplissent une fonction particulière, mais limitée

organe structure composée de différents tissus travaillant ensemble pour accomplir une fonction corporelle complexe

système organique système constitué d'un ou de plusieurs organes et d'une ou de plusieurs structures qui travaillent ensemble pour accomplir une fonction corporelle vitale, comme la digestion ou la reproduction

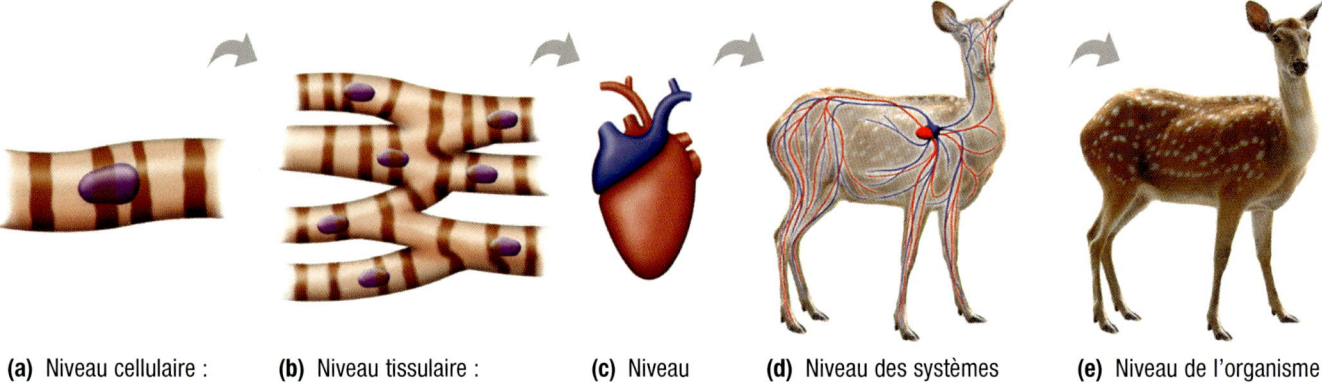

(a) Niveau cellulaire : cellule musculaire du cœur

(b) Niveau tissulaire : tissu musculaire du cœur

(c) Niveau organique : cœur

(d) Niveau des systèmes organiques : système circulatoire

(e) Niveau de l'organisme : cerf entier

Figure 2 Les niveaux d'organisation structurale d'un animal (le cerf de Virginie)

Le fonctionnement de l'organisme entier dépend de l'organisation hiérarchique de l'animal. Le cerf a besoin d'un système circulatoire qui distribue les nutriments et l'oxygène dans tout son corps. Ce système a besoin d'un organe, soit le cœur, qui pompe le sang. Il a également besoin d'un réseau d'artères et de veines qui mènera le sang dans toutes les parties du corps. Le cœur, lui, est constitué de tissus musculaires, qui se contractent, et de tissus nerveux, qui l'aident à battre de manière régulière. Les tissus sont des groupes de cellules spécialisées.

Les êtres vivants sont très complexes. Tu te demandes peut-être combien il y a en tout d'organes et de systèmes organiques différents. Chacun de ces systèmes organiques a-t-il son propre ensemble d'organes et de tissus associés ? Comment ces systèmes travaillent-ils ensemble ?

Les systèmes organiques

Tous les animaux accomplissent les mêmes fonctions de base, peu importe leur apparence, leur comportement ou leur habitat. Ils consomment tous de l'oxygène et des nutriments, et éliminent tous des déchets. Tous interagissent avec leur environnement, croissent et se réparent, en plus de se reproduire. Les systèmes organiques (souvent appelés « appareils ») ont pour tâche d'accomplir toutes ces fonctions de base. Certains systèmes organiques humains bien connus sont illustrés à la figure 3, à la page suivante. Tu les étudieras plus en détail au fil de ce chapitre.

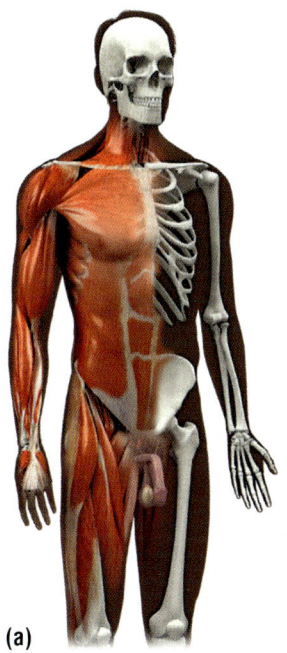 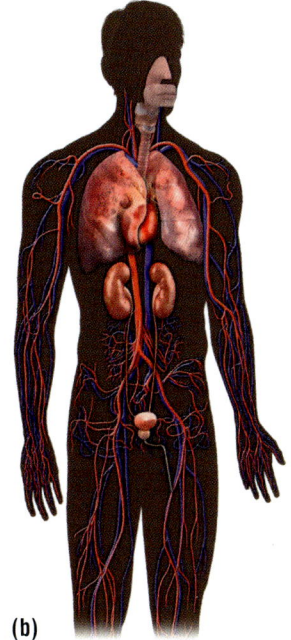 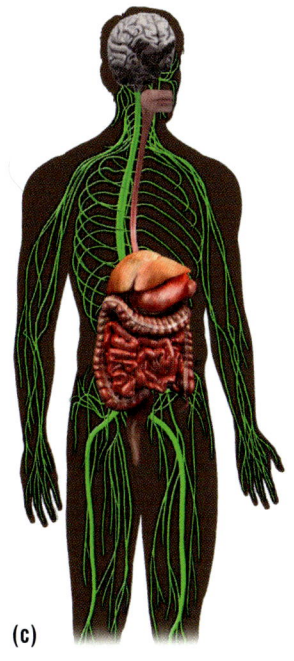

(a)   (b)   (c)

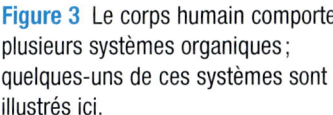

Figure 3 Le corps humain comporte plusieurs systèmes organiques; quelques-uns de ces systèmes sont illustrés ici.

L'appareil locomoteur soutient le corps et lui permet de bouger.

L'appareil reproducteur produit des ovules (chez la femelle) et du sperme (chez le mâle). Chez certains animaux, l'appareil reproducteur de la femelle subvient également aux besoins du fœtus en croissance.

L'appareil respiratoire capte l'oxygène de l'air et rejette le dioxyde de carbone hors du corps.

Le système circulatoire transporte des substances partout dans le corps.

L'appareil urinaire excrète les déchets et conserve la quantité d'eau adéquate à l'intérieur du corps.

Le système nerveux envoie des messages partout dans le corps.

L'appareil digestif décompose la nourriture que nous mangeons et la met à la disposition du corps.

> **COUP DE POUCE**
> **ÉCRITURE**
>
> **La vérification orthographique**
> Vérifie attentivement l'orthographe des termes scientifiques, comme les noms des tissus et des organes. Plusieurs de ces termes ne sont pas fréquemment utilisés dans le langage courant, écrit ou parlé, alors tu trouveras utile de conserver ta propre liste de termes inusités comme « locomoteur », « épithélial » et « cytocinèse », afin de pouvoir facilement vérifier leur signification et leur orthographe.

Les organes

Chaque système organique est constitué d'organes très spécialisés et d'autres structures qui travaillent ensemble pour assurer le fonctionnement du système. Par exemple, l'appareil digestif comporte plusieurs organes, dont l'estomac, l'intestin grêle et le gros intestin, le foie, ainsi que le pancréas. La plupart des organes fonctionnent à l'intérieur d'un seul système organique. Par exemple, l'estomac fait uniquement partie de l'appareil digestif. Toutefois, certains organes ont un rôle à jouer dans plusieurs systèmes. Le pancréas, par exemple, fait partie de l'appareil digestif et du système endocrinien.

Les tissus

Les animaux ont quatre principaux types de tissus : le **tissu épithélial**, le **tissu conjonctif**, le **tissu musculaire** et le **tissu nerveux**. Chacun de ces types de tissus contient plusieurs types de cellules spécialisées, et se retrouve dans la plupart des systèmes organiques. À la page suivante, le tableau 1 explique brièvement ces quatre types de tissus. D'où viennent ces tissus ? Comment un animal produit-il ces différents types de cellules et de tissus, qui se regroupent pour constituer des organes et des systèmes organiques ? La prochaine section te permettra de commencer à répondre à ces questions.

tissu épithélial (ou **épithélium**) tissu constitué de minces couches de cellules collées les unes aux autres qui recouvrent la surface du corps, les organes internes et les cavités corporelles

tissu conjonctif tissu spécialisé qui soutient et protège les diverses parties du corps

tissu musculaire ensemble de tissus spécialisés contenant des protéines et pouvant se contracter pour permettre au corps de bouger

tissu nerveux tissu spécialisé qui transmet des signaux électriques d'une partie du corps à une autre

Tableau 1 Les types de tissus animaux

Type	Exemple	Description	Fonction
tissu épithélial	• peau • paroi interne de l'appareil digestif	• minces couches de cellules collées les unes aux autres qui recouvrent la surface du corps, les organes internes et les cavités corporelles	• protection contre la déshydratation • réduction de la friction
tissu conjonctif	• os • tendons • sang	• divers types de cellules et de fibres maintenues ensemble par un liquide, un solide ou un gel (aussi appelé « matrice »)	• soutien • isolation
tissu musculaire	• muscles faisant bouger les os • muscles entourant le tube digestif • cœur	• regroupements de longues cellules appelées « fibres musculaires », contenant des protéines spécialisées, capables de se raccourcir ou de se contracter	• mouvement
tissu nerveux	• cerveau • nerfs des organes sensoriels	• longues et minces cellules ramifiées aux extrémités et pouvant transmettre des impulsions électriques	• sensibilité • communication à l'intérieur du corps • coordination des fonctions corporelles

EN RÉSUMÉ

- Les corps des animaux sont structurés selon une organisation hiérarchique.
- Les systèmes organiques, les organes, les tissus et les cellules constituent les différents niveaux de cette organisation hiérarchique.
- Les tissus sont des groupes de cellules similaires qui accomplissent une fonction commune.
- Il y a quatre principaux types de tissus : épithélial, conjonctif, musculaire et nerveux.

✓ VÉRIFIE TA COMPRÉHENSION

1. Conçois un schéma conceptuel pour illustrer l'organisation hiérarchique du corps d'un animal. Mentionne des exemples.
2. Donne un exemple d'organe qui se trouve dans :
   a) seulement un système organique ;
   b) plus d'un système organique.
3. En quoi les systèmes organiques sont-ils plus complexes que les cellules très spécialisées ?
4. Dresse une liste des principales fonctions accomplies par les organismes de tous les êtres vivants. Pour chacune de ces fonctions, nomme un système organique qui participe à l'accomplissement de cette fonction.
5. La plupart des animaux ont les mêmes types de systèmes organiques. À ton avis, pourquoi n'y a-t-il pas des douzaines, voire des centaines de systèmes organiques différents ?
6. Pourquoi les organismes unicellulaires ne sont-ils pas constitués selon une organisation hiérarchique ?

3.2 Les cellules souches et la différenciation cellulaire

Tu sais déjà que tous les organismes multicellulaires ont pour origine une cellule individuelle. Cette cellule est parfois appelée « zygote ». La transformation d'un zygote en une plante ou un animal nécessite un long processus de développement. D'abord, il se divise plusieurs fois, pour produire plusieurs cellules. À mesure que les cellules de cet organisme en première phase, appelé « embryon », continuent de se subdiviser, elles commencent à montrer des différences de forme, de contenu et de fonction. En d'autres mots, les cellules se spécialisent. Ce processus de spécialisation des cellules est appelé **différenciation cellulaire**. La différenciation cellulaire est régie par l'information génétique contenue dans la cellule. Cette information génétique est encodée dans l'ADN de la cellule. Elle est transmise des parents à leur progéniture par les cellules des ovules et du sperme.

différenciation cellulaire processus par lequel une cellule se spécialise pour accomplir une fonction spécifique

Les cellules souches

Chez les animaux, une cellule qui peut se différencier pour former différents types de cellules est appelée **cellule souche**. Une cellule souche se divise en deux cellules filles à l'aboutissement des processus de mitose et de cytocinèse (voir section 2.5). Chaque cellule fille qui en résulte peut devenir une cellule de type différent, selon les sections de l'ADN qui sont activées (figure 1). Les cellules souches forment habituellement des groupes qui se différencient pour devenir différents types de tissus.

cellule souche cellule indifférenciée qui peut se diviser pour former des cellules spécialisées

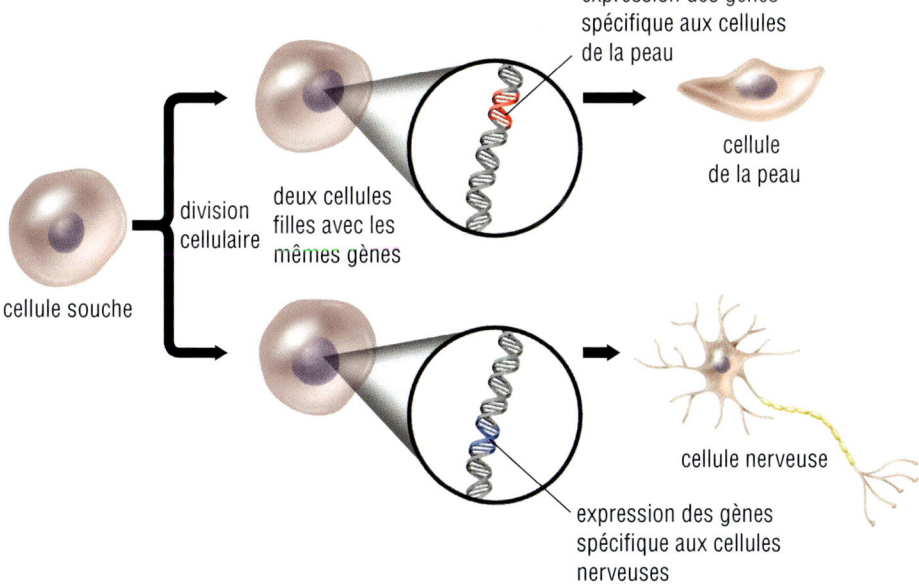

Figure 1 Dans cet exemple, chaque cellule fille se différencie pour former deux types de cellules spécialisées : une cellule nerveuse et une cellule de la peau.

Il y a deux types de cellules souches. Les cellules souches embryonnaires peuvent se différencier pour former n'importe quel type de cellule. Les cellules souches somatiques (parfois appelées « cellules souches adultes ») sont présentes dans les tissus spécialisés. Elles ne peuvent se différencier que pour former certains types de cellules. Par exemple, les cellules souches somatiques de la moelle osseuse peuvent se différencier pour former des globules blancs, des globules rouges ou des plaquettes.

RECHERCHE EN ACTION — LA RECHERCHE SUR LES CELLULES SOUCHES AU CANADA

HABILETÉS : effectuer une recherche, analyser l'enjeu, communiquer, évaluer

LA BOÎTE À OUTILS
4.A., 4.C.

Plusieurs expertes et experts du domaine médical croient que les cellules souches peuvent être utilisées pour traiter diverses blessures et maladies. Ce champ de la médecine est appelé « recherche sur les cellules souches ». Les équipes de recherche songent à utiliser les cellules souches dans le traitement des blessures à la colonne vertébrale, de la maladie de Parkinson, de la maladie d'Alzheimer, du diabète, de la sclérose en plaques et des maladies cardiaques. Ce domaine comporte de nombreux défis.

La recherche sur les cellules souches provoque également des inquiétudes en ce qui concerne les aspects juridiques, éthiques et sociaux. Plusieurs pays ont élaboré des lignes directrices en matière d'éthique et de légalité pour orienter la recherche sur les cellules souches.

1. Renseigne-toi sur les lignes directrices canadiennes actuelles en matière de recherche sur les cellules souches.

2. Trouve une percée médicale qui pourrait résulter de la recherche sur les cellules souches, et renseigne-toi sur elle.

3. Fais une recherche sur les arguments pour et contre la recherche sur les cellules souches, du point de vue éthique.

A. Résume les lignes directrices canadiennes actuelles à propos de la recherche sur les cellules souches. HP

B. Rédige un court texte sur une application possible de la recherche sur les cellules souches. HP C MA

C. Résume les arguments du point de vue éthique à propos de cette application de la recherche sur les cellules souches. Communique ta propre opinion sur ce sujet en te servant d'un mode de présentation approprié, et en donnant des raisons pour justifier cette opinion. HP C MA

Les banques de sang de cordon

Le sang qui se trouve dans le cordon ombilical tout de suite après la naissance est riche en cellules souches. Ce ne sont pas des cellules souches embryonnaires ; elles ressemblent davantage aux cellules souches somatiques. Elles peuvent se transformer en n'importe quel type de cellule sanguine. Le sang de cordon contient une forte concentration de ces cellules souches somatiques et est relativement facile à obtenir (figure 2). Ce sang peut être « mis en banque » (entreposé) au cas où l'enfant en aurait besoin plus tard au cours de sa vie. À l'heure actuelle, on utilise les cellules souches du cordon pour le traitement de certains cancers chez les enfants, comme la leucémie.

LE SAVAIS-TU ?

Le Canada et la recherche sur les cellules souches
La recherche sur les cellules souches a pour origine les travaux effectués par les scientifiques canadiens Ernest A. McCulloch et James E. Till dans les années 1960.

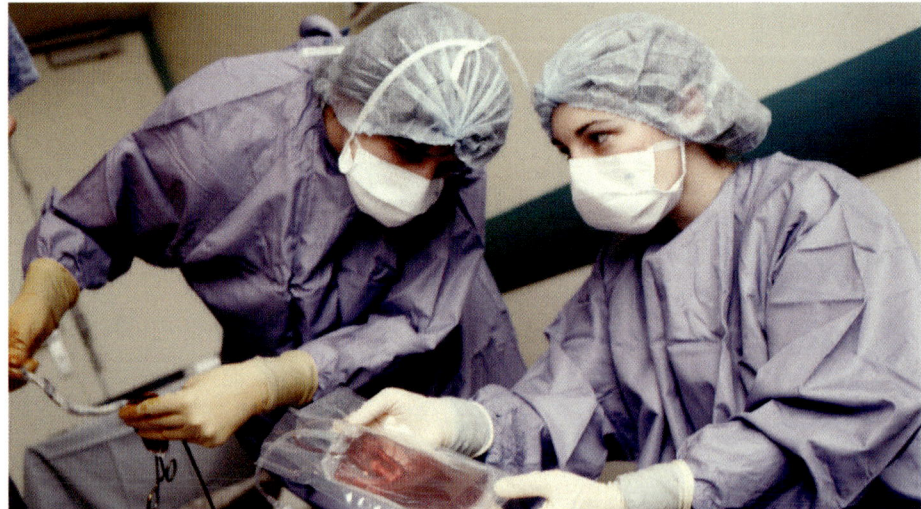

Figure 2 Collecte de sang de cordon ombilical

Certaines entreprises commerciales vendent le service d'entreposage de sang de cordon ombilical. Elles mettent de l'avant l'idée que l'enfant, ou un de ses frères et sœurs, pourrait bénéficier d'un futur traitement basé sur ces cellules souches adultes. De nombreux nouveaux parents se font offrir d'entreposer le sang du cordon ombilical de leur bébé.

La greffe de cellules souches somatiques

Les cellules souches du sang de cordon ombilical et celles de la moelle osseuse sont relativement faciles à isoler. Elles sont utilisées pour traiter des maladies comme la leucémie. La leucémie est un cancer qui survient dans la moelle osseuse. Les cellules souches qui se différencient en cellules sanguines se divisent trop rapidement, ce qui produit des cellules sanguines non fonctionnelles. Dans le traitement de la leucémie, des cellules de moelle osseuse saines (ou des cellules souches provenant du sang) sont prélevées d'une donneuse ou d'un donneur compatible. Ces cellules souches saines sont ensuite injectées dans le sang de la personne malade. Lorsque la greffe réussit, les cellules souches de la donneuse ou du donneur croissent dans la moelle osseuse de la personne malade. Plus tard, elles pourront produire des cellules sanguines saines.

La régénération et l'ingénierie tissulaire

Chez les animaux complexes, comme les mammifères, le terme « régénération » fait référence à la capacité d'un tissu de se reconstituer, c'est-à-dire de se réparer. La peau, les muscles et les os peuvent se reconstituer et guérir après une blessure. Cependant, toutes les cellules n'ont pas cette capacité de régénération. Les cellules nerveuses, par exemple, ne se régénèrent pas complètement de manière naturelle.

Chez les animaux comme les salamandres, les astéries (les étoiles de mer) et les vers plats, la régénération permet parfois la repousse de membres et même de grandes portions du corps (figure 3). Les scientifiques cherchent des façons de régénérer les tissus et les parties du corps humain qui normalement ne se régénèrent pas. Ce domaine de recherche est appelé « ingénierie tissulaire ». Les résultats dans ce domaine peuvent être très utiles pour le traitement des blessures de la colonne vertébrale et les greffes de différents types de tissus. L'ingénierie tissulaire pourrait aussi permettre de produire des modèles biologiques sur lesquels les médicaments pourraient être testés.

Figure 3 Certaines espèces d'astéries ont une extraordinaire capacité de régénération. Un seul « bras » coupé peut se transformer en une toute nouvelle astérie.

Pour en savoir plus sur les progrès de l'ingénierie tissulaire :

EN RÉSUMÉ

- La différenciation cellulaire est le processus par lequel une cellule moins spécialisée se transforme en un type de cellule spécialisée.
- Les deux types de cellules souches sont les cellules souches embryonnaires et les cellules souches somatiques.
- La recherche sur les cellules souches permet de découvrir de nouveaux traitements médicaux pour les blessures et les maladies.
- La régénération permet la réparation ou le remplacement de tissus ou de parties du corps.

VÉRIFIE TA COMPRÉHENSION

1. Que signifie le terme « différenciation cellulaire » ?
2. Quelle est la différence entre les cellules souches somatiques et les cellules souches embryonnaires ?
3. Pourquoi les cellules souches provenant du sang du cordon ombilical d'un enfant qui vient de naître sont-elles considérées comme des cellules souches somatiques ?
4. Pourquoi est-il important d'être capable de prélever des cellules souches qui peuvent se spécialiser et devenir n'importe quel type de cellule ?
5. Explique brièvement comment est effectuée une greffe de moelle osseuse pour le traitement de la leucémie.
6. En quoi la régénération est-elle bénéfique à un animal ?
7. Tous les animaux peuvent-ils se régénérer ? Explique ta réponse.

3.3 L'appareil digestif

appareil digestif système organique composé de la bouche, de l'œsophage, de l'estomac, des intestins, du foie, du pancréas et de la vésicule biliaire. C'est le système qui absorbe, décompose et digère la nourriture, puis excrète les déchets.

Ton corps a besoin de nourriture pour survivre. Chacune de tes cellules a besoin de nourriture (qui lui fournira de l'énergie chimique) et d'autres nutriments. Comment les substances chimiques nécessaires passent-elles de ta bouche à tes cellules? L'appareil digestif constitue la première partie de leur parcours. Ensuite, ces substances passent dans le système circulatoire, que tu étudieras à la section 3.4.

L'**appareil digestif** est le système organique qui absorbe la nourriture, la digère, puis excrète les déchets restants. L'appareil digestif est constitué du tube digestif et de ses organes annexes.

Le tube digestif

Chez la plupart des animaux, le tube digestif est essentiellement un long canal avec deux ouvertures, une à chaque extrémité. Cette structure est très apparente chez le ver de terre, dont les parties du tube digestif ne diffèrent que par de légères variations de diamètre (figure 1(a)). Chez les êtres humains, le tube digestif est beaucoup plus complexe. Il comprend la bouche, l'œsophage, l'estomac, l'intestin grêle, le gros intestin et l'anus. Les organes annexes incluent le foie, la vésicule biliaire et le pancréas (figure 1(b)).

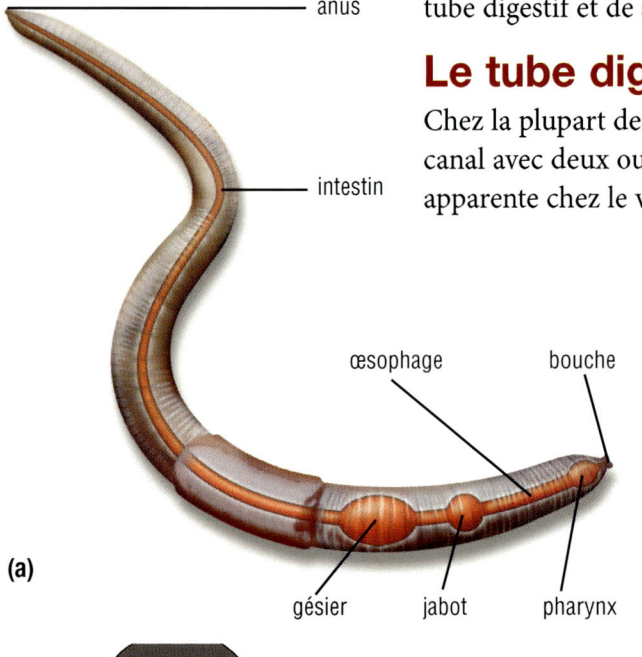

Figure 1 (a) Chez le ver de terre, la nourriture passe par l'œsophage et est emmagasinée dans le jabot. Le gésier broie la nourriture pour la décomposer. Les nutriments sont absorbés dans l'intestin. (b) Chez l'être humain, la décomposition de la nourriture débute dans la bouche et continue jusqu'à l'absorption des nutriments, dans l'intestin grêle.

Du tissu épithélial recouvre toute la longueur de la paroi interne du tube digestif. Ce tissu est fait de différents types de cellules, dont des cellules en gobelet, qui sécrètent le mucus. Le mucus a deux fonctions : il protège le tube digestif des enzymes digestives, et il permet à la nourriture de circuler facilement le long du tube. Le tube digestif est aussi constitué de couches de tissus musculaires et nerveux (figure 2).

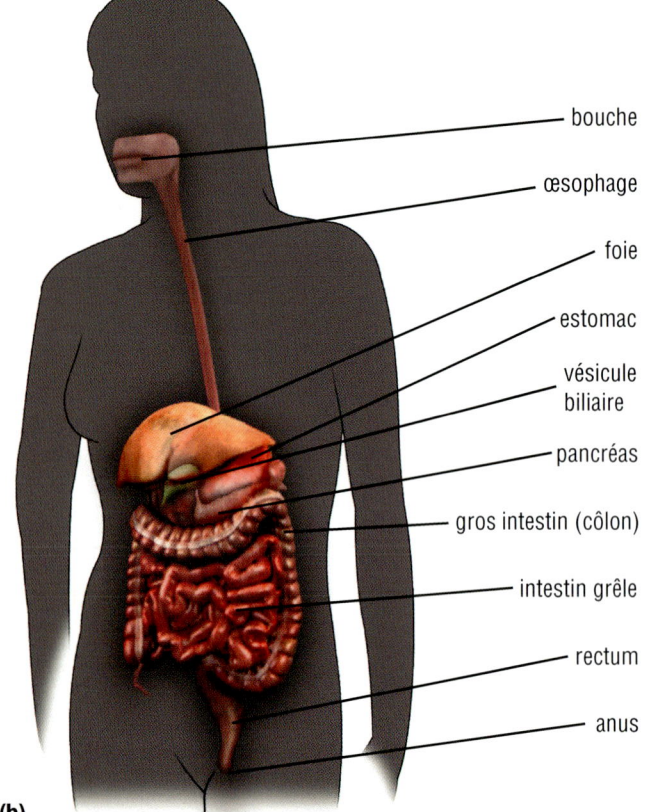

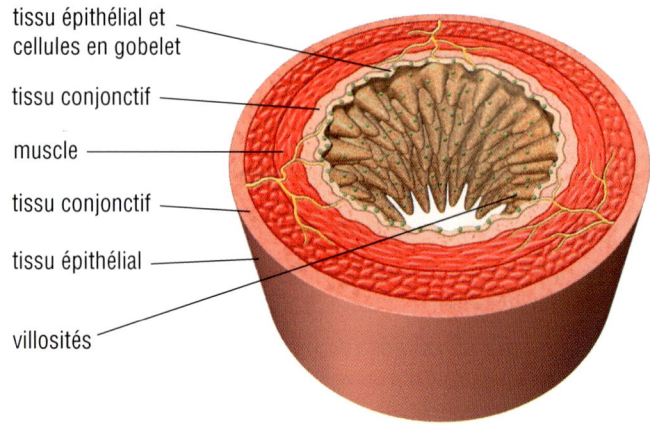

Figure 2 Les tissus constituant le tube digestif

Quand tu manges de la nourriture avariée, ton corps détecte la présence de toxines produites par des bactéries. La réaction de ton tube digestif est de tenter d'éliminer les toxines rapidement; c'est pourquoi tu vomis ou as la diarrhée. L'absorption d'une trop grande quantité d'alcool ou d'autres substances toxiques peut provoquer les mêmes effets.

La bouche

La bouche entame le processus de la décomposition de la nourriture. Elle le fait de deux façons : mécaniquement (à l'aide des dents et de la langue) et chimiquement (à l'aide de substances chimiques appelées « enzymes », qui divisent les molécules de nourriture). Dans la bouche, de la salive (un mélange d'eau et d'enzymes) s'ajoute à la nourriture. La salive est produite par les cellules du tissu épithélial qui recouvre l'intérieur de la bouche. Une fois la nourriture broyée et amollie par la salive, elle est avalée et envoyée dans l'œsophage.

L'œsophage

L'œsophage est un tube musculaire qui relie ta bouche à ton estomac. Ses muscles sont d'un type particulier; ce sont des muscles lisses, qui peuvent se contracter et se détendre sans que nous ayons à y penser. Leur mouvement est régi par le tissu nerveux. Les contractions font avancer la nourriture lentement.

L'estomac

L'estomac est un des plus importants organes de l'appareil digestif animal (figure 3). Il a pour principale fonction d'emmagasiner la nourriture et de la remuer afin de poursuivre le processus de digestion. La paroi interne de l'estomac contient des cellules qui produisent des enzymes et des acides digestifs. Les muscles lisses, un type de tissu, se contractent pour mélanger le contenu de l'estomac. Notre estomac comporte de nombreux nerfs qui nous signalent à quel moment nous avons suffisamment mangé.

LE SAVAIS-TU?

Les brûlures d'estomac
Parfois, si tu manges trop vite ou si tu souffres d'anxiété, le fluide acide de ton estomac remonte dans ton œsophage. La paroi interne de ton estomac comporte une épaisse couche muqueuse qui le protège des acides digestifs. Ton œsophage, par contre, n'a pas de barrière protectrice qui le protège de ces acides. Les acides provoquent donc une sensation de brûlure; c'est ce que nous appelons couramment des brûlures d'estomac. Pour traiter ce malaise, il est possible de prendre un antiacide, afin de neutraliser et amoindrir les effets des acides.

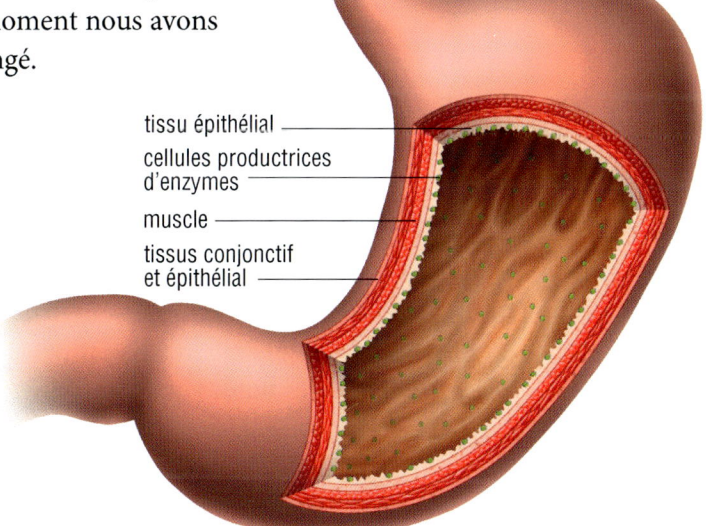

Figure 3 L'estomac est constitué de plusieurs types de tissus spécialisés regroupés pour fonctionner de façon organique.

L'intestin

Chez les mammifères, l'intestin est la partie du tube digestif qui se trouve entre l'estomac et l'anus. La paroi interne de l'intestin comporte des cellules qui produisent du mucus. Elle est également constituée de nombreux petits vaisseaux sanguins qui s'entrelacent à travers d'autres tissus. Tout comme l'œsophage et l'estomac, les intestins comportent des muscles lisses qui se contractent et se détendent sans que nous ayons à y penser.

LE SAVAIS-TU ?

Du mucus gonflable !
Le mucus des cellules en gobelet est condensé, mais prend de l'expansion rapidement lorsqu'il est libéré par les cellules. Un peu comme de la mousse à raser qui s'échappe d'un contenant sous pression, le mucus augmente de volume jusqu'à 500 fois en seulement 20 ms (millisecondes) !

L'intestin est divisé en deux parties : l'intestin grêle et le gros intestin. La digestion s'effectue principalement dans l'intestin grêle, qui a environ 6 m de longueur et qui est relativement étroit. Les cellules en gobelet libèrent du mucus, et les nutriments traversent la paroi de l'intestin grêle pour pénétrer dans le sang. Le gros intestin, aussi appelé « côlon », a une longueur approximative de 1,5 m, mais son diamètre est plus grand que celui de l'intestin grêle. Sa paroi interne absorbe l'eau de la nourriture qui se digère difficilement. La matière solide restante est excrétée sous forme de fèces par l'anus.

Parfois, le tissu épithélial de la paroi interne du côlon s'irrite et ne fonctionne plus normalement. Cette maladie est appelée « colite ». Elle peut avoir plusieurs causes, dont des virus, des bactéries, la contraction des vaisseaux sanguins et le mauvais fonctionnement du mécanisme de défense du corps contre les maladies. La colite est diagnostiquée à l'aide d'une endoscopie et d'un examen microscopique d'échantillons de tissus prélevés du côlon.

Les organes annexes

Le foie, le pancréas et la vésicule biliaire contribuent tous à la digestion en fournissant des enzymes digestives. Le foie produit aussi un fluide appelé « bile » qui aide à décomposer les graisses de notre nourriture. Ces substances sont envoyées dans le tube digestif, où elles se mélangent à la nourriture partiellement digérée. Le pancréas produit une enzyme, appelée « insuline », qui régule la concentration de glucose (un sucre) dans le sang. Le diabète est une maladie liée à une trop forte ou à une trop faible production d'insuline par le pancréas. Une personne diabétique peut ressentir une faiblesse et des étourdissements provoqués par des concentrations trop élevées ou trop basses de glucose dans son sang.

SIGNET de fin d'unité

Rappelle-toi cette information sur l'appareil digestif quand tu accompliras l'activité de fin d'unité, à la page 156.

EN RÉSUMÉ

- L'appareil digestif reçoit la nourriture, la digère, absorbe les nutriments et l'eau, et excrète les déchets.
- L'appareil digestif est constitué du tube digestif et des organes annexes.
- Chez la plupart des animaux, le tube digestif est un long canal ayant une ouverture à chacune de ses extrémités.
- Chez les êtres humains, le tube digestif comprend la bouche, l'œsophage, l'estomac, le gros intestin, l'intestin grêle et l'anus.
- Le tube digestif est constitué de tissu épithélial, de muscles lisses, de nerfs et de tissu conjonctif. Les muscles lisses peuvent se contracter et se détendre sans que nous ayons à y penser.
- Les organes annexes sont le foie, le pancréas et la vésicule biliaire. Ils produisent des enzymes et d'autres fluides qui contribuent à la digestion.

✓ VÉRIFIE TA COMPRÉHENSION

1. Dresse une liste des principales parties du tube digestif et de leurs principales fonctions.
2. Pourquoi la nourriture doit-elle être digérée ?
3. Nomme au moins quatre substances qui sont ajoutées à la nourriture dans le tube digestif pour faciliter la digestion.
4. Quel type de tissu se contracte pour faire progresser la nourriture dans le tube digestif ?
5. Décris brièvement au moins une maladie qui peut être causée par un problème dans l'appareil digestif.

Le système circulatoire

Le **système circulatoire** humain est constitué du sang, du cœur et des vaisseaux sanguins. Il a pour fonction de transporter les substances dans tout le corps. Il achemine les nutriments absorbés dans l'intestin vers toutes les cellules du corps. Il circule dans les poumons pour ramasser l'oxygène, puis dans le corps pour l'acheminer aux cellules actives. Le sang transporte aussi les déchets des tissus corporels pour qu'ils puissent être éliminés. Il transporte le dioxyde de carbone jusqu'aux poumons, où celui-ci est libéré dans l'air. Il transporte aussi d'autres déchets jusqu'aux reins (des organes de l'appareil urinaire), où ces substances sont filtrées et excrétées. La régulation de la température corporelle et le transport des globules blancs (qui combattent les maladies) aux parties du corps où se trouvent des virus ou des bactéries comptent parmi les autres fonctions vitales du système circulatoire.

système circulatoire système organique constitué du cœur, du sang et des vaisseaux sanguins. Ce système transporte l'oxygène et les nutriments dans tout le corps et permet d'évacuer les déchets.

Les composantes du système circulatoire

Les trois principales composantes du système circulatoire sont le sang, le cœur et les vaisseaux sanguins. Le cœur pompe le sang dans de gros vaisseaux appelés «artères», qui se subdivisent en d'autres vaisseaux de plus en plus petits. Les plus petits de ces vaisseaux sont appelés «capillaires». Dans les capillaires, le sang échange plusieurs substances avec les tissus environnants (figure 1). Puis, le sang se rend dans de plus gros vaisseaux sanguins, appelés «veines», pour finalement retourner au cœur.

Le sang

Le sang est un type de tissu conjonctif qui circule dans toutes les parties de ton corps. Il est constitué de quatre composantes (figure 2) :
- Les globules rouges sont les plus nombreuses cellules sanguines du corps. Elles constituent presque la moitié du volume sanguin. Les globules rouges contiennent une protéine appelée «hémoglobine», qui leur permet de transporter l'oxygène partout dans le corps. C'est cette protéine qui leur donne leur couleur rouge.
- Les globules blancs sont les cellules sanguines qui combattent les infections. Elles repèrent et détruisent les bactéries et les virus. Elles représentent moins de 1 % du volume sanguin. Ce sont les seules cellules sanguines qui ont un noyau.
- Les plaquettes sont de minuscules cellules qui contribuent à la coagulation du sang. Elles aussi représentent moins de 1 % du volume sanguin.
- Le plasma est un liquide riche en protéines qui transporte les cellules sanguines. Il constitue plus de la moitié du volume sanguin.

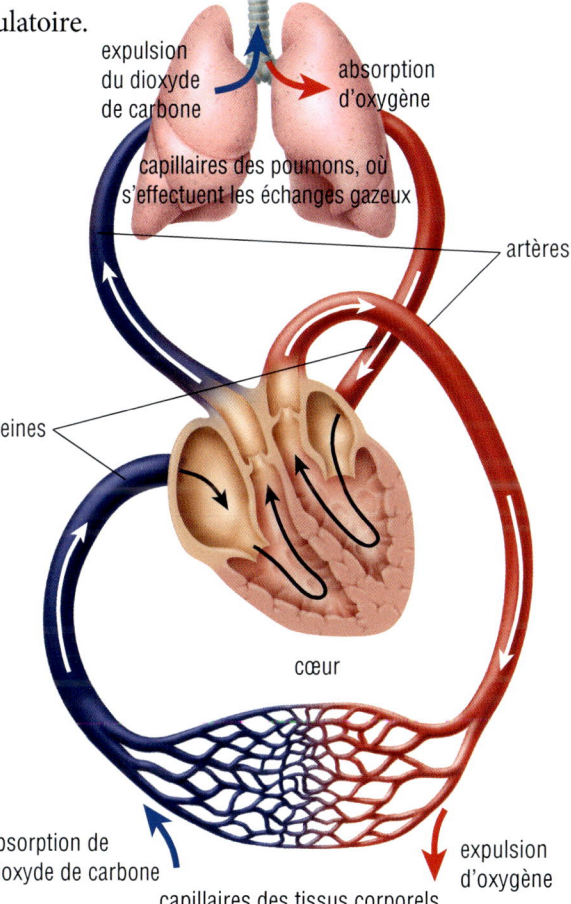

Figure 1 Le système circulatoire relie toutes les parties du corps. Dans ce schéma, le sang oxygéné apparaît en rouge. Le sang désoxygéné apparaît en bleu. Note : Ce schéma n'est pas à l'échelle.

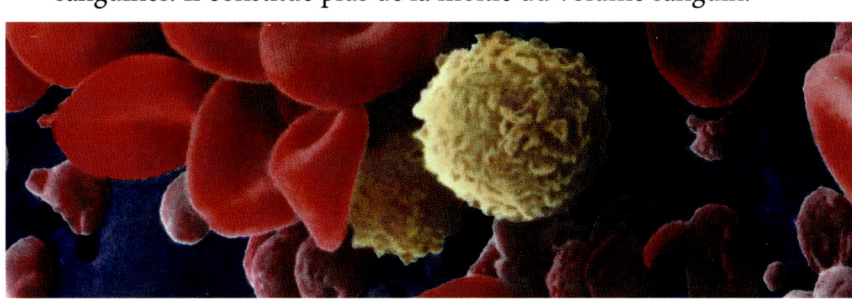

Figure 2 Des cellules sanguines

LE SAVAIS-TU ?

Le cœur artificiel
Le D' Tofy Mussivand, qui dirige la Division des appareils cardiovasculaires de l'Institut de cardiologie de l'Université d'Ottawa, mène des recherches sur les cœurs artificiels et conçoit ces appareils. Une personne malade qui a besoin d'une transplantation cardiaque peut recevoir un cœur artificiel et le conserver jusqu'à ce qu'un cœur humain soit disponible.

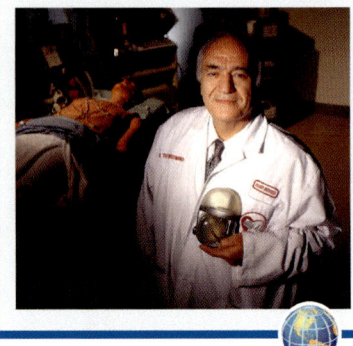

artère vaisseau sanguin à paroi épaisse qui transporte le sang en provenance du cœur

veine vaisseau sanguin qui fait revenir le sang vers le cœur

capillaire minuscule vaisseau sanguin à fine paroi qui permet les échanges de gaz, de nutriments et de déchets entre le sang et les tissus corporels

Le cœur

Le cœur est constitué de trois différents types de tissus : le tissu musculaire du myocarde, le tissu nerveux et le tissu conjonctif. Le myocarde est un type de tissu musculaire particulier qui se trouve uniquement dans le cœur (figure 3). Tout ce tissu musculaire, dans chacune des parties du cœur, se contracte en même temps. C'est ce qui provoque la contraction du cœur et permet au sang de circuler dans le corps.

Ton cœur bat à un rythme régulier. La fréquence des battements (la fréquence cardiaque) se modifie selon ton activité physique et selon d'autres facteurs, comme le stress, la température et ton état de santé général.

Les muscles et les nerfs sont recouverts d'une couche lisse de tissus épithéliaux. Cette couche réduit la friction et empêche le cœur d'être endommagé lorsque les poumons se gonflent et se contractent. La surface interne du cœur est aussi recouverte d'un tissu épithélial lisse qui permet au sang d'y circuler librement. Si cette surface interne durcit ou devient rugueuse, cela peut causer des problèmes de santé.

Les vaisseaux sanguins

Trois types de vaisseaux sanguins forment un réseau de canaux qui se rendent partout dans ton corps pour acheminer le sang. Ces trois types de vaisseaux sanguins sont les artères, les veines et les capillaires. Les **artères** transportent le sang en provenance du cœur. Comme le sang des artères est pompé en direction opposée du cœur, il subit une plus grande pression que le sang qui se trouve dans les autres vaisseaux sanguins. Les parois des artères sont plus épaisses que celles des autres vaisseaux, afin de pouvoir supporter cette pression. Les **veines** transportent le sang vers le cœur. Comme ce sang subit une moins grande pression, les parois des veines sont moins épaisses. La taille des artères et des veines varie beaucoup. Les plus grosses sont celles qui se trouvent plus près du cœur, où seulement quelques vaisseaux transportent de grandes quantités de sang. Plus loin du cœur, les vaisseaux sanguins sont beaucoup plus petits et plus nombreux, comme les plus petites branches d'un arbre. Les **capillaires** relient les artères et les veines (figure 4). Ce sont de minuscules vaisseaux sanguins aux parois très minces qui permettent aux substances de passer du sang aux autres fluides et tissus corporels, et inversement. L'oxygène et les nutriments sont ainsi diffusés dans les tissus environnants. Le dioxyde de carbone et d'autres déchets passent des tissus corporels au sang, et sont ensuite transportés pour être éliminés. Chaque partie du corps est approvisionnée en sang grâce à un réseau de capillaires.

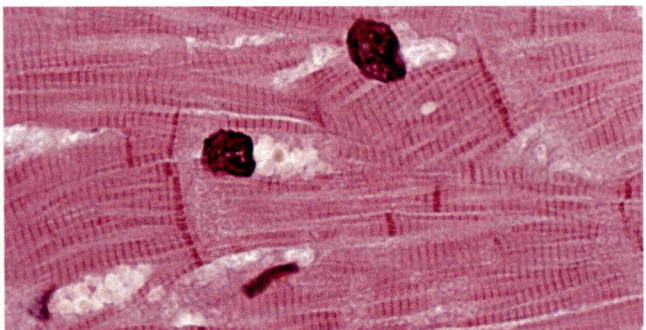

Figure 3 Sur cette photo d'un tissu cardiaque sain, les fibres du myocarde apparaissent en rose. Leurs noyaux sont violets.

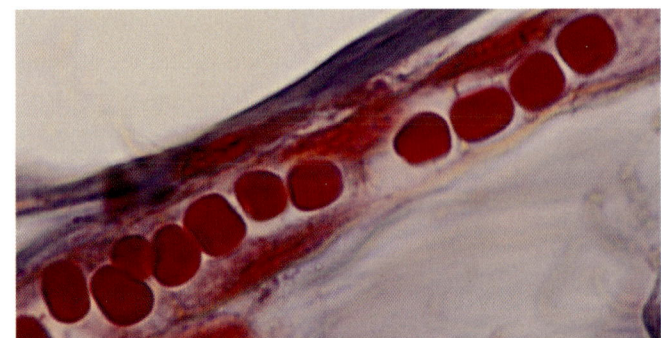

Figure 4 Certains capillaires sont si étroits que les globules rouges ne peuvent y circuler qu'à la file.

SCIENCES EN ACTION : ÉTUDIER LES VAISSEAUX SANGUINS

HABILETÉS : exécuter, observer, communiquer

LA BOÎTE À OUTILS
2.D., 3.B.6.

Les artères, les veines et les capillaires sont tous des vaisseaux sanguins, mais ils ont des fonctions très différentes. Dans cette activité, tu vas étudier leurs structures et la façon dont ces structures sont liées à leurs fonctions.

Matériel : microscope, papier lentille, lames préparées montrant des coupes transversales d'artères, de veines et de capillaires

1. Sers-toi de ton microscope pour examiner la lame montrant une artère. Fais un dessin biologique pour illustrer ce que tu vois.
2. Répète l'étape 1 avec les deux autres lames.
A. De quelle manière les différentes structures des trois vaisseaux sanguins donnent-elles des indications sur leurs fonctions ?

Les maladies et les troubles du système circulatoire

Plusieurs états physiques influent sur le fonctionnement du système circulatoire. Rien qu'en ce qui concerne le cœur, plus d'une douzaine de maladies cardiaques peuvent toucher des gens de tous âges et de toutes conditions physiques. Le problème cardiaque le plus courant est la maladie coronarienne, qui peut mener à la crise cardiaque.

La maladie coronarienne

Ton cœur est un organe qui travaille dur, et le myocarde a besoin d'un apport constant d'oxygène et de nutriments. Les artères coronaires sont les vaisseaux sanguins qui approvisionnent le myocarde en sang. Ces artères peuvent devenir partiellement bloquées par l'accumulation de plaque, un dépôt fait de graisses, de cholestérol, de calcium et d'autres substances qui circulent normalement dans le sang. Cette accumulation de plaque peut être causée par de l'information génétique héréditaire ou par de mauvaises habitudes de vie, comme un régime alimentaire riche en gras, le tabagisme et le manque d'exercice. Les symptômes de la maladie coronarienne incluent la fatigue, les étourdissements et une douleur ou une sensation de brûlure dans la poitrine ou les bras. Le problème peut être diagnostiqué à l'aide d'un type particulier de radiographie appelé « angiographie », pour lequel un colorant fluorescent est d'abord injecté dans le sang. Ce colorant est visible sur la radiographie (figure 5).

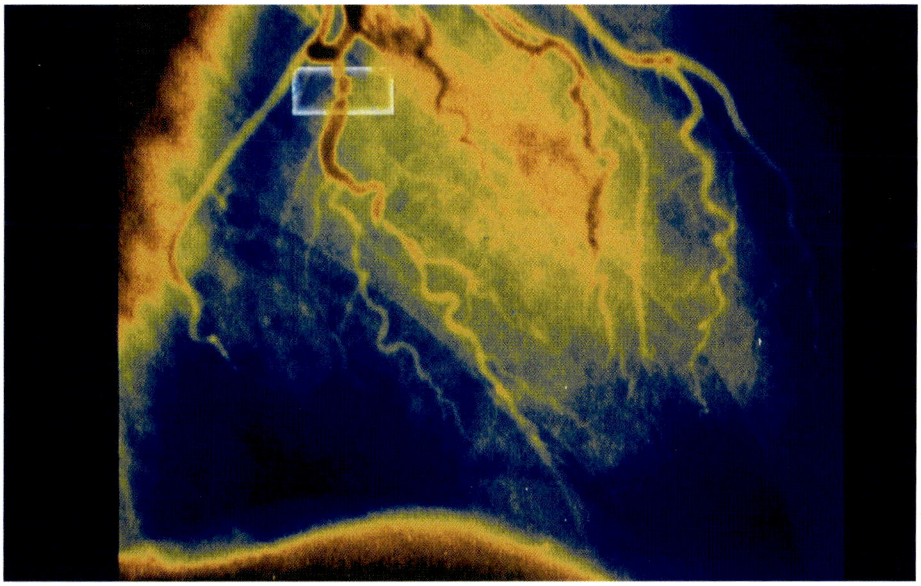

> **COUP DE POUCE**
> **ÉCRITURE**
>
> **La description d'observations**
> Sers-toi d'un dictionnaire des synonymes pour trouver des mots qui te permettront de décrire tes observations aussi précisément que possible. Utilise des termes qui aideront les lectrices et lecteurs à visualiser clairement tes observations. Si tu utilises des noms, des adjectifs, des verbes et des adverbes évocateurs, ta description leur permettra de se faire une image claire de ce que tu vois.

Figure 5 Lors d'une angiographie, un colorant fluorescent est injecté dans l'artère, puis des radiographies sont prises. Cette radiographie a été colorisée par ordinateur. Le rectangle blanc indique où se trouve le blocage de l'artère dans le cœur de la patiente ou du patient.

LE SAVAIS-TU ?

La coagulation du sang
Il est important que le sang forme des caillots quand les vaisseaux sanguins sont endommagés par une coupure ou une éraflure. Certaines personnes souffrent de troubles qui font coaguler leur sang trop facilement, ce qui cause des blocages, ou qui empêchent la coagulation du sang, ce qui cause des saignements difficiles à maîtriser. Ces deux types de problèmes sont potentiellement mortels.

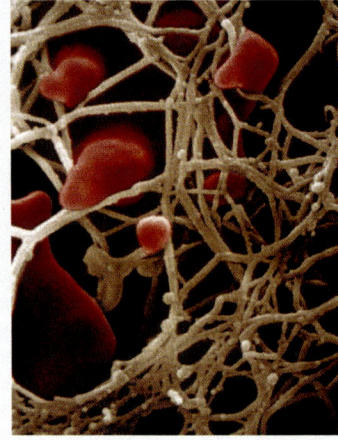

électrocardiogramme (ECG) test diagnostique qui mesure l'activité électrique du cœur au cours du cycle de l'activité cardiaque

La crise cardiaque

Les artères coronaires peuvent se bloquer complètement, à cause d'une accumulation de plaque ou d'un caillot de sang. Dans ce cas, les cellules du myocarde ne reçoivent plus l'oxygène et les nutriments dont elles ont besoin pour fonctionner. Le cœur arrête de pomper le sang, et les tissus cardiaques commencent à mourir.

Voici quelques symptômes généraux indicateurs d'une possible crise cardiaque :

- douleur ou pression dans la poitrine ;
- essoufflement ;
- nausée ;
- anxiété ;
- douleur dans la partie supérieure du corps ;
- douleur à l'abdomen ou à l'estomac ;
- transpiration ;
- étourdissements ;
- fatigue inhabituelle.

Les symptômes d'une crise cardiaque peuvent varier énormément d'une personne à une autre, ou selon qu'il s'agit d'un homme ou d'une femme, mais toute indication d'une possible crise cardiaque nécessite une consultation médicale immédiate. Une crise cardiaque peut être diagnostiquée à l'aide d'un test sanguin et d'un électrocardiogramme. Le test sanguin révèle la présence de certaines protéines qui ne se manifestent que lorsque du tissu du myocarde meurt. L'**électrocardiogramme (ECG)** mesure les signaux électriques provoqués par les battements du cœur (figure 6). Les signaux électriques émis par un myocarde endommagé ne ressemblent pas à ceux émis par un myocarde sain.

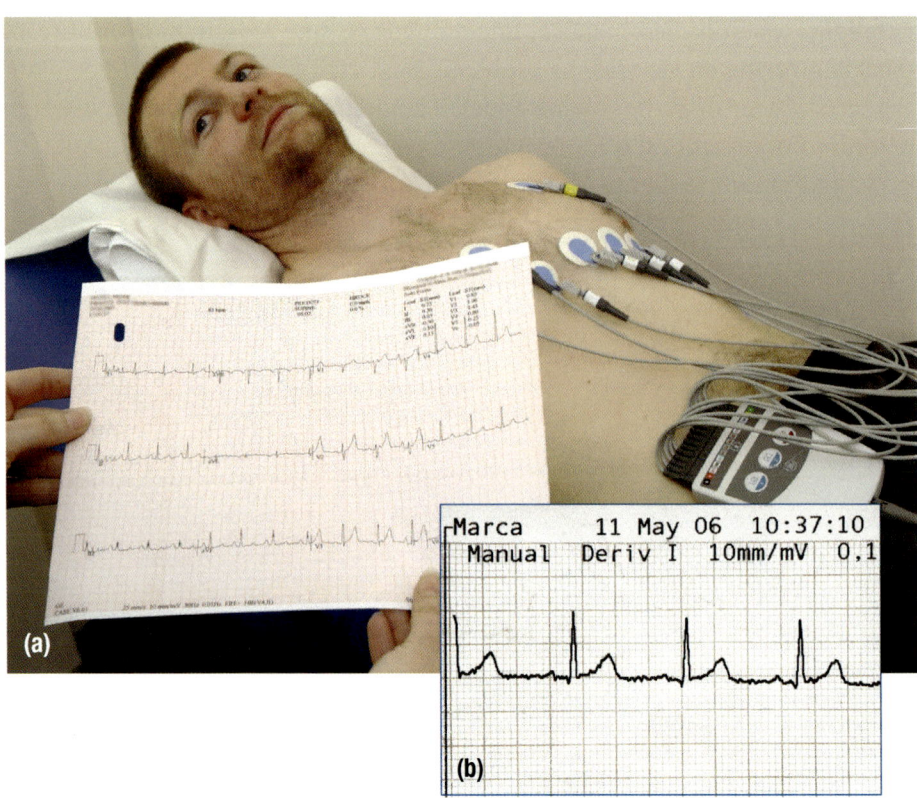

Figure 6 Un patient passe un électrocardiogramme. Les ronds bleus et blancs sont des électrodes placées sur la peau. Ces électrodes détectent les signaux électriques.

RECHERCHE EN ACTION — LES PROBLÈMES LIÉS AU SYSTÈME CIRCULATOIRE

HABILETÉS : effectuer une recherche, analyser l'enjeu, communiquer

LA BOÎTE À OUTILS
4.A., 4.B.

Le système circulatoire est essentiel à notre santé. Toutefois, des blocages et d'autres problèmes peuvent survenir dans les vaisseaux sanguins de plusieurs parties du corps.

1. Choisis un trouble ou une maladie du système circulatoire, comme la maladie coronarienne, la crise cardiaque, l'accident vasculaire cérébral, la thrombose veineuse profonde ou l'anémie.
2. Mène une recherche sur la maladie ou le trouble que tu as choisi. Trouves-en les causes, les symptômes, les méthodes diagnostiques, le traitement et les effets à long terme.

A. Réfléchis aux bouleversements dans la vie d'une personne qui a appris qu'elle est atteinte de cette maladie. Dresse une liste des changements probables dans sa vie.
B. Résume tes résultats dans une présentation avec aides visuelles ou dans une saynète.
C. En grand groupe, discutez des possibles inconvénients de l'utilisation des technologies médicales. Combien coûtent-elles ? Est-ce que tout le monde y a facilement accès ?

SIGNET de fin d'unité

Comment pourrais-tu utiliser l'information donnée à propos des symptômes des maladies cardiaques quand tu entreprendras l'activité de fin d'unité, à la page 156 ?

EN RÉSUMÉ

- Le système circulatoire est un système organique constitué du sang, du cœur et des vaisseaux sanguins.
- Le système circulatoire a pour fonction d'acheminer les nutriments et les gaz vers toutes les cellules ainsi que d'évacuer les déchets, à l'aide de la circulation sanguine.
- Les maladies cardiaques sont un ensemble de maladies liées au fonctionnement du cœur.
- Les angiographies et les électrocardiogrammes sont deux technologies médicales utilisées pour diagnostiquer des anomalies du système circulatoire.

VÉRIFIE TA COMPRÉHENSION

1. Explique la fonction du système circulatoire.
2. Nomme au moins quatre substances transportées par le système circulatoire.
3. Explique comment le système circulatoire interagit avec l'appareil digestif.
4. En quoi une angiographie diffère-t-elle d'une radiographie habituelle ?
5. La figure 7 montre des coupes transversales de trois vaisseaux sanguins différents. Nomme chacun d'eux et explique en quoi sa structure convient à sa fonction.
6. Conçois un tableau énumérant les principales composantes du système circulatoire et les tissus qui se trouvent dans chacune d'elles.
7. a) Conçois un graphique circulaire pour illustrer les volumes des diverses composantes du sang.
   b) Quelles difficultés as-tu éprouvées en concevant ton graphique ?
8. En quoi le myocarde diffère-t-il du muscle lisse qui entoure le tube digestif ?
9. Nomme et décris brièvement deux maladies ou troubles du système circulatoire.

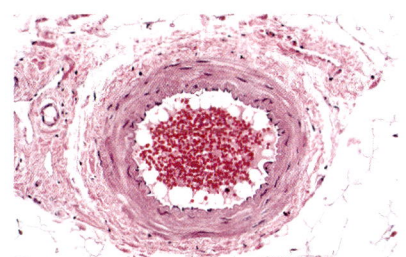
(a)

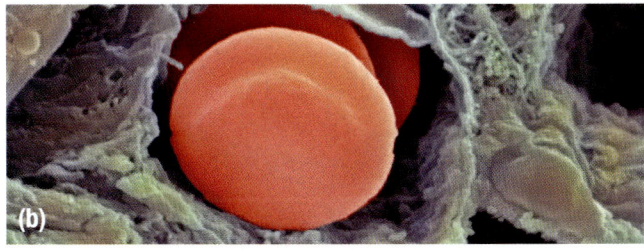
(b)

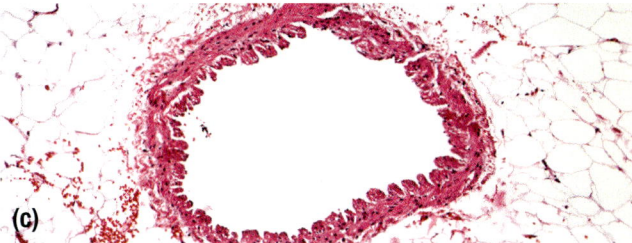
(c)

Figure 7

3.5 RÉALISE UNE ACTIVITÉ

Étudie les systèmes organiques d'une grenouille

HABILETÉS
- Se poser une question
- Formuler une hypothèse
- Prédire le résultat
- Planifier
- Contrôler les variables
- Exécuter
- Observer
- Analyser
- Évaluer
- Communiquer

Les organes et les systèmes organiques d'une grenouille sont similaires à ceux d'un être humain. Chaque organe de la grenouille a une fonction spécifique et joue un rôle vital au sein du système organique.

Dans cette activité, tu vas travailler avec un groupe pour étudier les fonctions et l'organisation d'un des systèmes de la grenouille suivants : appareil digestif, système circulatoire, appareil respiratoire, système nerveux, appareil reproducteur. À la fin de l'activité, tous les groupes mettront leurs résultats en commun et discuteront des interrelations entre les systèmes étudiés. Pour mener vos recherches, vous utiliserez des ressources électroniques, dont des vidéos de dissections et des simulations informatisées de dissections, si de telles ressources sont disponibles.

Vous aurez également l'occasion de réfléchir à la question suivante : est-il préférable de pratiquer des dissections sur de vrais animaux, ou d'avoir recours à des simulations et à des photos de dissections ?

Objectif
Observer les principales fonctions et l'organisation des systèmes organiques d'un système animal particulier et en explorer les interrelations.

Matériel
- accès à des images en ligne

Marche à suivre
LA BOÎTE À OUTILS 3.B., 4.

1. Menez une recherche sur le système organique de la grenouille qui vous a été assigné. Rédigez un bref paragraphe pour expliquer la raison d'être de ce système dans l'organisme. Assurez-vous de bien expliquer comment ce système permet à la grenouille de survivre dans son environnement.

2. Vous trouverez dans des livres et dans Internet de nombreux schémas et photos des systèmes organiques de la grenouille (figures 1 et 2). En vous basant sur diverses ressources, concevez un schéma avec mots-étiquettes du système organique qui vous a été assigné ; incluez-y tous les organes et montrez les liens qui les unissent. Assurez-vous de mentionner tout élément externe faisant partie de ce système.

(a)

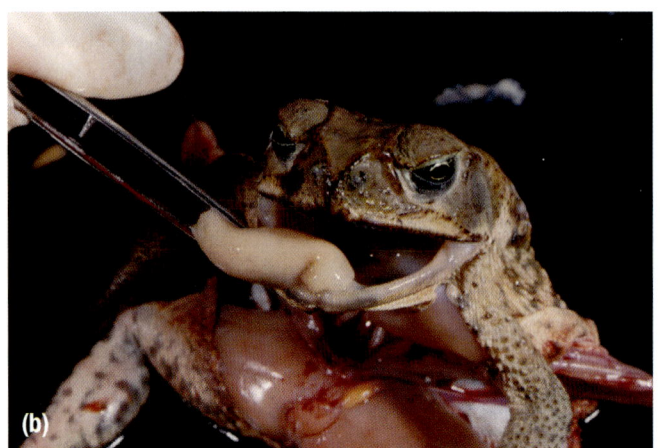
(b)

Figure 1 Caractéristiques externes d'une grenouille

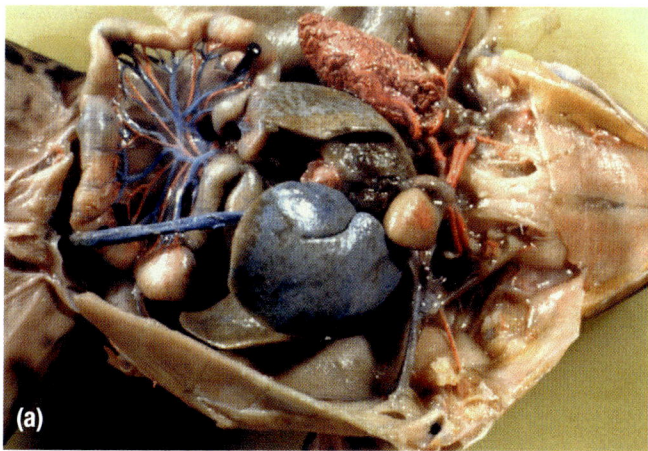 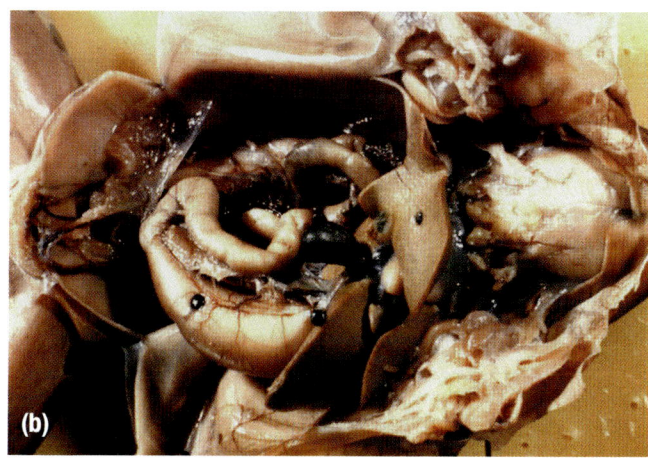

Figure 2 Caractéristiques internes d'une grenouille

3. Concevez un tableau similaire au tableau 1 (ci-dessous). Mentionnez le nom de votre système dans le titre de ce tableau. Remplissez les colonnes au fil de vos recherches. Dans la première colonne, nommez chaque organe ou structure et indiquez son emplacement. Dans la deuxième colonne, résumez les fonctions de ces organes. Dans la colonne 3, dressez une liste des interactions des organes avec les structures de ce système. Dans la colonne 4, rédigez des prédictions à propos des interrelations entre ce système et les autres systèmes de l'organisme. Vos prédictions peuvent prendre la forme d'énoncés tels que celui-ci : « L'appareil respiratoire amène de l'oxygène au corps, et le système circulatoire transporte cet oxygène jusqu'aux cellules. »

Tableau 1 Organes du système / de l'appareil _____ de la grenouille

Organe ou structure	Fonction(s)	Interactions avec d'autres organes de ce système	Interrelations avec d'autres systèmes organiques

4. En groupe, préparez et donnez une courte présentation à la classe afin d'expliquer le système organique que vous avez étudié. Répartissez-vous les tâches. Lisez le paragraphe que vous avez rédigé à l'étape 1. Expliquez votre schéma conçu à l'étape 2, en mentionnant tous les organes et leurs fonctions. Insistez sur les interactions des organes du système que vous avez étudié.

5. En écoutant les présentations des autres groupes, notez toutes les interrelations possibles entre les fonctions de leur système et le vôtre. Ajoutez-les à la colonne 4 de votre tableau.

6. Au sein de votre groupe, discutez du contenu de la colonne 4 de votre tableau.

7. Si le temps le permet, renseignez-vous sur les interrelations entre les systèmes.

8. En grand groupe, discutez des interrelations entre les systèmes étudiés par chacun des petits groupes.

Analyse et interprète

a) Quel rôle joue le système que tu as étudié dans la survie de la grenouille ?

b) As-tu pris connaissance d'un ou de plusieurs organes qui ne sont propres qu'à la grenouille ? Si c'est le cas, quels sont leurs noms et leurs fonctions ?

c) Explique les interrelations entre les systèmes.

Approfondis ta démarche

d) En grand groupe, discutez des raisons pour lesquelles vous n'avez pas disséqué une vraie grenouille pour cette activité. Renseignez-vous sur les solutions de remplacement disponibles. Comparez les avantages de l'utilisation de spécimens véritables à ceux d'autres méthodes, comme le recours à une simulation informatisée de dissection.

e) Conçois un tableau en T afin de comparer les systèmes organiques d'une grenouille à ceux d'un être humain.

SCIENCES APPLIQUÉES

Le virus du Nil occidental

En 1999, des centaines d'habitantes et d'habitants de la ville de New York ont contracté une maladie inconnue en Amérique du Nord. Des équipes de recherche médicale ont découvert que cette maladie était causée par le virus du Nil occidental (VNO).

Le VNO est principalement transmis par les moustiques (figure 1). Quand un moustique infecté se nourrit du sang d'un oiseau, le virus est transmis à l'oiseau. Lorsqu'un autre moustique pique encore cet oiseau, le virus se transmet encore une fois. Le virus infecte aussi les mammifères, dont les chevaux et les êtres humains. Sur cinq personnes infectées, une tombera malade. Dans de rares cas, la maladie est mortelle. Le VNO s'est maintenant répandu en Ontario et dans d'autres provinces.

Figure 2 Des produits chimiques tuant les larves de moustiques sont mis dans les étangs et dans les eaux de drainage.

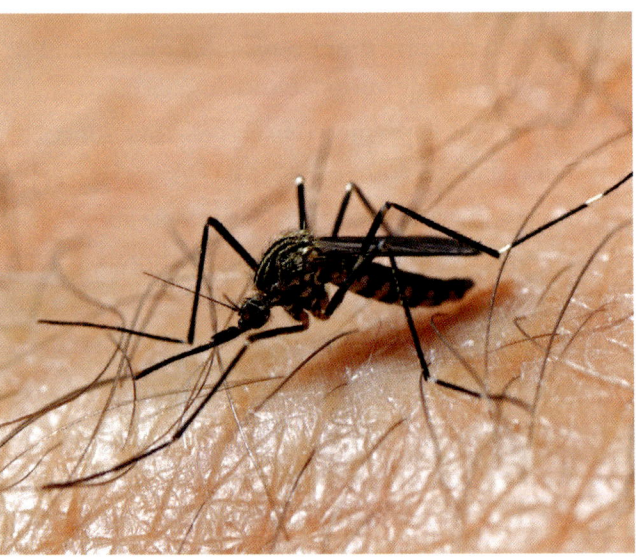

Figure 1 Le virus du Nil occidental est transmis aux oiseaux et aux êtres humains par des moustiques infectés.

Le gouvernement de l'Ontario a rapidement instauré des mesures de lutte contre la maladie. Dans chaque région, une ou un médecin hygiéniste doit tester les moustiques et les oiseaux pour déterminer l'incidence du VNO dans ce secteur. Ces spécialistes doivent décider si des pesticides sont nécessaires pour faire diminuer la population de moustiques. Le ministère de l'Environnement recommande les pesticides à utiliser et gère leur utilisation. Les gouvernements locaux sont responsables de la mise en application de cette utilisation. Actuellement, dans plusieurs villes ontariennes, des comprimés contenant des pesticides à action rapide qui tuent les larves de moustiques sont déposés dans les eaux de drainage au printemps (figure 2).

De quelle manière le VNO nous a-t-il touchés? Les gens prennent davantage de précautions lorsqu'ils sont à l'extérieur et utilisent plus souvent des insectifuges (figure 3). Toutefois, nous ne savons pas encore si une plus grande utilisation d'insectifuges a des conséquences à long terme sur notre santé. De plus, les moustiques pourraient développer une résistance à ces produits chimiques.

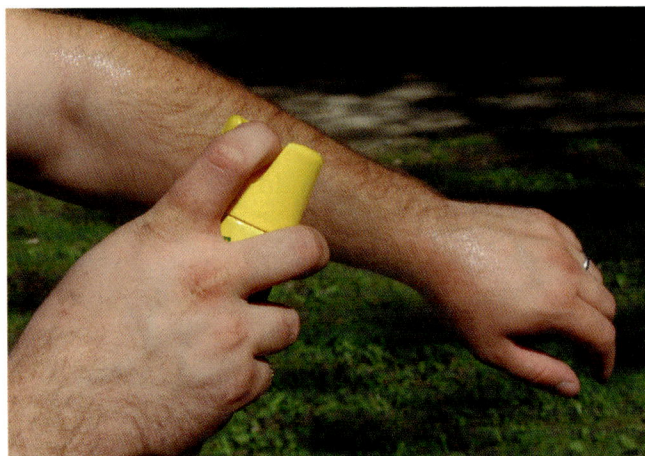

Figure 3 Le gouvernement conseille fortement aux Ontariennes et Ontariens d'utiliser des insectifuges pour se protéger du virus du Nil occidental lorsqu'ils font des activités extérieures.

La lutte contre le VNO nécessite la coopération de personnes de professions diverses. En plus des médecins hygiénistes qui prennent des décisions à propos de la population de moustiques, des opératrices et opérateurs doivent obtenir un permis pour pouvoir utiliser les pesticides. Des techniciennes et techniciens de laboratoire testent les oiseaux et les moustiques recueillis. La communauté médicale veille à reconnaître les symptômes du VNO. Des agentes et agents des communications expliquent aux gens les façons de réduire le risque de contracter le VNO. Ces personnes suggèrent de nettoyer les endroits où les moustiques aiment pondre et de se protéger contre les piqûres de moustiques. Pas de moustiques, pas de piqûres, pas de virus!

L'appareil respiratoire

3.6

Que tu en aies conscience ou non, tu inspires et expires en moyenne 15 fois par minute. Ce rythme augmente automatiquement si ton activité physique s'intensifie. Lorsqu'une personne respire normalement, elle fait circuler en moyenne plus de 10 000 L d'air dans ses poumons par jour.

Pour que notre corps puisse consommer de l'énergie afin de grandir, guérir et bouger, l'**appareil respiratoire** doit fournir l'oxygène dont il a besoin et rejeter le dioxyde de carbone qu'il produit. L'appareil respiratoire travaille en étroite collaboration avec le système circulatoire (figure 1). Comme tu l'as appris à la section 3.4, le système circulatoire achemine des substances vers toutes les parties du corps.

Les caractéristiques structurales

L'appareil respiratoire est constitué des poumons et d'autres organes qui permettent aux poumons d'interagir avec l'extérieur (figure 2(a)). L'air pénètre dans le corps par la bouche et le nez, passe par le pharynx (la gorge) et descend le long de la trachée. La trachée se divise ensuite en deux branches, appelées « bronches ».

Certaines des cellules épithéliales qui recouvrent les parois internes de la trachée et des bronches produisent du mucus, un peu comme celles des parois de l'appareil digestif. De nombreuses cellules épithéliales ont des cils. Ces cils aident à déplacer le mucus et à retenir toute substance étrangère qui pourrait pénétrer dans le système (figure 2(b)). Les bronches mènent l'air aux poumons.

appareil respiratoire système organique constitué du nez, de la bouche, de la trachée, des bronches et des poumons. Ce système fournit l'oxygène au corps et permet l'expulsion du dioxyde de carbone.

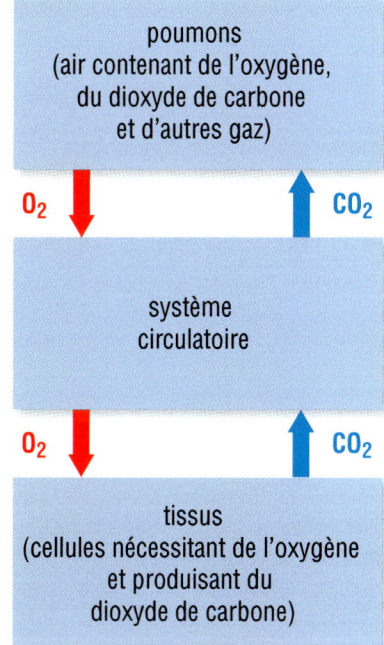

Figure 1 L'appareil respiratoire dépend du système circulatoire pour distribuer l'oxygène aux cellules et pour expulser le dioxyde de carbone.

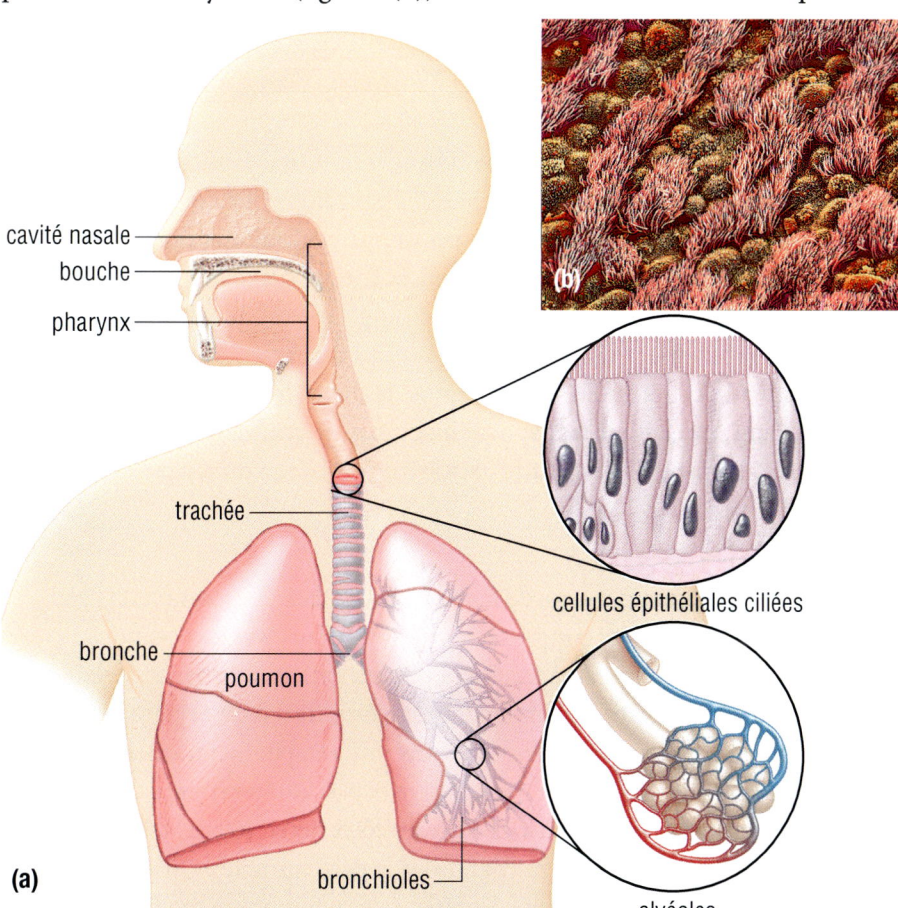

Figure 2 (a) L'appareil respiratoire humain (b) Des cellules épithéliales ciliées

LE SAVAIS-TU ?

Entrée interdite !
Ta bouche peut contenir à la fois de l'air et de la nourriture. Comment ton corps parvient-il à envoyer la nourriture dans ton estomac et l'air dans tes poumons ? Quand tu avales ta nourriture, un rabat de tissu appelé « épiglotte » couvre l'ouverture de la trachée. Cela empêche les aliments d'emprunter le « mauvais trou ». Cependant, il arrive parfois que de la nourriture entre dans la trachée. La toux qui en résulte est la manifestation des efforts que fait ton corps pour sortir la nourriture de la trachée et la rediriger vers le bon endroit.

La trachée est soutenue par des anneaux de cartilage. Ils la gardent ouverte et permettent à l'air d'y circuler librement. Le cartilage est un type de tissu conjonctif particulier, constitué de cellules spécialisées fixées dans une matrice de fibres solides mais flexibles. Cette matrice, bien que créée par les cellules, n'est pas faite de matériel vivant.

Pour découvrir comment l'appareil respiratoire nous permet également de parler :

Les échanges gazeux

Les échanges gazeux constituent la principale raison d'être de l'appareil respiratoire. L'oxygène pénètre dans la circulation sanguine des poumons par diffusion. Le dioxyde de carbone sort du sang de la même manière. L'appareil respiratoire est conçu pour que ces processus soient aussi efficaces que possible.

Chacune des bronches se subdivise encore et encore, et se termine par un ensemble de minuscules sacs d'air appelés **alvéoles** (figure 3(a)). Les parois des alvéoles sont très minces. Chaque alvéole est entourée d'un réseau de capillaires. L'oxygène et le dioxyde de carbone traversent deux minces parois pour se diffuser : la paroi du capillaire et la paroi de l'alvéole (figure 3(b)).

alvéole minuscule sac d'air dans les poumons, entouré par un réseau de capillaires. C'est l'endroit où s'effectuent les échanges gazeux entre l'air et le sang.

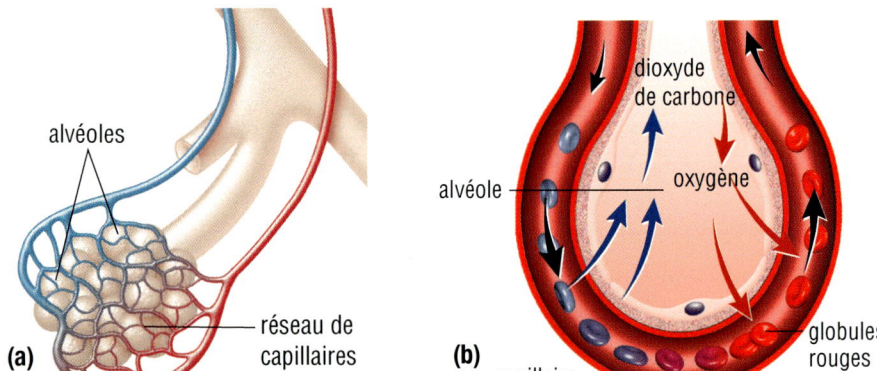

Figure 3 (a) Chaque alvéole est entourée d'un réseau de capillaires qui assurent un apport en sang suffisant. (b) Les alvéoles procurent de nombreuses surfaces à l'intérieur des poumons où peuvent se diffuser l'oxygène et le dioxyde de carbone.

COUP DE POUCE
APPRENTISSAGE

La diffusion
Les substances se diffusent toujours de l'endroit où elles se trouvent en concentration plus forte vers l'endroit où elles se trouvent en concentration plus faible.

Le système circulatoire fournit une bonne quantité de sang aux poumons. Ainsi, il contribue à l'efficacité de l'appareil respiratoire. La concentration d'oxygène du sang qui circule dans les poumons est toujours plus faible que la concentration d'oxygène de l'air qui se trouve dans les alvéoles. L'oxygène se diffuse donc toujours dans le sang. Le sang reçoit l'oxygène et le transporte rapidement dans les autres parties du corps, où celui-ci passe alors du sang aux cellules. En même temps, le dioxyde de carbone passe des cellules au sang ; puis, il est transporté jusqu'aux poumons, où il se diffuse dans l'air des alvéoles. Il est ensuite expulsé à l'extérieur du corps.

La respiration

L'appareil respiratoire permet aussi de faire entrer l'air dans les poumons et l'en faire sortir : la respiration, qui consiste à faire pénétrer l'air dans les poumons (inspiration) et à expulser cet air à l'extérieur (expiration), en alternance. Cela se produit grâce aux muscles qui font bouger les côtes, de manière que la cage thoracique prenne de l'expansion puis se contracte. La respiration nécessite aussi la participation du diaphragme, un muscle large et plat situé sous les poumons. Ensemble, le diaphragme et les muscles entre les côtes (intercostaux) font augmenter et diminuer le volume des poumons (figure 4, à la page suivante). Quand le volume des poumons se modifie, la pression à l'intérieur des poumons se modifie aussi. C'est ce qui permet à l'air frais d'entrer dans les alvéoles, puis d'en ressortir.

Pour mieux comprendre les échanges gazeux et la respiration :

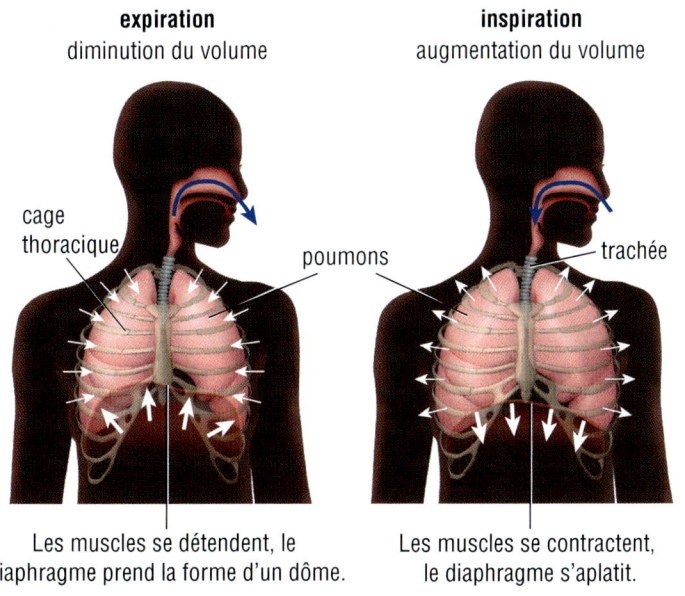

Figure 4 Pendant l'inspiration, l'air est aspiré dans les poumons ; pendant l'expiration, l'air est poussé vers l'extérieur.

LE **SAVAIS**-TU ?

Hic !
Le hoquet est causé par la contraction soudaine des muscles du diaphragme. Quand le diaphragme se contracte rapidement, de l'air s'engouffre dans la bouche et le larynx, ce qui force l'épiglotte à se rabattre rapidement sur l'ouverture de la trachée. C'est ce qui produit le petit « hic ! ». Le hoquet peut avoir de nombreuses causes : manger trop vite ou tousser, par exemple. Il s'arrête normalement de lui-même, et ne constitue que rarement un problème médical.

LA RÉGULATION DE LA RESPIRATION

La régulation de notre respiration est involontaire ; habituellement, nous n'avons pas à nous rappeler de respirer. Nous pouvons retenir notre souffle ou contrôler notre respiration quand nous parlons, mais ce contrôle n'est que temporaire. Le système involontaire reprend rapidement son rôle de régulateur. Constate-le par toi-même : combien de temps peux-tu retenir ton souffle ?

La respiration est régulée par une partie du cerveau qui détecte la concentration de dioxyde de carbone dans le sang. Quand cette concentration augmente, le cerveau envoie un signal au diaphragme, aux muscles intercostaux et au cœur. La respiration s'accélère, et le cœur bat plus vite. Cela entraîne deux conséquences : la diminution de la concentration de dioxyde de carbone dans le sang et l'augmentation de la quantité d'oxygène disponible.

L'appareil respiratoire chez d'autres animaux

Le rôle de l'appareil respiratoire est de fournir de l'oxygène à toutes les cellules du corps et de se débarrasser du dioxyde de carbone. Comparativement aux appareils respiratoires des mammifères, ceux de nombreux autres organismes sont beaucoup plus simples. Peu importe leur degré de complexité, tous les appareils respiratoires dépendent du processus de diffusion pour faire pénétrer l'oxygène et expulser le dioxyde de carbone.

L'appareil respiratoire des poissons

Chez les poissons, les organes chargés des échanges gazeux sont les ouïes. Les ouïes sont en contact direct avec l'eau (figure 5). Tout comme les poumons, les ouïes comportent de nombreux capillaires. Ceux-ci amènent le sang tout près de l'eau, afin de permettre la diffusion de l'oxygène de l'eau au sang. De la même façon, le dioxyde de carbone peut se diffuser du sang à l'eau. Les poissons ne respirent pas comme le font les êtres humains, mais ils ouvrent et ferment la gueule pour provoquer une circulation d'eau sur leurs ouïes. Certains poissons doivent nager constamment pour que de l'eau oxygénée circule toujours sur leurs ouïes.

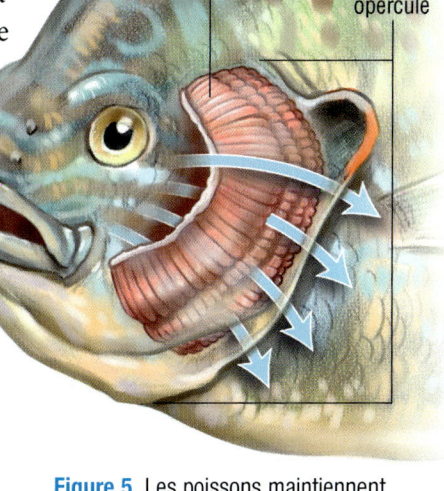

Figure 5 Les poissons maintiennent une circulation constante d'eau sur leurs ouïes en ouvrant et en fermant leur gueule, ou en nageant.

Pour voir une vidéo montrant les mouvements respiratoires d'un poisson :

Les maladies de l'appareil respiratoire

Comme l'appareil respiratoire est constamment exposé aux substances contenues dans l'air, il n'est pas étonnant qu'il soit touché par de nombreuses maladies.

La tuberculose

La tuberculose est une maladie infectieuse ; elle se transmet donc facilement d'une personne à une autre. Elle est causée par une bactérie qui entre dans le corps pendant la respiration. Cette bactérie prolifère dans les poumons, mais la maladie peut se répandre dans d'autres parties du corps, dont le système nerveux et les os. Ses symptômes (fièvre, toux, perte de poids, fatigue et douleur thoracique) ne lui sont pas spécifiques. Si elle n'est pas traitée, cette maladie peut être mortelle. La radiographie pulmonaire est un des tests utilisés pour diagnostiquer la tuberculose (figure 6). Cependant, d'autres maladies, la pneumonie, par exemple, peuvent donner des résultats semblables à la radiographie.

LE SAVAIS-TU ?

La tuberculose dans le monde
L'incidence de la tuberculose est à la hausse dans le monde, particulièrement dans les pays en développement. On estime que plus de huit millions de nouveaux cas surviennent et que deux millions de personnes meurent de la tuberculose chaque année.

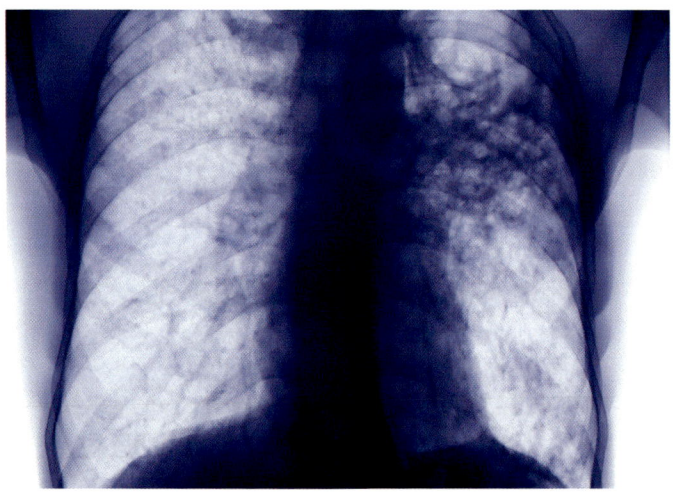

Figure 6 Cette radiographie pulmonaire montre des signes de tuberculose dans la partie supérieure du poumon que l'on voit à droite.

Pour confirmer un diagnostic de tuberculose, on examine des prélèvements pris dans l'estomac ou des sécrétions provenant des poumons. Après l'infection initiale, la bactérie peut demeurer à l'état latent dans le corps pendant des décennies. Une fois diagnostiquée, toutefois, la maladie peut être traitée avec succès.

Les cancers

La fumée de tabac, même s'il ne s'agit que de fumée secondaire, est une menace sérieuse pour l'appareil respiratoire. Comme tu l'as lu à la section 2.7, cette fumée contient plusieurs carcinogènes connus. Ces substances chimiques contribuent au développement du cancer des poumons, mais aussi d'autres cancers.

Le SRAS

Au début de l'année 2003, le Canada (et particulièrement Toronto) a dû affronter une nouvelle maladie mortelle qui a suscité beaucoup de craintes : le syndrome respiratoire aigu sévère (SRAS). Le SRAS s'est répandu d'une région de la Chine à 37 pays du monde, menaçant de devenir une pandémie. Au total, le Canada a relevé 438 cas ; 44 de ces personnes sont mortes. Les symptômes du SRAS ressemblent à ceux de la grippe et incluent la fièvre, l'essoufflement, la toux sèche, le mal de gorge, le mal de tête, la douleur musculaire et l'épuisement. Le diagnostic est aussi basé sur une radiographie montrant des signes de pneumonie, et des résultats positifs aux tests effectués sur des prélèvements.

RECHERCHE EN ACTION : LES SCIENTIFIQUES DU CANADA

HABILETÉS : effectuer une recherche, déterminer les options, communiquer, évaluer

LA BOÎTE À OUTILS
4.A., 4.B.

La D^{re} Sheela Basrur était médecin hygiéniste en chef à Toronto pendant l'éclosion du SRAS en 2003 (figure 7). Sous sa direction, Toronto a mis sur pied des mesures pour réduire la propagation du SRAS. La passion de Mme Basrur pour la santé publique a pris naissance au cours de ses voyages en Inde et au Népal, après l'obtention de son diplôme de médecine.

La D^{re} Sheela Basrur se portait sans relâche à la défense des enfants, des personnes immigrantes et des femmes. Elle est morte d'une forme rare de cancer en 2008, à l'âge de 51 ans.

1. Renseigne-toi sur une ou un scientifique du Canada qui a grandement contribué à la santé humaine.
2. Mène une recherche sur les contributions propres à cette personne (p. ex., résultats de recherche, mise au point d'une technologie ou d'un traitement, défense d'intérêts).
3. Renseigne-toi sur la culture et l'éducation de cette personne et sur ses motivations.

A. Prépare une biographie orale ou écrite de cette personne, et présente-la à la classe. Mentionne tes découvertes faites aux étapes 1, 2 et 3 (ci-dessus).

B. Explique pourquoi tu as choisi cette personne.

Figure 7 La D^{re} Sheela Basrur, qui a géré la crise du SRAS

SIGNET de fin d'unité

Réfléchis à la manière dont tu pourrais te servir de l'information donnée à propos de l'appareil respiratoire quand tu accompliras l'activité de fin d'unité, à la page 156.

EN RÉSUMÉ

- L'appareil respiratoire effectue les échanges gazeux entre le corps et l'environnement. L'oxygène se diffuse dans le corps, et le dioxyde de carbone en est expulsé.
- Les principales composantes de l'appareil respiratoire humain sont le nez, la bouche, la trachée, les bronches, les poumons et le diaphragme.
- La respiration fait entrer l'air dans les poumons et l'en fait sortir pour permettre les échanges gazeux.
- Les échanges gazeux s'effectuent dans les alvéoles, qui sont entourées de réseaux de capillaires contenant du sang.
- L'appareil respiratoire fournit l'oxygène aux cellules, et enlève le dioxyde de carbone de ces cellules.
- De nombreuses maladies, comme la tuberculose, les cancers et le SRAS, touchent l'appareil respiratoire.
- Chez les poissons, l'appareil respiratoire comprend les ouïes, qui vont chercher l'oxygène de l'eau environnante et expulsent le dioxyde de carbone.

VÉRIFIE TA COMPRÉHENSION

1. Nomme les principaux organes et structures de l'appareil respiratoire.
2. Quel rôle joue le tissu épithélial qui recouvre la paroi interne de la trachée et des bronches ?
3. De quelle façon l'appareil respiratoire animal dépend-il du système circulatoire ?
4. Explique la différence entre la respiration et les échanges gazeux.
5. a) Pourquoi une radiographie est-elle insuffisante pour diagnostiquer une tuberculose ?
   b) Quel test est nécessaire pour confirmer un diagnostic de tuberculose ?
6. Décris les similarités et les différences entre l'appareil respiratoire humain et celui du poisson.

3.7 La greffe d'organes

Au début de ce chapitre, l'histoire racontée à la section Éveille-toi aux sciences t'a fait connaître une jeune femme, Claudia, qui a reçu une trachée de remplacement. Cette trachée était constituée du cartilage d'un donneur et des propres cellules de Claudia, qui s'étaient multipliées sur la structure de ce cartilage. Cette nouvelle technologie en matière de greffe a très bien fonctionné pour Claudia.

Des greffes de tissus sont réalisées depuis le début des années 1800, à l'époque des premières tentatives de transfusions sanguines. La première greffe d'organe (un rein) réussie a été effectuée en 1954. Le donneur vivant et le patient greffé étaient de vrais jumeaux. Depuis, la science et la technologie ont considérablement progressé.

La liste des autres organes qui peuvent être greffés avec succès comprend maintenant le cœur, le foie, les poumons, le pancréas et les intestins. Les tissus pouvant être greffés incluent la cornée, la peau, les os, la moelle osseuse, les tendons et les vaisseaux sanguins (figure 1). Certains organes et tissus de donneuses et donneurs vivants peuvent être greffés avec succès en toute sécurité. D'autres parties du corps ne peuvent être prélevées que sur des personnes décédées.

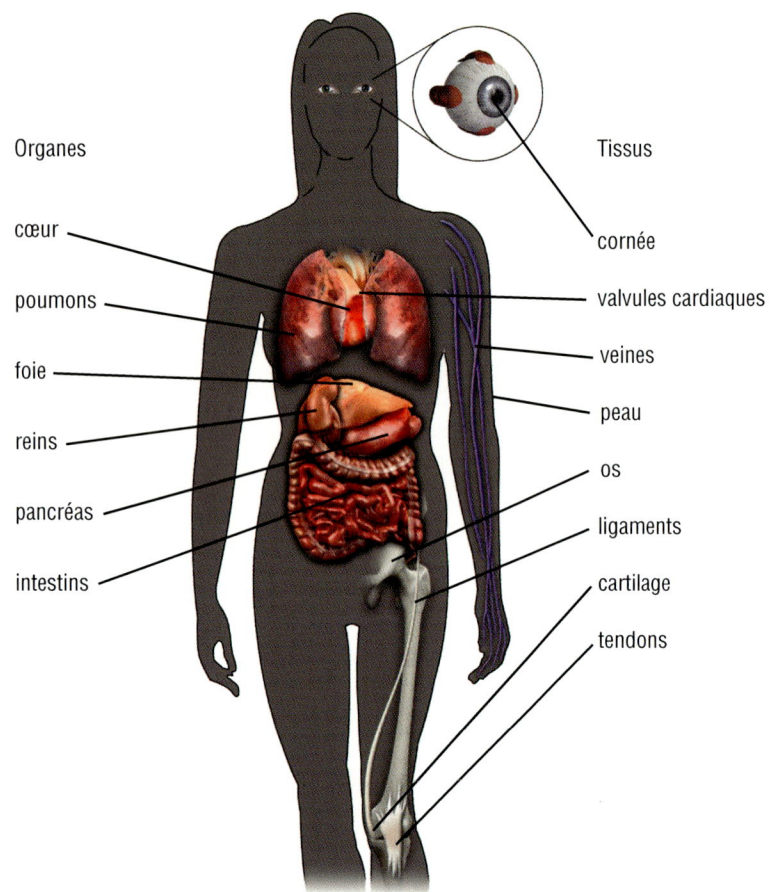

Figure 1 De nombreux tissus et organes peuvent être greffés.

Pour en savoir davantage sur les greffes de tissus et d'organes au Canada :

LE SAVAIS-TU ?

Une longue attente
Comme il y a beaucoup plus de personnes qui attendent une greffe que d'organes disponibles, les listes d'attente sont habituellement très longues. En moyenne, environ 1 700 personnes attendent une greffe d'organe en Ontario. Jusqu'à 30 % de ces personnes vont mourir avant qu'un organe acceptable ne soit disponible.

Les avantages et les risques

Une greffe bénéficie tant à la personne qui reçoit le tissu ou l'organe qu'à la personne qui le donne (ou à sa famille). L'avantage le plus évident est que la personne qui reçoit la greffe peut recouvrer la santé. L'avantage, pour la personne donneuse ou sa famille, est la satisfaction de savoir que le tissu ou l'organe donné a sauvé la vie de quelqu'un. De plus, les chercheuses et chercheurs ont acquis une foule de nouvelles connaissances sur le corps humain grâce à la recherche dans ce domaine médical. Malheureusement, ce genre d'opération chirurgicale comporte des risques. Le risque le plus important est le rejet. Le système immunitaire de la personne qui reçoit le nouvel organe peut le considérer comme un corps étranger et tenter de le détruire. Les risques de rejet peuvent être réduits par l'utilisation de tissus génétiquement similaires à ceux de la personne qui reçoit la greffe. Toutefois, malgré cette précaution, la plupart des personnes greffées doivent prendre des médicaments pour empêcher le système immunitaire de rejeter le nouveau tissu ou le nouvel organe. Cette solution comporte également un risque, cependant. Comme le système immunitaire est neutralisé, le corps a plus de difficulté à combattre les infections.

Les organes de personnes donneuses vivantes

Les dons d'un organe à partir d'une donneuse ou d'un donneur vivant proviennent de personnes qui choisissent de donner un rein, le lobe d'un de leurs poumons ou une partie de leur foie. Une greffe de poumons nécessite deux personnes donneuses, chacune donnant un lobe de poumon. Ces deux lobes sont alors greffés à la personne receveuse (figure 2). La greffe de rein ne nécessite qu'une seule personne donneuse, qui peut mener ensuite une vie normale avec un seul de ses deux reins. Dans le cas d'une transplantation du foie, les médecins enlèvent un lobe du foie de la personne donneuse, et le greffent chez la personne receveuse. Le foie a la capacité de se régénérer. Le lobe greffé, avec le temps, formera de nouveaux tissus et deviendra un foie complet. Le foie de la personne donneuse se régénérera lui aussi pour remplacer la partie prélevée.

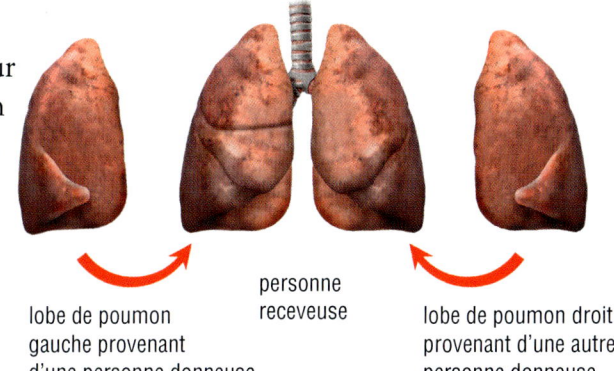

Figure 2 Le prélèvement d'une partie d'un poumon a des conséquences à long terme minimes pour les personnes donneuses. Les deux parties greffées assurent à la personne receveuse une fonction pulmonaire adéquate.

Dans la plupart des cas, les personnes donneuses vivantes sont des membres de la famille de la personne receveuse. Cela augmente les chances que l'organe donné soit génétiquement acceptable pour la personne receveuse, et le risque de rejet est alors minimisé. Le temps d'attente est aussi réduit, ce qui constitue un autre avantage. Il y a évidemment des risques pour les personnes donneuses. Dans un corps sain, lorsqu'un des organes « doubles » cesse de fonctionner, l'autre peut prendre la relève. Ce « système de secours » est perdu ou amoindri après un don d'organe. De plus, toute opération chirurgicale importante comporte des risques.

Les organes de personnes donneuses décédées

La majorité des organes greffés proviennent de personnes décédées. La décision de faire don de ses organes après la mort est habituellement prise par la personne avant son décès (figure 3). Cependant, des membres de la famille peuvent consentir au prélèvement d'organes sur une personne décédée même si cette personne n'a pas signé de formulaire de consentement.

Quand quelqu'un signe un formulaire de consentement au don de vie et informe les membres de sa famille de sa décision, ses organes et ses tissus peuvent être prélevés après sa mort et greffés à d'autres personnes.

Quand une personne qui souhaite donner un ou des organes meurt, ceux-ci sont examinés pour déterminer s'ils sont sains et en parfait état. Ensuite, on recherche des personnes receveuses potentielles. Des professionnelles et professionnels du domaine médical s'assurent que les organes sont donnés aux personnes les plus appropriées. Ils tiennent compte de plusieurs facteurs, dont les types de tissus et les groupes sanguins, l'âge de la personne donneuse et de la personne receveuse ainsi que les endroits où elles se trouvent, et la durée de l'attente de la personne receveuse.

Ontario — Ministère de la Santé et des Soins de longue durée

Formulaire de consentement au don de vie
Inscription au don d'organes et de tissus humains

Nº de carte Santé | Sexe ☐ M ☐ F
Date de naissance (aaaa/mm/jj) | Nº de téléphone
Nom de famille
Prénom
Adresse postale | App.
Ville | ON
Code postal

J'aimerais aider à sauver une vie en consentant à faire don d'organes et de tissus humains aux fins suivantes :

☐ 1. transplantation seulement
☐ 2. transplantation/recherche médicale

☐ *Je désire faire don de n'importe quel organe ou tissu humain **sauf** ceux indiqués ci-dessous (cochez les cases pertinentes)*

☐ a. mes reins ☐ e. mon foie
☐ b. mon coeur ☐ f. mes poumons
☐ c. mes yeux ☐ g. ma peau
☐ d. mes os ☐ h. mon pancréas

Je consens à faire don d'un organe ou d'un tissu humain après ma mort.

Signature | Date

Rappel : Une fois votre décision prise, informez votre famille et vos amis que vous souhaitez faire don d'organes ou de tissus humains.

Gift of Life / Don de vie

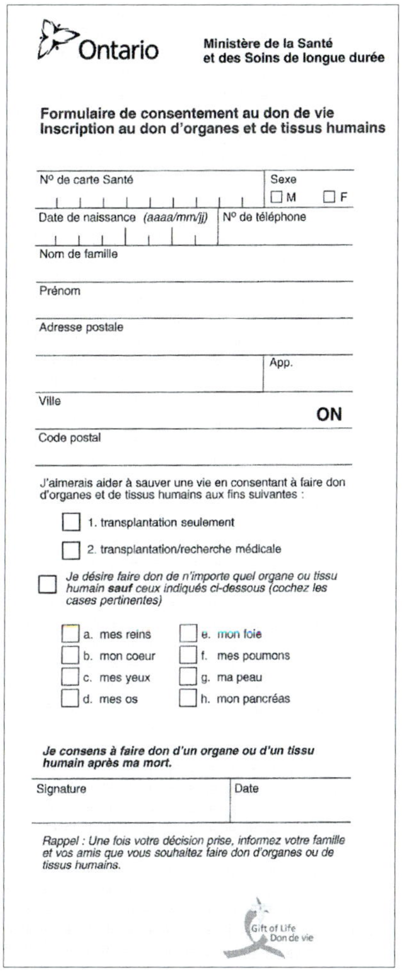

Figure 3 Quand quelqu'un signe un formulaire de consentement au don de vie et informe les membres de sa famille de sa décision, ses organes et ses tissus peuvent être prélevés après sa mort et greffés à d'autres personnes.

Le Réseau Trillium pour le don de vie encourage les dons d'organes et de tissus. Pour en savoir plus :

La xénogreffe

xénogreffe greffe d'un organe ou d'un tissu d'une espèce à une autre

La **xénogreffe** est une greffe d'organe d'une espèce à une autre. Cette idée n'est pas nouvelle. Des valvules cardiaques de porcs ont déjà été utilisées pour remplacer des valvules cardiaques humaines endommagées. Cependant, comme ces valvules avaient été traitées chimiquement afin de tuer les cellules, elles n'étaient plus considérées comme des tissus vivants. Le rejet de tissus vivants constitue une difficulté importante.

RECHERCHE EN ACTION : LA XÉNOGREFFE ET L'ÉTHIQUE

HABILETÉS : effectuer une recherche, analyser l'enjeu, défendre une décision, communiquer, évaluer

LA BOÎTE À OUTILS
4.A., 4.C.

La xénogreffe est une question très controversée. L'utilisation de tissus ou d'organes d'autres espèces pourrait sauver des centaines de vies humaines chaque année. Toutefois, de nombreuses personnes s'objectent à l'idée d'avoir des parties d'un autre animal dans leur corps. D'autres s'opposent à l'idée de tuer des animaux pour greffer leurs organes. Au Canada, aucune étude n'a été menée sur des xénogreffes effectuées sur des êtres humains, mais l'Association canadienne de santé publique s'est penchée sur le sujet. Plusieurs questions ont été soulevées.

- La xénogreffe est-elle nécessaire ?
- Quels risques présente-t-elle pour le public ? Ces risques sont-ils acceptables ?
- Quels points doivent être pris en considération en ce qui concerne les animaux et les êtres humains ?
- Comment la xénogreffe devrait-elle être réglementée et gérée ?
- Quelles sont les solutions de remplacement à la xénogreffe ?

1. Renseigne-toi sur la position adoptée par le Canada au sujet de la xénogreffe.
2. Effectue une recherche pour savoir si des recherches portant sur la xénogreffe sont actuellement menées, et si c'est le cas, détermine où elles sont menées.

A. Prépare un résumé soulignant les avantages et les risques potentiels de la xénogreffe.
B. Explique brièvement la situation actuelle en ce qui a trait à la xénogreffe, au Canada et ailleurs dans le monde.
C. Quelle est ta position en ce qui concerne la xénogreffe ? Prépare une déclaration et communique-la en utilisant le mode de présentation de ton choix. Assure-toi d'inclure des arguments et de l'information pour soutenir ta position.

EN RÉSUMÉ

- La greffe est le transfert de tissus ou d'organes vivants d'une personne à une autre.
- Les tissus et les organes greffés peuvent provenir de personnes donneuses vivantes ou décédées. Les greffes d'organes et de tissus de personnes décédées sont toutefois beaucoup plus fréquentes.
- Le rejet est le plus grand risque couru par les personnes greffées. Le temps passé sur une liste d'attente est un autre facteur de risque.
- La xénogreffe est le transfert de tissus ou d'organes vivants d'une espèce à une autre, habituellement d'autres espèces animales aux êtres humains.

VÉRIFIE TA COMPRÉHENSION

1. Compare les greffes effectuées à partir de personnes donneuses vivantes et celles effectuées à partir de personnes donneuses décédées. Quel type de greffe est le plus fréquent ?
2. Pourquoi la liste de personnes donneuses vivantes est-elle beaucoup moins longue que celle des personnes donneuses décédées ?
3. Explique brièvement la procédure à suivre pour devenir donneuse ou donneur d'organes.
4. Quels sont les deux principaux risques qu'encourent les personnes greffées ?
5. Définis la xénogreffe. Pourquoi est-ce une question controversée ?
6. Il a été suggéré que tout le monde devrait obligatoirement accepter d'être une donneuse ou un donneur d'organes. Quels sont les arguments pour et contre cette suggestion ? Qu'en penses-tu ? Explique ta position.

L'appareil locomoteur

Imagine que les 206 os de ton corps disparaissent soudainement. Tu n'es plus maintenant qu'un amas de tissus mous sur le plancher. Tes bras et tes jambes ressemblent à du caoutchouc. Tu ne peux plus te déplacer d'un endroit à un autre. Ton cerveau peut subir des dégâts à la moindre collision. Cette image est peut-être dérangeante, mais elle te fait voir à quel point notre appareil locomoteur est important (figure 1). L'**appareil locomoteur** est constitué de tous les os du corps et des muscles qui les font bouger.

appareil locomoteur système organique constitué des os et des muscles squelettiques. Ce système soutient le corps, protège les organes délicats, et rend possible le mouvement.

Les caractéristiques structurales

Le squelette comporte trois types de tissus conjonctifs : les os, les ligaments et le cartilage. Le tissu osseux est dur et dense. Il est constitué de cellules osseuses insérées dans une matrice de minéraux (principalement du calcium et du phosphore), ainsi que de fibres de collagène. Les canaux à l'intérieur des os contiennent des nerfs et des vaisseaux sanguins (figure 2). Seulement un faible pourcentage du tissu osseux est vivant.

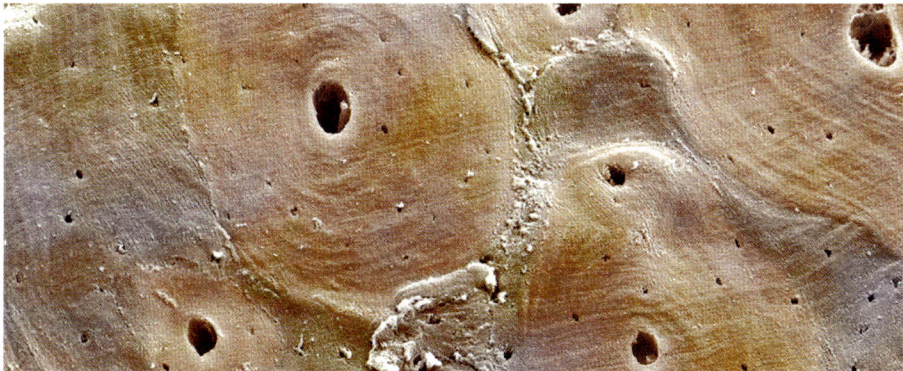

Figure 2 Dans les tissus osseux, des canaux permettent la présence de cellules nerveuses et le passage de vaisseaux sanguins.

Les ligaments sont des tissus conjonctifs robustes et élastiques qui maintiennent les os ensemble aux articulations. Ils sont principalement constitués de longues fibres de collagène. Le cartilage est un tissu conjonctif dense qui se trouve dans les oreilles, le nez, l'œsophage, les disques entre les vertèbres, ainsi que dans les articulations (figure 3). Il est constitué de cellules particulières insérées dans une matrice de fibres de collagène. Il procure un soutien solide et flexible aux os et aux autres tissus, et réduit la friction entre eux.

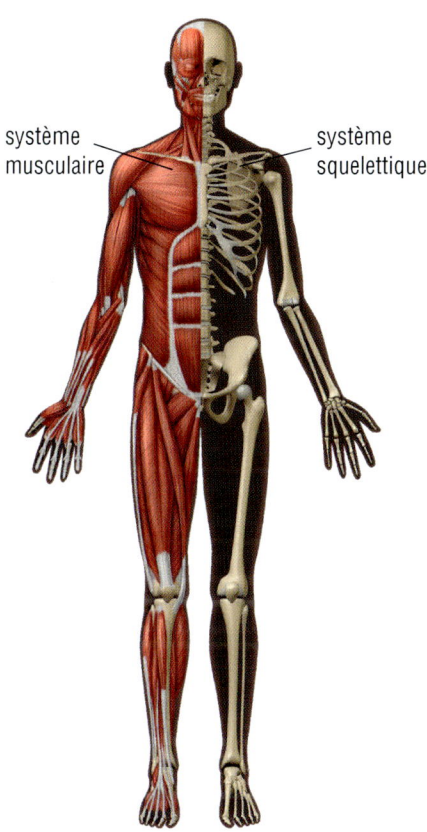

Figure 1 Les os et les muscles travaillent ensemble pour donner une structure, un soutien, une protection et du mouvement au corps.

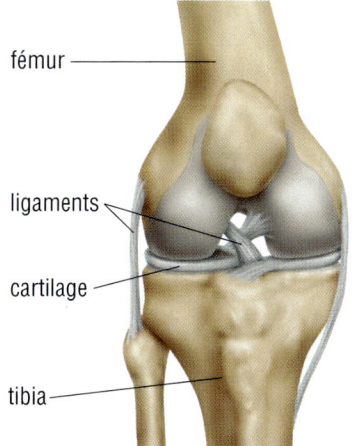

Figure 3 Les composantes de l'articulation du genou sont maintenues ensemble par plusieurs ligaments. Le cartilage, entre les extrémités des os (ici, le fémur et le tibia), agit comme un coussin.

L'autre composante de l'appareil locomoteur est le muscle. Le tissu musculaire est constitué de regroupements de longues cellules appelées «fibres musculaires», qui contiennent des protéines spécialisées. Ces protéines provoquent la contraction du muscle lorsque les cellules nerveuses leur en envoient le signal. Quand ils se contractent, les muscles raccourcissent et épaississent. Les muscles squelettiques (muscles volontaires) constituent un des trois types de tissus musculaires. Les autres sont les muscles lisses (muscles involontaires), principalement situés dans les intestins, et le myocarde, dans le cœur. Les muscles squelettiques sont liés aux os par les tendons, ce qui permet le mouvement des membres (figure 4).

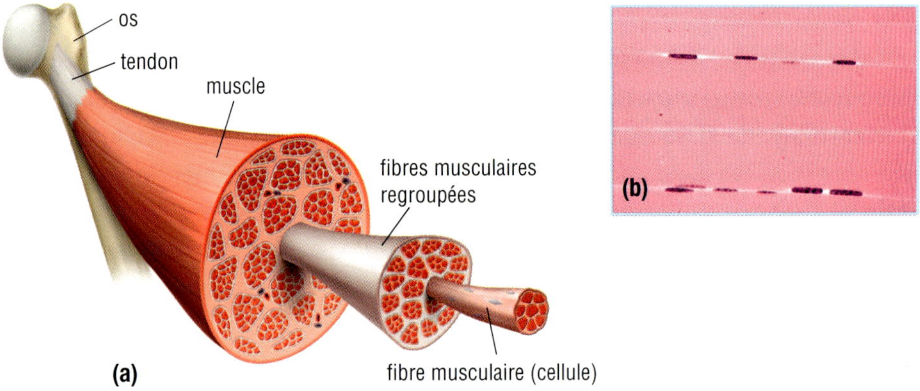

Figure 4 (a) Les muscles sont constitués de fibres musculaires regroupées. (b) À cause de leur structure particulière, les cellules musculaires semblent avoir des stries lorsqu'elles sont examinées au microscope. Ces stries leur permettent de se raccourcir lorsqu'elles sont stimulées.

Soutien, protection et mouvement

Le squelette a pour principale fonction de fournir une structure et un soutien au corps, ainsi que des points d'ancrage aux muscles. Certains os protègent les organes internes mous et le cerveau. Les os emmagasinent aussi du calcium et d'autres minéraux dont l'organisme a besoin, et certains renferment de la moelle, qui produit les globules rouges et blancs. Aux articulations, la surface lisse du cartilage empêche la détérioration des extrémités des os. Nous utilisons les muscles squelettiques pour les mouvements volontaires du corps, comme ceux de la marche.

Comment les muscles font-ils bouger les os?

Chaque extrémité d'un muscle squelettique est liée par des tendons à un ou plusieurs os du squelette. Les tendons ressemblent aux ligaments, mais ils sont moins élastiques et ils lient les muscles aux os, plutôt que les os entre eux. Quand les muscles se contractent en réponse à des signaux envoyés par le système nerveux, ils exercent une force qui fait bouger un des deux os auxquels le muscle est attaché, ou les deux à la fois. Comme les muscles peuvent tirer, mais non pousser, les muscles squelettiques fonctionnent toujours deux par deux ou en groupes opposés (figure 5).

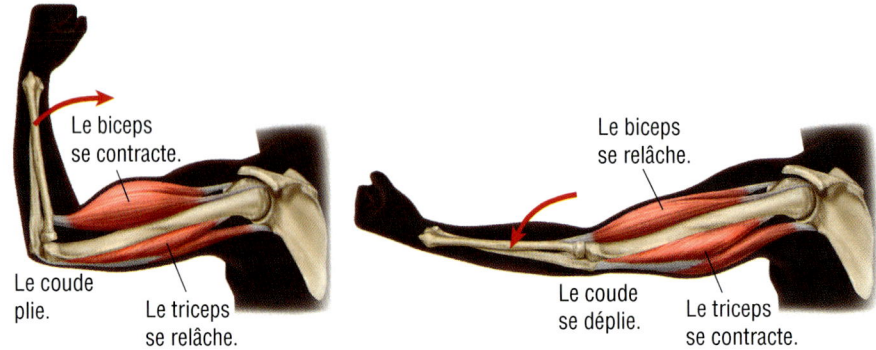

Figure 5 Le triceps et le biceps travaillent ensemble pour faire plier et déplier le coude. Les muscles squelettiques travaillent habituellement deux par deux.

Les problèmes liés à l'appareil locomoteur

L'appareil locomoteur peut aussi être la cible de maladies. L'ostéoporose est une maladie qui peut toucher des personnes de tous âges, mais elle est plus fréquente chez les femmes plus âgées. Cette maladie entraîne une perte de tissus osseux, ce qui rend les os friables (figure 6). Comme elle n'est pas douloureuse, seul un test pour mesurer la densité des os permet de la diagnostiquer. L'ostéoporose est liée à une perte de calcium dans les os; les femmes sont donc encouragées à améliorer leur apport en vitamine D. L'exercice physique peut aussi aider à augmenter la masse osseuse.

Comme il joue un rôle de soutien et de protection, l'appareil locomoteur subit des tensions et des chocs physiques. Des mouvements trop extrêmes peuvent déchirer des ligaments, des tendons et des tissus musculaires; des chocs brutaux peuvent fracturer des os. Après une blessure grave, des radiographies sont prises pour voir si un os est fracturé et déterminer le traitement approprié.

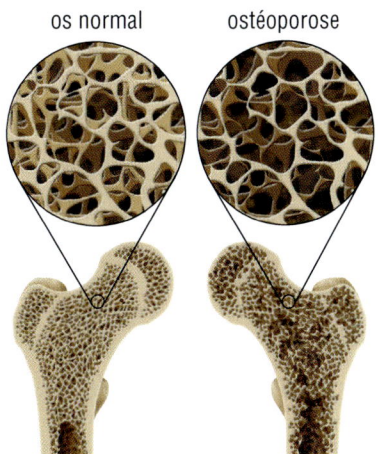

Figure 6 La perte de tissus osseux entraînée par l'ostéoporose augmente le risque de fractures des os.

Le système osseux chez les autres animaux

Tous les vertébrés ont des appareils locomoteurs semblables au nôtre, avec, sous la peau, des muscles liés aux os. Les invertébrés, toutefois, ont des systèmes très différents. Certains, comme les vers et les méduses, ne sont pas soutenus par une structure rigide. D'autres (les insectes et les arthropodes) ont un système osseux externe. Cette solide structure externe est appelée « exosquelette » (figure 7). Les muscles liés à l'intérieur de l'exosquelette permettent à l'animal de marcher, de voler, de manger, etc.

Figure 7 L'exosquelette de ce scarabée protège ses organes internes.

SIGNET de fin d'unité

L'information sur les articulations donnée dans cette section pourrait t'être utile pour accomplir l'activité de fin d'unité, à la page 156.

EN RÉSUMÉ

- L'appareil locomoteur fournit une structure et un soutien au corps, et permet le mouvement.
- Le squelette contient trois types de tissus conjonctifs : les os, les ligaments et le cartilage. Les muscles sont constitués de tissus musculaires et sont liés aux os par des tissus appelés « tendons ».
- Les cellules et tissus musculaires peuvent se contracter pour faire bouger les os.
- La perte de tissu osseux causée par l'ostéoporose rend les os plus vulnérables aux fractures.
- Plusieurs invertébrés ont un exosquelette qui protège leurs organes internes.

VÉRIFIE TA COMPRÉHENSION

1. Dresse la liste des principales fonctions de l'appareil locomoteur.
2. Explique la différence entre un tendon et un ligament.
3. Pourquoi dit-on qu'un muscle squelettique est un muscle « volontaire » ?
4. À l'aide d'un schéma, décris comment des paires de muscles opposés provoquent le mouvement de la jambe.
5. Les fractures des os sont plus fréquentes chez les personnes âgées que chez les jeunes. Explique pourquoi.
6. La recherche a montré que les muscles squelettiques sont constitués de deux principaux types de fibres : celles à contraction rapide et celles à contraction lente. Les muscles de notre cou et de notre dos comportent beaucoup de fibres musculaires à contraction lente. Ces muscles sont essentiels au maintien de notre posture. À ton avis, dans quelles parties de ton corps se trouvent des muscles qui contiennent beaucoup de fibres musculaires à contraction rapide ? Explique ta réponse.

3.9 RÉALISE UNE ACTIVITÉ

Examine la structure et les fonctions des tissus d'une aile de poulet

HABILETÉS
- Se poser une question
- Formuler une hypothèse
- Prédire le résultat
- Planifier
- Contrôler les variables
- Exécuter
- Observer
- Analyser
- Évaluer
- Communiquer

Dans cette activité, tu vas travailler avec une ou un camarade pour identifier les tissus qui constituent une aile de poulet. Ensemble, vous allez disséquer l'aile de poulet afin d'établir des liens entre la structure des tissus et leurs fonctions.

Objectif
Établir des liens entre la structure des tissus d'une aile de poulet et leurs fonctions.

Matériel
- tablier de laboratoire
- gants jetables
- plateau de dissection
- ciseaux de dissection
- pinces
- sonde mousse
- crayon
- 5 crayons de couleurs différentes
- aile de poulet fraîche

✋ Porte des gants jetables pour réaliser cette activité. Il se peut qu'il y ait, sur l'aile de poulet ou sur les instruments, des bactéries qui pourraient te rendre très malade.

Marche à suivre

LA BOÎTE À OUTILS 1.B., 2.A.

✋ Relis la section de *La boîte à outils* qui traite de l'utilisation sécuritaire des instruments coupants.

N'oublie jamais de bien te laver les mains avec de l'eau chaude et du savon après avoir manipulé des morceaux de volaille. Ils peuvent être contaminés à la bactérie *Salmonella*.

1. Décidez qui, de vous deux, va effectuer la dissection et qui va observer et consigner les observations. L'élève qui fera la dissection doit mettre le tablier de laboratoire et les gants jetables.
2. Chaque équipe de deux élèves doit avoir une aile de poulet fraîche. Placez l'aile dans le plateau de dissection.
3. Comparez les caractéristiques externes de votre aile à celles de l'aile illustrée à la figure 1.
4. À l'extrémité coupée de l'aile supérieure, glissez le bout des ciseaux de dissection entre la peau et les

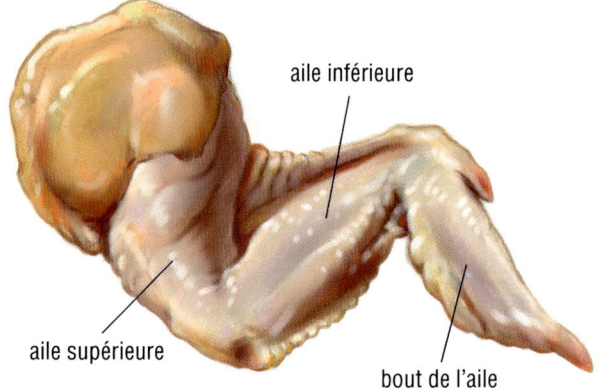

Figure 1

muscles qui se trouvent dessous, comme l'illustre la figure 2. Coupez la peau dans le sens de la longueur, et arrêtez avant d'atteindre l'aile inférieure. Veillez à ne couper que la peau. Utilisez les pinces pour enlever soigneusement la peau. Examinez et décrivez la peau et tout autre tissu qui y est lié.

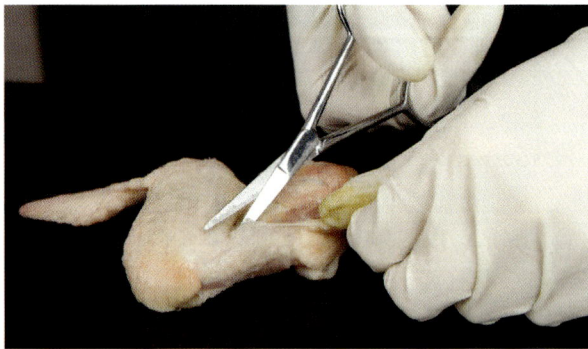

Figure 2 Étape 4

5. Enlevez la peau de l'aile inférieure de la même manière, comme l'illustre la figure 3, à la page suivante. Laissez la peau du bout de l'aile. À l'aide des ciseaux, enlevez tout tissu couvrant le muscle. Servez-vous de la sonde mousse pour séparer les muscles les uns des autres. Faites attention de ne pas en déchirer.
6. Examinez le tissu musculaire. Décrivez son apparence et sa texture. Dessinez l'aile de poulet, en illustrant chacun des muscles.

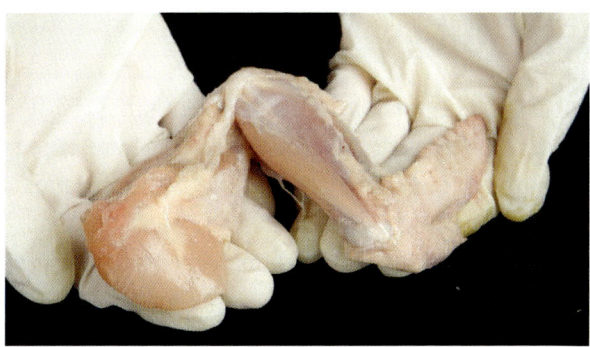

Figure 3 Étape 5

7. Examinez la structure osseuse de l'aile. Dans votre dessin, illustrez chacun des os et les endroits où ils se joignent (les articulations). Pliez et dépliez l'articulation et regardez comment les os s'insèrent les uns dans les autres. Examinez « l'épaule » de l'aile. La substance blanche et brillante qui recouvre la surface de l'articulation est le cartilage. Servez-vous d'un crayon de couleur pour dessiner ce cartilage. Commencez à élaborer une légende pour identifier ce que représente chacune des couleurs utilisées.

8. La figure 4 montre un ligament. À l'aide des pinces, trouvez autant de ligaments que possible dans votre aile de poulet. Utilisez un deuxième crayon de couleur pour illustrer ces ligaments dans votre dessin.

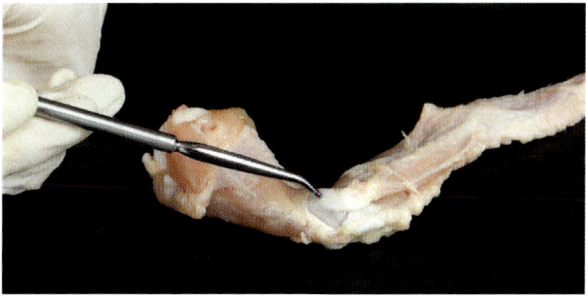

Figure 4 Étape 8

9. Trouvez autant de tendons que possible dans votre aile de poulet (figure 5). Servez-vous d'un troisième crayon de couleur pour illustrer ces tendons dans votre dessin.

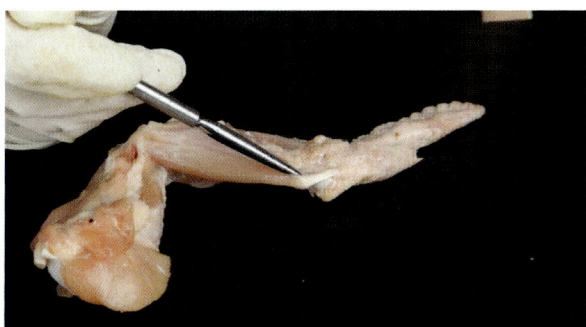

Figure 5 Étape 9

10. Dépliez l'aile de poulet et tenez-la à l'horizontale au-dessus du plateau. Tirez sur chacun des muscles et remarquez le mouvement qui en résulte. Mettez l'aile à l'envers et pliez-la aux articulations. Tirez sur chacun des muscles et remarquez le mouvement qui en résulte. Pour votre dessin, utilisez une quatrième couleur pour indiquer quels muscles font fléchir (plier) une articulation. Ces muscles sont appelés « fléchisseurs ». Servez-vous d'une cinquième couleur pour indiquer quels muscles forcent une articulation à s'étendre (se déplier). Ces muscles sont appelés « extenseurs ».

11. À l'aide des ciseaux, coupez le milieu d'un fléchisseur de l'aile inférieure. Notez ce qui arrive à l'aile.

12. Coupez le milieu d'un extenseur de l'aile inférieure. Notez ce qui arrive à l'aile.

13. Jetez votre aile de poulet selon les directives de votre enseignante ou de votre enseignant. Mettez votre matériel de dissection dans le bac approprié.

Analyse et interprète

a) Complétez votre schéma et ajoutez-y des mots-étiquettes.

b) Songez à tous les tissus que vous avez observés au cours de votre dissection d'une aile de poulet.
   i) Nommez-en le plus grand nombre possible.
   ii) Catégorisez-les selon leur type : épithélial, conjonctif, nerveux ou musculaire.
   iii) Expliquez leurs fonctions chez un poulet vivant.

c) Quel tissu, nécessaire pour qu'un oiseau vivant bouge son aile, n'avez-vous PAS observé ?

d) Établissez des liens entre les fonctions du cartilage, des ligaments ainsi que des tendons, et leur apparence dans une aile de poulet.

Approfondis ta démarche

e) Référez-vous à votre dessin. Identifiez les muscles, les os et les articulations de l'aile de poulet qui correspondent aux muscles, aux os et aux articulations de vos propres bras.

f) Comparez l'ampleur des mouvements d'une aile d'oiseau à celle de la partie inférieure d'un bras humain. Pourquoi, pour cette activité, ne pouvez-vous pas la comparer à l'ampleur des mouvements de tout le bras ?

3.10 Le système nerveux

Nous pouvons vivre sans certains de nos tissus et de nos organes. Nous pourrions perdre un rein, ou même les deux, et réussir à survivre avec l'aide d'une machine. Nous pourrions même vivre avec un cœur mécanique. Mais le cerveau, lui, est essentiel! Personne ne peut vivre sans cerveau. Ton cerveau gère presque tout ce qui se produit dans ton corps. Comme notre survie dépend de lui, il n'est alors pas étonnant que le crâne, qui est très solide, l'entoure et le protège. Toutefois, cette protection ne garantit pas entièrement sa sécurité; le cerveau est un organe très fragile.

Le cerveau n'est qu'une des composantes du **système nerveux**, ce réseau complexe qui transmet des messages dans tout le corps pour nous permettre d'interagir correctement et de façon sécuritaire avec notre environnement.

système nerveux système organique constitué du cerveau, de la moelle épinière et des nerfs périphériques. Ce système est sensible à l'environnement et coordonne les réactions appropriées.

système nerveux central partie du système nerveux constituée du cerveau et de la moelle épinière

système nerveux périphérique partie du système nerveux constituée des nerfs, qui relient le corps au système nerveux central

Les caractéristiques structurales

Le **système nerveux central**, c'est-à-dire le cœur du système nerveux, est constitué du cerveau et de la moelle épinière. Les nerfs qui transmettent les signaux entre le système nerveux central et le corps constituent le **système nerveux périphérique** (figure 1). Le système nerveux périphérique transmet au cerveau de l'information sur l'environnement intérieur et extérieur. Il transmet également aux différentes parties du corps des directives en provenance du cerveau, pour gérer de nombreuses fonctions et réactions du corps. Le système nerveux périphérique est composé de trois groupes de nerfs :

- les nerfs qui commandent les muscles volontaires ;
- les nerfs qui transmettent au cerveau l'information en provenance des organes sensoriels, comme les yeux, les oreilles, les papilles gustatives et les récepteurs tactiles ;
- les nerfs qui gèrent les fonctions involontaires comme la respiration, les battements du cœur et la digestion.

Les os protègent le système nerveux central des dommages physiques. Le crâne protège le cerveau, et la colonne vertébrale protège la moelle épinière (figure 2). Le cerveau et la moelle épinière sont entourés de liquide céphalorachidien. Ce liquide aide à protéger le cerveau et la moelle épinière contre les chocs, transporte des substances chimiques et débarrasse le cerveau des déchets qu'il produit.

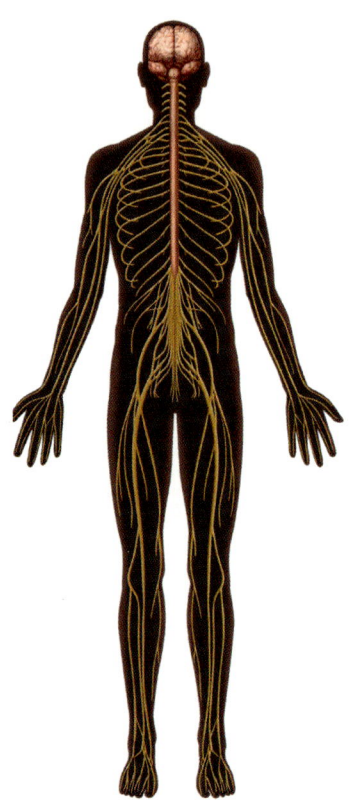

Figure 1 Le système nerveux périphérique (en brun) transmet au système nerveux central (en rose) l'information donnée par le corps.

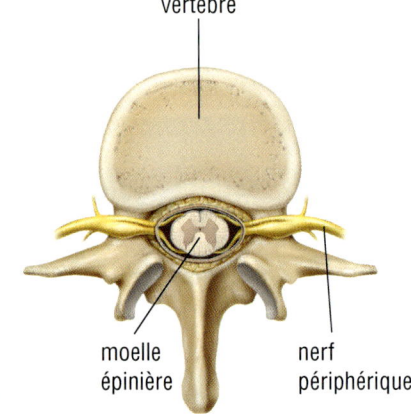

Figure 2 Chaque vertèbre comporte un espace, en son milieu, où se trouve la moelle épinière, et des rainures de chaque côté, où se rattachent les nerfs périphériques.

Le tissu nerveux

Le tissu nerveux est constitué de cellules particulières appelées **neurones**. Ce tissu se trouve dans le cerveau, la moelle épinière et les nerfs. Le cerveau humain contient environ 100 milliards de neurones. Les neurones sont des spécialistes de la communication. Leur structure leur permet d'envoyer de l'information partout dans ton corps. Pour y arriver, ils transmettent des signaux

> **COUP DE POUCE**
> **ÉCRITURE**
>
> **La consignation des mesures**
> Quand tu prends des mesures à l'aide d'un instrument, prends chaque mesure trois fois, pour t'assurer de son exactitude. Sers-toi d'un tableau pour consigner les mesures quantitatives et vérifie deux fois tes résultats pour t'assurer que tes nombres sont exacts et placés dans la bonne case du tableau.

neurone cellule nerveuse

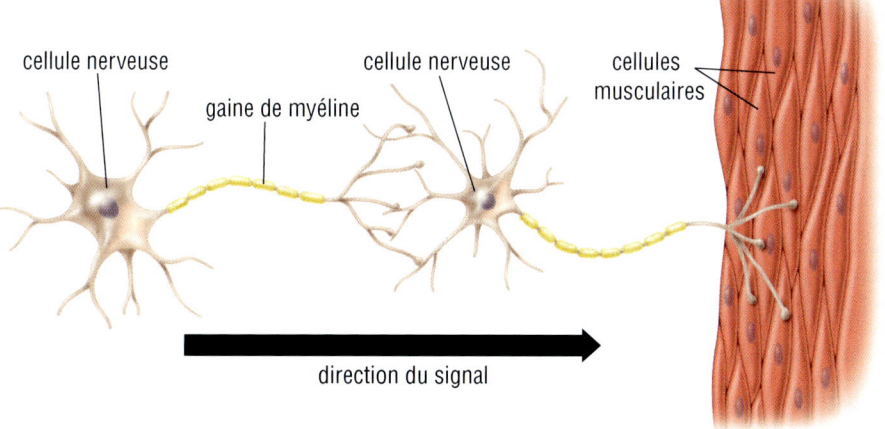

Figure 3 Les signaux électriques sont transmis dans une seule direction par les neurones.

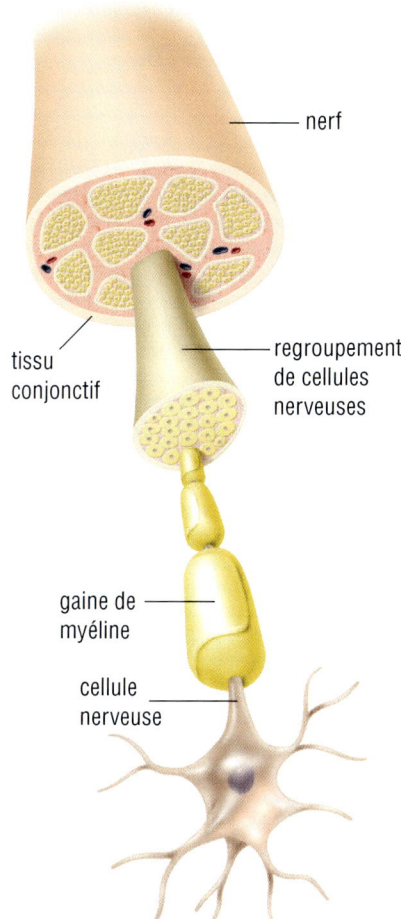

Figure 4 Les nerfs peuvent transmettre plusieurs signaux à la fois.

électriques (des impulsions nerveuses) d'une partie du corps à une autre (figure 3). Les axones (prolongements qui conduisent l'influx nerveux) de certains neurones sont recouverts d'une matière grasse appelée « myéline ». La gaine de myéline agit comme la matière isolante d'un fil électrique, c'est-à-dire qu'elle empêche les impulsions électriques de se transmettre au mauvais neurone.

Les nerfs sont des regroupements de neurones entourés de tissu conjonctif (figure 4). Ils permettent le passage d'information dans les deux directions, même si chaque neurone ne transmet l'information que dans une seule direction.

De nombreuses cellules du corps se guérissent d'une blessure à l'aide de la division cellulaire. Dans le système nerveux, toutefois, les neurones endommagés ne se régénèrent pas facilement. Certains neurones du système nerveux périphérique peuvent croître pour combler un petit espace (de quelques millimètres) entre les extrémités de nerfs sectionnés.

SCIENCES EN ACTION — LES CONCENTRATIONS DE RÉCEPTEURS

HABILETÉS : contrôler les variables, exécuter, observer, analyser, communiquer

Dans cette activité, tu vas étudier la sensibilité tactile de la peau. Tu vas travailler avec une ou un camarade pour déterminer la distance minimale entre les « points sensibles » des différentes parties de la peau.

Matériel : micromètre ou trombone, règle, bandeau (facultatif)

1. Concevez un tableau dans lequel vous consignerez vos observations sur des écarts de 5, 10 et 15 mm entre les points de contact, aux endroits suivants : bout du doigt, paume, intérieur du bras, rotule, arrière du genou, arrière du cou.
2. Ajustez le micromètre pour le faire correspondre à l'un des écarts notés dans votre tableau.
3. Appliquez les deux bouts du micromètre sur la peau du sujet, à un des endroits mentionnés (figure 5). Le sujet ne doit pas savoir quel est l'écart choisi. Faites plusieurs tests en utilisant divers écarts à chaque endroit. Chaque fois, le sujet doit dire s'il ressent un point de contact ou deux. Consignez les réponses.

A. Quelle est la distance minimale nécessaire pour permettre de sentir deux points de contact à chaque endroit ? Qu'est-ce que cela t'indique au sujet de la concentration des récepteurs tactiles ?

B. Base-toi sur tes observations pour déterminer à quels endroits se trouvent la plus forte et la plus faible concentration de récepteurs tactiles.

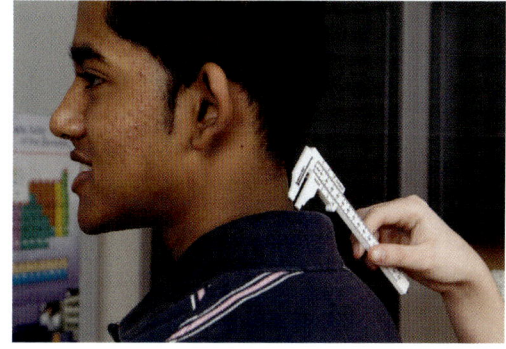

Figure 5 Veille à ne pas blesser ta ou ton camarade avec le micromètre.

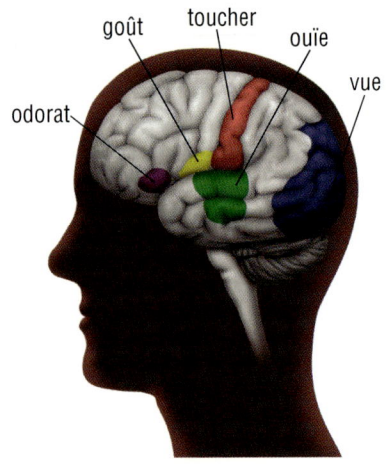

Figure 6 L'information captée par nos divers sens est transmise à différentes parties de notre cerveau.

LE SAVAIS-TU ?

Le chasseur de gènes
Le Dr Michael Hayden a été nommé « chercheur de l'année » en 2008 par les Instituts de recherche en santé du Canada. Le Dr Hayden est le directeur du *Centre for Molecular Medicine and Therapeutics* de l'Université de la Colombie-Britannique. Entre autres réalisations, ce généticien de renommée mondiale a identifié l'ADN responsable de la maladie de Huntington et d'autres maladies du système nerveux.

Figure 7 Le bras bionique est encore au stade de la mise au point, mais il a déjà des conséquences positives sur la vie des gens.

Les récepteurs sensoriels

Les récepteurs sensoriels sont des cellules ou des tissus particuliers qui reçoivent de l'information de notre environnement extérieur et envoient des signaux à notre système nerveux central par l'intermédiaire des nerfs périphériques. Nos yeux ont des récepteurs qui sont sensibles à la lumière. Nos oreilles, notre bouche, notre nez, nos muscles et notre peau ont d'autres types de récepteurs sensoriels. En plus des récepteurs des cinq sens que nous connaissons bien (la vue, l'ouïe, le goût, l'odorat et le toucher), nous avons des récepteurs dans nos muscles et notre peau qui sont sensibles à la pression, à la température et à la douleur, et d'autres qui nous rendent conscients de notre équilibre, de notre position et de nos mouvements. Tous les récepteurs sensoriels de notre corps envoient de l'information à notre cerveau, où elle est traitée. L'information captée par nos divers sens est transmise à différentes parties de notre cerveau (figure 6).

La communication, la coordination et la perception

La fonction générale du système nerveux est de transmettre des signaux de ton cerveau au reste de ton corps, et inversement. Ainsi, ton corps peut réagir à la fois au monde extérieur et à son environnement intérieur. Par exemple, le système nerveux indique à l'appareil respiratoire à quel moment il doit accélérer la respiration. Le cerveau a aussi une fonction de perception : il nous permet d'interpréter et d'analyser toute l'information que nous recevons de notre environnement.

La moelle épinière a une autre fonction importante : elle sert de raccourci aux réflexes. Les réflexes sont des actions qui ne nécessitent pas la participation du cerveau ; elles sont faites inconsciemment. Retirer rapidement ta main d'une surface brûlante est un exemple d'une action réflexe.

Les impulsions nerveuses et le bras bionique

Le bras humain est fait de plusieurs tissus spécialisés qui ont des fonctions différentes. Ces tissus travaillent ensemble pour accomplir diverses tâches. Comme tu l'as peut-être remarqué à l'activité 3.9, il y a beaucoup de similarités entre les structures et les fonctions des membres des différentes espèces animales.

Le bras artificiel commandé par impulsions nerveuses a été conçu pour les gens qui se sont fait amputer un bras à la suite d'une maladie ou d'un accident (figure 7). Les nerfs qui commandaient le bras amputé sont réorientés et fixés à des muscles sains de la poitrine et d'autres régions environnantes. Ces nerfs croissent dans ces muscles et transmettent au bras robotisé les impulsions qui, normalement, auraient été transmises au bras naturel. De cette façon, la personne peut faire bouger cette prothèse simplement par la pensée.

Les maladies et les troubles liés au système nerveux

Les problèmes liés au système nerveux peuvent être très graves. Le cerveau peut être endommagé de façon permanente par des virus ou des bactéries. Des maladies peuvent également être provoquées par des problèmes touchant d'autres systèmes. Par exemple, la sclérose en plaques est causée par un mauvais fonctionnement du système immunitaire. Cette maladie détruit les gaines de myéline des neurones dans le système nerveux central. Les symptômes incluent une faiblesse musculaire, ainsi qu'une difficulté à articuler et à marcher. Les traumatismes physiques, comme une chute ou un coup, peuvent causer de graves dommages à la moelle épinière, ce qui provoque souvent une paralysie.

Les dommages au cerveau constituent une des plus graves blessures sportives. Si une personne reçoit un coup à la tête et qu'il y a soupçon de lésion cérébrale, elle devra probablement passer un examen par tomodensitométrie ou par imagerie par résonance magnétique (IRM). Le tomodensitogramme de la figure 8 montre une région où du sang s'est accumulé entre le cerveau et sa membrane protectrice, faisant pression sur le tissu cérébral.

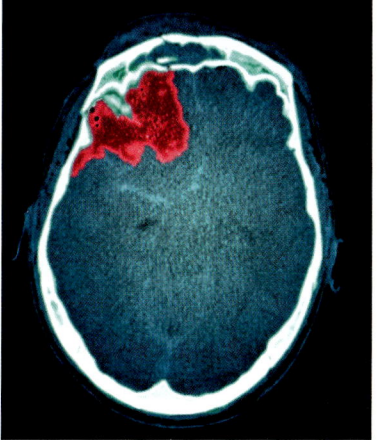

Figure 8 Tomodensitogramme de la tête

RECHERCHE EN ACTION — L'ANALYSE D'ADN

HABILETÉS : définir l'enjeu, effectuer une recherche, analyser l'enjeu, défendre une décision

LA BOÎTE À OUTILS
4.A., 4.C.

Certains troubles du système nerveux sont liés à des gènes. Ces troubles peuvent donc être transmis d'un parent à son enfant par l'ADN. La maladie de Huntington (parfois appelée « chorée de Huntington ») fait partie de ces troubles.

1. Fais une recherche sur la maladie de Huntington ; entre autres, renseigne-toi sur la façon dont cette maladie touche le système nerveux et sur son traitement.

2. Renseigne-toi sur le test prédictif de cette maladie.

A. Imagine que la maladie de Huntington est diagnostiquée chez un membre de ta famille. Les autres membres de ta famille et toi, devriez-vous être testés pour déterminer si vous avez le gène qui cause la maladie ? Défends ton point de vue.

SIGNET de fin d'unité

Comment pourrais-tu utiliser cette information sur le système nerveux central quand tu travailleras à l'activité de fin d'unité, à la page 156 ?

EN RÉSUMÉ

- Le système nerveux est constitué du système nerveux central et du système nerveux périphérique.
- Le système nerveux central est constitué du cerveau et de la moelle épinière. Le système nerveux périphérique est constitué des nerfs qui lient toutes les parties du corps au système nerveux central.
- Les nerfs sont constitués de regroupements de neurones entourés de tissu conjonctif.
- Le corps a des millions de récepteurs sensoriels qui reçoivent de l'information de l'environnement extérieur. Le système nerveux périphérique envoie cette information au système nerveux central.
- La communication et la coordination des activités corporelles sont les principales fonctions du système nerveux.
- Les maladies et les blessures peuvent gravement endommager le système nerveux.

VÉRIFIE TA COMPRÉHENSION

1. Explique brièvement la structure et la fonction du système nerveux.
2. Fais un schéma avec mots-étiquettes d'un neurone.
3. Conçois un organigramme de ce qui se produit dans le système nerveux quand tu frappes une balle avec un bâton de baseball. Commence par la perception visuelle de la balle qui se dirige vers toi.
4. Donne un exemple de coordination, par le système nerveux, d'une activité se produisant dans un autre système.
5. Quelle est la fonction de nos récepteurs sensoriels ? Mentionne au moins deux récepteurs sensoriels.
6. Quelle technologie médicale peut être utilisée pour diagnostiquer une blessure à la tête ou des dommages au système nerveux ?
7. Après avoir eu un accident de voiture, Jila n'entend plus d'une oreille. L'examen ne révèle aucun dommage au tympan. Suggère une explication.

3.11 Les interactions entre les systèmes

Toutes les cellules doivent réaliser les mêmes activités fondamentales pour demeurer en vie : elles consomment de l'énergie et des substances provenant de l'environnement, emmagasinent des substances, se débarrassent de déchets, transportent des substances jusqu'aux endroits appropriés, croissent et se reproduisent. La plupart des êtres vivants doivent accomplir des fonctions de base similaires : se procurer de la nourriture, transporter les substances vitales (comme de la nourriture, d'autres nutriments, de l'oxygène) aux cellules, débarrasser les cellules des déchets, croître et se reproduire. Les animaux les moins complexes peuvent accomplir ces fonctions à l'aide d'une organisation relativement simple de cellules et de tissus. Les animaux plus gros et plus complexes, par contre, ont besoin de systèmes organiques semblables à ceux que tu as étudiés dans ce chapitre. Toutefois, ces systèmes organiques ne fonctionnent pas de façon autonome : ils interagissent les uns avec les autres pour permettre à l'animal d'accomplir tous les processus nécessaires au maintien de la vie.

Dans ce chapitre, tu as examiné cinq systèmes organiques : l'appareil digestif, le système circulatoire, l'appareil respiratoire, l'appareil locomoteur et le système nerveux. Parmi les autres systèmes organiques, on compte l'appareil urinaire, l'appareil reproducteur, le système tégumentaire et le système endocrinien. Comment ces systèmes interagissent-ils les uns avec les autres ? De toute évidence, leurs interrelations sont complexes. Partout

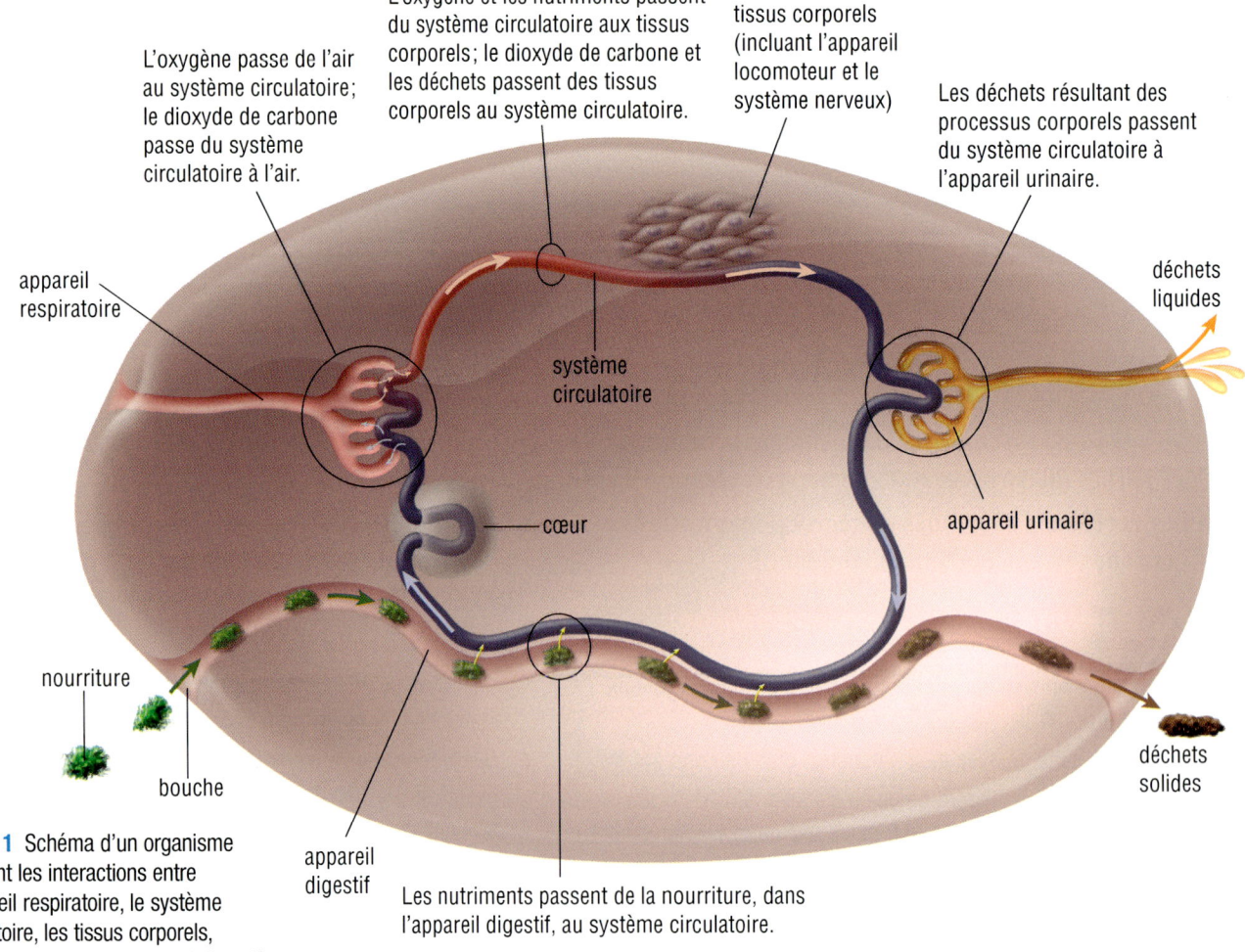

Figure 1 Schéma d'un organisme illustrant les interactions entre l'appareil respiratoire, le système circulatoire, les tissus corporels, l'appareil urinaire et l'appareil digestif

dans le monde, des professionnelles et professionnels et des chercheuses et chercheurs du domaine médical tentent encore d'éclaircir certains détails. Nous pouvons toutefois étudier certaines de ces interactions à l'aide d'un schéma d'organisme simplifié (figure 1, à la page précédente).

Pour en savoir plus sur d'autres systèmes organiques :

Étudions certaines interactions entre ces systèmes. Prenons pour exemple l'appareil digestif et le système circulatoire. L'appareil digestif décompose la nourriture en petites molécules qui peuvent passer à travers les parois du tube digestif. Sans le système circulatoire, seuls les tissus voisins du tube digestif recevraient des nutriments. Le système circulatoire permet le transport des nutriments dans tous les tissus de l'organisme. Des milliers de capillaires entourent le tube digestif, et transportent le sang qui absorbe les nutriments (figure 2). Les substances se déplacent de manière à passer d'une région où elles sont en forte concentration à une région où elles sont en faible concentration, grâce à la diffusion. Le système circulatoire fournit constamment du sang pauvre en nutriments aux capillaires qui entourent l'appareil digestif, puis le transporte plus loin une fois qu'il a absorbé des nutriments. Ce sang riche en nutriments pénètre ensuite dans les plus gros vaisseaux sanguins et se rend dans toutes les parties du corps, où les nutriments se diffusent pour passer du sang aux cellules.

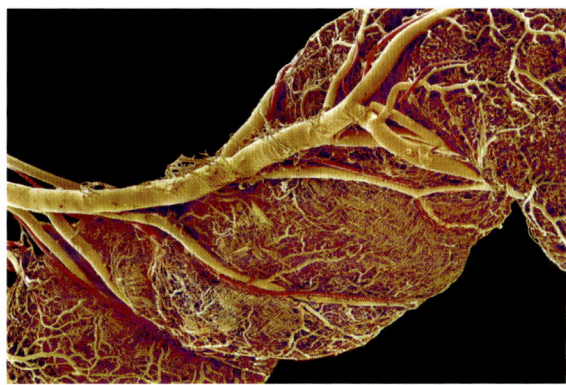

Figure 2 Le tube digestif est entouré de vaisseaux sanguins. Le sang absorbe les nutriments pour les acheminer partout dans le corps.

L'appareil locomoteur (et particulièrement les muscles squelettiques) utilise l'oxygène et les nutriments pour faire bouger le corps. Chaque fois qu'un muscle se contracte, son rythme de respiration cellulaire augmente. Pour stimuler l'activité de ce système, le système circulatoire doit fournir un apport constant d'oxygène et de nutriments. De plus, il doit se débarrasser des déchets, comme le dioxyde de carbone et, pendant une activité physique exigeante, l'acide lactique. Ces déchets pénètrent dans le sang par diffusion, en passant à travers les parois des capillaires, et sont transportés pour être évacués. Le dioxyde de carbone, comme tu le sais, passe dans les poumons et est expulsé du corps grâce à l'appareil respiratoire. Le foie, un organe annexe de l'appareil digestif, enlève l'acide lactique du sang.

Comment les autres déchets produits par l'activité cellulaire sont-ils évacués du corps? Le système circulatoire a bien sûr son rôle à jouer. Le sang recueille les déchets lorsqu'il passe dans les tissus corporels. Plus particulièrement, il ramasse les déchets contenant de l'azote, qui résultent de la décomposition des protéines. Quand le sang passe dans les reins (qui font partie de l'appareil urinaire), les substances indésirables et toxiques sont enlevées (figure 3). Ces substances, dissoutes dans l'eau, sont dirigées vers la vessie, où elles sont temporairement emmagasinées. Ce mélange d'eau et de substances, appelé « urine », est périodiquement expulsé hors du corps.

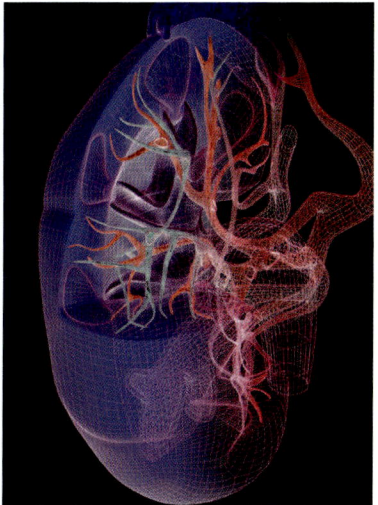

Figure 3 Chaque rein filtre près de 100 L de sang par jour, et produit environ 1 L d'urine.

Figure 4 La langue d'un caméléon peut s'étirer et atteindre une longueur supérieure à celle de son corps. Son extrémité est collante, pour permettre à l'animal d'attraper les insectes.

LE **SAVAIS**-TU ?

Le ver solitaire : se borner à l'essentiel
À cause du milieu où ils vivent (à l'intérieur des appareils digestifs des vertébrés), les vers solitaires n'ont pas besoin de trouver, de capturer et de digérer de la nourriture. Ils n'ont pas non plus besoin de se protéger des prédateurs ou de s'inquiéter du temps qu'il fait. Les vers solitaires n'ont presque pas d'organes ou de systèmes organiques. Ces structures ne leur sont pas utiles : ils peuvent se contenter d'absorber la nourriture déjà digérée de leur hôte ! En fait, le ver solitaire n'est guère plus qu'un appareil reproducteur. La plupart des autres fonctions sont accomplies pour lui par son hôte.

D'autres interactions entre les systèmes

Les exemples mentionnés précédemment s'appliquent aux êtres humains et aux autres mammifères, ainsi qu'à la plupart des vertébrés. Certains animaux ont développé d'intéressantes solutions de remplacement à ces systèmes organiques communs, selon leur environnement et leurs besoins. Par exemple, une méduse n'a pas de système circulatoire. Son appareil digestif s'étend jusque dans une cavité corporelle remplie de fluide et fait passer les nutriments directement dans ce fluide. Cet animal comporte si peu de cellules et a besoin de si peu de nourriture, que cette organisation suffit à distribuer les nutriments. Même les animaux qui ont des tubes digestifs semblables au nôtre ont, dans certains cas, développé des adaptations particulières pour obtenir de la nourriture. La trompe de l'éléphant et la langue du caméléon sont deux exemples d'adaptation de type musculaire (figure 4).

Le système tégumentaire (la peau) et les muscles interagissent pour fournir de l'information au système nerveux. Notre peau comporte des récepteurs sensibles à la température, à la pression, à la douleur, etc. Comme les oreilles de certains mammifères sont mobiles (grâce aux muscles), elles peuvent être orientées vers un son (figure 5). La forme des oreilles amplifie le son, ce qui augmente la quantité d'information que le système nerveux peut obtenir. Les yeux de plusieurs animaux comportent des muscles qui règlent la quantité de lumière pénétrant dans l'œil, ce qui améliore la visibilité à différentes luminosités.

Chez les oiseaux, l'appareil locomoteur et le système tégumentaire (la peau) interagissent pour permettre à ces animaux de voler. Les plumes nécessaires au vol poussent sur leur peau, mais elles seraient inutiles sans les os légers et creux et les muscles puissants des oiseaux (figure 6).

Les appareils respiratoires des animaux respirant dans l'air sont très différents de ceux des animaux aquatiques, qui obtiennent leur oxygène de l'eau. Tu as déjà vu, à la section 3.6, que les poissons ont des ouïes là où le sang abonde. Il y a échange d'oxygène et de dioxyde de carbone entre le sang et l'eau, qui circule constamment sur les ouïes. Le système circulatoire transporte ensuite le sang oxygéné dans tout le corps. Les amphibiens, comme les tritons et les grenouilles, ont des poumons, mais peuvent aussi effectuer des échanges gazeux à l'aide de leur peau, lorsqu'elle est humide (figure 7). Toute la surface de leur corps devient alors une composante de l'appareil respiratoire.

Les différents animaux ont différentes façons d'expulser les déchets cellulaires. Chez les poissons d'eau douce, le sang transporte des composés d'azote (produits par la décomposition des protéines) jusqu'aux ouïes.

Figure 5 Le lièvre a de très longues oreilles qui lui permettent d'entendre ses prédateurs et de les éviter.

Figure 6 La plus grande partie de la surface des ailes est constituée de plumes (qui font partie du système tégumentaire), et non d'os et de muscles.

Figure 7 Ce jeune triton vert obtient de l'oxygène grâce à sa peau. (Pendant la phase terrestre de leur évolution, les tritons verts sont… rouges !)

Ces composés se diffusent alors dans l'eau. Ainsi, l'appareil respiratoire du poisson, avec l'aide du système circulatoire, sert aussi de système excréteur.

Les systèmes organiques interagissent les uns avec les autres de diverses façons. Par exemple, l'appareil urinaire et l'appareil reproducteur sont en relation étroite chez les mammifères, particulièrement chez les mâles. Le système nerveux travaille de pair avec le système endocrinien. Chaque système organique interagit avec au moins un autre système organique. C'est grâce à ces interactions ainsi qu'à la coordination de ces systèmes organiques que les organismes complexes peuvent accomplir toutes les fonctions nécessaires à leur survie.

RECHERCHE EN ACTION — LA COLLABORATION DES SYSTÈMES

HABILETÉS : effectuer une recherche, communiquer

LA BOÎTE À OUTILS
4.A., 4.B.

Dans cette activité, tu vas mener une recherche sur la façon dont un animal en particulier accomplit une fonction essentielle : fournir des nutriments à ses cellules. Par exemple, tu pourrais te pencher sur la façon dont un chat chasse, mange et digère sa nourriture.

1. Choisis un animal. Il peut s'agir d'un animal familier ou moins bien connu.
2. Renseigne-toi sur la façon dont ton animal accomplit cette fonction. Intéresse-toi particulièrement aux parties du corps qui ont un rôle à jouer, et aux systèmes organiques auxquels elles appartiennent.

A. Fais un schéma conceptuel ou conçois un autre organisateur graphique pour communiquer tes résultats. Assure-toi d'identifier clairement les interactions entre les divers systèmes organiques.

SIGNET de fin d'unité

Rappelle-toi les interactions entre les systèmes organiques quand tu te prépareras à réaliser l'activité de fin d'unité, à la page 156.

EN RÉSUMÉ

- Les systèmes organiques travaillent ensemble pour accomplir des fonctions spécifiques.
- Tous les systèmes organiques du corps interagissent avec au moins un autre système organique.
- Comme les animaux répondent à leurs besoins de diverses façons, les systèmes organiques varient beaucoup d'une espèce à l'autre. Tous les systèmes organiques ne se retrouvent pas chez tous les animaux.
- Chez les animaux complexes, le système circulatoire lie tous les systèmes du corps.

VÉRIFIE TA COMPRÉHENSION

1. Nomme trois interactions des systèmes organiques chez les mammifères.
2. a) Quel système organique interagit avec le plus grand nombre d'autres systèmes du corps ?
   b) Pourquoi est-ce si utile que ce système interagisse avec tant d'autres systèmes ?
3. Quels sont les deux systèmes utilisés par les amphibiens pour effectuer les échanges gazeux ?
4. Comment un animal comme le ver solitaire peut-il vivre sans appareil digestif ?
5. Les grenouilles et les canards ont des pattes palmées. En quoi est-ce un exemple d'interaction entre des systèmes ?
6. Explique brièvement une interaction (pas nécessairement chez les êtres humains) du système nerveux avec :
   a) le système tégumentaire (la peau) ;
   b) l'appareil locomoteur ;
   c) l'appareil respiratoire ;
   d) l'appareil urinaire.

TECHNOLIEN

Le suivi de santé d'un bébé à naître

L'échographie est une technique très couramment utilisée en Amérique du Nord pour faire le suivi de santé d'un bébé avant sa naissance. Une technicienne ou un technicien en échographie utilise un appareil qui comporte un petit émetteur et un récepteur. Cette personne fait glisser l'appareil à plusieurs reprises sur l'abdomen de la femme enceinte. L'émetteur produit des ondes sonores de haute fréquence que l'oreille humaine ne peut pas entendre. Ces ondes sonores traversent certains tissus, mais rebondissent sur d'autres. Les ondes sonores réfléchies sont captées par le récepteur. Elles sont analysées par ordinateur et converties de manière à former une image des tissus qu'elles ont traversés. Cette image peut être vue sur un écran (figure 1). L'échographie d'un fœtus (un bébé à naître) peut fournir beaucoup d'information utile sur la taille, la position et le développement du bébé. Plus particulièrement, cette technologie peut aider les médecins à détecter de graves problèmes de santé chez les bébés, comme le spina-bifida.

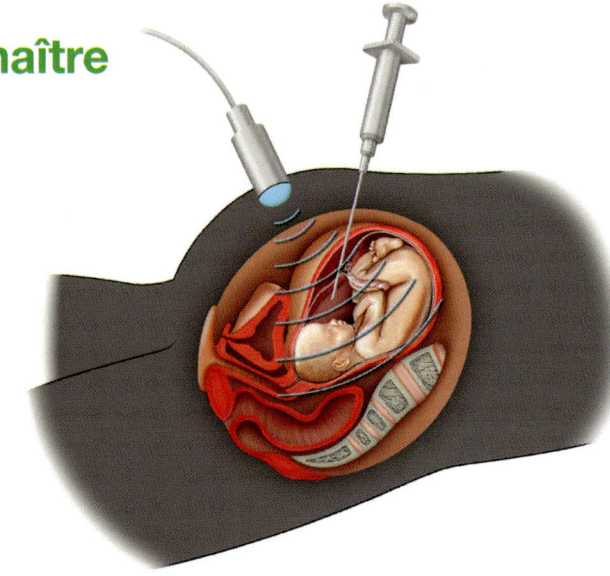

Figure 2 L'échographie permet de guider l'insertion de l'aiguille utilisée pour l'amniocentèse.

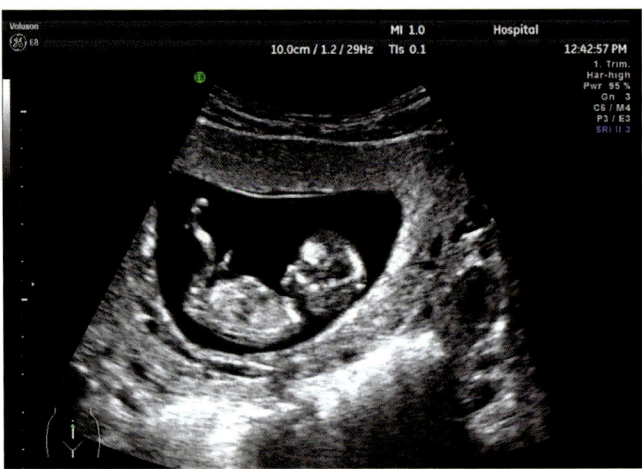

Figure 1 Une échographie d'un fœtus à l'intérieur de l'utérus

Les échographies peuvent fournir beaucoup de renseignements, mais elles ne peuvent pas tout révéler sur le développement du fœtus. Cette technologie peut toutefois guider les médecins lors d'un autre test qui leur permettra d'en savoir beaucoup plus : l'amniocentèse. L'amniocentèse consiste à introduire une longue aiguille dans l'utérus de la mère pour prélever un échantillon du liquide amniotique qui entoure le fœtus. En se servant de l'échographie pour « voir » la manœuvre, l'obstétricienne ou l'obstétricien peut diriger l'aiguille en toute sécurité vers le bon endroit dans l'utérus (figure 2). Le liquide amniotique contient des cellules fœtales, qui renferment de l'ADN. L'ADN est analysé pour détecter la présence de gènes reconnus pour causer certaines maladies.

Savoir de quels problèmes médicaux souffre un enfant avant sa naissance peut présenter un grand avantage. La phénylcétonurie (PCU) est un exemple de problème médical. Il manque aux personnes qui naissent avec ce trouble génétique une enzyme qui aide à digérer certains aliments.

Certaines protéines de notre nourriture contiennent une substance appelée « phénylalanine ». De fortes concentrations de phénylalanine dans le corps peuvent endommager les nerfs et le cerveau. Normalement, la phénylalanine est digérée dans le tube digestif. Comme les gens qui souffrent de PCU n'ont pas l'enzyme nécessaire à la digestion de la phénylalanine, cette substance s'accumule dans le corps pour finalement atteindre des concentrations toxiques. Heureusement, les conséquences de la PCU peuvent être évitées à l'aide d'un régime alimentaire faible en phénylalanine. Étant donné que la PCU est un trouble génétique, si un des deux parents a un ADN associé à cette maladie, le bébé à naître risque d'avoir ce même ADN. Les médecins peuvent utiliser l'amniocentèse pour prélever un échantillon de cellules fœtales, puis tester ces cellules pour détecter la présence de la maladie. La mère peut ainsi savoir à l'avance que son bébé a cette maladie. Elle peut modifier son régime alimentaire de manière à éviter les aliments contenant de la phénylalanine. Elle peut également faire suivre à son bébé un régime alimentaire particulier après la naissance. Ces modifications empêcheront la phénylalanine de s'accumuler dans le corps du bébé et d'y causer des dommages.

L'échographie est un outil remarquable pour faire un suivi de santé. Toutefois, comme c'est le cas pour de nombreuses technologies, certains risques y sont associés. Certaines données indiquent que des échographies de 30 minutes ou plus peuvent endommager le cerveau du fœtus d'une souris. Cependant, on ignore les conséquences à long terme des échographies. Le personnel médical doit trouver un équilibre entre les avantages et les risques potentiels que présente cette technologie.

PRONONCE-TOI SUR UN ENJEU 3.12

Immuniser ou ne pas immuniser ?

Tes parents t'ont probablement fait vacciner contre diverses maladies dans ton enfance. Ou peut-être ont-ils choisi de ne pas le faire. Ils font peut-être partie des gens qui croient que les risques de la vaccination surpassent ses avantages. Les décisions personnelles en ce qui a trait à la vaccination causent actuellement une controverse en matière de santé publique.

D'un côté, il y a les parents qui croient que les programmes publics d'immunisation bénéficient à la personne vaccinée et à la société. Ils se souviennent peut-être de l'époque où des femmes enceintes contractaient la rubéole et faisaient des fausses couches. Les programmes de vaccination des jeunes enfants ont permis d'éliminer plusieurs maladies qui, autrefois, tuaient des centaines de milliers de gens partout dans le monde (figure 1).

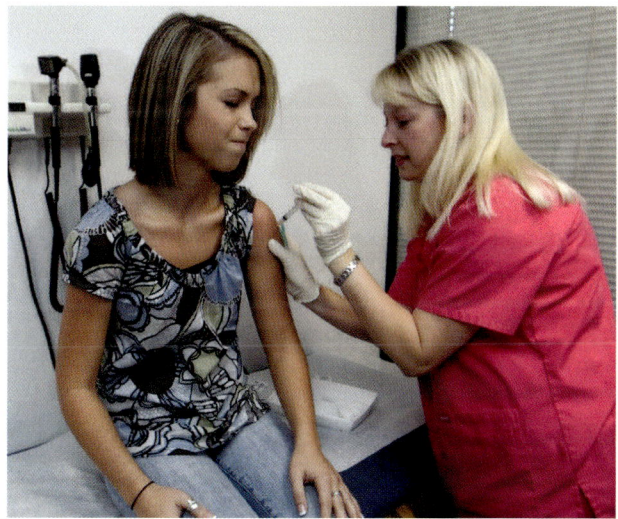

Figure 1 Les vaccins donnés aux enfants et aux jeunes adultes peuvent réduire leurs risques de contracter certaines infections potentiellement mortelles.

De l'autre côté, il y a les parents qui s'opposent à la vaccination des enfants. Ces personnes peuvent souligner que les vaccins ne protègent pas totalement les enfants des maladies. Certains parents croient qu'un plus grand nombre de vaccins peut rendre un enfant plus vulnérable à des maladies comme l'asthme et le diabète. Ils disent qu'il n'y a pas d'études portant sur les risques des vaccins, ou que les études menées sont partiales parce que les compagnies pharmaceutiques font beaucoup d'argent grâce aux vaccins.

HABILETÉS
- Définir l'enjeu
- Effectuer une recherche
- Déterminer les options
- Analyser l'enjeu
- Défendre une décision
- Communiquer
- Évaluer

Enjeu
Les avantages de l'immunisation des enfants surpassent-ils les risques qu'elle comporte ? Tu fais partie d'un comité qui se penchera sur les données recueillies auprès des deux parties qui s'opposent sur cette question. Ton comité présentera ces données à un forum communautaire et recommandera de faire vacciner ou non les enfants.

Objectif
Se renseigner sur les programmes publics d'immunisation et présenter des recommandations aux parents en ce qui concerne l'immunisation de leurs enfants.

Collecte de l'information
Travaille au sein d'un petit groupe pour te renseigner sur le fonctionnement du processus d'immunisation, sur les risques et les avantages des programmes publics d'immunisation, et sur toute solution de remplacement.

Examine des solutions possibles
Tu voudras peut-être considérer les points suivants :
- la question des droits individuels et des droits collectifs ;
- le respect des valeurs et des opinions de chaque personne ;
- les solutions de remplacement à la vaccination.

Prends une décision
Quelles recommandations donneras-tu aux parents ? Quelles données appuient tes recommandations ?

Communique ton point de vue
Rédige un rapport qui sera distribué aux parents. Ton rapport devrait faire mention des avantages et des risques des programmes publics d'immunisation et comporter une recommandation finale appuyée par des faits bien établis.

CHAPITRE 3 À REVOIR

RÉSUMÉ DES CONCEPTS CLÉS

Les animaux complexes sont constitués de cellules, de tissus, d'organes et de systèmes organiques.

- Les tissus sont formés de regroupements de cellules similaires qui accomplissent une fonction commune. (3.1)
- Les organes sont constitués de plusieurs types de tissus. (3.1, 3.3, 3.4, 3.6, 3.8, 3.10)
- Les systèmes organiques sont constitués d'organes et de tissus. (3.1, 3.3, 3.4, 3.6, 3.8, 3.10)

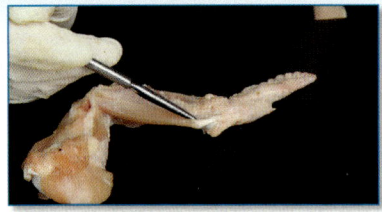

Les scientifiques utilisent des techniques de laboratoire pour étudier les structures et les fonctions des organismes animaux.

- Les techniques de laboratoire, comme la dissection, permettent d'étudier les structures et les fonctions des tissus. (3.5, 3.9)
- Les observations à propos des structures des tissus peuvent être consignées sur des dessins scientifiques, ce qui aide à établir les liens entre les structures et les fonctions. (3.5, 3.9)
- Les structures et les fonctions des êtres vivants peuvent être simulées à l'aide de modèles de cellules et de tissus. (3.5, 3.9)

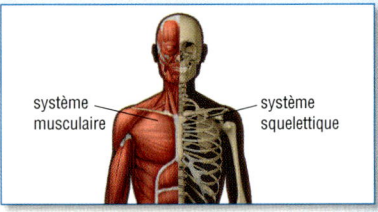

Chaque système organique accomplit une fonction spécifique grâce à la structure spécifique correspondante.

- Les systèmes organiques ont des fonctions spécifiques au sein du corps. (3.1, 3.3, 3.4, 3.6, 3.8, 3.10)
- Chaque système organique a une structure qui reflète sa fonction. (3.1, 3.3, 3.4, 3.6, 3.8, 3.10)

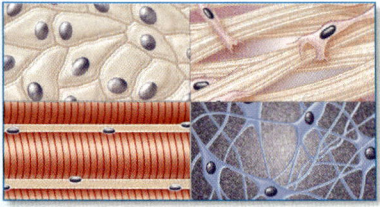

Il y a quatre principaux types de tissus animaux.

- Le tissu épithélial recouvre l'extérieur du corps, ainsi que les parois internes de l'appareil respiratoire et de l'appareil digestif. (3.1, 3.3, 3.6)
- Le tissu nerveux est présent dans toutes les parties du corps, et transmet des messages entre ces parties du corps et le système nerveux central. (3.1, 3.10)
- Il y a trois types de tissus musculaires : les muscles squelettiques (pour les mouvements volontaires), les muscles lisses (pour les mouvements involontaires) et le myocarde (qui maintient la constance du rythme cardiaque). (3.1, 3.3, 3.8)
- Parmi les tissus conjonctifs, on compte le sang, les os et le cartilage. (3.1, 3.4, 3.8)

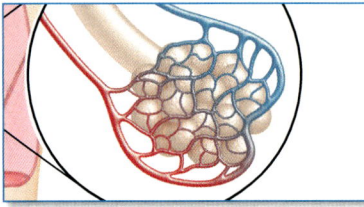

Les systèmes organiques interagissent les uns avec les autres pour assurer le bon fonctionnement de l'organisme.

- Les systèmes organiques dépendent les uns des autres : aucun d'entre eux ne peut fonctionner très longtemps de manière autonome. (3.1, 3.11)
- Le système circulatoire, par exemple, transporte partout dans le corps l'oxygène en provenance de l'appareil respiratoire ainsi que les nutriments en provenance de l'appareil digestif. (3.1, 3.4, 3.6, 3.11)

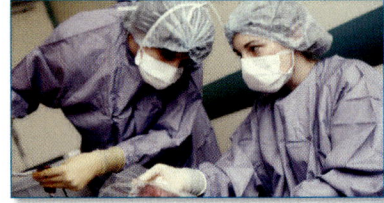

Grâce à la recherche, les gens peuvent guérir plus facilement des maladies et des blessures.

- Les technologies médicales aident les professionnelles et professionnels de la santé à diagnostiquer et à traiter les troubles physiques. (3.4, 3.6, 3.8, 3.10)
- De nombreuses avancées technologiques et médicales, comme la recherche sur les cellules souches, l'analyse d'ADN et la vaccination, suscitent des inquiétudes de nature juridique, éthique et sociale. (3.2, 3.6, 3.10, 3.12)

QU'EN PENSES-TU MAINTENANT ?

Tu as réfléchi aux énoncés ci-dessous au début du chapitre. Tu avais peut-être déjà entendu parler de ces notions à l'école, à la maison ou autour de toi. Reconsidère-les maintenant et détermine si tu es d'accord ou non avec chacun.

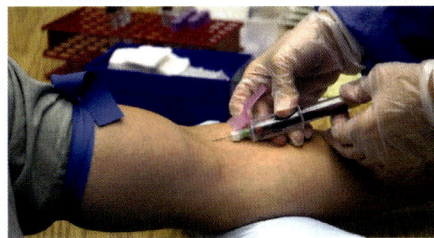

1 Quand du sang est prélevé du corps, les cellules sanguines restantes se divisent pour produire plus de sang.
D'accord / En désaccord

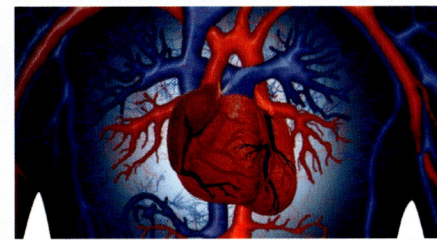

4 Chacun de nos organes fonctionne de façon autonome par rapport aux autres organes.
D'accord / En désaccord

2 Tous les organes du corps sont constitués de cellules vivantes.
D'accord / En désaccord

5 Les systèmes organiques d'une grenouille sont les mêmes que ceux d'un être humain.
D'accord / En désaccord

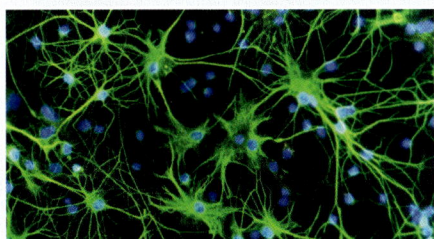

3 Toutes les cellules animales se ressemblent.
D'accord / En désaccord

6 Chez certains animaux, des membres peuvent repousser.
D'accord / En désaccord

**Comment tes réponses ont-elles changé ?
Que sais-tu de plus maintenant ?**

Vocabulaire

hiérarchie (p. 73)
tissu (p. 74)
organe (p. 74)
système organique (p. 75)
tissu épithélial (p. 75)
tissu conjonctif (p. 75)
tissu musculaire (p. 75)
tissu nerveux (p. 75)
différenciation cellulaire (p. 77)
cellule souche (p. 77)
appareil digestif (p. 80)
système circulatoire (p. 83)
artère (p. 84)
veine (p. 84)
capillaire (p. 84)
électrocardiogramme (ECG) (p. 86)
appareil respiratoire (p. 91)
alvéole (p. 92)
xénogreffe (p. 97)
appareil locomoteur (p. 99)
système nerveux (p. 104)
système nerveux central (p. 104)
système nerveux périphérique (p. 104)
neurone (p. 104)

IDÉES maîtresses

✓ **Les plantes et les animaux, y compris les êtres humains, sont constitués de cellules, de tissus et d'organes spécialisés organisés en systèmes.**

✓ **Les progrès de la médecine et la technologie médicale peuvent avoir des conséquences d'ordre social et moral.**

CHAPITRE 3 — RÉVISION

Les icônes suivantes t'indiquent la compétence visée par chaque question.

- CC Connaissance et compréhension
- C Communication
- HP Habiletés de la pensée
- MA Mise en application

Qu'as-tu retenu ?

1. Indique lequel de ces niveaux d'organisation inclut tous les autres : cellule, système organique, tissu, organe, organisme. (3.1) CC

2. Copie le tableau 1 dans ton cahier. Remplis-le en y inscrivant l'information appropriée. (3.1) CC C

   Tableau 1 Les types de tissus chez les animaux

Type de tissu	Structure	Fonction
	regroupement de cellules pouvant se contracter	
		transmission d'information partout dans le corps
conjonctif		
		protection et réduction de la perte d'eau

3. Explique brièvement la principale fonction :
   a) de l'appareil digestif ;
   b) du cerveau ;
   c) du sang. (3.3, 3.4, 3.10) CC

4. Dresse la liste des principaux organes du système nerveux et de leurs fonctions. (3.10) CC

5. a) Quel type de muscle fait circuler la nourriture dans le tube digestif ?
   b) Pourquoi ce type de muscle est-il approprié pour cette tâche ? (3.3, 3.8) CC

6. a) Nomme le système qui soutient le corps et lui donne sa structure.
   b) Quelle autre fonction a ce système ?
   c) Nomme les types de tissus dont est constitué ce système. (3.3, 3.8, 3.11) CC

7. a) Quel système est responsable du transport des nutriments vers toutes les parties du corps ?
   b) Quel en est le principal organe ? (3.4) CC

Qu'as-tu compris ?

8. a) Quelle est la différence entre les cellules souches embryonnaires et les cellules souches somatiques ?
   b) Explique brièvement comment les cellules souches somatiques peuvent être utilisées pour guérir une maladie. (3.2) CC

9. a) Que signifie le terme « régénération » ?
   b) Les êtres humains peuvent-ils se régénérer ? Justifie ta réponse. (3.2) CC

10. a) Quelles sont les fonctions du bras humain ?
    b) Quelles sont les fonctions d'une aile d'oiseau ?
    c) Quelles différences et quelles similitudes y a-t-il entre ces fonctions ?
    d) Comment ces similitudes et ces différences se reflètent-elles dans les structures ? (3.9) CC HP

11. Nomme trois systèmes interdépendants. Explique de quelles façons ils dépendent les uns des autres. (3.1, 3.3, 3.4, 3.6, 3.8, 3.10, 3.11) CC HP

12. Conçois et remplis un tableau mentionnant et décrivant quatre technologies utilisées pour diagnostiquer ou traiter une maladie du corps humain ou des dommages au corps humain. Inclus une colonne de brèves explications sur l'utilisation de chacune de ces technologies. (3.4, 3.6, 3.8, 3.10) CC C

13. D'où proviennent toutes les différentes cellules de notre corps ? Dans ta réponse, assure-toi d'utiliser les termes « cellule souche », « tissu spécialisé », « différencier », « organe » et « adulte ». (3.1, 3.2) CC

14. À l'aide d'un schéma conceptuel, établis les liens entre les quatre types de tissus animaux et les cinq systèmes organiques étudiés dans ce chapitre. (3.1, 3.3, 3.4, 3.6, 3.8, 3.10, 3.11) HP C

Résous un problème

15. Conçois un tableau en T dressant la liste des avantages et des désavantages d'une greffe d'organe. (3.7) MA C

16. Dans le domaine sportif, la pratique illégale du « dopage par autotransfusion sanguine » consiste à prélever des cellules sanguines de l'athlète environ deux semaines avant une compétition et à les conserver. Juste avant la compétition, ces cellules sanguines sont réinjectées dans le corps de l'athlète. Explique pourquoi cette pratique pourrait donner un avantage à l'athlète. (3.4, 3.6) HP

17. On dit que le corps est en état « d'homéostasie » lorsqu'il y a un sain équilibre entre ses conditions et processus internes (température du corps, pression artérielle, rythme cardiaque, respiration). Explique comment le système circulatoire, l'appareil respiratoire, l'appareil digestif et le système nerveux contribuent à cet état d'homéostasie. (3.3, 3.4, 3.6, 3.10)

18. Ton amie affirme qu'elle peut nager sous l'eau pendant près de 30 minutes. Comment réagis-tu ? Justifie ta réponse. (3.6, 3.10)

19. Chez le fœtus en développement, le sang de la mère fournit tous les nutriments nécessaires et se débarrasse des déchets. Alors, pourquoi les femmes enceintes doivent-elles faire particulièrement attention à leur régime alimentaire et à leurs habitudes de vie ? (3.3, 3.4)

Conçois et interprète

20. Qu'est-ce que le test prédictif ? Pourquoi quelqu'un pourrait-il choisir de ne pas le subir ? (3.10)

21. Imagine qu'une compagnie pharmaceutique a mis au point un nouveau médicament pour traiter la maladie coronarienne. Quelles inquiétudes d'ordre éthique pourraient être provoquées par le désir de la compagnie de financer et de superviser elle-même les essais cliniques ? (3.4)

22. Y a-t-il des « désavantages » aux percées dans le domaine des technologies diagnostiques ? Justifie ta réponse. (3.4, 3.6, 3.8, 3.10)

Réfléchis à ce que tu as appris

23. Explique comment l'étude de ce chapitre t'a permis de mieux comprendre ton corps en tant qu'« organisation de systèmes interdépendants ».

24. Ce chapitre t'a renseigné sur plusieurs nouvelles technologies médicales.
    a) Que pensais-tu des technologies médicales avant de lire ce chapitre ?
    b) En quoi ta compréhension des technologies médicales a-t-elle changé ?

Recherches en ligne

25. Le corps comporte d'autres systèmes, en plus des sept étudiés dans ce chapitre. Mène une recherche pour savoir comment fonctionne le système immunitaire et de quels tissus il est constitué. Renseigne-toi aussi sur ce qu'est une maladie auto-immune. Rédige un court article de magazine résumant tes résultats de recherche.

26. Le tissu adipeux est un type de tissu conjonctif contenant des cellules graisseuses. À un certain stade du développement, une personne a déjà presque toutes les cellules graisseuses qu'elle aura au cours de sa vie. Renseigne-toi sur la relation entre le nombre et la taille des cellules graisseuses et l'obésité. Fais un rapport sur la prévention de l'obésité chez les jeunes.

27. Renseigne-toi sur le VNO. Comment les autorités y ont-elles réagi ? Quelles sont les conséquences sur le mode de vie des gens ? Conçois une saynète ou une vidéo pour présenter tes résultats.

28. a) Renseigne-toi sur l'ophtalmologie. À quel système du corps est lié ce domaine de la médecine ? Quels types de technologie d'imagerie sont utilisés en ophtalmologie ?
    b) Conçois une affiche illustrée pour présenter tes résultats.

29. Renseigne-toi sur la recherche transgénique, ainsi que sur les discussions concernant les droits de propriété et l'utilisation des résultats de recherche. Communique l'information que tu auras obtenue avec le mode de présentation de ton choix.

30. Des expériences de clonage d'animaux sont actuellement menées.
    a) Renseigne-toi sur une des techniques de clonage suivantes : le transfert nucléaire et la segmentation d'embryons. Trouve les arguments pour et contre le clonage.
    b) Prends position sur le clonage d'animaux de ferme. Rédige un rapport d'une page expliquant ta position et ton raisonnement.

CHAPITRE 3 — QUESTIONNAIRE

Les icônes suivantes t'indiquent la compétence visée par chaque question.
- **CC** Connaissance et compréhension
- **C** Communication
- **HP** Habiletés de la pensée
- **MA** Mise en application

Choisis la meilleure réponse pour chacune de ces questions.

1. Quel type de tissu couvre et protège le corps humain ? (3.1) **CC**
   a) conjonctif
   b) nerveux
   c) musculaire
   d) épithélial

2. Quels systèmes organiques travaillent ensemble pour permettre l'absorption des nutriments contenus dans la nourriture ? (3.1-3.11) **CC**
   a) appareil locomoteur et appareil digestif
   b) système nerveux et système circulatoire
   c) appareil digestif et système circulatoire
   d) appareil respiratoire et appareil locomoteur

3. Les cellules qui transportent l'oxygène sont :
   a) les globules blancs
   b) les globules rouges
   c) les plaquettes
   d) le plasma (3.4) **CC**

4. Laquelle des affirmations suivantes à propos du don d'organe et de la greffe d'organe est exacte ? (3.7) **CC**
   a) La personne qui reçoit l'organe est la seule à bénéficier de ce don.
   b) Les médecins ne savent pas exactement comment minimiser les risques de rejet d'un organe greffé.
   c) Les greffes d'organes provenant de personnes décédées sont plus courantes que les greffes d'organes provenant de personnes vivantes.
   d) La personne inscrite le plus longtemps sur une liste d'attente reçoit automatiquement le prochain organe disponible.

Indique si chacun des énoncés est VRAI ou FAUX. Si tu penses qu'un énoncé est faux, récris-le en le corrigeant.

5. Le processus de digestion débute dans l'estomac. (3.3) **CC**

6. Tous les tissus peuvent se régénérer. (3.2) **CC**

Copie les énoncés suivants dans ton cahier. Complète-les à l'aide des termes appropriés.

7. Le système nerveux _____ est constitué du cerveau et de la moelle épinière, et le système nerveux _____ est constitué des nerfs qui lient le reste du corps au cerveau et à la moelle épinière. (3.10) **CC**

8. Les échanges d'oxygène et de dioxyde de carbone entre le sang et les poumons s'effectuent dans de minuscules sacs appelés _____ . (3.6) **CC**

Associe chaque terme de la colonne de gauche à la description qui lui convient le mieux dans la colonne de droite.

9. a) tissu épithélial
   b) tissu conjonctif
   c) tissu musculaire
   d) tissu nerveux
   e) cellules souches

   i) cellules qui peuvent se différencier pour former des cellules spécialisées
   ii) cellules qui peuvent se contracter pour faire bouger les os
   iii) cellules disposées en minces couches pour couvrir des surfaces
   iv) cellules longues et étroites qui transmettent des impulsions électriques
   v) divers types de cellules fournissant un soutien ou une isolation (3.1, 3.2) **CC**

Rédige une brève réponse à chacune des questions suivantes.

10. Nomme deux systèmes qui interagissent avec le système circulatoire. (3.3-3.11) **CC**

11. Explique comment l'appareil locomoteur accomplit chacune des fonctions suivantes :
    a) soutien
    b) protection
    c) mouvement (3.8) **CC**

12. Lequel des termes ci-dessous n'est pas pertinent dans cette suite ? Justifie ta réponse.
    œsophage, estomac, intestin grêle, poumons
    (3.3, 3.6) **CC**

13. a) Qu'est-ce qu'un neurone ?
    b) Comment la structure du neurone l'aide-t-elle à accomplir sa fonction ? (3.10) CC

14. Rédige un paragraphe décrivant le passage d'une pointe de pizza dans le tube digestif. (3.3) CC C

15. Copie le tableau 1 dans ton cahier. Remplis-le en inscrivant l'information appropriée sur chacune des maladies et sur le ou les systèmes qui entrent en jeu. (3.3, 3.4, 3.8, 3.10) CC

    Tableau 1 Maladies et systèmes

Maladie	Description de la maladie	Système(s) entrant en jeu
ostéoporose		
diabète		
maladie coronarienne		
sclérose en plaques		

16. Explique en quoi la structure de chaque type de vaisseaux sanguins est adéquate par rapport à sa fonction. (3.4) HP
    a) artères
    b) veines
    c) capillaires

17. Imagine que les médecins ont identifié une maladie qui empêche les muscles lisses de fonctionner. Quelles seraient les conséquences de cette maladie chez une personne qui en souffrirait ? (3.3, 3.4) HP

18. Une personne qui prend de profondes et rapides inspirations peut devenir étourdie. (3.4) HP A
    a) Qu'arrive-t-il à l'équilibre entre les concentrations d'oxygène et de dioxyde de carbone dans le sang de cette personne ?
    b) Pourquoi recommande-t-on parfois de respirer dans un sac en papier dans ce genre de situation ?

19. Quand tu te déplaces en altitude, les concentrations de gaz dans l'air, y compris celle de l'oxygène, diminuent. (3.6, 3.10) HP MA

    a) Comment cet environnement influe-t-il sur ta respiration ?
    b) Quelle serait la performance, dans une course ayant lieu sur un terrain à 2 000 m d'altitude, d'une coureuse ou d'un coureur qui aurait suivi un entraînement sur un terrain au niveau de la mer ? Justifie ta réponse.

20. Écris une lettre à une amie pour lui parler de l'ostéoporose et de ses conséquences. Dans ta lettre, explique comment la combinaison d'un régime alimentaire approprié et d'exercices peut aider à prévenir l'ostéoporose. (3.8) C

21. Le terme « superficie » fait référence à l'étendue de la surface exposée d'un objet. (3.6) HP
    a) Quand des substances doivent traverser une surface, quel est l'avantage de disposer d'une grande superficie ?
    b) Sur les parois internes de l'intestin grêle, il y a des milliers de petites saillies appelées « microvillosités » qui fournissent une grande superficie aux nutriments devant se diffuser dans le sang. Nomme un autre endroit du corps où une grande superficie facilite le transfert de certaines substances.

22. De nombreux hôpitaux ont mis sur pied leurs propres programmes de don de sang de cordon ombilical. Quand une femme accouche, elle peut choisir de donner le sang du cordon ombilical à l'hôpital. L'hôpital entrepose le sang et le met à la disposition des patientes et patients qui ont besoin d'une greffe. Imagine que tu as la responsabilité de parler de ce programme aux femmes enceintes. Comment pourrais-tu les convaincre qu'il s'agit d'une bonne idée ? (3.2) C

23. a) Explique comment les tissus musculaires et les tissus nerveux travaillent ensemble pour réguler l'appareil respiratoire.
    b) Quels rôles jouent les tissus conjonctifs et les tissus épithéliaux dans l'appareil respiratoire ? (3.11) HP

CHAPITRE 4

Les systèmes végétaux

QUESTION CLÉ : Comment les plantes effectuent-elles les processus de division et de différenciation cellulaires pour assurer leur croissance?

Il y a dans le nénuphar, comme dans d'autres plantes, une hiérarchie de structures qui accomplissent différentes fonctions.

UNITÉ B
Fonctions et systèmes animaux et végétaux

CHAPITRE 2
Les cellules, la division cellulaire et la différenciation cellulaire

CHAPITRE 3
Les systèmes animaux

CHAPITRE 4
Les systèmes végétaux

CONCEPTS CLÉS

Les plantes ont un système foliacé et un système racinaire.

L'organisation des tissus, des organes et des systèmes des végétaux diffère de celle des animaux.

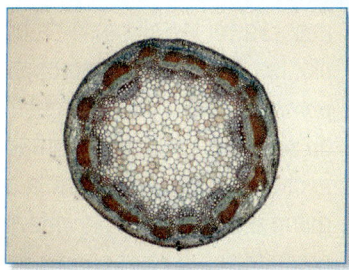

Les plantes possèdent trois types de tissus : dermiques, vasculaires et fondamentaux.

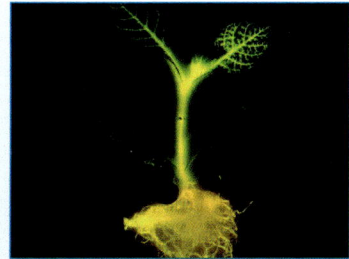

Les scientifiques peuvent modifier la constitution génétique des plantes.

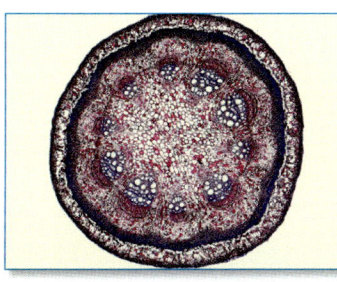

Les différents tissus des plantes interagissent pour effectuer des tâches complexes.

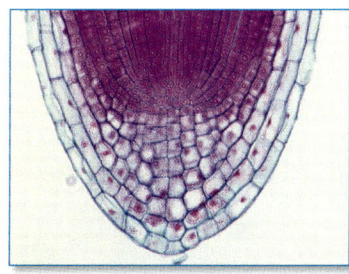

Les méristèmes déterminent le type de croissance des plantes.

LES TISSUS VÉGÉTAUX

Pourquoi les plantes sont-elles importantes pour nous ? La plupart des gens savent qu'elles produisent de l'oxygène et fournissent de la nourriture. Il est aussi évident qu'elles influent sur le climat et offrent des habitats aux êtres vivants. Toutefois, peu de gens comprennent à quel point les plantes sont importantes dans notre vie quotidienne.

Nous utilisons surtout les tissus végétaux pour nous alimenter. Trois des plantes alimentaires les plus consommées sont des graminées : le blé, le riz et le maïs. Parmi les aliments de base qui proviennent des plantes, il y a aussi la pomme de terre, la laitue, la pomme, l'arachide, ainsi que les produits de l'olive et du soja. Les plantes alimentaires de luxe comprennent le chocolat, le chiclé (dont la sève sert à fabriquer la gomme à mâcher) et le café. Le grain de café est le produit le plus vendu après le pétrole.

Méthode traditionnelle de transformation de la sève de chiclé en gomme

Mais qu'en est-il des utilisations non alimentaires ? Sans bois, ce livre n'existerait pas, et la plupart des maisons s'effondreraient. Si la fibre de coton disparaissait, la plupart des êtres humains se retrouveraient sans vêtements. Comment utilises-tu les plantes ? Pense à des aliments, aux instruments de musique, aux équipements sportifs et aux œuvres d'art. Dresse la liste des 10 utilisations de plantes les plus importantes, ou les plus inhabituelles.

Beaucoup de bois est utilisé dans la construction de la plupart des maisons canadiennes.

QU'EN PENSES-TU?

Beaucoup des notions que tu vas explorer dans ce chapitre sont des notions que tu as déjà abordées. Tu pourrais en avoir entendu parler à l'école, à la maison ou autour de toi. Les énoncés ci-dessous ne sont pas tous vrais. Examine chacun et détermine si tu es d'accord ou non.

1 Les plantes possèdent des organes, comme les animaux.
D'accord / En désaccord

4 Les plantes ont un système circulatoire.
D'accord / En désaccord

2 La respiration des plantes est semblable à celle des êtres humains.
D'accord / En désaccord

5 La division cellulaire s'effectue dans toutes les parties d'une plante.
D'accord / En désaccord

3 Toutes les plantes poussent à partir de graines.
D'accord / En désaccord

6 Les plantes utilisent de l'eau dans le processus de photosynthèse.
D'accord / En désaccord

HALTE LECTURE

Poser des questions

Tu peux te poser des questions à propos d'un texte avant de le lire pour réfléchir à ce que tu sais déjà à ce sujet, pendant ta lecture pour éclaircir la signification du texte, et après ta lecture pour exercer ta pensée critique. Tu peux poser et répondre à trois types de questions :

- **Questions littérales :** ces questions se rapportent à l'information donnée directement dans le texte.
- **Questions par inférence :** ces questions exigent que tu fasses des liens entre l'information donnée dans le texte et ce que tu sais déjà.
- **Questions de jugement :** ces questions exigent que tu portes un jugement en te basant sur le texte.

COUP DE POUCE LECTURE

Au fil de ce chapitre, prête attention aux rubriques Coup de pouce. Elles vont t'aider à élaborer des stratégies de littératie.

Pour l'amour des plantes

Une équipe de scientifiques s'affaire à restaurer une grande zone humide nommée Cootes Paradise, qui fait partie des JBR (figure 1). L'équipe examine les changements subis par un habitat au fil du temps. Les recherches portent aussi sur les espèces envahissantes venues d'autres pays, et qui nuisent aux écosystèmes canadiens. Les JBR travaillent de concert avec plusieurs organisations vouées à la conservation de la nature, dont l'Université McMaster et Environnement Canada. Leur objectif est de préserver les espèces végétales indigènes, les habitats et les écosystèmes du Canada.

Figure 1 Cootes Paradise est une zone humide précieuse qui fait partie des Jardins botaniques royaux, situés près du port de Hamilton.

Poser des questions : *À toi de jouer !*

Poser des questions avant, pendant et après la lecture peut t'aider à comprendre le texte. Cela t'aide à rassembler tes idées sur ce que tu sais déjà, à trouver des renseignements précis, à faire des inférences et à te former une opinion. Voici de quelle façon tu peux poser des questions pour mieux comprendre le texte :

Questions que je me pose avant, pendant et après la lecture	Comment cette question m'aide à comprendre le texte
Question littérale : Que signifie l'abréviation « JBR » ?	La légende de la figure 1 m'indique que cette abréviation désigne les Jardins botaniques royaux.
Question par inférence : Pourquoi les scientifiques veulent-ils étudier les changements que subit un habitat ?	Cela me permet de comprendre que les scientifiques font ces recherches pour trouver des moyens de préserver l'environnement.
Question de jugement : Quels liens puis-je faire entre ce texte et d'autres sources d'information ?	Cela m'aide à me former une opinion sur l'importance de restaurer les zones humides, car j'ai vu un documentaire qui décrivait les dégâts causés par l'eau de mer sur la végétation des marais, après le passage de l'ouragan Katrina.

4.1 Les systèmes des plantes

Les plantes sont des organismes multicellulaires. Elles ont deux caractéristiques évidentes : elles sont habituellement vertes, et elles ne peuvent pas se déplacer. Leur couleur verte est causée par la chlorophylle – une substance chimique utilisée par les plantes dans la photosynthèse. Elles possèdent toutes une structure – habituellement des racines – qui les ancre fermement à un endroit. Ces deux caractéristiques ont une grande importance dans leur structure générale et leur fonctionnement. Dans ce chapitre, tu vas examiner les structures des plantes à fleurs. Les autres plantes, comme les mousses, les fougères et les conifères, ont des structures différentes. La figure 1 illustre les principales caractéristiques d'une plante à fleurs. Sa structure se divise en deux systèmes principaux. C'est une différence majeure par rapport à l'organisme d'un animal, qui en possède davantage.

LE SAVAIS-TU ?

Recherches canadiennes
Environ 75 % des médicaments modernes proviennent des plantes. La D^{re} Memory Lewis se spécialise dans l'étude des médicaments utilisés par les peuples autochtones de l'Amérique du Sud. Ses recherches sur les médicaments traditionnels ont permis de découvrir une sève qui accélère la guérison des blessures. Une autre plante contient des composés utilisés pour traiter la malaria, qui touche des millions de personnes dans le monde. Il y a encore beaucoup à apprendre sur les plantes médicinales traditionnelles. Malheureusement, les forêts tropicales sont détruites pour faire place à l'agriculture, et de nombreuses espèces de plantes disparaissent avant qu'on puisse les étudier à fond.

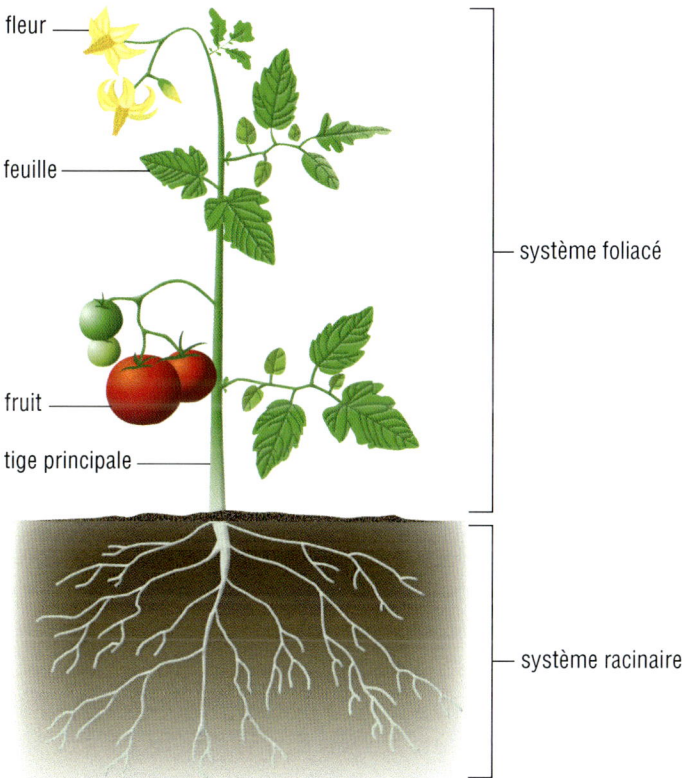

Figure 1 Une plante à fleurs a deux systèmes principaux : le système racinaire et le système foliacé.

Les plantes effectuent la photosynthèse pour fabriquer leur propre nourriture. Cela signifie qu'elles n'ont pas à se déplacer pour s'alimenter ; elles n'ont donc pas besoin de systèmes organiques complexes et coordonnés comme ceux des animaux. Une plante n'a pas besoin d'appareil digestif ou locomoteur, ni d'un système nerveux pour percevoir son environnement et coordonner ses mouvements. Cependant, les plantes doivent accomplir plusieurs fonctions qu'on retrouve également chez les animaux.

- Les plantes ont besoin d'échanger des gaz avec leur environnement.
- Elles ont besoin d'un système circulatoire interne pour assurer le transport de l'eau et des nutriments dans leur organisme.
- Elles doivent avoir un mode de reproduction.

COUP DE POUCE APPRENTISSAGE

Les systèmes des plantes
La terminologie employée en botanique peut prêter à confusion. Dans la description des plantes, on dit qu'elles comportent deux systèmes principaux et trois systèmes de tissus. En langage scientifique, on emploie parfois « organe », mais non « système organique » dans la description des plantes.

système dermique ensemble des tissus qui se trouvent à la surface externe de la plante

système vasculaire ensemble des tissus responsables de la circulation des substances dans une plante

système fondamental tous les tissus de la plante autres que les tissus dermiques et vasculaires

système racinaire système qui ancre la plante, absorbe l'eau et les minéraux, et emmagasine la nourriture chez les plantes à fleurs, les fougères et les conifères

Tu vas maintenant examiner l'organisation des différentes parties d'une plante, et la terminologie employée pour les décrire. Comme les plantes sont très différentes des animaux, les scientifiques n'emploient pas la même terminologie pour décrire l'organisation hiérarchique d'une plante.

L'organisation hiérarchique d'une plante

Comme tu peux le voir à la figure 1 de la page précédente, une plante à fleurs comporte deux systèmes principaux : le système racinaire et le système foliacé. Pour simplifier, les scientifiques utilisent les termes *racine* et *pousse*. Ces systèmes se composent de différentes structures.

Le système racinaire se compose d'une ou de plusieurs racines distinctes. Le système foliacé comprend la tige, les feuilles et les fleurs. Ces éléments sont parfois définis comme les « organes » d'une plante, mais les scientifiques les désignent rarement ainsi. Il est plus simple de parler des différentes parties d'une plante.

Les parties d'une plante se composent d'une grande variété de cellules spécialisées. Les groupes de cellules spécialisées dont la forme et les fonctions sont similaires se nomment « tissus », comme chez les animaux. Les scientifiques regroupent les différents tissus d'une plante en trois grands systèmes : le système dermique, le système vasculaire et le système fondamental. Le **système dermique** comprend les tissus qui forment les surfaces externes de la plante. Le **système vasculaire** comprend les tissus qui acheminent l'eau, les minéraux et les nutriments dans toute la plante. Les tissus du **système fondamental** se retrouvent dans toutes les autres parties de la plante.

Le système racinaire

Le **système racinaire** est la partie de la plante qui se trouve habituellement sous le sol. Il ancre la plante, absorbe l'eau et les minéraux du sol, et emmagasine la nourriture (figure 2). La plus grande partie de l'eau et des minéraux captés par la plante est absorbée par les poils racinaires, des prolongements des cellules du tissu dermique. Le système racinaire d'une plante peut s'étendre et couvrir un grand espace dans le sol. Chez certaines plantes, les racines sortent même du sol ou émergent de l'eau (figures 3(a) et 3(b)). D'autres racines, comme celles des radis et des carottes, se spécialisent dans l'entreposage des nutriments (figure 3(c)). Les plantes présentent une immense variété de tissus et de structures, selon le milieu dans lequel elles vivent. Les racines constituent une bonne source d'aliments (patate douce, carotte, betterave à sucre), d'aromatisants (réglisse, gingembre), de fibres et de remèdes naturels.

Figure 2 Les racines s'étalent dans le sol pour y ancrer la plante et en recueillir l'eau.

Figure 3 (a) Ce figuier banian a des racines aériennes qui poussent vers le bas à partir de ses branches et le maintiennent en place. (b) Les racines de certaines plantes émergent de l'eau pour capter l'oxygène nécessaire aux cellules submergées. (c) Les racines des carottes emmagasinent de la nourriture pour la plante.

Le système foliacé

Le **système foliacé** a deux fonctions principales : effectuer la photosynthèse, et produire des fleurs pour la reproduction sexuée. Le système foliacé des plantes à fleurs comprend trois parties : les feuilles, les fleurs et la tige, qui ont chacune leurs fonctions propres.

La feuille

La feuille est la partie photosynthétique principale de la plante. Lors de la photosynthèse, les tissus de la feuille utilisent le dioxyde de carbone, l'eau et l'énergie lumineuse pour produire du glucose (une forme de sucre) et de l'oxygène. Le glucose est utilisé dans les processus de croissance et de respiration cellulaire de la plante, et permet de stocker de l'énergie.

$$\text{énergie lumineuse} + \text{dioxyde de carbone} + \text{eau} \xrightarrow{\text{chlorophylle}} \text{glucose} + \text{oxygène}$$

En fait, la photosynthèse est effectuée par un organite appelé « chloroplaste ». (Rappelle-toi que les chloroplastes sont présents dans les cellules végétales mais non dans les cellules animales.) Les chloroplastes contiennent des structures en forme de disque appelées « thylakoïdes », qui sont disposées en piles. Ces piles, nommées « granums », captent la lumière du Soleil et utilisent la chlorophylle présente dans la membrane des thylakoïdes (figure 4).

Certaines feuilles se sont adaptées de façon à jouer un rôle dans le support, la protection, la reproduction ou l'attraction de la plante. La figure 5(a) montre des feuilles dont le rôle est de soutenir la plante. Peux-tu reconnaître les feuilles de la plante à la figure 5(b) ? Que vois-tu à la figure 5(c) ?

Nous utilisons les feuilles de plusieurs façons. Beaucoup sont comestibles (pense à la laitue, aux oignons, au thé et aux herbes). D'autres sont une source de cires ou de médicaments. Dans l'industrie agroalimentaire, les feuilles sont une source de nourriture pour le bétail.

système foliacé système d'une plante à fleurs qui est responsable de la photosynthèse et de la reproduction sexuée. Ce système se compose des feuilles, des fleurs et de la tige.

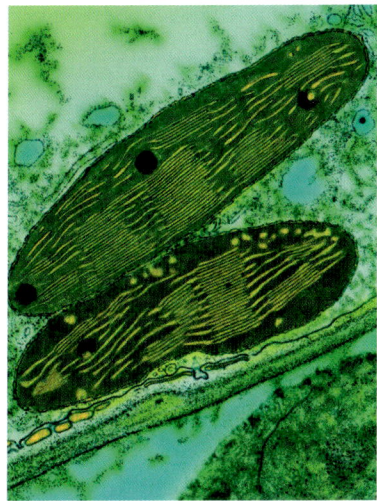

Figure 4 Cette micrographie (agrandissement de 12 000X) permet de voir deux chloroplastes (vert foncé) dans une cellule de feuille. Les granums sont jaunes dans cette image.

Figure 5 (a) Les vrilles de ce concombre sont des feuilles modifiées qui supportent le plant durant sa croissance. (b) Les épines de ce cactus sont des feuilles modifiées qui protègent la plante des animaux herbivores. (c) Certaines feuilles du poinsettia sont rouges, mais elles ne font pas partie de la fleur. La véritable fleur se trouve au centre et est jaune verdâtre.

La fleur

Les fleurs sont des structures spécialisées, responsables de la reproduction sexuée. Elles contiennent des organes reproductifs mâles ou femelles (parfois les deux). Les organes mâles produisent des grains de pollen ; les organes femelles produisent des ovules. Les ovules sont fécondés par le pollen. Après la pollinisation, les organes femelles produisent des graines. Dans la plupart des plantes à fleurs, les graines sont contenues dans une structure spécialisée appelée « fruit ».

COUP DE POUCE — LECTURE

Poser des questions

L'information présentée dans un texte peut t'amener à poser une question de jugement. Par exemple, tu peux te demander : « S'il y a peu de vent pour disséminer le pollen, les graminées et les arbres seront-ils quand même pollinisés ? » Ta question de jugement t'incitera peut-être à effectuer d'autres recherches à ce sujet.

Figure 6 (a) Les graminées dépendent du vent pour leur pollinisation. (b) D'autres plantes produisent du nectar pour attirer les insectes pollinisateurs.

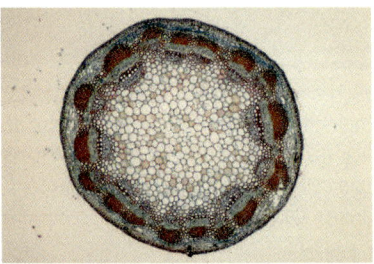

Figure 7 Coupe transversale d'une tige de tournesol. Les amas de cellules brunâtres sont des tissus qui font partie du système vasculaire de la plante.

La pollinisation s'effectue avec l'aide du vent ou des animaux. Certaines plantes à fleurs, telles les graminées et de nombreuses espèces d'arbres, sont pollinisées par le vent. Leurs fleurs sont petites et ternes, mais produisent une grande quantité de pollen (figure 6(a)). D'autres plantes à fleurs sont pollinisées par des animaux : insectes, chauves-souris et oiseaux. Ces plantes ont souvent de grandes fleurs odorantes aux couleurs vives qui attirent les pollinisateurs (figure 6(b)). La plupart produisent également du nectar, qui constitue une attraction additionnelle. Les mousses, les fougères et les conifères ne sont pas des plantes à fleurs. Leur système de reproduction sexuée est différent. Les conifères sont tous pollinisés par le vent et, au lieu d'avoir des fleurs, ils produisent du pollen et des graines dans des cônes spécialisés. Dans le présent chapitre, nous nous concentrons sur les plantes à fleurs.

Les fleurs, de même que les graines et les fruits qu'elles produisent, sont des sources importantes d'aliments et d'aromatisants. Le riz, le blé, le maïs, la vanille, le chocolat, le café, les bananes, les pommes, les mangues, le coton et même certains médicaments proviennent tous des fleurs.

La tige

La tige de la plante à fleurs (ou le tronc, chez les arbres) a plusieurs fonctions. Elle supporte les branches, les feuilles et les fleurs, et permet la circulation des substances dans la plante. Elle contient une grande quantité de tissus vasculaires qui assurent le transport des substances entre les racines, les feuilles, les fleurs et les fruits (figure 7).

Certaines tiges ont des fonctions spécialisées tels l'entreposage de la nourriture, la protection, la photosynthèse ou la reproduction. Les tiges des plantes nous fournissent la canne à sucre, les pommes de terre, le bois et le papier, le liège, le lin et de nombreux médicaments.

EN RÉSUMÉ

- Les plantes à fleurs ont deux systèmes principaux : le système racinaire et le système foliacé.
- Le système racinaire a pour fonctions d'ancrer la plante dans le sol, d'absorber l'eau et les nutriments, et d'emmagasiner la nourriture.
- Le système foliacé des plantes à fleurs se compose de la tige, des feuilles et des fleurs.
- Les deux principales fonctions du système foliacé des plantes à fleurs sont d'effectuer la photosynthèse et de produire des fleurs pour assurer la reproduction sexuée.
- Les feuilles sont principalement responsables de la photosynthèse.
- Les différentes parties des plantes travaillent ensemble pour effectuer toutes les fonctions essentielles à la vie de la plante.

VÉRIFIE TA COMPRÉHENSION

1. Quels sont les deux systèmes principaux des plantes ?
2. a) Quelles sont les deux principales différences entre les plantes et les animaux ?
   b) Comment ces différences expliquent-elles le besoin ou non de divers systèmes organiques ?
3. Nomme les trois types de tissus des plantes et décris-les brièvement.
4. Compare les fonctions de la feuille à celles de la tige.
5. Compare les fonctions de la tige à celles des racines.
6. a) Décris la fonction principale d'une fleur.
   b) Décris deux moyens utilisés par des plantes différentes pour remplir cette fonction.
7. Comment les racines, les tiges et les feuilles participent-elles à l'entreposage de la nourriture ? Donne des exemples.

Les systèmes tissulaires des plantes

Les tissus des plantes sont regroupés en trois systèmes. Chaque type de tissu comprend de nombreuses cellules spécialisées qui lui permettent de remplir des fonctions spécifiques. Certaines cellules spécialisées effectuent la photosynthèse sous la surface des feuilles, alors que d'autres absorbent l'eau. D'autres encore sont comme des portes : elles s'ouvrent et se referment pour contrôler l'entrée et la sortie des gaz ! Comme chez les animaux, ces cellules spécialisées se développent à partir de cellules non spécialisées, lors du processus de différenciation cellulaire.

La différenciation cellulaire et la spécialisation chez les plantes

Lorsqu'une graine commence à germer, les cellules se divisent très rapidement. Au fur et à mesure que la graine devient un embryon, de nombreuses cellules se différencient en tissus spécifiques (figure 1). Les zones de croissance sont situées aux extrémités des racines et des tiges. Les plantes aux tiges ligneuses, comme les arbres, ont aussi une zone de croissance sous la surface de leurs tiges. La plante croît parce que les cellules indifférenciées se divisent activement dans ces zones. Une fois à maturité, certaines de ces cellules se spécialisent selon leur localisation et leur future fonction. Par exemple, les cellules des feuilles sont très différentes de celles des racines ou de la tige d'une plante.

Les cellules méristématiques

Les animaux ont des cellules non spécialisées : les cellules souches. Les plantes aussi ont des cellules non spécialisées : les **cellules méristématiques**. Ces cellules peuvent se différencier en différents types de tissus (figure 2).

LE SAVAIS-TU ?

Propre comme une feuille de lotus
Les surfaces de certaines plantes présentent un grand intérêt pour la recherche scientifique et l'ingénierie. Les feuilles de lotus ont une surface glissante sur laquelle les matières ne peuvent pas adhérer. Les feuilles restent donc toujours extrêmement propres. En ingénierie, on essaie de trouver une façon d'utiliser cette propriété pour l'appliquer aux panneaux solaires et à d'autres surfaces exposées aux éléments, ce qui éliminerait le besoin de nettoyage.

cellule méristématique cellule végétale indifférenciée qui peut se diviser et se différencier pour former des cellules spécialisées

Figure 1 Une graine de haricot germée ; on distingue la pousse et la racine.

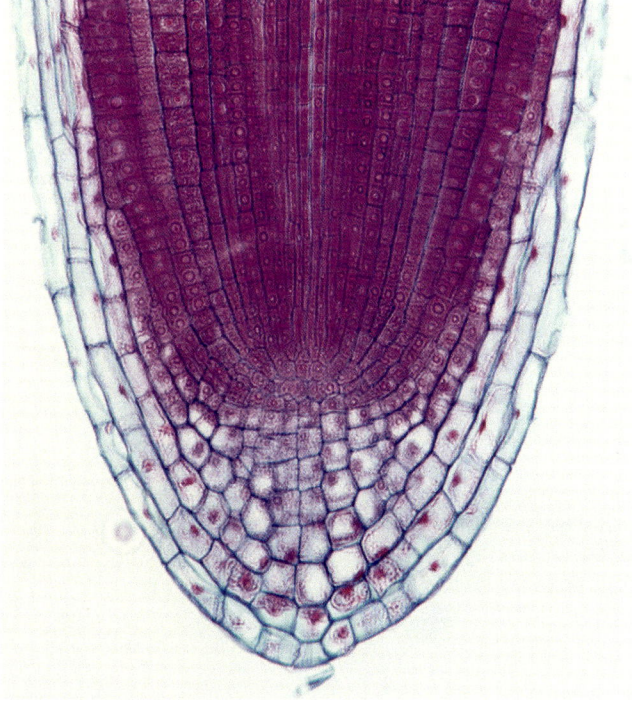

Figure 2 Des zones situées aux extrémités des tiges et des racines des plantes, là où la croissance est rapide, contiennent des cellules méristématiques.

Rappelle-toi ce que tu as fait dans l'activité 2.6, quand tu as observé des cellules végétales et animales, et identifié les phases de la mitose. Les cellules végétales que tu as observées venaient du méristème, à l'extrémité d'une racine d'oignon. Les cellules méristématiques de cette zone se divisent et se différencient en tissus spécialisés dans les racines. Les tissus des nouvelles tiges, feuilles ou fleurs se forment de la même façon dans le méristème de la pousse. Au cours de la division cellulaire dans les zones méristématiques de la plante, certaines des nouvelles cellules demeurent toujours dans un état non différencié.

Les trois types de tissus des plantes

Comme tu l'as appris à la section 4.1, il y a trois types de tissus dans une plante : les tissus dermiques, les tissus fondamentaux et les tissus vasculaires. Chacun de ces systèmes tissulaires contient plusieurs types de cellules spécialisées. Comme tu peux le voir à la figure 3, les trois types de tissus se retrouvent dans toutes les parties de la plante et présentent une organisation distincte. Les tissus dermiques couvrent toute la surface externe de la plante, mais on n'en trouve pas à l'intérieur de la plante. Les tissus vasculaires se trouvent dans chaque racine, chaque tige et chaque feuille de la plante. Le système vasculaire est continu, ce qui fait que toutes les parties de la plante sont reliées par des tissus vasculaires. Tous les autres tissus internes des racines, de la tige et des feuilles sont des tissus fondamentaux.

COUP DE POUCE
LECTURE

Poser des questions
Pendant ta lecture, note tes questions sur des papillons adhésifs, puis colle-les en marge des sections de texte que tu trouves difficiles. Après ta lecture, tu peux vérifier si le reste de la section, incluant les schémas, les illustrations et les légendes, répond à tes questions.

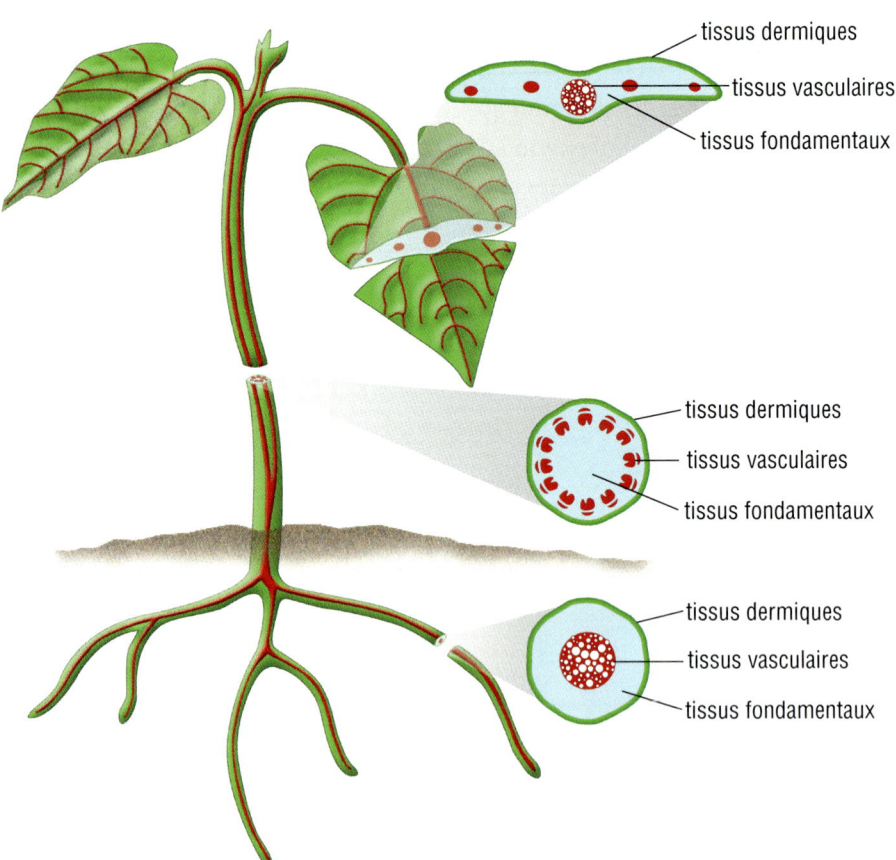

Figure 3 Organisation générale des tissus d'une plante. Les tissus vasculaires sont en rouge, les tissus dermiques en vert et les tissus fondamentaux en bleu pâle.

Les tissus dermiques

Le système dermique forme la couche superficielle d'une plante. Il comprend les tissus épidermique et péridermique. Le **tissu épidermique** (ou **épiderme**) est une fine couche de cellules qui recouvre la surface des feuilles, des tiges et des racines. Dans les plantes ligneuses, le tissu épidermique est remplacé par le **tissu péridermique** qui forme l'écorce des tiges et des grosses racines. Les cellules spécialisées du système dermique accomplissent de nombreuses fonctions qui leur sont propres. Certaines cellules épidermiques des racines ont de longs prolongements, les poils racinaires, qui leur permettent d'absorber l'eau et les minéraux du sol environnant. La plupart des cellules épidermiques des feuilles produisent une couche de cire, nommée « cuticule », qui aide à rendre la surface de la feuille imperméable (figure 4). Certaines cellules épidermiques des feuilles sont adaptées pour la défense : elles ont des structures semblables à des poils, qui contiennent des substances chimiques irritantes. Quiconque s'est déjà frotté à l'ortie brûlante en a fait l'expérience (figure 5).

tissu épidermique (épiderme) fine couche de cellules couvrant toutes les surfaces non ligneuses de la plante

tissu péridermique tissu à la surface d'une plante qui produit l'écorce sur les tiges et les racines

LE SAVAIS-TU ?

L'hygiène dentaire et les forêts tropicales humides

De nombreux peuples mâchent des branches au lieu d'utiliser une brosse à dents. Le margousier est un arbre qui pousse dans plusieurs pays d'Asie, d'Afrique et du Moyen-Orient. La population autochtone de ces régions sait que mâcher des branches de margousier est bon pour les dents. Le tissu épidermique de cette plante contient des substances chimiques qui tuent les bactéries et réduisent l'inflammation. L'étude de l'utilisation de plantes indigènes dans les différentes cultures s'appelle « ethnobotanique ».

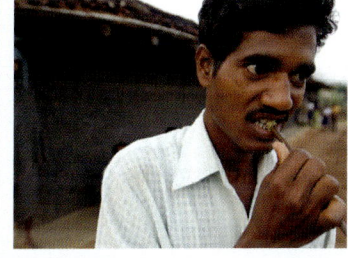

Figure 4 La cire produite par l'épiderme empêche la plante de perdre trop d'eau. Elle peut aussi être récoltée et utilisée. La cire du carnauba, un arbre de la famille des palmiers, est la cire la plus dure que l'on connaisse.

Figure 5 Sur cette feuille d'ortie brûlante, les fines structures semblables à des poils injectent une substance chimique irritante dans la peau des animaux trop curieux. Cette adaptation protège la plante des prédateurs herbivores.

Les tissus vasculaires

Une plante doit trouver dans le sol toute l'eau et tous les minéraux nécessaires à sa croissance. Ces substances sont absorbées par les racines. L'eau et les nutriments doivent ensuite être acheminés vers toutes les cellules de la plante. De plus, la plante doit pouvoir distribuer dans toutes ses parties les sucres et les autres substances chimiques produites lors de la photosynthèse. Le système vasculaire est un réseau de transport qui achemine l'eau, les minéraux et les autres substances chimiques partout dans la plante. C'est un ensemble de tubes qui part des racines, monte dans la tige et s'étend jusque dans les feuilles. Pendant la croissance de la plante, de nouveaux tissus vasculaires se différencient dans les zones de croissance situées aux extrémités. Les nouveaux tissus s'ajoutent au réseau existant de tissus vasculaires et le renforcent.

xylème tissu vasculaire de la plante qui permet la circulation de l'eau et des minéraux dissous, des racines jusqu'à la tige et aux feuilles

phloème tissu vasculaire de la plante qui permet la circulation des nutriments dissous et des hormones dans toutes les parties de la plante

Il y a deux types de tissus vasculaires : le xylème et le phloème. Le **xylème** se compose de cellules allongées. Il achemine l'eau et les minéraux dissous, des racines jusqu'au reste de la plante. La solution circule le long d'un réseau interconnecté vers les tiges et les feuilles. Une fois à maturité, les cellules du xylème prennent la forme de tubes creux aux membranes rigides (figure 6). Elles n'ont plus de cytoplasme, de noyau ou d'autres organites. Cela permet à l'eau de circuler facilement dans les tubes. Les cellules matures du xylème ne sont plus du tissu vivant.

Le **phloème** est un tissu spécialisé dans lequel circulent les solutions de sucres produites par photosynthèse. Il transporte aussi d'autres nutriments dissous et des hormones dans l'ensemble de la plante. Dans certaines conditions, les nutriments sont transportés vers le bas, des feuilles où s'effectue la photosynthèse vers la tige et les racines. Dans d'autres conditions, les nutriments sont transportés vers le haut, à partir des racines et de la tige jusqu'aux feuilles. Le phloème est constitué de cellules allongées qui, contrairement aux cellules du xylème, sont vivantes et encore fonctionnelles à maturité.

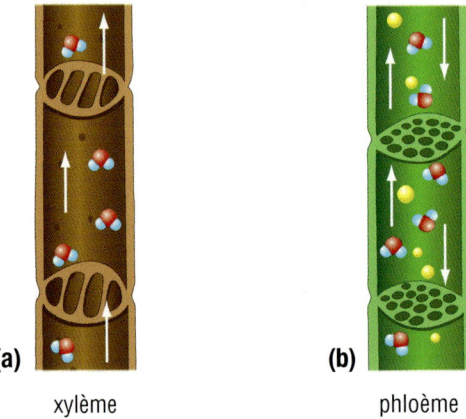

Figure 6 (a) Dans le xylème, l'eau transporte les minéraux dissous vers le haut, des racines jusqu'au reste de la plante, à travers des cellules creuses et mortes. (b) Dans le phloème, les sucres et autres nutriments dissous circulent dans toute la plante à travers des cellules vivantes.

L'organisation des tissus vasculaires dans les tiges des plantes ligneuses diffère beaucoup de celle qui caractérise les plantes non ligneuses. Chez ces dernières, les tissus vasculaires sont regroupés en faisceaux et côtoient des tissus fondamentaux (figure 7). Tu vas en apprendre davantage sur l'organisation spéciale et la croissance des tissus vasculaires des plantes ligneuses à la section 4.6.

Pour voir d'autres exemples d'organisations de tissus vasculaires :

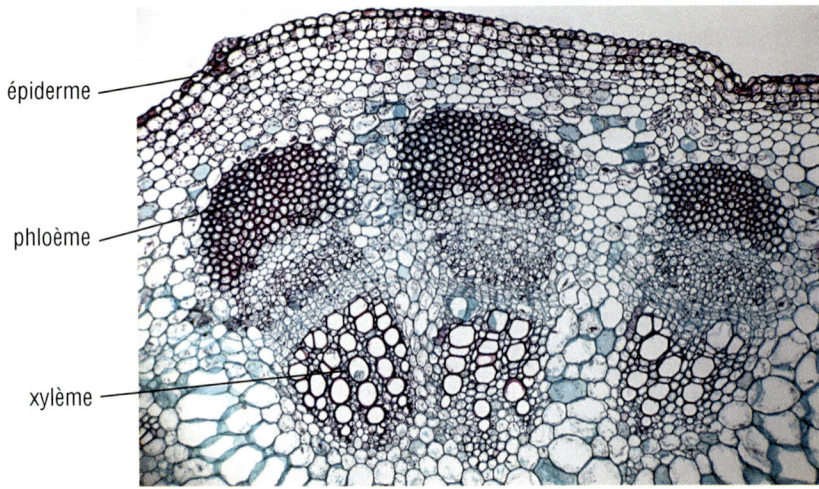

Figure 7 Dans les plantes non ligneuses, les tissus vasculaires des tiges sont regroupés en faisceaux, soit en assemblages de forme allongée.

Tous les végétaux et les animaux utilisent des sucres pour obtenir l'énergie nécessaire à leurs processus cellulaires. C'est ce qu'on appelle « respiration cellulaire ». La respiration cellulaire requiert de l'oxygène. Toutefois, contrairement aux tissus animaux, la plupart des tissus végétaux n'ont pas besoin d'un apport spécial d'oxygène. En effet, les feuilles produisent elles-mêmes leur oxygène durant la photosynthèse, et la plupart des tissus de la tige et des racines en captent suffisamment par la diffusion de l'air environnant et de l'air présent dans le sol. Le nénuphar est une exception (voir page 120). Cette plante pompe l'oxygène de ses feuilles qui flottent à la surface de l'eau; ses tissus vasculaires l'acheminent vers les racines enterrées dans la boue.

Les tissus fondamentaux

La plupart des cellules des jeunes plantes appartiennent aux tissus fondamentaux. Ces tissus occupent l'espace entre les tissus dermiques et les tissus vasculaires. Ils remplissent plusieurs fonctions : dans les parties vertes de la plante, ils fabriquent des nutriments par le processus de photosynthèse ; dans les racines, ils emmagasinent les hydrates de carbone ; dans les tiges, ils entreposent les nutriments et soutiennent la plante.

RECHERCHE EN ACTION — QUAND LES PLANTES SONT MALADES

HABILETÉS : définir l'enjeu, effectuer une recherche, déterminer les options

LA BOÎTE À OUTILS 4.A., 4.C.

Les plantes, comme tous les êtres vivants, sont sujettes à de nombreuses maladies. Des maladies peuvent tuer ou blesser une plante, et diminuer sa valeur de plusieurs façons. Les plantes blessées ou mourantes peuvent avoir moins de valeur économique, esthétique ou écologique.

1. Trouve la signification des termes « valeur économique », « valeur esthétique » et « valeur écologique ».

2. Choisis une maladie des plantes et cherche les réponses aux questions suivantes :
   - Quelle est la cause de cette maladie ?
   - Comment la maladie affecte-t-elle la plante ?
   - Comment la maladie modifie-t-elle la valeur économique, esthétique ou écologique de la plante ?
   - Comment peut-on prévenir, maîtriser ou traiter cette maladie ?

A. Présente tes découvertes d'une façon informative et créative. Tu peux concevoir un dépliant, préparer une présentation audiovisuelle ou réaliser un reportage vidéo.

EN RÉSUMÉ

- Les cellules méristématiques sont des cellules végétales indifférenciées qui peuvent former tout type de tissu spécialisé.
- Les cellules méristématiques sont situées aux extrémités des racines et des pousses, et dans les tiges des plantes ligneuses.
- Les plantes comportent trois types de tissus : le tissu dermique, le tissu vasculaire et le tissu fondamental.
- Le xylème et le phloème sont les tissus vasculaires responsables de la circulation de l'eau, des minéraux, des hormones et des nutriments dans la plante.

VÉRIFIE TA COMPRÉHENSION

1. Quelle est la fonction de la division cellulaire chez les plantes ?
2. Quelles sont les principales fonctions des trois types de tissus chez les plantes ?
3. Compare la structure et la fonction du xylème à celles du phloème.
4. Donne quelques exemples pour montrer comment des cellules végétales spécialisées remplissent des fonctions spécifiques.
5. Explique pourquoi il est important que les feuilles des plantes soient imperméables.
6. Explique pourquoi l'eau et les minéraux circulent toujours vers le haut dans le xylème.

4.3 PRONONCE-TOI SUR UN ENJEU

Les produits issus de plantes transgéniques

HABILETÉS
- Définir l'enjeu
- Effectuer une recherche
- Déterminer les options
- Analyser l'enjeu
- Défendre une décision
- Communiquer
- Évaluer

Nous utilisons les plantes de nombreuses façons. Nous avons besoin des plantes parce qu'elles nous fournissent de la nourriture et produisent de l'oxygène, en plus d'absorber le dioxyde de carbone présent dans l'air. Nous dépendons donc d'elles pour maintenir les conditions nécessaires à notre survie. Nous en avons aussi besoin parce qu'elles nous fournissent la pâte de bois nécessaire à la fabrication de nos livres, le bois de construction pour bâtir nos maisons, le coton pour tisser nos vêtements, et beaucoup des médicaments que nous utilisons.

Les êtres humains ont toujours récolté les produits naturels des plantes. Il y a quelques milliers d'années, ils ont commencé à sélectionner les plantes qu'ils cultivaient, choisissant celles qui résistaient le mieux aux sécheresses, ou celles qui produisaient les fruits les plus sucrés ou le plus de grains (figure 1). Au fil des siècles, cette sélection artificielle a modifié les plantes. Les pommes d'aujourd'hui, par exemple, sont beaucoup plus grosses et sucrées que celles des pommiers sauvages d'autrefois. Jusqu'à récemment, les plantes ne pouvaient produire que les sucres et les substances chimiques qu'elles contenaient naturellement. De nos jours, cependant, le génie génétique nous permet d'utiliser des plantes pour produire des substances qui se trouvent normalement dans des organismes entièrement différents.

Le génie génétique est une technologie qui permet de prélever du matériel génétique d'un organisme et de l'ajouter à celui d'un autre organisme. On peut prélever l'ADN d'un poisson, par exemple, et l'introduire dans une plante. Ce matériel génétique transplanté contient l'information nécessaire pour produire des substances qui se trouvent normalement dans l'organisme d'origine. Le but visé est que la nouvelle plante « transgénique » utilise cette information afin de produire le composé souhaité (figure 2). Les organismes qui contiennent l'ADN d'autres espèces sont souvent appelés « organismes génétiquement modifiés » (OGM).

Figure 1 En sélectionnant et en cultivant les graines des meilleures plantes, les êtres humains ont graduellement modifié la manière dont les plantes croissent. Le maïs fait l'objet de reproductions sélectives depuis des milliers d'années.

Figure 2 Comme cette plante contient du matériel génétique provenant d'une luciole, elle est capable de produire une protéine à fluorescence verte. La protéine luit et aide les scientifiques à découvrir le fonctionnement interne des cellules de la plante.

Les recherches scientifiques portent sur une grande variété de modifications génétiques. Ces recherches pourraient mener à la production de plantes qui :
- sont résistantes aux organismes nuisibles, aux maladies et aux conditions défavorables à la croissance, telles que la sécheresse ou le gel ;
- permettent de produire des vaccins et d'autres médicaments importants ;
- ont une plus grande valeur nutritive ;
- peuvent absorber plus de dioxyde de carbone présent dans l'air ;
- fabriquent du matériel biologique précieux, comme la protéine de la toile d'araignée.

Au Canada, nous cultivons déjà des plantes transgéniques (figure 3). De nombreuses variétés de plantes cultivées (comme le maïs, le soja et le canola) ont été modifiées de façon à pouvoir résister à certains herbicides. Cela permet aux agricultrices et agriculteurs d'arroser le champ entier avec un produit chimique qui détruira toutes les mauvaises herbes, mais ne nuira pas aux plantes cultivées.

Figure 3 Un champ de canola transgénique

D'autres plantes (comme le maïs et la pomme de terre) ont reçu un gène de l'ADN d'une bactérie qui tue les chenilles. Cela réduit le besoin de pesticides, permet aux agricultrices et agriculteurs de réduire leurs coûts de production, et entraîne une diminution de la quantité de pesticides rejetés dans l'environnement.

Enjeu

La création de plantes transgéniques est controversée. Bien des gens pensent que les OGM peuvent altérer l'écologie de la planète. D'autres prétendent que cette technologie pourrait rapporter d'immenses bénéfices à la société et à l'environnement.

Objectif

Évaluer les risques et les avantages associés à un type de plante transgénique et préparer un ensemble de recommandations fondées sur tes découvertes.

Collecte de l'information

Fais des recherches à la bibliothèque et dans Internet pour te renseigner sur les utilisations possibles des OGM. Choisis une plante transgénique qui te semble intéressante. Effectue des recherches pour trouver l'organisme dans lequel on a prélevé l'ADN introduit dans cette plante. Quels avantages cet OGM offre-t-il pour les gens et pour l'environnement ? Quels sont les risques associés à sa culture ? En collectant l'information, évalue sa fiabilité et son objectivité.

> **COUP DE POUCE**
> **LECTURE**
>
> **Poser des questions**
> Parfois, une information manquante dans un texte t'amène à poser une question par inférence. Ainsi, tu peux te demander si la transplantation d'un gène de poisson dans une plante pose un risque. Le texte ne dit pas qu'il n'y a aucun risque, et tu as lu un article sur des impacts négatifs potentiels du génie génétique. En combinant ce que le texte ne dit pas avec ce que tu sais déjà, tu en viens à te poser une question par inférence.

Examine des solutions possibles

Considère les obstacles et les risques associés à la production de la plante transgénique que tu as choisie. Trouve des moyens de surmonter les obstacles et de réduire ou d'éliminer les risques.

Prends une décision

Prépare un ensemble de recommandations concernant ta plante transgénique. Devrait-on approuver l'utilisation et la culture de cette plante ? Si oui, devrait-il y avoir des règles pour établir comment, quand et où elle peut être cultivée ? Qui devrait établir ces règles ?

Communique ton point de vue

Discute avec ton enseignante ou ton enseignant de tes options pour cette étape. Présente tes recommandations à la classe.

4.4 Le fonctionnement coopératif des tissus

Les feuilles de la plupart des plantes sont des structures très spécialisées dont la fonction primordiale est d'effectuer la photosynthèse. Dans cette section, tu vas examiner les diverses façons dont les différents tissus de la feuille travaillent ensemble pour accomplir cette fonction vitale.

La photosynthèse est le processus par lequel la plante fabrique du glucose à partir de molécules simples et en utilisant l'énergie lumineuse, habituellement celle du Soleil. Rappelle-toi l'équation de cette réaction :

$$\text{énergie lumineuse} + \text{dioxyde de carbone} + \text{eau} \xrightarrow{\text{chlorophylle}} \text{glucose} + \text{oxygène}$$

La feuille utilise l'énergie lumineuse, le dioxyde de carbone et l'eau pour produire du glucose et de l'oxygène. Le glucose est ensuite transformé dans la feuille en d'autres hydrates de carbone. Ces hydrates de carbone, sous forme d'amidon, constituent une réserve d'énergie chimique. La plante peut aussi les utiliser comme éléments de base de toutes les substances chimiques et structures complexes qu'elle doit fabriquer.

Le sucre ainsi produit est essentiel pour toutes les parties de la plante et doit donc être acheminé. Toutes les cellules de la plante ont besoin de glucose (une forme de sucre) et d'oxygène pour la respiration cellulaire. (Rappelle-toi que la respiration cellulaire est la production d'énergie à partir du glucose.) Cependant, les feuilles produisent plus d'oxygène que ce dont la plante a besoin. Le surplus d'oxygène est donc évacué comme un déchet.

Examinons plus en détail comment les plantes utilisent les trois éléments requis pour effectuer la photosynthèse : l'énergie (lumière du Soleil), le dioxyde de carbone et l'eau.

Absorber la lumière

Comme tu le sais, la plupart des feuilles sont vertes et minces (figure 1). Ces deux caractéristiques sont idéales pour l'absorption de la lumière. La grande surface des feuilles larges et minces leur permet d'absorber plus de lumière ; c'est pourquoi cette forme de feuille est très répandue. La couleur verte est produite par la chlorophylle, le pigment qui absorbe la lumière au début du processus de photosynthèse.

> **COUP DE POUCE**
> **LECTURE**
>
> **Poser des questions**
>
> S'il y a une chose que tu ne comprends pas en lisant un texte, interromps ta lecture et essaie de te poser une question à ce sujet. Relis la phrase précédente pour voir si une information qui répondrait à ta question aurait pu t'échapper. Tu peux aussi poursuivre ta lecture pour voir si l'information donnée dans les phrases ou les paragraphes suivants répond à ta question.

Figure 1 (a) On appelle parfois cette plante « parapluie des pauvres ». Elle pousse dans les forêts tropicales humides du Panama. (b) Les feuilles de la victoria d'Amazonie ont un diamètre de plus d'un mètre.

Comme tu l'as appris à la section 4.1, la chlorophylle se trouve dans les organites des cellules appelées « chloroplastes », qui accomplissent le processus de photosynthèse. Dans la plupart des feuilles (figure 2), les chloroplastes sont surtout situés dans le **parenchyme palissadique** et le **parenchyme spongieux**. Les cellules du parenchyme palissadique se trouvent juste sous la surface supérieure de la feuille, là où il y a le plus de lumière. Les cellules du parenchyme spongieux se trouvent partout à l'intérieur de la feuille. Ces deux types de cellules font partie du système tissulaire fondamental. Regarde la figure 2 : comme tu peux le voir, les cellules du parenchyme palissadique sont très serrées, alors que celles du parenchyme spongieux sont plus espacées. La disposition serrée des cellules du parenchyme palissadique leur permet de capter le plus de lumière possible, alors que l'espace entre les cellules du parenchyme spongieux permet aux gaz de circuler. Toutes ces cellules photosynthétiques ont besoin d'être alimentées en eau et en dioxyde de carbone.

parenchyme palissadique couche de cellules allongées et serrées, située sous la surface du dessus de la feuille et contenant des chloroplastes. Ces cellules font partie du système fondamental de la feuille.

parenchyme spongieux région interne de la feuille où se trouvent des cellules espacées contenant des chloroplastes. Ces cellules font partie du système fondamental de la feuille.

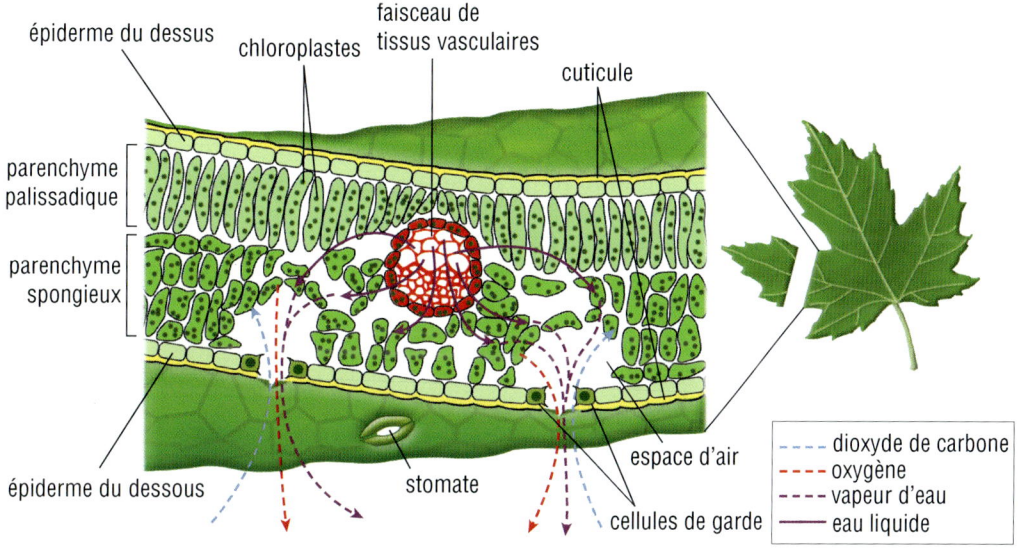

Figure 2 Les tissus spécialisés et les cellules d'une feuille

Capter le dioxyde de carbone

Comment le dioxyde de carbone entre-t-il dans les feuilles ? Comme tu peux le voir à la figure 2, toute la surface du dessus et du dessous de la feuille est couverte d'une couche de tissu épidermique, ou épiderme. Les cellules qui composent ce tissu produisent une fine couche de cire, la **cuticule**. La cuticule empêche le dessèchement de la feuille. Elle empêche aussi les gaz d'entrer dans la feuille par diffusion directe, à travers les cellules de la surface. Les gaz entrent et sortent par des ouvertures spéciales à la surface de la feuille, appelées **stomates**. Ces ouvertures sont entourées et contrôlées par deux **cellules de garde** (figure 3). Celles-ci peuvent se contracter vers l'extérieur (s'ouvrir) ou se rejoindre au centre du stomate (se fermer). Chez la majorité des plantes, presque tous les stomates sont situés sur la face inférieure (le dessous) de la feuille. Cela réduit les pertes d'eau, laisse une plus grande surface pour la photosynthèse et diminue le risque d'intrusion de virus, de bactéries ou de spores fongiques dans la feuille.

cuticule couche de cire qui se forme sur les deux faces de la feuille et empêche la diffusion de l'eau et des gaz

stomate ouverture à la surface d'une feuille qui permet l'échange des gaz

cellules de garde paire de cellules située dans l'épiderme, qui entoure et contrôle l'ouverture et la fermeture des stomates

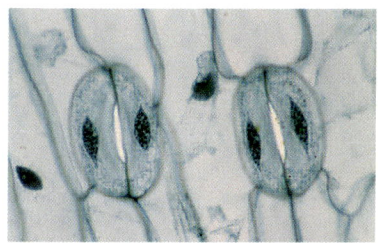

Figure 3 Deux stomates, chacun entouré par une paire de cellules de garde

Une fois que le dioxyde de carbone est entré dans la feuille par le stomate, il peut circuler dans les espaces d'air du parenchyme spongieux. Cela lui permet d'atteindre plus facilement les cellules photosynthétiques à l'intérieur de la feuille.

Contrôler les stomates

Quand et pourquoi les plantes ouvrent-elles ou ferment-elles leurs stomates ? Quand les stomates sont ouverts, le dioxyde de carbone peut entrer dans la feuille, et l'oxygène peut en sortir. Cela permet à la plante d'effectuer la photosynthèse. Idéalement, les plantes ouvriraient leurs stomates aussitôt qu'il fait soleil. Mais quand les stomates sont ouverts, la vapeur d'eau peut s'échapper. Une feuille très mince pourrait se dessécher rapidement lors d'une journée ensoleillée ou venteuse. Il est donc très important d'empêcher une trop grande perte d'eau.

Les cellules de garde sont une adaptation qui permet à la plante de conserver son eau. Elles réagissent aux niveaux d'eau à l'intérieur de la feuille en modifiant leur forme. S'il y a une bonne provision d'eau dans la feuille, les cellules de garde s'étirent vers l'extérieur : elles ouvrent le stomate. Si la feuille manque d'eau, les cellules de garde se ramollissent et se rejoignent : elles ferment l'entrée du stomate. Les cellules de garde sont aussi dotées d'un mécanisme qui réagit à l'intensité de la lumière. Cela leur permet de fermer le stomate la nuit, lorsque la plante n'a pas besoin de dioxyde de carbone, puisqu'il n'y a pas de lumière pour effectuer la photosynthèse.

> **COUP DE POUCE**
> **APPRENTISSAGE**
>
> **Des cellules-portes**
> Tu peux te rappeler le rôle des cellules de garde en les comparant à des portes, et en comparant le stomate à l'entrée. Tu pénètres dans un édifice par l'entrée, comme les gaz entrent par le stomate. Tu fermes l'entrée à l'aide d'une porte, comme la feuille ferme ses ouvertures avec ses cellules de garde.

SCIENCES EN ACTION — FABRIQUER UN MODÈLE DE CELLULES DE GARDE

HABILETÉS : exécuter, observer, analyser, évaluer, communiquer

Dans cette activité, tu vas fabriquer un modèle de cellules de garde pour voir comment elles peuvent modifier la taille de l'ouverture du stomate.

 Les élèves qui sont allergiques ou sensibles au latex devraient éviter tout contact avec les ballons.

Matériel : 2 ballons de forme allongée, ruban-cache

1. Gonfle partiellement deux ballons de forme allongée. Garde les extrémités des ballons fermées.
2. Demande à une ou à un camarade de placer plusieurs bandes de ruban-cache sur l'un des côtés de chaque ballon, dans le sens de la longueur.
3. Gonfle un peu plus les deux ballons. Place les deux ballons côte à côte, les côtés avec du ruban se faisant face.
4. Laisse sortir un peu d'air des ballons, jusqu'à ce que les deux ballons se ramollissent et s'appuient l'un sur l'autre.

A. Fais deux schémas avec mots-étiquettes de tes ballons, un pour l'étape 3 et l'autre pour l'étape 4.

B. Lequel des schémas représente deux cellules de garde remplies d'eau, et lequel représente les cellules de garde contenant moins d'eau ?

C. Que représente l'espace entre les deux ballons ?

D. Quel effet le ruban-cache a-t-il sur la forme des ballons complètement gonflés ?

E. Les ballons sont un modèle de deux cellules de garde d'une feuille. Jusqu'à quel point constituent-ils de bons modèles ?

Se procurer l'eau

Les feuilles réduisent leur perte d'eau à l'aide de leurs cuticules et en fermant leurs stomates quand leur réserve d'eau est basse. Mais comment se procurent-elles cette eau ? Les tissus vasculaires du xylème et du phloème sont regroupés en faisceaux et s'étendent dans l'ensemble de la plante, des racines jusqu'aux feuilles. Les poils racinaires, de longues et minces cellules épidermiques, se prolongent dans le sol environnant et absorbent l'eau par osmose. Ils augmentent beaucoup la surface disponible pour l'absorption d'eau, ce qui permet au processus d'osmose de s'effectuer très rapidement. L'eau est ensuite acheminée par le xylème à partir des racines jusque dans la tige et les feuilles.

Comparer les systèmes des végétaux à ceux des animaux

Les végétaux et les animaux sont des organismes très différents. Au niveau cellulaire, toutefois, on note des ressemblances. Les cellules végétales et animales ont certains processus en commun; par exemple, elles respirent. Dans ce processus, elles utilisent l'oxygène pour « brûler » le glucose, qu'elles emploient ensuite pour d'autres processus. Cette réaction produit non seulement de l'énergie, mais aussi du dioxyde de carbone et de l'eau. De plus, les faisceaux de tissu vasculaire des plantes ressemblent aux veines et aux artères des animaux (figure 4). Il y a toutefois une différence importante. Chez les animaux, le sang est pompé par le cœur, qui le fait circuler dans le corps; chez les plantes, les liquides circulent de façon passive. Les plantes n'ont pas d'organe correspondant au cœur des animaux. Dans le tableau 1, on compare l'exécution d'une même tâche par les systèmes des animaux et des végétaux.

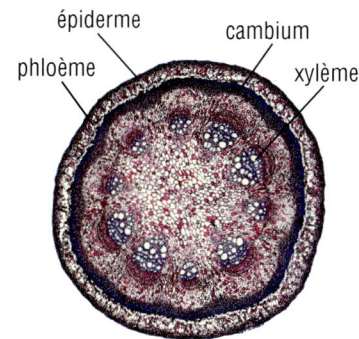

Figure 4 Les faisceaux de tissus vasculaires acheminent l'eau et les autres substances dans la plante. Ces faisceaux peuvent être comparés aux veines et aux artères des animaux.

Tableau 1 Comparaison des systèmes chez les animaux et les végétaux

Tâche	Systèmes organiques des animaux	Systèmes tissulaires des végétaux
Se procurer de la nourriture et la distribuer dans l'organisme	• Le système nerveux et l'appareil locomoteur participent à l'obtention de nourriture. • L'appareil digestif transforme la nourriture. • Les vaisseaux sanguins du système circulatoire transportent tous les nutriments digérés.	• L'absorption du dioxyde de carbone nécessaire est contrôlée par les cellules du tissu dermique. • Le tissu fondamental des feuilles produit lui-même la nourriture de la plante (les sucres). • Le système vasculaire transporte les sucres et les autres composés complexes dans le phloème.

EN RÉSUMÉ

- La feuille d'une plante se compose de différents tissus qui ont chacun leur structure et leur fonction propres.
- Le tissu fondamental d'une feuille est principalement responsable de la photosynthèse et occupe l'espace entre les couches dermiques et les tissus vasculaires.
- L'épiderme d'une feuille comprend plusieurs petites ouvertures appelées « stomates » qui permettent l'échange des gaz et l'évacuation de la vapeur d'eau.
- Des cellules de l'épiderme appelées « cellules de garde » entourent et contrôlent chaque stomate.
- Les cellules animales et végétales utilisent des sucres et de l'oxygène dans le processus de respiration.
- Comme les animaux, les végétaux possèdent des systèmes qui interagissent pour accomplir des tâches complexes.

VÉRIFIE TA COMPRÉHENSION

1. a) Trouves-tu difficile de comparer les structures animales aux structures végétales?
   b) Que pensent tes camarades de cette comparaison?
   c) Discutez en groupe de cette question avec votre enseignante ou votre enseignant.
2. Explique de quelle façon chaque région de la feuille contribue à la photosynthèse.
3. Pourquoi y a-t-il plus d'espace entre les cellules de la région spongieuse de la feuille?
4. a) Comment les cuticules et les cellules de garde remplissent-elles les mêmes fonctions?
   b) En quoi leurs rôles diffèrent-ils?
5. Compare les fonctions et la disposition des cellules du parenchyme palissadique à celles du parenchyme spongieux.
6. Comment la forme et la couleur des feuilles illustrées à la figure 1 de la page 136 aident-elles la feuille à accomplir sa fonction primordiale?
7. Décris brièvement de quelle façon les cellules de garde peuvent contrôler les stomates.

4.5 RÉALISE UNE ACTIVITÉ

Les cellules et les tissus des plantes

Dans cette activité, tu vas préparer toi-même une lame de microscope pour examiner un tissu de plante. Tu vas également observer d'autres lames préparées avec d'autres tissus de plantes. Pour chaque lame, tu vas faire un schéma avec mots-étiquettes illustrant les caractéristiques clés des cellules et des tissus examinés. Tu vas aussi observer les différences entre les échantillons de tissus.

HABILETÉS
- Se poser une question
- Formuler une hypothèse
- Prédire le résultat
- Planifier
- Contrôler les variables
- Exécuter
- Observer
- Analyser
- Évaluer
- Communiquer

Objectif

Parties A et B : Examiner différents tissus de plantes.
Partie C : Observer les différences entre les structures des tissus et faire le lien entre ces structures et leurs fonctions respectives.

Matériel

- tablier de laboratoire
- gants jetables
- scalpel ou couteau tranchant
- plateau ou planche à découper
- loupe
- lame de microscope
- microscope optique
- céleri ou lame préparée de faisceaux vasculaires d'une branche de céleri
- bouteille compte-gouttes d'une solution iodée
- lame préparée d'une section transversale de feuille
- plante complète comprenant les racines, les tiges et les feuilles, comme un radis ou une betterave

⚠️ Fais preuve de prudence quand tu te sers d'instruments coupants comme un scalpel ou un couteau. Coupe toujours vers le bas sur une planche à découper ou un plateau placé sur une table de laboratoire.

☠️ La solution iodée est toxique et peut tacher la peau et les vêtements. Utilise des gants jetables, manipule la solution avec précaution et lave-toi les mains quand tu auras terminé.

Marche à suivre

 LA BOÎTE À OUTILS 1.B., 2.D.

Partie A : Coupe transversale d'une branche de céleri

1. Mets ton tablier et tes gants.
2. Procure-toi un morceau de céleri.
3. À l'aide d'un scalpel ou d'un couteau tranchant, coupe une tranche de la branche de céleri sur la planche à découper (figure 1).

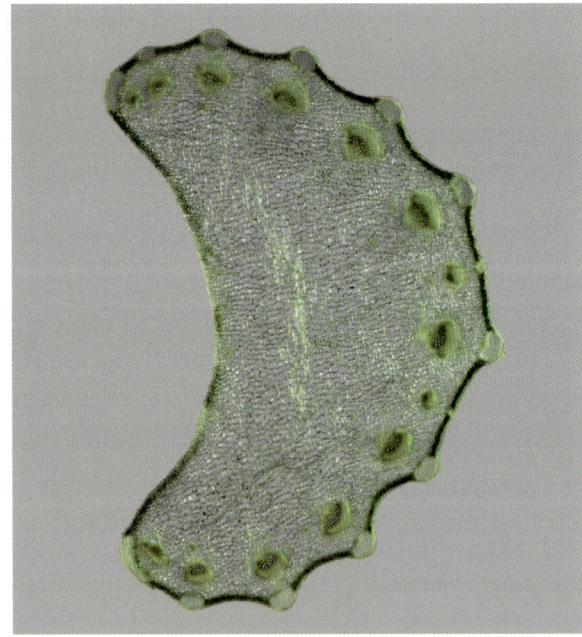

Figure 1 Tranche mince de branche de céleri

4. Observe la tranche de céleri avec la loupe. Fais un schéma de tes observations.
5. Avec précaution, ajoute une goutte de solution iodée sur la tranche, puis observe attentivement les faisceaux vasculaires avec la loupe.

140 Chapitre 4 • Les systèmes végétaux

6. Coupe une tranche aussi mince que possible de la tranche de céleri imbibée par la solution iodée. Place cette mince tranche sur une lame propre de microscope et observe-la à faible puissance. Fais un schéma de tes observations en illustrant la disposition des faisceaux vasculaires.

Partie B : Coupe transversale d'une feuille

7. Procure-toi une lame préparée d'une section transversale de feuille.

8. Ajuste le microscope à faible puissance et observe la disposition des cellules de la feuille. Place la lame au centre de la platine et fais la mise au point en tournant la vis macrométrique. Ajuste le microscope à la puissance moyenne et fais la mise au point en tournant la vis micrométrique. Compare ce que tu observes à ce que tu vois à la figure 2.

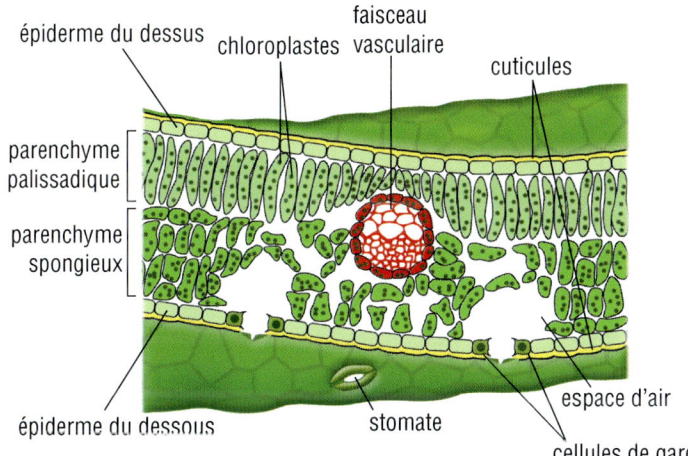

Figure 2 Une partie de la coupe transversale de la feuille

9. Fais un schéma scientifique avec mots-étiquettes des cellules, en notant leur forme et leur disposition.

10. Ajuste le microscope à faible puissance et remets la lame de microscope à ton enseignante ou à ton enseignant.

Partie C : La plante entière

11. Procure-toi une plante entière de betterave ou de radis. Enlève soigneusement toute la terre des racines pour qu'elles soient bien visibles.

12. Fais un schéma avec mots-étiquettes de cette plante. Indique où se trouvent le système racinaire et le système foliacé. Identifie également les deux parties du système foliacé que tu peux voir.

Analyse et interprète

a) Que sont les « fils » que tu vois dans une branche de céleri ? Quelle est leur fonction ?

b) Dans le schéma que tu as fait au point 9, indique les régions où chacun de ces processus a lieu :
   i) absorption de la lumière
   ii) approvisionnement en eau
   iii) absorption de dioxyde de carbone

c) Le système racinaire de la plante observée à la partie C emmagasine des hydrates de carbone qui seront utilisés par la plante. Explique de quelle façon les hydrates de carbone sont acheminés jusqu'aux racines où ils sont emmagasinés.

Approfondis ta démarche

d) Quels sont les types uniques de cellules que tu as observés et qui peuvent être associés à des fonctions spécifiques ?

e) Fais un tableau pour illustrer les fonctions principales des racines, de la tige et des feuilles d'une plante.

f) Pourquoi les plantes ont-elles besoin de lumière, d'eau et de dioxyde de carbone ?

g) Explique de quelle façon l'eau est acheminée jusqu'aux feuilles d'une plante.

SCIENCES APPLIQUÉES

Pour l'amour des plantes : les Jardins botaniques royaux

La situation est florissante dans le plus grand jardin public du Canada. Les Jardins botaniques royaux (JBR) de Hamilton, en Ontario, couvrent 11 km², soit environ 2 500 terrains de football. Les paysages naturels et les jardins entretenus offrent des habitats à plus de 1 100 espèces de plantes. Plus de 20 spécialistes en horticulture prennent soin du parc. Plusieurs bénévoles donnent également un coup de main. Le personnel protège les plantes des organismes nuisibles et facilite la pollinisation. Chaque année, on produit des milliers de plants à partir de semis ou de bulbes, ou en faisant des boutures (figure 1). Les botanistes font également pousser des plantes ligneuses, telles que des rosiers et des arbres fruitiers, à partir de greffes (figure 2). Pour effectuer une greffe, on coupe une branche d'un arbre ou d'un arbuste et on la fixe sur un autre arbre qu'on appelle « porte-greffe ». La branche coupée guérit et les deux organismes se fusionnent, mais les deux parties conservent leurs propriétés génétiques.

Le résultat de ce travail acharné : un déploiement saisissant de fleurs, d'arbustes et d'arbres qu'on peut apprécier au cours d'une visite.

Les JBR sont une attraction touristique, mais ils jouent aussi un rôle dans la conservation des habitats et des espèces menacées du Canada. Ils abritent certaines plantes extrêmement rares, y compris la plus grande population canadienne de mûriers rouges, une espèce en voie de disparition. Le scirpe timide, une espèce indigène du parc, ne se retrouve que dans un seul autre endroit au Canada !

Une équipe de scientifiques s'affaire à restaurer une grande zone humide nommée Cootes Paradise, qui fait partie des JBR (figure 1). L'équipe examine les changements subis par un habitat au fil du temps. Les recherches portent aussi sur les espèces envahissantes venues d'autres pays, et qui nuisent aux écosystèmes canadiens. Les JBR travaillent de concert avec plusieurs organisations vouées à la conservation de la nature, dont l'Université McMaster et Environnement Canada. Leur objectif est de préserver les espèces végétales indigènes, les habitats et les écosystèmes du Canada.

Figure 1 Les jeunes plants requièrent beaucoup de soins et d'attention de la part du personnel de la serre.

Figure 3 Cootes Paradise est une zone humide précieuse qui fait partie des Jardins botaniques royaux, situés près du port de Hamilton.

Figure 2 Une branche de pommier a été greffée sur un porte-greffe.

Aux Jardins botaniques royaux, on accorde beaucoup d'importance à l'éducation du public. Des conseils de jardinage aux renseignements concernant la survie des espèces, le personnel du jardin explique au public l'importance des plantes. La mission des JBR s'étend même à l'extérieur de ses limites, puisqu'ils ont été désignés comme centre national de liaison du Canada dans le cadre de la Stratégie mondiale pour la conservation des plantes, une entente internationale. Le personnel des JBR propose même des ateliers pour inciter les professionnelles et professionnels de la santé à utiliser des plantes pour traiter les personnes âgées ou atteintes de déficiences physiques ou mentales.

La croissance des plantes

Le type de croissance des plantes est tout à fait différent de celui qu'on observe chez les animaux. Chez les animaux, la division cellulaire s'effectue dans tout l'organisme, où plusieurs types de cellules différenciées peuvent se diviser. Chez les plantes, la division cellulaire ne s'effectue que dans certaines parties de la plante. Une fois différenciées, la plupart des cellules d'une plante ne peuvent plus se diviser. De plus, presque tous les animaux cessent de grandir au moment où ils atteignent leur taille maximale. Tes bras et tes jambes ne continuent pas de se développer durant toute ta vie! Les plantes, au contraire, poursuivent leur croissance aussi longtemps qu'elles vivent.

Comment certaines plantes deviennent-elles des arbres massifs, si la division cellulaire ne s'effectue pas partout dans la plante?

Le méristème des plantes

Tu as appris à la section 4.2 que les cellules spécialisées des plantes se développaient à partir de cellules méristématiques, qui sont non spécialisées. Ces cellules sont situées près des extrémités des racines, dans les pousses des tiges et juste sous la couche externe de la tige chez les plantes ligneuses (figure 1). Les cellules méristématiques situées à l'extrémité des racines et des pousses forment le **méristème apical**. Les cellules méristématiques situées sur le pourtour de la tige et des racines forment le **méristème secondaire**. À mesure que les cellules se divisent et croissent dans ces régions, ces parties de la plante s'allongent et s'épaississent.

méristème apical cellules indifférenciées aux extrémités des racines et des pousses des plantes. Ces cellules se divisent, ce qui permet la croissance en longueur de la plante et le développement de tissus spécialisés.

méristème secondaire cellules indifférenciées situées sous l'écorce des tiges et des racines des plantes ligneuses. Ces cellules se divisent, ce qui permet à la plante d'augmenter son diamètre et de développer des tissus spécialisés dans la tige.

Le méristème apical

Dans l'activité 2.6, quand tu as examiné une pointe de racine d'oignon, tu as observé en fait une région du méristème apical de cette plante. Les extrémités en croissance des racines ont trois régions distinctes : le méristème où a lieu la division cellulaire, la région d'élongation et la région de maturation (figure 2).

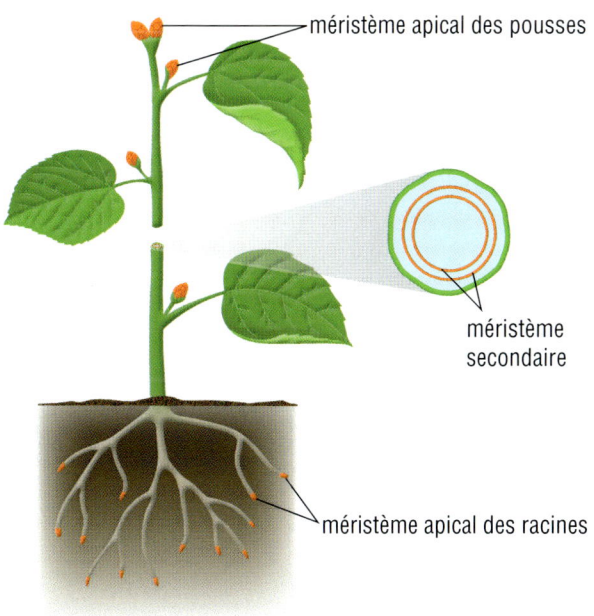

Figure 1 Régions méristématiques d'une plante ligneuse

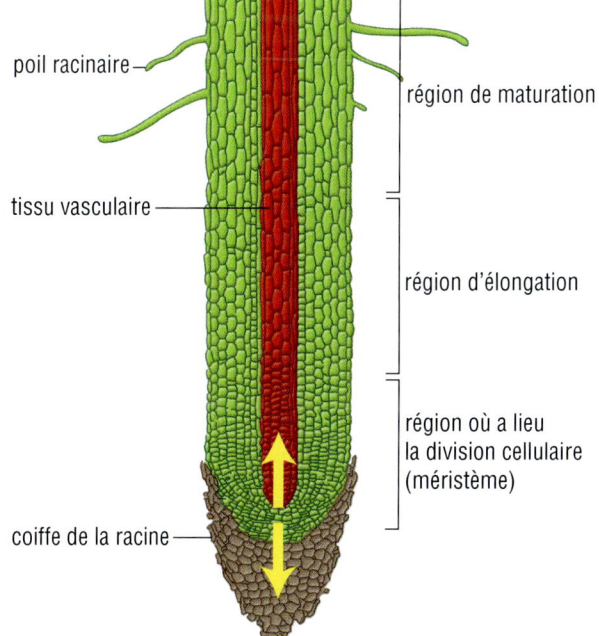

Figure 2 Dans une racine, la division cellulaire ne se produit que dans le méristème apical. Par la suite, les cellules s'allongent, se différencient en différents types de tissus spécialisés, et arrivent à maturité.

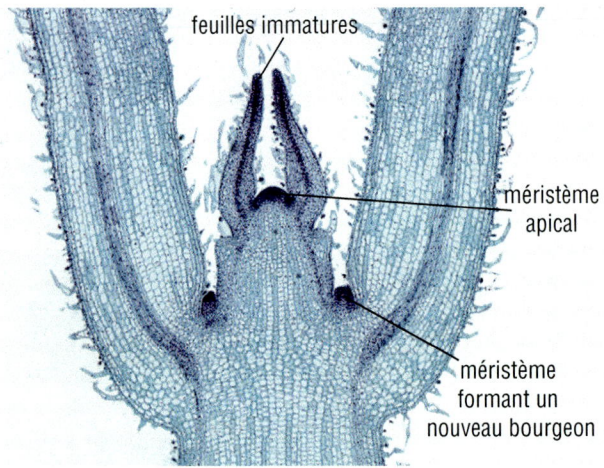

Figure 3 Dans le méristème de la pousse, la division cellulaire forme des tissus qui deviendront des feuilles, des tiges et peut-être des fleurs.

Quand les cellules du méristème des racines se divisent, plusieurs d'entre elles s'allongent. Cela fait grandir la racine, qui s'enfonce davantage dans le sol. Aux extrémités d'une racine, les cellules peuvent s'allonger de plus de 10 fois leur longueur initiale. Tout en s'allongeant, elles se différencient et deviennent des cellules spécialisées du tissu fondamental, vasculaire ou dermique. Elles achèvent ce processus dans la région de maturation. Après ce stade, la plupart des cellules ne peuvent plus poursuivre leur croissance ou se diviser.

Dans le système apical des pousses (dans les bourgeons à l'extrémité de la zone de croissance des pousses; voir figure 1 à la page précédente), la croissance est plus complexe. Le méristème apical se trouve aussi en certains endroits le long de la tige principale, ce qui donne à plusieurs plantes la possibilité de développer des branches. Les bourgeons contiennent le méristème, des parties immatures de la tige, des feuilles et, parfois, des fleurs (figure 3). Les cellules produites par le méristème apical se divisent et se spécialisent, formant ainsi les nouveaux tissus des tiges, des feuilles et des fleurs.

LE SAVAIS-TU ?

Les balais de sorcière
En Europe, au Moyen Âge, certaines personnes croyaient que les touffes de branches sur le flanc de certains arbres étaient «magiques». En fait, un champignon est responsable de ce phénomène. Ce champignon altère les signaux chimiques dans les cellules du méristème apical, ce qui cause un développement excessif de branches. Parfois, des horticultrices et horticulteurs infectent intentionnellement de jeunes plantes ornementales avec ce champignon pour qu'elles restent bien fournies.

Le méristème secondaire

Les plantes de grande longévité qui nous sont les plus familières sont les arbres. Ces plantes ligneuses croissent à la fois en hauteur et en diamètre. En plus d'avoir des méristèmes apicaux, les plantes ligneuses comportent des méristèmes secondaires dans leurs tiges et leurs racines. Le méristème secondaire forme deux cylindres emboîtés l'un dans l'autre sur toute la longueur des tiges et des racines. Quand le diamètre d'une plante augmente, le méristème secondaire externe produit un nouveau tissu dermique, appelé «liège», pour remplacer les vieilles cellules épidermiques. Le méristème secondaire interne produit de nouveaux tissus de phloème sur sa face externe, et de nouveaux tissus de xylème sur sa face interne (figure 4).

Figure 4 Dans les racines et les pousses, les cellules du méristème secondaire se différencient en tissus vasculaires (xylème et phloème) et en tissus dermiques. La croissance annuelle du nouveau tissu vasculaire forme un anneau visible de cellules.

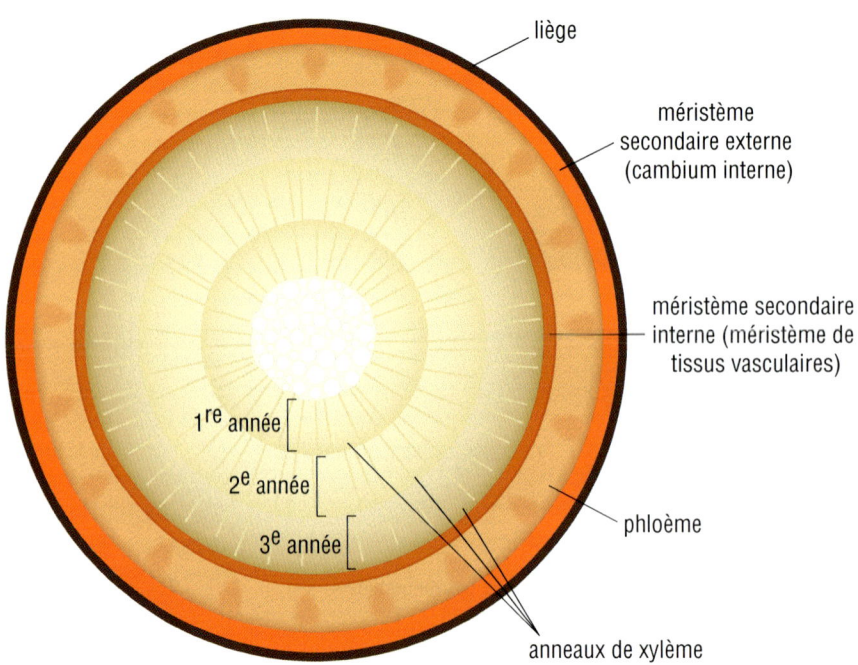

Le phloème et le liège forment donc l'écorce de l'arbre, alors que les anneaux de xylème forment les tissus à l'intérieur du tronc. Le xylème qui continue à se former fait augmenter le diamètre du tronc d'année en année. Un anneau visible de nouveau xylème se forme à chaque année de croissance et permet de connaître l'âge de l'arbre.

De nombreuses plantes n'ont pas de méristème secondaire. En conséquence, leurs tiges et leurs racines ne peuvent pas devenir plus épaisses une fois que les premiers tissus formés par le méristème apical sont arrivés à maturité. Ces plantes ne peuvent pas produire de tissu ligneux et elles restent généralement assez petites. Ce sont habituellement des plantes annuelles qui complètent tout leur cycle de vie en une seule année.

La reproduction végétative

Les clones sont des individus génétiquement identiques. Le clonage se produit naturellement chez les plantes et les animaux. Les vrais jumeaux sont un exemple d'animaux clonés naturellement.

De nombreuses plantes produisent des clones de façon naturelle. Dans ce processus, qu'on appelle **reproduction végétative**, une plante forme des pousses ou des racines spéciales qui deviennent de nouvelles plantes. Ces nouvelles plantes ont exactement la même information génétique que la plante-mère. La reproduction végétative est un phénomène courant. Par exemple, les plants de fraises se reproduisent en étalant leurs pousses, appelées « stolons », à la surface du sol. Quand les méristèmes à l'extrémité de ces pousses entrent en contact avec le sol, ils forment des racines et des pousses qui deviendront une nouvelle plante (figure 5(a)). Un grand bosquet de peupliers provient souvent d'un seul et même arbre (figure 5(b)). Comme les plants de fraises, les peupliers restent habituellement reliés à la plante-mère. Dans ce cas, il est plus précis de dire que tout le bosquet est un seul arbre comportant plusieurs tiges, plutôt que plusieurs clones de l'arbre d'origine.

COUP DE POUCE APPRENTISSAGE

D'autres noms pour le méristème secondaire

Si tu lis d'autres sources d'information sur les plantes, tu trouveras peut-être une terminologie scientifique différente. L'anneau interne de méristème secondaire est souvent appelé « cambium ». L'anneau externe du méristème secondaire est parfois appelé « phellogène ».

COUP DE POUCE LECTURE

Vérifier le sens

Parfois, tu rencontres un terme inconnu et tu te demandes : « Qu'est-ce que cela signifie ? » Commence par vérifier si une définition est donnée dans la marge. Tu peux aussi relire le paragraphe. Une définition peut être donnée entre parenthèses après le terme, ou un exemple peut t'aider à saisir sa signification.

reproduction végétative processus par lequel une plante produit une progéniture génétiquement identique, à partir de ses pousses ou de ses racines

Figure 5 Ces plantes sont des clones. (a) Les fraisiers produisent de nouveaux plants en étalant de longues tiges appelées « stolons », qui développent de nouvelles racines. (b) Les bosquets de peupliers sont en réalité des tiges clonées d'un même arbre. Nous pouvons souvent reconnaître ces « superorganismes » à l'automne, car ils changent tous de couleur en même temps !

La production de plantes à grande échelle

La capacité naturelle des plantes à se cloner a été mise à profit depuis des siècles par les agricultrices et agriculteurs, les jardinières et jardiniers et les agronomes. On peut utiliser différentes parties de la plante pour développer de nouvelles plantes. Chaque fois que tu fais pousser une nouvelle plante à partir d'une tige, d'une racine ou d'une feuille, tu clones la plante-mère. L'industrie horticole emploie cette technique et d'autres formes artificielles de reproduction végétative pour produire des clones dotés des caractéristiques souhaitées. La figure 6 illustre deux types de reproduction végétative couramment utilisés au Canada.

Figure 6 La reproduction végétative est ici utilisée pour créer de nouvelles plantes à partir (a) de « germes » de pommes de terre, qui ne sont pas des graines, mais des morceaux de pomme de terre qui germent, et (b) de boutures de feuilles de pélargonium.

La propagation par culture de tissus

Une des techniques les plus fascinantes dans le clonage des plantes est la **propagation par culture de tissus**. Dans ce procédé, on prélève des fragments de racines ou d'autres parties de la plante et on en extrait des cellules individuelles. Ces cellules sont cultivées dans un contenant auquel on ajoute des substances chimiques. Ces substances forcent les cellules à revenir à leur état de cellules indifférenciées et à commencer à se diviser, comme des cellules du méristème. En se divisant, les cellules forment des amas de cellules appelés « callus » (figure 7(a)). Ces callus en croissance peuvent être séparés indéfiniment, ce qui permet de produire un nombre illimité de masses de cellules en croissance. À tout moment, des substances chimiques peuvent être introduites dans chaque callus. Ces substances stimulent les cellules du callus à entreprendre le processus de croissance et de différenciation. Le résultat final est une nouvelle plante (figure 7(b)).

propagation par culture de tissus méthode permettant d'obtenir de nombreux plants identiques en prélevant des cellules sur une plante-mère, en les cultivant de façon à former des callus et en prélevant des parties de callus pour obtenir des plantes complètes

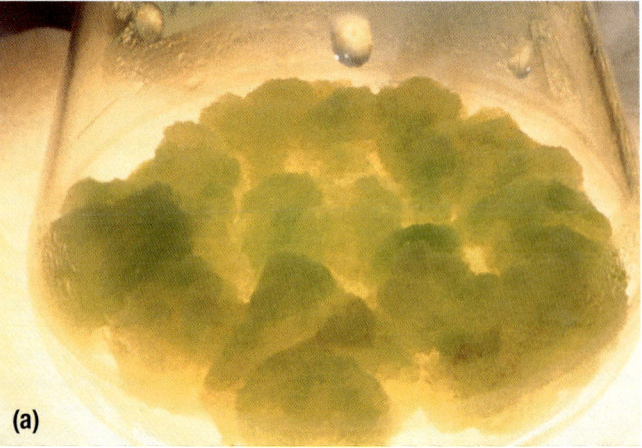 

Figure 7 (a) Les cellules de la plante sont traitées de manière à former des callus. (b) De nouvelles plantes poussent à partir des callus.

Les plantes issues de la propagation par culture de tissus sont génétiquement identiques à la plante-mère. Cette méthode permet de produire des milliers de clones à partir d'une seule plante-mère, ce qui est très utile pour la production à grande échelle ou pour obtenir des plantes ornementales uniformes (figure 8).

Figure 8 La propagation par culture de tissus permet de produire des milliers de clones à partir d'une seule plante-mère.

EN RÉSUMÉ

- Les méristèmes apicaux et secondaires sont responsables de la croissance de la plante.
- Les méristèmes apicaux causent la croissance en longueur des racines et des tiges, et produisent les feuilles et les fleurs.
- Les méristèmes secondaires, qui produisent le liège et les tissus vasculaires, ne se trouvent que dans les plantes ligneuses et causent la croissance du diamètre des tiges.
- De nombreuses plantes utilisent la reproduction végétative pour produire de jeunes plants ayant la même information génétique que la plante-mère.
- La reproduction végétative permet de produire de nombreux nouveaux plants à partir d'une même plante-mère.
- La propagation par culture de tissus est une technique utilisée pour produire des plantes à grande échelle.

VÉRIFIE TA COMPRÉHENSION

1. En quoi la croissance des plantes diffère-t-elle radicalement de la croissance des animaux?
2. Quels sont les deux principaux types de méristèmes dans une plante? Explique leur rôle respectif.
3. Qu'est-ce qui permet aux racines de s'enfoncer dans le sol et aux arbres de grandir?
4. Indique la localisation et décris l'organisation des nouveaux tissus de phloème et de xylème dans un arbre en croissance.
5. Seules les plantes ligneuses ont des méristèmes secondaires qui produisent des tissus vasculaires. Dans les plantes non ligneuses, d'où viennent les tissus vasculaires?
6. Dans un remue-méninges en petite équipe, dressez la liste des avantages que possède une plante qui peut produire des tissus ligneux.
7. En quoi le callus est-il similaire aux cellules souches de l'embryon?

CHAPITRE 4 À REVOIR

RÉSUMÉ DES CONCEPTS CLÉS

Les plantes ont un système foliacé et un système racinaire.

- Le système racinaire ancre la plante dans le sol et absorbe l'eau et les nutriments. Certaines racines emmagasinent de la nourriture pour la plante. (4.1, 4.2)
- Le système foliacé est principalement responsable de la photosynthèse (utilisation de l'énergie du Soleil par la plante pour transformer le dioxyde de carbone et l'eau en nourriture). (4.1, 4.4)
- Dans la plupart des plantes, le système foliacé produit aussi des fleurs qui permettront la reproduction sexuée. (4.1)

L'organisation des tissus, des organes et des systèmes des végétaux diffère de celle des animaux.

- Les organes des plantes sont généralement appelés « parties de la plante ». (4.1)
- Les parties de la plante se composent d'un ou de plusieurs de ces différents types de tissus : tissus dermiques, tissus vasculaires et tissus fondamentaux. (4.1, 4.2)

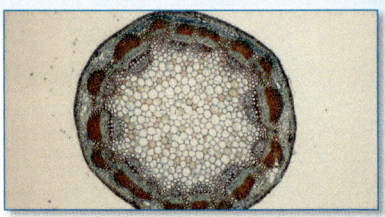

Les plantes possèdent trois types de tissus : dermiques, vasculaires et fondamentaux.

- Les tissus dermiques forment la couche extérieure des plantes. (4.2)
- Il y a deux types de tissus vasculaires : le xylème, qui assure la circulation de l'eau et des minéraux dissous vers le haut à partir des racines, et le phloème, qui assure la circulation de la nourriture produite par photosynthèse dans toute la plante. (4.2)
- Les tissus fondamentaux se trouvent entre les tissus dermiques et les tissus vasculaires, et sont responsables de la photosynthèse, de l'entreposage de la nourriture, et du soutien de la plante. (4.2)

Les scientifiques peuvent modifier la constitution génétique des plantes.

- Depuis des siècles, les êtres humains ont sélectionné et cultivé les plantes qui possédaient les meilleures caractéristiques. (4.3)
- Le génie génétique permet aux scientifiques de cultiver des plantes qui produisent des substances retrouvées normalement dans d'autres organismes. (4.3)
- Le génie génétique permet de transférer des sections sélectionnées d'ADN d'un organisme à un autre. Les organismes qui ont un nouveau matériel génétique sont des organismes génétiquement modifiés (OGM). (4.3)

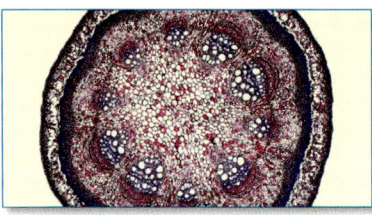

Les différents tissus des plantes interagissent pour effectuer des tâches complexes.

- Les cellules spécialisées des tissus d'une feuille ont des fonctions liées à la photosynthèse. (4.1, 4.4)
- Le parenchyme palissadique et le parenchyme spongieux contiennent les cellules photosynthétiques. (4.4)
- Les tissus vasculaires permettent la circulation de l'eau et des nutriments vers les feuilles, et de la nourriture fabriquée par la plante vers toutes ses parties. (4.2, 4.4)
- Les cellules de garde de l'épiderme contrôlent l'ouverture des stomates, ce qui permet l'échange de gaz et régule la perte d'eau de la feuille. (4.4)

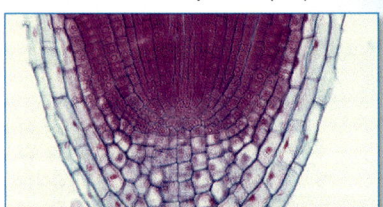

Les méristèmes déterminent le type de croissance des plantes.

- Les cellules méristématiques sont des cellules non spécialisées similaires aux cellules souches des animaux. (4.2, 4.6)
- Les cellules méristématiques sont situées dans le méristème apical aux extrémités des racines et des pousses de toutes les plantes, et dans le méristème secondaire des tiges et des racines des plantes ligneuses. (4.6)
- Les processus cellulaires qui ont lieu dans le méristème apical sont responsables de la croissance des racines et des tiges. (4.6)
- Les processus cellulaires qui ont lieu dans le méristème secondaire forment de nouveaux tissus et causent l'accroissement du diamètre des tiges. (4.6)

QU'EN PENSES-TU MAINTENANT?

Tu as réfléchi aux énoncés ci-dessous au début du chapitre. Tu avais peut-être déjà entendu parler de ces notions à l'école, à la maison ou autour de toi. Reconsidère-les maintenant et détermine si tu es d'accord ou non avec chacun.

1 Les plantes possèdent des organes, comme les animaux.
D'accord / En désaccord

4 Les plantes ont un système circulatoire.
D'accord / En désaccord

2 La respiration des plantes est semblable à celle des êtres humains.
D'accord / En désaccord

5 La division cellulaire s'effectue dans toutes les parties d'une plante.
D'accord / En désaccord

3 Toutes les plantes poussent à partir de graines.
D'accord / En désaccord

6 Les plantes utilisent de l'eau dans le processus de photosynthèse.
D'accord / En désaccord

Comment tes réponses ont-elles changé? Que sais-tu de plus maintenant?

Vocabulaire

système dermique (p. 126)
système vasculaire (p. 126)
système fondamental (p. 126)
système racinaire (p. 126)
système foliacé (p. 127)
cellule méristématique (p. 129)
tissu épidermique (épiderme) (p. 131)
tissu péridermique (p. 131)
xylème (p. 132)
phloème (p. 132)
parenchyme palissadique (p. 137)
parenchyme spongieux (p. 137)
cuticule (p. 137)
stomate (p. 137)
cellules de garde (p. 137)
méristème apical (p. 143)
méristème secondaire (p. 143)
reproduction végétative (p. 145)
propagation par culture de tissus (p. 146)

IDÉES maîtresses

✓ **Les plantes et les animaux, y compris les êtres humains, sont constitués de cellules, de tissus et d'organes spécialisés qui sont organisés en systèmes.**

● **Les progrès de la médecine et de la technologie médicale peuvent avoir des conséquences d'ordre social et moral.**

CHAPITRE 4 RÉVISION

Les icônes suivantes t'indiquent la compétence visée par chaque question.

- **CC** Connaissance et compréhension
- **C** Communication
- **HP** Habiletés de la pensée
- **MA** Mise en application

Qu'as-tu retenu ?

1. Copie la colonne de gauche du tableau 1 dans ton cahier de notes. Fournis les réponses demandées. (4.1, 4.2) **CC**

   Tableau 1 Niveaux d'organisation dans les plantes

Niveau d'organisation	Réponses à donner
Systèmes	a) Indique deux systèmes.
Tissus	b) Indique trois types de tissus.
Parties de la plante	c) Indique quatre parties de la plante.
Tissus qui assurent la circulation	d) Indique deux types de tissus qui assurent la circulation.

2. Fais un schéma d'une plante. À l'aide de mots-étiquettes, indique ses principales parties. (4.1) **CC**

3. Explique la fonction principale de chaque partie de la plante. (4.1) **CC**

4. Nomme les parties de la plante et les cellules spécialisées qui jouent un rôle dans l'échange des gaz. (4.4) **CC**

5. Comment appelle-t-on les cellules indifférenciées d'une plante, et où sont-elles situées ? (4.2, 4.6) **CC**

6. Les plantes et les animaux ont des fonctions en commun. Nommes-en trois. (4.1, 4.4) **CC**

7. Qu'est-ce que le clonage d'une plante ? (4.6) **CC**

8. Les plantes se sont adaptées de diverses façons pour éviter le dessèchement. Décris deux de ces adaptations. (4.2, 4.4) **CC**

9. Nomme les fonctions des racines d'une plante. (4.1, 4.2, 4.4) **CC**

10. Quelles structures à l'intérieur des chloroplastes captent l'énergie lumineuse ? (4.1) **CC**

Qu'as-tu compris ?

11. Pourquoi les plantes n'ont-elles pas besoin de manger ? Explique comment elles se procurent des nutriments. (4.1, 4.2, 4.4) **CC**

12. Fais un schéma de l'extrémité d'une racine. Indique où sont situés les trois tissus de la plante. (4.6) **CC C**

13. Décris brièvement la fonction générale de chaque type de tissu dans l'extrémité d'une racine. (4.1, 4.2, 4.6) **CC**

14. Pourquoi considère-t-on les épines d'un cactus comme des feuilles modifiées ? (4.1) **CC**

15. Les plants de pomme de terre entreposent de l'amidon. Nous utilisons cet amidon comme aliment. Dans quelle partie de la plante les pommes de terre entreposent-elles leur amidon ? D'où vient-il ? (4.1, 4.2) **CC**

16. En quoi la croissance des plantes diffère-t-elle de celle des animaux ? (4.6) **CC**

17. Nomme et décris les deux types de reproduction de la plupart des plantes. (4.1, 4.6) **CC**

18. Pourquoi la croissance du diamètre des tiges est-elle limitée dans les plantes non ligneuses ? (4.6) **CC**

19. Nomme les tissus des plantes qui sont spécialisés dans le maintien et le support de la plante. (4.2) **CC**

20. Indique par où l'eau entre dans une plante et en sort. Décris les cellules spécialisées qui sont situées aux points d'entrée et de sortie. (4.1, 4.2, 4.4) **CC**

21. De quelles substances une plante a-t-elle besoin dans sa respiration ? (4.1) **CC**

22. Quelles sont les similarités et les différences entre les méristèmes des plantes et les cellules souches des animaux ? (4.2, 4.6) **CC**

Résous un problème

23. Nomme les parties de la plante illustrées à la figure 1(a), 1(b), 1(c) et 1(d). (4.1, 4.2, 4.4-4.6) **CC**

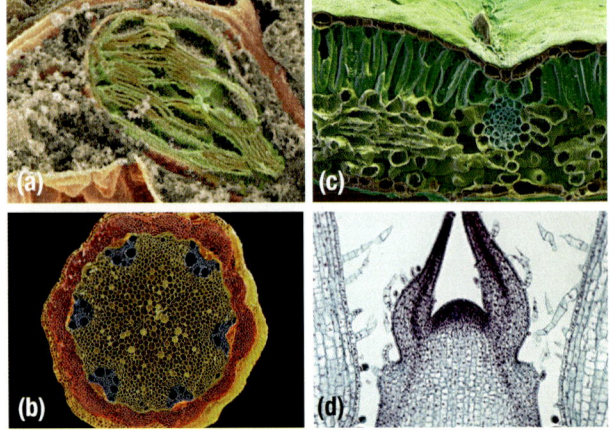

Figure 1

24. Nomme un endroit dans les plantes où il y a de l'espace entre les cellules. Quelle est la fonction de ces cellules, et pourquoi sont-elles espacées ? (4.4) CC

25. Comment se fait-il qu'une tige ou une feuille endommagée d'une plante puisse facilement se régénérer ? (4.2, 4.6) CC

26. Explique pourquoi arracher l'écorce d'un arbre peut le faire mourir. (4.6) MA

27. À ton avis, pourquoi les plantes pollinisées par le vent produisent-elles généralement plus de pollen que les plantes pollinisées par des animaux ? (4.1) MA

28. Quand tu passes la tondeuse, tu coupes parfois jusqu'à la moitié des feuilles du gazon. Pourtant, le gazon continue de pousser. Sers-toi de tes connaissances sur les méristèmes et la croissance des plantes pour expliquer cela. (4.6) MA

29. Écris l'équation de la photosynthèse. Ensuite, en analysant chaque terme de l'équation, explique comment la structure d'une feuille permet la photosynthèse. (4.4) CC HP

30. Comment peux-tu distinguer la surface supérieure de la surface inférieure d'une feuille ? (4.4) CC

Conçois et interprète

31. Imagine que tu es une molécule d'eau. Rédige un bref récit pour raconter le parcours que tu suis après avoir été absorbée par un poil racinaire, jusqu'au processus de photosynthèse. (4.1, 4.2, 4.4) CC HP C

32. Compare les avantages de la reproduction asexuée et de la reproduction sexuée chez les plantes. (4.1, 4.6) CC

33. Conçois une expérience qui te permettra de déterminer laquelle des formules d'engrais favorise le plus la croissance d'une plante. N'oublie pas d'identifier la variable dépendante et les variables indépendantes, et propose une façon de les contrôler. HP MA

34. Patricia et Louis ont gravé leurs initiales dans l'écorce d'un arbre, à un mètre du sol. L'arbre mesurait 5 m à ce moment-là. Vingt ans plus tard, l'arbre mesure 15 m. À quelle distance du sol les initiales se trouvent-elles ? Explique ta réponse. (4.6) HP

35. Les climatologues étudient les anneaux de croissance des arbres pour faire des inférences sur le climat qui prévalait au cours de la vie de ces arbres. Explique de quelle façon les anneaux de croissance peuvent donner de l'information qui rend possibles ces inférences. (4.6) CC HP

Réfléchis à ce que tu as appris

36. Dans ce chapitre, tu as étudié les cellules et les tissus spécialisés des plantes. Qu'est-ce qui t'a semblé le plus intéressant ou le plus surprenant ? Écris deux questions auxquelles tu aimerais trouver la réponse en étudiant davantage le sujet.

37. Les espèces de plantes menacées ou en voie de disparition retiennent généralement moins l'attention du public que les espèces animales dans la même situation. Présente, dans un paragraphe, un argument selon lequel les plantes sont plus importantes et devraient recevoir plus d'attention que les animaux. Comment l'étude de ce chapitre t'aide-t-il à élaborer ton argument ?

Recherches en ligne

38. La pomme McIntosh (figure 2) est très populaire au Canada. Fais une recherche sur les origines de cette variété. Présente tes découvertes en rédigeant un paragraphe qui figurera dans le dépliant publicitaire d'une pâtisserie. HP C MA

Figure 2

39. Tente de découvrir pourquoi les feuilles du poinsettia deviennent rouges vers le milieu de l'hiver. Comment peux-tu utiliser cette information pour faire en sorte que ton poinsettia rougisse à temps pour les prochaines vacances d'hiver ? Fais part de tes découvertes à tes grands-parents au moyen d'un courriel. HP C MA

CHAPITRE 4

QUESTIONNAIRE

Les icônes suivantes t'indiquent la compétence visée par chaque question.

- **CC** Connaissance et compréhension
- **C** Communication
- **HP** Habiletés de la pensée
- **MA** Mise en application

Choisis la meilleure réponse pour chacune de ces questions.

1. Quelle partie de la plante est responsable du processus de reproduction? (4.1) **CC**
   a) la fleur
   b) la feuille
   c) la racine
   d) la tige

2. Dans laquelle de ces plantes t'attendrais-tu à trouver des tissus péridermiques? (4.2) **CC**
   a) un nénuphar
   b) un chêne
   c) un cactus
   d) un poinsettia

3. Quels sont les produits de la photosynthèse? (4.1, 4.4) **CC**
   a) du dioxyde de carbone et de l'eau
   b) de l'eau et de l'oxygène
   c) de l'oxygène et du sucre
   d) du sucre et du dioxyde de carbone

4. Les cellules végétales qui peuvent se différencier et former des tissus spécialisés se nomment :
   a) cellules de stomates
   b) cellules transgéniques
   c) cellules épidermiques
   d) cellules méristématiques (4.2, 4.6) **CC**

5. Quel matériau forme les structures en forme de tubes qui assurent la circulation de l'eau, des racines jusqu'aux feuilles? (4.2) **CC**
   a) la chlorophylle
   b) la cuticule
   c) les stomates
   d) le xylème

6. Laquelle de ces plantes emmagasine la plus grande quantité d'amidon dans ses racines? (4.1) **CC**
   a) l'igname
   b) la tomate
   c) la citrouille
   d) le pommier

Indique si chacun des énoncés est VRAI ou FAUX. Si tu penses qu'un énoncé est faux, récris-le en le corrigeant.

7. « Système foliacé » est synonyme de tige d'une plante. (4.1) **CC**

8. Le phloème permet la circulation, dans l'ensemble de la plante, de la nourriture produite par photosynthèse. (4.2) **CC**

9. Le parenchyme spongieux est une région interne de la feuille où les cellules sont espacées. (4.4) **CC**

Copie les énoncés ci-dessous dans ton cahier. Complète-les à l'aide des termes appropriés.

10. L'organite où a lieu la photosynthèse se nomme _____ . (4.1) **CC**

11. Les thylakoïdes sont disposés en piles appelées _____ . (4.1) **CC**

12. Les ovules produits par l'organe reproductif femelle de la plante sont fécondés par le _____ produit par l'organe reproductif mâle. (4.1) **CC**

Associe chaque terme de la colonne de gauche à la description qui lui convient le mieux dans la colonne de droite.

13. a) stomate
    b) cuticule
    c) chloroplaste
    d) cellule de garde

    i) couche de cire à la surface des feuilles
    ii) structure qui contrôle une ouverture
    iii) ouverture qui permet l'échange de gaz
    iv) organite qui effectue la photosynthèse

    (4.1, 4.2, 4.4) **CC**

Rédige une brève réponse à chacune des questions suivantes.

14. Mentionne une différence entre les plantes et les animaux, qui s'applique à toutes les plantes et à tous les animaux. (4.1, 4.4) **CC**

15. Tu veux étudier les cellules dans la tige d'un plant de tomate. (4.1, 4.2) **HP**
    a) Nomme deux instruments dont tu vas avoir besoin et explique comment tu vas les utiliser.
    b) Nomme trois types de cellules que tu vas observer et décris leurs fonctions.

16. a) Nomme les deux produits de la photosynthèse et explique comment les animaux consomment chacun de ces produits.
    b) Explique pourquoi ces deux produits sont essentiels à la survie des animaux. (4.1, 4.4)

17. Les plantes ont besoin d'eau, de dioxyde de carbone et de la lumière du Soleil pour fabriquer leur nourriture. Conçois une expérience pour étudier l'effet de chacune de ces ressources sur la croissance des plantes. Explique comment tu vas d'abord priver la plante de chacune de ces ressources, pour ensuite lui en redonner et observer les effets. (4.1, 4.4)

18. Dans la cour d'un élève, il y a deux érables. Le tronc du premier mesure 2 m de diamètre, et le tronc du deuxième mesure 3 m de diamètre. Quel arbre est le plus vieux ? Explique ta réponse. (4.6)

19. Fais un schéma avec mots-étiquettes des cellules à l'extrémité d'une racine. Indique où se trouvent la coiffe de la racine, la région où s'effectue la division cellulaire, la région d'élongation, et la région de maturation. (4.6)

20. Explique comment chaque type de tissu d'une feuille a une fonction comparable à celle d'un organe ou d'un système organique du corps humain.
    a) le tissu dermique et la peau
    b) le tissu vasculaire et le système circulatoire
    c) le tissu fondamental et le système squelettique
    (4.2, 4.4)

21. Tu veux étudier les méthodes de reproduction et de propagation de plusieurs plantes à fleurs de ta région.
    a) Rédige quatre questions que tu poserais dans le cadre de ton étude pour déterminer les méthodes de reproduction de chaque plante.
    b) Rédige quatre questions que tu poserais dans le cadre de ton étude pour déterminer les méthodes utilisées par chaque plante pour disséminer ou propager ses graines.
    (4.1, 4.6)

22. Complète les schémas ci-dessous en leur ajoutant des mots-étiquettes pour identifier chaque type de tissu. Tu dois inscrire «dermique», «vasculaire» ou «fondamental» dans chacun des espaces. (4.2, 4.4)

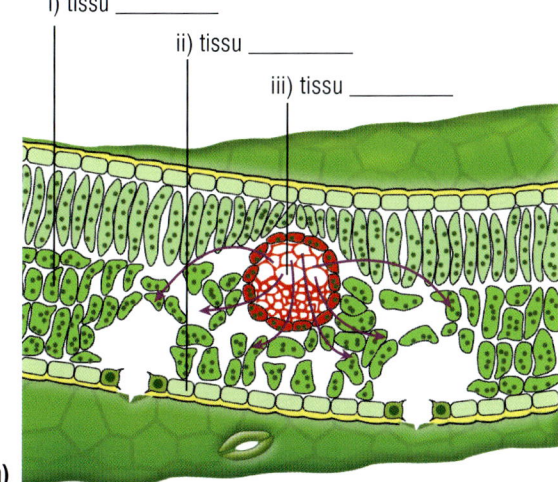

i) tissu _____
ii) tissu _____
iii) tissu _____

(a)

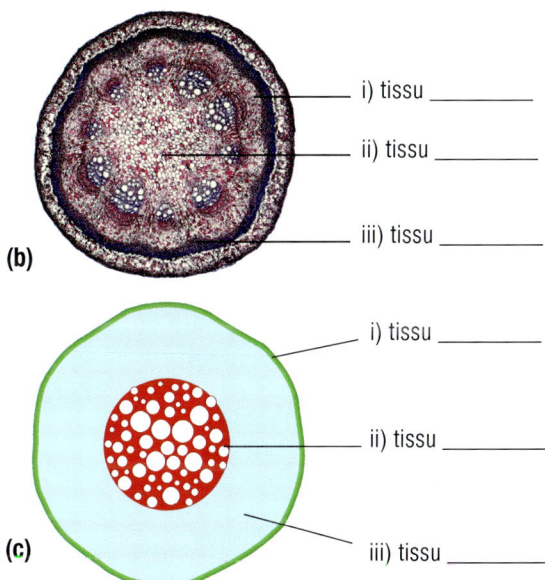

i) tissu _____
ii) tissu _____
iii) tissu _____

(b)

i) tissu _____
ii) tissu _____
iii) tissu _____

(c)

23. Dans une haie fraîchement taillée, il y a toujours de nouvelles feuilles qui poussent. Cependant, un être humain ne peut pas faire repousser un doigt qu'il a perdu par accident. Explique pourquoi les animaux et les plantes réagissent différemment à la perte d'une partie de leur corps. (4.2, 4.6)

24. Imagine que tu es un atome de carbone faisant partie d'un composé qui flotte dans l'air. Décris ton entrée dans la plante, ton parcours à l'intérieur, et les changements que tu observes. Décris ensuite de quelle façon tu deviens une partie d'un animal, et comment tu retournes dans l'air. Dans chaque phase, précise de quel composé chimique tu fais partie. (4.1, 4.2, 4.4)

UNITÉ B — À REVOIR

UNITÉ B : Fonctions et systèmes animaux et végétaux

CHAPITRE 2 — Les cellules, la division cellulaire et la différenciation cellulaire

CONCEPTS CLÉS

Tous les organismes sont constitués d'une ou de plusieurs cellules.

Les microscopes nous permettent d'examiner des cellules en détail.

Le cycle cellulaire se déroule suivant des stades distincts.

La division cellulaire est essentielle à la croissance, à la réparation et à la reproduction des organismes.

Les cellules cancéreuses se divisent généralement plus rapidement que les cellules normales.

Les technologies d'imagerie médicale jouent un rôle important dans le diagnostic et le traitement des maladies.

CHAPITRE 3 — Les systèmes animaux

CONCEPTS CLÉS

Les animaux complexes sont constitués de cellules, de tissus, d'organes et de systèmes organiques.

Les scientifiques utilisent des techniques de laboratoire pour étudier les structures et les fonctions des organismes animaux.

Chaque système organique accomplit une fonction spécifique grâce à la structure spécifique correspondante.

Il y a quatre principaux types de tissus animaux.

Les systèmes organiques interagissent les uns avec les autres pour assurer le bon fonctionnement de l'organisme.

Grâce à la recherche, les gens peuvent guérir plus facilement des maladies et des blessures.

CHAPITRE 4 — Les systèmes végétaux

CONCEPTS CLÉS

Les plantes ont un système foliacé et un système racinaire.

L'organisation des tissus, des organes et des systèmes des végétaux diffère de celle des animaux.

Les plantes possèdent trois types de tissus : dermiques, vasculaires et fondamentaux.

Les scientifiques peuvent modifier la constitution génétique des plantes.

Les différents tissus des plantes interagissent pour effectuer des tâches complexes.

Les méristèmes déterminent le type de croissance des plantes.

FAIS UN RÉSUMÉ

Imagine que tu assistes à une conférence dont le thème est « Fonctions et systèmes animaux et végétaux ». Toute la classe va assister à cette conférence pour discuter des « meilleures pratiques » dans le cadre d'une activité d'apprentissage coopératif. Chaque élève va avoir deux rôles importants :

1) en tant que membre de son équipe-foyer, formée de trois personnes ;
2) en tant que déléguée ou délégué dans un groupe de spécialistes.

Partie A : Déterminer les domaines d'expertise dans l'équipe-foyer

1. Dans l'équipe-foyer, attribuez de manière consensuelle les rôles suivants :
   - Spécialiste en implications (expertise : importance des progrès technologiques et médicaux en ce qui a trait aux systèmes biologiques ; analyse des implications sociales, éthiques et environnementales)
   - Spécialiste des animaux (expertise : division et différenciation cellulaires chez les animaux ; tissus, organes et systèmes des animaux ; habiletés de recherche)
   - Spécialiste des plantes (expertise : division et différenciation cellulaires chez les végétaux ; tissus et systèmes tissulaires chez les plantes ; habiletés de recherche)

Partie B : Participer à des ateliers de spécialistes

2. Les spécialistes des équipes-foyers ayant la même expertise se rencontrent en tant que déléguées et délégués dans un « atelier ». Tous les spécialistes en implications, par exemple, se réunissent.

3. La personne qui anime la conférence (ton enseignante ou ton enseignant) va afficher une liste des sujets dont les déléguées et délégués doivent discuter. Inscris-toi pour indiquer le sujet que tu crois pouvoir le mieux traiter et fournis un échantillon de ton travail.

4. Les déléguées et délégués présentent à tour de rôle leur travail aux autres spécialistes. Distribue un résumé imprimé de ta présentation aux élèves qui participent à ton atelier.

5. Pendant ou entre les présentations, tu peux poser des questions aux autres déléguées et délégués afin de clarifier certains points et de développer ton expertise.

Partie C : Communiquer à l'équipe-foyer les connaissances acquises

6. Rejoins ton équipe-foyer. Fais part aux autres membres de ce que tu as appris dans l'atelier des spécialistes.

7. En collaboration avec les membres de ton équipe-foyer, dresse une liste à puces des concepts importants à retenir en ce qui concerne chacune des attentes mentionnées au début de cette unité (page 20).

PERSPECTIVES D'AVENIR

Dresse la liste des carrières mentionnées au fil de cette unité. Choisis deux carrières qui t'intéressent, ou deux autres carrières liées aux fonctions et systèmes animaux et végétaux. Pour chacune de ces carrières, trouve les renseignements suivants :

- la formation exigée (secondaire et postsecondaire)
- les habiletés / la personnalité / les aptitudes requises
- les tâches et les responsabilités
- les employeurs potentiels
- la rémunération

Conçois une affiche avec les renseignements que tu as trouvés. Dans cette affiche, tu dois comparer les deux carrières que tu as choisies et expliquer en quoi elles sont reliées au contenu de cette unité.

UNITÉ B — ACTIVITÉ DE FIN D'UNITÉ

Aide en santé familiale

Une amie, un ami ou un membre de ta famille t'a demandé de l'aider à affronter un problème de santé. Ton aide va consister à faire des recherches et à lui fournir un ensemble de renseignements utiles. Souviens-toi qu'on ne peut pas se fier à l'autodiagnostic; seuls les professionnelles et professionnels de la santé peuvent poser un diagnostic et recommander des traitements, en consultation avec la personne concernée et sa famille.

En équipe, lisez les scénarios ci-dessous. Choisissez un problème de santé parmi les différents scénarios proposés.

> **HABILETÉS**
> - Définir l'enjeu
> - Effectuer une recherche
> - Déterminer les options
> - Analyser l'enjeu
> - Défendre une décision
> - Communiquer
> - Évaluer

Enjeu

SCÉNARIO 1 Ton oncle souffre de douleurs abdominales et a perdu beaucoup de poids sans raison apparente. Il a reçu un diagnostic de la maladie de Crohn. Sa famille veut comprendre les causes et les effets de cette maladie, et savoir comment elle peut être traitée et gérée.

SCÉNARIO 2 Pendant une partie de hockey, une de tes coéquipières est tombée sur la glace et a heurté la bande tête première. Elle a été transportée à l'hôpital pour subir des tests. Tu aimerais lui donner le plus d'information possible sur ses blessures, ce à quoi elle doit s'attendre et ce qu'elle doit faire pour éviter les complications ou d'autres blessures.

SCÉNARIO 3 Ton vieux chat semble malade. La vétérinaire pense que ses reins ne fonctionnent pas bien. Elle suggère différents traitements : une diète à faible teneur en cendres, un médicament pour rétablir le fonctionnement des reins, ou une dialyse péritonéale. Tu vas aider ta famille à prendre une décision éclairée à propos du traitement à choisir.

SCÉNARIO 4 La mère de ton meilleur ami souffre d'une toux chronique depuis plusieurs mois. Elle a consulté son médecin la semaine dernière pour discuter de sa douleur à la poitrine, de sa perte de poids et de sa grande fatigue. Son médecin lui a dit qu'elle devrait passer des tests de dépistage du cancer du poumon. Elle est anxieuse à l'idée de passer ces tests. Tu vas rassembler de l'information pour elle, afin de l'aider à comprendre les différents tests qu'elle va subir et leur objectif.

SCÉNARIO 5 Ton chien courait après une balle quand il s'est soudainement mis à boiter. Le vétérinaire te dit que ton chien s'est déchiré le ligament croisé antérieur, et qu'une chirurgie sera peut-être nécessaire. Avant que ta famille opte pour la chirurgie, tu vas t'informer sur ce type de blessure et sur les différents traitements possibles.

SCÉNARIO 6 Ta partenaire de tennis a très mal à une épaule. D'après les premières recherches que tu as menées dans Internet, cela peut être causé par une tendinite du muscle sus-épineux. Ta partenaire pense qu'il n'est pas nécessaire d'aller voir le médecin. Tu veux recueillir de l'information pour elle, afin de la renseigner sur les effets à long terme des tendinites non traitées, et sur les traitements possibles.

Objectif

Offrir de l'information pour que ton amie, ton ami ou le membre de ta famille puisse prendre les bonnes décisions concernant son problème de santé ou celui de ton animal de compagnie.

Collecte de l'information

Revoyez en équipe le scénario choisi. Faites des recherches sur le fonctionnement normal de l'organe et sur les effets que la maladie ou la blessure peuvent avoir sur celui-ci. Cherchez à savoir quelles cellules spécialisées, quels tissus, organes ou systèmes organiques sont affectés par ce problème de santé. Recherchez les causes et le diagnostic possibles ainsi que les traitements offerts. Répartissez les différentes tâches de recherche entre vous. Consultez plusieurs sources. Rédigez un plan sommaire de votre recherche. Informez-vous sur les points suivants :

- Comment fonctionne cette partie du corps dans des conditions normales ?
- Comment la maladie ou la blessure affecte-t-elle cette partie du corps ?

- Quelles technologies de diagnostic seront probablement utilisées ?
- Quels traitements sont offerts ?
- Quels sont les aspects positifs et négatifs des traitements envisagés ?
- Quels sont les suivis recommandés ?

Au cours de vos recherches, n'oubliez pas de :
- garder des notes détaillées de vos recherches ;
- noter vos sources d'information ;
- vérifier la fiabilité et l'impartialité de l'information ;
- vous concentrer sur votre objectif, qui est d'offrir de l'information et du soutien. Vous n'avez pas les qualifications requises pour agir en tant qu'experte ou expert médical.

Examine des solutions possibles

Tâchez de déterminer l'enjeu principal dans le scénario que vous avez choisi et de présenter des solutions possibles. Posez-vous les questions suivantes :
- Que cherchez-vous : des renseignements sur les tests menant au diagnostic, sur les traitements, ou sur les stratégies de gestion du problème de santé ?
- Quels sont les progrès les plus récents de la technologie en matière de diagnostic, de traitement et de gestion de ce problème de santé ?
- Quelles études ont été menées pour démontrer les risques et les avantages de certains tests ou traitements ?
- Y a-t-il des technologies controversées ou des considérations d'ordre éthique concernant les traitements que vous avez étudiés ?

Prends une décision

Tu vas fournir des renseignements qui vont aider une ou plusieurs personnes à prendre une décision concernant l'enjeu principal que tu as déterminé. Tu dois garder une attitude objective et présenter tous les aspects de la question. Toutefois, tu peux te former une opinion et en faire part à la ou aux personnes concernées.

Communique ton point de vue

Tu peux communiquer l'information de plusieurs façons :
- dans une conversation informelle avec la ou les personnes à propos des résultats de ta recherche, y compris l'enjeu principal ainsi que les technologies de diagnostic et de traitement offertes ;
- dans un résumé écrit de l'information collectée, illustré de schémas et accompagné d'une liste de ressources (sites Web, organismes communautaires) ;
- en dressant une liste de questions que la ou les personnes pourront poser au médecin ou au vétérinaire ;
- en faisant des suggestions concernant l'enjeu principal, sous forme de « prochaines étapes à suivre » (sans oublier de préciser que tu n'es pas une professionnelle ou un professionnel de la santé), suggestions que tu communiqueras avec le mode de présentation de ton choix.

LISTE DE VÉRIFICATION DE L'ÉVALUATION

Ton activité de fin d'unité sera évaluée en fonction des critères suivants :

Connaissance et compréhension
- ☑ Aborder la question des technologies de diagnostic et de traitement lors de la conversation informelle.
- ☑ Employer les termes appropriés dans ton résumé écrit et dans les schémas.
- ☑ Démontrer une excellente compréhension du fonctionnement des tissus et des organes en question.
- ☑ Faire des recommandations raisonnables concernant les « prochaines étapes à suivre ».

Habiletés de la pensée
- ☑ Déterminer l'enjeu principal.
- ☑ Utiliser des habiletés de recherche pour collecter l'information sur le problème de santé.
- ☑ Analyser la fiabilité et l'impartialité des sources d'information.
- ☑ Faire preuve de pensée critique dans tes recommandations concernant les « prochaines étapes à suivre ».

Communication
- ☑ Communiquer oralement avec clarté et de manière engageante.
- ☑ Préparer des renseignements écrits structurés, logiques et conformes aux faits.
- ☑ Préciser, en faisant ses recommandations concernant les « prochaines étapes à suivre », les personnes appropriées à qui s'adresser pour obtenir des conseils médicaux professionnels.

Mise en application
- ☑ Évaluer l'importance des progrès de la technologie médicale pour la santé des êtres humains et des animaux.
- ☑ Suggérer une suite d'actions à entreprendre pour gérer un problème de santé spécifique.

UNITÉ B — RÉVISION

Les icônes suivantes t'indiquent la compétence visée par chaque question.

- **CC** Connaissance et compréhension
- **C** Communication
- **HP** Habiletés de la pensée
- **MA** Mise en application

Qu'as-tu retenu ?

Choisis la meilleure réponse pour chacune de ces questions.

1. Tous les êtres vivants sont constitués de
   a) cellules.
   b) tissus.
   c) organes.
   d) systèmes organiques. (2.1) **CC**

2. Tous les êtres vivants sont capables
   a) d'effectuer la photosynthèse.
   b) de se reproduire.
   c) de se déplacer.
   d) de respirer. (2.1, 2.3) **CC**

3. Le cœur est fait d'un ou de tous ces tissus : (3.4, 3.8) **CC**
   a) tissu épithélial
   b) tissu musculaire
   c) tissu nerveux
   d) tous ces tissus

4. Parmi les tissus ci-dessous, lequel ne fait pas partie d'une plante ? (4.2) **CC**
   a) vasculaire
   b) fondamental
   c) respiratoire
   d) dermique

5. Quelle phase de la mitose se caractérise par l'alignement des chromosomes au milieu de la cellule ? (2.5) **CC**
   a) prophase
   b) métaphase
   c) anaphase
   d) télophase

6. Lequel de ces organes ne peut être transplanté d'une personne à une autre ? (3.7) **CC**
   a) la cornée
   b) le poumon
   c) la moelle épinière
   d) le sang

7. Dans une plante, les cellules qui peuvent former tout type de tissu sont des cellules
   a) méristématiques.
   b) du xylème.
   c) de la coiffe des racines.
   d) du parenchyme palissadique.

   (4.2, 4.6) **CC**

8. Les cellules qui ne contiennent que la moitié de l'ADN de chaque parent sont des
   a) clones.
   b) zygotes.
   c) gamètes.
   d) chromosomes. (2.3) **CC**

9. Quelle définition décrit le mieux le tissu conjonctif ? (3.1) **CC**
   a) tissu qui fournit soutien et protection dans différentes parties du corps
   b) tissu qui achemine les signaux électriques entre différentes parties du corps
   c) tissu qui contient des protéines qui se contractent et permettent les mouvements du corps
   d) tissu fait de cellules serrées qui recouvrent la surface du corps et les organes internes

10. Lequel de ces termes désigne un produit de la photosynthèse ? (2.1, 4.1, 4.4) **CC**
    a) l'eau
    b) l'oxygène
    c) l'énergie solaire
    d) le dioxyde de carbone

11. Durant quelle phase du cycle cellulaire l'ADN est-il répliqué ? (2.5) **CC**
    a) anaphase
    b) prophase
    c) métaphase
    d) interphase

Indique si chacun des énoncés est VRAI ou FAUX. Si tu penses qu'un énoncé est faux, récris-le en le corrigeant.

12. Les animaux ont des niveaux d'organisation (ou une hiérarchie) dans leur structure et leurs fonctions, incluant les cellules, les tissus, les systèmes de tissus et les systèmes organiques. (3.1) **CC**

13. Le système tissulaire responsable de la circulation des substances dans la plante est le système dermique. (4.2) **CC**

14. La phase de la mitose au cours de laquelle l'ADN est répliqué est la prophase. (2.5) **CC**

15. Chez les êtres humains, le système organique qui envoie de l'information au cœur et qui en reçoit se nomme système nerveux. (3.4, 3.10) **CC**

16. La partie de la plante qui ne possède que le sexe mâle est la graine. (4.1) CC

17. Les tumeurs cancéreuses peuvent se former lorsque les cellules cessent de se diviser. (2.7) CC

18. La fonction principale des feuilles est la protection de la plante. (4.1, 4.2) CC

19. Lorsque la réserve d'eau est suffisante à l'intérieur d'une feuille, les cellules de garde ferment les stomates pour empêcher la vapeur d'eau de s'échapper. (4.4) CC

20. Les veines transportent le sang oxygéné des poumons vers les autres parties du corps. (3.4) CC

Copie les énoncés ci-dessous dans ton cahier. Complète-les à l'aide des termes appropriés.

21. Les deux sources principales de cellules souches du sang sont _____ et _____ . (3.2) CC

22. Le tissu _____ transmet des signaux au tissu _____ , ce qui entraîne sa contraction. (3.8, 3.10) CC

23. Les systèmes organiques qui permettent d'évacuer les déchets de ton corps sont l'appareil _____, l'appareil _____, le système _____ et l'appareil _____. (3.3, 3.4, 3.6, 3.8) CC

24. Le système organique qui te permet de détecter les changements dans ton environnement est le système _____. (3.10) CC

25. Les cellules de garde ferment les ouvertures pour conserver _____ pendant la nuit. (4.4) CC

26. Les muscles squelettiques fonctionnent toujours en _____ opposés; un muscle fait _____ l'articulation et l'autre muscle fait _____ l'articulation. (3.8) CC

27. Lors du processus de diffusion, les substances se déplacent d'une région de _____ concentration vers une région de _____ concentration. (2.3) CC

28. Le processus permettant à une cellule de se spécialiser pour remplir une fonction spécifique se nomme _____. (3.2) CC

Associe chaque terme de la colonne de gauche à la description qui lui convient le mieux dans la colonne de droite.

29. a) diabète
    b) tuberculose
    c) ostéoporose
    d) sclérose en plaques
    e) colite

    i) inflammation de la paroi interne du côlon
    ii) maladie qui détruit les gaines de myéline des neurones
    iii) état dans lequel le pancréas produit trop ou trop peu d'insuline
    iv) maladie qui cause la perte de tissus osseux, rendant les os friables
    v) maladie infectieuse causée par des bactéries qui se développent dans les poumons (3.3-3.10) CC

Rédige une brève réponse à chacune des questions suivantes.

30. Donne trois raisons pour lesquelles les cellules se divisent. (2.3) CC

31. Définis le mot *interphase*. Explique ce qui se produit pendant cette phase du cycle cellulaire. (2.5) CC

32. Pourquoi le noyau d'une cellule doit-il se répliquer lors de la mitose avant que la division cellulaire s'effectue? (2.5) CC

33. Quand tu observes deux échantillons de cellules, qu'est-ce qui t'indique que la division cellulaire est plus rapide dans un échantillon que dans l'autre? (2.6, 2.8) CC

34. Nomme quelques facteurs qui affectent la croissance et le taux du cycle cellulaire chez les cellules saines. (2.5, 2.7) CC

35. Nomme trois facteurs reconnus dont on sait qu'ils augmentent le risque de cancer chez les êtres humains. (2.7) CC

36. Quels systèmes et appareils de l'organisme fonctionnent en collaboration pour acheminer les nutriments vers toutes tes cellules? Explique ta réponse. (3.3, 3.4) CC

37. Une différence importante entre les plantes et les animaux est que les plantes ne peuvent pas se déplacer. Explique pourquoi les plantes n'ont pas besoin de se déplacer pour assurer leur survie. (4.1, 4.2, 4.4) CC

38. Choisis un type de tissu animal et explique comment sa structure facilite sa fonction. (3.1, 3.3, 3.4, 3.6, 3.8, 3.10)

Qu'as-tu compris?

39. Pourquoi les racines d'une carotte sont-elles beaucoup plus grosses que celles d'une graminée? (4.1, 4.2)

40. Donne un exemple d'une forme de régénération dont une personne que tu connais ou toi-même avez fait l'expérience. (3.2)

41. a) Décris au moins deux similarités entre le processus de la photosynthèse et celui de la respiration cellulaire.
    b) Décris au moins deux différences entre le processus de la photosynthèse et celui de la respiration cellulaire. (2.1, 4.1, 4.4)

42. Fais des schémas avec mots-étiquettes pour illustrer les phases de la mitose dans les cellules végétales et animales. À l'aide de ces schémas, compare la mitose des deux types de cellules. Indique les différences entre les deux. (2.5, 2.6)

43. Fais un tableau pour comparer des cellules saines à des cellules cancéreuses. Donne ces titres aux colonnes de ton tableau : Taux de division cellulaire, Niveau de spécialisation, Durée de la mitose, Aspect de la cellule, Capacité de se déplacer. (2.6-2.8)

44. Décris brièvement trois technologies d'imagerie médicale. Explique comment chacune est utilisée dans le diagnostic de blessures, de maladies ou de troubles. (2.7, 3.4, 3.6, 3.8, 3.9)

45. Explique dans tes propres mots comment une augmentation du volume de la cellule affecte sa capacité à combler ses besoins. (2.3, 2.4)

46. Décris les différences entre les trois types de muscles. (3.8)

47. Quel est l'avantage de traiter des cellules spécialisées de façon qu'elles se comportent comme des cellules souches? (3.2)

48. Décris la principale différence entre la xénogreffe et une greffe d'organe ordinaire. (3.7)

49. Certains types de pollen sont très légers et sont transportés par le vent. Explique pourquoi cela aide les plantes à se reproduire. (4.1)

50. Dans quel type de climat as-tu plus de chances de trouver une plante qui a des cuticules très épaisses autour de ses feuilles et de sa tige? (4.2, 4.4)

51. Une grenouille respire par la peau. Explique pourquoi cela peut être à la fois un avantage et un désavantage. (3.4)

52. Énumère quatre façons d'utiliser les plantes dans la vie de tous les jours, autrement que pour se nourrir ou pour fabriquer des médicaments. (4.1)

53. a) Quelles sont les fonctions des tissus épithéliaux chez les animaux?
    b) Quelles sont les fonctions des tissus dermiques chez les plantes?
    c) Quelles sont les ressemblances et les différences entre ces fonctions? (3.1, 4.2, 4.4)

54. Compare le système circulatoire d'une plante à celui d'un animal. (3.4, 4.2, 4.4)

55. Compare la façon dont une plante et un animal se procurent leurs nutriments. (3.3, 4.2, 4.4)

56. Fais un tableau pour comparer l'organisation hiérarchique d'un organisme végétal à celle d'un organisme animal. (3.1, 4.1)

57. Fais un tableau pour comparer la reproduction asexuée chez les plantes à la reproduction asexuée chez les animaux. (2.3, 4.6)

58. Divers systèmes organiques d'animaux sont décrits dans le chapitre 3. Fais un schéma conceptuel pour illustrer de quelle façon ces systèmes travaillent ensemble pour assurer le fonctionnement de l'organisme humain. (3.3, 3.4, 3.6, 3.8, 3.10, 3.11)

59. Fais un schéma conceptuel qui illustre les quatre composantes du sang. Ajoutes-y une brève description de la fonction de chaque composante. (3.4)

60. Certains organites des organismes unicellulaires remplissent des fonctions similaires à celles des systèmes organiques du corps humain.

Pour chacun des organites suivants, choisis un organe ou un système organique qui remplit une fonction similaire. Justifie chacun de tes choix. (2.1, 3.3, 3.4, 3.8, 4.2)

a) réticulum endoplasmique
b) appareil de Golgi
c) cytoplasme

Résous un problème

61. Certaines plantes aquatiques vivent à la surface d'un étang, tandis que d'autres poussent au fond. Prédis ce qui arriverait aux plantes qui poussent au fond si les plantes qui vivent à la surface se répandaient et couvraient toute la surface de l'étang. (4.4)

62. Indique un avantage et un inconvénient d'avoir un organisme qui est constitué, en majeure partie, de cellules spécialisées, plutôt qu'un organisme constitué d'un seul type de cellules qui remplissent plusieurs fonctions. (2.9)

63. Chez les personnes qui souffrent d'anémie sanguine, les globules rouges du sang manquent d'hémoglobine. Explique de quelle façon cette maladie peut affecter la fonction du système circulatoire. (3.4)

64. Pendant une activité faite en laboratoire, une personne compte les cellules dans deux zones d'un échantillon. Des cellules de toutes les étapes du cycle cellulaire sont présentes dans l'échantillon. Les observations sont consignées dans le tableau 1. Ces cellules mettent normalement 15 heures à compléter un cycle cellulaire.

Tableau 1 Données sur les stades et les phases du cycle cellulaire

Stade ou phase du cycle cellulaire	Zone 1	Zone 2	Pourcentage dans chaque stade/phase	Durée de chaque étape (h)
interphase	85	78		
prophase	14	9		
métaphase	3	1		
anaphase	2	3		
télophase	3	5		
cytocinèse	9	6		
nombre total de cellules				

a) Copie le tableau 1 dans ton cahier. Calcule le pourcentage de cellules dans chaque stade ou phase et la durée de chacune de ces étapes du cycle cellulaire.
b) Fais un graphique circulaire pour illustrer la zone 1 ou la zone 2 et indique le pourcentage de cellules dans chacune des étapes.

65. Tes globules rouges et les cellules de la couche externe de ta peau n'ont pas de noyau. (2.5, 3.2)

a) Qu'arrive-t-il à ces cellules au cours du cycle cellulaire?
b) Si une crème pour la peau est censée réparer les cellules de ta peau, cela signifie-t-il que tes cellules peuvent produire de nouvelles cellules épidermiques?
c) Conçois un test pour vérifier s'il est vrai que l'application d'une crème pour la peau entraîne la création de nouvelles cellules épidermiques.

66. Le tableau 2 illustre la durée de vie approximative de différentes cellules du corps humain.

Tableau 2 Durée de vie des cellules humaines

Type de cellule	Durée de vie
cellules de l'estomac et de l'intestin	2 à 5 jours
cellules de la peau	2 semaines
globules rouges du sang	3 mois
cellules d'os	10 ans
cellules du cerveau	30 à 50 ans

a) À ton avis, pourquoi les différents types de cellules ont-ils des durées de vie si différentes?
b) Quel effet cela peut-il avoir sur les blessures infligées à différentes parties du corps?

67. Un nouvel écran solaire est censé avoir un facteur de protection solaire (FPS) de 60. Cela signifie qu'il procure 60 fois la protection naturelle de ton corps contre les rayons UVB du Soleil.

a) Comment pourrais-tu valider cette information? Y a-t-il des considérations d'ordre éthique associées à ton test?
b) Si de nombreux cancers de la peau sont associés aux rayons UVA, quel impact ce produit peut-il avoir sur le taux de cancer?

68. À la suite du désastre nucléaire survenu à Tchernobyl en 1986, de nombreuses personnes ont développé des cancers. Les radiations ont endommagé les chromosomes, les empêchant de contrôler normalement les cellules. (2.7) CC HP MA

    a) Quel effet cela peut-il avoir sur la division cellulaire ?
    b) Comment est-il possible de détecter cet effet sur les cellules ?

69. La plupart des plantes à fleurs ne produisent des fruits que si leurs fleurs ont été pollinisées. Pourquoi cela peut-il influer sur la décision d'une fruiticultrice ou d'un fruiticulteur d'utiliser ou non des pesticides ? HP MA

70. Pendant sa maturation, un fruit émet un gaz, l'éthylène. Ce gaz favorise la maturation des autres fruits qui se trouvent à proximité. HP MA

    a) Comment peux-tu vérifier cet effet en utilisant une banane mûre ?
    b) Comment pourrais-tu concevoir une méthode pour réduire cet effet, afin de pouvoir conserver des fruits plus longtemps à la maison ?

71. Comment peux-tu démontrer que les tissus vasculaires relient toutes les parties d'une plante ? HP

72. Choisis deux systèmes organiques reliés entre eux et explique comment ils interagissent. (3.3, 3.4, 3.6, 3.8, 3.10, 3.11, 4.2, 4.4) CC MA

73. À ton avis, qu'est-ce qui pousse les solutions à faire circuler l'eau dans le xylème et le phloème des plantes ? Explique ta réponse. (4.2) CC

Conçois et interprète

74. Joins-toi à d'autres élèves. Faites un jeu de rôle et simulez les stades et les phases du cycle cellulaire, incluant la mitose. (2.5) CC C

75. Choisis une activité de collecte de fonds associée à une des maladies mentionnées dans cette unité. Prépare une campagne de relations publiques pour inciter les élèves de ta classe ou de ton école à participer à cette activité. (2.7, 3.2, 3.3, 3.4, 3.6, 3.8, 3.10) CC C MA

76. Quels sont les avantages et les désavantages d'atteindre une grande taille, pour les plantes ? (4.1, 4.2, 4.4, 4.6) MA

77. Un ami t'a dit que tu ne devrais pas garder une plante dans ta chambre, car pendant la nuit, la plante absorbe de l'oxygène, dont tu as besoin pour respirer. Ton ami a-t-il raison ? Explique ta réponse. (4.4) CC HP

78. Rédige un bref paragraphe dans lequel tu décriras le parcours d'une molécule d'oxygène, alors qu'elle entre dans un organisme par son nez, et se retrouve finalement dans une cellule d'un muscle. (3.3, 3.6, 3.8) CC C

79. Le greffage est une technique couramment utilisée dans la culture des plantes et des arbres. Pour produire un pommier à l'aide de cette technique, par exemple, on insère la tige d'un pommier dans une entaille pratiquée dans les tissus d'un autre pommier, le porte-greffe. Si la greffe réussit, les deux parties vont croître ensemble et former un nouveau pommier. Le greffage est-il une technique de reproduction sexuée ou asexuée ? Comment peux-tu le savoir ? (2.3, 4.1, 4.6) MA

Réfléchis à ce que tu as appris

80. Quelle étape du cycle cellulaire est la plus difficile à reconnaître ? Explique pourquoi tu as trouvé difficile de reconnaître ce stade ou cette phase. Demande des conseils à tes camarades de classe pour mieux reconnaître cette étape.

81. Avant de prendre connaissance de cette unité, quelles étaient tes idées et tes impressions sur les plants transgéniques ? En quoi ta compréhension des OGM a-t-elle changé ?

82. Avant de prendre connaissance de cette unité, tu avais peut-être certaines idées sur les causes du cancer et des maladies du cœur. Y a-t-il quelque chose que tu peux faire maintenant pour réduire tes risques personnels d'avoir le cancer ou une maladie du cœur ? Explique ta réponse.

83. Dans cette unité, tu as appris que les plantes et les animaux ont des systèmes qui permettent la circulation et l'échange des gaz.
    a) Quelle relation y a-t-il entre les systèmes de circulation et d'échange des gaz des plantes et ceux des animaux ?
    b) Cette relation est-elle logique, à ton avis ? Pourquoi ?
    c) Quelles autres comparaisons peux-tu faire entre les plantes et les animaux ?

84. Dans cette unité, tu as pris connaissance des différentes façons dont on peut se servir des technologies d'imagerie. Cela a-t-il suscité ton intérêt pour une carrière dans ce domaine ? Explique brièvement ta réponse.

85. a) Avant de prendre connaissance de cette unité, quelle était ton opinion à propos des dons d'organes ?
    b) En quoi ta compréhension des dons d'organes a-t-elle changé ?

Recherches en ligne

86. Copie la figure 1 dans ton cahier de notes. Trouve quelles sections de l'électrocardiogramme (ECG) correspondent aux différentes phases d'un battement de cœur. Consulte Internet et d'autres ressources. Utilise les résultats de ta recherche pour ajouter des mots-étiquettes à ton tracé de l'ECG. HP C

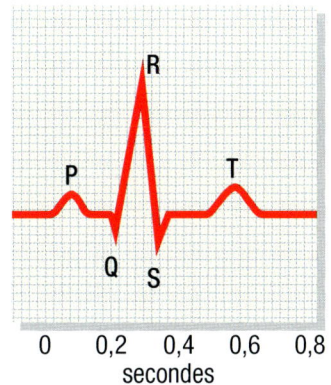

Figure 1 Une section d'un électrocardiogramme (ECG)

87. Fais une recherche pour établir les différences entre l'appareil digestif des mammifères strictement carnivores et celui des mammifères strictement herbivores. Communique tes découvertes à l'aide de deux schémas avec mots-étiquettes. HP C

88. a) Qu'est-ce que l'ingénierie tissulaire ? Résume tes découvertes dans un bref compte rendu.
    b) Nomme au moins un organe qui pourrait servir à la recherche sur l'ingénierie tissulaire. Explique pourquoi et comment cet organe présente de l'intérêt pour ces recherches. HP C MA

89. Choisis un type de cancer que tu voudrais mieux connaître. Fais des recherches sur cette maladie et détermine si elle est causée par des facteurs environnementaux, des facteurs liés au mode de vie ou d'autres facteurs. Conçois un bref message destiné à la radio, dans lequel tu expliqueras à ton auditoire comment réduire le risque de développer ce cancer. HP C MA

90. Fais une recherche sur le syndrome d'effondrement des colonies d'abeilles. Ce trouble a été constaté en Amérique du Nord et en Europe. HP C MA
    a) Explique ce qu'est ce syndrome et indique où il a été observé.
    b) Quel impact cela peut-il avoir sur notre approvisionnement alimentaire ? Écris tes conclusions sous forme de lettre adressée à la rédactrice en chef ou au rédacteur en chef d'un magazine agricole.

UNITÉ B — QUESTIONNAIRE

Les icônes suivantes t'indiquent la compétence visée par chaque question.
- **CC** Connaissance et compréhension
- **C** Communication
- **HP** Habiletés de la pensée
- **MA** Mise en application

Choisis la meilleure réponse pour chacune de ces questions.

1. Lequel de ces organites est présent dans les cellules des plantes, mais non dans celles des animaux ? (2.1) CC
    a) noyau
    b) paroi cellulaire
    c) cytoplasme
    d) appareil de Golgi

2. Laquelle des hiérarchies ci-dessous indique les niveaux d'organisation d'un organisme animal, du niveau le plus simple au niveau le plus complexe ? (3.1, 4.1, 4.2) CC
    a) tissu, organe, cellule, système organique, organisme
    b) organisme, tissu, système organique, cellule, organe
    c) organe, organisme, système organique, tissu, cellule
    d) cellule, tissu, organe, système organique, organisme

3. Quelle phrase décrit correctement les tissus vasculaires d'une plante ? (4.2) CC
    a) tissus qui emmagasinent des hydrates de carbone
    b) tissus qui fabriquent des nutriments
    c) tissus qui forment les surfaces externes des parties de la plante
    d) tissus qui assurent la circulation des substances dans l'ensemble de la plante

4. Quel type de cellule animale peut se diviser pour former différents types de cellules spécialisées ? (3.2) CC
    a) cellule souche
    b) cellule de la peau
    c) cellule nerveuse
    d) cellule sanguine

Indique si chacun des énoncés est VRAI ou FAUX. Si tu penses qu'un énoncé est faux, récris-le en le corrigeant.

5. Les tumeurs malignes et bénignes sont composées de cellules qui ont une croissance et une division cellulaire incontrôlées. (2.7) CC

6. Les ligaments relient les muscles squelettiques aux os. (3.8) CC

7. La majeure partie de la digestion a lieu dans l'intestin grêle. (3.3) CC

Copie les énoncés ci-dessous dans ton cahier. Complète-les à l'aide des termes appropriés.

8. Les plantes ligneuses, tels les arbres, contiennent à la fois des méristèmes apicaux et des méristèmes _____ . (4.6) CC

9. L'appareil respiratoire et le système _____ interagissent pour fournir de l'oxygène à l'organisme et en évacuer le dioxyde de carbone. (3.4, 3.6) CC

Associe chaque terme de la colonne de gauche à la description qui lui convient le mieux dans la colonne de droite.

10. a) mitochondrie
    b) cytoplasme
    c) noyau
    d) membrane cellulaire
    e) chloroplaste

    i) conserve l'information génétique qui contrôle toutes les activités de la cellule
    ii) absorbe l'énergie lumineuse et permet le processus de photosynthèse
    iii) contient des enzymes qui aident à convertir l'énergie emmagasinée pour la rendre plus facilement utilisable
    iv) fluide dans lequel tous les organites sont en suspension
    v) permet à certaines substances de pénétrer dans une cellule tout en bloquant l'accès à d'autres substances (2.1) CC

Rédige une brève réponse à chacune des questions suivantes.

11. Pourquoi les cellules de garde ferment-elles généralement les stomates sur les feuilles des plantes pendant la nuit ? (4.4) CC

12. Nomme deux parties de la plante où on trouve des cellules méristématiques. (4.2, 4.6) CC

13. Décris les principales fonctions de chacun de ces systèmes organiques. (3.3, 3.4, 3.10) CC
    a) appareil digestif
    b) système circulatoire
    c) système nerveux

14. Les organismes unicellulaires ont-ils tous la même organisation interne? Explique ta réponse et donne des exemples. (2.1, 2.9) CC

15. Tu expliques aux membres de ta famille que ton corps perd des millions de cellules de peau mortes chaque jour, et qu'il les remplace par de nouvelles cellules. Ta petite sœur se demande pourquoi elle ne voit pas des amas de cellules mortes sur le plancher de votre maison. Comment peux-tu répondre à cette question? (2.3, 2.5) HP C

16. Les cellules musculaires et les globules blancs de ton sang sont deux types différents de cellules spécialisées. (2.9, 3.4, 3.8) CC HP
    a) Compare le mouvement et la disposition de ces deux types de cellules.
    b) Décris de quelle façon ce mouvement et cette disposition facilitent leurs fonctions.

17. Mentionne quatre choix que tu peux faire afin de diminuer ton risque de développer un cancer. (2.7) C

18. Explique de quelle façon le système circulatoire utilise la diffusion pour faire circuler ces gaz dans l'organisme : (2.3, 3.4) HP
    a) l'oxygène
    b) le dioxyde de carbone

19. Tu as appris que les plantes qui ont des fleurs colorées, comme les pissenlits, dépendent des insectes et d'autres animaux pour leur pollinisation, tandis que les plantes qui ont de petites fleurs sans éclat, comme les graminées, dépendent surtout du vent pour disséminer leur pollen. Lesquelles de ces plantes, selon toi, devraient produire le plus de pollen? Justifie ta réponse. (4.1) HP

20. Ton amie te dit que tu dois toujours « échauffer » tes muscles avant d'entreprendre un effort soutenu comme une longue course. (3.4, 3.8) MA
    a) Que veut dire ton amie par « échauffer tes muscles »?
    b) Es-tu d'accord ou en désaccord avec ton amie? Pourquoi?

21. Les scientifiques ont mis au point de nombreux tests qui permettent de dépister plusieurs maladies. Certaines personnes pensent que nous devrions utiliser ces tests de dépistage aussi souvent que possible. D'autres pensent au contraire qu'abuser de ces tests peut entraîner des coûts et des soucis inutiles, parce que les tests donnent souvent des résultats faussement positifs. Un résultat faussement positif laisse croire qu'il existe un problème de santé, alors qu'en réalité ce problème n'existe pas. Selon toi, devrions-nous faire des tests de dépistage aussi souvent que possible? Justifie ta réponse. HP MA

22. Décris à ta façon le processus de division cellulaire. Emploie les termes suivants dans ta description : *mitose, interphase, cytocinèse, prophase, anaphase, métaphase* et *télophase*. (2.5) CC C

23. Certaines plantes produisent des fleurs qui s'ouvrent la nuit. Ces plantes ont quand même besoin de la pollinisation pour se reproduire. Explique comment ces fleurs nocturnes peuvent attirer des pollinisateurs dans l'obscurité. (4.1) MA

24. Tu rédiges un article pour ton journal étudiant, à propos des avantages et des risques associés aux rayons X. Au cours de ta recherche, tu vas interviewer un technicien dentaire. Écris trois questions que tu pourrais lui poser à ce sujet. (2.7) C

UNITÉ C — Les réactions chimiques

ATTENTES

- Reconnaître des réactions chimiques courantes ainsi que les modèles et les équations servant à les représenter.
- Analyser, en appliquant la méthode scientifique, diverses réactions chimiques.
- Analyser le rôle des réactions chimiques dans des activités quotidiennes et évaluer leur incidence sur la santé et l'environnement.

IDÉES maîtresses

- Les substances chimiques réagissent entre elles de manière prévisible.
- Les réactions chimiques peuvent avoir un impact négatif sur l'environnement, mais elles peuvent aussi nous aider à relever les défis que pose la protection de l'environnement.

Halte STSE

L'ASPIRINE ET L'HÉROÏNE

Tu as mal à la tête? Comme des millions de gens qui ont la migraine, tu peux avoir recours à l'aspirine pour obtenir un soulagement rapide. Étonnamment, ce médicament a d'abord été fabriqué en utilisant la même réaction chimique que pour fabriquer l'héroïne, un narcotique illégal qui entraîne une grande dépendance.

La société pharmaceutique Bayer a commencé à fabriquer son produit «Aspirin» dans les années 1890, mais les autorités ont ignoré ce nouveau produit. En 1898, les chimistes de Bayer ont soumis la morphine, un autre analgésique, à la même réaction chimique que celle utilisée pour produire l'aspirine. Les tests effectués sur le nouveau produit ont prouvé son efficacité : il atténuait la douleur et calmait la toux. De plus, il procurait un état euphorique! Bayer venait d'inventer l'héroïne. Par la suite, Bayer a commercialisé un nouveau sirop contre la toux sous la marque «Heroin». Peu de temps après, des études sur la dépendance provoquée par l'héroïne ont commencé à circuler. La pression de l'opinion publique a forcé Bayer à cesser sa production de sirop à l'héroïne en 1913.

Les médicaments à base d'héroïne ne sont plus offerts. La société Bayer a finalement reconnu le potentiel de l'aspirine et, de nos jours, on utilise ce produit comme analgésique partout dans le monde. L'histoire de l'aspirine et de l'héroïne nous démontre l'importance de tester rigoureusement un nouveau produit avant de le mettre en marché. Elle démontre aussi que les substances que nous produisons à l'aide de réactions chimiques peuvent entraîner des coûts et des avantages.

1. Dresse la liste des coûts et des avantages des substances suivantes. Considère différents aspects (environnemental, social, économique, etc.).
   a) produits de nettoyage   c) explosifs   e) plastique
   b) sel   d) carburants   f) pesticides

2. Discute des questions suivantes avec ta ou ton partenaire.
   a) Quels autres coûts et quels autres avantages pourriez-vous ajouter à votre liste?
   b) Pour quelle raison des entreprises pharmaceutiques voudraient-elles mettre sur le marché de nouveaux produits chimiques sans les avoir d'abord testés de manière rigoureuse?
   c) Comment pouvons-nous optimiser les avantages des produits chimiques et minimiser leurs coûts?

UNITÉ C — À VOIR

UNITÉ C : Les réactions chimiques

CHAPITRE 5 — Les produits chimiques et leurs propriétés

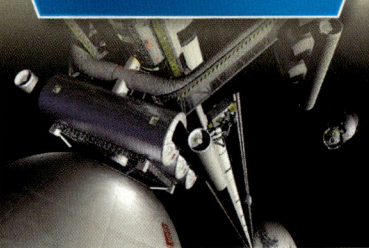

Dans les carrières scientifiques et en ingénierie, on étudie les propriétés des matériaux utilisés dans les nouveaux produits.

CHAPITRE 6 — Les produits chimiques et leurs réactions

Nous sommes entourés de produits chimiques, et ils peuvent parfois réagir de façon surprenante.

CHAPITRE 7 — Les acides et les bases

Les acides et les bases ont une grande importance dans la vie quotidienne et pour l'environnement.

APERÇU de l'activité de fin d'unité

Le choc acide : un mal silencieux

Dans cette unité, tu vas étudier les réactions chimiques de différentes substances. Certaines réactions, comme celles qui se produisent dans la formation des pluies acides, ont un impact négatif sur l'environnement. Pourtant, les réactions chimiques ont aussi un aspect positif. Elles peuvent nous aider à contrer ou à annuler les dommages environnementaux causés par l'activité humaine.

Dans l'activité de fin d'unité, tu vas faire partie d'une équipe de recherche qui étudie les têtards et les grenouilles dans un étang de la région. À chaque dégel du printemps, la population de ces organismes chute brusquement avant de se rétablir. Les recherches préliminaires suggèrent que les décès seraient causés par l'acidité de la neige fondante. Cependant, le rétablissement graduel des populations après leur déclin rapide demeure un mystère.

Ta tâche va consister à expliquer cette chute des populations en modélisant la situation. Tu vas aussi suggérer des moyens de prévenir la mort des têtards à chaque printemps.

Dans l'activité de fin d'unité, tu vas te servir des connaissances et des habiletés acquises au cours de l'unité pour :
- concevoir un modèle pour vérifier si la quantité d'acide dégagée par un solide varie lorsque ce solide fond ;
- suggérer l'utilisation de réactions chimiques pour prévenir la mort des têtards au premier dégel du printemps.

SIGNET de fin d'unité

Tu trouveras une description détaillée de l'activité de fin d'unité à la page 300. Au fil de l'unité, prête attention à cette rubrique et vois quel rapport il y a entre la section que tu étudies et l'activité de fin d'unité.

ÉVALUATION

Ton évaluation permettra de savoir si tu as réussi à :
- préparer et effectuer un test à l'aide du modèle ;
- communiquer les résultats de ton test ;
- évaluer ton modèle ;
- justifier tes suggestions pour prévenir le choc acide.

Que sais-tu ?

PRÉALABLES

Concepts
- La masse volumique et la flottabilité
- Les modèles atomiques
- La classification de la matière

Habiletés
- Écrire des formules chimiques
- Observer les propriétés des substances
- Respecter les consignes de sécurité au laboratoire

1. Deux canettes de cola sont placées dans une cuve d'eau. La canette contenant le cola régulier coule au fond de la cuve, et celle contenant du cola faible en calories flotte à la surface de l'eau.
   a) À l'aide des observations mentionnées, compare la masse volumique des canettes de cola à la masse volumique de l'eau.
   b) Qu'est-ce qui peut causer la différence de masse volumique entre les deux types de colas ?

2. Écris dans ton cahier de notes la formule chimique (parmi celles de la colonne de droite) de chacune de ces substances.

a)	hydrogène	H_2O
b)	dioxyde de carbone	NaCl
c)	sel de table	CO_2
d)	chlorure d'hydrogène	H_2
e)	eau	O_2
f)	oxygène	HCl

3. Nomme quelques propriétés des substances illustrées à la figure 1.

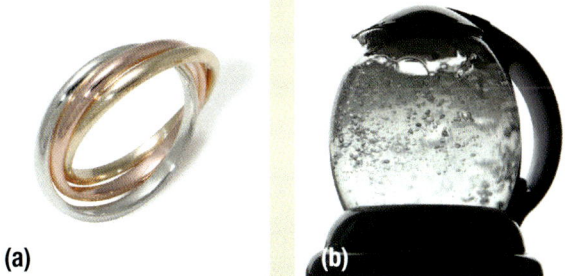

Figure 1 (a) L'or d'une bague (b) L'eau dans une bouilloire

4. Dessine le modèle de Bohr-Rutherford de ces atomes :
   a) lithium
   b) carbone
   c) chlore
   d) argon

5. En 1909, Ernest Rutherford a bombardé une feuille d'or très mince avec des particules alpha de charge positive. La plupart des particules ont traversé la feuille. Toutefois, un petit nombre de particules alpha ont rebondi. Lequel des modèles atomiques suivants explique le mieux ces observations ? Pourquoi ?

Modèle A	Modèle B	Modèle C
L'atome est une sphère rigide, comme ces boules de billard.	L'atome est une sphère de charge positive comprenant des électrons intégrés, comme des raisins dans un muffin.	Le noyau de l'atome est dense, petit et de charge positive, et est entouré d'électrons en orbite, comme les planètes autour d'une étoile.

6. a) Quelle particule élémentaire de l'atome est responsable du phénomène des cheveux qui se dressent sur la tête, illustré à la figure 2 ?

Figure 2

   b) Compare les trois particules élémentaires de l'atome en ce qui a trait à leur taille, leur masse, leur charge et leur localisation.

7. Quelles mesures de sécurité sont mises en pratique à la figure 3 ?

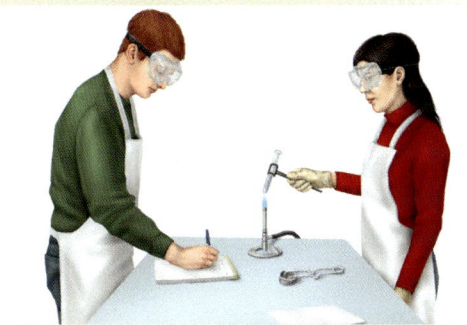

Figure 3

CHAPITRE 5
Les produits chimiques et leurs propriétés

QUESTION CLÉ : Comment les propriétés des composés chimiques influent-elles sur le monde dans lequel nous vivons ?

Voici la conception qu'un artiste se fait d'un ascenseur spatial. On aurait besoin de matériaux aux propriétés très particulières pour concevoir et construire un engin de ce genre.

UNITÉ C
Les réactions chimiques

CHAPITRE 5 — Les produits chimiques et leurs propriétés

CHAPITRE 6 — Les produits chimiques et leurs réactions

CHAPITRE 7 — Les acides et les bases

CONCEPTS CLÉS

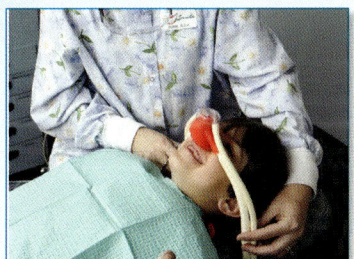

L'utilité et les effets d'une substance sont déterminés par ses propriétés chimiques et physiques.

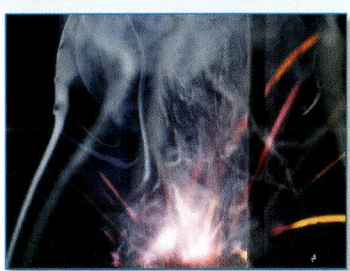

Les changements de la matière peuvent être d'ordre chimique ou physique.

On peut classer les substances pures à partir de l'observation de leurs propriétés.

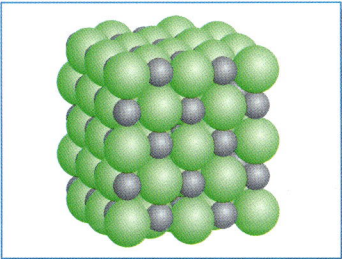

Les composés ioniques sont constitués d'ions positifs et d'ions négatifs.

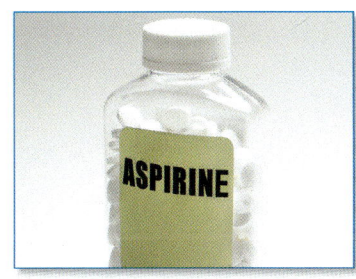

Les composés moléculaires sont constitués de molécules distinctes.

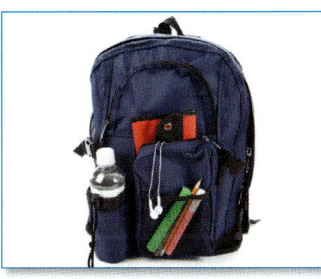

Beaucoup de produits de consommation proviennent de produits pétrochimiques.

À voir

ÉVEILLE-TOI AUX SCIENCES

L'ASCENSEUR SPATIAL

Imagine que tu entres dans un ascenseur. Tu presses le bouton du douze millionième étage et tu mets en marche un processus d'ascension démentiel. Une heure ou deux plus tard, la terre ferme et la chaleur solaire ont fait place à l'obscurité glaciale de l'espace.

Transporter des gens et du matériel dans l'espace par les moyens traditionnels, c'est-à-dire en fusée, nécessite beaucoup d'argent et comporte de nombreux dangers et imprévus; les ingénieures et ingénieurs de la NASA cherchent donc des solutions de rechange. Certains croient qu'un ascenseur spatial pourrait bien être la solution.

Cet ascenseur spatial comprendrait un câble mesurant plus de trois fois le diamètre de la Terre qu'on attacherait solidement à un point de l'équateur. À environ 40 000 km directement au-dessus de ce point d'ancrage, il y aurait une grosse masse. Tant que cette masse graviterait autour de la Terre à une vitesse égale à la rotation terrestre, le câble la liant à la Terre demeurerait bien tendu. Ainsi, un ascenseur spatiorésistant pourrait monter le long du câble. Mais avant de réaliser ce plan, on devra répondre à de nombreuses questions. Par exemple, qu'est-ce que ce câble doit faire et où doit-il être installé? Quelles propriétés physiques et chimiques ce câble devrait-il avoir? Existe-t-il des substances communes qui possèdent au moins certaines de ces propriétés? Ces substances ont-elles des propriétés contre-indiquées? Pourrait-on modifier ces substances pour surmonter le problème? Et, surtout, quelles conséquences la mise en service d'un tel équipement aurait-elle sur nos vies et sur notre planète?

QU'EN PENSES-TU ?

Beaucoup des notions que tu vas explorer dans ce chapitre sont des notions que tu as déjà abordées. Tu pourrais en avoir entendu parler à l'école, à la maison ou autour de toi. Les énoncés ci-dessous ne sont pas tous vrais. Examine chacun et détermine si tu es d'accord ou non.

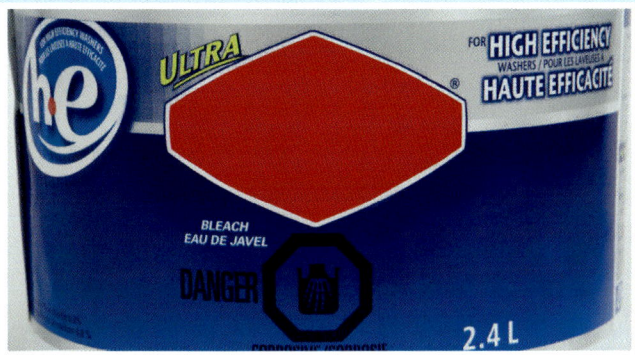

1 L'étiquette d'un produit chimique fournit toute l'information dont tu as besoin pour utiliser ce produit sans danger.
D'accord / En désaccord

4 Les éléments chimiques sont plus réactifs et plus dangereux que les composés qu'ils forment.
D'accord / En désaccord

2 Il est d'usage courant de recycler l'huile à moteur usée.
D'accord / En désaccord

5 L'eau embouteillée est plus saine que l'eau du robinet.
D'accord / En désaccord

3 L'eau de piscine est un bien meilleur conducteur d'électricité que l'eau douce.
D'accord / En désaccord

6 L'épandage de produits chimiques manufacturés nuit à l'environnement.
D'accord / En désaccord

HALTE ÉCRITURE

Rédiger un résumé

Quand tu rédiges un résumé, tu condenses un texte en reformulant seulement l'idée principale et les points essentiels dans tes propres mots. Tu exclus tes opinions personnelles ou tes interprétations. Efforce-toi d'améliorer tes habiletés d'écriture en prenant connaissance du résumé ci-dessous et des précisions qui l'accompagnent.

COUP DE POUCE ÉCRITURE

Au fil de ce chapitre, prête attention aux rubriques Coup de pouce. Elles vont t'aider à élaborer des stratégies de littératie.

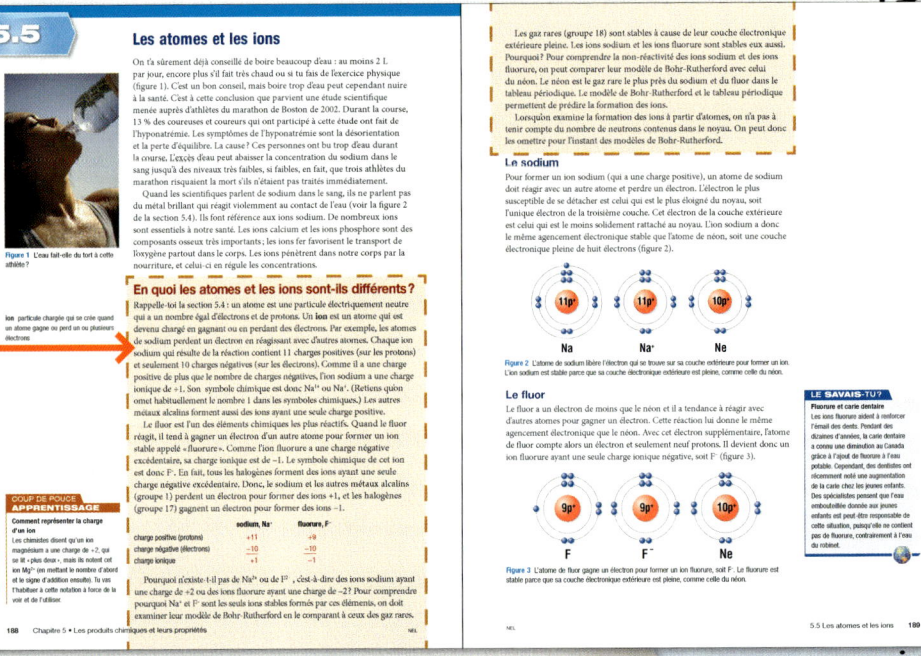

En quoi les atomes et les ions sont-ils différents ?

Les atomes sont des particules électriquement neutres, car ils ont un nombre égal d'électrons et de protons. Les ions sont des atomes qui ont été chargés positivement ou négativement par un gain ou une perte d'électrons. La formule chimique des ions varie selon le nombre de charges positives et négatives.

Les scientifiques se servent d'outils comme le modèle de Bohr-Rutherford et le tableau périodique pour prédire la formation des ions. On ne tient pas compte du nombre de neutrons dans un noyau lorsqu'on examine la formation des ions à partir d'atomes.

Les ions sont des atomes qui sont devenus chargés positivement ou négativement en gagnant ou en perdant des électrons.

- Énonce le sujet du texte.
- Remarque que les exemples, les descriptions et les explications que contenait le texte original ne font pas partie du résumé.
- Écris une conclusion qui explique les liens entre les notions.
- Structure les idées et l'information en suivant l'ordre du texte original.
- Écris une phrase claire pour chaque point essentiel.

5.1 Les propriétés et les changements de la matière

La chimie est l'étude des substances qui nous entourent, de leur composition, de leurs effets et de leurs utilités. Ces substances peuvent être des produits de laboratoire. Il peut aussi s'agir de substances communes comme l'air, l'eau, la nourriture que tu manges et les produits que tu achètes. Comprendre la chimie nous permet de transformer des substances pour en faire des produits nouveaux et utiles. Cela nous permet aussi de réaliser ces changements par des moyens socialement et écologiquement responsables.

Propriétés physiques et propriétés chimiques

Un sourire hollywoodien immaculé te semble attrayant (figure 1)? Quels sont les avantages d'un sourire d'une blancheur éclatante? Avant de rallier le camp des adeptes du « sourire plus blanc », renseigne-toi. Fais une recherche sur le pour et le contre du blanchiment des dents. Considère les facteurs suivants :

- Les dents ne sont pas naturellement blanches comme neige. Leur véritable couleur varie de l'ivoire au jaune, et elles foncent avec le temps.
- Le blanchiment des dents n'améliore pas la santé dentaire. Les caries et la gingivite s'attaquent aussi aux dents parfaitement blanches.
- Les résultats du blanchiment ne sont pas permanents : ils durent de six mois à deux ans.
- Selon l'Association dentaire canadienne, les effets à long terme du blanchiment des dents ne sont pas bien connus.

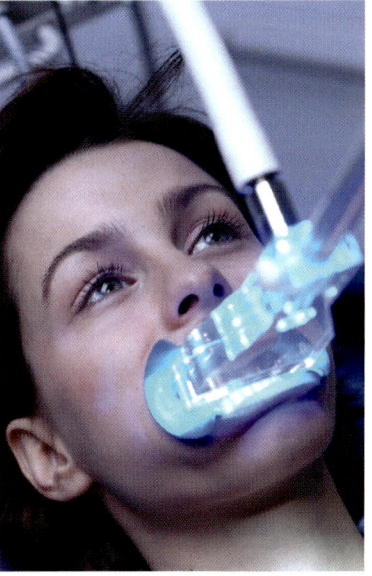

Figure 1 Devrait-on changer la couleur naturelle de ses dents?

Il y a deux techniques courantes de blanchiment des dents : le blanchiment de la surface des dents et le blanchiment par oxydation. Pour effectuer le blanchiment de la surface des dents, on se sert d'une substance dure et abrasive, comme le bicarbonate de soude, pour récurer les taches. Le blanchiment par oxydation est un processus chimique qui nécessite l'application d'une substance réactive comme le peroxyde d'hydrogène ou d'une solution blanchissante qui réagit à la lumière.

Tu viens de lire que le bicarbonate de soude est une substance dure et abrasive. La dureté est un exemple de propriété physique de la matière. Une **propriété physique** est une caractéristique ou une description d'une substance donnée. La couleur, la texture, la masse volumique, l'odeur, la solubilité, le goût, le point de fusion et l'état physique en sont d'autres exemples. Par contre, une **propriété chimique** est un comportement particulier qui se produit quand une substance se change en une ou plusieurs nouvelles substances. Une propriété chimique utile du peroxyde d'hydrogène est sa capacité à blanchir les substances colorées. Le tableau 1 présente d'autres exemples de propriétés chimiques courantes.

propriété physique caractéristique ou description d'une substance qui ne forme pas de nouvelle substance; par exemple, la couleur, la texture, la masse volumique, l'odeur, la solubilité, le goût, le point de fusion et l'état physique

propriété chimique description du comportement d'une substance lorsqu'elle se change en une ou plusieurs nouvelles substances

Tableau 1 Exemples de propriétés chimiques

Propriété chimique	Exemple
acide; réagit avec une base	Le vinaigre réagit avec le bicarbonate de soude et produit du dioxyde de carbone.
inflammable	L'essence brûle facilement si on y met le feu.
blanchissant	Le peroxyde d'hydrogène décompose la pigmentation (couleur) des cheveux.
corrosif	Les piles jetées dans les dépotoirs se décomposent rapidement au contact de l'eau souterraine.

ACTION CITOYENNE

L'élimination du cadmium

Les piles au nickel-cadmium ou piles NiCd ont été les premières piles rechargeables conçues pour les petits appareils électriques (figure 2). Cependant, on ne peut pas les recharger indéfiniment. Après plusieurs cycles de décharge-recharge, elles perdent leur capacité à générer de l'électricité. On doit alors s'en débarrasser. Certaines sont recyclées, mais la plupart d'entre elles se retrouvent dans les sites d'enfouissement. À la longue, les substances toxiques contenues dans ces piles fuient. On estime que plus de 50 % du cadmium qui s'infiltre dans l'eau souterraine à partir des sites d'enfouissement provient des piles NiCd. C'est un problème environnemental inquiétant, car le cadmium est très toxique. C'est un carcinogène lié à des maladies pulmonaires, hépatiques et rénales. Il ne peut pas être décomposé en une substance moins dangereuse. Tout ce qu'on peut faire pour réduire le danger de contamination, c'est d'empêcher le cadmium de s'infiltrer dans l'air ou dans l'eau.

Comment peux-tu faire ta part?

Fais le tour de ta maison à la recherche des petits appareils à piles qui ne servent plus : vieux téléphones cellulaires ou sans fil, ordinateurs portables, outils sans fil et brosses à dents électriques. Vérifie si le symbole NiCd apparaît sur la pile. Si oui, retire-la et apporte-la dans un centre de recyclage ou un dépôt de déchets dangereux agréé.

Figure 2 Une batterie à piles NiCd

COUP DE POUCE — ÉCRITURE

Résumer un texte

Tu peux condenser un texte en combinant des phrases et en supprimant les exemples. Prends par exemple l'extrait suivant : « On appelle "changement physique" tout changement qui ne produit pas de nouvelle substance. Les changements d'état (p. ex., la fusion, l'évaporation, la condensation, la sublimation et la dissolution) sont des exemples de changements physiques. » On pourrait résumer cet extrait ainsi : « Les changements physiques, comme les changements d'état, ne produisent pas de nouvelles substances. »

COUP DE POUCE — APPRENTISSAGE

Le sens des mots

Comme un adjectif, une **propriété** décrit une substance.
Comme un verbe, un **changement** décrit ce qu'une substance fait.

Changements physiques et changements chimiques

On appelle « changement physique » tout changement qui ne produit pas de nouvelle substance. Les changements d'état (p. ex., la fusion, l'évaporation, la condensation, la sublimation et la dissolution) sont des exemples de changements physiques. Beaucoup d'entre eux sont réversibles, mais d'autres, non. La dissolution du sucre dans l'eau est facilement réversible : il suffit de faire évaporer l'eau. Par contre, la transformation du bois d'œuvre en bois de construction est irréversible. Pense aux changements physiques que tu as vus aujourd'hui. Étaient-ils réversibles?

On appelle « changement chimique » tout changement par lequel passe une substance pour produire une (ou plus d'une) nouvelle substance. Le tableau 2, à la page suivante, présente des indices qu'un changement chimique a peut-être eu lieu. Rappelle-toi cependant qu'il s'agit seulement d'indices et ne tire pas de conclusion trop vite. Par exemple, l'eau bouillante produit un gaz, tout comme le mélange de bicarbonate de soude et de vinaigre. L'un de ces phénomènes constitue un changement chimique ; l'autre, non. Comment le savoir? La seule façon de vérifier si un changement chimique a vraiment eu lieu, c'est de soumettre les substances (dans ce cas, les gaz) à des tests. Si les substances obtenues sont différentes de la substance de départ, alors un changement chimique a eu lieu.

De nombreux changements chimiques, comme un feu de forêt, sont irréversibles. Toutefois, certains changements chimiques sont *tout à fait* réversibles. Par exemple, une réaction chimique réversible est à la base du fonctionnement des piles rechargeables. Quand tu te sers d'une de ces piles, le changement chimique qui génère l'électricité produit de nouvelles substances. Quand tu recharges cette pile, ces substances redeviennent les substances chimiques d'origine.

Tableau 2 Des indices de changements chimiques

Changement visible	Exemple	Changement visible	Exemple
Une nouvelle couleur apparaît.		De la matière solide (un précipité) se forme dans un liquide.	
Il y a dégagement d'énergie ou production de lumière.		Le changement est (généralement) difficilement réversible.	
Des bulles de gaz se forment.			

RECHERCHE EN ACTION — DES PRODUITS CHIMIQUES POUR TES CHEVEUX

HABILETÉS : effectuer une recherche, analyser un enjeu, communiquer, évaluer

LA BOÎTE À OUTILS
4.A., 4.B.

Les coloristes tiennent compte des propriétés des colorants capillaires avant de conseiller à leur clientèle le produit qui convient le mieux (figure 3). Certaines colorations sont temporaires, d'autres permanentes.

1. Fais une recherche sur l'action des colorants capillaires temporaires.
2. Fais une recherche sur l'action des colorants capillaires permanents.

A. À l'aide de l'information recueillie, détermine si l'action des colorants capillaires temporaires et permanents constitue un changement chimique ou physique. Justifie ta réponse.
B. Donne au moins un inconvénient de chaque procédé.
C. Si tu voulais teindre tes cheveux, quel procédé choisirais-tu ? Quelles inquiétudes aurais-tu ?

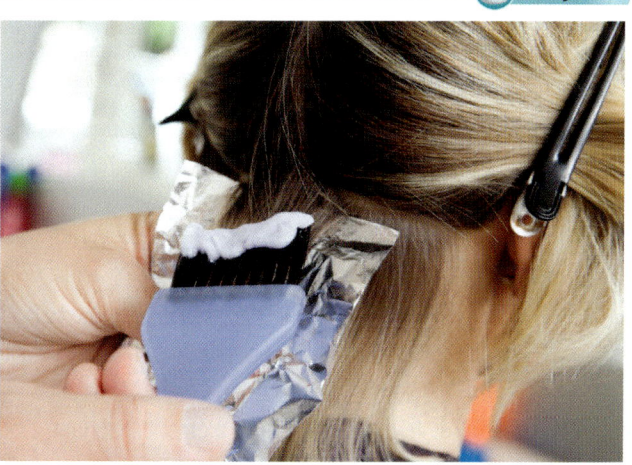

Figure 3 Dans ce milieu de travail, on utilise la chimie.

5.1 Les propriétés et les changements de la matière

EN RÉSUMÉ

- Les propriétés de la matière sont soit chimiques (qui décrivent la capacité d'une substance à former une ou plusieurs substances différentes), soit physiques (qui décrivent une substance quand elle n'est pas en train de former une nouvelle substance).

- Les changements de la matière sont chimiques (lorsqu'une substance se change en une ou plusieurs substances) ou physiques (lorsqu'une substance reste la même alors que ses propriétés physiques se modifient d'une façon quelconque).

✓ VÉRIFIE TA COMPRÉHENSION

1. a) Décris une notion que tu as apprise dans cette section.
   b) En quoi cette notion enrichit-elle ta compréhension ?

2. Indique si les observations suivantes sont des exemples de propriété chimique ou physique.
   a) L'azote liquide bout à −196 °C.
   b) Le propane qui s'échappe d'une bonbonne endommagée est très inflammable.
   c) Les bijoux en argent ternissent (noircissent) au contact de l'air.
   d) Le pétrole flotte généralement à la surface de l'eau.
   e) La viande fonce quand on la fait griller.
   f) Le trioxyde de soufre se change en acide sulfurique dans l'atmosphère.

3. Quel type de changement chacune des situations suivantes décrit-elle ? Justifie ta réponse.
   a) On incorpore souvent de l'air à la crème glacée pour en alléger la texture.
   b) Quand on chauffe du maïs à éclater, l'eau à l'intérieur des grains passe à l'état gazeux et prend de l'expansion. Ce phénomène crée suffisamment de pression pour faire éclater le grain.
   c) Un bruit fort se fait entendre quand on introduit une allumette allumée dans une éprouvette contenant de l'hydrogène.
   d) L'éthanol est une source d'énergie de remplacement qui sert de carburant.
   e) On se sert de l'énergie géothermique des sources thermales souterraines pour faire tourner des turbines et produire de l'électricité.
   f) Certaines bagues en argent laissent une trace verte autour de ton doigt.

4. La figure 4 illustre une mise en garde que l'on trouve souvent sur les produits de blanchiment. Est-ce une propriété chimique ou une propriété physique qui les rend dangereux ? Justifie ta réponse.

5. À la longue, il se forme du tartre sur l'élément chauffant à l'intérieur d'une bouilloire électrique. On peut s'en débarrasser en recouvrant l'élément de vinaigre. À mesure que le tartre disparaît, on peut observer des bulles de gaz. Cette méthode de nettoyage d'une bouilloire représente-t-elle un avantage d'un changement physique ou d'un changement chimique ? Explique ta réponse.

6. C'est grâce aux solvants qu'elle contient que la peinture pour bâtiments s'étend bien sur les surfaces. Une fois que la peinture est exposée à l'air, ces solvants s'évaporent et la peinture sèche. C'est à une ou à un chimiste de choisir les solvants qui conviennent le mieux à cet usage.
   a) Quelles propriétés chimiques ou physiques ces solvants devraient-ils posséder ?
   b) Quelles autres caractéristiques les solvants idéaux devraient-ils posséder ?

7. Les mécaniciennes et mécaniciens d'automobiles utilisent parfois du cola pour éliminer les dépôts solides qui se forment autour des bornes de batterie. Quand le cola entre en contact avec ces dépôts, on peut observer la formation de bulles de dioxyde de carbone. Le nettoyage des bornes d'une batterie provoque-t-il un changement physique ou chimique ? Explique ta réponse.

8. Les produits de débouchage dégagent souvent beaucoup de chaleur en débouchant les drains. L'action des produits de débouchage constitue-t-elle un changement physique ou chimique ? Explique ta réponse.

9. Lorsqu'on verse du vinaigre dans du lait, il se crée des grumeaux et le lait caille. S'agit-il d'un changement physique ou chimique ? Explique ta réponse.

10. Décris deux propriétés physiques et une propriété chimique des matériaux utilisés pour fabriquer les appareils d'orthodontie (les broches).

11. Après avoir lu cette section, ton opinion sur les procédés de blanchiment des dents a-t-elle changé ? Pourquoi ? Quels autres éléments d'information devrait-on prendre en compte avant de se faire blanchir les dents ?

Figure 4 Étiquette de mise en garde sur le contenant d'un produit de blanchiment au chlore

SCIENCES APPLIQUÉES

Le traitement des déchets dangereux

Dans de nombreux foyers canadiens, les recoins de la cave et du garage cachent de vieux contenants de produits nettoyants, des bouteilles de solvant dépourvues d'étiquettes, des atomiseurs d'insecticides à l'embout brisé et des pots de peinture rouillés. Plusieurs de ces substances peuvent être facilement recyclées ou neutralisées dans un dépôt de déchets dangereux. Voici les étapes de recyclage d'une boîte de déchets ménagers typique.

Au dépôt de déchets dangereux, les déchets sont d'abord triés par catégories. Le personnel sépare la peinture, les huiles, les solvants, les pesticides, les piles, les médicaments, etc. (figure 1).

Figure 1 La peinture et l'huile à moteur constituent environ 50 % des matières que reçoivent les postes de répartition des déchets dangereux.

Les matières triées sont ensuite emballées et expédiées à une compagnie de traitement des déchets dangereux. Là, on vide les contenants de leurs matières dangereuses, qui sont versées dans de gros barils de matières similaires. Par exemple, différents types d'huiles à moteur usées sont mélangées ensemble dans un grand contenant. Puis, cette huile est envoyée ailleurs pour être traitée et recyclée. Ce processus est si efficace que presque toute l'huile à moteur vendue en Ontario est de l'huile recyclée.

On réussit à recycler près de 85 % des résidus de peinture qui sont apportés aux dépôts de déchets dangereux. Hotz Environmental Services Inc. reçoit la majeure partie des résidus de peinture en Ontario. À son usine de recyclage de Hamilton, Hotz sépare d'abord les résidus de peinture à l'huile de ceux de peinture au latex. Chaque type de peinture est trié de nouveau avant d'être incorporé à l'un des huit différents groupes de couleur. Une technicienne ou un technicien en chef, qu'on surnomme «maître-brasseuse» ou «maître-brasseur», contrôle la couleur de chaque lot. Hotz vend ensuite ces peintures à des clients comme le gouvernement canadien et des gouvernements étrangers.

Même les bonbonnes de propane jetables peuvent être recyclées à l'aide d'un procédé mis au point par Hotz Environmental. D'abord, on vide la bonbonne du propane restant à l'aide d'un système de pompage à vide. Le propane ainsi récupéré sert à chauffer l'usine. On troue et on coupe ensuite les bonbonnes vides de façon sécuritaire; les déchets de métaux ainsi obtenus sont recyclés.

Il est évidemment très important de recycler ou de neutraliser les déchets dangereux. Les technologies nécessaires à la réalisation de ces tâches sont au point et en place. Le tableau 1 présente les procédés de recyclage et d'élimination des divers types de déchets dangereux. Les déchets ménagers dangereux ne devraient pas être une menace pour l'environnement. Malheureusement, seulement 10 % des foyers ontariens apportent régulièrement leurs déchets dangereux dans un centre de dépôt pour qu'ils y soient éliminés. Que peux-tu faire pour changer les choses?

Tableau 1 Le traitement des déchets dangereux

Déchets dangereux	Procédés
solvants (p. ex., diluants, adhésifs, antigels)	• Les solvants inflammables sont brûlés comme carburant dans des fours à haute température servant à produire du ciment.
batteries d'automobiles au plomb	• Les acides sont neutralisés. • Les boîtiers en plastique sont recyclés en de nouveaux boîtiers. • Le plomb est raffiné et sert à faire de nouvelles batteries.
bonbonnes de propane pour le barbecue	• Les bonbonnes sont vidées et remises à neuf ou elles sont transformées en déchets de métaux destinés au recyclage.
pesticides	• On fait subir à ces substances un traitement chimique qui les rend inoffensives.
ampoules fluocompactes (figure 2)	• Le mercure toxique que contiennent ces ampoules est recueilli, purifié et réutilisé.

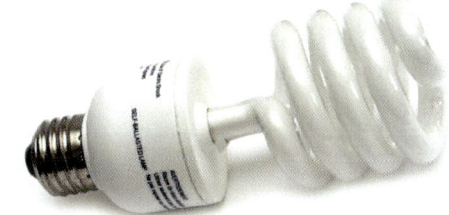

Figure 2 Une ampoule fluocompacte

5.2 RÉALISE UNE ACTIVITÉ

Changement physique ou changement chimique ?

HABILETÉS
- Se poser une question
- Formuler une hypothèse
- Prédire le résultat
- Planifier
- Contrôler les variables
- Exécuter
- Observer
- Analyser
- Évaluer
- Communiquer

Comme tu le sais déjà, une propriété chimique décrit la capacité d'une substance à réagir en formant une nouvelle substance. On appelle ce phénomène « changement chimique ».

Dans cette activité, tu vas observer quelques changements physiques et chimiques. En classant ces changements, tu vas décrire les indices spécifiques des changements chimiques.

Objectif
Recueillir des indices et s'en servir pour identifier des changements physiques et chimiques.

Matériel
LA BOÎTE À OUTILS 1.A., 1.B.

- lunettes de protection
- tablier de laboratoire
- 2 éprouvettes
- support à éprouvettes
- bec Bunsen
- support universel avec pince
- allumoir
- bouchon à éprouvette
- spatule de laboratoire
- bain-marie
- thermomètre (facultatif)
- bouteilles compte-gouttes
  - d'acide chlorhydrique dilué, $HCl_{(aq)}$
  - d'eau distillée
  - d'hydroxyde de sodium dilué, $NaOH_{(aq)}$
- ruban de magnésium, $Mg_{(s)}$
- éclisse de bois
- sulfate de cuivre, $CuSO_{4(s)}$
- laine d'acier
- éprouvette préparée d'acide laurique, $C_{12}H_{24}O_{2(s)}$

⚠️ L'acide chlorhydrique et l'hydroxyde de sodium sont corrosifs. Des éclaboussures dans les yeux peuvent rendre une personne aveugle.

⚠️ Le sulfate de cuivre est une substance toxique et un irritant. Évite tout contact de ce produit sur ta peau et toute éclaboussure dans tes yeux. Lave immédiatement à l'eau froide toute éclaboussure, même sur tes vêtements. Avise ton enseignante ou ton enseignant de tout incident.

⚠️ Fais preuve de prudence près de la plaque chauffante ou du bain-marie. Ne touche pas aux surfaces qui pourraient être brûlantes. Cette activité prévoit l'utilisation d'une flamme nue. Les cheveux longs doivent être attachés, et les vêtements amples doivent être ajustés.

Marche à suivre

LA BOÎTE À OUTILS 3.B.

1. Dessine un tableau pour y noter tes observations durant l'activité.
2. Mets tes lunettes de protection et ton tablier.

Partie A
CHANGEMENT 1

3. Verse de l'acide chlorhydrique dans une éprouvette jusqu'à une hauteur d'environ 2 cm.
4. Ajoute deux bouts de 1 cm de ruban de magnésium dans l'éprouvette. Observe tout indice de changement. Touche l'extrémité de l'éprouvette pour voir s'il y a des changements de température. Note tes observations.
5. Place l'éprouvette dans un support à éprouvettes et attends 30 secondes pour que le gaz ainsi produit expulse tout l'air de l'éprouvette.

CHANGEMENT 2

6. Attache le bec Bunsen au trépied pour qu'il soit bien stable.
7. Allume le bec Bunsen avec l'allumoir, puis allume l'éclisse avec la flamme du brûleur.
8. Tiens l'éclisse enflammée près de l'embouchure de l'éprouvette contenant l'acide et le magnésium. Note tes observations.
9. Élimine le contenu de l'éprouvette en suivant les consignes de ton enseignante ou de ton enseignant.
10. Rince l'éprouvette sous l'eau du robinet.

Partie B

CHANGEMENT 3

11. Verse de l'eau distillée dans une éprouvette jusqu'à une hauteur d'environ 3 cm.
12. Ajoute à l'eau environ 0,5 g de sulfate de cuivre (II) (une quantité égale à un demi-comprimé d'aspirine).
13. Mets le bouchon et retourne l'éprouvette plusieurs fois pour bien mélanger son contenu. Note tes observations.

CHANGEMENT 4

14. Retire le bouchon. Ajoute un morceau de laine d'acier (de la taille d'un comprimé d'aspirine) dans l'éprouvette (figure 1).

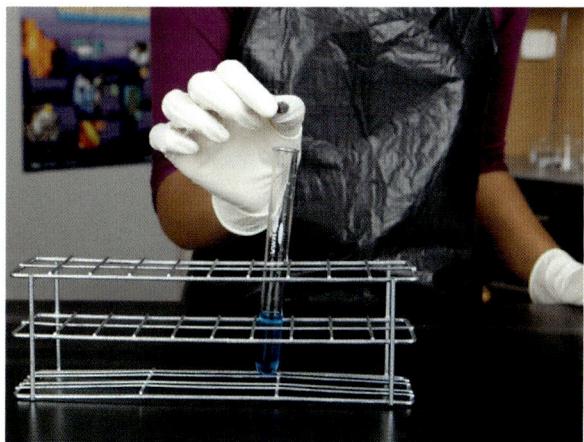

Figure 1 Ajout d'un morceau de laine d'acier à la solution de sulfate de cuivre (II)

15. Rebouche l'éprouvette et remue-la.
16. Laisse les solides se déposer au fond de l'éprouvette. Note tes observations.

CHANGEMENT 5

17. Retire le bouchon. Ajoute environ 5 gouttes de solution d'hydroxyde de sodium dans l'éprouvette.
18. Ajoute lentement des gouttes d'acide chlorhydrique dans l'éprouvette. Fais tourner délicatement l'éprouvette après chaque ajout d'une ou deux gouttes. Continue d'ajouter de la solution d'acide goutte à goutte jusqu'à ce que le solide disparaisse. Note tes observations.
19. Élimine le contenu de l'éprouvette en suivant les consignes de ton enseignante ou de ton enseignant.

Partie C

CHANGEMENT 6

20. Examine l'éprouvette d'acide laurique.
21. Place l'éprouvette dans le bain-marie. Attends jusqu'à ce que la substance dans l'éprouvette se soit complètement liquéfiée.
22. Retire l'éprouvette du bain-marie et refroidis-la en la tenant sous un filet d'eau du robinet jusqu'à ce que son contenu se solidifie de nouveau. Note tes observations.

Analyse et interprète

a) Classe chacun des changements que tu as observés en indiquant s'il s'agit d'un changement physique ou chimique. Justifie tes inférences à l'aide des indices que tu as notés dans ton tableau d'observation.

b) Quels changements as-tu eu le plus de difficulté à classer? Pourquoi?

c) Donne un exemple, tiré de ta vie quotidienne, d'un changement physique qui est :
   i) réversible. Justifie ton inférence.
   ii) irréversible. Justifie ton inférence.

Approfondis ta démarche

d) Indique un changement chimique réversible dans cette activité. Quelle substance chimique pourrais-tu ajouter pour inverser de nouveau ce changement?

e) Dans le changement 2, tu as peut-être entendu un bruit fort quand l'éclisse enflammée a été introduite dans l'embouchure de l'éprouvette. Nomme le gaz dégagé dans l'éprouvette.

f) Conçois une expérience pour déterminer les facteurs qui pourraient amplifier ce bruit fort. Fais approuver ton plan par ton enseignante ou ton enseignant, puis procède à ton expérience.

5.3 Les produits dangereux et la sécurité au travail

Une concierge d'école mélange par erreur deux solvants de nettoyage. En peu de temps, la pièce est envahie de vapeurs irritantes de chlore toxique et la concierge suffoque. Amenée d'urgence à l'hôpital, elle meurt en fin de soirée. Cet accident tragique déclenche une enquête. Pour se renseigner, les membres du conseil scolaire consultent d'abord l'information du SIMDUT.

Qu'est-ce que le SIMDUT ?

Le Système d'information sur les matières dangereuses utilisées au travail (SIMDUT) fournit aux travailleuses et travailleurs canadiens de l'information sur l'utilisation sécuritaire des produits dangereux sur leur lieu de travail. Pour respecter la loi, l'employeur doit fournir cette information. Les trois façons de transmettre ces renseignements sont les étiquettes du SIMDUT, les fiches techniques santé-sécurité (FTSS, aussi appelées « fiches signalétiques ») et la formation de la main-d'œuvre.

Les étiquettes du SIMDUT

Une étiquette du SIMDUT sur un produit est le premier signe qu'il peut être dangereux. Il y a deux types d'étiquettes : les étiquettes du fournisseur et les étiquettes du lieu de travail. Toute matière dangereuse vendue ou importée sur un lieu de travail au Canada doit avoir l'étiquette du fournisseur (figure 1). Celle-ci doit toujours présenter une bordure hachurée et être bilingue. Elle doit indiquer le nom du produit, tous les symboles de danger pertinents, les coordonnées du fournisseur et une référence à la FTSS. Une étiquette du lieu de travail doit être apposée sur toutes les matières dangereuses produites sur place ou transvidées dans d'autres contenants sur le lieu de travail (figure 2). Pour cette étiquette, la bordure hachurée n'est pas obligatoire, mais le nom du produit, les instructions pour une manipulation sécuritaire, une référence à la FTSS et tous les symboles de danger pertinents doivent y figurer.

> **COUP DE POUCE**
> **ÉCRITURE**
>
> **Rédiger un résumé**
> Sers-toi de la phrase de présentation du sujet pour reformuler l'idée principale dans tes propres mots. Par exemple, si le texte dit : « Une étiquette du SIMDUT sur un produit est le premier signe qu'il peut être dangereux », tu pourrais réécrire l'idée principale de la façon suivante : « Les étiquettes du SIMDUT sont des mises en garde contre les produits dangereux. »

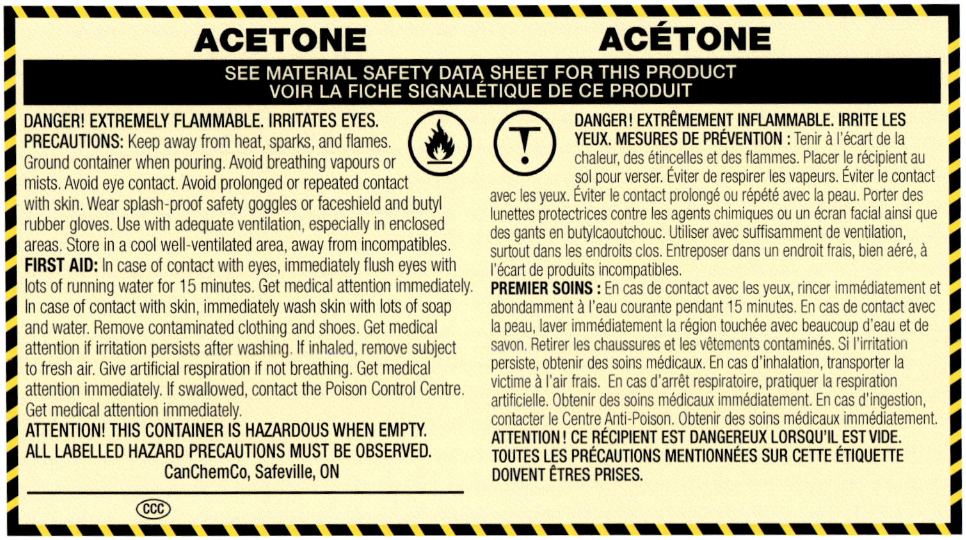

Figure 1 Cette étiquette du fournisseur apparaît sur tout contenant d'acétone que l'on achète.

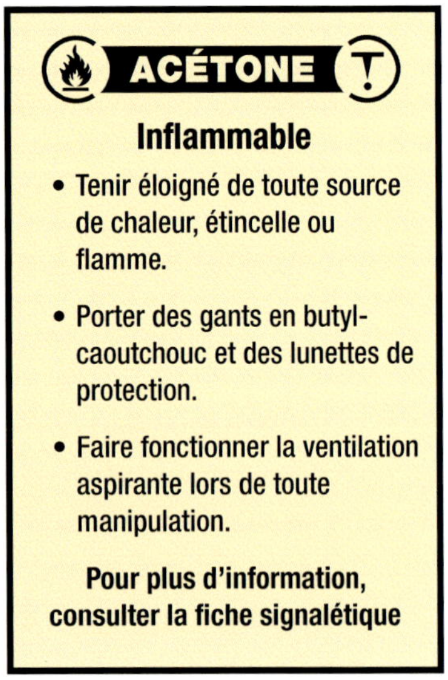

Figure 2 On doit apposer une étiquette du lieu de travail sur tous les contenants dans lesquels on transvase de l'acétone que la main-d'œuvre utilisera sur place.

La fiche technique santé-sécurité (FTSS)

L'étiquette d'un produit n'offre qu'une quantité limitée de renseignements de sécurité. Pour plus de détails, lis la fiche technique santé-sécurité (FTSS) qui accompagne le produit. Tu vas y trouver de l'information sur toutes les propriétés dangereuses du produit, sur les procédés de manipulation et de rangement sécuritaires ainsi que sur les mesures à prendre en cas d'urgence. Beaucoup de fabricants affichent cette information en ligne. Il faut toujours lire attentivement la FTSS de tout produit *avant* de l'utiliser.

Pour apprendre comment déchiffrer une FTSS et te renseigner sur la santé et la sécurité au travail :

La formation de la main-d'œuvre

Il y a des produits dangereux dans presque tous les lieux de travail. Il est essentiel que tout le monde en comprenne les dangers. Les gens qui travaillent fréquemment avec des produits dangereux doivent donc recevoir une formation spéciale. Ils doivent savoir comment manipuler les produits et quoi faire en cas d'accident.

Pour en savoir plus sur le SIMDUT et les formations offertes :

RECHERCHE EN ACTION — QUEL EST LE MEILLEUR AGENT DE BLANCHIMENT ?

HABILETÉS : effectuer une recherche, définir l'enjeu, communiquer, évaluer

LA BOÎTE À OUTILS 4.B, 4.C.8

Les accidents comme celui de la concierge amènent certaines personnes à remettre en question l'utilisation des agents de blanchiment à base de chlore à l'école. La présence de chlore dans la salle d'entreposage des produits chimiques de l'école est dangereuse, car cette pièce contient aussi plusieurs produits qui pourraient réagir avec cet élément. Est-ce qu'un agent de blanchiment à base d'oxygène, comme le peroxyde d'hydrogène, serait une solution de rechange plus sûre ?

1. Trouve et lis la FTSS du peroxyde d'hydrogène à 6 %.
2. Trouve et lis la FTSS d'un javellisant à base de chlore.

A. Compare les dangers respectifs de ces deux agents de blanchiment.
B. D'après tes lectures, le peroxyde d'hydrogène est-il plus sécuritaire à utiliser ? Pourquoi ?
C. De quelle information supplémentaire, s'il y a lieu, as-tu besoin pour déterminer quel produit est le meilleur dans l'ensemble ?

EN RÉSUMÉ

- La législation sur le SIMDUT oblige les employeurs à informer leur main-d'œuvre sur l'utilisation sécuritaire des produits dangereux sur les lieux de travail.
- La diffusion de l'information sur les produits dangereux se fait au moyen des étiquettes des produits, des FTSS et des programmes de formation des travailleuses et travailleurs.

VÉRIFIE TA COMPRÉHENSION

1. Pourquoi la formation des travailleuses et travailleurs est-elle un des éléments essentiels au bon fonctionnement du SIMDUT ?
2. Quand est-il nécessaire d'apposer une étiquette du lieu de travail sur un contenant ?
3. Dans quelle(s) section(s) d'une FTSS les propriétés suivantes sont-elles énumérées ?
   a) les propriétés physiques
   b) les propriétés chimiques
4. D'après toi, pourquoi faut-il indiquer la date de préparation sur la FTSS ?
5. Où pourrais-tu trouver la FTSS de produits de consommation comme l'eau de Javel ou le diluant à peinture ?
6. Les gens qui achètent des produits de nettoyage au supermarché se fient à l'étiquette du produit pour les mesures de sécurité. Quelle information supplémentaire est exigée par la loi si ce produit doit être utilisé sur un lieu de travail ?
7. Donne un exemple de produit chimique dangereux qu'on peut utiliser de façon sécuritaire.
8. Donne un exemple de produit chimique « inoffensif » qui pourrait être dangereux dans certaines conditions.
9. On dit parfois que « le danger dépend de la dose » en faisant allusion à certains produits chimiques toxiques. Que veut-on dire par là ? Explique ta réponse en donnant un exemple.

5.4 Les tendances périodiques

Tu sais déjà que les **éléments** sont des substances pures qui ne peuvent pas être décomposées en substances plus simples. Tu sais probablement aussi que le tableau périodique est un outil que les chimistes utilisent pour expliquer et prédire les propriétés des éléments (figure 1).

élément substance pure qui ne peut pas être décomposée en substances plus simples

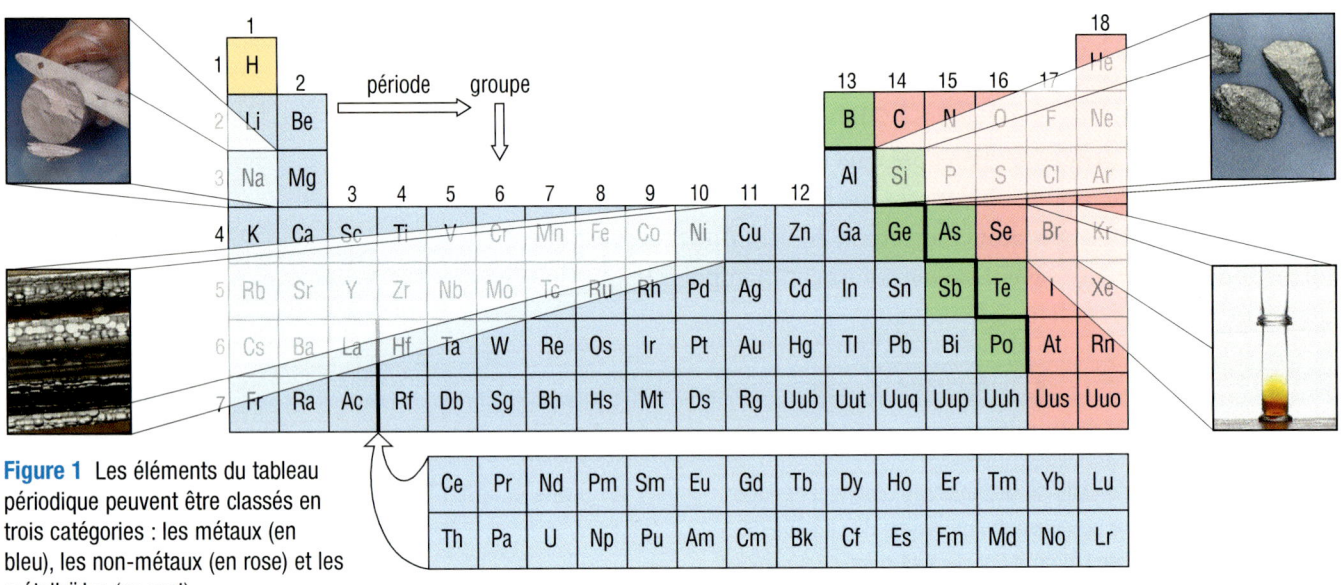

Figure 1 Les éléments du tableau périodique peuvent être classés en trois catégories : les métaux (en bleu), les non-métaux (en rose) et les métalloïdes (en vert).

Tableau 1 Résumé des propriétés des métaux et des non-métaux

Propriété	Métaux	Non-métaux
exemple	nickel, Ni	brome, Br
état à la température ambiante	solides	solides, liquides ou gazeux
brillance	brillants	mats
malléabilité	généralement malléables	cassants (si solides)
conductivité	conducteurs	isolants

Le tableau 1 résume les propriétés générales des métaux et des non-métaux. Remarque que l'hydrogène, H, a sa propre couleur dans le tableau périodique. Cet élément a certaines propriétés communes avec les métaux de la première colonne, mais il lui manque plusieurs des propriétés physiques caractéristiques des métaux à la température ambiante : c'est pourquoi on le classe à part.

Les périodes et les groupes chimiques

Le tableau périodique regroupe les éléments par périodes et par groupes. Chaque rangée d'éléments du tableau périodique constitue une **période**. Chaque colonne constitue un **groupe** d'éléments aux propriétés similaires. Les quatre groupes d'éléments les mieux connus sont les suivants :

- Les éléments du groupe 1 (sauf l'hydrogène) sont les **métaux alcalins**. Ce sont des métaux souples et très réactifs (figure 2).
- Les éléments du groupe 2 sont les **métaux alcalino-terreux**. Ils sont légers et réactifs.
- Les éléments du groupe 17 sont les **halogènes**. C'est l'un des groupes les plus réactifs du tableau périodique.
- Les éléments du groupe 18 sont les **gaz rares**. Contrairement aux halogènes, les gaz rares sont si stables qu'ils réagissent rarement avec un autre produit chimique, quel qu'il soit.

période rangée d'éléments du tableau périodique

groupe colonne d'éléments aux propriétés similaires dans le tableau périodique

métaux alcalins les éléments de la première colonne du tableau périodique (sauf l'hydrogène) (groupe 1)

métaux alcalino-terreux les éléments de la deuxième colonne du tableau périodique (groupe 2)

halogènes les éléments de la dix-septième colonne du tableau périodique (groupe 17)

gaz rares les éléments de la dix-huitième colonne du tableau périodique (groupe 18)

Figure 2 Le lithium, le sodium et le potassium réagissent avec l'eau à différentes vitesses et produisent de l'hydrogène inflammable. La réaction avec le potassium est si violente que l'hydrogène s'enflamme.

La structure atomique

Pourquoi les divers éléments réagissent-ils si différemment? La réponse à cette question se trouve dans la structure des atomes. Les scientifiques ont élaboré un modèle simple d'atome pour expliquer les propriétés des éléments. Dans ce modèle, la plus grande partie de la masse de l'atome est concentrée dans un corpuscule extrêmement petit, dense et chargé positivement, qu'on appelle « noyau » (figure 3).

Les atomes sont constitués de trois types de particules subatomiques (tableau 2).

Tableau 2 Les particules subatomiques

	Proton	Neutron	Électron
charge électrique	positive	neutre	négative
symbole	p^+	n^0	e^-
localisation	noyau	noyau	gravite autour du noyau

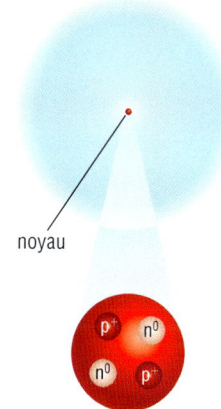

Figure 3 La majeure partie du volume d'un atome est constituée d'espace vide. La plus grande partie de la masse de l'atome est concentrée dans le noyau. Le noyau n'occupe que le 1/100 000 environ du volume de l'atome.

Le nombre de protons dans le noyau d'un élément correspond au numéro atomique de cet élément. Par exemple, comme le noyau du carbone renferme six protons, son numéro atomique est 6. Les éléments du tableau périodique sont disposés par ordre *croissant* de numéro atomique. Les atomes sont électriquement neutres, puisqu'ils ont un nombre égal de protons et d'électrons.

Les agencements électroniques et le modèle de Bohr-Rutherford

Le **modèle de Bohr-Rutherford** de l'atome permet de représenter l'agencement des électrons autour du noyau des 20 premiers éléments. Dans ce modèle, chaque couche électronique est représentée comme un anneau autour du noyau. En principe, chaque couche ne peut comprendre qu'un nombre limité d'électrons. La première couche peut avoir au maximum deux électrons. Les deuxième et troisième couches peuvent avoir un maximum de huit électrons chacune. Les éléments ayant un nombre atomique supérieur à 18 doivent avoir quelques électrons sur la quatrième couche. Tous les atomes sont électriquement neutres : le nombre total d'électrons sur ces couches doit donc être égal au nombre de protons contenus dans le noyau. Souviens-toi que cette description n'est qu'une représentation de l'atome. En réalité, le comportement des électrons est beaucoup plus complexe, mais ce modèle est utile pour comprendre la structure de l'atome. Tu peux te servir de ce modèle et du tableau périodique pour prédire la structure atomique et les propriétés des divers éléments. Tourne la page pour savoir comment illustrer les couches électroniques de l'hydrogène, de l'hélium, du lithium et du fluor.

LE SAVAIS-TU?

Une monnaie très dense
Si tu pouvais d'une façon ou d'une autre éliminer tout l'espace que contiennent les atomes de ton corps, tu serais aussi minuscule qu'une pièce de un cent. Toutefois, sous cette forme, ton poids demeurerait le même que ton poids actuel.

modèle de Bohr-Rutherford modèle qui représente l'agencement des électrons sur les couches entourant le noyau d'un atome

COUP DE POUCE
ÉCRITURE

Rédiger un résumé
Écris une phrase claire sur chaque point important. Par exemple, pour résumer le modèle de Bohr-Rutherford, consacre une phrase distincte à chaque couche électronique.

5.4 Les tendances périodiques

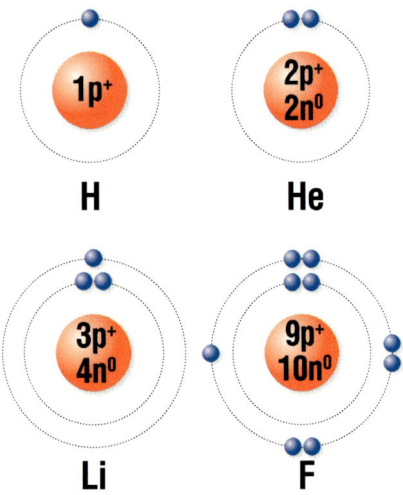

Figure 4 Les modèles de Bohr-Rutherford de l'hydrogène (H-1), de l'hélium (He-4), du lithium (Li-7) et du fluor (F-19)

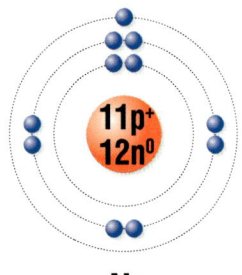

Figure 5 Le modèle de Bohr-Rutherford du sodium (Na-23)

> **COUP DE POUCE**
> **MATHÉMATIQUES**
>
> **Le rapport**
> Un rapport est une comparaison de quantités. Le rapport garçons-filles en Ontario est approximativement de 1 : 1. Le rapport des atomes d'hydrogène relativement aux atomes d'oxygène dans une molécule d'eau est de 2 : 1. On exprime généralement les rapports à l'aide des plus petits nombres entiers possible.

composé substance pure composée de deux éléments chimiques ou plus selon un rapport fixe

On représente parfois un atome de lithium par Li-7, ce qui signifie que cet atome a un nombre de masse de 7. Retiens que le nombre de masse d'un élément est égal au nombre total de protons et de neutrons qu'il comporte. Comme les atomes de lithium ont toujours trois protons, ils doivent aussi avoir quatre neutrons dans leur noyau. Pour équilibrer la charge de ces trois protons, il faut que trois électrons gravitent autour du noyau. La première couche ne peut comprendre que deux électrons. Puisque le troisième électron ne peut y prendre place, il doit aller sur une deuxième couche (figure 4).

Comme tu l'as vu à la page précédente, la deuxième couche peut comprendre jusqu'à huit électrons. Donc, si tu passes d'un élément à l'autre dans la deuxième période, tu constates que le nombre d'électrons sur la deuxième couche augmente de un jusqu'à concurrence de huit, le nombre maximal. Par conséquent, le fluor a sept électrons sur sa deuxième couche et le néon en a huit. Après le néon, on a besoin d'une autre couche pour inclure l'ensemble de huit électrons suivant. Le sodium (Na) a donc besoin d'une troisième couche (figure 5). Note que le nombre de la période, ou rangée, d'un élément t'indique combien de couches électroniques possèdent les atomes. Tu peux ainsi prédire que les éléments 19 et 20, qui se trouvent dans la quatrième rangée, ont des électrons sur une quatrième couche. Au-delà de cette couche, le modèle de l'atome se complexifie, mais tu n'as pas à te préoccuper de ces atomes complexes dans ce cours.

Les agencements électroniques et la réactivité

Les gaz rares sont reconnus pour leur stabilité. Ils sont si stables qu'ils ne réagissent presque jamais avec d'autres éléments. Pourquoi? En se basant sur des résultats expérimentaux, les chimistes ont déduit que la réactivité d'un élément dépend des électrons de la couche extérieure. Comme les gaz rares ont tous des couches pleines, ils ont conclu que ces dernières sont un facteur de stabilité (figure 6). En fait, pour comprendre comment des éléments se combinent pour former des composés, tu dois saisir l'importance de la stabilité des couches électroniques extérieures pleines. Les **composés** sont des substances constituées, selon un rapport fixe, de deux éléments ou plus.

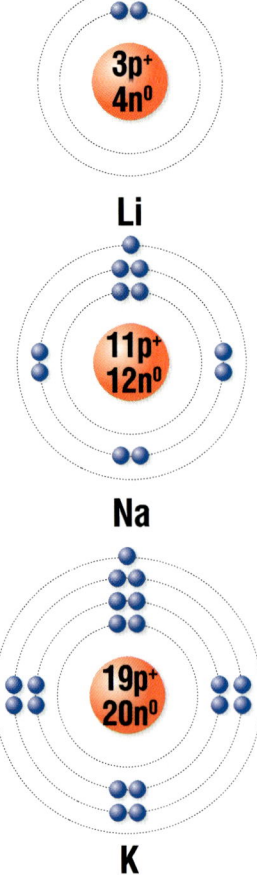

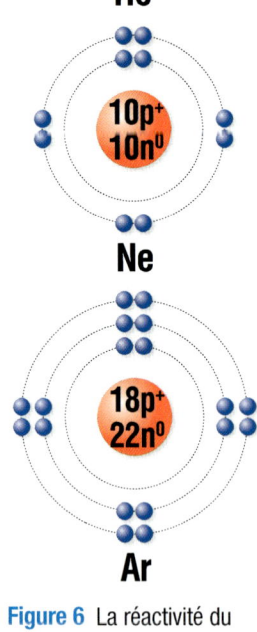

Figure 6 La réactivité du lithium (Li-7), du sodium (Na-23) et du potassium (K-39) tient au fait que leur couche électronique extérieure ne comporte qu'un électron. L'hélium (He-4), le néon (Ne-20) et l'argon (Ar-40) sont stables parce que leur couche électronique extérieure est pleine.

Alors que les gaz rares sont très stables, les éléments de l'autre côté du tableau périodique, soit les métaux alcalins, sont très réactifs. Des observations ont démontré que tous les métaux alcalins réagissent avec l'eau (voir la figure 2 à la page 185). Selon les chimistes, les métaux alcalins sont très réactifs parce que chacun de leurs atomes a un électron sur sa couche électronique extérieure.

Pour voir certains métaux alcalins réagir avec de l'eau :

EN RÉSUMÉ

- Les éléments sont disposés dans le tableau périodique suivant l'ordre des numéros atomiques (le nombre de protons dans le noyau).
- Les éléments électriquement neutres ont un nombre égal d'électrons et de protons par atome.
- Les éléments des colonnes (groupes) du tableau périodique ont tous le même nombre d'électrons sur leur couche électronique extérieure.
- Le nombre d'électrons de la couche électronique extérieure conditionne la réactivité d'un élément.
- Le modèle de Bohr-Rutherford illustre les nombres de protons, de neutrons et d'électrons dans un atome et l'agencement des électrons.

VÉRIFIE TA COMPRÉHENSION

1. Quelles données du tableau périodique te permettent de prédire le nombre d'électrons dans un atome ?

2. Compare les métaux et les non-métaux sur le plan de leur
   a) état à la température ambiante
   b) conductivité électrique
   c) brillance
   d) nombre d'électrons sur la couche électronique extérieure

3. Réfère-toi au tableau périodique pour nommer les éléments suivants et en écrire le symbole :
   a) l'halogène de la deuxième période
   b) le métal alcalino-terreux dans la cinquième période
   c) le gaz rare ayant le numéro atomique le plus petit
   d) le non-métal dans la cinquième période qui possède sept électrons sur sa couche extérieure
   e) le métal alcalin de la quatrième période
   f) le métal de la troisième période qui possède trois électrons sur sa couche extérieure
   g) le gaz inerte de la deuxième période

4. Dessine les modèles de Bohr-Rutherford des éléments suivants : azote (N-14), aluminium (Al-27), chlore (Cl-35) et magnésium (Mg-24).

5. Imagine que des chimistes ont découvert un nouvel élément dont le numéro atomique est 119.
   a) À l'aide du tableau périodique, prédis à quelle famille chimique cet élément devrait appartenir.
   b) Combien d'électrons un atome de cet élément devrait-il avoir sur sa couche électronique extérieure ?
   c) Prédis une propriété physique et une propriété chimique de cet élément.

6. Observe l'apparence physique des éléments présentés à la figure 7.
   a) Classe chaque élément en indiquant s'il s'agit d'un métal ou d'un non-métal.
   b) Indique une propriété physique particulière de l'élément (iv).
   c) Quels sont les éléments susceptibles de conduire l'électricité ?

(i)
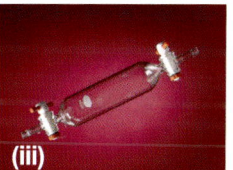
(iii)

(ii)

(iv)

Figure 7 Quelques éléments à la température ambiante

7. Compare le nombre d'électrons sur la couche électronique extérieure des divers éléments
   a) dans une période.
   b) dans un groupe.

8. Pourquoi les atomes sont-ils électriquement neutres ?

9. L'utilisation du potassium a été interdite dans de nombreuses écoles secondaires. À quelle propriété du potassium peux-tu relier cette interdiction ?

5.4 Les tendances périodiques

5.5 Les atomes et les ions

On t'a sûrement déjà conseillé de boire beaucoup d'eau : au moins 2 L par jour, encore plus s'il fait très chaud ou si tu fais de l'exercice physique (figure 1). C'est un bon conseil, mais boire trop d'eau peut cependant nuire à la santé. C'est à cette conclusion que parvient une étude scientifique menée auprès d'athlètes du marathon de Boston de 2002. Durant la course, 13 % des coureuses et coureurs qui ont participé à cette étude ont fait de l'hyponatrémie. Les symptômes de l'hyponatrémie sont la désorientation et la perte d'équilibre. La cause ? Ces personnes ont bu trop d'eau durant la course. L'excès d'eau peut abaisser la concentration du sodium dans le sang jusqu'à des niveaux très faibles, si faibles, en fait, que trois athlètes du marathon risquaient la mort s'ils n'étaient pas traités immédiatement.

Quand les scientifiques parlent de sodium dans le sang, ils ne parlent pas du métal brillant qui réagit violemment au contact de l'eau (voir la figure 2 de la section 5.4). Ils font référence aux ions sodium. De nombreux ions sont essentiels à notre santé. Les ions calcium et les ions phosphore sont des composants osseux très importants ; les ions fer favorisent le transport de l'oxygène partout dans le corps. Les ions pénètrent dans notre corps par la nourriture, et celui-ci en régule les concentrations.

Figure 1 L'eau fait-elle du tort à cette athlète ?

ion particule chargée qui se crée quand un atome gagne ou perd un ou plusieurs électrons

En quoi les atomes et les ions sont-ils différents ?

Rappelle-toi la section 5.4 : un atome est une particule électriquement neutre qui a un nombre égal d'électrons et de protons. Un **ion** est un atome qui est devenu chargé en gagnant ou en perdant des électrons. Par exemple, les atomes de sodium perdent un électron en réagissant avec d'autres atomes. Chaque ion sodium qui résulte de la réaction contient 11 charges positives (sur les protons) et seulement 10 charges négatives (sur les électrons). Comme il a une charge positive de plus que le nombre de charges négatives, l'ion sodium a une charge ionique de +1. Son symbole chimique est donc Na^{1+} ou Na^+. (Retiens qu'on omet habituellement le nombre 1 dans les symboles chimiques.) Les autres métaux alcalins forment aussi des ions ayant une seule charge positive.

Le fluor est l'un des éléments chimiques les plus réactifs. Quand le fluor réagit, il tend à gagner un électron d'un autre atome pour former un ion stable appelé « fluorure ». Comme l'ion fluorure a une charge négative excédentaire, sa charge ionique est de −1. Le symbole chimique de cet ion est donc F^-. En fait, tous les halogènes forment des ions ayant une seule charge négative excédentaire. Donc, le sodium et les autres métaux alcalins (groupe 1) perdent un électron pour former des ions +1, et les halogènes (groupe 17) gagnent un électron pour former des ions −1.

	sodium, Na^+	fluorure, F^-
charge positive (protons)	+11	+9
charge négative (électrons)	−10	−10
charge ionique	+1	−1

Pourquoi n'existe-t-il pas de Na^{2+} ou de F^{2-}, c'est-à-dire des ions sodium ayant une charge de +2 ou des ions fluorure ayant une charge de −2 ? Pour comprendre pourquoi Na^+ et F^- sont les seuls ions stables formés par ces éléments, on doit examiner leur modèle de Bohr-Rutherford en le comparant à ceux des gaz rares.

COUP DE POUCE — APPRENTISSAGE

Comment représenter la charge d'un ion

Les chimistes disent qu'un ion magnésium a une charge de +2, qui se lit « plus deux », mais ils notent cet ion Mg^{2+} (en mettant le nombre d'abord et le signe d'addition ensuite). Tu vas t'habituer à cette notation à force de la voir et de l'utiliser.

Les gaz rares (groupe 18) sont stables à cause de leur couche électronique extérieure pleine. Les ions sodium et les ions fluorure sont stables eux aussi. Pourquoi? Pour comprendre la non-réactivité des ions sodium et des ions fluorure, on peut comparer leur modèle de Bohr-Rutherford avec celui du néon. Le néon est le gaz rare le plus près du sodium et du fluor dans le tableau périodique. Le modèle de Bohr-Rutherford et le tableau périodique permettent de prédire la formation des ions.

Lorsqu'on examine la formation des ions à partir d'atomes, on n'a pas à tenir compte du nombre de neutrons contenus dans le noyau. On peut donc les omettre pour l'instant des modèles de Bohr-Rutherford.

Le sodium

Pour former un ion sodium (qui a une charge positive), un atome de sodium doit réagir avec un autre atome et perdre un électron. L'électron le plus susceptible de se détacher est celui qui est le plus éloigné du noyau, soit l'unique électron de la troisième couche. Cet électron de la couche extérieure est celui qui est le moins solidement rattaché au noyau. L'ion sodium a donc le même agencement électronique stable que l'atome de néon, soit une couche électronique pleine de huit électrons (figure 2).

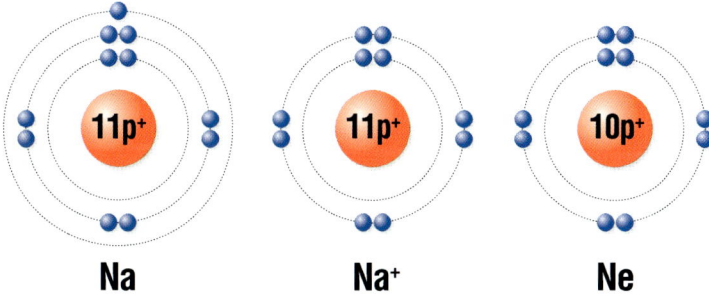

Figure 2 L'atome de sodium libère l'électron qui se trouve sur sa couche extérieure pour former un ion. L'ion sodium est stable parce que sa couche électronique extérieure est pleine, comme celle du néon.

Le fluor

Le fluor a un électron de moins que le néon et il a tendance à réagir avec d'autres atomes pour gagner un électron. Cette réaction lui donne le même agencement électronique que le néon. Avec cet électron supplémentaire, l'atome de fluor compte alors un électron et seulement neuf protons. Il devient donc un ion fluorure ayant une seule charge ionique négative, soit F^- (figure 3).

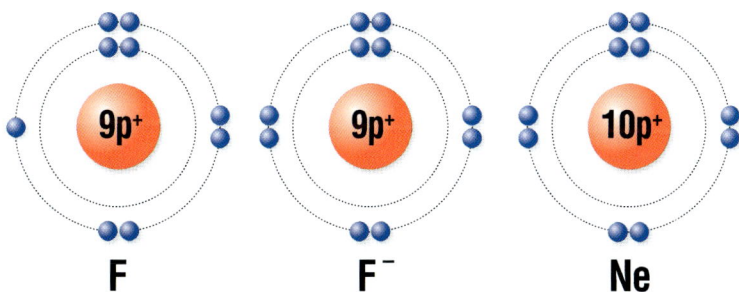

Figure 3 L'atome de fluor gagne un électron pour former un ion fluorure, soit F^-. Le fluorure est stable parce que sa couche électronique extérieure est pleine, comme celle du néon.

LE SAVAIS-TU?

Fluorure et carie dentaire
Les ions fluorure aident à renforcer l'émail des dents. Pendant des dizaines d'années, la carie dentaire a connu une diminution au Canada grâce à l'ajout de fluorure à l'eau potable. Cependant, des dentistes ont récemment noté une augmentation de la carie chez les jeunes enfants. Des spécialistes pensent que l'eau embouteillée donnée aux jeunes enfants est peut-être responsable de cette situation, puisqu'elle ne contient pas de fluorure, contrairement à l'eau du robinet.

L'aluminium

Le modèle de Bohr-Rutherford de l'aluminium montre que cet élément a trois électrons sur sa couche électronique extérieure (figure 3(a)). Pour avoir une couche extérieure stable (comme un gaz rare), l'aluminium pourrait, théoriquement, gagner cinq électrons ou en libérer trois. Des expériences ont démontré que les métaux ont tendance à perdre des électrons, tandis que les non-métaux ont tendance à en gagner. Il en résulte un ion aluminium de charge ionique +3, soit Al^{3+} (figure 4(b)).

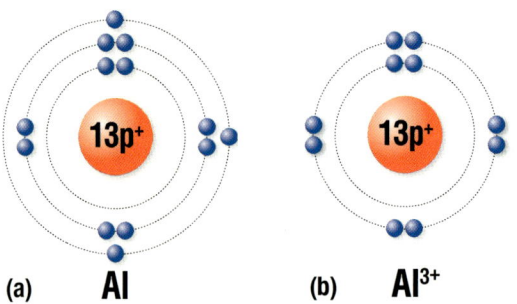

Figure 4 (a) Un atome d'aluminium a trois électrons sur sa couche électronique extérieure.
(b) En perdant ces électrons, l'ion aluminium se retrouve chargé positivement.

Le soufre

Le soufre a six électrons sur sa troisième couche électronique (figure 5(a)). Pour réaliser un agencement électronique stable, un atome de soufre doit réagir avec d'autres atomes et gagner deux électrons. Quand cette action se produit, le soufre forme un ion, dont le symbole chimique est S^{2-} (figure 5(b)), que l'on appelle « ion sulfure ». Le soufre peut aussi former des composés sans créer d'ions. Tu vas en apprendre davantage sur ces composés à la section 5.11.

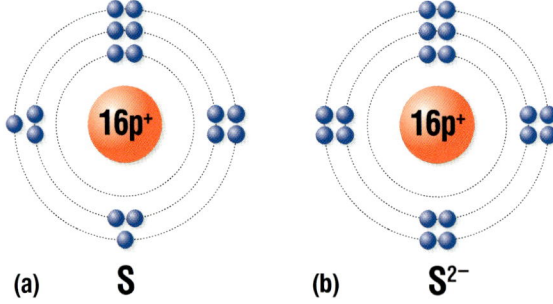

Figure 5 (a) Un atome de soufre a six électrons sur sa couche électronique extérieure.
(b) Une fois cette couche électronique pleine, l'ion sulfure se retrouve chargé négativement.

LE SAVAIS-TU ?

L'hydrogène
L'hydrogène peut former des ions positifs et des ions négatifs. Il peut gagner un électron pour remplir son unique couche électronique et former ainsi un ion de charge −1. Le plus souvent, cependant, l'hydrogène perd son unique électron et forme un ion de charge +1.

cation ion chargé positivement

anion ion chargé négativement

COUP DE POUCE
APPRENTISSAGE

Les cations et les anions
Retiens que *cation* comprend la lettre « t », qui ressemble au signe + ; un **an**ion **a** une charge **n**égative.

Nommer les ions

On peut classer les ions en **cations** (ceux qui ont des charges positives) et en **anions** (ceux qui ont des charges négatives).

Un ion positif porte le même nom que l'élément correspondant : le sodium forme des ions sodium, par exemple. Le nom d'un ion négatif est déterminé par l'ajout du suffixe -*ure* au radical du nom. Par exemple, le **fluor** forme des ions **fluor**ure, et le **phosph**ore, des ions **phosph**ure.

SCIENCES EN ACTION — LES IONS ET LE TABLEAU PÉRIODIQUE

HABILETÉS : analyser, communiquer

Certains éléments gagnent ou perdent des électrons pour former des ions stables. Est-ce que cela se fait suivant une tendance ? Dans cette activité, tu vas explorer comment certains des 20 premiers éléments du tableau périodique forment des ions. Tu vas apprendre à prédire la charge ionique des éléments en te basant sur la place qu'ils occupent dans le tableau périodique.

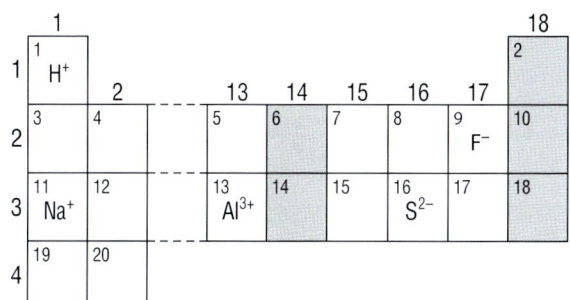

Figure 6

1. La figure 6 montre une portion des quatre premiers rangs du tableau périodique. Les numéros atomiques des 20 premiers éléments sont indiqués, ainsi que les symboles des ions de cinq éléments. Dessine un modèle de Bohr-Rutherford pour chaque ion formé par les éléments restants de la figure 6. (Ne tiens pas compte des éléments en grisé.)

2. Copie la figure 6 dans ton cahier. À l'aide de tes modèles de Bohr-Rutherford, détermine le symbole chimique de chaque ion et inscris-le dans ton tableau périodique.

A. Décris les régularités ou les similarités dans une période ou un groupe en ce qui a trait aux modèles de Bohr-Rutherford.

B. Décris les régularités ou les similarités dans une période ou un groupe en ce qui a trait aux charges ioniques.

C. Comment peut-on prédire la charge ionique à partir de la place de l'élément dans le tableau périodique ?

D. À partir de ta réponse en C, détermine le symbole chimique de l'ion de chacun des éléments suivants :
   a) baryum, Ba   b) iode, I   c) rubidium, Rb   d) arsenic, As

E. Tu n'avais pas à déterminer les ions des cellules en grisé sur la figure 6. Pourquoi ?

EN RÉSUMÉ

- Les ions sont des atomes qui ont gagné ou perdu des électrons. De nombreux ions ont une couche électronique extérieure complète, ce qui les rend stables.
- Les anions ont plus d'électrons que de protons ; ils ont donc une charge négative. Le nom des anions se termine souvent en « ure ».
- Les cations ont moins d'électrons que de protons ; ils ont donc une charge positive.
- Les atomes et les ions peuvent être représentés à l'aide du modèle de Bohr-Rutherford.
- Certains ions, en concentrations appropriées, sont nécessaires à la santé.

VÉRIFIE TA COMPRÉHENSION

1. Compare un ion sodium à
   a) un atome de sodium   b) un atome de néon

2. a) Dessine le modèle de Bohr-Rutherford (sans neutrons) d'un atome de chacun des éléments suivants : lithium, oxygène, calcium et phosphore.
   b) Dessine le modèle de Bohr-Rutherford (sans neutrons) de l'ion formé par chacun des éléments énumérés en a).
   c) Écris le symbole chimique de chacun de ces ions.
   d) Nomme le gaz rare qui a le même agencement électronique que chacun de ces ions.

3. Explique la différence entre un cation et un anion.

4. Nomme les ions suivants :
   a) Mg^{2+} b) S^{2-} c) Fe^{3+} d) Br^- e) N^{3-}

5. Trouve trois atomes ou ions qui ont le même nombre d'électrons que chacune des substances suivantes :
   a) S^{2-} b) Al^{3+} c) P^{3-} d) Kr   e) Cs^+

6. Suppose qu'un nouvel élément a été créé. Les essais chimiques montrent qu'il s'agit d'un métal alcalino-terreux.
   a) Prédis combien d'électrons il y aura sur la couche extérieure.
   b) Prédis quelle sera la charge ionique de l'ion formé par cet élément.

7. Explique pourquoi les ions suivants n'existent pas dans des conditions normales.
   a) K^{2+} b) O^-

8. a) Quelle tendance les charges ioniques des éléments des groupes 1, 2 et 13 du tableau périodique ont-elles ?
   b) Quelle tendance les charges ioniques des éléments des groupes 15 à 17 ont-elles ?

9. Quel type de boisson recommanderais-tu aux coureuses et coureurs qui souffrent d'hyponatrémie ? Pourquoi ?

5.6 Les composés ioniques

Comme tu le sais, le sodium est un métal très réactif. Le chlore est un gaz toxique. Quand ces éléments se mélangent, il se produit une réaction violente. Toutefois, le composé qui résulte de cette réaction, soit le chlorure de sodium ou sel de table (figure 1), est inoffensif et familier. Qu'arrive-t-il aux atomes de sodium et de chlore au cours de cette réaction ?

Pour voir une vidéo de cette réaction :

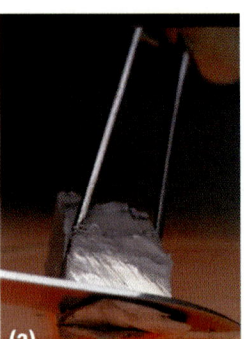
(a)

(b)
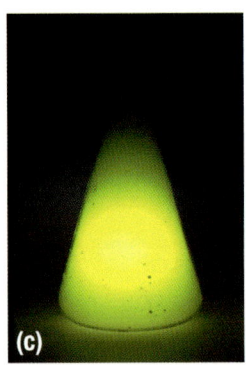
(c)

(d)

(e)

Figure 1 Cette série de photographies illustre la formation du chlorure de sodium. (a) Du sodium sous forme métallique (b) Du chlore à l'état gazeux (c) Le sodium et le chlore réagissent violemment. (d) Le produit : du chlorure de sodium (e) Tu reconnais le chlorure de sodium, ou sel de table.

La formation des composés ioniques

Dans la section précédente, tu as vu que les métaux perdent des électrons pour former des ions positifs appelés « cations ». Inversement, les non-métaux gagnent des électrons pour former des ions négatifs appelés « anions ». Quand un métal comme le sodium réagit avec un non-métal comme le chlore, les deux phénomènes se produisent (figure 2). Les atomes non métalliques captent des électrons des atomes métalliques. Ce transfert électronique peut s'effectuer parce que le métal retient faiblement les électrons de sa couche extérieure, alors que le non-métal attire fortement les électrons du métal. Les ions ainsi formés ont tous la même couche électronique extérieure stable et pleine que celle du gaz rare le plus près.

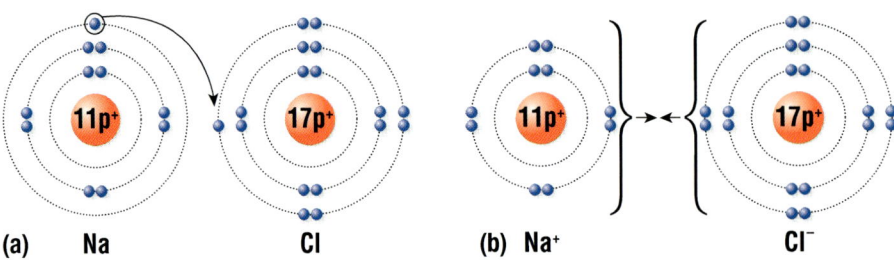
(a) Na   Cl   (b) Na^+ Cl^-

Figure 2 Un modèle de la formation du chlorure de sodium (a) Un atome de chlore remplit sa couche extérieure en captant l'électron de la troisième couche d'un atome de sodium. (b) Les ions sodium et les ions chlorure stables s'attirent mutuellement et forment le chlorure de sodium.

composé ionique composé constitué d'un ou de plusieurs ions positifs métalliques (cations) et d'un ou de plusieurs ions négatifs non métalliques (anions)

liaison ionique attraction forte et simultanée entre des ions positifs et des ions négatifs dans un composé ionique

Une fois formés, les ions positifs et négatifs qui proviennent des différents éléments s'attirent et forment des composés. On appelle **composés ioniques** les composés constitués d'ions positifs et d'ions négatifs. Par exemple, le chlorure de sodium (sel de table) est un composé ionique constitué d'ions sodium, Na^+, et d'ions chlorure, Cl^-. Retiens que dans les composés ioniques formés de deux éléments, l'un est toujours un métal, et l'autre, un non-métal. On appelle **liaison ionique** la force d'attraction qui retient des ions de charges opposées ensemble dans un composé.

Un cristal ionique résulte de l'union d'un grand nombre d'ions sodium et d'ions chlorure. Ce cristal est constitué d'une alternance d'ions sodium et d'ions chlorure dans un rapport de 1 : 1, qui s'étend en trois dimensions (figure 3). Voilà pourquoi la formule chimique du chlorure de sodium est NaCl. Il n'existe pas de particule NaCl individuelle : le composé est toujours constitué de plusieurs ions sodium et ions chlorure retenus ensemble en un cristal.

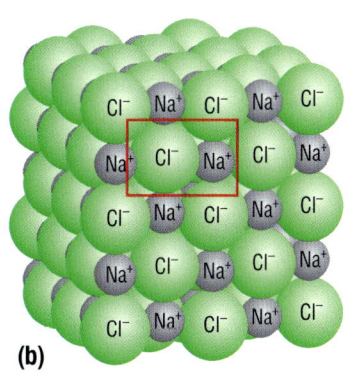

Figure 3 (a) Au microscope, le chlorure de sodium a l'apparence de cubes. (b) Un cristal de chlorure de sodium peut contenir des milliards d'ions sodium et d'ions chlorure en alternance. Toutefois, le nombre d'ions sodium est toujours égal au nombre d'ions chlorure, de sorte que leur rapport est de 1 : 1.

Certains composés ioniques sont solubles dans l'eau. Quand ils se dissolvent, ils se divisent en ions. Les molécules d'eau entourent chaque ion qui quitte le cristal (figure 4), ce qui empêche les ions de reformer le cristal.

Pour voir une animation du processus de dissolution :

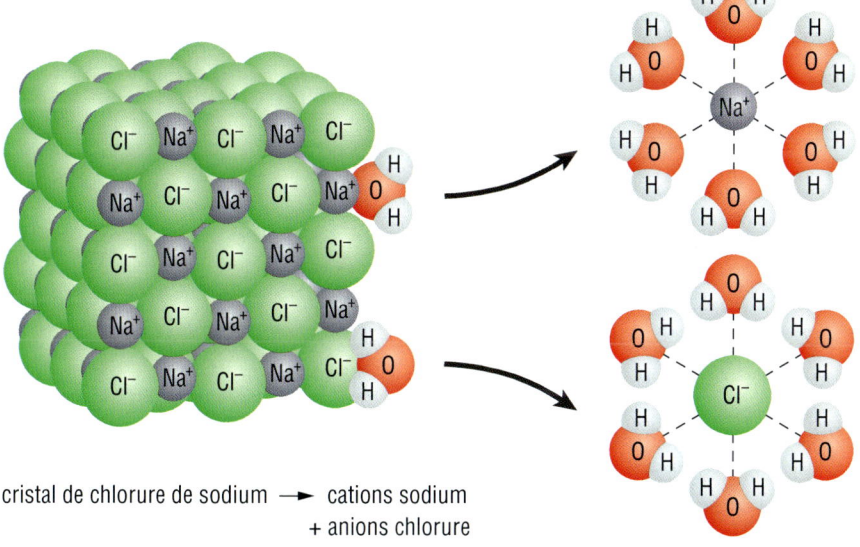

cristal de chlorure de sodium → cations sodium + anions chlorure

Figure 4 Quand des substances ioniques se dissolvent, leurs ions positifs et négatifs sont écartés du cristal par les molécules d'eau. Celles-ci se placent autour des ions selon des motifs particuliers : les atomes d'oxygène des molécules d'eau sont attirés vers les ions positifs, tandis que les atomes d'hydrogène sont attirés vers les ions négatifs.

L'aluminium peut aussi réagir avec le chlore gazeux. Cependant, chaque atome d'aluminium a trois électrons à perdre, et chaque atome de chlore peut gagner un seul électron supplémentaire. Comment réagissent-ils ensemble ? Chaque atome d'aluminium réagit avec trois atomes de chlore (figure 5). Il en résulte un composé ionique appelé « chlorure d'aluminium », un ingrédient de nombreux antisudorifiques. Quand ils sont dissous dans l'eau (ou dans la sueur), les ions aluminium et les ions chlorure se séparent, tout comme le font les ions dans le chlorure de sodium.

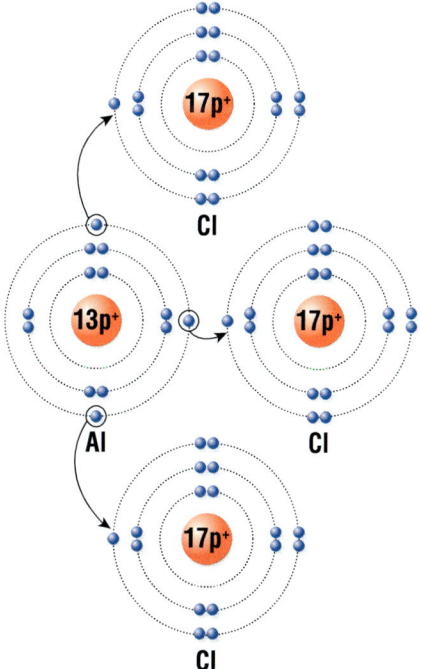

Figure 5 L'aluminium transfère ses trois électrons extérieurs aux atomes de chlore pour former du chlorure d'aluminium.

Les propriétés des composés ioniques

À cause de la force de la liaison ionique, les composés ioniques sont des solides durs, cassants et dotés de points de fusion élevés. La plupart des composés ioniques sont aussi des **électrolytes**, ce qui signifie qu'en se dissolvant dans l'eau ils produisent une solution qui conduit l'électricité. Quand des composés ioniques se dissolvent, leurs ions sont écartés les uns des autres par des molécules d'eau. La présence de ces ions dans l'eau améliore la conductivité électrique de celle-ci (figure 6). L'eau pure est un mauvais conducteur d'électricité, mais l'eau du robinet, l'eau de lac et l'eau de mer sont de bons conducteurs d'électricité, parce qu'elles contiennent des ions de sources variées, comme des minéraux. Voilà pourquoi il est essentiel de rester hors des piscines ou des lacs durant un orage électrique.

électrolyte composé qui, lorsqu'il se dissout dans l'eau, se sépare en plusieurs ions et produit une solution qui conduit l'électricité

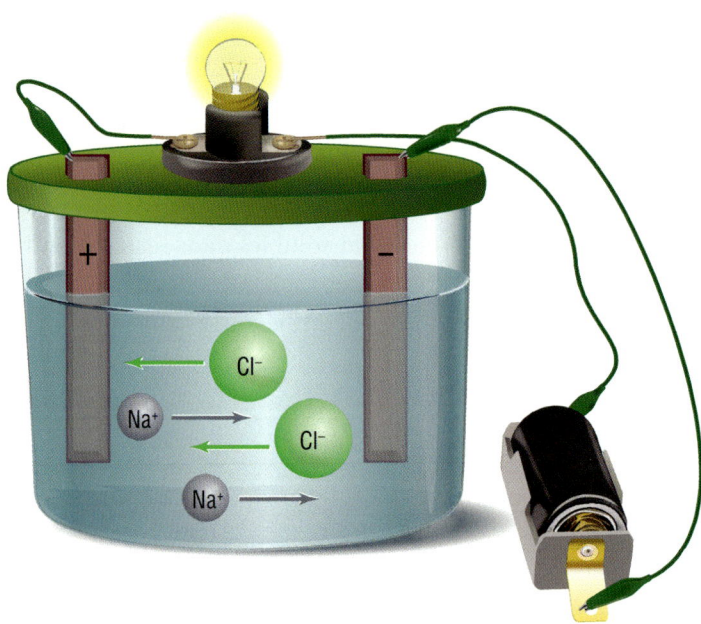

Figure 6 Le chlorure de sodium est un électrolyte parce qu'il se sépare en ions lorsqu'il se dissout. Une solution peut seulement conduire l'électricité si elle contient des ions qui sont libres de bouger.

SCIENCES EN ACTION : DÉTECTER LA PRÉSENCE D'ÉLECTROLYTES

HABILETÉS : observer, analyser, communiquer

LA BOÎTE À OUTILS
1.B., 2.B.

Les électrolytes qui se trouvent dans l'eau proviennent de diverses sources. Certains s'ajoutent naturellement à l'eau quand elle passe sur les roches qui contiennent des minéraux. D'autres, comme les composés qui renferment des ions fluorure, sont artificiellement ajoutés à l'eau potable comme mesure de prévention de la carie. Dans cette activité, tu vas comparer la conductivité électrique de l'eau distillée avant et après son contact avec ta peau.

Matériel : conductimètre à basse tension, petit bécher, compte-gouttes, eau distillée

 N'utilise que des testeurs à basse tension dans cette activité.

1. Verse de 5 à 10 ml d'eau distillée dans un bécher propre et sec.
2. Teste la conductivité électrique de l'eau distillée.
3. À l'aide d'un compte-gouttes, transfère environ 2 ml d'eau distillée dans le creux de ta main. Laisse-la reposer là environ 10 secondes.
4. Teste la conductivité électrique du liquide dans ta main.

 Les électrodes du conductimètre doivent seulement toucher ta peau légèrement. Ne les mets pas sur une plaie ou sur une coupure.

5. Lave-toi les mains.

A. Pourquoi la conductivité de l'eau distillée change-t-elle après que l'eau a été mise en contact avec ta peau ?
B. Pourquoi risque-t-on de subir un choc électrique quand on manipule de l'équipement électrique les mains mouillées ?

SIGNET de fin d'unité

Tu vas pouvoir mettre en application ce que tu as appris dans cette section sur les propriétés des composés ioniques dans l'activité de fin d'unité décrite à la page 300.

EN RÉSUMÉ

- Des éléments (un métal et un non-métal) peuvent réagir et former un composé ionique.
- Durant cette réaction, les atomes non métalliques captent les électrons des atomes métalliques.
- Le rapport ions métalliques-ions non métalliques d'un composé ionique varie selon le nombre d'électrons que chaque ion gagne ou perd.
- La plupart des composés ioniques ont des points de fusion élevés et sont des électrolytes durs et cassants : ils se dissolvent dans l'eau et forment des solutions qui conduisent l'électricité.
- La plupart des composés ioniques forment des cristaux tridimensionnels composés de nombreux ions de chaque sorte qui sont retenus ensemble par leurs charges opposées, selon un rapport fixe.

VÉRIFIE TA COMPRÉHENSION

1. De quelles sortes d'éléments les composés ioniques sont-ils formés ?

2. Considère chacune des paires d'éléments suivantes. Prédis si chacune formerait ou non des liaisons ioniques. Explique ton raisonnement.
   a) Mg, O   b) Zn, Cl   c) C, F   d) H, F

3. En réagissant ensemble, le magnésium et le chlore forment un composé ionique.
   a) Quel élément est le métal et lequel est le non-métal ?
   b) Dessine le modèle de Bohr-Rutherford (sans neutrons) de chacun de ces deux éléments.
   c) Combien d'électrons les atomes de chaque élément doivent-ils gagner ou perdre pour devenir des ions stables ?
   d) Fais un schéma pour illustrer le transfert d'électrons qui s'effectue quand ces deux éléments entrent en réaction. Ton schéma doit ressembler à celui de la figure 2 à la page 192.

4. Refais le numéro 3 avec du lithium et de l'oxygène.

5. Explique pourquoi il est improbable que deux éléments non métalliques forment des liaisons ioniques.

6. Quand chacun des composés suivants se dissout dans l'eau, quels ions sont libérés et selon quel rapport ?
   a) NaF   b) Li_3N c) $FeCl_3$ d) K_2O

7. L'élément X a trois électrons sur sa couche extérieure. L'élément Y a sept électrons sur sa couche extérieure.
   a) Indique si chacun de ces éléments fait partie des métaux ou des non-métaux.
   b) Quelle est la formule chimique du composé ionique résultant de la réaction de ces deux éléments ? (Utilise X et Y comme symboles chimiques.)

8. Les ions dissous sont entourés de molécules d'eau. Explique comment l'eau empêche ces ions de reformer un solide.

9. L'argent réagit avec le soufre pour former un composé qui possède deux ions argent par ion sulfure. Écris la formule chimique de ce composé.

10. Il est coûteux et peu pratique de produire du chlorure de sodium (sel de table) à l'aide de la réaction illustrée à la figure 1 de la page 192. Ce composé peut être extrait de l'eau de mer. Comment faire cela à l'aide d'une source d'énergie renouvelable courante ?

11. a) Compare la conductivité électrique de l'eau douce, de l'eau du robinet et de l'eau de mer.
    b) Pourquoi y a-t-il une différence ?

12. Une pièce de un cent et une pièce de dix cents introduites dans un cornichon et connectées à un circuit électrique peuvent générer assez d'électricité pour alimenter un petit avertisseur électrique. Explique pourquoi un cornichon se prête mieux à cette activité qu'un concombre cru.

13. Le tableau 1 présente les points de fusion de trois chlorures du groupe 1.

    Tableau 1 Points de fusion

Composé	Point de fusion (°C)	Numéro périodique de l'ion métallique
NaCl	801	
KCl	775	
RbCl	718	
CsCl	645	

    a) Transcris et complète le tableau 1 dans ton cahier.
    b) Trace un graphique linéaire qui met en relation le point de fusion et le numéro de la période de chaque ion métallique.
    c) On sait peu de choses sur le francium, un élément très rare du groupe 1, et sur ses composés. Prolonge la droite du graphique que tu as tracé en b) de façon à prédire le point de fusion du chlorure de francium.

5.6 Les composés ioniques

5.7 Les noms et les formules des composés ioniques

Vitriol bleu, cinabre, sel de Glauber (figure 1). Ces noms peu connus font penser aux ingrédients d'une potion magique. Ce sont en fait les noms traditionnels de trois produits chimiques communs dans les laboratoires. Ces noms ont été créés il y a des siècles, quand on connaissait peu de produits chimiques. Aujourd'hui, le nombre de produits chimiques connus s'élève à plus de 10 millions! Pour identifier, classer et nommer toutes les substances chimiques, les chimistes ont conçu une méthode systématique. L'Union internationale de la chimie pure et appliquée (UICPA) est une organisation qui décide de la façon dont les produits chimiques vont être nommés. La mise en place d'un système de classification commun permet aux scientifiques du monde entier de communiquer en évitant toute confusion.

Nommer les composés ioniques

Plusieurs composés ioniques sont constitués de deux éléments : un métal et un non-métal. Il est donc logique que les noms des composés ioniques aient deux parties. La première partie renvoie à l'ion non métallique, et la seconde, à l'ion métallique. Retiens que le nom de l'ion métallique est le même que le nom de l'atome métallique neutre correspondant (tableau 1), mais que la fin du nom du second ion, soit l'ion non métallique, se change en « ure ».

Tableau 1 Exemples de noms de composés ioniques

Métal	Ion métallique	Non-métal	Ion non métallique	Composé
magnésium	ion magnésium	chlore	ion chlorure	chlorure de magnésium
aluminium	ion aluminium	fluor	ion fluorure	fluorure d'aluminium

Le tableau 2 présente les noms d'ions de non-métaux qu'on trouve communément dans les composés ioniques. Souviens-toi, comme tu l'as vu à la section 5.5, que tous les non-métaux forment des ions négatifs : les anions.

Tableau 2 Noms et charges de divers anions communs

Nom de l'élément	Nom de l'ion	Charge ionique	Symbole de l'ion
fluor	ion fluorure	−1	F^-
chlore	ion chlorure	−1	Cl^-
brome	ion bromure	−1	Br^-
iode	ion iodure	−1	I^-
oxygène	ion oxyde	−2	O^{2-}
soufre	ion sulfure	−2	S^{2-}
azote	ion nitrure	−3	N^{3-}
phosphore	ion phosphure	−3	P^{3-}

Figure 1 Certains produits chimiques sont connus depuis des siècles. C'est le cas du vitriol bleu (a), du cinabre (b), et du sel de Glauber (c). À l'époque de leur découverte, il n'existait pas de système pour les nommer.

Écrire les formules chimiques des composés ioniques

Quand des éléments forment des composés ioniques, des électrons passent des atomes métalliques aux atomes non métalliques. Les ions chargés qui en résultent attirent d'autres ions de charge opposée jusqu'à ce que les charges s'équilibrent. Le composé qui se forme est électriquement neutre. Autrement dit, ce composé doit comprendre un nombre égal de charges positives et de charges négatives. On se base sur ce principe élémentaire pour déterminer les formules chimiques des composés ioniques.

Pour trouver la formule chimique d'un composé ionique, tu dois d'abord déterminer le nombre exact d'ions nécessaires pour produire un composé électriquement neutre. La charge ionique totale du composé (la somme des ions positifs et négatifs) doit être égale à zéro. Voici une stratégie très utile.

> **COUP DE POUCE**
> **APPRENTISSAGE**
>
> **La règle de la somme nulle**
> La somme de toutes les charges dans la formule chimique d'un composé doit être égale à zéro. Le schéma qui suit peut t'aider à comprendre cette notion. Il montre qu'il faut deux ions chlorure (les triangles) pour « compléter » le rectangle. Ce dernier représente le plus petit nombre d'ions qui doivent se combiner pour que le résultat soit une charge d'ensemble égale à zéro. Le rapport des ions dans ce rectangle est le même que celui des ions dans la formule chimique de ce composé.
>
> $MgCl_2$
>
>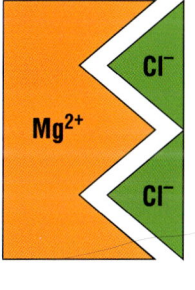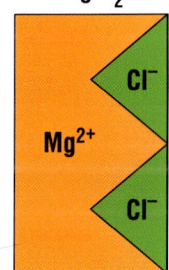

EXEMPLE DE PROBLÈME 1   Formule chimique d'un composé ionique

Quelle est la formule chimique du chlorure de magnésium ?

Étape 1 Écris les symboles des éléments, en plaçant le métal à gauche et le non-métal à droite.

  Mg   Cl

Étape 2 Ajoute la charge ionique de chaque ion au-dessus du symbole.

  +2   −1
  Mg   Cl

Étape 3 Détermine combien il faut d'ions de chaque type pour amener la charge totale à zéro. La somme de toutes les charges doit égaler zéro.

  Charge ionique totale :   1(+2) + 2(−1) = 0
                             Mg   Cl

Étape 4 Écris la formule chimique en mettant en indice les coefficients qui précèdent chaque parenthèse (chiffres en rouge).

  Mg_1Cl_2

Étape 5 N'écris pas l'indice « 1 » dans des formules chimiques, car le symbole lui-même représente un ion.

La formule chimique du chlorure de magnésium est $MgCl_2$.

EXEMPLE DE PROBLÈME 2   Formule chimique d'un composé ionique

Quelle est la formule chimique de l'oxyde d'aluminium (figure 2) ?

Étape 1 Écris les symboles des éléments métallique et non métallique.

  Al   O

Étape 2 Ajoute la charge ionique de chaque ion au-dessus du symbole.

  +3   −2
  Al   O

Étape 3 Détermine le nombre d'ions nécessaires pour amener la charge totale à zéro.

  2(+3) + 3(−2) = 0
  Al   O

La formule chimique de l'oxyde d'aluminium est Al_2O_3.

Figure 2 Une couche d'oxyde d'aluminium recouvre et protège le métal de cette cafetière.

> **COUP DE POUCE**
> **ÉCRITURE**
>
> **Rédiger un résumé**
> Parfois, un texte décrit un processus ou une marche à suivre, comme la méthode du chassé-croisé. Pour résumer ce genre de texte, organise les idées et l'information en respectant l'ordre du texte original.

La méthode du chassé-croisé

Maintenant que tu comprends la signification des symboles et des nombres dans les formules chimiques, fais l'essai de la méthode du chassé-croisé pour trouver plus rapidement la formule des composés ioniques.

EXEMPLE DE PROBLÈME 3   Appliquer la méthode du chassé-croisé

Quelle est la formule chimique du chlorure de magnésium ?

Étape 1   Écris les symboles des éléments et leurs charges ioniques.

Mg^{2+} Cl^-

Étape 2   Croise les nombres des charges ioniques de façon à en faire des indices.

$MgCl_2$

La formule chimique du chlorure de magnésium est $MgCl_2$.

Exercice
Quelle est la formule chimique du sulfure d'aluminium ?

Parfois, cette méthode te donnera une réponse qui comporte deux indices identiques. Par exemple, pour le nitrure d'aluminium, tu obtiendras Al_3N_3. Tu sais que la formule chimique d'un composé ionique correspond toujours au rapport d'ions le plus simple ; tu dois donc simplifier Al_3N_3. Ainsi, tu obtiens AlN.

Les éléments à charges ioniques multiples

Les chimistes ont découvert qu'il y a deux cations stables de fer : Fe^{2+} et Fe^{3+}. On nomme ces ions de la même manière que les autres cations, sauf qu'on indique la charge ionique du métal (et non le nombre d'ions) à l'aide de chiffres romains entre parenthèses. L'ion Fe^{2+} est donc appelé « ion fer (II) », et le Fe^{3+}, « ion fer (III) ». Par conséquent, le fer peut former deux composés différents avec un anion donné. Par exemple, il y a deux différents composés de fer et de chlore : $FeCl_2$ et $FeCl_3$. Chaque composé a ses propriétés : le $FeCl_2$ solide est vert clair, tandis que le $FeCl_3$ solide est jaune brunâtre (figure 3). En plus du fer, plusieurs autres métaux forment des cations multiples. Chaque métal peut former deux composés ou plus avec le même anion (tableau 3).

Figure 3 Parce que le fer a deux charges ioniques différentes, il produit deux composés différents avec le chlore : le chlorure de fer (II) (à gauche) et le chlorure de fer (III) (à droite).

Tableau 3 Noms et charges ioniques multiples de métaux communs

Métal	Symbole chimique de l'élément	Symbole chimique des ions	Noms des ions
cuivre	Cu	Cu^+ Cu^{2+}	cuivre (I) cuivre (II)
fer	Fe	Fe^{2+} Fe^{3+}	fer (II) fer (III)
plomb	Pb	Pb^{2+} Pb^{4+}	plomb (II) plomb (IV)
manganèse	Mn	Mn^{2+} Mn^{4+}	manganèse (II) manganèse (IV)
étain	Sn	Sn^{2+} Sn^{4+}	étain (II) étain (IV)

Nommer les composés ioniques à charges multiples

Pour nommer les composés ioniques à charges multiples, tu dois suivre les mêmes étapes que pour trouver la formule chimique d'un composé ionique. Tu dois aussi déterminer la charge ionique du métal de façon à pouvoir l'inclure dans le nom. Par exemple, le composé $FeCl_2$ se nomme chlorure de fer (II) parce que la charge ionique du fer est de +2.

> **COUP DE POUCE**
> **APPRENTISSAGE**
>
> **Préciser la charge**
>
> Le nom du composé $CuCl_2$ s'écrit « chlorure de cuivre (II) ». Ce nom se lit « chlorure de cuivre deux ». Retiens bien que le « deux » renvoie à la charge de l'ion cuivre et non au nombre d'ions cuivre que le composé renferme.

EXEMPLE DE PROBLÈME 4 Tenir compte des charges ioniques multiples

Écris le nom chimique du composé $CuBr_2$. Note que le cuivre peut avoir deux charges différentes (tableau 3, à la page précédente).

Étape 1 Comme tu ignores si la charge du ion cuivre est de +1 ou de +2, représente cette valeur inconnue par x. Souviens-toi que la charge de tous les ions doit totaliser zéro. Chaque ion bromure a une charge de −1, de sorte que la charge totale des ions bromure est de 2(−1).

$CuBr_2$
$x + 2(-1) = 0$
$x = +2$

La charge ionique du cuivre dans ce composé est +2.

Étape 2 Écris le nom du composé. Rappelle-toi qu'on met des chiffres romains *seulement* si le métal a plus d'une charge ionique.

Le nom de $CuBr_2$ est bromure de cuivre (II).

Exercice

Quel est le nom chimique de PbO_2?

Dès que tu dois écrire le nom chimique d'un composé qui contient un métal, vérifie d'abord si ce métal a plus d'une charge ionique.

SCIENCES EN ACTION   DEUX NUANCES DE FER

HABILETÉS : observer, analyser

Dans cette activité, tu vas comparer les propriétés de deux formes ioniques de fer. Tu vas utiliser deux différents composés de fer : le chlorure de fer (III) et le sulfate de fer (II). Les ions chlorure et les ions sulfate sont incolores et ne réagissent pas avec l'oxygène. Par conséquent, toutes les différences et les changements de couleur que tu peux observer sont uniquement attribuables aux ions fer.

Matériel : lunettes de protection, tablier, cylindre gradué de 100 ml, erlenmeyer de 250 ml, spatule de laboratoire, balance, papier de pesée, erlenmeyer de 500 ml contenant une solution de chlorure de fer (III), eau distillée, 1,0 g de sulfate de fer (II)

 Ces deux composés ferreux sont irritants. Lave immédiatement à l'eau froide toute éclaboussure sur ta peau, dans tes yeux ou sur tes vêtements. Signale tout incident à ton enseignante ou à ton enseignant.

1. Mets tes lunettes de protection et ton tablier.
2. Observe la solution de chlorure de fer (III) que ton enseignante ou enseignant a préparée. Note tes observations.
3. Verse environ 100 ml d'eau distillée dans l'erlenmeyer de 250 ml.
4. Ajoute 1,0 g de sulfate de fer (II) à l'eau de l'erlenmeyer.
5. Fais tourner l'erlenmeyer pour dissoudre le solide. Note tes observations.
6. Continue à faire tourner doucement l'erlenmeyer pendant environ 1 minute. Compare la couleur de ta solution à celle de la solution de chlorure de fer (III).
7. Suis les consignes de ton enseignante ou de ton enseignant pour jeter les solutions. Nettoie ta surface de travail et lave-toi les mains.

A. En faisant tourner la solution, on permet à l'oxygène présent dans l'atmosphère d'entrer dans la solution et de réagir avec les produits chimiques qu'elle contient. Quels indices d'un changement chimique as-tu observés ?

B. Donne une explication plausible des changements que tu as observés.

EN RÉSUMÉ

- Lorsqu'on écrit les formules chimiques de composés ioniques, on doit équilibrer les charges négatives et positives de chaque ion de façon que la charge totale soit zéro.

- Les nombres d'ions dans la formule chimique d'un composé ionique doivent être exprimés selon le rapport le plus simple. L'indice « 1 » n'apparaît pas dans une formule chimique.

- Pour former le nom chimique des composés ioniques, on intercale la préposition *de* entre le nom du non-métal se terminant en « ure » et le nom du métal.

- Certains métaux peuvent former des ions de charges différentes. Pour nommer un composé ionique qui contient un de ces métaux, on indique la charge de cet ion métallique en ajoutant, après le nom du métal, le chiffre romain correspondant à la charge entre parenthèses.

VÉRIFIE TA COMPRÉHENSION

1. a) Indique au moins une idée ou une habileté présentée dans cette section que tu devras approfondir ou améliorer.
   b) Comment as-tu l'intention d'approfondir cette idée ou de perfectionner cette habileté ?
   c) Discute de tes plans avec ton enseignante ou ton enseignant.

2. Nomme chacun des composés suivants :
   a) CaF_2
   b) K_2S
   c) Al_2O_3
   d) $LiBr$
   e) Ca_3P_2

3. Détermine la formule chimique du composé ionique qui se forme quand ces paires d'éléments réagissent.
   a) K et Br   b) Ca et O   c) Na et S

4. Quelle est la formule chimique de l'oxyde d'étain (IV) : SnO_2 ou Sn_2O_4 ? Pourquoi ?

5. Le cuivre forme deux composés différents avec le brome. L'un contient un ion cuivre par ion bromure, et l'autre, deux ions bromure par ion cuivre. Nomme ces deux composés et écris-en les formules chimiques.

6. Pourquoi la charge nette de tout composé ionique doit-elle toujours être égale à zéro ?

7. Écris les formules chimiques des composés suivants :
   a) chlorure de calcium
   b) bromure d'aluminium
   c) sulfure de magnésium
   d) nitrure de lithium
   e) nitrure de calcium

8. Le composé bleu présenté à la figure 1(a) était traditionnellement appelé « vitriol bleu » ou « vitriol de Chypre ». Le nom systématique de ce composé est sulfate de cuivre (II). Quel est l'avantage d'un système de classement des noms de produits chimiques ?

9. Transcris et complète le tableau 4 dans ton cahier.

Tableau 4 Noms et formules chimiques de composés ioniques

	Nom	Formule
a)	bromure de fer (II)	
b)	oxyde de manganèse (IV)	
c)	chlorure d'étain (IV)	
d)	sulfure de cuivre (I)	
e)	nitrure de fer (III)	
f)	oxyde de cuivre (II)	
g)		$PbCl_2$
h)		Fe_2O_3
i)		SnS
j)		Cu_3P_2
k)		$CaBr_2$
l)		CuF_2
m)		K_3P
n)		Cu_3P

10. La magnétite est une substance uniquement composée d'ions fer et d'ions oxygène. Sa formule chimique est Fe_3O_4 (figure 4). Sachant que le fer ne possède généralement que deux charges ioniques, propose une explication de cette formule.

Figure 4

PRONONCE-TOI SUR UN ENJEU

Conclusions sur le chlore

Que c'est réconfortant de plonger dans l'eau fraîche d'une piscine extérieure par une journée torride ! L'eau de piscine idéale contient juste assez de produits désinfectants pour tuer les micro-organismes dans l'eau et pas assez pour irriter la peau ou les yeux ou pour nuire à l'environnement. Plusieurs propriétaires de piscine choisissent le chlore comme désinfectant. C'est un produit économique, facile à se procurer et très efficace. Toutefois, le chlore a des inconvénients : il sent fort, décolore les cheveux et assèche la peau. En forte concentration, il peut causer des problèmes respiratoires.

Enjeu

Toutes les maisons d'un nouvel ensemble résidentiel vont avoir une piscine dans leur cour. Le terrain sur lequel on veut les construire donne sur un milieu humide fragile (figure 1).

Figure 1 Le système de désinfection de l'eau de ces piscines devrait être à la fois écologique et économique.

Ta firme d'ingénierie de l'environnement a reçu le mandat de faire des recommandations sur les meilleures mesures à prendre pour garder les nouvelles piscines propres et exemptes de micro-organismes. La solution que tu vas proposer doit respecter au moins trois critères : elle doit être abordable, sûre, et le moins nuisible possible pour l'environnement. Tu vas présenter ta recommandation au cours d'une réunion entre le conseil municipal et le promoteur.

Objectif

Recommander un système de désinfection de l'eau des piscines.

HABILETÉS
- Définir l'enjeu
- Effectuer une recherche
- Déterminer les options
- Analyser l'enjeu
- Défendre une décision
- Communiquer
- Évaluer

Collecte de l'information

En équipe de deux ou en petits groupes, faites un remue-méninges pour trouver des réponses aux questions suivantes.
- Quels risques pour la santé une piscine mal entretenue représente-t-elle ?
- Quelles sont les méthodes d'entretien des piscines les plus populaires ?
- Quels effets le rejet d'eau de piscine dans cet écosystème fragile pourrait-il avoir ?

Songe aux endroits où tu peux trouver plus d'information. Si tu fais une recherche dans Internet, quels mots clés peux-tu utiliser ? Connais-tu quelqu'un qui sait d'expérience comment entretenir une piscine ?

Examine des solutions possibles

Deux des méthodes de désinfection des piscines les plus courantes consistent à mettre du chlore dans l'eau. Ces deux méthodes sont :
- ajouter des solutions contenant du chlore ou des solides solubles directement dans l'eau ;
- produire de petites quantités de chlore directement dans l'eau par un procédé appelé « électrolyse ». Cette technologie est couramment utilisée dans les « piscines à eau salée ».

Décide s'il y a une autre solution à envisager.

Prends une décision

Quelle méthode de désinfection de l'eau des piscines recommanderais-tu pour ce projet domiciliaire ? Sur quels critères as-tu basé ta décision ?

Communique ton point de vue

Rédige un rapport qui va être présenté à une réunion entre le promoteur et le conseil municipal. Exposes-y les avantages et les inconvénients d'au moins deux systèmes de désinfection. Conclus ce rapport par ta recommandation.

5.9 Les ions polyatomiques

Les aliments préparés contiennent beaucoup de sodium, provenant en grande partie du chlorure de sodium, NaCl (sel de table). Le chlorure de sodium rehausse la saveur et allonge la durée de conservation des aliments. D'autres additifs contenus dans les aliments préparés s'ajoutent à ta ration quotidienne de sodium (figure 1). Le phosphate de sodium sert d'agent liant à la viande d'une saucisse à hot-dog. Le nitrite de sodium sert d'agent de conservation, rehausse le goût des saucisses et leur donne une couleur rosâtre. L'ajout de composés contenant des ions nitrite à la nourriture est critique. En effet, en réagissant avec certaines substances présentes dans le tube digestif, les ions nitrite forment des nitrosamines dans le corps. Les nitrosamines sont des substances chimiques qui ont été liées à certains types de cancer chez les animaux de laboratoire. Tu ne tomberas pas malade si tu manges un hot-dog occasionnellement, mais évite d'en manger souvent. Des recherches indiquent par ailleurs que le nitrite de sodium peut aider à protéger les tissus cardiaques après un infarctus. De plus, les nitrites et un groupe connexe de composés appelés « nitrates » sont d'importants nutriments végétaux. Ils se trouvent naturellement dans le sol et on en fait des engrais utiles.

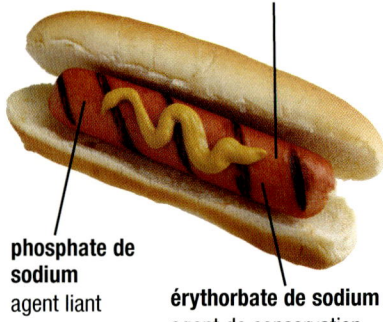

nitrite de sodium agent de conservation et fixateur de la couleur
phosphate de sodium agent liant
érythorbate de sodium agent de conservation

Figure 1 Les hot-dogs contiennent plusieurs additifs chimiques.

Les composés de sodium que montre la figure 1 sont des composés ioniques semblables aux autres composés présentés dans ce chapitre. Le phosphate de sodium, par exemple, est un solide blanc relativement stable et un électrolyte. La formule chimique de ce composé est Na_3PO_4. Son cation est le sodium, mais son anion, le phosphate $(PO_4)^{3-}$, est un exemple d'ion polyatomique (figure 2). Un **ion polyatomique** est un ion constitué d'un groupe stable de plusieurs atomes qui agissent ensemble à la manière d'une seule particule chargée. La charge ionique d'un ion polyatomique est répartie sur l'ion entier plutôt que sur un seul atome.

Le tableau 1 présente certains des ions polyatomiques les plus communs et leur charge ionique. Note que tous les ions sont des anions, sauf l'ion ammonium. Retiens aussi que tous les noms des anions se terminent par « ate », sauf le nitrite, l'hydroxyde et l'ammonium.

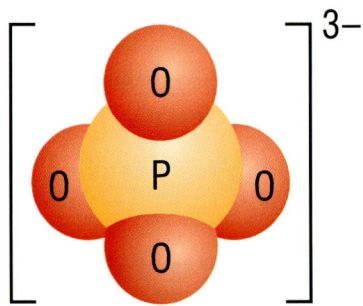

Figure 2 L'ion phosphate est constitué de quatre atomes d'oxygène liés à un atome de phosphore central.

ion polyatomique ion constitué de plus d'un atome qui agit comme une simple particule

LE SAVAIS-TU ?

Une substance presque « tout usage »
L'hydrogénocarbonate de sodium (bicarbonate de soude) est une substance ayant des usages variés. En plus d'entrer dans la composition de nombreuses recettes, il peut te servir de dentifrice si tu n'en as plus, il absorbe les odeurs de tes souliers et du réfrigérateur, il est un bon nettoyant abrasif et peut même soulager la douleur causée par les piqûres d'insectes ou les coups de soleil.

Tableau 1 Formules et charges d'ions polyatomiques communs

Nom de l'ion polyatomique	Formule de l'ion	Charge ionique
ion nitrate	NO_3^-	−1
ion nitrite	NO_2^-	−1
ion hydroxyde	OH^-	−1
ion hydrogénocarbonate (aussi appelé « ion bicarbonate »)	HCO_3^-	−1
ion chlorate	ClO_3^-	−1
ion carbonate	CO_3^{2-}	−2
ion sulfate	SO_4^{2-}	−2
ion phosphate	PO_4^{3-}	−3
ammonium	NH_4^+	+1

Nommer les composés formés d'ions polyatomiques

La stratégie pour nommer les composés polyatomiques suit les mêmes étapes que celles que tu as apprises dans la section précédente. La seule différence est que l'anion est nommé en fonction de l'ion polyatomique correspondant et non en fonction du nom des éléments individuels.

EXEMPLE DE PROBLÈME 1 — Nommer des composés formés d'ions polyatomiques

Écris le nom du composé Na_2CO_3. (Le sodium ne forme pas d'ions multiples.)

Étape 1 Écris le nom du métal et vérifie s'il a ou non plus d'une charge ionique. Le sodium a toujours une charge de +1.

Étape 2 Écris le nom du composé.

Le nom du composé Na_2CO_3 est carbonate de sodium.

Exercice
Quel est le nom du composé $Ca(OH)_2$?

Comme le montre l'exemple de l'exercice, plusieurs ions polyatomiques peuvent s'associer à chaque cation. On l'indique en mettant l'ion polyatomique entre parenthèses et en inscrivant l'indice en dehors des parenthèses.

Certains ions métalliques ont plus d'une charge. Vérifie si c'est le cas avant de nommer le composé. Indique la charge ionique des composés contenant ce type d'ions à l'aide de chiffres romains.

EXEMPLE DE PROBLÈME 2 — Nommer des composés formés d'ions polyatomiques

Écris le nom du composé $Fe(NO_3)_3$.

Étape 1 Écris le nom du métal et vérifie s'il a ou non plus d'une charge ionique possible. Si oui, passe à l'étape 2. Sinon, passe à l'étape 3. Le fer a deux charges ioniques possibles : +2 et +3.

Étape 2 Détermine la charge ionique du métal.

$Fe(NO_3)_3$
$x + 3(-1) = 0$
$x = +3$

La charge ionique du fer dans ce composé est +3, indiquée par le chiffre romain « III ».

Étape 3 Écris le nom du composé, sans oublier le chiffre romain si nécessaire.

Le nom du composé $Fe(NO_3)_3$ est nitrate de fer (III).

Exercice
Quel est le nom du composé $CuSO_4$?

Écrire les formules de composés formés d'ions polyatomiques

Tu peux appliquer les règles que tu as apprises sur l'écriture des formules de composés ioniques aux composés polyatomiques. Rappelle-toi de traiter tout ion polyatomique comme une unité.

LE SAVAIS-TU ?

Le fiasco du phosphate
Dans les années 1960, les détergents à lessive contenaient des phosphates. À cette époque, l'eau de lavage riche en phosphates était directement rejetée dans les lacs et les cours d'eau. Or, les phosphates sont d'importants nutriments végétaux. Cet apport accru de nutriments provoquait la croissance anormalement rapide des populations de plantes aquatiques. Quand ces plantes mouraient, les micro-organismes responsables de leur décomposition consommaient la majeure partie de l'oxygène de l'eau, causant ainsi la mort de beaucoup d'animaux aquatiques. Pour remédier à ce problème, l'industrie chimique a conçu de nouveaux détergents efficaces, sans phosphates.

EXEMPLE DE PROBLÈME 3 — Écrire les formules de composés contenant des ions polyatomiques

Quelle est la formule chimique du phosphate de sodium ?

Étape 1 Écris les symboles de chaque ion en commençant par le cation (métal).

   Na PO_4

Étape 2 Écris les charges ioniques au-dessus de chaque ion.

   +1   −3
   Na PO_4

Étape 3 Détermine combien il faut d'ions de chaque type pour obtenir une charge totale égale à zéro.

   Charge ionique totale : 3(+1) + 1(−3) = 0
                           Na PO_4

Les trois ions sodium équilibrent la charge de −3 de l'ion phosphate.

Étape 4 Écris la formule chimique en mettant les coefficients en indice.

   Na_3PO_4

La formule du phosphate de sodium est Na_3PO_4.

Note que le phosphate de sodium contient trois ions sodium et un ion phosphate (figure 3).

La méthode du chassé-croisé fonctionne aussi avec les composés formés d'ions polyatomiques. L'exemple de problème 4 montre comment. Si un coefficient est nécessaire pour l'ion polyatomique, mets d'abord l'ion entre parenthèses, puis écris l'indice à droite de la parenthèse fermante.

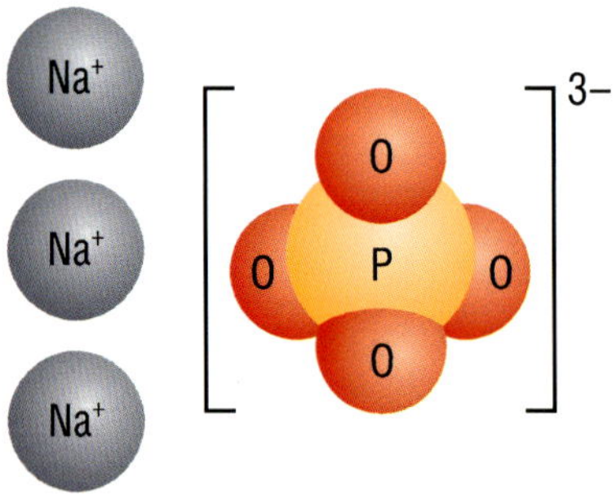

Figure 3 Le phosphate de sodium, Na_3PO_4, est formé de trois ions sodium et d'un ion phosphate, PO_4^{-3}. Quand il se dissout, ces quatre ions se séparent. Toutefois, l'ion phosphate demeure intact.

EXEMPLE DE PROBLÈME 4 — Écrire les formules de composés contenant des ions polyatomiques

Quelle est la formule chimique du nitrate de cuivre (II) ?

Étape 1 Écris le symbole de chaque ion et sa charge.

   Cu^{2+} $(NO_3)^-$

Étape 2 Intervertis les nombres des charges de façon qu'ils deviennent des indices.

   Cu^{2+} $(NO_3)^-$

Étape 3 Inscris tous les indices nécessaires *à la suite* des parenthèses contenant chaque ion. (Souviens-toi que tu n'as pas à écrire « 1 » en indice, donc les parenthèses ne sont pas nécessaires.)

   Cu $(NO_3)_2$

La formule du nitrate de cuivre (II) est $Cu(NO_3)_2$.

Exercice
Quel est la formule chimique du carbonate d'ammonium ?

EN RÉSUMÉ

- Les ions polyatomiques sont constitués de plus d'un atome, et leur charge est répartie sur l'ion entier.
- Les ions polyatomiques se trouvent dans de nombreux composés naturels et artificiels. Ils servent d'additifs alimentaires, d'engrais et de nettoyants.
- Considère l'ion polyatomique comme une unité lorsque tu écris la formule chimique d'un composé contenant un ion polyatomique. Si ce composé contient plus d'un ion polyatomique, mets l'ion entre parenthèses et inscris l'indice à droite de la parenthèse fermante.

VÉRIFIE TA COMPRÉHENSION

1. Pour chacun des composés suivants, donne le nom de l'ion polyatomique et celui du composé. (Prête attention aux métaux ayant plus d'une charge ionique possible.)

    a) KNO_3 (se trouve dans la poudre à fusil)
    b) $Ca(OH)_2$ (un ingrédient du plâtre)
    c) $CaCO_3$ (dans la craie, le calcaire et les médicaments antiacides)
    d) $CuSO_4$ (un fongicide)
    e) KOH (sert à faire du savon)
    f) $Fe(NO_3)_3$ (utilisé dans le traitement de l'eau)
    g) $Cu(ClO_3)_2$ (sert à colorer les feux d'artifice)
    h) $(NH_4)_3PO_4$ (un ingrédient de la pâte à pain)

2. Écris la formule chimique de chacun des composés suivants :

    a) nitrate de potassium (utilisé pour colorer les feux d'artifice en violet)
    b) sulfate de baryum (donné à ingérer avant une radiographie de l'intestin)
    c) nitrate d'ammonium (un ingrédient commun des engrais)
    d) sulfate d'aluminium (sert à la préparation des cornichons)
    e) chlorate de potassium (un explosif)
    f) nitrate de cuivre (II) (sert à la coloration de la céramique)
    g) sulfate de plomb (II) (se trouve dans les batteries d'automobiles)
    h) phosphate d'étain (II) (sert à la teinture de la soie)

3. Quel est le suffixe le plus courant apposé au nom
    a) d'un anion polyatomique ?
    b) d'un anion constitué d'un seul élément ?

4. En zone agricole, on surveille la présence d'ions nitrate dans l'eau des puits, car ils peuvent causer des ennuis de santé. D'où la contamination aux nitrates peut-elle provenir sur une ferme ?

5. Écris le nom de chacun des composés suivants. Note que certains d'entre eux contiennent des ions polyatomiques.

    a) $SnCO_3$ c) $Fe(OH)_3$
    b) $CaCl_2$ d) MnO_2
    e) K_2S g) $Mn(ClO_3)_2$
    f) $(NH_4)_2SO_4$ h) PbI_2

6. Écris la formule chimique de chacun des composés suivants. Note que certains d'entre eux contiennent des ions polyatomiques.

    a) sulfate de calcium   e) chlorate de calcium
    b) chlorure d'ammonium   f) hydroxyde d'étain (II)
    c) carbonate de cuivre (I)   g) phosphate de fer (II)
    d) sulfure de baryum   h) nitrure d'aluminium

7. Explique pourquoi la formule chimique de l'hydroxyde de calcium, $Ca(OH)_2$, ne s'écrit pas CaO_2H_2.

8. La plupart des composés ioniques sont constitués d'un cation métallique et d'un anion non métallique. Consulte le tableau 1 à la page 202 et trouve une exception à cette règle.

9. Quand on écrit la formule chimique d'un composé ionique, quel ion indique-t-on toujours en premier ?

10. Copie le tableau 2 dans ton cahier. Complète le tableau en suivant l'exemple.

    Tableau 2 Identifier des ions

Composés	Cation(s)	Anion(s)
$Fe(OH)_3$	1 Fe^{3+}	3 OH^-
$Cu(NO_3)_2$		
$Al_2(SO_4)_3$		
$(NH_4)_2CO_3$		
K_3PO_4		

11. Les noms *chlorure de sodium* et *chlorate de sodium* ont une sonorité similaire. Il s'agit toutefois de composés très différents. Le chlorure de sodium rehausse la saveur des aliments tandis que le chlorate de sodium est un herbicide toxique. Écris :

    a) la formule chimique de chacun de ces composés ;
    b) la formule chimique de leur anion ;
    c) la formule chimique d'un composé que cet anion forme avec le calcium.

12. Décris une stratégie que tu pourrais utiliser pour réduire la quantité de sel dans ton alimentation.

5.10 Les molécules et les liaisons covalentes

Le N_2O, l'oxyde nitreux, est un gaz incolore parfumé que les dentistes font parfois inhaler à des patientes et patients pour les aider à se détendre (figure 1(a)). Par contre, tu n'accepterais certainement pas d'inhaler du NO_2, ou dioxyde d'azote. En effet, ce gaz toxique brun rouge est produit dans l'atmosphère par des polluants provenant des voitures. Le dioxyde d'azote est l'un des ingrédients dangereux du smog durant l'été (figure 1(b)).

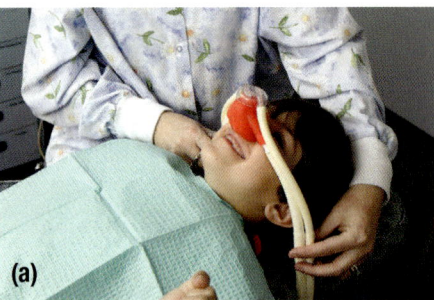

Figure 1 (a) L'inhalation d'oxyde nitreux, ou gaz hilarant, aide les patientes et patients des dentistes à se détendre. (b) Le dioxyde d'azote est le gaz qui donne la couleur brun rouge au smog en suspension au-dessus des grandes villes l'été.

Les dispositifs antipollution des voitures modernes contribuent à la réduction des émissions de dioxyde d'azote. Un convertisseur catalytique fixé au système d'échappement de la voiture transforme le dioxyde d'azote en azote et en oxygène inoffensifs. Le programme Air pur Ontario exige des propriétaires de voitures de plus de cinq ans de faire effectuer une analyse des gaz d'échappement de leur véhicule tous les deux ans.

Pour en savoir plus sur le programme Air pur Ontario :

composé moléculaire substance pure formée de deux non-métaux ou plus

L'oxyde nitreux et le dioxyde d'azote sont deux **composés moléculaires**. Comme le nom l'indique, les composés moléculaires sont constitués de particules appelées « molécules » (figure 2(a)). (Les composés ioniques, comme le montre la figure 2(b), renferment plusieurs ions agglomérés en cristal.) La formule chimique d'un composé moléculaire donne le nombre exact d'atomes par molécule. Les éléments qui forment les composés moléculaires sont tous des non-métaux. Il y a des composés moléculaires partout autour de toi (figure 3). Une boisson gazeuse, par exemple, contient des molécules d'eau, H_2O, et des molécules de sucre, $C_{12}H_{22}O_{11}$, de même que des molécules d'arôme et de colorant. Elle renferme aussi une grande quantité de molécules dissoutes de dioxyde de carbone, CO_2. En fait, la majorité des composés connus sont moléculaires. Les organismes vivants produisent des milliers de composés moléculaires de toutes sortes. Les sucres, les graisses et les protéines sont tous des composés moléculaires. Certains d'entre eux, très gros, contiennent des milliers d'atomes par molécule ! Comme le dioxyde d'azote, de nombreux composés moléculaires sont nuisibles pour l'environnement.

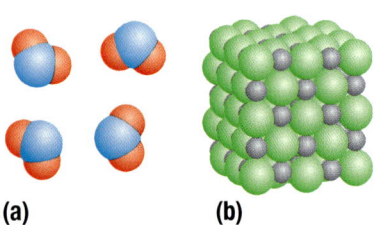

Figure 2 (a) Chaque particule de dioxyde d'azote est une molécule formée d'un atome d'azote et de deux atomes d'oxygène. (b) Un composé ionique n'existe pas en particules distinctes. Des millions d'ions sont plutôt étroitement agglomérés en cristal.

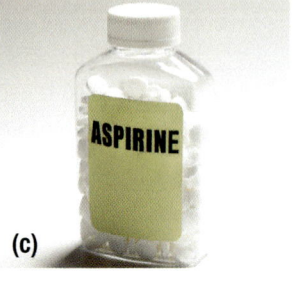

Figure 3 La plupart des produits chimiques courants sont des composés moléculaires, y compris (a) le sucre, (b) l'eau et (c) l'acide acétylsalicylique ou aspirine.

Les liaisons moléculaires

Des ions se forment quand des éléments métalliques perdent des électrons au profit d'éléments non métalliques parce que :
- la force d'attraction qu'exerce le métal sur les électrons de sa couche extérieure est faible ;
- la force d'attraction qu'exerce le non-métal sur les électrons du métal est forte ;
- une couche électronique extérieure pleine est très stable.

Rappelle-toi que les non-métaux ont tous des couches électroniques extérieures presque pleines. Ils ont donc des « places » disponibles pour attirer d'autres électrons, ce qui permet aux atomes non métalliques de se tenir relativement près les uns des autres. Quand deux non-métaux se lient l'un à l'autre, leur noyau réciproque attire fortement les électrons de l'autre. Toutefois, aucun de ces atomes n'attire les électrons de l'autre suffisamment fort pour les arracher complètement. Il en résulte une sorte de « lutte à la corde » entre électrons, qu'aucun atome ne gagne jamais. Les deux atomes se partagent donc leurs électrons et forment ainsi un lien qui les maintient ensemble. On appelle **liaison covalente** le lien chimique créé par des atomes qui se partagent des électrons. Les atomes ainsi liés forment une **molécule**. Les molécules formées de deux atomes joints par une liaison covalente sont appelées **molécules diatomiques**.

liaison covalente liaison entre deux atomes non métalliques qui résulte de la mise en commun de leurs électrons externes

molécule particule dans laquelle les atomes sont joints par des liaisons covalentes

molécule diatomique molécule formée de seulement deux atomes d'un même élément ou d'éléments distincts

Des liaisons covalentes peuvent se former entre deux atomes identiques ou entre des atomes d'éléments différents. Le cas de deux atomes d'hydrogène identiques en est un bon exemple. Un atome d'hydrogène a un électron sur sa couche extérieure. Pour acquérir une couche stable comme celle du gaz rare le plus près (l'hélium), l'hydrogène doit gagner un électron. Quand deux atomes d'hydrogène se frappent, le proton de l'un des atomes attire l'électron de l'autre, et inversement (figure 4). Comme ces atomes sont identiques, leur capacité d'attirer des électrons est la même. Ils se partagent donc également les deux électrons. La formule chimique qui résulte de cette liaison est H_2. On indique la liaison covalente en reliant les atomes concernés à l'aide d'un tiret : H — H.

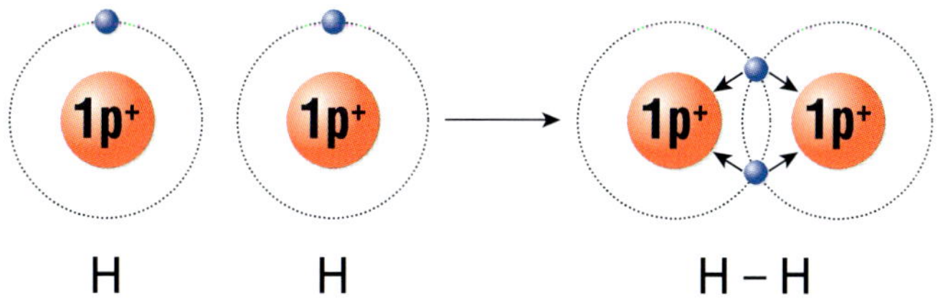

Figure 4 Une liaison covalente résulte du partage d'une paire d'électrons que l'on représente au moyen d'un tiret.

Le fluor est un autre exemple de molécule diatomique. Le fluor a sept électrons sur sa couche extérieure ; il est donc à un électron près de l'agencement électronique stable. Quand deux atomes de fluor se partagent une paire d'électrons (en provenance de l'un et de l'autre atome) pour former une liaison covalente, ils constituent une molécule de fluor relativement stable, dont la formule chimique est F_2.

Il y a d'autres sortes de molécules diatomiques. Certaines sont formées d'atomes qui se partagent deux paires d'électrons. L'oxygène en est un exemple. Les deux atomes sont joints par une liaison covalente double, soit O = O. D'autres molécules diatomiques sont formées de deux éléments différents (c'est le cas du fluorure d'hydrogène, HF, que présente la figure 5). D'autres molécules encore sont formées de trois atomes ou plus. Une molécule d'eau, par exemple, comprend un atome d'oxygène et deux atomes d'hydrogène : H_2O.

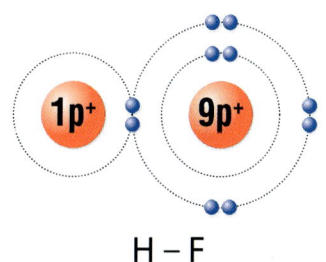

Figure 5 Un atome d'hydrogène et un atome de fluor forment une molécule de fluorure d'hydrogène.

> **COUP DE POUCE**
> **APPRENTISSAGE**
>
> **Qui est Hofbrincl ?**
> Hofbrincl, ou plus correctement écrit HOFBrINCl, est un acronyme formé à partir des symboles chimiques des éléments diatomiques. Cet acronyme pourrait t'aider à te rappeler la liste de ces éléments.

Le tableau 1 présente la liste des éléments communs qui existent sous forme de molécules diatomiques. Cette liste va t'aider à écrire des équations chimiques au chapitre 6.

Tableau 1 Les éléments diatomiques communs

Nom de l'élément	Symbole chimique	Formule de la molécule	État à la température ambiante
hydrogène	H	H_2	gaz
oxygène	O	O_2	gaz
fluor	F	F_2	gaz
brome	Br	Br_2	liquide
iode	I	I_2	solide
azote	N	N_2	gaz
chlore	Cl	Cl_2	gaz

SCIENCES EN ACTION — DES MODÈLES MOLÉCULAIRES

HABILETÉS : observer, communiquer

Construire des modèles de molécules pourrait t'aider à comprendre comment certains composés se forment. Chaque sphère, représentant un atome, a un nombre donné de possibilités de liaison. Ce nombre indique combien de liaisons cet atome peut effectuer avec un autre atome. Chaque couleur différente représente un élément différent : blanc = hydrogène ; rouge = oxygène ; vert = un halogène (p. ex., le chlore) ; noir = carbone.

Matériel : trousse de modélisation moléculaire

1. Prends deux sphères blanches et relie-les ensemble pour représenter une molécule d'hydrogène. Dessine ton modèle.
2. Prends deux sphères rouges et relie-les ensemble pour représenter une molécule d'oxygène. Dessine ton modèle.
3. Relie une sphère noire à quatre sphères blanches. Dessine ton modèle.
4. Construis le modèle d'une molécule comprenant un atome d'oxygène et deux atomes d'hydrogène. Dessine ton modèle.
5. Construis une molécule de chlorure d'hydrogène. Dessine ton modèle.
6. Construis une autre molécule à l'aide de ton matériel de modélisation moléculaire. Dessine ton modèle.
A. À côté de chaque schéma, écris la formule chimique correspondante et, si possible, le nom de la molécule.

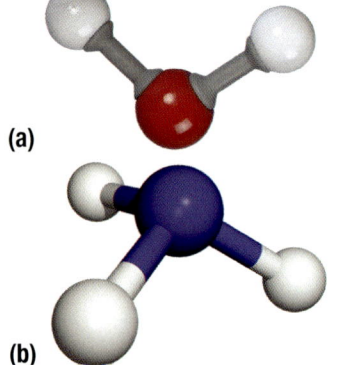

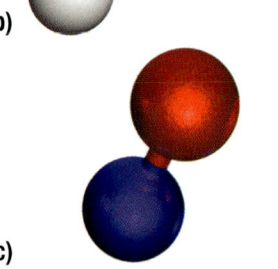

(a)
(b)
(c)

Figure 6 Modèles moléculaires (a) de l'eau, (b) de l'ammoniac, (c) de l'oxyde nitrique

Nommer les composés moléculaires

Malheureusement, le classement des noms de composés moléculaires n'est pas aussi simple que celui des composés ioniques. Plusieurs composés moléculaires sont connus depuis des siècles et portent des noms communs encore utilisés aujourd'hui (figure 6). Le tableau 2 présente certains de ces noms communs.

Tableau 2 Noms communs de certains composés moléculaires

Nom commun	Formule chimique	Usage
eau	H_2O	composé moléculaire le plus communément disponible sur Terre ; « solvant universel »
ammoniac	NH_3	entre dans la composition de nettoie-vitre et dans la fabrication d'engrais
oxyde nitrique	NO	polluant atmosphérique produit par la combustion de l'essence dans les moteurs des automobiles
sulfure d'hydrogène	H_2S	gaz invisible qui dégage une odeur caractéristique d'œufs pourris

Pour nommer les composés moléculaires, les chimistes ont élaboré un système dans lequel le nombre d'atomes des composés est précisé au moyen de préfixes. Le préfixe est accolé au nom de l'élément auquel il renvoie (tableau 3). Par exemple, le nom *pentoxyde de diazote* indique que ce composé contient deux atomes d'azote (*di* signifie « deux ») et cinq atomes d'oxygène (*penta* signifie « cinq »). La formule chimique de ce composé est donc N_2O_5. Le préfixe *mono-* n'est utilisé que pour le deuxième élément du composé, de sorte que CO_2 est le dioxyde de carbone. De même, le nom *monoxyde de carbone* indique qu'il n'y a qu'un atome de carbone et un atome d'oxygène dans la molécule, d'où la formule CO.

COUP DE POUCE
APPRENTISSAGE

Utiliser les préfixes

Note que le préfixe *mono-* est utilisé seulement pour le premier élément d'un composé. De plus, on omet le second « o » de *mono* quand on doit l'accoler à *oxyde* pour former *monoxyde*, et non *monooxyde*.

Tableau 3 Préfixes servant à nommer les composés moléculaires

Préfixe	Nombre d'atomes	Composé moléculaire type
mono-	1	monoxyde de carbone, CO
di-	2	dioxyde de carbone, CO_2
tri-	3	trioxyde de soufre, SO_3
tétra-	4	tétrachlorure de carbone, CCl_4
penta-	5	pentafluorure de phosphore, PF_5

Si tu dois écrire le nom d'un composé, vérifies-en d'abord la formule pour voir si elle comprend un métal. Si le premier élément est un métal, la substance est un composé ionique et ne devrait pas comporter de préfixe. Si le composé est formé uniquement de non-métaux, il s'agit d'un composé moléculaire. Tu devrais alors suivre les étapes suivantes pour le nommer.

EXEMPLE DE PROBLÈME 1   Nommer des composés moléculaires

Nomme le composé moléculaire dont la formule chimique est PCl_3.

Étape 1 Écris le nom des deux éléments en inversant l'ordre de la formule. Remplace la fin du premier élément par le suffixe *-ure* et intercale la préposition *de* entre les deux noms d'éléments.
chlor*ure de* phosphore

Étape 2 Ajoute des préfixes. Rappelle-toi que le préfixe *mono-* n'est jamais utilisé pour le premier élément.
*tri*chlorure de phosphore

Le composé dont la formule chimique est PCl_3 est le trichlorure de phosphore.

Exercice

Nomme le composé dont la formule chimique est N_2O.

COUP DE POUCE
ÉCRITURE

Conclure ton résumé

Écris une phrase de conclusion qui établit le lien entre l'idée principale et les points clés. Par exemple, « Les préfixes dans les noms des composés moléculaires rappellent aux élèves le nombre d'atomes formant ce composé. »

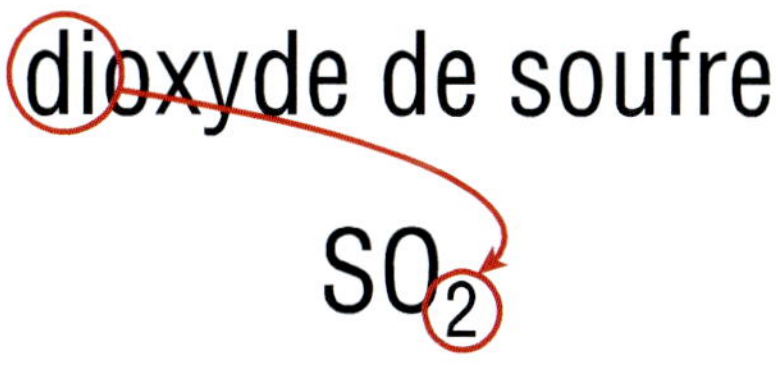

Écrire les formules chimiques de composés moléculaires

Il est assez simple d'écrire la formule d'un composé moléculaire dont on connaît le nom. Les préfixes dans le nom deviennent les indices dans la formule. Par exemple, le composé moléculaire appelé « dioxyde de soufre » a comme formule chimique SO_2 (figure 7).

Figure 7 Dans le nom chimique, le préfixe précisant le nombre d'atomes *précède* le nom de l'élément. Dans la formule chimique, toutefois, le nombre d'atomes est indiqué au moyen d'un indice qui *suit* le symbole chimique de l'élément.

Figure 8 Même un objet aussi courant qu'un sac à dos peut contenir des centaines de composés moléculaires différents ; la plupart d'entre eux proviennent de combustibles fossiles.

Les composés moléculaires dérivés de combustibles fossiles

La plupart des composés sont moléculaires. Les êtres vivants fabriquent une énorme variété de composés moléculaires. Les combustibles fossiles sont également la source de milliers de molécules différentes. Le charbon, le pétrole et le gaz naturel sont les combustibles fossiles les plus courants. Ces substances mettent des millions d'années à se former à partir de restes, en partie décomposés, de plantes et d'animaux. On les qualifie de ressources non renouvelables parce qu'ils ne se forment pas aussi vite que nous les consommons.

Quand nous brûlons des combustibles fossiles, l'énergie qui y est emmagasinée chauffe nos maisons, fait fonctionner nos voitures et sert à produire de l'électricité. Sans cette énergie, nos vies seraient très différentes. Les composés que l'on extrait des combustibles fossiles sont aussi transformés en produits pétrochimiques. À partir de ces composés, nous fabriquons d'importants produits de consommation et des produits chimiques, dont des plastiques, des produits pharmaceutiques et des fibres synthétiques (figures 8 et 9). Essaie d'imaginer la vie sans les produits de la pétrochimie. Tu peux dire adieu à la moitié de tes vêtements ! Adieu aussi aux articles de toilette, aux produits de beauté, à la peinture sur les murs et aux tapis synthétiques. Beaucoup de médicaments sont fabriqués à partir de produits pétrochimiques. Les ordinateurs, les téléphones et tous les dispositifs électroniques portables ne peuvent pas fonctionner sans leurs boîtiers en plastique et les matériaux isolants qui recouvrent leurs composants électriques.

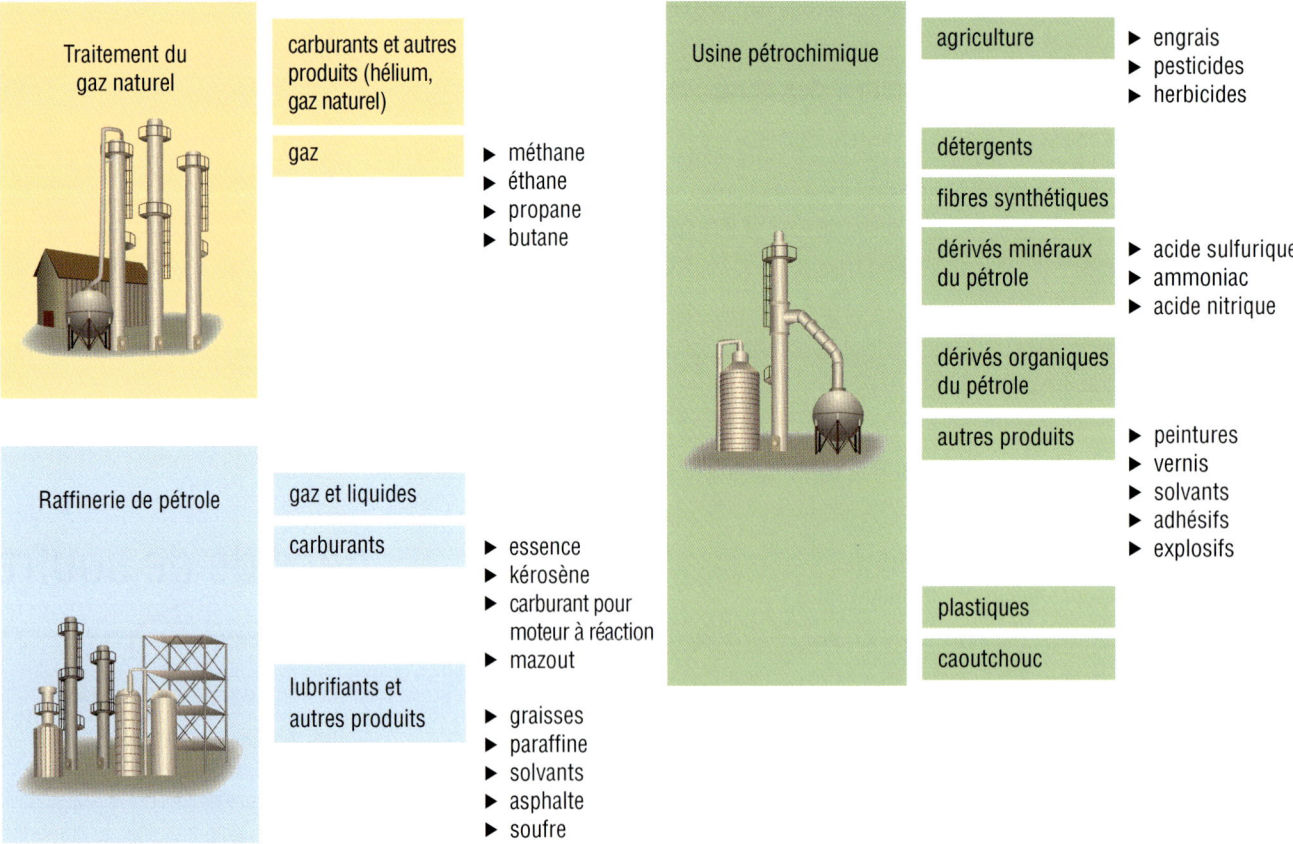

Figure 9 Le pétrole brut et le gaz naturel sont les matériaux bruts à la base d'une vaste gamme de produits chimiques.

Les déversements de composés moléculaires

Les gisements de pétrole et de gaz naturel mondiaux sont concentrés à quelques endroits, loin des lieux où l'on en vend et où l'on utilise les produits pétrochimiques. La plus grande partie du pétrole du Canada se trouve dans l'ouest et le nord du pays, alors que la majorité de la population canadienne vit dans le sud et l'est. D'énormes quantités de pétrole et de gaz naturel sont transportées à travers l'Amérique du Nord et autour du monde, par train, par bateau ou par pipeline. Le gaz naturel est acheminé par pipeline ou par camions-citernes. Évidemment, parfois, des accidents se produisent. Des pétroliers chargés de pétrole traversent les océans et les Grands Lacs. Les déversements de pétrole ont souvent un effet dévastateur sur les écosystèmes locaux, car ils contaminent l'eau et les rives, et tuent des oiseaux et d'autres organismes aquatiques (figure 10). Il se fait beaucoup de recherche pour déterminer le meilleur moyen d'intervenir lors de déversements de produits chimiques.

Les déversements accidentels et les mauvaises méthodes d'élimination des déchets causent l'infiltration dans le sol de toxines qui polluent l'eau souterraine. Une de ces toxines est un composé moléculaire appelé « trichloréthène ». On l'utilise comme dégraisseur pour nettoyer le métal et le verre. Les déversements de ce composé sont un problème grave au Canada, parce qu'ils contaminent l'eau souterraine, une source d'eau potable très importante. Des équipes de recherche canadiennes tentent de mettre au point de nouvelles façons de la nettoyer. Elizabeth Edwards, professeure de génie mécanique à l'Université de Toronto, a découvert que certains microbes se nourrissent de polluants. Cette chercheuse a réussi à éliminer le trichloréthène d'un sol grâce à ces microbes. En « dînant », ils transforment ce polluant en éthylène, un gaz relativement inoffensif. On se sert maintenant de ces microbes pour éliminer le trichloréthène de sites pollués dans le monde entier.

> **LE SAVAIS-TU?**
>
> **Des pétrodollars**
> On estime les ventes annuelles de l'industrie pétrochimique mondiale à plus de 1 billion de dollars. La population mondiale atteignant presque 7 milliards, cette somme colossale équivaut à 150 $ par personne.

Figure 10 Les déversements de pétrole sont un problème environnemental fréquent.

Les professeures et professeurs d'université sont souvent appelés à résoudre des problèmes pratiques. Pour en savoir plus sur la recherche de la professeure Edwards :

RECHERCHE EN ACTION — LES MARÉES NOIRES

HABILETÉS : effectuer une recherche, déterminer les options, analyser l'enjeu, défendre une décision, évaluer

Les déversements de pétrole accidentels sont dévastateurs pour l'environnement. Les ingénieures et ingénieurs en chimie de l'environnement élaborent des stratégies pour nettoyer les nappes de pétrole, en mettant à profit leur connaissance des propriétés physiques et chimiques du pétrole.

Récemment, on a réussi à nettoyer des zones contaminées par des déversements de pétrole à l'aide d'agents biologiques. Des micro-organismes naturels comme certaines algues et bactéries peuvent favoriser la décomposition du pétrole des marées noires. Ce processus est très lent, mais on peut l'accélérer en répandant de l'engrais sur le site contaminé.

1. Renseigne-toi sur les méthodes chimiques et physiques ainsi que sur les agents biologiques utilisés pour nettoyer les déversements de pétrole.

A. Analyse les avantages et les désavantages de chaque méthode de nettoyage. Quelles méthodes sont les plus économiques ? Les plus écologiques ?

B. Quelle méthode peut-on utiliser pour nettoyer la majorité des nappes de pétrole sur un plan d'eau calme ?

EN RÉSUMÉ

- Les composés moléculaires existent à l'état naturel et sont aussi produits synthétiquement. Certains sont bénéfiques, d'autres pas.
- Les composés moléculaires sont constitués de molécules. Une molécule est un groupe de deux atomes ou plus joints entre eux au moyen de liaisons covalentes.
- Une liaison covalente se forme quand deux atomes non métalliques se partagent des électrons.
- Il existe diverses stratégies pour réduire les dommages environnementaux causés par un déversement de produits chimiques.
- Le nom d'un composé moléculaire comprend des préfixes qui indiquent combien d'atomes de chaque élément ce composé comprend (p. ex., pentoxyde de diazote). S'il n'y a qu'un atome dans le premier élément, on omet le préfixe *mono-*. Le nom du premier élément se termine souvent en « ure ».
- Les combustibles fossiles fournissent une énergie précieuse et alimentent l'industrie de la pétrochimie. De nombreux produits chimiques industriels et de consommation sont dérivés de produits pétrochimiques.

VÉRIFIE TA COMPRÉHENSION

1. a) Donne le nom de chacun des composés suivants : NI_3, CCl_4, OF_2, P_2O_5 et N_2O_3.
   b) Explique comment chaque nom de composé indique le rapport des éléments.

2. Écris la formule chimique de chacun des composés moléculaires suivants :
   a) monoxyde de carbone
   b) tétrafluorure de soufre
   c) tétroxyde de diazote
   d) tribromure d'azote
   e) disulfure de carbone

3. Pour chacun des éléments des composés suivants, indique d'abord s'il s'agit d'un métal ou d'un non-métal, puis s'il s'agit d'un composé ionique ou moléculaire. Par la suite, donne le nom des composés.
   a) SO_2
   b) PbO_2
   c) $AlCl_3$
   d) N_2O
   e) $KClO_3$
   f) SnO_2
   g) $FePO_4$
   h) N_2O_4

4. a) Combien d'électrons les atomes d'hydrogène et d'oxygène ont-ils sur leur couche électronique extérieure ?
   b) Combien d'électrons ces éléments vont-ils gagner avant de devenir stables ?
   c) Fais un schéma pour montrer comment l'hydrogène et l'oxygène pourraient se lier pour former une molécule stable.

5. Explique, à l'aide de schémas, pourquoi le terme *molécule* convient au chlorure d'hydrogène, mais pas au chlorure de sodium.

6. Compare la façon dont les éléments des composés ioniques et ceux des composés moléculaires parviennent à devenir stables.

7. a) Pourquoi les combustibles fossiles sont-ils une ressource non renouvelable ?
   b) Nomme les deux principaux bienfaits que nous procurent les combustibles fossiles.
   c) Nomme deux inconvénients de notre dépendance aux combustibles fossiles.

8. Explique pourquoi le chlore se présente sous la forme de molécules diatomiques dans la nature, plutôt que sous la forme d'atomes distincts.

9. L'eau oxygénée, H_2O_2, est un composé moléculaire qui sert à désinfecter les coupures (figure 11). Pourquoi la formule de ce composé n'est-elle pas HO ?

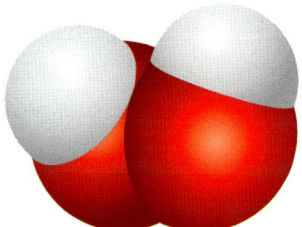

Figure 11

10. Comment peut-on distinguer les composés moléculaires des composés ioniques
    a) à partir de leur formule chimique ?
    b) en les testant en laboratoire ?

11. Quel effet une perturbation de l'approvisionnement en pétrole a-t-elle sur le prix des produits que tu achètes ? Pourquoi ?

MÈNE UNE EXPÉRIENCE 5.11

Les propriétés des composés ioniques et des composés moléculaires

HABILETÉS
- Se poser une question
- Formuler une hypothèse
- Prédire le résultat
- Planifier
- Contrôler les variables
- Exécuter
- Observer
- Analyser
- Évaluer
- Communiquer

Tu sais que les composés ioniques sont des solides constitués d'ions positifs et négatifs ; que les composés moléculaires sont formés de minuscules molécules distinctes ; et que les propriétés des composés ioniques et des composés moléculaires sont très différentes.

Dans cette expérience, tu vas comparer certaines propriétés physiques des composés ioniques et des composés moléculaires : leur solubilité dans l'eau, la conductivité électrique des mélanges qu'ils forment dans l'eau et leur point de fusion.

Question de recherche

Parmi les substances suivantes, lesquelles sont des composés moléculaires et lesquelles sont des composés ioniques : l'acide laurique, $C_{12}H_{24}O_2$; l'hydrogénocarbonate de sodium, $NaHCO_3$; le glucose, $C_6H_{12}O_6$; le chlorure de potassium, KCl ?

Hypothèse et prédiction

À l'aide de l'information que contiennent les formules chimiques, rédige une hypothèse concernant la classification de ces composés. Justifie ton hypothèse. Sers-toi de ton hypothèse pour prédire une réponse à la question de recherche.

Plan d'expérience

Tu vas mener des tests de solubilité et de conductivité et utiliser des données de recherche sur le point de fusion pour déterminer si quatre solides donnés sont des composés ioniques ou moléculaires.

Matériel

- lunettes de protection
- tablier de laboratoire
- 4 petites éprouvettes et leurs bouchons
- support à éprouvettes
- conductimètre à basse tension
- plateau de travail
- échantillons
  - d'acide laurique, $C_{12}H_{24}O_{2(s)}$
  - d'hydrogénocarbonate de sodium, $NaHCO_{3(s)}$
  - de glucose, $C_6H_{12}O_{6(s)}$
  - de chlorure de potassium, $KCl_{(s)}$

Marche à suivre

LA BOÎTE À OUTILS 2.B, 3.

1. Conçois un protocole pour comparer :
   - la solubilité des composés dans l'eau ;
   - la conductivité d'une solution de chacun des composés dans l'eau.

   La figure 1 montre la quantité maximale de chaque composé à utiliser. Vérifie la FTSS de chaque composé et tiens-en compte.

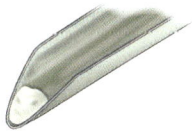

Figure 1 Tu n'as besoin que d'une petite quantité de chacun des composés.

2. Obtiens l'approbation de ton enseignante ou de ton enseignant, puis effectue ton expérience. Note tes observations.

3. Consulte un livre de référence ou Internet pour connaître le point de fusion de chaque substance. Ajoute ces données à ton information expérimentale.

Analyse et interprète

a) Réponds à la question de recherche. Compare ta réponse à ta prédiction. Explique tout écart.

b) Lequel des trois tests t'a le mieux aidée ou aidé à déterminer s'il s'agissait de composés ioniques ou moléculaires ? Explique ta réponse.

Approfondis ta démarche

c) Dresse un tableau comparatif des propriétés types des composés ioniques et des composés moléculaires.

CHAPITRE 5 À REVOIR

RÉSUMÉ DES CONCEPTS CLÉS

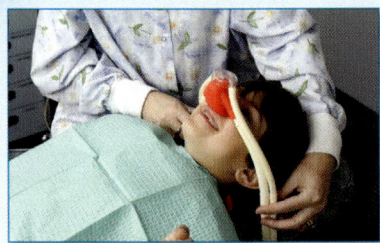

L'utilité et les effets d'une substance sont déterminés par ses propriétés chimiques et physiques.

- Les propriétés physiques (p. ex., la couleur, la conductivité électrique) correspondent à la description d'une substance, à ses caractéristiques. (5.1)
- Les propriétés chimiques décrivent le comportement d'une substance (p. ex., la réactivité aux acides, la combustibilité) alors qu'elle se transforme en une ou plusieurs substances complètement différentes. (5.1)

Les changements de la matière peuvent être d'ordre chimique ou physique.

- Les changements chimiques impliquent la production de nouvelles substances. (5.2)
- Les indices d'un changement chimique sont le changement de couleur, la formation d'un précipité, le dégagement ou l'absorption d'énergie et le dégagement d'un gaz. (5.1)
- Un changement physique implique des changements de forme (par exemple, d'état), mais pas d'identité chimique. (5.1)

On peut classer les substances pures à partir de l'observation de leurs propriétés.

- Les éléments peuvent être regroupés en fonction de leurs propriétés. (5.4)
- Les métaux et les non-métaux se combinent pour former différents types de composés ioniques et moléculaires. (5.6, 5.10)
- Les composés sont des substances pures qui peuvent être décomposées en leurs éléments distincts. (5.4)
- Les composés moléculaires se distinguent des composés ioniques par leurs propriétés physiques. (5.11)

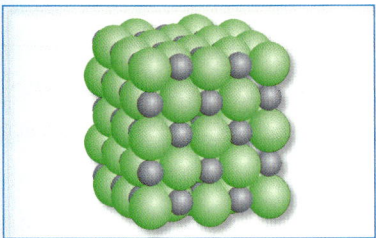

Les composés ioniques sont constitués d'ions positifs et d'ions négatifs.

- En gagnant ou en perdant des électrons, les atomes acquièrent un agencement électronique stable et deviennent ainsi des ions. (5.5)
- Les ions chargés positivement sont des cations ; les ions chargés négativement sont des anions. (5.5)
- Les composés ioniques sont constitués de cations et d'anions unis par des liaisons ioniques. (5.6)
- Plusieurs composés ioniques sont des électrolytes. (5.6)
- Les noms des composés ioniques comportent deux éléments, séparés par la préposition *de*. Le premier élément, le non-métal, se termine en « ure ». (5.7)
- Les noms des composés formés d'ions polyatomiques comportent deux éléments séparés par la préposition *de*. Le premier élément, le non-métal, se termine généralement en « ate ». (5.9)

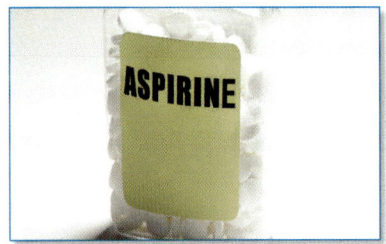

Les composés moléculaires sont constitués de molécules distinctes.

- La majorité des composés connus sont moléculaires. (5.10)
- Les molécules sont constituées de deux atomes non métalliques ou plus joints par une liaison covalente. (5.10)
- Des liaisons covalentes se forment quand des atomes se partagent des électrons. (5.10)
- Le nom des composés moléculaires comprend souvent un préfixe. (5.10)

Beaucoup de produits de consommation proviennent de produits pétrochimiques.

- Les chimistes sélectionnent les produits chimiques aptes à remplir des fonctions spécifiques dans un produit donné. (5.10)

QU'EN PENSES-TU MAINTENANT?

Tu as réfléchi aux énoncés ci-dessous au début du chapitre. Tu avais peut-être déjà entendu parler de ces notions à l'école, à la maison ou autour de toi. Reconsidère-les maintenant et détermine si tu es d'accord ou non avec chacun.

1 L'étiquette d'un produit chimique fournit toute l'information dont tu as besoin pour utiliser ce produit sans danger.
D'accord / En désaccord

4 Les éléments chimiques sont plus réactifs et plus dangereux que les composés qu'ils forment.
D'accord / En désaccord

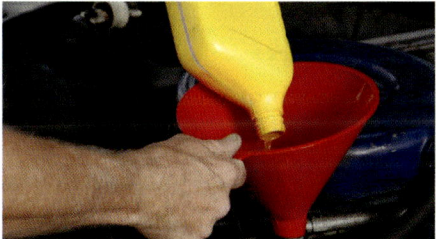

2 Il est d'usage courant de recycler l'huile à moteur usée.
D'accord / En désaccord

5 L'eau embouteillée est plus saine que l'eau du robinet.
D'accord / En désaccord

3 L'eau de piscine est un bien meilleur conducteur d'électricité que l'eau douce.
D'accord / En désaccord

6 L'épandage de produits chimiques manufacturés nuit à l'environnement.
D'accord / En désaccord

**Comment tes réponses ont-elles changé?
Que sais-tu de plus maintenant?**

Vocabulaire

propriété physique (p. 175)
propriété chimique (p. 175)
élément (p. 184)
période (p. 184)
groupe (p. 184)
métaux alcalins (p. 184)
métaux alcalino-terreux (p. 184)
halogènes (p. 184)
gaz rares (p. 184)
modèle de Bohr-Rutherford (p. 185)
composé (p. 186)
ion (p. 188)
cation (p. 190)
anion (p. 190)
composé ionique (p. 192)
liaison ionique (p. 192)
électrolyte (p. 194)
ion polyatomique (p. 202)
composé moléculaire (p. 206)
liaison covalente (p. 207)
molécule (p. 207)
molécule diatomique (p. 207)

IDÉES maîtresses

✓ **Les substances chimiques réagissent entre elles de manière prévisible.**

• **Les réactions chimiques peuvent avoir un impact négatif sur l'environnement, mais elles peuvent aussi nous aider à relever les défis que pose la protection de l'environnement.**

Qu'as-tu retenu ?

1. Décris, à l'aide d'un exemple, comment tu reconnaîtrais la formule chimique
   a) d'un élément.
   b) d'un composé. (5.4)

2. Établis la distinction entre les termes suivants à l'aide d'exemples précis. (5.1-5.11)
   a) propriétés physiques et propriétés chimiques
   b) composés ioniques et composés moléculaires
   c) liaisons ioniques et liaisons covalentes

3. Explique tes réponses aux questions suivantes. (5.1-5.11)
   a) L'eau du robinet est-elle une substance pure ?
   b) La capacité de brûler est-elle une propriété physique ?
   c) Quel type de propriété la formation d'une substance nouvelle signale-t-elle ?
   d) De quels types d'éléments les composés moléculaires sont-ils constitués ?
   e) Quelle particularité la couche électronique extérieure de l'hélium, du néon et de l'argon présente-t-elle ?
   f) Quel type d'ion a plus de protons que d'électrons ?
   g) Parmi les substances suivantes, lesquelles sont des ions polyatomiques ? l'hydroxyde, le chlore, l'ammonium, le carbonate

4. Complète le tableau 1 dans ton cahier. (5.5)

   Tableau 1 Formation ionique de trois éléments

Élément	Modèle de Bohr-Rutherford de l'atome	Modèle de Bohr-Rutherford de l'ion	Symbole chimique de l'ion
a) Na			
b) S			
c) Cl			

Qu'as-tu compris ?

5. Donne la quantité et le nom des atomes qui constituent les molécules suivantes. (5.10)
   a) CO_2 b) N_2 c) CCl_4 d) HBr

6. Donne le nom ou la formule chimique de chacun des composés et indique s'il s'agit d'un composé ionique ou d'un composé moléculaire. (5.7, 5.10)
   a) $FeCl_3$
   b) $CuSO_4$
   c) NI_3
   d) PbO_2
   e) P_2O_3
   f) $Sn(NO_3)_2$
   g) tétrabromure de carbone
   h) carbonate de calcium
   i) monoxyde d'azote
   j) sulfure d'hydrogène

7. Dans lequel des groupes suivants les trois ions ont-ils le même nombre d'électrons ? Combien en ont-ils ? (5.5)
   a) O^{2-}, F^-, N^{3-}
   b) Na^+, K^+, Li^+
   c) K^+, P^{3-}, Ar
   d) F^-, Cl^-, Br^-

8. Pour chacun des composés suivants, indique s'il s'agit d'un composé ionique ou moléculaire et écris sa formule chimique. (5.7, 5.10)
   a) chlorure de potassium
   b) monoxyde de carbone
   c) tétrafluorure de carbone
   d) iodure de calcium
   e) dioxyde de soufre
   f) oxyde de lithium

9. Examine tes réponses à la question 8. Explique pourquoi le nom de ces composés ne requiert pas l'utilisation de chiffres romains. (5.7)

10. Écris le nom et la formule chimique du composé qui se forme quand les paires d'éléments suivants se combinent. (5.7)
    a) calcium et soufre
    b) aluminium et chlore
    c) sodium et phosphore
    d) aluminium et soufre

11. Donne le nom ou la formule de chacun des composés suivants formés d'ions polyatomiques. (5.9)
    a) nitrate de calcium
    b) carbonate d'argent
    c) $Fe(OH)_3$
    d) $Cu(ClO_3)_2$
    e) phosphate de plomb (II)

12. Imagine la formule chimique d'un composé formé à partir de chacune des paires d'éléments suivantes. Quels sont les indices les plus probables dans chaque formule ? (5.7)
    a) un métal alcalin et un halogène
    b) un métal alcalino-terreux et un élément du groupe 16
    c) un métal alcalin et un élément du groupe 16

13. Les produits domestiques dangereux affichent des symboles de mise en garde différents de ceux qui sont utilisés en milieu de travail. Par exemple, la figure 1 montre des symboles que l'on trouve sur les vaporisateurs de poli à meubles.
    a) Quels risques l'utilisation de ces produits présente-t-elle ?
    b) À l'aide de quels symboles équivalents le SIMDUT représente-t-il ces risques ?
    c) Quel serait l'avantage d'avoir le même système d'étiquetage à la maison et au travail ? (5.3)

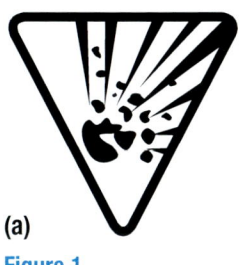 

(a) (b)

Figure 1

Résous un problème

14. En réagissant avec le chlore, un élément inconnu X forme un composé, XCl_2. Prédis la formule chimique du composé que l'élément X forme avec l'oxygène. Justifie ta réponse. (5.7)

15. Comme tu l'as vu dans ce chapitre, l'hydrogène est très différent des autres éléments du groupe 1. (5.4)
    a) Des chimistes ont mis l'hydrogène et les métaux alcalins dans la même colonne du tableau périodique. Pourquoi ?
    b) L'hydrogène apparaît parfois au-dessus du fluor dans le tableau périodique. Pourquoi ?

16. La figure 2 illustre deux propriétés du pétrole et de l'eau. Quelle incidence ces propriétés ont-elles sur des opérations de nettoyage d'un déversement de pétrole sur l'eau ? (5.10)

(a) (b)

Figure 2 (a) Le pétrole et l'eau ne se mélangent pas. Le pétrole demeure en gouttelettes. (b) Le pétrole flotte sur l'eau.

17. Des écologistes considèrent que les prix élevés de l'essence sont bons pour l'environnement. Pourquoi ? (5.10)

18. Pourquoi est-il important de comprendre la composition chimique des agents de chloration utilisés dans les piscines avant d'en faire usage ? (5.8)

Conçois et interprète

19. Revois la rubrique Éveille-toi aux sciences consacrée à l'ascenseur spatial. Pense au câble qui pourrait un jour relier l'ascenseur spatial à la Terre. (5.1-5.11)
    a) Quelles propriétés physiques et chimiques ce câble devrait-il posséder ?
    b) Choisis une de ces propriétés. Propose un moyen de tester que le câble a cette propriété.
    c) Pense aux effets que l'espace pourrait avoir sur ce câble. En quoi ces effets pourraient-ils influencer le choix du matériau de fabrication de ce câble ?
    d) Quels effets écologiques et sociaux la construction d'un ascenseur spatial pourrait-elle avoir ?
    e) Rédige un paragraphe sur l'ascenseur spatial en adoptant le point de vue d'une personne qui assisterait à sa construction. Mentionne un produit chimique et ses propriétés dans ton texte.

Réfléchis à ce que tu as appris

20. a) Complète la phrase suivante : « Une notion que j'ai trouvée particulièrement intéressante dans ce chapitre et que j'aimerais explorer davantage est… »
    b) Pourquoi cette notion a-t-elle suscité ton intérêt ?

Recherches en ligne

21. Fais une recherche sur les avantages et les inconvénients des javellisants au chlore et des javellisants oxygénés. Quel javellisant recommanderais-tu ? Pourquoi ? (5.3)

CHAPITRE 5

QUESTIONNAIRE

Les icônes suivantes t'indiquent la compétence visée par chaque question.
- **CC** Connaissance et compréhension
- **C** Communication
- **HP** Habiletés de la pensée
- **MA** Mise en application

Choisis la meilleure réponse pour chacune de ces questions.

1. Une propriété physique est
   a) une caractéristique qui n'implique pas la formation d'une nouvelle substance.
   b) un phénomène qui se produit quand une substance se transforme en une nouvelle substance.
   c) un changement qui ne produit pas une nouvelle substance.
   d) la caractéristique d'une substance qui lui permet de participer à une réaction. (5.1) **CC**

2. Quel énoncé décrit correctement la relation entre les agencements électroniques et la réactivité ? (5.6) **CC**
   a) Les atomes dont la couche électronique extérieure est pleine réagissent habituellement avec d'autres atomes.
   b) Les atomes réagissent fréquemment avec d'autres atomes pour avoir un électron sur leur couche électronique extérieure.
   c) Les atomes ont tendance à réagir avec d'autres atomes pour remplir leur couche électronique extérieure.
   d) Les atomes stables réagissent rapidement avec les atomes d'autres éléments pour former des composés.

3. Dans les réactions avec des non-métaux, les métaux ont tendance à
   a) perdre des électrons pour devenir des anions chargés positivement.
   b) gagner des électrons pour devenir des cations chargés positivement.
   c) gagner des électrons pour devenir des anions chargés négativement.
   d) perdre des électrons pour devenir des cations chargés positivement. (5.5) **CC**

4. Laquelle des formules suivantes est la formule du pentoxyde de diphosphore ? (5.10) **CC**
   a) N_2O_5
   b) P_2O_5
   c) PO_4^{3-}
   d) P_5O_2

Indique si chacun des énoncés est VRAI ou FAUX. Si tu penses qu'un énoncé est faux, récris-le en le corrigeant.

5. Le nombre de protons dans le noyau d'un atome constitue son numéro atomique. (5.4) **CC**

6. Dans le tableau périodique, les éléments sont présentés par ordre décroissant de numéro atomique. (5.4) **CC**

Copie les énoncés ci-dessous dans ton cahier. Complète-les à l'aide des termes appropriés.

7. Une _____ est une rangée d'éléments du tableau périodique. (5.4) **CC**

8. La plus grande partie de la masse d'un atome est concentrée dans un corpuscule extrêmement petit, dense et chargé positivement qu'on appelle « _____ ». (5.5) **CC**

Associe chaque terme de la colonne de gauche à la description qui lui convient le mieux dans la colonne de droite.

9. a) Ca   i) charge ionique de −2
   b) S   ii) charge ionique de +3
   c) K   iii) charge ionique de +1
   d) Al   iv) charge ionique de +2 (5.5) **CC**

10. a) $Fe(NO_3)_2$ i) nitrure de fer (III)
    b) Fe_3N_2 ii) nitrate de fer (II)
    c) FeN iii) nitrure de fer (II)
    d) $Fe(NO_3)_3$ iv) nitrate de fer (III) (5.7) **CC**

Rédige une brève réponse à chacune des questions suivantes.

11. Que doit-il arriver à une substance pour que tu puisses en observer les propriétés chimiques ? (5.1) **CC**

12. Explique pourquoi les composés ioniques sont électriquement neutres. (5.6) **CC**

13. Pourquoi désigne-t-on parfois des groupes d'éléments du tableau périodique par le terme *famille* ? (5.4) **CC**

14. Un élément est une substance qui ne peut pas être décomposée en substances plus simples. Cela signifie-t-il que les éléments ne peuvent connaître de changement chimique? Explique ta réponse. (5.1, 5.4) CC HP

15. Compare les métaux et les non-métaux en ce qui a trait à leurs
    a) propriétés chimiques.
    b) propriétés physiques. (5.1, 5.4) CC

16. Après avoir étudié le tableau périodique du groupe 1 au groupe 17, décris brièvement les tendances que les éléments suivent en formant des ions. (5.4) CC

17. Donne certaines caractéristiques d'une substance que l'étude des propriétés chimiques permettrait de découvrir. (5.1-5.11) HP

18. Le dégagement d'un gaz signale qu'un changement chimique *peut* s'être produit. Toutefois, l'ébullition de l'eau produit aussi un gaz. (5.1-5.3) HP
    a) Pourquoi l'ébullition ne constitue-t-elle pas un changement chimique?
    b) Donne un exemple de changement chimique qui produit un gaz. Explique pourquoi cet exemple constitue un changement chimique.

19. Décris en un paragraphe la relation entre les atomes et les ions. Utilise chacun des mots suivants au moins une fois dans ton paragraphe : atome, ion, neutre, cation, anion, électron et proton. (5.5) CC C

20. Pour chacune des phrases ci-dessous, détermine quelle propriété est décrite et indique s'il s'agit d'une propriété physique ou chimique. (5.1, 5.2) HP
    a) L'azote liquide bout à −196 °C.
    b) Les bijoux en argent ternissent au contact de l'air.
    c) Le propane s'enflamme facilement.

21. Beaucoup de gens connaissent l'eau par son nom commun, mais ignorent son nom systématique. Rédige en un paragraphe une annonce pour avertir les gens des dangers potentiels du monoxyde de dihydrogène (eau). (5.10) C

22. a) Le terme *ion polyatomique* peut être divisé en trois parties : *ion*, *poly* et *atomique*. Explique le sens de chacune des parties de ce terme.
    b) En te référant au sens de chaque partie, rédige une définition de *ion polyatomique*. (5.9) HP C

23. a) Décris une méthode de nettoyage des bijoux qui nécessite un changement chimique.
    b) Décris un processus de nettoyage des bijoux qui requiert un changement physique. (5.1) MA

24. À l'aide d'un exemple, décris comment une substance que l'on ajoute à de l'eau peut produire
    a) un changement chimique.
    b) un changement physique. (5.1, 5.2) HP

CHAPITRE 6

Les produits chimiques et leurs réactions

QUESTION CLÉ : Que sont les réactions chimiques et comment influent-elles sur nos vies ?

Quelle réaction chimique a pu inciter tant de gens à participer à un concours pour l'établissement d'un record mondial en Belgique, en 2008 ?

UNITÉ C
Les réactions chimiques

- **CHAPITRE 5** — Les produits chimiques et leurs propriétés
- **CHAPITRE 6** — Les produits chimiques et leurs réactions
- **CHAPITRE 7** — Les acides et les bases

CONCEPTS CLÉS

Dans une réaction chimique, une ou plusieurs substances se transforment en une ou plusieurs substances différentes.

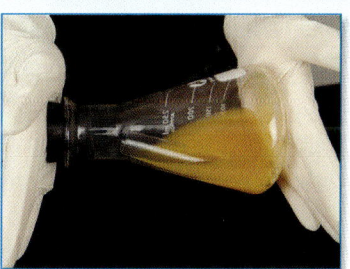

Les réactions chimiques reflètent la loi de la conservation de la masse et peuvent être représentées par des équations chimiques équilibrées.

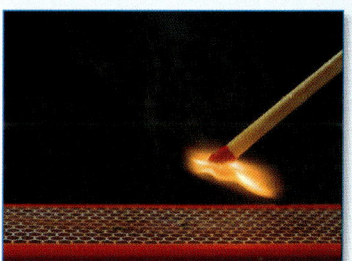

Les réactions chimiques auxquelles prennent part des produits de consommation peuvent être utiles ou nocives.

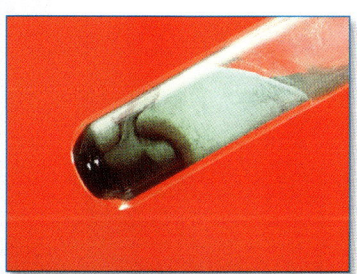

Nous pouvons classer les réactions chimiques selon leurs propriétés.

La corrosion résulte de la réaction de métaux entrant en contact avec des substances dans l'environnement.

Les réactions chimiques ont des effets sur nous et sur notre environnement.

LA FONTAINE AU COLA-MENTHE

L'expérience de la fontaine au cola-menthe me fascine depuis que j'en ai vu la démonstration à une expo-sciences. En consultant Internet, j'ai trouvé des milliers de variations de cette expérience ! Je l'ai moi-même tentée, et mes résultats ont été renversants, comme le montre la photo. Ensuite, j'ai voulu savoir quel mélange de cola et de bonbons à la menthe produirait la plus haute fontaine. Avec des camarades, j'ai fait le test, en modifiant certaines variables et en mesurant la hauteur du jet. Nous avons comparé du cola régulier avec du cola faible en calories (en utilisant chaque fois une bouteille de 2 L récemment ouverte) et en ajoutant toujours 30 g de bonbons à la menthe. Nous avons fait le test en écrasant d'abord les bonbons avant de les ajouter au cola. Puis, nous avons ajouté au cola soit du sel de table, du sel gemme ou du détergent avant de mettre les bonbons à la menthe. Le diagramme résume les résultats de ces tests. (Évidemment, nous n'avons bu aucun des mélanges utilisés pour cette expérience !) Il nous reste encore quelques essais à faire : nous voulons savoir quelle hauteur atteindra le jet si nous ajoutons du détergent au cola régulier. Quelles sont tes prédictions ?

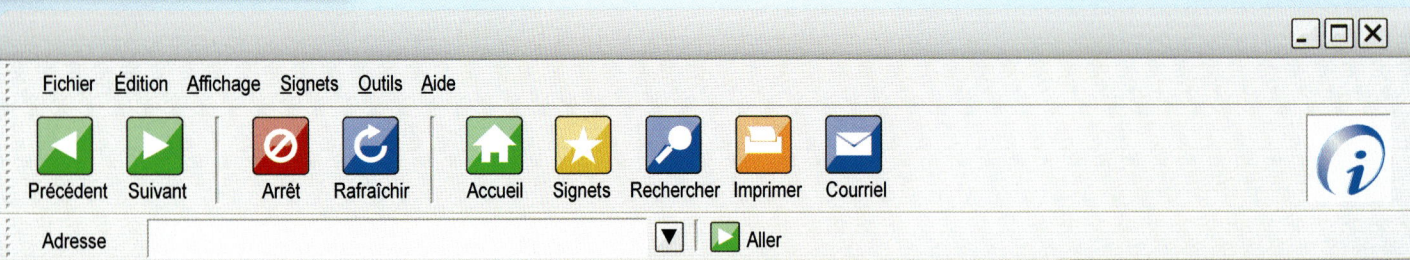

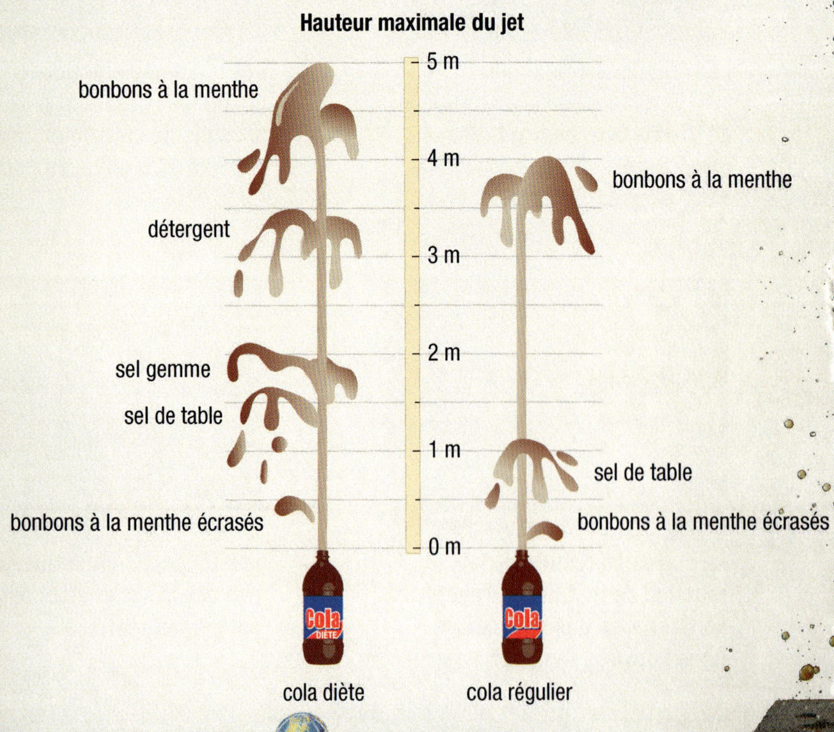

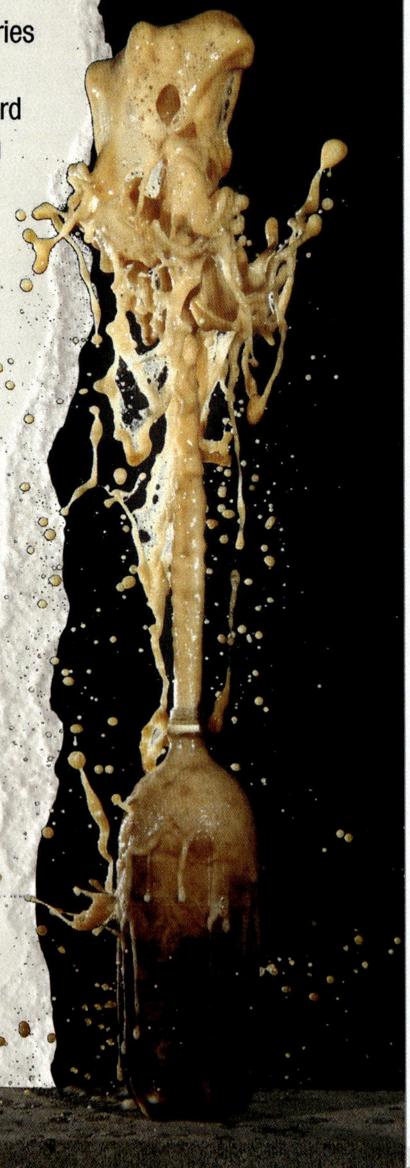

Hauteur maximale du jet

QU'EN PENSES-TU?

Beaucoup des notions que tu vas explorer dans ce chapitre sont des notions que tu as déjà abordées. Tu pourrais en avoir entendu parler à l'école, à la maison ou autour de toi. Les énoncés ci-dessous ne sont pas tous vrais. Examine chacun et détermine si tu es d'accord ou non.

1 Les réactions chimiques sont néfastes pour l'environnement.
D'accord / En désaccord

4 Le dioxyde de carbone qui entre dans la composition de l'air de ta classe t'incite à la somnolence.
D'accord / En désaccord

2 Les réactions chimiques sont réversibles.
D'accord / En désaccord

5 Certaines personnes sont allergiques aux téléphones cellulaires.
D'accord / En désaccord

3 La masse totale des substances prenant part à une réaction chimique demeure constante.
D'accord / En désaccord

6 Le carburant du 21ᵉ siècle sera l'hydrogène plutôt que l'essence.
D'accord / En désaccord

HALTE LECTURE

Faire des inférences

Quand tu fais des inférences, tu déduis ce qu'une auteure ou un auteur sous-entend dans son texte sans l'écrire explicitement. Cette forme de résolution de problème se base sur le texte, les connaissances personnelles et le raisonnement. Applique les stratégies ci-dessous pour faire des inférences :

- Recherche les indices fournis par le contexte, comme les mots importants ou les comparaisons.
- Pense à ce que tu sais déjà à propos des circonstances, de l'enjeu, du problème, de la cause ou des conséquences.
- Établis des liens entre les indices du texte et tes connaissances ou expériences antérieures pour tirer une conclusion ou te former une opinion.
- Modifie ton inférence si tu trouves de nouveaux indices qui la remettent en question.

COUP DE POUCE
LECTURE

Au fil de ce chapitre, prête attention aux rubriques Coup de pouce. Elles vont t'aider à élaborer des stratégies de littératie.

Les types de réactions chimiques : la combustion

Aux petites heures du matin, le 2 août 2008, un quartier résidentiel de Toronto a été secoué par une forte explosion. La population, réveillée en sursaut, a vu avec stupéfaction une énorme boule de feu s'élever dans la nuit. Un entrepôt de propane avait pris feu (figure 1) ! De gros morceaux de métal jonchaient le sol. L'explosion avait fait éclater des vitres et sortir des portes de leurs gonds. Les pompières et pompiers se sont précipités sur les lieux, mais n'ont pu que refroidir avec de l'eau les réservoirs de propane encore intacts et attendre que la boule de feu se consume et s'éteigne.

Figure 1 Dans cette spectaculaire réaction de combustion survenue dans le nord de Toronto, le combustible était du propane.

Faire des inférences : *À toi de jouer !*

Les mots des auteures et auteurs t'en disent souvent plus qu'il n'y paraît. Sers-toi des indices donnés par le texte et de ce que tu sais déjà pour faire une inférence. Voici comment une élève a fait des inférences en lisant le paragraphe sur la combustion.

Indices donnés par le texte	+ connaissances antérieures	= inférence
L'explosion s'est produite la nuit.	• Le feu peut causer des explosions. • Les pyromanes agissent habituellement la nuit.	L'explosion pourrait avoir été causée par une ou un pyromane.
L'explosion s'est produite dans un quartier résidentiel.	La plupart des maisons sont chauffées au gaz naturel.	Un tuyau de gaz naturel fissuré pourrait avoir causé l'explosion.
Les pompières et pompiers ont laissé la boule de feu s'éteindre d'elle-même.	Les pompières et pompiers utilisent habituellement de l'eau pour éteindre un incendie.	Il n'est peut-être pas possible d'utiliser de l'eau pour éteindre un incendie causé par du propane.

6.1 Décrire les réactions chimiques

Les réactions chimiques sont partout, et provoquent des changements tout autour de nous ; un feu qui brûle, de l'herbe qui pousse, du lait qui surit, les feuilles qui changent de couleur à l'automne et les guimauves qui rôtissent en sont quelques exemples (figure 1). Dans une **réaction chimique**, une ou plusieurs substances se transforment en des substances différentes. La combustion est une des réactions chimiques les plus courantes. Elle nous sert à faire cuire notre nourriture, à chauffer nos maisons et à voyager sur de longues distances. Toutefois, les réactions de combustion peuvent aussi causer de nombreux problèmes médicaux et environnementaux. Les chimistes ont élaboré des règles qui permettent à des gens de partout sur la planète de communiquer et d'échanger de l'information sur les réactions chimiques. Dans ce chapitre, tu vas étudier certaines de ces règles de communication.

Figure 1 La combustion est une réaction chimique qui dégage de l'énergie.

réaction chimique processus au cours duquel les substances interagissent les unes avec les autres, ce qui cause la formation de nouvelles substances ayant de nouvelles propriétés

Décrire les réactions chimiques à l'aide d'équations

Tu vas apprendre à formuler et à interpréter deux types d'équations pour décrire des réactions chimiques. Dans une **équation nominative**, les noms des produits chimiques sont écrits en toutes lettres. Dans une **équation chimique**, les produits chimiques sont représentés par des formules chimiques.

équation nominative façon de décrire une réaction chimique à l'aide des noms des réactifs et des produits

équation chimique façon de décrire une réaction chimique à l'aide des formules chimiques des réactifs et des produits

Des exemples d'équations nominatives et chimiques

Pendant une réaction chimique, les particules des réactifs entrent en collision, causant la réorganisation des atomes et la formation de produits. Un **réactif** est une substance qui se consume pendant la réaction. Un **produit** est une substance produite au cours de la réaction. Dans un mélange de poudre de fer et de soufre chauffé, les réactifs sont le fer et le soufre (figure 2). Le produit est du sulfure de fer (II). Les réactions chimiques peuvent absorber ou dégager de l'énergie. Dans la réaction du fer et du soufre, il y a plus d'énergie dégagée que d'énergie absorbée. Le mot « énergie » est donc écrit du côté droit de l'équation, avec les produits. Quand l'énergie est absorbée, elle est mentionnée avec les réactifs. La réaction entre le fer et le soufre peut être exprimée par une équation nominative ou une équation chimique.

réactif produit chimique présent au début d'une réaction chimique et qui se consume pendant cette réaction

produit substance chimique produite pendant une réaction chimique

	Réactifs	donnent	Produits
Équation nominative	fer + soufre	→	sulfure de fer (II) + énergie
Équation chimique	Fe + S	→	FeS + énergie

COUP DE POUCE
APPRENTISSAGE

Indices de la présence d'une réaction chimique

Réfère-toi au tableau 2 de la section 5.1. Ces indices te suggèrent qu'une réaction chimique est peut-être en train de se produire.

Figure 2 (a) De la poudre de fer (substance noire) est mélangée à de la poudre de soufre (substance jaune). (b) Le chauffage du mélange entame la réaction chimique. (c) Le produit final est du sulfure de fer (II).

Les équations nominatives et chimiques ont plusieurs points communs :

- Une flèche indique la direction de la réaction chimique. Elle signifie « donnent », « forment » ou « produisent ».
- Les substances à la gauche de la flèche sont des réactifs.
- Les substances à la droite de la flèche sont des produits.
- S'il y a plusieurs réactifs, ils sont liés entre eux par des signes « + ». Cela t'indique que les réactifs doivent être en contact les uns avec les autres.
- Si plusieurs produits sont créés, ils sont liés entre eux par des signes « + ».

Les deux types d'équations énumèrent les réactifs et les produits de la réaction. Cependant, l'équation chimique fournit beaucoup plus de détails : elle donne les formules chimiques des réactifs et des produits, ainsi que leur état. Le **symbole d'état** indique l'état physique (la forme) de chaque substance d'une équation chimique. Par exemple, le symbole (s) signifie « solide ». Le tableau 1 résume les symboles d'état les plus courants.

Regarde la figure 3. Le carbonate de cuivre (II), la substance vert pâle, absorbe de l'énergie pour produire du dioxyde de carbone et de l'oxyde de cuivre (II). Pour cette réaction, les équations sont :

Équation nominative :

énergie + carbonate de cuivre (II) → dioxyde de carbone + oxyde de cuivre (II)

Équation chimique :

énergie + $CuCO_{3(s)}$ → $CO_{2(g)}$ + $CuO_{(s)}$

Le symbole d'état t'indique que le réactif est un solide et que les produits sont un gaz et un solide. Comme de l'énergie doit être absorbée pour que cette réaction se produise, le mot « énergie » est écrit dans la partie gauche de l'équation.

Un autre exemple : un morceau de métal de zinc est déposé dans une solution de sulfate de cuivre (II). Après environ 20 minutes, il est entièrement recouvert d'un nouveau solide, une mousse de couleur brun-rouge (figure 4).

Équation nominative :

zinc + sulfate de cuivre → sulfate de zinc + cuivre + énergie

Équation chimique :

$Zn_{(s)}$ + $CuSO_{4(aq)}$ → $ZnSO_{4(aq)}$ + $Cu_{(s)}$ + énergie

Le symbole d'état « (aq) » indique que la substance est dissoute dans l'eau. Tant les réactifs que les produits peuvent être à l'état aqueux.

symbole d'état symbole indiquant l'état physique de la substance chimique à la température ambiante, p. ex. : solide (s), liquide (l), gazeux (g) ou aqueux (aq)

Tableau 1 Symboles d'état courants dans les équations chimiques

Symbole d'état	Signification
(s)	solide
(l)	liquide
(g)	gazeux
(aq)	aqueux (dissous dans l'eau)

COUP DE POUCE
LECTURE

Faire des inférences

Recherche les indices que te donne le contexte, comme les mots importants, les comparaisons ou les contrastes. Par exemple, dans la comparaison établie entre l'équation nominative et l'équation chimique, tu peux voir une flèche pointant vers la droite. En te basant sur la direction de cette flèche, tu peux inférer que les réactifs à gauche de la flèche *mènent* aux produits à droite de la flèche. Tu infères que la direction de la flèche est un symbole visuel qui t'aide à comprendre ces équations.

Figure 3 Quand le carbonate de cuivre (II), la substance vert pâle, est chauffé, il réagit et devient de l'oxyde de cuivre (II), la substance noire.

Figure 4 La première éprouvette contient une solution de sulfate de cuivre (II). La seconde contient cette même solution et une bande de zinc.

EN RÉSUMÉ

- Dans une réaction chimique, un ou plusieurs réactifs se transforment pour créer un ou plusieurs produits.
- Les symboles d'état sont souvent inscrits dans les équations chimiques pour indiquer l'état physique des substances.
- Nous pouvons utiliser des équations nominatives ou des équations chimiques pour décrire des réactions chimiques. Dans les deux cas, les réactifs sont écrits dans la partie gauche de l'équation et une flèche pointe vers la droite, c'est-à-dire vers les produits.

VÉRIFIE TA COMPRÉHENSION

1. À quoi sert la flèche dans une équation chimique ?

2. Écris les équations nominatives des réactions suivantes :
   a) De l'acide acétique (du vinaigre) et de l'hydrogénocarbonate de sodium (du bicarbonate de soude) réagissent pour former de l'eau, du dioxyde de carbone et de l'acétate de sodium.
   b) De l'aluminium réagit avec l'oxygène présent dans l'air et forme une couche protectrice appelée «oxyde d'aluminium».
   c) De l'eau et du dioxyde de carbone sont produits quand du propane brûle dans de l'oxygène.

3. Certains barbecues cuisent la nourriture grâce à la combustion du charbon. (Le charbon est constitué principalement de carbone.) L'équation chimique de cette réaction est :

   $C_{(s)} + O_{2(g)} \rightarrow CO_{2(g)}$

   a) Écris l'équation nominative de cette réaction, en faisant mention de l'énergie.
   b) Écris l'état physique de chacune des substances de cette réaction.
   c) Qu'est-ce qui indique qu'un changement chimique se produit ?
   d) Que t'attendrais-tu à voir une fois la réaction chimique terminée ?

4. Voici la réaction illustrée à la figure 5 :

   $AgNO_{3(aq)} + NaCl_{(aq)} \rightarrow AgCl_{(s)} + NaNO_{3(aq)}$

   a) Nomme les réactifs et les produits.
   b) Nomme les substances dissoutes dans l'eau.
   c) Nomme le solide blanc.
   d) Quelle propriété physique les deux réactifs ont-ils en commun ?

Figure 5 Quand deux réactifs aqueux se mélangent, ils forment parfois un produit solide.

5. Regarde l'équation chimique suivante :

   $Zn_{(s)} + H_2SO_{4(aq)} \rightarrow H_{2(g)} + ZnSO_{4(aq)} + $ énergie

   a) Nomme les produits de cette réaction.
   b) Quel liquide est également présent dans l'éprouvette, en plus des réactifs et des produits ?
   c) Qu'est-ce qui t'indique que cette réaction a lieu ?
   d) L'éprouvette deviendra-t-elle plus chaude ou plus froide pendant la réaction ? Pourquoi ?
   e) Qu'est-ce qui t'indique que la réaction est terminée ?
   f) De quelle manière la quantité de zinc est-elle modifiée au cours de la réaction ?

6. Regarde encore une fois les figures de cette section. Pour chacune, quel indice te suggère qu'un changement chimique s'est produit ?

7. Quand une guimauve brûle (figure 1 de la page 225), le sucre qu'elle contient se décompose et forme du carbone (le résidu noir) et de la vapeur d'eau.
   a) Écris l'équation nominative de cette réaction.
   b) Qu'est-ce qui t'indique que la réaction est terminée ?
   c) Rédige une hypothèse sur la façon dont la masse de la guimauve se modifiera au cours de la cuisson. N'oublie pas d'expliquer ta prédiction.

8. Lors de la cuisson, le pain lève grâce à l'action d'un organisme unicellulaire appelé «levure». La levure transforme certaines des molécules de glucose de la pâte à pain en dioxyde de carbone et en éthanol. Ensuite, le dioxyde de carbone et l'éthanol forment des bulles partout dans la pâte, ce qui la fait lever.
   a) Écris l'équation nominative de cette réaction.
   b) L'action du dioxyde de carbone provoque-t-elle un changement physique ou chimique ? Explique ta réponse.

9. Dans des conditions adéquates, certaines réactions chimiques peuvent être inversées. Par exemple :
   a) Une étape de l'embouteillage des boissons gazeuses consiste à introduire du dioxyde de carbone dans de l'eau froide, puis à sceller la bouteille. Une solution de dioxyde de carbone (aussi appelé «acide carbonique», $H_2CO_{3(aq)}$) se forme bientôt. Écris l'équation chimique de cette réaction.
   b) Explique deux choses que tu pourrais faire pour rapidement inverser cette réaction.

6.2 MÈNE UNE EXPÉRIENCE

Y a-t-il perte ou gain de masse pendant une réaction chimique ?

Pendant une réaction chimique, les atomes, les molécules ou les ions entrent en collision, se réorganisent et forment des produits. Les équations nominatives et chimiques décrivent les changements chimiques qui s'effectuent au cours d'une réaction chimique.

HABILETÉS
- Se poser une question
- Formuler une hypothèse
- ● Prédire le résultat
- Planifier
- Contrôler les variables
- ● Exécuter
- ● Observer
- ● Analyser
- ● Évaluer
- ● Communiquer

Question de recherche

Y a-t-il une différence entre la masse totale des réactifs d'une réaction chimique et celle de ses produits ?

Prédiction

Lis les sections « Plan d'expérience » et « Marche à suivre ». Conçois un tableau semblable au tableau 1. Dans la première colonne de ton tableau, inscris ta prédiction concernant la réponse à la question de recherche. Donne une explication possible de ta prédiction.

Tableau 1 Prédiction et observations

	Réaction 1	Réaction 2
prédiction de changement de masse : diminution, augmentation ou aucun changement ?		
masse initiale des réactifs et du contenant (g)		
masse finale des produits et du contenant (g)		
changement de masse (finale – initiale) (g)		
changement de masse observé : diminution, augmentation ou aucun changement ?		
résultats obtenus par la classe : diminution, augmentation ou aucun changement ?		

Plan d'expérience

Tu vas étudier deux réactions chimiques. Dans chaque cas, tu vas mesurer la masse totale des réactifs avant la réaction. Tu vas aussi mesurer la masse totale des produits après la réaction. Ensuite, tu vas comparer la masse totale des réactifs à la masse totale des produits.

Matériel

- lunettes de protection
- tablier de laboratoire
- éprouvette
- pince
- erlenmeyer de 250 ml avec bouchon
- cylindre gradué de 10 ml
- balance
- cylindre gradué de 100 ml
- gobelet en plastique
- solutions diluées de :
  - hydroxyde de sodium, $NaOH_{(aq)}$
  - nitrate de fer (III), $Fe(NO_3)_{3(aq)}$
- pastille antiacide

 Le nitrate de fer (III) et l'hydroxyde de sodium sont tous deux corrosifs, toxiques et irritants. Des éclaboussures dans les yeux peuvent rendre une personne aveugle. Lave immédiatement à l'eau froide toute éclaboussure, même sur tes vêtements. Avise ton enseignante ou ton enseignant de tout incident.

Marche à suivre

LA BOÎTE À OUTILS
1.B., 1.D., 3.B.

1. Mets tes lunettes de protection et ton tablier de laboratoire.

Partie A : Le nitrate de fer (III) et l'hydroxyde de sodium

2. Exerce-toi à tenir l'éprouvette vide avec la pince et à l'introduire dans l'erlenmeyer vide. Rebouche l'erlenmeyer pour t'assurer qu'il peut contenir l'éprouvette et que le bouchon le scelle bien.

3. Mesure 5 ml d'hydroxyde de sodium dans le cylindre gradué de 10 ml. Verse cette solution dans l'erlenmeyer.

4. Ton enseignante ou ton enseignant assignera à chacune des équipes de laboratoire un volume différent de solution de nitrate de fer (III). Verse cette solution dans la petite éprouvette.

5. Penche l'erlenmeyer et introduis-y l'éprouvette avec précaution. Veille à ce que le contenu de l'éprouvette ne se renverse pas (figure 1).

Figure 1 L'éprouvette contient une solution de nitrate de fer (III), et il y a une solution d'hydroxyde de sodium au fond de l'erlenmeyer.

6. Scelle l'erlenmeyer avec le bouchon.
7. Mesure et note la masse totale de l'erlenmeyer et de son contenu.
8. Penche lentement l'erlenmeyer pour permettre aux deux solutions de se mélanger (figure 2).

Figure 2 La solution de nitrate de fer (III) est maintenant mélangée à la solution d'hydroxyde de sodium contenue dans l'erlenmeyer.

9. Mesure et note la masse totale de l'erlenmeyer et de son contenu.
10. Remets l'erlenmeyer et son contenu à ton enseignante ou à ton enseignant.

Partie B : La pastille antiacide dans l'eau

11. Verse 50 ml d'eau du robinet dans le gobelet en plastique.
12. Sors la pastille antiacide de son emballage.
13. Place la pastille et le verre d'eau sur la balance. Mesure et note la masse totale du gobelet, de l'eau et de la pastille.
14. Mets la pastille dans le gobelet d'eau. Note tes observations.
15. Quand la réaction visible aura cessé, mesure et note la masse totale du gobelet et de son contenu.

Analyse et interprète

a) Calcule et note le changement de masse qui s'est produit dans chacune des réactions. Inscris s'il s'agit d'une diminution ou d'une augmentation, ou encore s'il n'y a pas eu de changement.

b) Compare tes résultats de la partie A à ceux de tes camarades. Explique toute divergence.

c) Pour la partie A, calcule et note la moyenne du changement de masse pour la classe.

d) Compare tes résultats de la partie B à ceux de tes camarades. Explique toute divergence.

e) Compare tes résultats de la partie A à ceux de la partie B. Suggère une raison expliquant les écarts.

f) Pour la partie B, calcule et note la moyenne du changement de masse pour la classe.

g) À la partie B, les résultats de la classe auraient-ils été différents si la réaction avait eu lieu dans un contenant scellé ? Explique ta réponse.

h) Pourquoi serait-il dangereux de faire survenir la réaction chimique de la partie B dans un contenant scellé ?

i) Réponds à la question posée au début de cette expérience.

j) Compare ta réponse donnée en i) à ta prédiction. Explique tout écart.

6.3 La conservation de la masse dans les réactions chimiques

Pense à l'expérience de la section 6.2. À la partie A de cette expérience, tu as vu que, lorsque deux solutions entrent en réaction dans un contenant scellé, la masse totale des réactifs est égale à la masse totale des produits. Il n'y a ni gain, ni perte de masse. En d'autres mots, la masse est conservée pendant la réaction chimique. Est-ce toujours le cas? La réponse à cette question n'est peut-être pas évidente. Après tout, ce que nous observons pourrait suggérer que la masse change pendant certaines réactions chimiques. Par exemple, un feu de camp brûle et se transforme en un tas de cendres dont la masse est très inférieure à celle du bois utilisé au départ (figure 1).

Au 18ᵉ siècle, le chimiste français Antoine Lavoisier a été l'un des premiers scientifiques à étudier cette question. Auparavant, les chimistes n'avaient jamais envisagé la possibilité que les réactions chimiques pouvaient produire des gaz. Les gaz, comme toutes les autres formes de matière, ont une masse. Dans ses expériences, Lavoisier a mesuré tous les réactifs et les produits, y compris les gaz produits. Il a observé que la masse était toujours conservée si tous les réactifs et les produits étaient pris en compte. La conclusion de Lavoisier a été confirmée par les travaux de plusieurs autres chimistes et est maintenant considérée comme une loi scientifique. Nous l'appelons **loi de la conservation de la masse** :

Figure 1 Il ne reste presque rien du bois qui a brûlé. Comment cette réaction peut-elle confirmer la loi de la conservation de la masse?

loi de la conservation de la masse énoncé établissant que, dans toute réaction chimique, la masse totale des réactifs est égale à la masse totale des produits

> Dans toute réaction chimique, la masse totale des réactifs est égale à la masse totale des produits.

La loi de la conservation de la masse s'observe aussi au niveau atomique. (Rappelle-toi le modèle de Bohr-Rutherford, à la section 5.4.) Durant une réaction chimique, les atomes de molécules des réactifs se réorganisent pour former des produits. Par conséquent, toutes les molécules dont étaient constitués les réactifs sont toujours présentes dans les produits de la réaction. Les atomes ne peuvent être ni créés ni détruits. Cela explique pourquoi la masse totale des réactifs est égale à la masse totale des produits.

Réactions, équations et conservation de la masse

À la section 6.1, tu as appris que les équations chimiques peuvent fournir beaucoup d'information sur une réaction chimique. Ces équations donnent les formules et les états physiques des réactifs et des produits. Pour décrire fidèlement une réaction chimique, une équation doit également refléter la loi de la conservation de la masse. Elle doit montrer un nombre égal de chaque type d'atome des deux côtés de l'équation. Cela indique qu'il y a le même nombre d'atomes de chaque type *avant* et *après* la réaction chimique.

Prenons pour exemple la réaction durant laquelle le carbone et l'oxygène réagissent pour former du dioxyde de carbone (figure 2) :

$$C_{(s)} + O_{2(g)} \rightarrow CO_{2(g)}$$

Figure 2 Il y a deux atomes d'oxygène (en rouge) et un atome de carbone (en noir) des deux côtés de la balance. Il y a également deux atomes d'oxygène et un atome de carbone des deux côtés de la flèche dans l'équation chimique.

Remarque que les mêmes nombres et les mêmes types d'atomes sont présents des deux côtés de l'équation. Le produit (le dioxyde de carbone) contient exactement les mêmes nombres et les mêmes types d'atomes que les réactifs (le carbone et l'oxygène). Donc, l'équation chimique reflète la loi de la conservation de la masse.

Regardons une autre équation chimique :

$$H_{2(g)} + Cl_{2(g)} \rightarrow HCl_{(g)}$$

Cette équation ne représente pas fidèlement la réaction entre l'hydrogène et le chlore. Compte les atomes de chaque côté de la flèche. Dans cette réaction, deux atomes d'hydrogène réagissent avec deux atomes de chlore. (Rappelle-toi que l'hydrogène et le chlore sont tous deux des molécules diatomiques.) Le produit, cependant, ne contient qu'un atome d'oxygène et un atome de chlore (figure 3(a)). Un atome d'hydrogène et un atome de chlore ont donc « disparu ». Une équation où les réactifs et les produits ne sont pas équilibrés est parfois appelée « équation squelette ». Comme les atomes ne peuvent pas simplement disparaître, nous pouvons présumer que deux molécules de $HCl_{(g)}$ sont produites dans cette réaction. Des tests en laboratoire le confirment (figure 3(b)).

Pour montrer que deux molécules de chlorure d'hydrogène sont produites dans cette réaction, le coefficient « 2 » est placé devant la formule $HCl_{(g)}$ dans l'équation chimique :

$$H_{2(g)} + Cl_{2(g)} \rightarrow 2\ HCl_{(g)}$$

Dans une équation chimique, le coefficient modifie tous les atomes de la molécule. Par conséquent, « 2 HCl » signifie qu'il y a deux molécules de chlorure d'hydrogène, chacune d'elles contenant un atome d'hydrogène et un atome de chlore.

À présent, l'équation reflète la loi de la conservation de la masse. Les équations chimiques doivent toujours être équilibrées, et comporter les mêmes types et les mêmes nombres d'atomes des deux côtés de la flèche.

COUP DE POUCE — APPRENTISSAGE

Les molécules diatomiques
Rappelle-toi que certains éléments existent sous forme de molécules diatomiques. Réfère-toi au tableau 1 de la section 5.10.

COUP DE POUCE — APPRENTISSAGE

Les coefficients et les indices inférieurs
Ne confonds pas les coefficients et les indices inférieurs d'une réaction chimique. Les coefficients donnent les rapports des réactifs et des produits dans une réaction. Les indices inférieurs donnent le rapport des éléments d'une formule chimique ; ils ne changent jamais à l'intérieur d'une même substance chimique. Donc, seuls les coefficients peuvent équilibrer une équation chimique.

COUP DE POUCE — LECTURE

Revoir tes inférences
Parfois, pendant ta lecture, tu trouves de l'information qui vient contredire une inférence que tu avais faite. Par exemple, tu lis qu'une équation doit refléter la loi de la conservation de la masse. Plus tard, tu lis une équation chimique qui semble ne pas respecter cette loi fondamentale. Tu infères alors qu'il existe certaines exceptions. Un peu plus loin, tu lis que la formulation de cette équation est incorrecte. Tu revois donc ton inférence et tu conclus que la loi de la conservation de la masse est inviolable.

(a) (b)

Figure 3 En (a), il y a deux atomes d'hydrogène (en blanc) et deux atomes de chlore (en vert) dans le plateau de gauche, mais seulement un atome d'hydrogène et un atome de chlore dans le plateau de droite. En (b), il y a deux atomes d'hydrogène et deux atomes de chlore dans chacun des plateaux. Les réactifs et les produits sont équilibrés.

SCIENCES EN ACTION : REPRÉSENTER DES ÉQUATIONS CHIMIQUES ÉQUILIBRÉES

HABILETÉS : prédire le résultat, observer, analyser

Dans cette activité, tu vas utiliser des modèles moléculaires pour visualiser la loi de la conservation de la masse.

Matériel : trousse de modélisation moléculaire

1. Fais un modèle d'une molécule d'hydrogène (H_2) et d'une molécule de brome (Br_2). Prédis combien de molécules d'acide bromhydrique (HBr) peuvent être construites à partir de ces deux modèles. Vérifie ta prédiction en construisant le produit à partir des réactifs.

2. Fais des modèles de deux molécules d'hydrogène et d'une molécule d'oxygène. Prédis combien de molécules d'eau (H_2O) peuvent être construites à partir de ces deux modèles. Vérifie ta prédiction en faisant un modèle du produit.

3. Fais des modèles de deux molécules de peroxyde d'hydrogène (H_2O_2). Prédis combien de molécules d'oxygène et d'eau peuvent être construites à partir de ces deux modèles. Vérifie ta prédiction.

4. Fais des modèles de deux molécules d'ammoniac (NH_3). Imagine qu'il s'agit du produit d'une réaction entre de l'hydrogène et de l'azote. Prédis combien de molécules d'hydrogène et d'azote sont nécessaires pour construire deux molécules d'ammoniac. Vérifie ta prédiction.

A. Écris les équations nominatives et chimiques de chacune de ces quatre réactions.

B. Explique comment les résultats de cet exercice illustrent la loi de la conservation de la masse.

EN RÉSUMÉ

- La loi de la conservation de la masse établit que, dans toute réaction chimique, la masse totale des réactifs est égale à la masse totale des produits.
- Les réactions chimiques reflètent la loi de la conservation de la masse. Elles montrent que tous les atomes des réactifs se retrouvent dans les produits.
- Dans une équation chimique, des coefficients sont ajoutés devant des formules chimiques. Ainsi, on retrouve le même nombre d'atomes des deux côtés de la flèche (l'équation est équilibrée).

VÉRIFIE TA COMPRÉHENSION

1. a) L'idée que les gaz ont une masse peut être difficile à concevoir. Comment cette lecture t'a-t-elle aidée ou aidé à comprendre ce concept ?
   b) Quels points ne sont pas parfaitement clairs dans ton esprit ? Discutes-en avec ton enseignante ou ton enseignant.

2. a) Énonce la loi de la conservation de la masse.
   b) Explique la loi de la conservation de la masse en faisant référence aux atomes qui prennent part à une réaction chimique.
   c) Quel type d'équation reflète le mieux la loi de la conservation de la masse : l'équation squelette ou l'équation chimique équilibrée ? Explique ta réponse.

3. Les situations ci-dessous sont-elles des exceptions à la loi de la conservation de la masse ? Justifie tes réponses.
   a) La masse d'une boulette de viande diminue lorsqu'elle cuit.
   b) La masse d'un arbre augmente à mesure que l'arbre pousse.
   c) La masse d'une pièce de monnaie de cuivre augmente si la pièce est chauffée par la flamme d'un bec Bunsen.
   d) Tu es souvent plus légère ou léger quand tu te lèves le matin que tu ne l'étais à ton coucher la veille.

4. Tu as peut-être remarqué que les toits de cuivre neufs verdissent avec le temps. Ce phénomène est causé par la réaction du cuivre avec les substances présentes dans l'air, qui cause la formation d'une couche protectrice dure. La masse d'un nouveau toit de cuivre augmentera-t-elle ou diminuera-t-elle avec le temps ? Cette prédiction vient-elle contredire la loi de la conservation de la masse ? Explique tes réponses.

5. Conçois une expérience dans laquelle tu te sers de la réaction entre du vinaigre et du bicarbonate de soude pour tester la loi de la conservation de la masse.

6. Un échantillon de 20 g d'un composé A est mélangé à 45 g d'un composé B. Il survient alors une réaction chimique au cours de laquelle un gaz est produit. Une fois la réaction terminée, le mélange final a une masse de 55 g.
   a) Quelle est la masse du gaz ?
   b) Quelle supposition as-tu faite en a) ?

7. Peu de temps après avoir pris connaissance des travaux de Lavoisier, John Dalton a suggéré que les atomes n'étaient jamais créés ni détruits dans les réactions chimiques, seulement réorganisés. Explique le lien entre cette affirmation et la loi de la conservation de la masse.

6.4 L'information fournie par les équations chimiques

Qu'est-ce qu'une recette de biscuits vient faire dans un manuel de sciences (figure 1)? Tu ne le croiras peut-être pas, mais les recettes et les équations chimiques équilibrées ont plusieurs points communs. Une recette fournit plus que la liste des ingrédients nécessaires. Elle donne les quantités requises pour tous les ingrédients. Elle nous indique aussi dans quelles conditions les ingrédients doivent être combinés, de même que la quantité de nourriture qui sera produite. Les équations chimiques nous fournissent des renseignements similaires (tableau 1).

BISCUITS AU CHOCOLAT ET AUX FLOCONS D'AVOINE

Faire chauffer le four à 170 °C.
Mettre les cinq premiers ingrédients dans un bol, un à la fois, en mélangeant bien après chaque ajout. Dans une tasse, dissoudre le bicarbonate de soude dans l'eau chaude, puis verser dans le bol à mélanger. Ajouter la farine, les flocons d'avoine et les pépites de chocolat. Bien mélanger. Mettre des cuillerées de ce mélange sur une tôle à biscuits. Faire cuire jusqu'à l'obtention d'une teinte dorée. Donne environ 50 biscuits.

1 tasse de beurre à la température ambiante
1½ tasse de cassonade
2 œufs
1 cuillerée à thé d'essence de vanille
1 cuillerée à thé de sel
½ cuillerée à thé de bicarbonate de soude
1 cuillerée à table d'eau chaude
1½ tasse de farine non blanchie
1½ tasse de flocons d'avoine
1½ tasse de pépites de chocolat

Figure 1 Une recette de biscuits ressemble à une équation chimique sous certains points.

Tableau 1 Comparaison entre une recette et une équation chimique

Information fournie	Recette	Équation chimique
	Voir la figure 1	$2\ H_{2(g)} + O_{2(g)} \rightarrow 2\ H_2O_{(g)}$
substances de départ	liste d'ingrédients (p. ex. : œufs et beurre)	symboles chimiques des réactifs (à gauche de la flèche) (p. ex. : $2\ H_{2(g)}$ et $O_{2(g)}$)
conditions des substances de départ	précisions (p. ex. : beurre à la température ambiante)	symboles d'état : (s), (l), (g), (aq) (p. ex. : $2\ H_{2(g)}$)
proportions des substances de départ	quantités données dans la liste d'ingrédients (p. ex. : 2 œufs, 1 tasse de beurre)	coefficients des réactifs (p. ex. : $2\ H_{2(g)}$)
directives pour la combinaison des substances	directives (p. ex. : bien mélanger après chaque ajout)	signe d'addition (+) entre les formules des réactifs, indiquant que les réactifs doivent entrer en contact (p. ex. : $2\ H_{2(g)} + O_{2(g)}$)
produit résultant	titre (p. ex. : biscuits au chocolat et aux flocons d'avoine)	symboles chimiques des produits (à droite de la flèche) (p. ex. : $2\ H_2O_{(g)}$)
proportions ou quantités du produit	phrase finale (p. ex. : Donne environ 50 biscuits.)	coefficients des produits (p. ex. : $2\ H_2O_{(g)}$)

Tu sais maintenant ce que représentent les diverses composantes d'une équation chimique équilibrée. Il te reste à apprendre *comment* équilibrer des équations chimiques.

Comment équilibrer une équation chimique

Pour apprendre à équilibrer une équation chimique, exerçons-nous avec quelques exemples de problèmes. Pour simplifier les choses, nous n'utiliserons pas d'indices inférieurs pour l'instant.

EXEMPLE DE PROBLÈME 1 — Équilibrer une équation chimique

Écris l'équation chimique équilibrée de la réaction entre du magnésium et de l'oxygène.

Étape 1 Écris l'équation nominative de la réaction.

magnésium + oxygène → oxyde de magnésium

Étape 2 Remplace chaque nom de substance chimique par la formule chimique appropriée. (Ce qui donnera l'équation squelette.)

$Mg + O_2 \rightarrow MgO$

Étape 3 Compte le nombre d'atomes de chaque type de chaque côté de la flèche.

$Mg + O_2 \rightarrow MgO$

1 atome Mg   1 atome Mg
2 atomes O   1 atome O

Étape 4 Multiplie les formules par le coefficient approprié de manière que les atomes soient équilibrés. Chaque fois, assure-toi qu'il y a le même nombre de chaque type d'atome des deux côtés.

- MgO (du côté droit) doit être multiplié par le coefficient 2 pour équilibrer les atomes d'oxygène.

  $Mg + O_2 \rightarrow 2\,MgO$

- Mg (du côté gauche) doit être multiplié par le coefficient 2 pour qu'il y ait 2 atomes Mg de chaque côté.

L'équation chimique équilibrée est donc :

$2\,Mg + O_2 \rightarrow 2\,MgO$

Exercice

Écris l'équation chimique équilibrée de la réaction entre le potassium et le brome, qui donne du bromure de potassium.

COUP DE POUCE — APPRENTISSAGE

Pour équilibrer plus facilement

Quand tu dois équilibrer une équation chimique, commence par équilibrer les éléments des deux côtés de l'équation qui n'apparaissent qu'une fois. De plus, ne t'occupe qu'à la fin des substances qui apparaissent sous forme d'éléments, étant donné qu'elles peuvent être équilibrées sans que les autres types d'atomes soient touchés. Fais des vérifications entre les étapes, parce qu'équilibrer un élément peut en « déséquilibrer » un autre.

EXEMPLE DE PROBLÈME 2 — Équilibrer une équation chimique

Le méthane, CH_4, est un gaz qui produit du dioxyde de carbone et de l'eau lorsqu'il brûle dans de l'oxygène (figure 2). Écris l'équation chimique équilibrée de cette réaction.

Étape 1 méthane + oxygène → dioxyde de carbone + eau

Étape 2 $CH_4 + O_2 \rightarrow CO_2 + H_2O$

Étape 3 $CH_4 + O_2 \rightarrow CO_2 + H_2O$

1 atome C   1 atome C
4 atomes H   2 atomes H
2 atomes O   3 atomes O (2 + 1)

Étape 4 Vérifie si le nombre de chaque type d'atome est le même des deux côtés.
- Les atomes de carbone sont déjà équilibrés.
- H_2O doit être multiplié par 2 pour équilibrer les atomes d'hydrogène.

  $CH_4 + O_2 \rightarrow CO_2 + 2\,H_2O$

  1 atome C   1 atome C
  4 atomes H   4 atomes H
  2 atomes O   4 atomes O (2 + 2)

Figure 2 Le gaz naturel qui sert de carburant dans un appareil de chauffage est constitué à 80 % de méthane.

- O_2 doit être multiplié par 2 pour équilibrer les atomes d'oxygène.

  $CH_4 + 2\ O_2 \rightarrow CO_2 + 2\ H_2O$

1 atome C	1 atome C
4 atomes H	4 atomes H
4 atomes O	4 atomes O

  Comme tous les atomes sont équilibrés, l'équation chimique équilibrée est :

  $CH_4 + 2\ O_2 \rightarrow CO_2 + 2\ H_2O$ (figure 3)

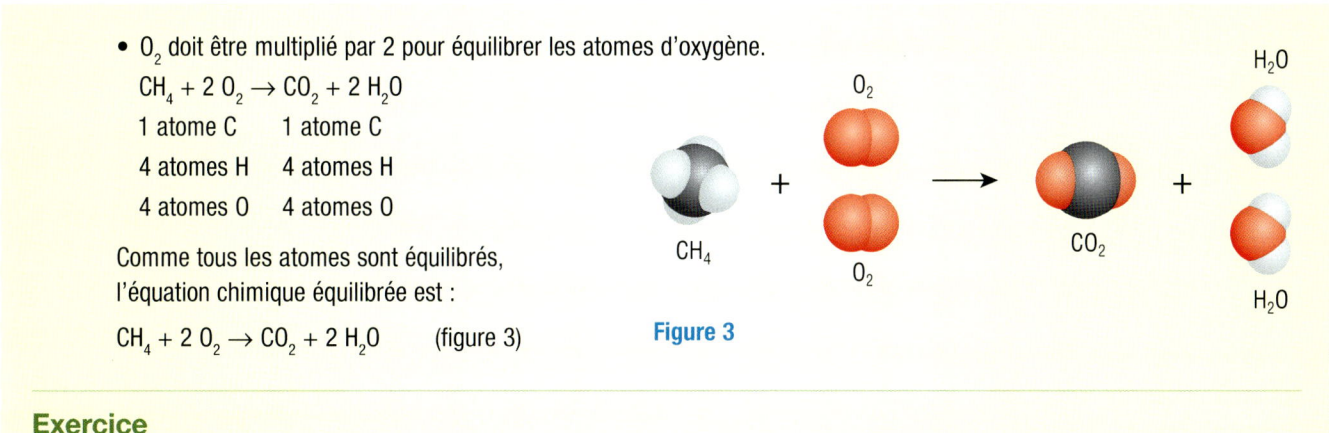

Figure 3

Exercice

Écris l'équation chimique équilibrée de la réaction entre l'oxygène et un hydrocarbure appelé « pentane », C_5H_{12}, qui donne du dioxyde de carbone et de l'eau.

Notre troisième exemple montre comment équilibrer des équations comportant des ions polyatomiques. Dans ces cas, tu dois considérer l'ion polyatomique comme une entité globale plutôt que comme plusieurs ions.

EXEMPLE DE PROBLÈME 3   Équilibrer une équation comportant des ions polyatomiques

Le zinc est un métal qui produit du nitrate de zinc et de l'argent lorsqu'il réagit dans une solution de nitrate d'argent. Écris l'équation chimique de cette réaction. (Tu trouveras une liste d'ions polyatomiques au tableau 1 de la section 5.9.)

Étape 1   zinc + nitrate d'argent → nitrate de zinc + argent

Étape 2 $Zn + AgNO_3 \rightarrow Zn(NO_3)_2 + Ag$

Étape 3 $Zn + AgNO_3 \rightarrow Zn(NO_3)_2 + Ag$

1 atome Zn	1 ion Zn^{2+}
1 ion Ag^+	1 atome Ag
1 ion NO_3^-	2 ions NO_3^-

Étape 4   Vérifie si le nombre de chaque type d'atome est le même des deux côtés. Comme tous les ions polyatomiques demeurent habituellement intacts, tu peux les compter de la même façon que tu comptes les atomes.
- Le zinc et l'argent sont déjà équilibrés.
- $AgNO_3$ doit être multiplié par 2 pour équilibrer les ions de nitrate.
- $Zn + 2\ AgNO_3 \rightarrow Zn(NO_3)_2 + Ag$

1 atome Zn	1 ion Zn^{2+}
2 ions Ag^+	1 atome Ag
2 ions NO_3^-	2 ions NO_3^-

- Ag^+ doit être multiplié par 2 pour équilibrer les atomes d'argent.

L'équation chimique équilibrée est :

$Zn + 2\ AgNO_3 \rightarrow Zn(NO_3)_2 + 2\ Ag$

Exercice

Écris l'équation chimique équilibrée de la réaction entre le nitrate de fer (III) et l'hydroxyde de sodium, qui donne de l'hydroxyde de fer (III) et du nitrate de sodium.

RECHERCHE EN ACTION : TECHNICIENNE OU TECHNICIEN D'APPAREILS DE CHAUFFAGE AU GAZ

HABILETÉS : effectuer une recherche, évaluer

Les réactions chimiques et le fragile équilibre entre des réactifs jouent un rôle dans de nombreux métiers. Songe aux personnes qui installent, entretiennent et réparent les appareils de chauffage au gaz. Si le rapport entre les réactifs (le gaz naturel et l'oxygène) n'est pas approprié, les conséquences peuvent être fatales.

1. Renseigne-toi sur ce métier, en prêtant une attention particulière à la formation exigée.
2. Renseigne-toi sur les principaux dangers que présentent des appareils de chauffage au gaz mal installés ou mal entretenus.

A. Note la formation exigée pour devenir technicienne ou technicien d'appareils de chauffage au gaz.
B. Écris les équations chimiques équilibrées d'au moins deux réactions chimiques que doivent connaître les techniciennes et techniciens d'appareils de chauffage au gaz.
C. Rédige un paragraphe expliquant pourquoi ce métier serait approprié ou inapproprié pour toi.

EN RÉSUMÉ

- Les équations chimiques indiquent quelles substances sont les réactifs et quelles substances sont les produits, ainsi que les rapports de ces substances.
- Les équations chimiques reflètent la loi de la conservation de la masse.
- Des coefficients peuvent être placés devant des formules chimiques d'une équation chimique, de manière à équilibrer les atomes se trouvant dans les réactifs et les produits.

VÉRIFIE TA COMPRÉHENSION

1. Quelle stratégie utilisée pour équilibrer les équations chimiques as-tu trouvée particulièrement utile ? Explique-la à une ou à un camarade.

2. Quelle est la différence entre une équation squelette et une équation chimique équilibrée ?

3. Voici une équation squelette : $HI \rightarrow H_2 + I_2$
   a) Laquelle des équations ci-dessous est l'équation chimique équilibrée de cette réaction ?
      $2\ HI \rightarrow H_2 + I_2$ ou $H_2I_2 \rightarrow H_2 + I_2$
   b) Explique ta réponse.

4. a) Quelle est la différence entre un indice inférieur et un coefficient dans une équation chimique ?
   b) Lequel des deux est le seul à pouvoir être modifié pour équilibrer une équation squelette ? Pourquoi ?

5. Écris une équation chimique équilibrée pour chacune des réactions ci-dessous, se déroulant dans de l'eau :
   a) iodure de potassium → potassium et iode
   b) magnésium + nitrate d'argent → argent + nitrate de magnésium
   c) sodium + eau → hydrogène + hydroxyde de sodium
   d) nitrate de plomb (II) + chlorure de sodium → chlorure de plomb (II) + nitrate de sodium

6. De l'octane, C_8H_{18}, brûle dans de l'oxygène et produit du dioxyde de carbone et de la vapeur d'eau.
   a) Écris l'équation chimique équilibrée de cette réaction.
   b) Combien de molécules de dioxyde de carbone chaque molécule d'octane qui brûle produit-elle ?

7. Équilibre les équations squelettes ci-dessous, si elles ne sont pas déjà équilibrées. (Tu n'as pas à connaître les noms de tous les composés, mais tu dois pouvoir reconnaître les ions polyatomiques. Tu n'as pas besoin d'ajouter des symboles d'état.)

   a) $Ca + Cl_2 \rightarrow CaCl_2$
   b) $K + Br_2 \rightarrow KBr$
   c) $H_2O_2 \rightarrow H_2O + O_2$
   d) $Na + O_2 \rightarrow Na_2O$
   e) $N_2 + H_2 \rightarrow NH_3$
   f) $NH_4OH + HBr \rightarrow H_2O + NH_4Br$
   g) $CaSO_4 + KOH \rightarrow Ca(OH)_2 + K_2SO_4$
   h) $Ba + HNO_3 \rightarrow H_2 + Ba(NO_3)_2$
   i) $H_3PO_4 + NaOH \rightarrow H_2O + Na_3PO_4$
   j) $C_3H_8 + O_2 \rightarrow CO_2 + H_2O$
   k) $Al_4C_3 + H_2O \rightarrow CH_4 + Al(OH)_3$
   l) $FeBr_3 + Na \rightarrow Fe + NaBr$
   m) $Fe + H_2SO_4 \rightarrow H_2 + Fe_2(SO_4)_3$
   n) $C_2H_6 + O_2 \rightarrow CO_2 + H_2O$

8. Le bichromate d'ammonium, $(NH_4)Cr_2O_7$, est un solide orange qui dégage de l'azote et de la vapeur d'eau lorsqu'il est chauffé. Le solide vert produit est une forme toxique d'oxyde de chrome.
   a) Écris l'équation nominative de cette réaction.
   b) Quand 2,5 g de bichromate d'ammonium sont chauffés, la masse d'azote et de vapeur d'eau dégagés est de 1 g. Quelle est la masse finale du produit solide ?

6.5 Les types de réactions chimiques : la synthèse et la décomposition

Il y a actuellement environ 10 millions de composés connus. Chaque composé peut réagir de diverses façons. Il est impossible de mémoriser toutes ces réactions. Pour qu'il soit plus facile de prédire quelle réaction se produira, les chimistes ont regroupé en catégories des réactions similaires.

Une des méthodes de regroupement des réactions chimiques est basée sur des similitudes dans les formules chimiques. Par exemple, la figure 1 montre trois réactions qui, à première vue, semblent n'avoir rien en commun. Cependant, quand tu compares les équations chimiques de ces réactions, tu peux remarquer une similitude. Quelle est-elle ?

> **COUP DE POUCE**
> **APPRENTISSAGE**
>
> **Les symboles d'état**
> Habitue-toi à écrire les symboles d'état après les formules chimiques afin de bien indiquer sous quelle forme les substances chimiques se présentent pendant la réaction. Par exemple, $HCl_{(g)}$ nous permet de savoir que le chlorure d'hydrogène est à l'état gazeux.

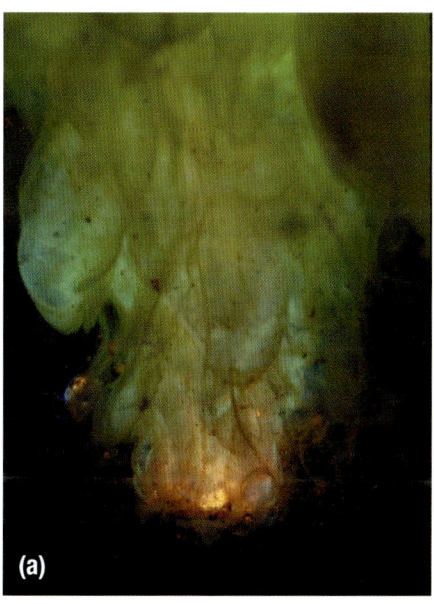
(a)

$Zn_{(s)} + S_{(s)} \rightarrow ZnS_{(s)}$

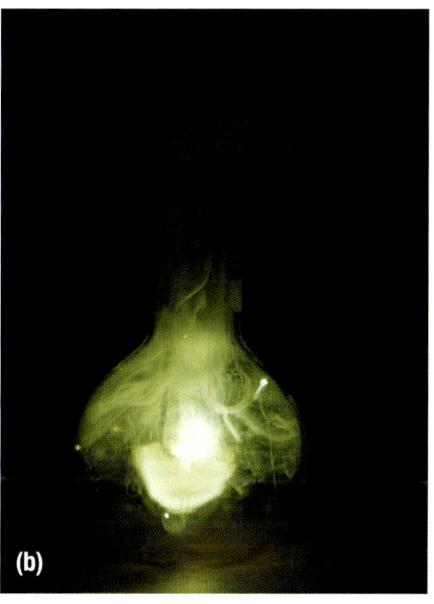
(b)

$2\ Na_{(s)} + Cl_{2(g)} \rightarrow 2\ NaCl_{(s)}$

(c)

$HCl_{(g)} + NH_{3(g)} \rightarrow NH_4Cl_{(s)}$

Figure 1 (a) La poudre de zinc produit de la poudre de sulfure de zinc lorsqu'elle réagit avec du soufre. (b) Un petit morceau de sodium s'enflamme lorsqu'il est déposé dans un flacon de chlore (un gaz jaunâtre). (c) Le chlorure d'hydrogène et l'ammoniac s'évaporent tous deux de leurs solutions aqueuses. Quand ces deux gaz entrent en contact, ils réagissent et produisent une poudre blanchâtre de chlorure d'ammonium.

Les réactions de synthèse

Les trois réactions illustrées à la figure 1 sont des exemples de réactions de synthèse. Dans une **réaction de synthèse**, deux réactifs simples se combinent et créent un produit plus gros ou plus complexe (figure 2). Les équations chimiques des réactions de synthèse suivent ce modèle général :

$$A + B \rightarrow AB$$

réaction de synthèse réaction durant laquelle deux réactifs se combinent pour créer un produit plus gros ou plus complexe, selon l'équation $A + B \rightarrow AB$

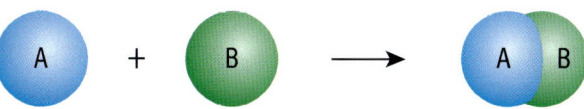

Figure 2 Dans certains cas, les réactifs sont des atomes (des éléments), alors que dans d'autres cas, ce sont des molécules (des éléments ou des composés).

Le tableau 1 montre comment les trois réactions de synthèse de la figure 1, à la page précédente, correspondent au modèle général.

Tableau 1 Exemples de réactions de synthèse

Réaction de synthèse	Équation
sulfure de zinc (figure 1(a))	zinc + soufre → sulfure de zinc $Zn_{(s)} + S_{(s)} \rightarrow ZnS_{(s)}$
chlorure de sodium (figure 1(b))	sodium + chlore → chlorure de sodium $2\ Na_{(s)} + Cl_{2(g)} \rightarrow 2\ NaCl_{(s)}$
chlorure d'ammonium (figure 1(c))	ammoniac + chlorure d'hydrogène → chlorure d'ammonium $NH_{3(g)} + HCl_{(g)} \rightarrow NH_4Cl_{(s)}$
modèle général	A + B → AB

Les réactions de décomposition

Nous pouvons considérer les réactions de décomposition comme les réactions inverses des réactions de synthèse. Pendant une **réaction de décomposition**, de gros composés se divisent en composés plus petits ou en éléments (figure 3). L'équation générale des réactions de décomposition est :

$$AB \rightarrow A + B$$

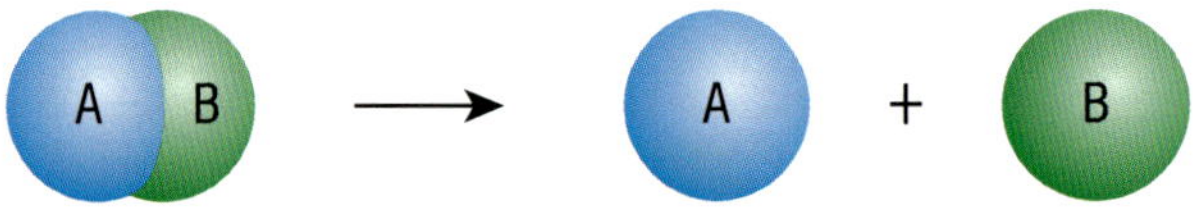

réaction de décomposition réaction durant laquelle une molécule plus grosse ou plus complexe se divise pour former deux ou plusieurs produits plus simples, selon l'équation AB → A + B

Figure 3 Dans une réaction de décomposition, une molécule complexe se divise, c'est-à-dire se décompose, en des produits plus simples. Ces produits peuvent être des éléments ou des composés.

Les réactions de décomposition absorbent habituellement l'énergie (thermique ou électrique, par exemple) d'une source extérieure. Cette énergie est alors utilisée pour transformer les réactifs en produits. Par exemple, l'eau peut se décomposer en ses éléments lorsqu'on utilise l'électricité comme source d'énergie.

Le tableau 2 montre comment deux réactions de décomposition correspondent au modèle général.

COUP DE POUCE
APPRENTISSAGE

Exactement le contraire
Dans une réaction de décomposition (AB → A + B), les termes sont inversés par rapport aux termes d'une réaction de synthèse (A + B → AB).

Tableau 2 Exemples de réactions de décomposition

Réaction de décomposition	Équation
eau	énergie + eau → hydrogène + oxygène énergie + $2\ H_2O_{(l)} \rightarrow 2\ H_{2(g)} + O_{2(g)}$
azoture de sodium	énergie + azoture de sodium → sodium + azote $2\ NaN_{3(s)} \rightarrow 2\ Na_{(s)} + 3\ N_{2(g)}$
modèle général	AB → A + B

Figure 4 Les coussins gonflables sont conçus pour ralentir ton mouvement vers l'avant lors d'une collision. Ce type de coussin se gonfle en 1/20 de seconde environ, et demeure entièrement gonflé pendant seulement 1/10 de seconde.

Plusieurs composés d'azote peuvent ainsi se diviser lors de réactions de décomposition. Par exemple, les coussins gonflables fonctionnent grâce à une réaction de décomposition (figure 4). Ils contiennent un composé d'azote appelé « azoture de sodium », $NaN_{3(s)}$. Lors d'une collision, un courant électrique soudain est automatiquement envoyé au coussin gonflable. Cette énergie électrique provoque la décomposition rapide de l'azoture de sodium, ce qui produit de l'azote (un gaz) et du sodium (un métal).

RECHERCHE EN ACTION : UNE PROPOSITION POUR INTERDIRE LES ENGRAIS

HABILETÉS : effectuer une recherche, analyser l'enjeu, défendre une décision, communiquer

LA BOÎTE À OUTILS 4.A., 4.C.

Le nitrate d'ammonium est un des engrais les moins coûteux et les plus couramment utilisés. Toutefois, il peut également servir à fabriquer des explosifs (figure 5) :

nitrate d'ammonium → eau + azote + oxygène + énergie

$$2\ NH_4NO_{3(s)} \rightarrow 4\ H_2O_{(g)} + 2\ N_{2(g)} + O_{2(g)} + \text{énergie}$$

En conséquence, des politiciennes et politiciens ont proposé de restreindre ou d'interdire la vente de nitrate d'ammonium.

1. Mène une recherche sur l'utilisation du nitrate d'ammonium en tant qu'engrais et en tant que composante d'explosifs.
2. Renseigne-toi sur les arguments pour et contre l'interdiction proposée.
3. Présente tes résultats à l'aide d'un tableau dressant la liste du « pour » et du « contre ».
A. À ton avis, l'interdiction proposée est-elle juste ? Défends ton opinion dans une lettre adressée à une politicienne ou à un politicien de ta localité.

Figure 5 Quelques charges explosives bien placées peuvent démolir de vieux bâtiments vacants de manière sécuritaire et rapide. Plusieurs explosifs dégagent leur énergie destructive à la suite de réactions de décomposition.

EN RÉSUMÉ

- Les réactions chimiques sont regroupées en catégories. Dans chacune des catégories, les réactions suivent un même modèle.
- Dans une réaction de synthèse, deux réactifs simples se combinent pour créer un produit plus gros ou plus complexe, selon l'équation A + B → AB.
- Dans une réaction de décomposition, un réactif complexe se divise pour créer deux ou plusieurs produits plus simples, selon l'équation AB → A + B.

VÉRIFIE TA COMPRÉHENSION

1. Classe chacune des réactions suivantes dans la catégorie des réactions de synthèse ou dans celle des réactions de décomposition :
   a) chlorure de zinc → zinc + chlore
   b) potassium + iode → iodure de potassium
   c) oxyde de potassium + eau → hydroxyde de potassium
   d) carbonate de calcium → oxyde de calcium + dioxyde de carbone

2. Écris l'équation chimique équilibrée de chacune des réactions mentionnées à la question 1.

3. Le cuivre est un métal qu'on a fabriqué pour la première fois il y a 3 000 ans en faisant chauffer un minerai contenant de l'oxyde de cuivre (III). L'autre produit de cette réaction est de l'oxygène.
   a) Écris l'équation nominative de cette réaction.
   b) S'agit-il d'une réaction de synthèse ou de décomposition ? Explique ta réponse.
   c) Écris l'équation chimique équilibrée de cette réaction.

4. Écris l'équation chimique équilibrée de chacune des réactions suivantes, en y incluant les symboles d'état. Mentionne si chacune d'elles est une réaction de synthèse ou une réaction de décomposition.
   a) L'hydrogène à l'état gazeux réagit de manière explosive avec du chlore à l'état gazeux pour former du chlorure d'hydrogène à l'état gazeux.
   b) Une solution de peroxyde d'hydrogène, H_2O_2, se divise pour produire de l'eau et de l'oxygène.
   c) Du chlorate de potassium à l'état solide se dissocie, lorsqu'il est chauffé, pour produire du chlorure de potassium à l'état solide et de l'oxygène.
   d) De l'ammoniac à l'état gazeux peut être produit en combinant de l'hydrogène à l'état gazeux avec de l'azote à l'état gazeux.
   e) Un morceau d'aluminium réagit avec l'oxygène présent dans l'air pour former une couche dure d'oxyde d'aluminium. Cette couche prévient la corrosion des objets en aluminium.

6.5 Les types de réactions chimiques : la synthèse et la décomposition

6.6 Les types de réactions chimiques : le déplacement simple et le déplacement double

Figure 1 Le bécher contient du dioxyde de carbone solide qui se sublime rapidement et dégage du dioxyde de carbone gazeux. Ce gaz réagit ensuite fortement avec du magnésium chaud.

réaction de déplacement simple réaction pendant laquelle un élément déplace un autre élément d'un composé, ce qui produit un nouveau composé et un nouvel élément

Pour voir une vidéo spectaculaire de la réaction entre du magnésium et du dioxyde de carbone :

Le magnésium, un métal, compte parmi les substances les plus combustibles utilisées dans les laboratoires de sciences. La plupart des incendies peuvent être éteints à l'aide d'un extincteur qui fonctionne au dioxyde de carbone. Un incendie causé par du magnésium est très dangereux, parce que l'arroser de dioxyde de carbone ne fait que l'alimenter (figure 1).

Les réactions de déplacement simple

Les équations nominative et chimique de la réaction entre du magnésium et du dioxyde de carbone sont :

magnésium + dioxyde de carbone → oxyde de magnésium + carbone

$$2\,Mg_{(s)} + CO_{2(g)} \rightarrow 2\,MgO_{(s)} + C_{(s)}$$

Cette réaction est un exemple de réaction de déplacement simple. Dans une **réaction de déplacement simple**, un élément déplace ou remplace un élément d'un composé (figure 2). L'équation générale de ce type de réaction est :

$$A + BC \rightarrow AC + B$$

A représente un élément ; BC représente un composé.

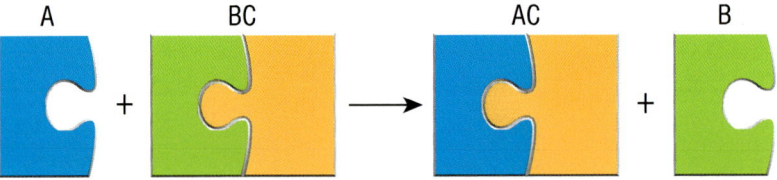

Figure 2 Dans une réaction de déplacement simple, un élément A déplace un élément B dans un composé BC. Le nouveau composé, AC, est un produit. L'élément déplacé, B, est un autre produit.

Remarque à quel point l'équation chimique de la réaction du magnésium avec le dioxyde de carbone ressemble à ce modèle général. Dans les réactions de déplacement simple auxquelles prennent part un composé ionique et un métal, l'ion positif (le cation) est toujours celui qui est remplacé dans le composé.

Les réactions de déplacement simple surviennent souvent dans des solutions aqueuses. La figure 3 montre ce qui se produit quand un fil de cuivre en spirale est placé dans une solution de nitrate d'argent :

cuivre + nitrate d'argent → nitrate de cuivre (II) + argent

$$Cu_{(s)} + 2\,AgNO_{3(aq)} \rightarrow Cu(NO_3)_{2(aq)} + 2\,Ag_{(s)}$$

COUP DE POUCE APPRENTISSAGE

Les non-métaux au deuxième rang
Rappelle-toi que le deuxième élément d'un composé chimique est presque toujours un non-métal. C'est pourquoi, à la figure 2, l'élément C apparaît en deuxième position dans les deux composés : BC et AC.

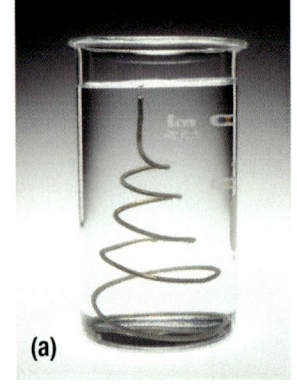 

Figure 3 (a) Un fil de cuivre en spirale est placé dans une solution de nitrate d'argent. (b) Le métal qui forme une couche mousseuse sur le fil de cuivre est de l'argent. Les ions $Cu^{2+}_{(aq)}$ dissous rendent la solution bleue.

Les réactions de déplacement simple se produisent également lorsque des métaux sont plongés dans des acides. Tous les acides ont une formule chimique qui inclut un ou plusieurs atomes d'hydrogène. (Par exemple, la formule chimique de l'acide chlorhydrique est $HCl_{(aq)}$.) Dans ces réactions, les atomes de métal déplacent les atomes d'hydrogène du composé. La figure 4 montre la réaction entre le zinc (un métal) et l'acide chlorhydrique :

zinc + acide chlorhydrique → hydrogène + chlorure de zinc

$$Zn_{(s)} + 2\ HCl_{(aq)} \rightarrow H_{2(g)} + ZnCl_{2(aq)}$$

L'hydrogène, comme tu le sais déjà, est constitué de molécules diatomiques. C'est pourquoi sa formule chimique est H_2 plutôt que H.

Les réactions de déplacement et l'exploitation minière

Dans la nature, les métaux se trouvent rarement sous forme d'éléments purs. Ils se combinent plutôt avec d'autres éléments pour former des dépôts rocheux appelés « minerai ». Le nickel, par exemple, est présent dans la roche sous forme de sulfure de nickel. Nous appelons « fusion » le processus d'extraction du minerai de nickel. La première étape de ce processus consiste à convertir le sulfure de nickel en de l'oxyde de nickel. Ensuite, l'oxyde de nickel est brûlé avec du coke (du carbone), ce qui produit du nickel pur et du monoxyde de carbone, une substance toxique :

$$C_{(s)} + NiO_{(s)} \rightarrow Ni_{(s)} + CO_{(g)}$$

Comme tu peux le constater, l'équation chimique de ce processus correspond à l'équation générale des réactions de déplacement simple. L'endroit où l'on effectue ce processus de fusion est appelé « fonderie ». Le dioxyde de soufre compte parmi les autres produits qui résultent du traitement du nickel. Comme tu vas le voir au chapitre suivant, les émissions de dioxyde de soufre dégagées par les fonderies sont responsables de certains des dommages causés par les précipitations acides.

Figure 4 Le zinc réagit avec l'acide chlorhydrique. Quand le zinc déplace les molécules d'hydrogène de l'acide, des bulles d'hydrogène gazeux apparaissent à la surface du métal.

RECHERCHE EN ACTION : QUAND L'OR PERD DE SON LUSTRE

HABILETÉS : définir l'enjeu, effectuer une recherche, communiquer

La cyanuration est l'une des méthodes les plus efficaces pour extraire l'or de la roche. Toutefois, elle provoque une controverse, parce qu'elle nécessite l'utilisation de cyanure de sodium, une substance très toxique. Le cyanure usé doit être recueilli, entreposé et traité pour éviter qu'il se retrouve dans l'environnement (figure 5).

Figure 5 L'eau provenant des mines d'or est traitée pour éliminer le cyanure qu'elle contient avant d'être libérée dans l'environnement.

Une entreprise veut exploiter un gisement d'or récemment découvert près d'une petite ville éloignée du nord de l'Ontario. La haute direction de l'entreprise a invité les personnes suivantes à venir discuter du projet :
- la mairesse de la ville
- une représentante du ministère de l'Environnement
- un chef d'un groupe des Premières Nations
- un membre d'un groupe environnemental non gouvernemental de la localité

1. Joue le rôle d'une des quatre personnes invitées à cette discussion.
2. Effectue une recherche pour bien jouer ton rôle ; renseigne-toi, entre autres, sur l'historique de l'utilisation du cyanure dans le traitement de l'or.

A. En jouant ton rôle, résume ton point de vue sur l'exploitation de la mine. Commence ton argumentation en présentant ton opinion.

réaction de déplacement double réaction qui survient lorsque des éléments de différents composés échangent leurs places, produisant ainsi deux nouveaux composés

COUP DE POUCE
APPRENTISSAGE

Les ions polyatomiques
Traite les ions polyatomiques d'une équation chimique comme des entités globales. Dans une réaction de déplacement double, un ion polyatomique (comme l'ion de nitrate, NO_3^-) peut changer de place avec un ion constitué d'un seul atome (comme le chlorure, Cl^-).

LE SAVAIS-TU?

L'interdiction visant les métaux lourds
Les métaux lourds comme le plomb, le cadmium et le mercure sont très toxiques. Les solutions qui contiennent des cations de ces métaux présentent aussi un danger. En conséquence, de nombreux conseils scolaires ont interdit leur utilisation. Dans les écoles où leur utilisation n'est pas interdite, on ne prend que de très petites quantités à la fois. Une fois usés, les métaux sont déposés dans des contenants conçus à cette fin pour éviter qu'ils se retrouvent dans l'environnement. Quelle est la politique de ton école en ce qui concerne les métaux lourds?

Figure 7 (a) Quand une solution de nitrate d'argent est ajoutée à une solution de chlorure de sodium, de petits dépôts de chlorure d'argent apparaissent. (b) Quand une solution de nitrate de sodium est ajoutée à de l'eau du robinet, un voile se forme dans l'eau. Ce voile indique la présence dans l'eau d'ions chlorure, provenant peut-être de sel de voirie.

précipité solide formé pendant une réaction entre deux solutions

Les réactions de déplacement double

Une **réaction de déplacement double** se produit lorsque deux éléments provenant de composés différents s'intervertissent (figure 6). L'équation générale de ce type de réaction est :

$$AB + CD \rightarrow AD + CB$$

Les symboles A, B, C et D peuvent représenter des atomes, des ions monoatomiques ou des ions polyatomiques.

Figure 6 Dans une réaction de déplacement double, les deux non-métaux, B et D, s'intervertissent. Tu pourrais aussi dire que ce sont les deux métaux, A et C, qui s'intervertissent.

De nombreuses réactions de déplacement double se produisent entre deux composés ioniques en solution. Par exemple, la figure 7 montre la réaction d'une solution de nitrate d'argent avec une solution de chlorure de sodium. Dans cette réaction, les ions nitrate et les ions chlorure changent de place, c'est-à-dire qu'ils s'intervertissent. Les équations nominative et chimique de cette réaction sont les suivantes :

nitrate d'argent + chlorure de sodium → chlorure d'argent + nitrate de sodium
$$AgNO_{3(aq)} + NaCl_{(aq)} \rightarrow AgCl_{(s)} + NaNO_{3(aq)}$$

Comme tu peux le constater, les deux équations, nominative et chimique, correspondent à l'équation générale de ce type de réaction :

$$AB + CD \rightarrow AD + CB$$

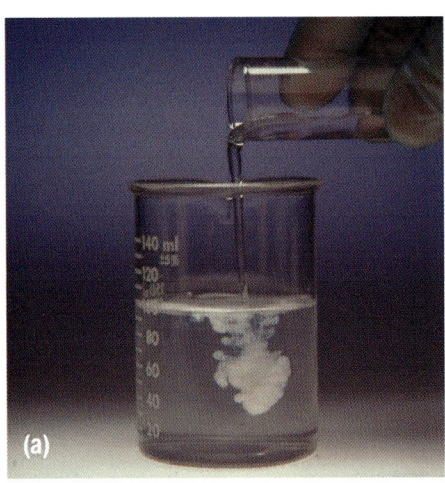
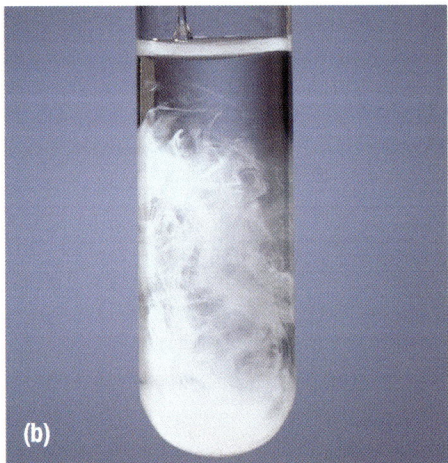

La formation d'un précipité

Examine l'équation chimique de la réaction illustrée à la figure 7. Les deux réactifs, ainsi qu'un des produits, le nitrate de sodium, sont sous forme aqueuse (aq). L'autre produit, le chlorure d'argent, est un solide (s). Les chimistes ont découvert, à la suite d'expériences, que certains composés ioniques ne se dissolvent pas dans l'eau. Lorsque ces composés insolubles sont formés pendant une réaction, ils prennent la forme d'un **précipité**, c'est-à-dire de minuscules grains de matière solide dans une solution. Le chlorure d'argent formé pendant la réaction illustrée à la figure 7 est un précipité.

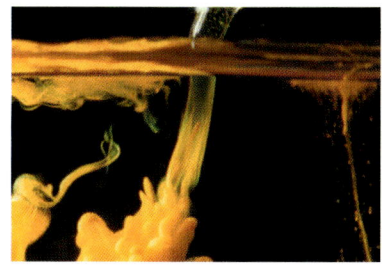

Figure 8 Le précipité jaune vif est de l'iodure de plomb (II), qui est insoluble. Ce précipité est formé quand une solution contenant des ions Pb²⁺ est mélangée à une solution contenant des ions I⁻.

Les réactions de déplacement double ne produisent pas toutes un précipité, mais c'est souvent le cas. Le nitrate de plomb (II) et l'iodure de potassium sont tous deux solubles dans l'eau. Quand leurs solutions sont mélangées, un précipité jaune vif d'iodure de plomb (II) apparaît (figure 8).

$$AB + CD \rightarrow AD + CB$$

nitrate de plomb (II) + iodure de potassium → iodure de plomb (II) + nitrate de potassium

$$Pb(NO_3)_{2(aq)} + 2\ KI_{(aq)} \rightarrow PbI_{2(s)} + 2\ KNO_{3(aq)}$$

L'iodure de potassium peut être utilisé pour détecter la présence d'ions de Pb^{2+} dans l'eau : un précipité jaune indique que des ions de plomb sont présents.

EN RÉSUMÉ

- Dans une réaction de déplacement simple, un élément et un composé réagissent et produisent un nouvel élément et un nouveau composé, selon l'équation générale $A + BC \rightarrow AC + B$.
- Dans une réaction de déplacement double, deux composés réagissent et produisent deux composés différents, selon l'équation générale $AB + CD \rightarrow AD + CB$.
- Parfois, dans une réaction où les réactifs sont à l'état aqueux, l'un des produits est insoluble. Ce produit, appelé « précipité », apparaît sous forme solide dans la solution.

✓ VÉRIFIE TA COMPRÉHENSION

1. Établis une comparaison entre une réaction de déplacement simple et une réaction de déplacement double.

2. Quels types de réactifs prennent habituellement part à :
   a) une réaction de déplacement simple ?
   b) une réaction de déplacement double ?

3. Les équations nominatives ci-dessous représentent-elles des réactions de déplacement simple ou double ?
   a) aluminium + oxyde de fer (III) → oxyde d'aluminium + fer
   b) chlorure de baryum + sulfate de sodium → sulfate de baryum + chlorure de sodium
   c) zinc + sulfate de cuivre (II) → sulfate de zinc + cuivre
   d) nitrate d'argent + phosphate de sodium → phosphate d'argent + nitrate de sodium
   e) calcium + eau → hydrogène + hydroxyde de calcium

4. Récris les équations nominatives de la question 3 sous forme d'équations chimiques équilibrées (sans les symboles d'état).

5. Examine l'équation chimique suivante :
   $$CuSO_{4(aq)} + Fe_{(s)} \rightarrow FeSO_{4(aq)} + Cu_{(s)}$$
   a) S'agit-il d'une réaction de déplacement simple ou double ?
   b) Les composés de cuivre, comme le sulfate de cuivre (II), sont toxiques. Explique comment la laine d'acier (qui est constituée principalement de fer) peut être utilisée pour enlever les ions Cu^{2+} d'une solution aqueuse de sulfate de cuivre (II).

6. La meilleure façon d'éteindre un feu de magnésium est de l'étouffer avec du sable ou du sel. Pourquoi cette méthode est-elle préférable à l'utilisation d'un extincteur fonctionnant au dioxyde de carbone ?

7. La couche de ternissure sombre qui se forme parfois sur l'argent est du sulfure d'argent, Ag_2S. L'équation chimique ci-dessous offre une solution à ce problème :
   $$3\ Ag_2S_{(s)} + 2\ Al_{(s)} \rightarrow 6\ Ag_{(s)} + Al_2S_{3(s)}\ \text{(figure 9)}$$
   a) S'agit-il d'une réaction de déplacement simple ou double ?
   b) À ton avis, est-il préférable, pour nettoyer des ustensiles en argent, d'utiliser la méthode décrite en a) ou simplement de frotter et de polir les ustensiles ? Pourquoi ?

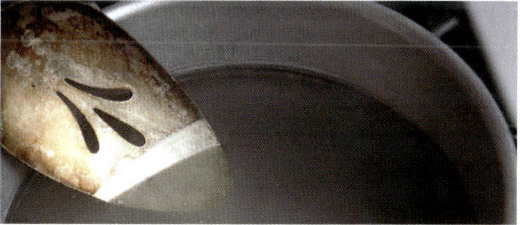

Figure 9 Pour enlever la couche de ternissure des ustensiles d'argent, fais-les tremper dans une casserole d'aluminium remplie d'une solution chaude de bicarbonate de soude.

8. La couche d'argent mousseuse de la figure 3 (p. 240) est de l'argent impur. Il peut se retransformer en nitrate d'argent en réagissant avec de l'acide nitrique, $HNO_{3(aq)}$, comme le montre l'équation chimique suivante :
   $$Ag_{(s)} + HNO_{3(aq)} \rightarrow AgNO_{3(aq)} + NO_{2(g)} + H_2O_{(l)}$$
   a) Équilibre cette équation.
   b) Qu'est-ce qui doit être fait au mélange de la réaction afin de pouvoir recueillir le nitrate d'argent solide ?
   c) Pourquoi doit-on le faire dans un endroit bien ventilé ? (Indice : Regarde la figure 1 de la section 5.10.)

6.7 RÉALISE UNE ACTIVITÉ

Les réactions de synthèse et de décomposition

HABILETÉS
- Se poser une question
- Formuler une hypothèse
- Prédire le résultat
- Planifier
- Contrôler les variables
- ● Exécuter
- ● Observer
- ● Analyser
- Évaluer
- ● Communiquer

Tu souviens-tu du « pop ! » retentissant que tu as entendu à l'activité 5.2, quand tu as tenu une éclisse enflammée au-dessus d'une éprouvette contenant de l'hydrogène gazeux ? Ce bruit était provoqué par une réaction de synthèse :

$$2\ H_{2(g)} + O_{2(g)} \rightarrow 2\ H_2O_{(g)} + \text{énergie}$$

De nombreux métaux interagissent avec l'oxygène pour former des oxydes, à la suite d'une réaction de synthèse. Dans cette activité, tu vas étudier deux de ces réactions. Tu vas aussi observer deux réactions de décomposition. La seconde (la décomposition de peroxyde d'hydrogène) se produit habituellement très lentement. Heureusement, certaines substances peuvent accélérer cette réaction sans se consumer elles-mêmes. Ici, tu utiliseras du nitrate de fer (III) pour favoriser la décomposition du peroxyde d'hydrogène.

Matériel

- lunettes de protection
- tablier de laboratoire
- bec Bunsen
- support universel et pince
- allumoir
- pince à creuset
- coussinet résistant à la chaleur
- 3 éprouvettes
- support à éprouvettes
- spatule de laboratoire
- pince à éprouvette
- fil de cuivre
- laine d'acier
- eau de chaux, $Ca(OH)_{2(aq)}$
- carbonate de cuivre (II), $CuCO_{3(s)}$
- peroxyde d'hydrogène dilué, $H_2O_{2(aq)}$
- nitrate de fer (III), $Fe(NO_3)_{3(s)}$
- éclisse de bois

Cette activité prévoit l'utilisation d'une flamme nue. Les cheveux longs doivent être attachés, et les vêtements amples doivent être ajustés.

Le carbonate de cuivre (II) est toxique s'il est avalé.

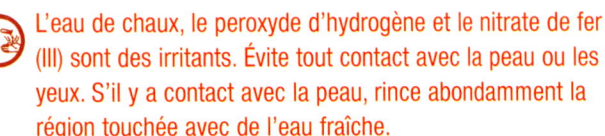
L'eau de chaux, le peroxyde d'hydrogène et le nitrate de fer (III) sont des irritants. Évite tout contact avec la peau ou les yeux. S'il y a contact avec la peau, rince abondamment la région touchée avec de l'eau fraîche.

Marche à suivre

LA BOÎTE À OUTILS
1.B., 2.E., 3.B.

1. Mets ton tablier et tes lunettes de protection.

Partie A : La réaction entre des métaux et de l'oxygène

2. Fixe un bec Bunsen à un support universel à l'aide d'une pince. Avec précaution, allume le bec à l'aide d'un allumoir.

3. Nettoie 5 cm de fil de cuivre avec de la laine d'acier jusqu'à ce que le cuivre brille.

4. Tiens une des extrémités du fil avec la pince à creuset. Maintiens le fil dans la partie la plus chaude de la flamme du bec Bunsen pendant 20 à 30 secondes.

5. Éloigne le fil de la flamme et laisse-le refroidir sur le coussinet résistant à la chaleur. Examine le fil pour trouver des indices d'une réaction chimique et note tes observations. Mets le fil de côté ; tu vas l'utiliser de nouveau à la partie B.

6. Regarde le magnésium qui brûle à la figure 1. Note tes observations.

Figure 1 Du magnésium brûlant dans l'air

Partie B : La décomposition du carbonate de cuivre (II)

7. Remplis une éprouvette à moitié d'eau de chaux. Place l'éprouvette dans le support à éprouvettes.

8. Mets des cristaux de carbonate de cuivre (II) dans une autre éprouvette, jusqu'à une hauteur de 2 cm environ.

9. À l'aide d'une pince à éprouvette, penche l'éprouvette contenant le carbonate de cuivre (II) de manière que son contenu se répande à l'intérieur.

10. Chauffe doucement le dessous de l'éprouvette dans la flamme du bec Bunsen. Fais bouger l'éprouvette d'avant en arrière pour bien distribuer la chaleur. Note tout changement (figure 2).

⛔ Quand tu chauffes l'éprouvette, évite qu'une partie reçoive plus de chaleur que d'autres. Le contenu pourrait être éjecté hors de l'éprouvette.

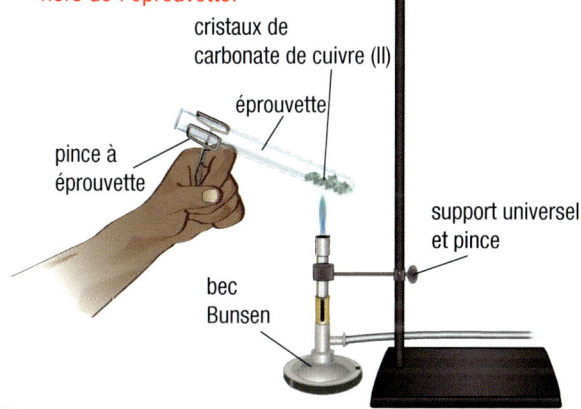

Figure 2

11. Au début de la réaction, amène l'ouverture de l'éprouvette contenant de l'eau de chaux près de l'ouverture de l'éprouvette chauffée. Ainsi, tout gaz produit passera dans l'eau de chaux.

12. Continue à faire chauffer l'éprouvette jusqu'à ce qu'il ne se produise plus aucun changement. Compare l'apparence du fil de cuivre de la partie A à celle du contenu de l'éprouvette chauffée. Note tes observations.

13. Examine l'eau de chaux pour trouver des indices de changements chimiques. Note tes observations.

Partie C : La décomposition du peroxyde d'hydrogène

14. Place une troisième éprouvette dans le support à éprouvettes. Verses-y une solution de peroxyde d'hydrogène de manière à la remplir au tiers.

15. Ajoute une petite quantité de nitrate de fer (III) à la solution (suffisamment pour couvrir l'extrémité d'une éclisse de bois). Note tes observations.

16. Teste le gaz produit en tenant une éclisse incandescente au-dessus de l'ouverture de l'éprouvette (figure 3). Note tes observations.

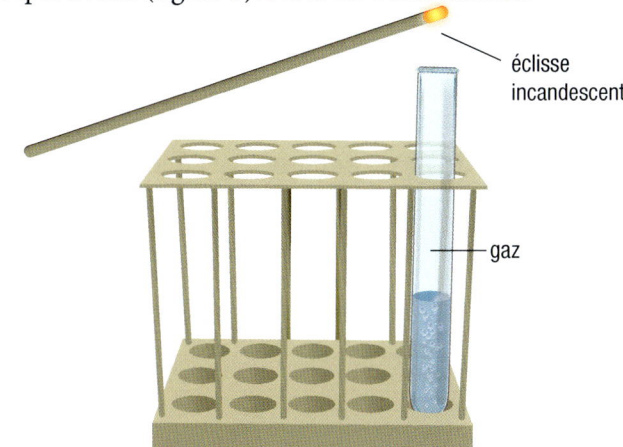

Figure 3 Test de l'éclisse incandescente

Analyse et interprète

a) Qu'est-ce qui t'indique que des changements chimiques se produisent quand du magnésium et du cuivre sont chauffés ?

b) Écris les équations nominative et chimique des réactions qui surviennent quand du magnésium et du cuivre sont chauffés. (Suppose que la charge ionique du cuivre est +2.)

c) Selon tes observations, quel composé moléculaire est produit quand du carbonate de cuivre (II) est chauffé ? Quel composé ionique reste-t-il ? Justifie ton inférence.

d) Écris les équations nominative et chimique de la décomposition du carbonate de cuivre (II).

e) Qu'est-ce qui t'indique que le peroxyde d'hydrogène se décompose en des substances plus simples ? Justifie ton inférence.

f) Écris les équations nominative et chimique de la décomposition du peroxyde d'hydrogène. Suppose qu'un des deux produits de cette réaction est de l'eau à l'état liquide.

Approfondis ta démarche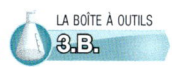

g) De nombreuses substances chimiques naturelles, dont celles présentes dans le foie, les pommes de terre et les fraises, accélèrent la décomposition du peroxyde d'hydrogène. Conçois une expérience contrôlée afin de comparer les façons dont ces substances influent sur la réaction. Rédige ta marche à suivre, en y incluant les consignes de sécurité. Fais ton expérience une fois que ton enseignante ou ton enseignant l'aura approuvée.

6.8 RÉALISE UNE ACTIVITÉ

Les réactions de déplacement

Dans les réactions de déplacement, des éléments déplacent d'autres éléments de leurs composés. Le tableau 1 résume les réactions de déplacement simple et double. En quoi ces réactions sont-elles similaires ? En quoi sont-elles différentes ?

HABILETÉS
- Se poser une question
- Formuler une hypothèse
- Prédire le résultat
- Planifier
- Contrôler les variables
- Exécuter
- Observer
- Analyser
- Évaluer
- Communiquer

Tableau 1 Résumé des réactions de déplacement simple et de déplacement double

Type de réaction	Déplacement simple	Déplacement double
équation générale	A + BC → AC + B	AB + CD → AD + CB
exemple	$Zn_{(s)} + Pb(NO_3)_{2(aq)} \rightarrow Zn(NO_3)_{2(aq)} + Pb_{(s)}$	$Fe(NO_3)_{3(aq)} + 3\,NaOH_{(aq)} \rightarrow Fe(OH)_{3(s)} + 3\,NaNO_{3(aq)}$

Objectif

Observer et comparer des réactions de déplacement simple et double.

Matériel

- tablier de laboratoire
- lunettes de protection
- grande plaque à puits
- laine d'acier ou papier sablé
- 3 bandes de magnésium
- 3 petits morceaux de zinc
- 3 fils de cuivre
- 3 flacons compte-gouttes de :
  - solution diluée de nitrate de cuivre (II)
  - solution diluée de nitrate de zinc
  - solution diluée de nitrate de magnésium
  - solution diluée de carbonate de sodium
- 3 cure-dents

 Les solutions utilisées pour cette activité sont des irritants. Le nitrate de cuivre (II) est toxique. Évite tout contact avec la peau. Lave immédiatement à l'eau froide toute éclaboussure, même sur tes vêtements. Avise ton enseignante ou ton enseignant de tout incident.

Marche à suivre

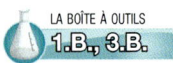
LA BOÎTE À OUTILS
1.B., 3.B.

1. Lis attentivement les étapes ci-dessous. Conçois un tableau où tu noteras tes observations.
2. Mets ton tablier de laboratoire et tes lunettes de protection.

Partie A : Les réactions de déplacement simple

3. Nettoie trois bandes de magnésium, trois fils de cuivre et trois morceaux de zinc à l'aide de laine d'acier ou de papier sablé, jusqu'à ce qu'ils brillent.
4. Remplis un des puits de la plaque à moitié avec la solution de nitrate de cuivre (II).
5. Remplis un deuxième puits de la plaque à moitié avec la solution de nitrate de zinc.
6. Remplis un troisième puits de la plaque à moitié avec la solution de nitrate de magnésium.
7. Place une bande de magnésium, un morceau de zinc et un fil de cuivre dans chacun des puits (figure 1). Sers-toi d'un cure-dent pour empêcher les métaux de monter à la surface et de se toucher.
8. Observe les puits pendant plusieurs minutes. Note tes observations dans ton tableau, en indiquant les propriétés des produits des réactions.

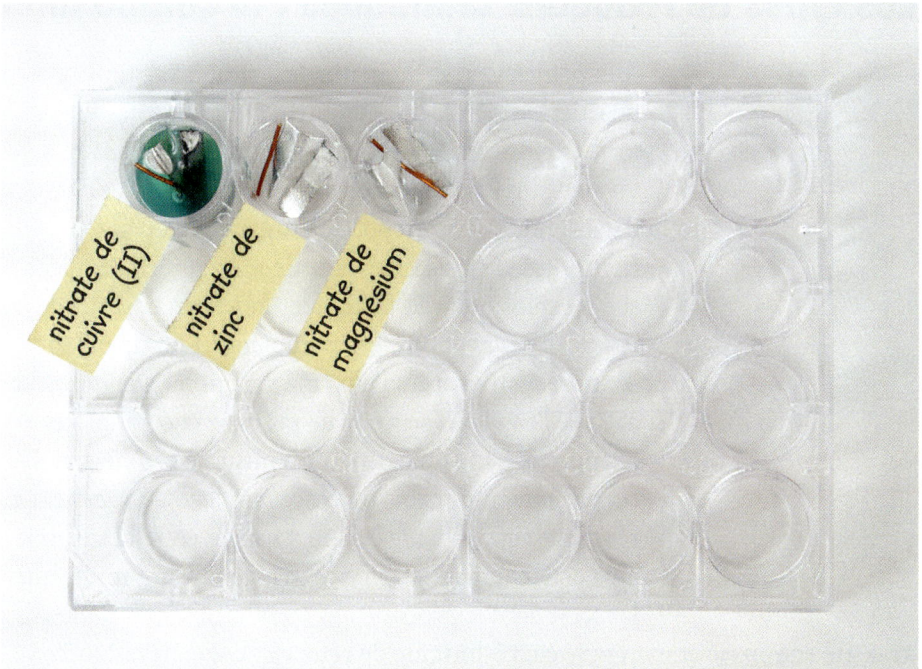

Figure 1 Chaque métal est déposé dans chacune des trois solutions.

9. Mets de côté les contenus des puits ; tu t'en serviras de nouveau à la partie B.

Partie B : Les réactions de déplacement double

10. Ajoute trois gouttes de solution de carbonate de sodium à chacun des trois puits de la partie A. (Remarque : Évite la contamination croisée des solutions. Ne laisse jamais le bout du compte-gouttes toucher à une solution.) Note tes observations dans ton tableau, en indiquant les propriétés des produits des réactions.

11. Mets au rebut les contenus des puits selon les directives de ton enseignante ou de ton enseignant.

12. Nettoie ton poste de travail et lave-toi les mains.

Analyse et interprète

a) Qu'est-ce qui t'indique que des réactions chimiques se sont produites ?

b) Classe les trois métaux de la partie A par ordre décroissant de réactivité. (Classe le métal le plus réactif en première position, et le moins réactif, en troisième position.)

c) Classe les trois solutions de la partie A par ordre décroissant de réactivité.

d) Quelle régularité remarques-tu quand tu compares tes réponses en b) et c) ?

e) Écris les équations chimiques des trois réactions qui se sont produites à la partie A.

f) Écris les équations chimiques des trois réactions qui se sont produites à la partie B.

g) Pourquoi est-il absolument nécessaire de nettoyer les métaux avant de les plonger dans les solutions ?

Approfondis ta démarche

h) Le tableau 1 donne l'équation chimique de la réaction du zinc dans une solution de nitrate de plomb (II). En te basant sur cette information, prédis si le magnésium réagira lui aussi dans une solution de nitrate de plomb (II). Explique ta prédiction.

i) L'eau est considérée comme « dure » quand elle contient de fortes concentrations d'ions de calcium et de magnésium. Effectue une recherche et prépare un bref rapport résumant :
- les raisons pour lesquelles l'eau dure peut être un inconvénient ;
- la façon dont la solution de carbonate de sodium utilisée dans cette activité peut « adoucir » l'eau.

6.9 Les types de réactions chimiques : la combustion

Figure 1 Dans cette spectaculaire réaction de combustion survenue dans le nord de Toronto, le combustible était du propane.

combustion réaction rapide d'une substance avec de l'oxygène produisant des oxydes et de l'énergie. La combustion est le fait de brûler.

Aux petites heures du matin, le 2 août 2008, un quartier résidentiel de Toronto a été secoué par une forte explosion. La population, réveillée en sursaut, a vu avec stupéfaction une énorme boule de feu s'élever dans la nuit. Un entrepôt de propane avait pris feu (figure 1)! De gros morceaux de métal jonchaient le sol. L'explosion avait fait éclater des vitres et sortir des portes de leurs gonds. Les pompières et pompiers se sont précipités sur les lieux, mais n'ont pu que refroidir avec de l'eau les réservoirs de propane encore intacts et attendre que la boule de feu se consume et s'éteigne. Il est presque impossible d'éteindre un feu de propane. Les résidentes et résidents étaient partagés entre la surprise et la colère quand les services d'incendie ont révélé que la façon dont le propane, un combustible très explosif, avait été entreposé et manipulé était à l'origine de cette explosion dévastatrice.

Qu'est-ce que la combustion?

La **combustion** est une réaction chimique où un combustible « brûle » ou réagit rapidement avec de l'oxygène. Cette réaction produit habituellement un oxyde et de l'énergie. Le propane, C_3H_8, fait partie d'un groupe de composés moléculaires appelés « hydrocarbures ». Comme leur nom l'indique, ces composés ne contiennent que des éléments d'hydrogène et de carbone. La plupart des hydrocarbures proviennent de combustibles fossiles. Leur combustion permet de faire rouler les voitures et les autobus, de chauffer les maisons, de produire de l'électricité, et même d'allumer les chandelles de ton gâteau d'anniversaire.

La combustion complète d'hydrocarbures

Les produits d'une réaction de combustion d'hydrocarbures varient selon la quantité d'oxygène présente. S'il y a de l'oxygène en abondance, les hydrocarbures brûlent complètement et dégagent l'énergie qu'ils renferment. Le dioxyde de carbone et l'eau sont les seuls produits d'une combustion complète. L'équation nominative d'une **combustion complète** est :

hydrocarbure + oxygène → dioxyde de carbone + eau + énergie

combustion complète réaction de combustion d'hydrocarbures qui consume tout le combustible présent et ne produit que du dioxyde de carbone, de l'eau et de l'énergie. Une combustion complète se produit quand il y a de l'oxygène en abondance.

Le dioxyde de carbone est un important gaz à effet de serre. Tu en apprendras plus sur ce produit de combustion à l'unité D, intitulée « Les changements climatiques ».

Le méthane, $CH_{4(g)}$, est un hydrocarbure typique. Le gaz naturel est principalement constitué de méthane. L'équation chimique équilibrée de la combustion complète du méthane est :

$$CH_{4(g)} + 2\ O_{2(g)} \rightarrow CO_{2(g)} + 2\ H_2O_{(g)} + \text{énergie (combustion complète)}$$

La combustion complète des hydrocarbures peut être représentée par l'équation générale :

$$C_xH_y + O_2 \rightarrow CO_2 + H_2O + \text{énergie}$$

Au cours d'une combustion complète, les combustibles brûlent de manière propre, sans produire de résidus de suie.

LE SAVAIS-TU?

Ta salle de classe te fait-elle somnoler?

Dans une classe, les élèves expirent du dioxyde de carbone; le système de chauffage de l'école en produit également. Lorsque la ventilation n'est pas adéquate, ce gaz s'accumule dans les salles de classe au cours de la journée. L'excès de dioxyde de carbone peut causer des maux de tête et de la somnolence.

La combustion incomplète d'hydrocarbures

S'il n'y a qu'une quantité limitée d'oxygène, la réaction peut être une **combustion incomplète**, qui dégage du monoxyde de carbone gazeux et du carbone (de la suie) en plus du dioxyde de carbone et de l'eau. Une flamme orange et vacillante est souvent un signe de combustion incomplète. Le butane, $C_4H_{10(g)}$, est un gaz combustible utilisé dans certains réchauds. Si le réchaud est mal réglé ou s'il n'y a pas assez d'oxygène, il peut y avoir combustion incomplète.

$$C_4H_{10(g)} + 5\ O_{2(g)} \rightarrow 2\ CO_{2(g)} + 5\ H_2O_{(g)} + CO_{(g)} + C_{(s)} + \text{énergie}$$

combustion incomplète réaction de combustion d'hydrocarbures pouvant produire du monoxyde de carbone, du carbone, du dioxyde de carbone, de la suie, de l'eau et de l'énergie. Une combustion incomplète se produit quand l'oxygène est en quantité limitée.

Le monoxyde de carbone

Le monoxyde de carbone, $CO_{(g)}$, est un gaz inodore et incolore très toxique. Les maux de tête, les étourdissements, les nausées et les problèmes respiratoires comptent parmi les symptômes d'un empoisonnement (potentiellement mortel) au monoxyde de carbone. Comme il s'agit de symptômes généraux, le diagnostic est parfois difficile à poser. Ce gaz résulte souvent de la combustion incomplète de combustibles dans un espace clos, comme dans les maisons ayant un appareil de chauffage dont la ventilation est déficiente, et dans les garages fermés, quand un véhicule est laissé en marche.

Pour en savoir plus sur les effets du monoxyde de carbone sur le corps humain :

ACTION CITOYENNE

Les détecteurs de monoxyde de carbone

La présence de monoxyde de carbone dans les maisons est particulièrement dangereuse la nuit, parce que lorsque les gens dorment, ils ne peuvent pas remarquer les symptômes de ce type d'empoisonnement. Pour prévenir des décès dus à des appareils de chauffage déficients, on conseille d'installer des détecteurs de monoxyde de carbone.

Comment peux-tu faire ta part ?

Communique avec le service d'incendie de ta communauté. Renseigne-toi sur ses recommandations en matière de détecteurs de monoxyde de carbone. Combien devrais-tu en avoir dans ta maison ? Où devraient-ils être installés ? Pourquoi ? Songe à ce que tu peux faire pour protéger ta famille d'un empoisonnement au monoxyde de carbone.

La suie

La suie est constituée de particules de carbone. C'est un signe d'une combustion incomplète, qui pollue et qui gaspille de l'énergie. Elle est souvent produite par de vieux véhicules dont le moteur est mal entretenu (figure 2(a)). Les feux de forêt en produisent aussi d'énormes quantités (figure 2(b)).

D'autres réactions de combustion

Il n'y a pas que les hydrocarbures qui peuvent prendre part à une réaction de combustion. Les éléments, par exemple, réagissent avec de l'oxygène pour former des oxydes. Quand le magnésium brûle, il produit de l'oxyde de magnésium, tout comme le carbone, lorsqu'il brûle, produit du dioxyde de carbone.

Équation nominative générale : élément + oxygène → oxyde + énergie

Équation chimique générale : $A + O_2 \rightarrow AO + \text{énergie}$

Exemple : $2\ Mg_{(s)} + O_{2(g)} \rightarrow 2\ MgO_{(s)} + \text{énergie}$

Dans le cas des éléments, les réactions de combustion sont des réactions de synthèse : elles correspondent à l'équation générale $A + B \rightarrow AB$.

Figure 2 La production de suie (a) et des flammes orangées (b) sont deux signes de combustion incomplète.

> **LE SAVAIS-TU?**
>
> **L'Islande, une centrale à hydrogène**
> L'Islande a d'ambitieux projets. Ce pays a l'intention d'être le premier à remplacer complètement les combustibles fossiles par l'hydrogène. Comme l'Islande a été formée par des volcans, elle regorge de sources d'énergie thermique. Les scientifiques de ce pays ont l'intention d'utiliser cette énergie pour extraire de l'hydrogène de l'eau de mer.

> **LE SAVAIS-TU?**
>
> **Du phosphore tiré de l'urine**
> Comme plusieurs alchimistes de son époque, Hennig Brandt s'efforçait de trouver un moyen de transformer des objets en or. En 1669, il a choisi l'urine comme matériel de départ, à cause de sa couleur dorée. Il a fait bouillir de l'urine jusqu'à ce qu'elle se transforme en une pâte épaisse. Il a continué à faire chauffer cette pâte, en recueillant et en condensant les vapeurs produites. À sa grande déception, plutôt que de l'or, il a produit un solide blanc qui brillait dans le noir. Brandt a nommé cette substance « phosphore », ce qui signifie « lumineux » en grec.

La combustion de l'hydrogène

De l'hydrogène qui réagit (brûle) avec de l'oxygène produit de l'eau :

$$2\ H_{2(g)} + O_{2(g)} \rightarrow 2\ H_2O_{(g)} + \text{énergie}$$

Quelques technologies utilisent déjà l'hydrogène comme combustible. La source d'hydrogène est habituellement de l'eau. La réaction de décomposition qui produit de l'hydrogène à partir de l'eau est la réaction inverse de la combustion de l'hydrogène :

$$2\ H_2O_{(g)} + \text{énergie} \rightarrow 2\ H_{2(g)} + O_{2(g)}$$

L'énergie présente dans le côté de l'équation où se trouvent les réactifs est habituellement sous forme d'électricité.

À première vue, l'hydrogène est un combustible idéal parce que :

- il brûle de manière propre, en ne produisant que de l'eau et de l'énergie ;
- les ressources en eau pour la production d'hydrogène sont presque infinies. Tant que nous disposons de l'énergie nécessaire pour décomposer l'eau, nous sommes assurés d'avoir une source d'hydrogène.

Toutefois, certains problèmes techniques doivent être résolus avant que l'hydrogène puisse devenir un carburant de choix pour les véhicules.

- Produire de l'hydrogène nécessite de l'énergie. Quelle source d'énergie non polluante peut être utilisée ?
- Actuellement, les moteurs des véhicules fonctionnant à l'hydrogène coûtent très cher à fabriquer.
- L'hydrogène est un gaz explosif. Il est difficile à transporter et à entreposer.

La combustion du phosphore

La combustion du phosphore a des applications particulièrement intéressantes. Le phosphore se présente sous deux formes : le phosphore blanc et le phosphore rouge (figure 3(a)). Tu as peut-être déjà vu du phosphore rouge sur le frottoir d'une boîte d'allumettes de sûreté (figure 3(b)).

 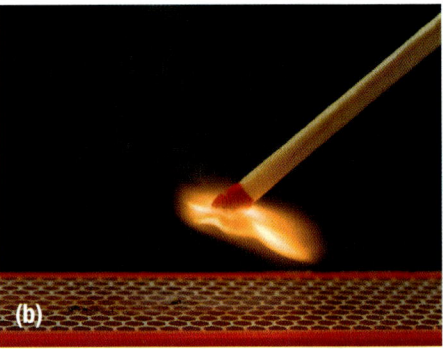

Figure 3 (a) Le phosphore blanc est tellement réactif qu'il doit être entreposé dans de l'huile pour l'empêcher d'entrer en contact avec l'air. Le phosphore rouge est relativement peu réactif. (b) Une allumette de sûreté ne s'enflammera que si elle est frottée contre le phosphore rouge du frottoir de sa boîte.

Quand tu frottes une allumette contre le frottoir, la friction dégage de l'énergie thermique. Cette énergie transforme le phosphore rouge en phosphore blanc, qui brûle instantanément au contact de l'air :

$$P_{4(s)} + 5\ O_{2(g)} \rightarrow P_4O_{10(g)} + \text{énergie}$$

La chaleur produite par cette réaction enflamme les substances chimiques qui recouvrent le bout de l'allumette.

La combustion des non-métaux est une première étape importante dans la formation de précipitations acides. Tu en apprendras plus sur ces réactions au chapitre 7.

RECHERCHE EN ACTION — COMBATTRE LE FEU À L'AIDE D'UNE FTSS

HABILETÉS : effectuer une recherche, déterminer les options, défendre une décision, communiquer

LA BOÎTE À OUTILS
4.A.

La façon d'éteindre un feu dépend des propriétés du combustible. Une fiche technique santé-sécurité (FTSS) peut fournir aux pompières et pompiers de précieux renseignements qui les aideront à déterminer comment éteindre un feu.

1. Trouve la FTSS des substances suivantes : propane, huile d'olive, magnésium.

2. Détermine la meilleure façon d'éteindre des feux provoqués par chacune de ces substances.

A. Conçois une affiche ou élabore tout autre type de campagne d'information pour présenter tes résultats aux autres. Dans ta campagne, explique pourquoi chacune des méthodes proposées est efficace.

EN RÉSUMÉ

- Dans les réactions de combustion, des hydrocarbures réagissent souvent avec de l'oxygène. Une combustion complète produit seulement du dioxyde de carbone et de l'eau ; une combustion incomplète peut produire du carbone (de la suie), du monoxyde de carbone, du dioxyde de carbone et de l'eau.

- Dans certaines réactions de combustion, des métaux réagissent avec l'oxygène, ce qui produit les oxydes de ces métaux (p. ex., de l'oxyde de magnésium, MgO).

- Dans certaines réactions de combustion, de l'hydrogène réagit avec de l'oxygène, ce qui produit de l'eau. Il s'agit d'une source d'énergie potentielle pour les véhicules de l'avenir.

VÉRIFIE TA COMPRÉHENSION

1. a) Présente une idée mentionnée dans cette section qui pourrait avoir une incidence sur ta vie.
   b) Pourquoi s'agit-il d'une idée importante ?

2. Complète ces équations squelettes. N'oublie pas d'équilibrer les équations, s'il y a lieu, en ajoutant des coefficients devant les formules chimiques.
   a) _____$_{(s)}$ + _____$_{(g)}$ → $SO_{2(g)}$ + énergie
   b) __ $Ca_{(s)}$ + __ _____ → __ $CaO_{(s)}$ + énergie
   c) __ $C_3H_{8(g)}$ + __ $O_{2(g)}$ →
      __ _____ + __ _____ + énergie
   d) __ $C_2H_{4(g)}$ + __ $O_{2(g)}$ →
      __ _____ + __ _____ + énergie

3. Le propane est utilisé comme combustible dans certains réchauds de camping (figure 4). C'est un hydrocarbure dont la formule chimique est C_3H_8. Le propane est un gaz à la température ambiante, mais il devient un liquide quand il est comprimé.

   a) Écris l'équation générale de la combustion complète d'un hydrocarbure.
   b) Écris l'équation chimique équilibrée de la combustion complète du propane.
   c) Examine les pictogrammes sur l'étiquette de danger de ce produit ménager. Énonce les précautions qui doivent être prises lors de son utilisation.
   d) Pourquoi n'est-il pas prudent d'utiliser un réchaud de camping à l'intérieur d'une tente ?

Figure 4 Le propane est très inflammable. Remarque les avertissements qui apparaissent sur le contenant.

4. Explique de quelle manière nous pouvons économiser de l'argent sur l'achat de combustible pour les appareils de chauffage de maison en entretenant nos appareils et en s'assurant de leur fonctionnement optimal.

5. a) Donne au moins deux raisons pour lesquelles il est plus écologique d'utiliser de l'hydrogène comme carburant plutôt que de l'essence.
   b) Que signifie cette affirmation : « Du point de vue environnemental, la "propreté" de l'hydrogène dépend de celle de l'énergie utilisée pour la produire » ?

6. Nomme les cinq types de réactions mentionnés dans ce chapitre jusqu'à maintenant.

7. a) À l'aide d'exemples, démontre que certaines réactions de combustion sont aussi des réactions de synthèse.
   b) Dans quelles conditions cela se produit-il ?

6.9 Les types de réactions chimiques : la combustion

6.10 La corrosion

Sauf quelques exceptions, comme l'or et le platine, la plupart des métaux se corrodent. La **corrosion** est la décomposition d'un métal à la suite de réactions chimiques entre ce métal et son environnement. Les gens qui travaillent dans l'industrie des métaux ont donné, au fil des siècles, différents noms aux réactions de corrosion, selon les métaux qui y prennent part. L'argent, par exemple, ternit quand il entre en contact avec les composés de soufre présents dans l'air.

corrosion décomposition d'un métal à la suite de réactions entre ce métal et certaines substances chimiques de son environnement

La corrosion bénéfique

Dans certains cas, la corrosion peut être bénéfique. Par exemple, quand l'aluminium est exposé à l'air, il se corrode rapidement et produit de l'oxyde d'aluminium, une des plus dures substances connues. L'oxyde d'aluminium recouvre entièrement l'aluminium et l'empêche de se corroder davantage. C'est pourquoi les poêles de camping en aluminium peuvent être laissées sans problème à l'extérieur, sous la pluie, alors qu'une poêle en fonte rouillerait en quelques jours. Le zinc et le cuivre sont deux autres métaux d'usage courant qui se recouvrent d'une couche protectrice lorsqu'ils se corrodent. Le cuivre se couvre d'une patine verdâtre après avoir été exposé à l'atmosphère pendant plusieurs mois (figure 1). Cette patine résiste si bien à la corrosion qu'un toit de cuivre demeure étanche jusqu'à 75 ans.

Figure 1 Une patine colorée se forme sur les toits de cuivre au fil des années.

La rouille

La rouille est la substance écaillée d'un rouge tirant sur le brun qui se forme quand des métaux contenant du fer se corrodent. Contrairement aux produits de la corrosion de l'aluminium et du cuivre, la rouille n'adhère pas bien à l'acier qu'elle recouvre. Elle est poreuse et forme des écailles qui se détachent facilement de la surface d'acier, la rendant encore sujette à la corrosion. Ce processus se poursuit jusqu'à ce que l'acier soit complètement corrodé, c'est-à-dire « rongé », et ne laisse qu'un tas de rouille !

> **COUP DE POUCE APPRENTISSAGE**
>
> **La corrosion et la rouille**
>
> Les termes *corrosion* et *rouille* sont souvent utilisés comme des synonymes. À vrai dire, le mot « corrosion » est un terme général qui s'applique à tout métal qui réagit avec les substances chimiques de son environnement. La rouille, par contre, fait référence spécifiquement à la corrosion des métaux qui contiennent du fer, comme l'acier.

Les causes de la rouille

La corrosion du fer, c'est-à-dire la rouille, est un processus complexe où plusieurs facteurs entrent en jeu : la présence d'air, d'eau et d'électrolytes, ainsi que l'acidité et l'effort mécanique.

L'OXYGÈNE ET L'EAU

Les facteurs les plus évidents qui jouent un rôle dans la corrosion du fer sont l'oxygène (de l'air) et l'eau. L'acier ne se corrode pas s'il n'entre pas en contact avec de l'eau et de l'oxygène. C'est pourquoi l'acier est beaucoup plus durable dans les climats secs qu'il ne l'est en Ontario.

LES ÉLECTROLYTES

Contrairement à ce que pensent les gens, le sel (le chlorure de sodium) ne provoque pas la corrosion du fer. Par contre, il accélère ce processus une fois qu'il a été enclenché, parce que le sel est un électrolyte qui facilite l'action de la rouille. La combinaison du sel de voirie et de l'eau salée de l'océan corrode les carrosseries des voitures et les armatures métalliques des ponts.

La prévention de la corrosion

Plusieurs stratégies sont utilisées pour prévenir la corrosion dans des situations diverses. Certaines sont plus efficaces que d'autres, mais aucune n'est parfaite. Ces stratégies peuvent être regroupées en trois catégories : l'utilisation de revêtements de protection, l'utilisation de matériaux anticorrosifs, et la galvanisation.

Les revêtements de protection

Recouvrir le métal d'une peinture antirouille, de chrome ou d'un revêtement de plastique est une façon simple de prévenir la corrosion. Cette stratégie fonctionne bien dans le cas des structures qui s'élèvent au-dessus du sol, à condition que le métal demeure entièrement recouvert. Cependant, si le revêtement s'écaille ou s'érafle, la corrosion est alors inévitable (figure 2).

Les matériaux anticorrosifs

L'utilisation de matériaux anticorrosifs est une façon simple de prévenir la corrosion. Il y a quelques décennies, les pare-chocs des voitures étaient faits d'acier, et avaient tendance à rouiller une fois bosselés ou éraflés. Aujourd'hui, la plupart des pare-chocs sont faits de plastique. Le plastique ne se corrode pas et est plus léger que l'acier. Si un objet ne peut être fait qu'en acier, il faut améliorer sa résistance à la corrosion. L'acier utilisé par l'industrie automobile aujourd'hui contient plus d'additifs anticorrosifs que jamais auparavant. Les nouvelles voitures et les nouveaux ponts demeurent exempts de rouille plus longtemps, même dans les dures conditions hivernales de l'Ontario. Il existe de nombreux autres alliages anticorrosifs. Un alliage est un métal résultant d'un mélange de métaux (et parfois de non-métaux) utilisés dans des proportions spécifiques. La plupart des ustensiles sont faits d'acier inoxydable, un alliage de divers éléments, dont le fer, le carbone, le nickel et le chrome. L'acier inoxydable de type chirurgical, utilisé dans la fabrication d'outils médicaux et d'implants, contient assez de chrome pour empêcher presque indéfiniment sa corrosion (figure 3).

COUP DE POUCE
APPRENTISSAGE

Les électrolytes
Au chapitre 5, tu as appris que les électrolytes sont des composés qui, lorsqu'ils sont dissous dans l'eau, peuvent conduire l'électricité.

LE SAVAIS-TU ?

La tour Eiffel
Le symbole mondialement connu de la France est une tour de fer. Pour empêcher la tour Eiffel de rouiller, de 50 à 60 tonnes de peinture doivent être appliquées tous les sept ans.

Figure 2 Ce pont, qui enjambe le port de Halifax, est exposé aux trois facteurs qui accélèrent la corrosion. Il nécessite un entretien constant pour éviter sa corrosion.

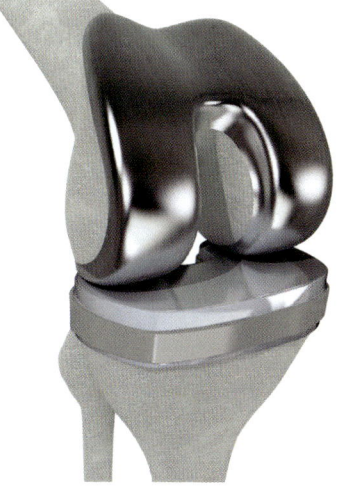

Figure 3 Cet implant chirurgical est fait d'acier inoxydable, un alliage conçu pour résister à la corrosion à l'intérieur du corps.

acier galvanisé acier qui a été recouvert d'une couche protectrice de zinc, qui forme un oxyde dur et insoluble

La galvanisation

L'**acier galvanisé** est un acier recouvert d'une mince couche de zinc. La galvanisation protège l'acier parce que le zinc se corrode avant le fer que contient l'acier. Quand le zinc se corrode, il forme une couche d'oxyde protectrice qui adhère à la fois au zinc et à l'acier qui pourrait être exposé. Cette protection contre la corrosion demeure intacte même lorsque la couche de zinc est éraflée ou ébréchée. C'est pourquoi l'acier est mieux protégé contre la rouille lorsqu'il est galvanisé plutôt que simplement peinturé (figure 4).

COUP DE POUCE
LECTURE

Faire des inférences

Songe à ce que tu sais déjà pour t'aider à faire des inférences. Par exemple, tu te rappelles peut-être avoir vu les clous rouillés d'une vieille clôture de bois. Tu as peut-être aussi déjà vu une clôture à mailles losangées en acier galvanisé qui n'était pas rouillée du tout. En conséquence, tu infères que le métal galvanisé résiste mieux à la corrosion que le métal non galvanisé.

Figure 4 L'acier galvanisé résiste à la corrosion et ne nécessite aucun entretien.

EN RÉSUMÉ

- La corrosion est la décomposition d'un métal qui réagit avec les substances chimiques de son environnement.
- La corrosion de certains métaux forme une couche protectrice dure qui prévient sa progression.
- La rouille est la corrosion du fer et de l'acier. La rouille ne forme pas de couche protectrice et s'émiette jusqu'à ce que le métal soit gravement endommagé.
- La rouille se produit en présence d'oxygène et d'eau, et est accélérée par les électrolytes, comme le sel.
- On peut ralentir ou éviter la corrosion en recouvrant le métal d'une couche protectrice (de peinture, par exemple), en utilisant des matériaux anticorrosifs, ou en galvanisant le métal, c'est-à-dire en le recouvrant de zinc.

✓ VÉRIFIE TA COMPRÉHENSION

1. a) Avant de lire sur ce sujet dans cette section, que pensais-tu qu'était la rouille?
   b) Quelles sont les similarités et les différences entre ce que tu savais déjà sur la rouille et ce que tu as appris dans cette section?

2. a) Définis en tes propres mots le terme «corrosion».
   b) Explique la différence entre la corrosion et la rouille.

3. a) Nomme deux substances qui produisent de la rouille lorsqu'elles entrent en réaction.
   b) Quels autres facteurs accélèrent la formation de rouille?

4. Imagine une expérience où une canette de boisson gazeuse en aluminium et une boîte de conserve en acier sont laissées à l'extérieur pendant quelques jours. Sers-toi de tes connaissances sur la corrosion de l'acier et de l'aluminium pour prédire les différentes allures de ces contenants une fois qu'ils auront été exposés à des conditions pluvieuses pendant une semaine. Explique ta prédiction.

5. Pourquoi une voiture doit-elle être propre et sèche avant d'être traitée avec un produit antirouille?

6. Une entreprise prédit que ses carrosseries dureront beaucoup plus longtemps dans les îles des Caraïbes qu'au Canada. Explique cette prédiction.

7. Pourquoi l'acier galvanisé est-il un matériau de choix pour les utilisations extérieures?

GÉNIALES, LES SCIENCES!

Des bijoux toxiques

Tes bijoux tachent-ils ta peau? Portes-tu de l'or jaune 18 carats sans problème, alors que l'or blanc provoque chez toi une éruption cutanée? Dans les deux cas, le coupable pourrait être le nickel, le métal brillant et argenté qui entre dans la composition de très nombreux objets métalliques courants : boucles d'oreille, pièces de monnaie, fermetures éclair, téléphones cellulaires (figure 1). Pour certaines personnes, porter longtemps contre la peau un objet contenant du nickel (comme cette perceuse à ton sourcil) équivaut à frotter la peau avec de l'herbe à puce, sauf que les effets sont moins immédiats. Dans les deux cas, une substance chimique est transférée à ta peau, la rendant sensible à cette substance et enclenchant possiblement une réaction allergique connue sous le nom d'«eczéma de contact allergique». Chaque année, des centaines de personnes au Canada deviennent sensibilisées au nickel, ce qui signifie que même une brève exposition à ce métal peut provoquer chez elles une réaction allergique. Et une fois cette sensibilisation acquise, aucun remède ne peut la guérir!

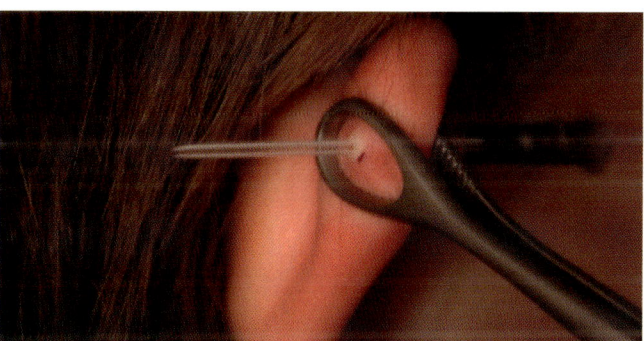

Figure 1 Si tu as les oreilles percées, fais attention au type de boucles d'oreille que tu portes.

Les ions de nickel (II), $Ni^{2+}_{(aq)}$, sont la véritable cause de l'allergie au nickel. Ces ions sont produits quand le nickel est corrodé par l'acidité des fluides corporels, comme la transpiration. Cette réaction est représentée ainsi :

$$Ni_{(s)} + 2\,H^{+}_{(aq)} \rightarrow Ni^{2+}_{(aq)} + H_{2(g)}$$

Les facteurs contribuant à l'allergie au nickel

Trois facteurs contribuent à une allergie au nickel : un contact direct et prolongé avec la peau; la présence d'électrolytes, comme ceux de la sueur; et le type de métal contenant du nickel.

Le type et la composition d'un métal déterminent souvent sa vitesse de corrosion. L'acier inoxydable est un alliage de fer, de nickel et de chrome. La résistance de l'acier inoxydable à la corrosion varie selon la quantité de chrome qu'il contient. L'acier inoxydable utilisé dans les appareils orthodontiques et les implants chirurgicaux ne se corrode pas du tout, contrairement à celui utilisé dans la fabrication de bijoux bon marché.

À propos des perçages

Le nombre de cas d'allergie au nickel a augmenté depuis quelque temps, à cause de la popularité du perçage. La raison en est évidente : un objet contenant du nickel est alors en contact constant avec la peau. Peu importe la partie du corps où il est pratiqué, un perçage provoque toujours un saignement. Le sang contient des électrolytes, qui peuvent faire corroder le nickel des clous ou des anneaux, libérant ainsi des ions de nickel. Ces ions peuvent facilement pénétrer dans le corps par la nouvelle plaie. Les tissus mous, comme les lobes d'oreille, guérissent vite parce que très peu de sang y circule.

Le perçage de la langue

La langue est beaucoup plus épaisse que les lobes d'oreille, et contient plus de vaisseaux sanguins. Elle prend donc beaucoup plus de temps qu'un lobe d'oreille à guérir après un perçage. Elle est également plus sujette à des infections que la plupart des autres parties du corps. Une langue infectée peut enfler suffisamment pour bloquer les voies respiratoires. Des complications peuvent causer la mort. Même sans complications, la langue peut prendre de quatre à six semaines pour guérir après un perçage. Au cours de ce processus normal de guérison, le clou qui passe à travers la langue baigne dans suffisamment de salive et de sang pour provoquer une allergie au nickel (figure 2).

Figure 2 Le perçage de la langue comporte les plus grands risques d'infection et d'allergie au nickel.

Prendre une décision éclairée

Si tu songes à te faire percer une partie du corps, tu dois considérer les risques que cela implique. Ne consulte que les entreprises ou les professionnelles ou professionnels de la santé les plus réputés. Insiste pour que l'opération se fasse dans des conditions stériles et pour que de l'acier inoxydable de type chirurgical soit utilisé.

CHAPITRE 6 À REVOIR

RÉSUMÉ DES CONCEPTS CLÉS

Dans une réaction chimique, une ou plusieurs substances se transforment en une ou plusieurs substances différentes.

- Les réactifs sont les substances présentes au début de la réaction ; les produits sont les substances présentes à la fin de la réaction. (6.1)
- De l'énergie peut faire partie tant des réactifs que des produits. (6.1)
- Les diverses réactions se produisent à différentes vitesses : les réactions de combustion sont habituellement rapides, alors que les réactions de corrosion sont beaucoup plus lentes. (6.1-6.9)

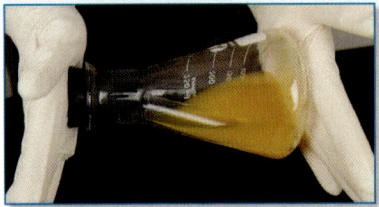

Les réactions chimiques reflètent la loi de la conservation de la masse et peuvent être représentées par des équations chimiques équilibrées.

- La loi de la conservation de la masse établit que, dans toute réaction chimique, la masse totale des réactifs équivaut à la masse totale des produits. (6.3)
- Une équation chimique équilibrée indique les réactifs et les produits qui prennent part à la réaction, ainsi que leurs rapports et leurs états. (6.4)
- Les équations chimiques équilibrées reflètent la loi de la conservation de la masse. (6.3, 6.4)

Les réactions chimiques auxquelles prennent part des produits de consommation peuvent être utiles ou nocives.

- L'utilité de nombreux produits de consommation dépend des réactions chimiques de leurs ingrédients. (6.4-6.9)
- Les réactions chimiques auxquelles prennent part des produits de consommation ne sont pas toutes bénéfiques. Certaines représentent un danger pour les gens et pour l'environnement. (6.4-6.10)
- Les produits de consommation réactifs devraient être rangés, utilisés et manipulés avec soin. (6.4-6.9)

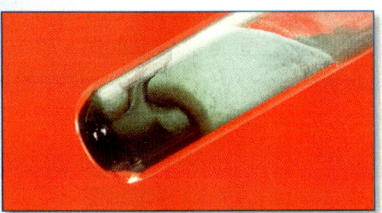

Nous pouvons classer les réactions chimiques selon leurs propriétés.

- Équation générale des réactions de synthèse : $A + B \rightarrow AB$ (6.5)
- Équation générale des réactions de décomposition : $AB \rightarrow A + B$ (6.5)
- Équation générale des réactions de déplacement simple : $A + BC \rightarrow AC + B$ (6.6)
- Équation générale des réactions de déplacement double : $AB + CD \rightarrow AD + CB$ (6.6)
- Équation générale des réactions de combustion : $A + O_2 \rightarrow AO +$ énergie ; des hydrocarbures : $C_xH_y + O_2 \rightarrow CO_2 + H_2O +$ énergie (6.9)
- Certaines réactions peuvent être classées dans plus d'une catégorie. (6.8, 6.10)

La corrosion résulte de la réaction de métaux entrant en contact avec des substances dans l'environnement.

- La plupart des métaux se corrodent. (6.10)
- Certains métaux, comme l'aluminium, forment des couches protectrices dures lorsqu'ils se corrodent. (6.10)
- De la rouille est produite lorsque du fer ou de l'acier se corrodent. (6.10)
- On peut prévenir la rouille en appliquant des revêtements protecteurs, en utilisant des matériaux anticorrosifs ou en ayant recours à la galvanisation. (6.10)

Les réactions chimiques ont des effets sur nous et sur notre environnement.

- Certaines réactions de combustion provoquent la formation de produits dommageables pour l'environnement et la santé humaine. (6.9)
- La combustion complète d'hydrocarbures dégage du dioxyde de carbone, un gaz à effet de serre. (6.9)
- La combustion incomplète d'hydrocarbures dégage de la suie et du monoxyde de carbone. (6.9)
- La corrosion peut affaiblir le fer et l'acier, et ainsi causer des dommages aux voitures et aux structures. (6.10)

QU'EN PENSES-TU MAINTENANT?

Tu as réfléchi aux énoncés ci-dessous au début du chapitre. Tu avais peut-être déjà entendu parler de ces notions à l'école, à la maison ou autour de toi. Reconsidère-les maintenant et détermine si tu es d'accord ou non avec chacun.

Vocabulaire

réaction chimique (p. 225)
équation nominative (p. 225)
équation chimique (p. 225)
réactif (p. 225)
produit (p. 225)
symbole d'état (p. 226)
loi de la conservation de la masse (p. 230)
réaction de synthèse (p. 237)
réaction de décomposition (p. 238)
réaction de déplacement simple (p. 240)
réaction de déplacement double (p. 242)
précipité (p. 242)
combustion (p. 248)
combustion complète (p. 248)
combustion incomplète (p. 249)
corrosion (p. 252)
acier galvanisé (p. 254)

1 Les réactions chimiques sont néfastes pour l'environnement.
D'accord / En désaccord

4 Le dioxyde de carbone qui entre dans la composition de l'air de ta classe t'incite à la somnolence.
D'accord / En désaccord

2 Les réactions chimiques sont réversibles.
D'accord / En désaccord

5 Certaines personnes sont allergiques aux téléphones cellulaires.
D'accord / En désaccord

3 La masse totale des substances prenant part à une réaction chimique demeure constante.
D'accord / En désaccord

6 Le carburant du 21ᵉ siècle sera l'hydrogène plutôt que l'essence.
D'accord / En désaccord

Comment tes réponses ont-elles changé?
Que sais-tu de plus maintenant?

IDÉES maîtresses

✓ Les substances chimiques réagissent entre elles de manière prévisible.

✓ Les réactions chimiques peuvent avoir un impact négatif sur l'environnement, mais elles peuvent aussi nous aider à relever les défis que pose la protection de l'environnement.

CHAPITRE 6 — RÉVISION

Les icônes suivantes t'indiquent la compétence visée par chaque question.

- **CC** Connaissance et compréhension
- **C** Communication
- **HP** Habiletés de la pensée
- **MA** Mise en application

Qu'as-tu retenu ?

1. L'oxyde de zinc, ZnO, est un des ingrédients actifs de certaines lotions solaires. L'oxyde de zinc peut être produit en chauffant fortement du sulfure de zinc dans de l'air :

   $2\,ZnS_{(s)} + 3\,O_{2(g)} \rightarrow 2\,ZnO_{(s)} + 2\,SO_{2(g)}$

   En te référant à cette équation chimique, écris :
   a) le coefficient du sulfure de zinc
   b) le nombre d'atomes de soufre dans le dioxyde de soufre
   c) le coefficient de l'oxygène (l'élément)
   d) le nombre de réactifs
   e) le nombre total de molécules réactives
   f) les états des matières prenant part à cette réaction (6.1) **CC**

2. La combustion d'hydrocarbures produit parfois une flamme orangée et des résidus de suie. (6.9) **CC**
   a) Dans quelles conditions cela peut-il se produire ?
   b) Nomme ce type de combustion.

Qu'as-tu compris ?

3. Songe aux six types de réactions mentionnés dans ce chapitre. Nomme le ou les types de réactions auxquels prennent part les réactifs suivants :
   a) deux éléments
   b) deux composés
   c) de l'oxygène et un combustible
   d) un composé seulement
   e) un élément et un composé (6.5-6.10) **CC**

4. Explique pourquoi les équations chimiques doivent être équilibrées. (6.2, 6.3) **CC**

5. Voici l'équation chimique de la décomposition du peroxyde d'hydrogène :

   $2\,H_2O_{2(aq)} \rightarrow 2\,H_2O_{(l)} + O_{2(g)}$ (6.1, 6.3) **CC HP**

   a) Explique la différence entre (aq) et (l).
   b) Prédis ce que tu pourrais voir dans l'éprouvette de peroxyde d'hydrogène au cours de cette réaction.
   c) Explique ce qui indique que la réaction est terminée.
   d) Prédis comment la masse pourrait changer au cours de la réaction. Explique ta réponse.

6. Les gens peuvent choisir de faire arroser le dessous de leur véhicule avec de l'huile une fois par année. Comment ce revêtement d'huile aide-t-il à prévenir l'apparition de rouille ? (6.10) **CC MA**

7. Équilibre et classe chacune des équations chimiques ci-dessous. (Certaines pourraient être classées dans plus d'une catégorie.) (6.3-6.9) **CC HP**

   a) $K_2O \rightarrow K + O_2$
   b) $Na + I_2 \rightarrow NaI$
   c) $Cu(NO_3)_2 + NaOH \rightarrow Cu(OH)_2 + NaNO_3$
   d) $KClO_3 \rightarrow KCl + O_2$
   e) $Ca(NO_3)_2 + HBr \rightarrow CaBr_2 + HNO_3$
   f) $Sn(OH)_2 \rightarrow SnO + H_2O$
   g) $P_4 + N_2O \rightarrow P_4O_6 + N_2$
   h) $Fe + Al_2(SO_4)_3 \rightarrow FeSO_4 + Al$
   i) $AlCl_3 + Na_2CO_3 \rightarrow Al_2(CO_3)_3 + NaCl$
   j) $C_3H_6 + O_2 \rightarrow CO_2 + H_2O$

8. Explique pourquoi on ne devrait pas utiliser un barbecue dans un espace clos. (6.9) **HP MA**

9. Les réactions chimiques ci-dessous se produisent l'une après l'autre quand un coussin gonflable se déploie dans une automobile. Équilibre et classe chacune d'elles. (6.3-6.6) **CC**

   a) Le gaz qui fait gonfler le coussin est créé à la suite de la réaction de l'azoture de sodium, NaN_3.

   $NaN_{3(s)} \rightarrow N_{2(g)} + Na_{(s)}$

   b) Le sodium qui est produit au cours de la réaction a) est dangereux. Il est supprimé lorsqu'il entre en réaction, dans le coussin, avec de l'oxyde de fer (III), Fe_2O_3.

   $Na_{(s)} + Fe_2O_{3(s)} \rightarrow Na_2O_{(s)} + Fe_{(s)}$

   c) L'oxyde de sodium réagit rapidement avec le dioxyde de carbone et l'humidité de l'air pour produire de l'hydrogénocarbonate de sodium.

   $Na_2O_{(s)} + CO_{2(g)} + H_2O_{(g)} \rightarrow NaHCO_{3(s)}$

Résous un problème

10. La combustion de laine d'acier dans de l'oxygène pur produit de l'oxyde de fer (III) et beaucoup d'énergie. (6.1, 6.3, 6.9) **CC HP**

    a) Écris les équations nominative et chimique de cette réaction.

b) Conçois une expérience où tu utiliserais cette réaction pour confirmer la loi de la conservation de la masse.

11. Une élève met un morceau de zinc dans une solution d'acide chlorhydrique :

$Zn_{(s)} + 2\ HCl_{(aq)} \rightarrow H_{2(g)} + ZnCl_{2(aq)}$

Les données ci-dessous ont été recueillies :
masse initiale du zinc réactif : 2,5 g
masse initiale de l'acide chlorhydrique : 52,6 g
masse de la solution finale : 54,8 g
(6.3, 6.5)

a) Calcule la masse de l'hydrogène produit.
b) Les résultats de cette expérience vont-ils à l'encontre de la loi de la conservation de la masse ? Justifie ta réponse.

12. L'essence s'évapore rapidement à la température ambiante, et cette vapeur s'enflamme facilement ; ces deux propriétés de l'essence la rendent potentiellement dangereuse. À quoi devons-nous faire attention lorsque nous manipulons ou entreposons de l'essence ? Explique ta réponse. (6.9)

Conçois et interprète

13. Un test de routine effectué sur l'eau potable de l'école secondaire Des Roseraies a révélé une concentration de plomb légèrement plus élevée que la normale. La présence de plomb est due à la corrosion du métal utilisé pour souder ensemble des tuyaux de cuivre. La direction de l'école doit agir. Il n'est pas question de fermer l'école. Les tuyaux de cuivre ne peuvent pas être remplacés avant l'été suivant. Voici les deux options que l'école considère :

- fournir de l'eau embouteillée aux 1 500 membres du personnel et élèves ;
- faire couler l'eau des fontaines d'eau potable chaque matin, pendant au moins 20 minutes, avant l'arrivée des élèves. (Après 20 minutes, les concentrations de plomb redeviennent « normales ».) (6.10)

a) Dresse la liste des avantages et des inconvénients de chacune de ces options.
b) Si tu dirigeais l'école, quelle option choisirais-tu ? Pourquoi ?

14. a) Conçois un organisateur graphique pour présenter les risques et les avantages de faire brûler des combustibles fossiles.
b) Rédige deux paragraphes, chacun écrit d'un point de vue différent, afin de souligner les raisons pour lesquelles nous devrions (ou pas) continuer de brûler des combustibles fossiles pour obtenir de l'énergie. (6.9)

Réfléchis à ce que tu as appris

15. a) Quelle importance accordais-tu aux réactions chimiques avant de lire ce chapitre ?
b) Explique en quoi ta perception du rôle des réactions chimiques dans ta vie a changé.

Recherches en ligne

16. Qu'est-ce que le « triangle du feu » ? En quoi est-il lié au travail des pompières et pompiers ? (6.10)

17. Le « procédé de Mond » est une méthode utilisée pour affiner du nickel. Il consiste à faire passer du monoxyde de carbone sur du nickel impur à de fortes températures. Il en résulte un composé appelé « tétracarbonyle de nickel » :

$Ni_{(s)} + CO_{(g)} \rightarrow Ni(CO)_{4(g)}$

Le tétracarbonyle de nickel est ensuite fortement chauffé, afin de produire du nickel pur et du monoxyde de carbone :

$Ni(CO)_{4(g)} \rightarrow Ni_{(s)} + CO_{(g)}$ (6.5)

a) Classe ces deux réactions.
b) Effectue une recherche sur les propriétés du tétracarbonyle de nickel et du monoxyde de carbone. Pourquoi ces réactions doivent-elles se produire dans une chambre étanche à l'air ?

18. Le monoxyde de diazote est aussi connu sous le nom d'oxyde nitreux, $N_2O_{(g)}$. Ce gaz peut être obtenu à partir de nitrate d'ammonium solide. De l'eau est aussi produite lors de cette réaction. (6.3, 6.5, 6.9)

a) Écris l'équation chimique de cette réaction.
b) Classe cette réaction.
c) Renseigne-toi sur la façon dont l'oxyde nitreux peut être utilisé pour améliorer la performance des voitures de course. Présente tes résultats de recherche dans un court article.

CHAPITRE 6

QUESTIONNAIRE

Les icônes suivantes t'indiquent la compétence visée par chaque question.
- **CC** Connaissance et compréhension
- **C** Communication
- **HP** Habiletés de la pensée
- **MA** Mise en application

Choisis la meilleure réponse pour chacune de ces questions.

1. Laquelle des équations ci-dessous est équilibrée ? (6.4) **CC**
   a) $H_2 + O_2 \rightarrow 2\ H_2O$
   b) $Zn + 2\ AgNO_3 \rightarrow Zn(NO_3)_2 + 2\ Ag$
   c) $N_2 + H_2 \rightarrow NH_3$
   d) $PbCl_2 + Li_2SO_4 \rightarrow LiCl + 2\ PbSO_4$

2. Laquelle des réactions ci-dessous est une réaction de déplacement double ? (6.6) **CC**
   a) $2\ PbO_2 \rightarrow 2\ PbO + O_2$
   b) $2\ Al + Fe_2O_3 \rightarrow 2\ Fe + Al_2O_3$
   c) $N_2 + 3\ H_2 \rightarrow 2\ NH_3$
   d) $ZnBr_2 + 2\ AgNO_3 \rightarrow Zn(NO_3)_2 + 2\ AgBr$

3. La décomposition du carbonate de calcium est représentée par l'équation :

   $CaCO_{3(s)} \rightarrow CaO_{(s)} + CO_{2(g)}$

   Si 25 g de $CaCO_3$ sont chauffés de manière à produire 15 g de CaO, quelle est la masse du CO_2 également produit ? (6.3) **CC**
   a) 5 g
   b) 10 g
   c) 15 g
   d) 25 g

4. Le sulfure de carbone est produit au cours d'une réaction entre du carbone et du dioxyde de soufre. La réaction produit également du monoxyde de carbone. Quelle est l'équation chimique équilibrée de cette réaction ? (6.4) **CC**
   a) $C + SO_2 \rightarrow CS_2 + CO$
   b) $5\ C + 2\ SO_2 \rightarrow CS_2 + 4\ CO$
   c) $4\ C + SO \rightarrow CS_2 + 3\ CO$
   d) $C + SO \rightarrow CS + CO$

Indique si chacun des énoncés est VRAI ou FAUX. Si tu penses qu'un énoncé est faux, récris-le en le corrigeant.

5. Dans une équation chimique équilibrée, il y a, pour chaque élément, le même nombre d'atomes des deux côtés de l'équation. (6.3) **CC**

6. On équilibre les équations en changeant les indices inférieurs de la formule chimique d'une substance. (6.3) **CC**

Copie les énoncés ci-dessous dans ton cahier. Complète-les à l'aide des termes appropriés.

7. Un _____ est un nombre entier apparaissant devant une formule chimique dans une équation. (6.3) **CC**

8. Dans une expérience où de l'aluminium est combiné avec de l'oxygène afin d'obtenir de l'oxyde d'aluminium, cet oxyde d'aluminium est le _____ formé par les réactifs. (6.1) **CC**

Associe chaque terme de la colonne de gauche à la description qui lui convient le mieux dans la colonne de droite.

9. a) $A + B \rightarrow AB$ i) décomposition
   b) $A + BC \rightarrow AC + B$ ii) déplacement double
   c) $AB + CD \rightarrow AD + CB$ iii) déplacement simple
   d) $AB \rightarrow A + B$ iv) synthèse
   e) $A + O_2 \rightarrow AO + $ énergie   v) combustion
   (6.5, 6.6, 6.9) **CC**

Rédige une brève réponse à chacune des questions suivantes.

10. Étudie la réaction chimique suivante :

    $CaO_{(s)} + H_2O_{(l)} \rightarrow Ca(OH)_{2(s)} + $ énergie
    (6.1, 6.6) **CC HP**

    a) Quels sont les réactifs dans cette réaction ?
    b) Quelle substance est produite pendant cette réaction ?
    c) Pourquoi le liquide qui résulte de cette réaction est-il trouble ?
    d) L'éprouvette dans laquelle se déroule la réaction deviendra-t-elle plus chaude ou moins chaude ? Explique ta réponse.

11. Quand du bicarbonate de soude (c'est-à-dire de l'hydrogénocarbonate de sodium, $NaHCO_{3(s)}$) est chauffé, il se décompose et forme du carbonate de sodium, $Na_2CO_{3(s)}$, du dioxyde de carbone et de l'eau. (6.1, 6.4)
    a) Écris l'équation nominative de cette réaction.
    b) Qu'est-ce qui indique qu'un changement chimique se produit?
    c) Écris l'équation chimique équilibrée de cette réaction.

12. L'équation non équilibrée ci-dessous représente la formation d'oxyde de magnésium à partir de magnésium et d'oxygène.

    $Mg + O_2 \rightarrow MgO$

    Cette équation peut-elle être équilibrée en remplaçant la formule du produit par MgO_2? Explique ta réponse. (6.3, 6.4)

13. Nomme trois renseignements que fournit une équation chimique équilibrée. (6.4)

14. Établis une comparaison entre la rouille et la corrosion, en donnant des exemples spécifiques. (6.10)

15. Une réaction de synthèse est définie comme une « réaction au cours de laquelle deux réactifs se combinent pour créer un produit plus gros ou plus complexe ». (6.5)
    a) Définis en tes propres mots le terme « réaction de synthèse ».
    b) Fais un schéma pour représenter une réaction de synthèse typique.

16. Explique une façon de prévenir la corrosion d'une bicyclette. (6.10)

17. a) Quels renseignements le terme « hydrocarbures » nous donne-t-il sur la composition de ces composés?
    b) Donne le nom et la formule de trois hydrocarbures. (6.9)

18. a) Décris brièvement cinq réactions chimiques que tu pourrais observer au cours d'une journée typique.
    b) Choisis une de ces réactions et identifie ses produits et ses réactifs. (6.1-6.10)

19. La tour Eiffel est un monument en fer situé à Paris, à plus de 150 km de l'océan. Prédis de quelle manière la vitesse de corrosion de la tour Eiffel changerait si elle était située dans une ville côtière. (6.10)

20. Ta famille a planifié de faire cuire des hamburgers sur le barbecue dans votre cour, mais il commence à pleuvoir. Quelqu'un suggère de faire plutôt cuire la viande dans le garage. Explique pourquoi il serait risqué de le faire. (6.9)

21. Explique, en donnant un exemple, comment une réaction chimique peut être bénéfique dans certains cas et nuisible dans d'autres. (6.1-6.10)

CHAPITRE 7

Les acides et les bases

QUESTION CLÉ : Quels effets les acides et les bases ont-ils sur l'environnement et dans notre vie quotidienne ?

La ville de Sudbury a subi les effets de la pollution acide dans son environnement, et se rétablit maintenant de ces effets.

UNITÉ C
Les réactions chimiques

CHAPITRE 5 — Les produits chimiques et leurs propriétés

CHAPITRE 6 — Les produits chimiques et leurs réactions

CHAPITRE 7 — Les acides et les bases

CONCEPTS CLÉS

Les acides sont des solutions aqueuses qui ont des propriétés caractéristiques.

Les bases sont des solutions aqueuses qui ont des propriétés caractéristiques.

Les acides et les bases ont des impacts positifs et négatifs sur la société et l'environnement.

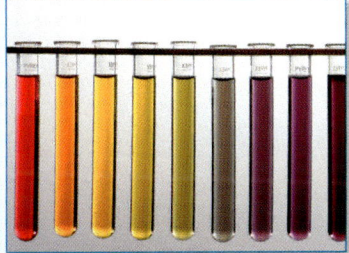

L'acidité des solutions se mesure à l'aide de l'échelle de pH.

Les acides et les bases réagissent ensemble dans des réactions de neutralisation.

La technologie peut aider à réduire les émissions des industries et des véhicules qui causent les précipitations acides.

ÉVEILLE-TOI AUX SCIENCES

SUDBURY REVERDIT

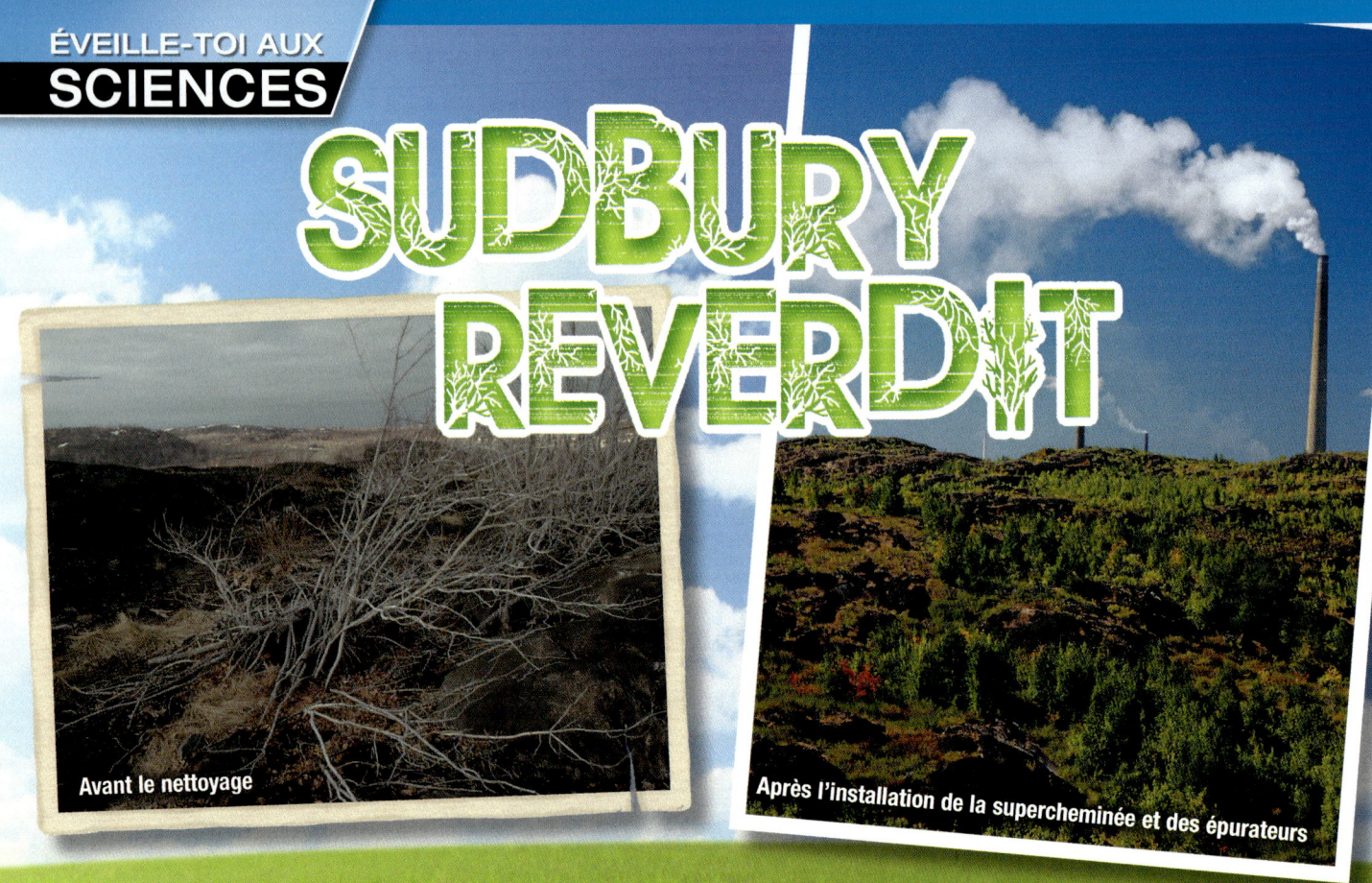

Avant le nettoyage

Après l'installation de la supercheminée et des épurateurs

Mario Ricci, 70 ans, a vécu et travaillé à Sudbury presque toute sa vie. Quand on lui demande de revenir sur le passé, ses réponses révèlent les changements dont il a été témoin dans sa communauté.

Reporter : Quel âge aviez-vous quand vous avez quitté l'école pour aller travailler ?

M.R. : J'ai quitté l'école après ma huitième année, et je suis allé travailler à la mine de nickel.

Reporter : À cette époque, comment était-ce à Sudbury ?

M.R. : La ville était beaucoup plus petite, mais elle se développait rapidement. Les mines de nickel et la fonderie ont attiré des gens d'un peu partout. J'avais environ six ans quand mes parents sont venus ici pour travailler. Je me souviens que c'était plutôt sale. La plupart des arbres étaient morts. Il n'y avait pas beaucoup de végétation. Mes parents étaient déçus, car ils ne pouvaient pas cultiver des légumes comme ils le faisaient en Italie, leur pays d'origine.

Reporter : Et pourquoi ?

M.R. : À cause de la fumée qui s'échappait des cheminées de la mine. Pour faire fondre le nickel, il fallait le chauffer et y ajouter des produits chimiques. Certains de ces produits s'échappaient de la cheminée. Ils retombaient sur le sol, et ensuite, plus rien ne pouvait pousser. Il y avait aussi beaucoup de cuivre et de nickel dans le sol. Certains ruisseaux avaient une couleur orangée, à cause de tous ces métaux dans l'eau. Bien des gens attrapaient de mauvaises grippes ou des bronchites à cause de la pollution.

Reporter : Quand cela a-t-il commencé à changer ?

M.R. : Quand ils ont construit la supercheminée en 1972. C'est la deuxième plus haute cheminée industrielle au monde, vous savez ! Ils ont aussi installé des épurateurs dans les cheminées, pour retirer une partie des produits chimiques de la fumée.

Reporter : Quelle différence cela a-t-il fait ?

M.R. : Il y avait moins de substances toxiques qui retombaient sur le sol. Cela a pris un certain temps, mais au bout de quelques années, la végétation a recommencé à pousser. On a aussi planté des millions d'arbres. Toutefois, d'autres villes se sont plaintes que la fumée se rendait désormais dans leur région.

Reporter : Que pensez-vous de la région de Sudbury maintenant ?

M.R. : Maintenant, il y a de beaux endroits. L'été, nous avons des arbres et de la verdure. C'est beaucoup plus agréable de se promener et de prendre l'air.

> Les substances acides ont-elles eu des effets sur l'environnement où tu vis ? Y a-t-il eu un changement positif ou négatif ? D'où venaient les substances chimiques ? Étaient-elles naturelles ou anthropiques ?

QU'EN PENSES-TU ?

Beaucoup des notions que tu vas explorer dans ce chapitre sont des notions que tu as déjà abordées. Tu pourrais en avoir entendu parler à l'école, à la maison ou autour de toi. Les énoncés ci-dessous ne sont pas tous vrais. Examine chacun et détermine si tu es d'accord ou non.

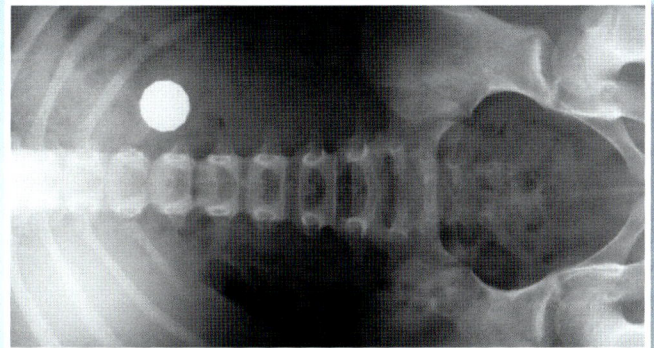

1 L'acide gastrique peut dissoudre des métaux comme cette pièce de monnaie dans l'estomac d'un enfant.
D'accord / En désaccord

4 Nous contribuons toutes et tous à la production des précipitations acides.
D'accord / En désaccord

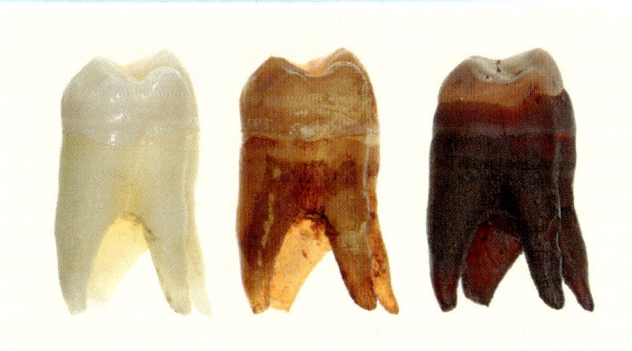

2 Même les boissons gazeuses faibles en calories peuvent causer la carie dentaire.
D'accord / En désaccord

5 Les médicaments pour soulager les brûlures d'estomac rafraîchissent l'estomac.
D'accord / En désaccord

3 Tous les acides sont dangereux.
D'accord / En désaccord

6 Les boissons gazeuses peuvent rendre les produits de débouchage renversés moins dangereux.
D'accord / En désaccord

HALTE ÉCRITURE

Rédiger un rapport scientifique

COUP DE POUCE ÉCRITURE

Au fil de ce chapitre, prête attention aux rubriques Coup de pouce. Elles vont t'aider à élaborer des stratégies de littératie.

Quand tu rédiges un rapport scientifique, tu utilises une présentation normalisée et des titres logiques qui expliquent l'objectif, la marche à suivre et les résultats de ta recherche. Sers-toi des stratégies indiquées en marge du rapport ci-dessous pour t'aider.

Les propriétés des composés ioniques et moléculaires

Question de recherche

> *Définis ton objectif, ta question et ton hypothèse de manière concise.*

Les substances suivantes sont-elles des composés ioniques ou moléculaires : acide laurique, $C_{12}H_{24}O_2$; hydrogénocarbonate de sodium, $NaHCO_3$; glucose, $C_6H_{12}O_6$; chlorure de potassium, KCl ?

Hypothèse et prédiction

L'acide laurique et le glucose sont des composés moléculaires car leurs éléments sont tous des non-métaux. Le chlorure de potassium est un composé ionique car il contient un métal et un non-métal ; l'hydrogénocarbonate de sodium aussi, puisqu'il contient un ion hydrogénocarbonate.

Plan d'expérience

> *Décris brièvement l'expérience.*

Chaque substance va être mélangée avec de l'eau pour voir si elle se dissout. La conductivité de chaque solution va être vérifiée. Le point de fusion de chaque substance va être déterminé.

Matériel

> *Indique le matériel requis pour mener l'expérience.*

- lunettes de protection
- tablier de laboratoire
- 4 petites éprouvettes avec bouchon
- support à éprouvettes
- conductimètre
- acide laurique, $C_{12}H_{24}O_2$
- hydrogénocarbonate de sodium, $NaHCO_3$
- plaque à puits
- glucose, $C_6H_{12}O_6$
- chlorure de potassium, KCl
- eau

Marche à suivre

> *Dresse une liste numérotée pour décrire chaque étape de la marche à suivre.*
>
> *Emploie l'infinitif et un ton objectif.*

1. Mettre les lunettes de protection et le tablier.
2. Placer une petite quantité de chaque solide dans une éprouvette différente.
3. Remplir chaque éprouvette à moitié d'eau, la boucher et la retourner pour mélanger les substances.
4. Noter les observations sur la dissolution des solides.
5. Verser une petite quantité de chaque liquide dans un puits différent de la plaque.
6. Tremper le conductimètre dans chaque liquide.
7. Noter les observations sur la conductivité de chaque liquide.
8. Trouver le point de fusion de chaque solide dans un livre de référence.

Observations

> *Présente toutes les observations, qu'elles appuient ou non ta prédiction.*

Substance	Se dissout dans l'eau ?	Conductivité	Point de fusion (°C)
acide laurique	non	non	45

Analyse et interprète

> *Évalue à quel point les résultats confirment ton hypothèse.*
>
> *Révise ton brouillon pour en améliorer la structure et le compléter.*

a) L'hydrogénocarbonate de sodium et le chlorure de potassium sont les seuls composés ioniques car, une fois dissous dans l'eau, ils étaient conducteurs d'électricité.

RÉALISE UNE ACTIVITÉ 7.1

Classe les acides et les bases

Les acides et les bases sont deux classes de substances chimiques qui jouent un rôle important dans plusieurs produits de consommation et problèmes environnementaux. Dans cette activité, tu vas préparer et effectuer cinq tests sur deux acides typiques (acide chlorhydrique et acide acétique) et deux bases typiques (hydroxyde de sodium et hydroxyde de calcium). Cela va t'aider à reconnaître certaines propriétés caractéristiques des acides et des bases.

HABILETÉS
- Se poser une question
- Formuler une hypothèse
- Prédire le résultat
- Planifier
- Contrôler les variables
- Exécuter
- Observer
- Analyser
- Évaluer
- Communiquer

Objectif
Observer les propriétés caractéristiques des acides et des bases.

Matériel
- lunettes de protection
- tablier de laboratoire
- plaque à puits
- pinces
- conductimètre
- bande de magnésium (0,5 cm)
- cure-dents
- bicarbonate de soude, $NaHCO_{3(s)}$
- papier tournesol rouge
- papier tournesol bleu
- bouteilles compte-gouttes contenant
  - de l'eau distillée
  - du bleu de bromothymol
  - de l'acide chlorhydrique dilué, $HCl_{(aq)}$
  - de l'acide acétique dilué, $HC_2H_3O_{2(aq)}$
  - une solution d'hydroxyde de sodium dilué, $NaOH_{(aq)}$
  - une solution d'hydroxyde de calcium dilué, $Ca(OH)_{2(aq)}$
- des acides et des bases non identifiés

 Les acides et les bases utilisés dans cette expérience sont corrosifs. Des éclaboussures d'hydroxyde de sodium dans les yeux peuvent rendre aveugle. Rince immédiatement à l'eau froide toute éclaboussure sur la peau, les yeux ou les vêtements. Avise ton enseignante ou ton enseignant de tout incident.

Marche à suivre

 LA BOÎTE À OUTILS 1.B., 2.B.

Partie A : Les substances identifiées

1. Écris en détail la marche à suivre pour effectuer chacun de ces tests, en indiquant chaque étape :
   i)   conductivité électrique
   ii) réaction avec le magnésium
   iii) réaction avec le bicarbonate de soude
   iv) couleur obtenue avec le bleu de bromothymol
   v)   effet observé sur les papiers tournesol rouge et bleu

   Tu vas tester l'acide chlorhydrique, l'acide acétique, l'hydroxyde de sodium et l'hydroxyde de calcium. Utilise le matériel ci-contre. Mentionne toute mesure de sécurité à suivre. Tous les tests doivent être effectués dans la plaque à puits.

2. Fais un tableau pour noter tes observations.

3. Avec l'approbation de ton enseignante ou de ton enseignant, effectue les tests. Note tes observations.

Partie B : Les substances non identifiées

4. Ton enseignante ou ton enseignant va te fournir plusieurs solutions non identifiées.

5. Choisis deux tests chimiques qui te semblent convenir le mieux pour distinguer les acides des bases. Prépare et effectue ces tests pour classer chaque substance inconnue dans les acides ou dans les bases. Note tes observations.

6. Débarrasse-toi de toutes les substances selon les directives.

Analyse et interprète

a) Résume les propriétés des acides et des bases.
b) Classe tes substances non identifiées dans les acides ou dans les bases. Explique ta classification.

7.2 Les propriétés, les noms et les formules

Les jeunes enfants aiment explorer des objets en les mettant dans leur bouche. Parfois, au grand désespoir des parents, l'objet est avalé ! Les pièces de monnaie sont les corps étrangers les plus souvent avalés par les jeunes enfants (figure 1). Une fois dans l'estomac, la pièce de monnaie baigne dans un mélange corrosif d'acide chlorhydrique et d'autres sucs digestifs.

La concentration de l'acide chlorhydrique est à peu près la même dans ton estomac que celle de l'acide chlorhydrique utilisé dans l'activité 7.1. À ton avis, qu'arrive-t-il à la pièce de monnaie ?

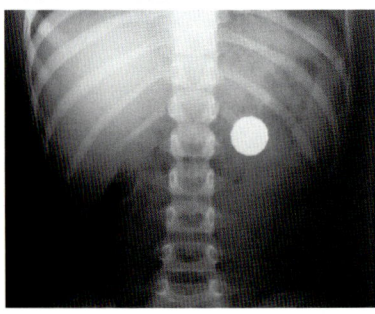

Figure 1 Le disque blanc au centre de cette radiographie est une pièce de monnaie dans l'estomac d'un jeune enfant.

acide solution aqueuse qui conduit l'électricité, a un goût aigre, donne une couleur rouge au papier tournesol bleu et neutralise les bases

Les scientifiques des produits alimentaires s'intéressent beaucoup à l'augmentation de la durée de conservation des aliments. Pour en savoir plus sur cette carrière :

Les propriétés des acides

Quelles sont les propriétés des acides ? Les **acides** sont des substances qui réagissent avec les métaux et les carbonates, conduisent l'électricité, donnent une couleur rouge au papier tournesol bleu et neutralisent les bases. Ils ont un goût aigre, mais tu ne dois *jamais* goûter à une substance chimique dans le laboratoire de chimie.

Les acides sont souvent utilisés comme agents de conservation. Les micro-organismes nuisibles ne peuvent pas survivre dans l'acide. Les acides comme le vinaigre ou le jus de citron permettent donc de conserver les aliments. Les marinades et le ketchup se conservent longtemps parce qu'ils contiennent beaucoup de vinaigre.

La réaction avec les métaux

Dans l'activité 7.1, tu as vu comment les acides ont réagi avec le magnésium pour former des bulles de gaz. Si tu devais identifier le gaz produit à l'aide d'une éclisse enflammée, tu découvrirais que c'est de l'hydrogène. Quand les acides réagissent avec des métaux, ils produisent typiquement de l'hydrogène. Les équations nominative et chimique qui décrivent la réaction de l'acide chlorhydrique, $HCl_{(aq)}$, avec le zinc sont :

acide chlorhydrique + zinc → gaz hydrogène + chlorure de zinc

$$2\ HCl_{(aq)} + Zn_{(s)} \rightarrow H_{2(g)} + ZnCl_{2(aq)}$$

COUP DE POUCE
ÉCRITURE

Rédiger un rapport scientifique
Quand tu rédiges un rapport scientifique, demande-toi à quelle question tu dois répondre. Par exemple, si le but du rapport est d'identifier le gaz produit par la réaction d'un acide avec un métal, tu peux te demander : « Quel gaz est produit lorsque l'acide chlorhydrique réagit avec le magnésium ? »

La réaction avec les carbonates

Les acides ont une autre réaction caractéristique : ils réagissent avec les composés de carbonate en produisant des bulles de dioxyde de carbone, un gaz. Tu as déjà vu cette réaction si tu as utilisé du vinaigre et du bicarbonate de soude pour déboucher un drain d'évier (figure 2). Comme tu le sais, le nom chimique du vinaigre est « acide acétique », et celui du bicarbonate de soude, « hydrogénocarbonate de sodium ». Les équations de cette réaction sont les suivantes :

acide acétique + hydrogénocarbonate de sodium → dioxyde de carbone + eau + acétate de sodium

$$HC_2H_3O_{2(aq)} + NaHCO_{3(aq)} \rightarrow CO_{2(g)} + H_2O_{(l)} + NaC_2H_3O_{2(aq)}$$

Figure 2 (a) Les acides réagissent avec les composés qui contiennent des ions carbonate. (b) Les bulles sont produites par la réaction du vinaigre (acide acétique) avec le bicarbonate de soude (hydrogénocarbonate de sodium).

La conductivité électrique

De nombreux acides sont de bons conducteurs d'électricité. Une solution ne peut conduire l'électricité que si elle contient des ions. Comme les acides sont des composés moléculaires, ils ne contiennent pas d'ions. Toutefois, des collisions avec les molécules d'eau brisent les molécules d'acide et forment des cations (ions hydrogène) et des anions. L'acide chlorhydrique, par exemple, forme des ions hydrogène et chlorure :

$$HCl_{(aq)} \rightarrow H^+_{(aq)} + Cl^-_{(aq)}$$

Les formules chimiques des acides

Tous les acides produisent au moins un ion hydrogène en se dissolvant dans l'eau. L'acide fluorhydrique, $HF_{(aq)}$, par exemple, forme un ion hydrogène et un ion fluorure :

$$HF_{(aq)} \rightarrow H^+_{(aq)} + F^-_{(aq)}$$

Comme tous les acides forment des ions hydrogène lorsqu'ils sont dissous dans l'eau, les chimistes en ont déduit que c'est ce qui donne leurs propriétés aux acides.

La formule chimique d'un acide commence par un « H » et est habituellement suivie de « $_{(aq)}$ ». C'est parce qu'un acide ne révèle ses propriétés que s'il est dissous dans l'eau. Le chlorure d'hydrogène, par exemple, est un gaz à la température ambiante. Toutefois, si tu en inhales accidentellement, il va se dissoudre dans les liquides de ta gorge et de tes poumons, et former un acide chlorhydrique très corrosif. Fais donc très attention quand tu dois sentir une substance.

Les noms des acides

Il y a deux principaux groupes de composés acides.
Les acides binaires ne contiennent que deux éléments (tableau 1).

Tableau 1 Acides binaires courants

Nom de l'acide	Formule chimique	Usage
acide fluorhydrique	$HF_{(aq)}$	gravures
acide chlorhydrique	$HCl_{(aq)}$	nettoyage du béton
acide bromhydrique	$HBr_{(aq)}$	produits nettoyants
acide sulfhydrique	$H_2S_{(aq)}$	purification des métaux

La plupart des acides courants appartiennent au groupe des oxacides. On les associe aux ions polyatomiques. La seule différence entre leurs formules chimiques est le nombre de leurs ions hydrogène (tableau 2). L'acide phosphorique, $H_3PO_{4(aq)}$, par exemple, est un oxacide associé à un ion phosphate, $PO_4^{3-}_{(aq)}$ (figure 3).

Tableau 2 Oxacides courants et leurs ions polyatomiques

Acide	Formule chimique	Ion associé	Nom de l'ion polyatomique
acide acétique	$HC_2H_3O_{2(aq)}$	$C_2H_3O_2^-_{(aq)}$	acétate
acide nitrique	$HNO_{3(aq)}$	$NO_3^-_{(aq)}$	nitrate
acide carbonique	$H_2CO_{3(aq)}$	$CO_3^{2-}_{(aq)}$	carbonate
acide sulfurique	$H_2SO_{4(aq)}$	$SO_4^{2-}_{(aq)}$	sulfate
acide phosphorique	$H_3PO_{4(aq)}$	$PO_4^{3-}_{(aq)}$	phosphate

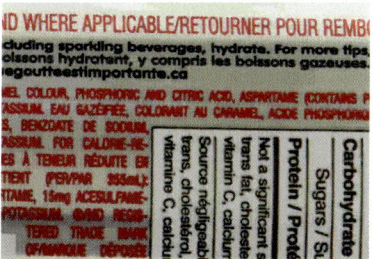

Figure 3 L'acide phosphorique contribue à donner un goût acidulé au cola. Le cola serait très sûr s'il ne contenait pas aussi beaucoup d'édulcorant.

COUP DE POUCE
APPRENTISSAGE

Les formules des oxacides

Dans la formule chimique d'un oxacide, le nombre d'atomes d'hydrogène est égal à la charge de son ion polyatomique. L'ion phosphate PO_4^{3-}, par exemple, a une charge ionique de −3. La formule chimique de l'acide phosphorique s'écrit donc $H_3PO_{4(aq)}$.

base solution aqueuse qui conduit l'électricité et donne une couleur bleue au papier tournesol rouge

LE SAVAIS-TU ?
Des cendres alcalines
Le mot « alcalin » est parfois employé pour décrire une solution basique. Ce mot vient du terme arabe *al-qaly*, qui signifie « les cendres ». Les cendres résultant de la combustion de végétaux sont depuis longtemps une source de composés basiques. Les premiers colons canadiens utilisaient des cendres de bois comme ingrédient de base pour fabriquer du savon.

Les propriétés des bases

Tout comme les acides, les bases ont un ensemble de propriétés communes. Les **bases** conduisent l'électricité et changent la couleur des indicateurs de pH ; contrairement aux acides, elles sont visqueuses au toucher et ont un goût amer. (Tu ne dois *jamais* goûter aux substances chimiques dans le laboratoire de chimie.)

La conductivité électrique

Les bases sont des électrolytes : leurs solutions sont de bons conducteurs d'électricité. L'hydroxyde de sodium, NaOH, par exemple, est un électrolyte parce qu'il se dissocie complètement en ses ions quand il se dissout dans l'eau :

$$NaOH_{(s)} \rightarrow Na^+_{(aq)} + OH^-_{(aq)}$$

Plusieurs bases courantes sont des composés ioniques ; elles sont composées d'ions (contrairement aux acides, qui sont des composés moléculaires, donc composés de molécules). Quand ces composés se dissolvent dans l'eau, leurs ions sont libérés.

L'hydroxyde de baryum, Ba(OH)$_2$, est un autre exemple de base. À l'état pur, c'est un solide, mais quand on le met dans l'eau, il libère un ion de baryum et *deux* ions hydroxyde :

$$Ba(OH)_{2(s)} \rightarrow Ba^{2+}_{(aq)} + 2\ OH^-_{(aq)}$$

La couleur et les indicateurs de pH

As-tu déjà remarqué que la couleur du thé change quand on y ajoute du jus de citron ? C'est parce que l'acidité du jus de citron modifie légèrement les substances chimiques qui donnent au thé sa couleur distinctive. Plusieurs substances chimiques naturelles et artificielles changent de couleur quand elles sont placées dans des solutions acides ou basiques (figure 4). Une substance qui change de couleur selon l'acidité ou la basicité d'une solution est un **indicateur de pH** (tableau 3).

indicateur de pH substance qui change de couleur selon qu'elle est dans un acide ou dans une base

Pour en savoir plus sur les indicateurs de pH :

Figure 4 Un indicateur de pH change de couleur selon l'acidité ou la basicité d'une solution.

Tableau 3 Couleurs de quelques indicateurs artificiels de pH

Indicateur	Couleur dans une solution acide	Couleur dans une solution basique
bleu de bromothymol	jaune	bleu
phénolphtaléine	incolore	rose
rouge de phénol	jaune	rouge/rose
tournesol	rouge	bleu
méthyl orange	rouge	orange/jaune

COUP DE POUCE — APPRENTISSAGE
Des indicateurs à se rappeler
Tu n'as pas besoin de mémoriser les changements de couleur de la plupart des indicateurs, mais il te sera utile de te rappeler les couleurs obtenues avec la phénolphtaléine et le papier tournesol.

Les noms et les formules chimiques des bases

Plusieurs bases courantes sont des composés ioniques qui contiennent des ions hydroxyde ou carbonate (tableau 4). Souviens-toi qu'un composé ionique contient un ion positif (habituellement un métal) et un non-métal ou un anion polyatomique.

Tableau 4 Quelques bases courantes et leurs usages

Base	Formule chimique	Usage
hydroxyde de sodium	$NaOH_{(aq)}$	fabrication du papier
hydroxyde de calcium	$Ca(OH)_{2(aq)}$	diminuer l'acidité des lacs et du sol
hydroxyde d'ammonium	$NH_4OH_{(aq)}$	nettoyant pour vitres
hydroxyde de magnésium	$Mg(OH)_{2(aq)}$	antiacide
hydroxyde d'aluminium	$Al(OH)_{3(aq)}$	onguents pour les brûlures
hydrogénocarbonate de sodium (bicarbonate de soude)	$NaHCO_{3(aq)}$	employé pour faire lever les pâtisseries ou comme nettoyant abrasif

SIGNET de fin d'unité

Tu vas pouvoir mettre en application ce que tu as appris sur les propriétés des acides et des bases dans l'activité de fin d'unité décrite à la page 300.

EN RÉSUMÉ

- Les acides sont des composés moléculaires. Dans les solutions, les acides réagissent avec les métaux, conduisent l'électricité et changent la couleur des indicateurs de pH.
- Les acides peuvent être binaires ($HCl_{(aq)}$, $HBr_{(aq)}$) ou oxacides ($HNO_{3(aq)}$, $H_2SO_{4(aq)}$).

- Les bases sont des composés ioniques. Plusieurs sont des hydroxydes. Dans une solution aqueuse, elles conduisent l'électricité et changent la couleur des indicateurs de pH.
- Les indicateurs de pH montrent si une solution est acide ou basique.

✓ VÉRIFIE TA COMPRÉHENSION

1. Pourquoi les solutions d'acides et de bases sont-elles souvent de bons conducteurs d'électricité ?

2. Classe les substances ci-dessous dans les acides ou dans les bases.
   a) $KOH_{(aq)}$
   b) $HNO_{3(aq)}$
   c) solution d'hydroxyde de baryum
   d) $KHCO_{3(aq)}$
   e) solution de bicarbonate de soude

3. Écris le nom ou la formule chimique de chaque composé mentionné à la question 2.

4. Quelle partie de la formule chimique d'un acide décrit ses propriétés acides ?

5. Quel ion polyatomique retrouve-t-on le plus souvent dans les bases ?

6. Les personnes boulimiques se forcent parfois à vomir pour éviter de prendre du poids. Pense aux propriétés des substances chimiques de l'estomac. Pourquoi ces personnes ont-elles souvent les dents gâtées ou érodées ?

7. Le liquide contenu dans une pile alcaline peut être corrosif.
   a) Décris un test chimique utile pour déterminer si cette substance est acide ou basique.
   b) Quelles mesures de sécurité dois-tu prendre si tu effectues ce test ?

8. L'acide peut ronger les dents (figure 5). Quels aliments peuvent contribuer à ce problème ? Comment l'éviter ?

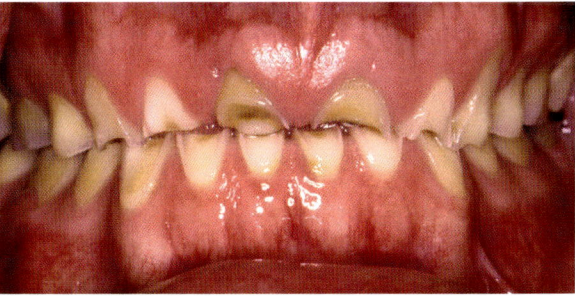

Figure 5

7.3 L'échelle de pH

L'espèce de bactérie qui cause l'acné se nomme *Propionibacterium acnes* (figure 1). Toutes les personnes adultes, qu'elles aient ou non de l'acné, ont des colonies de *P. acnes* sur leur peau. Alors pourquoi l'acné se déclare-t-elle seulement chez certaines personnes? Un des facteurs qui peuvent prévenir l'acné est l'acidité naturelle de ta peau. Cette acidité n'est pas mauvaise pour toi, mais elle est toxique pour les colonies de *P. acnes* et aide à limiter leur croissance.

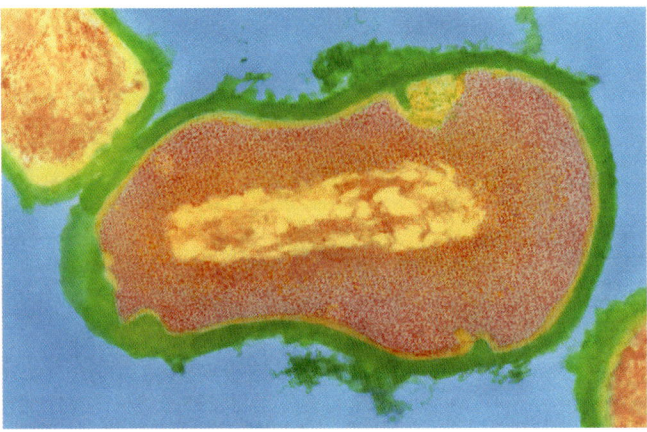

LE SAVAIS-TU?

Trop propre?
Les acides de ta peau sont produits par de « bonnes » bactéries. Les nettoyages fréquents peuvent tuer certaines de ces bactéries, et rendre ta peau moins acide et plus favorable aux bactéries qui causent des maladies. Il est important, comme mesure d'hygiène, de se laver avec du savon, mais il est aussi important de laisser le temps à ta peau de retrouver son acidité normale entre les nettoyages.

Figure 1 La bactérie *Propionibacterium acnes* de la peau peut causer l'acné.

pH mesure de l'acidité ou de la basicité d'une solution

échelle de pH échelle numérique allant de 0 à 14, utilisée pour comparer l'acidité des solutions

neutre ni acide ni basique; pH de 7

Les chimistes mesurent l'acidité d'une solution à l'aide du pH. Tu as peut-être déjà vu ce mot (pH) dans les médias, par exemple dans la publicité d'un produit pour la peau. Le **pH** est la mesure d'acidité ou de basicité d'une solution. L'**échelle de pH** est une échelle numérique des valeurs du pH, de 0 à 14 (figure 2). Le pH d'une solution peut aller de 0 (l'acide d'une batterie d'auto) à 14 (certains produits de débouchage à usage industriel). Une solution qui a un pH de 7 est jugée **neutre**: ni acide, ni basique. Une solution dont le pH est inférieur à 7 est acide; elle est basique si son pH est supérieur à 7. La surface d'une peau saine est légèrement acide, avec un pH de 5,5, ce qui suffit à maîtriser les bactéries de l'acné.

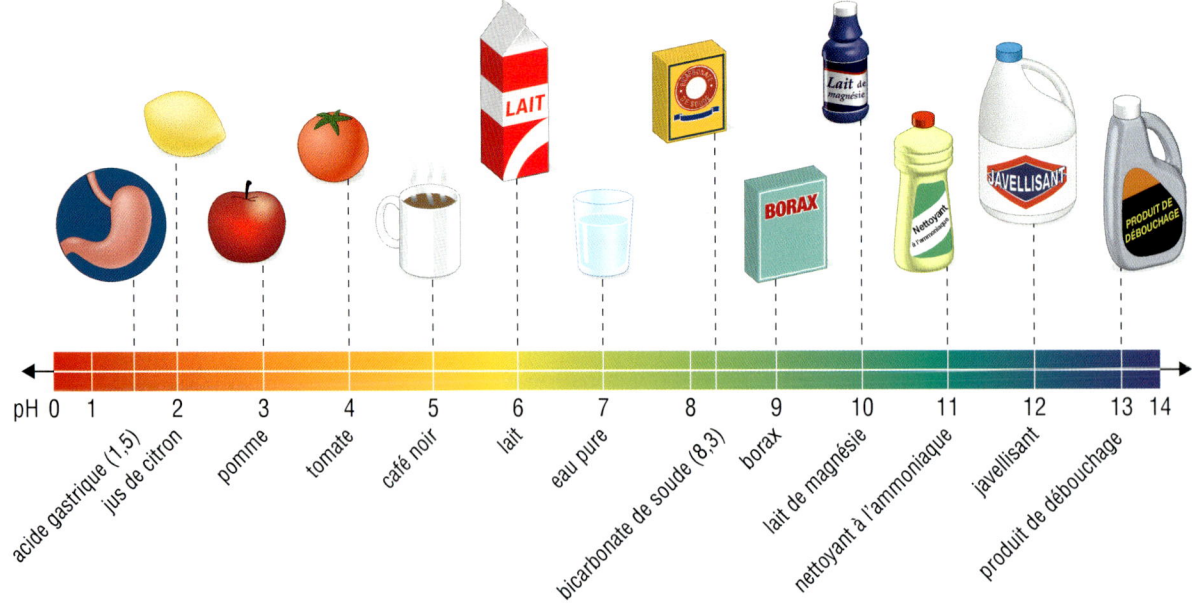

Figure 2 On utilise l'échelle de pH pour comparer la concentration en ions hydrogène d'une grande variété de substances. Les produits de consommation qui se trouvent aux deux extrêmes de l'échelle sont corrosifs et leur étiquette porte un symbole visant les produits ménagers dangereux.

Tu sais que les acides forment des ions hydrogène dans une solution. La concentration de ces ions hydrogène est ce qui détermine le pH d'une solution. Plus la concentration en ions hydrogène est élevée dans une solution, plus celle-ci est acide. Les solutions qui ont la plus grande concentration en ions hydrogène sont situées près de l'extrémité 0 de l'échelle de pH. En d'autres mots, les solutions fortement acides ont un pH très bas.

L'échelle de pH indique aussi la concentration des ions hydroxyde. Les solutions dont le pH est plus élevé que 7 ont une plus grande concentration en ions hydroxyde qu'en ions hydrogène. Par conséquent, les solutions très basiques, comme certains produits de débouchage, sont situées près de l'extrémité 14 de l'échelle de pH. En d'autres mots, les solutions fortement basiques ont un pH élevé.

Les solutions fortement acides ou fortement basiques sont très corrosives et réactives, et doivent être manipulées avec la plus grande précaution. Le terme « basicité » désigne la propriété d'une base, et le terme « acidité » désigne la propriété d'un acide.

Les solutions qui ont un pH de 7 sont dites « neutres », car leurs concentrations en ions hydrogène et en ions hydroxyde sont égales et s'équilibrent mutuellement.

> **COUP DE POUCE**
> **ÉCRITURE**
>
> **Employer le ton juste**
> Emploie un ton sérieux et un style soutenu quand tu rédiges un rapport scientifique. Le rapport doit décrire les détails de ta recherche, et non des détails à ton sujet. Évite les pronoms personnels à la première ou à la deuxième personne comme *je*, *moi*, *nous* ou *vous*, de même que les expressions de réactions, d'opinions ou de sentiments personnels.

SCIENCES EN ACTION — VISUALISER L'ÉCHELLE DE PH

HABILETÉS : observer, communiquer

Dans cette activité, tu vas utiliser un colorant alimentaire pour simuler les variations de pH d'un acide qui est de plus en plus dilué.

Matériel : plaque à puits, micropipette, cure-dents, bouteille de colorant alimentaire avec compte-gouttes, eau

1. Mets une goutte de colorant alimentaire dans les deux premiers puits de la plaque. (La couleur de ce liquide représente un acide chlorhydrique qui a un pH de 0.)
2. À l'aide de la micropipette, ajoute 9 gouttes d'eau du robinet dans le deuxième puits. Le volume total du liquide dans le deuxième puits est maintenant de 10 gouttes.
3. Mélange le contenu du deuxième puits avec le cure-dents. La concentration du colorant alimentaire de ce mélange est le dixième de la concentration originale. (La couleur de ce liquide représente un acide chlorhydrique qui a un pH de 1.)
4. Utilise une nouvelle micropipette pour transférer une goutte du mélange du puits 2 dans le puits 3.
5. Ajoute 9 gouttes d'eau du robinet dans le puits 3 et agite le mélange. (La couleur de ce liquide représente un acide chlorhydrique qui a un pH de 2.)
6. Refais les étapes 4 et 5 trois autres fois en transférant une goutte du puits 3 dans le puits 4, et ainsi de suite.

A. Quel est le pH des solutions qui se trouvent dans les puits 4, 5 et 6 ?
B. Quand tu dilues une solution acide, qu'arrive-t-il à sa concentration ?
C. Quand tu dilues une solution acide, qu'arrive-t-il à son pH ?

Le pH dans la vie quotidienne

Le pH des solutions a souvent des effets importants dans notre corps et dans le monde en général. Quand nous comprenons les effets des acides et des bases, nous pouvons les utiliser pour résoudre toutes sortes de problèmes.

Le pH et le sol

Le pH du sol peut varier considérablement. Cela dépend du type de roches présentes dans la région, des espèces de plantes qui y poussent, et des matières ajoutées au sol par les êtres humains. Les diverses espèces de plantes poussent mieux dans différentes conditions d'acidité du sol. Certaines légumineuses, comme les fèves et le trèfle, poussent bien dans un sol légèrement basique (pH de 7 à 10). Le maïs exige des sols moyennement acides (pH de 5 ou 6) (figure 3). Les pommes de terre préfèrent les sols acides dont le pH est inférieur à 5.

Figure 3 Les agricultrices et agriculteurs surveillent et ajustent le pH du sol afin d'obtenir le meilleur rendement possible de leurs cultures.

LE SAVAIS-TU ?

Des océans acides
Le dioxyde de carbone réagit avec la pluie pour former un acide carbonique très dilué. Depuis quelques années, la concentration du dioxyde de carbone dans l'atmosphère a augmenté. La pluie est donc plus acide. Graduellement, les océans deviennent aussi plus acides. Cela représente un problème écologique sérieux.

lixiviation acide processus visant à retirer les métaux lourds des sols contaminés en ajoutant une solution acide au sol et en captant la solution qui s'en échappe

Le pH du sol peut parfois être modifié pour améliorer les conditions de croissance. L'ajout de compost (matière organique en décomposition) ou de sulfate d'aluminium, par exemple, augmente l'acidité des sols. On peut augmenter le pH d'un sol en y incorporant de l'oxyde de calcium (de la chaux).

LES MÉTAUX TOXIQUES DANS LE SOL

Au Canada, il y a des milliers de sites où le sol, autrefois propre, est maintenant contaminé par des substances chimiques toxiques. Beaucoup de ces contaminants sont des métaux. Le cadmium, par exemple, provient de batteries et de piles enfouies dans le sol. D'autres métaux proviennent d'activités industrielles. Près d'une usine où on a déjà transformé du plomb, par exemple, la concentration de plomb dans le sol est parfois anormalement élevée. Il existe une technique pour traiter ce type de sol : la **lixiviation acide**. On retire d'abord le sol contaminé du site, puis on l'acidifie afin de dissoudre les contaminants métalliques. Ensuite, on le rince. Le sol nettoyé peut être retourné au site. Toutefois, ce procédé coûte cher et perturbe fortement les écosystèmes locaux.

Heureusement, il y a un meilleur moyen ! Les scientifiques ont découvert que certaines plantes agissent comme des « éponges » naturelles avec les métaux toxiques. Pendant leur croissance, ces plantes absorbent les métaux du sol (figure 4). Il ne reste qu'à récolter les plantes et à les brûler. Les métaux présents dans les cendres sont ensuite recyclés. Ce procédé, qui consiste à retirer les produits toxiques du sol au moyen de plantes, est appelé « phytoremédiation ».

Figure 4 Des scientifiques de l'Université de Guelph ont découvert que les géraniums se prêtent bien à la phytoremédiation.

Figure 5 Ce produit ménager est très corrosif. Il doit être utilisé avec prudence. L'étiquette indique que ce produit ne doit pas être mélangé à d'autres produits de nettoyage.

Pour en savoir plus sur les symboles visant les produits ménagers dangereux :

Le pH et les produits de consommation

De nombreux produits cosmétiques et shampooings sont élaborés de façon à avoir un pH près du point neutre. D'autres produits, par contre, sont loin d'être neutres. De nombreux produits de nettoyage ont des concentrations élevées en ions hydroxyde. Ils sont très corrosifs, ce qui les rend efficaces pour le nettoyage, mais possiblement dangereux pour la peau et les yeux. Afin de prévenir les consommatrices et consommateurs de ce danger, un symbole visant les produits ménagers dangereux figure sur l'étiquette des produits qui ont un pH très élevé ou très bas (figure 5).

Le pH et l'eau des piscines

L'entretien d'une piscine exige une surveillance constante du pH de l'eau. Idéalement, l'eau d'une piscine devrait avoir un pH se situant entre 7,2 et 7,8 (figure 6). Si le pH est inférieur de beaucoup à 7, l'eau de la piscine irritera les yeux. S'il est au-dessus de 8, l'eau va devenir trouble et irritante, et les composés de chlorure utilisés pour la désinfection vont perdre de leur efficacité. De nombreux propriétaires de piscine contrôlent le pH de l'eau au moyen d'une trousse d'analyse du pH. On ajoute souvent de l'acide chlorhydrique (parfois appelé « acide muriatique ») dans l'eau de la piscine pour réduire un pH trop élevé. À l'inverse, on peut ajouter des produits contenant du carbonate de sodium pour augmenter un pH qui est trop bas.

Figure 6 Le pH de l'eau de piscine doit être surveillé et ajusté régulièrement.

EN RÉSUMÉ

- Le pH indique le degré d'acidité ou de basicité d'une solution.
- Les solutions dont le pH est de 7 sont neutres. Plus le pH est bas, plus la solution est acide. Plus le pH est élevé, plus la solution est basique.
- Les solutions très acides ou très basiques sont corrosives et réactives. Elles doivent être manipulées avec précaution.
- Les êtres vivants sont sensibles aux légères variations du pH dans leur milieu.

VÉRIFIE TA COMPRÉHENSION

1. a) Décris une idée que tu avais déjà concernant le pH avant de commencer à lire cette section.
   b) Quand et où as-tu entendu parler de cette idée pour la première fois ?
   c) En quoi ton idée concernant le pH a-t-elle changé ?

2. Réfère-toi à la figure 2 et indique le pH de ces substances :
   a) jus de citron
   b) lait de magnésie
   c) borax

3. Classe chacune des solutions ci-dessous dans une de ces catégories : fortement acide, légèrement acide, neutre, légèrement basique ou fortement basique :
   a) une solution dont le pH est de 13
   b) une solution dont le pH est de 6
   c) une solution dont le pH est de 1
   d) l'humidité sur ta peau
   e) l'eau d'une piscine (dans des conditions idéales)

4. a) Classe les substances suivantes par ordre croissant d'acidité : bicarbonate de soude, tomate, acide gastrique, javellisant, café noir, eau pure.
   b) Indique le pH des substances que tu viens de classer.

5. Comment utilisons-nous des acides ou des bases pour :
   a) retirer des métaux lourds du sol ?
   b) augmenter le rendement des récoltes ?
   c) prévenir la croissance de micro-organismes dans les piscines ?

6. Pourquoi doit-on garder les produits ménagers dans leur contenant d'origine ?

7. Trouve chez toi des produits de consommation dont l'étiquette porte un symbole de mise en garde qui avise les gens que ce produit est corrosif (figure 5).
   a) Dans quelle(s) pièce(s) la majorité de ces produits se trouvaient-ils ?
   b) En te basant seulement sur l'information donnée sur leurs étiquettes, essaie de classer ces produits dans les substances acides ou basiques. Attention : n'ouvre aucun des contenants.

8. Les entreprises qui fabriquent des crèmes pour la peau soutiennent parfois que leurs crèmes ont un « pH équilibré », même si le pH n'est pas de 7. Que veulent dire ces entreprises quand elles emploient l'expression « pH équilibré » ?

9. Quels avantages présente la phytoremédiation comparée à la lixiviation acide, dans le traitement des sols contaminés ?

10. Des expériences ont démontré que nos dents commencent à perdre des minéraux à un pH de 5,5 ou un pH moins élevé. Comment peux-tu adapter ton alimentation pour minimiser ces pertes de minéraux ?

7.4 RÉALISE UNE ACTIVITÉ

Le pH dans les produits ménagers

Dans l'activité 7.1, tu as observé les changements de couleur d'un indicateur de pH (le bleu de bromothymol) pour reconnaître des substances acides ou basiques. Le bleu de bromothymol est un indicateur de pH artificiel. Il existe aussi des indicateurs naturels, comme le jus de chou rouge. Certains indicateurs de pH changent de couleur lorsque le pH atteint un degré spécifique. Par exemple, le bleu de bromothymol est jaune dans l'acide, et devient vert lorsque le pH atteint 7. La phénolphtaléine est incolore dans l'acide, et devient rose lorsque le pH atteint 9. D'autres indicateurs, comme les solutions d'indicateur universel ou le jus de chou rouge, changent graduellement de couleur en suivant les variations du pH. C'est parce que les différentes substances qui les composent changent de couleur à des degrés différents de pH.

Dans cette activité, tu vas comparer l'efficacité d'une solution d'indicateur universel à celle du jus de chou rouge pour déterminer le pH de plusieurs produits ménagers. Pour y arriver, tu vas tester des solutions qui ont un pH de 1, 3, 5, 7, 9, 11 et 13, à l'aide d'une solution d'indicateur universel et d'un extrait de chou rouge. Tu vas ensuite utiliser les couleurs observées comme barèmes pour déterminer le pH de solutions de produits ménagers courants.

HABILETÉS
- Se poser une question
- Formuler une hypothèse
- Prédire le résultat
- Planifier
- Contrôler les variables
- Exécuter
- Observer
- Analyser
- Évaluer
- Communiquer

COUP DE POUCE
ÉCRITURE

Noter ses observations

Prépare un tableau pour y noter des renseignements. Utilise la notation scientifique ou des unités de mesure précises dans les en-têtes de tes colonnes. Si tu le juges approprié, note d'abord les observations les plus importantes, et termine avec les moins importantes.

Objectif

Comparer l'efficacité d'un indicateur naturel (extrait de chou rouge) à celle d'une solution d'indicateur universel pour déterminer le pH de produits ménagers.

Matériel

- lunettes de protection
- tablier de laboratoire
- deux plaques de 24 puits
- compte-gouttes
- un pH-mètre (facultatif)
- trousse d'analyse de pH pour piscine (facultatif)
- extrait préparé de chou rouge
- bouteilles compte-gouttes contenant
  - des solutions préparées de pH 1, 3, 5, 7, 9, 11 et 13
  - une solution d'indicateur universel
- béchers de 100 ml contenant des solutions de produits ménagers (munis de compte-gouttes) et étiquetés I, II, III, etc.

 Certains produits acides ou basiques utilisés dans cette expérience sont corrosifs. Rince immédiatement à l'eau froide toute éclaboussure sur la peau, les yeux ou les vêtements. Avise ton enseignante ou ton enseignant de tout incident.

Marche à suivre

LA BOÎTE À OUTILS
3.B.6., 6.B.

1. Lis les directives de la partie A et de la partie B. Prépare un tableau pour y noter tes observations.
2. Mets tes lunettes et ton tablier.

Partie A : Les changements de couleur observés

3. Identifie un ensemble de sept puits « extrait de chou rouge ». Identifie un autre ensemble de sept puits « indicateur universel ». Identifie ensuite chaque série de puits : 1, 3, 5, 7, 9, 11 et 13.
4. Verse deux gouttes d'extrait de chou rouge dans chacun des sept puits correspondants. Utilise un compte-gouttes propre pour chaque solution que tu vas tester.
5. Verse deux gouttes d'indicateur universel dans chacun des sept puits correspondants (figure 1).
6. Ajoute deux gouttes de la solution de pH 1 dans le premier puits de chaque indicateur. Note tes observations.

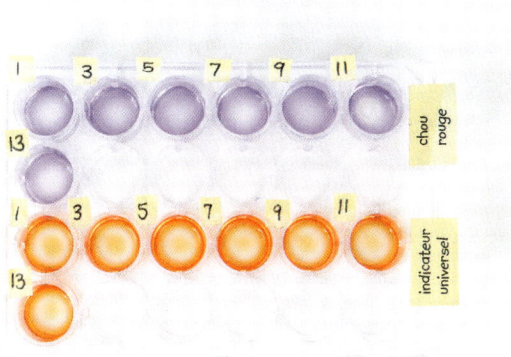

Figure 1 Verse d'abord deux gouttes de chaque indicateur dans l'ensemble de puits correspondant.

7. Ajoute deux gouttes de la solution de pH 3 dans le deuxième puits de chaque indicateur. Note de nouveau tes observations.

8. Fais la même chose avec les solutions de pH 5, 7, 9, 11 et 13. Note les changements de couleur, et les valeurs de pH où ils se produisent.

9. Garde le contenu de la plaque à puits pour la partie B.

Partie B : Déterminer le pH de produits ménagers

Rappelle-toi que tu ne dois jamais consommer quoi que ce soit pendant une activité de laboratoire.

10. Procure-toi une autre plaque à puits.

11. Verse deux gouttes d'extrait de chou rouge dans chaque puits de la première rangée de cette plaque.

12. Verse deux gouttes d'indicateur universel dans chaque puits de la deuxième rangée de cette plaque.

13. Ajoute deux gouttes du premier produit ménager (I) dans le premier puits de la première rangée (chou rouge). Note tout changement de couleur.

14. Ajoute deux gouttes du produit ménager (I) dans le premier puits de la deuxième rangée (indicateur universel). Note tout changement de couleur et compare les couleurs avec celles obtenues à la partie A.

15. Répète les étapes 12 et 13 avec les autres produits ménagers : II, III et ainsi de suite. Utilise chaque fois un puits différent.

16. Débarrasse-toi du contenu des deux plaques selon les directives de ton enseignante ou de ton enseignant. Nettoie ton poste de travail et lave-toi les mains.

Analyse et interprète

a) Détermine le pH de chacun des produits ménagers, d'après l'extrait de chou rouge, en te référant à la plaque à puits de la partie A. Indique la position de chaque produit sur l'échelle de pH (voir la figure 2 de la section 7.3).

b) Détermine le pH de chacun des produits ménagers, d'après l'indicateur universel, en te référant à la plaque à puits de la partie A.

c) Classe chacune des substances dans la catégorie des acides ou des bases.

d) Quels produits ménagers ont été difficiles à classer ? Pourquoi ?

e) L'extrait de chou rouge est-il aussi efficace que l'indicateur universel pour indiquer le pH ? Explique ta réponse.

f) Lequel des deux indicateurs permet de déterminer le pH avec le plus de précision ? Explique ton raisonnement.

g) Jusqu'à quel point as-tu pu comparer l'efficacité d'un indicateur naturel (l'extrait de chou rouge) à celle d'un indicateur universel ? Que pourrais-tu faire pour mieux les comparer ?

Approfondis ta démarche

h) Utilise un pH-mètre pour déterminer le pH des produits ménagers. Utilise ces résultats pour évaluer l'efficacité des indicateurs de pH.

i) Mesure le pH d'un échantillon d'eau du robinet avec une trousse d'analyse de pH pour piscine. Utilise de petites quantités des produits chimiques appropriés pour ajuster le pH de l'eau, comme le permet la trousse d'analyse.

j) Trouve d'autres indicateurs naturels de pH. Choisis quelques indicateurs naturels dont les changements de couleur correspondent à une grande variation de la valeur du pH. Mélange-les pour élaborer ton propre indicateur universel. Si tu as le temps, vérifie les changements de couleur en utilisant les solutions de pH de cette activité.

k) En petite équipe, examinez quelques symboles visant les produits ménagers dangereux. Discutez de l'importance d'avoir des renseignements précis sur les étiquettes de ces produits. Si les contenants ne sont pas vides, manipulez-les avec précaution.

7.5 Les réactions de neutralisation

Le 6 juin 2007, les services d'incendie de Niagara Falls ont été appelés sur les lieux d'un accident. Un camion qui transportait de l'hydroxyde de potassium, KOH, venait de heurter un poteau de téléphone, et son chargement corrosif s'était déversé. Quand les pompières et pompiers ont su de quelle substance il s'agissait, ils se sont procuré à l'épicerie 40 grosses bouteilles de cola. On leur avait appris, au cours de leur formation, que le cola est légèrement acide. Ils ont donc neutralisé le déversement avec la boisson gazeuse et ont nettoyé les dégâts avec un produit absorbant semblable à la litière pour chats.

Les pompières et pompiers doivent avoir de bonnes connaissances en chimie pour savoir comment réagir dans les situations urgentes. Pour en savoir plus sur cette carrière :

réaction de neutralisation réaction chimique dans laquelle un acide et une base réagissent pour former un composé ionique (un sel) et de l'eau. Le pH de ce produit est plus près de 7.

Cette réaction de l'hydroxyde de potassium (une base) avec l'acide du cola est un exemple de réaction de neutralisation. Une **réaction de neutralisation** se produit quand un acide et une base réagissent pour former des produits dont le pH est plus près de 7 que celui de chacun des deux réactifs. Ces produits sont habituellement un composé ionique (qu'on appelle parfois « sel ») et de l'eau.

Tu as vu que les acides forment des ions hydrogène dans l'eau, et que la plupart des bases libèrent des ions hydroxyde. Pense à ce qui arrive lorsqu'un acide et une base sont mélangés. Les ions hydrogène et les ions hydroxyde réagissent rapidement pour produire de l'eau (figure 1). Comme tu le sais, l'eau est neutre, avec un pH se situant près de 7.

Les bases ne contiennent pas toutes des ions hydroxyde. Certaines bases, comme le bicarbonate de soude, ont un anion carbonate. Une réaction de neutralisation similaire, mais plus complexe, se produit entre les acides et les bases carbonates. Tu n'as pas besoin de connaître les équations de ces réactions à ce stade de tes études en chimie.

Les réactions de neutralisation ont une grande importance en chimie. On leur trouve de nombreuses applications utiles dans la vie quotidienne et elles ont des effets sur la société et l'environnement.

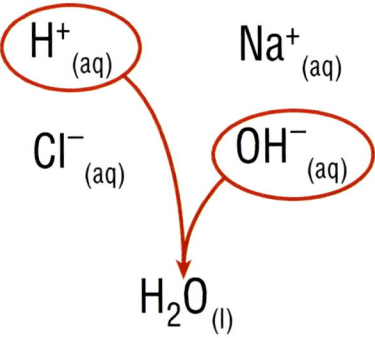

Figure 1 L'ion hydrogène de l'acide et l'ion hydroxyde de la base réagissent et produisent de l'eau.

Prédire quels seront les produits dans une réaction de neutralisation

Si tu connais les réactifs dans une réaction de neutralisation, tu peux prédire quels seront les produits de cette réaction. Examine la réaction de neutralisation entre l'acide chlorhydrique et l'hydroxyde de sodium. Reconnais-tu le modèle de cette réaction ? En voici l'équation chimique :

$$HCl_{(aq)} + NaOH_{(aq)} \rightarrow H_2O_{(l)} + NaCl_{(aq)}$$

Tu peux voir que l'ion sodium du composé $NaOH_{(aq)}$ et l'ion hydrogène du composé $HCl_{(aq)}$ changent de place : c'est une réaction de déplacement double. Les ions sodium et chlorure restent dissous dans l'eau. Si tu fais évaporer l'eau, il restera des cristaux solides de chlorure de sodium.

Appliquons l'équation générale des réactions de déplacement double à cette réaction :

$$HCl_{(aq)} + NaOH_{(aq)} \rightarrow H_2O_{(l)} + NaCl_{(aq)}$$
$$AB + CD \rightarrow AD + CB$$

La formule générale AD correspond à l'eau, puisque la formule chimique H_2O est équivalente à HOH.

Toutes les réactions de neutralisation acide-base sont des réactions de déplacement double. Le composé ionique résultant peut rester dissous dans l'eau, ou former un précipité. Voici l'équation chimique générale d'une réaction de neutralisation :

$$\boxed{\text{acide + base} \rightarrow \text{eau + composé ionique}}$$

Rappelle-toi l'accident rapporté à la page précédente et l'intervention des services d'incendie. Le cola contient de l'acide carbonique, $H_2CO_{3(aq)}$, et de l'acide phosphorique, $H_3PO_{4(aq)}$. L'équation chimique de la neutralisation de l'hydroxyde de potassium avec l'acide phosphorique est :

$$H_3PO_{4(aq)} + 3\ KOH_{(aq)} \rightarrow 3\ H_2O_{(l)} + K_3PO_{4(aq)}$$

Dans cet exemple, le composé ionique produit est le phosphate de potassium, K_3PO_4. Note qu'il faut trois « unités de KOH » pour chaque molécule de H_3PO_4. Pourquoi ? Parce que l'acide phosphorique peut libérer trois ions H^+ dans la solution.

Les applications des réactions de neutralisation

Nous sommes entourés d'acides et de bases. Leurs propriétés sont utiles, mais elles peuvent aussi être dangereuses. Nous pouvons tirer profit des aspects positifs de ces substances chimiques, mais nous devons également en gérer les aspects négatifs.

Les déversements de produits chimiques

L'acide sulfurique et l'hydroxyde de sodium sont deux des produits chimiques les plus utilisés dans l'industrie. Chaque année, des quantités énormes de ces substances corrosives sont transportées par camion, par train ou par bateau. Même si le transport de ces produits chimiques est strictement réglementé, il arrive que des accidents se produisent.

Le 31 mars 2007, un train transportant 150 000 L d'acide sulfurique a déraillé près de Englehart, dans le nord de l'Ontario. Une partie de son chargement s'est déversée dans la rivière Blanche (figure 2). La suite a été un désastre écologique. Des poissons morts s'échouaient sur les rives, et la population de la municipalité a été avertie de ne pas laisser son bétail boire l'eau de la rivière. Heureusement, la ville de Englehart tirait son eau potable de puits artésiens.

L'équipe d'intervention dépêchée sur les lieux a versé de l'oxyde de calcium (de la chaux) dans la rivière, en amont du site de l'accident. L'objectif était de neutraliser l'acide qui s'échappait des wagons-citernes.

Figure 2 De l'acide sulfurique s'est écoulé des wagons-citernes qui ont déraillé près de Englehart, en Ontario.

COUP DE POUCE
APPRENTISSAGE

À prendre avec un grain de sel !
Traditionnellement, les chimistes emploient le mot « sel » quand ils parlent d'un composé ionique. Il se peut donc que tu voies cette équation pour décrire une réaction de neutralisation :

acide + base → eau + sel

Cela ne veut pas dire que le sel de table, NaCl, est nécessairement le produit de ces réactions.

LE SAVAIS-TU ?

La théorie des acides piquants et pointus
Au 17e siècle, des scientifiques croyaient que les acides étaient « piquants » parce que les particules des acides étaient pointues et piquaient la langue. Ils croyaient aussi que la surface des particules des bases était parsemée de trous. Ils ont donc formulé cette hypothèse : dans une réaction de neutralisation, les particules piquantes des acides s'insèrent dans les trous des bases, ce qui a pour effet de lier les deux substances.

LE SAVAIS-TU ?

Les déraillements de train
Selon le Bureau de la sécurité des transports du Canada, il se produit chaque année environ 570 déraillements de train. Plus du quart de ces trains transportent des produits chimiques dangereux. Les probabilités qu'un déraillement entraîne un déversement de produits chimiques sont donc assez élevées.

LE SAVAIS-TU ?

Les réactions chimiques à grande échelle

L'oxyde de calcium (ou chaux) est souvent utilisé pour élever le pH des lacs acidifiés par les précipitations acides.

La stratégie de nettoyage du déversement se basait sur une réaction de neutralisation en deux étapes :

1. L'oxyde de calcium réagit avec l'eau et produit un hydroxyde de calcium basique :

$$CaO_{(s)} + H_2O_{(l)} \rightarrow Ca(OH)_{2(aq)}$$

2. L'hydroxyde de calcium neutralise l'acide sulfurique dans la rivière, et le produit de cette réaction est une solution inoffensive d'eau et de sulfate de calcium :

$$Ca(OH)_{2(s)} + H_2SO_{4(aq)} \rightarrow 2\,H_2O_{(l)} + CaSO_{4(aq)}$$

Tout au long de l'opération, on a surveillé le pH de la rivière en aval du lieu de déversement afin de s'assurer qu'on ajoutait la bonne quantité de chaux à l'eau.

Les antiacides

Ton estomac sécrète une solution d'acide chlorhydrique dont le pH est 1,5. L'acide gastrique est nécessaire à la digestion, mais il peut irriter les parois de l'estomac. Les antiacides procurent un soulagement en neutralisant l'acide gastrique.

Le lait de magnésie, un antiacide typique, contient de l'hydroxyde de magnésium (une base). Il n'est pas très soluble dans l'eau et ne libère qu'une faible concentration d'ions hydroxyde. C'est pourquoi tu peux avaler du lait de magnésie sans subir de brûlure chimique (figure 3). Une fois dans ton estomac, l'hydroxyde de magnésium neutralise l'acidité gastrique :

$$2\,HCl_{(aq)} + Mg(OH)_{2(aq)} \rightarrow 2\,H_2O_{(l)} + MgCl_{2(aq)}$$

Dans les antiacides en poudre, l'ingrédient actif est habituellement de l'hydrogénocarbonate de sodium (bicarbonate de soude), $NaHCO_{3(s)}$:

$$HCl_{(aq)} + NaHCO_{3(aq)} \rightarrow CO_{2(g)} + H_2O_{(l)} + NaCl_{(aq)}$$

Comme tu peux le voir, la réaction de neutralisation entre un acide et une base n'est pas simplement une réaction de déplacement double. Tu n'as pas besoin d'écrire les équations de ce type de réaction.

Figure 3 L'ingrédient actif du lait de magnésie est l'hydroxyde de magnésium.

COUP DE POUCE — ÉCRITURE

Analyse et interprète

Quand tu réponds aux questions de la section « Analyse et interprète » d'une activité ou d'une expérience, explique le lien entre tes réponses et l'objectif de cette activité ou de cette expérience.

SCIENCES EN ACTION — NEUTRALISER UNE SUBSTANCE

HABILETÉS : se poser une question, observer, analyser, communiquer

LA BOÎTE À OUTILS 3.B.7.

Le lait de magnésie peut-il neutraliser efficacement l'acide chlorhydrique ? Dans cette activité, tu vas utiliser un indicateur universel. Les couleurs que tu obtiendras sont : rouge – très acide ; orange/jaune – acide ; vert – neutre ; bleu – basique ; violet – très basique.

Matériel : lunettes de protection, tablier de laboratoire, erlenmeyer de 250 ml, cuiller à thé, eau, lait de magnésie, indicateur universel dans une bouteille compte-gouttes, acide chlorhydrique dilué ($HCl_{(aq)}$) dans une bouteille compte-gouttes

 L'acide chlorhydrique est corrosif. Évite d'en éclabousser ta peau, tes yeux ou tes vêtements. Rince immédiatement à l'eau froide toute éclaboussure, et rapporte-la à ton enseignante ou à ton enseignant.

1. Mets tes lunettes et ton tablier.
2. Verse environ 150 ml d'eau du robinet dans l'erlenmeyer.
3. Ajoute environ un quart de cuillerée à thé de lait de magnésie.
4. Ajoute 5 gouttes d'indicateur universel dans l'erlenmeyer. Fais-le tourner doucement pour mélanger les ingrédients.
5. Tout en continuant à mélanger, ajoute lentement de l'acide chlorhydrique, environ une dizaine de gouttes à la fois.
6. Ajoute de l'acide jusqu'à ce que le mélange devienne vert.
7. Ajoute encore de l'acide (environ 10 gouttes) jusqu'à ce que la solution ne soit plus trouble.

A. Quelle observation t'a indiqué que l'hydroxyde de magnésium avait été complètement neutralisé ?

B. Peux-tu expliquer pourquoi la solution n'était plus trouble à partir de l'étape 7 ?

C. Un remède maison pour les brûlures d'estomac consiste à boire un verre d'eau contenant une cuillerée à thé de bicarbonate de sodium. À ton avis, ce remède est-il efficace ? Pourquoi ?

SIGNET de fin d'unité

Tu vas pouvoir mettre en application ce que tu as appris sur la neutralisation des solutions acides dans l'activité de fin d'unité décrite à la page 300.

EN RÉSUMÉ

- Les acides et les bases réagissent ensemble dans des réactions de neutralisation.
- À la fin d'une réaction de neutralisation, le pH résultant est plus près de 7 (neutre) que les pH des deux réactifs.
- Les produits d'une réaction de neutralisation sont de l'eau et un composé ionique (sel).
- On trouve plusieurs applications aux réactions de neutralisation dans les produits de consommation et en sciences de l'environnement, par exemple dans la restauration de lacs ayant subi les effets des pluies acides.

VÉRIFIE TA COMPRÉHENSION

1. a) Qu'entendons-nous par là quand nous disons qu'une solution est neutre?
   b) Quel est le changement de pH à prévoir si on utilise un acide pour neutraliser une base dont le pH est de 12? CC

2. Écris les équations chimiques de chacune des réactions ci-dessous entre un acide et une base. (Les formules des acides et des bases se trouvent dans les tableaux 1, 2 et 4 de la section 7.2.) CC
   a) acide chlorhydrique et hydroxyde de potassium
   b) acide sulfurique et hydroxyde de potassium

3. a) Dans l'exemple au début de cette section, le cola utilisé par les pompières et pompiers contient de l'acide phosphorique et de l'acide carbonique. Écris l'équation chimique de la neutralisation d'une solution d'hydroxyde de potassium par l'acide carbonique (du cola).
   b) Prédis ce que sera le changement approximatif du pH durant cette réaction. CC HP

4. Quel produit conviendrait le mieux pour neutraliser un déversement important d'acide dans votre laboratoire scolaire : de l'hydroxyde de sodium, ou du bicarbonate de soude? Explique ta réponse. MA

5. La figure 4(a) illustre un mélange rose d'hydroxyde de sodium et d'un indicateur de phénolphtaléine qui est injecté dans un citron. Le citron est ensuite coupé en deux moitiés (figure 4(b)). Explique pourquoi l'intérieur du citron n'est pas rose. HP

6. L'oxyde de calcium, CaO, est une composante fréquente du ciment. En te basant sur ce que tu as appris dans cette section, quelles précautions une briqueteuse ou un briqueteur devrait-il prendre en mélangeant le ciment? Pourquoi? MA

7. Les parties dures des mollusques, des crustacés et des coraux sont surtout constituées de carbonate de calcium. Plusieurs recherches indiquent que la pollution de l'air cause une légère acidification des océans.
   a) Quel type de réaction se produit-il lorsque des acides entrent en contact avec le carbonate de calcium? HP MA
   b) Écris l'équation chimique de la réaction entre l'acide sulfurique et le carbonate de calcium.
   c) Quel effet peut avoir cette réaction sur les écosystèmes de coraux? Explique ta réponse.

8. Les batteries d'accumulateurs au plomb utilisées dans les automobiles contiennent une solution concentrée d'acide sulfurique. Quand ces batteries sont recyclées, l'acide sulfurique est récupéré et neutralisé dans une réaction qui produit de l'eau et du sulfate de sodium. Quel composé peut-on utiliser pour neutraliser l'acide sulfurique et produire du sulfate de sodium? Justifie ton choix en écrivant l'équation chimique de cette réaction. HP

9. Les muscles des poissons contiennent des bases qui donnent au poisson cuit son odeur caractéristique. Selon toi, pourquoi du jus de citron permet-il souvent d'atténuer cette odeur? MA

10. Avec le temps, un dépôt croustillant de carbonate de calcium se forme sur l'élément chauffant d'une bouilloire. Mets à profit ta compréhension des acides et des bases pour suggérer un moyen d'éliminer ce dépôt. MA

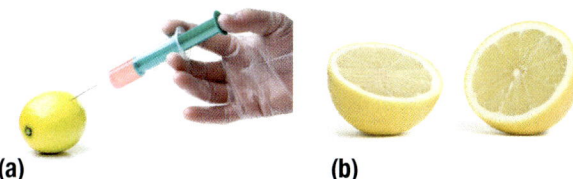

(a)   (b)

Figure 4

7.6 RÉALISE UNE ACTIVITÉ

Analyse un déversement d'acide

Tu fais partie d'une équipe de scientifiques travaillant dans le domaine de l'environnement, et tu dois surveiller l'effet d'un déversement d'acide sulfurique près d'une rivière. Chaque jour, pendant une semaine, tu prélèves un échantillon d'eau de la rivière à un endroit juste en aval du lieu de déversement. Pour comparer l'acidité des échantillons, tu comptes le nombre de gouttes de solution d'hydroxyde de sodium qu'il faut pour neutraliser chaque échantillon. L'équation chimique de cette réaction est :

$$H_2SO_{4(aq)} + 2\,NaOH_{(aq)} \rightarrow 2\,H_2O_{(l)} + Na_2SO_{4(aq)}$$

Tu vas utiliser du bleu de bromothymol pour voir à quel moment les échantillons sont neutralisés (figure 1).

HABILETÉS
- Se poser une question
- Formuler une hypothèse
- Prédire le résultat
- **Planifier**
- **Contrôler les variables**
- **Exécuter**
- **Observer**
- **Analyser**
- **Évaluer**
- **Communiquer**

Figure 1 Le bleu de bromothymol est un indicateur qui est jaune dans une solution acide (à gauche), vert dans une solution neutre, et bleu dans une solution basique (à droite).

Matériel
- lunettes de protection
- tablier de laboratoire
- erlenmeyer de 125 ml
- pH-mètre (facultatif)
- bouteilles compte-gouttes contenant
  - de l'hydroxyde de sodium dilué, $NaOH_{(aq)}$
  - du bleu de bromothymol
- sept échantillons d'eau de rivière contaminée, étiquetés « jour 1 », « jour 2 », etc.

⚠ L'acide sulfurique et l'hydroxyde de sodium sont corrosifs. Des éclaboussures d'hydroxyde de sodium dans les yeux peuvent rendre aveugle. Rince immédiatement avec beaucoup d'eau froide toute éclaboussure sur ta peau ou tes vêtements. Avise ton enseignante ou ton enseignant de tout incident.

Marche à suivre
1. Écris un ensemble d'étapes détaillées à suivre, incluant les mesures de précaution à prendre.
2. Fais un tableau pour y noter tes observations.
3. Avec l'approbation de ton enseignante ou de ton enseignant, réalise ton expérience.

Analyse et interprète

a) Quelles variables devaient demeurer constantes pour que ton expérience soit valable ? **HP**

b) Quelle est la relation entre l'acidité et le nombre de gouttes de solution basique qu'il faut ajouter ? **HP**

c) Fais un graphique pour illustrer le nombre de gouttes d'hydroxyde de sodium que tu as dû ajouter pour neutraliser l'acide, en relation avec le temps (jour 1, jour 2, etc.). **C**

d) Décris la courbe de ton graphique. Que t'indique cette courbe ? **CC HP**

e) Combien de jours a-t-il fallu pour que l'eau de la rivière retrouve un pH neutre ? **HP**

f) Comment l'ajout d'hydroxyde de sodium te permet-il de déterminer l'acidité des échantillons ? **CC HP**

g) Évalue cette méthode de détermination du taux d'acidité. **HP**

Approfondis ta démarche

h) Voici l'équation chimique de la réaction de neutralisation entre l'acide sulfurique et l'hydroxyde de calcium :

$$H_2SO_{4(aq)} + Ca(OH)_{2(aq)} \rightarrow 2\,H_2O_{(l)} + CaSO_{4(s)}$$

Qu'est-ce qui aurait changé dans tes observations si tu avais utilisé de l'hydroxyde de calcium au lieu de l'hydroxyde de sodium ? Pourquoi ? Fais référence aux équations chimiques des deux réactions dans ta réponse. **HP**

i) Si tu disposes d'un pH-mètre, mesure le pH des échantillons d'eau. Note tes observations et trace un graphique. En quoi ce graphique diffère-t-il de celui que tu as tracé à la question c) ? **HP**

SIGNET de fin d'unité

Tu vas pouvoir mettre en application ce que tu as appris sur la détermination du pH dans l'activité de fin d'unité décrite à la page 300.

PRONONCE-TOI SUR UN ENJEU 7.7

Minimiser les risques pour une communauté

Un fabricant de détergent envisage d'ajouter un quart de travail supplémentaire dans son horaire de production à son usine principale de l'Ontario (figure 1). Cela va créer 25 nouveaux emplois, une excellente nouvelle pour la région. Cette nouvelle production demandera plus de matières premières, y compris de l'acide sulfurique concentré. Comment assurer le transport de cet acide sulfurique tout en minimisant les risques pour l'environnement local ?

HABILETÉS
- Définir l'enjeu
- Effectuer une recherche
- Déterminer les options
- Analyser l'enjeu
- Défendre une décision
- Communiquer
- Évaluer

Figure 1 Quelle est la meilleure façon de transporter l'acide sulfurique ?

Enjeu

Tu travailles pour une société de conseil indépendante qui va examiner les solutions possibles. À ton avis, les deux meilleures options sont les suivantes :

- Construire une petite usine de production d'acide sulfurique à proximité de l'usine de détergent. Les coûts de la construction et de la mise en marche sont élevés. La matière première requise pour fabriquer de l'acide sulfurique est le soufre, un produit résiduaire obtenu dans le traitement du nickel. Un producteur de nickel de la région peut fournir gratuitement le soufre. L'entreprise recouvrera son investissement initial après environ cinq ans. Le soufre devra être transporté de la fonderie par camion, et la route passe par la ville.
- Augmenter le volume actuel des livraisons d'acide sulfurique par train. Le fournisseur est situé à une distance de 200 km. Le chemin de fer longe la rivière, qui est la principale source d'eau potable de la ville.

On te demande de présenter ces deux options lors d'une réunion où seront présents le maire de la ville, la députée de la circonscription, un représentant d'un groupe environnementaliste et la présidente de l'entreprise de détergent. Tu dois indiquer les risques et les avantages de chaque option, et en recommander une.

Objectif

Choisir l'option qui répond le mieux aux besoins de la communauté et de l'entreprise dans le respect de l'environnement, et recommander ce choix lors de la réunion.

Collecte de l'information

Travaillez en petites équipes pour vous renseigner sur :
- le procédé de fabrication de l'acide sulfurique ;
- les risques associés à l'entreposage et au transport du soufre et de l'acide sulfurique ;
- les accidents ferroviaires impliquant des produits chimiques dangereux ;
- les moyens de minimiser les risques de chaque option.

Discutez des deux options en comparant leurs risques et leurs avantages respectifs.

Prends une décision

Quelle option recommandes-tu pour approvisionner l'entreprise de détergent en acide sulfurique ? Sur quels critères ton choix est-il basé ?

Communique ton point de vue

Rédige un compte rendu qui sera présenté à la réunion. Ton rapport doit indiquer les avantages et les risques associés à chaque option, et les moyens de minimiser ces risques. Tu dois conclure ton rapport par une recommandation.

GÉNIALES, LES SCIENCES ! ✓TPCL

Une peinture qui combat la pollution

Imagine une ville où les routes et les édifices pourraient neutraliser les polluants acides de l'air par simple contact. Cela semble trop beau pour être vrai ! Et pourtant, cette technologie existe déjà. En Italie et à Hong Kong, des équipes de recherche ont mis au point un revêtement qui combat la pollution et peut être appliqué comme une couche de peinture sur la chaussée et les murs des édifices. Les composés actifs de ce revêtement sont le dioxyde de titane, TiO_2, et le carbonate de calcium, $CaCO_3$. Tu t'es peut-être brossé les dents avec du dioxyde de titane ce matin : c'est un agent de blanchiment souvent utilisé dans les dentifrices. Le carbonate de calcium se trouve dans les roches calcaires, les craies pour écrire au tableau et les comprimés antiacides. Il est facilement disponible, peu coûteux et inoffensif.

Cette technologie de lutte contre la pollution repose sur une propriété unique du dioxyde de titane : il peut absorber le rayonnement ultraviolet du Soleil (figure 1). C'est pourquoi on le retrouve dans plusieurs lotions solaires.

L'énergie absorbée par le dioxyde de titane est transférée aux molécules d'eau en suspension dans l'air qui entrent en contact avec la surface. Il semble que la quantité d'énergie transférée est suffisante pour faire réagir l'eau avec le dioxyde d'azote, un dangereux polluant de l'air. La réaction du dioxyde d'azote avec l'eau produit de l'acide nitrique. Cet acide est ensuite neutralisé par les particules de carbonate de calcium du revêtement.

Le dioxyde de carbone et l'eau produits dans cette réaction retournent dans l'air. La pluie emporte le nitrate de calcium jusqu'au sol, où il est inoffensif. Le dioxyde de titane n'est pas épuisé par cette réaction. Il demeure disponible et continue à absorber et transférer l'énergie indéfiniment.

Des autoroutes et des édifices ont été recouverts de ce produit dans plusieurs villes d'Europe (figure 2). Les entreprises de conception ont fabriqué des panneaux décoratifs qui peuvent être apposés sur les édifices existants ou d'autres surfaces, dans les régions polluées. Là où on utilise cette technologie, la population a immédiatement remarqué une amélioration notable de la qualité de l'air. Elle a raison : des analyses de l'air au niveau du sol ont révélé que les concentrations de dioxyde d'azote avaient diminué de 40 % par rapport aux résultats précédents !

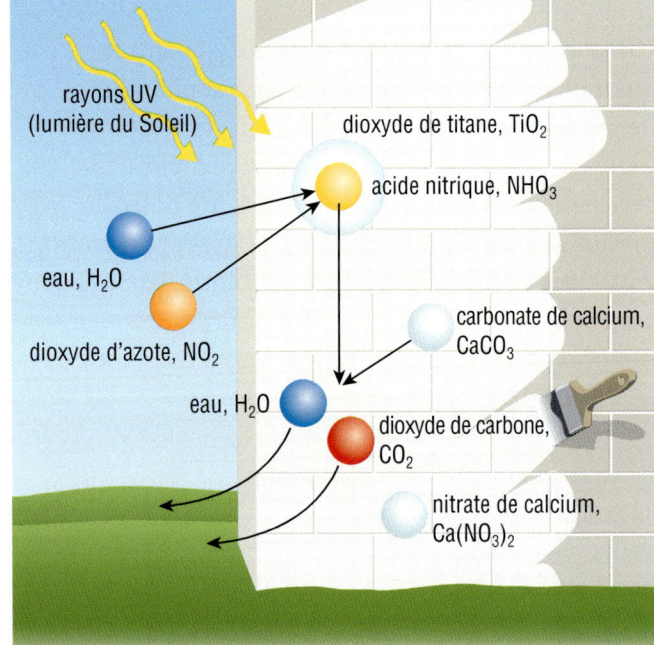

Figure 1 Une suite de réactions transforme le dioxyde d'azote en composés relativement inoffensifs.

Figure 2 Cette église de Rome a été recouverte de ciment blanc qui contient du dioxyde de titane. Ce composé permet à la surface de rester blanche plus longtemps, tout en combattant la pollution.

7.8 Les précipitations acides

L'air qui entre dans tes poumons est composé de millions de molécules. Ces molécules ont probablement déjà circulé dans les poumons ou les vaisseaux sanguins des personnes autour de toi, ou même de gens qui vivent à l'autre bout du monde. Tu partages l'air avec toutes les choses et toutes les personnes qui sont dans le même milieu que toi : les animaux sauvages, les plantes, les automobiles, les lacs, les usines, et même ton chien. L'air est toujours en mouvement et transporte avec lui des choses insoupçonnées : des bactéries, des particules de poussière, de l'humidité, des polluants, etc. Certains de ces polluants sont naturels et d'autres résultent des activités humaines. Certains polluants inquiètent les scientifiques, les environnementalistes et la population en général parce qu'ils contribuent aux précipitations acides (figure 1). Le 20ᵉ siècle a été favorable au développement industriel, mais il a aussi été néfaste pour l'environnement. La croissance industrielle a entraîné la production de grandes quantités de substances chimiques, dont plusieurs ont pollué l'air, le sol et l'eau.

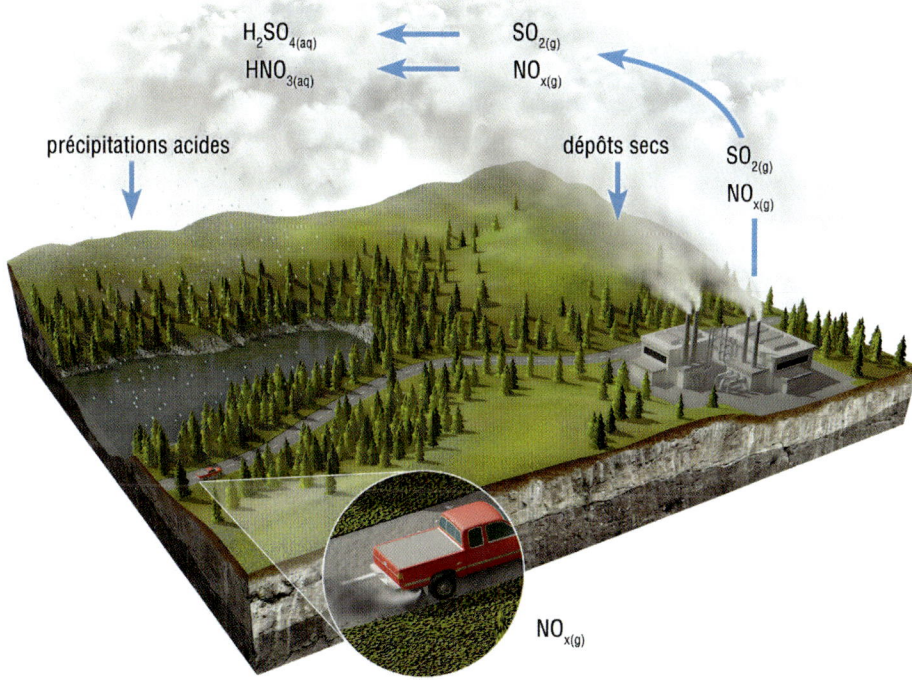

Figure 1 Les émissions de dioxyde de soufre et d'azote se combinent avec l'eau dans l'atmosphère, et forment des acides qui retombent sur terre sous forme de précipitations acides (pluie, neige et grésil). Des polluants acidifiants peuvent aussi tomber directement sur terre sous forme de dépôts secs (particules ou gaz).

Que sont les précipitations acides ?

Le terme **précipitations acides** est employé pour décrire toute forme de précipitations (p. ex., pluie, neige, brouillard) qui est devenue acide après avoir réagi avec des composés présents dans l'atmosphère. Les précipitations acides se forment lorsque certains polluants – dont les plus importants sont des oxydes de soufre et d'azote – se combinent avec l'eau de l'atmosphère avant de tomber sur terre. Les précipitations acides ont un pH inférieur à 5,6, qui est le pH normal de la pluie.

précipitations acides toute précipitation (p. ex., pluie, rosée, grêle) dont le pH est inférieur au pH normal de la pluie, qui est d'environ 5,6

dépôts secs polluants acidifiants qui tombent directement sur terre à l'état sec

Les substances acides peuvent atteindre la terre d'une autre façon : des **dépôts secs** peuvent se former lorsque des polluants acidifiants tombent directement sur des surfaces comme les feuilles ou le sol. Ces particules forment des acides en entrant en contact avec l'eau présente sur ces surfaces.

Les polluants acidifiants

Plusieurs polluants contribuent aux précipitations acides. Les deux polluants les plus préoccupants sont le dioxyde de soufre, SO_2, et les oxydes d'azote, NO_x.

Le dioxyde de soufre, SO_2

Le dioxyde de soufre est un gaz incolore à l'odeur âcre et persistante. La majorité des émissions de dioxyde de soufre au Canada provient des activités industrielles (figure 2). Cela inclut la combustion du charbon pour générer de l'électricité, et les procédés d'extraction et de traitement des métaux. On utilise la fusion pour séparer un métal du minerai extrait du sol. Le minerai est chauffé à de hautes températures et le métal fondu est récupéré. Dans ce procédé, le soufre présent dans le minerai réagit avec l'oxygène de l'air et produit un gaz, le dioxyde de soufre :

$$S_{(s)} + O_{2(g)} \rightarrow SO_{2(g)}$$

La même réaction se produit dans la combustion des combustibles fossiles – qui contiennent généralement du soufre. Aux États-Unis, plus de la moitié de l'électricité est produite en brûlant du charbon. Plus de 50 % des émissions de dioxyde de soufre qui atteignent l'est du Canada viennent des États-Unis (figure 3).

LE SAVAIS-TU ?

Vénus : des pluies extrêmement acides

Il y a tellement d'activité volcanique à la surface de Vénus qu'une bonne partie de cette planète est continuellement recouverte d'un nuage dense et tourbillonnant d'acide sulfurique. C'est un des nombreux défis d'ingénierie auxquels doivent faire face les responsables des missions d'exploration de cette planète lors de la conception de sondes interplanétaires.

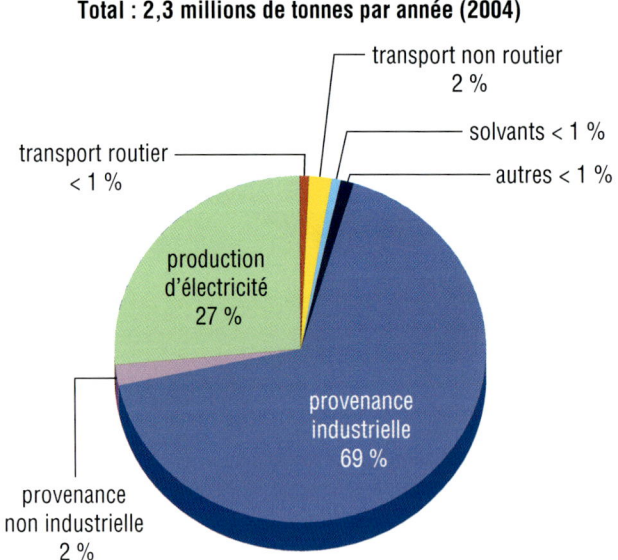

Figure 2 Provenance des émissions de dioxyde de soufre au Canada

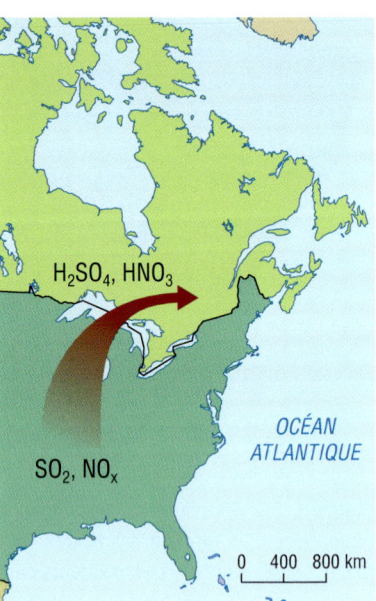

Figure 3 La plupart des polluants acidifiants qui atteignent l'Ontario proviennent des États-Unis.

Une fois dans l'atmosphère, le dioxyde de soufre réagit avec davantage d'oxygène et produit du trioxyde de soufre :

$$2\ SO_{2(g)} + O_{2(g)} \rightarrow 2\ SO_{3(g)}$$

Par la suite, le trioxyde de soufre se combine avec les gouttelettes d'eau de l'atmosphère et forme de l'acide sulfurique :

$$SO_{3(g)} + H_2O_{(l)} \rightarrow H_2SO_{4(aq)}$$

Les oxydes d'azote, NO_x

On utilise la formule générique NO_x pour représenter plusieurs oxydes d'azote, y compris le monoxyde d'azote, NO, et le dioxyde d'azote, NO_2. La majorité des émissions d'oxydes d'azote en Amérique du Nord provient des véhicules qui utilisent des combustibles fossiles, et principalement de l'essence (figure 4).

La température à l'intérieur du moteur à combustion interne d'une automobile ou d'un train est assez élevée pour que l'azote et l'oxygène de l'air réagissent pour former du monoxyde d'azote :

$$N_{2(g)} + O_{2(g)} \rightarrow 2\ NO_{(g)}$$

La technologie antipollution utilisée dans les véhicules récents permet d'inverser cette réaction chimique, et de convertir le monoxyde d'azote en molécules inoffensives d'azote et d'oxygène. Cependant, une certaine quantité de monoxyde d'azote s'échappe tout de même dans l'atmosphère, où il réagit avec d'autres molécules d'oxygène pour produire le dioxyde d'azote, un gaz toxique et roux :

$$2\ NO_{(g)} + O_{2(g)} \rightarrow 2\ NO_{2(g)}$$

À la section 5.1, tu as appris que le dioxyde d'azote est un des gaz qu'on retrouve dans le smog. Dans l'atmosphère, le dioxyde d'azote se combine avec l'eau pour produire de l'acide nitrique et d'autre monoxyde d'azote :

$$3\ NO_{2(g)} + H_2O_{(l)} \rightarrow 2\ HNO_{3(aq)} + NO_{(g)}$$

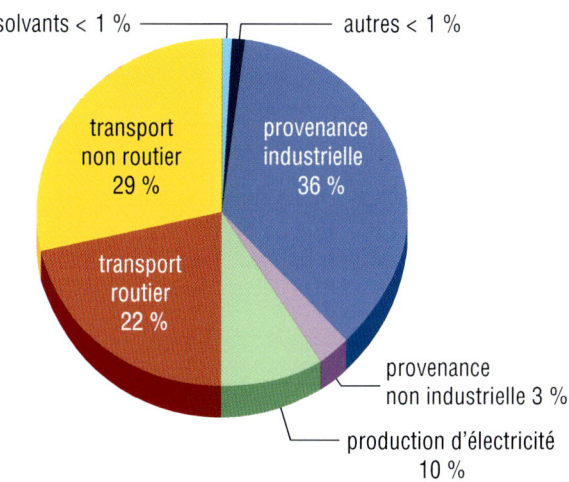

Figure 4 Provenance des émissions d'oxydes d'azote au Canada

Figure 5 Quand l'acidité d'un lac augmente, il y a moins de nourriture disponible pour les huards.

L'impact des précipitations acides sur l'environnement

Les précipitations acides ont des effets importants sur presque tous les écosystèmes de l'Ontario, des terres agricoles aux Grands Lacs.

Les écosystèmes aquatiques

Les espèces aquatiques ont une faible tolérance aux variations du pH de l'eau où elles vivent (figure 5). Quand le pH diminue, les organismes les plus jeunes et les plus fragiles meurent en premier (figure 6). La mort des poissons affecte les organismes situés plus haut dans la chaîne alimentaire. Les prédateurs comme le huard, le balbuzard pêcheur, la loutre et les plus gros poissons doivent trouver d'autres sources de nourriture, ou changer de région pour survivre.

	pH 6,5	pH 6,0	pH 5,5	pH 5,0	pH 4,5	pH 4,0
truite	✓	✓	✓	✓		
achigan	✓	✓	✓			
perche	✓	✓	✓	✓	✓	
grenouille	✓	✓	✓	✓	✓	✓
salamandre	✓	✓	✓	✓		
mye	✓	✓				
écrevisse	✓	✓	✓			
escargot	✓	✓				
éphémère	✓	✓				

Figure 6 À un pH de 5, beaucoup de jeunes poissons ne peuvent pas se développer normalement et de nombreux invertébrés meurent. Certains poissons adultes peuvent tolérer un pH aussi bas que 4, mais ils ne peuvent pas survivre sans nourriture.

LE SAVAIS-TU ?

Des poissons qui meurent de crise cardiaque
L'acidification de l'eau d'un lac peut augmenter la viscosité du sang des poissons. Le sang plus épais devient si difficile à pomper que le poisson peut mourir d'une crise cardiaque.

capacité tampon capacité d'une substance à résister aux variations du pH

Les précipitations acides peuvent être la cause indirecte d'autres problèmes pour les espèces aquatiques : des ions aluminium peuvent s'écouler des sols acidifiés et se retrouver dans les ruisseaux et les lacs, où ils endommagent les ouïes des poissons, ce qui peut entraîner la suffocation.

Les sols

Les précipitations acides peuvent avoir des effets importants sur les sols. L'eau souterraine acidifiée peut dissoudre et emporter avec elle des ions de métaux. Certains ions, comme les ions calcium, magnésium et potassium, sont des éléments nutritifs essentiels à la croissance des plantes. D'autres ions, comme l'ion aluminium, sont toxiques pour les plantes et les espèces aquatiques.

Tous les sols ont une certaine capacité à résister aux variations du taux d'acidité. Cette capacité, qu'on appelle **capacité tampon**, dépend des substances présentes dans le sol qui agissent comme des bases en neutralisant l'acide. Si la capacité tampon d'un sol est élevée, les acides qui s'infiltrent dans le sol sont neutralisés avant d'atteindre les ruisseaux et les lacs environnants. Les sols principalement formés de roche calcaire ont une grande capacité tampon. Le calcaire est surtout composé de carbonate de calcium, $CaCO_3$, qui neutralise les acides :

$$CaCO_{3(s)} + H_2SO_{4(aq)} \rightarrow CaSO_{4(aq)} + H_2O_{(l)} + CO_{2(g)}$$

Toutefois, ces réactions de neutralisation épuisent les minéraux tampons du sol, et la capacité tampon finit par diminuer.

Les forêts

La capacité tampon du sol protège partiellement les forêts des effets des précipitations acides. Cependant, si un sol a une faible capacité tampon, il ne peut neutraliser qu'une petite quantité de l'acide. Le sol perd alors ses éléments nutritifs dont les arbres ont besoin pour croître normalement. Les précipitations acides tuent rarement les arbres de manière directe, mais elles les affaiblissent. Ils deviennent alors plus vulnérables aux maladies, aux vents violents ou aux grands froids (figure 7).

Figure 7 Les précipitations acides tuent les arbres matures et empêchent la croissance des jeunes arbres.

L'impact des précipitations acides sur l'économie

Nous savons que les précipitations acides peuvent nuire à l'environnement, mais elles nuisent également à l'économie canadienne. Par exemple,
- Environnement Canada estime que la faible croissance des arbres entraîne chaque année des pertes de bois d'œuvre de l'ordre de milliards de dollars.
- La diminution des stocks de poisson agit déjà sur le secteur de la pêche récréative, qui génère des retombées de plusieurs milliards de dollars en Ontario.
- Les précipitations acides endommagent les structures d'acier, de même que les édifices et les monuments de pierre (figure 8).

La réduction des précipitations acides

Depuis 1980, on a noté des réductions dans les émissions de $SO_{2(g)}$ et de $NO_{x(g)}$ en Amérique du Nord (tableau 1). Les scientifiques prévoient que les émissions de ces deux polluants vont aller en diminuant d'ici 2020. Les facteurs suivants sont responsables de cette amélioration :
- l'utilisation de combustibles faibles en soufre pour produire l'électricité ;
- l'installation d'épurateurs qui retirent le soufre des émissions produites par les fonderies et les centrales électriques à combustible fossile ;
- l'amélioration des dispositifs antipollution pour les véhicules ;
- une réglementation plus sévère régissant les émissions produites par les véhicules (comme le programme Air pur Ontario).

Tableau 1 Tendances observées dans les émissions de polluants acidifiants

	1980 à 2000		Prévisions pour 2000 à 2020	
	Est du Canada	États-Unis	Est du Canada	États-Unis
réduction du SO_2	53 %	40 %	21 %	38 %
réduction des NO_x	17 %	minime	39 %	47 %

Source : Environnement Canada, Évaluation scientifique 2004 des dépôts acides au Canada

Ces réductions ont des effets encourageants. Le pH de certains lacs a atteint des degrés plus normaux, particulièrement dans les régions où les industries minières ont adopté de nouvelles technologies qui ont permis de réduire les émissions. On a aussi noté une certaine amélioration de la vie sauvage dans ces lacs. Les populations de huards ont augmenté, par exemple. Les chaînes alimentaires demeurent toutefois fragiles. Pour que ces améliorations se poursuivent, il faudra réduire davantage les émissions.

Figure 8 La photographie de la statue de George Washington en (a) a été prise en 1935. La photographie en (b) a été prise en 1994. L'effet de 59 ans de précipitations acides est assez évident.

Bien sûr, il n'y a pas seulement de bonnes nouvelles : malgré la réduction des émissions, de nombreux écosystèmes de l'Ontario sont encore loin d'être en santé. Selon l'évaluation scientifique 2004 d'Environnement Canada, les écosystèmes de l'Ontario ne se sont pas encore remis des effets des précipitations acides du 20ᵉ siècle. De plus, certaines régions reçoivent encore plus de précipitations acides que ce que leurs écosystèmes peuvent supporter.

Il faudra encore beaucoup de temps pour que les écosystèmes de l'Ontario se rétablissent complètement des effets des précipitations acides – plus de temps qu'il n'en a fallu pour les polluer !

SIGNET de fin d'unité

Tu vas pouvoir mettre en application ce que tu as appris sur les précipitations acides et leurs effets dans l'activité de fin d'unité décrite à la page 300.

EN RÉSUMÉ

- Les précipitations acides sont des précipitations qui ont un pH inférieur au pH normal de la pluie.

- Les précipitations acides sont causées par des polluants (principalement le SO_2 provenant des émissions des combustibles fossiles, et les NO_x provenant des émissions des moteurs des véhicules) qui réagissent avec les molécules d'eau présentes dans l'air pour former des acides.

- Les précipitations acides peuvent avoir des impacts importants sur l'environnement et l'économie.

- Les mesures mises en place pour réduire les effets des précipitations acides comprennent l'utilisation de combustibles faibles en soufre, l'installation d'épurateurs dans les cheminées industrielles et de convertisseurs catalytiques dans les automobiles, et des réglementations plus sévères pour prévenir la pollution.

- Les émissions de polluants diminuent, mais elles causent encore des dommages dans certaines régions. D'autres régions commencent à se rétablir de leurs effets.

VÉRIFIE TA COMPRÉHENSION

1. Définis en tes propres mots :
   a) les précipitations acides
   b) la capacité tampon

2. a) Quelle est la différence entre les précipitations acides et la pluie acide ?
   b) Les précipitations acides sont parfois nommées « dépôts humides ». Pourquoi ce terme est-il approprié ?
   c) Quelle est la différence entre les dépôts humides et les dépôts secs ?

3. La pluie est naturellement acide. Dans quelles conditions une pluie normale devient-elle une pluie acide ?

4. a) Quels sont les deux composés principalement responsables des précipitations acides ?
   b) Écris une équation chimique pour illustrer comment un de ces composés réagit pour produire des précipitations acides.

5. Observe les figures 2 et 4 de cette section.
   a) Quel pourcentage des émissions de dioxyde de soufre et d'oxydes d'azote était attribuable au transport en 2004 ?
   b) Suggère deux mesures qui pourraient réduire la quantité de polluants acides causés par le transport.

6. Observe la figure 6 de cette section.
   a) Quels animaux aquatiques tolèrent le mieux les conditions acides ?
   b) Quels animaux souffrent le plus des conditions acides ?

7. Décris brièvement trois effets dommageables que les précipitations acides peuvent avoir sur l'environnement.

8. Indique deux impacts des précipitations acides sur l'économie.

9. Quelles sont les prévisions concernant les précipitations acides pour la prochaine décennie ?

10. Qu'est-ce qui nous indique que l'environnement commence à se remettre des effets des précipitations acides ?

11. a) L'oxyde de calcium, CaO, réagit avec l'eau pour former de l'hydroxyde de calcium. Écris l'équation chimique de cette réaction.
    b) Pourquoi l'oxyde de calcium peut-il neutraliser des acides même s'il n'y a pas d'ion hydroxyde dans sa formule chimique ?
    c) Explique pourquoi on ne résout le problème qu'à court terme quand on ajoute de l'oxyde de calcium (ou « chaux ») à l'eau d'un lac pollué par les précipitations acides.
    d) Suggère une solution permanente à ce problème.

12. Pourquoi la coopération internationale est-elle essentielle dans notre lutte contre les effets des précipitations acides ?

13. Imagine qu'il y a deux lacs avoisinants dans une région éloignée de l'Ontario. L'un d'eux est bordé de calcaire (carbonate de calcium) alors que l'autre est bordé de granit. Les deux lacs reçoivent la même quantité de précipitations acides.
    a) Explique pourquoi le lac bordé de calcaire a un pH plus élevé que celui bordé de granit.
    b) Quel lac devrait avoir un écosystème aquatique en meilleure santé ? Explique ta réponse.

14. Pourquoi les populations de jeunes animaux aquatiques d'un écosystème sont-elles souvent de bons indicateurs de la santé générale de cet écosystème ?

TECHNOLIEN

Les épurateurs : des antiacides pour cheminées industrielles

Au cours des 30 dernières années, il y a eu une réduction considérable des émissions de polluants qui causent les précipitations acides. Une bonne part de cette amélioration est due aux progrès technologiques et à l'installation d'épurateurs de dioxyde de soufre dans les cheminées industrielles.

Le problème

La fusion du minerai de nickel est une source majeure d'émissions de dioxyde de soufre. Lors de la fusion, le minerai est chauffé afin de récupérer le métal fondu. Durant ce processus, le soufre du minerai réagit avec l'oxygène de l'air et forme un gaz toxique, le dioxyde de soufre. Ce gaz se mélange avec les autres produits de la combustion, l'eau et le dioxyde de carbone. C'est ce mélange qui sort des cheminées des fonderies de nickel, sous forme de fumée. Une fois dans l'atmosphère, le dioxyde de soufre réagit avec les gouttelettes d'eau pour former de l'acide sulfurique. Cet acide retombe ensuite sur terre sous forme de précipitations acides.

Dans le passé, cette réaction a causé beaucoup de tort à l'environnement dans les régions productrices de nickel comme Sudbury. Cela demeure un problème dans les pays dont les lois ne sont pas aussi sévères que celles du Canada en matière d'environnement. Aussi longtemps qu'il y aura une demande pour le nickel, nous ferons face au problème de décontamination dans les régions où des fonderies produisent des émissions.

La solution technologique

Pour retirer le dioxyde de soufre, les gaz de combustion (incluant le dioxyde de soufre) passent d'abord dans une grande tour de lavage (figure 1). Dans cette tour, les gaz sont pulvérisés avec un mélange pâteux de calcaire et d'eau. La pâte de calcaire absorbe le dioxyde de soufre et le convertit en sulfite de calcium, $CaSO_3$. Voici l'équation chimique de cette réaction :

$$CaCO_{3(s)} + SO_{2(g)} \rightarrow CaSO_{3(s)} + CO_{2(g)}$$

Les autres gaz de combustion passent dans la tour de lavage et sont relâchés. Les particules de sulfite de calcium tombent au fond de la tour, où elles sont récupérées. Ce déchet de sulfite de calcium peut être converti en gypse, utilisé dans la fabrication de panneaux de cloison sèche.

Il existe d'autres technologies qui permettent de réduire la quantité de dioxyde de soufre relâché dans l'atmosphère. Par exemple, capter le dioxyde de soufre et le transformer en un produit utile : l'acide sulfurique.

La fabrication de produits qui peuvent être vendus rentabilise la réduction de la pollution.

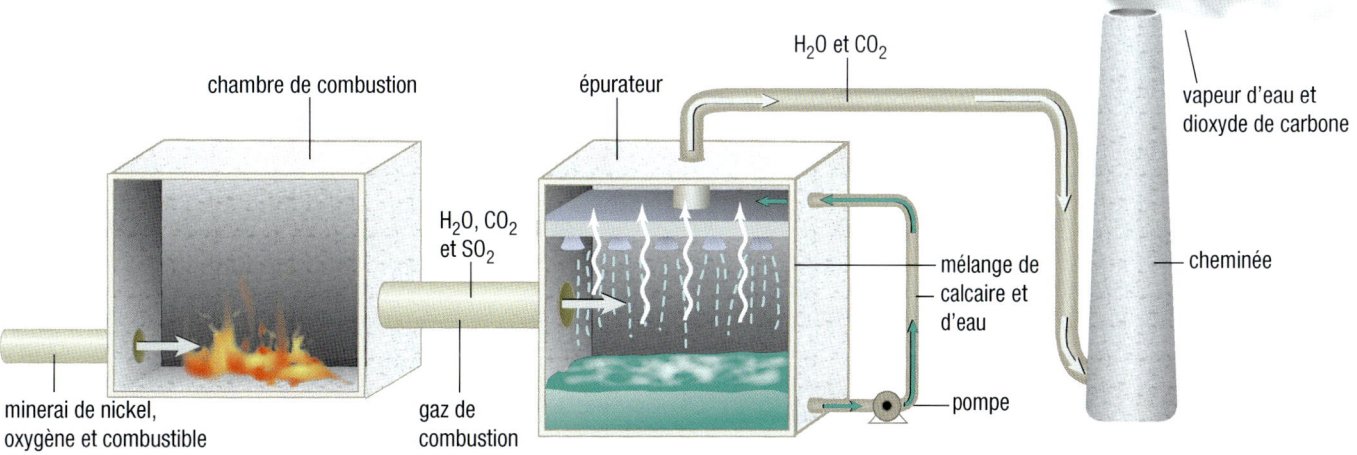

Figure 1 Selon les entreprises qui fabriquent des épurateurs, leurs produits peuvent retirer jusqu'à 95 % du dioxyde de soufre des émissions de gaz de combustion.

CHAPITRE 7 À REVOIR

RÉSUMÉ DES CONCEPTS CLÉS

Les acides sont des solutions aqueuses qui ont des propriétés caractéristiques.

- Les acides donnent aux indicateurs des couleurs spécifiques (le bleu de bromothymol devient jaune, le papier tournesol devient rouge). (7.2)
- Les acides ont un pH inférieur à 7. (Un pH de 7 est neutre.) (7.3)
- Les solutions acides se forment lorsque certains composés moléculaires libèrent des ions hydrogène dans la solution. (7.2)
- Les acides neutralisent les bases. (7.5)

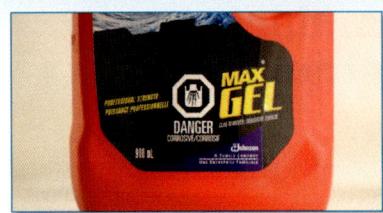

Les bases sont des solutions aqueuses qui ont des propriétés caractéristiques.

- Les bases donnent aux indicateurs des couleurs spécifiques (le bleu de bromothymol devient bleu, le papier tournesol devient bleu). (7.2)
- Les bases ont un pH supérieur à 7. (7.3)
- Les solutions basiques se forment lorsque certains composés ioniques libèrent des ions hydroxyde dans la solution. (7.2)
- Les bases neutralisent les acides. (7.5)

Les acides et les bases ont des impacts positifs et négatifs sur la société et l'environnement.

- Les déversements de produits chimiques peuvent avoir des effets graves sur les écosystèmes naturels. (7.3, 7.6)
- On peut utiliser des acides pour retirer les métaux lourds des sols contaminés. (7.3)
- Des acides sont ajoutés aux aliments préparés pour donner de la saveur, ou comme agents de conservation. (7.3)
- Les bases sont beaucoup utilisées dans les produits de nettoyage. (7.3, 7.4)
- Des produits ont été élaborés pour modifier le pH de l'eau des piscines, de la peau, du sol, des acides gastriques et des déversements de produits chimiques corrosifs. (7.3-7.5)

L'acidité des solutions se mesure à l'aide de l'échelle de pH.

- On emploie le terme «pH» pour décrire le degré d'acidité ou de basicité d'une solution. (7.3)
- On peut modifier le pH d'une solution en ajoutant un acide ou une base à la solution. (7.5)
- La plupart des écosystèmes se portent mieux lorsque le pH se situe autour de 7. (7.3, 7.6-7.8)

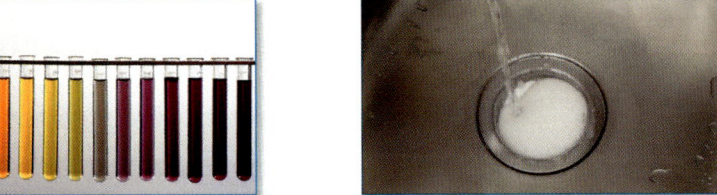

Les acides et les bases réagissent ensemble dans des réactions de neutralisation.

- Les acides et les bases réagissent et produisent de l'eau et un composé ionique. (7.5)
- Lorsqu'un acide est mélangé à une base, le pH se rapproche de 7 (pH neutre). (7.5)
- Les réactions de neutralisation peuvent être utilisées pour contrer les effets des précipitations acides sur les écosystèmes. (7.5, 7.8)
- On peut neutraliser les déversements d'acide en ajoutant une base, et inversement. (7.5, 7.8)
- Les réactions de neutralisation ont une grande importance dans la neutralisation des acides des produits de consommation. (7.5, 7.6)

La technologie peut aider à réduire les émissions des industries et des véhicules qui causent les précipitations acides.

- Les précipitations dont le pH est inférieur à 5,6 sont considérées comme des précipitations acides. (7.3, 7.8)
- Le dioxyde de soufre, SO_2, et les oxydes d'azote, NO_x, sont les deux agents principaux des précipitations acides. (7.8)
- Les technologies antipollution (les épurateurs, par exemple) utilisent des réactions chimiques pour éliminer ou neutraliser les polluants acidifiants. (7.8)

QU'EN PENSES-TU MAINTENANT?

Tu as réfléchi aux énoncés ci-dessous au début du chapitre. Tu avais peut-être déjà abordé ces notions à l'école, à la maison ou autour de toi. Reconsidère-les maintenant et détermine si tu es d'accord ou non avec chacun.

Vocabulaire

acide (p. 268)
base (p. 270)
indicateur de pH (p. 270)
pH (p. 272)
échelle de pH (p. 272)
neutre (p. 272)
lixiviation acide (p. 274)
réaction de neutralisation (p. 278)
précipitations acides (p. 285)
dépôts secs (p. 286)
capacité tampon (p. 288)

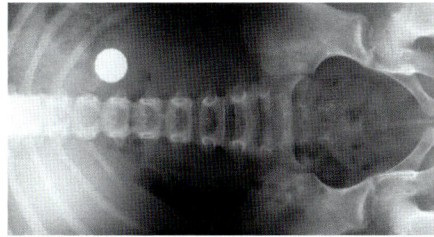

1 L'acide gastrique peut dissoudre des métaux comme cette pièce de monnaie dans l'estomac d'un enfant.
D'accord / En désaccord

4 Nous contribuons toutes et tous à la production des précipitations acides.
D'accord / En désaccord

2 Même les boissons gazeuses faibles en calories peuvent causer la carie dentaire.
D'accord / En désaccord

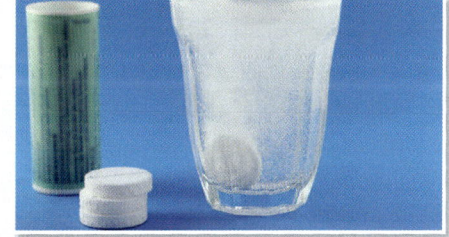

5 Les médicaments pour soulager les brûlures d'estomac rafraîchissent l'estomac.
D'accord / En désaccord

3 Tous les acides sont dangereux.
D'accord / En désaccord

6 Les boissons gazeuses peuvent rendre les produits de débouchage renversés moins dangereux.
D'accord / En désaccord

Comment tes réponses ont-elles changé?
Que sais-tu de plus maintenant?

IDÉES maîtresses

- Les substances chimiques réagissent entre elles de manière prévisible.
- Les réactions chimiques peuvent avoir un impact négatif sur l'environnement, mais elles peuvent aussi nous aider à relever les défis que pose la protection de l'environnement.

CHAPITRE 7 — RÉVISION

Les icônes suivantes t'indiquent la compétence visée par chaque question.
- **CC** Connaissance et compréhension
- **C** Communication
- **HP** Habiletés de la pensée
- **MA** Mise en application

Qu'as-tu retenu?

1. Nomme les composés suivants. (7.2) **CC**
   a) $H_3PO_{4(aq)}$
   b) $HBr_{(aq)}$
   c) $Fe(OH)_3$
   d) $H_2SO_{4(aq)}$
   e) $Ca(HCO_3)_2$
   f) KNO_3

2. Définis en tes propres mots les termes *acide* et *base*. (7.2) **CC**

3. a) Quel gaz est produit lorsque des acides réagissent avec des métaux comme le magnésium?
   b) Quels atomes donnent ses propriétés acides à un acide?
   c) Quelle(s) couleur(s) prend l'indicateur bleu de bromothymol dans un acide et dans une base?
   d) Quels sont les produits typiques d'une réaction de neutralisation?
   e) Quel est le lien entre le pH et l'acidité? (7.2, 7.3, 7.5) **CC**

4. a) Quels sont les deux polluants principalement responsables des précipitations acides?
   b) Quelles sont les principales activités humaines qui produisent ces polluants?
   c) Décris deux technologies utilisées pour réduire les émissions de ces polluants. (7.8) **CC**

Qu'as-tu compris?

5. Voici six composés : $H_3PO_{4(aq)}$, $HBr_{(aq)}$, $Fe(OH)_3$, $H_2SO_{4(aq)}$, $Ca(HCO_3)_2$ et KNO_3. Lequel de ces composés va former une solution dont le pH
   a) est inférieur à 7?
   b) est supérieur à 7?
   c) est égal à 7? (7.2, 7.3) **CC** **HP**

6. Selon les normes canadiennes, l'eau potable doit avoir un pH de 6,5 à 8,5. Nomme un produit ménager qui pourrait, s'il était mis au rebut d'une mauvaise façon,
   a) abaisser le pH des eaux usées de ta maison.
   b) augmenter le pH des eaux usées de ta maison. (7.3, 7.4) **CC** **MA**

7. a) Quel effet les précipitations acides ont-elles sur les espèces aquatiques d'un lac? (7.3, 7.4)
   b) Comment l'ajout de chaux aide-t-il à restaurer l'écosystème des lacs qui ont subi les effets des précipitations acides? (7.3, 7.8) **MA**

8. Complète les équations chimiques suivantes. (7.5) **CC**
   a) acide chlorhydrique + _____ → eau + chlorure de potassium
   b) acide sulfurique + hydroxyde de calcium → _____ + _____
   c) acide phosphorique + hydroxyde de sodium → eau + _____

9. Écris les équations chimiques équilibrées des équations nominatives de la question 8. (6.3, 7.5) **CC** **HP**

10. Décris à ta façon le processus de neutralisation entre un acide et une base. (7.5) **CC**

11. a) Écris les équations nominative et chimique de la réaction entre l'acide nitrique et l'hydroxyde de calcium.
    b) Cette réaction peut appartenir à deux types de réactions. Nomme ces deux types. (6.6, 7.5) **CC**

12. a) Des combustibles fossiles qu'on brûle produisent une substance chimique causant des précipitations acides. Décris ce processus et écris les équations chimiques qui le représentent.
    b) Nomme une technologie qui peut aider à résoudre ce problème. Explique brièvement le fonctionnement de cette technologie. (7.8) **CC** **MA**

13. Les agricultrices et agriculteurs ajoutent parfois de l'hydroxyde de calcium au sol pour augmenter son pH.
    a) Pourquoi l'hydroxyde de calcium augmente-t-il le pH des sols?
    b) L'hydroxyde de calcium se dissout très lentement dans l'eau. Cette propriété est-elle un avantage ou un inconvénient pour un additif incorporé au sol? (7.3) **CC** **MA**

14. Résume ta compréhension des acides et des bases dans un tableau ou un organisateur graphique. Emploie les termes suivants : synthèse, propriétés, neutralisation, indicateur, utilisations, pH, ion typique, impact environnemental, métal, non-métal. (7.1-7.8) **CC**

Résous un problème

15. Le rouge de phénol est souvent utilisé pour déterminer le pH des piscines. (7.3-7.5)

    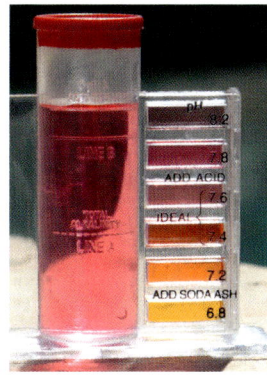

    Figure 1

    a) Dans la figure 1, quel est le pH de l'eau?
    b) L'eau des piscines devrait avoir un pH de 7,2 à 7,6. Que peuvent faire les propriétaires de cette piscine pour ajuster le pH et le ramener à un degré idéal?

16. Trois bouteilles sans étiquette ont été trouvées dans un placard de laboratoire. Trois étiquettes détachées ont été retrouvées sur la tablette : acide chlorhydrique, chlorure de sodium, eau sucrée. Des tests ont été effectués pour identifier ces substances chimiques (tableau 1). Identifie les trois solutions. (Sers-toi au besoin du tableau 3 de la section 7.2.) (7.1, 7.2)

    Tableau 1 Indications données par les tests sur les trois solutions non identifiées

Solution	Couleur obtenue avec le bleu de bromothymol	Réaction avec le magnésium	Conductivité électrique
A	passe du bleu au jaune	formation de bulles	élevée
B	reste bleu	pas de réaction	élevée
C	reste bleu	pas de réaction	nulle

17. Une chimiste a testé deux échantillons de sol prélevés dans des sites différents afin de déterminer leur capacité tampon. Le même volume d'eau acidifiée a été versé dans les deux échantillons et récupéré. La chimiste a ensuite ajouté lentement une solution d'hydroxyde de sodium pour neutraliser les deux échantillons d'eau acidifiée. Il a fallu 5,2 ml de solution basique pour neutraliser l'acidité dans l'échantillon 1, et 6,4 ml dans l'échantillon 2. (7.5-7.8)

    a) Définis le terme *capacité tampon*.
    b) Pourquoi a-t-il fallu des volumes différents de NaOH?
    c) Quel échantillon de sol a la plus grande capacité tampon? Pourquoi?

18. Quelle information doit-on trouver sur les étiquettes des produits chimiques? (5.3)

Conçois et interprète

19. Certains parents laissent leur bébé s'endormir avec une bouteille de jus de pomme. Est-ce une bonne ou une mauvaise idée? Pourquoi? (7.2)

20. a) Prépare une trousse à utiliser en cas de déversement de substances acides ou basiques à la maison. Mentionne :
    - les noms et les ingrédients actifs des substances de la trousse;
    - l'information relative à la sécurité qui doit figurer sur l'étiquette de chaque produit;
    - le mode d'emploi de la trousse;
    - un moyen de savoir si un déversement a été neutralisé.
    b) Évalue l'utilité de ta trousse. (7.5, 7.6)

Réfléchis à ce que tu as appris

21. a) Avant l'étude de ce chapitre, que signifiaient pour toi les termes *acide* et *base*?
    b) En quoi ta compréhension de ces termes a-t-elle changé au fil de ce chapitre?
    c) Quelles questions te poses-tu encore à propos des acides et des bases?
    d) Suggère deux sources d'information où tu pourrais trouver réponse à ces questions.

22. Des gens se demandent : « Pourquoi ne pas interdire l'utilisation des substances acides ou basiques pour prévenir les accidents? »
    a) Est-ce que tu partageais cette opinion avant d'étudier ce chapitre? Explique ta réponse.
    b) Ton opinion a-t-elle changé? Pourquoi?

Recherches en ligne

23. Effectue une recherche sur deux substances acides souvent utilisées dans les produits cosmétiques. À quoi servent ces produits?

24. Effectue une recherche sur l'utilisation d'acides ou de bases dans un procédé industriel ou relié à l'environnement. Communique tes résultats dans le mode de présentation de ton choix.

CHAPITRE 7

QUESTIONNAIRE

Les icônes suivantes t'indiquent la compétence visée par chaque question.
- **CC** Connaissance et compréhension
- **C** Communication
- **HP** Habiletés de la pensée
- **MA** Mise en application

Choisis la meilleure réponse pour chacune de ces questions.

1. Laquelle ou lesquelles de ces propriétés sont celles des acides ? (7.1, 7.2) **CC**
   a) visqueuse au toucher
   b) goût amer
   c) conductivité électrique
   d) fait passer le papier tournesol du rouge au bleu

2. Les substances qui changent de couleur selon l'acidité ou la basicité d'une solution sont des
   a) indicateurs de pH.
   b) tampons.
   c) électrolytes.
   d) antiacides. (7.2) **CC**

3. Dans le tableau 1, quel liquide est le plus acide ? (7.3) **CC**

   Tableau 1 Le pH de quatre liquides

	Liquide	pH
a)	lait	6
b)	jus de citron	2
c)	vinaigre	3
d)	ammoniaque	11

4. Quel est le pH d'une solution neutre ? (7.3) **CC**
   a) 0
   b) 1
   c) 7
   d) 14

Indique si chacun de ces énoncés est VRAI ou FAUX. Si tu penses qu'un énoncé est faux, récris-le en le corrigeant.

5. Un oxacide est un acide qui ne contient que deux éléments. (7.2) **CC**

6. Dans une solution acide, l'ion hydrogène et l'ion hydroxyde sont égaux. (7.3, 7.5) **CC**

7. Les réactions de neutralisation acide-base sont des réactions de déplacement simple. (7.5) **CC**

Copie les énoncés ci-dessous dans ton cahier. Complète-les à l'aide des termes appropriés.

8. Les produits d'une réaction de neutralisation sont un composé ionique et _____. (7.5) **CC**

9. L'échelle de _____ est une échelle numérique allant de 0 à 14 qu'on utilise pour comparer l'acidité des solutions. (7.3) **CC**

Associe chaque terme de la colonne de gauche à la description qui lui convient le mieux dans la colonne de droite.

10. a) acide
    b) base
    c) composé ionique
    d) eau

    i) produit des ions hydroxyde dans la solution
    ii) est produit(e) par des ions hydrogène et hydroxyde
    iii) produit des ions hydrogène dans la solution
    iv) aussi connu(e) sous le nom de « sel » (7.2, 7.5) **CC**

Rédige une brève réponse à chacune des questions suivantes.

11. Pourquoi considère-t-on les acides et les bases comme des électrolytes ? (7.2) **CC**

12. Écris les noms et les formules chimiques de trois acides et de trois bases. (7.2) **CC**

13. Complète ces équations de façon qu'elles soient équilibrées. (7.3) **CC** **C**
    a) $HNO_3 + KOH \rightarrow$
    b) $Ca(OH)_2 + H_2SO_4 \rightarrow$
    c) $H_2SO_4 + NaOH \rightarrow$

14. a) Indique quatre utilisations des acides.
    b) Indique quatre utilisations des bases. (7.2, 7.3, 7.5, 7.7) **MA**

15. a) Quels sont les deux ions qui se combinent normalement dans une réaction entre un acide et une base ?
    b) Quel est le produit de cette réaction ?
    c) Comment s'appelle ce type de réaction ? (7.5) **CC**

16. Tu testes le pH de l'eau de votre piscine et tu t'aperçois qu'il est de 8,2. (7.3, 7.5)
    a) L'eau de la piscine est-elle acide ou basique?
    b) Quel effet ce pH a-t-il sur la qualité de l'eau?
    c) Comment peux-tu ajuster le pH de l'eau pour qu'il soit à un degré acceptable?

17. Ton amie veut savoir si un produit ménager est un acide ou une base. Écris-lui une note pour lui expliquer ce qu'elle peut faire pour le découvrir. Mentionne les mesures de sécurité. (7.1, 7.2)

18. À ton avis, où doit se situer le pH de la plupart des substances corrosives dans l'échelle de pH? (7.3)

19. Décris en un paragraphe les réactions de neutralisation. Emploie les termes suivants au moins une fois : acide, base, pH, ion hydrogène, ion hydroxyde, neutralisation, neutre. (7.2, 7.3, 7.5)

20. a) Comment le fait d'éteindre les lumières quand tu quittes une pièce peut-il réduire ta contribution à la formation des précipitations acides?
    b) Décris deux autres habitudes qui peuvent réduire ta contribution à la formation des précipitations acides. (7.8)

21. a) Plusieurs boissons gazeuses et jus de fruit ont un pH inférieur à 5. Pourquoi les dentistes recommandent-ils de consommer ces boissons avec modération?
    b) Par quelles boissons plus inoffensives peux-tu remplacer les boissons gazeuses? Explique ta réponse. (7.3)

22. a) Donne deux exemples d'application d'une réaction de neutralisation dans les sciences de l'environnement.
    b) Donne deux exemples d'application d'une réaction de neutralisation dans la fabrication de produits de consommation. (7.5, 7.7, 7.8)

23. Explique comment tu peux utiliser de la craie et du vinaigre pour démontrer l'effet des précipitations acides sur les statues et les édifices. (7.8)

UNITÉ C À REVOIR

UNITÉ C
Les réactions chimiques

CHAPITRE 5
Les produits chimiques et leurs propriétés

CONCEPTS CLÉS

 L'utilité et les effets d'une substance sont déterminés par ses propriétés chimiques et physiques.

 Les changements de la matière peuvent être d'ordre chimique ou physique.

 On peut classer les substances pures à partir de l'observation de leurs propriétés.

 Les composés ioniques sont constitués d'ions positifs et d'ions négatifs.

 Les composés moléculaires sont constitués de molécules distinctes.

 Beaucoup de produits de consommation proviennent de produits pétrochimiques.

CHAPITRE 6
Les produits chimiques et leurs réactions

CONCEPTS CLÉS

 Dans une réaction chimique, une ou plusieurs substances se transforment en une ou plusieurs substances différentes.

 Les réactions chimiques reflètent la loi de la conservation de la masse et peuvent être représentées par des équations chimiques équilibrées.

 Les réactions chimiques auxquelles prennent part des produits de consommation peuvent être utiles ou nocives.

 Nous pouvons classer les réactions chimiques selon leurs propriétés.

 La corrosion résulte de la réaction de métaux entrant en contact avec des substances dans l'environnement.

 Les réactions chimiques ont des effets sur nous et sur notre environnement.

CHAPITRE 7
Les acides et les bases

CONCEPTS CLÉS

 Les acides sont des solutions aqueuses qui ont des propriétés caractéristiques.

 Les bases sont des solutions aqueuses qui ont des propriétés caractéristiques.

 Les acides et les bases ont des impacts positifs et négatifs sur la société et l'environnement.

 L'acidité des solutions se mesure à l'aide de l'échelle de pH.

 Les acides et les bases réagissent ensemble dans des réactions de neutralisation.

 La technologie peut aider à réduire les émissions des industries et des véhicules qui causent les précipitations acides.

FAIS UN RÉSUMÉ

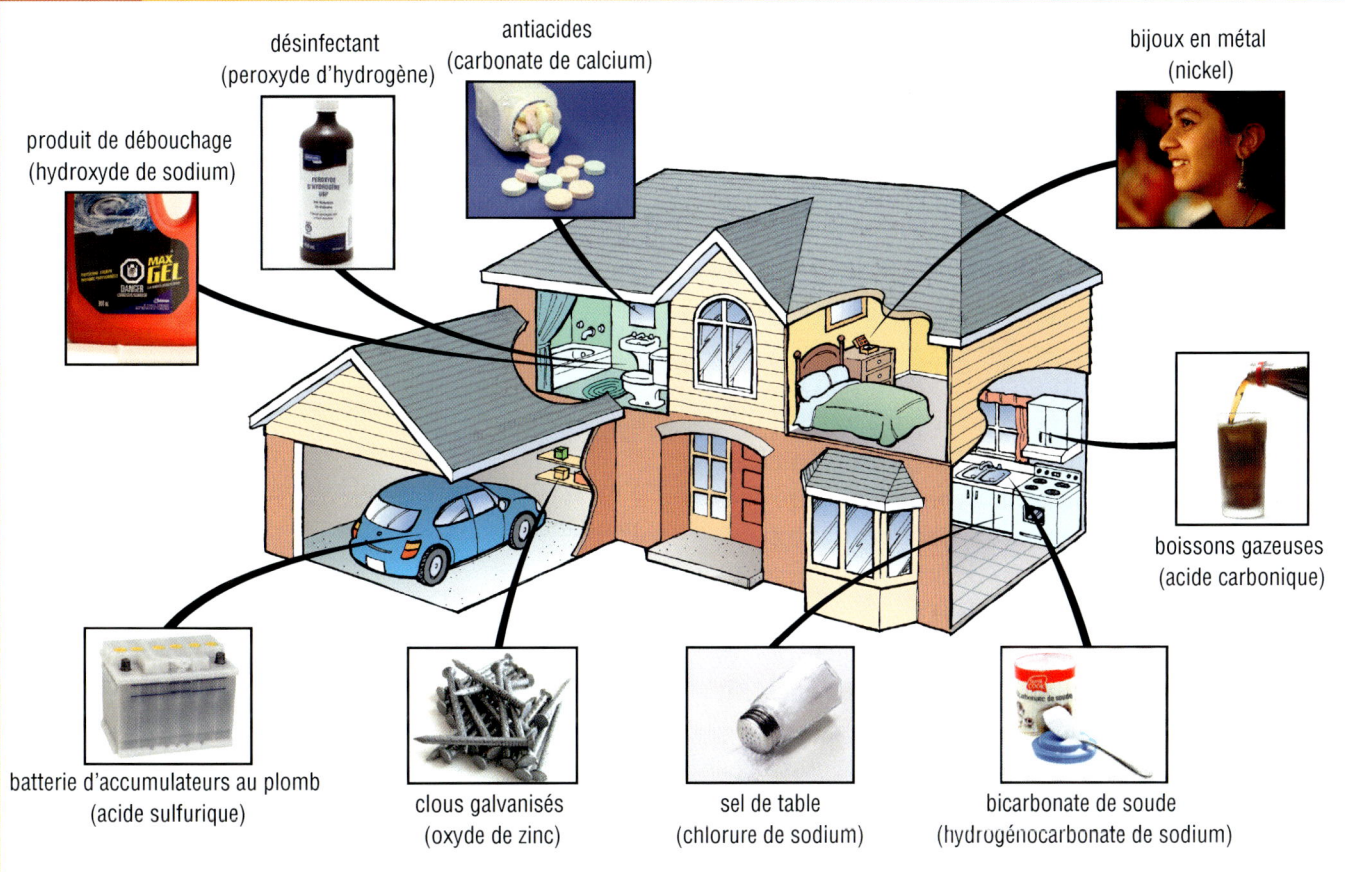

Figure 1

La figure 1 illustre neuf produits ou articles d'usage courant. Un ingrédient important de chacun est mentionné. Donne les renseignements suivants pour chaque composé :

1. Écris la formule chimique de l'ingrédient mentionné.
2. Indique s'il s'agit d'un composé ionique ou moléculaire.
3. Décris ses plus importantes propriétés physiques et chimiques.
4. Écris l'équation chimique équilibrée d'au moins une réaction chimique de cette substance (soit comme réactif, soit comme produit).
5. Indique au moins une utilisation fréquente de ce composé.
6. Indique au moins un risque ou un avantage associé à ce composé.

PERSPECTIVES D'AVENIR

Dresse la liste des carrières mentionnées au fil de cette unité. Choisis deux carrières qui t'intéressent, ou deux autres carrières liées aux réactions chimiques. Pour chacune de ces carrières, trouve les renseignements suivants :

- la formation exigée (secondaire et postsecondaire)
- les habiletés / la personnalité / les aptitudes requises
- les tâches et les responsabilités
- les employeurs potentiels
- la rémunération

Rédige une demande d'emploi en te servant des renseignements que tu as trouvés. Ta demande d'emploi doit convenir aux deux carrières, mais doit mettre l'accent sur celle pour laquelle tu poses ta candidature. Tu dois aussi donner les raisons pour lesquelles tu as choisi cette carrière. Dans ta demande, explique les liens entre cette carrière et les réactions chimiques.

UNITÉ C — ACTIVITÉ DE FIN D'UNITÉ

Le choc acide : un mal silencieux

Lors d'une étude sur la faune d'un ruisseau, des biologistes ont commencé à remarquer un phénomène inquiétant (figure 1). Chaque printemps, les populations de jeunes poissons et d'amphibiens chutaient, puis se rétablissaient (figure 2). La chute de population semblait se produire peu après les premières journées chaudes du printemps, quand la neige commençait à fondre.

Les biologistes savaient que la neige absorbait les polluants de l'air en tombant. Ils ont donc pensé que ces polluants atmosphériques avaient peut-être été emprisonnés et emmagasinés dans la neige durant tout l'hiver. Ils se sont alors demandé si ces polluants étaient ensuite relâchés graduellement, ou s'ils étaient libérés massivement dans les cours d'eau. Ils se demandaient aussi si le dioxyde de soufre était le principal responsable. Il en a toutes les propriétés : il est soluble dans l'eau et forme un acide en réagissant avec l'eau.

Le pH de l'eau de fonte des neiges demeurait-il constant, ou la première fonte des neiges contenait-elle une dose massive d'acide ? Plutôt que d'attendre au printemps suivant, les biologistes ont conçu un modèle pour vérifier leur hypothèse.

Tu vas maintenant jouer le rôle d'un des membres de cette équipe de scientifiques. Tu vas utiliser le modèle qu'ils ont conçu, appliquer les habiletés que tu as développées au cours de cette unité, et vérifier cette hypothèse de « dose massive d'acide ». Tu vas ensuite utiliser tes découvertes et ta compréhension des réactions chimiques pour recommander des solutions au problème.

HABILETÉS
- Se poser une question
- Formuler une hypothèse
- Prédire le résultat
- Planifier
- Contrôler les variables
- Exécuter
- Observer
- Analyser
- Évaluer
- Communiquer

Question de recherche
Le pH du liquide produit par la fonte d'un mélange acide varie-t-il au fil du temps ?

Prédiction
Prédis la variation du pH du vinaigre congelé pendant qu'il fond.

Plan d'expérience
Tu vas congeler un échantillon de vinaigre pour simuler de la neige contaminée par des polluants acides. Pendant que le vinaigre fond, tu vas prélever au moins cinq échantillons de liquide (représentant l'eau de fonte). Tu vas mesurer le pH de ces échantillons à l'aide d'un pH-mètre, en notant les variables dépendante et indépendante. Tu dois t'assurer que tes observations sont reproductibles.

Matériel
- lunettes de protection
- tablier de laboratoire
- cylindre gradué de 100 ml
- verre de plastique
- pH-mètre
- bain-marie
- 6 petites fioles ou 6 béchers
- vinaigre
- solution tampon (pour calibrer le pH-mètre)

Figure 1 Les biologistes de l'environnement suivent de près les variations de populations d'animaux aquatiques tout au long de l'année.

Figure 2 La grenouille léopard (et ses têtards) est l'une des espèces étudiées par l'équipe.

Marche à suivre

1. Place au congélateur un verre de plastique contenant 100 ml de vinaigre à utiliser le lendemain.
2. Lis le plan de l'expérience, la liste du matériel et les étapes de cette marche à suivre. Conçois et écris ta propre marche à suivre pour prélever et tester l'eau de fonte de ton échantillon congelé. Ta marche à suivre devrait comporter les points suivants :
   - Calibre le pH-mètre avec la solution tampon en suivant les recommandations du fabricant (figure 3).
   - Exerce-toi à utiliser le pH-mètre.
   - Examine la longueur de l'électrode du pH-mètre. Détermine la profondeur minimale de liquide qu'il faudra pour faire une lecture. Tu peux utiliser un bain-marie pour accélérer la fonte.

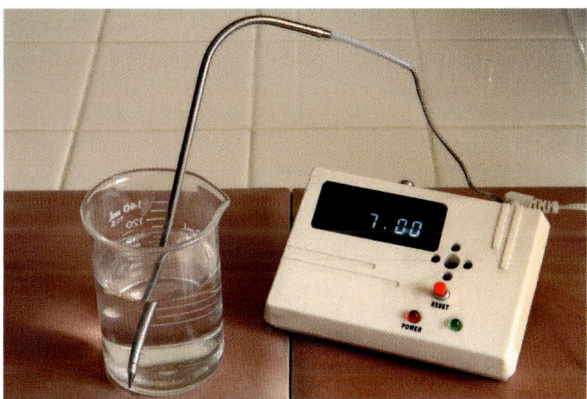

Figure 3 Un pH-mètre peut détecter de légères variations du pH.

Analyse et interprète

a) Dans cette expérience, quelles sont les variables contrôlées, dépendante et indépendante ?
b) Fais un graphique des variations du pH observées pendant l'expérience.
c) Réponds à la question de recherche. Justifie ta réponse.
d) Compare ta réponse donnée en c) à ta prédiction et commente les différences, s'il y en a.
e) Évalue le plan d'expérience et ton habileté à effectuer cette expérience. Y a-t-il des parties de l'expérience qui peuvent te faire douter de tes résultats ? Quelles améliorations recommanderais-tu ?
f) Le bloc de vinaigre qui fondait était un modèle de la neige fondante contaminée par des polluants acides. Évalue les qualités et les limites de ce modèle. Comment ce modèle pourrait-il être rendu plus réaliste ?

Approfondis ta démarche

g) Fais des recommandations pour prévenir la chute des populations de têtards au printemps. Suppose qu'il n'est pas possible à court terme d'éliminer les polluants à la source. Présente les avantages et les inconvénients des substances chimiques dont tu recommandes l'emploi, et décris les réactions chimiques qu'elles provoquent. Justifie tes choix. Considère l'impact de ces substances sur l'environnement. Comment les impacts indésirables peuvent-ils être minimisés ?

LISTE DE VÉRIFICATION DE L'ÉVALUATION

Ton activité de fin d'unité sera évaluée en fonction des critères suivants :

Connaissance et compréhension
- ☑ Comprendre les notions de solution et de changement d'état.
- ☑ Écrire les équations chimiques équilibrées des réactions chimiques observées.
- ☑ Démontrer une compréhension de l'échelle de pH et du processus de neutralisation entre un acide et une base.

Habiletés de la pensée
- ☑ Planifier et préparer une expérience.
- ☑ Mener des tests valables en respectant les mesures de sécurité.
- ☑ Noter tes observations avec précision et de façon structurée.
- ☑ Analyser les résultats.
- ☑ Évaluer le plan d'expérience et tes habiletés.

Communication
- ☑ Préparer un compte rendu de l'expérience comprenant la marche à suivre complète, un résumé des observations, un graphique, les analyses appropriées et une évaluation de l'expérience.
- ☑ Démontrer une compréhension des termes et des symboles utilisés pour représenter les réactions chimiques.

Mise en application
- ☑ Utiliser un modèle pour représenter un problème environnemental.
- ☑ Démontrer une compréhension de la façon dont on peut utiliser les réactions chimiques pour relever un défi environnemental comme celui des précipitations acides.

UNITÉ C — RÉVISION

Les icônes suivantes t'indiquent la compétence visée par chaque question.

- **CC** Connaissance et compréhension
- **C** Communication
- **HP** Habiletés de la pensée
- **MA** Mise en application

Qu'as-tu retenu ?

Choisis la meilleure réponse pour chacune de ces questions.

1. Lequel des phénomènes ci-dessous indique une réaction chimique ? (5.1) **CC**
   a) De l'énergie est libérée ou absorbée.
   b) Un précipité se forme.
   c) Un gaz est produit.
   d) Toutes ces réponses.

2. Lequel de ces composés a un nom qui se termine par *-ate* ? (5.9) **CC**
   a) $NaNO_3$
   b) KOH
   c) CaO
   d) N_2O

3. Lequel de ces composés est un composé ionique ? (5.6) **CC**
   a) NH_3
   b) $PbSO_4$
   c) $C_6H_{12}O_6$
   d) OCl_2

4. Lequel de ces composés a un préfixe dans son nom ? (5.7, 5.10) **CC**
   a) PbO_2
   b) $Ba(OH)_2$
   c) P_2O_3
   d) Al_2O_3

5. Lequel de ces éléments cause la corrosion ? (6.10) **CC**
   a) eau à elle seule
   b) oxygène à lui seul
   c) eau et oxygène
   d) sel

6. Le SIMDUT demande aux employeurs de fournir de l'information relative à la sécurité par ce moyen : (5.3) **CC**
   a) étiquetage des produits
   b) fiches signalétiques (FTSS)
   c) formation de la main-d'œuvre
   d) toutes ces réponses

7. Laquelle de ces observations est la meilleure indication qu'une réaction chimique se produit ? (5.1, 5.2) **CC**
   a) Une flamme nue apparaît.
   b) Un liquide se transforme en gaz.
   c) Un objet change de volume.
   d) Un solide disparaît dans un liquide.

8. Comment se termine le nom du composé dont la formule est Na_2SO_4 ? (5.9) **CC**
   a) -ane
   b) -ate
   c) -ure
   d) -ite

9. D'après leurs positions dans le tableau périodique, quelles combinaisons d'éléments forment le plus souvent des composés ioniques ? (5.4-5.6) **CC**
   a) un élément de la période 1 combiné avec un élément de la période 2
   b) un élément de la période 1 combiné avec un élément de la période 7
   c) un élément du groupe 1 combiné avec un élément du groupe 17
   d) un élément du groupe 17 combiné avec un élément du groupe 18

Indique si chacun des énoncés est VRAI ou FAUX. Si tu penses qu'un énoncé est faux, récris-le en le corrigeant.

10. Un lien ionique va se former entre deux éléments non métalliques. (5.6, 5.10) **CC**

11. Les éléments non métalliques forment des anions et les éléments métalliques forment des cations. (5.5) **CC**

12. L'arsenic (numéro atomique 33) forme un anion qui a une charge ionique de +3. (5.5) **CC**

13. Les liaisons covalentes résultent du transfert d'électrons d'un élément à un autre. (5.6, 5.10) **CC**

14. La loi de la conservation de la masse établit que, dans toute réaction chimique, la masse totale des réactifs est égale à la masse totale des produits. (6.3)

15. La réaction de l'acide chlorhydrique avec l'hydroxyde de potassium est un exemple d'une réaction de neutralisation et d'une réaction de déplacement double. (6.6, 7.5)

16. Les produits de la combustion complète d'un hydrocarbure sont le monoxyde de carbone et l'eau. (6.9)

17. Dans une réaction de déplacement simple, les réactifs sont des éléments. (6.6)

18. La dissolution du dioxyde de soufre dans l'eau produit une solution basique. (7.8)

19. Les métaux forment des ions de charge positive en captant des électrons. (5.5)

20. Les atomes de dioxyde de carbone sont maintenus ensemble par des liaisons ioniques. (5.10)

21. Le dioxyde de soufre émis par les centrales d'énergie est une des causes des précipitations acides. (7.8)

22. Quand il est dissous dans l'eau, le chlorure de magnésium ($MgCl_2$) libère des ions Mg^+ et Cl_2^-. (5.6)

23. Lorsqu'un hydrocarbure comme le méthane, CH_4, brûle là où il y a très peu d'oxygène, un des produits est le monoxyde de carbone, CO. (6.9)

Copie les énoncés ci-dessous dans ton cahier. Complète-les à l'aide des termes appropriés.

24. Un changement _____ implique la formation d'une nouvelle substance. (5.1)

25. Les substances qu'on retrouve dans la partie droite d'une équation chimique se nomment _____. (6.4)

26. Un _____ ne peut pas être décomposé chimiquement en substances plus simples. (5.1)

27. Les atomes captent, perdent ou échangent des électrons pour que la disposition de leurs électrons soit comme celle du _____ le plus rapproché. (5.5)

28. Les épurateurs installés dans les cheminées industrielles permettent de réduire les émissions de _____ produites par les fonderies. (7.8)

29. La _____ est la corrosion du fer. (6.10)

30. Une substance qui change de couleur dans un milieu acide ou basique se nomme _____. (7.2)

31. La lixiviation acide est une technique de traitement des sols contaminés par des _____. (7.3)

32. Un changement d'état comme celui causé par la fusion est un changement _____. (5.1, 5.2)

33. Une substance pure constituée de molécules qui contiennent des atomes de plusieurs éléments se nomme _____. (5.10)

34. Les atomes tendent à former des liaisons pour avoir une disposition de leurs électrons semblable à celle des éléments du groupe _____. (5.5, 5.10)

35. Les indicateurs de pH changent de couleur à cause des changements dans la concentration des ions _____ dans une solution. (7.2)

Rédige une brève réponse à chacune des questions suivantes.

36. Les composés $BaSO_4$ et KCl sont les produits d'une réaction chimique. Écris l'équation chimique équilibrée de cette réaction. (6.1-6.4)

37. Le cuivre noircit et devient plus lourd en réagissant avec l'oxygène dans la flamme d'un brûleur Bunsen. De quel type de réaction chimique s'agit-il ? (6.5)

38. Comment l'ajout d'oxyde de calcium, CaO, peut-il réduire l'acidification de l'eau ? Justifie ta réponse à l'aide d'équations chimiques spécifiques. (7.5)

39. Explique comment on peut utiliser le tableau périodique pour prédire les charges ioniques de ces éléments. (5.4, 5.5)
    a) Ca
    b) S
    c) K
    d) Al

40. Lequel des quatre principaux types de réaction se produit quand de la rouille se forme sur le fer? (6.5, 6.9)

41. Écris l'équation chimique de la combustion complète de l'acétylène, C_2H_2. (6.9)

Qu'as-tu compris?

42. Dessine un modèle de Bohr-Rutherford pour expliquer pourquoi l'ion phosphure a une charge ionique de −3. (5.5)

43. Nomme trois éléments ou ions qui possèdent le même nombre d'électrons que l'ion sulfure, S^{2-}. (5.5)

44. Écris la formule chimique de chacun de ces composés. (5.6-5.10)
    a) chlorure de magnésium
    b) sulfure d'aluminium
    c) sulfure d'étain (II)
    d) oxyde de fer (III)
    e) nitrate de plomb (II)
    f) phosphate d'argent
    g) acide sulfurique
    h) acide chlorhydrique
    i) dioxyde de chlore
    j) oxyde nitreux

45. Nomme ces composés. (5.6-5.10)
    a) K_2O
    b) CuS
    c) Na_3PO_4
    d) $Pb(OH)_2$
    e) $HNO_{3(aq)}$
    f) CO
    g) NO

46. Explique pourquoi une équation chimique équilibrée est un peu comme la « recette » d'une réaction chimique. (6.4)

47. Indique si les équations chimiques ci-dessous représentent une réaction de synthèse, une réaction de déplacement simple, une réaction de déplacement double ou une réaction de combustion. (6.5, 6.6, 6.9)
    a) ammoniac + acide sulfurique → sulfate d'ammonium
    b) aluminium + chlorure de cuivre (II) → chlorure d'aluminium + cuivre
    c) acide phosphorique + hydroxyde de sodium → eau + phosphate de sodium
    d) sulfate d'aluminium → oxyde d'aluminium + trioxyde de soufre
    e) éthane (C_2H_6) + oxygène → dioxyde de carbone + eau

48. Écris l'équation chimique équilibrée de chaque équation nominative de la question précédente. (6.3-6.9)

49. Le raffinage du minerai de fer dans un haut fourneau est un procédé industriel important (figure 1). Pendant cette réaction, le carbone réagit avec l'oxyde de fer (III) pour produire du fer et du dioxyde de carbone. (6.1, 6.3, 6.6)
    a) Écris l'équation nominative de cette réaction.
    b) Écris l'équation chimique équilibrée de cette réaction.
    c) Classe ce type de réaction.

Figure 1 Un haut fourneau

50. Le dioxyde de carbone réagit avec l'eau pour former un acide faible nommé acide carbonique. (7.3, 7.8) MA

    a) Quel effet l'excès de dioxyde de carbone dans l'atmosphère peut-il avoir sur le pH des océans?
    b) Pourquoi cela nous préoccupe-t-il?

51. Dessine quelques modèles de Bohr-Rutherford pour expliquer pourquoi certains atomes forment des cations alors que d'autres forment des anions. (5.5) CC C

52. Les éléments du même groupe (colonne) du tableau périodique ont généralement des propriétés chimiques similaires. Explique la raison de cette similitude en te basant sur les électrons des éléments. (5.4, 5.5) CC C

53. Écris les noms des composés représentés par ces formules : (5.6-5.10) CC C

    a) K_2S
    b) CBr_4
    c) FeO
    d) $CuSO_4$
    e) $AgNO_3$
    f) PbO_2
    g) N_2O

54. Écris l'équation chimique équilibrée de l'équation nominative suivante :

    chlorure de fer (III) + chlorure d'étain (II)
    → chlorure de fer (II) + chlorure d'étain (IV)
    (6.3, 6.6) C

Résous un problème

55. Une substance X, brillante et argentée, conduit bien l'électricité. La substance est brûlée dans l'oxygène et produit un solide blanc. Ce solide blanc est ensuite ajouté à de l'eau pour produire une solution dont le pH est de 10. (5.4, 5.7, 7.5) CC HP

    a) De quel type de substance s'agit-il? Explique ta réponse.
    b) Si la substance X acquiert une charge ionique de +2 en réagissant, quelle doit être la formule chimique du solide blanc?
    c) Suggère un composé qui peut être utilisé pour neutraliser la solution afin qu'on puisse s'en débarrasser de manière sécuritaire.

56. L'équation chimique suivante représente la combustion d'un propane dans un contenant scellé :

    $$C_3H_{8(g)} + 5\ O_{2(g)} \rightarrow 3\ CO_{2(g)} + 4\ H_2O_{(g)}$$

    Sers-toi des données du tableau 1 pour déterminer la masse de l'oxygène consumé dans cette réaction. (6.3, 6.9) HP

    Tableau 1

Substance ou article	Masse (g)
contenant	50,0
propane et contenant	61,8
dioxyde de carbone, eau et contenant	104,8

57. L'équation chimique ci-dessous décrit la réaction chimique qui se produit quand on ajoute du calcium dans une éprouvette non fermée contenant de l'eau :

    $$Ca_{(s)} + 2\ H_2O_{(l)} \rightarrow 2\ H_{2(g)} + Ca(OH)_{2(aq)}$$
    (5.1, 6.4, 7.2) HP

    a) Explique la différence entre les symboles (aq) et (l).
    b) Prédis ce que tu verras se produire dans l'éprouvette lors de cette réaction.
    c) Qu'est-ce qui t'indique que la réaction est complète?
    d) Prédis le changement de masse du contenu de l'éprouvette lors de cette réaction. Explique ta prédiction.
    e) Prédis ce que tu observerais si on ajoutait quelques gouttes d'indicateur phénolphtaléine dans l'éprouvette, une fois la réaction complétée. Explique ta prédiction.

58. Que pouvez-vous faire dans l'immédiat et à long terme, ta famille et toi, pour contribuer à réduire les émissions qui causent les précipitations acides? (7.8) MA

59. Lors d'une expérience, du bicarbonate de soude réagit avec une solution d'acide acétique (vinaigre). Les produits sont de l'acétate de sodium, de l'eau et du dioxyde de carbone. La réaction est représentée par l'équation :

$$NaHCO_3 + CH_3COOH \rightarrow NaCH_3COO + H_2O + CO_2$$

Au cours de l'expérience, 42 g de $NaHCO_3$ ont réagi complètement avec 30 g de CH_3COOH. L'analyse des produits a révélé que 41 g de $NaCH_3COO$ et 9 g de H_2O ont été produits. La masse du CO_2 est inconnue, car ce gaz s'est échappé dans l'air sous forme de bulles. Calcule la quantité de CO_2 qui a été produite. (6.3, 6.4)

60. Combiné avec du magnésium, l'élément X forme un composé dont la formule est Mg_3X_2. Quelle serait la formule du composé que l'élément X formerait avec de l'hydrogène ? (5.6, 5.7)

Conçois et interprète

61. Depuis les années 1960, le nombre d'automobiles en circulation au Canada a augmenté plus vite que la population canadienne. (7.8)
    a) À ton avis, comment cette tendance a-t-elle influé sur les précipitations acides ? Justifie ta supposition.
    b) Propose un plan d'action que le comité de planification d'une nouvelle ville en expansion devrait adopter pour minimiser les émissions des automobiles dans cette ville.

62. a) Décris ta conception d'une communauté où on réduirait au minimum les émissions des véhicules qui causent les précipitations acides.
    b) Comment ta conception d'une communauté se compare-t-elle à la communauté où tu vis présentement ? (7.8)

63. « Les têtards et les escargots sont des espèces indicatrices de la santé d'un écosystème, comme le bleu de bromothymol est un indicateur de l'acidité d'une solution. » Compare les emplois des mots *indicateur* et *indicatrices* dans cette phrase. (7.2)

64. Les précipitations acides nuisent à la santé des forêts ontariennes. (7.8)
    a) En quoi cela te touche-t-il directement ou indirectement ?
    b) Nomme deux secteurs de l'économie ontarienne qui ressentent cet impact de manière directe.
    c) Que pouvez-vous faire, ta famille et toi, pour contribuer à réduire les précipitations acides ?

65. Seuls les véhicules personnels où prennent place au moins deux passagers peuvent utiliser les voies réservées aux véhicules à occupation multiple, ou VOM (figure 2). Explique et évalue les avantages de cette pratique pour l'environnement.

Figure 2

66. Un ralentissement de l'économie mondiale entraînera probablement une diminution de la demande pour les métaux exploités en Ontario. Quel impact un ralentissement économique peut-il avoir sur les précipitations acides en Ontario ? Pourquoi ? (7.8)

67. Le monoxyde de carbone, CO, et le dioxyde de carbone, CO_2, sont deux produits de la combustion des combustibles fossiles. Pour chacun de ces produits, décris
    a) de quelle façon il est produit.
    b) un risque qu'il entraîne.
    c) un moyen de réduire la quantité d'émissions dans l'atmosphère. (6.9)

Réfléchis à ce que tu as appris

68. Après avoir complété cette unité, en quoi ton attitude a-t-elle changé en ce qui concerne les déchets que tu déverses dans l'évier ? Quelles idées ont eu le plus d'influence pour toi ? Pourquoi ?

69. En quoi tes idées sur la pollution de l'air ont-elles changé après avoir complété cette unité ?

Recherches en ligne

70. Effectue des recherches sur deux produits de consommation ou deux procédés dans lesquels on a utilisé des réactions chimiques (deux produits de blanchiment des dents ou deux types de carburants, par exemple), puis compare ces deux produits ou procédés. Conçois une rubrique ou une échelle d'évaluation pour évaluer les deux produits ou procédés. Fais une recommandation quant au meilleur produit ou procédé, en donnant tes raisons. MA HP

71. Fais une recherche et prépare un compte rendu décrivant deux positions opposées à propos d'une question fréquemment soulevée, concernant l'environnement et l'utilisation des produits chimiques. Choisis un des thèmes suggérés ci-dessous ou une autre question importante qui touche ta communauté.

    - Les « produits verts » sont-ils aussi efficaces que les produits chimiques commerciaux pour l'entretien ménager (nettoyants, produits à polir, désinfectants) ?
    - Les biocarburants sont-ils la solution de l'avenir à nos besoins en énergie ?
    - Le sel est-il un meilleur désinfectant pour piscines que le chlore ?
    - Doit-on permettre le transport du pétrole par bateau dans les Grands Lacs ?

    Une des positions doit défendre un point de vue environnemental. L'autre position peut exprimer un ou plusieurs points de vue, au plan éthique et moral, politique, économique, social ou culturel. Présente ton compte rendu de manière innovatrice après avoir reçu l'approbation de ton enseignante ou de ton enseignant. HP C MA

72. Environ le quart de l'électricité produite en Ontario repose sur la combustion du charbon. Ce procédé constitue une source importante d'émissions de polluants acides. Effectue une recherche sur la stratégie que veut employer le gouvernement ontarien pour réduire le nombre des centrales d'énergie thermiques alimentées au charbon ou les éliminer progressivement. Informe-toi sur l'échéance de ce programme qui a changé au cours des dernières années. Rédige une lettre adressée à ta députée ou à ton député pour exprimer ton opinion concernant la combustion du charbon dans la production d'électricité. C MA

UNITÉ C

QUESTIONNAIRE

Les icônes suivantes t'indiquent la compétence visée par chaque question.
- **CC** Connaissance et compréhension
- **C** Communication
- **HP** Habiletés de la pensée
- **MA** Mise en application

Choisis la meilleure réponse pour chacune de ces questions.

1. Laquelle de ces propriétés est une propriété chimique ? (5.1) **CC**
    a) masse volumique
    b) inflammabilité
    c) dureté
    d) solubilité

2. Laquelle de ces formules chimiques représente un composé ? (5.10) **CC**
    a) CO
    b) Na
    c) P_4
    d) Br_2

3. Dans lequel de ces groupes les atomes ou les ions ont-ils le même nombre total d'électrons ? (5.5) **CC**
    a) N et P
    b) F^- et O^{2-}
    c) Na et K^+
    d) Fe^{2+} et Fe^{3+}

4. L'équation de la réaction du nitrate d'argent avec du cuivre s'écrit ainsi :

    $2\ AgNO_3 + Cu \rightarrow 2\ Ag + Cu(NO_3)_2$

    De quel type de réaction s'agit-il ? (6.6) **CC**
    a) réaction de synthèse
    b) réaction de décomposition
    c) réaction de déplacement simple
    d) réaction de déplacement double

5. Quel est le nom du composé dont la formule est H_3PO_4 ? (7.2) **CC**
    a) acide phosphorique
    b) oxyde hydrophorique
    c) phosphate d'hydrogène
    d) hydroxyde de phosphore

6. Quel est le pH de l'eau pure ? (7.3) **CC**
    a) 0
    b) 1
    c) 7
    d) 14

Indique si chacun des énoncés est VRAI ou FAUX. Si tu penses qu'un énoncé est faux, récris-le en le corrigeant.

7. Les liaisons covalentes se produisent par échange d'électrons. (5.10) **CC**

8. L'équation chimique représentée ci-dessous est équilibrée. (6.3) **CC**

    $CH_4 + 3\ O_2 \rightarrow CO_2 + 4\ H_2O$

9. Les solutions fortement acides ont un pH peu élevé. (7.3)

Copie les énoncés ci-dessous dans ton cahier. Complète-les à l'aide des termes appropriés.

10. L'équation suivante représente une réaction de _____ . (6.6) **CC**

    $KCl + AgNO_3 \rightarrow KNO_3 + AgCl$

11. Les centrales d'énergie alimentées au charbon rejettent des oxydes de soufre et d'azote dans l'atmosphère, ce qui entraîne des dommages à l'environnement sous forme de précipitations _____ . (7.8) **CC**

12. Complète cette équation nominative.

    acide nitrique + hydroxyde de potassium → eau + _____ (7.5) **C**

Associe chaque terme de la colonne de gauche à la description qui lui convient le mieux dans la colonne de droite.

13. a) $FeCl_3$ i) tétrachlorure de carbone
    b) $SnCl_4$ ii) chlorure d'étain (IV)
    c) $(NH_4)_3PO_4$ iii) chlorure de fer (III)
    d) CCl_4 iv) monoxyde de carbone
    e) CO   v) phosphate d'ammonium

    (5.7, 5.9, 5.10) **CC**

Rédige une brève réponse à chacune des questions suivantes.

14. Écris l'équation chimique correspondant à cette équation nominative.

    acide chlorhydrique + hydroxyde de potassium → chlorure de potassium + eau (6.3, 7.5)

15. Décris quelques caractéristiques qui distinguent ces groupes d'éléments du tableau périodique. (5.4)
    a) groupe 1 (métaux alcalins)
    b) groupe 2 (métaux alcalino-terreux)
    c) groupe 18 (gaz rares)

16. Écris les formules chimiques de ces composés.
    a) oxyde d'aluminium
    b) chlorure de fer (II)
    c) sulfate d'ammonium (5.7, 5.9)

17. a) Décris deux propriétés physiques de l'aluminium.
    b) Décris une propriété chimique de l'aluminium. (5.4, 5.6, 6.10)

18. Un élément X se combine avec l'aluminium et forme un composé dont la formule empirique est Al_2X_3. Quelle serait la formule du composé formé par l'élément X et le calcium, Ca ? Explique ta réponse. (5.4-5.6)

19. La masse d'un clou de fer exposé aux intempéries augmente légèrement lorsqu'il se couvre de rouille. Explique pourquoi cela ne contredit pas la loi de la conservation de la masse. (6.3, 6.5, 6.10)

20. Lorsque du zinc, Zn, a été ajouté à de l'acide sulfurique, H_2SO_4, des bulles de gaz ont été produites par le mélange réactif. L'analyse des produits a révélé que la réaction a produit du sulfate de zinc.
    a) Quel était le gaz qui formait des bulles ?
    b) Écris l'équation équilibrée de cette réaction. (6.3, 6.6)

21. Le peroxyde d'hydrogène, H_2O_2, est un composé instable qui se décompose rapidement à la lumière et produit de l'eau et de l'oxygène. Des bouteilles contenant 3 % de peroxyde d'hydrogène sont en vente libre dans les pharmacies.
    a) Pourquoi ces bouteilles sont-elles brun foncé, et non en verre ou en plastique transparent ?
    b) Écris l'équation équilibrée de la décomposition du peroxyde d'hydrogène. (6.3, 6.5)

22. Voici quatre liquides qu'on trouve à la maison : eau du robinet, lait entier, jus de citron, produit de débouchage.
    a) Selon toi, quel liquide a la plus forte concentration en ions hydrogène ? Explique ta réponse.
    b) Selon toi, quel liquide a le pH le plus élevé ? Explique ta réponse. (7.3, 7.4)

23. Une personne responsable de l'entretien utilise un nettoyant à l'ammoniaque (dont l'ingrédient actif est NH_4OH) pour nettoyer et désinfecter les toilettes d'une école. Elle pense qu'il serait préférable de neutraliser les restes d'ammoniaque avant de s'en débarrasser. Un prof de chimie lui dit qu'elle peut utiliser de la phénolphtaléine et de l'acide chlorhydrique dilués. Décris les étapes que devrait suivre cette personne, en mentionnant toutes les mesures de sécurité à respecter. (7.2, 7.4, 7.5)

24. Dans cette unité, tu as appris que des réactions se produisent partout autour de nous. Tu devrais pouvoir voir d'une nouvelle façon les transformations chimiques que tu observes dans la vie quotidienne.
    a) Choisis deux transformations chimiques courantes et explique ce que tu en comprenais avant d'avoir étudié les réactions chimiques.
    b) Explique comment tu comprends maintenant ces transformations chimiques. (6.1-6.10)

UNITÉ D — Les changements climatiques

ATTENTES

- Démontrer sa compréhension des facteurs influant sur le climat et des indicateurs de changements climatiques.
- Analyser, en appliquant la méthode scientifique, des facteurs qui contribuent aux changements climatiques et des indicateurs de ceux-ci.
- Analyser l'incidence des changements climatiques et commenter des actions prises à différents niveaux pour les contrer.

IDÉES maîtresses

- Le climat terrestre est dynamique et résulte de l'interaction de systèmes et de phénomènes divers.
- La modification du climat de la planète est influencée tant par des facteurs naturels que par l'activité humaine.
- Les changements climatiques touchent les êtres vivants et les systèmes naturels de multiples façons.
- Les gens ont la responsabilité d'évaluer leur impact sur les changements climatiques et de déterminer des mesures efficaces pour le réduire.

Halte STSE

À QUI LA FAUTE ?

Des élèves du monde entier participent au premier Congrès international étudiant sur les changements climatiques. La délégation canadienne est nerveuse, car la discussion porte sur les émissions de gaz à effet de serre du Canada.

Le Canada produit le plus de dioxyde de carbone par personne

Jusqu'à récemment, les États-Unis étaient les plus grands émetteurs de dioxyde de carbone par personne. Cependant, à cause des émissions supplémentaires de dioxyde de carbone que dégagent les forêts canadiennes ravagées par le dendroctone du pin, le Canada occupe maintenant la première place.

1. Selon toi, est-il juste de qualifier le Canada de plus grand producteur de CO_2 ? C MA
2. Selon toi, pour quelles raisons le Canada arrive-t-il en tête des pays consommateurs de combustibles fossiles ? HP C

Le Canada est l'un des dix plus grands émetteurs de gaz à effet de serre par personne

Les pays qui produisent beaucoup de pétrole et de gaz naturel émettent d'énormes quantités de méthane et de dioxyde de carbone. Beaucoup de pays producteurs de pétrole ayant une petite population, comme le Koweït et le Brunei, émettent plus de gaz à effet de serre par personne que le Canada.

3. Si tu venais du Koweït, comment justifierais-tu la production de gaz à effet de serre de ton pays ? MA HP

Le Canada est le huitième plus grand émetteur de dioxyde de carbone

La Chine produit la plus grande quantité de dioxyde de carbone, soit 22 % des émissions mondiales. Les États-Unis en produisent 20 %, et le Canada, 2 %.

4. Si tu venais de la Chine, comment justifierais-tu la production de gaz à effet de serre de ton pays ? HP MA

Ce problème nous concerne toutes et tous

Après une vive discussion, les élèves ont réalisé qu'ils vont hériter ensemble de la planète. À quoi bon blâmer tel ou tel pays ? Nous partageons toutes et tous la même atmosphère.

5. Es-tu d'accord ? Explique ton raisonnement. C MA

UNITÉ D — À VOIR

UNITÉ D
Les changements climatiques

CHAPITRE 8 — Le système climatique terrestre et les phénomènes naturels

À quels facteurs sont attribuables les deux différents climats que l'on peut observer sur cette photographie?

CHAPITRE 9 — Le déséquilibre du climat terrestre

Le glacier Angel, dans le parc national Jasper, a reculé depuis 1939.

CHAPITRE 10 — Évaluer les changements climatiques et y réagir

La mise en œuvre de parcs éoliens est l'un des moyens de contrer les changements climatiques.

APERÇU de l'activité de fin d'unité

La modification du climat de la planète

Le Groupe d'experts intergouvernemental sur l'évolution du climat (GIEC) veut mettre à jour son rapport sur la modification du climat de la planète. Tu fais partie d'un groupe de travail mandaté par le GIEC pour étudier les impacts internationaux des changements climatiques.

Pour réaliser cette tâche, tu vas choisir un lieu quelconque dans le monde et te renseigner sur son climat. Tu vas recueillir des données sur son climat actuel et sur celui d'il y a environ 50 ans. En comparant ces deux ensembles de données, tu vas ensuite déterminer les changements climatiques passés.

À partir de ces conclusions, et de l'information de cette unité, tu vas prédire quels changements reliés au climat pourraient être en train de se produire et ce qui va se passer au cours des 100 prochaines années. Puis, tu vas approfondir ta recherche sur les effets des changements climatiques dans le lieu que tu as choisi, afin de voir si ta prédiction coïncide avec celle des spécialistes en climat.

Enfin, tu vas rédiger une première liste de recommandations sur les mesures que les gens de cette région peuvent prendre pour se préparer aux effets des changements climatiques, et une deuxième sur des mesures internationales visant à limiter l'ampleur des changements climatiques.

SIGNET de fin d'unité

Tu trouveras une description détaillée de l'activité de fin d'unité à la page 444. Au fil de l'unité, prête attention à cette rubrique et vois quel rapport il y a entre la section que tu étudies et l'activité de fin d'unité.

ÉVALUATION

Ton évaluation permettra de savoir si tu as réussi à :
- trouver des données et à les analyser;
- bien présenter les changements reliés au climat présent et à prédire ceux à venir;
- faire des recommandations locales et mondiales sur les mesures à prendre pour limiter les changements climatiques et s'y préparer.

Que sais-tu ?

PRÉALABLES

Concepts
- Le rayonnement solaire
- Les gaz à effet de serre et l'effet de serre
- Les conséquences de l'activité humaine sur l'environnement

Habiletés
- Reporter des données sur un graphique et analyser des graphiques
- Mener une recherche et recueillir de l'information
- Planifier et mener des expériences
- Communiquer efficacement de l'information scientifique

1. a) D'où tirons-nous la majeure partie de l'énergie nécessaire au fonctionnement de nos technologies ?

   b) Quels sont les risques et les avantages associés à l'utilisation de cette source d'énergie ?

   c) Quelles sont les autres sources d'énergie disponibles ? CC

2. L'eau peut exister sous trois états, qui se trouvent de façon naturelle sur la Terre. CC

   a) Énumère les trois états de l'eau.

   b) Donne un exemple de chacun de ces états dans la nature.

3. Explique comment le climat de chacune des régions illustrées à la figure 1 est influencé par sa localisation. CC C

(a)

(b)

Figure 1 (a) Tobermory est établi à côté d'un grand lac. (b) L'île de Vancouver est située près de la côte et à proximité d'un courant océanique chaud.

4. Décris et explique, comme tu le ferais à une ou à un jeune élève, ce qui se passe dans la figure 2. CC C

Figure 2

5. Énumère au moins 10 façons dont l'activité humaine influe sur l'environnement. MA

6. Élabore un schéma conceptuel sur le modèle de la figure 3 à l'aide des termes ci-dessous. Relie avec des traits tous les termes qui devraient l'être. Écris des mots ou des expressions sur ces traits pour expliquer ces relations. CC C

   climat   êtres humains   atmosphère
   Soleil   Terre   gaz à effet de serre

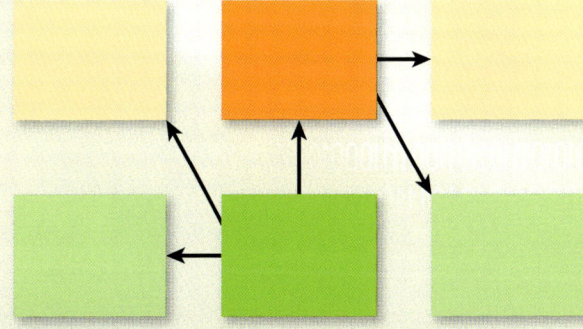

Figure 3

7. a) L'information que tu trouves dans Internet est-elle toujours fiable ?

   b) Sur quels critères te bases-tu pour déterminer la fiabilité et l'objectivité d'un site Web ? HP C

CHAPITRE 8

Le système climatique terrestre et les phénomènes naturels

QUESTION CLÉ : Comment le système climatique de la Terre reste-t-il en équilibre et quels phénomènes naturels entrent en jeu ?

À quels facteurs sont attribuables les deux différents climats que l'on peut observer sur cette photographie ?

UNITÉ D
Les changements climatiques

CHAPITRE 8
Le système climatique terrestre et les phénomènes naturels

CHAPITRE 9
Le déséquilibre du climat terrestre

CHAPITRE 10
Évaluer les changements climatiques et y réagir

CONCEPTS CLÉS

Le système climatique de la Terre tire son énergie du Soleil.

Le système climatique de la Terre comprend l'atmosphère, l'hydrosphère, la lithosphère et les êtres vivants.

L'effet de serre réchauffe la Terre en emprisonnant l'énergie thermique que réfléchit la Terre.

Le transfert de l'énergie thermique au sein du système climatique terrestre s'effectue au moyen des courants atmosphériques et océaniques.

Le climat terrestre connaît des changements à court terme et des changements à long terme.

Les données indirectes permettent d'étudier les climats du passé.

ÉVEILLE-TOI AUX SCIENCES

Des vestiges d'un autre climat

Cet été, Manuel Ramirez de Cardston, en Alberta, a fait une découverte fascinante. En grimpant une colline, ce jeune de 15 ans a aperçu un objet mat brunâtre sur le sol. L'objet avait l'air d'un os énorme.

Le lendemain, Manuel est retourné sur la colline, armé d'une petite pelle. En enlevant soigneusement la terre, il a découvert d'autres os dans le sol. Manuel a signalé sa découverte au musée de Calgary.

Les paléontologues du musée ont aidé Manuel à dégager le reste des os. Ensemble, ils les ont ramenés au musée, où ils les ont lavés et assemblés. Le squelette qui en est résulté a l'air d'un énorme éléphant.

Le climat de l'Alberta était très différent il y a 10 000 ans. Certaines espèces qui vivaient à cette époque, tels les mammouths laineux, ont disparu. D'autres, comme le caribou, existent encore en Alberta.

« Je pensais que les éléphants vivaient sous des climats chauds, a déclaré Manuel. Mais les paléontologues m'ont dit qu'il ne s'agissait pas d'un éléphant, mais d'un mammouth laineux. Les mammouths vivaient il y a plus de 10 000 ans dans des endroits aux climats glaciaires. Dans Internet, j'ai vu des images d'un bébé mammouth qu'on a découvert gelé dans la glace. »

« Je me pose encore des questions, reprend Manuel. L'Alberta n'a pas un climat glaciaire. Alors pourquoi les mammouths vivaient-ils ici ? Comment le climat de l'Alberta a-t-il changé ? »

1. Compte tenu de l'information fournie dans l'article, comment le climat de l'Alberta a-t-il changé ?
2. Quelle preuve a-t-on que le climat de l'Ontario s'est progressivement modifié ?

QU'EN PENSES-TU ?

Beaucoup des notions que tu vas explorer dans ce chapitre sont des notions que tu as déjà abordées. Tu pourrais en avoir entendu parler à l'école, à la maison ou autour de toi. Les énoncés ci-dessous ne sont pas tous vrais. Examine chacun et détermine si tu es d'accord ou non.

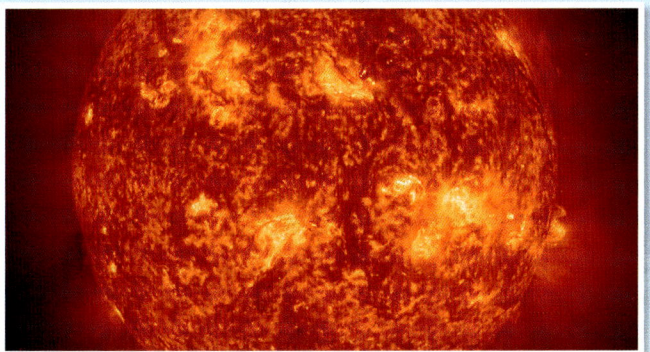

1 Près de la moitié de l'énergie sur Terre provient du Soleil.
D'accord / En désaccord

4 Le climat terrestre est demeuré très stable pendant des milliers d'années.
D'accord / En désaccord

2 L'effet de serre est un phénomène naturel.
D'accord / En désaccord

5 Les éruptions volcaniques font changer le climat.
D'accord / En désaccord

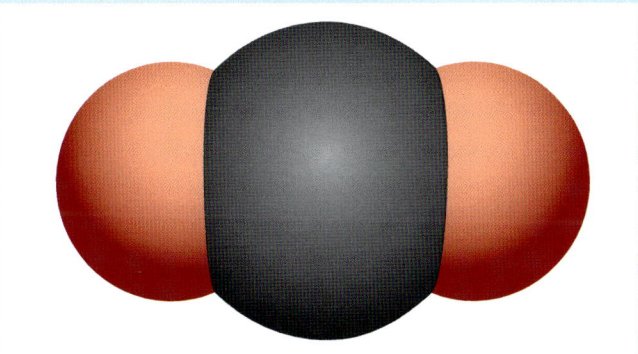

3 Le dioxyde de carbone est une importante composante du système climatique de la Terre.
D'accord / En désaccord

6 Le temps et le climat sont une seule et même chose.
D'accord / En désaccord

HALTE LECTURE

Trouver l'idée principale

Quand tu cherches l'idée principale d'un texte, tu détermines un sujet général (*les changements climatiques*) et un concept clé qui y est relié (*les êtres humains contribuent à l'effet de serre*). Des détails (*combustibles fossiles*, *agriculture non écologique*) appuient généralement l'idée principale. Utilise les stratégies ci-dessous pour trouver l'idée principale :

- Sers-toi d'indices contenus dans le titre et les sous-titres.
- Examine la première, la deuxième et la dernière phrases.
- Repère les mots répétés et les mots en gras.
- Repère les marqueurs de relation (*par conséquent*, *donc*, *voilà pourquoi*).
- Reformule le sous-titre ou l'idée principale sous forme de question pour voir si d'autres phrases l'expliquent.
- Fais un schéma conceptuel pour t'aider à distinguer les détails de l'idée principale.

COUP DE POUCE LECTURE

Au fil de ce chapitre, prête attention aux rubriques Coup de pouce. Elles vont t'aider à élaborer des stratégies de littératie.

Les composantes du système climatique terrestre

Pourrait-on vivre sur une autre planète ? Mercure n'a pas d'atmosphère. Le jour, la température y atteint 450 °C, et la nuit, elle plonge à –170 °C. L'atmosphère de Vénus est 100 fois plus dense que celle de la Terre, et sa température de surface dépasse 700 °C. Inversement, l'atmosphère de Mars est 100 fois moins dense que celle de la Terre, et sa température moyenne de surface est de –63 °C. En fait, la Terre est sans doute la seule planète de notre système solaire à pouvoir soutenir la vie telle que nous la connaissons.

Trouver l'idée principale : *À toi de jouer !*

Une idée principale restreint un sujet à une opinion ou à un point précis. Les détails du texte appuient l'idée principale en l'expliquant à l'aide de faits ou d'exemples. Voici comment un élève a trouvé l'idée principale du paragraphe précédent.

Stratégie	Information contenue le texte
Lire le sous-titre	J'ai prédit que le texte porterait sur le climat terrestre.
Relire la première phrase	La première phrase est une question qui me donne une idée du sujet : « Pourrait-on vivre sur une autre planète ? »
Repérer les mots répétés	Les mots « atmosphère » et « température » sont répétés.
Trouver les exemples et les faits	Les exemples m'indiquent pourquoi les autres planètes ne conviendraient pas à la vie telle que nous la connaissons.
Relire la dernière phrase	La dernière phrase répond à la question : « Pourrait-on vivre sur une autre planète ? »
Idée principale : L'atmosphère et la température de planètes autres que la Terre ne peuvent pas soutenir la vie telle que nous la connaissons.	

8.1 Le temps et le climat

Est-ce une journée chaude et ensoleillée, ou froide et pluvieuse? Quand tu décris les conditions extérieures d'une journée donnée, tu décris le **temps** qu'il fait. Décris le temps qu'il fait aujourd'hui à une ou à un camarade, en donnant le plus de détails possible. Précise la température et le type de précipitations (s'il y en a). Quelles autres indications peux-tu donner?

temps conditions atmosphériques comprenant la température, les précipitations, le vent et l'humidité, en un lieu donné sur une courte période, telle qu'un jour ou une semaine

Décrire le temps

On appelle «météorologues» les scientifiques qui étudient le temps. Ils décrivent généralement le temps en donnant l'information suivante :

- la température;
- le type et la quantité de précipitations;
- la vitesse du vent;
- l'humidité relative (la quantité de vapeur d'eau dans l'air par rapport à la quantité maximale d'eau que l'air peut retenir à cette température);
- la pression atmosphérique (la force qu'exerce le poids de l'air sur une surface donnée);
- la présence de brouillard, de brume ou de couverture nuageuse.

Voici un bulletin météorologique typique d'une journée d'été : température maximale de 28 °C aujourd'hui, ensoleillé avec passages nuageux, probabilité de pluie de 30 %, vent d'est à 20 km/h et humidité relative de 40 %.

Dans certaines parties du monde, la température demeure plus ou moins la même jour après jour. Par exemple, le désert du Sahara en Afrique est habituellement chaud et sec durant le jour. Au Canada, toutefois, le temps peut varier beaucoup d'un jour à l'autre (figure 1). Il peut être chaud et ensoleillé un jour, et frais et pluvieux le lendemain. Cependant, tu ne t'attendrais pas à ce qu'il neige en Ontario en août ou à ce qu'il fasse 30 °C en Nouvelle-Écosse en février.

COUP DE POUCE
APPRENTISSAGE

Le rapport entre humidité et température
La vapeur d'eau (l'eau à l'état gazeux) se forme quand l'eau liquide s'évapore, puis elle se mélange avec l'air. L'air chaud peut retenir plus de vapeur d'eau que l'air froid. Voilà pourquoi l'air chaud est souvent plus humide que l'air froid.

Pour en savoir davantage sur le travail des météorologues :

Figure 1 Le temps qu'il fait dans une région peut changer du tout au tout en quelques heures.

Pour consulter les prévisions météorologiques de ta région :

Prédire le temps qu'il fera

Nous aimons savoir le temps qu'il fera dans l'après-midi, le lendemain ou durant la fin de semaine. Les météorologues recueillent de l'information sur le temps qu'il fait dans le monde et s'en servent pour élaborer des prévisions météorologiques régionales. Environnement Canada a mis en place des milliers de stations météorologiques dans tout le pays. Dans certaines régions du monde, l'information météorologique est recueillie et enregistrée chaque jour depuis les années 1800. On peut collecter l'information au moyen de stations météorologiques, de ballons-sondes, d'aéronefs et de satellites (figure 2).

LE SAVAIS-TU ?

C'est l'inclinaison de la Terre qui cause les saisons
La Terre a actuellement une inclinaison de 23,5°. Durant une partie de son orbite, l'hémisphère Nord est éloigné du Soleil (en hiver), et durant une autre partie, c'est l'inverse (en été). Cette inclinaison explique les saisons estivales et hivernales bien marquées que nous avons.

Figure 2 Cette station météorologique automatique est située sur l'île Alexandre, dans l'Antarctique. Elle enregistre chaque jour la température, les précipitations, la vitesse et la direction du vent, de même que l'humidité.

Le temps résulte des interactions de l'eau et de l'air sur la Terre, ainsi que de l'énergie solaire. L'énergie provenant du Soleil réchauffe l'atmosphère de la Terre, ce qui crée des vents et d'autres mouvements aériens. L'eau des océans, des lacs et des rivières s'évapore, se refroidit et se condense, formant ainsi des nuages qui peuvent produire de la pluie ou de la neige. L'eau des océans circule suivant des courants qui vont des pôles à l'équateur et inversement. La combinaison des mouvements de l'air et de l'eau produit le temps.

Qu'est-ce que le climat ?

climat moyenne des conditions atmosphériques dans une région donnée sur une longue période

Le **climat** est l'ensemble des conditions atmosphériques habituelles dans une région sur une longue période de temps. Pour déterminer le climat d'une région, les climatologues recueillent des mesures météorologiques sur au moins 30 ans et font la moyenne des résultats. Les scientifiques qui étudient le climat sont les climatologues, les paléoclimatologues, les atmosphéristes et les modélisatrices et modélisateurs de climat.

Pour en savoir plus sur les différences entre ces groupes de scientifiques :

Le climat t'indique les variations de température auxquelles tu peux t'attendre à une période donnée de l'année. Il t'indique aussi si tu dois t'attendre à de la pluie, à de la neige ou à de forts vents en certaines saisons. Par exemple, le climat du sud de l'Ontario est chaud et humide en été et froid et neigeux en hiver.

Quelle différence y a-t-il entre le temps et le climat ? Le temps décrit les conditions atmosphériques sur une courte période, c'est-à-dire une heure, une journée ou même une semaine. Le climat décrit le temps qu'il fait typiquement dans une région, selon des données recueillies pendant plusieurs années. Comme l'a écrit l'auteur de science-fiction Robert Heinlein, « le climat, c'est ce à quoi on s'attend, mais le temps, c'est ce qu'on a » (traduction libre).

Le climat d'une région détermine les types de plantes et d'animaux qui y vivent. Des animaux, comme les ours polaires, qui vivent dans l'Arctique, doivent pouvoir survivre aux hivers froids et sombres (figure 3(a)). Les rares plantes qui vivent dans l'Arctique ne poussent qu'en été. Dans le sud de l'Ontario, par contre, le climat favorise la croissance luxuriante d'un grand nombre d'arbres, d'arbustes et d'autres plantes. Les forêts du centre et du sud de l'Ontario abritent une foule d'insectes, d'oiseaux et de mammifères (figure 3(b)).

Figure 3 (a) Les ours polaires survivent aux hivers rigoureux grâce aux épaisses couches de graisse sous leur fourrure.
(b) Les forêts ontariennes sont peuplées de nombreuses espèces de plantes et d'animaux, dont le renard roux.

EN RÉSUMÉ

- Le temps est une description des conditions atmosphériques, dont la température, les précipitations, le vent et l'humidité, dans un lieu donné sur une courte période.

- Le climat est la moyenne du temps qu'il fait dans une région, établie généralement sur une période de 30 ans.

- Le climat d'une région détermine les types de plantes et d'animaux qui y vivent.

VÉRIFIE TA COMPRÉHENSION

1. Classe les éléments suivants en indiquant s'il s'agit d'une observation sur le temps qu'il fait une journée et dans un lieu donnés OU sur un aspect climatique d'une région. Explique chacun de tes choix en une courte phrase.
   a) les températures maximale et minimale
   b) les précipitations
   c) les heures d'ensoleillement
   d) la vitesse du vent
   e) l'humidité

2. Énumère trois différentes technologies à l'aide desquelles des météorologistes peuvent recueillir des données météorologiques.

3. a) Quels facteurs inclurais-tu dans une description du temps?
   b) Décris le temps qu'il fait aujourd'hui dans ta région de la façon la plus détaillée possible.

4. Quelle différence y a-t-il entre temps et climat?

5. Décris le climat de la région dans laquelle tu vis.

6. Comment le climat d'une région détermine-t-il sa flore et sa faune? Explique ta réponse.

7. Imagine qu'un investissement gouvernemental de 10 milliards de dollars sur 10 ans permettrait de fournir des prévisions météorologiques exactes pour une période de sept jours plutôt que de cinq. Un tel investissement serait-il rentable? Dresse un tableau des arguments pour et contre en adoptant les points de vue de propriétaires de centres de ski, d'un service municipal des travaux publics, et des contribuables qui vont devoir payer plus de taxes.

8. Sarah dit : « Comme le climat d'Ottawa se caractérise par un hiver froid et que novembre approche, le temps sera sûrement plus froid la semaine prochaine. » Rodrigo lui répond : « Je serais d'accord avec toi si tu remplaçais "semaine" par "mois". » Qui a raison : Rodrigo ou Sarah? Formule ta réponse en termes de temps et de climat. Prépare-toi à faire connaître ta réponse à la classe.

9. Tu te retrouves sur une île déserte. Tu commences à recueillir des données météorologiques afin de déterminer le climat de cette île. Combien de temps devras-tu effectuer des relevés avant de pouvoir tirer des conclusions définitives sur le climat?

8.2 Les classifications climatiques

Le climat de ta région influence ton mode de vie. Par exemple, dans les régions au climat chaud, les maisons sont souvent construites sur un seul étage et dotées de murs blancs et de cours intérieures (figure 1(a)). Ces caractéristiques favorisent la fraîcheur à l'intérieur des maisons. Dans les régions au climat plus froid, les maisons sont souvent plus petites ; elles ont un sous-sol ou plus d'un étage et des toits en pente pour empêcher la neige de s'y accumuler. Ces caractéristiques facilitent le chauffage des maisons en hiver (figure 1(b)). Qu'est-ce qui changerait dans ta vie si tu habitais une région ayant un climat différent ?

Figure 1 (a) Les maisons des climats chauds sont généralement conçues pour conserver la fraîcheur. (b) Les maisons des climats froids sont conçues pour conserver la chaleur en hiver.

Les zones climatiques

Au début des années 1900, un scientifique du nom de Vladimir Köppen (1846-1940) a déterminé des zones climatiques à partir des températures, des précipitations et des communautés végétales. Les régions polaires telles que l'Arctique et l'Antarctique font bien entendu partie de la même zone climatique. Les froides forêts d'épinettes du Nord canadien sont classées dans la même zone que les régions forestières similaires de Russie. Le système de Köppen a été revu depuis, mais les systèmes d'aujourd'hui ont conservé des zones similaires à celles qu'avait établies Köppen.

La figure 2 illustre une carte des principales zones climatiques de la Terre. Dans quelle zone climatique vis-tu ? Peux-tu repérer un autre pays qui fait partie de cette même zone ?

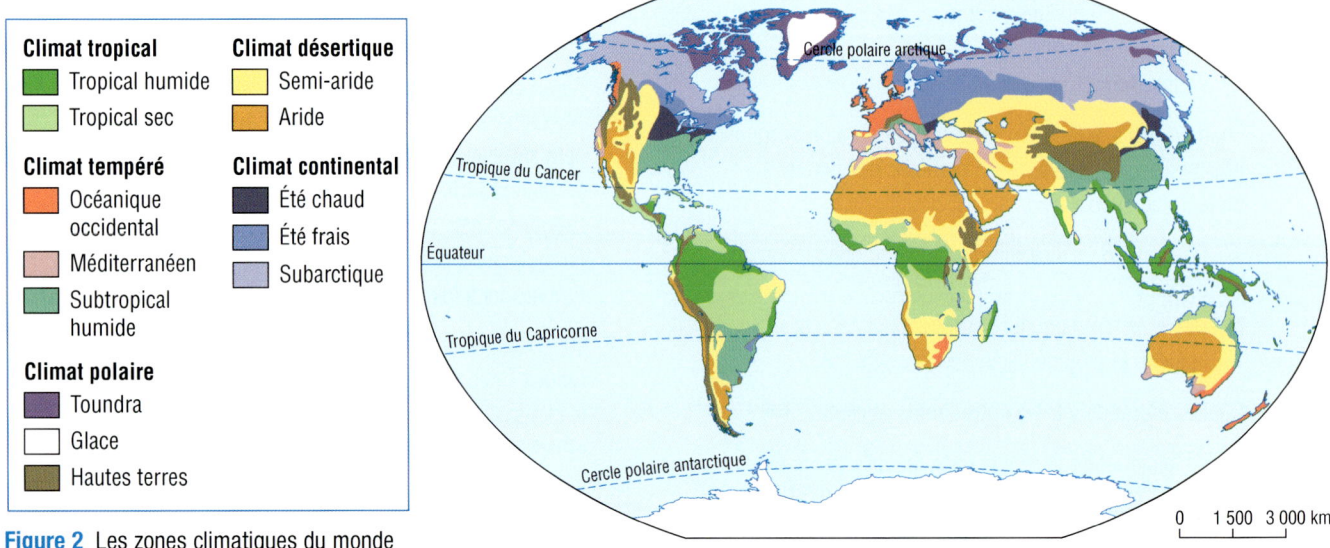

Figure 2 Les zones climatiques du monde

Les écorégions

Il y a environ 30 ans, les gens ont commencé à se soucier davantage de la survie des écosystèmes. Une nouvelle classification des climats a été mise au point en réponse à cette préoccupation. On appelle « écorégions » ces nouvelles zones climatiques, axées sur l'écologie de la région. Les écorégions sont basées sur le relief, les sols, la flore et la faune, ainsi que sur le climat. Elles tiennent aussi compte d'autres facteurs. La figure 3 présente les 867 écorégions du monde.

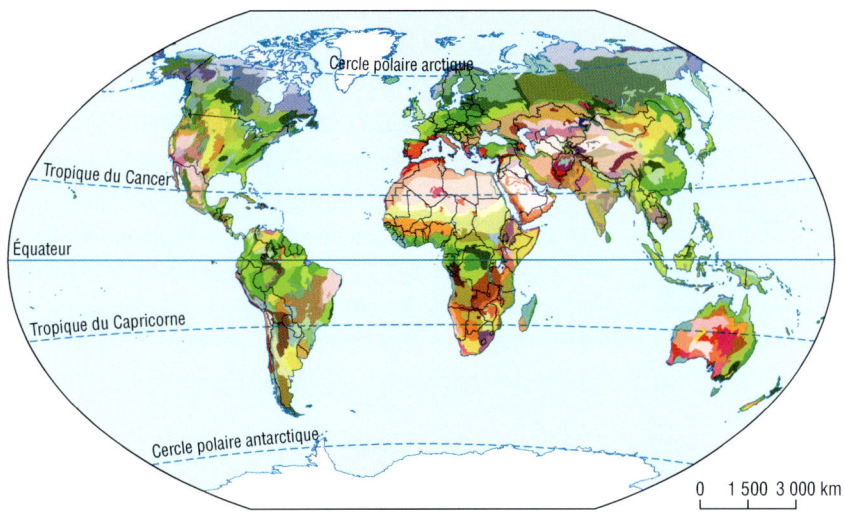

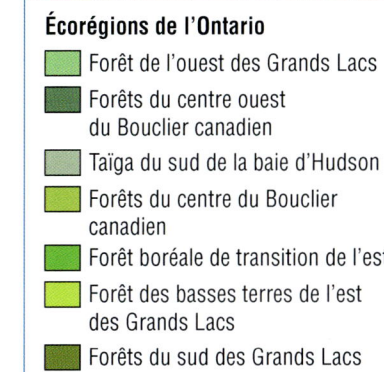

Figure 3 Écorégions terrestres du monde. Dans quelle écorégion vis-tu ?

COUP DE POUCE
APPRENTISSAGE

Écorégion ou écozone ?
La classification mondiale des écorégions est équivalente à la classification des écozones du Canada. Dans le système canadien, chaque écozone est subdivisée en écorégions. Par exemple, l'écozone boréale comprend 30 écorégions. Dans le système international, la forêt boréale est considérée comme une écorégion. Retiens ceci : écozone canadienne = écorégion mondiale

Le Canada a mis au point son propre système de cartographie des écorégions. De grandes écozones y sont divisées en écorégions. Par exemple, la communauté de Timmins fait partie de l'écorégion des Plaines de l'Abitibi, qui fait elle-même partie de l'écozone du bouclier boréal. Rappelle-toi que les écozones du Canada sont similaires aux écorégions du monde.

Les profils bioclimatiques

Une écorégion décrit le climat et l'écosystème d'une région. Un **profil bioclimatique** est une série de graphiques qui présentent la température et les conditions d'humidité dans un secteur donné. Ce qui distingue les écorégions des profils bioclimatiques, c'est que les profils ne décrivent que le climat. De plus, ils présentent une projection du climat du secteur pour les 40 à 80 prochaines années.

profil bioclimatique représentation graphique des données climatiques actuelles et futures d'un secteur donné

Pour en savoir plus sur les profils bioclimatiques :

Les facteurs climatiques

Pourquoi existe-t-il des zones climatiques ? Le climat d'une région résulte de divers facteurs :

- la distance à partir de l'équateur (latitude) ;
- la présence de vastes étendues d'eau ;
- la présence de courants océaniques ou atmosphériques ;
- le relief ;
- la hauteur au-dessus du niveau de la mer (altitude).

Dans ce chapitre, tu vas aborder chacun de ces facteurs et voir comment ils influent sur le climat.

RECHERCHE EN ACTION : CLASSER TON CLIMAT

HABILETÉS : effectuer une recherche, évaluer

LA BOÎTE À OUTILS
4.A., 8.B.

1. Effectue une recherche sur l'écozone et l'écorégion canadiennes dans lesquelles tu vis. Documente-toi sur une écozone et une écorégion canadiennes très différentes des tiennes.

2. Effectue une recherche sur : a) un pays ayant une écorégion similaire à l'écozone canadienne où tu vis et b) un pays ayant une écorégion différente de l'écozone canadienne où tu vis.

3. Examine le site des profils bioclimatiques. Trouve une station météorologique près de chez toi et compare les températures maximales entre avril et octobre des années 1971 à 2000 avec les températures maximales projetées pour ces mêmes mois des années 2070 à 2099.

A. Dresse un relevé des données sur les deux écorégions canadiennes sur lesquelles ta recherche a porté. CC HP

B. À l'aide d'un organisateur graphique comme un diagramme de Venn ou un tableau comparatif, organise et présente les similarités et les différences climatiques entre ces deux endroits du Canada. C

C. Sur quel pays ayant une écorégion similaire à la tienne ta recherche a-t-elle porté ? Décris en quoi cette écorégion ressemble à l'écozone où tu vis. HP

D. Sur quel pays ayant une écorégion différente de la tienne ta recherche a-t-elle porté ? Décris en quoi cette écorégion se distingue de l'écozone dans laquelle tu vis. HP

E. Qu'est-ce que le profil bioclimatique t'apprend sur le climat de ton coin de pays ? En quoi est-ce différent de la description d'une écorégion ? MA

SIGNET de fin d'unité

Tu vas pouvoir mettre en application ce que tu as appris dans cette section sur les zones climatiques et les profils bioclimatiques dans l'activité de fin d'unité décrite à la page 444.

EN RÉSUMÉ

- La classification des zones climatiques traditionnelles repose habituellement sur la température, les précipitations et la végétation.
- La classification des régions climatiques en écorégions et en écozones prend en compte le relief, les sols, la végétation et des facteurs humains, en plus de variables comme la température et les précipitations.
- Les profils bioclimatiques présentent des données provenant de l'observation du climat et nous permettent de comparer les variables climatiques actuelles d'une région aux projections établies pour les 40 à 80 prochaines années.

VÉRIFIE TA COMPRÉHENSION

1. a) Köppen a fondé son système de classification climatique sur trois facteurs. Lesquels ?
   b) De quels facteurs supplémentaires tient-on compte en classifiant le climat en écorégions ? CC

2. La température quotidienne maximale moyenne dans le centre de l'Égypte est de 40 °C en été. Il pleut très peu (moins de 10 mm par année). Vu ce manque de pluie, la végétation est rare dans cette partie du pays. CC
   a) À quelle zone climatique le centre de l'Égypte appartient-il ?
   b) Y a-t-il une partie de l'Amérique du Nord qui appartient à cette même zone climatique ?

3. Trouve un autre pays lointain ayant des zones climatiques similaires à celles du Canada. Prédis le type d'écorégion mondiale que pourrait avoir ce pays. Vérifie ton hypothèse dans Internet. CC HP

4. L'Ontario a trois écozones, dont la plus vaste est le bouclier boréal. Le bouclier boréal se subdivise en plusieurs écorégions. Combien d'écorégions de l'Ontario comprend-il ? CC

5. Les profils bioclimatiques se limitent aux variables climatiques traditionnelles comme la température et les précipitations. Pourquoi sont-ils plus utiles que les descriptions des écorégions pour étudier le futur climat de l'Ontario ? HP

Le système climatique terrestre et l'énergie du Soleil

8.3

Pour comprendre le climat de la Terre, tu dois en avoir une vue d'ensemble. La Terre possède un **système climatique** global qui comprend l'air, la terre, l'eau, la glace et les êtres vivants, et qui tire son énergie du Soleil (figure 1). Les zones climatiques sont le produit des interactions de ces composantes et du Soleil. Cette section va te renseigner sur l'énergie que la Terre reçoit du Soleil et sur ce qui arrive à cette énergie sur la Terre.

système climatique ensemble complexe de composantes dont les interactions produisent le climat de la Terre

Figure 1 Le système climatique tire son énergie du Soleil.

L'équilibre énergétique sur la Terre

Presque toute l'énergie sur la Terre provient du Soleil. Le Soleil émet divers types de rayonnement (figure 2), dont le **rayonnement ultraviolet** (courte longueur d'onde invisible, rayonnement à haute énergie), la lumière visible et le **rayonnement infrarouge** (longue longueur d'onde invisible, rayonnement à faible énergie).

rayonnement ultraviolet forme de rayonnement invisible à haute énergie

rayonnement infrarouge forme de rayonnement invisible à faible énergie

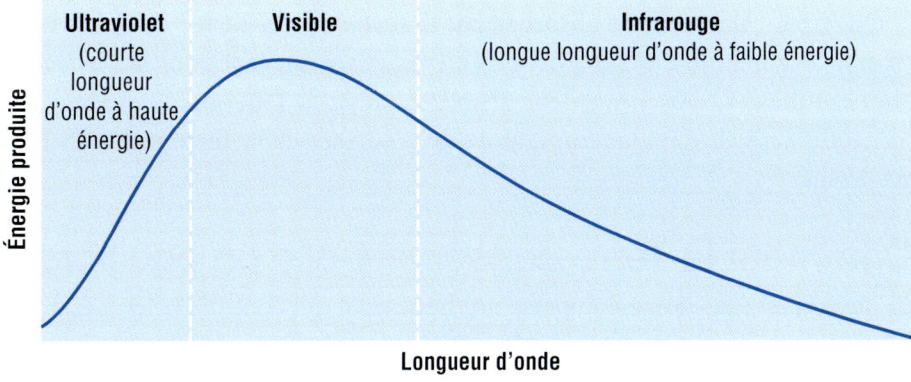

Figure 2 Le spectre électromagnétique du Soleil au sommet de l'atmosphère

La Terre absorbe l'énergie solaire

Quand des rayons atteignent une particule de matière, il se produit un des trois phénomènes suivants :

1. Le rayonnement peut être absorbé par cette particule, qui gagne ainsi de l'énergie.
2. Le rayonnement peut se transmettre à travers la particule.
3. Le rayonnement peut être réfléchi par la particule.

Qu'arrive-t-il au rayonnement solaire une fois qu'il a atteint la Terre ? Environ 30 % de cette énergie est réfléchie vers l'espace par les nuages, par des particules dans l'atmosphère et par la surface de la Terre (figure 3). Les 70 % restants sont absorbés par la surface de la Terre, par les nuages et par certains gaz dans l'atmosphère.

> **COUP DE POUCE**
> **LECTURE**
>
> **Trouver l'idée principale**
> Pour trouver l'idée principale d'un paragraphe, il faut d'abord en examiner les deux premières phrases. La première phrase d'un paragraphe annonce le sujet, et c'est là que l'idée principale est habituellement énoncée. Parfois, la première phrase sert seulement à introduire le sujet ; quand c'est le cas, vérifie la deuxième phrase et vois si l'idée principale s'y trouve énoncée.

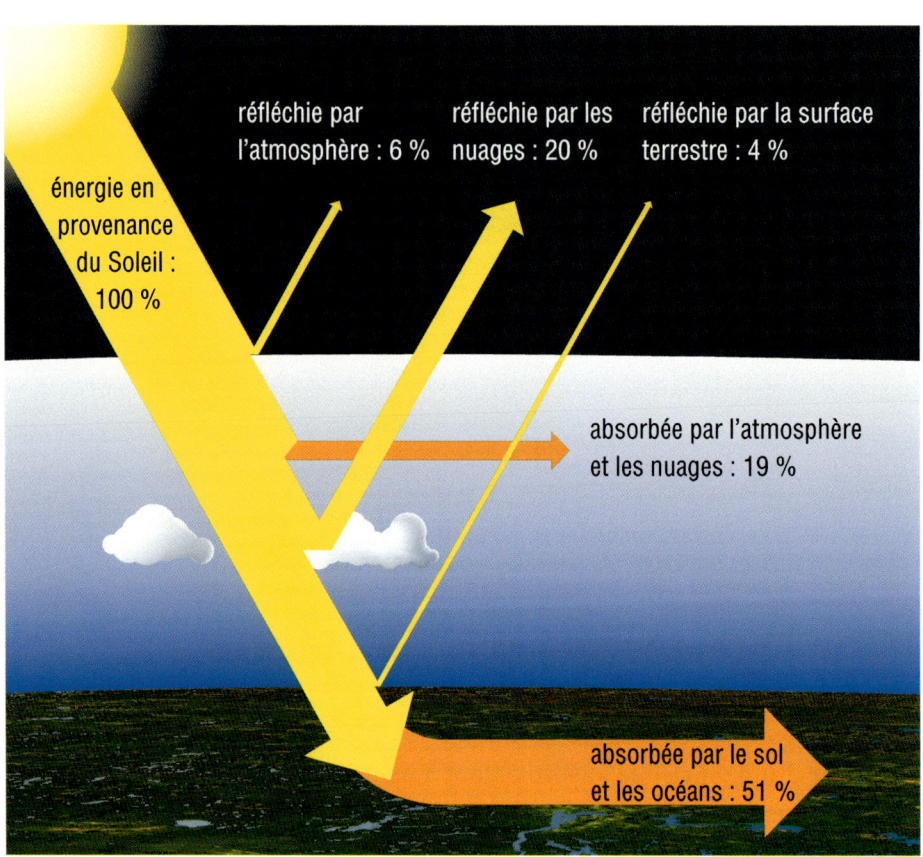

Figure 3 L'énergie solaire est réfléchie (30 %) et absorbée (70 %) par la surface de la Terre, les nuages et l'atmosphère.

Adapté de documents de la NASA diffusés par le *Atmospheric Science Data Center*.

Qu'arrive-t-il à l'énergie absorbée par la surface de la Terre ? Les plantes en emprisonnent une petite portion (< 1 %) et s'en servent pour la photosynthèse. Les roches et l'eau absorbent aussi de l'énergie, ce qui les réchauffe. En s'élevant, la température de la surface de la Terre réchauffe l'air au-dessus.

Comment la Terre conserve-t-elle un équilibre ?

Ta maison est sans doute équipée d'un thermostat qui contrôle la température à l'intérieur. Un thermostat éteint le système de chauffage quand la maison a atteint la température fixée. Que se passerait-il si le thermostat se brisait et que le système de chauffage continuait à réchauffer la maison ?

La Terre absorbe constamment de l'énergie provenant du Soleil parce que le Soleil n'a ni interrupteur ni thermostat. Dans la prochaine activité Sciences en action, tu vas construire un modèle simple qui va t'aider à répondre à cette question : Si le Soleil éclaire constamment la Terre, pourquoi la température terrestre moyenne demeure-t-elle relativement constante ?

La surface de la Terre émet de l'énergie

L'énergie peut être convertie, c'est-à-dire transformée. La surface de la Terre absorbe l'énergie provenant du Soleil selon différentes longueurs d'onde (rayons ultraviolets, lumière visible et rayons infrarouges). La surface de la Terre acquiert ainsi de l'**énergie thermique** et sa température s'élève. La surface chaude réfléchit surtout des rayons infrarouges à faible énergie. Dans l'activité Sciences en action qui suit, tu vas faire l'expérience du rayonnement résultant de cet apport d'énergie thermique.

énergie thermique énergie présente dans le mouvement des particules à une température donnée

SCIENCES EN ACTION
TESTER UN MODÈLE DU SYSTÈME ÉNERGÉTIQUE TERRE-SOLEIL

HABILETÉS : se poser une question, formuler une hypothèse, prédire le résultat, contrôler les variables, exécuter, observer, analyser

LA BOÎTE À OUTILS

Matériel : lampe de bureau munie d'une ampoule incandescente de 60 watts, assiette en carton ou en plastique, gravier, thermomètre, papier blanc, règle

 Ne touche pas à l'ampoule, même une fois qu'elle est éteinte. Tu pourrais t'y brûler.

Ne débranche pas la lampe de bureau en tirant sur le cordon. Retire plutôt la fiche.

1. Simule la surface de la Terre en mettant une couche de gravier dans l'assiette. Place la bulle du thermomètre sous la couche de gravier pour empêcher la lumière émise par la lampe de tomber directement dessus (figure 4).

2. Note la température initiale.

3. Abaisse la lampe pour que l'ampoule soit à environ 10 cm au-dessus du gravier. Mesure et note la distance exacte.

4. Mets le papier blanc sur la partie exposée du thermomètre pour empêcher la lumière de l'atteindre. (Tu vas enlever le papier pour prendre des lectures.) Allume la lampe. Note la température aux 10 minutes pendant 60 minutes.

5. Après 60 minutes, éteins la lampe. Pose ta main sur le gravier. Note tes observations.

6. Fais un graphique température/temps.

A. La température de ton modèle de la Terre s'est-elle élevée sans arrêt quand la lampe était allumée ?

B. i) Qu'as-tu remarqué en posant ta main sur le gravier, une fois la lampe éteinte ? Essaie d'expliquer ce que tu as ressenti.

   ii) Selon toi, cela se produisait-il quand la lampe était encore allumée ?

C. Prédis ce que tu ressentirais si tu posais la main sur le gravier 30 minutes après que la lampe a été éteinte.

D. À l'aide de tes réponses aux questions A, B et C, rédige un énoncé général sur ce qui se produit quand la lumière du Soleil éclaire continuellement la Terre.

E. Prédis ce qui arriverait dans cette expérience si tu remplaçais le gravier par une masse égale d'eau.

F. Quelles sont les limites de ce modèle dans sa représentation du Soleil, de la Terre et du transfert d'énergie thermique ?

Figure 4

Tu vois maintenant que la figure 3, à la page précédente, ne représente pas complètement la situation puisque la surface de la Terre ne fait pas qu'absorber de l'énergie ; elle en émet aussi.

La figure 5 illustre l'énergie qui arrive (flèches jaunes) et l'énergie réfléchie (flèches rouges). La quantité d'énergie qui est émise par le système terrestre est égale à la quantité d'énergie solaire qu'il absorbe. Il y a donc équilibre énergétique. C'est à cause de cet équilibre que la température globale de la Terre demeure relativement constante.

> **COUP DE POUCE**
> **MATHÉMATIQUES**
>
> **Pourcentages**
> L'ensemble des différents types d'énergie réfléchis ou émis par la Terre doit équivaloir à 100 % de l'énergie provenant du Soleil.

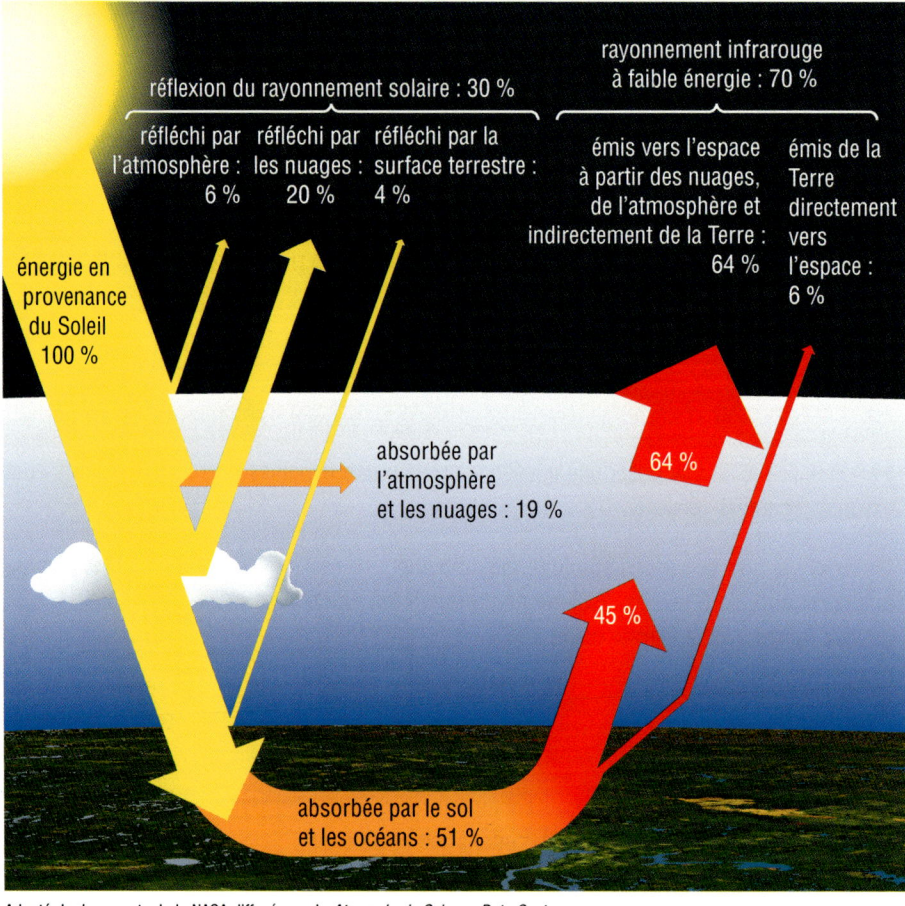

Figure 5 L'énergie absorbée par la Terre (flèches jaunes) est égale à l'énergie qu'elle émet (flèches rouges). Grâce à cet équilibre énergétique, la température globale de la Terre demeure relativement constante.

Adapté de documents de la NASA diffusés par le *Atmospheric Science Data Center*.

énergie absorbée par la Terre et l'atmosphère = énergie renvoyée par la Terre et l'atmosphère

Figure 6 Parce qu'il est situé près de l'équateur de la Terre, le Nigeria a un climat très chaud.

La latitude et les zones climatiques

Les zones climatiques de la Terre t'ont été présentées à la section 8.2. Selon toi, quel pays a le climat le plus chaud : le Nigeria, situé près de l'équateur, ou le Groenland, situé près du pôle Nord ? Tu as probablement choisi le Nigeria, et avec raison. Le climat est plus chaud aux basses latitudes et plus froid aux hautes latitudes à proximité des pôles Nord et Sud (figure 6). La latitude est une mesure de la distance à partir de l'équateur. Par exemple, le Nigeria est à une plus basse latitude que le Groenland, parce qu'il est plus près de l'équateur.

Pourquoi le climat est-il plus froid aux latitudes plus élevées ? Près de l'équateur, le Soleil brille directement sur la Terre. L'énergie solaire se répand donc sur une petite zone et est très intense. Plus près des pôles Nord et Sud, le Soleil n'est pas directement au-dessus. Son énergie couvre donc une plus vaste zone, et elle est plus faible (figure 7, à la page suivante).

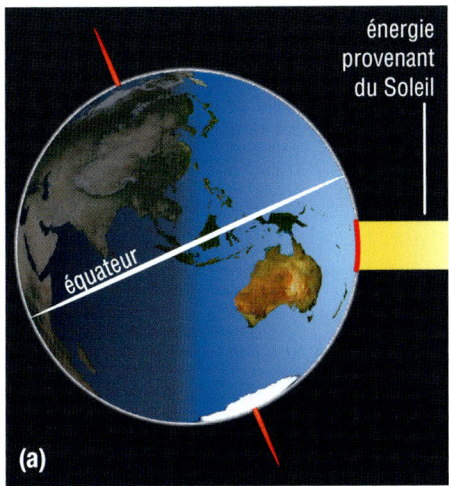
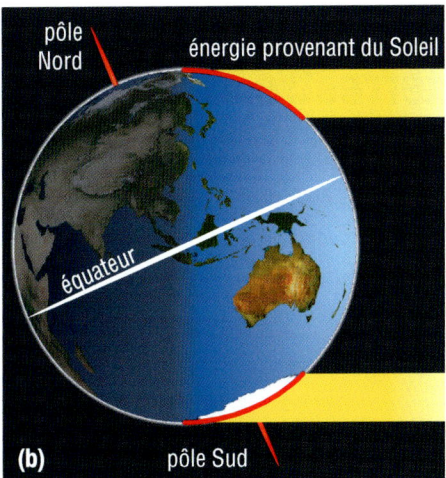

Figure 7 (a) L'énergie provenant du Soleil est plus intense près de l'équateur, car les rayons solaires y frappent directement la surface terrestre. (b) L'énergie provenant du Soleil est moins intense près des deux pôles, car les rayons solaires frappent la surface terrestre de biais et se diffusent sur une plus vaste surface.

Il y a une autre raison pour laquelle le climat change en fonction de la latitude. Comme tu peux le voir à la figure 7, le rayonnement solaire, qui frappe les latitudes élevées de biais, doit traverser une plus grande zone atmosphérique avant de frapper la surface de la Terre (figure 8). Il est donc absorbé en plus grande partie par l'atmosphère. À des latitudes plus basses, le Soleil brille directement sur la surface de la Terre. Son rayonnement traverse une zone atmosphérique moins grande, de sorte que moins de rayons sont absorbés et réfléchis.

Figure 8 Il fait froid dans l'Arctique parce que l'énergie que reçoit la Terre aux latitudes élevées est répartie sur une vaste zone et que le rayonnement doit traverser une plus vaste étendue atmosphérique.

EN RÉSUMÉ

- La Terre capte le rayonnement provenant du Soleil ; c'est ce qui la réchauffe.
- Les régions à proximité de l'équateur sont généralement plus chaudes, parce qu'elles reçoivent plus d'énergie solaire par secteurs que les régions situées près des pôles Nord et Sud.
- La surface chaude de la Terre émet de l'énergie sous forme de rayonnement infrarouge.
- La température terrestre globale est relativement constante en raison de l'équilibre entre l'énergie solaire absorbée et l'énergie émise par la Terre.

VÉRIFIE TA COMPRÉHENSION

1. Explique comment l'océan interagit avec le rayonnement solaire.

2. La quantité d'énergie que la Terre absorbe est égale à la quantité d'énergie qu'elle émet. Quelle importance cela a-t-il ? Explique ta réponse.

3. Le Soleil éclaire continuellement la Terre. Explique pourquoi la Terre ne se réchauffe pas toujours davantage.

4. a) Décris ce qui arrive à l'énergie solaire qui atteint la Terre.
   b) Décris ce qui arrive à l'énergie que la Terre émet.

5. Selon toi, qu'arriverait-il à la température terrestre si :
   a) la quantité d'énergie émise par la Terre augmentait, sans que la quantité d'énergie provenant du Soleil ne change ?
   b) la quantité d'énergie émise par la Terre diminuait, sans que la quantité d'énergie provenant du Soleil ne change ?

6. Donne deux raisons pour lesquelles tu t'attendrais à ce que le climat du Nigeria (près de l'équateur) soit plus chaud que le climat du Groenland (plus près du pôle Nord).

8.4 Les composantes du système climatique terrestre

D'autres planètes de notre système solaire ont un équilibre énergétique comme celui de la Terre. Pourrait-on vivre sur une autre planète ? Mercure n'a pas d'atmosphère. Le jour, la température y atteint 450 °C, et la nuit, elle plonge à –170 °C. L'atmosphère de Vénus est 100 fois plus dense que celle de la Terre, et sa température de surface dépasse 700 °C. Inversement, l'atmosphère de Mars est 100 fois moins dense que celle de la Terre, et sa température moyenne de surface est de –63 °C. En fait, la Terre est sans doute la seule planète dans notre système solaire à pouvoir soutenir la vie telle que nous la connaissons. Qu'est-ce qui rend la Terre si particulière ?

Le système climatique

C'est son système climatique qui distingue la Terre des autres planètes. Ce système maintient la température globale constante et entretient les conditions nécessaires à la vie. Il comporte quatre composantes principales : l'atmosphère, l'hydrosphère, la lithosphère et les êtres vivants (tableau 1). Chacune de ces composantes reçoit de l'énergie solaire et interagit avec les autres composantes. Les éléments du système climatique changent continuellement, au gré de la croissance et de la mort des organismes, de la formation des nuages et de la circulation des vents et des courants océaniques.

Tableau 1 Les composantes du système climatique terrestre

Atmosphère	Hydrosphère	Lithosphère	Êtres vivants
L'atmosphère est constituée de couches de gaz qui entourent la Terre.	L'hydrosphère comprend l'eau des lacs et des océans, la vapeur d'eau dans l'atmosphère et la glace des glaciers et des pôles.	La lithosphère est la couche externe de la croûte terrestre, y compris les terres émergées.	Tous les êtres vivants sur la Terre participent au système climatique.

Comme tu l'as appris à la section 8.3, la Terre absorbe l'énergie solaire. Le système climatique emprisonne, emmagasine et transporte cette énergie d'un endroit à l'autre, puis la renvoie toute vers l'espace. C'est grâce à ces mécanismes complexes que la température globale sur la Terre est stable.

L'atmosphère

La Terre est enveloppée de couches de gaz mélangés qui, ensemble, forment l'**atmosphère**. Bien que la couche atmosphérique soit mince proportionnellement au rayon de la Terre (comme la peau d'une tomate), les gaz dans l'atmosphère s'élèvent à plus de 100 km au-dessus de la surface de la Terre (figure 1, à la page suivante). Plus haut, ils ne sont présents qu'en très faibles concentrations.

atmosphère ensemble des couches de gaz qui enveloppent la Terre

L'air est un mélange de gaz. Dans la troposphère, l'air que l'on respire est composé de 78 % d'azote et de 21 % d'oxygène. Le 1 % qui reste est une combinaison de gaz constituée d'argon, de dioxyde de carbone et de traces d'hélium, d'hydrogène et d'ozone. On y trouve aussi un peu de vapeur d'eau et de poussière. La proportion des gaz change selon les différents niveaux de l'atmosphère.

L'atmosphère réfléchit une partie de l'énergie solaire, en absorbe et en émet une certaine quantité, et en transmet une portion à la surface de la Terre. L'énergie solaire qui atteint la surface de la Terre est en grande partie emprisonnée par l'atmosphère, ce qui réchauffe la Terre. L'atmosphère est comme une couche de couvertures enroulées autour de la Terre et qui, en conservant l'énergie thermique, gardent la Terre chaude. L'atmosphère protège aussi la Terre des rayonnements dangereux. De quelle manière ?

L'ozone dans la stratosphère

Bien que la vie ne puisse pas exister sur la Terre sans le Soleil, l'énergie solaire est parfois dangereuse. Le Soleil peut nuire aux êtres vivants, en causant par exemple des coups de soleil et le cancer de la peau. L'ozone, O_3, contenu dans l'atmosphère empêche la majeure partie de cette énergie nocive de nous atteindre.

On trouve plus d'ozone naturel dans la stratosphère que partout ailleurs dans l'atmosphère. Dans la stratosphère, l'ozone absorbe le rayonnement ultraviolet (UV) à haute énergie du Soleil et l'empêche ainsi d'atteindre la surface de la Terre. Les rayons UV endommagent les végétaux et causent le cancer chez les animaux et les gens. L'ozone stratosphérique protège donc la santé des êtres humains, des plantes et des animaux.

Dans les années 1970, les scientifiques ont constaté que la couche d'ozone au-dessus de l'Antarctique s'amincissait. Dans les années 1990, un « trou » d'ozone similaire a commencé à se former au-dessus de l'Arctique (figure 2). La réduction de l'ozone dans la stratosphère est causée par des composés artificiels appelés « chlorofluorocarbures » (CFC). Les CFC font partie d'une famille de composés chimiques appelés « halocarbures ». Les halocarbures sont des molécules constituées d'atomes de carbone reliés par des liaisons chimiques à du fluor, du chlore, du brome ou de l'iode. Dans les CFC, ce sont le chlore et le fluor qui sont liés aux atomes de carbone. Voilà pourquoi on les appelle « chlorofluorocarbures ».

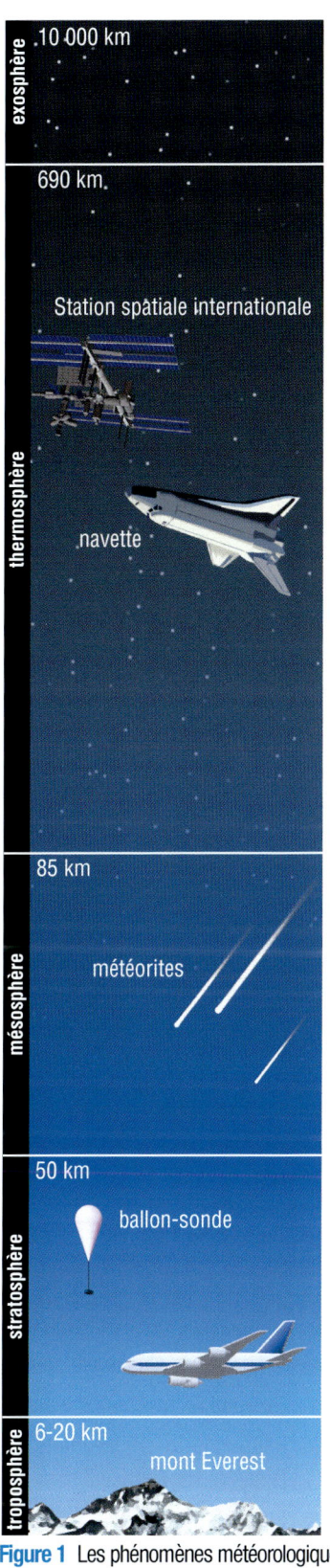

Figure 1 Les phénomènes météorologiques se produisent dans la troposphère. Les avions voyagent souvent dans la basse stratosphère parce que l'air y est plus calme. Les météorites provenant de l'espace se consument en entrant dans la mésosphère et deviennent des « étoiles filantes ». La navette spatiale est en orbite dans la thermosphère, et la plupart des satellites gravitent dans l'exosphère.

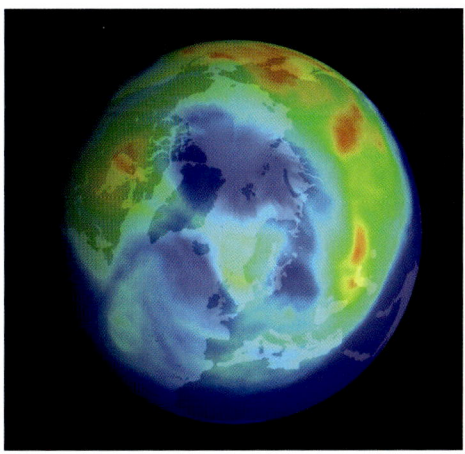

Figure 2 Voici une vue de la Terre, prise directement au-dessus du pôle Nord. La zone bleu foncé au-dessus de l'Arctique présente une couche d'ozone qui est environ 40 % plus mince que la normale.

8.4 Les composantes du système climatique terrestre

COUP DE POUCE
LECTURE

Trouver l'idée principale

L'idée principale est ce que l'auteure ou l'auteur pense d'un sujet ou d'un concept clé. Commence par déterminer le sujet ou le concept clé du texte (*la couche d'ozone*), puis tente de dégager le point de vue de l'auteure ou de l'auteur sur ce sujet (*les chlorofluorocarbures, ou CFC, nuisent à la couche d'ozone*).

Figure 3 Ce brouillard brunâtre qui surplombe la ville est du smog photochimique.

Pour en savoir plus sur le travail des scientifiques de l'atmosphère :

Pour en savoir plus sur le programme Air pur Ontario :

Pendant des années, on a utilisé les CFC dans des produits comme les aérosols, les réfrigérateurs et les climatiseurs. Parce qu'ils sont très stables et très durables, les CFC rejoignent graduellement la stratosphère. Là, leurs atomes de chlore réagissent avec des molécules d'ozone et détruisent la couche d'ozone protectrice. Chaque molécule de CFC peut détruire des centaines ou des milliers de molécules d'ozone.

En 1987, à Montréal, des gouvernements du monde entier ont signé le Protocole de Montréal relatif à des substances qui appauvrissent la couche d'ozone, mettant ainsi fin à la production et à l'usage des CFC. D'autres halocarbures à vie courte n'ont pas été bannis et sont toujours utilisés. Le Protocole de Montréal a porté fruit, et la couche d'ozone commence à se rétablir, mais les scientifiques estiment qu'il va falloir encore au moins 50 ans pour qu'elle retrouve l'épaisseur qu'elle avait autrefois.

L'ozone dans la troposphère

L'ozone joue un rôle de protection dans la stratosphère. Cependant, il a un effet toxique et corrosif dans la basse troposphère. Le rayonnement UV provenant du Soleil se combine avec les gaz d'échappement des voitures et produit des substances chimiques toxiques et de l'ozone troposphérique. Ce mélange de gaz et de particules est appelé « smog photochimique » (figure 3). Le smog photochimique nuit à la santé humaine, endommage les bâtiments et a des effets négatifs sur les plantes et les animaux. Malheureusement, l'ozone libéré dans la troposphère ne monte pas dans la stratosphère et n'offre pas de protection contre le rayonnement UV.

Pour atténuer le problème du smog en Ontario, le gouvernement a mis en place le programme Air pur, dont le but est de réduire les émissions contribuant au smog produites par les véhicules. Les propriétaires de véhicules de plus de cinq ans doivent faire analyser aux deux ans le taux d'émission de leur véhicule pour qu'on s'assure qu'il respecte les normes.

RECHERCHE EN ACTION — LES JOURS DE SMOG

HABILETÉS : effectuer une recherche, analyser l'enjeu, communiquer, évaluer

LA BOÎTE À OUTILS

Les changements que nous provoquons dans la basse atmosphère causent des problèmes de santé. L'ozone troposphérique, par exemple, est l'un des principaux composants du smog. Beaucoup de gens considèrent qu'il s'agit là du problème de pollution atmosphérique le plus grave dans les grandes villes.

1. Fais une recherche sur les causes de l'ozone troposphérique.
2. Renseigne-toi sur les effets qu'a l'ozone troposphérique sur la santé, sur l'agriculture et sur l'environnement.
3. Documente-toi sur la technologie que nous utilisons pour réduire l'ozone troposphérique.
4. Fais une recherche sur le Grand Smog de Londres qu'a connu l'Angleterre en 1952.
5. Fais une recherche pour établir si le smog en suspension au-dessus des villes est un phénomène réservé aux mois d'été.

A. Le nombre annuel de jours de smog a-t-il augmenté dans les villes ontariennes depuis 30 ans ? Appuie ta réponse à l'aide de données.

B. Qu'est-ce qu'un convertisseur catalytique ? À ton avis, qui devrait payer les frais d'installation d'un convertisseur catalytique sur les vieilles autos : leurs propriétaires ou le gouvernement ?

C. Quelle preuve y a-t-il que l'accroissement de l'ozone troposphérique a un impact sur la santé des gens ?

D. Le réchauffement climatique va-t-il accroître les concentrations d'ozone troposphérique ?

E. À ton avis, pourquoi le problème du smog causé par l'ozone est-il particulièrement associé aux grandes villes ?

F. Pourquoi le smog attribuable à l'ozone est-il considéré comme le problème de pollution atmosphérique le plus grave ?

G. Combien de personnes sont mortes de maladies respiratoires durant le Grand Smog ?

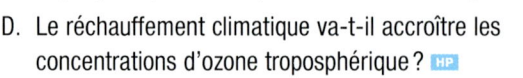

L'hydrosphère

L'**hydrosphère** comprend l'eau, la vapeur d'eau et la glace. L'eau absorbe l'énergie de l'air chaud et du Soleil, puis la libère. Elle réfléchit aussi une partie de l'énergie solaire. La vapeur d'eau et les nuages dans l'atmosphère réfléchissent, absorbent et transmettent aussi l'énergie provenant du Soleil.

hydrosphère partie du système climatique qui comprend toute l'eau sur la Terre et autour

Le cycle de l'eau

Le cycle de l'eau est une partie importante du système climatique (figure 4). De l'énergie est absorbée quand l'eau s'évapore des océans et des lacs. Ce processus a pour effet de rafraîchir l'environnement où il a lieu. De l'énergie se dégage quand la vapeur d'eau se condense sous forme de nuages dans l'atmosphère. Ce processus réchauffe les environs. Le cycle de l'eau est donc l'un des mécanismes par lesquels le système climatique déplace de l'énergie d'un endroit à un autre.

> **COUP DE POUCE**
> **LECTURE**
>
> **Trouver l'idée principale**
> La dernière phrase d'un paragraphe est généralement sa conclusion. Elle rappelle à la lectrice ou au lecteur l'idée principale et les principales raisons d'y adhérer. Parfois, l'auteure ou l'auteur attend jusqu'à la dernière phrase pour énoncer l'idée principale. C'est donc une bonne idée de vérifier la dernière phrase d'un paragraphe quand tu cherches l'idée principale.

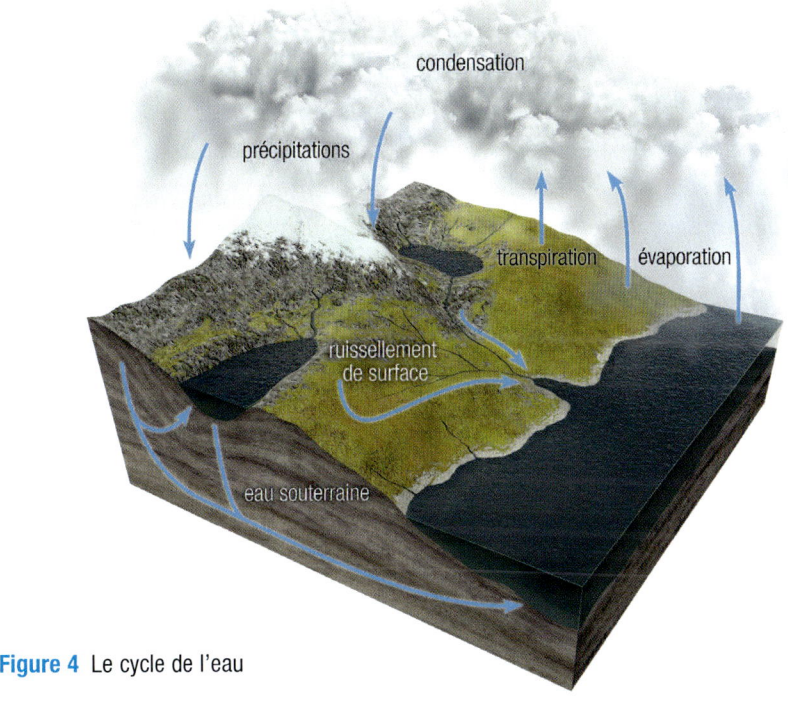

Figure 4 Le cycle de l'eau

Les grandes étendues d'eau et les zones climatiques

Les grandes étendues d'eau ont un effet sur le climat des régions avoisinantes. L'eau absorbe et emmagasine plus d'énergie thermique que le sol. Elle se réchauffe et se refroidit donc plus lentement que le sol. Les régions proches d'un océan ou d'un grand lac sont généralement plus fraîches en été que les zones à l'intérieur des terres, parce que l'eau met plus de temps à se réchauffer en absorbant l'énergie thermique. Ces régions ont aussi tendance à être plus chaudes en automne, alors que l'eau libère lentement l'énergie thermique emmagasinée.

Les régions sous le vent près d'une grande étendue d'eau reçoivent plus de neige en hiver. Si l'eau n'est pas couverte de glace, l'air qui passe au-dessus peut absorber de la vapeur d'eau. Une fois que l'air atteint la terre plus froide, la vapeur d'eau se condense en neige.

Figure 5 Il y a beaucoup plus d'eau douce gelée aux pôles et dans les glaciers qu'il n'y en a dans tous les lacs d'eau douce du monde mis ensemble.

La glace et le système climatique

Près de 2 % de toute l'eau de la Terre est gelée. La majeure partie de cette glace se trouve aux deux pôles : sous forme de glace de mer dans l'Arctique et sous forme de calotte glaciaire dans l'Antarctique. La glace de mer, ou banquise, est relativement mince (seulement quelques mètres d'épaisseur) et formée d'eau de mer gelée. Elle flotte dans l'océan près des pôles Nord et Sud. Les calottes glaciaires, appelées « inlandsis », sont d'énormes superficies de glace permanente qui couvrent l'Antarctique et le Groenland. Elles sont souvent d'une épaisseur de plusieurs kilomètres.

La glace permanente se trouve aussi dans les glaciers, au sommet des montagnes et dans le pergélisol (figure 5). Les glaciers sont des champs de glace permanente en régions montagneuses. Les icebergs sont de grands pans de glace qui se détachent d'un glacier et qui flottent dans l'océan. Le pergélisol est de la terre qui demeure gelée à l'année longue.

Le rôle de la glace permanente de la Terre dans le système climatique est vital. Les surfaces couvertes de glace et de neige réfléchissent plus d'énergie de rayonnement que les surfaces couvertes de terre, de roches ou de végétation. Comme les régions polaires de la Terre sont presque toutes couvertes de glace, elles réfléchissent beaucoup d'énergie solaire. C'est là une autre des raisons pour lesquelles les régions polaires sont si froides. (Comme tu l'as appris à la section 8.3, l'autre raison est la latitude.) La section 8.10 t'en apprendra davantage sur l'effet qu'a la glace de la Terre sur le climat.

La lithosphère

lithosphère partie du système climatique constituée de la roche solide, du sol et des minéraux de la croûte terrestre

La **lithosphère** est la croûte terrestre. Elle comprend toute la roche solide, le sol et les minéraux sur terre, et s'étend également sous les océans. Avec l'hydrosphère, la lithosphère non immergée absorbe le rayonnement à très haute énergie du Soleil, le convertit en énergie thermique, puis émet cette énergie sous forme de rayonnement infrarouge à faible énergie.

Le relief et les zones climatiques

Le relief a aussi un effet sur les zones climatiques. Les montagnes et les autres accidents du terrain influencent la façon dont l'air se déplace au-dessus d'une zone. Quand les nuages sont poussés au-dessus des montagnes, ils déchargent leur humidité sous forme de pluie sur le versant exposé au vent. Le versant de la montagne qui est protégé du vent reçoit peu de pluie ; c'est pourquoi il est appelé « ombre de la pluie » (figure 6).

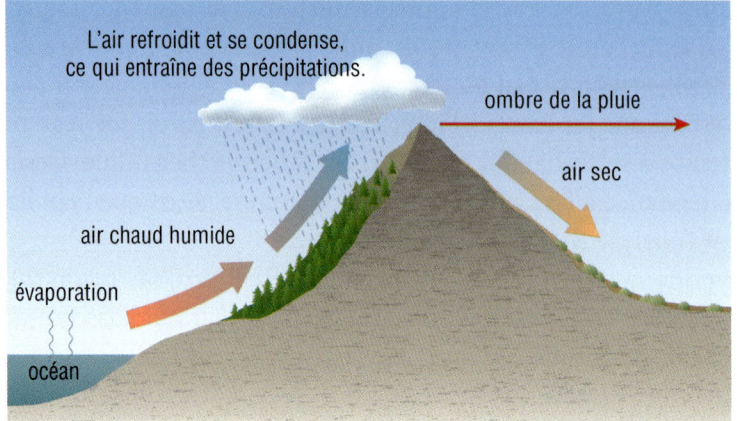

Figure 6 Quand l'air est contraint de s'élever sur le versant de la montagne exposé au vent, il refroidit et se condense. Cela produit des précipitations. La région située sur le versant de la montagne qui est protégé du vent est appelée « ombre de la pluie » ; l'air y est sec, car il a déjà déchargé son humidité.

L'altitude et les zones climatiques

En haute altitude, la pression atmosphérique est plus basse parce qu'il y a moins d'air au-dessus qui presse vers le bas. Cela signifie qu'à mesure que l'air aux altitudes inférieures s'élève vers les hautes altitudes, il prend de l'expansion et refroidit. Par conséquent, en haute altitude, comme dans les montagnes, l'air est plus froid qu'en basse altitude. Ce « climat alpin » a un effet puissant sur les écosystèmes qui se trouvent en haute altitude.

Les êtres vivants

Tous les organismes participent au système climatique (figure 7). Les plantes et les animaux modifient les quantités relatives des gaz dans l'atmosphère. Par la photosynthèse, les plantes absorbent du dioxyde de carbone et libèrent de l'oxygène. Par la respiration cellulaire, les plantes, les animaux et d'autres organismes absorbent de l'oxygène et libèrent du dioxyde de carbone. Certains animaux, comme les vaches, produisent du méthane en digérant. De minuscules organismes, comme les termites, en produisent aussi.

Certains gaz atmosphériques, comme le dioxyde de carbone et le méthane, absorbent le rayonnement infrarouge émis par la Terre. Si la quantité de dioxyde de carbone ou de méthane dans l'atmosphère change, cela se répercute sur la quantité de rayonnement que l'atmosphère peut absorber. Plus loin dans cette unité, tu verras quel impact cela peut avoir sur le climat de la Terre.

> **COUP DE POUCE**
> **LECTURE**
>
> **Les marqueurs de relation**
> Les marqueurs de relation sont des mots ou des expressions qui signalent un lien entre deux idées. « Par exemple » et « ainsi » signalent que ce qui suit est un exemple, et non l'idée principale. « Par conséquent » et « Voilà pourquoi » indiquent une conclusion prochaine. Les marqueurs de relation peuvent t'aider à trouver l'idée principale.

Figure 7 Les êtres vivants participent au système climatique.

EN RÉSUMÉ

- Le système climatique terrestre est composé de l'atmosphère, de l'hydrosphère, de la lithosphère et des êtres vivants.
- Le système climatique de la Terre fait circuler l'énergie autour du globe.
- L'ozone dans la stratosphère absorbe le rayonnement UV nuisible. Les activités humaines ont causé la réduction de l'ozone dans la stratosphère.
- L'ozone dans la troposphère, qui résulte de la pollution au niveau du sol, est nuisible à la santé des êtres humains, des végétaux et des animaux.
- Les grandes étendues d'eau et de glace et les accidents du terrain, comme les montagnes, influent sur le climat.
- Les êtres vivants ont une influence sur les quantités de dioxyde carbone, d'oxygène et de méthane dans l'atmosphère.

VÉRIFIE TA COMPRÉHENSION

1. a) Énumère les quatre principales composantes du système climatique terrestre.
   b) Décris une contribution importante de chaque composante au système climatique.
2. Nomme les différentes couches de l'atmosphère en procédant de la plus basse à la plus haute.
3. Les scientifiques et les gouvernements s'efforcent de réduire les concentrations d'ozone dans la troposphère, mais ils tentent de les protéger dans la stratosphère. Explique pourquoi cela n'est pas contradictoire.
4. De quelle manière la glace permanente à la surface de la Terre influe-t-elle sur le climat terrestre ?
5. Quels rôles les grandes étendues d'eau jouent-elles dans le système climatique terrestre et la circulation de l'énergie thermique ?
6. Quelle incidence chacun des éléments suivants a-t-il sur le climat d'une région ?
   a) l'altitude
   b) la proximité d'une chaîne de montagnes
   c) la situation d'un site par rapport à un grand lac (p. ex., au vent ou à l'abri du vent)
7. Prédis ce qui pourrait se produire si :
   a) les plantes pouvaient absorber plus de dioxyde de carbone.
   b) des micro-organismes se mettaient à dégager plus de méthane.

8.5 RÉALISE UNE ACTIVITÉ

Compare des climats canadiens

Au cours de cette recherche, tu vas comparer les températures et les précipitations de trois endroits au Canada, à l'aide de données climatiques recueillies dans des stations météorologiques d'Environnement Canada.

HABILETÉS
- Se poser une question
- Formuler une hypothèse
- **Prédire le résultat**
- Planifier
- **Contrôler les variables**
- Exécuter
- Observer
- **Analyser**
- **Évaluer**
- **Communiquer**

Objectif
- Déterminer l'influence sur le climat d'une grande étendue d'eau, comme un océan.
- Déterminer l'influence de la latitude sur le climat.

Matériel
- carte détaillée du Canada
- accès à Internet ou à une source de données climatiques sur le Canada
- tableur électronique ou papier millimétré

Marche à suivre

 LA BOÎTE À OUTILS 3., 4.B.

1. Repère sur une carte détaillée du Canada les stations météorologiques dont fait état le site Web présentant les « Normales et moyennes climatiques au Canada 1971-2000 ».

2. Choisis dans le site deux emplacements de latitudes similaires au Canada. L'un doit être en bordure de l'océan et l'autre, à l'intérieur des terres, loin de l'océan.

3. Choisis un troisième emplacement au Canada qui est :
   - aussi éloigné de l'océan que l'est ton site à l'intérieur des terres, et
   - à au moins 4 degrés plus au nord ou plus au sud (soit à plus de 300 km) de ce site.

4. Prédis une réponse à chacune des questions ci-dessous. Justifie tes prédictions.
   - Lequel de ces trois emplacements va recevoir le plus de précipitations ?
   - Lequel va avoir les températures les plus élevées en été ?
   - Lequel va avoir le climat le plus tempéré ?

5. Cherche dans Internet des données mensuelles relatives à ces trois emplacements. Trouve :
   - la température quotidienne moyenne pour chaque mois de l'année et pour l'année entière ;
   - les précipitations moyennes (mm) pour chaque mois et pour l'année entière.

6. Reporte tes données dans un tableur ou un tableau du genre du tableau 1. Les données de ce tableau concernent la ville ontarienne de Windsor (figure 1). N'oublie pas d'inscrire les données de chacun des trois emplacements.

Figure 1 Windsor est située en bordure de la rivière Détroit, entre le lac Sainte-Claire et le lac Érié. La présence de ces étendues d'eau influe-t-elle sur le climat de Windsor ?

Tableau 1 Les normales climatiques canadiennes à l'aéroport de Windsor (42°16′)

Mois	J	F	M	A	M	J	J	A	S	O	N	D	Année
Précipitations (mm)	57,6	57,3	75,0	85,1	80,8	89,8	81,8	79,7	96,2	64,9	7,5	74,7	918,0
Température moyenne (°C)	−4,5	−3,2	2,0	8,2	14,9	20,1	22,7	21,6	17,4	11,0	4,6	−1,5	9,4

Source : Environnement Canada

Analyse et interprète

a) À l'aide d'un programme de création de graphiques (ou d'un crayon et de papier), élabore un graphique semblable à celui de la figure 2 pour chacun des emplacements. Il s'agira d'un graphique combiné, présentant les mois sur l'axe des x, les précipitations (mm) sur l'axe des y de gauche et la température moyenne (°C) sur l'axe des y de droite. Utilise un graphique à barres pour présenter les précipitations et un graphique linéaire pour présenter la température moyenne. Pour que tes graphiques soient facilement comparables, utilise les mêmes échelles pour les trois emplacements. **C**

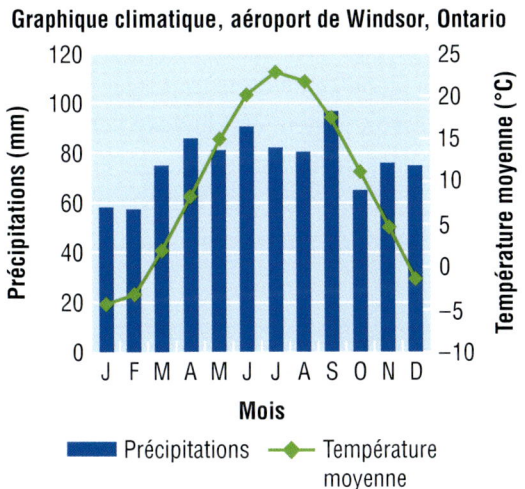

Figure 2 Produis un graphique de ce genre pour chacun de tes trois emplacements.

b) Compare la température et les précipitations annuelles moyennes de chacun de tes emplacements. Que constates-tu? Explique ces différences. **HP**

c) Compare les températures moyennes en janvier et en juillet de chaque emplacement. Dans quel emplacement fait-il le plus froid en hiver? Où fait-il le plus chaud en été? Explique tes observations. **HP**

d) Compare tes réponses en b) à celles de camarades qui ont examiné d'autres emplacements.

e) Compare tes observations à tes prédictions. Tente d'expliquer tout écart. **HP C**

f) La latitude influence-t-elle le climat d'un emplacement? La proximité d'une grande étendue d'eau a-t-elle des répercussions sur le climat d'un emplacement? Explique tes réponses. **HP**

Approfondis ta démarche

g) Nomme d'autres facteurs qui influent sur le climat. **HP**

h) Prédis comment la taille d'une ville influe directement ou indirectement sur son climat. **HP**

i) Analyse d'autres facteurs climatiques en les appliquant à divers emplacements au Canada (p. ex., la population, l'altitude). **MA**

j) Dans quelle écozone ou écorégion tes trois emplacements se trouvaient-ils? **CC**

k) Trouve les profils bioclimatiques se rapprochant le plus de tes trois emplacements. Compare l'information que tu trouves sur le site météorologique à celle du site sur le bioclimat. Tu peux le faire à l'aide d'un tableau à deux colonnes. **HP C**

l) Trouve dans Internet les températures moyennes en janvier et en juillet et les précipitations annuelles de trois lieux différents dans le monde. Explique les données sur la température et les précipitations en fonction de la latitude, de la proximité de l'océan ou d'autres facteurs climatiques. **HP**

SIGNET de fin d'unité

Tu vas pouvoir mettre en application ce que tu as appris dans cette activité de recherche et de synthèse de données climatiques dans l'activité de fin d'unité décrite à la page 444.

8.6 L'effet de serre

Si le système climatique n'existait pas, la Terre atteindrait quand même un équilibre énergétique. La quantité d'énergie absorbée serait égale à la quantité d'énergie émise. Toutefois, la Terre serait beaucoup plus froide qu'elle ne l'est actuellement. Le système climatique tempère la température terrestre en emprisonnant et en emmagasinant l'énergie solaire, et en la distribuant autour du globe. La température de l'air demeure donc relativement constante nuit et jour et sur de vastes régions de la Terre.

Qu'est-ce que l'effet de serre?

Comment le système climatique emprisonne-t-il l'énergie pour garder la Terre chaude? L'atmosphère laisse pénétrer une grande partie du rayonnement solaire à haute énergie. Ce rayonnement est absorbé par la surface terrestre et devient ainsi de l'énergie thermique qui réchauffe la surface. La surface chaude émet alors un rayonnement infrarouge à faible énergie. Les gaz dans l'atmosphère emprisonnent une grande partie de ce rayonnement infrarouge. Ces gaz émettent alors de l'énergie de façon égale dans toutes les directions, ce qui signifie que près de la moitié du rayonnement est renvoyé vers la surface de la Terre. Cela réchauffe la Terre encore davantage. L'énergie emprisonnée garde la température globale de la Terre beaucoup plus élevée qu'elle ne le serait autrement. On appelle **effet de serre** ce phénomène d'emprisonnement énergétique (figure 1).

LE SAVAIS-TU?

Pas vraiment comme une serre…
Les scientifiques ont déjà cru que les serres se réchauffaient de la même façon que l'atmosphère. En fait, elles se réchauffent parce qu'on empêche des courants d'air plus froid sur les parois extérieures d'interagir avec l'air à l'intérieur. Le terme « effet de serre » ne reflète donc pas une réalité.

effet de serre phénomène naturel par lequel des gaz et des nuages absorbent le rayonnement infrarouge émis par la surface de la Terre, puis le diffusent, réchauffant ainsi l'atmosphère et la surface de la Terre

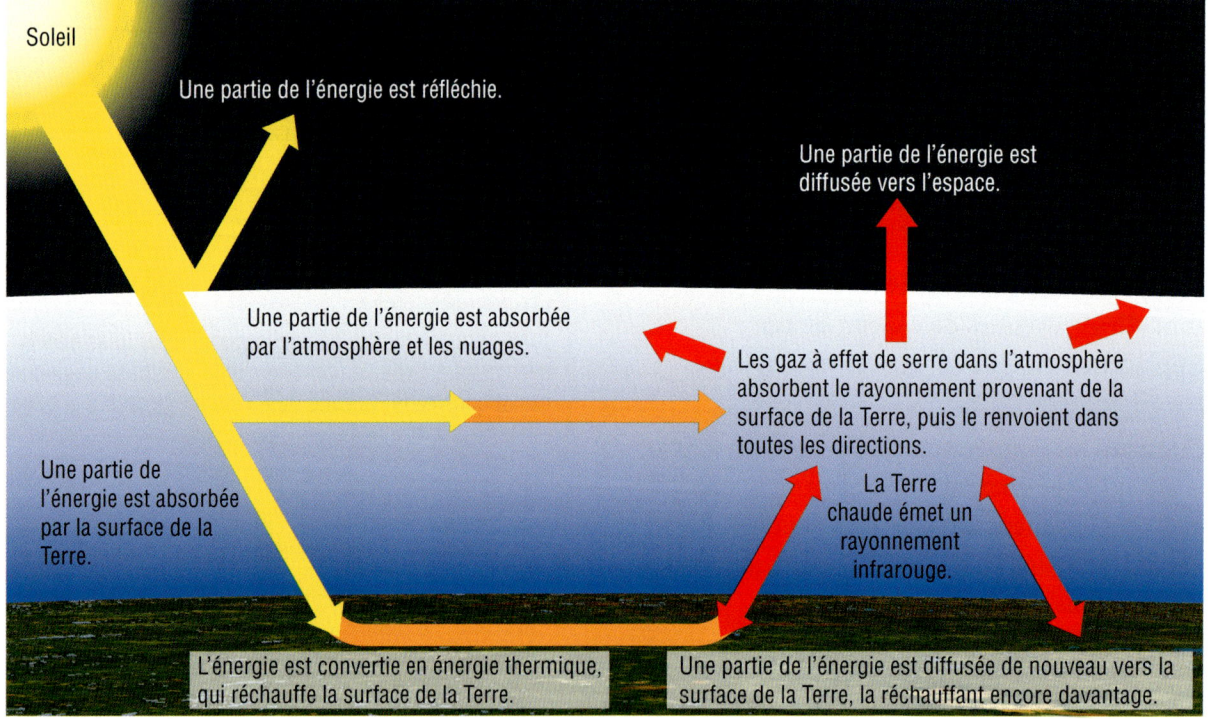

Figure 1 Le rayonnement solaire à haute énergie pénètre dans l'atmosphère. Les gaz et les nuages dans l'atmosphère emprisonnent une partie du rayonnement infrarouge provenant de la surface de la Terre et la renvoient de nouveau vers la Terre. C'est l'« effet de serre ».

Si la Terre n'avait pas de système climatique, la température moyenne du globe serait d'environ −18 °C. À cause de l'effet de serre, la température moyenne réelle est d'environ 15 °C. L'effet de serre est un phénomène naturel qui se produit depuis des millions d'années.

Les gaz à effet de serre

L'air dans l'atmosphère est presque entièrement constitué d'azote et d'oxygène. Ces gaz n'absorbent pas le rayonnement provenant de la surface de la Terre. En fait, l'effet de serre est causé par des gaz qui existent en très faibles concentrations dans l'atmosphère. Ces gaz sont appelés **gaz à effet de serre**. Les plus importants sont la vapeur d'eau, H_2O, et le dioxyde de carbone, CO_2. Les autres gaz à effet de serre sont le méthane, CH_4, l'ozone troposphérique, O_3, et l'oxyde nitreux, NO_2. Leur contribution à l'effet de serre dépend de leur concentration dans l'atmosphère et de la quantité d'énergie thermique que chaque molécule de gaz peut absorber.

gaz à effet de serre tout gaz atmosphérique (comme la vapeur d'eau, le dioxyde de carbone et le méthane) qui absorbe du rayonnement infrarouge à faible énergie

Le dioxyde de carbone

L'atmosphère de la Terre ne contient que 385 ppm (parties par million) de dioxyde de carbone, soit 0,0385 %. Cela ne représente qu'un faible pourcentage de tous les gaz dans l'atmosphère. Toutefois, on pense que le dioxyde de carbone cause jusqu'au quart de l'effet de serre naturel sur la Terre. Avant l'ère industrielle, la concentration de dioxyde de carbone dans l'atmosphère était de 280 ppm. Les sources naturelles de dioxyde de carbone atmosphérique comprennent les éruptions volcaniques, la combustion de matières organiques et la respiration cellulaire des plantes et des animaux (figure 2).

Le cycle du carbone est le mouvement du carbone à travers les êtres vivants, la lithosphère, l'atmosphère et l'hydrosphère (figure 3). Les êtres vivants et les océans sont d'importants **puits de carbone**. Cela signifie qu'ils absorbent du dioxyde de carbone dans l'atmosphère et emmagasinent les atomes de carbone sous une autre forme. Durant la photosynthèse, les arbres et les autres plantes captent le dioxyde de carbone nécessaire à leur croissance. Quand ils se décomposent ou brûlent, le carbone retourne dans l'atmosphère sous forme de dioxyde de carbone. Dans l'océan, le dioxyde de carbone se dissout. Une partie forme du carbonate de calcium solide, qui se dépose au fond de l'océan.

Figure 2 Les éruptions volcaniques relâchent du dioxyde de carbone dans l'atmosphère.

puits de carbone réservoir, tel qu'un océan ou une forêt, qui absorbe le dioxyde de carbone présent dans l'atmosphère et emmagasine le carbone sous une autre forme

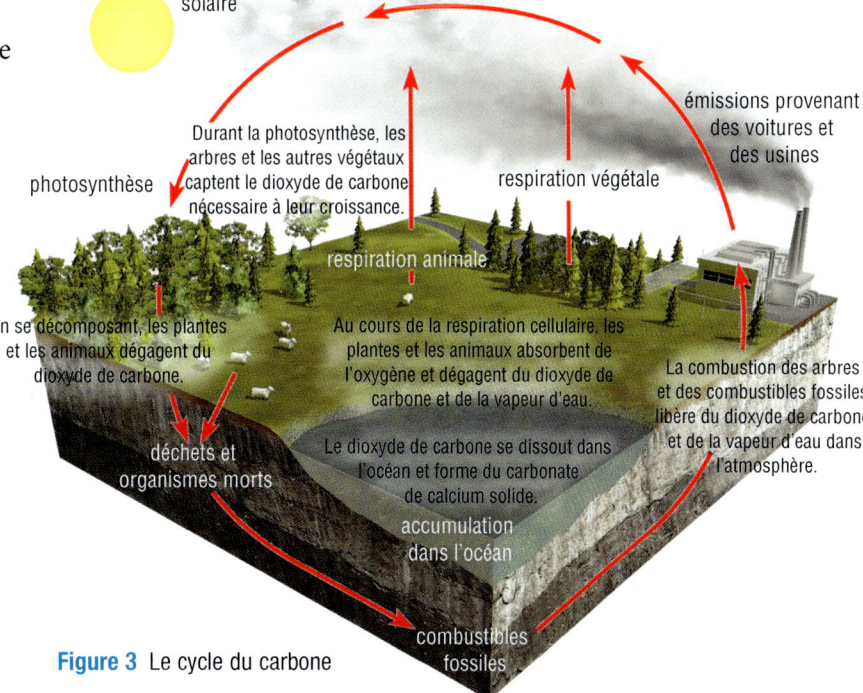

Figure 3 Le cycle du carbone

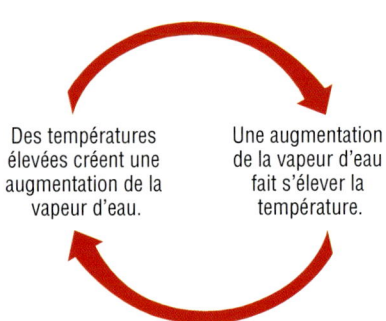

Figure 4 Les températures élevées font que l'eau s'évapore davantage et forme davantage de vapeur d'eau. Comme la vapeur d'eau emprisonne la chaleur dans l'atmosphère, l'augmentation de la vapeur d'eau fait encore monter la température.

boucle de rétroaction phénomène dont le résultat influe sur le phénomène de départ

---

COUP DE POUCE
MATHÉMATIQUES

De très petites unités

Le nombre de «parties par millions» est semblable à la représentation en pourcentage, sauf que le pourcentage s'établit sur cent, et la ppm sur 1 million. Une «partie par milliard» (ppb, de l'anglais *part per billion*) signifie «sur 1 milliard». Ainsi, 750 ppb signifie qu'il y a 750 molécules de méthane par milliard de molécules, ou 750/1 000 000 000.

La vapeur d'eau

L'effet de serre naturel de la Terre est causé, pour près des deux tiers, par la vapeur d'eau dans l'atmosphère. La quantité de vapeur d'eau atmosphérique dépend de la température de l'atmosphère; sa quantité peut être minime ou s'élever jusqu'à environ 4 %.

Quel lien y a-t-il entre la vapeur d'eau et la température? L'eau s'évapore plus facilement quand elle est chauffée. De plus, l'air chaud peut retenir plus de vapeur d'eau. Ainsi, avec l'élévation de la température terrestre, une plus grande quantité d'eau se transforme en vapeur d'eau. Or, la vapeur d'eau emprisonne l'énergie; donc, plus il y a de vapeur d'eau dans l'atmosphère, plus la Terre se réchauffe (figure 4).

On qualifie ce type de relation de **boucle de rétroaction**. Dans une boucle de rétroaction, la cause (ici, l'élévation de la température) crée un effet (davantage de vapeur d'eau dans l'air) qui, à son tour, influence la cause de départ (l'élévation de la température). Lorsque la boucle de rétroaction est positive, l'effet accentue la cause de départ. Lorsqu'elle est négative, l'effet atténue la cause de départ. Tu vas découvrir d'autres boucles de rétroaction dans la section 8.10.

Le méthane

Il y a beaucoup moins de méthane dans l'atmosphère que de dioxyde de carbone. Toutefois, une molécule de méthane peut absorber beaucoup plus d'énergie thermique qu'une molécule de dioxyde de carbone. Une molécule de méthane est donc environ 23 fois plus puissante comme gaz à effet de serre qu'une molécule de dioxyde de carbone.

Le méthane, comme le dioxyde de carbone, provient de sources tant naturelles qu'humaines. Il résulte naturellement de processus biologiques comme la décomposition végétale dans les marais et la digestion animale (figure 5). Avant l'ère industrielle, la concentration de méthane dans l'atmosphère était de 0,700 ppm (ou 700 ppb). Elle s'élève maintenant à 1,785 ppm (ou 1 785 ppb).

Figure 5 Les bactéries qui vivent dans des marais et d'autres milieux humides, de même que dans les appareils digestifs des animaux, dégagent du méthane.

L'ozone

Tu as appris à la section 8.4 que l'ozone existe naturellement dans la stratosphère, où il forme une couche qui protège la surface de la Terre du rayonnement UV à haute énergie provenant du Soleil. Plus bas dans la troposphère, l'ozone agit comme un gaz à effet de serre. Les scientifiques n'ont pas une idée exacte de la concentration moyenne d'ozone troposphérique parce qu'elle change rapidement. Toutefois, ils savent avec certitude qu'elle contribue à l'effet de serre.

L'oxyde nitreux

Une molécule d'oxyde nitreux, N_2O, est presque 300 fois plus efficace qu'une molécule de dioxyde de carbone comme gaz à effet de serre. Toutefois, la concentration d'oxyde nitreux dans l'atmosphère est beaucoup moindre. Avant l'ère industrielle, elle était de 270 ppb (0,270 ppm). Elle a maintenant atteint 321 ppb (0,321 ppm). Comme le dioxyde de carbone et le méthane, l'oxyde nitreux est produit tant naturellement, par les réactions des bactéries dans le sol et dans l'eau (figure 6), que par l'activité humaine.

Figure 6 Les sols tropicaux sont une source appréciable d'oxyde nitreux.

Le dioxyde de carbone, le méthane, l'oxyde nitreux et d'autres gaz à effet de serre sont présents dans l'atmosphère en quantités minuscules. L'activité Sciences en action suivante modélise l'effet d'une très petite concentration de substance. Tu vas déterminer si une aussi petite concentration peut avoir un effet quelconque sur l'absorption d'un rayonnement. De si faibles concentrations de gaz à effet de serre peuvent-elles vraiment influencer la quantité d'énergie emprisonnée par l'atmosphère ?

SCIENCES EN ACTION

COMMENT D'INFIMES CONCENTRATIONS PEUVENT TOUT CHANGER

HABILETÉS : planifier, contrôler les variables, exécuter, observer, évaluer, communiquer

LA BOÎTE À OUTILS
5.A.1.

Actuellement, la concentration de dioxyde de carbone dans l'atmosphère est approximativement de 0,04 %. Dans cette activité, tu vas voir si une concentration aussi faible peut modifier la façon dont un rayonnement, comme la lumière, se propage dans un fluide.

Matériel : tablier, eau, verre transparent, tasse à mesurer, compte-gouttes, encre acrylique noire hydrosoluble (ou colorant alimentaire vert ou bleu)

1. Mets ton tablier.
2. Verse 250 ml d'eau (environ une tasse) dans un verre transparent.
3. Calcule le volume (en ml) d'encre noire qu'il faut ajouter aux 250 ml d'eau pour produire une concentration similaire à celle du dioxyde de carbone dans l'atmosphère.
4. À l'aide de ta réponse en 3, calcule combien de *gouttes* d'encre noire tu dois ajouter à l'eau. Suppose que 1 ml équivaut à environ 20 gouttes. Comme l'encre noire est constituée d'eau en grande partie et de seulement 10 à 15 % d'encre, multiplie le nombre de gouttes que tu as estimé par 7, de façon à utiliser la bonne quantité d'encre. La même remarque s'applique au colorant alimentaire.
5. À l'aide du compte-gouttes, ajoute à l'eau le nombre de gouttes d'encre noire ou de colorant alimentaire que tu as calculé en 4. Remue jusqu'à ce que la solution ait l'air uniforme.

A. Quel effet l'ajout de cette minime quantité d'encre noire a-t-il eu sur la visibilité de l'eau dans le verre ?

B. En quoi ce modèle simple rappelle-t-il la façon dont de minimes concentrations de gaz à effet de serre dans l'atmosphère emprisonnent le rayonnement infrarouge émis par la Terre ?

C. Le dioxyde de carbone est très difficile à supprimer dans l'atmosphère.

i) Peux-tu trouver un moyen de supprimer l'encre noire du verre d'eau ?

ii) Cette méthode pourrait-elle servir à retirer du dioxyde de carbone de l'atmosphère ?

Comment les gaz à effet de serre emprisonnent-ils le rayonnement infrarouge ?

L'azote et l'oxygène comportent chacun deux atomes identiques (figure 7(a)). Les deux atomes dans ces molécules ne peuvent vibrer que d'avant en arrière. Cela limite les types d'énergie que les molécules peuvent absorber. Quand un rayonnement infrarouge les atteint, elles ne peuvent pas l'absorber.

L'eau, le dioxyde de carbone et le méthane comportent chacun au moins trois atomes de types différents (figure 7(b)). L'oxyde nitreux a aussi trois atomes. Les atomes de ces molécules peuvent vibrer et remuer dans plusieurs directions et absorber différents types d'énergie. Par conséquent, quand un rayonnement infrarouge les atteint, elles emprisonnent l'énergie infrarouge, puis la renvoient dans toutes les directions.

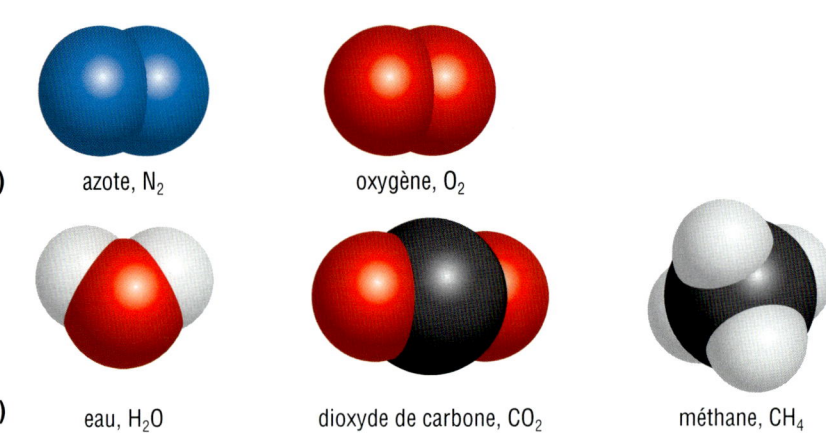

Figure 7 (a) L'azote et l'oxygène ne peuvent pas absorber le rayonnement infrarouge parce qu'ils ne sont constitués que de deux atomes. (b) Les molécules d'eau, de dioxyde de carbone et de méthane contiennent plusieurs atomes, et leurs atomes sont de différents types. Ces molécules peuvent absorber différents types d'énergie, y compris le rayonnement infrarouge.

(a) azote, N_2 ; oxygène, O_2
(b) eau, H_2O ; dioxyde de carbone, CO_2 ; méthane, CH_4

EN RÉSUMÉ

- Le système climatique emprisonne et emmagasine l'énergie au moyen de l'effet de serre.
- L'effet de serre est causé par des gaz dans l'atmosphère qui absorbent le rayonnement infrarouge émis par la surface de la Terre et qui l'y renvoient.
- En réchauffant l'atmosphère et la surface terrestre, l'effet de serre permet à la vie de se perpétuer sur la Terre.
- La vapeur d'eau, le dioxyde de carbone, le méthane, l'ozone et l'oxyde nitreux sont d'importants gaz à effet de serre parce qu'ils emprisonnent le rayonnement infrarouge qu'émet la Terre.
- Les êtres vivants, particulièrement les forêts et les océans, sont des puits de carbone, car ils éliminent du dioxyde de carbone de l'atmosphère et emmagasinent les atomes de carbone sous une forme différente.

VÉRIFIE TA COMPRÉHENSION

1. Explique pourquoi l'effet de serre est important pour la vie sur la Terre.
2. Décris le fonctionnement de l'effet de serre dans l'atmosphère et illustre-le à l'aide d'un schéma.
3. a) Écris ta propre définition de « gaz à effet de serre ».
   b) Nomme les deux plus importants gaz à effet de serre qui se trouvent naturellement dans l'atmosphère.
4. Donne deux facteurs qui déterminent à quel point un gaz à effet de serre contribue à l'effet de serre.
5. Si les forêts constituent d'importants puits de gaz à effet de serre, décris comment les glaciations du passé pourraient avoir influencé les niveaux de concentration de dioxyde de carbone dans l'atmosphère.
6. Donne une source naturelle de chacun des gaz à effet de serre suivants.
   a) dioxyde de carbone
   b) méthane
   c) oxyde nitreux
   d) vapeur d'eau
7. Explique, à l'aide d'un schéma, comment les molécules des gaz à effet de serre, contrairement à celles de l'oxygène et de l'azote, emprisonnent le rayonnement infrarouge. Ajoute une phrase descriptive à ton schéma.

RÉALISE UNE ACTIVITÉ 8.7

Modélise l'effet de serre

Les scientifiques construisent des modèles physiques des systèmes qu'ils étudient. Les modèles nous aident à démontrer nos idées d'une façon pratique et à étudier les différentes variables d'un système. Ils nous aident à répondre à des questions scientifiques.

HABILETÉS
- Se poser une question
- Formuler une hypothèse
- Prédire le résultat
- ● Planifier
- ● Contrôler les variables
- ● Exécuter
- ● Observer
- ● Analyser
- ● Évaluer
- ● Communiquer

Objectif
Construire et tester un modèle physique du phénomène de l'effet de serre.

Matériel
Dresse une liste du matériel dont tu vas avoir besoin, y compris le matériel de sécurité.

Marche à suivre
LA BOÎTE À OUTILS 3.B.4., 3.B.5.

Dans cette activité, tu vas concevoir et construire un modèle physique du phénomène de l'effet de serre. Ton modèle devrait :
- permettre à la lumière visible d'entrer dans le système ;
- absorber cette énergie lumineuse ;
- émettre l'énergie lumineuse sous forme de rayonnement infrarouge à faible énergie (Ce rayonnement infrarouge se fera sentir sous forme d'énergie thermique.) ;
- empêcher l'énergie thermique de quitter le système ;
- te permettre de contrôler la température de ton système.

Partie A : Conception du modèle

1. En groupe, faites un remue-méninges pour déterminer quels matériaux utiliser.
2. Testez vos matériaux pour voir s'ils conviennent avant d'entreprendre la construction du modèle.
3. Déterminez la façon dont vous allez contrôler les variables au cours de l'expérience et comparer la température à l'intérieur du système avec celle à l'extérieur du système.
4. Planifiez une façon de réduire la quantité d'énergie thermique qui pourrait s'échapper du système.
5. Faites un schéma du modèle.
6. Dressez une liste des mesures de sécurité à prendre.

Partie B : Construction du modèle

7. Décrivez votre modèle à votre enseignante ou à votre enseignant. Corrigez-le au besoin.
8. Écrivez un paragraphe décrivant votre conception, le processus de fabrication et le matériel nécessaire.
9. Construisez votre modèle.

Partie C : Mise à l'essai du modèle

10. Planifiez une marche à suivre pour tester votre modèle dans une forte lumière. N'oubliez pas de contrôler toutes les variables et de rendre compte de chacune. Quelles mesures allez-vous prendre et pendant combien de temps ?

Analyse et interprète
LA BOÎTE À OUTILS 3.B.7., 6.A.

a) Reportez vos données dans un graphique. Comparez-les aux données tirées des précédentes activités de ce chapitre. **C**
b) L'énergie thermique peut s'échapper d'un système de trois façons : par conduction, par convection et par rayonnement. (Voir la rubrique Coup de pouce, p. 345.) Expliquez comment votre modèle a empêché l'énergie thermique de s'échapper de chacune de ces trois façons. **HP**
c) Votre modèle donne-t-il les résultats attendus ? Pourquoi ? **HP**
d) Servez-vous de votre modèle pour expliquer l'effet de serre. **MA**
e) En quoi votre modèle est-il similaire à l'effet de serre ? **MA**
f) En quoi est-il différent de l'effet de serre ? **MA**

Approfondis ta démarche
LA BOÎTE À OUTILS 3.B.8.

g) Comment pourriez-vous améliorer votre modèle pour qu'il simule plus efficacement l'effet de serre ? **HP** **MA**

8.8 Le transfert d'énergie dans le système climatique

À la section 8.3, tu as appris que le rayonnement solaire frappe la surface terrestre avec différentes intensités selon les latitudes, et que le taux d'absorption de l'énergie est différent pour l'eau et le sol. La Terre est donc réchauffée inégalement. Le système climatique transporte l'énergie thermique des zones qui reçoivent beaucoup de rayonnement à celles qui en reçoivent moins. Cela réduit les écarts de température sur la Terre.

L'atmosphère et l'hydrosphère sont des parties essentielles du système climatique. Les deux peuvent absorber et emmagasiner de l'énergie thermique, de sorte qu'elles servent de **puits de chaleur**. L'océan constitue un puits de chaleur particulièrement important, car l'eau peut absorber beaucoup plus d'énergie thermique que l'air (figure 1). Quand l'air est plus chaud que la surface de l'océan, l'océan absorbe l'énergie de l'air. Quand l'air est plus frais que la surface de l'océan, l'océan relâche de l'énergie dans l'air. C'est à cause de ce phénomène que les grandes étendues d'eau influencent le climat des régions avoisinantes (section 8.3).

Presque toute la circulation d'énergie thermique de la Terre a lieu dans l'atmosphère et dans l'hydrosphère. L'activité Sciences en action qui suit va t'aider à comprendre pourquoi.

puits de chaleur réservoir, tel que l'océan, qui absorbe et emprisonne l'énergie thermique

Figure 1 L'absorption et l'émission d'énergie thermique par les océans ont des répercussions importantes sur le système climatique.

SCIENCES EN ACTION
SIMULER LES COURANTS ATMOSPHÉRIQUES ET OCÉANIQUES

HABILETÉS : formuler une hypothèse, observer, analyser, évaluer, communiquer

LA BOÎTE À OUTILS

Dans cette activité, tu vas créer des courants atmosphériques et des courants océaniques.

Matériel : papier cartonné épais, règle, crayon, ciseaux, ficelle, lampe munie d'une ampoule incandescente, contenant en verre transparent, eau chaude, 2 glaçons colorés à l'aide d'un colorant alimentaire, 250 ml d'eau salée (3 %)

 Ne touche pas à l'ampoule, une fois éteinte ; elle pourrait être encore brûlante.

Pour débrancher la lampe, tire sur la fiche, pas sur le cordon.

Partie A : Les courants atmosphériques

1. Découpe un cercle d'un diamètre de 15 cm dans le papier cartonné. Découpe une bande continue de 1,5 cm de largeur autour du cercle de façon à faire une spirale.
2. Attache un bout de ficelle au centre de la spirale.
3. Enlève l'abat-jour de la lampe munie d'une ampoule incandescente. Allume la lampe. Tiens la spirale par sa ficelle au-dessus de l'ampoule, sans laisser le carton toucher l'ampoule (figure 2). Note tes observations.

Partie B : Les courants océaniques

4. Remplis un contenant en verre transparent, un verre, par exemple, avec de l'eau chaude du robinet. Cela représente l'océan dans ton modèle. Immerge doucement un glaçon coloré dans l'eau. Il représente une calotte glaciaire d'eau douce. Regarde-le fondre attentivement. Note tes observations.

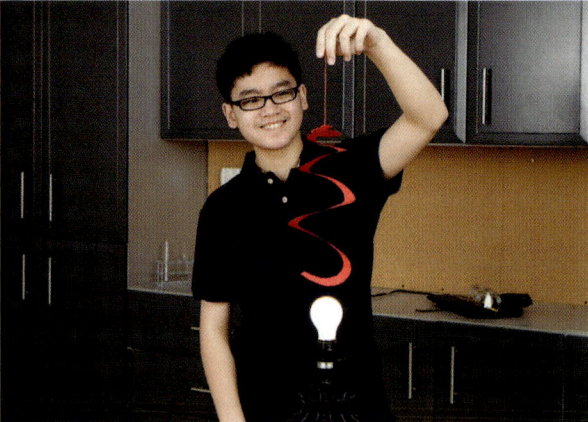

Figure 2 L'élève tient la spirale de carton au-dessus de l'ampoule incandescente.

5. Répète toute la démarche en utilisant de l'eau salée à 3 % de façon à mieux représenter l'océan.

A. Explique tes observations dans la partie A.
B. Explique tes observations dans la partie B.

Dans l'activité Sciences en action précédente, tu as constaté que le carton bougeait quand tu le plaçais au-dessus de la lampe. Il bougeait à cause d'un courant dans l'air. Ce courant s'est formé parce que l'énergie provenant de la lampe a réchauffé l'air environnant. Les particules d'air se sont mises à bouger plus vite et à s'éloigner davantage les unes des autres. L'air chaud autour de la lampe est devenu moins dense que l'air plus froid au-dessus de la lampe. L'air plus froid et plus dense est descendu vers la lampe, ce qui a amené l'air plus chaud et moins dense à s'élever. Ce mouvement a créé un courant continu dans lequel l'air plus froid est descendu vers la lampe, puis s'est réchauffé, et l'air plus chaud près de la lampe s'est élevé, puis s'est refroidi.

Le même principe s'applique à l'eau : l'eau chaude est moins dense que l'eau froide. Un courant se forme quand l'eau est chauffée inégalement. L'eau plus froide et plus dense descend et pousse l'eau plus chaude et moins dense vers le haut. On peut appliquer ce principe à l'atmosphère et à l'hydrosphère pour expliquer comment l'énergie thermique se déplace autour du monde.

Le transfert d'énergie dans l'atmosphère

C'est près de l'équateur que les rayons solaires frappent la surface de la Terre avec le plus d'intensité (section 8.3). À l'équateur, l'air se réchauffe rapidement et devient moins dense. L'air plus froid et plus dense qui se trouve au-dessus descend et pousse l'air chaud dans l'atmosphère. À mesure que l'air chaud s'élève, il se crée une zone de basse pression en dessous. Une fois que l'air chaud est haut dans la troposphère, il s'étend vers les pôles et refroidit. Cet air plus frais redescend vers la surface de la Terre, ce qui cause une zone de haute pression (figure 3). Ce mouvement de l'air chaud et de l'air froid crée un courant circulaire appelé **courant de convection**.

Ce mouvement des courants de convection à l'équateur se répète près des pôles. La Terre a donc des bandes permanentes de haute et de basse pression atmosphérique, parallèles à l'équateur (figure 4). Les courants de convection constituent l'un des principaux moyens de transport de l'énergie dans l'atmosphère. Ils déplacent l'énergie thermique de l'équateur vers les pôles Nord et Sud.

L'air a tendance à passer des zones de haute pression aux zones de basse pression. Cela crée des courants atmosphériques, que nous appelons « vents ». Comme la Terre a des bandes permanentes de haute pression et de basse pression, des vents dominants soufflent dans la même direction presque tout le temps. Parce que la Terre tourne, ces vents fléchissent autour du globe au lieu de souffler directement vers le nord ou vers le sud. Ils finissent par déplacer l'air chaud de l'équateur vers les pôles. Ils poussent aussi les eaux chaudes de l'océan vers les pôles Nord et Sud.

Figure 4 Des bandes de haute et de basse pression autour du globe créent des courants atmosphériques (vents) qui soufflent des zones de haute pression vers les zones de basse pression. Les vents sont nommés en fonction de leur provenance.

COUP DE POUCE
APPRENTISSAGE

Le transfert d'énergie thermique

Dans la convection, le transfert de l'énergie thermique s'effectue par le mouvement de la matière réchauffée. Par exemple, les courants océaniques transfèrent de l'énergie thermique. Dans la conduction, l'énergie thermique est transférée par contact quand les particules de matière se heurtent. Ainsi, au contact de l'eau chaude, l'air va se réchauffer. Dans le transfert par rayonnement, les ondes électromagnétiques transportent l'énergie dans l'espace. Par exemple, le Soleil émet de l'énergie.

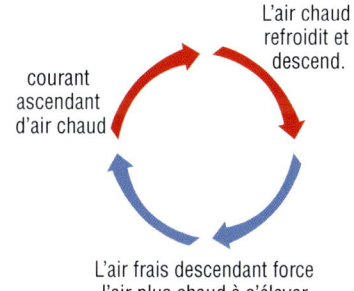

Figure 3 Le mouvement de l'air chaud et de l'air froid crée un courant de convection.

courant de convection courant circulaire causé dans l'air et dans d'autres fluides par l'ascension d'un fluide chaud quand un fluide froid descend

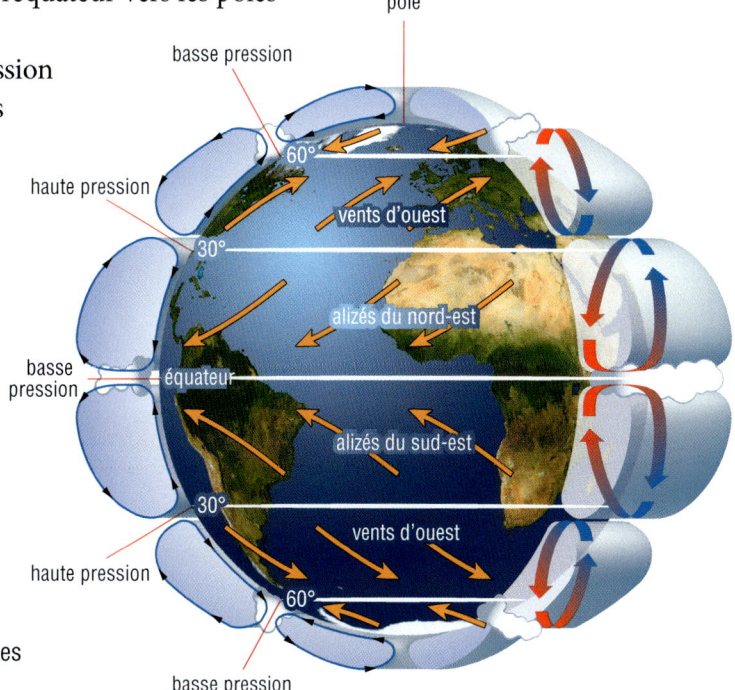

> **COUP DE POUCE**
> **LECTURE**
>
> **Indices menant à l'idée principale**
> Parfois, l'auteure ou l'auteur laisse sous-entendre l'idée principale au lieu de l'énoncer clairement et directement. Tu peux inférer (déduire) une idée principale sous-entendue (indirectement énoncée). Cherche des indices dans le titre, les sous-titres, les exemples, les données et les causes. Demande-toi quelle idée ils suggèrent.

Les vents dominants et les zones climatiques

Les zones climatiques sont aussi déterminées par les vents dominants. En passant au-dessus de l'océan, un vent dominant accumule de la vapeur d'eau. Quand il touche terre, la vapeur d'eau se condense, ce qui amène de la pluie. Les régions où les vents dominants passent au-dessus de l'eau avant de toucher terre reçoivent de plus grandes quantités de précipitations. Si un vent dominant vient du pôle Nord, il va être froid et sec. Il peut donc refroidir et assécher les régions au-dessus desquelles il passe.

Le transfert d'énergie dans les océans

En allant vers les pôles, l'eau refroidit. Elle devient aussi plus salée à mesure que l'eau de surface s'évapore et qu'il se forme de la glace de mer. La glace de mer est en majeure partie de l'eau douce, car elle rejette le sel en gelant. Le reste de l'eau est donc plus salé. Ces deux facteurs, la basse température et la salinité, font que l'eau est plus dense aux pôles. Par conséquent, elle descend sur le fond océanique.

L'eau de surface plus chaude en provenance de l'équateur s'écoule alors vers les pôles pour prendre sa place. On appelle ce phénomène **circulation thermohaline** des océans. *Thermo* signifie « chaleur » et *haline* signifie « sel » en grec. Tous les courants océaniques causés par des changements de la température et de la salinité de l'eau participent à la circulation thermohaline.

Les courants océaniques autour du globe déplacent lentement l'eau (et l'énergie thermique qu'elle transporte) de l'équateur aux pôles, à la manière d'un énorme tapis roulant. La figure 5 illustre les principaux courants océaniques autour du monde.

Les courants océaniques peuvent aussi être causés par des vents. Le Gulf Stream qui transporte de l'eau chaude des tropiques le long de la côte

circulation thermohaline flux continu de l'eau autour des océans du monde suscité par les différences dans les températures et la salinité de l'eau

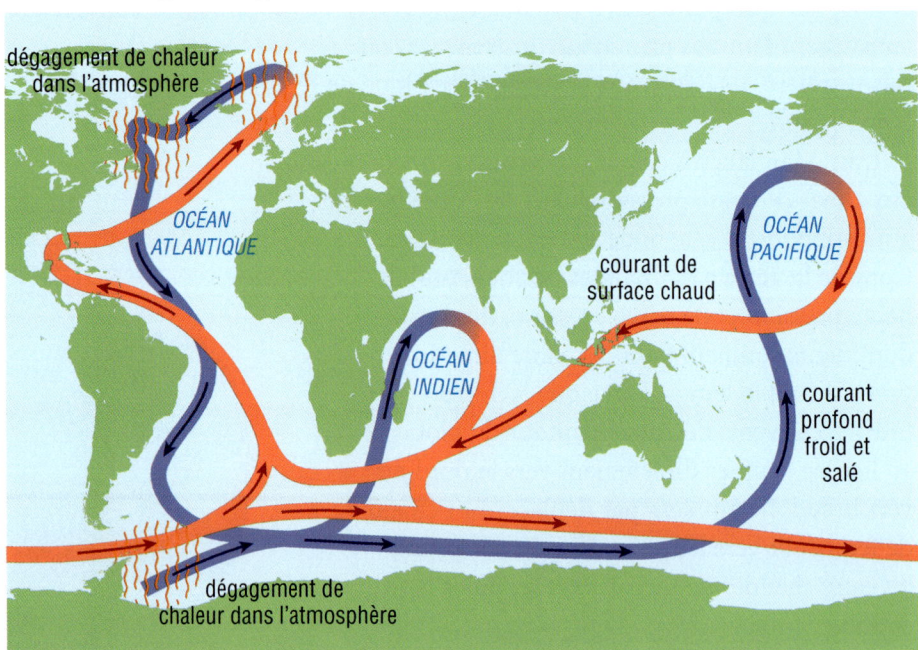

Figure 5 Les courbes rouges illustrent les courants océaniques chauds, et les courbes bleues, les courants froids. Les courants d'eau chaude voyagent en surface, mais les courants d'eau froide circulent en profondeur dans l'océan.

est de l'Amérique du Nord et jusqu'en Europe est principalement causé par des vents (figure 6).

Les courants océaniques et les zones climatiques

Les courants océaniques influencent fortement les climats des terres avoisinantes. Les courants océaniques chauds réchauffent l'air au-dessus d'eux. Quand cet air chaud et humide touche la terre, il la réchauffe et produit de la pluie, influant ainsi sur le climat de cette zone. Le courant chaud du Gulf Stream donne à la côte nord-ouest de l'Europe un climat plus chaud et plus humide qu'il ne le serait autrement sous ces latitudes.

Les courants océaniques froids refroidissent l'air au-dessus d'eux. Quand cet air froid et sec touche la terre, il la refroidit et crée des zones désertiques. La Californie et certaines parties du Mexique sont plus fraîches et plus sèches à cause d'un courant océanique froid qui coule le long de la côte ouest. Pour connaître l'effet d'un courant océanique froid, tu peux visiter Terre-Neuve-et-Labrador. Là, l'eau des plages est plus froide que l'eau à proximité de l'Île-du-Prince-Édouard, à cause du courant froid du Labrador.

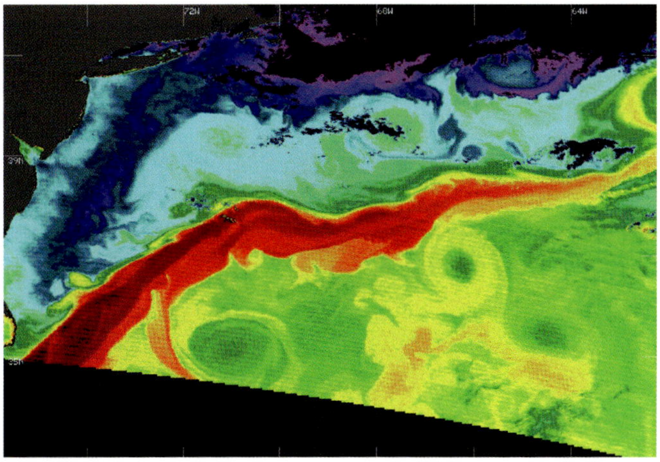

Figure 6 Les courants océaniques chauds comme le Gulf Stream transportent de l'énergie thermique de l'équateur vers les latitudes plus hautes. C'est ce que permet de voir cette photo satellite des températures à la surface de la mer. Les courants chauds sont teintés de rouge, et les courants froids, de bleu. La côte est de l'Amérique du Nord est la zone gris foncé en haut à gauche.

EN RÉSUMÉ

- Le système climatique transporte l'énergie thermique des zones qui ont plus d'énergie aux zones qui en ont moins.
- L'eau, l'air et le sol se réchauffent à des rythmes différents en absorbant de l'énergie.
- Quand un fluide comme l'air ou l'eau est chauffé inégalement, il se forme des courants de convection, car les fluides plus froids et plus denses descendent et poussent vers le haut les fluides plus chauds et moins denses.
- Le réchauffement inégal de la Terre provoque des courants de convection qui créent les vents dominants et les courants océaniques.
- Les courants atmosphériques et les courants océaniques sont les principaux moyens de transport de l'énergie autour de la Terre.
- Les vents dominants et les courants océaniques influencent le climat des régions avoisinantes.

VÉRIFIE TA COMPRÉHENSION

1. a) À l'aide de l'illustration des courants océaniques de la figure 5 de cette section, trouve une région du monde susceptible d'avoir un climat chaud et humide à cause des courants océaniques.
    b) Trouve sur cette carte une région susceptible d'avoir un climat froid et sec à cause des courants océaniques.
2. Explique une notion abordée dans cette section qui est nouvelle pour toi. En quoi change-t-elle ta conception du système climatique ?
3. Fais un schéma montrant le mouvement de l'air froid et de l'air chaud dans l'atmosphère à proximité de l'équateur.
4. Quel effet chacun des types de vent dominant ci-dessous aurait-il sur le territoire qu'il traverse ?
    a) un vent dominant provenant du pôle Nord
    b) un vent dominant venant de l'océan
5. Définis le mot « thermohaline ».
6. La circulation thermohaline de la Terre est comme un « énorme tapis roulant ». Qu'est-ce que ce tapis roulant mondial déplace qui influence le climat de la Terre ?
7. Comment les courants de convection se forment-ils ?

8.9 Les changements climatiques à long terme et à court terme

On peut voir de gros blocs rocheux placés bizarrement dans certaines parties du Canada (figure 1). Ces blocs n'ont pas la même composition que la roche dans le paysage avoisinant. D'où proviennent-ils? Les glaciers se déplacent très lentement sur de longues périodes, raclant le sol sur leur passage et transportant de gros blocs sur des kilomètres. Quand un glacier finit par fondre, les blocs restent là où le glacier les a posés.

Il y a environ 200 ans, des scientifiques se sont mis à étudier le relief causé par le passage des glaciers. Ils ont suggéré l'hypothèse que la surface de la Terre avait déjà été en grande partie couverte de glace, c'est-à-dire qu'il y avait eu une **glaciation**. Depuis, ils ont découvert de nombreux autres indices de changements climatiques passés.

Figure 1 Les blocs erratiques comme celui-ci ont amené des scientifiques à réfléchir aux mouvements des glaciers et à mener des recherches sur les climats du passé. As-tu déjà vu un bloc semblable à celui-ci?

glaciation période dans l'histoire de la Terre où la planète est plus froide et recouverte en grande partie de glace

Le climat de la Terre passe par de nombreux changements naturels. Des changements dans l'équilibre énergétique de la Terre provoquent des changements climatiques. Le mouvement de la croûte terrestre, qui s'effectue sur des millions d'années, modifie le climat en influençant la quantité d'énergie solaire absorbée. Au fil de centaines de milliers d'années, le climat de la Terre connaît aussi des changements cycliques de réchauffement et de refroidissement. Ces cycles résultent de variations de l'orbite de la Terre. Ces changements sont appelés « changements à long terme » parce qu'ils se produisent sur de très longues périodes de temps. Il se produit aussi des changements climatiques soudains causés par des événements naturels comme les éruptions volcaniques. On les appelle « changements à court terme ».

Les changements à long terme causés par la dérive des continents

tectonique des plaques théorie expliquant le mouvement lent des grandes plaques de la croûte terrestre

dérive des continents théorie selon laquelle les continents terrestres ont déjà constitué un seul vaste continent appelé « Pangée »

Selon la théorie de la **tectonique des plaques**, les continents terrestres se sont déplacés à la surface du globe pendant des centaines de millions d'années. On appelle ce mouvement **dérive des continents**. Lentement, un unique et vaste supercontinent s'est morcelé pour former les continents que nous connaissons aujourd'hui, 225 millions d'années plus tard (figure 2). Cela a un effet sur le transfert de chaleur. Il y a des millions d'années, les principaux courants atmosphériques et océaniques étaient différents de ce qu'ils sont maintenant. La dérive des continents a aussi un impact sur la répartition des masses continentales. Actuellement, l'hémisphère Nord a la plus grande masse continentale. Le climat est aussi influencé par la dérive des continents.

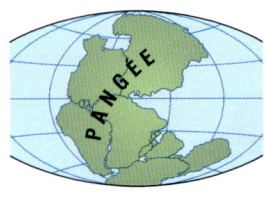    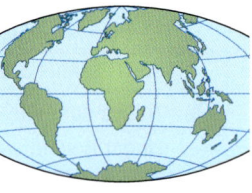

LE PERMIEN
Il y a 225 millions d'années

LE TRIAS
Il y a 200 millions d'années

LE JURASSIQUE
Il y a 135 millions d'années

LE CRÉTACÉ
Il y a 65 millions d'années

AUJOURD'HUI

Figure 2 La dérive des continents influence le climat parce qu'elle modifie la répartition des terres autour du globe.

Quand les continents bougent, les courants océaniques et atmosphériques se modifient. Parce qu'il compte moins de grandes étendues d'eau, l'hémisphère Nord a aujourd'hui des hivers très froids et des étés très chauds. L'hémisphère Sud connaît un climat plus tempéré à cause de la plus grande masse océanique qui l'entoure.

Pour en savoir plus sur les mouvements des continents :

La formation de nouvelles chaînes de montagnes, causée par le mouvement des plaques terrestres, et l'érosion des vieilles chaînes de montagnes résultant de l'exposition aux intempéries sur des millions d'années influencent les climats régionaux. Cela s'est produit dans différentes parties du Canada, où il y a des chaînes de montagnes très récentes, comme les Rocheuses, et des chaînes de montagnes plus anciennes, comme les Appalaches.

Des scientifiques ont déterminé d'autres facteurs susceptibles d'influencer le climat sur de très longues périodes de temps. Par exemple, la quantité d'énergie que le Soleil produit peut changer graduellement.

Les cycles climatiques à long terme

La Terre a connu sa dernière glaciation il y a environ 20 000 ans. La température moyenne était alors de presque 10 °C plus basse qu'aujourd'hui. Des calottes glaciaires d'une épaisseur d'environ 3 km couvraient presque tout le Canada. À mesure que l'eau des océans gelait, le niveau de la mer baissait. En émergeant, la terre qui se trouvait normalement

Figure 3 Le pont terrestre de la Béringie était une langue de terre qui a relié temporairement l'Alaska à l'Europe du Nord. Il existe une théorie selon laquelle des êtres humains auraient traversé ce pont terrestre et seraient venus s'établir en Amérique du Nord, il y a environ 25 000 ans.

sous l'océan a formé des ponts naturels entre les continents. Les plantes et les animaux, y compris les êtres humains, ont emprunté ces ponts pour migrer et s'établir dans de nouveaux territoires (figure 3).

Depuis au moins 800 000 ans, le climat de la Terre passe cycliquement par des périodes de glaciation et des **périodes interglaciaires** plus chaudes (figure 4).

Les archéologues étudient ce qu'était la vie d'il y a des centaines ou des milliers d'années. Pour en savoir plus sur leur travail :

période interglaciaire période entre les glaciations au cours de laquelle la Terre se réchauffe

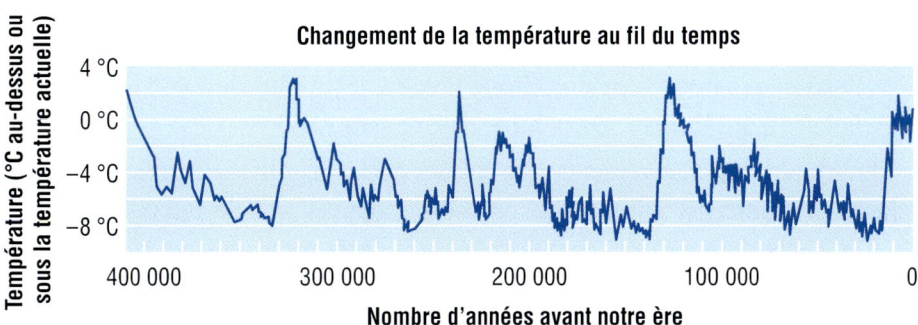

Figure 4 Graphique des changements de la température moyenne de la Terre depuis 400 000 ans. Les valeurs sur l'axe des y représentent des écarts par rapport à la température moyenne de la Terre aujourd'hui. Les principaux changements de température se produisent suivant des cycles réguliers. Les périodes interglaciaires plus chaudes ont lieu environ tous les 100 000 ans.

Les périodes interglaciaires et glaciaires : pourquoi se produisent-elles ?

En 1941, un ingénieur et astronome amateur du nom de Milutin Milankovitch a étudié les cycles des changements climatiques à long terme. Il a élaboré une théorie sur la cause de ces changements. Milankovitch a calculé que l'orbite de la Terre autour du Soleil change de trois principales façons (figure 5).

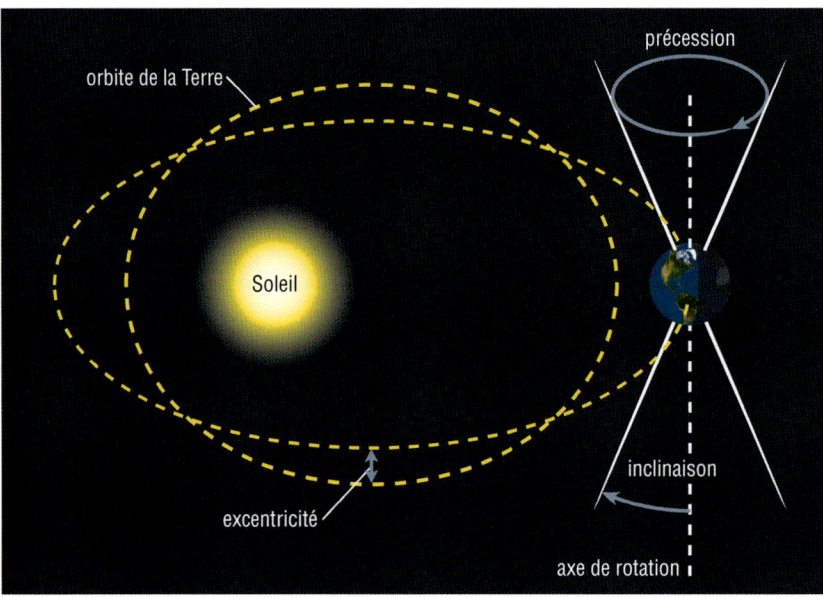

Figure 5 Les cycles de Milankovitch

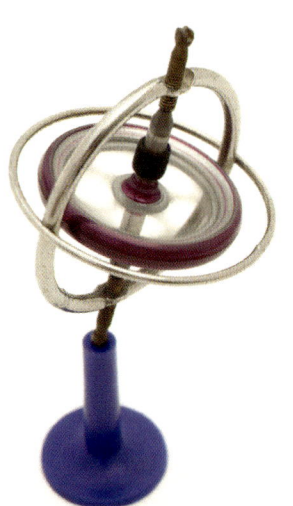

Figure 6 L'axe de rotation d'un gyroscope jouet ou d'une toupie oscille lentement autour de la verticale.

- **Excentricité (forme de l'orbite) :** La forme de l'orbite de la Terre autour du Soleil varie. Elle passe d'une forme presque circulaire à une forme plus elliptique (ressemblant à un cercle aplati). Cette variation est causée par l'influence gravitationnelle de Jupiter et de Saturne. Elle comporte plusieurs paramètres, qui se combinent pour donner un cycle approximatif de 100 000 ans. L'orbite de la Terre est présentement plutôt elliptique.

- **Inclinaison :** Sur un cycle d'environ 41 000 ans, la Terre oscille d'avant en arrière sur son axe et son inclinaison varie de 22,1° à 24,5°. Quand l'angle s'accroît, les différences saisonnières sont plus marquées. L'axe de la Terre est actuellement à 23,5°. Cet angle se referme lentement.

- **Précession de l'inclinaison (oscillation) :** En tournant sur son axe, la Terre oscille lentement suivant un cycle de plus de 26 000 ans. L'angle d'inclinaison demeure à peu près le même, mais la direction de l'inclinaison change. Ce phénomène rappelle le comportement d'une toupie (figure 6). L'axe de la Terre est actuellement pointé en direction de Polaris, que nous appelons l'étoile Polaire. Il y a plus de 5 000 ans, l'étoile Polaire était Thuban. Dans mille ans, ce sera Airai.

Ensemble, ces changements causent des cycles réguliers de périodes glaciaires et interglaciaires qui se produisent depuis plus de 400 000 ans.

Ces petits changements dans l'orbite de la Terre se produisent très lentement, sur des centaines de milliers d'années. Toutefois, la plupart des scientifiques qui étudient le climat croient que leur combinaison est principalement responsable des cycles climatiques terrestres de 100 000 ans illustrés à la figure 4 de cette section. Selon les astronomes, elle en serait la cause la plus probable.

Pour en savoir plus sur le travail d'astronome :

Les légères variations dans la quantité d'énergie que la Terre reçoit du Soleil déséquilibrent temporairement le système climatique. Des boucles de rétroaction positives augmentent alors cette petite variation. Le système climatique se rééquilibre, mais à une température globale différente.

Une diminution de l'énergie provenant du Soleil cause un abaissement des températures et crée une période glaciaire. Une augmentation de l'énergie cause une élévation des températures et crée une période interglaciaire chaude. Actuellement, nous connaissons une période relativement chaude.

Les variations climatiques à court terme

Le climat de la Terre connaît actuellement une période chaude et stable, mais nous constatons de légères variations climatiques qui se sont produites sur des dizaines, et même des centaines d'années. Les variations à court terme sont causées par divers facteurs, dont les éruptions volcaniques, de légères modifications du rayonnement solaire et des changements dans la circulation des courants atmosphériques et océaniques. Des changements relativement petits de ces facteurs peuvent perturber le système climatique entier.

Les éruptions volcaniques

Les éruptions volcaniques projettent de la roche, de la poussière et des gaz dans l'atmosphère (figure 7). Elles éjectent notamment des particules de dioxyde de soufre qui réfléchissent l'énergie solaire vers l'espace. Cela a pour effet d'assombrir la surface de la Terre. Il y a donc moins d'énergie dans le système climatique, et la Terre connaît un refroidissement temporaire.

LE SAVAIS-TU ?

L'année sans été
En 1815, le mont Tambora en Indonésie est entré en éruption, projetant 150 kilomètres cubes de poussière dans la stratosphère. L'année suivante a été surnommée « l'année sans été ». En Amérique du Nord, des chutes de neige et du gel pendant l'été ont entraîné une vaste famine.

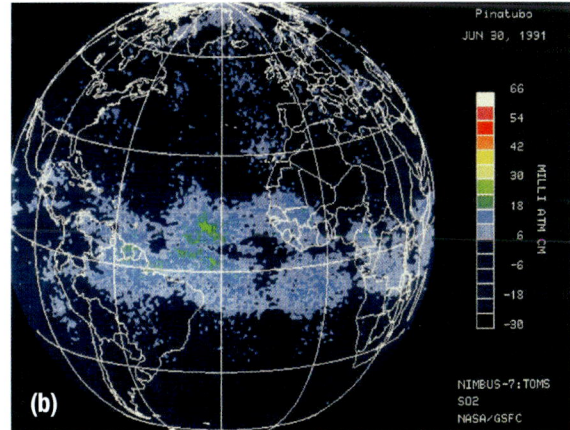

Figure 7 (a) Le mont Pinatubo, aux Philippines, est entré en éruption en juin 1991. (b) Cette carte, basée sur des images satellites prises 18 jours après l'éruption du mont Pinatubo, montre la répartition des 17 Mt (mégatonnes) de dioxyde de soufre émises durant l'éruption.

Les courants atmosphériques et les courants océaniques

Les courants atmosphériques et océaniques influencent le climat de la Terre de plusieurs façons. Des changements dans la circulation thermohaline des océans peuvent modifier le climat de façon soudaine, bien que ce phénomène ne soit pas encore totalement expliqué.

Tu as appris plus tôt que la circulation thermohaline est une importante composante du « tapis roulant » des courants océaniques. Il y a environ 12 000 ans, le climat de la Terre était en train de passer de la dernière glaciation à la présente période chaude. Les énormes calottes glaciaires qui recouvraient la surface de la Terre ont fondu, rejetant d'importantes quantités d'eau douce dans les océans. Moins dense que l'eau salée de la mer, cette eau douce est donc restée près de la surface de l'océan.

Les scientifiques croient que cette eau douce pourrait avoir perturbé la circulation thermohaline. En effet, le climat de la Terre est redevenu soudain plus froid pendant un certain temps.

Certains changements dans les courants atmosphériques et océaniques se reproduisent régulièrement. C'est le cas d'un changement spectaculaire qui a lieu dans l'océan Pacifique tous les trois à sept ans. La direction des vents dominants s'inverse temporairement, ce qui fait changer les courants océaniques. Au lieu de pousser l'eau de surface chaude vers le Pacifique Ouest, les vents dominants la poussent vers l'est, vers l'Amérique du Sud. Cette inversion périodique des vents et des courants océaniques du Pacifique s'appelle **El Niño** (figure 8).

El Niño changement périodique dans la circulation des vents et des courants océaniques du Pacifique qui apporte de l'air chaud et humide sur la côte ouest de l'Amérique du Sud

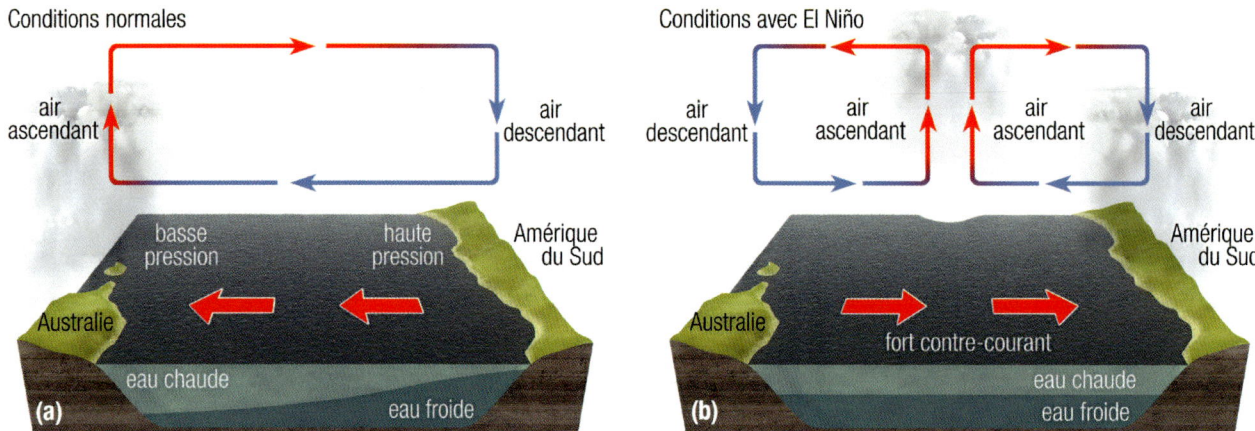

Figure 8 Les flèches rouges représentent les courants d'eau chaude. (a) Normalement, la côte ouest de l'Amérique du Sud est froide et sèche, à cause de la proximité d'un courant océanique froid. (b) Durant une année El Niño, des changements dans les vents dominants perturbent le mouvement de l'eau de l'océan. La côte ouest de l'Amérique du Sud connaît alors un temps plus chaud et pluvieux.

RECHERCHE EN ACTION — EL NIÑO

HABILETÉS : effectuer une recherche, analyser l'enjeu, communiquer

LA BOÎTE À OUTILS
4.A.1, 4.A.2

Dans cette activité, tu vas découvrir comment El Niño perturbe le climat sur la côte de l'Amérique du Sud.

1. Fais une recherche sur le climat normal du Pérou et de l'Équateur. Note tes découvertes.
2. Fais une recherche sur l'effet qu'a El Niño sur la température et les précipitations au Pérou et en Équateur. Note tes découvertes.
3. Fais une recherche sur la relation entre El Niño et certains événements météorologiques extrêmes comme les sécheresses, les tempêtes et les inondations en Californie, en Australie et dans le Sud-Est asiatique.

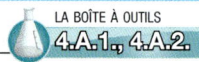

A. Le courant froid du Pérou, aussi appelé « courant de Humboldt », coule vers le nord le long de la côte ouest de l'Amérique du Sud. Quel effet le courant du Pérou a-t-il sur le climat du Pérou et de l'Équateur ? **HP**

B. Durant une année El Niño, les vents poussent de l'eau chaude vers les côtes du Pérou et de l'Équateur. Quel effet cette eau chaude a-t-elle sur la température et les précipitations au Pérou et en Équateur ? **HP**

C. L'eau et l'air chauds contiennent plus d'énergie que l'eau ou l'air froids. De plus, les tempêtes et les ouragans ont besoin de beaucoup d'énergie pour se développer. Comment El Niño influence-t-il le nombre de tempêtes et d'ouragans au Pérou et en Équateur ? **HP**

D. Résume les effets d'El Niño sur les pays en bordure de la côte est du Pacifique. Mentionne les impacts environnementaux, économiques et sociaux. **HP MA**

E. Quel effet El Niño a-t-il du côté ouest de l'océan Pacifique ? **HP**

F. Quels impacts, directs et indirects, El Niño a-t-il au Canada ? **HP MA**

Les changements dans le rayonnement solaire

Même de légers changements dans le rayonnement solaire peuvent avoir un impact sur le climat. S'il diminue, la Terre reçoit moins d'énergie, et son climat refroidit. S'il augmente, notre climat se réchauffe. Les scientifiques ne comprennent pas encore tout à fait pourquoi l'énergie solaire diminue ou augmente sur de courtes périodes.

SCIENCES EN ACTION — EXPLORER L'ACTIVITÉ SOLAIRE

HABILETÉS : analyser, évaluer

LA BOÎTE À OUTILS
4.A.5, 6.A.

Des observations quantitatives ont révélé que la température moyenne de la Terre augmente progressivement depuis 50 ans. Certaines personnes attribuent cela à des causes naturelles comme des changements dans l'activité solaire. Récemment, le nombre des taches solaires a retenu l'attention des astronomes et des climatologues. Dans cette activité, tu vas te renseigner sur le cycle solaire et les taches solaires. Tu vas ensuite tirer tes propres conclusions à propos des impacts possibles de variations de l'activité solaire sur le climat.

1. Consulte Internet pour trouver de l'information sur les variations dans le nombre de taches solaires, ou « nombre de Wolf ». Renseigne-toi aussi sur le cycle solaire.

A. À l'aide du graphique de la NASA, étudie le nombre de taches solaires entre 1995 et aujourd'hui. Depuis 1995, quelle est la tendance observée ?
B. Depuis 2000, quelle est la tendance observée ?
C. Quelle conclusion tires-tu sur l'activité solaire depuis 1995 ?
D. À ton avis, quels sont les impacts possibles des variations de l'activité solaire sur le climat ? Explique ta réponse.

EN RÉSUMÉ

- La dérive des continents et d'autres facteurs naturels ont profondément influencé le climat terrestre depuis des centaines de millions d'années.
- Depuis au moins 400 000 ans, le climat connaît continuellement des cycles faisant alterner, tous les 100 000 ans environ, glaciations et périodes interglaciaires plus chaudes.
- Les cycles climatiques terrestres à long terme correspondent à des changements dans la forme de l'orbite de la Terre, à des changements dans l'inclinaison de la Terre et à la précession de l'axe de la Terre.
- Les éruptions volcaniques, des changements dans le rayonnement solaire et des modifications de la circulation des courants atmosphériques et océaniques peuvent causer des variations climatiques à court terme.

VÉRIFIE TA COMPRÉHENSION

1. Décris trois façons dont la tectonique des plaques et la dérive des continents peuvent avoir influencé l'évolution du climat mondial par le passé.
2. a) Qu'est-ce qu'une glaciation ou période glaciaire ?
   b) Comment les scientifiques ont-ils inféré la possibilité d'une glaciation à partir de l'examen de blocs rocheux et d'autres marques laissées par des glaciers ?
3. a) Qu'est-ce qu'une période interglaciaire ?
   b) À quelle fréquence les périodes interglaciaires chaudes se produisent-elles ?
   c) Sommes-nous actuellement dans une période glaciaire ou dans une période interglaciaire ?
   d) Depuis 400 000 ans, la Terre a-t-elle passé plus de temps dans des périodes glaciaires ou dans des périodes interglaciaires douces ?
4. Énumère au moins trois causes possibles de changements climatiques à court terme.
5. Comment les éruptions volcaniques perturbent-elles le climat ? Accompagne ta réponse d'un schéma avec mots-étiquettes.
6. Décris une façon dont des changements dans la circulation des courants atmosphériques et océaniques peuvent influencer le climat.
7. Comment savons-nous que le long cycle des glaciations n'est pas causé par un autre facteur quelconque, comme :
   a) l'activité volcanique ?
   b) la dérive des continents et la tectonique des plaques ?
   c) de longs changements cycliques dans l'émission d'énergie solaire ?
8. Explique les changements qui, selon les scientifiques, sont responsables des cycles climatiques de 100 000 ans.

SCIENCES APPLIQUÉES

Le lac Agassiz : l'étude du climat du passé

Durant la dernière glaciation, l'Amérique du Nord était en grande partie recouverte d'énormes calottes glaciaires. À la fin de la glaciation, presque toute la glace a fondu graduellement à mesure que la température terrestre s'élevait. Plusieurs grands lacs se sont formés au sud, le long de la bordure de l'inlandsis qui fondait. Le plus grand, le lac Agassiz, occupait le centre du Canada et s'étendait vers le sud jusqu'aux États-Unis (figure 1).

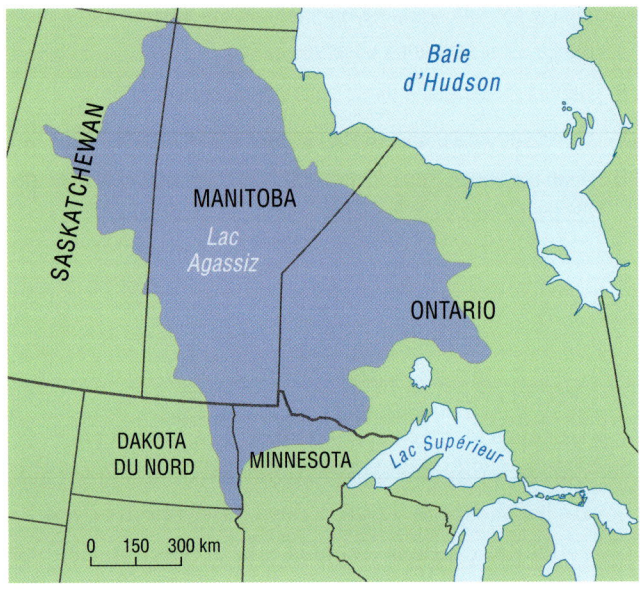

Figure 1 Le lac Agassiz, tel qu'il a été cartographié par Teller et ses collègues. Le lac Agassiz contenait probablement plus d'eau douce que tous les lacs du monde n'en contiennent ensemble aujourd'hui.

Le lac Agassiz et le déluge

Figure 2 James T. Teller

James T. Teller est un géologue de l'Université du Manitoba (figure 2). Teller et d'autres scientifiques ont reconstitué l'histoire du lac Agassiz en examinant d'anciennes plages et des sédiments provenant du fond de l'ancien lac. En 2004, l'Association géologique du Canada lui a remis la médaille Michael J. Keen pour ses recherches sur le lac Agassiz.

Les scientifiques croient que le volume d'eau du lac Agassiz a changé de manière soudaine plusieurs fois durant son histoire (figure 3). À ces moments-là, la barrière de glace autour du lac se rompait et laissait s'écouler d'énormes quantités d'eau dans l'océan. Le niveau de la mer autour du monde s'élevait alors légèrement. Teller croit que l'inondation causée par le lac Agassiz pourrait être la source des histoires de déluge dont parle la Bible, de légendes des Premières Nations et d'autres récits anciens.

Figure 3 Devil's Crater dans le nord de l'Ontario n'est qu'un des sites causés par l'écoulement des eaux du lac Agassiz il y a des milliers d'années.

Le lac Agassiz et les changements climatiques

Les recherches semblent indiquer que le volume du lac Agassiz a connu de grands changements à peu près au moment où la température de la Terre baissait. Ces changements pourraient avoir causé des changements climatiques soudains. Comment la modification de la taille d'un lac peut-elle perturber le climat? L'eau douce du lac Agassiz se serait déversée dans l'Atlantique Nord et pourrait avoir empêché le flux d'eau chaude provenant du nord de l'équateur de rejoindre l'Atlantique Nord. Cela aurait interrompu le transfert d'énergie thermique vers le nord. Ces événements pourraient avoir provoqué une période de refroidissement en Europe et en Amérique du Nord.

Des liens avec le climat actuel

Aujourd'hui, la glace qui recouvre le sol dans l'Arctique commence à fondre, ce qui fait s'écouler de l'eau douce dans l'océan Atlantique. On s'attend à ce que le niveau de la mer s'élève, tout comme il l'a fait quand le lac Agassiz s'est vidé. Les scientifiques veulent savoir si l'afflux d'eau douce va interrompre les courants océaniques et perturber le climat mondial. L'information concernant le lac Agassiz pourrait les aider à déterminer comment le climat de la Terre va changer au cours du prochain siècle.

Les boucles de rétroaction et le climat

De légers changements, comme la diminution de la couverture de neige, peuvent avoir de très grandes répercussions sur le climat de la Terre parce qu'ils peuvent être accentués par des boucles de rétroaction (section 8.6). Celles-ci peuvent aussi avoir l'effet contraire et neutraliser les changements. Rappelle-toi que, dans une boucle de rétroaction, l'effet se répercute sur la cause de départ. Lorsqu'une boucle de rétroaction est positive, l'effet accentue la cause de départ. Lorsqu'elle est négative, l'effet atténue la cause de départ. Les boucles de rétroaction compliquent le travail des climatologues qui tentent de prédire les effets de certains changements.

La boucle de rétroaction de la vapeur d'eau

Tu sais maintenant qu'il entre plus de vapeur d'eau dans l'atmosphère quand le climat se réchauffe, car alors le taux d'évaporation des lacs et des océans de la Terre augmente (section 8.4.). Cela amène le climat à se réchauffer encore davantage, car la vapeur d'eau est un gaz à effet de serre et elle emprisonne le rayonnement infrarouge émis par la Terre. Inversement, si le climat refroidit, il se forme moins de vapeur d'eau et le climat refroidit encore davantage. Il s'agit là de deux boucles de rétroaction positives.

La boucle de rétroaction de la vapeur d'eau se complexifie dans le cas des nuages (figure 1). Une plus grande quantité de vapeur d'eau signifie habituellement qu'une plus grande portion du ciel sera couverte de nuages. Si les nuages se forment relativement bas dans l'atmosphère, ils emprisonnent l'énergie thermique près de la surface terrestre (figure 2). C'est pourquoi les nuits nuageuses sont généralement plus chaudes que les nuits sans nuages.

L'effet albédo

Les différentes surfaces réfléchissent des quantités différentes de rayonnement solaire. La proportion de rayonnement réfléchie par une surface est l'albédo de cette surface. La glace et la neige ont des **albédos** élevés parce qu'elles réfléchissent plus de rayonnement que l'herbe et les arbres (figure 3). Voilà pourquoi tu plisses les yeux quand tu vas dehors après une chute de neige.

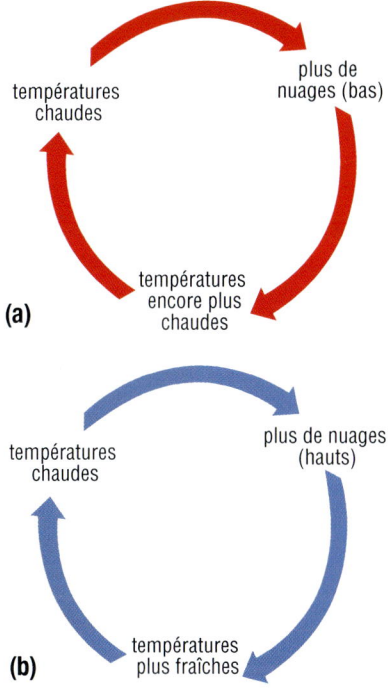

Figure 1 (a) Les nuages bas créent une boucle de rétroaction positive. (b) Toutefois, si les nuages se forment en haute altitude, ils réfléchissent le rayonnement solaire vers l'espace, ce qui crée une boucle négative.

albédo mesure de la quantité de rayonnement solaire réfléchie par une surface

Figure 2 Les nuages bas contribuent aux boucles de rétroaction positives. Les hauts nuages contribuent aux boucles négatives.

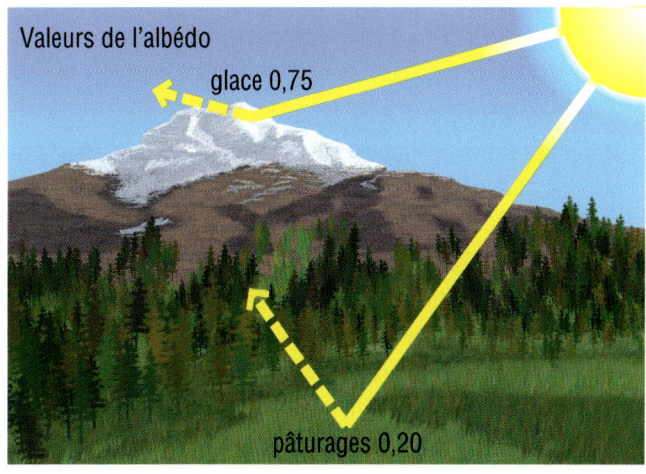

Figure 3 La glace réfléchit environ 75 % du rayonnement solaire ; son albédo est de 0,75. L'herbe en réfléchit environ 20 % ; son albédo est de 0,20.

LE SAVAIS-TU ?

Vénus, la planète brillante
Vénus a l'albédo le plus élevé des planètes de notre système solaire, soit 0,65. C'est là l'une des raisons pour lesquelles cette planète est souvent l'objet le plus brillant dans le ciel nocturne. Elle apparaît parfois comme l'objet céleste le plus brillant à l'ouest après le coucher du soleil, et parfois comme le plus brillant à l'est avant le lever du soleil.

effet albédo boucle de rétroaction positive dans laquelle une augmentation de la température terrestre fait fondre la glace, de sorte que la surface de la Terre absorbe plus de rayonnement, ce qui fait monter la température encore davantage

L'albédo d'une planète est une mesure de la quantité de rayonnement solaire que cette planète réfléchit. Les diverses surfaces de la Terre ont des albédos différents : l'eau (8 %), la forêt (10 %), le sable et le désert (25 %), la neige fraîche (85 %) et les nuages (de 40 à 70 %). La Terre réfléchit en moyenne de 30 à 40 % du rayonnement solaire, de sorte que son albédo moyen se situe entre 0,30 et 0,40.

L'une des plus importantes boucles de rétroaction du système climatique terrestre est appelée **effet albédo**. Il s'agit de la boucle de rétroaction positive entre la glace à la surface de la Terre et la température moyenne terrestre.

Si la température moyenne terrestre baisse légèrement, il se forme plus de glace. Cette glace réfléchit davantage de rayonnement solaire, et la température de la Terre baisse encore davantage. Si la température moyenne terrestre s'élève légèrement, cela fait fondre plus de glace (figure 4). L'absorption de rayonnement solaire augmente et la température de la Terre augmente encore davantage.

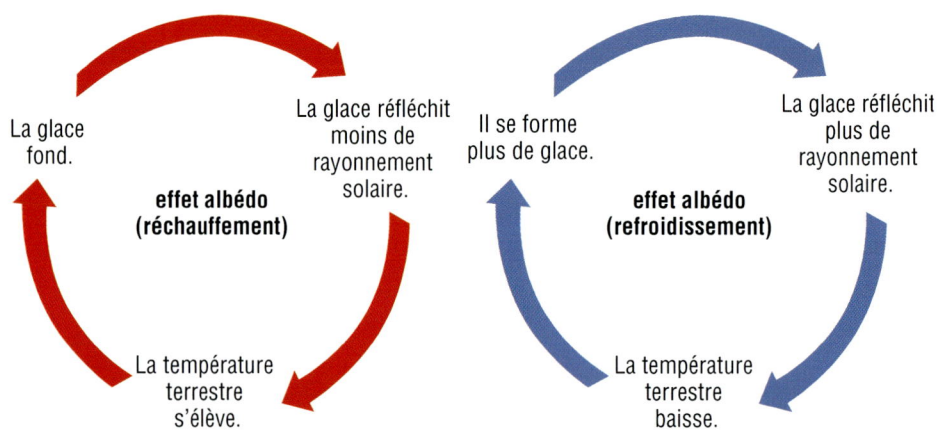

Figure 4 L'effet albédo est la relation entre la glace et la température terrestre.

SCIENCES EN ACTION — TESTER L'EFFET ALBÉDO

HABILETÉS : prédire le résultat, planifier, contrôler les variables, exécuter, observer, analyser, évaluer, communiquer

LA BOÎTE À OUTILS
3.B.

Dans cette activité, tu vas concevoir une expérience pour modéliser l'effet albédo. Tu vas planifier et créer un système simple comprenant une source de lumière qui brille sur un contenant fermé ayant un côté transparent, puis tu vas mesurer la température de ton système au fil du temps. Ensuite, tu vas modifier l'albédo d'une partie quelconque de ton système et répéter l'expérience. Pour obtenir des résultats valables, ne change qu'une variable à la fois.

Matériel : thermomètres ou sondes de température, source de lumière, surfaces ayant différents albédos (p. ex., peinture ou papier de bricolage blancs ou noirs), contenant hermétique en verre ou en plastique

1. Conçois et rédige une marche à suivre que tu vas respecter. Prends en compte les questions suivantes :
   - À quelle fréquence et pendant combien de temps vas-tu mesurer la température de ton système ?
   - Comment vas-tu modifier l'albédo de ton système ?
   - Comment vas-tu consigner tes observations ?

2. Fais approuver ta démarche par ton enseignante ou ton enseignant.

3. Effectue ta recherche et consigne tes observations.

A. Quelle variable as-tu changée ? Comment sais-tu que ce changement de variable va modifier l'albédo de ton système ?

B. Dresse la liste de toutes les variables que tu as gardées constantes. As-tu la certitude que toutes tes variables sauf celle que tu as testée étaient constantes ?

C. Les calottes glaciaires aux pôles terrestres s'amincissent avec la fonte de la glace. En te basant sur les résultats de ton expérience, explique quel effet la fonte des calottes glaciaires polaires pourrait avoir sur le climat terrestre. S'agit-il là d'une boucle de rétroaction positive ou négative ?

À la figure 5, tu peux voir que le climat terrestre passe relativement vite de la période de glaciation à la période interglaciaire chaude qui suit. Ce changement rapide peut s'expliquer en partie par l'effet albédo.

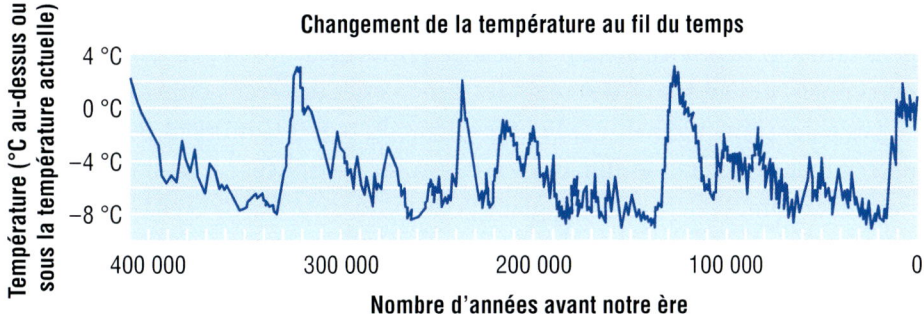

Figure 5 Remarque combien les températures moyennes changent rapidement des périodes chaudes aux périodes froides.

EN RÉSUMÉ

- Dans une boucle de rétroaction positive, l'effet accentue la cause initiale.
- Dans une boucle de rétroaction négative, l'effet atténue la cause initiale.
- Les boucles de rétroaction peuvent accentuer de légers changements que connaît le système climatique.
- Des nuages bas entraînent une boucle de rétroaction positive entre la température terrestre et la vapeur d'eau. Des nuages hauts entraînent une boucle de rétroaction négative entre la température et la vapeur d'eau.
- L'effet albédo est une boucle de rétroaction positive liant la zone de glace permanente sur la Terre à la température moyenne terrestre.

VÉRIFIE TA COMPRÉHENSION

1. Qu'est-ce qu'une boucle de rétroaction ?
2. Quelle différence y a-t-il entre une boucle de rétroaction positive et une boucle de rétroaction négative ? Donne un exemple de chacune.
3. Une surface herbeuse a un albédo d'environ 0,20, et une surface rocheuse, un albédo d'environ 0,30. Laquelle va réfléchir le plus de rayonnement solaire ? Explique ta réponse.
4. Explique, à l'aide d'un schéma conceptuel ou d'un organigramme, comment une augmentation de la vapeur d'eau pourrait créer une boucle de rétroaction positive. Inclus dans ton explication le fait que la Terre réfléchit du rayonnement infrarouge.
5. Suppose qu'un accroissement de la vapeur d'eau a entraîné l'augmentation du nombre de jours nuageux. Les nuages empêchent la lumière solaire d'atteindre la Terre, ce qui fait baisser la température moyenne.
    a) Quel effet une telle situation aurait-elle sur la quantité d'eau qui s'évapore des lacs et des rivières ?
    b) S'agirait-il d'une boucle de rétroaction positive ou négative ? Explique ta réponse à l'aide d'un schéma.
6. a) Définis par écrit et à ta façon l'albédo d'une planète.
    b) Si l'albédo d'une planète est influencé par la glace, cela contribue-t-il à la mise en place d'une boucle de rétroaction positive ou négative dans le climat de cette planète ? Explique ta réponse.
7. Durant la dernière glaciation, plus de la moitié de la surface de la Terre (tant terrestre qu'océanique) était recouverte de glace.
    a) Formule une hypothèse sur l'albédo de la Terre durant la dernière glaciation.
    b) En te basant sur ta réponse en a), indique si la Terre a absorbé plus ou moins de rayonnement solaire durant la dernière glaciation qu'elle ne le fait aujourd'hui. Comment cela aurait-il influencé le climat terrestre ?
    c) Fais un schéma de la boucle de rétroaction causée par l'effet albédo durant la dernière glaciation.

8.11 L'étude des climats du passé

Les scientifiques enregistrent les températures, les précipitations et d'autres données climatiques depuis plus de 200 ans. Ces données constituent de bons relevés du climat du monde au cours de cette période. Avant cela, les gens faisaient référence au climat de façon informelle, dans des journaux personnels, des tableaux, des registres agricoles et des récits oraux (figure 1).

Les paléoclimatologues étudient le climat du passé. Comment peuvent-ils déterminer ce qu'était le climat il y a des milliers d'années? Certaines matières naturelles comme la roche et la glace peuvent fournir des indices révélateurs. Les **données indirectes** sont des données naturelles que l'on peut mesurer aujourd'hui et qui nous renseignent sur le climat d'un passé lointain. Par exemple, les climatologues étudient les fossiles, les anneaux de croissance des arbres, les couches de glace et les récifs de corail. Les scientifiques s'intéressent aux structures de ces matières de même qu'à leur composition chimique.

Les données climatiques indirectes ne sont pas des mesures quantitatives des températures ou des précipitations prises à l'époque même. Les scientifiques comparent les données indirectes aux données quantitatives historiques des dernières centaines d'années pour déterminer ce que représentent ces observations indirectes. Cette technique leur permet de tirer des conclusions sur le climat du passé lointain.

Figure 1 Des peintures et des dessins datant des années 1500 à 1850 montrent des paysages enneigés, et des gens qui patinent sur des rivières qui ne gèlent pas aujourd'hui. On a appelé cette époque «Petite Période glaciaire». Elle a probablement été causée par une légère diminution du rayonnement solaire, de même que par plusieurs éruptions volcaniques importantes qui ont eu lieu à cette époque.

données indirectes données tirées des anneaux de croissance des arbres, des carottes glaciaires ou des fossiles, et qui donnent des indices de ce qu'était le climat du passé

Les carottes glaciaires

La glace du Groenland et de l'Antarctique contient des bulles d'air qui s'y trouvent emprisonnées depuis des milliers de siècles. Les scientifiques forent profondément la glace et en extraient de longs cylindres appelés «carottes glaciaires». La glace à la surface d'une carotte glaciaire est très récente, tandis que la glace de profondeur peut avoir jusqu'à 800 000 ans. On en tire les plus anciens relevés des conditions atmosphériques.

Les scientifiques coupent les carottes glaciaires en très fines tranches et analysent les bulles d'air qu'elles contiennent, à la recherche de divers gaz (figure 2). Ces tests permettent d'établir quelle quantité de dioxyde de carbone, de méthane et d'oxyde nitreux il y avait dans l'air au moment où une bulle d'air s'est formée. Les carottes glaciaires indiquent aux paléoclimatologues que les concentrations de ces gaz à effet de serre ont énormément changé au cours de l'histoire de la Terre.

Figure 2 Pour étudier les gaz emprisonnés dans la glace, les scientifiques forent celle-ci et examinent des carottes glaciaires.

Les scientifiques recherchent aussi de l'oxygène dans les carottes glaciaires. Il existe différents types d'atomes d'oxygène. Certains sont plus lourds que d'autres. En mesurant le rapport entre les atomes d'oxygène légers et les lourds, les scientifiques peuvent obtenir de l'information sur la température de l'air. Plus l'air était froid quand la bulle s'est formée, plus cette bulle va contenir d'oxygène léger.

Parce qu'elles conservent aussi des couches de poussières, les carottes glaciaires donnent de l'information sur les précipitations et les éruptions volcaniques.

Les données recueillies à partir des carottes glaciaires indiquent aux scientifiques que la Terre a connu plusieurs changements climatiques, passant successivement de périodes glaciaires à des périodes interglaciaires, puis à de nouvelles périodes glaciaires (section 8.9). Nous savons aussi qu'il y a un lien entre la température et les concentrations des gaz à effet de serre. En effet, durant les périodes plus chaudes, les concentrations des gaz à effet de serre étaient plus élevées. Quand il faisait plus froid, elles étaient plus faibles.

Les anneaux de croissance des arbres et les récifs de corail

Les arbres produisent un anneau de croissance par année. Les anneaux sont plus épais les années où les conditions de croissance sont bonnes. Par exemple, une année chaude et humide produira un anneau de croissance épais, alors qu'une année froide et sèche produira un anneau plus mince (figure 3). Certains arbres, tels que le pin à cône épineux des montagnes Rocheuses et le séquoia toujours vert, vivent des milliers d'années. Les scientifiques recueillent des indices tant à partir des arbres vivants qu'à partir des arbres morts pour constituer des banques de données climatiques remontant jusqu'à 10 000 ans. En Ontario, les arbres ont fourni des données indirectes sur le climat des 2 767 dernières années.

LE SAVAIS-TU?

De vieux arbres en Ontario
L'Ontario compte des arbres très anciens. Certains thuyas occidentaux qui poussent dans l'escarpement du Niagara ont plus de 1 500 ans. Des scientifiques ont constitué une banque de données climatiques sur le sud de l'Ontario qui remonte à 2 767 années, à partir des données qu'ils ont tirées de l'analyse d'arbres vivants et d'arbres morts.

Figure 3 Les anneaux de croissance des arbres sont plus épais dans les années de bonne croissance et plus minces dans les années de faible croissance.

Pour en savoir plus sur l'utilisation des données indirectes tirées des anneaux de croissance des arbres et des récifs de corail :

Des données sur le climat du passé sont aussi préservées dans les récifs de corail (figure 4). Comme les arbres, les coraux produisent une couche de croissance par saison. Les scientifiques en tirent des cylindres de corail dont ils étudient les couches. L'information recueillie aide à déterminer la température de l'eau de mer de surface au moment de la formation de chaque couche de croissance.

Figure 4 Les récifs de corail poussent près de la surface de l'océan. Les couches de corail croissent à des rythmes différents dans l'eau chaude et dans l'eau froide.

Les roches, les sédiments et les cavernes

Au fil du temps, il se crée des couches de sol et de roche à la surface de la Terre. Chaque couche peut contenir des indices (comme du pollen ou des fossiles de végétaux) du climat à une époque donnée dans ce lieu. Les fossiles de grains de pollen peuvent permettre d'identifier les plantes qui poussaient en un endroit il y a des milliers d'années. La présence de pores, de sillons et de membranes polliniques, ainsi que leur taille et leur forme, facilitent l'identification (figure 5). On appelle « palynologues » les scientifiques qui se consacrent ainsi à l'étude du pollen.

Les palynologues étudient le pollen. Pour en savoir plus sur cette carrière inusitée :

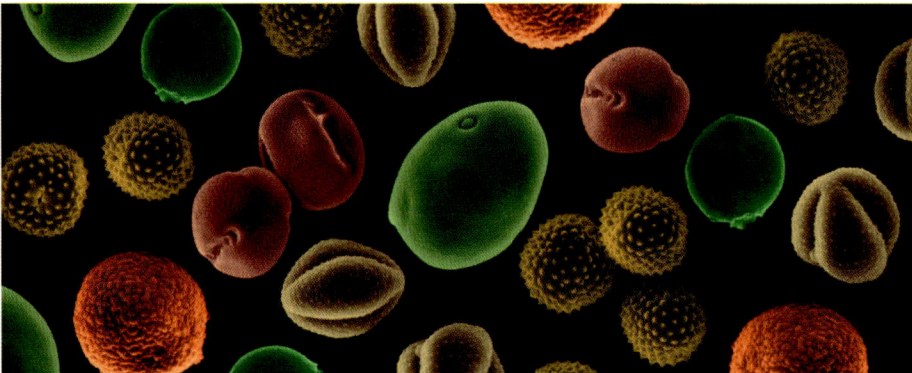

Figure 5 Combien de types de pollen distingues-tu ?

> **LE SAVAIS-TU ?**
>
> **Alice Wilson : une scientifique canadienne**
>
> Alice Evelyn Wilson (1881-1964) a été la première femme à faire carrière à la Commission géologique du Canada. Elle y a travaillé pendant 54 ans. Son travail consistait à classifier les formations géologiques des basses terres de l'Outaouais. Pendant des années, elle a parcouru Ottawa et ses environs pour recueillir, identifier et classifier des sédiments et des fossiles, souvent à bicyclette. Elle a ainsi établi une banque de données pour un territoire de quelque 16 000 km² !

Dans l'océan, des couches de sédiments s'accumulent au fond, où elles forment des couches rocheuses. Les scientifiques forent ces couches et en tirent des carottes de sédiments (figure 6). Parfois, ils trouvent des fossiles de plantes et d'animaux marins qui ont vécu dans des eaux plus chaudes que celles des lieux où on les trouve aujourd'hui, une preuve que la couche contenant ces fossiles s'est formée durant une période où le climat était plus chaud. L'information contenue dans ces carottes sédimentaires a permis à des scientifiques de constituer une image du climat terrestre remontant à des milliers d'années.

Dans les cavernes, des formations rocheuses se développent à mesure que les minéraux dissous contenus dans l'eau qui dégoutte se pétrifient (figure 7). Les scientifiques peuvent mesurer et dater les couches de ces roches. Ces formations rocheuses se développent plus rapidement par temps pluvieux, de sorte que l'analyse des couches aide à déterminer les quantités de précipitations à certaines périodes du passé.

Figure 6 Cette carotte sédimentaire tirée du fond océanique présente des couches contenant des fossiles du passé.

Figure 7 Les stalactites (descendant de la voûte) et les stalagmites (s'élevant du sol) sont des preuves indirectes des variations des précipitations.

SCIENCES EN ACTION — ANCIENS CLIMATS DES TERRES ARCTIQUES

HABILETÉS : prédire le résultat, analyser, communiquer

LA BOÎTE À OUTILS
3.B.

Dans la section 8.9, tu as appris que les continents se sont déplacés au fil de millions d'années. Cela signifie que certaines des îles de l'Arctique canadien n'ont peut-être pas toujours été aussi loin au nord.

1. Localise sur une carte certaines des îles nordiques de l'Arctique canadien, comme l'île Axel Heiberg, l'île de Baffin, l'île Devon, l'île d'Ellesmere et l'île Victoria. Selon toi, quel genre de flore et de faune peuplait ces îles il y a des millions d'années? Justifie tes prédictions. (Consulte la figure 2 de la section 8.9.)

2. Au cours des 25 dernières années, les scientifiques ont découvert des fossiles sur certaines de ces îles. Trouve des sites présentant les données sur ces fossiles et analyse-les.

A. Selon toi, si ces îles étaient situées ailleurs sur la Terre il y a des millions d'années, quel genre de climat ont-elles connu? Crois-tu que les courants océaniques qui circulaient à proximité à cette époque pourraient avoir été différents? (Consulte la figure 2 de la section 8.9.) HP

B. Quels types de fossiles a-t-on trouvés sur ces îles de l'Arctique ou aux environs? Ta prédiction était-elle juste? HP

C. Quel type de climat régnait dans ces îles à l'époque où ces plantes ou ces animaux fossilisés ont vécu? Compare ce climat au climat actuel de la région. HP

D. Résume tes découvertes en un court paragraphe, en décrivant quel type de vie existait dans l'Arctique il y a des millions d'années et comment nous savons que le climat d'alors était nettement différent de celui d'aujourd'hui. HP MA

SIGNET de fin d'unité

Tu vas pouvoir mettre en application ce que tu as appris dans cette section sur les relevés climatiques du passé dans l'activité de fin d'unité décrite à la page 444.

EN RÉSUMÉ

- Les données indirectes sont des données tirées de matières naturelles, et qui donnent des indices de ce qu'était le climat du passé.
- L'analyse des bulles d'air contenues dans des carottes glaciaires fournit des données sur les gaz à effet de serre et la température du passé.
- L'analyse des anneaux de croissance d'arbres et des couches de croissances de coraux fournit des données sur la température et les précipitations du passé.
- Les carottes sédimentaires extraites du fond océanique contiennent des indices, comme des fossiles, qui nous renseignent sur les climats du passé.

✓ VÉRIFIE TA COMPRÉHENSION

1. a) Comment certains tableaux anciens nous indiquent-ils que l'Europe a connu une Petite Période glaciaire de 1500 à 1850?
   b) Ces tableaux présentent-ils des données climatiques indirectes, ou des données climatiques directes? CC

2. a) Comment les scientifiques savent-ils ce qu'a été le climat de la Terre ces 200 dernières années?
   b) Comment les scientifiques savent-ils ce qu'a été le climat de la Terre il y a des milliers d'années?
   c) Comment les scientifiques savent-ils que ces données sur le climat de la Terre il y a des milliers d'années sont exactes? CC

3. Imagine que tu es une ou un climatologue qui étudie le climat de l'Ontario d'il y a 300 ans. Donne trois sources que tu pourrais consulter pour obtenir de l'information sur le climat de cette époque. CC

4. Donne un exemple d'information que les scientifiques peuvent tirer de chacune des sources de données indirectes suivantes :

   a) carottes glaciaires
   b) anneaux de croissance des arbres
   c) carottes sédimentaires extraites du fond océanique

5. Explique pourquoi l'énoncé suivant est incorrect : les climatologues se servent des données des carottes glaciaires pour mesurer directement les températures du passé. CC

6. En Ontario, nos relevés historiques sur la température et les précipitations ne remontent qu'à 200 ans. Toutefois, des climatologues ont pu établir un relevé climatique du sud ontarien qui remonte à 2 767 années. CC

   a) Quelle donnée indirecte ont-ils principalement utilisée pour y parvenir?
   b) Comment peuvent-ils démontrer que cette donnée est exacte?

7. Comment des fossiles peuvent-ils nous renseigner sur le climat du passé? (Conseil : Tire parti de la notion d'écozones et d'écorégions que tu as étudiée à la section 8.2.) HP MA

CHAPITRE 8 — À REVOIR

RÉSUMÉ DES CONCEPTS CLÉS

Le système climatique de la Terre tire son énergie du Soleil.

- Le climat décrit le temps auquel on peut s'attendre dans une région donnée. (8.1)
- Le système climatique est l'ensemble complexe de composantes dont les interactions produisent le climat de la Terre. (8.3, 8.4)
- Environ 30 % de l'énergie solaire est réfléchie vers l'espace. Les 70 % restants sont absorbés par la surface de la Terre, par les nuages et par certains gaz dans l'atmosphère avant d'être complètement renvoyés dans l'espace. (8.3)
- La quantité d'énergie par unité de surface à atteindre la Terre est plus intense près de l'équateur que près des pôles. (8.3)

Le système climatique de la Terre comprend l'atmosphère, l'hydrosphère, la lithosphère et les êtres vivants.

- L'atmosphère se compose de 78 % d'azote, de 21 % d'oxygène et de traces d'autres gaz, dont le dioxyde de carbone, le méthane et l'ozone. (8.4)
- L'hydrosphère et la lithosphère absorbent un rayonnement solaire à haute énergie, le convertissent en énergie thermique, puis émettent un rayonnement infrarouge à faible énergie. (8.4)
- Le relief et les grandes étendues d'eau influencent le climat. (8.4)
- Les êtres vivants ont un impact sur la composition des gaz dans l'atmosphère. (8.4)

L'effet de serre réchauffe la Terre en emprisonnant l'énergie thermique que réfléchit la Terre.

- La vapeur d'eau est le plus important gaz à effet de serre à contribuer à l'effet de serre naturel ; elle est suivie du dioxyde de carbone et du méthane. (8.6)
- En absorbant le rayonnement infrarouge à faible énergie, les gaz à effet de serre l'empêchent de s'échapper dans l'espace. (8.6)
- L'effet de serre est un phénomène naturel qui maintient la surface de la Terre et l'atmosphère plus chaudes qu'elles ne le seraient autrement. (8.6)

Le transfert de l'énergie thermique au sein du système climatique terrestre s'effectue au moyen des courants atmosphériques et océaniques.

- L'atmosphère et les océans constituent des puits de chaleur. (8.8)
- En créant des zones de haute et de basse pression, les courants de convection font circuler la chaleur dans l'atmosphère. (8.8)
- La circulation thermohaline est la principale composante du « tapis roulant » qui fait circuler l'énergie thermique dans les océans. (8.8)

Le climat terrestre connaît des changements à court terme et des changements à long terme.

- La dérive des continents influence la circulation globale dans l'atmosphère et les océans. (8.9)
- La forme de l'orbite de la Terre, l'inclinaison de la Terre sur son axe et l'oscillation de la Terre lorsqu'elle tourne ont toutes une influence sur le climat terrestre. On croit que ces facteurs sont la cause des périodes glaciaires qui se produisent tous les 100 000 ans environ. (8.9)
- Les éruptions volcaniques et les variations des courants atmosphériques et océaniques causent des changements climatiques à court terme. (8.9)

Les données indirectes permettent d'étudier les climats du passé.

- Les données indirectes sont des mesures indirectes du climat terrestre du passé. (8.11)
- Les carottes glaciaires enregistrent des données météorologiques en emprisonnant des gaz atmosphériques. (8.11)
- Les arbres et les récifs de corail produisent des couches de croissances annuelles proportionnelles à la douceur du climat. (8.11)
- Les sédiments peuvent receler des indices des climats du passé, comme des fossiles ou du pollen. (8.11)

QU'EN PENSES-TU MAINTENANT ?

Tu as réfléchi aux énoncés ci-dessous au début du chapitre. Tu avais peut-être déjà entendu parler de ces notions à l'école, à la maison ou autour de toi. Reconsidère-les maintenant et détermine si tu es d'accord ou non avec chacun.

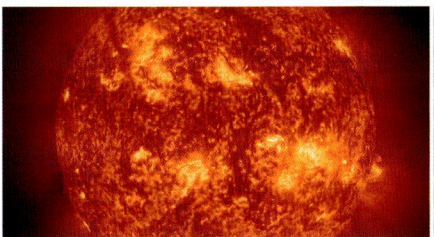

1 Près de la moitié de l'énergie sur Terre provient du Soleil.
D'accord / En désaccord

4 Le climat terrestre est demeuré très stable pendant des milliers d'années.
D'accord / En désaccord

2 L'effet de serre est un phénomène naturel.
D'accord / En désaccord

5 Les éruptions volcaniques font changer le climat.
D'accord / En désaccord

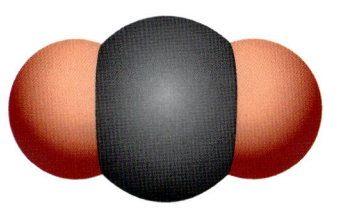

3 Le dioxyde de carbone est une importante composante du système climatique de la Terre.
D'accord / En désaccord

6 Le temps et le climat sont une seule et même chose.
D'accord / En désaccord

Comment tes réponses ont-elles changé ?
Que sais-tu de plus maintenant ?

Vocabulaire

temps (p. 319)
climat (p. 320)
profil bioclimatique (p. 323)
système climatique (p. 325)
rayonnement ultraviolet (p. 325)
rayonnement infrarouge (p. 325)
énergie thermique (p. 327)
atmosphère (p. 330)
hydrosphère (p. 333)
lithosphère (p. 334)
effet de serre (p. 338)
gaz à effet de serre (p. 339)
puits de carbone (p. 339)
boucle de rétroaction (p. 340)
puits de chaleur (p. 344)
courant de convection (p. 345)
circulation thermohaline (p. 346)
glaciation (p. 348)
tectonique des plaques (p. 348)
dérive des continents (p. 348)
période interglaciaire (p. 349)
El Niño (p. 352)
albédo (p. 355)
effet albédo (p. 356)
données indirectes (p. 358)

IDÉES maîtresses

✓ Le climat terrestre est dynamique et résulte de l'interaction de systèmes et de phénomènes divers.

✓ La modification du climat de la planète est influencée tant par des facteurs naturels que par l'activité humaine.

• Les changements climatiques touchent les êtres vivants et les systèmes naturels de multiples façons.

• Les gens ont la responsabilité d'évaluer leur impact sur les changements climatiques et de déterminer des mesures efficaces pour le réduire.

CHAPITRE 8 — RÉVISION

Les icônes suivantes t'indiquent la compétence visée par chaque question.
- **CC** Connaissance et compréhension
- **C** Communication
- **HP** Habiletés de la pensée
- **MA** Mise en application

Qu'as-tu retenu ?

1. a) Définis ce qu'est le climat.
   b) Nomme trois zones climatiques. (8.1) **CC**

2. a) En quoi le climat ressemble-t-il au temps ?
   b) En quoi est-il différent du temps ? (8.1) **CC**

3. Quelles sont les quatre principales composantes du système climatique terrestre ? (8.3, 8.4) **CC**

4. a) Qu'est-ce qu'un gaz à effet de serre ?
   b) Nomme trois gaz à effet de serre autres que la vapeur d'eau. (8.6) **CC**

5. Nomme quelques causes des changements climatiques à long terme. (8.9) **CC**

6. Donne certaines des causes des variations climatiques à court terme. (8.9) **CC**

7. a) Qu'est-ce qu'une boucle de rétroaction ?
   b) Donne trois exemples de boucles de rétroaction propres au système climatique de la Terre. (8.10) **CC**

8. a) Que sont les données indirectes ?
   b) Quelle utilité ont-elles pour les climatologues ? (8.11) **CC**

9. Décris deux méthodes pour recueillir des données climatiques du passé lointain. (8.11) **CC**

10. a) Qu'est-ce que l'albédo ?
    b) Qu'est-ce que l'effet albédo ? (8.10) **CC**

Qu'as-tu compris ?

11. Décris une conséquence de chacun des facteurs ci-dessous sur le climat d'une région. (8.4, 8.8) **CC**
    a) la distance par rapport à une grande étendue d'eau
    b) les vents dominants
    c) le relief

12. Fais un schéma pour expliquer pourquoi le climat est plus froid près des pôles Nord et Sud qu'il ne l'est à l'équateur. (8.3) **C**

13. La Terre absorbe constamment de l'énergie solaire. Explique pourquoi la surface de la Terre ne continue pas à se réchauffer. (8.3) **CC**

14. Explique le phénomène de l'effet de serre. (8.6) **CC**

15. Comment des changements relativement petits, comme une légère diminution du rayonnement solaire, peuvent-ils grandement modifier le climat de la Terre ? (8.10) **CC**

16. a) Quand la Terre commence à se réchauffer après une glaciation, la glace se met à fondre. Décris l'importance que prend l'albédo de la glace à ce stade.
    b) L'effet albédo constitue-t-il une boucle de rétroaction positive ou négative ? Explique ta réponse à l'aide d'un schéma. (8.10) **CC** **C**

17. Explique l'utilité des anneaux de croissance des arbres comme source de données indirectes. (8.11) **CC**

18. Comment les volcans influencent-ils le climat ? (8.9) **CC**

19. Explique comment les nuages peuvent alimenter à la fois des boucles de rétroaction positives et des boucles de rétroaction négatives. (8.10) **CC**

Résous un problème

20. Choisis une ville située sur la rive nord du lac Ontario. (8.4) **CC** **HP**
    a) Décris comment le lac Ontario influence le climat de la ville que tu as choisie.
    b) Explique comment les Grands Lacs peuvent influencer la quantité de neige que reçoivent les régions avoisinantes sous le vent.

21. Résume en un paragraphe le rôle du système climatique terrestre et ses effets sur les conditions sur la Terre. (8.3, 8.4) **CC**

22. a) Compare la circulation de l'énergie thermique dans l'océan et à celle dans l'atmosphère.
    b) Pourquoi la circulation de l'énergie thermique autour de la Terre a-t-elle de l'importance pour les êtres vivants ? (8.8) **CC**

23. Le Gulf Stream transporte de l'eau chaude au-delà de la côte ouest de l'Europe. Selon toi, comment ce courant devrait-il influencer le climat de la côte ouest de l'Europe ? (8.8) **HP**

24. Prédis l'effet qu'aurait sur la température moyenne de la Terre chacune des situations suivantes. (8.6)
    a) Les niveaux des gaz à effet de serre dans l'atmosphère augmentent.
    b) Les niveaux des gaz à effet de serre dans l'atmosphère diminuent.

25. a) Suggère deux difficultés auxquelles des climatologues pourraient se buter en tentant de reconstituer un climat à partir de données indirectes.
    b) Nomme un type de donnée indirecte. Propose des exemples précis des difficultés qu'elle pourrait poser à des scientifiques. (8.11)

26. Les scientifiques mesurent parfois les différents types d'oxygène contenus dans le corail pour obtenir des données climatiques. Les graphiques de la figure 1 comparent des données sur le rapport de l'oxygène léger et de l'oxygène lourd dans deux récifs de corail (atoll de Tarawa et îles Galapagos) avec l'indice pluvial. (8.11)

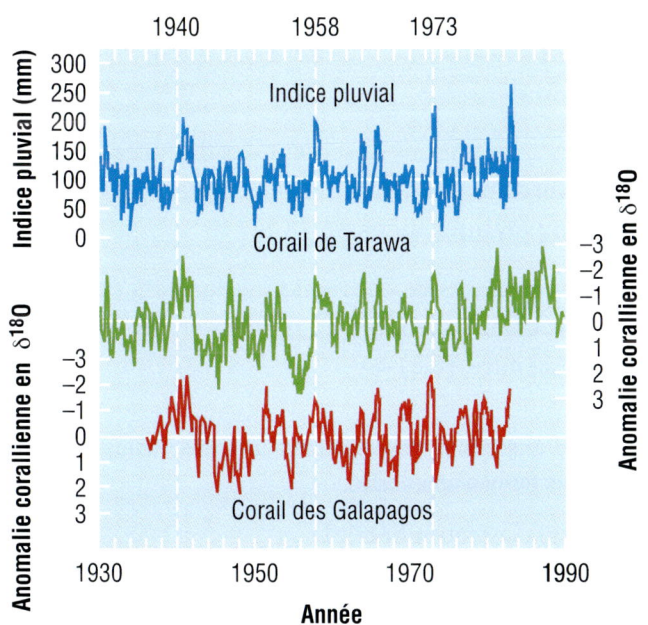

Figure 1

   a) Les données tirées des deux récifs de corail correspondent-elles ? Si oui, explique en quoi.
   b) Les données tirées des récifs de corail correspondent-elles avec l'indice pluvial ? Si oui, explique en quoi. (Conseil : Concentre-toi sur les pointes maximales et minimales des données.)
   c) Ces données sont-elles utiles comme données indirectes ?
   d) As-tu eu de la difficulté à interpréter les données ? Pourquoi ?

Conçois et interprète

27. Tu dois déterminer à long terme le climat d'une région isolée de l'Himalaya. Quelles mesures vas-tu enregistrer et pendant combien de temps ? (8.1)

28. « L'ozone est un gaz à la fois utile et nocif. » Explique cette affirmation. (8.4)

29. Le territoire du Yukon a un climat sec et compte moins d'arbres que les autres régions du Canada. Tu es climatologue au Yukon. Tu veux déterminer ce qu'était le climat local il y a 6 000 ans. Quelles données vas-tu recueillir ? (8.11)

Réfléchis à ce que tu as appris

30. a) Quelle information présentée dans ce chapitre connaissais-tu déjà ?
    b) Quelle information dans ce chapitre était complètement nouvelle pour toi ?
    c) Comment cette nouvelle information change-t-elle ta perception de la Terre ?

31. a) Avant de lire ce chapitre, que savais-tu des précédentes périodes de réchauffement et de refroidissement planétaires ?
    b) Que sais-tu de plus à présent ?

Recherches en ligne

32. Tu veux déménager dans une ville européenne au climat chaud et humide. (8.4, 8.8)
    a) À l'aide de cartes et de l'information contenue dans ce chapitre, trouve une ville qui répond à ces critères.
    b) Explique pourquoi, selon toi, le climat de cette ville est chaud et humide.
    c) Mène une recherche en ligne sur le climat de cette ville. Ta prédiction était-elle juste ?

33. Les températures hivernales moyennes sont plus basses dans l'hémisphère Nord que dans l'hémisphère Sud. Pourquoi, selon toi ? Examine un globe terrestre pour voir en quoi les deux hémisphères se distinguent et comment cela pourrait influencer leurs températures hivernales moyennes. Explique ta réponse. (8.4, 8.9)

CHAPITRE 8 — QUESTIONNAIRE

Les icônes suivantes t'indiquent la compétence visée par chaque question.
- **CC** Connaissance et compréhension
- **C** Communication
- **HP** Habiletés de la pensée
- **MA** Mise en application

Choisis la meilleure réponse pour chacune de ces questions.

1. Pourquoi considère-t-on le dioxyde de carbone comme un gaz à effet de serre ? (8.6) **CC**
   a) Il détruit la couche d'ozone.
   b) Il emprisonne le rayonnement émis par la surface de la Terre.
   c) Il est dégagé par des êtres vivants.
   d) Il est nécessaire à la photosynthèse.

2. Quel énoncé décrit le mieux un profil bioclimatique ? **CC**
   a) un graphique des conditions atmosphériques dans un lieu donné sur une courte période
   b) la température moyenne d'une région donnée sur une longue période
   c) une série de graphiques montrant le climat présent et futur d'un lieu donné
   d) une zone climatique fondée sur les reliefs, le sol, les plantes et les animaux, de même que sur le climat

3. Laquelle des séries suivantes présente les gaz à effet de serre par ordre décroissant d'efficacité ? (8.6) **CC**
   a) oxyde nitreux, méthane, dioxyde de carbone
   b) dioxyde de carbone, méthane, dioxyde d'azote
   c) dioxyde de carbone, méthane, oxyde nitreux
   d) méthane, dioxyde de carbone, oxyde nitreux

4. Voici un bulletin météorologique : « Maximum de 35 °C aujourd'hui, ensoleillé avec passages nuageux, risque de précipitations de 30 %, vent d'ouest à 25 km/h et humidité relative de 45 %. » Lequel des énoncés suivants décrit la quantité d'eau dans l'air par rapport à la quantité maximale d'eau que l'air peut retenir à cette température ? (8.1) **CC**
   a) risque de précipitations de 30 %
   b) vent d'ouest à 25 km/h
   c) humidité relative de 45 %
   d) maximum de 35 °C

5. Les scientifiques croient que la lente oscillation de la Terre sur son axe, la forme de son orbite et les changements dans l'inclinaison de son axe entraînent :
   a) le lent déplacement de plaques dans la lithosphère
   b) l'apparition de nouvelles chaînes de montagnes
   c) des changements cycliques des émissions énergétiques solaires
   d) des cycles climatiques à long terme (8.9) **CC**

6. Une boucle de rétroaction positive se définit comme un phénomène dans lequel :
   a) le résultat influence le phénomène de départ.
   b) le résultat amplifie le phénomène de départ.
   c) le résultat atténue le phénomène de départ.
   d) le résultat interrompt le phénomène. (8.10) **CC**

Indique si chacun des énoncés est VRAI ou FAUX. Si tu penses qu'un énoncé est faux, récris-le en le corrigeant.

7. Les terres à proximité d'un océan ou d'un grand lac sont généralement plus fraîches en été que les lieux à l'intérieur des terres à la même altitude. (8.4) **CC**

8. La Terre absorbe plus d'énergie qu'elle n'en émet. (8.3) **CC**

9. Les scientifiques se servent des données indirectes pour mesurer directement les températures du passé. (8.11) **CC**

10. Les courants de convection se forment parce que l'air chaud a tendance à monter, et l'air froid, à descendre. (8.8) **CC**

Copie les énoncés ci-dessous dans ton cahier. Complète-les à l'aide des termes appropriés.

11. Une écorégion décrit le _____ et l'écologie d'une région dans son état actuel. (8.2) **CC**

12. Le climat est la moyenne des _____ d'une région donnée sur une longue période. (8.1) **CC**

13. Les carottes glaciaires, les anneaux de croissance des arbres et les récifs de corail fournissent des données _____. (8.11) **CC**

14. L'effet de serre se produit quand les _____ absorbent l' _____ émise par la surface de la Terre et la diffusent, réchauffant ainsi la surface de la Terre et l'atmosphère. (8.6) **CC**

15. On appelle _____ la circulation continue de l'eau dans les océans du monde. Ce phénomène est causé par les différences dans la _____ et la _____ de l'eau. (8.8) cc

Associe chaque terme de la colonne de gauche à la description qui lui convient le mieux dans la colonne de droite.

16. a) atmosphère
    b) hydrosphère
    c) stratosphère
    d) lithosphère
    e) troposphère

    i) comprend la roche solide, le sol et les minéraux de la croûte terrestre
    ii) couche de l'atmosphère où l'ozone absorbe le rayonnement ultraviolet
    iii) comprend toute l'eau sur la Terre et autour
    iv) couches de gaz qui entourent la Terre
    v) couche de l'atmosphère où l'ozone a un effet toxique (8.4) cc

Rédige une brève réponse à chacune des questions suivantes.

17. Pourquoi l'effet de serre est-il décrit comme un phénomène de « piégeage énergétique » ? (8.6) cc

18. Outre l'atmosphère, l'hydrosphère et la lithosphère, les êtres vivants sont d'importantes composantes du système climatique terrestre. (8.4) cc hp
    a) Comment les êtres vivants influencent-ils le système climatique de la Terre ?
    b) Nomme deux processus qu'utilisent les organismes pour absorber des gaz atmosphériques et en dégager dans l'atmosphère.

19. Paraphrase l'énoncé suivant : « Le climat est ce à quoi on s'attend, mais le temps est ce qu'on a. » (8.1) c

20. Le système climatique transfère l'énergie autour du globe. (8.8) cc
    a) Explique pourquoi le transfert d'énergie est important.
    b) Comment le transfert d'énergie s'effectue-t-il dans l'atmosphère ?
    c) Comment le transfert d'énergie s'effectue-t-il dans les océans ?

21. Plusieurs parties du système climatique sont contrôlées et influencées par des boucles de rétroaction. (8.10) cc
    a) La vapeur d'eau et la température interviennent dans des boucles de rétroaction tant positives que négatives. À l'aide d'un schéma, explique comment cela est possible.
    b) Explique comment l'effet albédo contribue à une boucle de rétroaction.

22. Explique comment chacun des éléments ci-dessous pourrait perturber le territoire près duquel il passe. (8.8) hp
    a) un courant chaud du Gulf Stream
    b) un courant océanique froid

23. Le système climatique se définit comme un ensemble complexe de composantes dont les interactions produisent le climat de la Terre. Rédige ta propre définition de « système climatique ». (8.3, 8.4) c

24. Dans la stratosphère, l'ozone nous protège des dangers du rayonnement ultraviolet. (8.4) hp
    a) Explique l'effet qu'a sur l'ozone l'usage de produits qui dégagent des CFC.
    b) La concentration d'ozone stratosphérique connaît-elle actuellement une augmentation ou une diminution ? Qu'est-ce qui a provoqué ce changement ?

25. La Terre absorbe continuellement de l'énergie solaire, et pourtant, elle conserve une température relative constante. Explique comment cela se produit. (8.3) hp

26. Une nette augmentation du dioxyde de carbone dans l'atmosphère aurait-elle un effet positif ou négatif sur les populations d'ours polaires et de phoques qui vivent dans l'Arctique ? Explique ta réponse. (8.6) ma

27. Les scientifiques s'inquiètent des changements actuels que connaît le climat. (Les chapitres 9 et 10 vont te renseigner sur ces changements.) En mettant à profit ce que tu sais du climat du passé, explique pourquoi une modification du climat toucherait tous les êtres vivants sur la Terre. (8.9) ma

CHAPITRE 9

Le déséquilibre du climat terrestre

QUESTION CLÉ : Quelles sont les causes des modifications du climat de la planète ?

Aujourd'hui, le glacier se termine ici.

1939

Le glacier Angel, dans le parc national Jasper, a reculé depuis 1939 (voir l'encadré).

UNITÉ D

Les changements climatiques

CHAPITRE 8
Le système climatique terrestre et les phénomènes naturels

CHAPITRE 9
Le déséquilibre du climat terrestre

CHAPITRE 10
Évaluer les changements climatiques et y réagir

CONCEPTS CLÉS

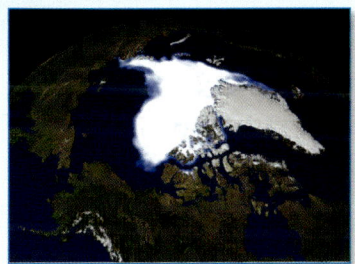

Des faits nous indiquent que notre climat se modifie.

Les activités humaines ont provoqué un accroissement des concentrations des gaz à effet de serre dans l'atmosphère.

L'accroissement des concentrations des gaz à effet de serre provoque l'effet de serre anthropique (dû à l'activité humaine).

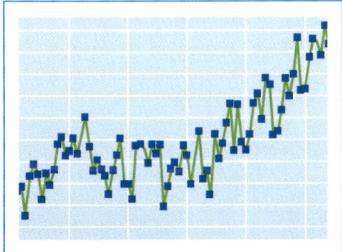

L'effet de serre anthropique est la principale cause des changements climatiques actuels.

Au Canada, les gaz à effet de serre sont principalement dus à la production et à la combustion de combustibles fossiles.

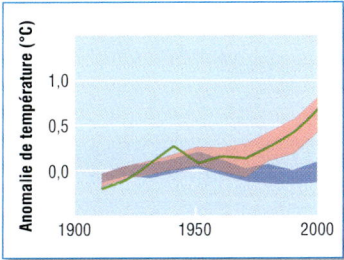

Les scientifiques utilisent des modèles climatiques pour déterminer comment différents facteurs influent sur notre climat.

ÉVEILLE-TOI AUX SCIENCES

DES VIES BOULEVERSÉES

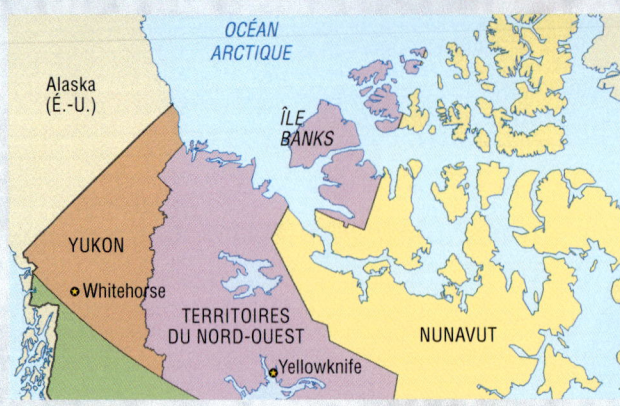

Figure 1 L'île Banks est située dans les Territoires du Nord-Ouest.

Amaruq vit dans une petite communauté côtière de l'île Banks, dans l'Arctique (figure 1), où sa famille habite une petite maison avec vue sur l'océan (figure 2). Au printemps, toute la famille se rend au camp d'été, où elle rejoint d'autres familles pour chasser, pêcher et cueillir des baies. Les sages y comparent les conditions environnementales de l'année à celles des années précédentes (figure 3).

— Il fait moins froid que lorsque j'étais jeune, dit Tulugaq, en inuktitut. Il n'y a pas si longtemps, la glace de mer s'avançait jusque dans le port. Quelques coups de pagaie, et nous étions sur les glaces afin de chasser le phoque! Il y a moins de glace de mer maintenant.

— C'est vrai, acquiesce sa sœur, Elisapee. L'automne dernier, il y en avait moins, et elle se trouvait loin dans l'océan. Mon fils et les autres chasseurs ont mis beaucoup de temps pour atteindre les phoques.

— Cet hiver aussi, il y avait moins de glace, renchérit le père d'Amaruq. J'ai failli demeurer coincé à cause de la minceur de la glace un peu au nord du village. Il devient dangereux de voyager. On ne peut jamais être certain que la glace est assez épaisse.

— D'habitude, nous conduisons sur la rivière gelée, au nord du village, mais, au printemps dernier, la glace avait déjà fondu! leur rappelle la mère d'Amaruq.

Peu après, Amaruq va retrouver deux de ses camarades.

— Crois-tu vraiment que le climat a changé? demande-t-il à Meeka, son meilleur ami. Selon les sages, tout était mieux quand ils étaient jeunes!

— J'ai remarqué des changements au cours des dernières années, répond Meeka. Nous avons dû déplacer l'école, tu te souviens? Le pergélisol sous le bâtiment avait fondu, et les fondations commençaient à s'enfoncer. Et le mois dernier, une scientifique est venue parler aux sages de notre climat.

— Nous voyons même des animaux du sud sur l'île! ajoute Irniq. Mon père a attrapé un saumon dans la rivière cet été. Mon grand-père a dit que les saumons n'avaient jamais remonté si loin au nord.

En rentrant chez lui, Amaruq réfléchit à ce qu'il a entendu. Il se demande si les conditions climatiques ont réellement changé.

1. Sur quels faits se basent les membres de la famille d'Amaruq et ses amis pour inférer que le climat change? S'agit-il de données scientifiques?
2. En quoi le mode de vie des Inuites et Inuits change-t-il? Ces changements dans leur mode de vie sont-ils liés aux changements qui s'opèrent dans la glace arctique?

Figure 2 Amaruq vit dans une communauté typique de l'Arctique.

Figure 3 Les sages se souviennent d'une époque où la couverture de neige durait beaucoup plus longtemps.

QU'EN PENSES-TU ?

Beaucoup des notions que tu vas explorer dans ce chapitre sont des notions que tu as déjà abordées. Tu pourrais en avoir entendu parler à l'école, à la maison ou autour de toi. Les énoncés ci-dessous ne sont pas tous vrais. Examine chacun et détermine si tu es d'accord ou non.

1 Les changements climatiques actuels ressemblent aux changements climatiques survenus par le passé.
D'accord / En désaccord

4 Les changements climatiques auront des conséquences négatives et des conséquences positives.
D'accord / En désaccord

2 L'augmentation de dioxyde de carbone dans l'atmosphère est principalement due à l'activité agricole mondiale.
D'accord / En désaccord

5 Les changements climatiques de la Terre peuvent être inversés si nous modifions les activités humaines.
D'accord / En désaccord

3 Les scientifiques peuvent prédire avec exactitude de quelle façon le climat changera dans les années à venir.
D'accord / En désaccord

6 Les combustibles fossiles brûlés à des fins industrielles ainsi que pour le chauffage et le transport sont les principales causes de la production de gaz à effet de serre au Canada.
D'accord / En désaccord

HALTE LECTURE

Résumer l'information

Quand tu résumes un texte, tu le raccourcis en le reformulant à ta façon. Les détails, les exemples et les questions ne sont pas mentionnés. Utilise les stratégies ci-dessous pour résumer l'information :

- Trouve l'idée principale et les points clés à l'aide du titre et des sous-titres, des phrases présentant les sujets, ainsi que des marqueurs de relation (*ainsi*, *en conséquence*, *et en d'autres mots*).
- Laisse tomber les mots ou les détails qui n'aident pas à mieux comprendre l'idée principale.
- Reprends la structure du texte original (*cause à effet*, *concept et définition*).
- Remplace plusieurs mots précis par un terme général.

COUP DE POUCE — LECTURE

Au fil de ce chapitre, prête attention aux rubriques Coup de pouce. Elles vont t'aider à élaborer des stratégies de littératie.

La fonte des glaciers, des calottes glaciaires et de la glace de mer

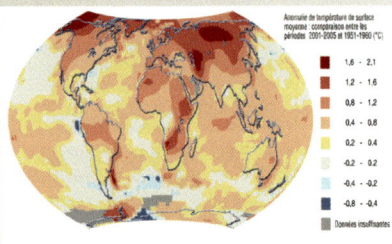

Figure 1 Augmentations des températures mondiales moyennes établies en comparant la moyenne des températures enregistrées entre 2001 et 2005, et la moyenne des températures enregistrées entre 1951 et 1980.

Au cours des dernières décennies, la taille moyenne des glaciers de la planète a commencé à diminuer, à mesure que les températures mondiales grimpaient (figure 1). Comme tu l'as vu dans l'amorce du chapitre, nous pouvons établir des comparaisons entre de vieilles photos des glaciers et leur apparence actuelle. De nombreux glaciers sont plus petits qu'ils ne l'étaient auparavant.

L'eau provenant de la fonte des glaciers passe dans les rivières et les lacs pour aboutir dans l'océan. Près de la moitié de la population mondiale dépend des glaciers pour son eau. Si les glaciers disparaissaient, de graves pénuries d'eau pourraient survenir un peu partout dans le monde.

Résumer l'information : *À toi de jouer !*

Un résumé est une version courte d'un texte plus long. La paraphrase, c'est-à-dire la reformulation de l'idée principale dans tes propres mots, est la clé de tout bon résumé. Tu dois cerner l'idée principale et mentionner brièvement les points clés qui l'appuient. Tu dois aussi éliminer l'information superflue. Voici comment une élève a utilisé ces stratégies pour résumer le texte sur la fonte des glaciers.

Indices donnés par le texte	Groupes de mots superflus	Structure de texte	Reformulation
Le titre suggère que la chaleur fait fondre la glace.	« Au cours des dernières décennies »	Cause à effet	Écrire « De nombreuses personnes » plutôt que « Près de la moitié de la population mondiale ».
Les glaciers approvisionnent en eau la moitié de la population mondiale.	« Comme tu l'as vu dans l'amorce du chapitre »		
Disparition des glaciers = pénuries d'eau			

Résumé : Le réchauffement planétaire a provoqué la fonte des glaciers. De nombreuses personnes dépendent des glaciers pour leur approvisionnement en eau. Des glaciers de moindre taille entraînent une réduction de l'approvisionnement en eau sur la planète.

Les indicateurs des changements climatiques

9.1

Au chapitre 8, tu as vu comment fonctionne le climat terrestre et comment les scientifiques étudient le climat du passé. Aujourd'hui, toute la planète se préoccupe du climat terrestre. Pourquoi? Les scientifiques croient que le climat de la Terre change une fois de plus, mais que cette fois, ces changements sont dus à l'activité humaine.

Des scientifiques ont constaté que la plupart des changements récents dans le système climatique ne sont pas survenus depuis des milliers d'années. Par exemple, de la glace qui est demeurée gelée à la surface de la Terre pendant des milliers d'années commence à fondre (figure 1). Les climatologues, glaciologues et biologistes mesurent et analysent ces indicateurs d'une modification du climat à l'échelle de la planète. Dans cette section, tu vas examiner les faits qui nous indiquent que le climat de la Terre se modifie.

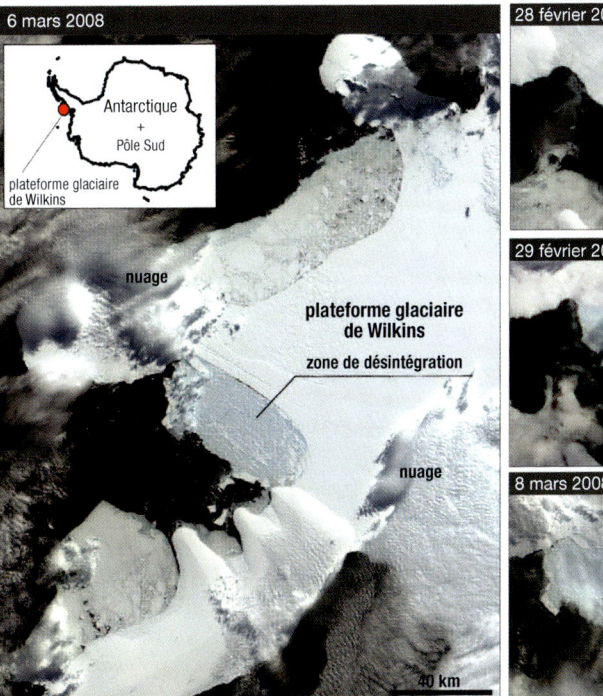

Figure 1 Entre le 28 février et le 6 mars 2008, une section de 405 km² de la plateforme glaciaire de Wilkins s'est effondrée. Selon certains indicateurs, le reste de la plateforme glaciaire de 14 000 km² pourrait se désintégrer et se détacher de l'Antarctique.

L'augmentation des températures

L'étude des données sur les températures du passé permet de savoir si le climat change. Partout sur la planète, des stations météorologiques enregistrent les températures quotidiennes et d'autres données météorologiques depuis les années 1800. Les scientifiques s'en servent pour calculer la température moyenne de la Terre, en remontant plus de 100 ans en arrière.

Ces données historiques indiquent que la température terrestre moyenne peut augmenter ou diminuer d'une année à l'autre, mais elles montrent aussi des tendances à long terme. La température moyenne de la Terre s'est élevée entre 1910 et 1940, est demeurée relativement constante entre 1940 et 1970, et a recommencé à s'élever depuis (figure 2). En 2006, 11 des 12 années précédentes avaient été les plus chaudes jamais enregistrées. 🌎

Pour trouver des données récentes sur la température mondiale moyenne :

COUP DE POUCE
APPRENTISSAGE

Les anomalies de température
L'axe des *y* des graphiques sur les changements climatiques montre l'« anomalie de température ». Une anomalie de température est la différence entre une température moyenne calculée sur une longue période et le point de données. Une anomalie de température de +0,1 °C signifie que le point de données est de 0,1 °C au-dessus de la température moyenne.

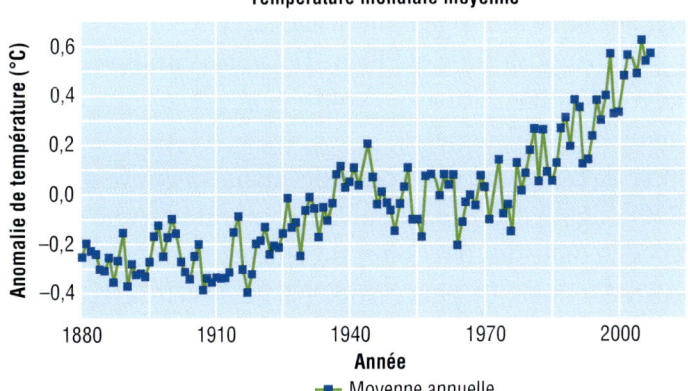

Figure 2 La température moyenne de la Terre a augmenté entre 1880 et 2006. Les données ont été recueillies partout à la surface de la planète.

Au Canada, les températures moyennes nationales ont augmenté de 1 °C au cours des 55 dernières années. Dans les régions du nord et de l'ouest du pays, les augmentations sont encore plus marquées. Elles atteignent 2,5 °C dans certaines parties du Yukon.

La figure 3 montre les changements dans les températures mondiales en comparant les températures moyennes calculées sur une longue période (entre 1951 et 1980) et celles enregistrées de 2001 à 2005. Les zones rouge vif ont connu les hausses de température les plus importantes. Ces régions sont concentrées sur les terres de l'hémisphère Nord. Certaines régions de l'hémisphère Sud, surtout au-dessus des océans, montrent des diminutions de température.

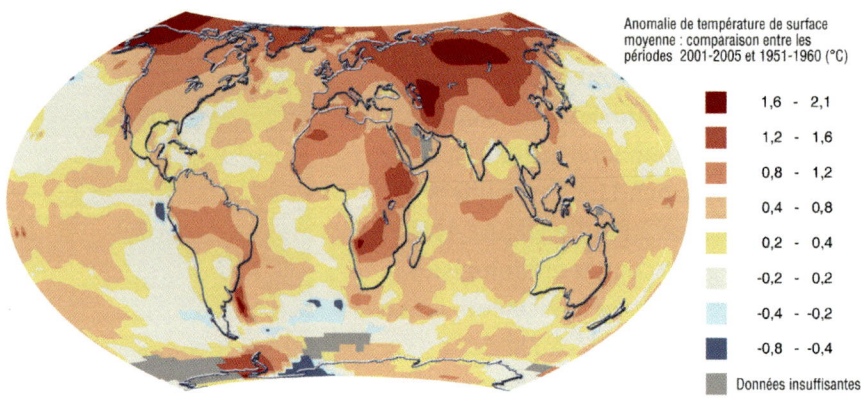

Figure 3 Augmentations des températures mondiales moyennes établies en comparant la moyenne des températures enregistrées de 2001 à 2005, et la moyenne des températures enregistrées de 1951 à 1980. Les températures continuent de grimper.

La fonte des glaciers, des calottes glaciaires et de la glace de mer

Au cours des dernières décennies, la taille moyenne des glaciers de la planète a commencé à diminuer, à mesure que les températures mondiales grimpaient (figure 3). Comme tu l'as vu dans l'amorce du chapitre, nous pouvons établir des comparaisons entre de vieilles photos des glaciers et leur apparence actuelle. De nombreux glaciers sont plus petits qu'ils ne l'étaient auparavant.

L'eau provenant de la fonte des glaciers passe dans les rivières et les lacs pour aboutir dans l'océan. Près de la moitié de la population mondiale dépend des glaciers pour son eau. Si les glaciers disparaissaient, de graves pénuries d'eau pourraient survenir un peu partout dans le monde.

Les scientifiques qui étudient les glaciers sont appelés « glaciologues ». Pour en savoir plus sur leur travail :

COUP DE POUCE
LECTURE

La paraphrase
Quand tu paraphrases, tu reformules une idée à ta façon. Évite de réutiliser les mots de l'auteure ou de l'auteur. Imagine que tu expliques cette idée à quelqu'un qui ne comprend pas le texte original. Utilise des mots que tu comprends pour rendre la signification du texte original.

Les calottes glaciaires qui recouvrent le Groenland et l'Antarctique fondent aussi. Chaque été, celle du Groenland fond deux fois plus vite qu'il y a 15 ans. En Antarctique, la neige fond beaucoup plus loin à l'intérieur des terres et en plus haute altitude qu'elle ne l'a jamais fait. En regardant la figure 1 (à la page précédente), tu as pu voir qu'une plateforme de glace de l'Antarctique commence à disparaître.

La glace de mer de l'Arctique disparaît, elle aussi. Un relevé du mois de septembre 2007 (figure 4, à la page suivante) montre qu'une étendue de glace de mer de la taille des territoires du Québec et de l'Ontario a fondu dans l'océan Arctique. La plus grande partie de cette glace s'est reformée l'hiver suivant, mais la glace d'été continue à diminuer de manière frappante. Dans quelques années, selon les scientifiques, il pourrait ne plus y avoir de glace du tout en Arctique l'été. Tu en apprendras davantage sur l'étendue de glace de mer à l'activité 9.2.

Pour voir une animation sur la modification de l'étendue de glace de mer dans l'Arctique :

 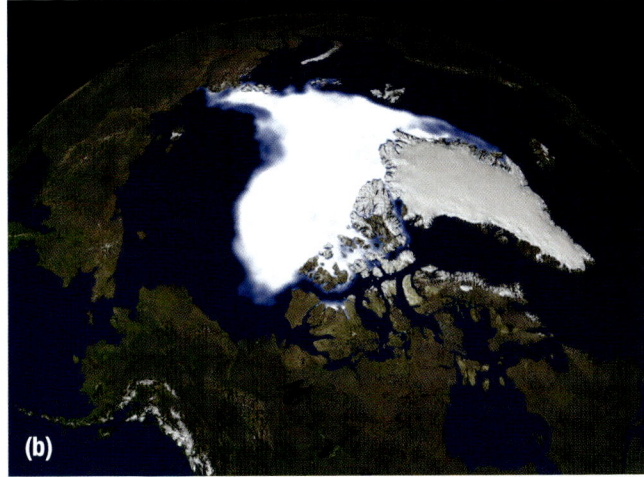

Figure 4 Ces images satellites montrent la diminution de l'étendue de glace de mer de (a) septembre 1979 à (b) septembre 2007. En septembre 2007, l'étendue de glace avait la plus petite surface jamais enregistrée depuis le début de la collecte de cette donnée, en 1979.

L'élévation du niveau de la mer

Partout sur la planète, le niveau de la mer s'est grandement élevé au cours des 120 dernières années. Depuis 1993, il s'élève presque deux fois plus vite qu'il ne l'avait fait au cours des 30 années précédentes. Même une faible élévation peut provoquer des inondations dévastatrices dans les pays de faible altitude, comme les îles de Tuvalu, dans le Pacifique Sud.

SCIENCES EN ACTION — CALCULER L'ÉLÉVATION DU NIVEAU DE LA MER

HABILETÉS : analyser, évaluer

LA BOÎTE À OUTILS
3.B.7., 6.B.

La température moyenne et le niveau de la mer ont beaucoup changé à l'échelle planétaire depuis la fin des années 1800 (figure 5). Sers-toi des données ci-dessous pour répondre aux questions.

Matériel : calculatrice

1. Examine les deux graphiques de la figure 5.

A. Estime dans quelle mesure la température planétaire moyenne a augmenté au cours des 150 dernières années.

B. Estime l'élévation du niveau de la mer à l'échelle planétaire au cours de la même période.

C. Peux-tu te servir de ces deux graphiques pour montrer que l'élévation du niveau de la mer est peut-être liée aux changements climatiques ? Explique pourquoi. À ton avis, de quelles autres données pourrais-tu avoir besoin pour prouver ce lien ?

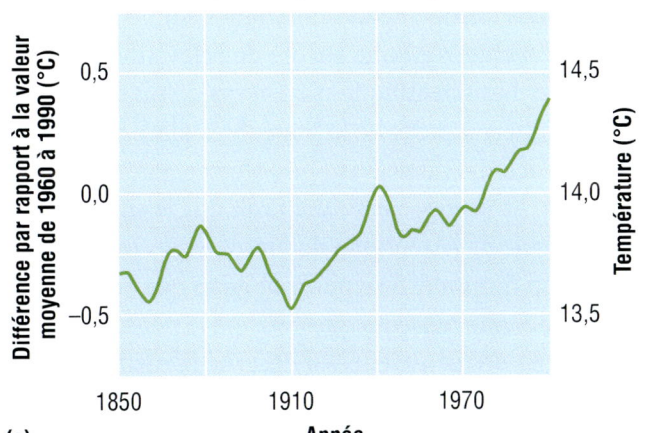 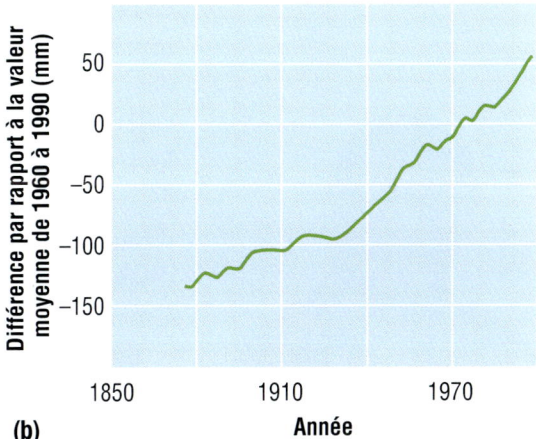

Figure 5 Variations de la température planétaire moyenne (a) et de la valeur moyenne du niveau de la mer à l'échelle planétaire (b)

9.1 Les indicateurs des changements climatiques

COUP DE POUCE
APPRENTISSAGE

Qu'arrive-t-il quand la glace flottante fond?

La glace de mer flottante et les icebergs, lorsqu'ils fondent, ont très peu d'effet sur le niveau de la mer parce qu'ils déplacent déjà de l'eau lorsqu'ils flottent. Si tu fais flotter un cube de glace dans un verre d'eau, le niveau d'eau demeurera le même une fois le glaçon fondu.

Quand des glaciers et des calottes glaciaires recouvrant les terres fondent, leur eau rejoint celle des océans, ce qui élève le niveau des mers. Cette fonte explique peut-être pourquoi l'élévation du niveau de la mer s'accélère. Si la calotte glaciaire du Groenland fondait complètement, cela provoquerait une élévation du niveau de la mer d'environ 7 m à l'échelle planétaire (figure 6). Il est peu probable que cela se produise bientôt, toutefois. Jusqu'à maintenant, la fonte des glaciers et des calottes glaciaire n'a pas été suffisante pour expliquer la plupart des élévations du niveau de la mer observées. Quels autres facteurs pourraient provoquer de telles élévations?

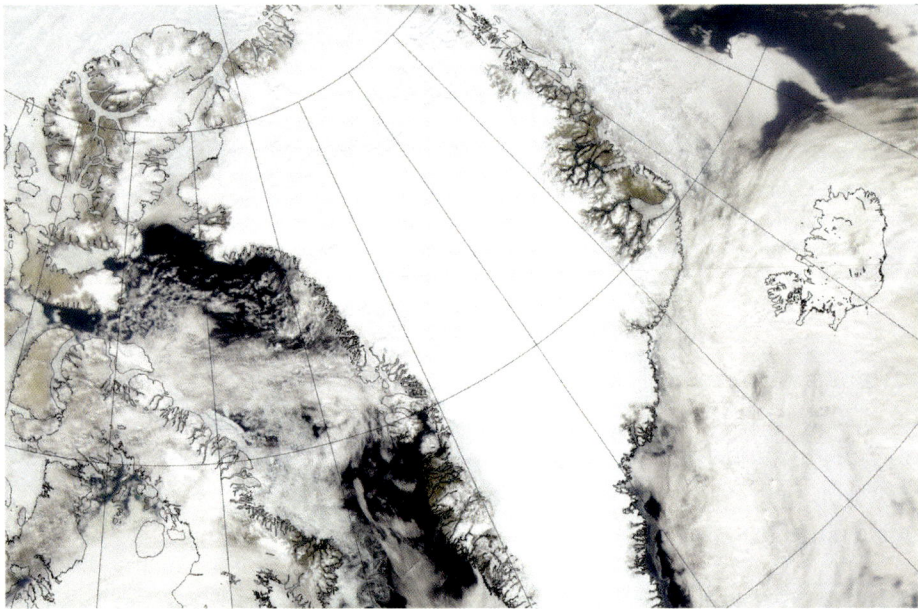

Figure 6 La glace qui couvre la plus grande partie du Groenland renferme un énorme volume d'eau.

dilatation thermique augmentation du volume d'une matière, à mesure que sa température s'élève

La dilatation thermique et l'élévation du niveau de la mer

L'eau se dilate (prend de l'expansion) un peu lorsqu'elle se réchauffe. C'est ce que nous appelons **dilatation thermique**. Les scientifiques croient que la dilatation thermique est en grande partie responsable de l'élévation du niveau de la mer au cours des 120 dernières années. La dilatation thermique de l'eau est minime, mais comme les océans sont très profonds, cela suffit à provoquer un écart significatif. Tu étudieras ce phénomène à l'activité 9.3.

Une autre cause de l'élévation du niveau de la mer?

Richard Peltier, un scientifique canadien, est un pionnier dans le domaine de la recherche liée aux effets des changements climatiques sur l'élévation du niveau de la mer (figure 7). M. Peltier s'étonne encore de l'élévation du niveau des mers partout sur la planète. Les scientifiques savent que le niveau des mers s'élève à cause de la dilatation thermique et de la fonte de la glace recouvrant les terres. Toutefois, ces deux facteurs ne peuvent pas, à eux seuls, expliquer l'élévation du niveau des mers. Le professeur Peltier croit que le surplus d'eau provient peut-être en partie de l'Amérique du Nord, où les niveaux d'eau souterraine ont beaucoup diminué. Il se pourrait aussi que la glace du Groenland ou de l'Antarctique fonde plus vite que nous ne le pensions.

En 2008, l'Union européenne des géosciences a décerné la médaille Milutin Milankovic au professeur Peltier en reconnaissance de son travail. M. Peltier dirige actuellement le *Centre for Global Change Science* à l'Université de Toronto. Son équipe de scientifiques utilise un superordinateur pour étudier les changements climatiques des années passées.

Figure 7 Richard Peltier

Les changements dans les événements météorologiques extrêmes

Certains événements météorologiques extrêmes, comme les vagues de chaleur et les ouragans, deviennent plus intenses (figure 8). Une vague de chaleur a balayé l'Europe à l'été 2003, l'un des plus chauds étés jamais enregistrés. Des milliers de personnes sont mortes de causes liées à la chaleur. Les ouragans se sont aussi intensifiés au cours des 50 dernières années, alimentés par les températures plus chaudes de l'océan. La quantité annuelle d'ouragans de catégorie 4 et 5 (dont les vents vont de 178 à 249 km/h) a presque doublé au cours des 40 dernières années.

Les changements dans la configuration des précipitations

Dans l'hémisphère Nord, plus de précipitations tombent sous forme de pluie, et moins sous forme de neige. Il y a plus d'orages et de tempêtes de neige. Les précipitations totales annuelles augmentent dans le nord du Canada. Par contre, les régions du sud de l'Afrique, du bassin méditerranéen et de l'Asie s'assèchent (figure 9). L'étude des précipitations est très utile pour déterminer le climat d'une région. Des changements dans la configuration des précipitations sont des indicateurs de changements climatiques.

Figure 9 Le niveau d'eau de la rivière Gan jiang, en Chine, s'abaisse.

Figure 8 Au début de 2009, des rails de chemin de fer à Melbourne, en Australie, se sont dilatés et pliés sous l'effet d'une vague de chaleur.

Les changements dans les saisons

Les saisons changent graduellement au Canada et ailleurs dans le monde. La quantité de neige qui demeure au sol en hiver diminue partout dans l'hémisphère Nord. La fréquence des journées très froides diminue partout sur la planète. Les jours de grand froid et les nuits de gel surviennent plus tard dans l'année et cessent plus tôt au printemps. La saison de croissance des plantes est donc plus longue dans de nombreuses régions.

Les changements dans les écosystèmes

Les plantes et les animaux réagissent aux changements dans les températures et les précipitations. Les arbres, les arbustes et d'autres plantes d'Amérique du Nord fleurissent plus tôt au printemps. Les animaux, tels les écureuils, s'accouplent plus tôt dans l'année. De tels changements indiquent aux climatologues que le climat se modifie.

Les communautés animales et végétales migrent lentement vers les pôles et vers des secteurs en plus haute altitude, à mesure que leurs régions se réchauffent. Cela signifie que les plantes et les insectes indésirables se déplacent aussi vers de nouvelles régions plus au nord. Le dendroctone du pin s'est propagé dans des secteurs de la Colombie-Britannique autrefois trop froids pour que cet insecte puisse y survivre.

RECHERCHE EN ACTION : LES CHANGEMENTS CLIMATIQUES SONT-ILS TOUJOURS NÉFASTES ?

HABILETÉS : effectuer une recherche, analyser l'enjeu, défendre une décision, communiquer, évaluer

LA BOÎTE À OUTILS
4.A., 4.C.

La plupart des discussions sur les changements climatiques donnent l'impression que ces changements ont seulement des conséquences négatives. Ils peuvent toutefois avoir certains effets positifs.

1. Choisis un des aspects des changements climatiques énumérés ci-dessous. Réfléchis aux conséquences positives et négatives qui pourraient en résulter. Pense aussi aux conséquences sociales, environnementales et économiques, à long terme comme à court terme. Mène une recherche à ce sujet dans Internet et à la bibliothèque. Discutes-en avec ta famille et tes camarades.
   - températures plus chaudes
   - réduction de la glace de mer de l'Arctique
   - élévation du niveau de la mer
   - modification de la configuration des pluies

A. Analyse chacun des points de ta liste de conséquences négatives et positives, puis établis une liste des priorités, selon l'importance et les effets potentiels de chacun.

B. Rédige une conclusion à ta recherche. Explique les conséquences positives et négatives du type de changement climatique que tu as choisi.

C. Fais une recommandation à « l'Organisation des élèves préoccupés par les changements climatiques ». Tu peux communiquer ta recommandation en personne ou sous forme de rapport écrit, de vidéo, ou de tout autre mode de présentation pertinent. Utilise de bons arguments. Détermine si les conséquences que tu as étudiées seront très importantes, modérément importantes ou peu importantes dans l'avenir, pour les gens comme pour les écosystèmes.

SIGNET de fin d'unité

Tu vas pouvoir mettre en application ce que tu as appris dans cette section dans l'activité de fin d'unité décrite à la page 444.

EN RÉSUMÉ

- La plupart des changements que nous observons dans le système climatique ne sont pas survenus depuis des milliers d'années.
- La température moyenne de la Terre s'élève progressivement depuis les 50 dernières années et, plus globalement, depuis les 100 dernières années.
- L'étendue des glaciers, de la glace de mer et des calottes glaciaires de la planète a diminué au cours des dernières décennies.
- Le niveau de la mer s'élève de plus en plus.
- Les températures et la configuration des précipitations se modifient, tout comme la distribution de nombreuses espèces végétales et animales.

VÉRIFIE TA COMPRÉHENSION

1. Écris un symptôme de changement climatique observé en lien avec chacun des sujets ci-dessous. À ton avis, quels symptômes sont les signes les plus évidents que le climat terrestre se modifie ?
   a) écosystèmes
   b) niveau de la mer
   c) saisons de croissance des plantes
   d) glaciers et calottes glaciaires
   e) ouragans
   f) précipitations

2. Certaines personnes croient que les changements observés ne sont que des variations annuelles normales. Elles se rappellent les années 1930 et 1940, aux hivers aussi doux que ceux d'aujourd'hui. Que leur dirais-tu ?

3. Dans les vallées situées juste au sud des glaciers qui fondent, il y a plus d'eau potable qu'il y a 30 ans. Plus tard, toutefois, il y en aura moins. Explique pourquoi cela pourrait se produire.

4. a) Nomme deux causes possibles de l'élévation du niveau de la mer.
   b) À ton avis, si le niveau de la mer s'est élevé de 20 cm au cours du siècle dernier le long de la côte de l'Amérique du Nord, quelle est la valeur de cette élévation le long de la côte de l'Inde pour la même période ? Explique ta réponse.

5. a) Donne une conséquence positive et une conséquence négative des changements climatiques pour le Canada.
   b) Donne une conséquence positive et une conséquence négative des changements climatiques pour un pays plus près de l'équateur, comme l'Inde.

6. Pourquoi les insectes nuisibles aux plantes deviennent-ils un problème de plus en plus important dans les régions nordiques ?

7. Explique deux problèmes causés par la fonte des glaciers et de la glace polaire.

TECHNOLIEN

La collecte de données à l'aide de satellites

Un objet qui tourne autour d'un objet plus gros est appelé « satellite ». Par exemple, la Lune est le satellite naturel de la Terre. Depuis 1957, les êtres humains lancent des satellites artificiels qui demeurent en orbite autour de la Terre. Le Canada a été le troisième pays à en lancer un, après l'Union soviétique et les États-Unis (figure 1).

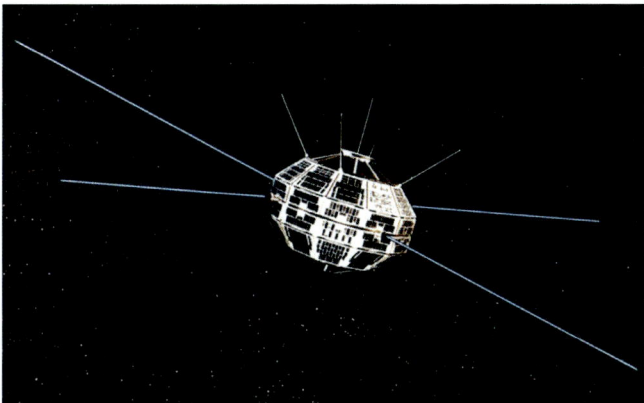

Figure 1 L'Alouette 1, lancé en 1962, a été le premier satellite canadien.

Les satellites artificiels fournissent des services de téléphonie, de radiodiffusion, d'accès Internet, de télédiffusion et de navigation. Aujourd'hui, de nombreux satellites de types divers circulent autour de la Terre. En voici quelques exemples :

- des satellites d'observation qui collectent des données sur les conditions environnementales de la Terre, comme les températures, l'état de la couverture de glace, les forêts ainsi que les éruptions volcaniques ;
- des satellites de communication permettant la transmission de conversations téléphoniques ;
- des satellites permettant la diffusion d'émissions de télévision et de radio ;
- des satellites qui aident les avions et les bateaux à naviguer ;
- des satellites qui prennent des photos et des images radar des systèmes météorologiques.

Les satellites qui collectent des données sur les changements climatiques

RADARSAT-1

Le satellite canadien de détection et télémétrie par radioélectricité, RADARSAT-1, lancé en 1995, est utilisé pour mener des recherches scientifiques. Il observe les glaciers, les calottes glaciaires polaires et le pergélisol, entre autres conditions environnementales. Les images qu'il prend sont utilisées, par exemple, pour mesurer l'écoulement de la glace des glaciers dans les océans. Ces images ont aidé les scientifiques à déterminer que la glace de la Terre fond à un rythme accéléré, ce qui suscite des inquiétudes à propos d'une future élévation du niveau de la mer.

RADARSAT-2

En décembre 2007, RADARSAT-2 a été lancé pour continuer la collecte de données sur l'environnement et les ressources naturelles. Ce satellite fait le tour de la Terre en 100 minutes, en suivant une orbite différente chaque fois et en revenant surplomber le même endroit sur Terre tous les 24 jours.

Sur les images obtenues grâce à RADARSAT-2, nous pouvons distinguer les eaux libres des différents types de glace (figure 2). Les scientifiques ont donc plus de facilité à suivre les changements que subit la couverture de glace au fil du temps.

© Données et produits RADARSAT-2. MacDonald, Dettwiler et Associés ltée. (2008) Tous droits réservés. RADARSAT est une marque officielle de l'Agence spatiale canadienne.

Figure 2 Cette image obtenue grâce à RADARSAT-2 montre la communauté d'Iqaluit, près de la baie Frobisher, qui est presque entièrement recouverte de glace. Remarque la piste de l'aéroport d'Iqaluit, au nord de la ville. La résolution spatiale est de 8 m.

9.2 RÉALISE UNE ACTIVITÉ

Analyse l'étendue de la glace de mer

La population canadienne s'interroge sur les changements dans la quantité (ou l'étendue) de glace de mer dans l'Arctique (figure 1). Les bateaux auront-ils désormais plus de facilité à naviguer le long de la côte nord du Canada ? Quels effets auront ces changements sur la population d'ours polaires ?

Chaque année, le volume de la glace de mer augmente (étendue maximale) et diminue (étendue minimale) selon la saison (figure 2). Dans cette activité, tu vas analyser des données pour déterminer si les étendues maximale et minimale se modifient.

HABILETÉS
- Se poser une question
- Formuler une hypothèse
- Prédire le résultat
- Planifier
- Contrôler les variables
- Exécuter
- Observer
- ● Analyser
- ● Évaluer
- ● Communiquer

Figure 1 Les changements climatiques ont un impact sur la glace de mer de l'Antarctique, tout comme sur celle de l'Arctique. L'Antarctique sert d'habitat à de nombreuses espèces, comme le manchot empereur.

 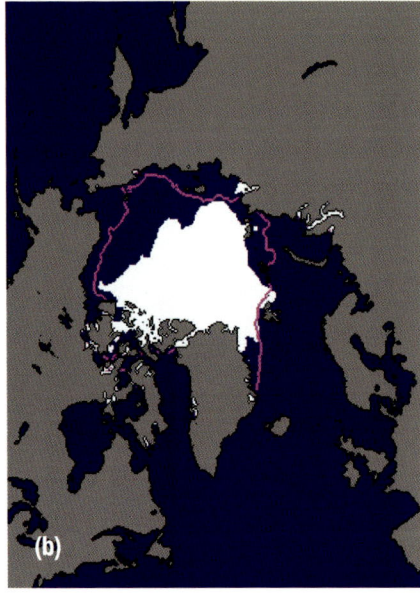

Figure 2 Ces images, prises en mars (a) et en septembre (b) 2008, montrent le changement dans l'étendue de la glace de mer de l'Arctique au fil des saisons. La ligne rose indique la limite médiane des glaces de 1979 à 2000.

Objectif

Déterminer si l'étendue de la glace de mer de l'Arctique et de l'Antarctique se modifie au fil du temps.

Matériel

- accès à Internet ou données sur l'étendue de la glace de mer
- tableur électronique et calculatrice graphique (facultatifs)
- papier millimétré (2 feuilles)

Marche à suivre

 LA BOÎTE À OUTILS 6.

1. Conçois un tableau de données semblable au tableau 1. Il doit avoir suffisamment de lignes pour remonter jusqu'à l'année en cours.

Tableau 1 Étendues maximale et minimale de la glace de mer dans l'Arctique et l'Antarctique

	Arctique		Antarctique	
	Mars	Septembre	Février	Septembre
1979				
1980				
1981				

Chapitre 9 • Le déséquilibre du climat terrestre

2. Dans Internet, examine des cartes montrant l'étendue de la glace de mer dans l'Arctique et l'Antarctique depuis 1979. Ton enseignante ou ton enseignant va t'indiquer comment obtenir les données les plus récentes du Centre américain de données sur la neige et la glace (NSIDC).

3. Inscris dans ton tableau les données sur l'étendue de la glace de mer que te fournissent les cartes.

Analyse et interprète

a) Reporte, dans un seul graphique, les étendues maximales et minimales de la glace de mer pour les mois de mars et de septembre dans le cas de l'Arctique, et pour les mois de septembre et de février dans le cas de l'Antarctique. Sers-toi de l'axe des x pour indiquer l'année, et de l'axe des y pour indiquer l'étendue de la glace de mer (en millions de km^2).

b) À quel point l'étendue maximale de la glace de mer de l'Arctique s'est-elle modifiée depuis 1979?

c) À quel point l'étendue minimale de la glace de mer de l'Arctique s'est-elle modifiée depuis 1979?

d) Rédige un court résumé pour expliquer comment l'étendue de la glace de mer s'est modifiée dans l'Arctique et l'Antarctique depuis 1979.

e) Les résultats de cette activité appuient-ils l'idée selon laquelle la Terre se réchauffe depuis les dernières décennies?

f) Si tu te montrais sceptique à propos des changements climatiques, comment pourrais-tu utiliser ces données pour soutenir ton opinion, selon laquelle nous ne pouvons pas être certains que la Terre se réchauffe à long terme?

Approfondis ta démarche

g) Lors de cette activité, tu as travaillé avec des cartes établies à l'aide de photos satellites. De quelles autres données aimerais-tu prendre connaissance pour soutenir ou tester tes conclusions?

h) De quelle manière la réduction progressive de la calotte glaciaire polaire peut-elle avoir un impact sur le transport et la navigation?

i) Demande à ton enseignante ou à ton enseignant de t'indiquer comment obtenir des données sur l'épaisseur de la glace dans l'Arctique.

  i) Quelle est l'épaisseur moyenne de la glace de mer dans l'Arctique canadien?

  ii) Comment l'épaisseur de la glace de mer de l'Arctique se modifie-t-elle?

j) Comment la glace de l'Arctique et de l'Antarctique aide-t-elle à rafraîchir la Terre?

k) En septembre 2008, un groupe d'élèves canadiens de niveau secondaire se sont rendus en Arctique. Ils faisaient partie d'une expédition ayant pour but de chercher des indicateurs de changements climatiques (figure 3). Fais une recherche dans Internet pour te renseigner sur leurs expériences et leurs découvertes, ainsi que sur la façon dont ils utilisent leurs nouvelles connaissances. Rédige un texte d'une page résumant leurs activités.

Figure 3 Des élèves canadiens explorant l'Arctique

SIGNET de fin d'unité

Tu vas pouvoir mettre en application ce que tu as appris à propos des modifications de la couverture de glace dans l'activité de fin d'unité décrite à la page 444.

9.3 RÉALISE UNE ACTIVITÉ

La dilatation thermique et le niveau de la mer

Le niveau de la mer s'élève progressivement à l'échelle planétaire depuis un siècle. (Rappelle-toi l'activité Sciences en action « Calculer l'élévation du niveau de la mer », à la section 9.1.) Cette élévation est causée par le ruissellement de la fonte des glaciers et des calottes glaciaires, ainsi que par la dilatation thermique des océans due à leur réchauffement. La plupart des médias ne s'intéressent qu'à la première cause. La seconde, par contre, explique peut-être mieux ce qui s'est passé au cours des 100 dernières années. Dans cette activité, tu vas mesurer la dilatation thermique de l'eau.

HABILETÉS
- Se poser une question
- Formuler une hypothèse
- Prédire le résultat
- Planifier
- Contrôler les variables
- **Exécuter**
- **Observer**
- **Analyser**
- **Évaluer**
- Communiquer

Objectif

Modéliser l'effet de la dilatation thermique de l'eau sur le niveau de la mer.

Matériel

- lunettes de protection
- tablier de laboratoire
- bouchon à deux trous, un thermomètre à alcool passant dans un de ces trous, et l'autre trou demeurant vide
- tube de plastique transparent
- bécher de 500 ml ou grande tasse
- erlenmeyer (125 ou 250 ml)
- règle
- plaque chauffante
- toile métallique
- support avec pince
- gants de protection
- cylindre gradué de 50 ou 100 ml
- tube d'une longueur de 100 cm, de même diamètre que celui mentionné précédemment
- cylindre gradué de 10 ml
- un deuxième grand thermomètre (au besoin)
- eau
- 2 cubes de glace
- colorant alimentaire (facultatif)

Surtout, ne touche pas aux pièces de matériel chaudes. Ne touche jamais à la plaque chauffante lorsqu'elle fonctionne.

Porte des lunettes de protection pour éviter toute blessure causée par des éclaboussures d'eau chaude.

Quand tu branches la plaque chauffante dans la prise de courant, assure-toi que tout le matériel est sec.

Quand tu débranches la plaque chauffante, ne tire pas sur le cordon d'alimentation, mais sur la fiche elle-même.

Marche à suivre

1. Conçois un tableau de données semblable au tableau 1 (à la page suivante) dans ton cahier.

2. Mets tes lunettes de protection et ton tablier.

3. Insère le tube de plastique dans le trou inutilisé du bouchon. Laisse dépasser environ 20 cm de ce tube à l'extérieur de l'erlenmeyer pour permettre la dilatation de l'eau.

4. Verse suffisamment d'eau froide dans une grande tasse ou un bécher de 500 ml pour remplir l'erlenmeyer. Sers-toi de cubes de glace pour donner à l'eau une température approximative de 10 °C. (Pour mieux voir l'eau remonter dans le tube à la suite de sa dilatation, tu peux y ajouter quelques gouttes de colorant alimentaire.)

5. Verse l'eau froide (sans la glace) dans l'erlenmeyer, presque jusqu'au bord. Enfonce bien le bouchon dans le col pour empêcher l'eau de sortir. L'eau remontera jusqu'à une certaine hauteur dans le tube de plastique. Assure-toi que le niveau d'eau initial à l'intérieur du tube est bien visible au-dessus du bouchon.

6. Lis la température initiale de l'eau dans l'erlenmeyer. Note toutes tes observations dans ton tableau.

7. À l'aide d'une règle, mesure la hauteur initiale du niveau d'eau dans le tube, à l'extérieur de l'erlenmeyer.

Tableau 1 Mesures prises pendant l'activité

Changement de température de l'eau	Température initiale : ___ °C	Température finale : ___ °C	Écart de température : ___ °C
Changement de niveau d'eau dans le tube (au-dessus du bouchon)	Niveau initial : ___ cm	Niveau final : ___ cm	Écart de niveau d'eau : ___ cm
Volume d'eau dans l'erlenmeyer	_____ ml		
Volume d'eau nécessaire pour remplir un tube de 100 cm	_____ ml		

8. Mets l'erlenmeyer sur la toile métallique posée sur la plaque chauffante (figure 1). Fixe-le au support à l'aide de la pince. Quand la température se sera élevée d'environ 10 °C (donc lorsqu'elle atteindra 20 °C), enlève l'erlenmeyer de la plaque chauffante en utilisant tes gants de protection. Ensuite, mesure le nouveau niveau d'eau dans le tube transparent. À peu près au même moment, mesure la température finale de l'eau dans l'erlenmeyer.

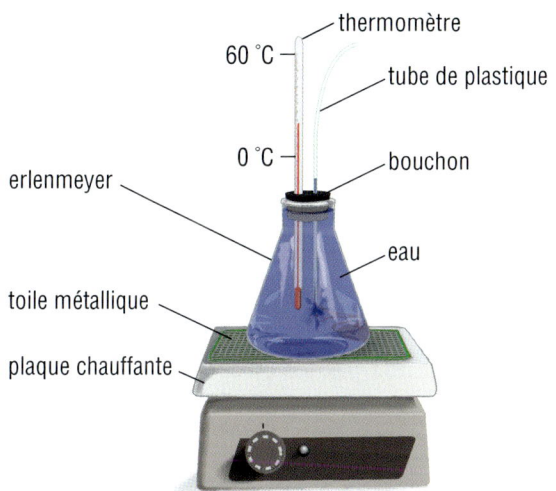

Figure 1 Installation du matériel

9. Enlève avec précaution le bouchon de l'erlenmeyer sans renverser d'eau. Sers-toi d'un cylindre gradué de 50 ml pour mesurer le volume de l'eau contenue dans l'erlenmeyer. (Ce volume devrait être un peu supérieur à celui indiqué sur le côté de l'erlenmeyer.)

10. Pour déterminer la quantité d'eau que contient le tube de plastique par centimètre, prends un tube de 100 cm de longueur et remplis-le d'eau. Ensuite, vide cette eau dans un cylindre gradué de 10 ml. Note ce volume dans ton tableau.

Analyse et interprète

a) Le volume de l'eau contenue dans l'erlenmeyer s'est-il modifié quand tu l'as chauffée? Qu'est-ce qui te l'indique?

b) Estime la dilatation thermique de l'océan en suivant ces étapes :
   i) De combien de centimètres l'eau s'est-elle élevée dans le tube lors de sa dilatation due à son chauffage?
   ii) Sers-toi de ta mesure du volume de l'eau contenue dans 100 cm de tube pour calculer la dilatation de l'eau en millilitres.
   iii) Sers-toi du volume total de l'eau contenue dans l'erlenmeyer pour exprimer cette dilatation sous forme de pourcentage. Quel est ce pourcentage?
   iv) Pour déterminer le pourcentage de dilatation par degré Celsius de hausse de température, divise ta réponse de la question iii) par l'écart de température.
   v) La température moyenne de l'océan s'est élevée d'environ 0,375 °C au cours des 100 dernières années. Utilise cette valeur pour estimer la dilatation de l'eau de l'océan, exprimée en pourcentage.
   vi) Sers-toi du pourcentage calculé à la question v) pour estimer l'élévation du niveau de la mer causée par une augmentation de température de 0,375 °C. La profondeur moyenne de l'océan est de 3 740 m.

c) Note toute source d'erreur évidente dans ton calcul de la dilatation thermique.

Approfondis ta démarche

d) Que conclus-tu à propos de l'effet de la dilatation thermique de l'eau sur le niveau de la mer?

e) Réfère-toi à la figure 5(b) de la page 375.
   i) De combien de centimètres le niveau de la mer s'est-il élevé au cours des 100 dernières années?
   ii) Selon les résultats obtenus dans cette activité, dans quelle mesure la dilatation thermique est-elle responsable de cette élévation?

9.4 L'impact des gaz à effet de serre sur le climat

Les gaz à effet de serre font partie de notre atmosphère depuis des centaines de milliers d'années. Cependant, au cours des 200 dernières années, les concentrations de la plupart des gaz à effet de serre dans l'atmosphère ont augmenté (figure 1).

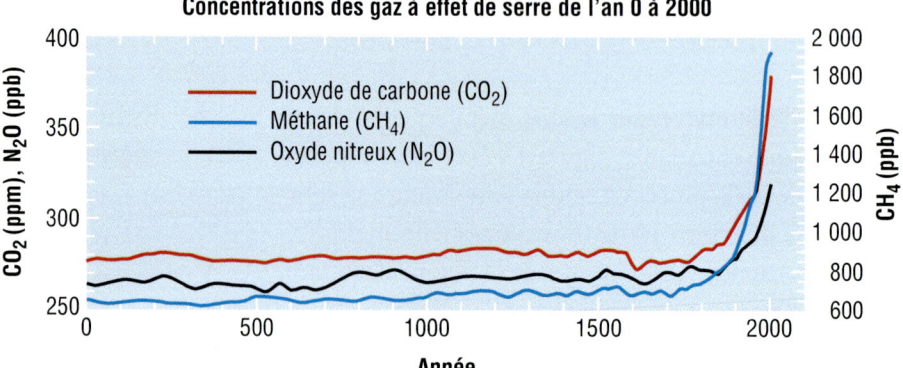

Figure 1 Concentrations atmosphériques d'importants gaz à effet de serre persistants au cours des 2 000 dernières années. Depuis les années 1750, les augmentations sont dues à l'activité humaine dans le secteur industriel.

Nous savons que les êtres humains produisent des gaz à effet de serre en faisant brûler des combustibles fossiles. Mais qu'est-ce qui nous indique que ces gaz s'accumulent dans l'atmosphère plutôt que d'être absorbés par les océans et les forêts?

Les scientifiques ont étudié les sources naturelles et humaines des gaz à effet de serre. Ils ont examiné, entre autres, le cycle du carbone afin de déterminer où aboutit le dioxyde de carbone produit par les êtres humains. Ces études ont montré que la moitié environ s'accumule dans l'atmosphère.

En se basant sur ces études, les scientifiques ont conclu que l'augmentation des concentrations des gaz à effet de serre dans l'atmosphère est due à l'activité humaine. Les gaz à effet de serre produits par les êtres humains sont appelés « gaz à effet de serre **anthropiques** ».

anthropique qui résulte de l'activité humaine

Les sources anthropiques des gaz à effet de serre

Les principaux gaz à effet de serre anthropiques sont le dioxyde de carbone, le méthane, l'oxyde nitreux et les chlorofluorocarbures (CFC).

Le dioxyde de carbone (CO_2)

Le dioxyde de carbone est le gaz à effet de serre que les êtres humains produisent en plus grande quantité actuellement. Quand les combustibles fossiles (le charbon, l'essence et le gaz naturel) sont brûlés, ils dégagent du dioxyde de carbone (figure 2, à la page suivante). Les combustibles fossiles sont utilisés pour produire l'énergie nécessaire au transport, au chauffage, à la production d'électricité et à l'industrie.

La quantité de dioxyde de carbone qui demeurera dans l'atmosphère dépend beaucoup des forêts. Les arbres captent le dioxyde de carbone présent dans l'air et s'en servent pour la photosynthèse. Voici l'équation chimique de la photosynthèse :

$$6\ CO_2 + 6\ H_2O + \text{énergie lumineuse} \rightarrow C_6H_{12}O_6 + 6\ O_2$$
$$\text{dioxyde de carbone} + \text{eau} + \text{énergie lumineuse} \rightarrow \text{glucose} + \text{oxygène}$$

Figure 2 Quand les combustibles fossiles brûlent, ils dégagent des gaz à effet de serre.

Une molécule de dioxyde de carbone contient un atome de carbone et deux atomes d'oxygène. Au cours de la photosynthèse, les atomes de carbone deviennent des composantes de nouvelles molécules de glucose. (Le glucose est un sucre simple.) Ce glucose devient alors un des constituants d'autres composés qui forment le bois, les feuilles et les racines. Les arbres prennent les atomes de carbone de l'atmosphère et les emmagasinent sous une autre forme. En conséquence, tant qu'il est en vie, un arbre est un puits de carbone, parce qu'il capte et retient le carbone de l'atmosphère.

Environ 10 % de nos émissions de dioxyde de carbone sont dues à la déforestation, principalement dans les pays tropicaux (figure 3). La déforestation a deux conséquences négatives. Elle empêche la forêt d'absorber le carbone et libère dans l'atmosphère, sous forme de dioxyde de carbone, une partie du carbone déjà absorbé. Comment cela se produit-il?

Quand les arbres des forêts sont coupés, ce qui en reste se décompose. Ce processus dégage des gaz à effet de serre, dont du méthane et du dioxyde de carbone. La coupe d'une forêt transforme cette forêt, qui était un puits de carbone, en une *source* de carbone. De plus, elle laisse moins d'arbres pour absorber le dioxyde de carbone grâce au processus de photosynthèse.

Figure 3 La déforestation produit des gaz à effet de serre.

Le méthane (CH_4)

Les émissions de méthane proviennent de sources diverses. Les activités agricoles, comme la culture du riz et l'élevage de bétail, produisent du méthane (figure 4). Ce gaz provient aussi de la décomposition des matières organiques des dépotoirs et des usines d'épuration d'eau. L'exploitation de mines de charbon et l'extraction du gaz naturel libèrent le méthane emprisonné dans le sol, à l'intérieur des réserves de combustibles fossiles.

LE SAVAIS-TU?

Une végétation friande de carbone
Le nombre d'atomes de carbone emmagasinés dans les forêts, les plantes, le sol et les matières organiques mortes de la Terre est supérieur au nombre d'atomes de carbone présents dans l'atmosphère sous forme de dioxyde de carbone.

Figure 4 L'appareil digestif des bovins dégage du méthane.

La déforestation cause aussi des émissions de méthane. Pour défricher une forêt, il arrive souvent qu'on la brûle. Quand les arbres brûlent lentement, la réaction de combustion produit du méthane, du dioxyde de carbone et de l'eau.

L'oxyde nitreux (N_2O)

Environ les deux tiers des émissions d'oxyde nitreux sont dus au traitement de la nourriture et des déchets du bétail. Le reste est dû à l'utilisation, par les agricultrices et agriculteurs, d'engrais contenant de l'azote, à certains procédés industriels et, dans une moindre mesure, à l'utilisation de combustibles fossiles.

Les chlorofluorocarbures (CFC)

Les CFC sont souvent utilisés comme agents de réfrigération. Il n'existe aucune source naturelle de CFC. Ces gaz s'échappent des réfrigérateurs et des climatiseurs ou se dégagent de procédés industriels. Les concentrations atmosphériques de CFC diminuent grâce à la signature de traités internationaux, comme le Protocole de Montréal (réfère-toi à la page 332).

Résumé des concentrations des gaz à effet de serre

Les concentrations des principaux gaz à effet de serre augmentent depuis le début de l'ère industrielle. Les concentrations atmosphériques de méthane et d'oxyde nitreux sont beaucoup moins grandes que celles de dioxyde de carbone (tableau 1). Cependant, les molécules de méthane et d'oxyde nitreux contribuent beaucoup plus à l'effet de serre que les molécules de dioxyde de carbone.

COUP DE POUCE APPRENTISSAGE

De très faibles concentrations
Les concentrations des gaz à effet de serre dans l'atmosphère sont très faibles comparativement aux concentrations d'oxygène et d'azote. Les scientifiques utilisent donc des unités de mesure différentes pour les exprimer : parties par million (ppm), parties par milliard (ppb) et parties par billion (ppt).

Tableau 1 Concentrations et durées de vie des gaz à effet de serre dans l'atmosphère

Gaz à effet de serre	Concentration dans l'atmosphère		
	Concentration préindustrielle	Concentration en 2008	Durée de vie dans l'atmosphère
dioxyde de carbone	280 ppm	384 ppm	~ de 100 à 1 000 ans
méthane	0,700 ppm (700 ppb)	1,785 ppm (1 785 ppb)	~ 12 ans
oxyde nitreux	0,270 ppm (270 ppb)	0,321 ppm (321 ppb)	~ 114 ans
CFC-11	traces	0,000 251 ppm (251 ppt)	~ 45 ans
CFC-12	traces	0,000 525 ppm (525 ppt)	~ 100 ans

Données tirées de : *Changements climatiques 2007 : Les éléments scientifiques* (rapport d'évaluation du GIEC) et de *The NOAA Annual Greenhouse Gas Index*

Les gaz à effet de serre anthropiques et les températures mondiales

Nous avons des preuves que les concentrations des gaz à effet de serre augmentent et que les températures mondiales augmentent aussi. Mais comment savoir si ces deux phénomènes sont liés ?

Les scientifiques comparent les données sur le climat des années passées aux données climatiques récentes pour déterminer dans quelle mesure les gaz à effet de serre anthropiques influent sur le climat. Par exemple, ils ont examiné des carottes glaciaires pour recueillir des données sur les gaz à effet de serre qui permettent de remonter jusqu'à 800 000 ans dans le passé (figure 5). À la prochaine activité Sciences en action, tu vas te servir de ces données pour comparer les variations des concentrations des gaz à effet de serre à celles des températures moyennes de la planète au cours des 400 000 dernières années.

Figure 5 Les données obtenues grâce aux carottes glaciaires indiquent les changements qu'ont subis les concentrations de dioxyde de carbone au cours des 800 000 dernières années.

SCIENCES EN ACTION
LES CONCENTRATIONS DE DIOXYDE DE CARBONE ET LES TEMPÉRATURES MONDIALES

HABILETÉS : formuler une hypothèse, prédire le résultat, analyser, communiquer

LA BOÎTE À OUTILS

Dans cette activité, tu vas comparer des données sur le dioxyde de carbone tirées de carottes glaciaires aux températures mondiales des 400 000 dernières années.

Matériel : ordinateur avec accès à Internet, logiciel graphique

1. Rédige une hypothèse expliquant la relation (s'il y en a une) entre les concentrations de dioxyde de carbone et les températures mondiales.

2. Ton enseignante ou ton enseignant va te diriger vers des sites Internet de données sur le dioxyde de carbone et les températures mondiales. Sers-toi d'un logiciel graphique pour concevoir deux graphiques mettant en relation un ensemble de données et une période de temps. Au besoin, ajuste les échelles des axes des *y* de manière que les deux graphiques soient à peu près de même taille. L'échelle de l'axe des *x* doit être la même dans les deux graphiques.

A. Quelle a été la plus forte concentration de dioxyde de carbone dans l'atmosphère au cours des 400 000 dernières années ?

B. Quelle a été la plus faible concentration de dioxyde de carbone dans l'atmosphère au cours des 400 000 dernières années ?

C. Actuellement, la concentration de dioxyde de carbone dans l'atmosphère est de 385 ppm, et elle augmente. Compare cette valeur à celles obtenues en A et B. Quelle conclusion en tires-tu ?

D. Compare tes deux graphiques. Trouve trois périodes au cours des 400 000 dernières années où les températures ont changé rapidement.

E. Qu'est-il arrivé aux concentrations de dioxyde de carbone pendant ces trois périodes ?

F. Qu'arrive-t-il aux concentrations de dioxyde de carbone actuellement ? Et aux températures mondiales ?

G. Résume tes résultats sur les concentrations de dioxyde de carbone, les températures mondiales et tout lien qui peut être établi entre ces deux ensembles de données.

Dans cette activité Sciences en action, tu as vu que les variations des concentrations de dioxyde de carbone étaient liées à celles des températures mondiales au cours des 400 000 dernières années. Tes graphiques ne prouvent pas que les augmentations de concentrations de dioxyde de carbone *causent* une élévation des températures mondiales, ou inversement. Ce qu'ils montrent, c'est une forte corrélation entre les deux. Quelle pourrait être une des causes de cette corrélation ? Rappelle-toi ce que tu as appris sur l'effet de serre au chapitre 8. Tu as déjà pris connaissance d'un lien entre les gaz à effet de serre et la température moyenne de la Terre.

> **COUP DE POUCE**
> **APPRENTISSAGE**
>
> **Les relations entre les variables**
> Deux variables sont corrélées lorsqu'elles se modifient au même moment. Le fait que deux variables sont corrélées ne signifie pas, par contre, que l'une est la cause de l'autre. Il revient aux scientifiques de déterminer la nature de leur relation.

L'effet de serre anthropique

Quel est le lien entre les gaz à effet de serre anthropiques et les changements climatiques actuels ? Tu sais déjà que la Terre absorbe le rayonnement solaire, le convertit en énergie thermique, puis émet un rayonnement infrarouge à faible énergie. De plus en plus de ce rayonnement infrarouge est absorbé par l'atmosphère à mesure que les concentrations des gaz à effet de serre augmentent. Cette augmentation causée par l'activité humaine est appelée **effet de serre anthropique**. Le dioxyde de carbone est responsable d'environ 30 % de l'effet de serre anthropique. Le méthane y contribue pour un peu moins de 20 %, et l'oxyde nitreux, pour un peu moins de 10 %.

L'effet de serre anthropique et l'effet de serre naturel relèvent tous deux du même processus. Toutefois, l'activité humaine *intensifie* l'effet de serre naturel. Comme les êtres humains libèrent plus de gaz à effet de serre dans l'atmosphère, l'équilibre énergétique de la Terre se modifie. Plus d'énergie thermique est emprisonnée dans l'atmosphère, ce qui accentue l'élévation des températures terrestres provoquée par l'effet de serre naturel.

effet de serre anthropique augmentation de la quantité de rayonnement infrarouge à plus faible énergie emprisonné dans l'atmosphère, provoquée par les plus fortes concentrations des gaz à effet de serre dues à l'activité humaine, et qui entraîne une élévation des températures moyennes à l'échelle de la planète

La boucle de rétroaction du carbone et des températures mondiales

Rappelle-toi que même de petits changements dans le climat terrestre peuvent être accentués par une boucle de rétroaction. À la section 8.10, tu as étudié la boucle de rétroaction qui s'établit entre la vapeur d'eau et l'albédo. Les concentrations de dioxyde de carbone dans l'atmosphère et les températures terrestres forment une autre boucle de rétroaction importante. Tu sais déjà qu'une augmentation des concentrations de dioxyde de carbone provoque une élévation des températures mondiales à cause de l'effet de serre. Cependant, une élévation des températures peut aussi provoquer une augmentation des concentrations de dioxyde de carbone.

Au cours des 400 000 dernières années, la hausse des températures a accentué la libération du dioxyde de carbone emmagasiné dans les plantes et les océans (les puits de carbone). Comme tu le sais, le dioxyde de carbone est un gaz à effet de serre qui capte et retient l'énergie thermique à l'intérieur de l'atmosphère. En conséquence, à mesure que l'élévation des températures causait une augmentation des concentrations de dioxyde de carbone dans l'atmosphère, les températures terrestres moyennes s'élevaient toujours davantage (figure 6).

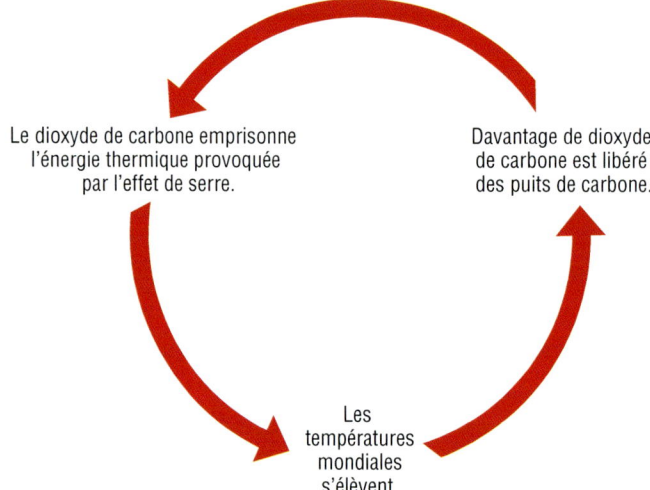

Figure 6 Les concentrations de dioxyde de carbone et les températures mondiales forment une boucle de rétroaction positive.

L'océan est un puits de carbone qui emmagasine de grandes quantités de cette substance. Une grande partie du carbone est constituée de dioxyde de carbone et d'acide carbonique dissous. Les scientifiques s'inquiètent du fait que ce carbone emmagasiné pourrait être libéré à la suite de l'élévation des températures mondiales. Cela ferait augmenter encore davantage les concentrations de dioxyde de carbone dans l'atmosphère et contribuerait à l'effet de serre anthropique (figure 7).

Figure 7 À cause de l'élévation des températures mondiales, il est probable que l'océan absorbera de moins en moins le carbone présent dans l'atmosphère. De plus, l'océan pourrait libérer des quantités toujours plus grandes de carbone emmagasiné dans ses eaux.

L'élévation de la température terrestre moyenne

Le graphique que tu as conçu pour l'activité Sciences en action a montré que les concentrations atmosphériques de dioxyde de carbone sont plus fortes maintenant qu'elles ne l'ont jamais été depuis des centaines de milliers d'années. Il en va de même pour d'autres gaz à effet de serre, comme le méthane et l'oxyde nitreux.

Si les êtres humains continuent de produire des gaz à effet de serre à ce rythme, la température moyenne de la Terre augmentera probablement de 2 °C à 6 °C d'ici la fin du siècle. Cette hausse peut ne pas sembler extrême, mais elle pourrait avoir des conséquences dévastatrices, comme des vagues de chaleur, des inondations et des sécheresses encore plus intenses, ainsi que la disparition de certaines espèces. Tu vas en apprendre davantage sur les conséquences futures des changements climatiques au chapitre 10.

EN RÉSUMÉ

- Les concentrations atmosphériques de dioxyde de carbone et d'autres gaz à effet de serre sont plus fortes maintenant qu'elles ne l'ont jamais été depuis des centaines de milliers d'années.
- L'augmentation des concentrations des gaz à effet de serre est causée par des activités humaines, comme l'utilisation des combustibles fossiles, la déforestation, l'agriculture et les procédés industriels.
- Une partie du dioxyde de carbone produit par les activités humaines aboutit dans des puits de carbone, comme les forêts et les océans. Toutefois, environ la moitié du dioxyde de carbone et la plupart des autres gaz à effet de serre se retrouvent dans l'atmosphère.
- Plus les concentrations des gaz à effet de serre augmentent, plus l'atmosphère emprisonne et absorbe d'énergie. Ce processus est appelé « effet de serre anthropique ».
- L'effet de serre anthropique provoque une augmentation de la température terrestre.
- Une boucle de rétroaction positive s'établit entre les concentrations de dioxyde de carbone et les températures mondiales.
- Les boucles de rétroaction positives peuvent intensifier l'effet de serre anthropique.

VÉRIFIE TA COMPRÉHENSION

1. Qu'est-ce que l'effet de serre anthropique ?
2. Dans cette section, tu as appris que toutes les concentrations des gaz à effet de serre ont augmenté au cours des 100 dernières années.
   a) Sers-toi des données du tableau 1 pour calculer l'augmentation, exprimée en pourcentage, de chacune des substances suivantes : dioxyde de carbone, méthane, oxyde nitreux.
   b) Est-ce que les scientifiques s'inquiètent davantage des gaz qui ont connu les plus importantes hausses de concentration ? Pourquoi ?
3. Quel est le lien entre les tendances décelées dans les concentrations atmosphériques de dioxyde de carbone et les tendances décelées dans la température terrestre moyenne au cours des 400 000 dernières années ? Explique ta réponse.
4. a) Qu'est-ce qu'un puits de carbone ?
   b) Quel effet peuvent avoir les forêts sur la température terrestre ?
5. Les concentrations atmosphériques de dioxyde de carbone ont varié au cours des 400 000 dernières années. Pendant la plus grande partie de cette période, il n'y avait aucune activité industrielle. Pourquoi, alors, pensons-nous que l'augmentation actuelle des concentrations de dioxyde de carbone dans l'atmosphère est due à l'activité humaine ? Donne deux raisons.
6. Les modèles informatiques du climat terrestre prédisent une augmentation de la température moyenne de 2 °C à 6 °C d'ici la fin du siècle. Notre planète a-t-elle déjà connu des températures aussi élevées au cours des 400 000 dernières années ?
7. À la section 8.7, tu as modélisé l'effet de serre. Comment pourrais-tu modifier ton modèle pour qu'il reflète l'effet de serre anthropique qui vient s'ajouter à l'effet de serre naturel ?

9.5 Les émissions canadiennes de gaz à effet de serre

Dans ce chapitre, tu as appris que les êtres humains produisent des quantités de plus en plus importantes de gaz à effet de serre. Qu'en est-il au Canada ? Comment et en quelles quantités la population canadienne produit-elle des gaz à effet de serre ? Le Canada comporte de vastes forêts qui agissent comme des puits de carbone (figure 1). Nos forêts absorbent-elles le dioxyde de carbone que nous produisons ?

Figure 1 Environ 30 % des forêts boréales de la planète se trouvent au Canada.

Les sources canadiennes de gaz à effet de serre

En moyenne, chaque personne au Canada produit plus de gaz à effet de serre que la plupart des habitantes et habitants de la planète ; la population canadienne se classe parmi les 10 premières au monde. L'Alberta est la province qui produit le plus de gaz à effet de serre. L'Ontario, qui, à elle seule, dégage plus de 200 millions de tonnes de gaz à effet de serre par année (figure 2), occupe le deuxième rang. Si nous ne tenons pas compte des petits pays producteurs de pétrole comme le Koweït, le Qatar et le Brunei, le Canada se classe parmi les deux ou trois plus importants pays émetteurs de gaz à effet de serre, quand on regarde la quantité d'émissions par personne.

Pourquoi la population canadienne émet-elle tant de gaz à effet de serre ? Le tableau 1 présente certaines des principales sources canadiennes de gaz à effet de serre. Les gaz à effet de serre de la plupart des pays industrialisés proviennent de ces mêmes sources.

Figure 2 La population canadienne émet, par personne, plus de gaz à effet de serre que les autres populations de la planète. Le chauffage de nos maisons en hiver contribue à ces émissions.

LE SAVAIS-TU ?

Une ressource naturelle

Il y a plus de réserves de combustibles fossiles au Canada que dans tout autre pays, à l'exception de l'Arabie saoudite. Les entreprises albertaines sont des chefs de file mondiaux dans le développement de technologies pour traiter les sables bitumineux des mines à ciel ouvert.

Tableau 1 Quelques sources canadiennes de gaz à effet de serre

Source	Exemples	Quantité par année, selon les données de 2006 (Mt [mégatonne] éq CO_2)
production et utilisation d'énergie	production d'électricité et de chaleur, industries des combustibles fossiles, exploitation minière, éclairage et chauffage des bâtiments, manufactures	324
transport	gaz d'échappement des voitures, des camions, des avions et des trains	190
émissions fugitives	gaz libérés durant l'extraction et le traitement des combustibles fossiles	67
agriculture	fabrication d'engrais contenant de l'azote, gaz d'échappement de la machinerie agricole	62
procédés industriels	traitement de minerai et de métaux, industrie des produits chimiques	54
gestion des déchets	traitement des eaux usées, dépotoirs	21
utilisation des sols et foresterie	forêts, cultures, prairies, marais, habitations	20

Données tirées du *Résumé des émissions de gaz à effet de serre par secteur*, Environnement Canada

Dans le tableau 1, l'unité utilisée pour les nombres de la troisième colonne est « Mt éq CO_2 ». Cela se lit « mégatonnes d'équivalent de dioxyde de carbone ». Nous utilisons cette unité parce que les divers gaz à effets de serre n'ont pas tous la même capacité à capter l'énergie thermique. Les scientifiques déterminent la capacité relative de chaque gaz à absorber le rayonnement infrarouge à faible énergie et à le convertir en énergie thermique. Ils comparent cette capacité à celle du dioxyde de carbone (équivalent de dioxyde de carbone : éq CO_2). Donc, une mégatonne d'un gaz qui est 10 fois plus efficace que le dioxyde de carbone pour capter l'énergie thermique équivaut à 10 Mt éq CO_2.

De nombreuses sources canadiennes de gaz à effet de serre sont liées à l'utilisation de combustibles fossiles (figure 3).

Figure 3 Quelques sources de gaz à effet de serre : l'essence brûlée dans les moteurs de voitures et de camions (a), les centrales au charbon (b), les procédés de fabrication et autres procédés industriels (c), et les systèmes de chauffage au gaz naturel des maisons (d).

La principale composante du gaz naturel est le méthane (figure 4). Comme le méthane est un gaz à effet de serre, toute émission de méthane fait augmenter les concentrations de ce type de gaz.

LE SAVAIS-TU ?

Des émissions problématiques

Dans l'ensemble, les véhicules de promenade émettent environ 30 Mt éq CO_2 de gaz à effet de serre par année. En moyenne, un VUS libère annuellement 1,5 t de dioxyde de carbone de plus qu'une automobile. Les centrales au charbon produisent environ 20 Mt éq CO_2 de gaz à effet de serre par année, soit l'équivalent du total des émissions de six millions d'automobiles.

Figure 4 Le méthane et d'autres gaz résiduaires sont souvent « brûlés à la torche » sur les plateformes pétrolières pour prévenir une dangereuse accumulation de pression.

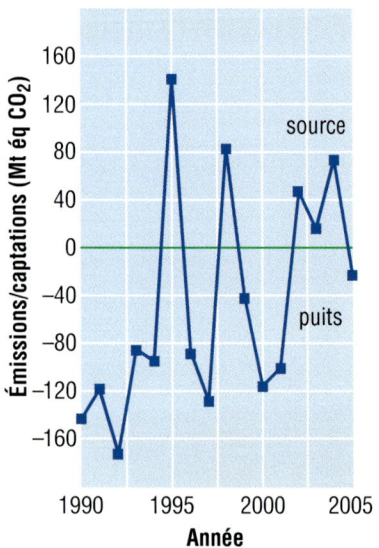

Figure 5 Les forêts canadiennes sont-elles plus souvent des sources ou des puits de gaz à effet de serre ?

Les forêts canadiennes : sources ou puits ?

Le Canada comporte environ 400 millions d'hectares de forêts. Lorsqu'elles sont en bonne santé, les forêts canadiennes sont des puits de carbone. Toutefois, elles se transforment parfois en sources de carbone à la suite de dommages causés par les insectes, les feux de forêt et la déforestation (figure 5). Les infestations d'insectes tuent les arbres, ce qui accélère la décomposition et augmente les émissions de dioxyde de carbone. Les feux de forêt dégagent aussi de grandes quantités de ce gaz et d'autres gaz à effet de serre dans l'atmosphère. Enfin, quand les forêts sont rasées, des gaz à effet de serre, dont le méthane et le dioxyde de carbone, sont libérés.

Un problème mondial

Les gaz à effet de serre produits au Canada pénètrent dans l'atmosphère et circulent autour de la planète. De la même manière, les gaz à effet de serre produits ailleurs influent sur notre climat. Il s'agit véritablement d'un problème mondial.

Réduire notre utilisation de combustibles fossiles est le premier pas à faire pour contrer les changements climatiques. Les gouvernements et les industries du Canada tentent déjà de réduire notre dépendance envers les combustibles fossiles. Tu vas examiner les mesures prises en ce sens à la section 10.4.

EN RÉSUMÉ

- En moyenne, chaque personne au Canada produit plus de gaz à effet de serre que la plupart des autres habitantes et habitants de la planète.
- L'Ontario se classe au deuxième rang des provinces canadiennes qui produisent le plus de gaz à effet de serre.
- Au Canada, l'utilisation de combustibles fossiles pour le transport et la production d'électricité et le traitement de ces combustibles fossiles font partie des principales sources de gaz à effet de serre.
- Les forêts canadiennes peuvent être des sources ou des puits de carbone.

✓ VÉRIFIE TA COMPRÉHENSION

1. Le Canada produit plus de gaz à effet de serre par personne que la plupart des autres pays du monde.
    a) Nomme six sources canadiennes de gaz à effet de serre en ordre d'importance, en commençant par la source qui produit le plus de ces gaz.
    b) À laquelle de ces sources la population canadienne devrait-elle s'attaquer en priorité, afin de réduire sa production de gaz à effet de serre ? Explique ta réponse.

2. a) Quels autres gaz à effet de serre le Canada produit-il, en plus du dioxyde de carbone ?
    b) Comment ces gaz à effet de serre sont-ils produits ?

3. a) Le dendroctone du pin a détruit de vastes étendues de forêts en Colombie-Britannique. Des scientifiques craignent qu'il se répande ailleurs au Canada. Quel effet cela aurait-il sur la quantité de gaz à effet de serre envoyée dans l'atmosphère par le Canada ?
    b) Si les forêts détruites par le dendroctone du pin sont ensuite brûlées, quel effet cela aura-t-il sur la production canadienne de gaz à effet de serre ?

4. Donne trois facteurs qui ont un impact sur les forêts canadiennes et indique s'ils agissent comme des puits de carbone ou comme des sources de dioxyde de carbone.

5. Les océans et les organismes vivants (dont les forêts) sont les deux principaux puits de carbone de la Terre. Conçois un organigramme (figure 6) ou un autre type de diagramme pour montrer la relation entre ces puits de carbone, les gaz à effet de serre et la température terrestre.

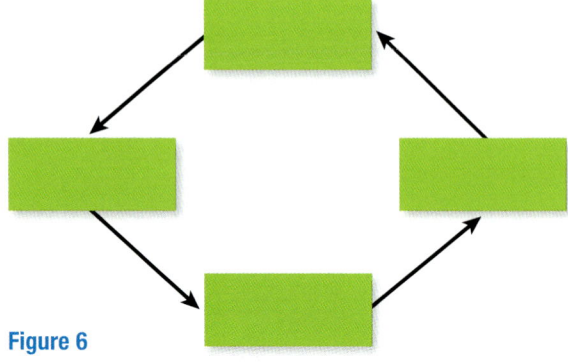

Figure 6

La modélisation informatique comme indicateur des changements climatiques

Quand nous étudions l'histoire de la Terre, nous constatons que le climat change depuis toujours. Au cours des mille dernières années, il s'est transformé à cause de phénomènes naturels, comme les éruptions volcaniques et les modifications des courants océaniques (figure 1). Toutefois, plus récemment, il s'est modifié à cause de l'activité humaine. Aujourd'hui, les scientifiques sont sûrs à plus de 90 % que la plupart des changements observés au cours du dernier siècle sont dus aux gaz à effet de serre provenant de l'activité humaine. Il est donc très probable que cette affirmation est véridique.

Figure 1 L'éruption du mont St. Helens en 1980 (a) et celle du volcan El Chichón en 1982 (b) ont provoqué un refroidissement temporaire de la température, quand des millions de tonnes de particules ont été propulsées dans l'atmosphère. La photo du El Chichón a été prise deux ans après l'éruption.

Quand les scientifiques étudient l'effet d'une variable, ils essaient de maintenir constantes toutes les autres variables. C'est pourquoi ils préféreraient pouvoir mener leurs expériences contrôlées sur une deuxième Terre identique à la nôtre. Ils pourraient ainsi comparer notre planète à une autre Terre où il n'y aurait pas d'êtres humains et donc mesurer avec exactitude les conséquences de l'activité humaine sur le système climatique de la Terre. Comme cela est impossible, ils se servent d'observations antérieures et de modèles informatiques complexes du système climatique pour déterminer ce qui cause les changements que nous observons aujourd'hui.

La modélisation du climat

Les scientifiques ont mis au point des modèles informatiques détaillés pour représenter d'importantes composantes du système climatique et concevoir des simulations du climat terrestre dans différentes circonstances. Les scientifiques peuvent déterminer quels facteurs influent sur le climat en comparant ces simulations à des observations réelles. Ainsi, ces modèles peuvent « prédire » ce que serait le climat dans certaines conditions.

Deux scénarios sont décrits à la page suivante. Dans le premier, le modèle n'inclut que les facteurs naturels qui influent sur le système climatique. Dans le second, les scientifiques incluent à la fois des influences naturelles et des influences anthropiques.

Les climatologues travaillent souvent en étroite collaboration avec des programmeuses et programmeurs informatiques. Pour en savoir plus sur le métier de programmeuse ou de programmeur :

Scénario 1 : les changements naturels seulement

Ce scénario décrit le climat terrestre si les êtres humains n'existaient pas. Il se base sur les points suivants :
- les variations de l'énergie provenant du Soleil ;
- les éruptions volcaniques ;
- la variabilité et les processus naturels qui font partie du système climatique de la Terre, dont les émissions naturelles de gaz à effet de serre (figure 2).

Figure 2 Les marécages sont des sources naturelles de méthane et de dioxyde de carbone. Les climatologues tiennent compte d'émissions naturelles comme celles-là lorsqu'ils modélisent les facteurs qui ont un effet sur le climat.

Le scénario ne tient pas compte des émissions de gaz à effet de serre causées par les êtres humains.

Dans ce modèle, les températures moyennes de la Terre demeurent approximativement les mêmes, et diminuent même un peu entre les années 1950 et aujourd'hui. L'épaisse ligne bleue de la figure 3 montre l'étendue des températures mondiales qui résulteraient uniquement des changements naturels, selon ce scénario.

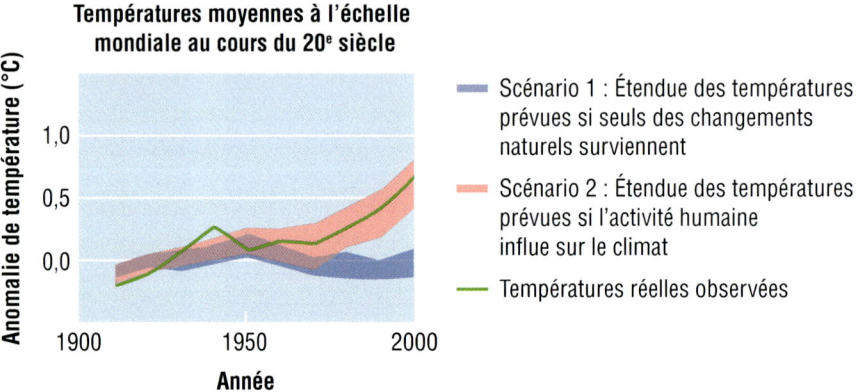

Figure 3 Ce graphique compare les valeurs prévues dans les deux scénarios aux variations des températures mondiales réelles (la ligne verte) au cours du dernier siècle. L'axe des *y* montre l'« anomalie de température », c'est-à-dire les écarts positifs ou négatifs par rapport à la température moyenne (0,0).

Scénario 2 : les facteurs naturels et anthropiques

Ce scénario est basé sur les changements naturels et sur les changements dus à l'activité humaine (figure 4). Il tient compte à la fois des points énumérés plus haut ET des émissions anthropiques de gaz à effet de serre. Dans ce scénario, les températures moyennes mondiales augmentent, surtout au cours des 50 dernières années. L'épaisse ligne rose de la figure 3 montre l'étendue des températures mondiales quand l'activité humaine influe sur le climat, selon ce scénario.

Lequel des scénarios reflète le mieux la réalité ?

Figure 4 Les gaz d'échappement des voitures constituent une des nombreuses sources anthropiques de gaz à effet de serre.

Les deux mises en situation présentent deux images différentes : une image du climat de la Terre où n'entrent en jeu que les changements naturels, et une image du climat de la Terre où entrent en jeu les changements naturels et les influences humaines. Laquelle des deux se rapproche le plus de la réalité ? La ligne verte de la figure 3 représente les données réelles relatives aux températures moyennes à l'échelle planétaire. Comme tu peux le voir, pour les 50 dernières années, la ligne verte se confond avec la ligne rose, et non avec la ligne bleue. En d'autres mots, la réalité correspond au scénario 2.

En se basant sur ces simulations informatiques, les scientifiques ont conclu que l'activité humaine a une grande influence sur le climat, surtout dans le cas des 50 dernières années.

Pour voir une simulation des changements climatiques au fil du temps :

Conclusion : Des facteurs humains ont influé sur le climat des 50 dernières années

Les changements que nous observons aujourd'hui sont-ils des changements naturels normaux ? Pour répondre à cette question, les scientifiques examinent des données indirectes, comme celles tirées de carottes glaciaires, pour connaître les changements climatiques survenus dans le passé.

Ils ont ainsi déterminé que les concentrations des gaz à effet de serre dans l'atmosphère sont plus élevées aujourd'hui qu'elles ne l'ont jamais été au cours des 800 000 dernières années. Toutefois, ce n'est pas encore le cas des températures mondiales moyennes. Par contre, si les émissions de gaz à effet de serre anthropiques continuent d'augmenter au même rythme, la Terre pourrait, d'ici 2100, être plus chaude qu'elle ne l'a jamais été au cours des 800 000 dernières années.

Regarde de nouveau la figure 4 de la section 8.9. Comme tu peux le constater, à certaines périodes, les températures terrestres étaient de 1 °C à 2 °C supérieures aux températures actuelles. Pourquoi, alors, les scientifiques s'inquiètent-il d'une élévation des températures mondiales ? Ils s'inquiètent pour trois raisons. Premièrement, le prochain changement de température s'effectuera beaucoup plus rapidement que par le passé. Deuxièmement, la hausse de température sera plus importante que toutes celles survenues au cours des 800 000 dernières années. Troisièmement, les êtres humains se sont adaptés aux conditions climatiques actuelles. Tout changement important de ces conditions va avoir de graves conséquences. Au chapitre 10, nous allons voir comment les scientifiques font des projections à propos du futur climat terrestre, et quelles mesures peuvent être prises.

COUP DE POUCE — LECTURE

Résumer l'infomation

Quand tu résumes un texte, reprends la structure du texte original. Si ce texte présente un problème, puis énumère les solutions possibles, fais la même chose. Si le texte original explique un processus, résume les étapes en respectant l'ordre original.

EN RÉSUMÉ

- Des modèles informatiques complexes du système climatique sont utilisés pour comprendre les facteurs qui ont influé sur le climat par le passé.
- En se basant sur ces modèles, les scientifiques ont conclu que l'activité humaine a une grande influence sur le climat, surtout depuis les 50 dernières années.
- Si les êtres humains continuent de produire des gaz à effet de serre à ce rythme, la Terre pourrait, d'ici 2100, devenir plus chaude qu'elle ne l'a jamais été au cours des 800 000 dernières années.

VÉRIFIE TA COMPRÉHENSION

1. Un modèle informatique compare deux mondes : un où habitent des êtres humains et un autre où il n'y en a pas. À l'exception des conséquences de l'activité humaine, toutes les variables sont les mêmes pour les deux mondes. Dans le monde informatisé peuplé d'êtres humains, les températures grimpent. Dans le monde informatisé où il n'y en a pas, les températures se maintiennent.
   a) Quelle variable le modèle informatique étudie-t-il ?
   b) Pourquoi toutes les autres variables doivent-elles demeurer constantes ?
   c) Si les températures du monde réel étaient demeurées les mêmes au cours des 50 dernières années, qu'est-ce que cela indiquerait à propos du modèle informatique et de ses prédictions concernant les effets de l'activité humaine sur le climat terrestre ?
   d) Les températures terrestres se sont élevées au cours des 50 dernières années. Que montre le modèle informatique en ce qui concerne l'influence des êtres humains sur le climat terrestre ?

2. Dans tes propres mots, analyse le graphique de la figure 3 de cette section.

3. Les températures moyennes de la Terre ne sont pas encore aussi élevées qu'elles l'ont déjà été au cours des cycles de changements climatiques naturels antérieurs (figure 3 de la section 8.9).
   a) Cela signifie-t-il que les changements climatiques actuels pourraient être normaux ? Explique ta réponse.
   b) Pourquoi les scientifiques s'inquiètent-ils des changements climatiques actuels ?

4. a) Comprends-tu bien l'utilisation de pourcentages pour présenter les certitudes des scientifiques ?
   b) Que pourrais-tu faire pour mieux comprendre cette notion ?

CHAPITRE 9 À REVOIR

RÉSUMÉ DES CONCEPTS CLÉS

Des faits nous indiquent que notre climat se modifie.

- Les températures moyennes de la Terre s'élèvent. (9.1)
- Les glaciers, les calottes glaciaires et la glace de mer fondent. (9.1, 9.2)
- Le niveau de la mer s'élève et les écosystèmes se modifient. (9.1)

Les activités humaines ont provoqué un accroissement des concentrations des gaz à effet de serre dans l'atmosphère.

- L'activité humaine produit du dioxyde de carbone, du méthane, de l'oxyde nitreux et des CFC. (9.4)
- La majorité de nos émissions de gaz à effet de serre aboutissent dans l'atmosphère. (9.4)
- Les concentrations de dioxyde de carbone dans l'atmosphère sont plus fortes qu'elles ne l'ont jamais été au cours des 800 000 dernières années. (9.6)
- Les boucles de rétroaction positives aggravent l'effet des gaz à effet de serre anthropiques. (9.4)

L'accroissement des concentrations des gaz à effet de serre provoque l'effet de serre anthropique (dû à l'activité humaine).

- Plus les concentrations des gaz à effet de serre augmentent dans l'atmosphère, plus l'atmosphère emprisonne d'énergie. (9.4)
- L'énergie emprisonnée provoque une augmentation des températures moyennes à l'échelle de la planète. (9.4)

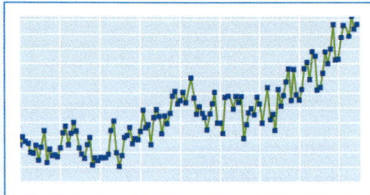

L'effet de serre anthropique est la principale cause des changements climatiques actuels.

- Il existe un lien étroit entre les niveaux atmosphériques de dioxyde de carbone et les températures mondiales moyennes. (9.4, 9.6)
- Les scientifiques ont étudié les causes naturelles et anthropiques des changements climatiques. Ils ont conclu que l'activité humaine est très probablement la cause des changements climatiques observés. (9.4, 9.6)

Au Canada, les gaz à effet de serre sont principalement dus à la production et à la combustion de combustibles fossiles.

- En moyenne, la population canadienne se classe parmi les 10 populations qui émettent le plus de gaz à effet de serre. (9.5)
- Les combustibles fossiles sont utilisés pour le transport, le chauffage et la production d'énergie électrique. (9.5)
- Au Canada, la production et l'utilisation d'énergie produit environ 324 Mt éq CO_2 chaque année. (9.5)
- Les forêts canadiennes peuvent être des puits ou des sources de carbone. (9.5)

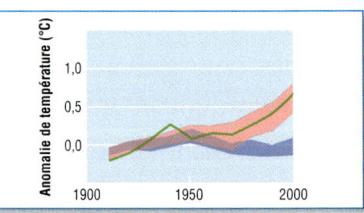

Les scientifiques utilisent des modèles climatiques pour déterminer comment différents facteurs influent sur notre climat.

- Les modèles climatiques montrent que l'activité humaine influe sur le climat, surtout depuis 50 ans. (9.6)

QU'EN PENSES-TU MAINTENANT ?

Tu as réfléchi aux énoncés ci-dessous au début du chapitre. Tu avais peut-être déjà entendu parler de ces notions à l'école, à la maison ou autour de toi. Reconsidère-les maintenant et détermine si tu es d'accord ou non avec chacun.

Vocabulaire

dilatation thermique (p. 376)
anthropique (p. 384)
effet de serre anthropique (p. 387)

1 Les changements climatiques actuels ressemblent aux changements climatiques survenus par le passé.
D'accord / En désaccord

4 Les changements climatiques auront des conséquences négatives et des conséquences positives.
D'accord / En désaccord

2 L'augmentation de dioxyde de carbone dans l'atmosphère est principalement due à l'activité agricole mondiale.
D'accord / En désaccord

5 Les changements climatiques de la Terre peuvent être inversés si nous modifions les activités humaines.
D'accord / En désaccord

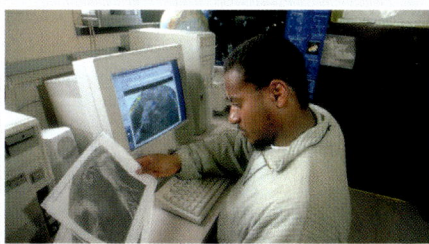

3 Les scientifiques peuvent prédire avec exactitude de quelle façon le climat changera dans les années à venir.
D'accord / En désaccord

6 Les combustibles fossiles brûlés à des fins industrielles ainsi que pour le chauffage et le transport sont les principales causes de la production de gaz à effet de serre au Canada.
D'accord / En désaccord

**Comment tes réponses ont-elles changé ?
Que sais-tu de plus maintenant ?**

IDÉES maîtresses

✓ Le climat terrestre est dynamique et résulte de l'interaction de systèmes et de phénomènes divers.

✓ La modification du climat de la planète est influencée tant par des facteurs naturels que par l'activité humaine.

✓ Les changements climatiques touchent les êtres vivants et les systèmes naturels de multiples façons.

• Les gens ont la responsabilité d'évaluer leur impact sur les changements climatiques et de déterminer des mesures efficaces pour le réduire.

CHAPITRE 9 — RÉVISION

Les icônes suivantes t'indiquent la compétence visée par chaque question.

- **CC** Connaissance et compréhension
- **C** Communication
- **HP** Habiletés de la pensée
- **MA** Mise en application

Qu'as-tu retenu?

1. Énumère cinq signes qui indiquent que les changements climatiques ont déjà un impact sur notre environnement. (9.1) **CC**

2. Indique trois sources canadiennes de gaz à effet de serre. (9.5) **CC**

3. Quel lien y a-t-il entre les combustibles fossiles et les gaz à effet de serre? (9.4) **CC**

4. Donne trois raisons pour lesquelles nous brûlons des combustibles fossiles au Canada. (9.5) **CC**

5. Le terme « gaz à effet de serre anthropiques » fait référence au dioxyde de carbone et à d'autres gaz. Nomme trois de ces autres gaz. (9.4) **CC**

6. a) Définis le terme « puits de carbone ».
   b) Donne un exemple d'un puits de carbone.
   c) Explique l'importance des puits de carbone. (9.4, 9.5) **CC** **C**

7. Donne trois facteurs qui contribuent à déterminer si les forêts canadiennes sont des sources ou des puits de gaz à effet de serre. (9.5) **CC**

Qu'as-tu compris?

8. Les scientifiques croient que les changements climatiques actuels sont fort probablement causés par l'activité humaine. Résume les faits qui les incitent à tirer cette conclusion. (9.6) **CC**

9. Conçois un diagramme qui résume la relation entre les températures terrestres et l'utilisation de combustibles fossiles pour le transport. (9.4) **CC** **C**

10. L'effet de serre est un phénomène naturel important pour la vie sur Terre. Actuellement, les scientifiques s'inquiètent de « l'effet de serre anthropique ». (9.4) **CC**
    a) Quelle est la différence entre l'effet de serre naturel et l'effet de serre anthropique?
    b) Explique pourquoi les scientifiques considèrent l'effet de serre anthropique comme un problème.

11. Décris la boucle de rétroaction qui illustre le lien entre chacune des variables ci-après et les changements climatiques : (9.4, 9.5) **CC**
    a) L'élévation de la température de l'océan provoque une accélération de la fonte de la glace.
    b) Des températures plus élevées accélèrent l'évaporation de l'humidité du sol, ce qui augmente les risques de feux de forêt et la quantité de dioxyde de carbone dans l'atmosphère.
    c) L'augmentation des concentrations atmosphériques de dioxyde de carbone provoque une élévation de la température des océans, ce qui réduit la quantité de dioxyde de carbone que ceux-ci peuvent absorber.

12. a) Quand deux variables, comme les températures mondiales moyennes et le niveau de la mer, se modifient en même temps, cela signifie-t-il qu'une de ces variables est la cause de l'autre? Explique ta réponse.
    b) Pense à plusieurs faits ou signes qui suggèrent fortement que les deux variables mentionnées ci-dessus sont liées. Rédige une argumentation convaincante. (9.4) **CC** **HP** **C**

13. Au chapitre 5, tu as appris que l'oxyde nitreux était un gaz inoffensif administré aux patientes et patients des dentistes. Dans le présent chapitre, tu as vu un autre aspect de ce gaz. Rédige un commentaire sur cet autre aspect. (9.4) **HP**

Résous un problème

14. Une scientifique veut examiner la relation entre l'élévation du niveau de la mer et les concentrations de dioxyde de carbone dans l'atmosphère. Explique une des méthodes qu'elle pourrait utiliser. (9.1, 9.3) **CC** **C**

15. a) Fais un remue-méninges avec quelques camarades pour dresser une liste d'événements météorologiques extrêmes liés au climat. Demande à tes parents de te donner des exemples supplémentaires.
    b) Lesquels de ces événements (s'il y en a) ont eu des conséquences positives?
    c) Résume quels types de recherches tu pourrais effectuer pour déterminer si la fréquence ou l'intensité des événements météorologiques extrêmes ont augmenté au cours des 50 dernières années dans ta région. (9.1) **HP** **MA**

Conçois et interprète

16. Examine la figure 1, que tu as déjà vue à la section 9.1 (figure 2).

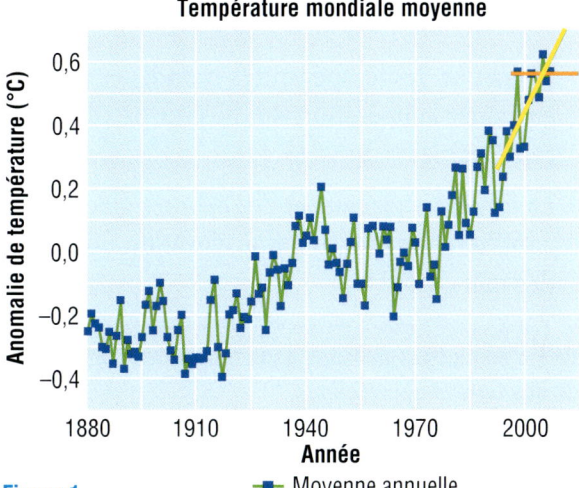

Figure 1

Considère les deux rapports suivants :

- Dans un rapport présenté en 2007, un chercheur indépendant a relié les points de données sur les températures de 1998 et de 2006 (ligne orange). En regardant cette ligne horizontale, le chercheur a conclu que la Terre a cessé de se réchauffer après 1998 et que nous n'avions pas à nous inquiéter.
- Dans un autre rapport présenté en 2007, une courbe de tendance a été tracée à l'aide des points de données sur les températures annuelles des années 1996 à 2006 (ligne jaune). Les personnes qui ont rédigé ce rapport ont conclu qu'étant donné que la droite de régression avait une pente positive, la température terrestre avait augmenté constamment au cours du dernier siècle, et que nous n'avions pas à chercher plus loin pour trouver d'autres causes. (9.1)

a) Pour chacun de ces rapports, rédige une phrase ou deux pour expliquer un parti pris possible.
b) Place une règle droite au-dessus des points de données d'une période de 10 ans (1996-2006), d'une période de 20 ans (1986-2006), d'une période de 30 ans (1976-2006), puis d'une seconde période de 30 ans (1940-1970). Quelle conclusion tires-tu à propos de chacune de ces périodes ?
c) Comment interpréterais-tu les rapports résumés ci-dessus ?
d) Si on te demandait de tracer ta propre droite de régression, ressemblerait-elle davantage à la ligne orange ou à la ligne jaune ?

Réfléchis à ce que tu as appris

17. Au chapitre 9, tu as appris que l'augmentation des concentrations de dioxyde de carbone dans l'atmosphère provoque une élévation des températures mondiales.

    a) Trouves-tu ce concept difficile à comprendre ? Pourquoi ?
    b) Comment tes connaissances acquises au chapitre 8 ont-elles pu t'aider à aborder ce concept ?
    c) À ton avis, les arguments utilisés pour soutenir ce concept sont-ils raisonnables et convaincants ? Explique ta réponse.
    d) Quelles autres recherches pourrais-tu effectuer pour t'aider à mieux comprendre ce concept ?

Recherches en ligne

18. Demande à ton enseignante ou à ton enseignant de t'indiquer comment obtenir des projections à propos de ce qui pourrait arriver à la couverture de neige au Canada dans l'avenir. (9.2)

    a) La couverture de neige s'agrandit-elle ou diminue-t-elle au Canada ?
    b) Comment la neige contribue-t-elle à rafraîchir la Terre ?
    c) Quel effet pourrait avoir une réduction de la couverture de neige sur le climat de la Terre ?
    d) En quoi cela est-il un exemple d'une boucle de rétroaction liée aux changements climatiques ?

19. Certaines personnes refusent de croire que le climat terrestre se modifie.

    a) Renseigne-toi sur les arguments fréquemment utilisés par les climatosceptiques qui ne sont pas d'accord avec les données recueillies par le GIEC. Résume tes résultats.
    b) En te basant sur l'information donnée dans ce manuel, réfute ces arguments.
    c) Mène une recherche sur ce qu'ont écrit les climatologues pour réfuter ces arguments. Résume tes résultats.
    d) Compare les réponses des climatologues avec ta propre réponse. Quels nouveaux renseignements as-tu obtenus ?

CHAPITRE 9 — QUESTIONNAIRE

Les icônes suivantes t'indiquent la compétence visée par chaque question.

- **CC** Connaissance et compréhension
- **C** Communication
- **HP** Habiletés de la pensée
- **MA** Mise en application

Choisis la meilleure réponse pour chacune de ces questions.

1. Quel énoncé définit le mieux la dilatation thermique? (9.1) **CC**
   a) Le volume de l'eau augmente à mesure que sa température s'abaisse.
   b) La masse de l'eau augmente à mesure que sa température s'élève.
   c) Le volume d'une matière augmente à mesure que sa température s'élève.
   d) Le volume d'une substance augmente à mesure que sa concentration augmente.

2. Quel gaz à effet de serre les êtres humains produisent-ils en plus grande quantité? (9.4) **CC**
   a) vapeur d'eau
   b) ammoniac
   c) dioxyde de carbone
   d) méthane

3. Lequel des facteurs ci-dessous peut être causé par une augmentation des concentrations des gaz à effet de serre dans l'atmosphère? (9.1) **CC**
   a) élévation du niveau de la mer
   b) chute des températures
   c) formation de nouvelles calottes glaciaires
   d) dilatation de la glace arctique

4. Laquelle des séries ci-dessous classe les sources de gaz à effet de serre produits par le Canada, de celle qui en produit le plus à celle qui en produit le moins? (9.5) **CC**
   a) transport; agriculture; utilisation des sols et foresterie
   b) agriculture; transport; utilisation des sols et foresterie
   c) agriculture; utilisation des sols et foresterie; transport
   d) utilisation des sols et foresterie; agriculture; transport

Indique si chacun des énoncés est VRAI ou FAUX. Si tu penses qu'un énoncé est faux, récris-le en le corrigeant.

5. Les agents de réfrigération constituent une importante source anthropique de dioxyde de carbone dans l'atmosphère. (9.4) **CC**

6. La température terrestre moyenne augmente régulièrement depuis 1880. (9.1) **CC**

7. La hausse des températures mondiales pourrait entraîner la libération du dioxyde de carbone capté par les océans. (9.4) **CC**

8. La fonte des glaciers et des calottes glaciaires continentales entraîne une élévation du niveau des mers. (9.1) **CC**

Copie les énoncés ci-dessous dans ton cahier. Complète-les à l'aide des termes appropriés.

9. Les réservoirs naturels, comme les océans et les forêts qui absorbent le dioxyde de carbone de l'air, sont appelés « _____ de carbone ». (9.4) **CC**

10. Des gaz à effet de serre sont produits au cours de la combustion de _____ à des fins industrielles, ainsi que pour le chauffage et le transport. (9.4) **CC**

11. Les concentrations de dioxyde de carbone dans l'atmosphère sont plus fortes actuellement qu'elles ne l'ont jamais été au cours des _____ dernières années. (9.4) **CC**

Associe chaque substance de la colonne de gauche à la source qui lui convient le mieux dans la colonne de droite.

12. a) dioxyde de carbone
    b) méthane
    c) oxyde nitreux
    d) chlorofluorocarbures

    i) culture du riz et élevage de bétail
    ii) déforestation et combustion de combustibles fossiles
    iii) agents de réfrigération
    iv) engrais contenant de l'azote et nourriture pour le bétail (9.4) **CC**

Rédige une brève réponse à chacune des questions suivantes.

13. Explique les deux principaux facteurs qui contribuent à l'élévation du niveau des mers sur la Terre. (9.1) **CC**

14. Quel effet la déforestation a-t-elle sur la quantité de dioxyde de carbone dans l'atmosphère? (9.4) **CC**

15. Le mot « anthropique » signifie « causé par les êtres humains ». Utilise-le dans une phrase que tu vas rédiger pour expliquer la relation entre les êtres humains, les gaz à effet de serre et les changements climatiques à l'échelle planétaire. (9.4)

16. Explique comment un arbre de ta pelouse pourrait être :
    a) un puit de carbone.
    b) une source de carbone. (9.4)

17. Comment la fonte des glaciers peut-elle avoir :
    a) un effet positif sur les populations humaines ?
    b) un effet négatif sur les populations humaines ? (9.1)

18. Les boucles de rétroaction peuvent fortement intensifier de petits changements climatiques. (9.4)
    a) La boucle de rétroaction formée par la relation entre les concentrations de dioxyde de carbone et la température mondiale est-elle positive ou négative ?
    b) Explique cette boucle de rétroaction à l'aide d'un diagramme.

19. Le protocole de Kyoto est une entente internationale ayant pour objectif de réduire les émissions de gaz à effet de serre. Il pose des restrictions en ce qui concerne les activités humaines produisant des gaz à effet de serre. Pourquoi un pays pourrait-il hésiter à prendre part à cette entente ? (9.1)

20. Nos choix personnels en matière de transport auront une incidence sur la quantité d'émissions de gaz à effet de serre. (9.4, 9.5)
    a) Un véhicule utilitaire sport dégage environ 1,5 t de dioxyde de carbone de plus par année qu'une voiture. Quel effet cette information pourrait-elle avoir sur tes décisions en matière de transport ?
    b) La plupart des autobus dégagent encore plus de dioxyde de carbone que ne le font les véhicules utilitaires sport. À ton avis, les gens devraient-ils cesser de prendre l'autobus ?
    c) Commente l'affirmation suivante : « Certains pays ont des forêts qui absorbent de grandes quantités de dioxyde de carbone. Dans ces pays, les gens n'ont pas à se préoccuper des types de véhicules qu'ils conduisent. »

21. Quand deux variables se modifient en même temps, on dit qu'elles sont corrélées. (9.4)
    a) Quand deux variables sont corrélées, cela signifie-t-il que l'une est la cause de l'autre ?
    b) Comment les scientifiques en sont-ils venus à la conclusion que l'activité humaine a une grande influence sur le climat ?

22. Les scientifiques croient que les sources anthropiques de gaz à effet de serre entraînent des changements climatiques. (9.1)
    a) À ton avis, quel signe de changement climatique anthropique est le plus convaincant ?
    b) Rédige une argumentation que tu pourrais utiliser pour communiquer cette information à des camarades ou à ta famille.

23. Pourquoi les changements climatiques sont-ils considérés comme un problème à l'échelle planétaire ? (9.5)

24. a) Donne les deux principales causes de l'élévation du niveau de la mer.
    b) Quels autres facteurs pourraient contribuer à l'élévation du niveau de la mer ? (9.1, 9.3)

25. Si tous les pays du monde cessaient d'émettre des gaz à effet de serre demain, pourrions-nous prévenir les changements climatiques ? Explique ta réponse. (9.4)

26. Les scientifiques utilisent des modèles informatiques pour comprendre les facteurs qui ont influé sur le climat par le passé. Explique comment ils utilisent ces modèles pour comprendre l'impact qu'ont eu les êtres humains sur le système climatique terrestre au fil du temps. (9.6)

27. Imagine que tu participes à un débat sur les émissions canadiennes de gaz à effet de serre. Ton opposante ou ton opposant fait l'affirmation suivante : « Comme les forêts canadiennes absorbent le dioxyde de carbone, nous n'avons pas à nous préoccuper de nos émissions. Plus nous produirons de gaz à effet de serre, plus nos forêts en absorberont. » Rédige un court paragraphe pour critiquer cette affirmation. (9.5)

28. Sers-toi d'un tableau ou d'un organisateur graphique pour comparer l'effet de serre naturel à l'effet de serre anthropique. (9.4)

CHAPITRE 10

Évaluer les changements climatiques et y réagir

QUESTION CLÉ : Que pouvons-nous faire pour réduire les impacts des changements climatiques et nous préparer aux changements à venir ?

La mise en œuvre de parcs éoliens est l'un des moyens de contrer les changements climatiques.

UNITÉ D

Les changements climatiques

CHAPITRE 8 — Le système climatique terrestre et les phénomènes naturels

CHAPITRE 9 — Le déséquilibre du climat terrestre

CHAPITRE 10 — Évaluer les changements climatiques et y réagir

CONCEPTS CLÉS

Les impacts des changements climatiques vont modifier notre environnement et notre société.

Les impacts des changements climatiques vont se faire sentir principalement dans l'Arctique.

En Ontario, on s'attend à ce que les changements climatiques entraînent des hivers et des étés plus chauds.

Les mesures actuelles ne vont pas empêcher les changements climatiques d'avoir de graves impacts négatifs.

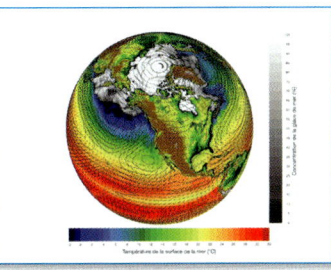

Les émissions de gaz à effet de serre doivent être réduites de 80 % d'ici 2050 pour éviter les impacts les plus désastreux.

Le recours à des sources d'énergie propre est essentiel si nous voulons réduire les émissions de gaz à effet de serre.

ÉVEILLE-TOI AUX SCIENCES

LES TECHNOLOGIES VERTES

En 2010, le Centre des congrès et des expositions de Vancouver (CCEV) servira de centre international de diffusion pour les Olympiques. Il fera partie des bâtiments qui symbolisent le Canada aux yeux du monde entier. Heureusement pour la population canadienne, le CCEV, nouvellement agrandi, sera un digne représentant de notre pays puisqu'il est écologique et qu'il utilise de nombreuses technologies vertes qui contribuent à réduire les émissions de gaz à effet de serre.

La technologie des toits verts

L'immense toit vert de ce centre est constitué de 400 000 plantes indigènes de la côte ouest. Même si, au départ, ces plantes étaient de petite taille, elles croissent rapidement et vont vite former un luxuriant tapis organique. Sur un toit vert, les plantes absorbent l'énergie solaire et l'utilisent pour la photosynthèse, au lieu de renvoyer l'énergie thermique dans l'atmosphère comme le fait un toit ordinaire. Les toits verts permettent aussi de mieux isoler les bâtiments, qui utilisent alors moins d'énergie pour le chauffage et la climatisation. Par temps chaud, ces bâtiments demeurent plus frais.

Les toits verts absorbent l'eau de pluie, réduisant ainsi la quantité d'eau qui s'écoule dans les égouts pluviaux. De plus, ils améliorent la qualité de l'air et réduisent la pollution par le bruit. Ce concept intéresse aussi d'autres villes importantes, dont Londres, Chicago et Toronto, qui songent à l'intégrer dans les mesures à prendre pour se préparer aux changements climatiques.

D'autres technologies vertes

Construit partiellement au-dessus de l'eau, le nouveau CCEV est conçu pour fournir un habitat sous-marin aux algues, aux moules et à d'autres organismes aquatiques. Il est écoénergétique, et produit donc moins de gaz à effet de serre qu'un bâtiment traditionnel de même taille. Il renferme aussi un centre d'épuration d'eau et il est construit pour durer. Le CCEV est un bon exemple de la façon dont les technologies vertes nous aident à nous préparer aux changements climatiques.

Comment les technologies vertes pourraient-elles être utilisées chez toi ou dans ton quartier? Ces technologies suffiront-elles à atténuer les conséquences des changements climatiques? Peux-tu faire d'autres suggestions en lien avec les technologies vertes mentionnées ci-dessus?

QU'EN PENSES-TU?

Beaucoup des notions que tu vas explorer dans ce chapitre sont des notions que tu as déjà abordées. Tu pourrais en avoir entendu parler à l'école, à la maison ou autour de toi. Les énoncés ci-dessous ne sont pas tous vrais. Examine chacun et détermine si tu es d'accord ou non.

1 Nous pouvons prévenir les changements climatiques si nous réduisons notre consommation de combustibles fossiles.
D'accord / En désaccord

4 La meilleure façon d'atténuer les effets de l'activité humaine sur le climat est d'utiliser dorénavant des sources d'énergie propre.
D'accord / En désaccord

2 Les scientifiques sont toujours objectifs et impartiaux lorsqu'ils collectent et analysent des données, puis en tirent des conclusions.
D'accord / En désaccord

5 La consommation de combustibles fossiles par la population canadienne constitue un gaspillage.
D'accord / En désaccord

3 Comme les conséquences des changements climatiques se feront surtout sentir dans l'Arctique, les populations des pays situés près de l'équateur n'ont pas à s'inquiéter.
D'accord / En désaccord

6 Nous devons nous attaquer au problème des changements climatiques en prenant des mesures individuelles, locales, régionales et internationales.
D'accord / En désaccord

HALTE LECTURE

Synthétiser l'information

Quand tu synthétises l'information, tu combines les renseignements tirés de différentes sources de manière à arriver à une meilleure compréhension. Utilise les stratégies ci-dessous pour faire la synthèse d'un texte :

- Établis des liens entre l'information donnée dans le texte et tes connaissances antérieures.
- Explique les liens qui existent entre les idées du texte et celles d'autres textes.
- Examine comment les nouvelles idées et la nouvelle information changent ton point de vue.
- Demande-toi comment les composantes du texte, comme les graphiques et les illustrations, appuient le texte.
- Tire des conclusions sur ce que tu as appris.

COUP DE POUCE
LECTURE

Au fil de ce chapitre, prête attention aux rubriques Coup de pouce. Elles vont t'aider à élaborer des stratégies de littératie.

L'utilisation de l'électricité

Plus les étés vont devenir chauds, plus nous utiliserons d'électricité pour la climatisation. Produire de l'électricité à partir de charbon ou de gaz naturel dégage des gaz à effet de serre. En hiver, nous allons peut-être consommer moins d'énergie, à cause du temps plus chaud.

En Ontario, environ le quart de notre électricité est produit à l'aide de l'énergie hydroélectrique, qui ne génère pas de gaz à effet de serre. Pendant les vagues de chaleur, toutefois, les gens pourraient vouloir utiliser plus d'électricité qu'il n'est possible d'en produire, ce qui provoquerait des pannes (figure 1). De plus, si les changements climatiques entraînent une baisse du niveau des lacs, nous devrons peut-être avoir davantage recours aux combustibles fossiles.

Figure 1 Des pannes pourraient se produire plus souvent si la population canadienne se met à utiliser plus d'électricité pour la climatisation des maisons et des lieux de travail.

Synthétiser l'information : *À toi de jouer !*

La synthèse est un moyen très efficace d'utiliser tes connaissances pour réfléchir à de nouveaux renseignements et tirer tes propres conclusions. Voici comment un élève a utilisé ces stratégies pour synthétiser le texte sur l'utilisation de l'électricité.

Information donnée par le texte	Connaissances antérieures	Ce que je pense maintenant
Il faudra plus de climatisation si les étés deviennent plus chauds.	La panne d'électricité de 2003 est survenue pendant l'été.	Nous allons devoir produire plus d'électricité.
L'énergie hydroélectrique est préférable à l'utilisation du charbon ou du gaz naturel.	Les gaz à effet de serre provoquent des changements climatiques.	Nous devons produire plus d'électricité propre.
Une baisse du niveau des lacs réduira la production d'énergie hydroélectrique.	Le vent et le Soleil sont des sources d'énergie propre.	Nous devons utiliser davantage de technologies éoliennes et solaires.

10.1 Les modèles climatiques et l'énergie propre

Les films et les livres de science-fiction présentent de nombreuses idées intéressantes au sujet de l'avenir. Dans 100 ans, la Terre pourrait être très différente de ce qu'elle est aujourd'hui (figure 1); cela dépendra du climat, ainsi que de l'évolution des technologies humaines et de la société en général.

Figure 1 Le climat aura des effets sur notre futur mode de vie, et notre mode de vie actuel aura des effets sur le climat du futur. À ton avis, comment les technologies et la société vont-elles évoluer?

Des prédictions incertaines sur le climat du futur

Songe à ce que tu as appris sur le système climatique complexe de la Terre. Ce système dépend, entre autres :

- des cycles du carbone et de l'eau;
- des concentrations des gaz à effet de serre (GES) dans l'atmosphère;
- des boucles de rétroaction positives et négatives, dont l'effet albédo;
- des courants océaniques, dont la circulation thermohaline.

À cause de ce grand nombre de variables, les scientifiques qui étudient le système climatique ne peuvent pas être certains de la vitesse à laquelle le climat terrestre réagira aux changements dans les concentrations des GES. Par exemple, la glace de mer de l'Arctique fond plus rapidement que ne l'avaient prédit les modèles climatiques. Le système climatique terrestre pourrait donc être plus sensible à nos émissions de GES que nous ne le pensions.

De plus, les scientifiques ont découvert que les océans et les organismes vivants absorbent le carbone moins vite qu'ils ne l'avaient prévu (figure 2). Les concentrations atmosphériques de dioxyde de carbone pourraient donc augmenter plus rapidement que nous ne le pensions, même si nos émissions demeurent constantes.

Figure 2 Les océans absorbent le carbone moins rapidement que ne l'avaient prévu les scientifiques.

Malgré tout cela, les modèles informatiques arrivent à modéliser le système climatique avec suffisamment de précision. En fait, si les scientifiques ont du mal à prédire le climat, c'est qu'ils ignorent les choix que vont faire les gens. Par exemple, si nous continuons de consommer des combustibles fossiles au même rythme, nous pouvons nous attendre à un changement radical du climat. Toutefois, si nous optons rapidement pour des **sources d'énergie propre** qui produisent très peu de gaz à effet de serre ou qui n'en produisent pas du tout, le climat pourrait se modifier moins brutalement.

source d'énergie propre source d'énergie qui produit très peu de gaz à effet de serre ou qui n'en produit pas du tout

Les projections climatiques

projection climatique prévision scientifique du climat du futur, basée sur des observations et des modèles informatiques

Une **projection climatique** est une estimation scientifique des futures conditions climatiques. Elle est basée sur des simulations réalisées grâce à des modèles informatiques complexes, appelés « modèles climatiques ». Ces modèles tiennent compte des futurs changements qui auront un impact sur la production de GES (figure 3).

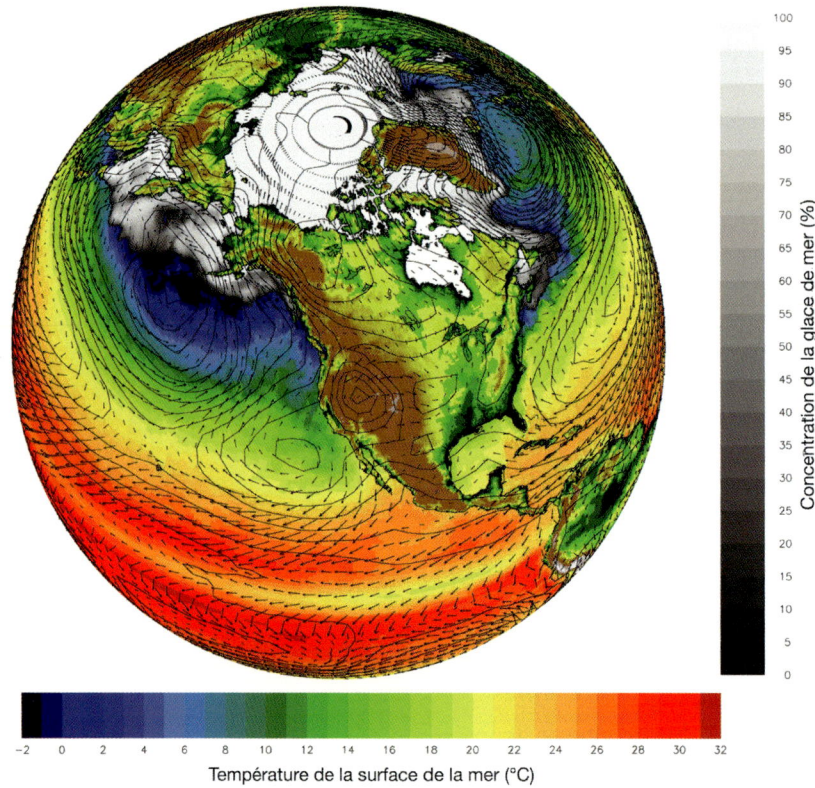

Figure 3 Cette image, qui montre les changements dans la couverture de glace de mer et dans la température de la surface de la mer, a été produite grâce aux résultats de modèles climatiques.

Nous ignorons ce que seront nos futures émissions de GES et à quelle vitesse la Terre y réagira. Cependant, les scientifiques peuvent faire des projections afin de prédire ce à quoi ressemblera le climat du futur dans des conditions spécifiques.

Pour faire ces projections, ils formulent des hypothèses, qu'ils appellent « scénarios », sur la façon dont les êtres humains vont se comporter dans l'avenir. Examine les scénarios A et B (figure 4). Pour chacun de ces scénarios, les scientifiques ont fait des projections sur la façon dont le climat changerait dans ces circonstances, à l'aide de modèles climatiques.

Figure 4 Pour faire des projections climatiques, les scientifiques établissent d'abord des scénarios possibles. Ensuite, ils déterminent les quantités de gaz à effet de serre qui seraient produites dans chaque scénario. Enfin, ils entrent ces données dans les modèles climatiques pour calculer comment le climat se modifierait dans ces conditions.

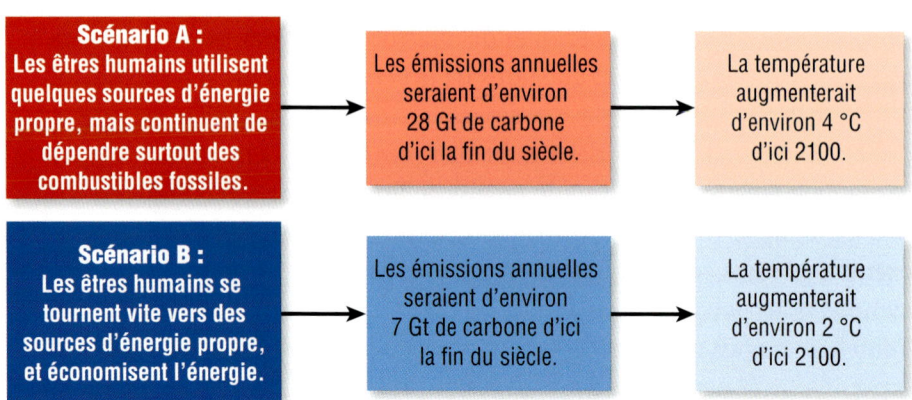

Pour élaborer des scénarios sur le climat du futur, les scientifiques se posent les questions suivantes :

- À quelle vitesse la population mondiale va-t-elle augmenter ?
- Quels types de technologies allons-nous utiliser dans 10 ans ? Dans 50 ans ? Dans 100 ans ?
- Quelles sources d'énergie allons-nous utiliser dans 10 ans ? Dans 50 ans ? Dans 100 ans ?

Les scientifiques qui étudient le climat ont fait des projections pour divers scénarios. Ils ont constaté que, dans les scénarios où il y a une plus grande quantité d'émissions de GES, la température augmente davantage que dans les scénarios où il y a moins d'émissions. Dans un scénario où les émissions sont considérables, comme dans le scénario A, la hausse de température d'ici la fin du siècle est deux fois plus élevée que celle prévue dans un scénario où il y a peu d'émissions, comme dans le scénario B (figure 5).

> **COUP DE POUCE**
> **LECTURE**
>
> **L'information visuelle**
> Si tu as du mal à comprendre l'idée principale d'un texte, tu peux te servir de l'information que te fournit une illustration ou une photo. L'information présentée dans un graphique ou un tableau peut aussi te procurer des détails spécifiques qui t'aideront à faire une synthèse.

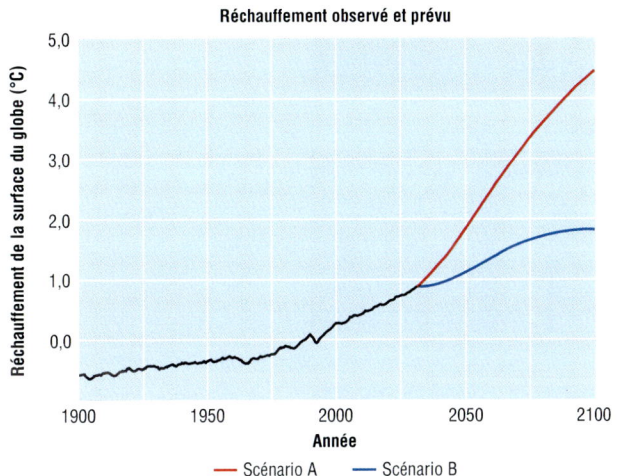

Figure 5 Les deux lignes de couleur montrent les conséquences possibles de deux scénarios. Dans le scénario A (ligne rouge), les êtres humains continuent de dépendre des combustibles fossiles. Dans le scénario B (ligne bleue), ils optent plutôt pour des sources d'énergie propre et économisent l'énergie.

SCIENCES EN ACTION — ESTIMER LE CLIMAT DU FUTUR EN ONTARIO

HABILETÉS : prédire le résultat, contrôler les variables, exécuter, évaluer

LA BOÎTE À OUTILS

Dans cette activité, tu vas réaliser une simulation par ordinateur et découvrir quel impact le scénario que tu as choisi pourrait avoir sur le climat de l'Ontario.

Matériel : ordinateur avec accès à Internet

1. Ton enseignante ou ton enseignant va t'expliquer comment accéder à la simulation par ordinateur. Clique sur le bouton « Climat futur ». Choisis la valeur climatique et la période sur lesquelles portera ta simulation (p. ex., la moyenne estivale des températures pour les années 2071 à 2100 en Ontario).
2. Choisis soit le scénario comportant de fortes émissions de GES, soit le scénario comportant de faibles émissions de GES.
3. Choisis un type de carte (p. ex., provinciale) et un lieu.
4. Lis la carte produite par le programme. Note tes observations.
5. Fais une autre projection en utilisant des valeurs différentes.

A. Compare les résultats que tu as obtenus avec les deux ensembles de valeurs.
   Pose-toi des questions telles que :
   - Quel sera le plus grand changement en Ontario ? Qu'est-ce qui changera le moins ?
   - Quelles grandes ou petites villes connaîtront les plus grands changements ? Lesquelles connaîtront le moins de changements ?

B. Explique comment un modèle climatique comme celui-là peut aider les scientifiques à faire des hypothèses sur les changements climatiques.

C. Nomme un inconvénient que pourrait présenter l'utilisation de ce genre de modèle climatique. Par exemple, qu'est-ce qui n'est pas montré ? Quelles suppositions erronées (s'il y en a) pourraient être faites à cause d'un tel modèle ?

10.1 Les modèles climatiques et l'énergie propre

De nouvelles sources d'énergie

La consommation d'énergie est l'une des principales variables utilisées dans les projections climatiques. Nous dépendons des combustibles fossiles pour faire fonctionner de nombreux appareils d'usage courant. L'extraction, le raffinage et l'utilisation des combustibles fossiles dégagent des gaz à effet de serre.

Afin de limiter les changements climatiques, nous devrons remplacer les combustibles fossiles par des sources d'énergie propre. Le tableau 1 présente les sources d'énergie propre les plus courantes.

Tableau 1 Les sources d'énergie propre

Source d'énergie propre	Description
énergie éolienne	Le vent fait tourner les pales des éoliennes, ce qui fait fonctionner les génératrices qui produisent de l'électricité.
énergie géothermique	L'énergie thermique emmagasinée sous la surface de la Terre est utilisée pour chauffer des maisons et d'autres bâtiments.
énergie solaire	Des panneaux solaires absorbent le rayonnement du Soleil et le convertissent en électricité. Ce rayonnement peut aussi être utilisé pour chauffer de l'eau.
hydroélectricité	L'énergie du mouvement de l'eau (p. ex., dans une chute) fait tourner des turbines qui activent des génératrices produisant de l'électricité.
biocarburants	Les plantes fournissent les combustibles utilisés pour produire de l'énergie.
énergie nucléaire	L'énergie nucléaire est produite par la fission du noyau des atomes. Même si les centrales nucléaires ne dégagent pas de gaz à effet de serre, elles produisent des déchets radioactifs, ce qui entraîne d'autres problèmes.

LE SAVAIS-TU?

Les biocarburants

Les biocarburants produisent des gaz à effet de serre, mais ces émissions ont un impact beaucoup moins grand sur le système climatique. Pourquoi? Comme le carbone contenu dans les biocarburants se trouvait dans l'atmosphère quelques années auparavant, sa libération ne modifie pas la composition de l'atmosphère. Les biocarburants sont donc considérés comme carboneutres, tant que leur processus de production ne consomme pas de combustibles fossiles.

Certains changements climatiques surviendraient même si nous arrêtions dès maintenant de consommer des combustibles fossiles. La Terre continuerait de se réchauffer au cours du prochain siècle, à cause des gaz à effet de serre déjà libérés dans l'atmosphère. Toutefois, en remplaçant rapidement les combustibles fossiles par des sources d'énergie propre, nous pouvons éviter les conséquences les plus graves des changements climatiques. Voici quelques exemples de ces conséquences :

- la désintégration des calottes glaciaires du Groenland et de l'Antarctique de l'Ouest, qui élèverait le niveau de la mer d'environ 15 m et forcerait le déplacement de plus d'un milliard de personnes ;
- la disparition de près de la moitié des espèces de la planète, dont plusieurs n'ont même pas encore été identifiées ;
- une augmentation de la fréquence des événements météorologiques extrêmes, comme les vagues de chaleur, les inondations et les sécheresses.

Autrefois, l'Islande dépendait, pour le chauffage, du charbon importé. Au cours des 50 dernières années, cependant, ce pays s'est tourné vers des sources d'énergie renouvelable, principalement les énergies géothermique et hydroélectrique (figure 6). Combien de temps les autres pays mettront-ils à faire la même chose ? La réponse à cette question aura sans doute un impact considérable sur l'avenir de notre civilisation.

Figure 6 Les centrales géothermiques captent l'énergie thermique de la croûte terrestre.

SIGNET de fin d'unité

Cette information sur le remplacement de nos sources d'énergie pourrait t'être utile quand tu travailleras à l'activité de fin d'unité, à la page 444.

LE SAVAIS-TU ?

Des bananes arctiques
En Islande, les longs jours d'été et le faible coût de l'énergie géothermique rendent possible la culture des tomates, des concombres, des roses et même des bananes. Environ 90 % des maisons sont chauffées à l'énergie géothermique.

EN RÉSUMÉ

- Pour faire des projections climatiques, les scientifiques élaborent des scénarios en spécifiant pour chacun la quantité de gaz à effet de serre qui serait produite. Ils se servent de ces quantités pour calculer dans quelle mesure le climat terrestre changerait dans ces conditions.

- Remplacer les combustibles fossiles par des sources d'énergie propre est une des meilleures façons de réduire les effets de l'activité humaine sur le climat.

- Les sources d'énergie propre comprennent l'énergie éolienne, l'énergie géothermique, l'énergie solaire, l'hydroélectricité, les biocarburants et l'énergie nucléaire.

✓ VÉRIFIE TA COMPRÉHENSION

1. Donne deux raisons pour lesquelles les scientifiques ont du mal à prédire avec exactitude les changements climatiques à venir.

2. Explique deux facteurs complexes liés au système climatique terrestre qui provoquent des changements climatiques plus rapides que nous ne l'avions prévu.

3. a) Qu'est-ce qu'une source d'énergie propre ?
   b) Donne deux exemples de sources d'énergie propre utilisées avec succès en Ontario.

4. Comment les modèles climatiques tiennent-ils compte de l'incertitude quant au comportement humain ?

5. Les sources d'énergie propre entraînent aussi certains problèmes. Pour chacun des éléments ci-dessous, donne un exemple de conséquence négative possible sur l'environnement ou les gens.
   a) les barrages hydroélectriques
   b) les centrales nucléaires
   c) la production de biocarburant à partir de maïs

6. Ta famille élabore un plan quinquennal (d'une durée de cinq ans) pour passer à l'utilisation de sources d'énergie propre. Par quoi commencerez-vous ? Quelles mesures prendrez-vous ? Conçois une ligne du temps pour montrer à quels moments vous mettrez en œuvre les mesures de votre plan.

10.2 Les impacts mondiaux des changements climatiques

Pendant des milliers d'années, seuls des plantes à fleurs basses, des mousses et des lichens poussaient dans la toundra arctique, à cause des températures froides et de la courte saison de croissance. Au cours du dernier siècle, des forêts d'épinettes ont commencé à croître sur ces terres, là où aucun arbre n'avait poussé auparavant (figure 1). À cause des changements climatiques, la saison estivale s'allonge et les populations d'épinettes migrent vers le nord.

Les **impacts des changements climatiques** sont des conséquences liées à l'augmentation des températures à l'échelle planétaire, aux modifications des configurations des précipitations ou à d'autres changements climatiques. Les changements que tu as étudiés à la section 9.1 sont tous des impacts des changements climatiques. Il y aura beaucoup d'autres impacts dans les années à venir.

impact des changements climatiques conséquence, sur la société humaine et les milieux naturels, des changements du climat, comme la hausse de la température terrestre à l'échelle planétaire

LE SAVAIS-TU?
Un pays en voie de disparition
Tuvalu, un minuscule pays constitué d'une série d'îles dans l'océan Pacifique, risque de disparaître. À son plus haut point, Tuvalu n'est qu'à 4,5 m au-dessus du niveau de la mer. Ce pays pourrait disparaître au cours des prochaines décennies si le niveau de la mer continuait de s'élever. Où iront les 11 000 habitantes et habitants de Tuvalu?

Groupe d'experts intergouvernemental sur l'évolution du climat (GIEC) groupe de plusieurs milliers de climatologues qui ont résumé les plus récents travaux scientifiques sur les changements climatiques

Figure 2 En 2007, le GIEC (représenté ici par son président, Rajendra Pachauri) et Al Gore ont reçu le prix Nobel de la paix pour leurs travaux sur les changements climatiques.

Pour lire les rapports du GIEC :

Figure 1 Des épinettes ont commencé à pousser dans la toundra il y a environ 80 ans.

Des changements annoncés

Le **Groupe d'experts intergouvernemental sur l'évolution du climat (GIEC)** a été formé en 1988 pour évaluer les risques des changements climatiques dus à l'activité humaine. Les milliers de climatologues membres du GIEC synthétisent leurs travaux et en communiquent les résultats. Le GIEC constitue un consensus au sein de la communauté scientifique mondiale (figure 2). Cela signifie que la majorité des scientifiques sont d'accord avec les conclusions du GIEC quant aux impacts futurs des changements climatiques.

Toutefois, les scientifiques ne sont pas tous entièrement d'accord avec les conclusions du GIEC. Certains croient que les rapports du GIEC ne rendent pas compte de toute la gravité des impacts. Selon eux, les êtres humains ne réduiront probablement pas leurs émissions assez vite, et les répercussions seront donc plus importantes que celles prévues par le GIEC. Une faible minorité de scientifiques est d'avis que la plupart des impacts seront moins graves que ce qui est prévu, ou même qu'ils seront positifs. Cependant, la majorité est d'accord avec les conclusions du GIEC.

Les rapports du GIEC ont déterminé plusieurs impacts potentiels des changements climatiques. Examinons plus en détail quatre des principaux impacts planétaires.

L'élévation du niveau de la mer

Plus les glaciers et les calottes glaciaires fondront, tandis que les océans se réchaufferont et prendront de l'expansion, plus le niveau des mers s'élèvera. Les régions côtières de basse altitude, où vivent des millions de personnes, courront de plus grands risques d'inondations. Certains États insulaires, comme Tuvalu et les États fédérés de Micronésie, pourraient se retrouver sous le niveau de la mer (figure 3). De plus vastes pays, comme le Bangladesh et les Pays-Bas, pourraient voir une grande partie de leurs territoires engloutie par les eaux. La majeure partie du sud de la Floride serait aussi menacée.

Figure 3 Les régions côtières de basse altitude, comme l'île Bhola, au Bangladesh, sont vulnérables aux variations du niveau de la mer. La moitié de cette île (soit plus de 3 000 km²) s'est érodée, et un demi-million de personnes sont maintenant sans abri.

Les impacts sur l'agriculture

Les régions sèches du monde, comme certaines parties de l'Afrique, pourraient recevoir encore moins de pluie (figure 4). Les récoltes pourraient être moins bonnes, et des millions de gens pourraient être touchés par la famine. D'autres régions, comme le sud des États-Unis et le Japon, pourraient recevoir plus de pluie, ce qui provoquerait des inondations. Il y aura probablement plus de dommages causés par les insectes et d'autres organismes nuisibles en raison du temps chaud et humide.

Figure 4 Des plants de maïs pendant une sécheresse

Les impacts sur les écosystèmes

Certaines plantes et certains animaux migreront probablement vers les pôles quand leurs habitats actuels deviendront invivables pour eux, ce qui modifiera les écosystèmes de la planète. Il pourrait y avoir perte de biodiversité. Environ 30 % des espèces pourraient disparaître d'ici 2050. Les marécages fragiles des régions côtières pourraient être engloutis à la suite de l'élévation du niveau des mers. Des changements au sein d'une population particulière se feront sentir dans toute la chaîne alimentaire. Par exemple, les fluctuations du climat réduisent les populations de plancton, la principale source de nourriture de la baleine franche de l'Atlantique Nord (figure 5), ce qui entraîne un plus haut taux de mortalité chez les baleines.

Figure 5 Il reste moins de 350 baleines franches dans l'Atlantique Nord.

Les impacts sur la santé des êtres humains, des plantes et des animaux

Les maladies et les organismes nuisibles ou porteurs de maladies qu'on trouve dans les climats chauds pourraient se répandre vers les pôles. Cela comprend les moustiques qui transmettent la malaria et la dengue aux êtres humains (figure 6). Les changements climatiques ont aussi des effets sur les maladies des plantes et sur les organismes nuisibles qui infestent les cultures et les forêts. Par exemple, le dendroctone du pin qui a détruit les forêts de la Colombie-Britannique se retrouve maintenant plus au nord et plus haut dans les montagnes.

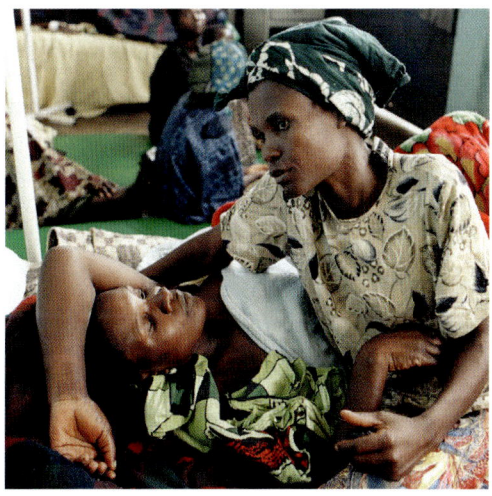

Figure 6 La malaria et la dengue sont deux maladies courantes dans les régions équatoriales de l'Afrique et de l'Asie.

Les changements à l'échelle des continents

Plusieurs impacts se font déjà sentir et s'intensifieront probablement au cours des prochaines décennies. La figure 7 montre certains des impacts dans différentes régions du monde.

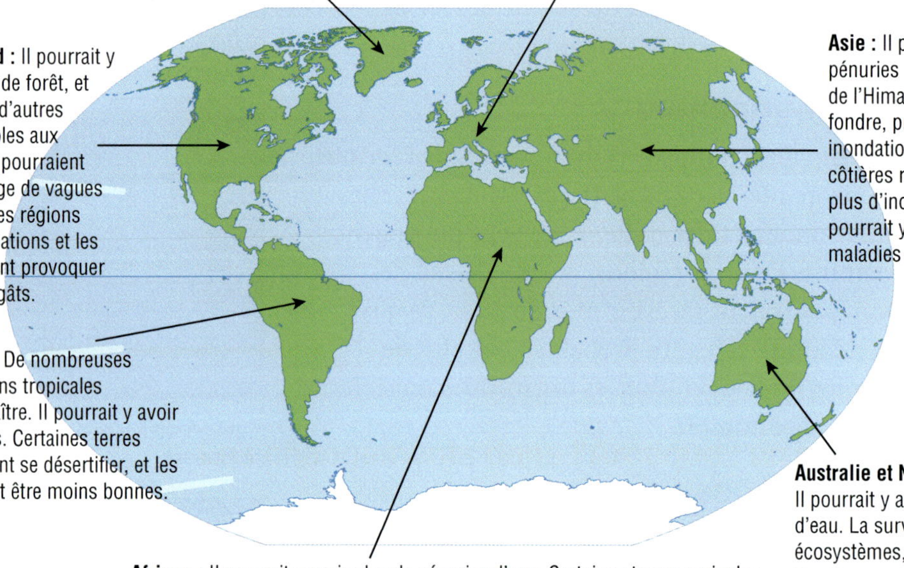

Arctique, Groenland et Antarctique : On prévoit la fonte des glaciers et des calottes glaciaires, et la diminution du volume de la glace de mer et du pergélisol. Les espèces animales, comme l'ours polaire, auront du mal à s'adapter. En Arctique, les modes de vie traditionnels pourraient disparaître.

Europe : On prévoit la fonte graduelle des glaciers, ce qui causerait des inondations. Il pourrait y avoir plus de vagues de chaleur et de feux de forêt.

Amérique du Nord : Il pourrait y avoir plus de feux de forêt, et plus d'insectes et d'autres organismes nuisibles aux plantes. Les villes pourraient connaître davantage de vagues de chaleur. Dans les régions côtières, les inondations et les tempêtes pourraient provoquer encore plus de dégâts.

Asie : Il pourrait y avoir des pénuries d'eau. Les glaciers de l'Himalaya pourraient fondre, provoquant des inondations. Les régions côtières risqueraient de subir plus d'inondations. Il pourrait y avoir plus de maladies diarrhéiques.

Amérique latine : De nombreuses espèces des régions tropicales pourraient disparaître. Il pourrait y avoir plus d'inondations. Certaines terres agricoles pourraient se désertifier, et les récoltes pourraient être moins bonnes.

Australie et Nouvelle-Zélande : Il pourrait y avoir des pénuries d'eau. La survie d'importants écosystèmes, comme la Grande Barrière, pourrait être menacée.

Afrique : Il pourrait y avoir plus de pénuries d'eau. Certaines terres agricoles pourraient se désertifier. Les récoltes pourraient en souffrir. Les régions côtières de basse altitude où vivent de nombreuses personnes pourraient subir plus d'inondations. Les écosystèmes comme les mangroves et les récifs de corail pourraient être endommagés.

Figure 7 Les impacts mondiaux possibles des changements climatiques, tels que prévus par le GIEC

RECHERCHE EN ACTION

LA CONTROVERSE ENTOURANT LES CHANGEMENTS CLIMATIQUES

HABILETÉS : effectuer une recherche, analyser l'enjeu, communiquer, évaluer

LA BOÎTE À OUTILS
4.A., 4.C.

La plupart des climatologues s'entendent sur les causes et les conséquences possibles des changements climatiques. Toutefois, quelques sceptiques croient que les changements dans le climat terrestre font simplement partie des cycles climatiques naturels, ou que leurs impacts seront moins graves qu'on le pense.

1. Renseigne-toi sur ce que les climatosceptiques disent à propos des indicateurs de changements climatiques (p. ex., recul des glaciers, augmentation des températures moyennes, élévation du niveau de la mer) et des causes des changements.

2. Fais une recherche dans Internet pour trouver des réactions aux affirmations des climatosceptiques, tout particulièrement celles de personnes qui travaillent actuellement à titre de climatologues.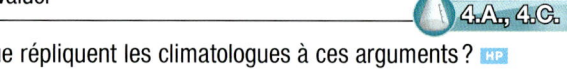

A. Que penses-tu des arguments des climatosceptiques ?

B. Que répliquent les climatologues à ces arguments ?

C. Quand des études scientifiques ont établi, pour la première fois, un lien entre le cancer du poumon et le tabagisme, dans les années 1950, certains scientifiques ont rejeté ces conclusions. Au fil des ans, on en est venu à reconnaître que le tabagisme avait une incidence sur la santé.

   a) Devrions-nous nous montrer sceptiques quand des conclusions scientifiques sont présentées pour la première fois ? Explique ta réponse.

   b) Combien de données devrions-nous attendre d'avoir accumulées avant de prendre des décisions importantes et coûteuses ?

   c) Quels dangers courons-nous si nous attendons encore 10 ans avant de prendre des décisions en vue de contrer les changements climatiques ?

Une inquiétude particulière pour l'Arctique canadien

Les scientifiques ont constaté que les changements climatiques surviennent plus rapidement dans l'Arctique que partout ailleurs. Voici ce que les projections climatiques indiquent sur les conséquences de l'effet albédo.

Les problèmes régionaux dus aux changements climatiques dans l'Arctique

La glace de mer fond et les habitats se transforment à mesure que les températures s'élèvent partout dans l'Arctique. Cela entraîne d'importantes conséquences écologiques pour toutes les espèces. Par exemple, quand il y a moins de glace, les ours polaires ont plus de difficulté à chasser leurs proies, les phoques annelés qui vivent sur les glaces (figure 8). En outre, plusieurs peuples de l'Arctique dépendent de la chasse pour se nourrir et seront touchés par les changements au sein des populations animales.

Figure 8 Les espèces animales de l'Arctique subissent les effets des changements climatiques.

Les côtes s'érodent à mesure que la glace de mer fond. Les communautés autrefois protégées par les glaces sont maintenant plus vulnérables aux tempêtes automnales provenant de l'océan. Les modes de vie traditionnels sont perturbés parce qu'il devient dangereux de circuler sur la glace fragilisée par la fonte. Le pergélisol commence à dégeler, ce qui provoque des dépressions et rend instables les fondations de bâtiments et d'autres structures.

Les avantages potentiels des changements climatiques dans l'Arctique

Comme il y aura moins de glace de mer, les navires auront plus de facilité à atteindre l'Arctique et ses précieuses ressources naturelles. Leurs trajets seront plus courts s'ils peuvent traverser l'Arctique en empruntant le Passage du Nord-Ouest plutôt que des routes maritimes plus au sud (figure 9).

Les arbres qui commencent à pousser dans le climat plus chaud de l'Arctique absorbent le dioxyde de carbone présent dans l'atmosphère. Plus tard, il sera peut-être possible de cultiver la terre dans des régions en plus haute altitude, selon la nature du sol. Cependant, les arbres et les champs cultivés réduiront l'albédo de la toundra (surtout en hiver), ce qui pourrait entraîner une augmentation nette du réchauffement.

Figure 9 Par le passé, le Passage du Nord-Ouest était bloqué par les glaces pendant presque toute l'année. Maintenant, il est navigable pendant de plus longues périodes.

RECHERCHE EN ACTION : LA LUTTE POUR L'ARCTIQUE

HABILETÉS : effectuer une recherche, analyser l'enjeu, communiquer, évaluer

LA BOÎTE À OUTILS 4.A.

La glace polaire fond, et de nombreux pays commencent à y voir des possibilités de profits. Les peuples autochtones pourraient profiter de précieuses ressources naturelles. De plus, de nouvelles routes maritimes pourraient être établies dans l'océan Arctique.

Matériel : globe terrestre, ruban à mesurer

1. Sers-toi du globe terrestre pour déterminer quels pays pourraient trouver l'Arctique intéressant d'un point de vue économique ou politique.
2. Mesure la distance que doit parcourir un navire pour se rendre de St. John's (Terre-Neuve) à Magadan, en Russie. Présume que le navire peut passer par le canal de Panama.
3. Mesure la distance que parcourrait un navire pour se rendre de St. John's (Terre-Neuve) à Magadan, en Russie, s'il n'y avait pas de glaces polaires.
4. Fais une recherche sur l'historique du Passage du Nord-Ouest.

A. À ton avis, quels pays pourraient revendiquer des droits sur les ressources naturelles de l'Arctique ? Explique pourquoi.
B. Quel effet la fonte de la glace polaire pourrait-elle avoir sur la navigation et le transport, pour le Canada et d'autres pays ?
C. a) Si les navires pouvaient passer par l'Arctique plutôt que par le canal de Panama, dans quelle mesure la route maritime entre Halifax et Magadan serait-elle raccourcie ?
   b) Quelles conséquences cela pourrait-il avoir sur le commerce entre le Canada et la Russie ?
D. Explique pourquoi, par le passé, tant d'explorateurs ont essayé de trouver le Passage du Nord-Ouest.
E. Quelles conséquences une plus grande utilisation du Passage du Nord-Ouest pourrait-elle avoir sur les modes de vie traditionnels ?

LE SAVAIS-TU ?

Les changements climatiques et l'expansion urbaine

Le port de Churchill, au Manitoba, sur la côte ouest de la baie d'Hudson, pourrait tirer profit des changements climatiques. L'ouverture prolongée du Passage du Nord-ouest provoquerait probablement une hausse de ses activités portuaires. Malheureusement, la fonte des glaces a une autre conséquence : les ours polaires peuvent se rendre jusque dans la ville, à la recherche de nourriture.

Les changements dans l'Arctique : un problème planétaire

Les changements climatiques dans l'Arctique auront des impacts considérables sur le reste de la planète.

- **Effet albédo :** Plus la glace de l'Arctique fondra, plus l'océan et les terres absorberont d'énergie solaire et moins ils en réfléchiront. L'Arctique se réchauffera donc plus rapidement. L'énergie absorbée par sa surface sera répandue partout dans le monde par le système climatique.

- **Libération de GES :** Une grande quantité de dioxyde de carbone et de méthane est emmagasinée dans le pergélisol. Le pergélisol du Canada, de l'Alaska et d'autres régions du monde a déjà commencé à dégeler. Si une bonne part du dioxyde de carbone et du méthane qu'il recèle est libérée lors du dégel, l'effet de serre en sera aggravé, et le climat pourrait changer beaucoup plus vite qu'on ne le prévoyait.

- **Élévation du niveau de la mer :** Plus d'eau se déversera dans les océans, à mesure que la calotte glaciaire du Groenland et les glaciers du Canada, de l'Alaska et de la Russie fondront.

- **Courants océaniques :** L'eau douce qui se déverse dans l'océan Arctique à cause de la fonte de la glace pourrait ralentir ou même arrêter les courants océaniques qui transportent l'énergie thermique partout sur la planète (circulation thermohaline).

- **Biodiversité :** De nombreuses espèces migratrices se reproduisent dans l'Arctique. Si l'écosystème de l'Arctique se modifiait, cela pourrait avoir un effet sur des espèces du monde entier (figure 10).

- **Changements liés à la navigation et au transport :** La fonte de la calotte glaciaire polaire permettra aux navires de circuler de plus en plus facilement dans l'Arctique. Les routes maritimes seront raccourcies, ce qui réduira les coûts de transport et la consommation d'énergie.

Figure 10 L'Arctique est un habitat important pour de nombreuses espèces d'oiseaux migrateurs.

ACTION CITOYENNE

Comment pouvons-nous protéger l'Arctique ?

Nous ne pouvons pas empêcher complètement les changements climatiques. Les gaz à effet de serre déjà émis influeront sur le climat pendant de nombreuses années. Toutefois, les impacts des changements climatiques peuvent être atténués.

Songe à ce que tu pourrais faire au sein de ta propre communauté pour protéger l'Arctique contre les changements climatiques. Présente tes suggestions dans un court article destiné à ton journal local ou à un magazine en ligne. Ton article doit persuader d'autres personnes que l'Arctique devrait être protégé. Suggère des mesures concrètes qu'une personne normale pourrait prendre.

SIGNET de fin d'unité

Songe aux impacts des changements climatiques mentionnés dans cette section quand tu accompliras l'activité de fin d'unité décrite à la page 444.

EN RÉSUMÉ

- Le Groupe d'experts intergouvernemental sur l'évolution du climat (GIEC) a résumé les plus récents travaux scientifiques sur les changements climatiques.
- Des hausses de température, des modifications dans les configurations des précipitations et une élévation du niveau de la mer comptent parmi les changements auxquels on s'attend à différents endroits de la planète.
- Les changements climatiques auront des impacts sur la société humaine et les milieux naturels ; l'agriculture et les écosystèmes seront touchés, et les organismes nuisibles ainsi que les maladies se répandront.
- Les changements climatiques surviennent plus rapidement dans l'Arctique que partout ailleurs.
- Les changements climatiques qui surviennent dans l'Arctique auront des conséquences économiques et écologiques partout sur la planète.

VÉRIFIE TA COMPRÉHENSION

1. Choisis un de ces changements climatiques :
   - élévation du niveau de la mer
   - changements liés à l'agriculture
   - changements liés aux écosystèmes
   - plus grande propagation des maladies

   Explique l'impact que pourrait avoir ce changement sur la planète et les gens au cours du prochain siècle.

2. Pour chacun des quatre changements climatiques de la question 1, nomme un pays qui pourrait beaucoup en souffrir. Explique l'effet qu'aura chacun des changements climatiques sur le pays touché.

3. L'effet albédo de la glace polaire fait que les plus importants changements climatiques surviendront dans l'Arctique et non dans le sud de l'Ontario. Explique cette notion. Tu devras peut-être te référer à la section 8.10.

4. Pourquoi est-il important d'obtenir un consensus au sein de la communauté scientifique mondiale en ce qui concerne les changements climatiques ?

5. Explique pourquoi le dégel du pergélisol de l'Arctique pourrait enclencher une autre boucle de rétroaction positive qui accentuerait les changements climatiques.

6. Les changements climatiques qui se produiront dans l'Arctique auront des impacts considérables sur les autres régions du monde. Choisis un des six points ci-dessous. Explique pourquoi il aura un impact positif ou négatif (ou les deux à la fois) sur le reste du monde. Prépare-toi à communiquer tes réflexions à tes camarades.
   - effet albédo et glace
   - libération de dioxyde de carbone
   - courants océaniques
   - élévation du niveau de la mer
   - biodiversité
   - navigation

GÉNIALES, LES SCIENCES! ✓ TPCL

La géo-ingénierie pour contrer les changements climatiques?

Certains scientifiques tentent de trouver des façons d'utiliser la technologie à l'échelle mondiale pour résoudre le problème des changements climatiques. Ce type de résolution de problème fait appel à la géo-ingénierie, c'est-à-dire l'utilisation de la technologie pour modifier l'environnement terrestre. Voici seulement trois des nombreuses idées proposées dans ce domaine. À ton avis, ces moyens peuvent-ils fonctionner?

Des miroirs dans l'espace

Des miroirs pourraient réfléchir dans l'espace une partie du rayonnement solaire pour faire baisser la température de la Terre (figure 1). Pour contrer l'effet des changements climatiques, il faudrait mettre en orbite autour de la planète 55 000 miroirs de 100 km^2 chacun. Nous pourrions aussi imiter l'action d'un volcan en pulvérisant des millions de tonnes de soufre dans l'atmosphère. Les gouttelettes de sulfate agiraient comme de minuscules miroirs.

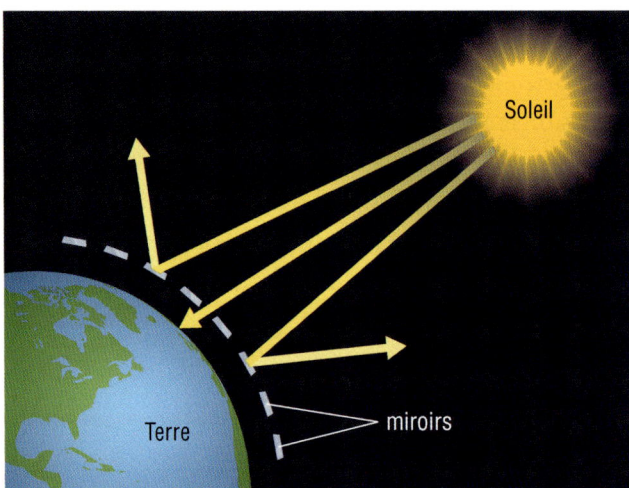

Figure 1 Des miroirs dans l'espace

La fertilisation des océans

Pendant la photosynthèse, les plantes absorbent le dioxyde de carbone de l'atmosphère. Les scientifiques étudient les effets de l'ajout d'engrais dans l'océan pour favoriser la croissance d'algues qui absorberaient le dioxyde de carbone de l'atmosphère (figure 2).

Figure 2 La fertilisation des océans

La culture d'algues

Des sacs, des bacs ou des tubes d'algues peuvent être utilisés pour absorber le dioxyde de carbone produit par les centrales énergétiques et autres usines (figure 3). Les algues peuvent aussi servir à la fabrication de carburant.

Figure 3 La culture d'algues

Les risques de la géo-ingénierie

Il existe plusieurs façons d'utiliser la technologie pour contrer les changements climatiques. Toutefois, ce pourrait être une mauvaise idée de modifier intentionnellement le climat terrestre. Pourquoi? Voici quelques-unes des raisons qui expliquent pourquoi la géo-ingénierie présente de grands risques:

- Nous ne pouvons pas prévoir toutes les conséquences des modifications du climat. Un projet de géo-ingénierie pourrait avoir des effets secondaires considérables et se révéler très nuisible. Par exemple, nous savons que les gouttelettes de sulfate dans l'atmosphère peuvent endommager la couche d'ozone et provoquer des pluies acides.

- Les projets pourraient ne pas donner les résultats escomptés. Par exemple, des recherches montrent que le déversement d'engrais dans l'océan n'entraîne pas nécessairement l'augmentation espérée de l'absorption de dioxyde de carbone. Aussitôt qu'on arrête d'y déverser de l'engrais, l'océan cesse d'absorber le dioxyde de carbone.

- La géo-ingénierie pourrait amener les gens à croire que le problème des changements climatiques est en bonne voie d'être réglé et qu'ils n'ont plus à réduire leurs émissions de gaz à effet de serre.

La géo-ingénierie ne peut pas, à elle seule, résoudre les problèmes causés par les changements climatiques, mais elle peut nous fournir un plan de secours si le climat se modifie plus rapidement que prévu.

10.3 Les impacts des changements climatiques sur l'Ontario

Le Canada et d'autres pays de haute altitude connaissent déjà des hausses de température plus fortes que celles enregistrées dans les pays de basse altitude. Le Canada pourrait donc s'attendre à connaître un réchauffement plus important que celui qui touchera de nombreux autres pays. Par exemple, avec des émissions de GES modérées d'ici 2100, la température moyenne de l'Ontario pourrait augmenter de 3 à 6 °C en hiver, et de 4 à 8 °C en été. Une étude récente montre que le climat du sud de l'Ontario est déjà semblable à celui du nord de l'État de New York il y a 20 ans. D'ici la fin du siècle, les hivers ontariens pourraient ressembler aux hivers actuels de la Pennsylvanie, et nos étés pourraient être aussi chauds et humides que ceux du nord de la Virginie (figure 1).

LE SAVAIS-TU?

Petite différence, énorme conséquence

De petites hausses de la température terrestre moyenne peuvent provoquer des changements climatiques importants. On estime que l'écart entre la température moyenne actuelle et celle de la dernière période glaciaire est de moins de 10 °C. Si nous continuons à consommer des combustibles fossiles au rythme actuel, la température terrestre pourrait subir une hausse aussi forte au cours des 100 prochaines années.

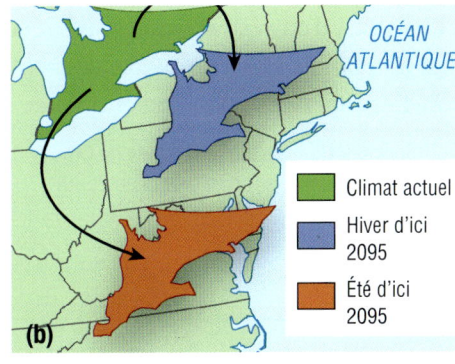

Figure 1 Dans 100 ans, les étés ontariens pourraient être aussi chauds que les étés actuels de la Virginie.

La température et les précipitations

Certains des changements climatiques en Ontario pourraient être considérés comme des changements positifs. Nos hivers seront probablement plus chauds, et comporteront moins de journées de grand froid et moins de neige (figure 2). Les coûts de chauffage pourraient donc baisser, et les routes pourraient être plus faciles à déneiger et à déglacer. Il pourrait aussi y avoir moins de glace sur les Grands Lacs, ce qui allongerait la période de navigation. Cependant, les impacts négatifs risquent fort de surpasser les effets positifs. Par exemple, il y aura plus de journées très chaudes et humides en été, et probablement plus de vagues de chaleur, ce qui aura des effets sur la santé humaine (voir page 421).

Les configurations des précipitations se modifieront sans doute en Ontario dans l'avenir. Il y aura vraisemblablement plus de pluie, mais certains secteurs s'assècheront, alors que d'autres deviendront plus humides. Les orages seront probablement plus fréquents et plus intenses, et seront suivis de longues périodes sèches.

Figure 2 Les hivers plus chauds pourraient réjouir certaines personnes, mais ils auront un effet négatif sur les sports d'hiver comme la planche à neige et le ski.

La modification du niveau d'eau des lacs

Le niveau du lac Supérieur s'est beaucoup abaissé au cours des dernières années. Les scientifiques pensent que les changements climatiques en sont peut-être la cause. Ce phénomène touche aussi d'autres lacs. Le réchauffement entraîne la diminution de la couverture de glace des lacs pendant l'hiver et une plus grande évaporation. Toutefois, une augmentation des précipitations peut compenser une partie des pertes dues à l'évaporation.

Quand les eaux des lacs se réchaufferont, les poissons qui vivent en eaux froides, comme la truite, pourraient migrer vers le nord ou disparaître. Le temps chaud accélère la croissance des algues, ce qui pourrait rendre les eaux et les plages malodorantes, à cause des odeurs qui se dégagent lorsque les algues meurent et se décomposent. Les espèces envahissantes, comme la moule zébrée et la lamproie, pourraient se multiplier et perturber les écosystèmes locaux.

Les écosystèmes

Les façons dont les écosystèmes canadiens s'adaptent aux changements climatiques actuels font maintenant l'objet d'études. Certaines plantes de la toundra fleurissent plus tôt et se reproduisent plus vite dans le nord-ouest de Terre-Neuve-et-Labrador. La figure 3 montre comment les écorégions du Canada seraient transformées si les concentrations atmosphériques de dioxyde de carbone doublaient et si le climat était le seul facteur en jeu. Toutefois, d'autres facteurs, comme le type de sol, contribuent à déterminer où les plantes et les animaux peuvent vivre. Il est donc difficile de prédire quelles espèces survivront et quelles espèces disparaîtront.

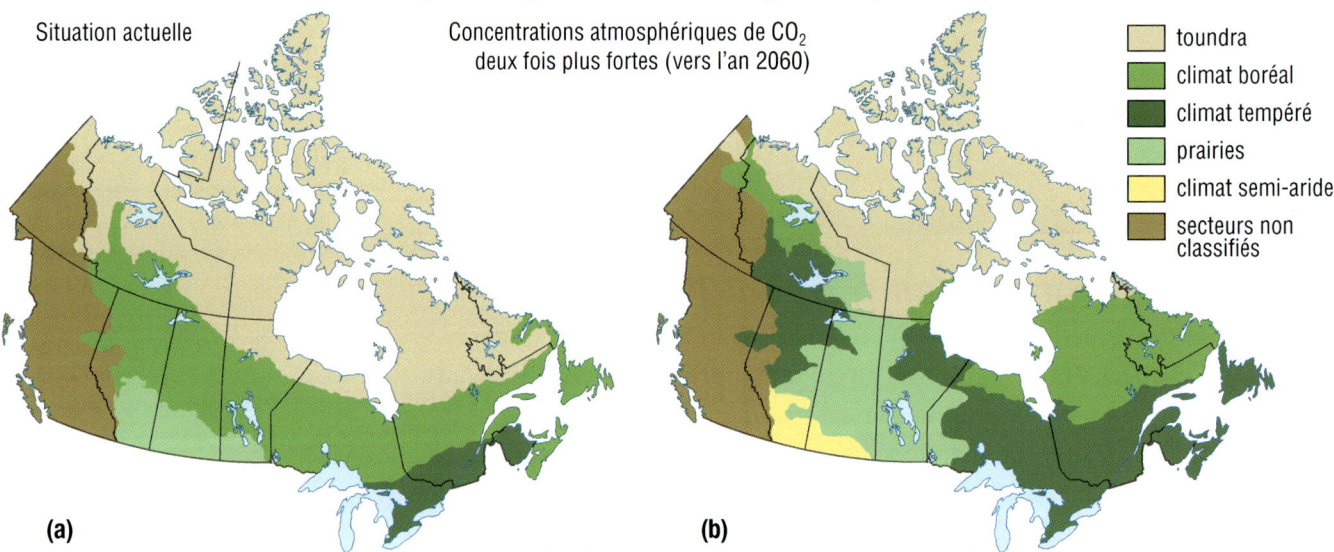

Figure 3 Les écorégions suivront un mouvement vers le nord à mesure que les concentrations de dioxyde de carbone augmenteront et que les températures s'élèveront.

Certains animaux du sud de l'Ontario, comme le cerf de Virginie et le cardinal, peuvent s'adapter à des températures plus élevées ou même en bénéficier. Les plantes et les animaux qui ont besoin de températures plus froides, comme l'épinette noire et l'orignal, iront probablement plus au nord au fil du temps. Les plantes et les animaux des États-Unis pourraient aussi se déplacer vers le Canada à mesure que les températures s'élèveront. Ces nouvelles espèces viendraient perturber les écosystèmes en place. Certaines espèces locales pourraient être menacées ou disparaître.

Figure 4 Le kudzu est une plante envahissante qui pousse sur presque n'importe quoi. La hausse des températures hivernales moyennes pourrait lui permettre de survivre en Ontario.

Le kudzu est une vigne à croissance rapide qui s'étend sur les bâtiments, les arbres, les lignes électriques et tout ce qui se trouve sur son passage (figure 4). Les États américains du Sud dépensent chaque année des millions de dollars pour l'arracher des bâtiments. Actuellement, le kudzu ne pousse qu'aux États-Unis, parce qu'il ne peut pas survivre à nos hivers froids. Si nos hivers devenaient plus chauds, le kudzu pourrait s'implanter chez nous.

Les maladies

Il se pourrait que les organismes porteurs de maladies se multiplient à mesure que les températures s'élèvent et que les configurations des précipitations se modifient. Les risques de contracter le virus du Nil, déjà présent en Ontario, pourraient augmenter. La maladie de Lyme, qui est transmise par la tique du cerf et provoque de la fièvre et une éruption cutanée, pourrait y devenir un problème plus important (figure 5).

L'épidémiologie est un domaine de la médecine qui étudie l'apparition et la distribution des maladies. Pour en savoir plus sur le travail des épidémiologistes :

Figure 5 (a) La maladie de Lyme est causée par une bactérie transmise par la tique du cerf. (b) Les tiques voyagent sur les cerfs, les écureuils et d'autres petits mammifères.

Des vagues de chaleur plus intenses provoqueront probablement un accroissement des maladies et des décès liés à la chaleur. Par exemple, la chaleur peut provoquer des AVC. De plus, les gaz d'échappement des voitures réagissent avec la lumière solaire, ce qui produit de l'ozone, une composante du smog, au niveau du sol. Comme cette réaction se produit plus rapidement dans l'air chaud, l'élévation des températures pourrait augmenter le smog. Les personnes atteintes de maladies respiratoires pourraient en souffrir.

L'agriculture

Le printemps arriverait plus tôt avec le réchauffement climatique, et la saison de croissance des cultures et d'autres plantes serait allongée. Certaines cultures, comme le soja et le maïs, pourraient tirer profit des températures plus chaudes et de l'augmentation de la concentration de dioxyde de carbone dans l'atmosphère. Toutefois, ces facteurs pourraient aussi favoriser la croissance de plantes indésirables, ce qui rendrait nécessaire l'utilisation de plus d'herbicides. Une quantité plus importante de smog nuirait aussi aux cultures.

Les agricultrices et agriculteurs du sud de l'Ontario pourraient être en mesure de faire pousser des fruits et légumes cultivés normalement plus au sud. Au Yukon et dans les Territoires du Nord-Ouest, l'agriculture pourrait être facilitée, selon le type de sol. Les terres de l'Arctique, à cause du dégel du pergélisol, pourraient servir à l'agriculture.

LE SAVAIS-TU ?

Le smog s'intensifie
Même si le smog n'est pas dû aux changements climatiques, des températures plus élevées le rendront plus intense. Le smog est une importante cause d'inquiétude dans les grandes villes de la planète. Le « coût » annuel du smog en Ontario est de 10,8 milliards de dollars. En 2005, en Ontario, le smog a contribué à la mort prématurée de 5 800 personnes et a entraîné 17 000 consultations à l'hôpital. D'ici 2015, le smog pourrait causer 10 000 décès prématurés par année.

Pour en savoir plus sur les impacts des changements climatiques sur l'agriculture en Ontario :

Les forêts

Des études montrent que la pluie pourrait tomber sous forme d'averses plus brèves et plus fortes en Ontario, suivies de longues périodes de sécheresse. On s'attend à ce que les étés soient plus chauds et plus secs, ce qui provoquerait plus de feux de forêt. Les insectes nuisibles pourraient migrer vers le nord, et s'attaquer aux extrémités sud de nos forêts. Les plantes du sud pourraient survivre à nos hivers moins froids et se multiplier.

Actuellement, la forêt boréale couvre près de 50 % des terres de l'Ontario (figure 3, à la page précédente). Ce pourcentage pourrait diminuer si le climat idéal pour la croissance des forêts canadiennes se retrouve plus au nord. Nos forêts, à mesure que leur santé déclinera, pourraient devenir des sources de carbone plutôt que des puits de carbone. L'invasion du dendroctone du pin a déjà transformé les forêts de la Colombie-Britannique en des sources de carbone.

> **COUP DE POUCE**
> **LECTURE**
>
> **Synthétiser l'information**
> Après avoir lu un texte, une excellente façon de le synthétiser est de tirer une conclusion de ce que tu viens de lire : ce que je sais déjà à propos de ce concept + ce que j'ai lu dans le texte = ce que je pense maintenant de ce concept.

L'utilisation de l'électricité

Plus les étés vont devenir chauds, plus nous utiliserons d'électricité pour la climatisation. Produire de l'électricité à partir de charbon ou de gaz naturel dégage des gaz à effet de serre. En hiver, nous allons peut-être consommer moins d'énergie, à cause du temps plus chaud.

En Ontario, environ le quart de notre électricité est produit à l'aide de l'énergie hydroélectrique, qui ne génère pas de gaz à effet de serre. Pendant les vagues de chaleur, toutefois, les gens pourraient vouloir utiliser plus d'électricité qu'il n'est possible d'en produire, ce qui provoquerait des pannes (figure 6). De plus, si les changements climatiques entraînent une baisse du niveau des lacs, nous devrons peut-être avoir davantage recours aux combustibles fossiles.

Figure 6 Des pannes pourraient se produire plus souvent si la population canadienne se met à utiliser plus d'électricité pour la climatisation des maisons et des lieux de travail.

Dans la prochaine section, tu vas te renseigner sur les mesures prises pour prévenir, dans l'Arctique et ailleurs, les impacts les plus désastreux des changements climatiques.

EN RÉSUMÉ

- Les changements climatiques prévus en Ontario comprennent des hivers plus chauds et davantage de journées extrêmement chaudes en été. Il est probable aussi que les configurations des précipitations seront modifiées.
- La forêt boréale de l'Ontario couvrira probablement un moins grand territoire, et les espèces végétales et animales migreront vers le nord.
- Une modification du niveau d'eau des lacs, de plus grands risques de maladies transmises par les insectes et de maladies liées à la chaleur, une plus longue saison de croissance pour les plantes, une augmentation de la consommation d'énergie en été et une diminution de la consommation d'énergie en hiver font partie des autres effets possibles.

✓ VÉRIFIE TA COMPRÉHENSION

1. Imagine que tu mènes des recherches sur le climat dans le nord de l'Ontario afin d'étudier les effets des changements climatiques sur les écosystèmes locaux. Nomme trois facteurs que tu pourrais examiner pour étudier ces effets.

2. a) Conçois un tableau en T dont les colonnes seront intitulées « Risques » et « Avantages ». Dresse les listes des impacts positifs et négatifs des changements climatiques pour l'Ontario.

   b) Certaines personnes affirment que le Canada profiterait d'un réchauffement climatique. Rédige un court paragraphe pour exprimer ton opinion sur ce sujet. Réfère-toi à certains des éléments de ton tableau.

3. Quel effet les changements climatiques pourraient-ils avoir sur l'agriculture ontarienne?

4. Nomme quelques espèces qui pourraient quitter le sud de l'Ontario à la suite des changements dans notre climat, et quelques espèces qui pourraient migrer vers le sud de l'Ontario.

5. Nomme quatre facteurs liés aux changements climatiques qui pourraient avoir un effet négatif sur les forêts de l'Ontario.

6. Un climat plus chaud pourrait abaisser le niveau des lacs, ce qui réduirait notre capacité à produire de l'hydroélectricité. Cela augmenterait la production d'électricité à partir de combustibles fossiles, ce qui entraînerait un réchauffement climatique.

   a) Cette boucle de rétroaction est-elle positive ou négative?

   b) Que peut faire le gouvernement ontarien pour briser cette boucle?

10.4 Les mesures à prendre pour limiter les changements climatiques

Nous savons que notre climat va continuer de se modifier au cours du 21ᵉ siècle à cause des gaz à effet de serre que nous avons déjà produits. Dans quelle mesure va-t-il se modifier? Cela dépend des décisions prises actuellement et au cours des prochaines décennies. Nous pouvons adopter de nombreuses mesures pour empêcher notre climat de se modifier trop radicalement. On appelle **mesures d'atténuation** les mesures prises pour réduire les effets négatifs de changements indésirables.

mesure d'atténuation décision ou mesure délibérée qui réduit les effets négatifs d'un changement indésirable

À quelle vitesse devons-nous réduire les émissions de GES?

Les températures mondiales se sont déjà élevées de 0,74 °C au cours des 100 dernières années. Selon la plupart des scientifiques, nous devrions limiter la hausse à 2 °C pour éviter les impacts les plus désastreux des changements climatiques. Comment pouvons-nous y arriver? Les modèles climatiques suggèrent que les concentrations des GES ne devraient pas dépasser l'équivalent de 450 ppm de dioxyde de carbone. Même ces concentrations ne nous donneraient que 50 % de chances de limiter le réchauffement à 2 °C.

Pour avoir une chance de stabiliser les concentrations des GES à 450 ppm d'ici 2050, tous les pays industrialisés devraient réduire leurs émissions de 80 % par rapport à celles produites en 1990 (figure 1). Les pays en voie de développement devraient commencer à réduire leurs propres émissions de 10 à 20 ans après que les pays industrialisés auront fait de même.

Le gouvernement de l'Ontario s'est déjà engagé à réduire ses émissions de 80 %. Le gouvernement fédéral, lui, ne l'a pas fait.

> **COUP DE POUCE**
> **LECTURE**
>
> **Synthétiser l'information**
> Synthétiser signifie établir des liens entre différents éléments pour créer quelque chose de nouveau. Pense à ce que tu fais quand tu assembles les morceaux d'un casse-tête. Ou encore, imagine que tu mènes une enquête criminelle et que tu fais des rapprochements entre différents indices pour trouver la personne coupable d'un crime. Quand tu synthétises un texte, cherche des façons de combiner des indices pour mieux comprendre l'idée principale.

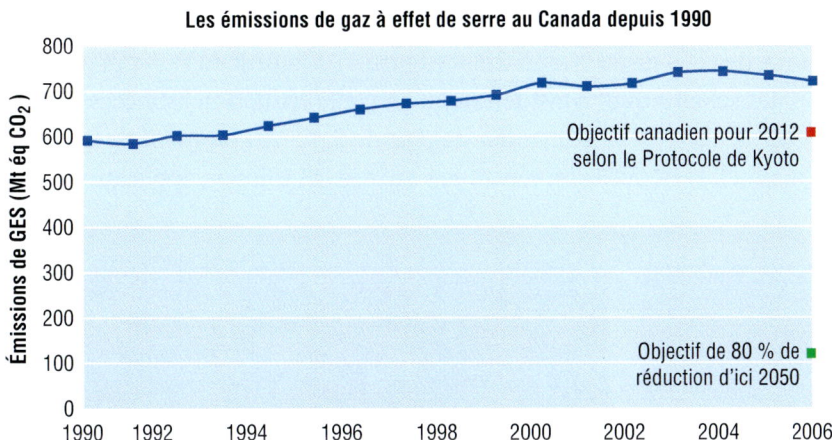

Figure 1 Les émissions de gaz à effet de serre du Canada depuis 1990

Le gouvernement canadien et les changements climatiques

Le gouvernement canadien collabore avec de nombreux autres gouvernements pour réduire les émissions de GES. En 2002, il a signé le **Protocole de Kyoto**, une entente internationale qui établit des objectifs de réduction à court terme. D'après cette entente, les émissions de GES des pays industrialisés doivent être ramenées à des concentrations spécifiques d'ici 2012.

Protocole de Kyoto plan élaboré par les Nations Unies pour réduire les émissions de gaz à effet de serre

En décembre 2007, à la Conférence des Nations Unies sur les changements climatiques, on a annoncé un plan : une nouvelle entente internationale visant à limiter les conséquences des changements climatiques allait être élaborée. Cette entente a été au cœur des discussions lors de la Convention-cadre des Nations Unies sur les changements climatiques, à Copenhague, au Danemark, en décembre 2009. Environ 170 pays y ont pris part. L'entente entrera en vigueur en 2013, soit un an après l'expiration du Protocole de Kyoto.

Environ 70 % de la population canadienne a appuyé le Protocole de Kyoto. Le gouvernement de l'Alberta, par contre, a protesté, soutenant que des milliers d'emplois créés par les industries liées aux combustibles fossiles seraient perdus (figure 2). D'autres industries ont aussi soulevé des objections.

En 2006, le premier ministre du Canada a annoncé que nous n'allions pas atteindre nos objectifs établis par le Protocole de Kyoto pour 2012. Le gouvernement a émis un avis de motion dans lequel il promettait de réglementer les émissions industrielles de GES. Certains partis d'opposition y ont vu une excuse pour ne pas respecter les engagements du Canada.

En avril 2007, le gouvernement a rendu public son plan intitulé « Prendre le virage », qui vise à réduire les gaz à effet de serre et la pollution de l'air. En mars 2008, il a fourni de plus amples détails sur sa réglementation en matière de GES. Il a affirmé qu'il était en train de mettre en œuvre un des plus importants programmes au monde touchant les changements climatiques. Ce programme a pour objectif une réduction absolue de 20 % des GES de 2006 à 2020. Ce plan mentionne aussi, sans trop la souligner, une réduction se situant entre 60 % et 70 % d'ici 2050.

La communauté internationale reproche au Canada de ne pas respecter ses engagements pris à Kyoto. En 2008, on a publié une étude comparant les efforts que font les 57 plus importants producteurs de gaz à effet de serre pour réduire leurs émissions. Le Canada s'est classé à l'avant-dernier rang.

En juin 2008, les partis d'opposition ont adopté un projet de loi (auquel s'est opposé le gouvernement minoritaire) exigeant que le Canada réduise ses émissions de GES de 80 % d'ici 2050 (figure 3). Comme tu l'as appris dans cette section, les scientifiques considèrent qu'une telle réduction est nécessaire pour empêcher la Terre de se réchauffer de plus de 2 °C. Au moment de la rédaction de ce manuel, la nouvelle loi n'avait pas encore été mise en application.

Pour en savoir plus sur la position actuelle du Canada au sujet de la réduction des émissions de gaz à effet de serre :

Figure 2 Les sables bitumineux de l'Alberta génèrent des revenus très importants et beaucoup d'emplois. Par contre, l'extraction, le traitement et l'utilisation des combustibles fossiles issus de ces sables dégagent d'énormes quantités de gaz à effet de serre.

Figure 3 Les partis d'opposition ont appuyé la Loi sur la responsabilité en matière de changements climatiques.

La position des gouvernements provincial et municipaux en matière de changements climatiques

En août 2007, le gouvernement ontarien a présenté le document *Ontario vert : Plan d'action de l'Ontario contre le changement climatique*, qui inclut les éléments suivants :

- la décision d'arrêter, d'ici 2014, de brûler du charbon dans les quatre dernières centrales électriques ontariennes fonctionnant au charbon ;
- des objectifs pour la réduction des émissions de GES en Ontario de 6 % d'ici 2014, de 15 % d'ici 2020 et de 80 % d'ici 2050 ;
- un plan de transport en commun comprenant 902 km de nouvelles voies ou de voies améliorées pour le transport en commun rapide entre la grande région de Toronto et Hamilton (Transports-Action Ontario 2020) ;
- un fonds pour soutenir les technologies et entreprises vertes en Ontario ;
- la plantation de 50 millions d'arbres dans le sud de l'Ontario d'ici 2020 ;
- la collaboration avec des scientifiques et des environnementalistes qui feront des recommandations sur les façons dont l'Ontario peut s'adapter aux changements climatiques ;
- une législation accélérant l'approbation de projets axés sur l'énergie renouvelable, comme les éoliennes.

De 2004 à 2006, les émissions de GES produites par la plupart des secteurs économiques en Ontario ont diminué, mais dans l'ensemble, elles étaient toujours plus élevées de 7 % que celles de 1990 (figure 4).

Pour en savoir plus sur le Plan d'action de l'Ontario contre le changement climatique :

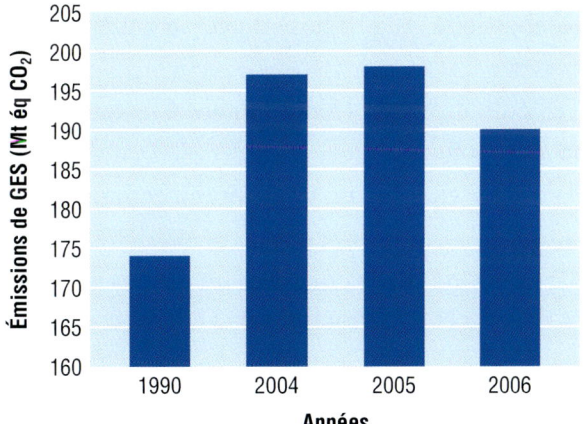

Figure 4 La diminution des émissions de gaz à effet de serre de 2004 à 2006 est essentiellement due à une moins grande utilisation des centrales fonctionnant au charbon, et au temps doux de l'hiver 2006, qui a entraîné une moins grande utilisation de gaz naturel.

Les gouvernements municipaux du Canada ont quant à eux commencé à économiser l'énergie et à réduire leurs émissions de GES.

- La ville de Toronto vise une diminution de 6 % de ses émissions de GES (par rapport à celles de 1990) d'ici 2012, de 30 % d'ici 2020 et de 80 % d'ici 2050.
- La ville de Calgary atteindra plus tôt qu'elle ne l'avait prévu son objectif de réduction des émissions de GES, soit 6 % de moins que celles de 1990. Elle s'engage à les réduire de 50 % d'ici 2012.
- La ville de Halifax a mis sur pied un programme de compostage afin de réduire ses émissions de GES (figure 5).

Figure 5 L'usine de compostage de l'entreprise Hatch, à Halifax, en Nouvelle-Écosse

RECHERCHE EN ACTION
LES ÉMISSIONS DE GES DANS TA COMMUNAUTÉ

HABILETÉS : effectuer une recherche, déterminer les options, analyser l'enjeu, défendre une décision, communiquer

LA BOÎTE À OUTILS
4.A.

1. Renseigne-toi sur les projets que ton gouvernement municipal a élaborés pour réduire les émissions de GES. Examine son site Web et consulte ses publications.
2. Discute avec des gens de ta municipalité de leur opinion sur les projets locaux et d'autres idées qu'ils pourraient avoir à ce sujet.

A. Explique trois mesures adoptées par ton gouvernement municipal dans le but de réduire les émissions de GES. C

B. Quels sont les coûts de ces projets pour une personne ou une résidence moyenne de ta municipalité ? HP MA

C. Les gens de ta municipalité sont-ils d'accord avec les mesures prises par le gouvernement municipal ? Croient-ils qu'elles sont efficaces ? Sont-ils prêts à payer les coûts additionnels qu'elles entraînent ? MA

D. Imagine que tu te présentes aux prochaines élections du conseil municipal. Élabore une plateforme électorale en matière d'émissions de GES dans ta municipalité. Renforcerais-tu les mesures adoptées, les assouplirais-tu ou continuerais-tu dans la même voie ? MA

E. Présente ta plateforme électorale à la classe à l'aide d'une saynète, dans laquelle tu frappes à la porte d'une citoyenne ou d'un citoyen pour lui expliquer ta plateforme. Tu peux aussi concevoir une courte vidéo, une chanson ou une affiche électorale. C

Ce que peuvent faire les entreprises, les industries et les gouvernements du Canada

Certaines des mesures spécifiques qui peuvent être prises au Canada pour réduire nos émissions de GES sont mentionnées ci-dessous. Compare cette liste au tableau 1 de la section 9.5.

LE TRANSPORT

- Consommer moins de carburant en conduisant de manière plus efficace (moins d'arrêts en laissant tourner le moteur, moins d'accélérations et de freinages brusques).
- Utiliser des combustibles qui produisent peu ou qui ne produisent pas de gaz à effet de serre.
- Utiliser des véhicules hybrides (fonctionnant à l'essence et à l'électricité) ou électriques (figure 6).
- Se déplacer davantage en train, en transport en commun, à vélo ou à pied.
- Appuyer les restrictions imposées par les gouvernements pour ce qui est des niveaux de pollution ou des mesures incitatives visant la réduction des émissions de GES et l'amélioration de l'efficacité énergétique.

Figure 6 Plusieurs fabricants d'automobiles offrent maintenant des voitures hybrides.

LA PRODUCTION D'ÉNERGIE

- Améliorer l'efficacité énergétique à l'aide de nouvelles technologies.
- Utiliser des sources d'énergie propre, comme le vent et le Soleil (figure 7).

Figure 7 Les éoliennes ne produisent pas de gaz à effet de serre.

LES INDUSTRIES

- Utiliser du matériel plus efficace afin de consommer moins d'énergie.
- Recycler l'énergie (p. ex., en captant l'énergie thermique produite par les procédés industriels et en l'utilisant dans la mise en œuvre d'autres procédés).
- Capter et emmagasiner le dioxyde de carbone libéré par les cheminées d'usines (figure 8).
- Imposer des taxes et des limites en ce qui a trait à la consommation de combustibles fossiles.

Figure 8 Des appareils installés dans les cheminées d'usines peuvent capter le dioxyde de carbone contenu dans les émissions industrielles.

LA CONSTRUCTION ET LA SOUS-TRAITANCE

- Améliorer l'efficacité énergétique (figure 9).
- Améliorer l'isolation.
- Mettre en place des programmes de rabais ou d'encouragement fiscal en matière d'isolation et d'efficacité énergétique.

L'AGRICULTURE

- Décontaminer les terres polluées pour qu'elles puissent absorber plus de carbone qu'elles n'en dégagent (figure 10).
- Étudier et mettre en place des moyens de réduire les émissions de méthane causées par la culture du riz et l'élevage de bétail.
- Utiliser moins d'engrais contenant de l'azote afin de réduire les émissions d'oxyde nitreux.

LA GESTION DES DÉCHETS

- Collecter le méthane des sites d'enfouissement et l'utiliser à des fins énergétiques.
- Composter tous les déchets organiques pour éviter qu'ils aboutissent dans les sites d'enfouissement.
- Réduire le volume de déchets produits.
- Réduire la consommation en évitant d'acheter du matériel superflu.
- Recycler (figure 11).

LES FORÊTS

- Aménager plus de forêts et remplacer les arbres abattus (figure 12).
- Réduire la déforestation.
- Gérer les forêts avec soin, de manière qu'elles soient des puits et non des sources de carbone.
- Produire et consommer des combustibles provenant des résidus forestiers (bioénergie) plutôt que des combustibles fossiles.

Les industries et entreprises canadiennes prennent aussi des mesures pour réduire leurs émissions de gaz à effet de serre. Rio Tinto Alcan, DuPont, General Motors, IBM, L'Association minière du Canada et les Fabricants de produits chimiques du Canada, entre autres, ont tous réduit de manière considérable leurs émissions.

L'adaptation à un climat en transformation

Dans ce chapitre, tu as découvert de nombreuses façons d'atténuer les plus graves impacts des changements climatiques. Malgré toutes ces mesures, certains changements surviendront. On appelle « adaptation » la planification des façons de gérer les futurs changements climatiques.

Les gouvernements municipaux sont à élaborer des moyens de réagir à un nombre accru de vagues de chaleur et d'inondations. Les gestionnaires de forêts se préparent à affronter davantage de feux de friches et d'infestations d'insectes. Les gens qui travaillent auprès des espèces protégées tentent de trouver des façons de les aider à migrer et à survivre malgré des températures plus élevées. Des chercheuses et chercheurs étudient des moyens pour rendre les cultures résistantes à de nouvelles conditions.

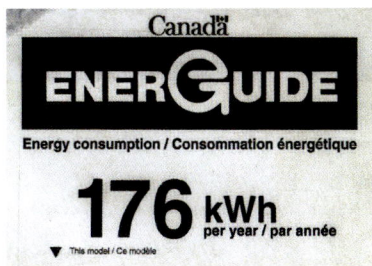

Figure 9 Les nouveaux électroménagers ont des étiquettes indiquant leur consommation énergétique.

Photo ® Toronto and Region Conservation. Tous droits réservés.

Figure 10 Planter des plantes indigènes peut aider à remettre en état des terres polluées et à capter le dioxyde de carbone contenu dans l'air.

Figure 11 Le recyclage réduit la quantité de déchets qui aboutissent dans les sites d'enfouissement.

Figure 12 Remplacer les arbres coupés contribue à maintenir constante la quantité de carbone absorbée.

Nous pouvons limiter les principaux impacts des changements climatiques en prenant des mesures pour réduire nos émissions de gaz à effet de serre. Dans les deux prochaines sections, tu vas en apprendre davantage sur les mesures appropriées et sur le moment où nous devrions prendre ces mesures. Toutefois, nous devons aussi nous préparer aux changements climatiques inévitables.

SIGNET de fin d'unité

Comment pourrais-tu utiliser cette information à propos des mesures à grande échelle qu'il faut prendre pour atténuer les changements climatiques quand tu travailleras à l'activité de fin d'unité décrite à la page 444 ?

EN RÉSUMÉ

- Pour éviter les impacts les plus désastreux des changements climatiques, nous devrions viser à limiter la hausse des températures mondiales à 2 °C. Pour y arriver, nous devons limiter les concentrations des gaz à effet de serre à 450 ppm.

- Les pays industrialisés devront diminuer leurs émissions de gaz à effet de serre d'au moins 80 % d'ici 2050 pour ne pas dépasser la limite de 450 ppm.

- En 2002, le gouvernement canadien a signé le Protocole de Kyoto, acceptant ainsi de réduire ses émissions de GES de 6 % par rapport à celles de 1990. Depuis, nos émissions n'ont pas cessé d'augmenter, et le Canada n'atteindra pas ses objectifs pour 2012.

- En 2007, on a déposé un projet de loi exigeant une réduction, d'ici 2050, de 80 % des émissions de gaz à effet de serre par rapport à celles de 1990.

- Les entreprises, les industries et les gouvernements canadiens peuvent réduire leurs émissions de GES en optant pour des sources d'énergie propre, en diminuant les émissions causées par les voitures et les avions, en économisant l'énergie et en gérant mieux les fermes et les forêts.

- Nous pouvons nous adapter aux changements climatiques à l'aide d'une bonne préparation et d'une bonne planification.

VÉRIFIE TA COMPRÉHENSION

1. Pourquoi certains changements climatiques sont-ils inévitables ?

2. Pourquoi est-il important que les pays de la planète ne s'efforcent pas uniquement de s'adapter aux changements climatiques, mais aussi d'atténuer ces changements ?

3. Pour chacun des domaines ci-dessous, nomme une mesure qui aiderait à réduire les impacts des changements climatiques :

    a) transport
    b) production d'énergie
    c) conservation d'énergie
    d) forêts

4. Selon les scientifiques, nous ne devons pas permettre que la Terre se réchauffe au-delà d'une certaine température.

    a) La température terrestre s'est déjà élevée de 0,74 °C. À quelle valeur maximale les scientifiques espèrent-ils pouvoir limiter la hausse de température ?
    b) Pour que la hausse de température ne dépasse pas cette valeur, quelles sont les concentrations maximales des GES que nous devons viser pour 2050 ?
    c) Pour que les concentrations des GES ne dépassent pas la valeur que tu as mentionnée à la question b), dans quelle mesure les pays de la planète doivent-ils réduire leurs émissions annuelles d'ici 2050 ?

5. Les mesures prises pour atténuer les changements climatiques ou s'y adapter vont être coûteuses et controversées.

    a) Suggère plusieurs mesures que nos gouvernements fédéral, provinciaux et municipaux peuvent prendre avant de proposer toute autre réglementation coûteuse liée aux changements climatiques.
    b) Les gouvernements pourront-ils agir sans mécontenter les personnes qui dépendent de la production et de la consommation des combustibles fossiles pour gagner leur vie ? Fais tes propres suggestions.

6. Certains changements climatiques sont inévitables. Les gens commencent donc à planifier les mesures à prendre pour s'adapter à ces changements.

    a) Nomme quatre mesures que prennent les gens et les gouvernements pour se préparer à s'adapter aux changements climatiques.
    b) Trouve deux autres mesures (qui n'ont pas été mentionnées dans ce chapitre) que les gens pourraient devoir prendre pour s'adapter aux changements climatiques.

10.5 Que pouvons-nous faire individuellement ?

Nous ne pourrons éviter certains impacts des changements climatiques, même si nous nous tournons rapidement vers des sources d'énergie propre. Plus nous tardons à prendre les mesures appropriées, plus les risques d'impacts désastreux, comme une élévation extrême du niveau de la mer et l'extinction de nombreuses espèces, sont élevés. Ne pas agir entraînerait de lourdes conséquences. Il est facile de dresser des listes de mesures que devraient prendre les grandes organisations, mais nous devons aussi réfléchir à ce que nous pouvons faire individuellement.

Comment réduire tes émissions

Plus du tiers des émissions de GES du Canada proviennent des activités des individus. La plupart sont causées par le transport, ainsi que par le chauffage et la climatisation des maisons (figure 1). Cela signifie que nos actions individuelles peuvent avoir un impact considérable.

Tu peux économiser de l'énergie et réduire tes émissions de GES de nombreuses façons. En voici quelques-unes. Certaines vont même te faire économiser de l'argent.

- Rends-toi à l'école à pied, à vélo en transport en commun, ou encore fais du covoiturage.
- Si tu achètes une voiture, choisis le modèle le plus écoénergétique que tu peux te permettre d'acheter. Entretiens-la bien et roule efficacement.
- Éteins les lumières et débranche les appareils électriques, comme les ordinateurs et les téléviseurs, qui dépensent de l'électricité même quand tu ne les utilises pas.
- N'utilise les climatiseurs et les appareils de chauffage qu'en cas de nécessité. Sers-toi d'un thermostat programmable pour baisser le chauffage quand tu n'en as pas besoin.
- Plante des arbres qui vivent naturellement dans ta région. Les arbres absorbent le dioxyde de carbone, et les arbres indigènes ne perturbent pas les écosystèmes locaux.
- Ferme le robinet quand tu te brosses les dents. Prends de courtes douches. Économiser l'eau revient à économiser l'énergie, parce que des combustibles fossiles sont consommés pour chauffer l'eau.

Émissions individuelles de gaz à effet de serre provenant de la consommation d'énergie au Canada

- chauffage de l'eau 11 %
- éclairage 2 %
- appareils électriques et lumières 8 %
- chauffage et climatisation de la maison 29 %
- transport 50 %

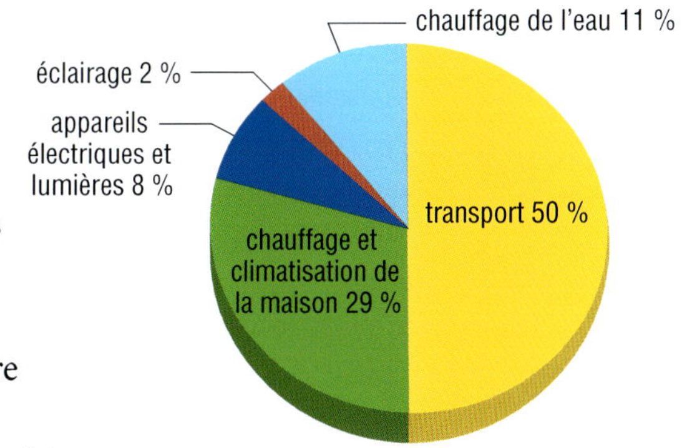

Source : Environnement Canada

Figure 1 Les émissions individuelles de gaz à effet de serre provenant de la consommation d'énergie au Canada

COUP DE POUCE
LECTURE

Les connaissances antérieures
Ta mémoire renferme un trésor de connaissances. Utilise-les pour établir des liens avec les idées ou l'information tirées d'un texte. Demande-toi ce que tu sais déjà à propos du sujet du texte. Par exemple, en matière d'économie d'énergie, ta famille a-t-elle modifié ses habitudes récemment pour réduire sa consommation d'énergie ?

RECHERCHE EN ACTION — LES APPAREILS ENERGY STAR®

HABILETÉS : effectuer une recherche, déterminer les options, communiquer

LA BOÎTE À OUTILS

L'achat d'appareils écoénergétiques permet d'économiser de l'argent et de réduire les émissions de gaz à effet de serre. Au Canada, les produits portant le symbole ENERGY STAR® doivent répondre à certains critères techniques qui témoignent de leur bon rendement énergétique.

1. Renseigne-toi sur le programme ENERGY STAR®.
2. Renseigne-toi sur la mise au rebut de vieux appareils électriques.

A. Rédige une brève description (d'environ une page) du programme ENERGY STAR®.
B. De quels rabais et autres mesures incitatives de ce programme la population ontarienne peut-elle profiter ?
C. Quelles sont les façons possibles de mettre au rebut les vieux appareils électriques ? Quels problèmes environnementaux ces appareils peuvent-ils causer ?
D. Quels appareils portant le symbole ENERGY STAR® y a-t-il chez toi ?

RECHERCHE EN ACTION — LES PRODUITS LOCAUX

HABILETÉS : définir l'enjeu, effectuer une recherche, communiquer, évaluer

LA BOÎTE À OUTILS
4.A.4., 4.C.

La préparation et le transport des aliments consomment beaucoup d'énergie. Tu peux économiser de l'énergie en mangeant plus de produits d'ici et moins d'aliments traités.

1. Renseigne-toi sur les avantages qu'il y a à manger des produits locaux. Recherche des renseignements sur les méthodes et l'énergie utilisées pour transporter des marchandises et des aliments en provenance d'autres pays.
2. Renseigne-toi sur les avantages environnementaux qu'il y a à cultiver et à manger des aliments biologiques.
3. Va dans une épicerie et regarde un emballage de viande congelée. Examine les composantes de cet emballage. Regarde s'il indique la ville d'où provient cet aliment.
4. Renseigne-toi sur l'agriculture soutenue par la communauté (ASC). Trouve au moins une ferme participant à ce programme près de chez toi.

A. Certaines personnes s'efforcent de manger des produits locaux. À quel problème s'attaquent-elles en faisant ce choix ? HP
B. Explique brièvement, par écrit, la consommation d'énergie qu'ont nécessitée le traitement, l'emballage et le transport du paquet de viande congelée que tu as examiné. Compare cette consommation d'énergie à celle qu'exige la préparation d'un repas similaire fait à la maison avec des produits locaux. HP
C. Évalue la décision de manger des produits locaux. Explique ton évaluation. MA
D. En quoi remplacer l'agriculture traditionnelle par l'agriculture biologique favorise-t-il l'adaptation des écosystèmes locaux aux changements climatiques ? CC MA
E. Achèterais-tu des produits d'une ferme participant au programme ASC ? Pourquoi ? HP MA

Les crédits de carbone

Même les personnes très engagées dans la défense de l'environnement, comme David Suzuki, reconnaissent qu'il est impossible d'éliminer complètement nos émissions de GES. Toutefois, nous pouvons atteindre la « carboneutralité » en achetant des crédits de carbone. Quand nous achetons des crédits de programmes d'énergie propre, comme les éoliennes ou l'énergie solaire, nous réduisons la quantité de combustibles fossiles brûlés (figure 2). De cette façon, nous compensons les émissions de dioxyde de carbone (et d'autres GES). De la même manière, quand nous achetons des crédits pour la reforestation au Brésil, nous augmentons la quantité de puits de carbone et, ainsi, aidons à contrebalancer l'accumulation du dioxyde de carbone dans l'atmosphère.

Pour en savoir plus sur les crédits de carbone :

Figure 2 L'achat de crédits liés à des sources d'énergie renouvelable, comme l'énergie solaire (a) ou les projets de reforestation (b), peut compenser tes émissions de gaz à effet de serre.

Tu as peut-être entendu des critiques à propos de ce système de crédits compensatoires. Certaines personnes croient qu'il procure aux riches pays occidentaux un moyen de se donner bonne conscience tout en continuant de consommer beaucoup de combustibles fossiles. De nombreux organismes suggèrent d'acheter des crédits de carbone uniquement après avoir fait de grands efforts pour minimiser notre bilan carbone. D'autres personnes croient que les organismes qui reçoivent les paiements des crédits de carbone n'utilisent pas cet argent adéquatement. Il est donc important de s'adresser à des organismes autorisés en matière de crédits compensatoires.

ACTION CITOYENNE

Nous avons toutes et tous un rôle à jouer

Avec une ou un camarade, ou en petit groupe, fais un remue-méninges pour trouver des mesures spécifiques que votre école, votre communauté ou vous-mêmes pouvez prendre pour atténuer les changements climatiques, ou pour vous y adapter. Vos suggestions doivent être réalisables. Écrivez-les sur une affiche ou faites une présentation à votre école, dans une bibliothèque municipale ou dans un centre commercial de votre région.

Essayez de convaincre le public d'adopter vos mesures. Vous pourriez élaborer une saynète ou tout autre genre de présentation artistique, ou encore créer une vidéo et la mettre en ligne.

Les changements climatiques et l'intendance environnementale

L'intendance est un concept ancien qui revient à l'avant-plan en Ontario. Il fait référence à une gestion attentionnée de quelque chose qui ne nous appartient pas. Nous réalisons maintenant que la Terre ne nous a pas été donnée pour que nous l'exploitions à des fins personnelles, mais plutôt pour que nous la gérions de manière responsable afin de pouvoir la léguer à nos enfants. Un des pires héritages que nous pourrions laisser aux générations futures serait une Terre endommagée par notre extravagance.

Le ministère des Richesses naturelles de l'Ontario (MRNO) offre un intéressant programme d'intendance de l'environnement pour les élèves de 17 ans. Chaque été, des « brigadières et brigadiers d'intendance » sont engagés pour travailler à divers projets, dont des recherches sur les forêts, la plantation d'arbres ou l'étude d'espèces menacées (figure 3). Le MRNO appuie aussi un organisme de bénévoles qui encourage les adultes à mettre la main à la pâte pour prendre soin de l'environnement de l'Ontario et s'attaquer au problème des changements climatiques. Cet organisme a pour nom « Intendance environnementale Ontario ».

Pour en savoir plus sur les programmes ontariens d'intendance environnementale :

Figure 3 Les brigadières et brigadiers d'intendance de l'Ontario peuvent restaurer des marécages, mener des recherches sur l'écologie ou créer des habitats naturels, par exemple.

Tu as lu ci-dessus que le concept d'intendance n'était pas nouveau. En fait, il est intégré dans de nombreuses croyances culturelles, traditionnelles et religieuses de l'histoire humaine. Si ta famille et toi appartenez à un groupe partageant certaines convictions, tu pourrais tenter de découvrir comment les changements climatiques et l'intendance y sont perçus.

En fin de compte, notre façon de voir l'environnement dépend de nos valeurs. Selon le curriculum de l'Ontario pour les sciences, les valeurs essentielles à l'intendance environnementale responsable sont : l'utilisation mesurée des ressources non renouvelables ; la réutilisation et le recyclage ; l'utilisation de ressources renouvelables lorsque cela est possible.

LE SAVAIS-TU ?

La déforestation de la forêt pluviale amazonienne

La déforestation de la planète se fait principalement dans la forêt amazonienne, où les gens défrichent les terres afin de pouvoir les cultiver. Nous pourrions protéger la forêt pluviale et réduire encore plus la quantité d'émissions en apportant un soutien aux pays en voie de développement de la région de l'Amazonie.

Pour relever le Défi d'une tonne et apprendre comment tu pourrais réduire tes émissions de gaz à effet de serre :

Les impacts des changements climatiques peuvent sembler trop importants ou trop vastes pour que tes choix personnels puissent les contrer, mais ce n'est pas le cas. Tes choix, ainsi que ceux de ta famille, de ton école et de ta communauté, peuvent avoir une grande influence. Tu peux contribuer à limiter encore plus les changements climatiques en réduisant tes émissions de GES. Il y a d'importantes raisons pour lesquelles tu devrais faire ta part. En voici quelques-unes.

POUR PROTÉGER LA SANTÉ DES GENS

Figure 4

Un réchauffement du climat augmenterait les concentrations de smog dans les grandes villes. En réduisant les émissions de GES, tu peux améliorer la qualité de l'air et prévenir l'aggravation de la pollution (figure 4). Opter pour des activités non motorisées (faire du canot au lieu d'utiliser un bateau à moteur, marcher ou se déplacer à vélo plutôt que de conduire une voiture) est bon pour la planète et pour ta santé. Manger moins de viande et moins de mets emballés est aussi bénéfique.

POUR ÉCONOMISER DE L'ARGENT

Figure 5

L'adaptation à un climat différent coûtera probablement très cher aux villes, aux gouvernements et aux gens. Réduire les émissions de gaz à effet de serre peut être coûteux à court terme, mais cette mesure permettra d'économiser à long terme en prévenant les changements climatiques extrêmes (figure 5). De plus, l'efficacité énergétique fait économiser de l'argent et diminuer les émissions de GES.

POUR BONIFIER TA VILLE OU TON VILLAGE

Figure 6

Plusieurs des mesures qui réduisent les émissions de GES présentent d'autres avantages pour nos villes et notre santé. Par exemple, une réduction de la consommation d'énergie (peut-être en rendant les communautés moins dépendantes de la voiture) pourrait réduire les embouteillages, le smog et les risques de pannes d'électricité (figure 6).

POUR PROTÉGER LES ACTIVITÉS TRADITIONNELLES

Figure 7

La migration des espèces animales et végétales vers de nouveaux secteurs aura un effet sur certaines activités culturelles, comme la chasse et la pêche (figure 7). Une réduction des changements climatiques protégerait ces activités traditionnelles, tout comme les activités hivernales, tel le ski, et même quelques activités estivales, puisque les étés pourraient devenir beaucoup plus chauds.

POUR PROTÉGER L'ENVIRONNEMENT

Figure 8

Une réduction des changements climatiques préviendrait l'arrivée d'espèces envahissantes mieux adaptées aux températures plus chaudes et contribuerait à protéger les plantes et les animaux indigènes de ta région (figure 8).

SIGNET de fin d'unité

Comment pourrais-tu utiliser cette information à propos des mesures prises individuellement pour réduire les émissions de gaz à effet de serre quand tu travailleras à l'activité de fin d'unité décrite à la page 444?

EN RÉSUMÉ

- Chaque individu peut prendre de nombreuses mesures pour aider à limiter les impacts des changements climatiques.
- Tu peux changer de mode de transport, modifier tes habitudes d'achat ou faire ta part, par exemple en plantant des arbres dans ton quartier.
- La protection de l'environnement et de la santé humaine, l'économie d'argent, la bonification des communautés et la protection d'activités traditionnelles sont quelques-unes des raisons pour lesquelles il est important de réduire les impacts des changements climatiques.

VÉRIFIE TA COMPRÉHENSION

1. a) Nomme l'activité que la Canadienne ou le Canadien moyen fait régulièrement et qui est la cause de la moitié des émissions de gaz à effet de serre produites par la population de notre pays.
   b) Trouve quatre mesures que ta famille et toi pouvez prendre pour réduire les émissions de gaz à effet de serre produites par cette activité. CC MA

2. a) Nomme l'activité qui est la deuxième plus importante cause de production de gaz à effet de serre par la population canadienne.
   b) Explique comment tu pourrais réduire tes émissions de gaz à effet de serre produites lors de cette activité, tant en été qu'en hiver. CC MA

3. Dans un journal personnel, note toutes les activités (les tiennes et celles que tu vois chaque jour autour de toi) qui produisent des émissions de gaz à effet de serre. Avec tes camarades, dresse une liste de suggestions sur les façons de réduire les émissions de GES pour chacune de ces activités. Classe-les par ordre de priorité. MA C

4. a) Si ta famille ou toi appartenez à un groupe partageant des convictions culturelles, traditionnelles ou religieuses particulières, détermine comment les changements climatiques et l'intendance y sont perçus. Es-tu d'accord avec ce point de vue?
   b) Demande à tes parents, à des membres de ta famille ou à tes tutrices ou tuteurs ce que signifie pour eux le concept d'intendance. Considèrent-ils que cette idée est utile pour réduire les émissions de gaz à effet de serre? MA C

5. Explique en quoi la réduction des émissions de gaz à effet de serre pourrait améliorer ta qualité de vie. MA

6. a) Comment la plantation d'arbres réduit-elle les impacts des changements climatiques?
   b) Quels sont les arbres indigènes de ta région? Combien coûterait la plantation d'un jeune arbre indigène près de ta maison? CC HP

7. a) Explique en quelques phrases ce que sont les crédits de carbone et les raisons pour lesquelles nous devrions les utiliser.
   b) Nomme deux préoccupations qu'occasionnent les crédits de carbone. CC MA

8. Imagine que ta famille veut acheter un nouvel électroménager, comme un réfrigérateur. Vous pouvez vous procurer un modèle à 400 $, ou un autre plus écoénergétique, qui coûte 600 $. Ce modèle permettra une économie de 25 $ d'électricité par année. Dans combien d'années ta famille aura-t-elle économisé l'équivalent de la différence de prix entre les deux modèles, en supposant que le montant additionnel (200 $) vous est prêté sans intérêt pendant ces années... HP
   a) ... si le coût de l'électricité demeure le même?
   b) ... si le coût de l'électricité augmente de 6 % en moyenne par année?
   c) Le coût devrait-il être le seul facteur considéré lors de l'achat d'un appareil électrique?

9. Sers-toi d'un diagramme ou d'un tableau semblable au tableau 1 pour résumer l'information donnée dans cette section, ainsi que tes commentaires à ce sujet. C

   Tableau 1

Information donnée dans la section	Mes commentaires

10. À ton avis, si tout le monde achetait suffisamment de crédits de carbone pour compenser ses émissions de gaz à effet de serre, le problème des émissions canadiennes et américaines serait-il résolu? Explique ta réponse. HP MA

11. Explique ce que signifie le terme «bonne intendance de l'environnement». CC

12. À ton avis, pourquoi doit-on contrer les changements climatiques? MA

10.6 PRONONCE-TOI SUR UN ENJEU

Les changements climatiques : agir maintenant ou plus tard ?

HABILETÉS
- Définir l'enjeu
- Effectuer une recherche
- Déterminer les options
- Analyser l'enjeu
- Défendre une décision
- Communiquer
- Évaluer

En 2006, le gouvernement conservateur a présenté une nouvelle loi, la Loi canadienne sur la qualité de l'air, comme une étape vers la réduction des émissions de gaz à effet de serre. Certaines personnes ont déclaré qu'elle n'allait pas assez loin et que, selon cette loi, le Canada ne respecterait pas les limites établies par le Protocole de Kyoto en matière d'émissions. La loi est en cours de révision, afin de répondre à ces inquiétudes. La question soulevée ici est la suivante : à quelle vitesse le Canada devrait-il agir pour réduire les impacts des changements climatiques ?

Enjeu

Les gouvernements fédéral, provinciaux et municipaux ont pris certaines mesures pour réduire les émissions de GES. Malgré cela, les émissions canadiennes ne cessent d'augmenter. Des scientifiques et des citoyennes et citoyens inquiets croient que nous agissons trop lentement ; d'autres personnes sont d'avis que nous devrions agir prudemment. Dans cette activité, tu joueras le rôle d'une partie prenante participant à une conférence sur les changements climatiques. Le gouvernement canadien a organisé cette conférence pour discuter des façons de réagir aux changements. Plusieurs parties prenantes doivent y présenter leur point de vue.

Rôles

- Une climatologue souligne que, de l'avis de la plupart des scientifiques, les changements climatiques sont dus à l'activité humaine. Elle rappelle que les êtres humains doivent réduire encore davantage leurs émissions de GES pour éviter des impacts désastreux (figure 1).
- Un politicien affirme qu'agir rapidement pour réduire les émissions de GES nuira à l'économie canadienne. Selon lui, le gouvernement devrait faire preuve de prudence et s'assurer que l'économie demeure stable.
- Un scientifique subventionné par une compagnie pétrolière dit qu'il ne sert à rien de prendre des mesures avant de connaître toutes les causes et tous les impacts des changements climatiques. Il veut que le gouvernement finance des études sur ces causes et impacts plutôt que de financer de nouvelles technologies et des mesures incitatives visant la réduction des émissions de GES.
- Une économiste fait remarquer que promouvoir la conservation d'énergie entraîne de grands avantages économiques.
- Un dirigeant de l'industrie pétrolière est disposé à financer des technologies écoénergétiques si nous attendons encore quelques années pour nous assurer que les changements climatiques sont aussi néfastes que certaines personnes l'affirment.
- Une environnementaliste affirme que nous agissons trop peu et trop lentement. Les changements climatiques font déjà du tort aux gens et aux écosystèmes. Nous agissons de façon irresponsable en tardant à prendre des mesures.

Figure 1 La fonte de la glace arctique fait partie des impacts les plus spectaculaires des changements climatiques.

- Une politicologue a passé en revue 900 travaux scientifiques sur les changements climatiques et a constaté que tous appuyaient le consensus du GIEC, selon lequel les changements climatiques sont dus à l'activité humaine. Elle fait remarquer que les climatosceptiques ne publient habituellement pas de travaux dans les revues scientifiques, mais présentent plutôt leur point de vue dans Internet et dans les médias (figure 2).

Figure 2 La politicologue explique l'importance des recherches évaluées par les pairs.

- La propriétaire d'une manufacture soutient que des lois qui limiteraient le pouvoir d'action de son entreprise nuiraient à son commerce. Elle veut bien réduire en partie ses émissions de GES, mais s'oppose à des lois qui la forceraient à le faire.
- Un dessinateur industriel explique comment une réduction des émissions de gaz à effet de serre pourrait être avantageuse pour de nombreuses industries. Selon lui, le Canada pourrait devenir un chef de file dans le domaine des technologies vertes et exporter son expertise partout dans le monde.
- Un citoyen se plaint que le gouvernement et les industries n'en font pas assez pour réduire les émissions de gaz à effet de serre. Il se demande si les mesures qu'il prend pour réduire ses émissions personnelles ont un effet sur le climat.

Objectif

Débattre du point suivant : « Le gouvernement canadien devrait prendre des mesures immédiates et extrêmes pour réduire les émissions de gaz à effet de serre et limiter les impacts des changements climatiques. »

Collecte de l'information

1. En groupe, familiarisez-vous avec la partie prenante que vous allez représenter. Servez-vous de diverses ressources pour trouver de l'information appuyant son point de vue.

Examine des solutions possibles

Pose-toi les questions ci-dessous en te préparant à défendre ton point de vue.

- Pourquoi le gouvernement devrait-il retenir tes suggestions ?
- Sur quels faits repose ta position ?
- Existe-t-il des façons de réduire les émissions sans nuire aux entreprises et aux industries ?
- Dans l'ensemble, la réduction des émissions de GES conduira-t-elle à des économies ou à des dépenses ?
- L'opinion de ta partie prenante démontre-t-elle un parti pris ? Sous quel autre angle les points avancés pourraient-ils être abordés ?
- Est-il possible de parvenir à une entente qui satisfera tout le monde ? Pourquoi ?
- Devrait-on accorder le même poids à toutes les opinions, ou devrait-on considérer certaines parties prenantes comme plus crédibles, à cause de leur meilleure compréhension de la situation ?

Prends une décision

Quand toutes les parties prenantes auront pris la parole et répondu à toutes les questions, discute avec les membres de ton petit groupe pour déterminer si ta position a changé. Décide de la prise de position finale de la partie prenante que tu représentes.

Communique ton point de vue

En te basant sur ta prise de position, dresse une liste de recommandations à l'intention du gouvernement. Assure-toi que tes recommandations sont appuyées par des faits et des recherches.

Rédige une lettre au ministre de l'Environnement pour lui présenter tes recommandations, ou choisis un autre mode de présentation dynamique.

CHAPITRE 10 À REVOIR

RÉSUMÉ DES CONCEPTS CLÉS

Les impacts des changements climatiques vont modifier notre environnement et notre société.

- Le Groupe d'experts intergouvernemental sur l'évolution du climat (GIEC) a résumé les plus récentes recherches scientifiques sur les changements climatiques. (10.2)
- Les impacts des changements climatiques influent sur la santé des gens, les endroits où ils peuvent habiter et les types de plantes qu'ils peuvent faire pousser. (10.2)

Les impacts des changements climatiques vont se faire sentir principalement dans l'Arctique.

- Le climat se modifie plus rapidement dans l'Arctique que partout ailleurs. (10.2)
- Les changements climatiques qui se produisent dans l'Arctique auront des impacts partout dans le monde. (10.2)

En Ontario, on s'attend à ce que les changements climatiques entraînent des hivers et des étés plus chauds.

- Les changements climatiques auront un effet sur les écosystèmes et l'économie de l'Ontario. (10.3)
- Les journées d'été seront plus chaudes et plus humides, ce qui aura un effet sur la santé des gens et entraînera une plus forte demande énergétique pour la climatisation. (10.3)
- De nombreuses espèces animales et végétales qui ont pour habitat naturel le sud de l'Ontario se déplaceront vers le nord. Des espèces vivant plus au sud remonteront jusqu'en Ontario. (10.3)

Les mesures actuelles ne vont pas empêcher les changements climatiques d'avoir de graves impacts négatifs.

- Tous les paliers de gouvernement devraient réfléchir aux façons de s'adapter aux changements climatiques inévitables et d'en atténuer les impacts les plus graves. (10.4)
- Les gouvernements, les entreprises et les industries ont un rôle à jouer dans l'atténuation des changements climatiques. (10.4)

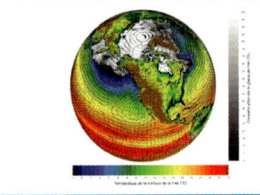

Les émissions de gaz à effet de serre doivent être réduites de 80 % d'ici 2050 pour qu'on puisse éviter les impacts les plus désastreux.

- Les scientifiques élaborent des scénarios sur le climat de l'avenir basés sur différentes quantités de gaz à effet de serre. (10.1)
- Les modèles climatiques permettent d'établir des projections concernant les façons dont le climat terrestre se modifierait dans ces conditions. (10.1)
- Pour limiter la hausse de la température terrestre moyenne à 2 °C, nous devons limiter les concentrations atmosphériques des gaz à effet de serre à 450 ppm. (10.4)

Le recours à des sources d'énergie propre est essentiel si nous voulons réduire les émissions de gaz à effet de serre.

- Les sources d'énergie propre produisent très peu de gaz à effet de serre ou n'en produisent pas du tout. (10.1)
- L'énergie éolienne, l'énergie géothermique, l'énergie solaire, l'hydroélectricité, la bioénergie et l'énergie nucléaire sont des exemples de sources d'énergie propre. (10.1)
- Chaque personne peut et devrait faire sa part pour atténuer les changements climatiques. (10.5)

QU'EN PENSES-TU MAINTENANT?

Tu as réfléchi aux énoncés ci-dessous au début du chapitre. Tu avais peut-être déjà entendu parler de ces notions à l'école, à la maison ou autour de toi. Reconsidère-les maintenant et détermine si tu es d'accord ou non avec chacun.

Vocabulaire

source d'énergie propre (p. 407)
projection climatique (p. 408)
impact des changements climatiques (p. 412)
Groupe d'experts intergouvernemental sur l'évolution du climat (GIEC) (p. 412)
mesure d'atténuation (p. 423)
Protocole de Kyoto (p. 423)

1 Nous pouvons prévenir les changements climatiques si nous réduisons notre consommation de combustibles fossiles.
D'accord / En désaccord

4 La meilleure façon d'atténuer les effets de l'activité humaine sur le climat est d'utiliser dorénavant des sources d'énergie propre.
D'accord / En désaccord

2 Les scientifiques sont toujours objectifs et impartiaux lorsqu'ils collectent et analysent des données, puis en tirent des conclusions.
D'accord / En désaccord

5 La consommation de combustibles fossiles par la population canadienne constitue un gaspillage.
D'accord / En désaccord

3 Comme les conséquences des changements climatiques se feront surtout sentir dans l'Arctique, les populations des pays situés près de l'équateur n'ont pas à s'inquiéter.
D'accord / En désaccord

6 Nous devons nous attaquer au problème des changements climatiques en prenant des mesures individuelles, locales, régionales et internationales.
D'accord / En désaccord

**Comment tes réponses ont-elles changé?
Que sais-tu de plus maintenant?**

IDÉES maîtresses

✓ Le climat terrestre est dynamique et résulte de l'interaction de systèmes et de phénomènes divers.

✓ La modification du climat de la planète est influencée tant par des facteurs naturels que par l'activité humaine.

✓ Les changements climatiques touchent les êtres vivants et les systèmes naturels de multiples façons.

✓ Les gens ont la responsabilité d'évaluer leur impact sur les changements climatiques et de déterminer des mesures efficaces pour le réduire.

CHAPITRE 10 RÉVISION

Les icônes suivantes t'indiquent la compétence visée par chaque question.

- **CC** Connaissance et compréhension
- **C** Communication
- **HP** Habiletés de la pensée
- **MA** Mise en application

Qu'as-tu retenu ?

1. Décris quatre impacts mondiaux possibles des changements climatiques. (10.2) **CC**

2. Donne trois raisons pour lesquelles il est important de s'attaquer au problème des changements climatiques. (10.4) **CC**

3. Environ quelle proportion des gaz à effet de serre émis en Ontario est due à des activités individuelles ? (10.5) **CC**

4. Donne quatre impacts possibles des changements climatiques en Ontario. (10.3) **CC**

Qu'as-tu compris ?

5. Il est difficile pour les modèles climatiques de prédire avec précision comment le climat terrestre va se modifier au cours du 21ᵉ siècle. Explique les deux aspects de cette difficulté mentionnés ci-dessous.
   a) la complexité du système climatique
   b) les choix humains (10.1) **CC** **MA**

6. Nomme un impact spécifique qu'auront les changements climatiques dans chacune des régions suivantes : (10.2) **CC**
   a) Europe
   b) Asie
   c) Australie et Nouvelle-Zélande
   d) Afrique
   e) Amérique latine
   f) Amérique du Nord
   g) Arctique, Groenland, Antarctique

7. Dans ce chapitre, tu as étudié plusieurs des impacts des changements climatiques en Ontario. À ton avis, lequel te touchera le plus ? Explique ta réponse. (10.3) **C** **MA**

8. Les projections climatiques sont basées sur des simulations réalisées grâce à des modèles informatiques complexes. Ces simulations tiennent compte de scénarios de futurs changements dans les facteurs qui ont un effet sur la production humaine de GES.
   a) Quels facteurs entrent en ligne de compte dans ces scénarios sur le futur climat ?
   b) Sur quelles données les modèles informatiques sont-ils basés ? (10.1) **CC** **MA**

9. Délaisser les combustibles fossiles serait coûteux, mais l'inaction le serait encore plus. Les gens parlent donc d'une approche équilibrée. Nomme plusieurs caractéristiques d'une approche équilibrée. (10.4-10.6) **C** **MA**

Résous un problème

10. a) Nomme trois de tes activités qui causent des émissions de gaz à effet de serre.
    b) Pour chacune de ces trois activités, suggère deux options de remplacement qui entraîneraient moins d'émissions de gaz à effet de serre.
    c) Évalue la probabilité que tu te tournes vers ces six options. Rédige un paragraphe pour expliquer pourquoi tu décideras probablement ou ne décideras probablement pas d'opter pour ces solutions de remplacement. (10.5) **C** **MA**

11. Les médias s'intéressent beaucoup au problème de l'élévation du niveau de la mer. À ton avis, pourquoi ce problème est-il si important ? (10.2) **MA**

12. Si un gouvernement mondial exigeait que tout le monde réduise sa consommation de combustibles fossiles de 80 % au cours des 10 prochaines années, quelles conséquences négatives cela pourrait-il avoir sur les secteurs ci-dessous ? (10.4, 10.6) **MA**
    a) l'économie des pays producteurs de pétrole comme le Canada
    b) le transport mondial
    c) la production et la distribution de nourriture
    d) le tourisme

Conçois et interprète

13. À ton avis, pourquoi les gens s'inquiètent-ils davantage des changements climatiques qui surviennent dans l'Arctique que de ceux qui surviennent dans l'Antarctique ? Suggère plusieurs raisons. (10.2) **CC**

14. Évalue au moins deux impacts positifs et deux impacts négatifs des changements climatiques pour le Canada. (10.2) **CC** **MA**

15. Réfléchis aux effets que pourrait avoir une modification du climat sur ta vie quotidienne. Rédige un blogue ou un court article de magazine,

ou encore enregistre sur vidéo une entrée de journal personnel, pour décrire une journée de cette nouvelle vie. Mentionne au moins quatre exemples de changement. (10.3)

16. Dresse une liste des mesures que pourrait prendre ton école pour réduire ses émissions de gaz à effet de serre. Classe-les par ordre de priorité et explique ton classement. Dans un court texte, résume pourquoi il est important de prendre ces mesures. Présente ta proposition au conseil étudiant ou à la direction de ton école. (10.5)

17. Si le gouvernement canadien te demandait quelles sont les trois priorités auxquelles il devrait s'attaquer, que répondrais-tu, et pourquoi? (10.4)

18. «Une modification du climat aurait un effet sur les plantes et les animaux, mais n'aurait aucun effet sur notre économie.» Évalue cette affirmation. Explique pourquoi tu es d'accord ou n'es pas d'accord avec elle. (10.2)

19. Découvre ce que pensent les élèves de ton école de la question des changements climatiques.

    a) Conçois un questionnaire comportant au moins cinq questions d'opinion à propos des changements climatiques. Par exemple, tu pourrais demander aux élèves s'ils croient que les changements climatiques sont dus à l'activité humaine. Tu voudras peut-être rédiger tes questions de façon que les réponses puissent être données sur une échelle de 5, «1» signifiant «totalement en désaccord», et «5» «complètement d'accord».
    b) Comment vas-tu choisir un bon échantillon de la population de ton école? Par exemple, vas-tu t'adresser à des élèves de différents niveaux?
    c) Fais ton sondage.
    d) Compile et analyse tes résultats. Quelles tendances observes-tu? Sers-toi d'un tableau ou d'un graphique pour présenter tes résultats.

20. a) Quels types de programmes de recyclage et de compostage ont été mis en œuvre dans ta communauté?
    b) Quelle proportion des déchets locaux ces programmes empêchent-ils de se retrouver dans les sites d'enfouissement?
    c) Comment ces programmes atténuent-ils les changements climatiques? (10.5)

21. Trouve une personne qui travaille dans un de ces secteurs économiques: transport, production d'énergie, industries, construction et sous-traitance, agriculture, gestion des déchets, foresterie. Réfère-toi aux recommandations de la section 10.4. Communique avec cette personne et demande-lui de t'expliquer les mesures qui ont été prises à son lieu de travail, s'il y en a, pour contrer les changements climatiques. Prends des notes afin de pouvoir parler de ces mesures à ta classe. (10.4)

Réfléchis à ce que tu as appris

22. Relis la section 10.2. Quelle a été ta première réaction à la lecture de la liste des conséquences possibles du réchauffement planétaire? À ton avis, comment tes émotions pourraient-elles influer sur ta pensée critique à ce sujet?

23. De quels impacts des changements climatiques avais-tu déjà entendu parler avant d'aborder ce chapitre? Lesquels ont su te surprendre?

Recherches en ligne

24. Renseigne-toi sur ce que fait le gouvernement ontarien pour atténuer les changements climatiques. (10.4)

    a) Nomme trois mesures prises en ce sens.
    b) Comment le gouvernement ontarien évalue-t-il ses progrès dans ce domaine?
    c) Donne ton évaluation personnelle des trois mesures mentionnées à la question a). À ton avis, laquelle sera probablement la plus efficace? Laquelle sera la moins efficace?

25. Suggère une façon rentable de construire une maison sur le pergélisol de manière qu'elle ne soit pas endommagée par un dégel inattendu de ce pergélisol. Effectue une recherche et rédige un court paragraphe mentionnant quelques idées et donnant un exemple de concept.

CHAPITRE 10

QUESTIONNAIRE

Les icônes suivantes t'indiquent la compétence visée par chaque question.
- **CC** Connaissance et compréhension
- **C** Communication
- **HP** Habiletés de la pensée
- **MA** Mise en application

Choisis la meilleure réponse pour chacune de ces questions.

1. Lequel des énoncés ci-dessous explique en partie pourquoi les scientifiques ont du mal à faire des projections précises sur la vitesse à laquelle surviendront les changements climatiques? (10.3) **CC**
   a) Il est difficile de déterminer les concentrations des divers gaz présents dans l'atmosphère.
   b) Il est difficile de mesurer les variations de l'activité solaire au fil du temps.
   c) Il est difficile de prédire le comportement des gens face aux changements climatiques.
   d) Il est difficile de calculer les quantités de dioxyde de carbone produites par la consommation de combustibles fossiles.

2. Laquelle de ces situations est probablement causée par la hausse des températures mondiales? (10.2) **CC**
   a) davantage de glace de mer
   b) davantage de feux de forêt
   c) davantage d'eau douce
   d) une plus grande biodiversité

3. Laquelle des projections ci-dessous décrit le mieux l'impact que pourraient avoir les changements climatiques sur les précipitations? (10.2) **CC**
   a) Ils modifieront les configurations des précipitations.
   b) Ils feront augmenter les précipitations partout.
   c) Ils feront diminuer les précipitations partout.
   d) Il y aura davantage de neige et moins de pluie.

4. Lequel des éléments ci-dessous a été proposé comme moyen d'absorber les excès de dioxyde de carbone dans l'atmosphère? (10.5) **CC**
   a) des piscicultures
   b) de grands réservoirs
   c) des troupeaux de bestiaux
   d) la reforestation

5. Environ quel pourcentage des émissions de gaz à effet de serre de l'Ontario est dû aux activités individuelles? (10.5) **CC**
   a) 10 %
   b) 30 %
   c) 75 %
   d) 85 %

6. Lequel des éléments ci-après est une conséquence positive possible du réchauffement planétaire? (10.2) **CC**
   a) une diminution des organismes nuisibles
   b) une élévation du niveau des lacs
   c) une saison de croissance plus longue
   d) une diminution des maladies tropicales

Indique si chacun des énoncés est VRAI ou FAUX. Si tu penses qu'un énoncé est faux, récris-le en le corrigeant.

7. Si les pays réduisent radicalement leurs émissions de gaz à effet de serre, les températures mondiales vont immédiatement cesser de s'élever. (10.4) **CC**

8. Le rythme des changements climatiques peut être réduit en remplaçant l'énergie des combustibles fossiles par l'énergie nucléaire. (10.1) **CC**

Copie les énoncés ci-dessous dans ton cahier. Complète-les à l'aide des termes appropriés.

9. Le _____ a résumé les plus récentes recherches sur les changements climatiques. (10.2) **CC**

10. Le dégel du _____ dans l'Arctique libérera dans l'atmosphère du dioxyde de carbone et du méthane. (10.2) **CC**

11. Pour faire des _____ climatiques, les scientifiques élaborent des _____ qui spécifient les quantités de gaz à effet de serre produites. (10.1) **CC**

Associe chaque impact des changements climatiques de la colonne de gauche à la région, dans la colonne de droite, qui sera probablement la plus touchée par cet impact.

12. a) feux de forêt
    b) disparition d'espèces
    c) élévation du niveau de la mer
    d) désertification
    e) intensification des tempêtes

    i) Canada
    ii) îles du Pacifique
    iii) Afrique septentrionale
    iv) forêt pluviale amazonienne
    v) côte américaine du golfe du Mexique
    (10.2) **CC**

Rédige une brève réponse à chacune des questions suivantes.

13. Explique deux façons de réduire les émissions de gaz à effet de serre. (10.5) **CC**

14. Explique la relation entre la population mondiale et les changements climatiques. (10.1) **CC**

15. Décris une série d'événements mondiaux qui établissent un lien entre les activités de transport nécessitant la consommation de combustibles fossiles et l'élévation du niveau de la mer, qui pourrait entraîner l'inondation des îles et des régions côtières de basse altitude. (10.2) HP

16. La plupart des scientifiques croient que les êtres humains doivent rapidement réduire leur dépendance aux combustibles fossiles et opter pour des sources d'énergie qui ne produisent pas de gaz à effet de serre. Certaines personnes croient que tous les pays devraient réduire leurs émissions dans une même proportion. Toutefois, étant donné qu'opter pour d'autres sources d'énergie sera très coûteux, d'autres personnes sont d'avis que les pays en voie de développement ne devraient pas avoir à modifier leurs habitudes énergétiques dans une même mesure que les pays industrialisés. Rédige un court paragraphe pour soutenir un de ces points de vue. (10.4) CC C

17. Le réchauffement du Grand Nord canadien et de l'océan Arctique pourrait avoir les conséquences suivantes :
    - une diminution de la glace de mer
    - une perte d'habitat pour certaines espèces
    - une élévation du niveau de la mer
    - le dégel du pergélisol
    - la croissance d'arbres plus au nord
    - une plus grande étendue d'eau libre pour la navigation
    - une baisse des coûts de chauffage

    Rédige un court paragraphe pour expliquer pourquoi, à ton avis, ces changements constitueront, dans l'ensemble, un problème ou un avantage pour le Canada. (10.2) HP

18. On te demande d'élaborer un sondage à mener auprès d'entreprises locales qui se disent «vertes». Rédige trois questions que tu poserais aux propriétaires de ces entreprises pour t'aider à déterminer dans quelle mesure elles sont réellement «vertes». (10.4, 10.5) C

19. Une certaine espèce d'oiseaux chanteurs migrateurs qui, auparavant, passaient leur été dans le sud de l'Ontario n'a pas été vue à cet endroit depuis plusieurs années. (10.3) HP
    a) Formule une hypothèse qui pourrait expliquer l'absence de ces oiseaux en te basant sur ta compréhension des changements climatiques.
    b) Comment t'y prendrais-tu pour tester ton hypothèse ?

20. Explique comment le fait de planter des arbres peut atténuer les impacts des changements climatiques. Mentionne les étapes de cause à effet entre la plantation des arbres et ses effets sur le climat. (10.5) CC MA

21. La figure 1 montre des glaciers situés sur les flancs des montagnes Rocheuses canadiennes. (10.2) MA

Figure 1

a) Explique comment les changements climatiques transformeront probablement l'apparence de ces glaciers.
b) Décris un impact mondial de la fonte de ces glaciers.

22. La glace de mer de l'Arctique diminue de plus en plus rapidement, parce que l'eau libre absorbe plus d'énergie solaire que ne le fait la glace. Imagine que tu es une ou un climatologue qui élabore un modèle informatique pour prédire les changements qui surviendront dans la glace de mer de l'Arctique. Décris deux propriétés physiques que tu devrais connaître afin de pouvoir effectuer tes calculs. (10.1) HP

23. Donne deux exemples d'activités que tu fais à la maison et qui libèrent des gaz à effet de serre dans l'atmosphère. Explique comment cela se produit et mentionne des mesures de réduction possibles. (10.5) MA

24. Explique trois moyens de modifier tes habitudes d'achat et tes choix d'aliments pour réduire tes émissions de gaz à effet de serre. (10.5) MA

25. Explique le rôle du Groupe d'experts intergouvernemental sur l'évolution du climat (GIEC). (10.1) CC

UNITÉ D — À REVOIR

UNITÉ D : Les changements climatiques

CHAPITRE 8 — Le système climatique terrestre et les phénomènes naturels

CONCEPTS CLÉS

Le système climatique de la Terre tire son énergie du Soleil.

Le système climatique de la Terre comprend l'atmosphère, l'hydrosphère, la lithosphère et les êtres vivants.

L'effet de serre réchauffe la Terre en emprisonnant l'énergie thermique que réfléchit la Terre.

Le transfert de l'énergie thermique au sein du système climatique terrestre s'effectue au moyen des courants atmosphériques et océaniques.

Le climat terrestre connaît des changements à court terme et des changements à long terme.

Les données indirectes permettent d'étudier les climats du passé.

CHAPITRE 9 — Le déséquilibre du climat terrestre

CONCEPTS CLÉS

Des faits nous indiquent que notre climat se modifie.

Les activités humaines ont provoqué un accroissement des concentrations des gaz à effet de serre dans l'atmosphère.

L'accroissement des concentrations des gaz à effet de serre provoque l'effet de serre anthropique (dû à l'activité humaine).

L'effet de serre anthropique est la principale cause des changements climatiques actuels.

Au Canada, les gaz à effet de serre sont principalement dus à la production et à la combustion de combustibles fossiles.

Les scientifiques utilisent des modèles climatiques pour déterminer comment différents facteurs influent sur notre climat.

CHAPITRE 10 — Évaluer les changements climatiques et y réagir

CONCEPTS CLÉS

Les impacts des changements climatiques vont modifier notre environnement et notre société.

Les impacts des changements climatiques vont se faire sentir principalement dans l'Arctique.

En Ontario, on s'attend à ce que les changements climatiques entraînent des hivers et des étés plus chauds.

Les mesures actuelles ne vont pas empêcher les changements climatiques d'avoir de graves impacts négatifs.

Les émissions de gaz à effet de serre doivent être réduites de 80 % d'ici 2050 pour éviter les impacts les plus désastreux.

Le recours à des sources d'énergie propre est essentiel si nous voulons réduire les émissions de gaz à effet de serre.

FAIS UN RÉSUMÉ

Imagine que la Terre a rendez-vous avec sa ou son médecin. Voici ce que pourrait être leur conversation :

Médecin : Ainsi, vous ne vous sentez pas bien. Pouvez-vous me décrire vos symptômes ?

Terre : Quelque chose ne va pas. Le niveau de mes océans ne cesse de monter depuis au moins 100 ans, et cela s'accélère depuis quelques années. Comme vous pouvez l'imaginer, j'ai souffert de nombreuses inondations. La glace de mes pôles fond plus vite qu'avant. Pensez-vous qu'il peut y avoir un lien entre ces deux choses ?

Médecin : Fort probablement. Sentez-vous des gonflements océaniques ? Avez-vous ressenti une dilatation thermique ?

Terre : Oui, il me semble que mes océans prennent de l'expansion.

Médecin : Hum, oui… La fonte des glaces, la dilatation thermique… cela peut expliquer la hausse du niveau des mers.

Terre : Puisqu'on parle des océans, les ouragans m'ont causé beaucoup de problèmes. J'en ai toujours eu, naturellement, mais il me semble qu'ils sont bien pires qu'avant.

Médecin : L'eau plus chaude des océans peut augmenter la force des ouragans. Je vais vous examiner. Je vois qu'il y a un désert qui se forme, ici. Est-ce nouveau ?

Terre : Oui.

Médecin : Je vois dans votre dossier médical que vos saisons ont changé récemment. Qu'y a-t-il d'autre ? Plusieurs espèces animales et végétales migrent vers les pôles. Je crois savoir ce qui se passe. Voici un thermomètre. Je vais prendre votre température. *(LE MÉDECIN OBSERVE LE THERMOMÈTRE.)* C'est bien ce que je pensais. Votre température s'élève.

1. Dresse la liste des indications de réchauffement climatique dans la conversation entre la Terre et la ou le médecin.
2. Écris une suite à cette conversation. Voici quelques idées : y a-t-il d'autres symptômes dont ils n'ont pas parlé ? Quelle est la cause de la hausse de température ? Pourquoi cela se produit-il ? Que pouvons-nous faire pour soigner la Terre ? Que faisons-nous déjà ?
3. Présente ta version de la conversation sous forme de bande dessinée, d'œuvre dramatique ou de section Foire aux questions d'une page Web.

© 2007. Dan Piraro. King Features Syndicate (traduction libre)

PERSPECTIVES D'AVENIR

Dresse la liste des carrières mentionnées au fil de cette unité. Choisis deux carrières qui t'intéressent, ou deux autres carrières liées aux changements climatiques. Pour chacune de ces carrières, trouve les renseignements suivants :

- la formation exigée (secondaire et postsecondaire)
- les habiletés / la personnalité / les aptitudes requises
- les tâches et les responsabilités
- les employeurs potentiels
- la rémunération

Utilise les renseignements que tu as trouvés pour concevoir un dépliant. Dans ce dépliant, tu dois comparer les deux carrières que tu as choisies et expliquer en quoi elles sont liées aux changements climatiques.

UNITÉ D

ACTIVITÉ DE FIN D'UNITÉ

La modification du climat de la planète

Enjeu

Le Groupe d'experts intergouvernemental sur l'évolution du climat (GIEC) prépare une mise à jour de ses rapports précédents sur la modification du climat de la planète. Il a besoin de recommandations de mesures concrètes. Tu offres ton expertise pour formuler ces recommandations, qui seront présentées lors d'une conférence internationale.

Objectif

Collecter de l'information sur le climat d'une région spécifique, indiquer les impacts des changements climatiques pour cette région et proposer des mesures visant à les atténuer.

Collecte de l'information  LA BOÎTE À OUTILS 4.A., 4.B., 6.A.

HABILETÉS
- Définir l'enjeu
- Effectuer une recherche
- Déterminer les options
- Analyser l'enjeu
- Défendre une décision
- Communiquer
- Évaluer

1. Parmi les endroits ci-dessous, choisis-en un où tu vas concentrer tes recherches.

Figure 1 Churchill, au Manitoba

- Churchill, Manitoba, Canada (figure 1)
- Vancouver, Colombie-Britannique, Canada
- Whitehorse, Yukon, Canada
- île de Baffin, Nunavut, Canada
- Tuvalu
- France
- Royaume-Uni
- Pérou
- Bangladesh
- côte sud-est de l'Australie
- Ouganda (figure 2)
- un autre endroit (avec la permission de ton enseignante ou de ton enseignant)

Figure 2 Un paysage de l'Ouganda

2. Effectue des recherches sur le climat de l'endroit choisi. Collecte de l'information (actuelle et, si possible, couvrant les 50 dernières années) sur les données suivantes :

   - la moyenne des températures mensuelles et annuelles ;
   - la moyenne des précipitations mensuelles et annuelles ;
   - une estimation des précipitations (neige et pluie) ;
   - les événements météorologiques extrêmes (p. ex., orages, ouragans, inondations, sécheresses, vagues de chaleur) ;
   - les quantités de glace permanente ou de sol gelé (glaciers, pergélisol) ;
   - l'étendue et la longévité de la glace sur les lacs en hiver.

3. Analyse tes données et présente-les sous forme de tableaux et de graphiques. Note tous les changements récents que tu as observés.

4. Révise l'information donnée dans cette unité sur les changements climatiques. À ton avis, quels impacts auront-ils sur cette région au cours des 100 prochaines années ? Dresse la liste des changements prévus dans cette région.

5. Approfondis ta recherche. Informe-toi, par exemple, sur des changements climatiques précis tels que :

- les variations dans le débit des rivières, la couverture de glace, les inondations ou la quantité de pluie ;
- les changements dans les écosystèmes ou les espèces locales, ou les deux ;
- les changements dans les événements météorologiques extrêmes (ouragans, mousson) ;
- les vagues de chaleur ou les sécheresses inhabituelles ;
- les changements dans les terres agricoles ;
- les changements dans les maladies transmises par des insectes (malaria, dengue, virus du Nil occidental, maladie de Lyme).

6. Collecte des données socio-économiques pour cette région. Considère, par exemple, les facteurs suivants :
   - la richesse ou la pauvreté relative des populations de la région ;
   - les activités traditionnelles ou culturelles ;
   - l'accès à l'information scientifique ou aux technologies modernes, ou aux deux.

7. Compare la liste d'impacts prévus que tu as dressée au numéro 4 à la liste des impacts que tu as dressée au numéro 5. Parmi les impacts que tu avais prévus, y en a-t-il qui se produisent déjà ?

8. Rédige un résumé d'une page des observations notées aux numéros 5 à 7.

Examine des solutions possibles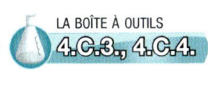

Dresse une liste de mesures concrètes que la population de cette région peut prendre pour atténuer les changements climatiques, ou s'y adapter. Considère les éléments suivants dans tes suggestions :

- Sur quels aspects importants de la vie dans cette région les changements climatiques auraient-ils des impacts ?
- Comment les gens de la région peuvent-ils réduire leurs émissions de GES ou diminuer la déforestation, ou les deux ?
- Quelles mesures ont déjà été prises par les gouvernements locaux, les entreprises et la population pour s'adapter aux changements climatiques ?
- Comment cette adaptation peut-elle être réalisée ?

Prends une décision

En te basant sur ta recherche, nomme la ou les solutions qui seraient les plus pratiques.

Communique ton point de vue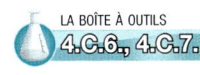

Présente les résultats de ta recherche à une conférence internationale (c'est-à-dire à tes camarades de classe). Ta présentation doit comprendre :

- une comparaison entre le climat d'il y a 50 ans et le climat actuel ;
- les changements climatiques déjà observés ;
- une projection des impacts des changements climatiques prévus dans cette région au cours des 100 prochaines années ;
- les mesures d'atténuation et d'adaptation les plus appropriées pour le gouvernement municipal, les entreprises et la population.

Ta présentation peut être orale, ou sous forme de vidéo, d'affiche ou de rapport écrit.

LISTE DE VÉRIFICATION DE L'ÉVALUATION

Ton activité de fin d'unité sera évaluée en fonction des critères suivants :

Connaissance et compréhension
- ☑ Effectuer une recherche et une analyse minutieuses des données.

Habiletés de la pensée
- ☑ Élaborer une stratégie de recherche claire pour la collecte des données climatiques.
- ☑ Consigner les données de façon structurée.
- ☑ Comparer les impacts prévus aux impacts observés.
- ☑ Proposer des solutions possibles.

Communication
- ☑ Présenter les données avec clarté à l'aide de tableaux ou de graphiques.
- ☑ Préparer et présenter tes conclusions sur les impacts des changements climatiques, actuels et prévus, d'une façon structurée.

Mise en application
- ☑ Faire des recommandations dans le but d'atténuer les changements climatiques locaux et mondiaux et de s'y préparer.
- ☑ Démontrer une compréhension des facteurs naturels et anthropiques qui affectent le climat dans cette région.

UNITÉ D — RÉVISION

Les icônes suivantes t'indiquent la compétence visée par chaque question.

- **CC** Connaissance et compréhension
- **C** Communication
- **HP** Habiletés de la pensée
- **MA** Mise en application

Qu'as-tu retenu ?

Choisis la meilleure réponse pour chacune de ces questions.

1. Quelle est la différence entre le temps et le climat ? (8.1) **CC**
   a) Le temps concerne le vent et les précipitations alors que le climat est la description de la température d'une région.
   b) On observe le temps quotidiennement alors que le climat décrit la moyenne des températures sur de longues périodes.
   c) Le temps change lentement alors que le climat peut changer rapidement.
   d) Le temps ne concerne que la terre alors que le climat concerne la terre et les océans.

2. Laquelle de ces listes comprend toutes les composantes essentielles du système climatique de la Terre ? (8.4) **CC**
   a) l'eau, la terre et les êtres vivants
   b) l'air, l'eau, la glace et la terre
   c) l'air, l'eau, la glace et les êtres vivants
   d) l'air, l'eau, la glace, la terre et les êtres vivants

3. L'hydrosphère comprend :
   a) tous les êtres vivants et leurs habitats.
   b) toutes les terres émergées.
   c) toute l'eau gelée sur la Terre.
   d) toute l'eau sur la Terre. (8.4) **CC**

4. Lequel de ces mécanismes ne contribue PAS de manière significative à la circulation de l'énergie thermique à la surface de la Terre ? (8.8) **CC**
   a) les courants de convection d'air
   b) la conduction de la chaleur par les masses continentales
   c) la circulation thermohaline dans les océans
   d) le Gulf Stream

5. Quels gaz contribuent le plus à l'effet de serre naturel ? (8.6) **CC**
   a) dioxyde de carbone, méthane, vapeur d'eau
   b) dioxyde de carbone, méthane, oxygène
   c) dioxyde de carbone, vapeur d'eau, oxygène
   d) argon, dioxyde de carbone, méthane

6. Les scientifiques utilisent des données indirectes pour étudier le climat du passé. Les données climatiques indirectes comprennent :
   a) les anneaux de croissance des arbres.
   b) les relevés des conditions atmosphériques.
   c) les mesures des températures océaniques.
   d) les observations par satellite de la calotte polaire. (8.11) **CC**

7. Depuis les 400 000 dernières années, les changements climatiques à long terme observés sur la Terre ont surtout été causés par :
   a) des variations dans le volume total d'eau et de glace sur Terre.
   b) des changements dans l'orbite de la Terre et dans l'inclinaison de son axe.
   c) une diminution du nombre d'animaux sur Terre.
   d) une diminution de la quantité d'oxygène dans l'atmosphère terrestre. (8.9) **CC**

8. Lequel de ces facteurs n'est PAS un indicateur des changements climatiques actuels ? (9.1) **CC**
   a) la hausse moyenne des températures à l'échelle mondiale
   b) l'élévation du niveau des mers
   c) l'accroissement de la pollution de l'eau
   d) la diminution de la couverture de glace de l'Arctique

9. Quelle est la cause la plus probable des changements climatiques actuels ? (9.4) **CC**
   a) la fonte des glaces aux pôles
   b) des changements dans le rayonnement solaire
   c) les éruptions volcaniques
   d) les émissions de GES d'origine humaine

10. Laquelle de ces initiatives relève de ta responsabilité personnelle, et NON de celles de ta municipalité, de la province de l'Ontario ou du gouvernement du Canada ? (10.5) **CC**
    a) promouvoir les traités internationaux visant à réduire les émissions de dioxyde de carbone
    b) convertir en source d'énergie le méthane provenant des sites d'enfouissement
    c) rayer le charbon de la liste des sources d'approvisionnement des centrales électriques

d) changer ses habitudes de transport et choisir plus souvent la marche, la bicyclette et les transports en commun

11. Lequel des énoncés ci-dessous explique correctement les effets qu'ont les gaz à effet de serre sur la température terrestre ? (8.6) CC

   a) Les GES présents dans l'atmosphère forment une couche protectrice qui réfléchit la plus grande partie du rayonnement solaire.
   b) Les GES gardent la Terre fraîche en enlevant l'humidité de l'atmosphère qui, autrement, ferait augmenter la température terrestre.
   c) Les GES absorbent le rayonnement infrarouge émis par la surface de la Terre et renvoient environ la moitié de ce rayonnement vers la surface de la Terre.
   d) Les GES absorbent le rayonnement ultraviolet du Soleil, le transforment en rayonnement infrarouge, et renvoient presque tout ce rayonnement dans l'espace.

12. Laquelle des situations ci-dessous est un exemple de dilatation thermique ? (9.1, 9.3) CC

   a) L'eau augmente de volume à mesure que sa température augmente.
   b) L'eau de mer absorbe plus de sel à mesure qu'elle se rapproche des pôles.
   c) L'activité humaine a accru la quantité de gaz à effet de serre dans l'atmosphère.
   d) Plus les températures mondiales s'élèvent, plus les organismes qui transmettent des maladies peuvent se déplacer vers le nord.

13. Laquelle des situations ci-dessous décrit correctement le phénomène El Niño ? (8.9) CC

   a) Au fil du temps, le mouvement des masses continentales de la Terre a morcelé un supercontinent pour former les continents actuels.
   b) La vibration des atomes de certaines molécules permet à celles-ci d'absorber différents types d'énergie solaire.
   c) Les vents dominants du Pacifique changent temporairement de direction et poussent l'air chaud vers l'Amérique du Sud, à l'est.
   d) Des nuages se forment à basse altitude, où ils peuvent retenir l'énergie thermique près de la surface de la Terre, ce qui entraîne une augmentation de la température terrestre.

14. Lequel de ces énoncés explique correctement ce qui arrive à l'énergie solaire lorsqu'elle atteint la Terre ? (8.3) CC

   a) La surface terrestre absorbe environ la moitié de cette énergie et la renvoie sous forme d'énergie infrarouge.
   b) L'atmosphère terrestre réfléchit environ la moitié de cette énergie vers l'espace.
   c) Les forêts de la Terre absorbent environ la moitié de cette énergie et la convertissent en énergie chimique.
   d) Les océans de la Terre absorbent environ la moitié de cette énergie, ce qui provoque leur réchauffement.

Indique si chacun des énoncés est VRAI ou FAUX. Si tu penses qu'un énoncé est faux, récris-le en le corrigeant.

15. Le climat d'un endroit dépend de plusieurs facteurs, comme la distance par rapport à l'équateur, l'altitude par rapport au niveau de la mer et la proximité des étendues d'eau. (8.3, 8.4) CC

16. L'ozone nuit à la vie sur Terre lorsqu'il se trouve très haut dans l'atmosphère, et lui est bénéfique lorsqu'il se trouve au niveau du sol, dans la troposphère. (8.4) CC

17. La Terre absorbe beaucoup plus d'énergie solaire qu'elle n'en libère. (8.3) CC

18. Les gaz de l'atmosphère terrestre retiennent le rayonnement infrarouge émis par la Terre, ce qui garde notre climat plus chaud qu'il ne devrait l'être. (8.3) CC

19. Le climat terrestre se transforme naturellement au cours de très longues périodes. (8.9) CC

20. Les températures mondiales s'élèvent à cause de la détérioration de la couche d'ozone. (8.4) CC

21. La déforestation est un problème parce que la coupe des forêts libère du dioxyde de carbone dans l'atmosphère et empêche l'absorption du dioxyde de carbone. (9.4) CC

22. Les CFC sont des gaz à effet de serre. (9.4) CC

23. La plupart des GES proviennent de l'utilisation de l'électricité dans les maisons. (9.5) CC

24. Les versants d'une chaîne de montagnes à l'abri du vent vent reçoivent moins de précipitations que les versants exposés au vent. (8.4) CC

25. Le chauffage et la climatisation de nos maisons constituent la principale source d'émissions individuelles de gaz à effet de serre. (10.5)

26. Les changements climatiques surviennent plus rapidement près de l'équateur que partout ailleurs. (10.2)

Copie les énoncés ci-dessous dans ton cahier. Complète-les à l'aide des termes appropriés.

27. Le système climatique de la Terre est constitué du Soleil ainsi que de l'_____, de l'_____, de la lithosphère et des _____. (8.4)

28. La Terre absorbe le rayonnement solaire sous plusieurs formes (_____, _____, _____), mais le renvoie dans l'espace principalement sous forme de _____. (8.3)

29. Actuellement, l'élévation du niveau de la mer est probablement causée par deux facteurs : la _____ et la _____. (9.1)

30. Le gaz à effet de serre appelé « _____ » est principalement produit par la consommation de combustibles fossiles. (9.4)

31. Les océans jouent un rôle important dans l'équilibre du climat terrestre parce qu'ils assurent la circulation de l'_____. (8.8)

32. À cause de l'effet _____, une Terre recouverte de glace réfléchirait davantage l'énergie solaire que ne le ferait une Terre sans glace. (8.10)

33. Une _____ se crée quand une cause provoque un effet qui influe à son tour sur cette cause. (8.10)

34. L'_____ est la gestion attentionnée d'une chose qui ne nous appartient pas. (10.5)

35. L'énergie _____ par la Terre équivaut à l'énergie renvoyée par la Terre. (8.3)

Rédige une brève réponse à chacune des questions suivantes.

36. Explique les deux façons dont s'effectue le transfert de l'énergie thermique dans le système climatique. (8.8)

37. Explique la différence entre l'effet de serre naturel et l'effet de serre anthropique. (8.6, 9.4)

38. Décris les effets des courants océaniques sur les terres avoisinantes. (8.8)

39. Décris les principales sources naturelles et anthropiques de chacun des gaz à effet de serre suivants. (8.6, 9.4)
    a) méthane
    b) oxyde nitreux

40. Notre climat a changé au cours des 50 dernières années. Nomme deux aspects du climat de ta région qui, dans les années 1960, ne ressemblaient pas à leur état actuel. (10.3)

41. Nomme deux choses que les scientifiques peuvent apprendre en examinant et en testant les carottes glaciaires. (8.11)

42. Explique pourquoi l'ozone est utile lorsqu'il est présent dans la stratosphère, mais nuisible lorsqu'il se trouve dans la troposphère. (8.4)

Qu'as-tu compris ?

43. Le climat a des effets sur notre vie de tous les jours. (8.1, 8.2, 10.3)
    a) Décris le climat de ta région.
    b) Explique trois impacts spécifiques des changements climatiques qui pourraient être observés au cours des 100 prochaines années dans ta région.

44. Examine la figure 1. (8.6, 9.4)

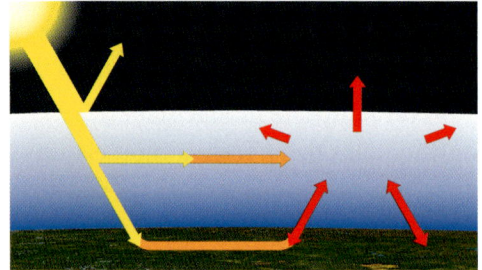

Figure 1

   a) Explique ce qu'illustre cette figure.
   b) Explique pourquoi l'effet qu'illustre le diagramme est important pour la vie sur Terre.

45. Prédis ce qui arriverait aux températures terrestres si la Terre absorbait l'énergie solaire, mais ne la renvoyait pas entièrement. (8.3)

46. Le dioxyde de carbone est un important gaz à effet de serre naturel et anthropique. (8.6, 9.4, 9.5)

    a) Donne un exemple de source naturelle de dioxyde de carbone.
    b) Donne deux exemples de sources anthropiques de dioxyde de carbone.
    c) Donne un exemple de puits de carbone et explique son fonctionnement.

47. Regarde les deux photos d'un même glacier, la première prise récemment (figure 2(a)) et la deuxième en 1939 (figure 2(b)). (9.1, 10.2)

Figure 2

    a) Comment ce glacier s'est-il transformé?
    b) Explique pourquoi ce changement se produit. Sers-toi de diagrammes pour illustrer ton explication.
    c) Nomme deux activités humaines qui provoquent des changements climatiques.

48. Les changements climatiques résultent de l'activité humaine. (9.6, 10.1, 10.2)

    a) Explique pourquoi la plupart des scientifiques croient que les changements climatiques actuels sont dus à l'activité humaine.
    b) Explique pourquoi quelques scientifiques croient que la majorité des changements climatiques actuels ne sont pas principalement dus à l'activité humaine.

49. Dessine un schéma conceptuel afin d'expliquer les méthodes utilisées par les scientifiques pour étudier le climat du passé. Mentionne les termes suivants : données indirectes, précipitations, température, glace, thermomètre, relevés. (8.11)

50. Prédis les impacts que pourraient avoir les changements climatiques sur chacun des continents mentionnés ci-dessous. Donne au moins deux impacts dans chaque cas. (10.2)

    a) Amérique du Nord
    b) Afrique
    c) Océanie

51. a) Décris quatre impacts négatifs des changements climatiques prévus pour l'Ontario.
    b) Décris deux impacts positifs des changements climatiques prévus pour l'Ontario. (10.3)

52. Quel effet la glace a-t-elle sur le climat terrestre? (8.10, 10.2)

53. Explique le rôle que joue chacun des cycles naturels ci-dessous dans le système climatique terrestre. (8.4, 8.6, 9.4)

    a) le cycle de l'eau
    b) le cycle du carbone

54. Une amie te dit que nous pourrions mettre fin aux changements climatiques si nous réduisions immédiatement nos émissions de GES. Sers-toi de ce que tu as appris dans cette unité pour rédiger une réponse à cette affirmation. (10.4-10.6)

55. Prédis ce qui pourrait se produire dans chacune des situations suivantes. (9.4, 10.2-10.5)

    a) Une espèce végétale non indigène migre dans le sud du Canada.
    b) L'industrie agricole canadienne se consacre de plus en plus à l'élevage de bétail.
    c) Le gouvernement canadien offre des encouragements fiscaux en matière d'isolation et d'efficacité énergétique pour les nouveaux bâtiments.
    d) Tous les nouveaux bâtiments construits comportent des toits verts.

56. Copie et complète le tableau 1 dans ton cahier. (10.2)

Tableau 1 Coûts et avantages potentiels de températures plus élevées dans l'Arctique

Coûts potentiels	Avantages potentiels
1.	1.
2.	2.
3.	3.

Résous un problème

57. Copie le tableau 2 dans ton cahier. Inscris trois mesures sous chaque titre de colonne. (10.4, 10.5)

Tableau 2 Mesures pour atténuer les changements climatiques

Mesures déjà prises au Canada	Mesures qui pourraient être prises au Canada	Mesures que ta famille et toi, ton école ou ta communauté pourriez prendre

58. Ton gouvernement municipal veut réduire les émissions de gaz à effet de serre de ta municipalité. (9.5, 10.4)
    a) Nomme trois importantes sources de GES dans ta municipalité.
    b) Conçois un plan réaliste pour réduire les quantités de GES produits par chacune de ces sources.
    c) Conçois une brochure ou une présentation visuelle pour communiquer tes idées. Fais ta présentation ou montre ta brochure à l'école, dans un centre communautaire ou dans des bureaux gouvernementaux de ta localité.

59. Quelle couleur de vêtement porterais-tu pour rester au frais par une chaude journée d'été? Sers-toi de tes connaissances sur l'effet albédo pour expliquer ta réponse. (8.10)

60. Ta famille doit acheter les articles énumérés ci-dessous. Explique au moins deux aspects que ta famille devrait prendre en considération lors de l'achat de chacun de ces articles. (10.5)
    a) des ampoules électriques
    b) un réfrigérateur
    c) une voiture

61. Les gens abattent les arbres des forêts pluviales pour cultiver les terres. (9.4)
    a) Explique une des raisons pour lesquelles les gens préfèrent cultiver leurs terres plutôt que de laisser des arbres y pousser.
    b) À ton avis, comment pourrais-tu convaincre les gens de ne pas abattre les arbres et de laisser la forêt pluviale telle qu'elle est?

Conçois et interprète

62. Une climatologue conçoit un modèle informatique du système climatique terrestre. D'abord, elle programme ce modèle de manière à illustrer ce qu'auraient été les températures mondiales des 100 dernières années dans un monde sans êtres humains. Ensuite, elle programme le modèle de manière à illustrer les températures mondiales des 100 dernières années dans un monde habité par des êtres humains. Prédis et compare les résultats des deux programmes. (9.6)

63. a) Compare les impacts des changements climatiques actuels (9.1) à ceux des changements climatiques prévus (10.2).
    b) Dirais-tu que les pires impacts des changements climatiques se sont déjà produits? Explique ta réponse. (9.1, 10.2)

64. Lors d'un débat, un élève affirme que les forêts canadiennes réduisent les quantités de GES émises par le Canada. Une autre élève affirme que les forêts canadiennes augmentent les quantités de GES émises par le Canada. Explique pourquoi ces deux élèves pourraient avoir raison. (9.5)

65. Une personne qui doute de l'importance des changements climatiques déclare que les scientifiques ne sont pas absolument certains de la façon dont le climat terrestre va se modifier. Selon cette personne, les scientifiques devraient mener d'autres études avant que nous ne prenions des mesures pour contrer les changements climatiques. (10.2)
    a) Pourquoi les scientifiques ont-ils de la difficulté à prédire avec précision le climat du futur?
    b) Quelle est ton opinion? Rédige une courte réplique à cette personne sceptique.

66. Au chapitre 8, tu as étudié comment le système climatique fait circuler l'énergie dans le monde. Au chapitre 9, tu as appris que l'augmentation des GES provoque des hausses de température, c'est-à-dire une augmentation de l'énergie thermique. Sers-toi de tes connaissances sur la circulation de l'énergie pour formuler une hypothèse sur la façon dont les hausses de température peuvent influer sur les courants atmosphériques et océaniques. (8.8, 9.4)

67. Tu veux faire, devant la classe, une démonstration portant sur les courants de convection dans l'eau. Explique comment tu procéderais pour faire cette démonstration. (8.8)

68. Communique avec ton centre de recyclage local pour savoir quels matériaux peuvent être recyclés et lesquels ne peuvent pas l'être. Ensuite, conçois une affiche ou un graphique pour illustrer ce qui peut et ne peut pas être recyclé dans ta municipalité. (10.5)

Réfléchis à ce que tu as appris

69. Si tu devais expliquer la plus importante idée présentée dans cette unité à une ou à un camarade, quelle idée choisirais-tu ? Explique ta réponse.

70. Quand tu lis un manuel scolaire, certaines parties te semblent plus intéressantes que d'autres.
    a) Quelle partie de cette unité as-tu trouvé la plus intéressante ? Explique ta réponse.
    b) Quelle partie de cette unité as-tu trouvé la moins intéressante ? Explique ta réponse.
    c) Trouve une personne dans ta classe qui était intéressée par la partie qui t'a le moins plu. Demande-lui ce qui rendait cette partie intéressante à ses yeux.

71. Dans cette unité, tu as appris que les gaz à effet de serre provoquent probablement une hausse des températures mondiales. (9.4)
    a) Que savais-tu des GES avant d'aborder cette unité ?
    b) Comment ta compréhension des GES a-t-elle évolué au cours de l'étude de cette unité ?

72. Comment une de tes opinions sur les changements climatiques a-t-elle changé après l'étude de cette unité ? Explique ta réponse en donnant un exemple spécifique.

73. L'action individuelle est un bon moyen de réduire ses émissions de gaz à effet de serre. (10.5)
    a) Avant d'aborder cette unité, que faisais-tu pour réduire tes émissions de GES ?
    b) Comment mettras-tu en pratique ce que tu as appris dans cette unité à ce sujet ?

Recherches en ligne

74. La production et le transport de nourriture peuvent contribuer aux changements climatiques. Renseigne-toi sur les risques et les avantages de quelques solutions de rechange (p. ex., le végétarisme, les produits locaux et biologiques). Laquelle pourrait être la meilleure ? Communique ton opinion à l'aide d'une saynète, d'un blogue ou de toute autre forme de création. (10.4, 10.5)

75. Les courants océaniques de la planète agissent comme un énorme tapis roulant, qui transporte lentement l'énergie thermique de l'équateur jusqu'aux pôles (figure 3). Renseigne-toi sur les conséquences possibles de la perturbation des courants océaniques et rédige un compte rendu d'une page pour présenter tes résultats. (8.8)

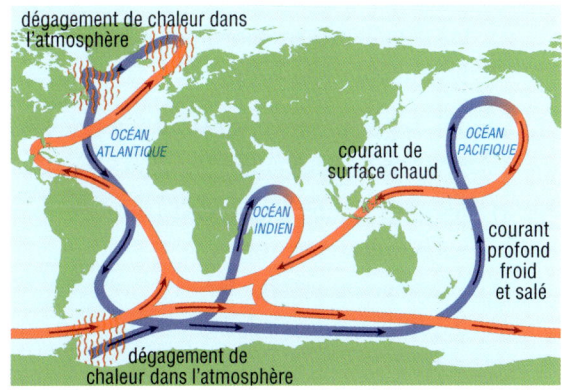

Figure 3

76. Renseigne-toi sur les changements climatiques observés dans l'Arctique et dans l'Antarctique. (10.2)
    a) Pourquoi ces changements sont-ils si importants ?
    b) Présente les résultats de ta recherche sous forme d'affiche ou de site Web.

UNITÉ D — QUESTIONNAIRE

Les icônes suivantes t'indiquent la compétence visée par chaque question.

- **CC** Connaissance et compréhension
- **C** Communication
- **HP** Habiletés de la pensée
- **MA** Mise en application

Choisis la meilleure réponse pour chacune de ces questions.

1. Dans lequel des endroits mentionnés ci-dessous t'attendrais-tu à ce que des courants de convection se forment ? (8.8) **CC**
   a) le sol
   b) la roche
   c) l'air
   d) la glace

2. Lequel des facteurs ci-dessous entraîne des variations climatiques à court terme ? (8.9) **CC**
   a) la dérive des continents
   b) les éruptions volcaniques
   c) la forme de l'orbite terrestre
   d) l'ozone présent dans la stratosphère

3. Lequel des éléments ci-dessous est un exemple de données indirectes ? (8.11) **CC**
   a) les données fournies par les anneaux de croissance des arbres
   b) une photo récente d'un glacier de l'Arctique
   c) un graphique illustrant les quantités de pluie tombées en 1990
   d) les prévisions météorologiques publiées dans le journal de la veille

4. Lequel des éléments ci-dessous est une source d'émissions de méthane ? (8.6, 9.4) **CC**
   a) les engrais contenant de l'azote
   b) les bombes aérosols
   c) l'élevage de bétail
   d) la photosynthèse des végétaux

Indique si chacun des énoncés est VRAI ou FAUX. Si tu penses qu'un énoncé est faux, récris-le en le corrigeant.

5. Les régions où soufflent des vents dominants provenant du pôle Nord ont tendance à recevoir de grandes quantités de précipitations. (8.8) **CC**

6. La fonte des icebergs entraînera une importante élévation du niveau des mers. (9.1) **CC**

7. L'effet de serre naturel est essentiel à la vie sur Terre. (8.6) **CC**

Copie les énoncés ci-dessous dans ton cahier. Complète-les à l'aide des termes appropriés.

8. L'albédo de l'herbe est plus élevé que celui d'un sol foncé. L'herbe _____ donc plus de rayonnement solaire qu'un sol foncé. (8.10) **CC**

9. L'énergie géothermique et l'hydroélectricité sont considérées comme des sources d'énergie propre parce qu'elles ne dégagent pas de _____ . (10.1) **CC**

Associe chaque terme de la colonne de gauche à la définition la plus appropriée de la colonne de droite.

10.
    a) projection climatique
    b) profil bioclimatique
    c) système climatique
    d) climat

    i) graphiques qui présentent la température et les conditions d'humidité dans un secteur donné
    ii) ensemble des conditions météorologiques dans une région sur une longue période de temps
    iii) ensemble des conditions causées par l'interaction de l'air, du sol, de l'eau, de la glace et des êtres vivants de la Terre
    iv) estimé scientifique raisonnable des températures et précipitations futures d'une région (8.2, 8.4, 10.1) **CC**

11.
    a) dioxyde de carbone
    b) méthane
    c) vapeur d'eau
    d) oxyde nitreux
    e) ozone

    i) gaz qui se forme dans l'atmosphère en raison de l'évaporation de l'eau des lacs et des rivières
    ii) gaz présent naturellement dans l'atmosphère
    iii) gaz que libèrent certains engrais dans l'atmosphère
    iv) gaz qui se dégage lorsqu'on brûle des combustibles fossiles
    v) gaz dégagé pendant le processus de digestion du bétail (9.4) **CC**

Rédige une brève réponse à chacune des questions suivantes.

12. Pourquoi t'attendrais-tu à ce qu'une nuit d'été nuageuse soit plus chaude qu'une nuit d'été sans nuages ? (8.8) CC

13. Tu as décidé de noter les températures minimales et maximales quotidiennes de ta ville pendant deux semaines. Quel type de recherches pourrais-tu mener afin de pouvoir comparer les températures locales des 50 dernières années aux données que tu vas recueillir ? (8.1) CC HP

14. Tous les secteurs de la surface terrestre reçoivent de l'énergie émise par le Soleil. Donne deux raisons pour lesquelles le climat des pôles terrestres est plus froid que le climat de l'équateur. (8.3, 8.4) CC

15. Explique comment les processus d'évaporation et de condensation déplacent l'énergie d'un endroit à un autre. (8.4, 8.8) CC

16. Prédis comment la température terrestre moyenne changerait si la Terre n'avait plus d'atmosphère. Explique ta prédiction. (8.4) HP

17. Décris un exemple de boucle de rétroaction positive que tu peux observer dans ta vie quotidienne. (8.10) MA

18. Explique l'effet qu'aurait la disparition des glaciers sur une partie de la population chinoise. (10.2) HP

19. Prédis deux impacts qu'auront les changements climatiques sur ta vie. (10.2, 10.3) HP

20. Tu veux rédiger un article pour ton journal étudiant sur les façons dont ta communauté se prépare aux impacts des changements climatiques. Pour recueillir l'information nécessaire à ta rédaction, tu as planifié une entrevue avec un membre du conseil municipal. Écris trois questions que tu poseras à cette personne lors de cette entrevue. C

21. Explique l'effet que pourrait avoir la diminution de l'étendue de glace dans l'Arctique sur :
    a) les animaux qui y vivent, comme les ours polaires et les phoques.
    b) le climat mondial. (10.2) HP

22. Dans cette unité, on fait plusieurs suggestions de mesures à prendre pour économiser l'énergie et réduire ses émissions de gaz à effet de serre. Écris au moins deux autres suggestions de mesures à prendre. Explique pourquoi ces mesures devraient aussi être prises. (10.5) MA

23. Le climat influe sur notre mode de vie et sur les activités que nous pouvons pratiquer. (8.1) HP
    a) Décris au moins deux effets qu'a le climat de ta région sur ton mode de vie.
    b) Choisis une autre région canadienne. Quel effet aurait le climat de cette région sur les deux aspects de ton mode de vie mentionnés à la partie a) ?

24. La surface terrestre est constituée de plus d'eau que de terres. Prédis comment le climat terrestre serait modifié si la surface de la Terre était constituée de plus de terres que d'eau. (8.4, 8.9) HP

25. À ton avis, le Canada a-t-il bien fait de signer le Protocole de Kyoto ? Rédige une courte argumentation pour présenter ton point de vue. (10.4) MA C

26. Cette unité t'a présenté plusieurs nouveaux concepts liés aux changements climatiques. HP
    a) Lequel de ces concepts as-tu trouvé difficile à comprendre ? Pourquoi ?
    b) Quelles autres recherches pourrais-tu faire pour mieux comprendre ce concept ?

27. Dans cette unité, tu as appris que l'ozone pouvait être nuisible ou bénéfique à la vie sur Terre, selon sa situation dans l'atmosphère. Tu as aussi appris que l'effet de serre est essentiel à la vie sur Terre, mais que l'effet de serre anthropique peut être nuisible. CC MA
    a) Rédige un énoncé général expliquant ce qui caractérise cette situation.
    b) As-tu déjà observé une situation similaire dans la réalité ? Laquelle ?

UNITÉ E — La lumière et l'optique géométrique

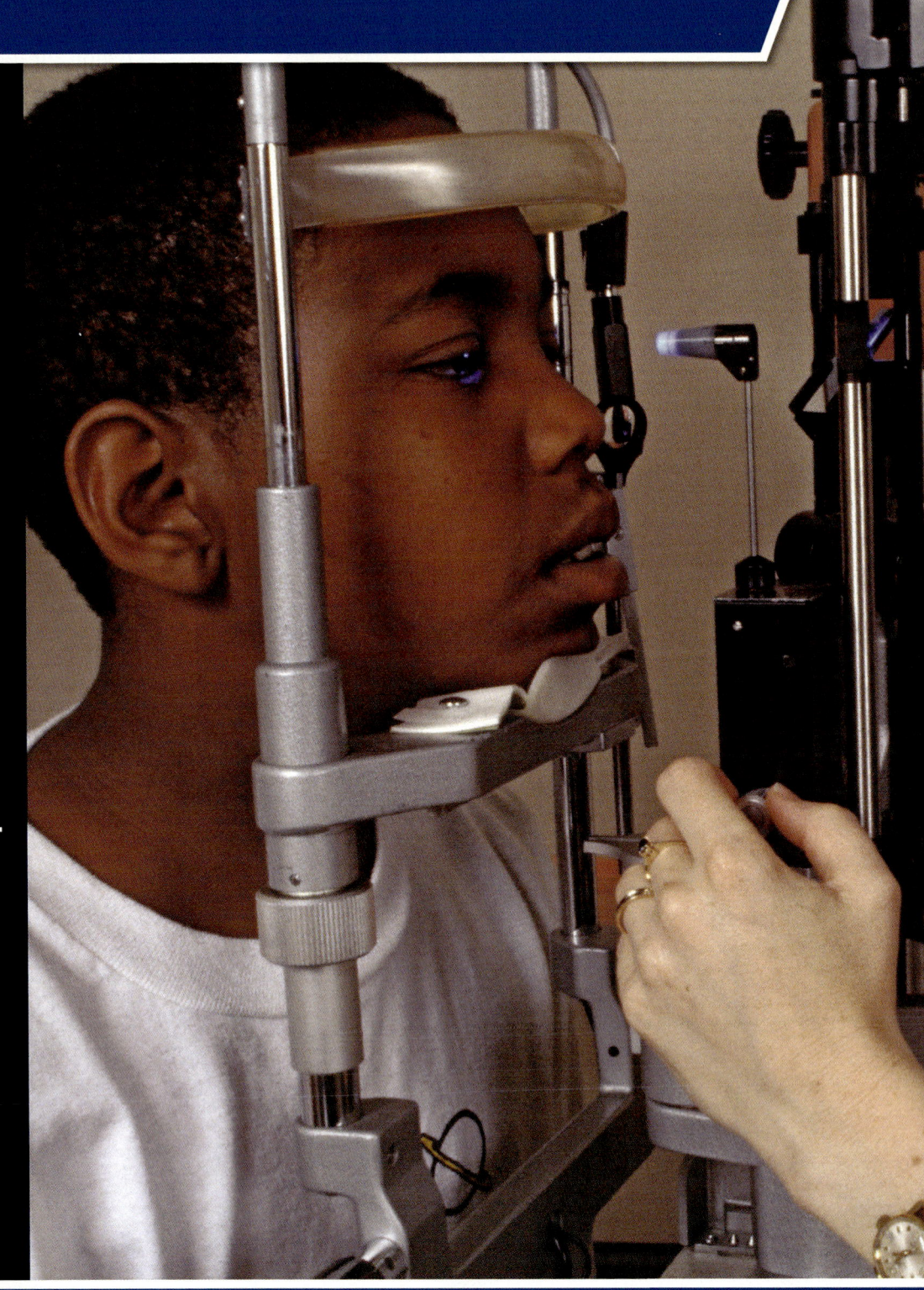

ATTENTES

- Démontrer sa compréhension des caractéristiques et des propriétés de la lumière, notamment les effets de la réflexion sur les miroirs et de la réfraction dans les lentilles.
- Vérifier, en appliquant la méthode scientifique, les propriétés de la lumière, notamment la réflexion sur les miroirs plans, concaves et convexes, et la réfraction dans les lentilles.
- Évaluer l'incidence de technologies dont le fonctionnement découle des propriétés de la lumière.

IDÉES maîtresses

- Les caractéristiques et les propriétés de la lumière peuvent être utilisées à différentes fins à l'aide de miroirs et de lentilles.
- La société a profité du développement d'une variété de technologies et d'instruments d'optique.

Halte STSE

UNE FENÊTRE SUR LE MONDE

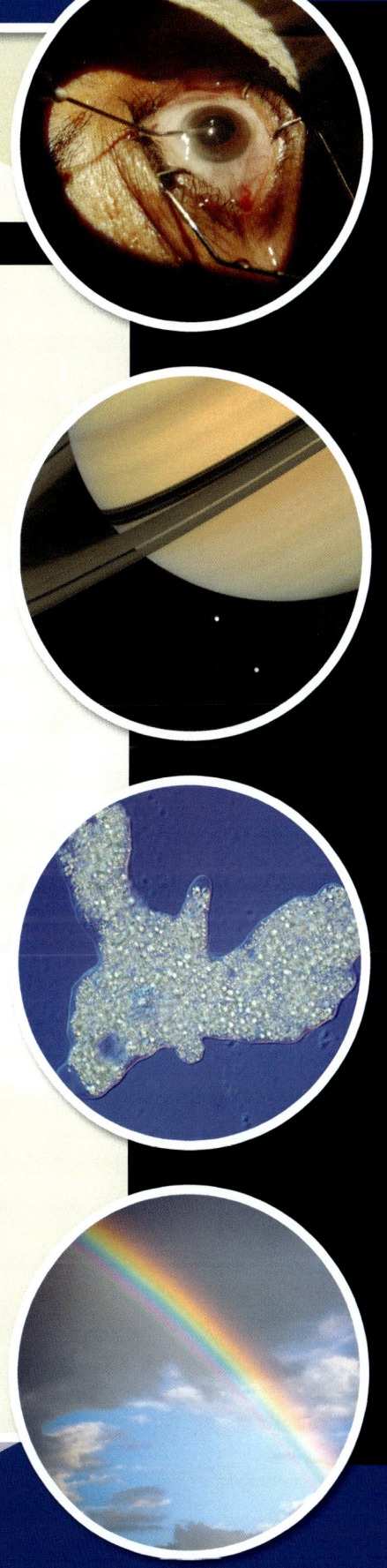

L'œil humain est le plus remarquable de tous les instruments d'optique. Il capte la lumière et constitue notre principale source d'information sur le monde qui nous entoure.

Les problèmes de vision

Nos yeux nous permettent à la fois de voir scintiller une étoile lointaine et de lire un livre à courte distance. Toutefois, ils ont parfois besoin d'aide pour avoir une vision claire.

1. Que pouvons-nous faire pour nos yeux quand nous avons des problèmes de vision ? **MA**

La technologie médicale actuelle ne permet malheureusement pas de résoudre tous les problèmes de vision. Certaines personnes doivent apprendre à vivre sans voir. Comment y arrivent-elles ?

2. Rédige un récit personnel qui raconte comment une personne ayant une déficience visuelle gère sa perception du monde. Quels appareils, procédés ou habiletés doit-elle utiliser pour compenser sa perte de vision ? Ton récit doit mettre l'accent sur l'égalité sociale et la compétence des personnes atteintes de déficience visuelle, et sur leur désir d'être traitées comme tout le monde. **HP** **C** **MA**

Les instruments d'optique

Nos yeux ne sont pas les seuls instruments d'optique que nous utilisons. Un miroir plan permet de voir les objets derrière nous, un télescope permet de voir des galaxies lointaines, et un microscope permet de voir des organismes minuscules.

L'étude de l'optique nous amène à comprendre le comportement de la lumière. Cette connaissance nous permet non seulement de mieux comprendre l'univers qui nous entoure, mais aussi de construire des appareils comme les appareils photo, qui sont d'une grande utilité.

3. Peux-tu nommer d'autres instruments d'optique très utiles ? **MA**

UNITÉ E

À VOIR

UNITÉ E
La lumière et l'optique géométrique

CHAPITRE 11
La production et la réflexion de la lumière

Les miroirs sont parmi les instruments d'optique qui nous sont les plus familiers.

CHAPITRE 12
La réfraction de la lumière

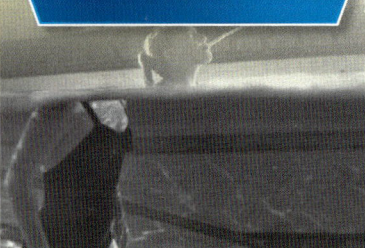

Quand la lumière traverse des milieux autres que l'air, nous pouvons voir des images surprenantes.

CHAPITRE 13
Les lentilles et les instruments d'optique

On peut fabriquer des lentilles avec presque n'importe quel matériau transparent, y compris l'eau.

APERÇU de l'activité de fin d'unité

Construire un instrument d'optique

Les instruments d'optique tels les lunettes, les microscopes, les appareils photo et les projecteurs, ont plusieurs applications utiles. Certains, comme les miroirs convexes ou concaves des parcs d'attractions, qui nous font voir des images déformées de notre corps, peuvent aussi être amusants.

Ta tâche va consister à concevoir, construire, tester, améliorer et évaluer un instrument d'optique qui répond à un besoin ou à un désir humain. Tu vas mettre à profit les connaissances acquises dans cette unité sur les propriétés de la lumière. Tu devras aussi expliquer le fonctionnement de ton instrument et en quoi il peut nous aider ou nous divertir.

La conception et la construction de ton instrument doivent refléter ta compréhension des facteurs liés à la santé, à l'environnement et à l'économie. Essaie d'utiliser des matériaux écologiques durables et économiques. Ton instrument présente-t-il des risques possibles pour la santé ou l'environnement ? Comment peux-tu les minimiser ?

SIGNET de fin d'unité

Tu trouveras une description détaillée de l'activité de fin d'unité à la page 588. Au fil de l'unité, prête attention à cette rubrique et vois quel rapport il y a entre la section que tu étudies et l'activité de fin d'unité.

ÉVALUATION

Ton évaluation permettra de savoir si tu as réussi à :
- dessiner et concevoir ton instrument ;
- construire, tester et améliorer ton prototype ;
- expliquer et démontrer le fonctionnement de l'instrument, et son utilité pour la société.

Que sais-tu ?

PRÉALABLES

Concepts
- La lumière est une forme d'énergie.
- La lumière se propage en ligne droite.

Habiletés
- Tracer des lignes droites et mesurer des angles avec précision
- Faire des diagrammes clairs comportant des mots-étiquettes pertinents
- Résoudre des équations à une inconnue
- Utiliser le matériel de laboratoire de manière prudente et appropriée
- Communiquer des idées scientifiques de manière appropriée
- Rédiger des rapports de laboratoire à propos de ses recherches

1. a) Quelle est la principale source d'énergie de la Terre ?
   b) Quelle preuve en avons-nous ?
2. a) Quel type de lumière est illustré à la figure 1 ?
   b) Quelles sont les similarités et les différences entre ce type de lumière et celui qui éclaire ta maison ?

Figure 1

3. Place ta main juste au-dessus d'une feuille de papier.
   a) Qu'arrive-t-il à l'ombre quand tu approches ta main de la feuille de papier ?
   b) Comment l'ombre change-t-elle quand tu éloignes ta main ? Pourquoi cela se produit-il ?
4. a) Ton t-shirt porte un lettrage. Comment ce lettrage t'apparaît-il dans un miroir ?
   b) En quoi le lettrage de cette ambulance (figure 2) est-il similaire à celui de ton t-shirt vu dans le miroir ?

Figure 2

5. Les effets des miroirs déformants sont causés par la courbure des miroirs. Décris différentes formes que ton corps pourrait prendre dans un miroir déformant.
6. a) Quelle forme ont les miroirs de sécurité utilisés dans les commerces (figure 3) ?
   b) Dans ces miroirs, ton image est-elle…
      - plus grande ou plus petite ?
      - à l'envers ou à l'endroit ?
      - inversée ?

Figure 3

7. a) Décris l'apparence d'une paille vue de haut dans un verre d'eau (figure 4).
   b) À ton avis, qu'est-ce qui cause cette apparence surprenante ?

Figure 4

CHAPITRE 11
La production et la réflexion de la lumière

QUESTION CLÉ : Comment les miroirs forment-ils des images ?

Dans les structures architecturales, les miroirs peuvent créer des effets visuels spectaculaires.

UNITÉ E
La lumière et l'optique géométrique

CHAPITRE 11
La production et la réflexion de la lumière

CHAPITRE 12
La réfraction de la lumière

CHAPITRE 13
Les lentilles et les instruments d'optique

CONCEPTS CLÉS

Les instruments d'optique ont de nombreuses applications utiles dans la société.

La lumière peut être produite naturellement ou artificiellement.

La lumière est une onde électromagnétique qui voyage à haute vitesse et en ligne droite.

Quand la lumière est réfléchie sur une surface plane et brillante, l'image qui y apparaît est de même taille et semble être à la même distance de la surface que l'objet réfléchi.

Dans un miroir plan, l'image se situe au point d'intersection du prolongement des rayons réfléchis vers l'arrière.

Les miroirs courbes produisent plusieurs types d'images.

ÉVEILLE-TOI AUX SCIENCES

LE LASER

« Rapidement et régulièrement, cette mort flamboyante, cette invisible et inévitable épée de flammes, décrivait sa courbe. Je m'aperçus qu'elle venait vers moi aux buissons enflammés qu'elle touchait, et j'étais trop effrayé et stupéfié pour bouger. J'entendis les crépitements du feu dans les carrières et le soudain hennissement de douleur d'un cheval qui fut immobilisé aussitôt. Il semblait qu'un doigt invisible et pourtant intensément brûlant était étendu à travers la bruyère entre les Martiens et moi, et tout au long d'une ligne courbe, au-delà des carrières, le sol sombre fumait et craquait. »

Ce passage est tiré de *La guerre des mondes* de H. G. Wells. L'auteur y décrit un « rayon de chaleur » que des envahisseurs venus de Mars utilisent contre des êtres humains sans défense. Dans ce roman, qui a été publié en 1898, Wells fait pour la première fois référence à ce que nous appelons aujourd'hui « laser ».

L'auteur a imaginé un rayon laser servant à détruire, une utilisation reprise par plusieurs scénarios hollywoodiens. En réalité, le laser est une invention plutôt inoffensive. On en voit des applications dans les lecteurs CD et DVD, les pointeurs utilisés dans les présentations, les appareils de mesure qu'emploient les agentes et agents d'immeubles, et les scanneurs qu'on retrouve dans la plupart des commerces. De nombreux domaines, du secteur manufacturier à celui du divertissement, font appel à la lumière brillante et intense du rayon laser.

Pense aux applications du laser que tu as déjà vues ou expérimentées. Peux-tu penser à d'autres utilisations pratiques du rayon laser? À ton avis, pourquoi continue-t-on à percevoir le laser comme une arme dangereuse? Les médias donnent-ils toujours une image réaliste des sciences et de la technologie?

QU'EN PENSES-TU ?

Beaucoup des notions que tu vas explorer dans ce chapitre sont des notions que tu as déjà abordées. Tu pourrais en avoir entendu parler à l'école, à la maison ou autour de toi. Les énoncés ci-dessous ne sont pas tous vrais. Examine chacun et détermine si tu es d'accord ou non.

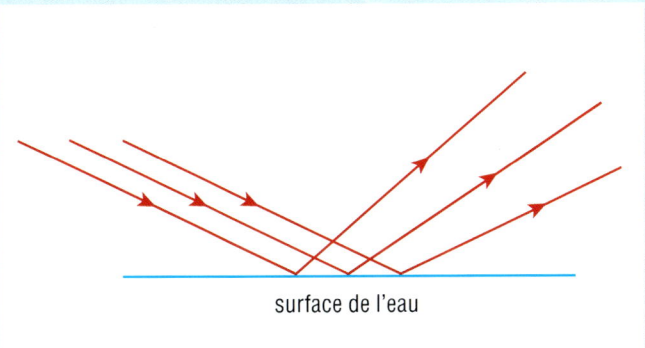

1 Ce diagramme illustre précisément la réflexion de la lumière à la surface de l'eau calme.
D'accord / En désaccord

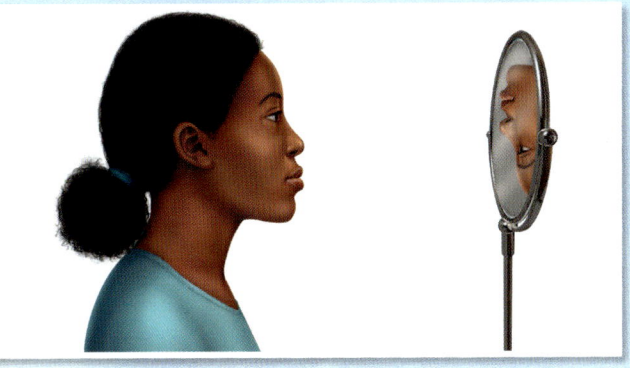

4 Cette illustration montre précisément l'image qui apparaît dans un miroir de maquillage.
D'accord / En désaccord

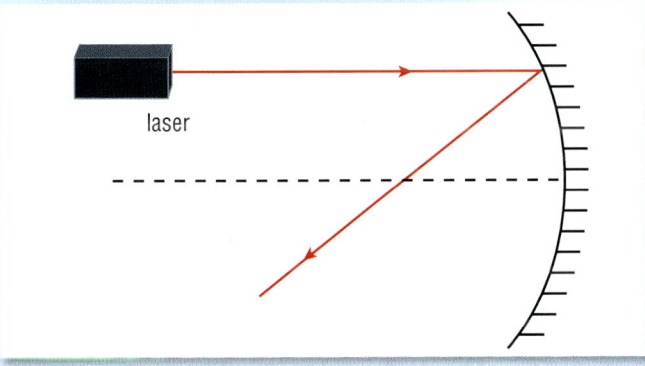

2 Ce diagramme illustre précisément la réflexion d'un rayon laser sur un miroir courbe.
D'accord / En désaccord

5 Les micro-ondes voyagent à la vitesse de la lumière.
D'accord / En désaccord

3 Tu as besoin d'un miroir de grande dimension pour voir le reflet de tout ton corps.
D'accord / En désaccord

6 Un objet lumineux comme une chandelle émet de la lumière dans toutes les directions.
D'accord / En désaccord

HALTE ÉCRITURE

Rédiger un texte argumentatif

COUP DE POUCE ÉCRITURE

Au fil de ce chapitre, prête attention aux rubriques Coup de pouce. Elles vont t'aider à élaborer des stratégies de littératie.

L'un des objectifs d'un texte argumentatif est de convaincre la lectrice ou le lecteur de la justesse d'une opinion basée sur des raisons déterminantes et une argumentation logique. Voici un exemple de texte argumentatif concernant les sources d'éclairage dont on discute à la section 11.2. Les stratégies à utiliser dans la rédaction d'un texte argumentatif sont indiquées en marge du texte.

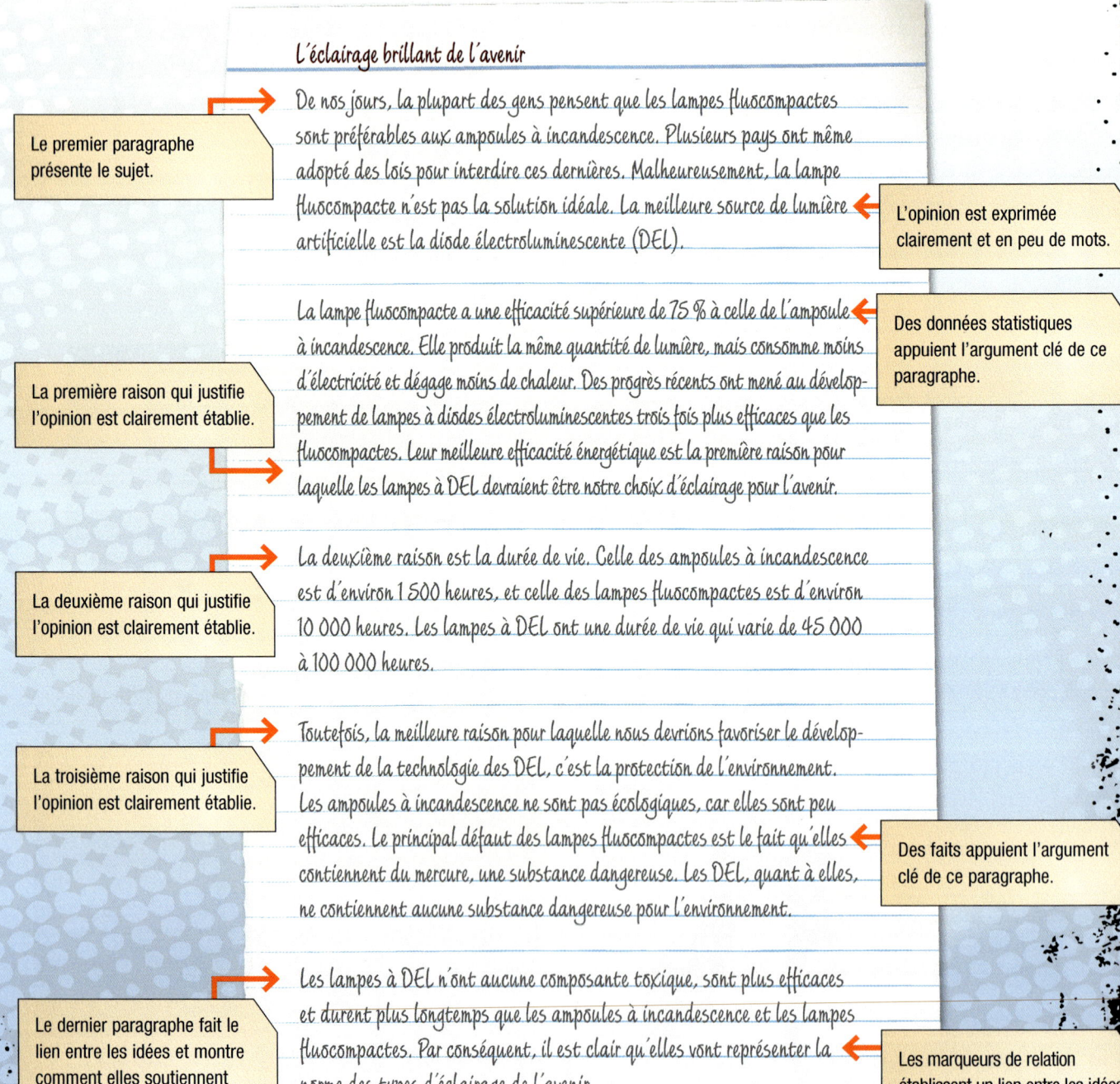

L'éclairage brillant de l'avenir

De nos jours, la plupart des gens pensent que les lampes fluocompactes sont préférables aux ampoules à incandescence. Plusieurs pays ont même adopté des lois pour interdire ces dernières. Malheureusement, la lampe fluocompacte n'est pas la solution idéale. La meilleure source de lumière artificielle est la diode électroluminescente (DEL).

La lampe fluocompacte a une efficacité supérieure de 75 % à celle de l'ampoule à incandescence. Elle produit la même quantité de lumière, mais consomme moins d'électricité et dégage moins de chaleur. Des progrès récents ont mené au développement de lampes à diodes électroluminescentes trois fois plus efficaces que les fluocompactes. Leur meilleure efficacité énergétique est la première raison pour laquelle les lampes à DEL devraient être notre choix d'éclairage pour l'avenir.

La deuxième raison est la durée de vie. Celle des ampoules à incandescence est d'environ 1 500 heures, et celle des lampes fluocompactes est d'environ 10 000 heures. Les lampes à DEL ont une durée de vie qui varie de 45 000 à 100 000 heures.

Toutefois, la meilleure raison pour laquelle nous devrions favoriser le développement de la technologie des DEL, c'est la protection de l'environnement. Les ampoules à incandescence ne sont pas écologiques, car elles sont peu efficaces. Le principal défaut des lampes fluocompactes est le fait qu'elles contiennent du mercure, une substance dangereuse. Les DEL, quant à elles, ne contiennent aucune substance dangereuse pour l'environnement.

Les lampes à DEL n'ont aucune composante toxique, sont plus efficaces et durent plus longtemps que les ampoules à incandescence et les lampes fluocompactes. Par conséquent, il est clair qu'elles vont représenter la norme des types d'éclairage de l'avenir.

Annotations en marge :
- Le premier paragraphe présente le sujet.
- L'opinion est exprimée clairement et en peu de mots.
- La première raison qui justifie l'opinion est clairement établie.
- Des données statistiques appuient l'argument clé de ce paragraphe.
- La deuxième raison qui justifie l'opinion est clairement établie.
- La troisième raison qui justifie l'opinion est clairement établie.
- Des faits appuient l'argument clé de ce paragraphe.
- Le dernier paragraphe fait le lien entre les idées et montre comment elles soutiennent l'opinion exprimée.
- Les marqueurs de relation établissent un lien entre les idées.

11.1 Qu'est-ce que la lumière ?

Que serait la Terre sans la lumière du Soleil ? Cette lumière est l'énergie qui rend toute vie possible sur notre planète. Le Soleil est l'étoile la plus rapprochée de la Terre, à environ $1,5 \times 10^8$ km de distance. C'est presque 400 fois plus loin que la Lune. Les réactions nucléaires qui se produisent à l'intérieur du Soleil génèrent des quantités prodigieuses d'énergie (figure 1). Une des formes que prend cette énergie est la lumière que le Soleil émet dans toutes les directions dans le vide de l'espace.

La Terre ne capte qu'une petite fraction de la lumière du Soleil. Cette petite fraction suffit pourtant à réchauffer la surface de la planète et à rendre possible la photosynthèse, tant dans les océans que sur la terre. Des efflorescences de phytoplancton aux arbres des forêts, les plantes sont à la base de la chaîne alimentaire de presque tous les organismes de la Terre (figure 2).

Figure 1 Les réactions nucléaires à l'intérieur du Soleil libèrent une grande quantité d'énergie.

Pour en savoir plus sur le Soleil et les différents types d'énergie qu'il produit :

Figure 2 Une photo par satellite d'une efflorescence de phytoplancton au large de l'île de Vancouver. Le phytoplancton est l'ensemble des minuscules organismes qui vivent dans les océans et qui produisent environ la moitié de tout l'oxygène produit par les plantes sur la Terre.

Les scientifiques essaient depuis des siècles de comprendre la nature de la lumière et ses propriétés. Certaines de ces propriétés sont facilement observables. Par exemple, la lumière voyage à très grande vitesse. Quand tu allumes dans une pièce, celle-ci est immédiatement inondée de lumière. La lumière voyage tellement vite qu'elle pourrait faire sept fois et demie le tour de la Terre à l'équateur en une seconde.

COUP DE POUCE
ÉCRITURE

Rédiger un texte argumentatif
Sers-toi du premier paragraphe pour présenter le sujet et exprimer ton opinion ou ton idée principale de manière concise. Si tu écris, par exemple, sur le fait que les plantes sont à la base de la chaîne alimentaire, tu peux commencer par : « La lumière du Soleil permet aux plantes de croître. Sans les plantes, les êtres humains et les autres animaux mourraient de faim. »

LE SAVAIS-TU ?

L'énergie lumineuse
En langage scientifique, un petit paquet d'énergie lumineuse s'appelle « photon ». Ce mot a été inventé par le chimiste américain Gilbert Lewis en 1926 et vient du mot grec *photos*, qui signifie « lumière ». On entend souvent ce mot dans les films de science-fiction (torpilles à photons ou canon de photons, par exemple).

LE SAVAIS-TU?

L'éther imaginaire
Au 19ᵉ siècle, les scientifiques pensaient que l'éther, une substance luminifère (qui porte la lumière), devait exister pour que la lumière puisse se propager partout dans l'espace. De nos jours, les scientifiques savent que la lumière est une onde électromagnétique qui n'a pas besoin de support pour voyager dans le vide de l'espace.

Une autre propriété de la lumière est qu'elle voyage en ligne droite. Si tu allumes une lampe de poche dans une pièce sombre où il y a de la poussière dans l'air, tu peux voir un faisceau lumineux qui parcourt une ligne droite (figure 3). Les ombres nettes que projettent les arbres et les clôtures sont une autre preuve que la lumière voyage en ligne droite. C'est aussi pour cette raison que tu peux voir l'ombre de la Terre sur la Lune pendant une éclipse de Lune. Mais, qu'est-ce que la lumière exactement?

Figure 3 Le rayon d'une lampe de poche nous montre clairement que la lumière se propage en ligne droite.

La lumière, une onde électromagnétique

Tu as déjà appris que l'énergie thermique peut être transférée par conduction ou par convection, au moyen des particules. La conduction et la convection exigent donc un support pour transmettre la chaleur. Un **support** est une substance physique qui agit comme porteur dans la transmission de l'énergie. La conduction se produit le plus souvent dans les solides, alors que les liquides et les gaz font souvent de bons supports pour la convection. La lumière, toutefois, se déplace dans le vide de l'espace. Cela implique qu'elle n'a pas besoin de support pour voyager. L'énergie lumineuse est plutôt transférée par **rayonnement**.

En 1801, le physicien anglais Thomas Young a démontré que la lumière, dans certaines conditions, présentait des propriétés ondulatoires. En 1864, James Clerk Maxwell, un physicien écossais (figure 4), a émis l'hypothèse que l'électricité et le magnétisme s'associaient pour former une « chaîne » qui se déplace dans l'espace. Il a aussi émis l'hypothèse que cette **onde électromagnétique** n'avait pas besoin de support pour se propager, et que sa vitesse était celle de la lumière. Malheureusement, Maxwell est décédé à 48 ans, et n'a pas pu voir son hypothèse se confirmer. La preuve de l'existence des ondes électromagnétiques a été faite en 1887 lorsque le physicien allemand Heinrich Hertz a découvert les ondes électromagnétiques de faible puissance que nous appelons « ondes radio ». En 1895, William Konrad Roentgen, un scientifique allemand, a lui aussi confirmé l'hypothèse de Maxwell lorsqu'il a découvert les ondes électromagnétiques de grande puissance que nous appelons « rayons X ».

support toute substance physique à travers laquelle l'énergie peut être transférée

rayonnement méthode de transfert d'énergie qui ne requiert aucun support; l'énergie se déplace à la vitesse de la lumière

onde électromagnétique onde à la fois électrique et magnétique qui ne requiert aucun support et se propage à la vitesse de la lumière

LE SAVAIS-TU?

X pour inconnu
Roentgen a donné le nom de « rayons X » aux rayons qu'il a découverts en 1895, car au début il ne savait pas ce qu'ils étaient. La lettre X signifiait « inconnus ». En allemand, on appelle les rayons X « rayons de Roentgen ».

Figure 4 James Clerk Maxwell (1831-1879) a suggéré l'existence des ondes électromagnétiques.

Depuis, les scientifiques ont découvert d'autres types d'ondes électromagnétiques. Les micro-ondes, les signaux émis par les radars, et les rayons ultraviolets en sont quelques exemples. On appelle **lumière visible** toute onde électromagnétique que l'œil humain peut détecter. Les scientifiques classent les ondes électromagnétiques selon leur énergie. Ce système de classification se nomme **spectre électromagnétique** (figure 5).

lumière visible toute onde électromagnétique que l'œil humain peut détecter

spectre électromagnétique classification des ondes électromagnétiques basée sur leur énergie

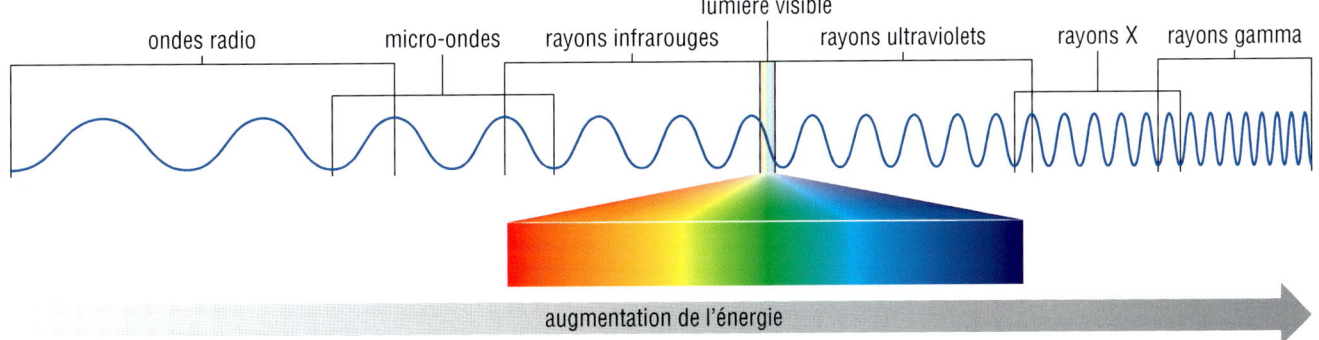

Figure 5 Le spectre électromagnétique : note les différentes catégories correspondant aux différents niveaux d'énergie des ondes électromagnétiques.

RECHERCHE EN ACTION — SE PROTÉGER DES RAYONS DU SOLEIL

HABILETÉS : effectuer une recherche, définir l'enjeu, communiquer, évaluer

LA BOÎTE À OUTILS

Depuis quelques années, les médias nous mettent régulièrement en garde contre le risque qu'il y a à s'exposer au soleil sans se protéger, surtout durant l'été. Dans cette activité, tu vas effectuer une recherche afin de comprendre pourquoi s'exposer au soleil ou à une lampe de bronzage peut être néfaste pour la santé. Tu vas aussi étudier l'échelle numérique utilisée pour déterminer les limites d'une exposition sécuritaire au soleil selon l'indice UV, et apprendre comment te protéger d'une surexposition (figure 6).

Figure 6

1. Effectue une recherche afin de connaître les risques pour la santé d'une exposition prolongée au soleil. Note aussi les aspects positifs d'une exposition modérée au soleil.
2. Renseigne-toi sur l'échelle de mesure utilisée pour déterminer les limites d'une exposition sécuritaire au soleil.
3. Informe-toi sur ce que tu peux faire pour te protéger d'une surexposition au soleil.
4. Renseigne-toi sur le type de lumière émise par les lampes de bronzage, et sur les risques pour la santé associés à ces lampes.

A. Pourquoi une certaine exposition au soleil est-elle nécessaire ?
B. Pourquoi la surexposition au soleil représente-t-elle un risque pour la santé ?
C. Explique de quelle façon on a établi l'indice UV.
D. Quelle est la différence entre les UVA et les UVB ?
E. Que signifie FPS ?
F. En quoi un écran physique diffère-t-il d'un écran chimique ?
G. Dresse la liste des critères que tu utiliserais pour choisir le meilleur type d'écran solaire pour la peau.
H. Dresse la liste des autres mesures que tu peux prendre pour te protéger d'une surexposition au soleil.
I. Compare l'exposition à une lampe de bronzage à une exposition au soleil.
J. Conçois une affiche ou un dépliant éducatif sur la nécessité de se protéger des rayons du soleil.

LE SAVAIS-TU ?

La perception dépend de l'adaptation
Les yeux d'une abeille se sont adaptés pour percevoir le rayonnement ultraviolet, ce qui aide l'abeille à localiser les fleurs. De la même façon, l'œil humain s'est adapté pour percevoir la lumière visible du Soleil, mais non les autres types d'ondes électromagnétiques. Le fait de ne pas voir les autres ondes électromagnétiques ne signifie pas qu'elles n'existent pas ou qu'elles n'ont pas d'effet sur nous.

COUP DE POUCE — ÉCRITURE

Rédiger un texte argumentatif
Sers-toi de faits, de statistiques, d'exemples et de raisons pour appuyer ton idée principale. Dans un texte argumentatif sur les bienfaits des ondes électromagnétiques, par exemple, tu peux appuyer ton idée en donnant des détails provenant de différentes sources.

Les ondes électromagnétiques dans notre société

Les ondes électromagnétiques jouent plusieurs rôles. Le tableau 1 indique quelques usages et phénomènes naturels associés aux ondes électromagnétiques.

Tableau 1 Les usages et les phénomènes associés aux ondes électromagnétiques

Type d'ondes électromagnétiques	Usage / phénomène
ondes radio	• radio AM/FM • signaux de télévision • signaux de téléphone cellulaire • radar • astronomie (p. ex., découverte des pulsars)
micro-ondes	• télécommunications • fours à micro-ondes • astronomie (par ex., rayonnement cosmique associé au Big Bang)
rayonnement infrarouge	• télécommandes (p. ex., lecteurs DVD ou contrôleurs de jeux) • rayons laser • détection de chaleur (p. ex., qui s'échappe par les fenêtres et le toit) et télédétection • garde les aliments au chaud (dans les restaurants) • astronomie (p. ex., découverte de la composition chimique d'un corps céleste) • physiothérapie
lumière visible	• vision humaine • éclairage de scène • arc-en-ciel • lasers visibles • astronomie (p. ex., télescopes optiques, découverte de la composition chimique d'un corps céleste)
rayonnement ultraviolet	• cause le bronzage et les coups de soleil • augmente les risques de développer un cancer de la peau • stimule la production de vitamine D • tue les bactéries dans les aliments et dans l'eau (stérilisation) • lumière noire • lasers à rayons ultraviolets • astronomie (p. ex., découverte de la composition chimique d'un corps céleste)
rayons X	• imagerie médicale (p. ex., examen d'un os fracturé) • matériel de sécurité (p. ex., balayage des bagages dans les aéroports) • traitement du cancer • astronomie (p. ex., étude des systèmes d'étoiles binaires, des trous noirs, des centres de galaxies)
rayons gamma	• traitement du cancer • astronomie (p. ex., étude des processus nucléaires dans l'univers) • produit d'une désintégration nucléaire

augmentation de l'énergie ↓

Les couleurs associées à la lumière visible

La lumière visible blanche se compose d'une séquence continue de couleurs qu'on appelle **spectre visible** (figure 7). Sept couleurs différentes ont été identifiées : le rouge, l'orange, le jaune, le vert, le bleu, l'indigo et le violet.

spectre visible séquence continue des couleurs qui composent la lumière blanche

Tu vas pouvoir observer les couleurs de la lumière blanche en réalisant l'activité « Voir le spectre visible ».

Figure 7 Le spectre visible de la lumière blanche. Peux-tu voir les sept couleurs que Newton a identifiées ?

SCIENCES EN ACTION — VOIR LE SPECTRE VISIBLE

HABILETÉS : prédire le résultat, observer, analyser, communiquer

Matériel : boîte à rayons, deux prismes triangulaires, feuille de papier blanc

Partie A

1. Place un prisme sur la feuille de papier et trace son contour.

   ⛔ Fais attention de ne pas te couper avec le prisme s'il est ébréché.

2. Dirige un faisceau de lumière de la boîte à rayons sur un côté du prisme (figure 8). Ajuste la position de la boîte pour qu'un spectre soit clairement visible de l'autre côté du prisme. Identifie les couleurs que tu peux y voir clairement. Indique la position de chaque couleur sur la feuille de papier. Note que le spectre va être plus facile à voir dans une pièce sombre.

   ⛔ Pour débrancher la boîte à rayons, ne tire pas sur le cordon d'alimentation, mais plutôt sur la fiche.

Figure 8

A. Combien des sept couleurs identifiées par Newton as-tu pu voir ? Discute avec une ou un camarade de classe des raisons pour lesquelles les sept couleurs ne sont pas clairement visibles.

B. Donne une description écrite d'un exemple de prisme similaire que tu peux voir dans la nature. Discute de ton exemple avec ta ou ton camarade.

Partie B

3. Formule une hypothèse à ce sujet : peut-on ou non utiliser des prismes pour retransformer un spectre en un rayon de lumière blanche ? Si c'est possible, combien de prismes faudrait-il utiliser, à ton avis ?

4. Vérifie ton hypothèse en utilisant différents prismes pour créer un spectre, et en essayant ensuite de reformer le rayon de lumière blanche. Fais des essais avec différents nombres de prismes placés dans diverses positions. La figure 9 illustre une des nombreuses positions possibles.

Figure 9

5. Fais des dessins précis des positions des prismes qui ont donné des résultats positifs, s'il y en a.

C. Ton hypothèse était-elle fondée ? Explique ta réponse.

D. Rédige un énoncé général sur la composition de la lumière blanche.

COUP DE POUCE
APPRENTISSAGE

Se rappeler une séquence
Une astuce mnémonique est un procédé utilisé pour se souvenir d'une séquence difficile à retenir. Par exemple, les premières lettres des couleurs qui forment le spectre visible peuvent être regroupées ainsi : ROJ-**V**-BI-**V**. Peux-tu penser à une autre façon de te rappeler la séquence de couleurs du spectre visible ?

Pour en savoir plus sur la vie et les travaux de Newton :

LE SAVAIS-TU ?

L'énergie invisible
En 1800, l'astronome allemand William Herschel a placé un thermomètre dans le trajet de chaque couleur visible du spectre, afin de mesurer la température associée à chacune d'elles. Il a été très surpris de voir que le thermomètre placé dans la zone sombre au-delà de la lumière rouge indiquait une température plus élevée que dans toutes les autres parties du spectre. Herschel en a conclu qu'il devait exister une forme d'énergie invisible à côté de la section rouge du spectre. Il venait de découvrir les rayons infrarouges. Le préfixe *infra* signifie « au-dessous de ».

L'expérience de la page précédente est similaire à celle qu'a réalisée le physicien anglais Isaac Newton (figure 10) en 1666. Comme tu l'as découvert dans cette activité, un prisme triangulaire réduit la vitesse de la lumière. Dans le vide, chaque couleur du spectre visible voyage à la même grande vitesse, la vitesse de la lumière. Dans un prisme, cependant, chacune des couleurs voyage à une vitesse moindre que celle de la lumière dans le vide. La lumière rouge, qui a le moins d'énergie, est celle qui est le moins ralentie, alors que la lumière violette, qui a le plus d'énergie, est celle qui est le plus ralentie. C'est pourquoi un prisme peut séparer la lumière blanche en ses différentes couleurs.

Figure 10 Isaac Newton (1642-1727) a été le premier à séparer la lumière blanche en un spectre visible.

Newton a été le premier scientifique à établir que sept couleurs différentes sont visibles dans la lumière blanche. Il a choisi le terme « spectre » pour décrire l'ensemble de ces couleurs, en s'inspirant du mot latin *spectrum*, qui signifie « apparence ».

Un univers étonnant

Pendant des siècles, la lumière visible était le seul outil dont disposaient les astronomes pour explorer l'univers. De nos jours, les rayons X leur permettent de voir une image complètement différente de celle qui peut être perçue grâce à la lumière visible (figure 11).

Figure 11 La galaxie Centaure A apparaît différemment selon qu'on utilise des rayons X (ci-contre, *x-ray*), des ondes radio (ci-contre, *radio*) ou la lumière visible (ci-contre, *optical*) pour l'examiner. Une photo composite (ci-contre, *composite*) combinant les trois types de rayonnement électromagnétique nous donne une image plus complète de Centaure A.

Les scientifiques savent maintenant que la lumière visible ne donne qu'une information limitée sur l'univers. En utilisant d'autres parties du spectre électromagnétique pour collecter et analyser des données sur les étoiles et les galaxies, ils ont découvert que l'univers était beaucoup plus agité et surprenant qu'ils ne l'imaginaient.

Pour en savoir plus sur les télescopes qui n'utilisent pas la lumière visible :

EN RÉSUMÉ

- Les ondes électromagnétiques voyagent à la vitesse de la lumière dans le vide, et n'ont pas besoin d'un support pour le faire.
- La lumière est une onde électromagnétique.
- Le spectre électromagnétique est la classification des ondes électromagnétiques selon leur énergie.
- Les différentes parties du spectre sont, par ordre croissant d'énergie : les ondes radio, les micro-ondes, le rayonnement infrarouge, la lumière visible, le rayonnement ultraviolet, les rayons X et les rayons gamma.
- La lumière blanche se compose d'une séquence continue de couleurs, soit le spectre visible.

VÉRIFIE TA COMPRÉHENSION

1. En ce qui a trait au transfert de chaleur, en quoi le rayonnement est-il différent de la conduction et de la convection ?

2. Quelles sont les deux principales propriétés des ondes électromagnétiques découvertes par Maxwell ?

3. Quelles sont les deux découvertes qui ont prouvé l'existence des ondes électromagnétiques ?

4. Classe ces ondes électromagnétiques par ordre croissant d'énergie : rayonnement infrarouge, rayons X, lumière rouge, rayons gamma, micro-ondes.

5. Un écran solaire appliqué adéquatement peut te protéger des coups de soleil. De quelles ondes électromagnétiques l'écran doit-il protéger la peau ?

6. Dresse la liste des sept couleurs identifiées par Newton dans le spectre visible de la lumière blanche.

7. Quel est l'avantage d'utiliser les différentes parties du spectre électromagnétique plutôt que la lumière visible pour examiner l'univers ?

8. Dresse la liste des appareils que tu as utilisés, ou que tu prévois utiliser aujourd'hui, et qui font appel à des ondes électromagnétiques.

9. Associe chaque onde électromagnétique de la colonne A au terme qui convient le mieux dans la colonne B.

    Colonne A
    a) rayons X
    b) rayonnement ultraviolet
    c) ondes radio
    d) rayonnement infrarouge
    e) micro-ondes
    f) rayons gamma
    g) lumière visible

    Colonne B
    vitamine D
    télécommunications
    traitement du cancer
    radar
    effets de lumière
    balayage des bagages
    télécommande d'un lecteur DVD

10. En t'inspirant de la figure 12, fais une toile d'idées qui illustre le plus grand nombre possible de propriétés physiques de la lumière.

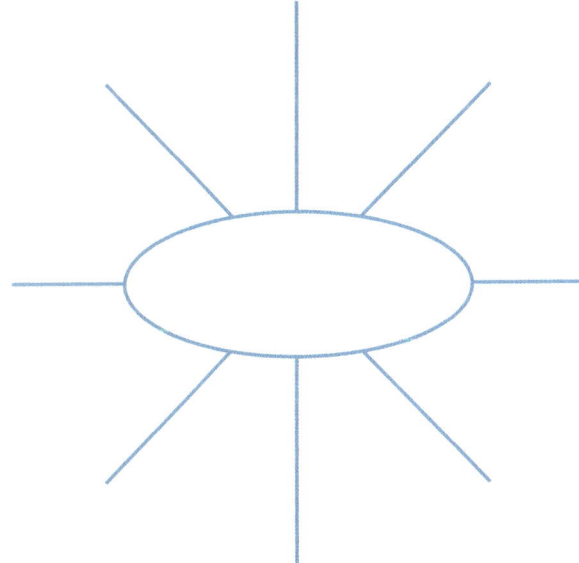

Figure 12

11. Explique brièvement comment tu t'y prendrais pour démontrer que la lumière blanche se compose de plusieurs couleurs différentes.

11.2 Comment la lumière est-elle produite ?

La plupart des gens croient que la lumière ne provient que de sources telles que le Soleil, une ampoule électrique ou un feu. En réalité, tous les objets que tu vois envoient de la lumière dans tes yeux. Tu peux voir l'arbre qui est devant toi parce que la lumière qui en provient atteint tes yeux (figure 1). La différence entre la lumière du Soleil et celle de l'arbre est que le Soleil émet sa propre lumière, alors que l'arbre ne fait que réfléchir la lumière.

Le Soleil est **lumineux**, ce qui signifie qu'il produit sa propre lumière. Une ampoule électrique, une allumette enflammée et une lampe de poche sont d'autres exemples de sources lumineuses. L'arbre, lui, est **non lumineux** : il ne produit pas sa propre lumière et n'est visible que par la lumière qu'il réfléchit. La plupart des objets autour de toi sont non lumineux : ce manuel, un crayon ou une bicyclette, par exemple. Tu vas maintenant examiner quelques sources lumineuses pour voir comment elles produisent de la lumière.

Figure 1 Le Soleil produit sa propre lumière, alors qu'un arbre ne fait que réfléchir la lumière.

lumineux qui produit sa propre lumière

non lumineux qui ne produit pas sa propre lumière

La lumière produite par incandescence

Lorsqu'on règle un four à température élevée, l'élément devient rouge. Tout objet, en devenant de plus en plus chaud, finit par produire de la lumière (figure 2). De rouge, un objet très chaud passera à l'orange, puis au jaune, au blanc, et au blanc bleuté. Ce processus de production de lumière sous l'effet d'une température élevée est appelé **incandescence**. La lumière d'une chandelle qui brûle et les étincelles produites par une meule sont des phénomènes d'incandescence.

Le même phénomène se produit dans une ampoule à incandescence (figure 3). Un mince filament métallique, habituellement fait de tungstène, s'illumine quand un courant électrique y circule. Le filament devient tellement chaud qu'il émet une lumière visible. Il émet aussi un rayonnement infrarouge, que tu ressens comme une chaleur irradiant de l'ampoule. Selon le type d'ampoule, à peine 5 % à 10 % du courant électrique circulant dans le filament est transformé en lumière visible. Le reste de l'énergie est converti en rayonnement infrarouge. C'est pourquoi les ampoules à incandescence sont considérées comme des sources de lumière très inefficaces.

Pour qu'une ampoule à incandescence puisse fonctionner, il faut que tout l'air en soit retiré. L'air est remplacé par des gaz non réactifs. De cette façon, le filament de tungstène ne peut pas se combiner avec l'oxygène de l'air, ce qui aurait pour effet de l'enflammer. Même s'il n'y a pas d'oxygène, le filament finit par se désintégrer et se briser.

La première ampoule à incandescence commercialisée avec succès est attribuée à l'inventeur américain Thomas Edison (figure 4).

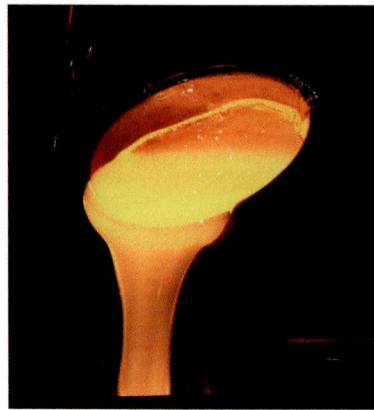

Figure 2 Le verre fondu à de très hautes températures émet un rayonnement orangé.

incandescence production de lumière résultant d'une température élevée

Figure 3 Une ampoule à incandescence moderne

Figure 4 L'ampoule à incandescence inventée par Edison en 1880. Compare-la à celle de la figure 3.

La lumière produite par décharge électrique

Chaque fois que tu vois un éclair (figure 5) ou une enseigne commerciale au néon (figure 6), tu vois une autre forme de production de lumière. Cette lumière, produite par **décharge électrique**, est le résultat du passage d'un courant électrique à travers un gaz, ce qui le fait rayonner. Bien que le terme « éclairage au néon » soit souvent employé pour décrire toutes les enseignes où on applique ce procédé, plusieurs autres gaz que le néon peuvent être utilisés. Le néon produit une lumière rouge, l'hélium, une lumière dorée, l'argon, une lumière bleu-violet, et le krypton, une lumière blanc grisâtre.

décharge électrique processus de production de lumière par le passage d'un courant électrique à travers un gaz

Figure 5 L'éclair est une manifestation spectaculaire d'une décharge électrique produite dans un gaz. Ici, le gaz est l'air de l'atmosphère terrestre.

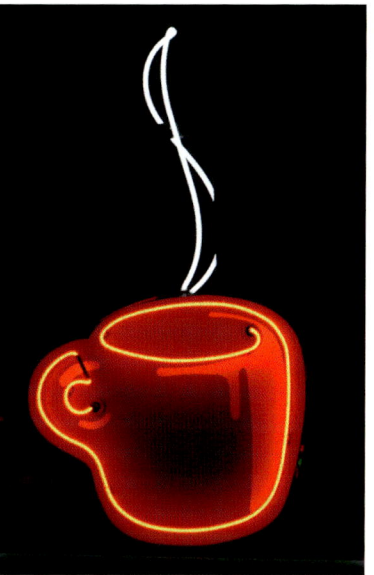

Figure 6 Le néon produit cette couleur rouge caractéristique lorsqu'on y fait passer un courant électrique.

LE SAVAIS-TU ?

Des « lumières » canadiennes
Plusieurs personnes ont contribué au développement de l'ampoule à incandescence. Deux Torontois, Henry Woodward et Mathew Evans, ont déposé en 1874 un brevet canadien pour l'invention d'une ampoule à incandescence utilisant un filament de carbone et de l'azote. Ils ont tenté sans succès de commercialiser leur invention. Edison a reconnu le mérite de leur découverte et a acheté leur brevet. Il a intégré leur travail dans l'élaboration de sa propre ampoule à incandescence utilisant un filament de carbone.

Le développement de l'éclairage produit par décharge électrique dans des tubes de gaz fait suite à l'invention d'une puissante pompe à vide par le physicien allemand Heinrich Geissler, en 1855. Cette pompe a permis à Geissler de retirer presque totalement l'air d'un tube scellé. Les collègues de Geissler ont remarqué que l'air qui restait dans un des tubes s'illuminait quand on y faisait passer un courant électrique. Par la suite, d'autres expériences ont démontré que la couleur de la lumière dépendait du type de gaz présent dans le tube. Ces tubes à gaz incandescents ont d'abord été nommés « tubes Geissler » (figure 7).

COUP DE POUCE ÉCRITURE

Rédiger un texte argumentatif
Imagine que tu rédiges un texte pour souligner que ce sont deux Canadiens qui ont inventé l'ampoule à incandescence, avant Edison. Énonce et explique, dans le corps de ton texte, les éléments clés de ton argument. Indique, par exemple, la date de dépôt du brevet canadien, les raisons de l'insuccès commercial, etc.

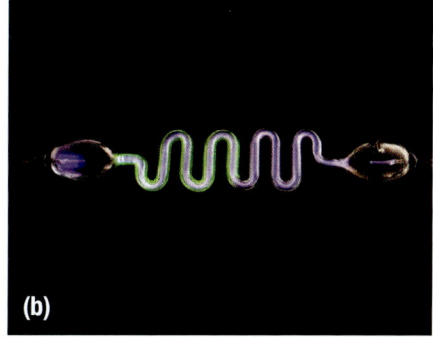
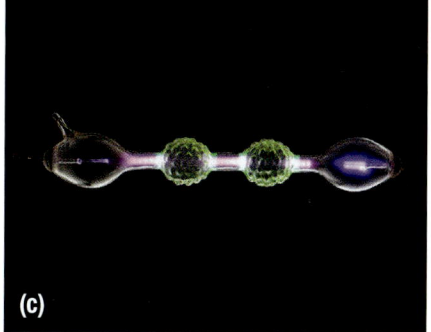

Figure 7 Comme Geissler était également souffleur de verre, ses premiers tubes avaient des formes très élaborées.

LE SAVAIS-TU?

Fais attention à ta montre!
Certaines montres fabriquées entre le début du 20ᵉ siècle et les années suivant la Deuxième Guerre mondiale étaient rendues lumineuses grâce à l'utilisation d'une peinture contenant du radium, une substance radioactive. Les effets de la radioactivité sur la santé n'étaient pas bien connus à cette époque. De nombreuses personnes qui ont travaillé à la fabrication de ces montres ont eu d'importants problèmes de santé à cause de leur exposition au radium.

phosphorescence processus de production de lumière par absorption du rayonnement ultraviolet, ce qui permet l'émission d'une lumière visible même après une période prolongée

fluorescence émission immédiate de lumière visible causée par l'absorption du rayonnement ultraviolet

Figure 8 Les jouets qui luisent dans l'obscurité sont des exemples de phosphorescence.

LE SAVAIS-TU?

Un minéral sensible
La fluorescence doit son nom à la fluorite, un minéral qui luit lorsqu'il est exposé à un rayonnement ultraviolet. Plusieurs autres minéraux naturels luisent et prennent des couleurs brillantes quand ils sont exposés à un rayonnement ultraviolet.

La lumière produite par phosphorescence

Tu possèdes peut-être des objets qui brillent dans le noir, comme certains autocollants et les cadrans de certaines montres. Ces objets sont recouverts de phosphores, des substances spéciales qui émettent de la lumière dans un processus appelé **phosphorescence**. Les phosphores absorbent l'énergie lumineuse, et principalement le rayonnement ultraviolet. Ils conservent une partie de cette énergie et émettent une lumière visible de plus basse énergie, mais pas immédiatement. Ils gardent plutôt cette énergie pendant des périodes variant de quelques secondes à quelques jours, selon le type de matériau utilisé. C'est ainsi que les substances phosphorescentes peuvent « briller dans le noir » (figure 8).

La lumière produite par fluorescence

Certains détergents rendent les couleurs plus éclatantes. Cette propriété repose sur le processus de fluorescence. La **fluorescence** se produit lorsqu'un objet absorbe le rayonnement ultraviolet et libère immédiatement de l'énergie sous forme de lumière visible. Grâce à l'ajout de teintures fluorescentes aux détergents, les vêtements semblent briller légèrement. Ce phénomène est apparent même dans la lumière visible, car la lumière du jour comprend une petite part de rayonnement ultraviolet. La teinture fluorescente présente sur les vêtements absorbe les rayons UV et émet une lumière visible. L'œil humain détecte à la fois cette lumière émise et la lumière normalement réfléchie par les vêtements, ce qui fait paraître leurs couleurs plus éclatantes. L'encre des surligneurs contient aussi une teinture fluorescente qui lui donne sa brillance lorsqu'elle est exposée aux rayons UV de la lumière du jour.

La lampe fluorescente est l'application la plus commune de la fluorescence. Ce type de lampe utilise à la fois les processus de la décharge électrique et de la fluorescence. Son tube est rempli de vapeur de mercure à très basse pression et sa surface interne est recouverte d'une substance fluorescente. Quand on allume une lampe fluorescente, le courant électrique cause l'émission d'une lumière ultraviolette par les atomes du mercure. Quand cette lumière frappe la surface interne du tube, il en résulte une lumière visible (figure 9).

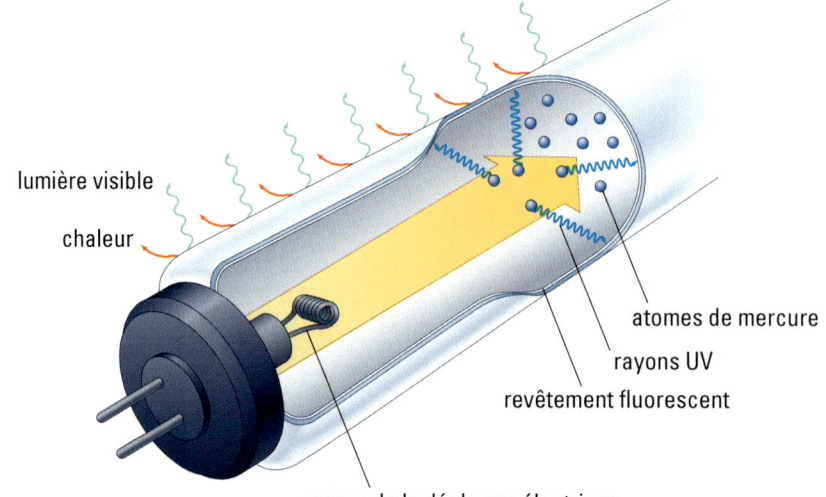

Figure 9 Dans une lampe fluorescente, le courant électrique traverse la vapeur de mercure, qui émet alors une lumière ultraviolette. Cette lumière frappe la substance fluorescente de la surface interne du tube, ce qui cause l'émission d'une lumière visible.

Les lampes fluorescentes sont de quatre à cinq fois plus éconergétiques que les ampoules à incandescence. Elles fournissent la même quantité de lumière, mais produisent moins de chaleur et utilisent beaucoup moins d'électricité. Les lampes fluocompactes sont recommandées pour les résidences privées et les entreprises car leur fonctionnement requiert moins d'énergie (figure 10).

L'usage généralisé des lampes fluorescentes peut mener à des économies d'énergie importantes. Même si elles coûtent plus cher que les ampoules à incandescence, elles sont plus économiques, car elles durent beaucoup plus longtemps. Toutefois, elles présentent un léger inconvénient : elles contiennent du mercure et ne doivent *pas* être jetées avec les ordures ménagères ordinaires. Il faut s'en défaire comme on le fait des autres déchets ménagers dangereux, telles les piles ou la peinture, en les apportant à un centre de recyclage, où on s'en débarrassera de la manière appropriée.

Figure 10 L'utilisation de lampes fluocompactes à la maison et dans les entreprises peut mener à des économies d'énergie importantes.

ACTION CITOYENNE

Penser à l'avenir

Enjeu

Les combustibles fossiles émettent de grandes quantités de polluants et de gaz à effet de serre dans l'atmosphère terrestre. Les gaz à effet de serre constituent un facteur important dans le réchauffement planétaire.

On estime que, si chaque foyer canadien remplaçait une seule ampoule à incandescence de 60 watts par une lampe fluocompacte de 15 watts offrant un rendement équivalent, l'économie réalisée serait de 73 millions de dollars par année. Cela permettrait aussi de réduire les émissions de dioxyde de carbone de 400 000 t par année, soit l'équivalent des émissions produites par 66 000 automobiles.

Comment peux-tu faire ta part?

LA BOÎTE À OUTILS
4.A.7, 4.C.6.

Réfléchis à la façon dont tu peux réduire ta contribution au réchauffement planétaire. Examine le type d'éclairage utilisé chez toi, et remplace autant que possible les ampoules à incandescence par des lampes fluocompactes. Fais une estimation de l'énergie économisée ainsi, et de l'effet sur la production de gaz à effet de serre. Élabore une campagne de sensibilisation pour encourager ta communauté à adopter les lampes fluocompactes. Souviens-toi qu'il faut penser mondialement et agir localement.

La lumière produite par chimiluminescence

As-tu déjà joué avec un bâton lumineux, ou encore porté un collier ou un bracelet qui produit de la lumière quand il est plié ou secoué? Si oui, tu as vu ce qu'est la lumière produite par chimiluminescence. La **chimiluminescence** est la production de lumière au moyen d'une réaction chimique. Cette réaction ne produit presque pas de chaleur. C'est pourquoi on appelle souvent « lumière froide » ce type de lumière.

Les bâtons lumineux fonctionnent grâce au mélange de deux substances chimiques qui sont séparées par une cloison dans le bâton. L'une d'elles est dans une petite fiole de verre au milieu du bâton; l'autre se trouve dans le compartiment principal. Quand on plie ou secoue le bâton, la fiole de verre se brise et les deux substances se mélangent dans le compartiment principal. La réaction chimique qui s'ensuit produit une lumière visible.

chimiluminescence production directe de lumière au moyen d'une réaction chimique qui produit très peu ou qui ne produit pas de chaleur

Les bâtons lumineux ne coûtent pas cher à fabriquer (figure 11). Ils sont utilisés en camping, par les corps policiers et le personnel militaire, dans les sites de rassemblement (concerts, festivals, parcs d'attractions) et dans les situations d'urgence. Ces objets sont très durables. Ils sont aussi très appréciés des adeptes de plongée sous-marine. Ils n'ont besoin d'aucun courant électrique et sont donc très utiles dans les sites dangereux où une simple étincelle représente un risque. Examine l'effet de la température sur un bâton lumineux en réalisant l'activité « Briller dans le noir ».

Figure 11 Les bâtons lumineux produisent de la lumière par chimiluminescence, c'est-à-dire au moyen d'une réaction causée par le mélange de deux substances chimiques.

SCIENCES EN ACTION — BRILLER DANS LE NOIR

HABILETÉS : prédire le résultat, contrôler les variables, observer

Matériel : bâton lumineux, congélateur, deux grands béchers ou contenants de plastique transparent, cubes de glace, eau du robinet

REMARQUE : Cette activité donne de meilleurs résultats dans l'obscurité.

⛔ Les bâtons lumineux contiennent des éclats de verre et des substances possiblement toxiques. Si un bâton se brise, demande à ton enseignante ou à ton enseignant de quelle façon tu dois t'en débarrasser.

1. Remplis un bécher avec de l'eau tiède du robinet. Mets les cubes de glace dans l'autre bécher et remplis-le d'eau froide.
2. Plie le bâton lumineux. Observe l'intensité de la lumière qu'il émet à la température ambiante.
3. Prédis ce qui va se produire quand tu vas refroidir le bâton lumineux. Ensuite, place-le dans le mélange d'eau et de glace. Observe l'intensité de la lumière qu'il émet.
4. Prédis ce qui va se produire si tu chauffes le bâton lumineux. Place-le ensuite dans le bécher d'eau tiède. Observe de nouveau l'intensité de la lumière qu'il émet.
5. Mets le bâton lumineux au congélateur pendant quelques heures. Prédis ce qui va se produire. Sors ensuite le bâton du congélateur et observe l'intensité de la lumière qu'il émet.
6. Laisse le bâton lumineux revenir à la température ambiante et fais une dernière observation sur l'intensité de la lumière qu'il émet.

A. Tes prédictions se sont-elles révélées exactes ?
B. Quel effet le refroidissement du bâton lumineux a-t-il eu sur la production de lumière ? Quel effet a eu son réchauffement ?
C. Explique les variations dans la production de lumière. Partage tes réflexions avec tes camarades de classe.
D. Quel effet cela a-t-il eu de mettre le bâton lumineux au congélateur ? Que s'est-il produit lorsqu'il est revenu à la température ambiante ? Explique tes observations.

La lumière produite par bioluminescence

Quand la chimiluminescence se produit dans un organisme vivant, les scientifiques l'appellent **bioluminescence**. La bioluminescence s'observe chez un grand nombre d'organismes, y compris des bactéries, des champignons, des invertébrés marins, des poissons et, bien sûr, chez les vers luisants et les lucioles ou mouches à feu (figure 12). D'ailleurs, la lueur de la luciole est un excellent exemple de bioluminescence causée par la réaction chimique entre l'oxygène et la luciférine, une substance présente dans l'abdomen de cet insecte. La réaction chimique est provoquée par une enzyme, la luciférase. Cette réaction produit une lumière visible. Les scientifiques pensent que les organismes utilisent la bioluminescence pour se protéger des prédateurs, tromper leurs proies ou attirer leurs partenaires.

bioluminescence production de lumière dans les organismes vivants, résultant d'une réaction chimique qui produit peu ou qui ne produit pas de chaleur

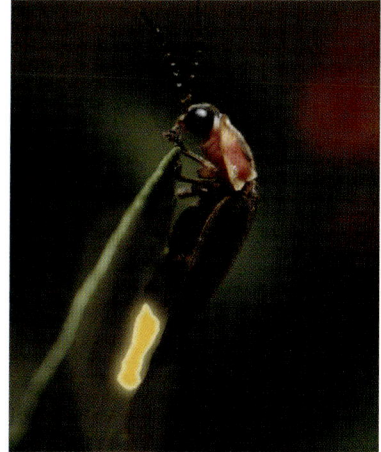

Figure 12 Le phénomène de bioluminescence chez la luciole

La lumière produite par triboluminescence

« Il est bien connu que le sucre bien sec, qu'il soit cristallisé ou non, émet une lumière quand il est émietté ou cassé dans l'obscurité. » Cette phrase a été écrite par Francis Bacon en 1620 dans une œuvre intitulée *Novum Organum*, où l'auteur rappelle que la science doit se baser sur l'expérimentation. C'est la première référence documentée que nous avons sur la triboluminescence. La **triboluminescence** est la production de lumière causée par la friction, le broyage ou le frottement de certains cristaux (figure 13). Contrairement aux autres types de production de lumière, la triboluminescence ne semble pas avoir d'applications pratiques pour l'instant. Réalise l'activité « Des bonbons pour la science » pour observer la triboluminescence.

triboluminescence production de lumière causée par la friction, le broyage ou le frottement de certains cristaux

Figure 13 Une lumière produite par triboluminescence devient visible quand on frotte ensemble deux morceaux de quartz.

SCIENCES EN ACTION — DES BONBONS POUR LA SCIENCE

HABILETÉ : observer

Matériel : deux cubes de sucre, bonbon au thé des bois, grand miroir (ou une ou un camarade)

1. Rends-toi dans une pièce complètement sombre. Attends au moins cinq minutes pour laisser le temps à tes yeux de s'habituer à l'obscurité.

2. Frotte les deux cubes de sucre ensemble, comme si tu frottais une allumette. Observe ce qui se produit.

3. Place-toi devant ta ou ton camarade, ou devant le miroir. Croque un bonbon au thé des bois en gardant ta bouche ouverte. Observe l'intérieur de ta bouche.

A. Décris ce que tu as vu quand tu as frotté les deux cubes de sucre.

B. Qu'as-tu vu quand tu as croqué le bonbon ?

La lumière produite par une diode électroluminescente (DEL)

diode électroluminescente (DEL) dispositif qui produit de la lumière en faisant circuler un courant électrique dans un semi-conducteur

semi-conducteur matière qui permet au courant électrique de circuler dans un seul sens

Une **diode électroluminescente (DEL)** est un dispositif électronique dans lequel le courant électrique ne peut circuler que dans un sens parce qu'on utilise, dans sa fabrication, des **semi-conducteurs**, comme le silicone. Contrairement aux conducteurs, qui permettent au courant de circuler dans les deux sens, les semi-conducteurs permettent au courant de circuler dans un seul sens. Lorsqu'un courant électrique circule dans la direction voulue, la DEL émet de la lumière.

Il y a plusieurs différences entre une DEL et une ampoule à incandescence : la DEL n'a pas besoin de filament, elle ne produit pas autant de chaleur et elle est plus éconergétique. Pendant longtemps, la principale application des DEL a été celle des voyants lumineux des appareils électroniques (la petite lumière rouge indiquant qu'un appareil est allumé). Aujourd'hui, on utilise aussi les DEL dans les lumières de Noël (figure 14), les enseignes lumineuses et les feux de circulation. De meilleures méthodes de fabrication pourraient réduire les coûts de production dans un proche avenir. Tu vas probablement voir un jour des DEL utilisées dans l'éclairage des rues et des maisons.

Figure 14 Les DEL utilisées comme lumières de Noël consomment beaucoup moins d'électricité que les autres types de lumières.

EN RÉSUMÉ

- L'incandescence est la lumière produite par le réchauffement d'un matériau.
- La lumière produite par décharge électrique est causée par le passage d'un courant électrique dans un gaz.
- La phosphorescence et la fluorescence sont causées par l'absorption du rayonnement ultraviolet. Dans la phosphorescence, une lumière visible est émise après un certain temps alors que, dans la fluorescence, la lumière visible est émise immédiatement.
- La chimiluminescence est une production de lumière causée par une réaction chimique sans hausse de température ; dans les organismes vivants, ce phénomène est appelé « bioluminescence ».
- La triboluminescence est la lumière produite par la friction de cristaux.
- Une diode électroluminescente (DEL) est un dispositif électronique qui produit une lumière lorsqu'un courant électrique le traverse.

VÉRIFIE TA COMPRÉHENSION

1. En 9ᵉ année, tu as étudié les différences entre les étoiles, les planètes et les satellites naturels. Parmi ces corps célestes, lesquels sont lumineux, et lesquels sont non lumineux ? Qu'est-ce qui caractérise les objets non lumineux ?

2. Pourquoi une ampoule à incandescence est-elle une source de lumière très inefficace ?

3. Comment s'appelle le phénomène au cours duquel un courant électrique qui passe à travers un gaz produit de la lumière ?

4. Quelle est la principale différence entre la phosphorescence et la fluorescence ?

5. a) Les teintures fluorescentes ajoutées aux détergents rendent-elles le linge plus propre ?
   b) Certaines personnes croient que les détergents qui contiennent des additifs peuvent avoir des effets négatifs sur la santé et sur l'environnement. À ton avis, devrait-on utiliser ces détergents ? Pourquoi ?

6. À ton avis, une matière fluorescente va-t-elle briller si elle est exposée à des rayons infrarouges ?

7. Pourquoi la chimiluminescence est-elle parfois aussi appelée « lumière froide » ?

8. À ton avis, un bâton lumineux serait-il une bonne source de lumière dans un milieu où il y a un risque d'explosion ? Explique ta réponse.

9. Cite plusieurs raisons pour lesquelles des organismes vivants utilisent la bioluminescence.

10. Indique deux différences entre les DEL et les ampoules à incandescence.

11. Compare les lampes fluocompactes aux DEL. Les DEL constituent-elles le meilleur choix ? Tiens compte des facteurs liés à l'environnement, à la santé et à l'économie. Rédige un bref compte rendu pour exprimer ton opinion.

11.3 Le laser : un type de lumière très spécial

Dans la section précédente, tu as appris que la lumière pouvait provenir de plusieurs sources différentes. Chacune de ces sources émet dans toutes les directions un rayonnement électromagnétique de divers niveaux d'énergie. Dans cette section, tu vas examiner une autre source de lumière, le laser. Tu vas aussi découvrir les différences entre la lumière du laser et les autres formes de lumière.

La lumière du laser a des propriétés très spéciales. Les ampoules à incandescence émettent des ondes électromagnétiques de différents niveaux d'énergie. Le rayon laser, lui, produit des ondes électromagnétiques d'un même niveau d'énergie. C'est pourquoi la lumière visible d'un laser est d'une couleur très pure. Si tu diriges un rayon de lumière rouge de laser vers un prisme triangulaire, la lumière qui va sortir du prisme sera encore rouge. Souviens-toi que la lumière blanche qui traverse un prisme triangulaire se sépare en différentes couleurs qui forment le spectre visible.

La lumière du laser est aussi très intense. C'est parce que les ondes électromagnétiques voyagent toutes dans la même direction et qu'elles sont parfaitement à l'unisson (figure 1). Ces caractéristiques sont très différentes de celles de la lumière qui irradie d'une ampoule à incandescence. Cela explique pourquoi la lumière du laser est très intense, d'une couleur très pure et concentrée en un mince faisceau. Tu ne dois jamais regarder directement un rayon laser : il pourrait endommager tes yeux. Les propriétés uniques du laser le rendent très utile. Un laser de forte puissance peut être utilisé pour percer des trous dans l'acier. Il peut aussi être utilisé par les arpenteuses et arpenteurs pour mesurer les distances. Des scientifiques ont même dirigé des rayons laser vers la Lune pour mesurer la distance de 385 000 km qui la sépare de la Terre, avec une marge d'erreur de 3 cm.

LE SAVAIS-TU ?

L'origine du mot laser
Le mot « laser » est l'acronyme des mots anglais **L**ight **A**mplification by **S**timulated **E**mission of **R**adiation (amplification de la lumière par émission stimulée de radiations).

(a) Une ampoule électrique

(b) La source d'un rayon laser

Figure 1 (a) L'ampoule électrique émet des ondes électromagnétiques de différents niveaux d'énergie. (b) Un laser émet des ondes électromagnétiques qui sont toutes parfaitement identiques.

RECHERCHE EN ACTION — LES DIFFÉRENTES APPLICATIONS DU LASER

HABILETÉS : effectuer une recherche, communiquer

LA BOÎTE À OUTILS
4.A.

Il existe différents types de laser, et chaque type a son utilité propre (figure 2). Dans cette activité, tu vas effectuer une recherche sur certains lasers et leurs applications.

Figure 2 On utilise souvent des lasers dans les salles de concert et les discothèques.

1. Effectue une recherche sur le laser hélium-néon et ses applications.
2. Effectue une recherche sur au moins trois applications pratiques des lasers. Précise le type de laser qui est utilisé dans chacun des cas. Décris les ondes électromagnétiques produites par chaque type de laser.
3. Effectue une recherche sur le type de laser dont on se sert pour corriger les problèmes de vision. Décris le type d'ondes électromagnétiques que ce laser produit.

A. Quel type d'ondes électromagnétiques un laser hélium-néon produit-il ? CC HP
B. Nomme trois types différents de lasers. Dans quelles circonstances chacun de ces lasers est-il utilisé ? CC HP
C. Quel type de laser utilise-t-on pour corriger les problèmes de vision ? Quel type d'ondes électromagnétiques ce laser produit-il ? HP

EN RÉSUMÉ

- La lumière émise par un laser se compose d'ondes électromagnétiques qui ont toutes le même niveau d'énergie, sont à l'unisson et se déplacent toutes dans la même direction.
- La lumière émise par un laser est d'une couleur très pure, est intense et concentrée en un mince faisceau, et elle peut parcourir de grandes distances sans se disperser.

VÉRIFIE TA COMPRÉHENSION

1. Décris trois propriétés de la lumière d'un laser qui la rendent différente de la lumière émise par une ampoule à incandescence ou une lampe de poche. CC
2. La lumière verte d'un laser est dirigée vers un prisme triangulaire. De quelle couleur va être la lumière en sortant du prisme ? Explique ta réponse. CC
3. Comme tu l'as lu dans cette section, des scientifiques ont utilisé la lumière du laser pour mesurer précisément la distance entre la Terre et la Lune.
   a) Quelles sont les propriétés de la lumière du laser qui nous permettent de mesurer d'aussi grandes distances ?
   b) Pourquoi la lumière blanche d'un projecteur très puissant ne pourrait-elle pas être utilisée pour prendre ces mesures ? CC HP
4. Pourquoi ne dois-tu jamais regarder directement un rayon laser ? CC
5. Fais un diagramme pour illustrer ce qui différencie la lumière du laser de la lumière blanche. CC
6. Décris au moins quatre applications pratiques du laser qui te sont familières. CC

11.4 Le modèle ondulatoire de la lumière

Un rayon laser nous montre clairement que la lumière voyage en ligne droite. Cette propriété fondamentale de la lumière (figure 1) peut nous aider à comprendre le comportement de la lumière lorsqu'elle frappe un miroir ou une lentille.

Figure 1 On a la preuve que la lumière voyage en ligne droite parce qu'on ne voit jamais le faisceau d'une lampe de poche tourner un coin.

Un objet lumineux comme une chandelle émet de la lumière dans toutes les directions, éclairant tous les objets qui l'entourent en une sphère. Tu peux illustrer cela plus facilement en représentant les rayons lumineux. Un **rayon lumineux** est une flèche droite qui illustre la direction et le trajet rectiligne (en ligne droite) de la lumière. Comme la chandelle émet de la lumière dans toutes les directions, un nombre infini de rayons lumineux partent de la chandelle. Tu n'as qu'à tracer quelques rayons lumineux pour représenter l'idée générale (figure 2).

rayon lumineux droite tracée dans un diagramme pour représenter la direction et le trajet de la lumière

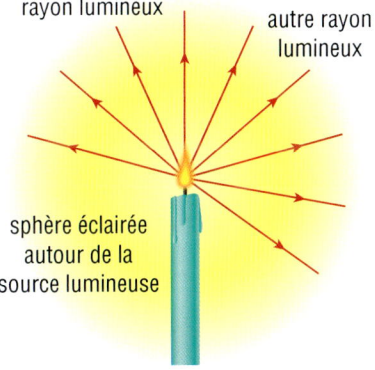

Figure 2 Tu n'as qu'à tracer quelques rayons lumineux pour représenter la lumière qui irradie d'une chandelle.

En **optique géométrique**, on observe les rayons lumineux pour déterminer le trajet de la lumière au moment où elle frappe un objet. Lorsque la lumière émise par une source (comme le Soleil) atteint un objet (comme la Terre), on dit qu'il s'agit d'une **lumière incidente**. Souviens-toi que la matière peut être classée en trois catégories, selon son comportement au contact de la lumière. Un objet **transparent** (comme le verre clair) laisse passer facilement la lumière, ce qui permet de voir clairement les autres objets derrière lui. Un objet **translucide** (comme le verre givré) laisse aussi passer la lumière, mais sans permettre de voir clairement les autres objets derrière lui. Une matière **opaque** (comme le carton) ne laisse pas passer la lumière. Toute la lumière incidente est absorbée ou réfléchie, et il est impossible de voir les objets derrière une matière opaque.

optique géométrique étude, par l'observation des rayons lumineux, du comportement de la lumière quand elle frappe des objets

lumière incidente lumière émise par une source et qui frappe un objet

transparent propriété d'une matière qui transmet toute ou presque toute la lumière incidente et permet de voir clairement les objets derrière elle

translucide propriété d'une matière qui transmet une partie de la lumière incidente, mais en absorbe ou en réfléchit le reste. On ne peut pas voir clairement les objets derrière une matière translucide.

opaque propriété d'une matière qui ne transmet aucune lumière incidente, mais qui l'absorbe ou la réfléchit complètement. Il est impossible de voir les objets derrière une matière opaque.

SCIENCES EN ACTION : VOIR LA LUMIÈRE

HABILETÉS : observer, évaluer

Matériel : lampe de poche, vaporisateur (ou autre bouteille avec pulvérisateur) rempli d'eau

1. Place la lampe de poche sur un pupitre, oriente-la vers le mur et allume-la.
2. Éteins les lumières de la classe. Examine le faisceau lumineux sur le mur ainsi que son trajet dans l'air entre la lampe de poche et le mur.
3. Place ta main dans la trajectoire du faisceau et observe le faisceau.
4. Vaporise de l'eau dans l'air entre la lampe de poche et l'endroit où le faisceau éclaire le mur.

A. Peux-tu voir le faisceau de lumière dans l'air ?
B. Qu'est-il arrivé au faisceau lumineux quand tu as placé ta main dans sa trajectoire ?
C. Qu'as-tu vu quand tu as vaporisé de l'eau ?
D. Quelles conditions sont nécessaires pour voir la lumière ?
E. Explique pourquoi tu as pu voir le faisceau de lumière seulement quand tu as vaporisé de l'eau dans l'air.

Les miroirs plans

« Miroir, Ô miroir, dis-moi qui est la plus belle ! » Cette fameuse phrase du conte *Blanche-Neige* est prononcée par la méchante reine, qui ne peut pas supporter qu'une autre personne soit plus belle qu'elle dans son royaume. La reine regarde son image dans un miroir. Une **image** est la reproduction d'un objet produite par la lumière. Un **miroir** est une surface polie qui réfléchit les images (figure 3). La **réflexion** est le changement de direction de la lumière qui frappe une surface. Dans l'activité précédente, tu as constaté que des rayons lumineux devaient être réfléchis par une surface et atteindre tes yeux pour que tu puisses voir la lumière. La méchante reine de *Blanche-Neige* a utilisé le miroir pour vérifier son apparence physique, comme on le fait depuis des milliers d'années. C'est encore de nos jours la principale utilité des miroirs.

image reproduction d'un objet produite par la lumière

miroir surface polie qui réfléchit une image

réflexion changement de direction de la lumière qui frappe une surface

Figure 3 Quand l'eau est très calme, la surface d'un lac peut être assez lisse pour agir comme un miroir.

La plupart des miroirs se composent de deux parties : une plaque de verre à l'avant, et une mince feuille réfléchissante d'argent ou d'aluminium à l'arrière. Cette version du miroir remonte aux 12e et 13e siècles. Les miroirs existaient avant cette époque, mais ils étaient fabriqués avec des métaux finement polis comme le bronze (figure 4), l'étain ou l'argent. Les miroirs comme ceux que nous avons à la maison ne sont pas devenus courants avant le 17e et le 18e siècle.

La partie réfléchissante d'un miroir est la mince feuille placée à l'arrière. Le verre protège ce mince film et donne une meilleure apparence au miroir. Le symbole employé en physique pour représenter un miroir ne désigne que cette feuille réfléchissante (figure 5, à la page suivante).

Figure 4 Un miroir en bronze fabriqué par les Celtes il y a presque 3 000 ans

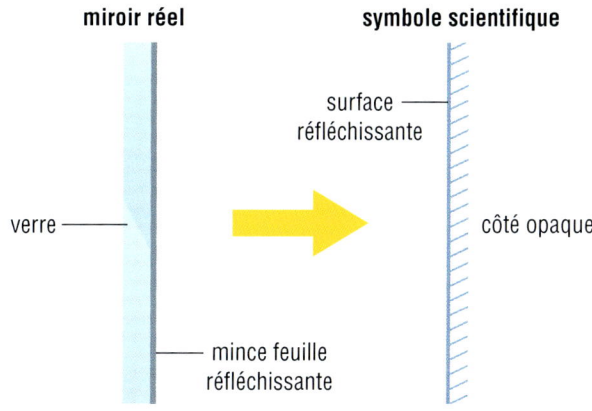

Figure 5 Un miroir réel vu de profil, et son symbole scientifique

La terminologie de la réflexion

Un miroir **plan**, ou miroir plat, permet de visualiser le trajet de la lumière lorsqu'elle frappe le miroir. Le rayon de lumière dirigé vers le miroir se nomme **rayon incident**. Le rayon qui est renvoyé dans une autre direction après avoir frappé la surface réfléchissante du miroir se nomme **rayon réfléchi**. La **normale** est la ligne droite **perpendiculaire** (à angle droit) à la surface réfléchissante du miroir. La normale est tracée au point de contact du rayon incident sur la surface du miroir. L'**angle d'incidence** est l'angle formé par le rayon incident et la normale. L'**angle de réflexion** est l'angle formé par le rayon réfléchi et la normale (figure 6).

plan plat

rayon incident rayon qui frappe une surface réfléchissante

rayon réfléchi rayon qui est renvoyé dans une autre direction après avoir frappé une surface réfléchissante

normale ligne perpendiculaire à la surface d'un miroir

perpendiculaire qui est à angle droit

angle d'incidence angle formé par le rayon incident et la normale

angle de réflexion angle formé par le rayon réfléchi et la normale

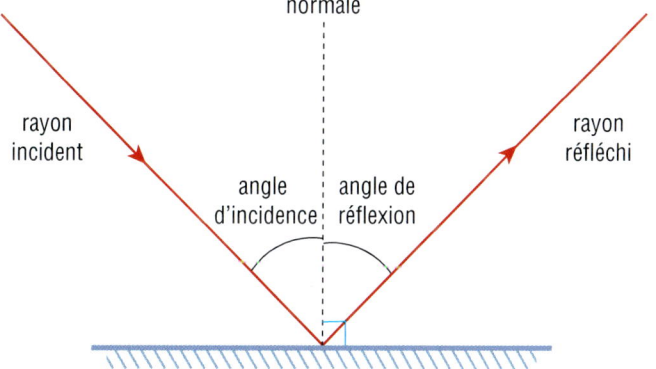

Figure 6 Terminologie employée pour décrire la réflexion sur un miroir plan

EN RÉSUMÉ

- Les rayons lumineux permettent de représenter la direction et le trajet de la lumière.
- L'optique géométrique est l'étude des rayons lumineux pour déterminer le comportement de la lumière lorsqu'elle frappe des objets.

VÉRIFIE TA COMPRÉHENSION

1. a) Nomme les deux parties composant la plupart des miroirs.
   b) À quoi sert chacune de ces parties ?
2. Explique clairement ce que signifie le terme *optique géométrique*.
3. Classe chacun des objets dans une de trois catégories, soit transparent, translucide ou opaque : un manuel scolaire, une vitre givrée, une feuille simple de papier hygiénique, une plaque de verre propre, un caillou, de l'air pur, du jus de pomme, des lunettes de soleil.
4. Historiquement, quelle a été la principale utilité des miroirs plans ?
5. Explique à ta façon le sens des termes *normale*, *angle d'incidence* et *angle de réflexion*.
6. Dresse une liste d'autres utilisations des miroirs plans qui n'ont pas été mentionnées dans cette section.

11.5 RÉALISE UNE ACTIVITÉ

La réflexion de la lumière dans un miroir plan

Nous utilisons fréquemment des miroirs plans. Le miroir devant lequel tu te brosses les dents, les rétroviseurs des automobiles et le petit miroir dont se sert la ou le dentiste pour examiner ta bouche sont tous des miroirs plans. Dans cette activité, tu vas observer le comportement des rayons lumineux qui sont réfléchis par un miroir plan.

HABILETÉS
- Se poser une question
- Formuler une hypothèse
- Prédire le résultat
- Planifier
- Contrôler les variables
- Exécuter
- ● Observer
- ● Analyser
- Évaluer
- ● Communiquer

Objectif

Comparer l'angle d'incidence à l'angle de réflexion dans un miroir plan.

Matériel

- boîte à rayons
- miroir plan et supports de miroir
- crayon et règle
- rapporteur d'angles
- feuille de papier

⛔ Pour débrancher la boîte à rayons, tire sur la fiche, et non sur le cordon d'alimentation.

Marche à suivre

1. Trace une ligne en tirets au centre de la feuille de papier. Place le miroir sur cette ligne. C'est la partie arrière du miroir, soit la partie réfléchissante, qui doit être sur la ligne, et non sa partie vitrée.

2. Place un masque à fentes sur l'ouverture de la boîte à rayons de sorte qu'un seul rayon de lumière puisse en sortir. Oriente le rayon incident vers le miroir.

3. Trace la normale, c'est-à-dire la droite perpendiculaire au miroir, au point de contact du rayon incident avec la surface du miroir. Identifie cette droite en écrivant « normale » à côté (figure 1).

4. Avec ton crayon, fais plusieurs points sur la feuille pour marquer le trajet du rayon incident. Fais de même pour le rayon réfléchi.

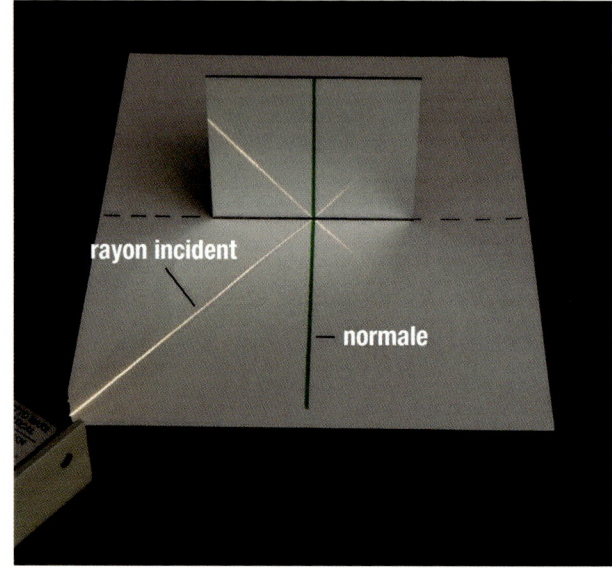

Figure 1

5. Enlève le miroir et mets la boîte à rayons de côté. À l'aide de la règle, trace une ligne droite reliant les points, jusqu'à la partie supérieure du T (au point d'intersection de la normale et du miroir). Écris « RI-1 » à côté du rayon incident, et « RR-1 » à côté du rayon réfléchi.

6. À l'aide du rapporteur d'angles, mesure l'angle d'incidence et l'angle de réflexion. Tu dois mesurer les angles formés entre chacun des rayons et la normale. Inscris tes mesures d'angle à la ligne 1 d'un tableau similaire au tableau 1.

Tableau 1 Observations

Numéro de l'essai	Mesure de l'angle d'incidence	Mesure de l'angle de réflexion
1		
2		
3		
4		
5		

7. Reprends trois fois les étapes 1 à 6, en inscrivant, pour les nouveaux rayons incidents, « RI-2 », « RI-3 » et « RI-4 », et, pour les nouveaux rayons réfléchis, « RR-2 », « RR-3 » et « RR-4 ». N'oublie pas de placer la boîte à rayons à un angle différent pour chacun de ces essais. Le rayon lumineux doit toujours frapper le point d'intersection entre le miroir et la normale. Inscris dans le tableau tes observations lors des essais 2, 3 et 4.

8. Fais un cinquième essai, en orientant, cette fois, le rayon incident le long de la normale. Inscris dans le tableau tes observations pour ce dernier essai.

Analyse et interprète

a) Y a-t-il une différence entre l'angle d'incidence et l'angle de réflexion ?

b) À l'essai 5, tu as orienté le rayon incident le long de la normale. Décris le trajet du rayon incident et celui du rayon réfléchi lors de cet essai.

c) Où des erreurs peuvent-elles se produire dans cette activité ?

d) Quel effet ces erreurs peuvent-elles avoir sur ta conclusion ?

Approfondis ta démarche

e) Dans le jeu de billard, les lois de la réflexion constituent un facteur important (figure 2). Comment les résultats de cette activité peuvent-ils t'aider à jouer au billard ?

Figure 2

f) Dans quels autres sports ou activités les lois de la réflexion que tu as étudiées dans cette activité jouent-elles un rôle ?

11.6 Les lois de la réflexion

Tu as vu, dans l'activité 11.5, que lorsque tu diriges un rayon incident sur un miroir plan, la lumière est réfléchie par le miroir et forme un rayon réfléchi. Le rayon incident et le rayon réfléchi ont tous deux une valeur prévisible. Ce comportement prévisible de la lumière permet de formuler les deux lois de la réflexion (figure 1) :

1. L'angle d'incidence est égal à l'angle de réflexion.
2. Le rayon incident, le rayon réfléchi et la normale se situent tous dans le même plan.

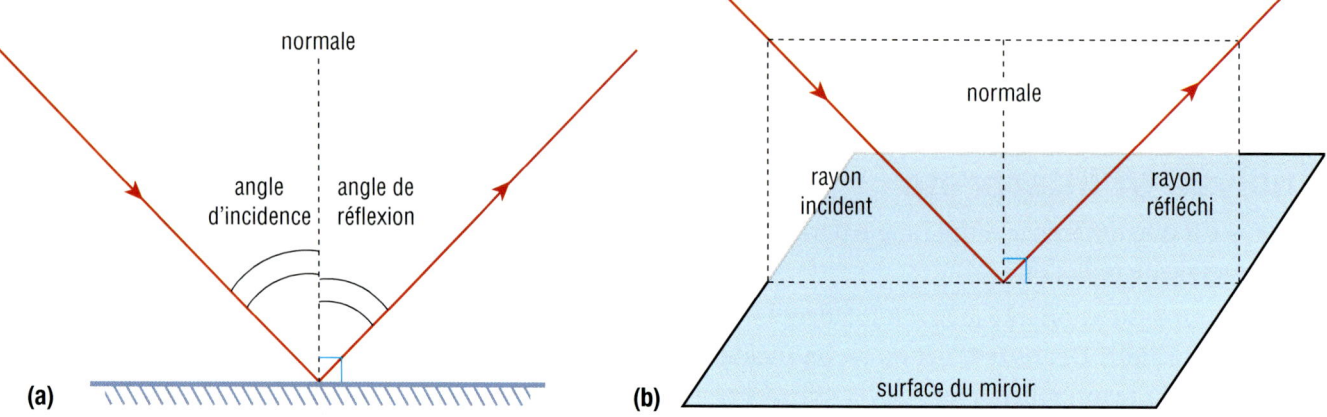

Figure 1 Diagrammes illustrant les deux lois de la réflexion

Lorsque plus d'un rayon incident est réfléchi par une surface, les lois de la réflexion s'appliquent toujours, mais la surface influence la façon dont les rayons réfléchis vont t'apparaître. Par exemple, les réflexions sur une feuille d'aluminium lisse ne seront pas les mêmes que celles sur une feuille d'aluminium froissée. Tu vas pouvoir le constater en réalisant l'activité « La réflexion de la lumière ».

SCIENCES EN ACTION — LA RÉFLEXION DE LA LUMIÈRE

HABILETÉS : observer, évaluer

LA BOÎTE À OUTILS

Matériel : lampe de poche (ou boîte à rayons sans obturation), feuille d'aluminium d'environ 30 cm sur 30 cm

1. Place sur une table un morceau de feuille d'aluminium lisse. Éteins les lumières et dirige le faisceau lumineux de la lampe de poche ou de la boîte à rayons vers la feuille d'aluminium. Oriente le faisceau lumineux de manière qu'il soit réfléchi vers le plafond. Examine le rayon réfléchi.

2. Froisse la feuille d'aluminium. Déplie la feuille froissée, mais sans la lisser. Fais de nouveau réfléchir le faisceau lumineux projeté sur la feuille d'aluminium vers le plafond et examine le rayon réfléchi.

A. Décris la forme du rayon réfléchi vers le plafond par la feuille d'aluminium lisse, et celle du rayon réfléchi par la feuille d'aluminium froissée. HP

B. Explique la différence entre les deux rayons réfléchis. HP

COUP DE POUCE — LECTURE

Sers-toi de la mise en forme
Les sous-titres en rouge t'indiquent qu'on présente de nouveaux concepts dans cette section. Écris les idées principales présentées dans chaque section.

La réflexion de la lumière sur les surfaces

Suppose qu'une série de rayons incidents parallèles frappe une surface plane réfléchissante. Les angles d'incidence de ces rayons sont tous identiques. Cela signifie que les angles de réflexion seront également identiques, et que les rayons réfléchis seront parallèles. Cela constitue un exemple de réflexion spéculaire.

La **réflexion spéculaire** est la réflexion de la lumière sur une surface lisse et brillante (figure 2), par exemple sur un miroir plan, sur la surface d'un lac très calme (figure 3) ou sur une feuille d'aluminium lisse.

réflexion spéculaire réflexion de la lumière sur une surface lisse

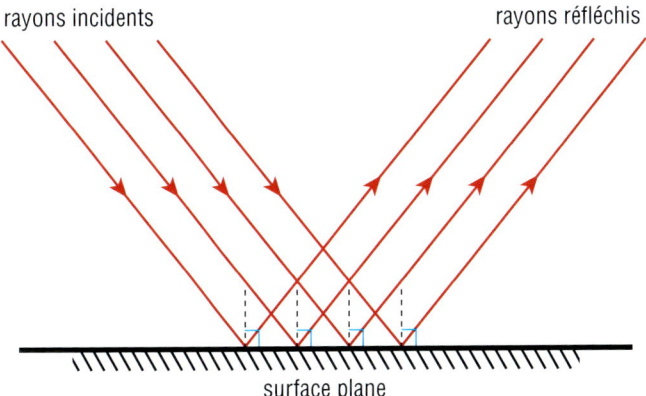

Figure 2 Illustration de la réflexion spéculaire

Figure 3 Un exemple spectaculaire de réflexion spéculaire. L'eau calme agit comme un miroir plan.

Les petits miroirs fixés sur les boules miroirs rotatives que l'on trouve dans les discothèques sont un autre exemple de réflexion spéculaire. Ces boules sont un assemblage sphérique de petits miroirs plans qui réfléchissent la lumière dans toutes les directions, ce qui crée un effet visuel impressionnant (figure 4).

Que se passerait-il si les rayons incidents parallèles étaient projetés sur une surface irrégulière? Ils auraient tous un angle d'incidence différent. Leur angle de réflexion serait donc aussi différent. Les rayons réfléchis ne seraient pas parallèles entre eux, mais seraient projetés dans plusieurs directions différentes. C'est ce qu'on appelle «réflexion diffuse».

Figure 4 Une boule miroir de discothèque est un exemple de réflexion spéculaire sur de nombreuses surfaces.

La **réflexion diffuse** est la réflexion de la lumière sur une surface irrégulière ou mate (figure 5). La réflexion sur une feuille de papier, à la surface d'une eau agitée (figure 6) ou sur une feuille d'aluminium froissée sont des exemples de réflexion diffuse.

réflexion diffuse réflexion de la lumière sur une surface irrégulière ou mate

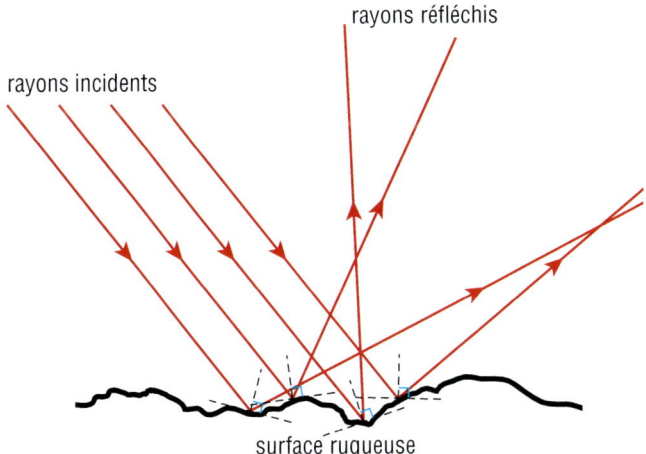

Figure 5 Illustration de la réflexion diffuse

Figure 6 Les vagues à la surface de l'eau créent une réflexion diffuse.

SCIENCES EN ACTION : LES RÉTRORÉFLECTEURS

HABILETÉS : exécuter, observer, évaluer

LA BOÎTE À OUTILS
3.B.

Dans cette activité, tu vas faire le diagramme de rayons d'un rétroréflecteur. Tu vas en apprendre davantage sur les rétroréflecteurs dans le chapitre suivant.

Matériel : règle, rapporteur d'angles, feuille de papier, crayon

1. Dessine au centre de la feuille deux miroirs qui se rejoignent à angle droit (en forme de L). Tu peux orienter les miroirs comme tu le veux.
2. Avec la règle, trace un rayon qui frappe un des miroirs.
3. Base-toi sur les lois de la réflexion pour déterminer l'angle d'incidence. Trace le rayon réfléchi par le miroir. Ce rayon va agir comme un rayon incident qui frappe la surface de l'autre miroir.
4. Base-toi sur les lois de la réflexion pour tracer le rayon réfléchi par le deuxième miroir.
5. Reprends les étapes 2 à 4 en traçant un autre rayon incident qui frappe le miroir à un angle différent de celui du premier rayon. Utilise une couleur différente pour chaque rayon incident.

A. Y a-t-il une différence entre le rayon incident et le deuxième rayon réfléchi dans ton premier essai ?
B. Ce résultat a-t-il changé dans ton deuxième essai ?
C. Selon tes observations, peux-tu dire quelle est la principale caractéristique d'un rétroréflecteur ?

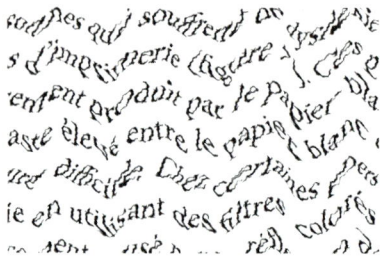

Figure 7 Voici comment un texte peut apparaître à une personne souffrant de dyslexie.

La réflexion et la dyslexie

Les personnes qui souffrent de dyslexie ont de la difficulté à lire les caractères d'imprimerie (figure 7). Ces personnes se plaignent souvent de l'éblouissement produit par le papier blanc, qui réfléchit trop de lumière. Le contraste élevé entre le papier blanc et les caractères noirs rend leur lecture difficile. Chez certaines personnes, cette difficulté peut être amoindrie en utilisant des filtres colorés ou des lunettes qui réduisent l'éblouissement causé par la réflexion de la lumière.

SIGNET de fin d'unité

Tu vas pouvoir mettre en application ce que tu as appris sur l'optique géométrique dans cette section en réalisant l'activité de fin d'unité décrite à la page 588.

EN RÉSUMÉ

- Quand un rayon lumineux est réfléchi par un miroir plan, son angle d'incidence est égal à son angle de réflexion.
- Quand un rayon lumineux frappe un miroir plan, le rayon incident, le rayon réfléchi et la normale sont tous dans le même plan.

✓ VÉRIFIE TA COMPRÉHENSION

1. Fais un diagramme pour illustrer le rayon incident, le rayon réfléchi et la normale.
2. Formule clairement les deux lois de la réflexion.
3. a) Quelle est la différence entre la réflexion spéculaire et la réflexion diffuse ?
   b) Donne quelques exemples de réflexion spéculaire et de réflexion diffuse, autres que ceux mentionnés dans cette section.
4. a) Si tu devais repeindre les murs de ta classe, préférerais-tu que leur surface produise une réflexion spéculaire ou diffuse ? Explique ta réponse.
   b) Selon le choix que tu as fait, devrais-tu utiliser une peinture lustrée ou mate ?
5. a) Quel angle de réflexion correspondrait à un angle d'incidence de 32° ?
   b) Quel angle d'incidence correspondrait à un angle de réflexion de 47° ?
   c) Quel serait l'angle de réflexion si le rayon incident formait un angle de 40° avec la surface réfléchissante ?
6. La réflexion spéculaire et la réflexion diffuse sont des phénomènes qui s'appliquent à toutes les pièces où tu as déjà été. Explique comment ces phénomènes peuvent s'observer dans ta cuisine, ta salle de bain et ta chambre à coucher.

TECHNOLIEN

Nettoyer avec la lumière

Imagine que tu travailles dans le domaine de la muséologie et qu'on te demande de nettoyer une peinture ou une statue sur laquelle la saleté et les traces de pollution se sont accumulées depuis des siècles. Par le passé, tu aurais procédé délicatement à un grattage manuel à l'aide d'un scalpel, ou en utilisant des solvants néfastes pour toi et pour l'environnement. Il t'aurait fallu travailler lentement et prendre toutes les précautions, car tu n'aurais pas voulu endommager cette œuvre d'art très précieuse!

Il existe maintenant une autre façon de restaurer les objets d'art. On utilise une version modifiée du laser employé en chirurgie esthétique pour chauffer la saleté à la surface de l'objet. L'énergie du rayon laser est absorbée par la saleté, qui se dilate et peut ensuite être enlevée facilement. Cela semble presque trop beau pour être vrai, mais les résultats peuvent être renversants (figure 1). Mieux encore, il n'est plus nécessaire de gratter pendant des heures avec un scalpel ou d'utiliser des substances chimiques toxiques ou dangereuses.

L'utilisation du laser présente de nombreux avantages dans la restauration d'œuvres d'art. Cette technique est précise, car la taille et la puissance du rayon laser se contrôlent facilement. Elle est fiable, car il n'y a aucun contact physique avec la surface de l'œuvre, et aucun produit dangereux n'est utilisé. On peut l'utiliser avec les statues, la poterie et les peintures (figure 2). Qui aurait cru que le laser, une invention dont on ne savait trop que faire, permettrait un jour de faire la lumière sur les œuvres d'art ?

Figure 1 La moitié droite de cette statue a été nettoyée au laser. La moitié gauche nous montre l'aspect de la statue avant le nettoyage.

(a)

(b)

(c)

Figure 2 (a)-(b) Les différentes étapes de la restauration d'une toile d'un peintre italien de la Renaissance, Raphaël (1483-1520). La peinture avait été brisée en 17 morceaux lors de l'effondrement d'une maison. (c) Il a fallu 10 ans et l'utilisation d'un laser UV pour redonner son aspect original à cette œuvre.

11.7 Les images produites par les miroirs plans

COUP DE POUCE
LECTURE

Sers-toi de ce que tu sais
Si on pose une question dans un paragraphe, interromps ta lecture après avoir lu la question. Reprends ta lecture seulement après avoir tenté de répondre à la question.

Tu te brosses les dents devant le miroir de la salle de bain. Tu remarques que les mots écrits sur ton t-shirt t'apparaissent inversés. Tu t'es toujours demandé pourquoi le lettrage sur le capot des voitures de police ou des ambulances était inversé. Comment peut-on expliquer cela ? Réalise d'abord l'activité « Écrire en réfléchissant ». Peux-tu écrire un message qui serait lisible dans un miroir ? Voici ta chance d'essayer !

SCIENCES EN ACTION — ÉCRIRE EN RÉFLÉCHISSANT

HABILETÉS : se poser une question, exécuter, observer, évaluer, communiquer

LA BOÎTE À OUTILS
7.A.3.

Matériel : miroir plan, supports de miroir (facultatif), feuille de papier, crayon

1. Place le miroir sur la moitié supérieure de la feuille de papier. Tu peux utiliser des supports, ou le tenir avec ta main.

2. Tout en regardant dans le miroir, écris soigneusement ton nom sur la feuille de papier, de manière qu'il apparaisse correctement dans le miroir, et non sur le papier. Tu vas peut-être devoir t'exercer quelques fois pour réussir cet exercice. Essaie aussi d'écrire avec la main que tu n'utilises pas normalement.

3. Quand tu seras plus à l'aise avec cette écriture à l'aide d'un miroir, sers-toi du miroir pour écrire soigneusement un court message en utilisant la même technique.

4. Échange ton message contre celui d'une ou d'un camarade de classe. Essaie de déchiffrer le message que tu reçois. Sers-toi du miroir pour voir si tu as bien déchiffré le message de ta ou de ton camarade.

A. Décris l'aspect de ton nom écrit sur le papier et compare-le à l'aspect qu'il a dans le miroir.

B. As-tu trouvé difficile d'écrire tout en regardant dans le miroir ? Pourquoi ? Quelles lettres ont été les plus difficiles à écrire ?

C. As-tu trouvé plus facile d'écrire avec une main plutôt que l'autre ? Si oui, peux-tu expliquer pourquoi ?

D. Après avoir réalisé cette activité, à quelle conclusion générale arrives-tu à propos du rapport entre un objet et son image dans un miroir plan ?

E. Léonard de Vinci, scientifique et artiste, est né au 15e siècle. Il était gaucher et utilisait un miroir pour écrire ses notes concernant ses inventions et ses idées (figures 1 et 2). À ton avis, pourquoi agissait-il ainsi ?

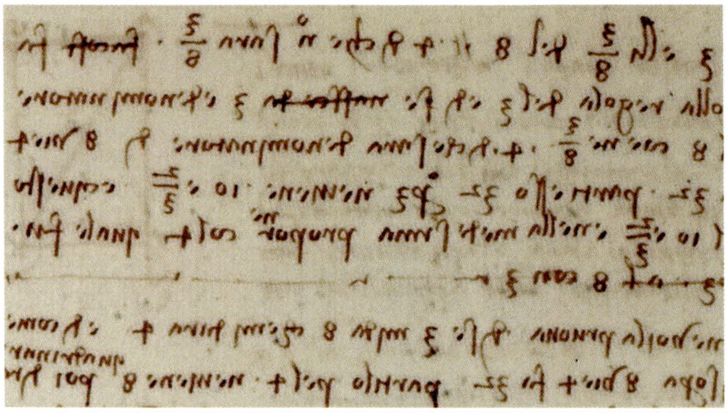

Figure 1 Une section des notes de Léonard de Vinci, écrites à l'envers

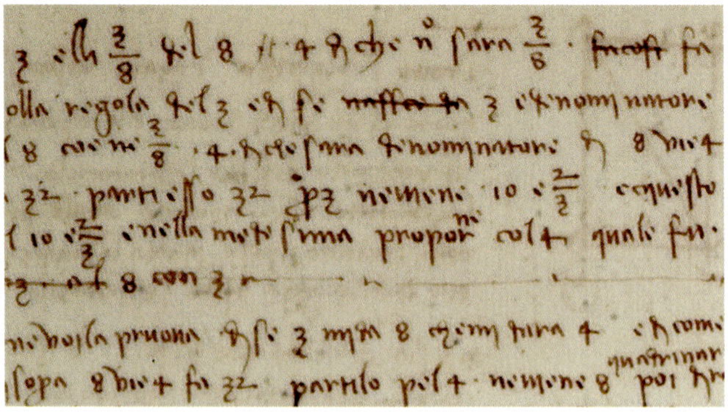

Figure 2 La même section qu'à la figure 1, réfléchie par un miroir. Note que les chiffres sont maintenant lisibles.

Comment utiliser les rayons lumineux pour localiser une image

Les rayons lumineux et les lois de la réflexion nous aident à déterminer de quelle façon et à quel endroit se forme une image dans un miroir plan. Une source de lumière produit des millions de rayons lumineux dans toutes les directions, mais tu ne vois que les rayons qui frappent le miroir et qui sont réfléchis dans tes yeux. Leur angle d'incidence est égal à leur angle de réflexion. Pour en apprendre davantage sur les images multiples d'un objet produites dans les miroirs plans, réalise l'activité qui suit.

SCIENCES EN ACTION — PRODUIRE DES IMAGES, PLUS D'IMAGES, ENCORE PLUS D'IMAGES...

HABILETÉS : prédire le résultat, observer, analyser

LA BOÎTE À OUTILS 3.B.

Matériel : deux miroirs plans, deux supports de miroir, règle, rapporteur d'angles, dé, papier, crayon

1. Place les deux miroirs pour qu'ils forment un angle droit dans le coin supérieur de la feuille de papier. Place le dé au centre de l'angle formé par les miroirs (figure 3). Note le nombre d'images que tu vois dans les deux miroirs.

Figure 3

2. Déplace doucement un des deux miroirs pour changer l'angle entre les miroirs, jusqu'à ce que tu voies quatre images complètes. Trace une ligne sur la feuille de papier, à la base des deux miroirs. Mesure et note l'angle formé par ces lignes.

3. Déplace doucement un des miroirs, jusqu'à ce que tu voies cinq images. Trace de nouveau une ligne à la base des deux miroirs. Mesure et note l'angle formé par ces lignes.

4. En te basant sur tes résultats précédents, essaie de prévoir l'angle qui permettrait aux miroirs de produire six images, puis sept, huit, neuf images, et ainsi de suite.

5. Continue à déplacer les miroirs, à compter le nombre d'images produites, et à mesurer l'angle formé par les miroirs, aussi longtemps que tu le pourras.

A. Combien d'images étaient visibles quand les deux miroirs formaient un angle droit ?

B. Sers-toi de ce que tu sais sur les rayons lumineux pour expliquer pourquoi ce nombre d'images a été produit.

C. Quel était l'angle entre les miroirs qui permettait de voir quatre images ?

D. Quel était l'angle entre les miroirs qui permettait de voir cinq images ?

E. As-tu prédis correctement les angles qui permettraient de produire six, sept, huit et neuf images ? Sinon, explique pourquoi.

F. Combien d'images as-tu pu compter en tout ? Pourquoi n'as-tu pas été capable d'en compter davantage ?

G. Les murs de miroirs des parcs d'attractions semblent produire un nombre infini d'images quand tu les regardes. Cet effet se remarque aussi dans un ascenseur où il y a des miroirs plans sur deux murs opposés (figure 4).

   a) Propose une raison pour laquelle on utilise cet effet dans les ascenseurs.

   b) Sur une feuille de papier, dessine deux miroirs plans parallèles placés l'un en face de l'autre. Trace des rayons lumineux pour illustrer de quelle façon cette disposition permet de produire de multiples images.

Figure 4 Deux miroirs plans placés parallèlement l'un en face de l'autre produisent des images multiples.

LE SAVAIS-TU?

La réalité virtuelle

Dans le terme «réalité virtuelle», le mot *virtuel* désigne également quelque chose qui n'existe pas vraiment, ou une chose imaginaire.

image virtuelle image produite par la lumière qui vient d'une source apparente; la lumière n'atteint pas vraiment l'image et ne vient pas de l'endroit où elle semble être située.

Tu sais que la lumière voyage en ligne droite. Tu y crois tellement que, lorsque tes yeux détectent la lumière réfléchie par un miroir plan, ton cerveau projette ces rayons lumineux vers l'arrière, en ligne droite. Ton cerveau croit, par conséquent, qu'il y a une source de lumière *derrière* le miroir et que c'est de là que viennent les rayons lumineux (figure 5). C'est cette source apparente de lumière derrière le miroir qui fait que tu imagines voir une image derrière le miroir. Il n'y a bien sûr aucune source de lumière réelle derrière le miroir, puisque le miroir est opaque. Ce type d'image est appelé «image virtuelle». Une **image virtuelle** est une image qui n'est pas réellement atteinte par la lumière et d'où la lumière ne vient pas réellement, même si elle *semble* en provenir (figure 6). Tes yeux détectent les rayons lumineux, mais c'est ton cerveau qui détermine où l'image est située.

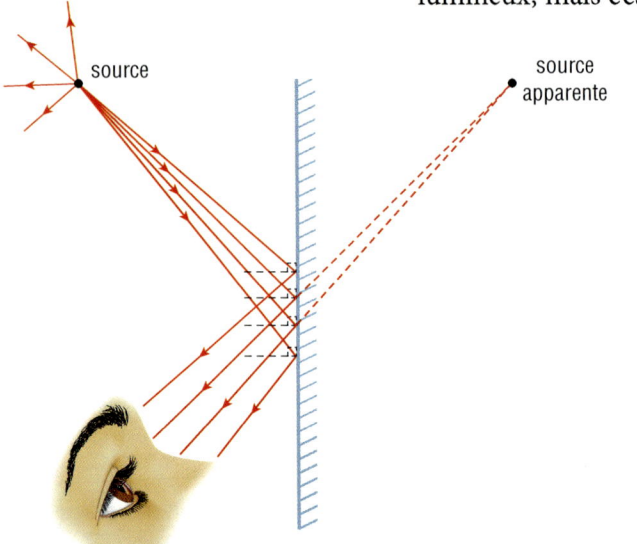

Figure 5 Les rayons lumineux et les lois de la réflexion peuvent nous aider à expliquer comment l'œil forme une image de la «source lumineuse» derrière un miroir. Seuls les rayons lumineux qui atteignent les yeux après avoir été réfléchis participent à la formation de cette source apparente de lumière.

Figure 6 Le prolongement des rayons lumineux derrière le miroir est représenté par une ligne en tirets. Cela indique que ces rayons n'existent pas réellement. Ton cerveau fait une projection de ces rayons derrière le miroir et forme une image virtuelle derrière le miroir.

LE SAVAIS-TU?

Jouer avec la lumière

Un kaléidoscope est un jouet composé de trois miroirs qui réfléchissent des images multiples d'un seul objet. Les miroirs sont placés dans le tube pour former un angle de 60° entre eux. On regarde par un bout du tube alors que la lumière entre par l'autre bout à travers un écran. De nombreuses images hexagonales amusantes sont produites quand on fait tourner le tube. Le kaléidoscope a été inventé en Angleterre par David Brewster en 1816.

Comment utiliser des droites perpendiculaires égales pour localiser une image

Les rayons lumineux et les lois de la réflexion nous aident à démontrer de quelle façon l'œil humain projette une source de lumière apparente derrière un miroir opaque (figure 5). Tu peux aussi t'en servir pour démontrer comment un miroir plan produit une image virtuelle, et où cette image est située. Trace une droite entre l'objet réel et l'endroit où son image est située. C'est la ligne objet-image. On peut faire deux observations intéressantes sur un objet et son image dans un miroir plan:

1. La distance entre l'objet et le miroir est exactement la même que la distance entre l'image et le miroir. En d'autres mots, l'image semble être située à la même distance derrière le miroir que l'objet qui est devant le miroir.
2. La ligne objet-image est perpendiculaire à la surface du miroir.

Pour résumer, un miroir plan divise la ligne objet-image en deux parties égales et est perpendiculaire à cette ligne (figure 7). Cela te permet de localiser facilement l'image d'un objet. Tu n'as qu'à prendre plusieurs points sur l'objet et te servir des lignes objet-image pour localiser l'image. Quand tu as assez de points, tu peux dessiner l'image virtuelle (figure 8). Avec cette méthode, tu n'as pas besoin de tracer des rayons lumineux ni de mesurer les angles d'incidence et de réflexion.

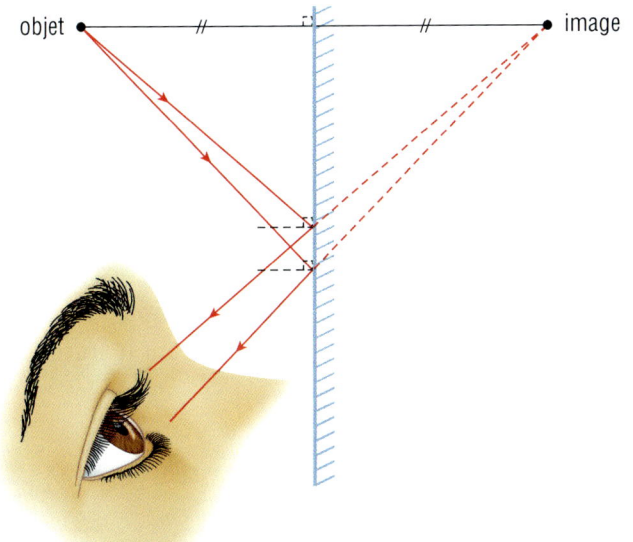

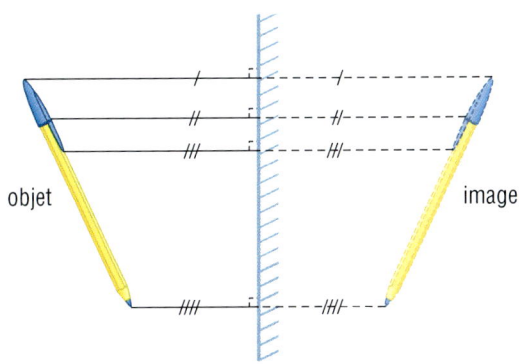

Figure 7 Un miroir plan divise la ligne objet-image en deux parties égales et est perpendiculaire à cette ligne. Cette méthode permet de localiser l'image d'un objet sans tracer de rayons lumineux.

Figure 8 En prenant assez de points sur un objet et en traçant une série de lignes objet-image de longueur égale et perpendiculaires au miroir, tu peux localiser précisément l'image virtuelle de l'objet. Note que l'image a été tracée avec une ligne en tirets pour indiquer que c'est une image virtuelle.

L'aspect des objets dans un miroir plan

Si tu regardes un mot imprimé, par exemple le mot SCIENCE, et que tu tournes ensuite la tête pour regarder son image dans un miroir plan, tu vas remarquer que la gauche et la droite semblent avoir changé réciproquement de place (figure 9). En fait, l'image dans le miroir te donne l'impression d'être inversée par rapport à l'objet. Cela explique pourquoi le fait d'appliquer un lettrage inversé sur le capot des ambulances permet de lire le mot normalement dans un rétroviseur (figure 10).

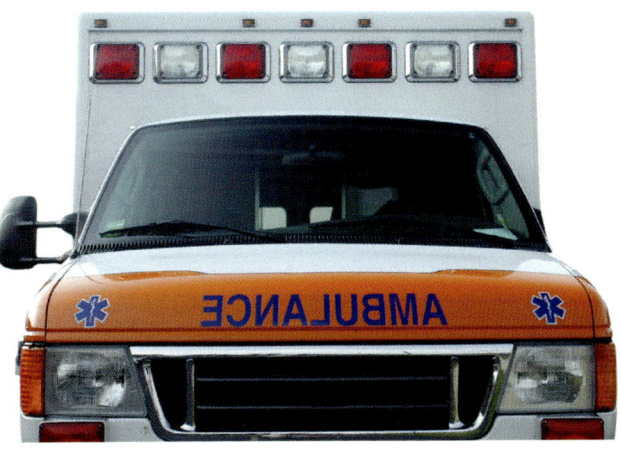

Figure 9 En quoi l'aspect du mot imprimé lu directement sur la feuille et son aspect dans le miroir sont-ils différents ?

Figure 10 Le lettrage appliqué sur le capot d'une ambulance est inversé.

LE SAVAIS-TU?

Réduire les coûts grâce aux miroirs
L'utilisation de grands miroirs plans dans la décoration intérieure et dans les productions de films permet d'économiser de l'argent. Placés à des endroits stratégiques, ils peuvent réfléchir un corridor, par exemple, et le faire paraître deux fois plus long. On utilise aussi cette technique dans les films de science-fiction pour filmer des images de machines futuristes qui semblent se prolonger dans l'espace.

Pour en savoir plus sur le travail en décoration intérieure et l'utilisation des miroirs :

L'acronyme TSET

Pour décrire les propriétés d'une image, tu dois examiner quatre caractéristiques :

1. la taille de l'image (comparée à celle de l'objet : même taille, plus petite ou plus grande);
2. le sens de l'image (par rapport à l'objet, l'image peut être droite, c'est-à-dire à l'endroit, ou renversée, c'est-à-dire à l'envers);
3. l'emplacement de l'image;
4. le type d'image (réelle ou virtuelle). Une image réelle se forme lorsque la lumière l'atteint réellement. Tu vas en apprendre davantage sur les images réelles à la section 11.9.

Utilise l'acronyme TSET (taille, sens, emplacement, type) pour te rappeler ces quatre caractéristiques d'une image (figure 11).

Dans un miroir plan, une image a toujours la même taille que l'objet (**t**aille), elle est droite (**s**ens), semble être derrière le miroir (**e**mplacement : à la même distance apparente derrière le miroir que l'objet devant le miroir), et virtuelle (**t**ype).

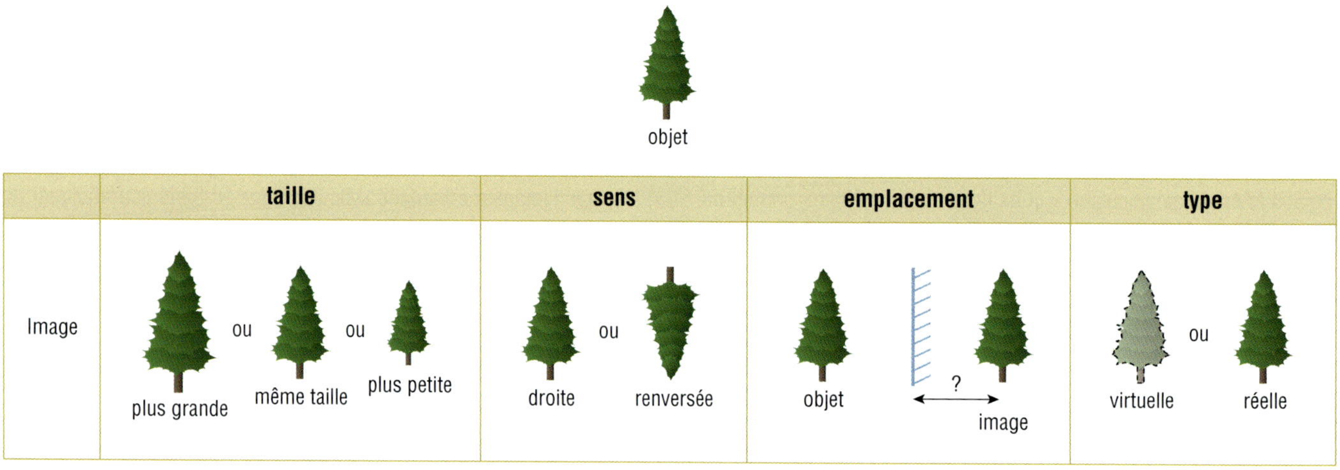

objet

Image	taille	sens	emplacement	type
	plus grande ou même taille ou plus petite	droite ou renversée	objet ? image	virtuelle ou réelle

Figure 11

SIGNET de fin d'unité

Pense à la façon dont tu vas te servir de diagrammes de rayons et des lois de la réflexion dans l'activité de fin d'unité décrite à la page 588.

EN RÉSUMÉ

- Quand la lumière réfléchie par un miroir plan atteint tes yeux, ton cerveau projette ces rayons vers l'arrière du miroir pour former une source apparente de lumière située derrière le miroir.
- Une image virtuelle est formée par une source de lumière apparente puisque aucun rayon lumineux n'atteint l'endroit où est située cette image, et qu'aucun rayon n'en émerge.

- Un miroir plan divise la ligne objet-image en deux parties égales, perpendiculairement à cette ligne.
- L'acronyme TSET peut être utilisé pour se rappeler les quatre caractéristiques d'une image (taille, sens, emplacement, type).
- Dans un miroir plan, l'image a toujours la même taille que l'objet, elle est droite, derrière le miroir, et virtuelle.

VÉRIFIE TA COMPRÉHENSION

1. Explique à ta façon ce qu'on entend par « image virtuelle ». cc

2. Tu te brosses les dents devant un miroir plan distant de 1,8 m. Sers-toi de l'acronyme TSET pour décrire les caractéristiques de l'image. cc

3. Tu portes un t-shirt sur lequel est imprimé le mot « OPTIQUE ». Tu es en face d'un miroir plan. Écris dans ton cahier de notes ce mot tel qu'il t'apparaît lorsque tu le vois dans le miroir. cc

4. Copie la figure 12 dans ton cahier. À l'aide d'une règle et d'un rapporteur d'angles, trace les normales et les rayons réfléchis des deux rayons incidents. Puis, prolonge ces rayons réfléchis pour localiser la source apparente de lumière derrière le miroir. (La figure 5 de cette section peut t'aider.) Vérifie ta réponse en traçant une ligne objet-image et des lignes de même longueur perpendiculaires au miroir. HP c

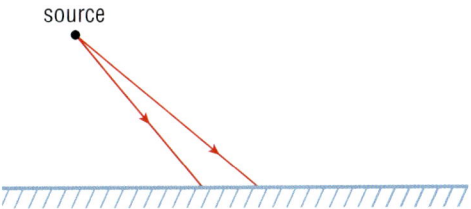

Figure 12

5. Copie les trois illustrations de la figure 13 dans ton cahier, en laissant beaucoup d'espace entre chacune. Trace les lignes objet-image et des lignes de même longueur perpendiculaires au miroir pour déterminer l'image de chaque objet. Utilise l'acronyme TSET pour décrire les caractéristiques de chaque image. HP c

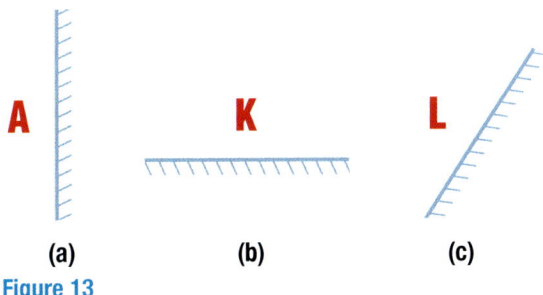

(a) **(b)** **(c)**

Figure 13

6. a) Que signifie l'acronyme TSET ?
   b) Explique par écrit et à ta façon le sens de ces quatre mots. cc

7. Le lettrage appliqué sur le capot des ambulances est inversé. Pourquoi, à ton avis ? Explique ta réponse et donne des exemples de l'application de cette méthode dans ta communauté. cc MA

8. Explique comment le fait d'écrire à l'envers à l'aide d'un miroir, comme tu l'as fait dans l'activité « Écrire en réfléchissant », permet de démontrer les propriétés d'une image dans un miroir plan. cc MA

9. Tes parents ont acheté un nouveau miroir pour ta chambre à coucher. Au début, tu ne le veux pas parce que sa hauteur fait la moitié de ta taille. Tu penses que tu ne pourras pas y voir tout ton corps. Copie la figure 14 dans ton cahier et trace des rayons lumineux pour démontrer que tu peux vraiment voir tes pieds dans le miroir installé tel que tu le vois dans l'illustration. HP c

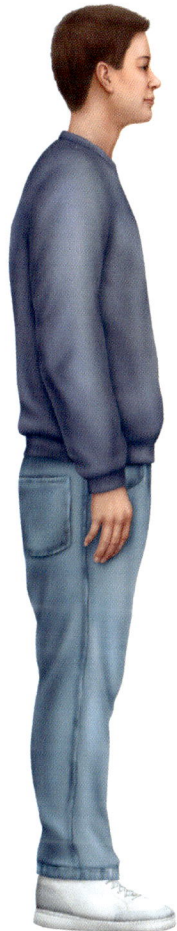

Figure 14

10. Dresse une liste d'effets visuels qui peuvent être créés en décoration intérieure à l'aide de miroirs. Sers-toi de ce que tu as appris sur la lumière et la réflexion pour expliquer chaque effet. cc MA

11. Un périscope est un instrument qu'on utilise pour voir au-dessus de l'eau, au-dessus d'un mur ou au-delà d'un coin. Les périscopes simples comportent deux miroirs plans.
    a) À ton avis, comment ces miroirs sont-ils disposés ?
    b) Fais un diagramme pour illustrer le fonctionnement d'un tel périscope. HP c

12. Tu as appris que ton cerveau pouvait être induit en erreur et croire qu'une source apparente de lumière (l'image virtuelle) pouvait être située derrière un miroir plan opaque. As-tu trouvé cela surprenant ? Discutes-en avec une ou un camarade. c

11.8 MÈNE UNE EXPÉRIENCE

Localise les images dans un miroir plan

Tu utilises des miroirs plans presque tous les jours. Dans cette expérience, tu vas examiner une image dans un miroir plan et décrire ses quatre caractéristiques : la taille, le sens, l'emplacement et le type d'image.

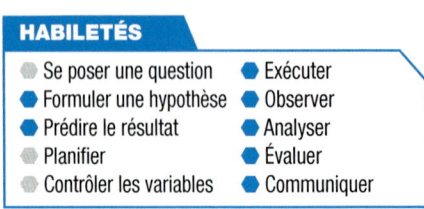

HABILETÉS
- Se poser une question
- Formuler une hypothèse
- Prédire le résultat
- Planifier
- Contrôler les variables
- Exécuter
- Observer
- Analyser
- Évaluer
- Communiquer

Question de recherche
Quelles sont les caractéristiques de l'image dans un miroir plan ?

Hypothèse et prédiction 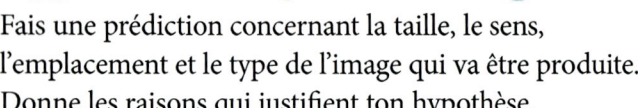 LA BOÎTE À OUTILS 3.B.
Fais une prédiction concernant la taille, le sens, l'emplacement et le type de l'image qui va être produite. Donne les raisons qui justifient ton hypothèse.

Plan d'expérience
Tu vas utiliser une boîte à rayons afin de tester ta prédiction sur les caractéristiques d'une image dans un miroir plan.

Matériel
- boîte à rayons
- miroir plan et supports de miroir
- crayon et règle
- feuille de papier

✋ Pour débrancher la boîte à rayons, tire sur la fiche, et non sur le cordon d'alimentation.

Marche à suivre  LA BOÎTE À OUTILS 1.B.

1. Trace une ligne horizontale au centre de la feuille de papier.
2. Place un miroir plan sur cette ligne. Rappelle-toi que c'est le derrière du miroir qui doit être sur la ligne.
3. Trace une flèche devant le miroir de manière qu'elle forme un angle avec le miroir. Fais un petit cercle sur la pointe de la flèche et identifie-le en inscrivant « O-1 » à côté. Fais un autre cercle autour de la queue de la flèche et inscris « O-2 » à côté (figure 1).
4. À l'aide de la boîte à rayons, dirige un rayon à travers O-1 de manière qu'il soit réfléchi par

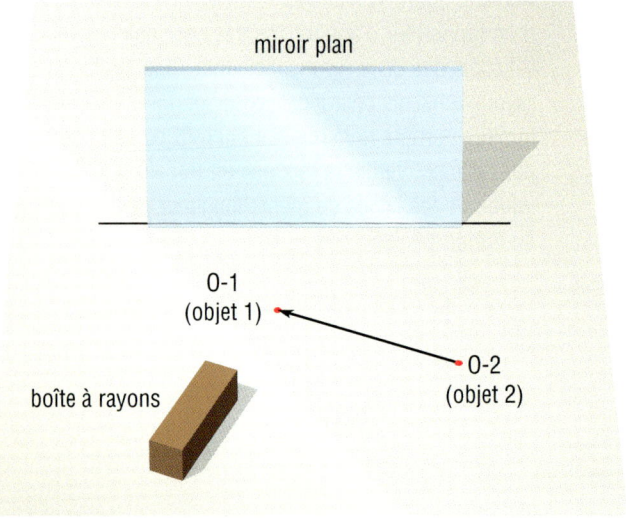

Figure 1

le miroir. Fais au moins trois points avec ton crayon le long du rayon incident, et au moins trois points le long du rayon réfléchi. Relie ces points avec la règle, puis trace le rayon incident et le rayon réfléchi sur la feuille de papier.

5. Dirige un autre rayon à travers la pointe de la flèche, O-1, mais dans une direction différente. Refais ce que tu as fait à l'étape 4 pour tracer le rayon incident et le rayon réfléchi sur la feuille de papier.
6. Dirige deux rayons différents à travers la queue de la flèche, O-2, puis trace le rayon incident et le rayon réfléchi.
7. Enlève le miroir. Trace des lignes en tirets pour prolonger les deux *rayons réfléchis* de O-1 derrière le miroir, jusqu'à leur point d'intersection. Identifie le point d'intersection derrière le miroir en inscrivant « I-1 » à côté.
8. Reprends l'étape 7 et prolonge les deux *rayons réfléchis* de O-2 pour localiser I-2.
9. Fais un croquis de l'image derrière le miroir en traçant une ligne en tirets (----) qui relie les points I-1 et I-2.

Tableau 1 Observations

		pointe de la flèche (O-1)	queue de la flèche (O-2)
longueur	objet-miroir		
	image-miroir		
angle	objet-miroir		
	image-miroir		

10. Trace une ligne entre O-1 et I-1. Mesure la longueur de cette ligne entre l'objet et le miroir, puis mesure la distance entre l'image et le miroir. Mesure l'angle formé par ces lignes avec le miroir. Note tes observations dans ton cahier en faisant un tableau semblable au tableau 1.

11. Reprends l'étape 10 et trace la ligne entre O-2 et I-2. Note tes observations dans ton tableau.

Analyse et interprète

a) Y a-t-il une différence entre la taille (longueur) de l'image et celle de l'objet ? Mesure l'objet et l'image avec une règle. **HP**

b) Décris le sens de l'image, comparé à celui de l'objet. **C**

c) Y a-t-il une différence entre la distance entre l'objet et le miroir et la distance entre l'image et le miroir dans un miroir plan ? **HP**

d) Quel angle le miroir et la ligne objet-image forment-ils ? **HP**

e) Quel type d'image un miroir plan forme-t-il ? Comment le sais-tu ? **HP**

f) Réponds à la question de recherche formulée au début de l'expérience. **CC**

g) Ta prédiction était-elle juste ? Explique ta réponse. **HP**

h) Le matériel dont tu disposais était-il approprié pour te permettre de répondre à la question de recherche ? Explique ta réponse. **HP**

Approfondis ta démarche

i) Quel est le moyen facile de localiser l'image dans un miroir plan, sans utiliser de rayons lumineux ? **HP**

j) Utilise ce moyen pour localiser les images des objets de la figure 2. Reproduis-les dans ton cahier. **C**

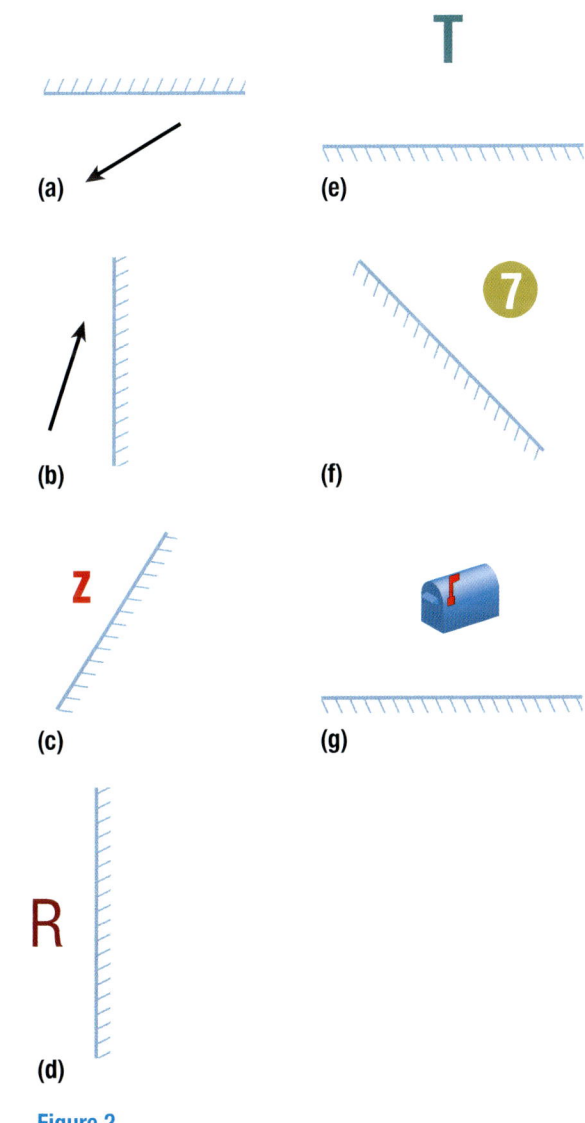

Figure 2

11.9 Les images dans les miroirs courbes

Chaque fois que tu utilises une lampe de poche ou un miroir de maquillage, ou que tu regardes dans le miroir de sécurité d'un magasin, tu utilises un miroir courbe. On fabrique un miroir courbe en rendant réflexive une partie de la surface d'une sphère. Si la réflexion vient de la surface en creux au centre de la sphère, il s'agit d'un **miroir concave**. Dans un **miroir convexe**, la réflexion vient de la surface bombée au centre de la sphère (figure 1).

La terminologie des miroirs courbes

On emploie des termes similaires pour décrire les miroirs concaves et les miroirs convexes. Le **centre de courbure** (C) d'un miroir est le centre de la sphère, dont une partie de la surface forme le miroir courbe (figure 1). L'**axe principal** du miroir est la ligne qui passe par le centre de courbure et le centre du miroir. La figure 2 représente une vue latérale d'un miroir concave. Note que, dans une représentation à deux dimensions, le miroir forme une partie d'un cercle. Puisque l'axe principal passe par le centre du miroir, cet axe est un rayon du cercle. Cela signifie que l'axe principal forme avec le miroir un angle de 90°, et est la normale par rapport à la surface du miroir. Le **sommet** (S) est le point d'intersection entre l'axe principal et le miroir.

miroir concave (convergent) miroir qui a la forme d'une partie de sphère dont la surface creusée est réflexive

miroir convexe (divergent) miroir qui a la forme d'une partie de sphère dont la surface bombée est réflexive

centre de courbure centre de la sphère dont la surface sert de miroir

axe principal ligne reliant le centre de courbure au centre du miroir

sommet point d'intersection entre l'axe principal et le miroir

COUP DE POUCE — LECTURE
Fais des liens personnels
Fais des liens entre ce que tu viens de lire sur les miroirs courbes et tes expériences personnelles. Pense à des miroirs concaves ou convexes que tu as déjà utilisés ou vus.

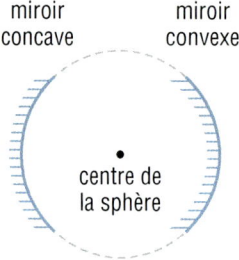

Figure 1 Quand la surface de la sphère réflexive est creusée, le miroir est concave. Quand la surface de la sphère réflexive est bombée, le miroir est convexe.

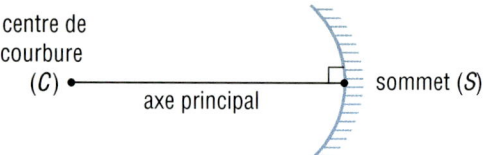

Figure 2 Une vue latérale d'un miroir concave

Tous les rayons lumineux parallèles à l'axe principal seront réfléchis en un seul point par le miroir. Ce point, où les rayons parallèles se joignent ou **convergent**, est appelé **foyer**. On l'identifie par la lettre F (figure 3). Comme un miroir concave concentre les rayons parallèles au point F, ce type de miroir est aussi appelé « miroir convergent » (figure 4).

converger se rencontrer en un point commun

foyer point où les rayons parallèles à l'axe principal convergent lorsqu'ils sont réfléchis par un miroir concave

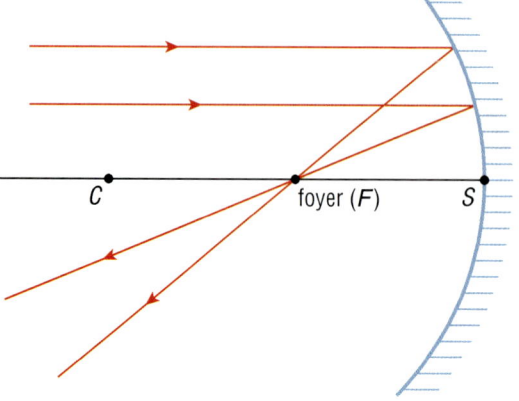

Figure 3 Le foyer est le point où tous les rayons incidents parallèles à l'axe principal convergent lorsqu'ils sont réfléchis à la surface du miroir.

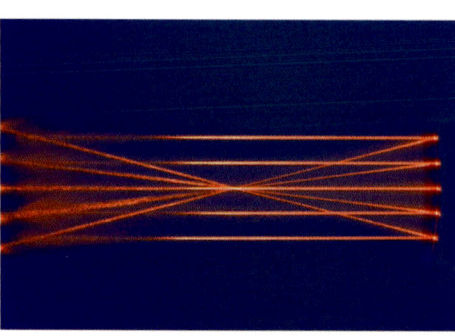

Figure 4 Un miroir concave permet de voir la convergence des rayons lumineux parallèles.

Comment localiser l'image dans un miroir concave (convergent)

Pour déterminer l'image d'un objet devant un miroir concave, tu dois tracer au moins deux rayons incidents à partir du dessus de l'objet. Ces rayons vont être réfléchis à la surface du miroir et vont peut-être se croiser pour former une image. La figure 5 illustre les règles à suivre pour tracer les rayons incidents et les rayons réfléchis.

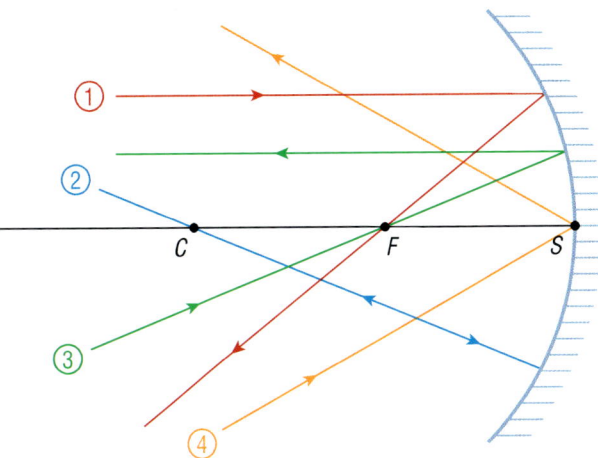

① Un rayon lumineux parallèle à l'axe principal est réfléchi en passant par le foyer. C'est ainsi qu'on détermine le foyer.

② Un rayon lumineux dirigé vers le centre de courbure est réfléchi sur lui-même. Cette règle est logique puisque toute ligne qui passe par le centre de courbure est un rayon du cercle formé par le miroir. Un rayon forme toujours un angle de 90° avec la surface du miroir. Un rayon qui suit la normale forme un angle d'incidence de 0°. Cela signifie que l'angle de réflexion est aussi de 0°. Le rayon réfléchi va donc avoir la même trajectoire, mais en sens inverse.

③ Un rayon qui passe par le point F va être réfléchi parallèlement à l'axe principal. Cette règle se base sur le fait que l'angle d'incidence est toujours égal à l'angle de réflexion. Même si tu intervertis les rayons incidents et les rayons réfléchis, la lumière va toujours suivre la même trajectoire; seule la direction va changer. Ce principe est appelé «réversibilité de la lumière».

④ Un rayon dirigé vers le point S du miroir va suivre les lois de la réflexion. Comme l'axe principal est perpendiculaire à la surface du miroir, l'angle d'incidence est facile à mesurer.

Figure 5 Illustration des règles à suivre avec un miroir concave

Tu peux te servir de ces règles pour trouver les caractéristiques des images d'objets placés en plusieurs emplacements différents (figure 6).

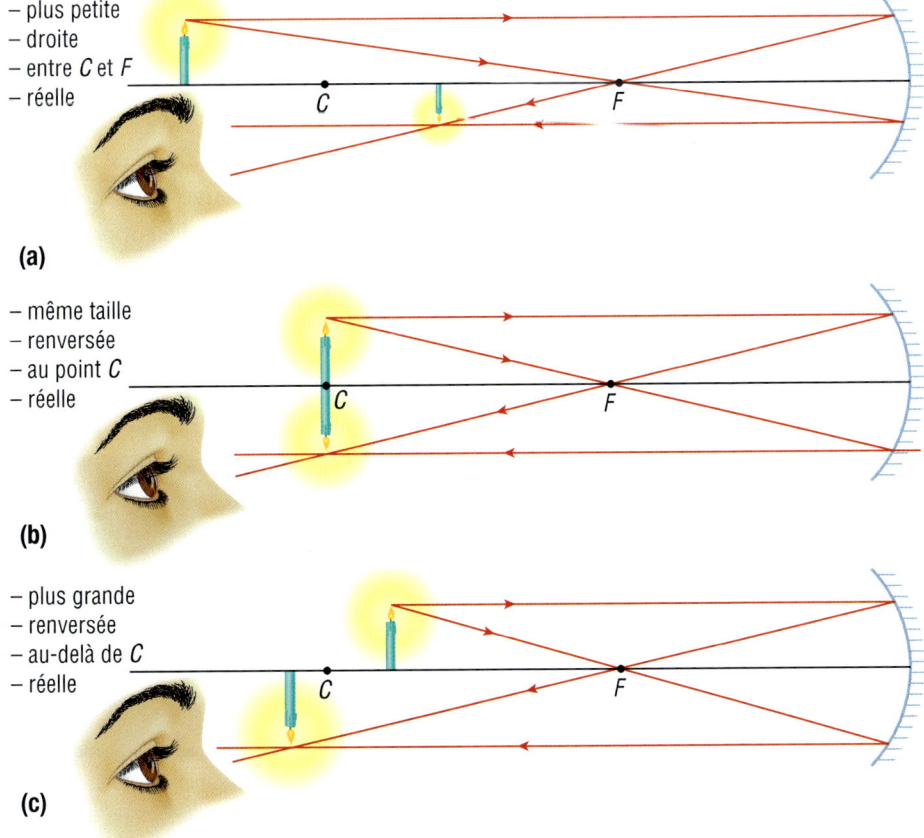

(a)
– plus petite
– droite
– entre C et F
– réelle

(b)
– même taille
– renversée
– au point C
– réelle

(c)
– plus grande
– renversée
– au-delà de C
– réelle

LE SAVAIS-TU?

De la sphère à la parabole

Les premiers miroirs concaves avaient une surface sphérique. Toutefois, les rayons parallèles réfléchis par la surface sphérique ne convergeaient pas tous au même point. Cet effet est appelé «aberration sphérique». En modifiant légèrement la forme de la surface pour la rendre parabolique, on a réussi à corriger ce problème. Les rayons parallèles convergent maintenant vers le foyer. Des capteurs solaires paraboliques, par exemple, sont utilisés dans plusieurs centrales solaires pour augmenter l'intensité de la lumière du Soleil au foyer.

Figure 6 Un miroir concave (convergent) produit une image réelle à ces trois emplacements de l'objet. Les caractéristiques de chaque image sont illustrées. (La signification du terme «image réelle» est donnée à la page suivante.)

COUP DE POUCE
LECTURE

Prends ton temps avec les diagrammes
Examine les diagrammes avec soin. Prends le temps nécessaire pour en comprendre chaque partie. Une bonne compréhension des diagrammes t'aide à mieux saisir les concepts et leurs applications.

image réelle image qui est visible sur un écran puisque les rayons lumineux se rendent réellement à l'emplacement de l'image

Les images dans un miroir convergent

Si tu places une source lumineuse à un endroit plus éloigné que C, tu peux localiser une image de cette source en déplaçant un écran de papier vers l'avant et vers l'arrière devant le miroir. L'image est plus petite, renversée, et se trouve quelque part entre C et F. Dans ce cas, la lumière se rend effectivement à l'emplacement de l'image. Ce type d'image est appelé **image réelle**. Toute image qui peut se former sur un écran est une image réelle.

Quand un objet se trouve au-delà de C, à C, ou entre C et F, les rayons réfléchis se rencontrent réellement devant le miroir et forment chaque fois une image réelle et renversée.

Les miroirs concaves sont utiles. Les phares des autos, les lampe de poche et les projecteurs exploitent leurs propriétés. Dans un projecteur, la source de lumière (le filament) est au foyer, et les rayons réfléchis forment un faisceau parallèle (figure 7). Dans les phares et les lampes de poche, le filament est situé un peu à l'intérieur du foyer, de sorte que les rayons réfléchis se dispersent et éclairent une plus grande surface.

LE SAVAIS-TU ?

Une erreur coûteuse
Le télescope spatial Hubble est un instrument complexe et coûteux utilisé en astronomie. Ce télescope de 2,5 milliards de dollars a été lancé en 1990. Or, il s'était produit une petite erreur lors du polissage de son miroir concave. Cette erreur de 0,0023 mm (environ 1/50 de l'épaisseur d'un cheveu humain) a causé un flou dans les images produites par Hubble (image de gauche). L'erreur a été corrigée lors d'une mission d'entretien du télescope en 1993, et les astronomes du monde entier ont poussé un grand soupir de soulagement. Depuis ce temps, le télescope produit des images d'une clarté renversante d'objets célestes éloignés (image de droite).

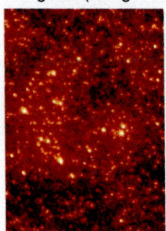 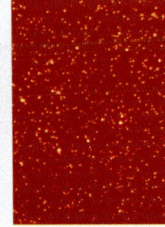

Pour en savoir plus sur la réparation apportée au miroir du télescope spatial Hubble :

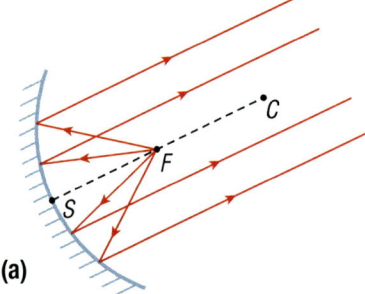 

Figure 7 Un projecteur dirige les rayons de lumière à partir du foyer (F), de sorte que les rayons réfléchis sont parallèles.

Une application inverse du projecteur est l'utilisation de miroirs concaves dans les télescopes à réflexion. Des rayons de lumière parallèles sont concentrés pour former une image claire, après avoir été réfléchis par un miroir concave dans le télescope. Dans un four solaire parabolique, ce sont les rayons parallèles du Soleil qui convergent au foyer, où se trouve une marmite. L'énergie absorbée permet d'y faire bouillir de l'eau. Les radiotélescopes et les antennes paraboliques orientables font aussi appel à la convergence des rayons parallèles. La différence est qu'ils utilisent des ondes électromagnétiques autres que la lumière visible (figure 8). Tout comme les rayons de lumière parallèles, ces ondes convergent vers le foyer d'un miroir concave.

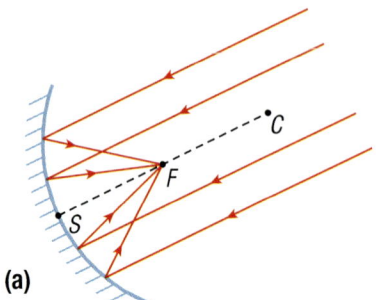 

Figure 8 Une antenne parabolique de télévision reçoit des rayons parallèles et les réfléchit au foyer (F) où se trouve un détecteur.

Aucune image réelle n'est produite lorsqu'un objet est situé au point F devant un miroir concave. Les rayons réfléchis sont parallèles et ne se rencontrent pas pour former une image (figure 9). Si tu prolonges les rayons derrière le miroir en traçant des lignes en tirets, tu ne verras même pas d'image virtuelle.

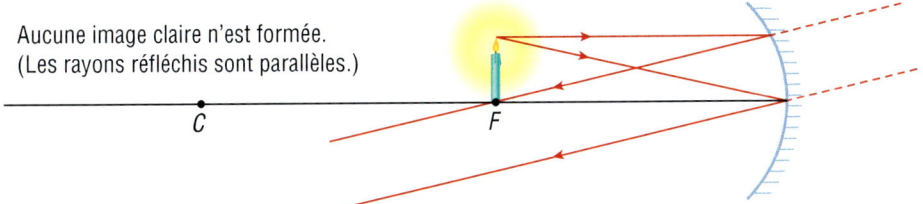

Figure 9 Aucune image n'est formée lorsque l'objet est situé au point F car les rayons réfléchis sont parallèles.

Aucune image réelle n'est produite lorsqu'un objet est situé entre le point F et le miroir concave. Les rayons réfléchis se dispersent, ou **divergent** (figure 10). Toutefois, le cerveau humain extrapole en prolongeant les rayons divergents vers l'arrière, d'où ils semblent venir, soit derrière le miroir. Cela produit une image virtuelle, car le miroir est opaque. Ces rayons extrapolés ne peuvent pas réellement venir de derrière le miroir.

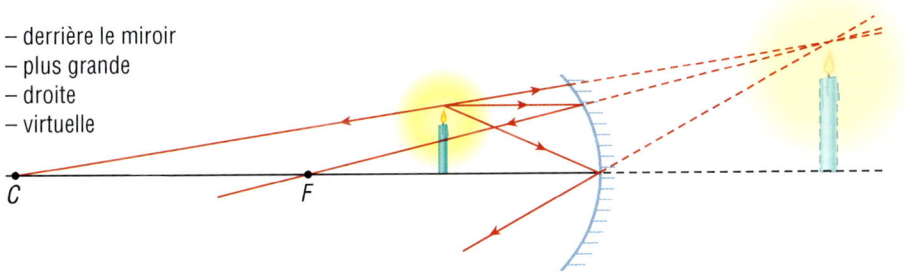

Figure 10 Une image virtuelle se forme derrière un miroir concave lorsqu'un objet est situé entre le point F et le miroir.

L'image virtuelle qui se forme derrière un miroir concave est toujours plus grande et droite, par rapport à l'objet. Un miroir de maquillage doit son utilité à cette propriété (figure 11).

Le tableau 1 résume les caractéristiques d'une image dans un miroir concave (convergent).

Tableau 1 Les propriétés d'une image dans un miroir convergent

OBJET	IMAGE			
emplacement	taille	sens	emplacement	type
au-delà de C	plus petite	renversée	entre C et F	réelle
au point C	même taille	renversée	au point C	réelle
entre C et F	plus grande	renversée	au-delà de C	réelle
au point F	pas d'image claire			
en deçà de F	plus grande	droite	derrière le miroir	virtuelle

> **COUP DE POUCE**
> **ÉCRITURE**
>
> **Utiliser des marqueurs de relation**
> Quand tu écris, emploie des marqueurs de relation tels que « de plus » ou « également » pour montrer une similarité ou une suite entre des idées. Tu peux employer « toutefois » ou « cependant » pour exprimer des différences ou des nuances entre des idées. Tu peux employer « par exemple » pour signaler un ou des exemples, et « c'est pourquoi » ou « par conséquent » pour indiquer une conclusion.

diverger se disperser

Figure 11 La grande image virtuelle qui se forme « derrière » le miroir facilite l'application du maquillage.

11.9 Les images dans les miroirs courbes

Comment localiser l'image dans un miroir convexe (divergent)

Les parties d'un miroir convexe sont similaires à celles d'un miroir concave, de même que les règles à suivre pour localiser les images. La différence est que F (qu'on appelle maintenant «foyer virtuel») et C se trouvent *derrière* le miroir, et que les rayons de lumière semblent venir d'une source apparente de lumière derrière le miroir (figure 12).

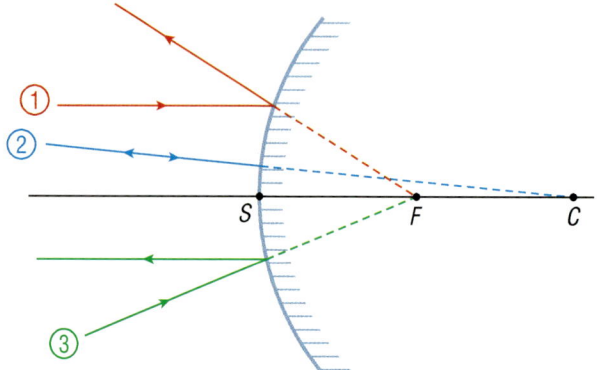

① Un rayon parallèle à l'axe principal est réfléchi comme s'il venait du foyer (F).

② Un rayon dirigé vers le centre de courbure (C) est réfléchi sur lui-même.

③ Un rayon dirigé vers le foyer (F) est réfléchi parallèlement à l'axe principal.

Figure 12 Illustration des règles à suivre avec un miroir convexe

Les images dans un miroir divergent

Les rayons réfléchis par un miroir convexe divergent toujours. C'est pourquoi ce type de miroir peut aussi être appelé «miroir divergent». Les rayons réfléchis par un objet ne se croisent jamais devant le miroir pour former une image réelle. Le cerveau humain, encore une fois, extrapole et projette ces rayons derrière le miroir, où ils semblent converger. C'est pourquoi le miroir divergent (convexe) produit une image plus petite, droite et virtuelle. Cette propriété rend les miroirs convexes très utiles comme miroirs de sécurité dans les commerces (figure 13). Les miroirs convexes donnent une vue d'ensemble plus grande avec leur image virtuelle plus petite. On utilise aussi ce type de miroir dans les rétroviseurs des automobiles. Il est souvent inscrit «Les objets dans le miroir sont plus rapprochés qu'ils ne le semblent» dans le bas des rétroviseurs extérieurs, pour rappeler aux automobilistes que l'image qui y apparaît est plus petite par rapport à l'objet.

Pour voir des simulations à l'ordinateur de situations avec des miroirs courbes :

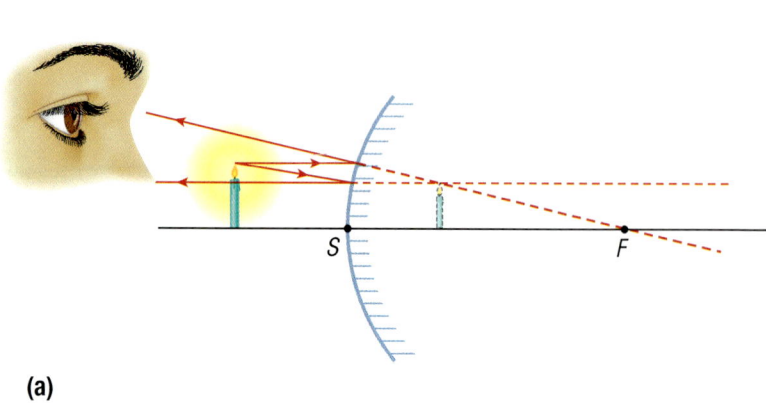

(a)

(b)

Figure 13 (a) Un miroir convexe produit toujours une image virtuelle plus petite. (b) Cette propriété est illustrée dans les miroirs de sécurité des commerces.

SIGNET de fin d'unité

Tu vas pouvoir mettre en application ce que tu as appris dans cette section sur l'optique dans l'activité de fin d'unité décrite à la page 588.

COUP DE POUCE
ÉCRITURE

Rédiger un texte argumentatif
Conclus en reliant l'idée principale à tes arguments clés. Par exemple, si tu rédiges un texte argumentatif sur les images dans un miroir convergent, tu peux conclure en écrivant qu'un miroir convergent produit une image réelle et renversée si l'objet est situé au-delà de *F*.

EN RÉSUMÉ

- Le foyer d'un miroir convergent (concave) est du même côté que l'objet; le foyer d'un miroir divergent (convexe) est *derrière* le miroir.

- Un rayon lumineux parallèle à l'axe principal d'un miroir courbe est réfléchi en passant par le foyer (*F*); dans un miroir divergent (convexe), les rayons parallèles sont réfléchis à partir du foyer virtuel, qui est derrière le miroir.

- Il faut tracer au moins deux rayons incidents pour déterminer si une image se forme ou non, et si elle se forme, quelles sont ses caractéristiques.

Ces rayons sont habituellement tracés à partir du dessus de l'objet.

- Un miroir convergent (concave) produit une image réelle et renversée si l'objet est situé au-delà de *F*; si l'objet est à *F*, aucune image n'est formée, et si l'objet se trouve entre *F* et le miroir, une image virtuelle, plus grande et droite, se forme.

- Un miroir divergent (convexe) produit toujours une image virtuelle droite et plus petite.

✓ VÉRIFIE TA COMPRÉHENSION

1. Donne des exemples d'utilisation des miroirs concaves et convexes dans ton école. **MA**

2. Décris la différence entre une image réelle et une image virtuelle. **CC**

3. Illustre à l'aide d'un diagramme la méthode servant à localiser le foyer d'un miroir concave. **CO C**

4. Énonce à ta façon les lois concernant la formation d'images dans les miroirs concaves. **CC**

5. Tu regardes ton image dans un miroir de maquillage. Où ta tête est-elle située par rapport au foyer (*F*)? **HP**

6. Pourquoi un miroir divergent (convexe) ne produit-il jamais d'image réelle? Ajoute un diagramme à ton explication. **CC C**

7. Examine l'image formée par le miroir dans la figure 14.
    a) De quel type de miroir s'agit-il?
    b) Où l'image est-elle située?
    c) De quel type d'image s'agit-il? **CC**

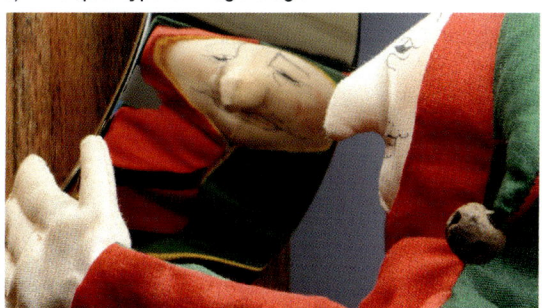

Figure 14

8. Copie la figure 15 dans ton cahier. Localise l'image de chaque objet et décris ses caractéristiques. **HP C**

(a)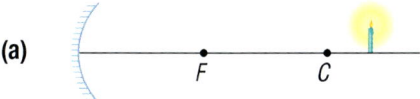

(b)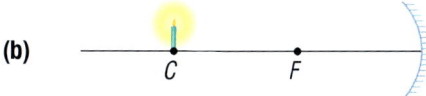

(c)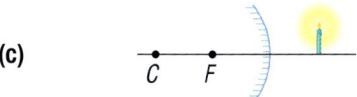

Figure 15

9. Quelle est la relation entre le type d'une image et son sens? **CC**

10. a) Pourquoi place-t-on souvent des miroirs convexes dans les virages serrés des stationnements intérieurs?
    b) Décris d'autres utilisations des miroirs convexes. **MA**

11.10 MÈNE UNE EXPÉRIENCE

Localise les images produites par les miroirs courbes

On trouve des miroirs courbes un peu partout : dans les miroirs de maquillage, les lampes de poche, les automobiles et de nombreux commerces. Dans cette expérience, tu vas examiner les propriétés des images produites par des miroirs courbes.

HABILETÉS
- Se poser une question
- Formuler une hypothèse
- Prédire le résultat
- Planifier
- Contrôler les variables
- Exécuter
- Observer
- Analyser
- Évaluer
- Communiquer

Question de recherche
Quelles sont les caractéristiques (taille, sens, emplacement et type) des images produites par un miroir convergent (concave) et par un miroir divergent (convexe) ?

Hypothèse et prédiction
Sers-toi de ce que tu as appris sur les propriétés de la lumière pour formuler une hypothèse concernant les caractéristiques des images produites par les miroirs convergents et les miroirs divergents.

Plan d'expérience
Tu vas utiliser une chandelle pour vérifier ta prédiction concernant les caractéristiques des images produites par les miroirs convergents et les miroirs divergents.

Matériel
- miroir convergent
- miroir divergent
- support de miroir
- mètre muni de deux supports
- chandelle et chandelier
- écran de papier
- craie qui s'efface facilement

Marche à suivre

Partie A : Localiser F et C
1. Place les deux supports du mètre à chacune de ses extrémités.
2. Place le miroir convergent dans son support et fixe cet assemblage près de l'extrémité du mètre.
3. Localise le foyer *F* du miroir. Pour y arriver, choisis un objet relativement éloigné (comme la tringle d'un store, par exemple) qui est visible lorsque les lumières sont éteintes. Assure-toi d'être le plus loin possible de cet objet. Dirige l'assemblage mètre-miroir vers l'objet éloigné, qui devrait se réfléchir dans le miroir. Déplace l'écran de papier vers l'avant et vers l'arrière devant le miroir, jusqu'à ce que tu voies une image de l'objet sur cet écran. Ajuste la position de l'écran pour obtenir l'image la plus nette possible. (Ne recouvre pas complètement le miroir avec l'écran.) La distance entre l'écran et le miroir indique la position du foyer. Inscris *F* sur le mètre avec la craie.
4. Le centre de courbure (*C*) se trouve à la distance qui est le double de la distance entre *F* et le miroir. Si *F* est à 30 cm, par exemple, *C* doit être à 60 cm du miroir. Inscris *C* sur le mètre avec la craie.

Partie B : Localiser les images produites par les miroirs
5. Fais un tableau similaire au tableau 1 pour y noter tes observations.

Tableau 1 Observation des images produites par la chandelle

Emplacement de l'objet	Taille de l'image	Sens de l'image	Emplacement de l'image	Type d'image
au-delà de *C*				
au point *C*				
entre *C* et *F*				
au point *F*				
en deçà de *F*				

6. Place une chandelle allumée au-delà de C, comme l'illustre la figure 1. Déplace l'écran de papier vers l'avant et vers l'arrière pour localiser une image réelle claire. Note les caractéristiques de chaque image (taille, sens, emplacement, type) dans ton tableau. Utilise les points C et F comme références pour décrire l'emplacement de l'image.

⚠️ Quand tu utilises une chandelle, attache tes cheveux et tout vêtement ample. Place une feuille de papier sous la chandelle pour que la cire fondue y dégoutte. Fais preuve de prudence quand tu déplaces la chandelle : la cire est brûlante.

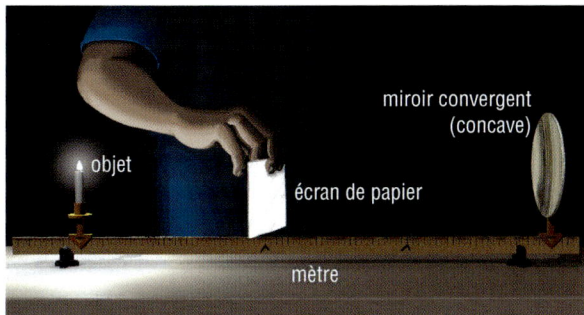

Figure 1

7. Place ensuite une chandelle allumée au point C. Déplace de nouveau l'écran pour localiser l'image, et note ses caractéristiques.

8. Répète l'étape 7 en plaçant la chandelle à trois autres endroits :
   • entre le point C et le point F
   • au point F
   • entre le point F et le miroir

   Tu vas peut-être avoir besoin de l'aide de ton enseignante ou de ton enseignant pour situer l'objet aux deux derniers endroits : au point F et entre le point F et le miroir.

9. En faisant attention à la flamme de la chandelle, remplace le miroir convergent par le miroir divergent. Essaie de localiser une image sur l'écran de papier. Note tes observations.

10. Regarde maintenant *dans* le miroir convexe et localise l'image de la chandelle. Observe les caractéristiques de l'image et note-les.

11. Déplace la chandelle vers l'avant et vers l'arrière. Observe et note tout changement de l'image.

Analyse et interprète

a) Quel type d'image(s) un miroir convergent produit-il?

b) Où un objet doit-il être situé pour qu'un miroir convergent produise une image réelle?

c) Qu'arrive-t-il à la taille de l'image réelle lorsque l'objet est lentement déplacé de sa position initiale au-delà de C en direction de F?

d) Quel est le seul endroit où un miroir convergent ne produira pas d'image?

e) Où un objet doit-il être situé pour qu'un miroir convergent produise une image virtuelle?

f) Quand tu utilisais le miroir divergent, pourquoi n'as-tu pas observé la même marche à suivre que pour le miroir convergent?

g) Réponds à la question de recherche posée au début de l'expérience.

h) Ta prédiction était-elle juste? Explique ta réponse.

Approfondis ta démarche

i) Quel type de miroir utilise-t-on pour exercer une surveillance dans la plupart des commerces? Quelles caractéristiques de l'image rendent ce type de miroir utile?

j) Les lampes de poche et les phares des autos comportent des miroirs convergents. Pourquoi ne serait-ce pas une bonne idée d'utiliser plutôt des miroirs divergents?

k) Les premiers colons plaçaient souvent un objet dont la surface était réflexive et divergente derrière les lampes à l'huile fixées aux murs. Quelle était la fonction de ce miroir? Pourquoi n'utilisaient-ils pas de miroirs convergents?

l) Le foyer d'un miroir convergent est à 12 cm de la surface du miroir. Décris les caractéristiques de l'image produite si on place une chandelle :
   • à 30 cm du miroir
   • à 18 cm du miroir
   • à 9 cm du miroir

   Vérifie tes réponses en faisant des diagrammes de rayons.

CHAPITRE 11 — À REVOIR

RÉSUMÉ DES CONCEPTS CLÉS

Les instruments d'optique ont de nombreuses applications utiles dans la société.

- Les miroirs plans sont largement utilisés pour l'hygiène personnelle et les soins de toilette. (11.4)
- On utilise des miroirs convergents dans les phares des autos, les projecteurs, les télescopes à réflexion, les fours solaires et les miroirs de maquillage. (11.9)
- Les rétroviseurs extérieurs des autos et les miroirs de sécurité des commerces sont des exemples de miroirs divergents. (11.9)

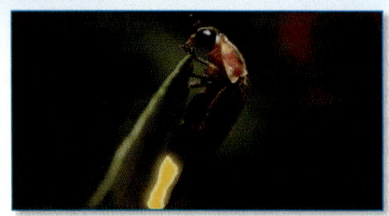

La lumière peut être produite naturellement ou artificiellement.

- L'incandescence est la lumière émise par un matériau chauffé. (11.2)
- Dans une décharge électrique, la lumière est causée par le passage d'un courant électrique à travers un gaz. (11.2)
- La phosphorescence et la fluorescence sont causées par l'absorption de rayonnement ultraviolet dans une matière. (11.2)
- La chimiluminescence et la bioluminescence sont une production de lumière causée par une réaction chimique. (11.2)
- La triboluminescence est une lumière produite par la friction de cristaux. (11.2)

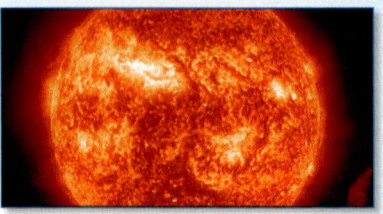

La lumière est une onde électromagnétique qui voyage à haute vitesse et en ligne droite.

- Les ondes électromagnétiques voyagent à la vitesse de la lumière dans le vide et n'ont pas besoin de support pour le faire. (11.1)
- Le spectre électromagnétique représente les différents niveaux d'énergie lumineuse, de la plus faible (les ondes radio) à la plus forte (les rayons gamma). (11.1)
- La lumière blanche est composée d'une séquence continue de couleurs qu'on appelle « spectre visible ». (11.1)

Quand la lumière est réfléchie sur une surface plane et brillante, l'image qui y apparaît est de même taille et semble être à la même distance de la surface que l'objet réfléchi.

- On utilise des rayons lumineux pour représenter la direction dans laquelle la lumière se déplace. (11.4)
- Quand la lumière est réfléchie par un miroir plan, l'angle d'incidence est égal à l'angle de réflexion. (11.6)
- Quand un rayon lumineux frappe un miroir plan, le rayon incident, le rayon réfléchi et la normale sont tous dans le même plan. (11.6)

Dans un miroir plan, l'image se situe au point d'intersection du prolongement des rayons réfléchis vers l'arrière.

- Un miroir plan divise la ligne objet-image en deux parties égales et est perpendiculaire à cette ligne. (11.7)
- Les quatre caractéristiques d'une image sont la taille, le sens, l'emplacement et le type (TSET). (11.7)
- Dans un miroir plan, une image est toujours de la même taille que l'objet, droite, derrière le miroir, et virtuelle. (11.7)

Les miroirs courbes produisent plusieurs types d'images.

- Il faut au moins deux rayons incidents pour déterminer si une image se forme, et, si oui, pour décrire ses caractéristiques. (11.7, 11.9)
- Un miroir convergent (concave) produit une image réelle et renversée si l'objet est situé au-delà du point F; pas d'image si l'objet est situé au point F; une image virtuelle, droite, et plus grande si l'objet est situé entre le point F et le miroir. (11.9)
- Un miroir divergent produit toujours une image virtuelle, droite et plus petite. (11.9)

QU'EN PENSES-TU MAINTENANT?

Tu as réfléchi aux énoncés ci-dessous au début du chapitre. Tu avais peut-être déjà entendu parler de ces notions à l'école, à la maison ou autour de toi. Reconsidère-les maintenant et détermine si tu es d'accord ou non avec chacun.

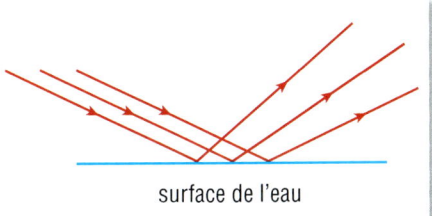
surface de l'eau

1 Ce diagramme illustre précisément la réflexion de la lumière à la surface de l'eau calme.
D'accord / En désaccord

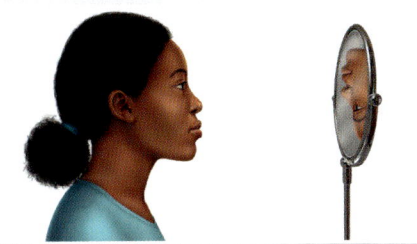

4 Cette illustration montre précisément l'image qui apparaît dans un miroir de maquillage.
D'accord / En désaccord

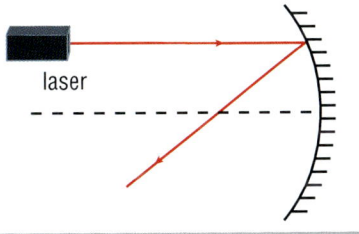
laser

2 Ce diagramme illustre précisément la réflexion d'un rayon laser sur un miroir courbe.
D'accord / En désaccord

5 Les micro-ondes voyagent à la vitesse de la lumière.
D'accord / En désaccord

3 Tu as besoin d'un miroir de grande dimension pour voir le reflet de tout ton corps.
D'accord / En désaccord

6 Un objet lumineux comme une chandelle émet de la lumière dans toutes les directions.
D'accord / En désaccord

Comment tes réponses ont-elles changé?
Que sais-tu de plus maintenant?

Vocabulaire

onde électromagnétique (p. 464)
lumière visible (p. 465)
spectre électromagnétique (p. 465)
spectre visible (p. 467)
lumineux (p. 470)
non lumineux (p. 470)
rayon lumineux (p. 479)
lumière incidente (p. 479)
transparent (p. 479)
translucide (p. 479)
opaque (p. 479)
image (p. 480)
miroir (p. 480)
réflexion (p. 480)
plan (p. 481)
rayon incident (p. 481)
rayon réfléchi (p. 481)
normale (p. 481)
perpendiculaire (p. 481)
angle d'incidence (p. 481)
angle de réflexion (p. 481)
image virtuelle (p. 490)
miroir concave (convergent) (p. 496)
miroir convexe (divergent) (p. 496)
centre de courbure (p. 496)
axe principal (p. 496)
sommet (p. 496)
converger (p. 496)
foyer (p. 496)
image réelle (p. 498)
diverger (p. 499)

IDÉES maîtresses

✓ Les caractéristiques et les propriétés de la lumière peuvent être utilisées à différentes fins à l'aide de miroirs et de lentilles.

✓ La société a profité du développement d'une variété de technologies et d'instruments d'optique.

CHAPITRE 11 RÉVISION

Les icônes suivantes t'indiquent la compétence visée par chaque question.

- **CC** Connaissance et compréhension
- **C** Communication
- **HP** Habiletés de la pensée
- **MA** Mise en application

Qu'as-tu retenu?

1. Dans ton cahier, associe chacun des termes de la colonne A à la description la plus appropriée de la colonne B. (11.1, 11.2, 11.4, 11.9) **CC**

Colonne A	Colonne B
lumineux	ondes électromagnétiques visibles
transparent	forme un angle de 90° avec une surface
lumière blanche	produit sa propre lumière
miroir concave	provient d'une source de lumière apparente
image réelle	miroir divergent
normale	transmet toute la lumière incidente
image virtuelle	miroir convergent
miroir convexe	visible sur un écran

2. Quelles sont les deux propriétés que toutes les ondes électromagnétiques ont en commun? (11.1) **CC**

3. Décris les caractéristiques d'une image produite par un miroir plan. (11.7) **CC**

4. Décris à ta façon les deux lois de la réflexion. (11.6) **CC**

5. Explique brièvement de quelle façon la lumière est produite dans un phénomène de
   a) phosphorescence.
   b) décharge électrique.
   c) triboluminescence. (11.2) **CC**

6. Classe ces types d'ondes électromagnétiques par ordre croissant d'énergie : lumière verte, micro-ondes, rayons X, rayonnement ultraviolet, rayonnement infrarouge, lumière rouge, ondes radio. (11.1) **CC**

Qu'as-tu compris?

7. Comment le mot **PHYSIQUE** apparaît-il dans un miroir plan? (11.7) **CC**

8. Pourquoi la notion de rayon lumineux est-elle utile pour déterminer le comportement de la lumière? (11.4) **HP**

9. Pourquoi un miroir convexe ne forme-t-il jamais d'image réelle? (11.9) **CC**

10. Où un objet doit-il être situé pour qu'un miroir concave puisse former
    a) une image réelle?
    b) une image virtuelle? (11.9) **CC**

11. Associe les objets ci-dessous à la réflexion spéculaire ou à la réflexion diffuse. Justifie chacune de tes réponses. (11.6) **CC**
    a) asphalte sec
    b) pare-brise d'automobile éblouissant
    c) chandail
    d) peinture lustrée

12. Copie le tableau 1 dans ton cahier et remplis les deux cases correspondant à chaque description. (11.6) **CC** **HP**

Tableau 1 Angles des rayons

Description	Angle d'incidence	Angle de réflexion
Le rayon réfléchi et la normale forment un angle de 47°.		
Le rayon incident et la normale forment un angle de 52°.		
Le rayon incident et la surface du miroir plan forment un angle de 14°.		
Le rayon incident se confond avec la normale.		

13. Copie la figure 1 dans ton cahier. Trace des rayons lumineux et sers-toi des règles à suivre pour localiser l'image dans les miroirs courbes afin de déterminer les caractéristiques de l'image pour chacun de ces objets. (11.9) **HP** **C**

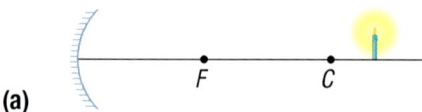
(a)

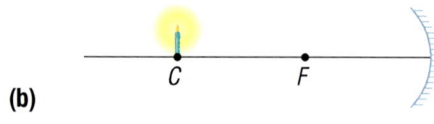
(b)

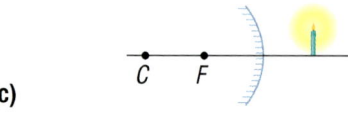
(c)

Figure 1

Résous un problème

14. Ton petit frère ne croit pas que la lumière est une forme d'énergie. Rédige un court texte pour le convaincre du contraire. (11.1)

15. Tu allumes une lampe de poche dans une pièce sombre. Tu vois l'image de la lampe de poche qui est réfléchie par un miroir plan devant toi. Tu te trouves à une distance de 8,4 m de cette image. À quelle distance te trouves-tu du miroir plan ? Explique ta réponse. (11.7)

16. Copie la figure 2 dans ton cahier. Trace des rayons lumineux pour déterminer quels objets sont visibles en regardant dans le miroir de l'endroit où l'œil est situé. (11.7)

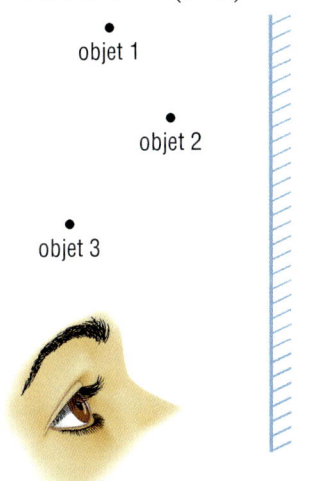

Figure 2

17. Une photographie encadrée est protégée par un verre antireflet. La surface du verre est plus rugueuse que le verre ordinaire. Comment cette caractéristique permet-elle au verre de prévenir les reflets ? (11.6)

18. Un miroir concave a un foyer situé à 75 cm de sa surface. On place un objet à 60 cm du miroir. Décris les caractéristiques de l'image de cet objet. (11.9)

19. Copie la figure 3 dans ton cahier. Trace des rayons lumineux pour localiser le foyer (F) et le centre de courbure de ce miroir. (11.9)

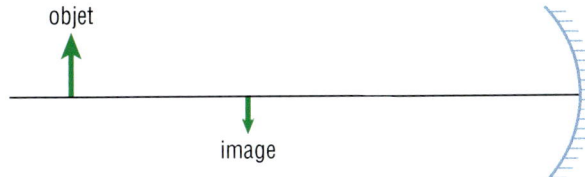

Figure 3

Conçois et interprète

20. Compare une ampoule à incandescence à une lampe fluorescente pour chacun de ces aspects : (11.2)
    a) méthode utilisée pour produire la lumière
    b) efficacité
    c) coût initial
    d) coût à long terme
    e) impact environnemental

Réfléchis à ce que tu as appris

21. Dans ce chapitre, tu as appris que les images peuvent être situées derrière le miroir, ou visibles sur un écran devant le miroir.
    a) As-tu trouvé cela surprenant ? Pourquoi ?
    b) Bien des gens pensent que l'image visible dans un miroir plan se trouve à la surface du miroir. Comment leur expliquerais-tu que l'image se trouve plutôt *derrière* le miroir ?

Recherches en ligne

22. Fais des recherches pour savoir pourquoi l'ampoule à incandescence a été populaire longtemps. Exprime ton opinion en deux paragraphes. (11.2)

23. La figure 4 illustre le plus grand four solaire au monde. Il est situé à Odeillo, en France. (11.9)

Figure 4

a) Quel type de miroir est installé sur le mur de l'édifice ?
b) À ton avis, où le foyer (c'est-à-dire le cœur du four) de ce grand miroir est-il situé ?
c) Quels sont les avantages et les inconvénients d'utiliser la lumière du Soleil pour approvisionner ce four en énergie ?

CHAPITRE 11 — QUESTIONNAIRE

Les icônes suivantes t'indiquent la compétence visée par chaque question.
- CC Connaissance et compréhension
- C Communication
- HP Habiletés de la pensée
- MA Mise en application

Choisis la meilleure réponse pour chacune de ces questions.

1. Par lequel de ces moyens l'énergie de la lumière est-elle transmise ? (11.1) CC
   a) rayonnement
   b) inversion
   c) conduction
   d) émission

2. Lequel de ces objets peut être considéré comme lumineux ? (11.2) CC
   a) un arbre
   b) un miroir
   c) une fenêtre
   d) une allumette enflammée

3. La figure 1 illustre une ampoule électrique placée en face d'un miroir concave. Quel énoncé décrit correctement les propriétés de l'image produite ? (11.9) CC

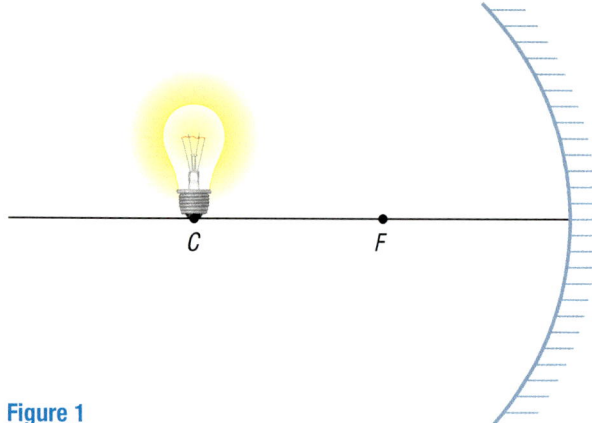

Figure 1

   a) L'image va être une image renversée, virtuelle, et plus petite que l'ampoule électrique.
   b) L'image va être une image renversée, réelle, et de même taille que l'ampoule électrique.
   c) L'image va être une image droite, virtuelle, et plus grande que l'ampoule électrique.
   d) L'image va être une image droite, réelle, et de même taille que l'ampoule électrique.

4. Laquelle de ces représentations montre correctement le mot **LUMIÈRE** tel qu'il apparaîtrait dans un miroir plan ? (11.7) CC
   a) ƎRÈIMUL
   b) LUMIÈRE
   c) JUMIƎRE
   d) ERÈIMUL

Indique si chacun des énoncés est VRAI ou FAUX. Si tu penses qu'un énoncé est faux, récris-le en le corrigeant.

5. Pour que tu puisses voir un objet, la lumière provenant de cet objet doit atteindre tes yeux. (11.2) CC

6. Les quatre caractéristiques d'une image formée par un miroir sont la taille, le sens, la luminosité et le type. (11.7) CC

Copie les énoncés ci-dessous dans ton cahier. Complète-les à l'aide des termes appropriés.

7. Un miroir _____ est un miroir courbe ayant la forme d'une partie de sphère dont la surface externe est réflexive. (11.9) CC

8. L'image d'un objet que tu vois dans un miroir plan est une image _____ . (11.7) CC

Associe chaque terme de la colonne de gauche à la description qui lui convient le mieux dans la colonne de droite.

9. a) incandescence
   b) chimiluminescence
   c) bioluminescence
   d) fluorescence
   e) décharge électrique

   i) éclair
   ii) lucioles
   iii) ampoule électrique traditionnelle
   iv) bâton lumineux
   v) ampoule électrique éconergétique

   (11.2) CC

Rédige une brève réponse à chacune des questions suivantes.

10. Décris deux propriétés de la lumière. (11.1)

11. Tu as appris que les rayons lumineux se déplacent en ligne droite. Cela signifie-t-il qu'un rayon lumineux ne peut pas changer de direction ? Explique ta réponse. (11.4)

12. Donne au moins deux exemples de miroirs convexes, autres que ceux mentionnés dans ce chapitre. (11.9)

13. Quelle propriété des ondes radio te permet d'envoyer et de recevoir des appels avec un cellulaire ? Explique ta réponse. (11.1)

14. Nomme trois types d'ondes électromagnétiques et leurs applications que tu peux observer dans la vie de tous les jours. (11.1)

15. Tes parents projettent d'acheter de nouvelles lumières de Noël cette année. Donne deux raisons pour lesquelles ils devraient acheter des DEL, et non des ampoules à incandescence. (11.2)

16. La lumière du laser possède des propriétés spéciales. Sers-toi de ce que tu sais sur les lasers pour répondre à ces questions :
    a) Pourquoi la lumière visible d'un rayon laser a-t-elle une couleur très pure ?
    b) Pourquoi certains types de rayons laser peuvent-ils servir à percer des trous dans l'acier ? (11.3)

17. a) Décris une situation dans laquelle il serait préférable d'utiliser un matériau translucide au lieu d'un matériau transparent. Explique ta réponse.
    b) Décris une situation dans laquelle il serait préférable d'utiliser un matériau transparent au lieu d'un matériau translucide. Explique ta réponse. (11.4)

18. Pense aux utilisations et aux propriétés des miroirs. Quelle peut être l'utilité d'un miroir dans chacune de ces situations ?
    a) une personne fait une randonnée dans une région sauvage
    b) un dentiste examine les dents d'une patiente
    c) une agente de sécurité travaille dans un magasin (11.9)

19. Ton ami éclaire la paume de ta main avec une lampe de poche. À ton avis, la réflexion de la lumière sur ta main est-elle spéculaire ou diffuse ? Explique ta réponse. (11.6)

20. a) À ton avis, que signifie le terme « image miroir » ?
    b) Donne un exemple d'une image miroir. (11.7)

21. Dans ce chapitre, on t'a suggéré une astuce mnémonique (ROJ-**V**-BI-**V**) pour mieux te rappeler la séquence des couleurs dans le spectre visible. Trouve une astuce mnémonique pour te rappeler les sept types d'onde électromagnétique par ordre croissant d'énergie. (11.1)

22. À ton avis, une entreprise qui fabrique un détergent fait-elle de la publicité trompeuse quand elle prétend que son produit nettoie mieux les vêtements puisqu'il rend leurs couleurs plus éclatantes ? Justifie ta réponse. (11.2)

23. Ton amie veut t'expliquer pourquoi la lumière réfléchie sur une surface rugueuse produit une image floue. Elle te dit qu'un rayon lumineux qui frappe une surface rugueuse produit un rayon réfléchi dont l'angle de réflexion n'est pas égal à l'angle d'incidence. Que penses-tu de son explication ? Explique ta réponse. (11.6)

24. Dans certains restaurants, un grand miroir plan couvre un mur complet. Quel effet cela a-t-il sur l'aspect du restaurant ? Pourquoi ? (11.7)

CHAPITRE 12
La réfraction de la lumière

QUESTION CLÉ : Comment la lumière se comporte-t-elle lorsqu'elle passe d'un milieu à un autre?

En traversant différents milieux, la lumière peut produire des images étonnantes.

UNITÉ E
La lumière et l'optique géométrique

CHAPITRE 11
La production et la réflexion de la lumière

CHAPITRE 12
La réfraction de la lumière

CHAPITRE 13
Les lentilles et les instruments d'optique

CONCEPTS CLÉS

La lumière change de direction de manière prévisible en traversant différents milieux transparents.

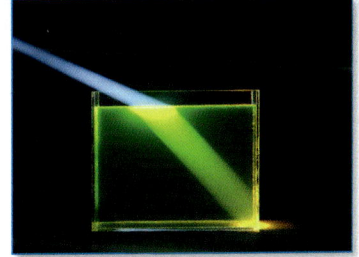

La lumière dévie vers la normale lorsqu'elle ralentit dans un milieu dont l'indice de réfraction est plus élevé.

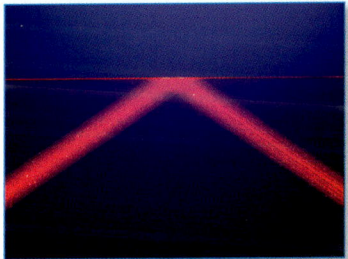

La réflexion totale interne peut se produire lorsqu'un rayon incident est dirigé vers un milieu dont l'indice de réfraction est plus bas.

Beaucoup d'instruments d'optique font appel à la réfraction et à la réflexion de la lumière.

La réfraction et la réflexion de la lumière permettent d'expliquer certains phénomènes naturels.

La compréhension du comportement de la lumière est essentielle dans de nombreuses professions.

ÉVEILLE-TOI AUX SCIENCES

ALLER-RETOUR DE LA TERRE À LA LUNE!

La conversation suivante a eu lieu le 21 juillet 1969.

Armstrong : Sur la petite crête là-bas, ce serait bien, non ?

Aldrin : D'accord. Est-ce que je devrais mettre le LR³ à peu près ici ?

Armstrong : Oui, d'accord.

Aldrin : Je vais devoir me rendre de l'autre côté de cette roche juste là.

Armstrong : Tu pourrais simplement contourner ce cratère, là-bas, à gauche. Il me semble que je vois un endroit de niveau.

Aldrin : Juste ici, c'est aussi bien de niveau, il me semble.

Il y a deux choses absolument remarquables au sujet de cette conversation. La première, c'est qu'elle a eu lieu sur la surface de la Lune, à un endroit appelé « mer de la Tranquillité ». C'est une conversation entre deux astronautes de la NASA à bord de la mission Apollo 11 : Neil Armstrong, le premier homme à marcher sur la Lune, et Edwin « Buzz » Aldrin, le deuxième homme à marcher sur la Lune. L'autre chose remarquable au sujet de cette conversation, c'est qu'ils discutaient du meilleur endroit où placer un appareil appelé « LRRR » (ou LR³).

LRRR est le sigle de *Laser Ranging Retro-Reflector*. Cet appareil étonnant, appelé « rétroréflecteur laser pour la mesure des distances » en français, faisait partie d'une expérience qui est toujours en cours aujourd'hui, plusieurs décennies après son installation sur la surface lunaire. Mais qu'est-ce que le LR³ exactement, et comment fonctionne-t-il ? En petits groupes, discutez de ce que cet appareil pourrait bien être. Tu vas trouver la réponse à cette question dans ce chapitre.

QU'EN PENSES-TU ?

Beaucoup des notions que tu vas explorer dans ce chapitre sont des notions que tu as déjà abordées. Tu pourrais en avoir entendu parler à l'école, à la maison ou autour de toi. Les énoncés ci-dessous ne sont pas tous vrais. Examine chacun et détermine si tu es d'accord ou non.

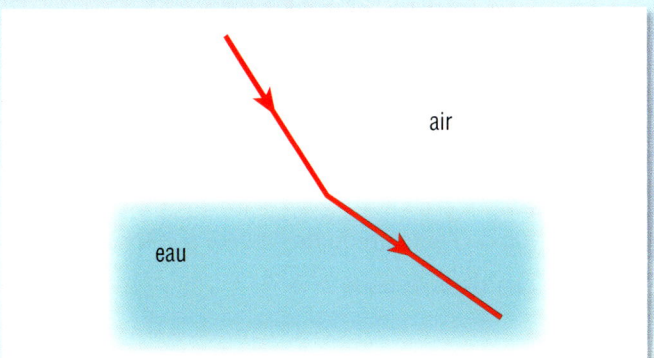

1 Ce diagramme illustre correctement le passage de la lumière de l'air à l'eau.
D'accord / En désaccord

4 Une piscine est toujours plus profonde qu'elle en a l'air.
D'accord / En désaccord

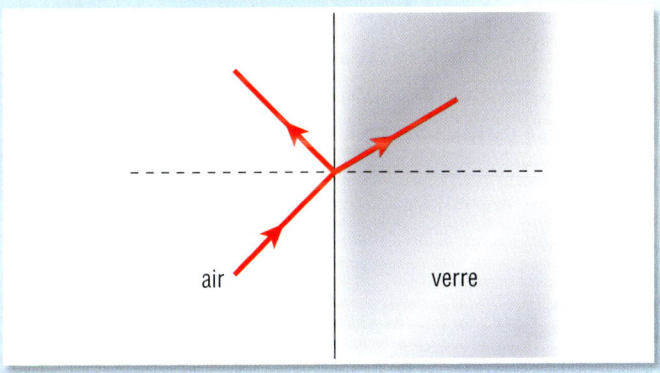

2 La lumière peut être réfléchie et transmise lorsqu'elle passe de l'air au verre.
D'accord / En désaccord

5 Pour voir un arc-en-ciel, il faut que le soleil brille au moment où il pleut.
D'accord / En désaccord

3 Un périscope est un instrument d'optique qui permet de voir par-dessus un obstacle.
D'accord / En désaccord

6 Lorsque tu vois un mirage, tu regardes en réalité une image du ciel.
D'accord / En désaccord

HALTE LECTURE

Évaluer un texte

Lorsque tu évalues un texte, tu utilises tes connaissances et ta capacité d'analyse pour porter un jugement sur les idées, l'information et la fiabilité du texte. Tu dois fonder ton jugement sur des arguments convaincants et sur des citations tirées du texte. Pose-toi les questions suivantes lorsque tu évalues un texte :

- L'idée principale est-elle raisonnable ? Est-ce que je peux la considérer comme vraie ?
- L'information est-elle exacte et crédible ?
- Suis-je d'accord avec le point de vue de l'auteure ou de l'auteur sur le sujet ?
- Y a-t-il des indices sur les partis pris dans le texte ?

**COUP DE POUCE
LECTURE**

Au fil de ce chapitre, prête attention aux rubriques Coup de pouce. Elles vont t'aider à élaborer des stratégies de littératie.

La cape d'invisibilité : pour se cacher en plein jour

Étonnamment, les scientifiques s'intéressent beaucoup à la possibilité de concevoir un appareil d'invisibilité. On a récemment testé un appareil capable de courber les micro-ondes autour d'un anneau de cuivre, le rendant ainsi « invisible ». En d'autres mots, l'action de l'appareil sur les micro-ondes rend les anneaux de cuivre impossibles à détecter (figure 1). Ce résultat a stupéfié les physiciennes et physiciens du monde entier. La lumière, tout comme les micro-ondes, est une onde électromagnétique. Ce concept pourrait-il s'appliquer à la lumière ?

Figure 1 Ces anneaux de cuivre sont indétectables par les micro-ondes.

Évaluer un texte : *À toi de jouer !*

Porter un jugement est un processus mental exigeant au cours duquel tu dois remettre en question l'information que tu lis pour éviter de la tenir pour acquise. Voici un exemple de la manière dont un élève a appliqué des stratégies pour évaluer le texte sur l'invisibilité.

Questions d'analyse du texte	Indices dans le texte	Mon jugement (mon opinion)
Cette idée est-elle raisonnable ?	La technologie est mise à l'essai (testée).	Il est possible qu'un appareil d'invisibilité existe un jour.
L'information est-elle crédible ?	Elle semble crédible, mais aucune source n'est donnée.	Il faudrait que je lise d'autres textes sur le sujet avant d'y croire.
Suis-je d'accord avec le point de vue de l'auteure ou de l'auteur ?	La personne qui a écrit le texte semble croire à cette technologie.	Je suis d'accord avec la personne qui a écrit ce texte, mais j'ai besoin de plus d'information pour prendre une décision.
Le texte exprime-t-il un parti pris ?	Le texte ne pose pas de jugement négatif.	Je crains que cette technologie ne soit utilisée par les forces armées. J'aimerais connaître d'autres applications possibles.

12.1 Qu'est-ce que la réfraction?

La lumière voyage dans l'air en ligne droite. Mais qu'arrive-t-il quand la lumière passe d'un milieu à un autre? Tu as sans doute déjà remarqué ce phénomène étrange qui fait qu'une cuillère ou un bâtonnet à agiter placé dans un verre d'eau semble «cassé» à la surface de l'eau. La cuillère n'est pas vraiment cassée. Elle est faite d'un matériau solide. Comment est-ce possible alors? Pourquoi un objet semble-t-il cassé à la surface de l'eau? Tu vas trouver la réponse à cette question en réalisant l'activité «Explorer la lumière».

SCIENCES EN ACTION — EXPLORER LA LUMIÈRE

HABILETÉS : observer, analyser

LA BOÎTE À OUTILS
3.B.

Matériel : bécher ou autre récipient transparent, bâtonnet à agiter, pièce de monnaie, eau

1. Dépose une pièce de monnaie au centre du bécher, puis remplis-le d'eau.
2. Observe la pièce à partir du bord du bécher. Assure-toi d'observer la pièce au-dessus du bécher et à travers l'eau, comme l'illustre la figure 1.
3. Tout en regardant au-dessus du bécher, vise le contour de la pièce avec le bâtonnet à agiter de manière à t'en approcher de plus en plus. Place le bâtonnet dans l'eau et essaie de toucher la pièce.
4. Ensuite, regarde à l'intérieur du bécher à partir du côté et observe la position du bâtonnet et de la pièce.

A. As-tu touché le contour de la pièce lorsque tu as mis le bâtonnet dans l'eau? **HP**
B. Décris la position réelle du bâtonnet à agiter. **HP**
C. À ton avis, pourquoi le bâtonnet ne touche-t-il pas la pièce même si tu la visais directement lorsque tu regardais au-dessus du bécher? Écris une brève explication. **HP**

Faire dévier la lumière

Lors de l'activité précédente, tu as remarqué que tu n'avais pas touché la pièce de monnaie même si tu l'avais visée avec le bâtonnet à agiter. En fait, la lumière qui voyageait de la pièce de monnaie à tes yeux a été déviée. La lumière en provenance de la pièce de monnaie a traversé l'eau, puis l'air, avant d'atteindre tes yeux. En cours de route, la lumière a changé de direction lorsqu'elle est passée de l'eau à l'air. La déviation de la lumière qui passe d'un milieu à un autre s'appelle **réfraction**. La réfraction produit des phénomènes intéressants lorsque la lumière passe d'un milieu à un autre.

réfraction déviation ou changement de direction de la lumière lorsqu'elle passe d'un milieu à un autre

COUP DE POUCE APPRENTISSAGE

Le recours aux analogies
Une analogie est une comparaison entre deux choses à l'aide d'un exemple plus simple et plus facile à comprendre. Un chariot en mouvement qui passe de la chaussée au sable n'est pas un faisceau lumineux. Cependant, il peut servir d'exemple pour comprendre le principe de la réfraction.

Qu'est-ce qui cause la réfraction?

Tu peux observer la réfraction de la lumière lorsque tu diriges un puissant faisceau lumineux dans de l'eau selon un angle donné (figure 2). Pourquoi la lumière change-t-elle de direction? Une bonne analogie pour ce phénomène est le chariot qui est en mouvement et passe, selon un angle donné, de la chaussée au sable (figure 3). Lorsque la roue avant droite atteint le sable, elle ralentit. La roue avant gauche, cependant, ne ralentit pas parce qu'elle est encore sur la chaussée. Cela a pour effet de diriger le chariot dans la direction prise par la roue avant droite, plus lente. Le chariot change donc de direction lorsqu'il passe de la chaussée au sable. Tu pourrais remarquer un phénomène similaire lorsqu'une voiture en mouvement passe de la chaussée à une route de terre ou à une route enneigée.

Figure 2 La réfraction de la lumière qui passe de l'air à l'eau

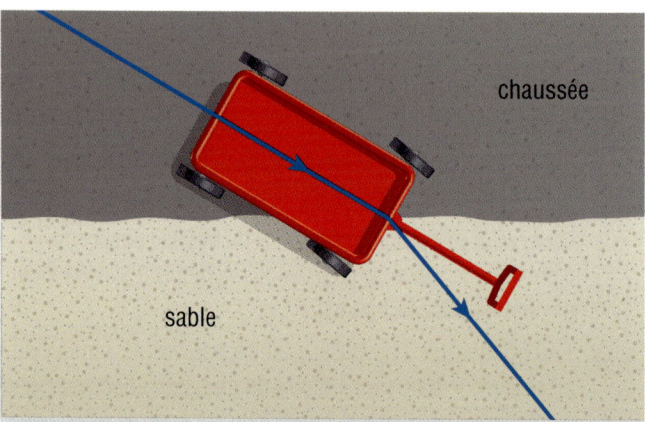

Figure 3 Un chariot change de direction lorsqu'il passe de la chaussée au sable selon un angle donné parce que l'une des roues avant ralentit alors que les autres roues continuent de se déplacer à une plus grande vitesse.

À quelle vitesse la lumière voyage-t-elle?

LE SAVAIS-TU?

La vitesse de la lumière
Le mathématicien néerlandais Christiaan Huygens a effectué la première évaluation de la vitesse de la lumière qui se rapproche de la valeur acceptée de nos jours (soit $3{,}00 \times 10^8$ m/s). Il a fondé ses calculs sur les observations astronomiques de Io, une des lunes de Jupiter, faites par l'astronome danois Olaus Roemer en 1676.

L'analogie du chariot est fondée sur le fait que l'une de ses roues avant ralentit lorsqu'il passe d'une surface à une autre. Est-ce le cas de la lumière? En d'autres mots, la vitesse de la lumière est-elle différente dans l'eau et dans l'air? Les mesures de la vitesse de la lumière indiquent clairement que c'est en effet le cas. La lumière voyage à une vitesse de $3{,}00 \times 10^8$ m/s dans le vide, de $2{,}26 \times 10^8$ m/s dans l'eau et de $1{,}76 \times 10^8$ m/s dans l'acrylique. (Remarque que la vitesse de la lumière dans l'air est légèrement inférieure à celle dans le vide. La différence, cependant, est si petite qu'elle est jugée sans importance. Par conséquent, on utilise la même valeur pour la vitesse de la lumière dans le vide et dans l'air.)

Les règles de la réfraction

angle de réfraction angle entre le rayon lumineux réfracté et la normale

Puisque la vitesse de la lumière varie selon le milieu dans lequel elle voyage, on peut formuler deux énoncés sur la réfraction en général et sur l'angle de réfraction en particulier. L'**angle de réfraction** est l'angle entre le rayon lumineux réfracté et la normale.

1. Le rayon incident, le rayon réfracté et la normale sont dans le même plan. Le rayon incident et le rayon réfracté se situent de chaque côté de la ligne qui sépare les deux milieux.

2. La lumière dévie *vers* la normale lorsque sa vitesse dans le deuxième milieu est inférieure à celle dans le premier milieu (figure 4). La lumière dévie *en direction opposée* à la normale lorsque sa vitesse est plus grande dans le deuxième milieu. (Ce second énoncé peut également être prédit à partir du principe de la réversibilité de la lumière : la lumière suit le même trajet lorsqu'elle voyage en sens inverse. Souviens-toi que ce principe s'applique également à la réflexion de la lumière.)

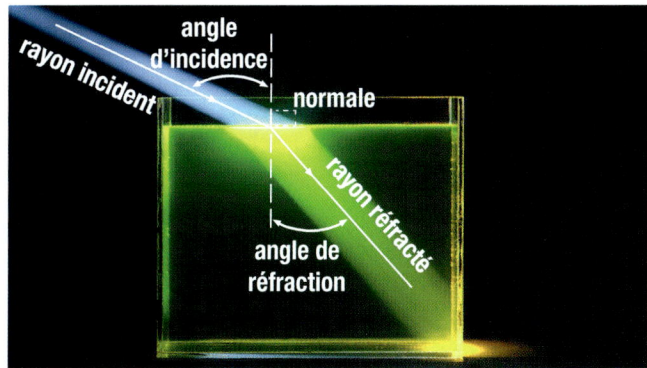

Figure 4 La lumière dévie vers la normale lorsque sa vitesse diminue dans un milieu.

La cuillère courbée

Le concept de la réfraction permet d'expliquer pourquoi une cuillère dans un verre d'eau semble courbée (figure 5). La lumière qui provient de la partie immergée (sous l'eau) de la cuillère voyage en passant de l'eau à l'air. La vitesse de la lumière augmente lorsqu'elle passe de l'eau à l'air : c'est pourquoi la lumière dévie en direction opposée à la normale lorsqu'elle traverse la frontière entre l'eau et l'air à un certain angle. Le cerveau humain perçoit le trajet de la lumière en ligne droite et projette les rayons lumineux vers l'arrière, vers une source de lumière virtuelle derrière l'emplacement réel de la cuillère (figure 6). Ce phénomène ressemble à celui où le cerveau projette des rayons lumineux de manière à former une image virtuelle dans un miroir plan.

> **COUP DE POUCE**
> **LECTURE**
>
> **Évaluer un texte**
> Pour déterminer si l'idée principale présentée par un texte est raisonnable, pense à des exemples concrets. Par exemple, tu as peut-être déjà remarqué que la partie immergée d'une branche d'arbre échouée sur le bord d'une rivière semblait courbée par rapport à sa partie à l'air libre. En appliquant l'explication de la réfraction à cet exemple tiré de ta vie personnelle, tu peux déterminer si elle est raisonnable.

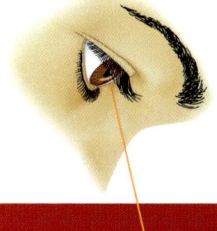

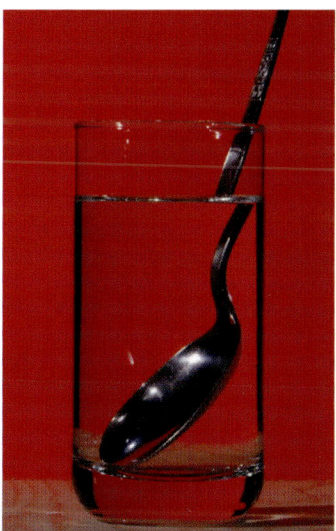

Figure 5 Image familière d'une cuillère « courbée » dans un verre d'eau

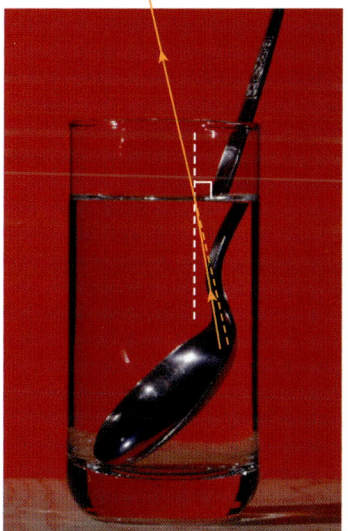

Figure 6 Le cerveau imagine la partie de la cuillère qui est immergée derrière son emplacement réel parce que la lumière est réfractée par rapport à la normale lorsqu'elle passe de l'eau à l'air.

La réflexion partielle et la réfraction

La lumière a des propriétés uniques très intéressantes. Réalise l'activité « Examiner la lumière par une fenêtre », à la page suivante, pour observer une de ces propriétés.

SCIENCES EN ACTION : EXAMINER LA LUMIÈRE PAR UNE FENÊTRE

HABILETÉS : se poser une question, observer

LA BOÎTE À OUTILS
3.B.

1. Tiens-toi directement devant une fenêtre propre et regarde à travers celle-ci. Cette expérience fonctionne mieux lorsqu'il fait plus sombre à l'extérieur qu'à l'intérieur ou lorsque la fenêtre est à l'ombre. Regarde un arbre, une personne, un bâtiment ou tout autre objet qui se trouve à l'extérieur.

2. Tout en restant debout devant la fenêtre, fixe ton regard sur la vitre. Tu devrais y voir un faible reflet de toi. (Tu peux éteindre ou allumer la lumière à l'intérieur si tu as de la difficulté à voir ton reflet.)

A. À l'aube ou au crépuscule, une personne se tenant à l'extérieur te verrait distinctement de l'autre côté de la fenêtre. Qu'est-ce que cela t'indique sur la manière dont la lumière voyage de toi à la personne qui se trouve à l'extérieur ?

B. Tu peux aussi voir ton propre reflet dans la vitre. Qu'est-ce que cela t'indique sur la manière dont la lumière voyage de toi à la surface de la vitre devant toi ?

C. La lumière qui voyage à partir de toi semble se comporter de deux manières différentes selon les situations A et B. Est-ce que cela te surprend ? Explique ta réponse.

D. Fais une expérience de la pensée (une expérience réalisée au moyen de ton imagination). Par exemple, imagine que tu lances une balle de tennis sur la fenêtre. Prédis les deux résultats possibles en ce qui concerne la lumière lorsque la balle va frapper la vitre. Est-ce possible que ces deux résultats se produisent *en même temps* ?

E. Au contraire de la balle, la lumière a traversé la fenêtre (du point de vue de la personne qui se trouve à l'extérieur) et a également rebondi sur la fenêtre (ce qui t'a permis d'y voir ton propre reflet) simultanément. Cette propriété ne semble pas se réaliser avec la plupart des autres choses (comme les balles). Est-ce que cela signifie que la lumière possède au moins une propriété qui la rend unique ou spéciale ? Explique ta réponse.

La réfraction se produit souvent en même temps que la réflexion. Une partie de la lumière qui frappe l'eau est réfléchie vers le haut, mais une grande partie de cette lumière est aussi réfractée au moment où elle pénètre dans l'eau et l'éclaire sous la surface (figure 7). Une fenêtre transparente illustre cette même propriété de la lumière, soit la capacité à être à la fois réfléchie et réfractée. Un double phénomène se produit : une réflexion partielle ET une réfraction. Ce double phénomène s'observe plus facilement si le dos de la vitre est recouvert d'un film spécial (une mince couche d'un produit) qui permet la réfraction d'une petite partie des rayons incidents et la réflexion de la plus grande partie des rayons incidents. Ce film produit une surface miroir qui te permet de voir de l'autre côté, mais pas le contraire. Ce type de surface est appelé « miroir semi-réfléchissant » ; les lunettes miroirs en sont un exemple (figure 8).

Pour voir des images surprenantes de la réfraction de la lumière :

Figure 7 Un faisceau lumineux est à la fois réfléchi et réfracté lorsqu'il frappe la surface de l'eau. L'arbre est visible grâce au phénomène de la réflexion, et les poissons, grâce à la réfraction.

Figure 8 Les lunettes miroirs te permettent de voir à l'extérieur, mais les autres ne peuvent pas voir tes yeux.

Les miroirs semi-réfléchissants sont utilisés pour les fenêtres de nombreux immeubles (figure 9). Pendant l'été, ces fenêtres réfléchissent une partie de la lumière incidente du soleil, ce qui réduit les frais de climatisation. La réflexion des nuages et du ciel bleu sur ces fenêtres produit d'ailleurs un très joli effet.

Figure 9 Les fenêtres des immeubles modernes illustrent les phénomènes de la réflexion partielle et de la réfraction de la lumière.

SIGNET de fin d'unité

Tu vas pouvoir mettre en application ce que tu viens d'apprendre sur la réfraction de la lumière à la frontière entre deux milieux lors de la préparation de l'activité de fin d'unité décrite à la page 588.

EN RÉSUMÉ

- La réfraction est la déviation ou le changement de direction de la lumière qui passe d'un milieu à un autre.
- La vitesse de la lumière varie selon le milieu dans lequel elle voyage.
- La lumière dévie vers la normale lorsqu'elle ralentit en pénétrant dans un milieu ; elle dévie en direction opposée à la normale lorsqu'elle accélère en pénétrant dans un milieu.
- La lumière peut être partiellement réfléchie et réfractée simultanément sur la même surface.

VÉRIFIE TA COMPRÉHENSION

1. Explique clairement ce que signifie le terme *réfraction*.
2. a) Explique pourquoi le phénomène de la réfraction se produit.
   b) Quelles sont les conditions essentielles à la réfraction ?
   c) Base-toi sur tes réponses en a) et b) pour établir la différence entre la vitesse de la lumière dans l'eau et dans l'air.
3. La figure 10 montre un rayon lumineux qui passe d'un milieu à un autre.

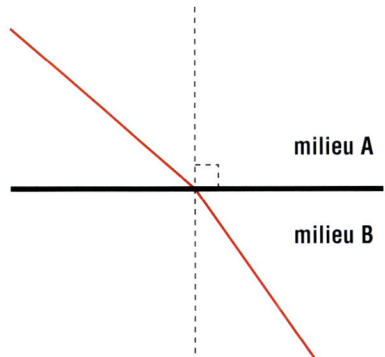

Figure 10

a) Un des milieux est l'air, et la lumière y voyage à une vitesse de $3{,}00 \times 10^8$ m/s ; l'autre est la glace, et la lumière y voyage à une vitesse de $2{,}29 \times 10^8$ m/s. En fonction de cette information, identifie le milieu A et le milieu B. Explique ta réponse.

b) Sais-tu dans quel sens le rayon lumineux voyage ? Cela a-t-il une importance ? Explique ta réponse.

4. Dans quelle direction la lumière déviera-t-elle si elle voyage
   a) plus vite dans un milieu ?
   b) plus lentement dans un milieu ?
5. Quelle propriété de la lumière est illustrée à la figure 11 ?

Figure 11

6. Donne des exemples d'utilisation des miroirs semi-réfléchissants.
7. Explique dans tes propres mots quelques applications pratiques de la réflexion partielle et de la réfraction.

12.2 RÉALISE UNE ACTIVITÉ

Le trajet de la lumière – de l'air à l'acrylique

Au chapitre 11, tu as appris que la lumière voyage en ligne droite. Les miroirs et leurs applications dépendent de cette propriété. Qu'arrive-t-il quand la lumière passe d'un milieu à un autre? Au cours de cette activité, tu vas étudier le trajet de la lumière qui voyage dans deux milieux transparents.

HABILETÉS
- Se poser une question
- Formuler une hypothèse
- Prédire le résultat
- Planifier
- Contrôler les variables
- Exécuter
- Observer
- Analyser
- Évaluer
- Communiquer

Objectif
Étudier le trajet de la lumière qui passe d'un milieu transparent à un autre.

Matériel
- boîte à rayons à fente unique
- bloc d'acrylique semi-circulaire
- papier graphique à coordonnées polaires (ou règle et rapporteur d'angles)

Marche à suivre

LA BOÎTE À OUTILS
5., 6.

1. Place le bloc d'acrylique au centre du papier graphique en alignant son côté plat le long de la ligne horizontale qui sépare le papier en son centre. La ligne 0-180° du papier graphique est la normale et doit passer au centre du bloc d'acrylique. Tu vas projeter des rayons lumineux directement vers le centre du papier graphique à coordonnées polaires (soit l'origine) (figure 1).

2. Dirige un rayon de lumière vers le centre du côté plat du bloc d'acrylique à un angle d'incidence de 0° (c'est-à-dire le long de la normale). Mesure l'angle correspondant dans le bloc d'acrylique. (Si tu n'as pas de papier graphique à coordonnées polaires, marque le trajet des rayons lumineux au crayon, puis mesure les angles appropriés à l'aide d'un rapporteur d'angles.)

3. Répète l'étape 2 en formant des angles d'incidence dans l'air de 10°, 20°, 30°, 40°, 50° et 60°. Mesure chaque fois l'angle du rayon réfracté dans le bloc d'acrylique par rapport à la normale. Note tes résultats dans un tableau semblable au tableau 1 figurant à la page suivante. (À un moment donné, tu devrais également remarquer qu'un rayon réfléchi retourne dans l'air à partir du bloc d'acrylique. Le rayon réfléchi est illustré à la figure 1. Ce rayon se comporte conformément aux lois de la réflexion que tu as apprises au chapitre 11. Ignore ce rayon réfléchi pour le moment, parce que l'activité que tu es en train de réaliser maintenant met l'accent sur les rayons réfractés dans le bloc d'acrylique. Le rayon réfléchi illustré à la figure 1 sera traité plus loin dans ce chapitre.)

 Lorsque tu débranches la boîte à rayons, ne tire pas sur le cordon d'alimentation, mais plutôt sur la fiche.

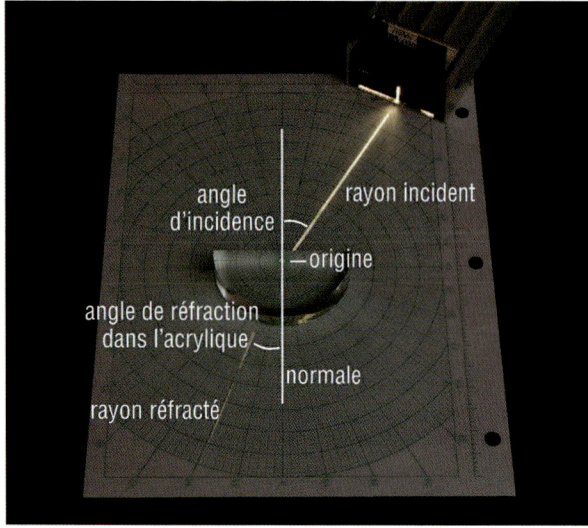

Figure 1

Tableau 1 La réfraction de la lumière qui passe de l'air à l'acrylique

Mesure de l'angle d'incidence dans l'air ($\angle i$)	Mesure de l'angle du rayon réfracté dans le bloc d'acrylique ($\angle R$)	$\dfrac{\angle i}{\angle R}$	$\sin \angle i$	$\sin \angle R$	$\dfrac{\sin \angle i}{\sin \angle R}$
0°					
10°					
20°					
30°					
40°					
50°					
60°					

Analyse et interprète

a) Quel était l'angle du rayon réfracté dans l'acrylique lorsque l'angle initial dans l'air était de 0°? Est-ce que cette réponse te semble juste et correcte? Explique ta réponse. **HP**

b) De quelle manière l'angle dans l'air (angle d'incidence) a-t-il varié par rapport à l'angle dans l'acrylique pour les autres mesures? **HP**

c) Dans quel sens le rayon réfracté a-t-il dévié comparativement à la normale? **HP**

d) Selon toi, pourquoi as-tu utilisé un bloc semi-circulaire pour réaliser cette activité? **HP**

Approfondis ta démarche

e) Quelle tendance as-tu remarquée en observant l'effet de l'augmentation de l'angle d'incidence dans l'air sur l'angle du rayon réfracté dans l'acrylique? **HP**

f) Si tu fais abstraction de la première mesure, que remarques-tu au sujet du rapport $\dfrac{\angle i}{\angle R}$? **HP**

g) Si tu fais abstraction de la première mesure encore une fois, que remarques-tu au sujet du rapport $\dfrac{\sin \angle i}{\sin \angle R}$? **HP**

h) Explique pourquoi tu as été incapable de calculer les rapports $\dfrac{\angle i}{\angle R}$ et $\dfrac{\sin \angle i}{\sin \angle R}$ lorsque l'angle d'incidence était de 0°. **HP**

i) Lequel de ces deux rapports est demeuré presque le même pour toute l'activité sur la lumière qui passe de l'air à l'acrylique : $\dfrac{\angle i}{\angle R}$ ou $\dfrac{\sin \angle i}{\sin \angle R}$? **HP**

12.3 RÉALISE UNE ACTIVITÉ

La réfraction de la lumière dans différents milieux

Dans l'activité 12.2, tu as étudié la réfraction de la lumière qui passe de l'air à un bloc d'acrylique semi-circulaire. Tu as également appris que la lumière dévie vers la normale lorsqu'elle ralentit dans un milieu. Qu'arrive-t-il lorsque la lumière passe d'un milieu à un autre ? Que peux-tu apprendre en observant et en comparant le phénomène de la réfraction dans différents milieux ?

HABILETÉS
- Se poser une question
- Formuler une hypothèse
- Prédire le résultat
- Planifier
- Contrôler les variables
- Exécuter
- Observer
- Analyser
- Évaluer
- Communiquer

Objectif
Étudier la variation de l'angle de réfraction dans différents milieux.

Matériel
- soucoupe en plastique semi-circulaire
- papier graphique à coordonnées polaires (ou règle et rapporteur d'angles)
- boîte à rayons à fente unique
- eau
- huile végétale
- glycérol (facultatif)
- savon à vaisselle (pour nettoyer les résidus d'huile végétale sur la soucoupe en plastique)

Marche à suivre

LA BOÎTE À OUTILS 5., 6.

1. Place la soucoupe semi-circulaire au centre du papier graphique en alignant le côté plat le long de la ligne centrale horizontale. La ligne 0-180° du papier graphique est la normale et doit passer au centre de la soucoupe semi-circulaire. Tu vas projeter des rayons lumineux directement vers le centre du papier graphique à coordonnées polaires (soit l'origine). La préparation pour cette activité est identique à celle de l'activité 12.2 (voir la figure 1 à la page 520).

2. Remplis la soucoupe d'eau.

3. Dirige un rayon de lumière vers le centre du côté plat du bloc d'acrylique à un angle d'incidence de 0° (c'est-à-dire le long de la normale). Mesure l'angle correspondant que projette la lumière dans l'eau de la soucoupe semi-circulaire. (Si tu n'as pas de papier graphique à coordonnées polaires, marque le trajet des rayons lumineux au crayon, puis mesure les angles appropriés à l'aide d'un rapporteur d'angles.)

4. Répète l'étape 3 en formant des angles d'incidence dans l'air de 10°, 20°, 30°, 40°, 50° et 60°. Mesure chaque fois l'angle du rayon réfracté dans la soucoupe semi-circulaire par rapport à la normale. Note tes résultats dans un tableau semblable au tableau 1 figurant à la page suivante. La précision est très importante pour cette activité.

⛔ Lorsque tu débranches la boîte à rayons, ne tire pas sur le cordon d'alimentation, mais plutôt sur la fiche.

5. Répète les étapes 1 à 4 en remplaçant l'eau par de l'huile végétale dans la soucoupe semi-circulaire. Note tes données dans la dernière colonne de ton tableau. (Assure-toi de bien nettoyer l'huile végétale dans la soucoupe semi-circulaire à l'aide du savon à vaisselle après avoir réalisé l'étape 5.)

Tableau 1 La réfraction de la lumière qui passe dans différents milieux

Mesure de l'angle d'incidence dans l'air	0°	10°	20°	30°	40°	50°	60°
Mesure de l'angle de réfraction dans l'eau							
Mesure de l'angle de réfraction dans l'huile végétale							

Analyse et interprète

a) Le rayon réfracté a-t-il dévié vers la normale
   - dans l'eau ?
   - dans l'huile végétale ?

b) À l'exception de l'angle d'incidence de 0°, compare les angles de réfraction pour l'eau et pour l'huile végétale à des angles d'incidence identiques.

c) Qu'est-ce que tes résultats t'indiquent sur la vitesse de la lumière dans l'eau et dans l'huile végétale comparativement à celle dans l'air ?

d) Dans lequel de ces deux milieux la vitesse de la lumière a-t-elle ralenti le plus : l'eau ou l'huile végétale ?

Approfondis ta démarche

e) Comme tu l'as fait dans l'activité 12.2, calcule le rapport $\dfrac{\sin \angle i}{\sin \angle R}$ en fonction de tes données sur l'huile végétale.

f) Sauf pour $\angle i = 0°$, qui est égal à 0°, quelle variation peux-tu observer dans la valeur du rapport $\dfrac{\sin \angle i}{\sin \angle R}$ dans l'huile végétale comparativement à la même valeur dans l'acrylique à l'activité 12.2 ?

g) Pourrais-tu utiliser la procédure de cette activité pour distinguer deux liquides qui paraissent identiques ? Explique ta réponse.

h) Confirme ta réponse à la question g) en réalisant les étapes 1 à 4 de la marche à suivre avec le glycérol. Commence par consulter la FTSS du glycérol et assure-toi de suivre toutes les consignes de sécurité. Note et analyse tes données comme tu viens de le faire pour l'eau et l'huile végétale.

12.4 L'indice de réfraction

C'est en 1862 que le physicien français Jean Foucault a effectué la première mesure de la vitesse de la lumière dans un milieu (autre que le vide et l'air). Il a mesuré la vitesse de la lumière dans l'eau et a obtenu la valeur de $2{,}25 \times 10^8$ m/s. Depuis ce temps, la vitesse de la lumière a été mesurée dans toute une gamme de milieux. Elle varie d'un milieu à un autre, mais demeure toujours inférieure à celle dans le vide. La variation de la vitesse de la lumière à la frontière d'une substance entraîne le phénomène de réfraction. La vitesse de la lumière dans un milieu constitue une propriété optique distinctive de ce milieu.

L'**indice de réfraction** d'un milieu donné correspond au rapport entre la vitesse de la lumière dans le vide et la vitesse de la lumière dans ce milieu. En mathématiques, l'indice de réfraction s'écrit :

$$n = \frac{c}{v}$$

où n est l'indice de réfraction, c la vitesse de la lumière dans le vide, et v la vitesse de la lumière dans un milieu donné.

Puisque c et v sont toutes deux des vitesses et peuvent être exprimées en unités identiques (m/s), les unités de l'équation s'annulent, si bien que n n'a aucune unité. Par conséquent, l'indice de réfraction (n) est une grandeur sans dimension.

On peut aussi calculer l'indice de réfraction au moyen des sinus des angles. Imagine un rayon incident qui passe du vide à un milieu transparent. L'indice de réfraction de ce milieu peut également s'écrire :

$$n = \frac{\sin \angle i}{\sin \angle R}$$

où $\angle i$ est l'angle d'incidence, et $\angle R$ l'angle de réfraction.

Le tableau 1 indique l'indice de réfraction de différents milieux. Compare les valeurs que tu as obtenues pour n dans l'acrylique et l'huile végétale aux activités 12.2 et 12.3 aux valeurs du tableau 1.

Pour en savoir plus sur les expériences de Foucault sur l'évaluation de la vitesse de la lumière dans différents milieux :

indice de réfraction rapport entre la vitesse de la lumière dans le vide et la vitesse de la lumière dans un milieu, $n = \frac{c}{v}$: cette valeur est égale au rapport du sinus de l'angle d'incidence dans le vide sur le sinus du rayon réfracté dans un milieu, $n = \frac{\sin \angle i}{\sin \angle R}$.

Tableau 1 Indice de réfraction de différents milieux

Milieu	Indice de réfraction (n)
air/vide	1,00
glace	1,31
eau pure	1,33
alcool éthylique	1,36
quartz	1,46
huile végétale	1,47
huile d'olive	1,48
acrylique	1,49
verre	1,52
zircon	1,92
diamant	2,42

EXEMPLE DE PROBLÈME 1 Calculer l'indice de réfraction

La vitesse de la lumière dans le chlorure de sodium (sel) est de $1{,}96 \times 10^8$ m/s. Calcule l'indice de réfraction du chlorure de sodium (figure 1).

LA BOÎTE À OUTILS

Données : $c = 3{,}00 \times 10^8$ m/s

$v_{\text{chlorure de sodium}} = 1{,}96 \times 10^8$ m/s

Recherché : $n = ?$

Analyse et solution : $n = \frac{c}{v}$

$$= \frac{3{,}00 \times 10^8 \text{ m/s}}{1{,}96 \times 10^8 \text{ m/s}}$$

$$\approx 1{,}53$$

Figure 1

Énoncé : L'indice de réfraction du chlorure de sodium (sel) est d'environ 1,53.

Tu viens d'appliquer la formule $n = \frac{c}{v}$ pour déterminer l'indice de réfraction (n) d'un milieu. Tu peux utiliser la même formule pour calculer la vitesse à laquelle voyage la lumière dans ce milieu.

EXEMPLE DE PROBLÈME 2 Calculer la vitesse de la lumière

Calcule la vitesse de la lumière dans l'huile d'olive.

Données : $c = 3,00 \times 10^8$ m/s

$n_{\text{huile d'olive}} = 1,48$ (donnée tirée du tableau 1)

Recherché : $v = ?$

Analyse et solution : $n = \frac{c}{v}$

$v \times n = c$

$v = \frac{c}{n}$

$= \frac{3,00 \times 10^8 \text{ m/s}}{1,48}$

$\approx 2,03 \times 10^8$ m/s

Énoncé : La vitesse de la lumière dans l'huile d'olive est d'environ $2,03 \times 10^8$ m/s.

COUP DE POUCE APPRENTISSAGE

L'origine des mots

Le symbole c qui représente la vitesse de la lumière peut te sembler un choix étrange, puisque le mot *lumière* ne contient pas cette lettre. Ce symbole vient du mot latin *celeritas*, qui signifie « célérité », ou « vitesse de propagation d'une onde ».

LE SAVAIS-TU ?

La véritable valeur

La véritable valeur de l'indice de réfraction de l'air est 1,000 293. Les calculs présentés dans ce texte ne sont pas aussi précis. Pour les besoins du présent cours, tu peux considérer que les indices de réfraction de l'air et du vide sont identiques.

EN RÉSUMÉ

- L'indice de réfraction dans un milieu donné correspond au rapport entre la vitesse de la lumière dans le vide et la vitesse de la lumière dans ce milieu ; l'indice de réfraction est une grandeur sans dimension.

- En mathématiques, l'indice de réfraction se définit comme suit : $n = \frac{c}{v}$ ou $n = \frac{\sin \angle i}{\sin \angle R}$.

VÉRIFIE TA COMPRÉHENSION

1. a) Qu'entend-on par « indice de réfraction » ?
   b) Pourquoi s'agit-il d'une grandeur sans dimension ?

2. La vitesse de la lumière dans le vinaigre est de $2,30 \times 10^8$ m/s. Calcule l'indice de réfraction du vinaigre.

3. La vitesse de la lumière dans le saphir est de $1,69 \times 10^8$ m/s. Quel est l'indice de réfraction du saphir (figure 2) ?

Figure 2

4. Utilise les données du tableau 1 pour calculer la vitesse de la lumière dans
   a) le quartz.
   b) le diamant.

5. Une solution contenant 80 % de sucre a un indice de réfraction de 1,49. Calcule la vitesse de la lumière dans cette solution.

6. L'indice de réfraction de l'acétone est de 1,36. Quelle est la vitesse de la lumière dans l'acétone ?

7. La vitesse de la lumière dans une substance inconnue est de $2,20 \times 10^8$ m/s.
   a) Calcule l'indice de réfraction de cette substance.
   b) Utilise les données du tableau 1 pour t'aider à déterminer la nature de la substance inconnue.

8. Si tu as calculé la vitesse de la lumière dans une substance inconnue et que tu as obtenu comme résultat $4,00 \times 10^8$ m/s, comment peux-tu savoir si tes calculs sont exacts ?

9. Un rayon lumineux passe du diamant à l'air avec un angle de réfraction de 56°. Un morceau de verre est ensuite placé à côté du diamant.
   a) Quelle variation vas-tu observer dans l'angle de réfraction ?
   b) Explique ta réponse en tenant compte de toute variation de la vitesse de la lumière. Dessine aussi un diagramme du trajet du rayon.

10. Pourquoi l'indice de réfraction constitue-t-il une propriété unique à chaque milieu ?

12.5 La réflexion totale interne

Lorsque la lumière passe d'un milieu à un autre, une partie de celle-ci est réfléchie et une autre partie est réfractée. Comme tu le sais déjà, la lumière ralentit lorsqu'elle passe de l'air à l'acrylique ou à l'eau, ce qui entraîne une déviation du trajet de la lumière vers la normale.

Mais la lumière peut également dévier en sens opposé de la normale lorsqu'elle accélère en pénétrant dans un nouveau milieu (par exemple, lorsque la lumière passe de l'acrylique à l'air). Dans un tel cas, l'angle de réfraction est toujours plus grand que l'angle d'incidence (figure 1). En fait, l'angle de réfraction continue de s'accroître à mesure que l'angle d'incidence augmente. Parfois, l'angle de réfraction atteint 90°. On appelle alors cet angle d'incidence « angle critique ». L'**angle critique**, que tu peux aussi appeler l'angle limite, est l'angle d'incidence qui produit un angle de réfraction de 90°.

angle critique angle d'incidence qui produit un angle de réfraction de 90°

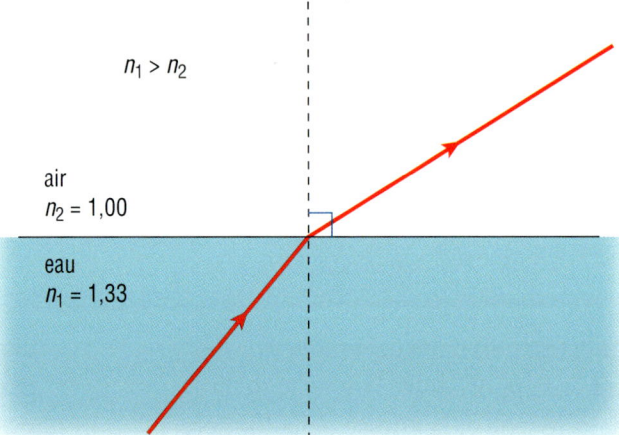

Figure 1 Le milieu 1 (eau) a un indice de réfraction plus élevé que le milieu 2 (air). Par conséquent, un rayon incident dans l'eau accélère en passant dans l'air.

Si tu augmentes l'angle d'incidence de manière qu'il soit plus grand que l'angle critique, le rayon réfracté ne pourra plus quitter le milieu. Il y sera plutôt réfléchi. Autrement dit, le rayon réfracté disparaît et seul un rayon réfléchi demeure visible. Ce phénomène est appelé **réflexion totale interne** (figure 2).

réflexion totale interne situation qui se produit lorsque l'angle d'incidence est supérieur à l'angle critique

COUP DE POUCE
APPRENTISSAGE

Utiliser les diagrammes

Il est souvent plus facile de comprendre un concept lorsqu'il est illustré par un diagramme que lorsqu'il est simplement décrit dans un texte. La réflexion totale interne en est un parfait exemple. Regarde la figure 2, puis dessine des diagrammes de rayons illustrant la réflexion totale interne. Montre et explique tes diagrammes à une ou à un camarade de classe.

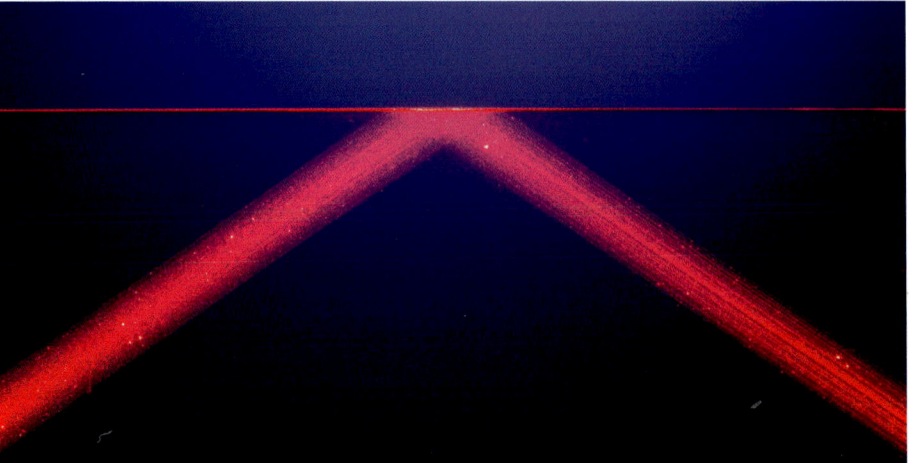

Figure 2 La réflexion totale interne d'un rayon de lumière laser dans l'eau

La réflexion totale interne survient lorsque ces deux conditions sont remplies :

1. La lumière voyage plus lentement dans le premier milieu que dans le second.
2. L'angle d'incidence est suffisamment grand pour qu'il n'y ait aucune réfraction dans le second milieu. Le rayon est plutôt réfléchi dans le premier milieu (figure 3).

Pour en savoir plus sur la réflexion totale interne :

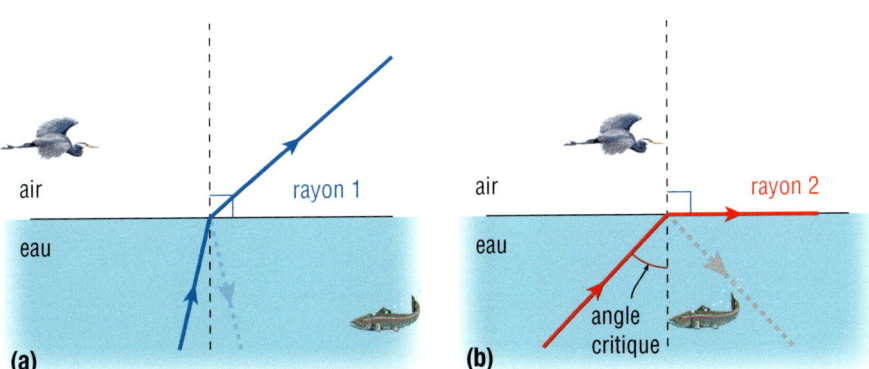

Figure 3 Le rayon 1 est réfracté lorsqu'il passe de l'eau à l'air. Le rayon 2 a un angle de réfraction de 90°; l'angle d'incidence est égal à l'angle critique. Le rayon 3 est réfléchi dans le même milieu (l'eau) et ne pénètre pas dans l'air. Remarque que dans les cas (a) et (b), une partie de la lumière est réfléchie dans le même milieu, mais pas de manière aussi marquée que dans le cas (c).

L'eau a un angle critique de 48,8°. Par conséquent, un angle d'incidence supérieur à 48,8° entraîne la réflexion totale interne dans l'eau. L'angle critique constitue une propriété physique d'un milieu. (Souviens-toi que l'indice de réfraction constitue également une propriété physique.)

Les diamants sont éternels

L'une des caractéristiques qui rendent les diamants si attrayants est leur éclat. Cet éclat est attribuable aux faces coupées du diamant qui, grâce à son indice de réfraction élevé ($n = 2,42$), entraînent la réflexion totale interne de la lumière. L'indice de réfraction élevé des diamants signifie qu'ils ont également un angle critique très faible : 24,4°. Par conséquent, une grande partie de la lumière incidente subit une réflexion totale interne à l'intérieur du diamant. Un rayon de lumière peut être réfléchi plusieurs fois à l'intérieur du diamant avant d'en sortir par l'une des faces supérieures de la pierre (figure 4(a)). C'est ce qui produit le scintillement qui rend les diamants si attrayants (figure 4(b)).

Pour en savoir davantage sur la manière dont les personnes qui fabriquent des bijoux et taillent des pierres précieuses utilisent l'optique dans leur travail :

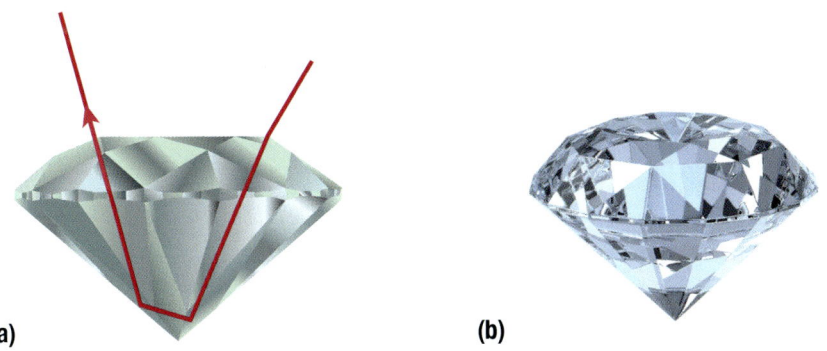

Figure 4 (a) De nombreux rayons lumineux subissent la réflexion totale interne à l'intérieur du diamant. (b) C'est ce qui fait scintiller les diamants.

COUP DE POUCE
LECTURE

Évaluer un texte
Examine attentivement les illustrations et leurs légendes pour savoir comment elles t'aident à mieux comprendre le texte. Fais des liens entre elles et tes connaissances antérieures sur le sujet. Par exemple, tu as peut-être déjà vu des images de diamants qui semblent maintenant appuyer l'explication de leur scintillement.

La fibre optique

La technologie de la fibre optique utilise la lumière comme moyen de transmission de l'information dans un câble de verre. La lumière ne doit pas s'échapper lorsqu'elle voyage dans un câble de verre. C'est pourquoi celui-ci doit avoir un angle critique faible de manière que la lumière qui y pénètre ait un angle d'incidence supérieur à l'angle critique. Les substances qui ont un angle critique faible comprennent le verre de haute pureté et certains types de plastiques spéciaux comme le plastique Lucite (figure 5).

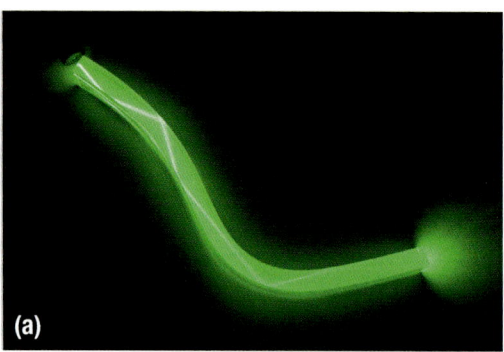 

Figure 5 (a) Un rayon laser subit la réflexion totale interne à l'intérieur d'une tige composée de plastique Lucite. (b) Lorsqu'on regarde de plus près, on peut voir l'endroit précis où se produit la réflexion totale interne.

COUP DE POUCE
LECTURE

Évaluer un texte

Quand tu lis un texte, vérifie s'il exprime des partis pris. Par exemple, si tu lis un texte sur la fibre optique, demande-toi si l'auteure ou l'auteur présente le sujet de manière équilibrée. Est-ce que les avantages ET les inconvénients de la technologie présentée sont abordés ? Si ce n'est pas le cas, est-ce que le texte exprime un parti pris pour ou contre la technologie ?

Pour en savoir plus sur les professions dans le domaine de la fibre optique :

La fibre optique est beaucoup utilisée dans le secteur des communications (p. ex., téléphones, ordinateurs, téléviseurs) et dans l'industrie du cinéma. Savais-tu que dans les films de science-fiction, les petites fenêtres des « énormes » vaisseaux spatiaux sont parfois représentées grâce à la fibre optique (figure 6) ? L'industrie de l'automobile se sert également de la fibre optique pour transmettre la lumière au tableau de bord d'une voiture. Comme tu l'as appris au chapitre 2, les technologies de la fibre optique sont utilisées pour « voir » à l'intérieur du corps humain. Un endoscope est un instrument à fibres optiques qui permet aux médecins de vérifier l'état de santé de différents organes internes (figure 7). L'endoscope est constitué de deux faisceaux distincts de fibres optiques. Le premier faisceau dirige la lumière à l'intérieur du corps, et le second réachemine la lumière réfléchie dans l'instrument.

Une coloscopie, par exemple, est un examen médical très courant chez les hommes de plus de 50 ans. Pour pratiquer une coloscopie, la ou le médecin utilise l'endoscope afin de vérifier s'il y a présence d'excroissances susceptibles de devenir un cancer du côlon.

 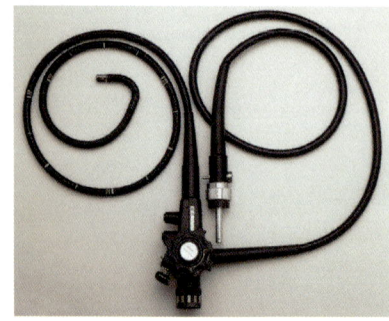

Figure 6 La lumière voyage à l'intérieur des fibres optiques, puis émerge aux extrémités.

Figure 7 Un endoscope est un instrument à fibres optiques utilisé comme outil de diagnostic médical.

Le prisme triangulaire

Un prisme triangulaire peut lui aussi produire la réflexion totale interne. L'angle critique du verre est d'environ 41,1°. Si le prisme est orienté de manière que l'angle d'incidence soit supérieur à 41,1°, la réflexion totale interne se produira. Les prismes sont bien plus efficaces que les miroirs pour réfléchir la lumière, puisqu'ils reflètent vers l'intérieur presque 100 % de la lumière. Les miroirs reflètent la plus grande partie de la lumière incidente, mais en perdent aussi un peu par absorption. De plus, la surface argentée des miroirs se détériore avec le temps. C'est pourquoi la plupart des instruments d'optique comme les appareils photo et les jumelles sont faits avec des prismes et non avec des miroirs. Le rayon émergent peut être à 90° ou à 180° par rapport au rayon incident, selon l'orientation du prisme (figure 8).

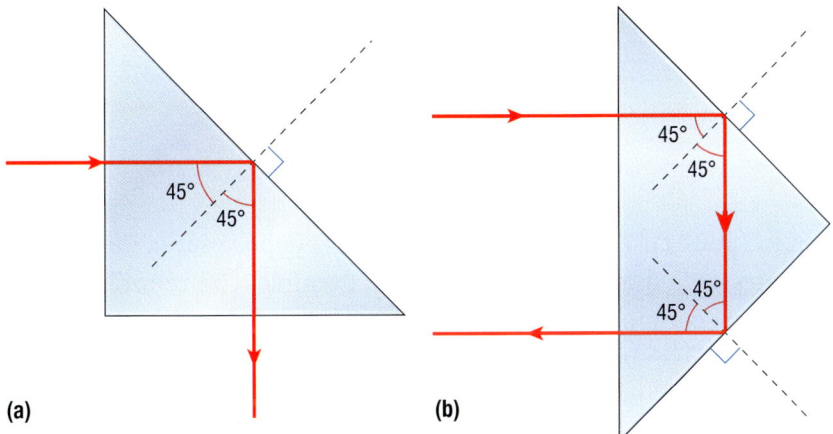

Figure 8 En modifiant l'orientation du prisme, on peut changer la direction du rayon émergent de 90° ou de 180°. Dans l'exemple (a), le rayon de lumière est réfléchi une seule fois, et dans l'exemple (b), il est réfléchi deux fois.

Au chapitre 11, tu as appris que les miroirs plans peuvent servir à fabriquer un périscope rudimentaire. Les périscopes plus complexes font appel aux prismes triangulaires pour changer le trajet de la lumière de 90° (figure 9). Chaque face triangulaire a des angles de 45°, 45° et 90°. Les jumelles contiennent deux prismes de ce genre pour dévier la lumière de 180° (figure 10).

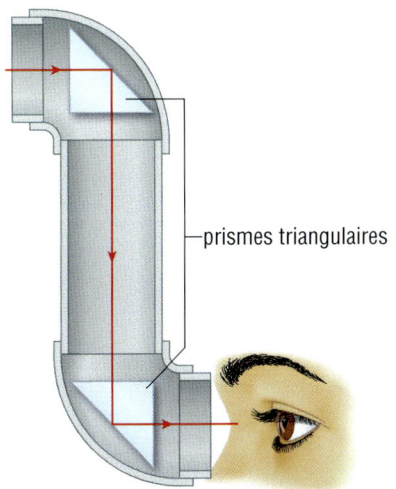

Figure 9 Un périscope est formé de prismes qui changent le trajet de la lumière de 90°.

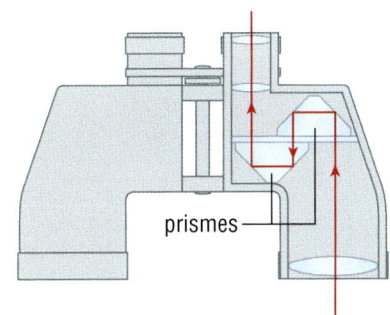

Figure 10 Les jumelles sont faites de deux prismes triangulaires qui changent le trajet de la lumière.

Les rétroréflecteurs et les prismes

rétroréflecteur instrument d'optique dans lequel le rayon émergent est parallèle au rayon incident

Un **rétroréflecteur** est un instrument d'optique qui renvoie toute lumière incidente dans la direction d'où elle provient. L'orientation du prisme de la figure 8(b) à la page précédente est un exemple de rétroréflexion parce que le rayon émergent est parallèle au rayon incident à la suite des deux réflexions totales internes.

Si tu coupes un coin d'un cube de verre, tu obtiens un rétroréflecteur coin de cube. Ce type de rétroréflecteur possède trois faces perpendiculaires (comme les coins d'une pièce) (figure 11). Il reflète les rayons incidents provenant de toute direction vers leur point d'origine.

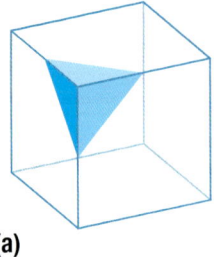
(a)
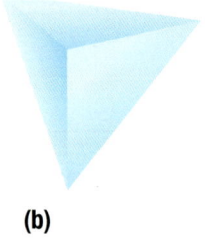
(b)
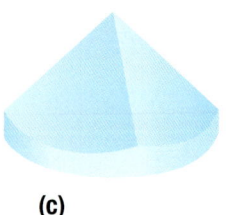
(c)

Figure 11 (a) et (b) On fabrique un rétroréflecteur coin de cube en coupant l'un des coins d'un cube. (c) Le rétroréflecteur coin de cube obtenu après avoir coupé trois coins d'un cube.

Le LR³ (pour *Laser Ranging Retro-Reflector*) déposé sur la Lune par les astronautes de la mission Apollo 11 est un exemple d'un rétroréflecteur de ce type. Il est composé de 100 rétroréflecteurs coins de cube installés sur une grille montée sur un panneau d'aluminium carré de 46 cm de long, soit environ la taille d'une boîte de pizza. Ces 100 prismes coins de cube sont faits de quartz. Grâce à cet instrument, les scientifiques sur Terre peuvent diriger un puissant faisceau laser vers la Lune et le faire réfléchir sur le LR³. Ainsi, ils peuvent établir la distance entre la Terre et la Lune à 3 cm près. Le LR³ lunaire est toujours fonctionnel. Des évaluations récentes faites avec les faisceaux laser ont permis de mesurer de façon encore plus précise la distance entre la Terre et la Lune avec une marge d'erreur de seulement quelques millimètres.

Tu n'as peut-être jamais entendu parler des rétroréflecteurs auparavant, mais tu en as certainement déjà vu. Ils sont incorporés aux réflecteurs de vélo et dans les bandes réflectrices sur les vêtements et les casques. Les panneaux de signalisation routière contiennent de minuscules rétroréflecteurs dans la peinture, ce qui permet aux automobilistes de les voir la nuit (figure 12).

Pour en savoir plus sur le LR³ installé sur la Lune et les rétroréflecteurs en général :

Figure 12 Les rétroréflecteurs sur les panneaux de signalisation routière permettent aux automobilistes de mieux les voir la nuit.

SIGNET de fin d'unité

Tu vas pouvoir mettre en application ce que tu viens d'apprendre sur la réflexion totale interne au moment de choisir le type d'instrument d'optique que tu souhaites construire pour l'activité de fin d'unité décrite à la page 588.

EN RÉSUMÉ

- L'angle critique est l'angle d'incidence qui produit un angle de réfraction de 90°. Cette situation survient uniquement lorsque la lumière passe d'un milieu à un autre, où l'indice de réfraction est plus bas.

- La réflexion totale interne survient si l'angle d'incidence est plus grand que l'angle critique.

- Les instruments d'optique comme les périscopes, les jumelles et les câbles à fibres optiques fonctionnent grâce à la réflexion totale interne.

- Selon son orientation, un prisme triangulaire peut faire dévier la lumière de 90° (une réflexion totale interne) ou de 180° (deux réflexions totales internes).

VÉRIFIE TA COMPRÉHENSION

1. Quelles sont les deux conditions essentielles à la formation d'une réflexion totale interne ?

2. Pourquoi une réflexion totale interne ne survient-elle que lorsque la lumière voyage plus lentement dans le premier milieu que dans le second, et non l'inverse ? Dessine un diagramme de rayons pour illustrer ta réponse.

3. L'angle critique du saphir est de 34,4°. Pour chaque angle d'incidence ci-dessous, détermine si la réflexion totale interne dans le saphir se produira.
   a) 23,7°   b) 34,7°   c) 53,4°   d) 31,5°

4. Quel est l'avantage d'utiliser des prismes triangulaires plutôt que des miroirs plans dans des instruments d'optique qui fonctionnent grâce à la réflexion de la lumière ?

5. Obtient-on une plus grande réflexion totale interne dans un milieu qui a un petit angle critique ou dans un milieu qui a un grand angle critique ? Explique ta réponse.

6. Fais un remue-méninges pour dresser une liste d'emplois possibles des rétroréflecteurs dans le but d'améliorer la sécurité routière sur un chemin de campagne sombre et sinueux.

7. Décris brièvement trois applications de la réflexion totale interne de la lumière.

8. La figure 13 illustre le trajet de la lumière qui traverse deux milieux différents. Dans lequel de ces trois diagrammes la réflexion totale interne serait-elle possible si l'angle d'incidence augmentait ?

9. Regarde de nouveau la figure 13. Pour chacun des diagrammes, détermine dans quel milieu la réflexion totale interne pourrait se produire. Explique tes réponses.

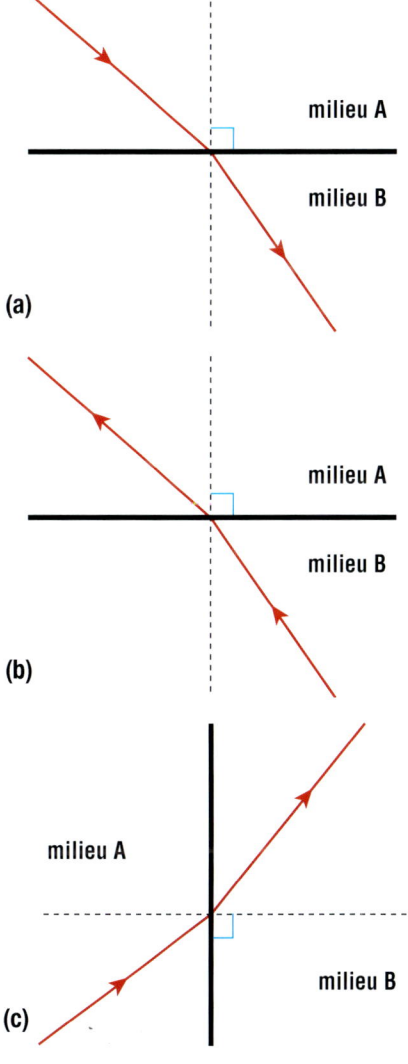

Figure 13

12.6 RÉALISE UNE ACTIVITÉ

Mesure les angles critiques de différents milieux

La lumière dévie de la normale lorsqu'elle voyage plus lentement dans le premier milieu que dans le second. La réflexion totale interne dans le premier milieu survient lorsque la lumière a un angle d'incidence plus grand que l'angle critique de ce milieu.

HABILETÉS
- Se poser une question
- Formuler une hypothèse
- Prédire le résultat
- Planifier
- Contrôler les variables
- Exécuter
- Observer
- Analyser
- Évaluer
- Communiquer

Objectif
Étudier les angles critiques de différents milieux.

Matériel
LA BOÎTE À OUTILS 1.B.
- boîte à rayons à fente unique
- bloc d'acrylique semi-circulaire
- soucoupe en plastique semi-circulaire
- eau
- glycérol
- huile végétale
- papier graphique à coordonnées polaires (ou règle et rapporteur d'angles)
- savon à vaisselle (pour nettoyer les résidus d'huile végétale sur la soucoupe en plastique)

Marche à suivre

LA BOÎTE À OUTILS 5., 6.

1. Place le bloc d'acrylique au centre du papier graphique en alignant le côté plat long de la ligne centrale horizontale. La ligne 0-180° du papier graphique est la normale et doit passer au centre du bloc d'acrylique. Assure-toi que le bloc est bien centré. Tu vas projeter des rayons lumineux directement vers le centre du papier graphique à coordonnées polaires (soit l'origine). Cette activité est semblable à d'autres activités que tu as réalisées dans ce chapitre, à une exception près. En effet, *tu vas maintenant diriger les rayons lumineux vers la partie courbée du bloc.* Tu dois installer la boîte à rayons de manière que le rayon incident passe par le centre du bloc (soit l'origine sur le papier graphique). Place la boîte à rayons de façon qu'il se forme un angle réfracté dans l'air supérieur à l'angle d'incidence dans le bloc d'acrylique (figure 1).

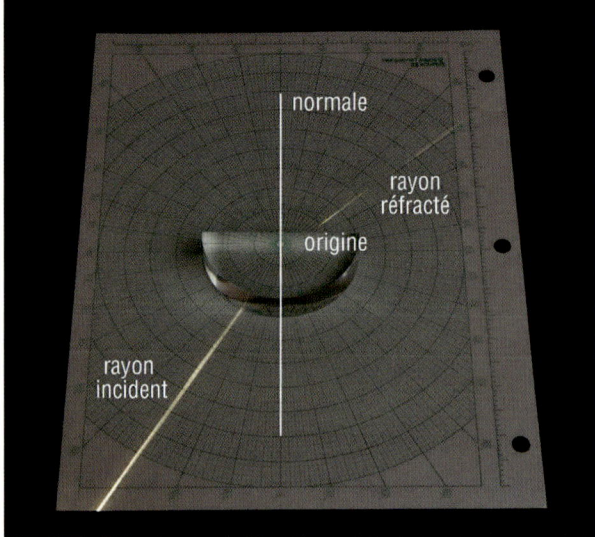

Figure 1

2. Déplace la boîte à rayons lentement de manière à accroître l'angle d'incidence dans le bloc d'acrylique. Le rayon réfracté qui sort du bloc va finalement disparaître. Mesure l'angle d'incidence lorsque cela se produit. Note tes données dans la première colonne d'un tableau semblable au tableau 1 ci-dessous. (Si tu n'as pas de papier graphique à coordonnées polaires, marque le trajet des rayons lumineux au crayon. Mesure ensuite les angles à l'aide du rapporteur d'angles.)

Tableau 1 Angles critiques de différents milieux

Milieu	Mesure de l'angle critique
acrylique	
eau	
glycérol	
huile végétale	

3. Répète les étapes 1 et 2 en te servant de la soucoupe de plastique semi-circulaire. Utilise de l'eau d'abord, puis du glycérol et, pour terminer, de l'huile végétale. (Assure-toi de bien nettoyer le glycérol et l'huile végétale dans la soucoupe semi-circulaire à l'aide du savon à vaisselle.)

⛔ Lorsque tu débranches la boîte à rayons, ne tire pas sur le cordon d'alimentation, mais plutôt sur la fiche.

Analyse et interprète

LA BOÎTE À OUTILS
5.D.2.

a) Les valeurs reconnues pour les angles critiques dans l'acrylique, l'eau et l'huile végétale sont 42,2°, 48,8° et 42,9°, respectivement. Compare les valeurs que tu as mesurées aux valeurs reconnues. 🆎

b) Quelles sources d'erreur permettraient d'expliquer un écart entre les valeurs que tu as mesurées pour les angles critiques et les valeurs reconnues ? 🆎

c) Est-ce qu'une réflexion partielle et une réfraction se sont quand même produites lorsque la lumière voyageait plus lentement dans le premier milieu que dans le second ? Explique ta réponse. 🆎

Approfondis ta démarche

d) L'indice de réfraction est de 1,49 pour l'acrylique, de 1,33 pour l'eau et de 1,47 pour l'huile végétale. Compte tenu de ces données et des angles critiques que tu as mesurés, quelle corrélation peux-tu observer entre l'indice de réfraction et l'angle critique ? 🆎

e) Fais des recherches pour connaître l'angle critique et l'indice de réfraction du glycérol. Les valeurs que tu as mesurées se rapprochaient-elles des valeurs reconnues ? 🆎

SCIENCES APPLIQUÉES

La cape d'invisibilité : pour se cacher en plein jour

« … s'il était possible de faire en sorte que son indice de réfraction soit le même que celui de l'air, alors il n'y aurait ni réfraction, ni réflexion de la lumière qui passe du verre à l'air. » C'est en ces termes que le personnage principal du roman de H. G. Wells, *L'homme invisible*, essaie d'expliquer comment il pourrait devenir invisible. Beaucoup d'œuvres destinées au divertissement ont exploité le thème de l'invisibilité, du roman de Wells paru en 1897 aux films de la série Harry Potter dans lesquels le personnage principal porte parfois une cape d'invisibilité. Est-ce de la pure fiction ou y a-t-il des fondements à cette idée ?

Étonnamment, les scientifiques s'intéressent beaucoup à la possibilité de concevoir un appareil d'invisibilité. On a récemment testé un appareil capable de courber les micro-ondes autour d'un anneau de cuivre, le rendant ainsi « invisible ». En d'autres mots, l'action de l'appareil sur les micro-ondes rend les anneaux de cuivre impossibles à détecter (figure 1). Ce résultat a stupéfié les physiciennes et physiciens du monde entier. La lumière, tout comme les micro-ondes, est une onde électromagnétique. Ce concept pourrait-il s'appliquer à la lumière ?

Figure 1 Ces anneaux de cuivre sont indétectables par les micro-ondes. Ce n'est pas encore la cape d'invisibilité de Harry Potter, mais c'est un résultat impressionnant.

Les scientifiques travaillent aujourd'hui avec des matériaux spéciaux appelés « métamatériaux » dans le but de reproduire cette expérience avec la lumière. Les métamatériaux ont des propriétés extraordinaires que les matériaux naturels ne possèdent pas : ils réagissent aux ondes électromagnétiques de façon tout à fait différente. Ces nouveaux matériaux ont un indice de réfraction négatif. Un indice de réfraction négatif permet à un matériau de réfracter la lumière, mais les rayons réfractés demeurent du même côté de la normale lorsqu'ils pénètrent dans le second matériau (figure 2). (Dans toutes les substances d'origine naturelle, la lumière est réfractée du côté opposé à la normale.) Cette propriété inhabituelle permet aux scientifiques de faire dévier la lumière de façon étonnante. Les métamatériaux sont extrêmement difficiles à fabriquer. Par conséquent, pour les scientifiques, la tâche de les adapter de manière qu'ils fassent dévier la lumière autour d'une substance comporte de nombreux défis techniques.

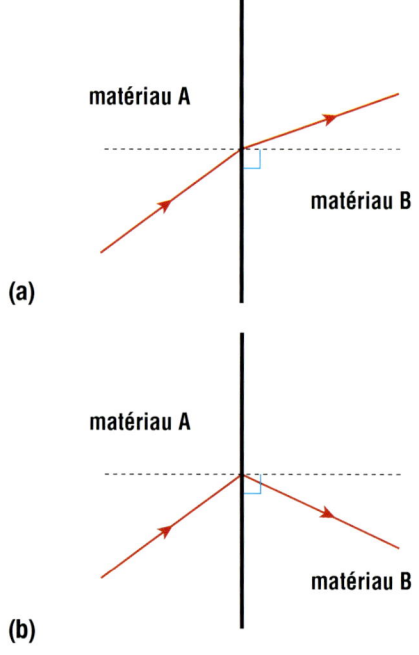

Figure 2 (a) Dans une réfraction normale, le rayon de lumière est réfracté du côté opposé à la normale comparativement au rayon incident. (b) La réfraction négative survient lorsque le rayon de lumière réfracté se situe du *même côté* de la normale que le rayon incident.

Les propriétés physiques de la cape d'invisibilité sont vraisemblables : elles ont déjà été démontrées avec succès avec les micro-ondes. Le jour où il sera possible pour l'être humain d'être invisible n'est peut-être pas si loin (figure 3).

Figure 3 Un exemple de ce à quoi pourrait ressembler une cape d'invisibilité

12.7 Les phénomènes liés à la réfraction

On observe, dans la nature, de nombreux phénomènes attribuables aux propriétés de la lumière. Grâce à l'optique géométrique, on peut expliquer plusieurs de ces phénomènes.

La profondeur apparente

Un crayon plongé partiellement dans l'eau semble courbé lorsqu'on l'observe d'en haut (figure 1). On peut expliquer ce phénomène à l'aide du concept de la réfraction et en sachant que notre cerveau perçoit toujours le trajet des rayons lumineux en ligne droite. La lumière qui provient du bout immergé du crayon parvient jusqu'à tes yeux. Ton esprit projette ensuite les rayons en ligne droite vers le crayon, créant une image virtuelle dans l'eau. Puisqu'elle est moins profonde que le bout du crayon, cette image donne à ce dernier une apparence courbée. Le bout du crayon semble moins profond qu'il ne l'est en réalité. La distance entre la surface de l'eau et l'endroit où semble se situer l'objet (l'image virtuelle) s'appelle **profondeur apparente** (figure 2).

Figure 1 Crayon « courbé » dans l'eau

profondeur apparente profondeur à laquelle un objet semble se situer en raison de la réfraction de la lumière dans un milieu transparent

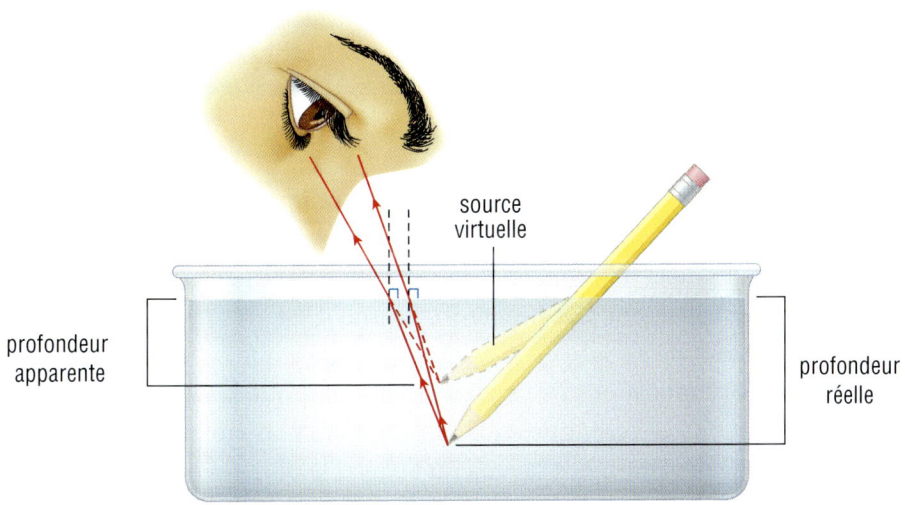

Figure 2 La réfraction fait en sorte que le crayon semble plus près de la surface qu'il ne l'est en réalité.

Les objets submergés semblent toujours être plus près de la surface qu'ils ne le sont en réalité. La profondeur apparente est une illusion d'optique. C'est ce qui explique pourquoi les poissons ont l'air plus proches de la surface de l'eau qu'ils ne le sont en réalité (figure 3).

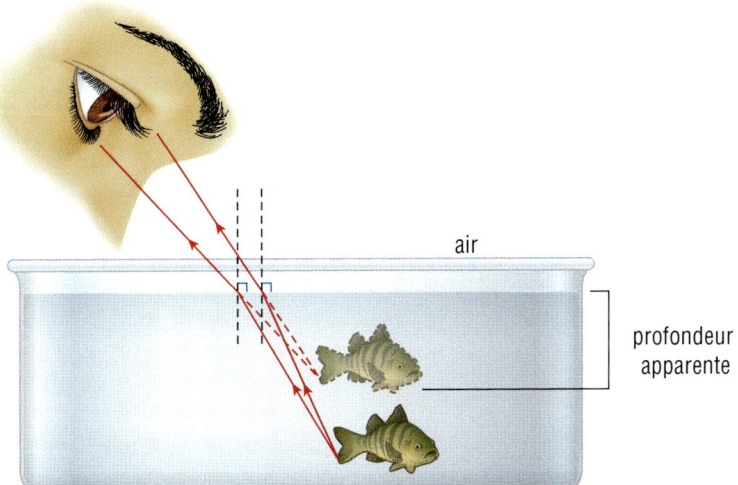

Figure 3 L'illusion de la profondeur apparente

Pour la même raison, les jambes d'une personne qui se tient debout dans l'eau semblent plus courtes qu'elles ne le sont en réalité (figure 4).

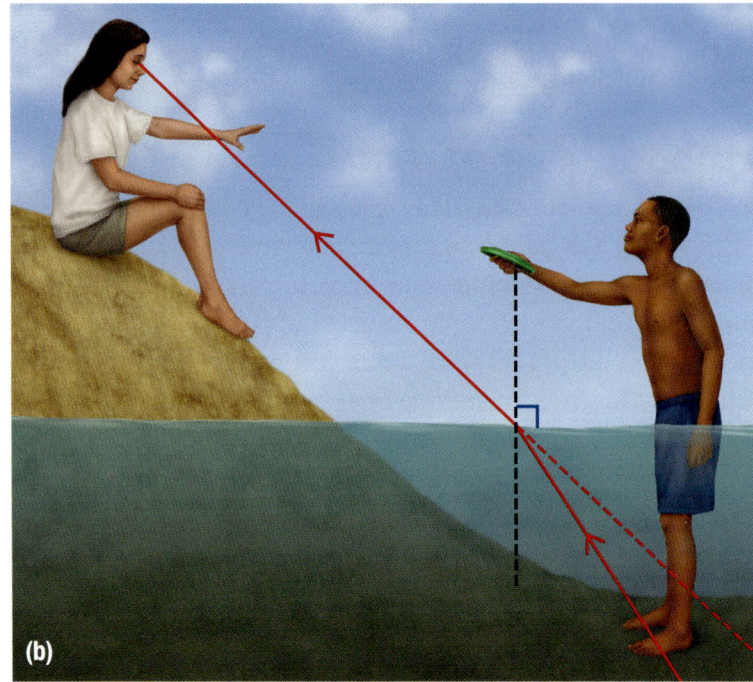

Figure 4 La réfraction fait en sorte que les jambes d'une personne semblent plus courtes qu'elles ne le sont en réalité lorsque cette dernière se tient debout dans l'eau.

Le Soleil « aplati »

Les couchers de soleil constituent une occasion unique d'observer une image étonnante produite par la réfraction. Lorsqu'on regarde le Soleil tout près de l'horizon, à la fin de la journée, on remarque qu'il paraît aplati. Bien sûr, le Soleil n'est pas réellement plat (figure 5). Lorsqu'il est près de l'horizon, la lumière provenant de sa base est davantage réfractée que celle provenant du dessus. Une des explications de ce phénomène, c'est que la densité de l'air, plus grande près de la Terre que dans l'atmosphère plus éloignée, entraîne une plus grande déviation des rayons du Soleil. De plus, les rayons de lumière provenant du bas du Soleil ont un angle d'incidence supérieur à celui des rayons provenant du haut du Soleil. Le Soleil semble ainsi aplati plutôt que rond.

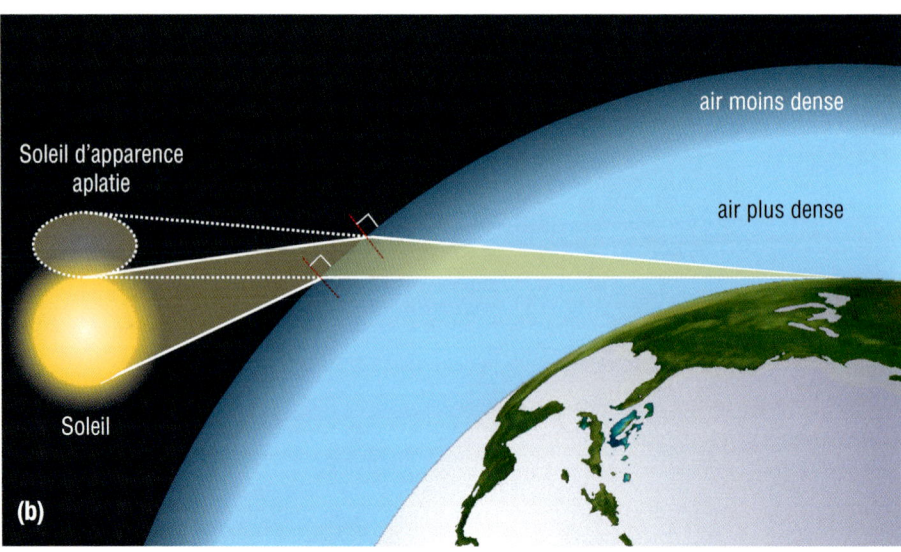

Figure 5 Aplatissement apparent de la forme du Soleil en raison de la réfraction causée par l'atmosphère terrestre

Le mirage de l'eau sur la chaussée

Beaucoup de gens ont déjà remarqué ce qui ressemble à une flaque d'eau devant eux sur la chaussée lorsqu'ils sont au volant d'une voiture (figure 6(a)). Cette flaque semble si près, mais la voiture n'arrive jamais à l'atteindre. La flaque d'eau a l'air de continuellement s'éloigner.

Ce phénomène étrange est en fait un **mirage**. Un mirage survient lorsque la lumière passe d'un air froid à un air plus chaud. L'indice de réfraction de l'air diminue en même temps que sa température augmente. Cela entraîne une déviation de la lumière en direction opposée à la normale à mesure que la température augmente. Par la suite, une réflexion totale interne se produit dans la couche d'air la plus proche du sol (donc la plus chaude) (figure 6(b)). Le rayon lumineux voyage ensuite vers le haut, en partant de la partie la plus chaude vers la partie la plus froide, et est graduellement réfracté vers la normale à mesure que la température diminue. Le rayon lumineux pénètre finalement dans tes yeux. Cette lumière déviée est en fait une image virtuelle sur la chaussée.

mirage image virtuelle produite à la suite de la réfraction et de la réflexion totale interne dans l'atmosphère terrestre

En réalité, la flaque d'eau est une image virtuelle du ciel projetée sur la chaussée. Parce que le cerveau humain perçoit le trajet de la lumière en ligne droite, l'automobiliste projette l'image du ciel sur la chaussée.

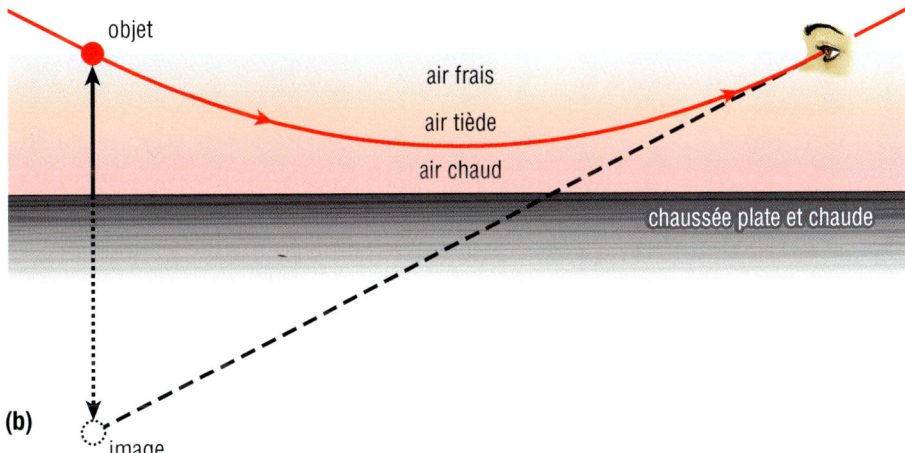

Figure 6 Une flaque d'eau semble s'être formée sur la chaussée. Cette illusion est causée par la réfraction et la réflexion de la lumière qui traverse des couches d'air de températures différentes.

Le miroitement

Tu as sans doute observé, par une nuit claire où la Lune est visible dans le ciel, qu'une image miroitante de la Lune apparaît à la surface de l'eau (figure 7). Comme dans le cas d'un mirage, le miroitement est causé par la lumière réfractée qui voyage dans l'air dont la température varie.

La nuit, l'air qui se trouve au-dessus du lac est plus chaud que l'air plus haut dans l'atmosphère. La lumière provenant de la Lune passe par des couches d'air de différentes températures. Dans la couche d'air la plus froide, la lumière voyage plus lentement, si bien qu'un rayon lumineux produit par la Lune dévie vers la normale. En poursuivant son chemin vers la Terre, le rayon lumineux traverse des couches d'air plus chaud et accélère jusqu'à ce qu'il atteigne le lac, déviant de plus en plus loin de la normale. Parfois, une réflexion totale interne survient dans la couche d'air la plus chaude. Ce phénomène produit de multiples images virtuelles de la Lune à la surface de l'eau.

Figure 7 Miroitement à la surface d'un lac en raison des différentes vitesses auxquelles la lumière voyage en traversant des couches d'air de différentes températures

12.7 Les phénomènes liés à la réfraction

Les arcs-en-ciel

Dans le chapitre précédent, tu as appris comment Isaac Newton a décomposé la lumière blanche en une séquence continue de couleurs à l'aide d'un prisme triangulaire. La décomposition de la lumière blanche en un spectre de couleurs s'appelle **dispersion**. La dispersion survient lorsque chaque couleur de la lumière visible voyage à une vitesse légèrement différente en traversant un prisme de verre. La lumière violette ralentit davantage que la lumière rouge après avoir pénétré dans le prisme. C'est pourquoi tu observes une plus grande réfraction de la lumière violette (c'est-à-dire une déviation plus prononcée de cette couleur vers la normale) que de toute autre couleur. C'est la lumière rouge qui subit la moins grande réfraction (figure 8).

dispersion décomposition des couleurs constituant la lumière blanche

COUP DE POUCE — LECTURE

Remettre en question ses convictions
L'explication d'un phénomène naturel ou d'une illusion d'optique peut entraîner la remise en question de tes convictions au sujet de certaines choses dont tu as fait l'expérience. Par exemple, l'explication du phénomène des arcs-en-ciel ou des mirages pourrait te convaincre qu'il ne faut pas toujours croire ce que tu vois ou ce que tu crois voir.

Figure 8 Les couleurs de la lumière visible voyagent à des vitesses différentes lorsqu'elles traversent un prisme de verre triangulaire.

LE SAVAIS-TU ?

Au-delà de l'arc-en-ciel
Les principes géométriques qui expliquent le phénomène des arcs-en-ciel sont très précis. L'angle entre l'arc-en-ciel et l'observatrice ou l'observateur est toujours le même : environ 42°. Tous les arcs-en-ciel formeraient un cercle complet si le sol ne les obstruait pas.

L'arc-en-ciel est un phénomène optique produit par les gouttelettes d'eau présentes dans l'atmosphère terrestre (figure 9). La réfraction de la lumière qui pénètre une goutte d'eau (passant donc de l'air à l'eau) constitue la première étape du processus, qui entraîne la dispersion. La deuxième étape est une réflexion partielle interne quand la lumière frappe la paroi arrière de la goutte d'eau. La troisième étape est la réfraction de la lumière lorsqu'elle sort de la goutte (passant ainsi de l'eau à l'air). C'est cette lumière que tu vois et que tu perçois sous forme d'arc-en-ciel. Ton cerveau projette ces rayons lumineux dans la direction opposée et forme une image virtuelle du spectre : un arc-en-ciel (figure 10). Tu ne peux voir l'arc-en-ciel que si le Soleil est derrière toi.

Figure 9 Tant que le Soleil est derrière toi, l'arc-en-ciel se déplace avec toi.

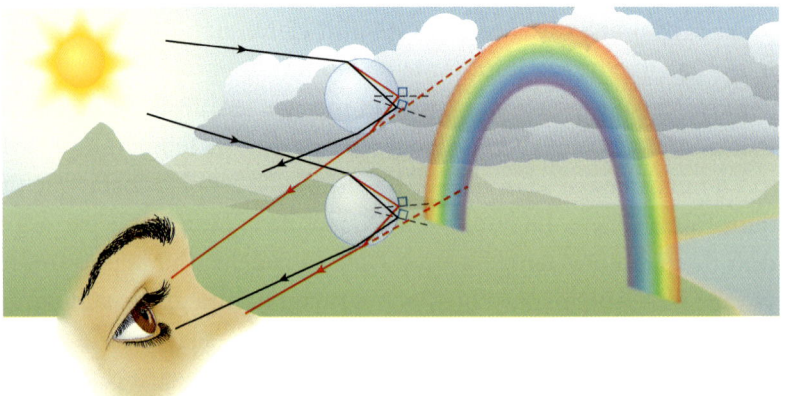

Figure 10 L'arc-en-ciel résulte de la combinaison de la dispersion et de la réflexion partielle interne dans les gouttelettes d'eau présentes dans l'atmosphère. Des millions de gouttes d'eau sont nécessaires pour produire un arc-en-ciel.

RECHERCHE EN ACTION

D'AUTRES PHÉNOMÈNES OPTIQUES ATMOSPHÉRIQUES

HABILETÉS : effectuer une recherche, communiquer

LA BOÎTE À OUTILS
4.A., 4.B.

La lumière produit beaucoup d'autres phénomènes atmosphériques en plus de ceux qui ont été présentés dans ce chapitre (figure 11). Dans cette activité, tu vas faire une recherche sur l'un de ces phénomènes.

Figure 11 La ceinture de Vénus (la bande bleu foncé au-dessus de l'horizon) est un autre phénomène optique naturel.

Choisis *un* des sujets de recherche ci-dessous.

1. Fais une recherche sur ce qui cause les parhélies et les parasélènes.
2. Fais une recherche sur la formation des halos.
3. Fais une recherche sur ce qui cause les rayons verts.
4. Fais une recherche sur un autre phénomène lumineux atmosphérique qui t'intéresse, mais qui n'a pas été mentionné dans cette section.

Réponds à la question qui se rapporte au phénomène que tu as choisi.

A. Quelles sont les conditions nécessaires à la formation d'un parhélie ou d'une parasélène ?
B. Quelle est la principale différence entre un arc-en-ciel et un halo ?
C. Explique ce qui cause les rayons verts dans l'atmosphère. Pourquoi est-ce si difficile d'en voir ?
D. Explique brièvement comment le phénomène lumineux qui t'intéresse se produit dans l'atmosphère.

EN RÉSUMÉ

- Les objets submergés paraissent moins profonds (profondeur apparente) qu'ils ne le sont en réalité en raison de la réfraction de la lumière.
- Le Soleil prend une apparence aplatie près de l'horizon parce que la lumière provenant du bas du Soleil subit une plus grande réfraction que celle provenant du haut lorsqu'elle traverse l'atmosphère terrestre.
- Le miroitement est le résultat de la variation de la vitesse de la lumière qui traverse des couches d'air de différentes températures.
- Un mirage est attribuable à la réfraction et à la réflexion totale interne dans les couches d'air de différentes températures.
- Un arc-en-ciel est un phénomène produit par la réfraction et la réflexion partielle interne de la lumière du Soleil dans les gouttelettes d'eau présentes dans l'atmosphère terrestre.

VÉRIFIE TA COMPRÉHENSION

1. a) Qu'entend-on par « profondeur apparente » ?
   b) Qu'est-ce qui cause ce phénomène ?
2. Tu dois sortir un poisson de l'eau. Où dois-tu viser pour le capturer comparativement à l'image du poisson que tu vois ? Explique ta réponse.
3. Dans le texte sur les mirages, on mentionne que l'indice de réfraction dans l'air diminue à mesure que l'air se réchauffe. Que peux-tu en déduire au sujet de la vitesse de la lumière dans l'air froid par rapport à celle dans l'air chaud ? Explique ta réponse.
4. Qu'est-ce que tu regardes en réalité lorsque tu vois une flaque d'eau sur la chaussée qui est pourtant sèche ? Explique ta réponse.
5. Le phénomène de la dispersion entraîne une réfraction plus importante de la lumière violette que de la lumière rouge. Que peux-tu en déduire au sujet de l'indice de réfraction de la lumière violette comparativement à celui de la lumière rouge ? Explique ta réponse.
6. Quels sont les trois changements de direction d'un rayon de lumière qui interagit avec une gouttelette d'eau dans l'atmosphère pour produire un arc-en-ciel ?
7. Si la vitesse de la lumière ne variait pas en fonction des différentes couleurs, est-ce qu'un arc-en-ciel pourrait quand même se former ? Explique ta réponse.

CHAPITRE 12 À REVOIR

RÉSUMÉ DES CONCEPTS CLÉS

La lumière change de direction de manière prévisible en traversant différents milieux transparents.

- La vitesse de la lumière varie selon le milieu dans lequel elle voyage. (12.1)
- La lumière dévie vers la normale lorsqu'elle ralentit en pénétrant dans un milieu, et dévie en direction opposée à la normale lorsqu'elle accélère en pénétrant dans un milieu. (12.1)
- La lumière peut être réfléchie partiellement et réfractée simultanément sur la même surface. (12.1)

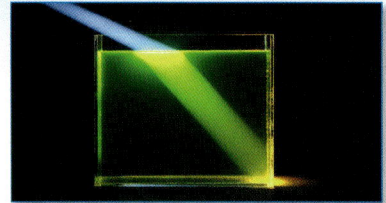

La lumière dévie vers la normale lorsqu'elle ralentit dans un milieu dont l'indice de réfraction est plus élevé.

- L'indice de réfraction dans un milieu donné correspond au rapport entre la vitesse de la lumière dans le vide et la vitesse de la lumière dans ce milieu ; c'est une grandeur sans dimension. (12.4)
- En mathématiques, l'indice de réfraction se définit comme suit :
  $n = \dfrac{c}{v}$ ou $n = \dfrac{\sin \angle i}{\sin \angle R}$. (12.4)

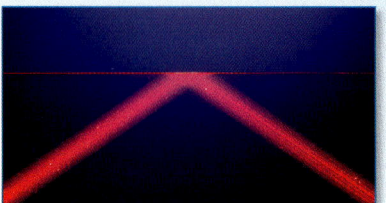

La réflexion totale interne peut se produire lorsqu'un rayon incident est dirigé vers un milieu dont l'indice de réfraction est plus bas.

- L'angle critique est l'angle d'incidence qui crée un angle de réfraction de 90°. Cette situation se produit uniquement lorsque la lumière passe d'un milieu à un autre, où l'indice de réfraction est plus bas. (12.5)
- La réflexion totale interne survient si l'angle d'incidence est plus grand que l'angle critique. (12.5)

Beaucoup d'instruments d'optique font appel à la réfraction et à la réflexion de la lumière.

- Les instruments d'optique comme les périscopes, les jumelles, les rétroréflecteurs et les câbles à fibres optiques fonctionnent grâce à la réflexion totale interne. (12.5)
- Selon son orientation, un prisme triangulaire peut faire dévier la lumière de 90° (une réflexion totale interne) ou de 180° (deux réflexions totales internes). (12.5)

La réfraction et la réflexion de la lumière permettent d'expliquer certains phénomènes naturels.

- Les objets submergés semblent moins profonds (profondeur apparente) qu'ils ne le sont en réalité en raison de la réfraction de la lumière. (12.7)
- Le miroitement et les mirages résultent de la réfraction et de la réflexion totale interne dans les couches d'air de différentes températures. (12.7)
- Un arc-en-ciel se forme à la suite de la réfraction et de la réflexion partielle interne de la lumière du Soleil dans les gouttelettes d'eau présentes dans l'atmosphère terrestre. (12.7)

La compréhension du comportement de la lumière est essentielle dans de nombreuses professions.

- Les joaillières et joailliers tiennent compte du phénomène de la réflexion totale interne pour créer des motifs magnifiques dans les pierres précieuses et semi-précieuses. (12.5)
- Les fabricantes et fabricants de prismes de verre tiennent compte des phénomènes de la réfraction et de la réflexion totale interne pour fabriquer des primes capables de faire dévier de 90° ou de 180° le trajet de la lumière. (12.5)

QU'EN PENSES-TU MAINTENANT?

Tu as réfléchi aux énoncés ci-dessous au début du chapitre. Tu avais peut-être déjà entendu parler de ces notions à l'école, à la maison ou autour de toi. Reconsidère-les maintenant et détermine si tu es d'accord ou non avec chacun.

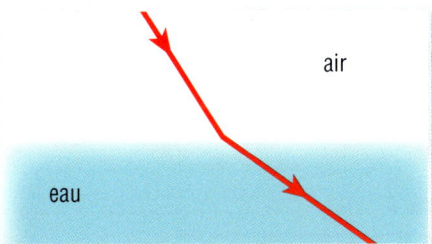

1 Ce diagramme illustre correctement le passage de la lumière de l'air à l'eau.
D'accord / En désaccord

4 Une piscine est toujours plus profonde qu'elle en a l'air.
D'accord / En désaccord

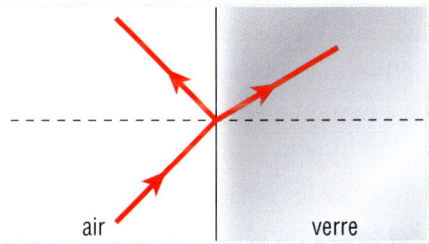

2 La lumière peut être réfléchie et transmise lorsqu'elle passe de l'air au verre.
D'accord / En désaccord

5 Pour voir un arc-en-ciel, il faut que le soleil brille au moment où il pleut.
D'accord / En désaccord

3 Un périscope est un instrument d'optique qui permet de voir par-dessus un obstacle.
D'accord / En désaccord

6 Lorsque tu vois un mirage, tu regardes en réalité une image du ciel.
D'accord / En désaccord

Comment tes réponses ont-elles changé? Que sais-tu de plus maintenant?

Vocabulaire

réfraction (p. 515)
angle de réfraction (p. 516)
indice de réfraction (p. 524)
angle critique (p. 526)
réflexion totale interne (p. 526)
rétroréflecteur (p. 530)
profondeur apparente (p. 535)
mirage (p. 537)
dispersion (p. 538)

IDÉES maîtresses

✓ Les caractéristiques et les propriétés de la lumière peuvent être utilisées à différentes fins à l'aide de miroirs et de lentilles.

✓ La société a profité du développement d'une variété de technologies et d'instruments d'optique.

À revoir

CHAPITRE 12 — RÉVISION

Les icônes suivantes t'indiquent la compétence visée par chaque question.
- **CC** Connaissance et compréhension
- **C** Communication
- **HP** Habiletés de la pensée
- **MA** Mise en application

Qu'as-tu retenu?

1. Quelle procédure permet de mesurer l'angle de réfraction? Dessine un diagramme de rayons pour illustrer ta réponse. (12.1) **CC** **C**

2. La lumière dévie vers la normale lorsqu'elle passe du milieu A au milieu B. Compare la vitesse de la lumière dans les deux milieux. (12.1) **CC**

3. La lumière ralentit lorsqu'elle pénètre dans un deuxième milieu. De quel côté la lumière dévie-t-elle, s'il y a lieu? (12.1) **CC**

4. Quatre matériaux donnés ont des indices de réfraction de 1,72, 1,00, 2,30 et 1,50. Lequel de ces matériaux produira la plus grande réfraction de la lumière? Pourquoi? (12.4) **CC**

5. Quel est l'angle de réfraction à l'angle critique? (12.5) **CC**

6. Une substance donnée a un angle critique de 24,5°. Quel est l'angle d'incidence minimal (au dixième de degré près) nécessaire pour produire une réflexion totale interne? (12.5) **CC**

7. Lorsque tu observes un objet plongé dans l'eau, en quoi sa profondeur apparente est-elle différente de sa position réelle? (12.7) **CC**

8. Dans tes propres mots, décris le processus de formation des arcs-en-ciel. (12.7) **CC**

9. La figure 1 illustre un rayon lumineux qui frappe une fenêtre. (12.1, 12.5) **CC** **HP** **C**
   a) Reproduis le diagramme dans ton cahier. Dessine le trajet de la lumière qui traverse la fenêtre.
   b) Explique comment réagit le rayon lumineux lorsqu'il traverse la fenêtre.
   c) L'angle de réfraction peut-il atteindre 90°? Explique ta réponse.

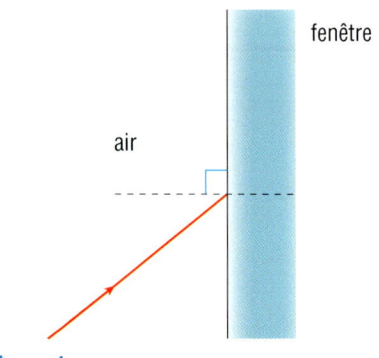

Figure 1

Qu'as-tu compris?

10. La figure 2 représente un faisceau de lumière qui traverse deux milieux différents. (12.4) **CC**
    a) Lequel de ces deux milieux a le plus grand indice de réfraction?
    b) Dans quel milieu la lumière voyage-t-elle le plus lentement?
    c) Pourquoi as-tu été capable de répondre à ces deux questions sans savoir dans quelle direction la lumière voyage?

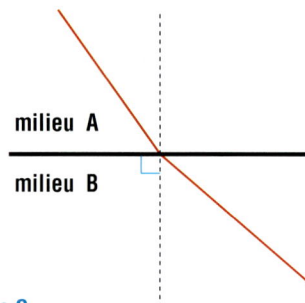

Figure 2

11. Un faisceau de lumière passe de l'air au verre. Est-ce que la réfraction peut se produire si la lumière voyage à la même vitesse dans l'air et dans le verre? Explique ta réponse. (12.1) **CC**

12. On pourrait fabriquer les périscopes avec des miroirs, mais on le fait plutôt avec des prismes à angles droits. (12.5) **MA** **CC**
    a) En quoi les prismes remplissent-ils la même fonction que les miroirs?
    b) Pour quelle raison utilise-t-on des prismes plutôt que des miroirs?

13. Quel genre d'image est un arc-en-ciel? Explique ta réponse. (12.7) **CC**

14. On voit souvent une flaque d'eau miroitante sur la chaussée immédiatement après que cette dernière a été recouverte d'asphalte chaud. À l'aide d'un diagramme, explique ce phénomène. (12.7) **MA** **C**

Résous un problème

15. La vitesse de la lumière dans le disulfure de carbone est de $1,84 \times 10^8$ m/s. Calcule l'indice de réfraction de cette substance. (12.4) **HP**

16. La vitesse de la lumière dans le verre de trisulfure d'arsenic est de $1,47 \times 10^8$ m/s. Quel est l'indice de réfraction de ce matériau? (12.4) **HP**

17. Quel est l'indice de réfraction de la fluorite si la lumière y voyage à une vitesse de 2,10 × 10⁸ m/s ? (12.4)

18. L'indice de réfraction de l'huile végétale est de 1,47. Calcule la vitesse de la lumière dans l'huile végétale. (12.4)

19. Le verre de plomb a un indice de réfraction de 1,65. Quelle est la vitesse de la lumière dans ce matériau ? (12.4)

20. Le zircon a un indice de réfraction de 1,92. Calcule la vitesse de la lumière dans le zircon. (12.4)

Conçois et interprète

21. La direction de la lumière dans un câble à fibres optiques change continuellement sur toute la longueur du câble. (12.5)
    a) Comment cela est-il possible, sachant que la lumière voyage toujours en ligne droite ?
    b) Fais une recherche sur les avantages des câbles à fibres optiques comparativement aux câbles de cuivre.

22. Dessine un tableau semblable à celui de la figure 3. Dans ton tableau, compare les mirages aux arcs-en-ciel (12.7)

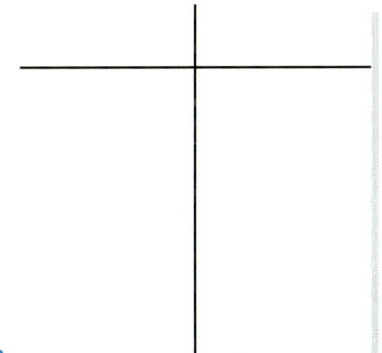

Figure 3

23. Tu es à la piscine avec ton frère ; vous êtes en désaccord à propos de l'emplacement d'une rondelle qui a été lancée dans l'eau. Elle se trouve au fond de la piscine, du côté de l'eau profonde. Ton frère veut plonger dans l'eau pour récupérer la rondelle et estime qu'il doit viser directement l'objet. Tu lui expliques alors que la rondelle n'est pas réellement là où elle semble être. Où ton frère doit-il plonger ? Présente ton explication oralement, sous forme écrite ou au moyen d'un diagramme. (12.7)

24. Dans ce chapitre, tu as appris certaines choses au sujet des capes d'invisibilité.
    a) Selon toi, les sciences et la technologie produisent-elles toujours des produits qui sont bénéfiques ? Explique ton opinion.
    b) Donne quelques exemples d'application ou d'usage possible de la cape d'invisibilité. Évalue chaque usage en fonction de ses avantages pour la société.
    c) Selon toi, la mise au point d'une cape d'invisibilité est-t-elle une bonne idée ? Explique ta réponse. (12.6)

Réfléchis à ce que tu as appris

25. Les connaissances scientifiques permettent de mieux comprendre la nature.
    a) En quoi tes connaissances du phénomène de la réfraction t'ont-elles permis de mieux comprendre certains phénomènes atmosphériques ?
    b) Est-ce que ces nouvelles connaissances ont modifié ta perception de certains phénomènes courants comme le miroitement de la Lune à la surface de l'eau, les mirages ou les arcs-en-ciel ? Explique ta réponse.

Recherches en ligne

26. Fais une recherche sur les méthodes qui, historiquement, ont été utilisées par Foucault et par d'autres scientifiques pour mesurer la vitesse de la lumière. Présente les résultats de ta recherche oralement ou par écrit.

27. Souvent, on peut voir simultanément deux arcs-en-ciel. Parfois, on peut même voir trois arcs-en-ciel superposés. Fais une recherche sur la formation des arcs-en-ciel secondaires et tertiaires (formant le troisième arc). Présente tes résultats sous forme d'illustrations.

28. Le rétroviseur d'une voiture peut servir de jour et de nuit. Fais une recherche sur la manière dont l'automobiliste peut, en modifiant la position du rétroviseur, continuer d'avoir une vue sur l'arrière du véhicule tout en réduisant l'éblouissement. Rédige un bref article (avec des diagrammes) pour la section sur les véhicules automobiles du journal de ta région.

CHAPITRE 12

QUESTIONNAIRE

Les icônes suivantes t'indiquent la compétence visée par chaque question.

CC Connaissance et compréhension
C Communication
HP Habiletés de la pensée
MA Mise en application

Choisis la meilleure réponse pour chacune des questions.

1. Lorsque la lumière passe de l'air à l'eau,
   a) la lumière dévie vers la normale.
   b) la lumière dévie en direction opposée à la normale.
   c) la lumière continue en ligne droite et ne dévie pas de son trajet.
   d) la lumière est entièrement réfléchie à la surface de l'eau. (12.1) **CC**

2. L'indice de réfraction du verre est de 1,52. Quelle est la vitesse de la lumière dans le verre? (12.4) **CC**
   a) $1,52 \times 10^8$ m/s
   b) $1,97 \times 10^8$ m/s
   c) $3,00 \times 10^8$ m/s
   d) $6,57 \times 10^8$ m/s

3. Tu vois un coquillage dans l'eau que tu aimerais bien rapporter chez toi pour l'ajouter à ta collection. Lequel des énoncés suivants décrit le mieux l'endroit où tu dois mettre ton filet pour ramasser ce coquillage? (12.7) **CC**
   a) Directement au-dessus de l'image du coquillage dans l'eau.
   b) Directement derrière l'image du coquillage dans l'eau.
   c) Directement devant l'image du coquillage dans l'eau.
   d) Directement sous l'image du coquillage dans l'eau.

4. Laquelle des situations suivantes doit se produire pour que survienne la réflexion totale interne? (12.5) **CC**
   a) Le rayon de lumière doit dévier vers la normale.
   b) L'angle de réflexion doit être égal à l'angle d'incidence.
   c) L'angle d'incidence doit être supérieur à l'angle critique.
   d) La lumière doit voyager plus rapidement dans le premier milieu que dans le second.

Indique si chacun des énoncés est VRAI ou FAUX. Si tu penses que l'énoncé est faux, récris-le en le corrigeant.

5. La lumière voyage plus rapidement dans l'air froid que dans l'air chaud. (12.7) **CC**

6. Les jambes d'une personne se tenant debout dans l'eau semblent plus longues qu'elles ne le sont en réalité. (12.7) **CC**

7. Lorsque la lumière est réfractée, elle change de direction en passant d'un milieu à un autre. (12.1) **CC**

Copie les énoncés ci-dessous dans ton cahier. Complète-les à l'aide des termes appropriés.

8. Si _____ d'un rayon lumineux qui voyage dans l'eau est supérieur(e) à l'angle critique de l'eau, le rayon lumineux qui en résulte sera réfléchi dans l'eau. (12.5) **CC**

9. Les prismes triangulaires sont plus utiles dans les instruments d'optique que les miroirs parce que ces prismes _____ près de 100 % de la lumière. (12.5) **CC**

10. L'indice de réfraction d'un milieu donné est une grandeur _____ parce qu'elle s'exprime sans unité. (12.4) **CC**

Associe chaque terme de la colonne de gauche à la description qui lui convient le mieux dans la colonne de droite.

11. a) indice de réfraction
    b) mirage
    c) dispersion
    d) réflexion totale interne
    e) rétroréflecteur

    i) résultat de la lumière blanche qui traverse un prisme
    ii) phénomène qui donne de l'éclat à un diamant
    iii) rapport entre la vitesse de la lumière dans le vide et la vitesse de la lumière dans un milieu donné
    iv) instrument utilisé pour permettre aux automobilistes de voir la signalisation routière la nuit
    v) image qui ressemble à une flaque d'eau sur la chaussée à une certaine distance devant la personne qui l'observe (12.4, 12.5, 12.7) **CC**

Rédige une brève réponse à chacune des questions suivantes.

12. Donne un exemple où la lumière subit une réflexion partielle et une réfraction partielle simultanément. (12.1)

13. Tu as appris que la lumière voyage en ligne droite. Tu as également appris que la lumière peut dévier de son trajet en ligne droite. Explique pourquoi ces deux énoncés ne sont pas contradictoires. (12.1)

14. Regarde les indices de réfraction énumérés dans le tableau 1.

    Tableau 1 Indices de réfraction de trois milieux

Milieu	Indice de réfraction
A	2,30
B	1,76
C	1,98

    Dans quel milieu décrit dans le tableau 1 la lumière voyage-t-elle
    a) le plus vite ?
    b) le plus lentement ? (12.4)

15. La vitesse de la lumière dans l'acide sulfurique à la température ambiante est de $2,11 \times 10^8$ m/s. Quel est l'indice de réfraction de l'acide sulfurique ? Accompagne ta réponse de calculs mathématiques. (12.4)

16. a) Comment la technologie de la fibre optique utilise-t-elle les propriétés de la lumière ?
    b) Pourquoi est-il important d'utiliser des matériaux à angle critique très bas pour fabriquer les câbles à fibres optiques ? (12.5)

17. Propose deux usages possibles pour les rétroréflecteurs dans ta maison. (12.5)

18. Souviens-toi de la manière dont tes yeux et ton cerveau interprètent l'information qui te permet de voir l'image d'un objet dans un miroir plan. Compare ce processus à celui qui te permet de voir une image sous l'eau. (12.7, 11.7)

19. a) La lumière blanche ralentit lorsqu'elle traverse un prisme. Utilise tes connaissances au sujet de la dispersion, de la réfraction et des couleurs du spectre visible pour expliquer pourquoi les couleurs qui composent la lumière blanche apparaissent dans un ordre précis lorsqu'elles sortent du prisme.
    b) Est-ce que la lumière laser rouge subirait la dispersion si elle traversait un prisme ? Pourquoi ? (12.7, 11.3)

20. Est-il possible de voir un arc-en-ciel pendant un orage si des nuages obstruent ta vue du Soleil ? Pourquoi ? (12.7)

21. a) Nomme trois appareils qui utilisent la réflexion totale interne.
    b) Trace un diagramme qui illustre le phénomène de la réflexion totale interne. Indique aussi à l'aide de flèches la direction dans laquelle voyage la lumière. Illustre l'angle critique au moyen d'une ligne en tirets. (12.5)

22. Rédige dans tes propres mots une définition du concept de profondeur apparente. (12.7)

23. Ton amie soutient que les mirages n'existent pas vraiment et que si tu essaies de photographier un mirage, il n'apparaîtra pas sur la photo. Selon toi, ton amie a-t-elle raison ? Explique ta réponse. (12.7)

24. Tu travailles pour une entreprise spécialisée dans la pose de pellicules spéciales sur les vitres d'automobile. Votre produit permet à l'automobiliste de voir à l'extérieur du véhicule, mais empêche les gens de voir à l'intérieur du véhicule. Conçois une publicité qui explique comment ce produit fonctionne. (12.6)

CHAPITRE 13

Les lentilles et les instruments d'optique

QUESTION CLÉ : Comment les lentilles produisent-elles des images et en quoi sont-elles bénéfiques aux êtres humains ?

Des gouttelettes d'eau peuvent servir de lentilles naturelles.

UNITÉ E

La lumière et l'optique géométrique

CHAPITRE 11 — La production et la réflexion de la lumière

CHAPITRE 12 — La réfraction de la lumière

CHAPITRE 13 — Les lentilles et les instruments d'optique

CONCEPTS CLÉS

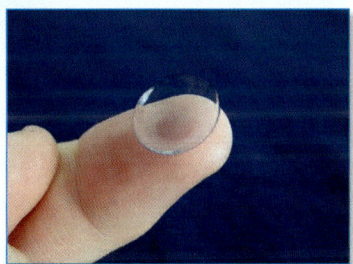

Une lentille est un objet transparent utilisé pour modifier le trajet de la lumière.

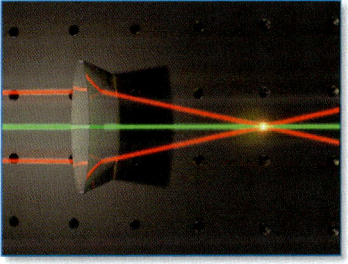

Les rayons lumineux parallèles qui traversent une lentille convergente sont réfractés vers un foyer.

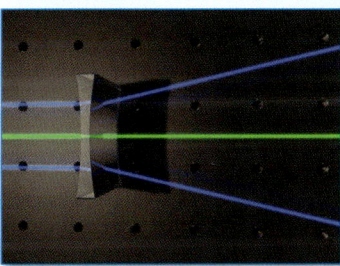

On peut se servir de l'optique géométrique pour déterminer le trajet des rayons lumineux à travers une lentille.

On peut utiliser des diagrammes de rayons et des formules algébriques pour déterminer les caractéristiques d'une image dans une lentille.

Les lentilles ont de nombreuses applications techniques qui sont bénéfiques aux êtres humains.

L'œil peut être considéré comme une lentille, et les troubles de la vision peuvent être corrigés au moyen d'autres lentilles.

ÉVEILLE-TOI AUX SCIENCES

DÉPARTAGER LA RÉALITÉ de la fiction

Sa Majesté des Mouches est un roman très connu de William Golding. L'histoire raconte les aventures d'un groupe d'écoliers britanniques échoués sur une île déserte. Une grande partie de l'intrigue gravite autour d'un petit garçon du nom de Porcinet. Porcinet est myope et porte des lunettes pour corriger sa vue. Il utilise les lentilles de ses lunettes pour allumer un feu. Les écoliers espèrent que le feu sera vu de loin et qu'ils seront ainsi sauvés.

L'utilisation que fait Porcinet de ses lunettes constitue une application possible des lentilles. Sur le plan scientifique, cette histoire est-elle juste? Peut-on réellement allumer un feu avec des lunettes conçues pour corriger la myopie?

QU'EN PENSES-TU ?

Beaucoup des notions que tu vas explorer dans ce chapitre sont des notions que tu as déjà abordées. Tu pourrais en avoir entendu parler à l'école, à la maison ou autour de toi. Les énoncés ci-dessous ne sont pas tous vrais. Examine chacun et détermine si tu es d'accord ou non.

1
Les lentilles des appareils photo produisent des images renversées et inversées sur le plan horizontal.
D'accord / En désaccord

2
Si tu es myope, des lunettes épaisses vont t'aider à voir plus clair.
D'accord / En désaccord

3
Si tu recouvres la moitié d'un objet, l'image que tu vas voir à travers une lentille sera aussi la moitié de l'objet.
D'accord / En désaccord

4
Si tu recouvres la moitié d'une lentille, l'image que tu vas voir à travers celle-ci sera aussi la moitié de l'objet.
D'accord / En désaccord

5
Les loupes grossissent les objets grâce à un procédé semblable à celui des microscopes.
D'accord / En désaccord

6
De nombreuses personnes ont besoin de lunettes pour lire lorsqu'elles vieillissent parce que, avec l'âge, la capacité de l'œil à faire la mise au point diminue.
D'accord / En désaccord

HALTE ÉCRITURE

Rédiger une analyse critique

**COUP DE POUCE
ÉCRITURE**

Au fil de ce chapitre, prête attention aux rubriques Coup de pouce. Elles vont t'aider à élaborer des stratégies de littératie.

Lorsque tu rédiges une analyse critique, tu étudies un enjeu à fond en te posant des questions sur la précision et la cohérence de l'information ainsi que sur la fiabilité des sources avant de porter un jugement ou de proposer un plan d'action. Sers-toi des stratégies décrites en marge du texte pour améliorer tes compétences en rédaction critique.

La chirurgie oculaire au laser est-elle recommandée dans le cas de mon amie ?

Mon amie se plaint constamment du fait qu'elle n'aime pas l'apparence que lui donnent ses lunettes et qu'elles sont inconfortables lorsqu'elle pratique un sport.

> *Le premier paragraphe décrit le contexte de ton analyse critique.*

Grâce à la chirurgie oculaire au laser, mon amie n'aurait plus besoin de porter des lunettes. Elle n'aurait plus à se soucier de son apparence et serait plus à l'aise lorsqu'elle fait du sport.

> *Le deuxième paragraphe précise le sujet et fournit des détails précis.*

Pendant ma recherche, j'ai découvert qu'il existe plusieurs entreprises qui déclarent avoir de l'expérience dans le domaine de la chirurgie oculaire au laser. Les entreprises qui proposent des « occasions incroyables » me donnent l'impression qu'elles ont de la difficulté à se constituer une clientèle.

> *Effectue une recherche pour obtenir différents points de vue sur le sujet.*

> *Vérifie si des renseignements pertinents ont été omis ou si des phrases semblent incohérentes.*

J'ai aussi pris connaissance des avantages de cette intervention : la patiente ou le patient voit mieux dès son réveil et n'a plus à porter de lunettes ni de verres de contact. De plus, sa sécurité personnelle est améliorée. D'ailleurs, une majorité de gens ont déclaré avoir une meilleure qualité de vie grâce à l'intervention.

La baisse de la vision nocturne inquiète mon amie. Une voisine m'a dit qu'elle a de la difficulté à voir la nuit depuis qu'elle a subi l'intervention, il y a 10 ans. À l'époque, cette intervention commençait tout juste à se populariser. La technologie a beaucoup évolué depuis ce temps. Donc, la baisse de la vision nocturne n'est peut-être plus un problème aujourd'hui.

> *Donne ton propre point de vue sur le sujet et détermine s'il est conforme aux opinions exprimées par d'autres personnes.*

En fonction des résultats de ma recherche, j'en conclus que mon amie devrait recourir à la chirurgie oculaire au laser à la condition qu'elle trouve une entreprise réputée pour réaliser l'intervention.

> *Porte un jugement sur la question ou propose des stratégies ou des solutions de rechange.*

Les lentilles et la formation des images

13.1

Nous voyons le monde qui nous entoure à travers des lentilles. C'est d'autant plus vrai pour les personnes qui portent des lunettes ou des verres de contact. Même si tu n'as besoin d'aucun instrument d'aide visuel, tu vois quand même le monde à travers les lentilles de tes yeux. Dans ce chapitre, tu vas étudier la manière dont les lentilles forment des images et tu vas te renseigner sur les utilisations des lentilles dans la société.

Les deux principaux types de lentilles

On compte deux principaux types de lentilles. Le premier type est la **lentille convergente** qui, comme son nom l'indique, fait converger les rayons lumineux parallèles vers un seul point après la réfraction causée par la lentille (figure 1). La lentille convergente est épaisse au centre et a des bords minces.

lentille convergente lentille qui est plus épaisse au centre et qui fait converger les rayons lumineux incidents parallèles vers un seul point après la réfraction

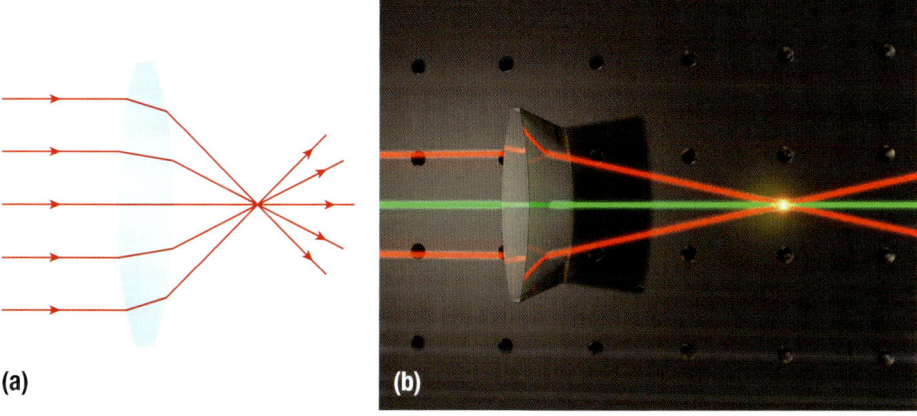

Figure 1 Une lentille convergente dirige les rayons réfractés vers un seul point.

Le deuxième type de lentille est la **lentille divergente**. Les rayons lumineux qui traversent une lentille divergente s'écartent les uns des autres (ou divergent) après la réfraction causée par la lentille (figure 2). La lentille divergente est mince au centre et a des bords épais.

lentille divergente lentille qui est plus mince au centre et qui fait diverger les rayons lumineux incidents parallèles après la réfraction

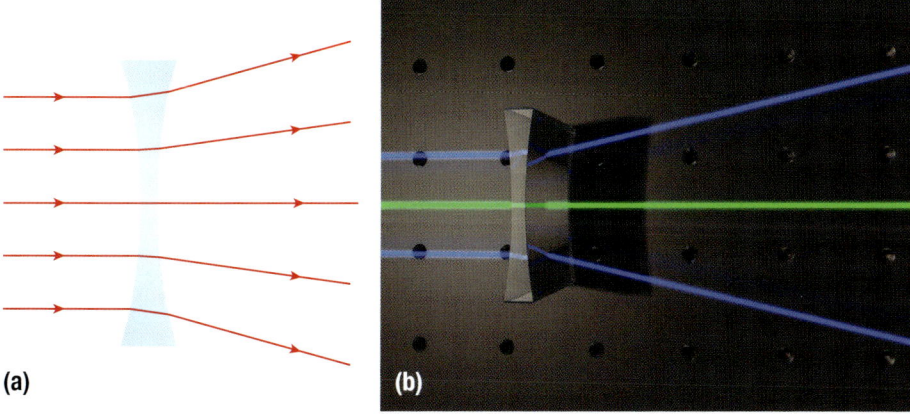

Figure 2 Les rayons lumineux sont dispersés après la réfraction dans la lentille divergente.

Simplifier le trajet des rayons lumineux à travers une lentille

Dans une lentille, la lumière est d'abord réfractée lorsqu'elle frappe la surface du verre. La lumière traverse ensuite le verre de la lentille, puis elle est réfractée de nouveau à la sortie du verre. Par conséquent, il y a toujours deux réfractions dans une lentille. Dans ce cours, tu étudieras seulement la direction du rayon incident qui pénètre dans la lentille et celle du rayon qui sort de la lentille. Tu peux dessiner un diagramme de rayons simplifié en traçant une ligne en tirets verticale au centre de la lentille afin d'illustrer la réfraction qui se produit à cet endroit. Cette ligne centrale sert de point de référence et illustre une seule réfraction des rayons lumineux (figure 3). Elle permet de montrer de façon simple l'effet des lentilles convergentes et divergentes.

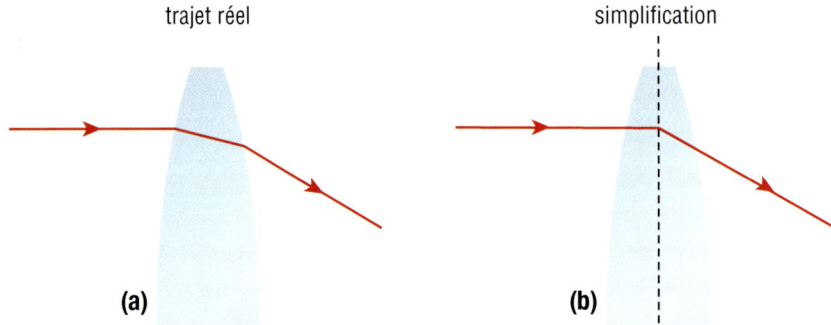

Figure 3 Tu peux simplifier tes diagrammes de rayons en dessinant un seul rayon réfracté à partir de la ligne en tirets centrale.

La terminologie des lentilles convergentes

centre optique point qui se situe exactement au centre de la lentille

foyer principal point sur l'axe principal de la lentille, où les rayons lumineux parallèles à l'axe principal convergent après la réfraction

Le centre de la lentille s'appelle **centre optique** (O). La ligne qui traverse le centre optique, qui est perpendiculaire à la ligne en tirets centrale de la lentille, constitue l'axe principal (sa fonction est semblable à celle de l'axe principal d'un miroir courbe). Les rayons lumineux parallèles à l'axe principal convergent sur l'axe principal en un seul point appelé **foyer principal** (F). La lumière peut frapper la lentille de l'un ou l'autre des côtés, et les deux côtés de la lentille peuvent faire converger les rayons lumineux parallèles. Pour les distinguer : le foyer qui se situe du même côté de la lentille que les rayons incidents est généralement appelé « foyer principal image » (F') (figure 4).

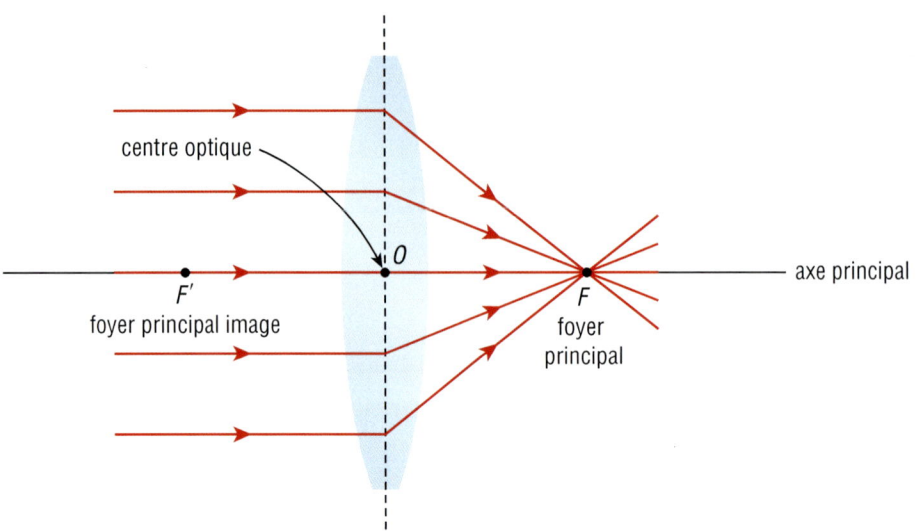

Figure 4 La terminologie des lentilles convergentes

La terminologie des lentilles divergentes

Les rayons lumineux parallèles à l'axe principal ne convergent pas en traversant une lentille divergente. Les rayons réfractés s'écartent plutôt les uns des autres. Si tu projettes ces rayons divergents en direction inverse, ils semblent provenir d'un foyer virtuel. Ce point constitue le foyer principal (F). Le foyer principal image (F') est situé de l'autre côté de la lentille, là où les rayons divergent réellement (figure 5). Remarque que F et F' sont situés à la même distance du centre optique, et ce, tant pour la lentille convergente que pour la lentille divergente.

Tu vas étudier la corrélation entre ces termes et les images formées par ces deux types de lentilles à l'occasion de l'activité 13.2.

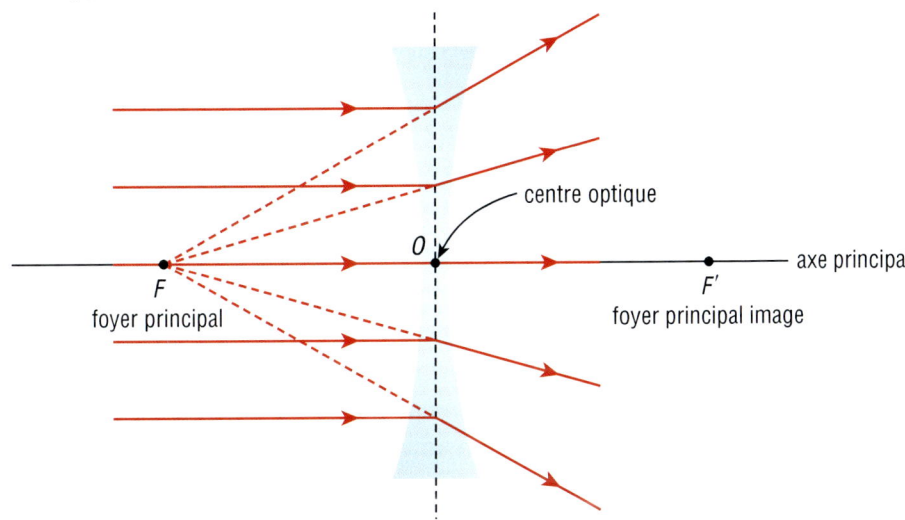

Figure 5 La terminologie des lentilles divergentes

EN RÉSUMÉ

- Une lentille convergente dirige les rayons lumineux parallèles vers un foyer après la réfraction.
- Une lentille divergente disperse les rayons lumineux après la réfraction, de sorte qu'ils semblent provenir d'un foyer virtuel.
- Le foyer principal d'une *lentille convergente* se situe du côté *opposé* de la lentille par rapport aux rayons incidents.
- Le foyer principal d'une *lentille divergente* se situe du *même* côté que les rayons incidents.

✓ VÉRIFIE TA COMPRÉHENSION

1. Pourquoi est-il important que tu comprennes l'utilité et les caractéristiques des lentilles même si tu ne portes pas de lunettes ? MA

2. Quelle est la différence entre une lentille convergente et une lentille divergente ? Explique le trajet des rayons lumineux dans ta réponse. CC

3. a) Combien de réfractions subit réellement un rayon lumineux lorsqu'il traverse une lentille ? Indique l'emplacement de ces réfractions à l'aide d'un diagramme.
   b) Pourquoi peut-on réduire le nombre réel de réfractions dans une lentille à une seule réfraction se produisant à la ligne centrale qui traverse le centre optique ? CC

4. Une lentille convergente peut-elle avoir plus d'un foyer ? Explique ta réponse. CC

5. Tu as en ta possession deux lentilles : une lentille convergente et une lentille divergente. Peux-tu les distinguer l'une de l'autre par leur forme seulement ? Explique ta réponse. CC

6. a) De quel côté d'une lentille convergente se trouve le foyer principal ? Explique ta réponse.
   b) Où se trouve le foyer principal d'une lentille divergente ?
   c) En quoi une lentille divergente est-elle différente d'une lentille convergente ? CC

13.2 RÉALISE UNE ACTIVITÉ

Localise des images dans les lentilles

HABILETÉS
- Se poser une question
- Formuler une hypothèse
- Prédire le résultat
- Planifier
- Contrôler les variables
- Exécuter
- Observer
- Analyser
- Évaluer
- Communiquer

Les lentilles sont utilisées dans de nombreux instruments d'optique, notamment les appareils photo et les lunettes. Dans cette activité, tu vas observer les images produites par des lentilles convergentes et divergentes. N'oublie pas de prêter une attention particulière aux quatre caractéristiques des images : la taille, le sens, l'emplacement et le type (TSET).

Objectif

Étudier les caractéristiques des images formées par des lentilles convergentes et divergentes.

Matériel

- lentille convergente munie d'un support
- lentille divergente
- mètre rigide muni de deux supports
- chandelle et chandelier
- écran de papier sur un support
- seconde feuille de papier ou petit morceau de carton
- craie qui s'efface facilement

Marche à suivre

LA BOÎTE À OUTILS
1.B., 3.B.

Partie A : Localiser les positions de référence pour une lentille convergente

1. Place les deux supports du mètre rigide sous les bouts d'une règle.
2. Mets la lentille convergente dans le support à lentille, puis fixe-le au milieu de la règle (à la marque de 50 cm).
3. Dirige l'installation (mètre rigide-lentille) vers un objet assez éloigné qui émet de la lumière dans la classe une fois qu'il y fait noir ; par exemple, les lames d'un store ouvert, le cadre d'une fenêtre ou le cadre d'une porte dans une pièce ayant une fenêtre. Assure-toi d'être aussi loin que possible de l'objet visé. Dans un mouvement d'avant en arrière, déplace la feuille de papier derrière la lentille jusqu'à ce que tu voies une image nette de l'objet. Marque cet emplacement sur la règle par la lettre F (foyer principal), et le double de cette distance à partir de la lentille par le symbole $2F$.
4. Marque les mêmes positions de l'autre côté de la lentille, puis inscris les lettres F' (foyer principal image) et $2F'$ à ces endroits.

Partie B : Localiser des images dans une lentille convergente

5. Place une chandelle allumée à cinq positions différentes : plus loin que $2F'$, à $2F'$, entre $2F'$ et F', à F', et entre F' et la lentille. Déplace l'écran de papier d'avant en arrière jusqu'à ce que tu localises l'image (figure 1, à la page suivante). Décris les caractéristiques de chaque image (TSET) que tu as localisée. Décris l'emplacement des images en fonction de $2F'$ et de F'. Note tes observations dans un tableau semblable au tableau 1. Tu auras peut-être besoin de l'aide de ton enseignante ou de ton enseignant pour localiser les deux derniers emplacements : à F' et en deçà de F'.

 Lorsque tu travailles avec la chandelle, attache tes cheveux s'ils sont longs de même que tes vêtements s'ils sont amples.

Place une feuille de papier sous la chandelle pour recueillir au besoin la cire fondue.

Fais attention lorsque tu déplaces la chandelle parce que la cire est chaude.

Tableau 1 Caractéristiques des images dans la lentille

Emplacement de l'objet	Taille de l'image	Sens de l'image	Emplacement de l'image	Type d'image
plus loin que $2F'$				
à $2F'$				
entre $2F'$ et F'				
à F'				
en deçà de F'				

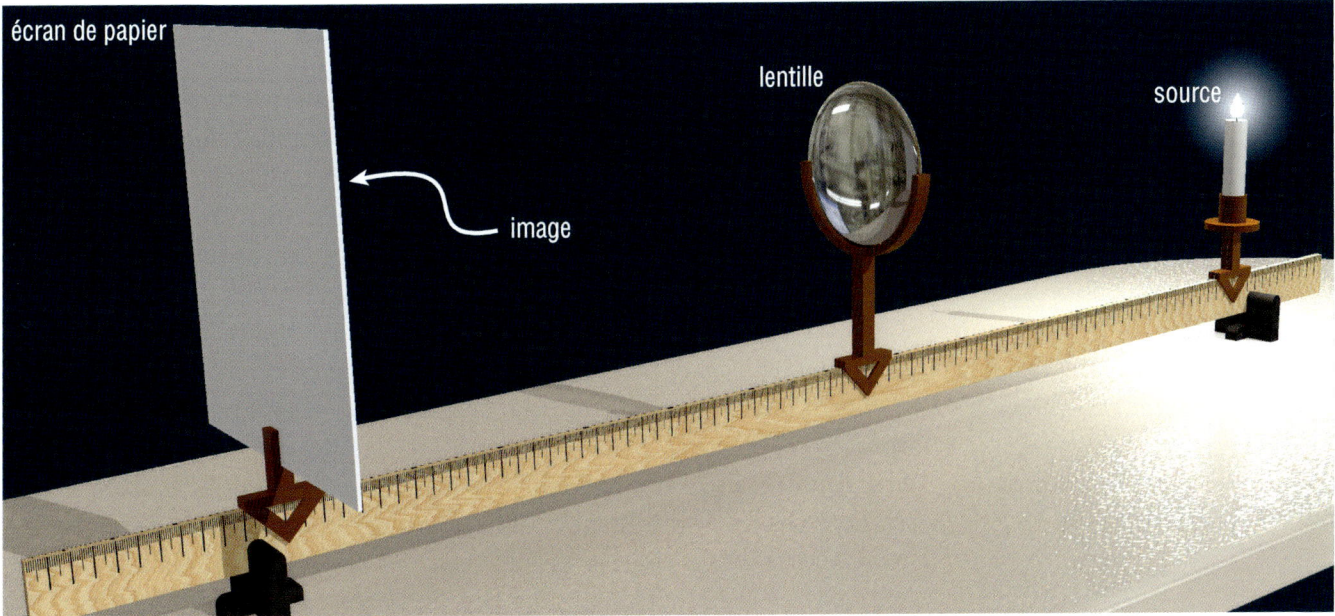

Figure 1

6. Remets la chandelle à son emplacement original, c'est-à-dire plus loin que 2F'. Recouvre ensuite la moitié de la lentille avec la seconde feuille de papier ou le carton. Localise et décris l'image.

7. Déplace la seconde feuille ou le carton de manière à recouvrir la moitié de la flamme. Localise et décris l'image.

Partie C : Localiser des images dans une lentille divergente

8. Remplace la lentille convergente par une lentille divergente. Essaie de trouver une image sur l'écran. Ensuite, regarde dans la lentille divergente, localise l'image de la chandelle, puis décris ses caractéristiques. Déplace la lentille d'avant en arrière pour voir s'il y a des changements. Note tes observations.

Analyse et interprète

a) Où faut-il qu'un objet soit situé pour que la lentille convergente forme une image réelle ?

b) Quels changements as-tu observés par rapport à la taille de l'image réelle à mesure que tu déplaçais l'objet de sa position originale vers la lentille jusqu'à ce qu'il dépasse 2F' ?

c) Quelle a été la seule position à laquelle la lentille convergente n'a produit aucune image ?

d) Où faut-il qu'un objet soit situé pour que la lentille convergente forme une image virtuelle ?

e) Quelles étaient les caractéristiques de l'image dans la lentille divergente pour tous les emplacements de l'objet ?

f) Pourquoi la procédure pour la lentille divergente était-elle différente de celle se rapportant à la lentille convergente ?

g) Pourquoi as-tu pu observer l'objet même quand la moitié de la lentille était recouverte ? Pourquoi l'image était-elle alors moins lumineuse ?

h) Pourquoi as-tu vu seulement la moitié de l'image après avoir recouvert la moitié de l'objet ?

Approfondis ta démarche

i) Dresse une liste de quelques instruments d'optique qui produisent des images réelles grâce à des lentilles.

j) Nomme un instrument d'optique qui produit une image plus grande que nature au moyen d'une lentille.

k) Si tu as une lentille convergente, dont F se situe à 23 cm, et une source de lumière placée à différentes positions devant la lentille, quelles seront les caractéristiques de l'image pour chacune des positions suivantes ?

- à 64 cm de la lentille
- à 40 cm de la lentille
- à 10 cm de la lentille

13.3 Les images dans les lentilles

Dans l'activité 13.2, tu as remarqué que deux éléments peuvent modifier les caractéristiques de l'image produite : le type de lentille (convergente ou divergente) et l'emplacement de l'objet. Tu peux déterminer les caractéristiques de l'image en dessinant des diagrammes de rayons, de la même manière que tu l'as fait pour les miroirs. Comme pour les miroirs, tu dois dessiner seulement deux rayons lumineux pour localiser l'image. La seule différence est qu'avec les miroirs tu tiens compte des rayons réfléchis, alors qu'avec les lentilles tu tiens compte des rayons *réfractés*.

Pour savoir comment dessiner un diagramme de rayons pour les lentilles, tu dois comprendre la corrélation entre les rayons incidents et les rayons émergents. Le **rayon émergent** est le rayon qui sort de la lentille et qui, à ce moment, change de direction (est réfracté) en pénétrant dans l'air. Tu vas en apprendre davantage sur la corrélation entre les rayons incidents et les rayons émergents en réalisant l'activité intitulée « Explorer le prisme rectangulaire ».

rayon émergent rayon de lumière qui sort de la lentille après la réfraction

SCIENCES EN ACTION — EXPLORER LE PRISME RECTANGULAIRE

HABILETÉS : prédire le résultat, observer, analyser

LA BOÎTE À OUTILS

Matériel : boîte à rayons, masque à fente unique, prisme rectangulaire, feuille de papier blanc

1. Place le prisme rectangulaire au milieu de la feuille de papier sur son côté plat le plus large.

   ⚠ Lorsque tu manipules le prisme de verre, fais attention aux bords ébréchés : tu pourrais t'y couper.

2. Utilise la boîte à rayons et le masque à fente unique pour produire un rayon lumineux.

   ⚠ Lorsque tu débranches la boîte à rayons, ne tire pas sur le cordon d'alimentation, mais plutôt sur la fiche.

3. Dirige le rayon lumineux vers le prisme de manière à voir un rayon émergent de l'autre côté du prisme. Examine la manière dont le rayon incident et le rayon réfracté sont placés l'un par rapport à l'autre. (Si tu observes un autre rayon entre le prisme et le papier, appuie légèrement sur le prisme.)

4. Retourne ensuite le prisme sur son côté le plus étroit, puis recommence l'étape 3.

A. Quel effet le prisme rectangulaire a-t-il eu sur le rayon émergent lorsqu'il était placé sur son côté le plus large ?

B. Qu'est-ce qui a changé quand tu as tourné le prisme sur son côté étroit ?

C. À quoi ressembleraient le rayon incident et le rayon émergent si tu utilisais un prisme rectangulaire très étroit ?

D. Si tu peux obtenir un prisme rectangulaire très étroit, vérifie ta prédiction en répétant l'expérience.

Tu peux utiliser un prisme rectangulaire pour comprendre le fonctionnement des lentilles. Un rayon incident dirigé vers un prisme rectangulaire en verre subit deux réfractions. La première se produit lorsque le rayon traverse la frontière air-verre et pénètre dans le prisme. La seconde réfraction a lieu à la frontière verre-air lorsque le rayon émerge du prisme. Dans un prisme rectangulaire, les deux frontières sont parallèles parce que les deux surfaces du prisme sont également parallèles. Ainsi, le rayon émergent est parallèle au rayon incident, mais il est dévié sur le plan latéral. L'ampleur de cette déviation latérale varie en fonction de l'épaisseur du prisme (figure 1, à la page suivante).

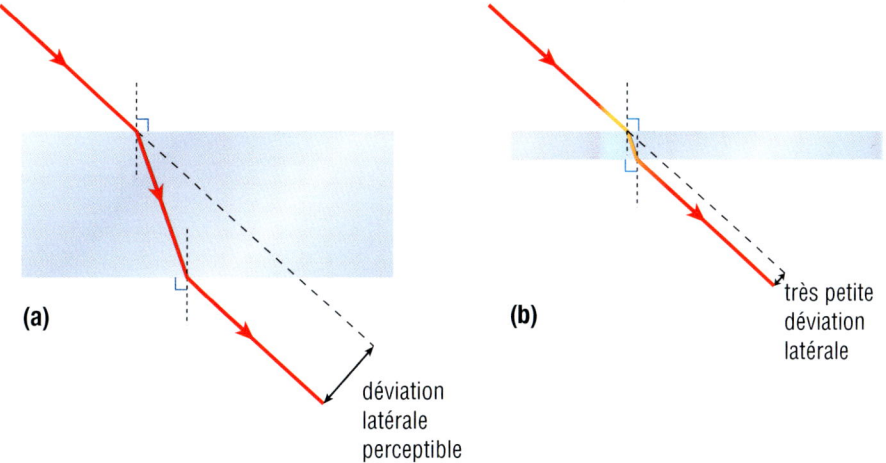

Figure 1 Le rayon qui émerge d'un prisme rectangulaire est parallèle au rayon incident, mais il est dévié sur le plan latéral. Plus le prisme est étroit, moins la déviation latérale est grande.

Un prisme rectangulaire très mince produira une légère déviation latérale du rayon émergent (figure 1(b)). Si le prisme est suffisamment étroit, le rayon émergent ne subit presque aucun effet. Tu dois tenir compte de ce phénomène lorsque tu étudies les images formées par les lentilles convergentes.

Comment localiser une image dans une lentille convergente

Les trois règles de la formation d'une image dans les lentilles convergentes sont illustrées à la figure 2.

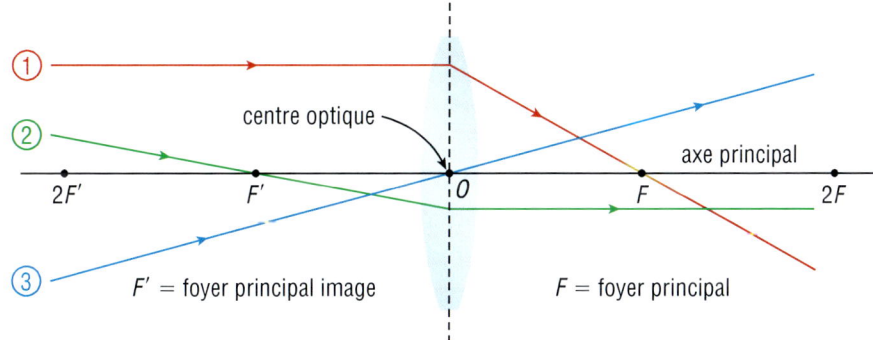

Figure 2 Les règles de la formation d'une image dans une lentille convergente

① Un rayon parallèle à l'axe principal est réfracté en direction du foyer principal (F).

② Un rayon qui passe par le foyer principal image (F') est réfracté parallèlement à l'axe principal. Cette règle découle du principe de la réversibilité de la lumière.

③ Un rayon qui passe par le centre optique (O) continue son trajet en ligne droite sans être réfracté. En effet, la partie centrale de la lentille agit comme un prisme rectangulaire très mince ne produisant aucune déviation latérale perceptible.

Note que ces règles ne valent que pour les lentilles très minces. Tu étudieras seulement les lentilles minces dans ce chapitre.

Les images dans une lentille convergente

Tu peux étudier les images formées par une lentille convergente. Si tu places une source de lumière à une distance supérieure à $2F'$, tu peux localiser une image de cette source en déplaçant d'avant en arrière un écran de papier de l'autre côté de la lentille. L'image est plus petite, renversée, et située quelque part entre F et $2F$. L'image est réelle. La lumière arrive en fait à l'emplacement de l'image, et tu peux voir l'image sur l'écran de papier.

COUP DE POUCE
ÉCRITURE

Rédiger une analyse critique
Imagine que tu dois écrire une analyse critique au sujet d'un appareil photo dont la lentille a une distance focale fixe. Tu peux faire référence aux règles de la formation d'une image dans les lentilles convergentes dans le premier paragraphe pour établir le contexte de ton analyse.

À l'aide des règles de la formation d'une image dans les lentilles convergentes, tu peux illustrer comment la lentille a produit chaque image. Tu peux également prédire comment la lentille forme des images lorsque l'objet est situé à un autre emplacement (figure 3).

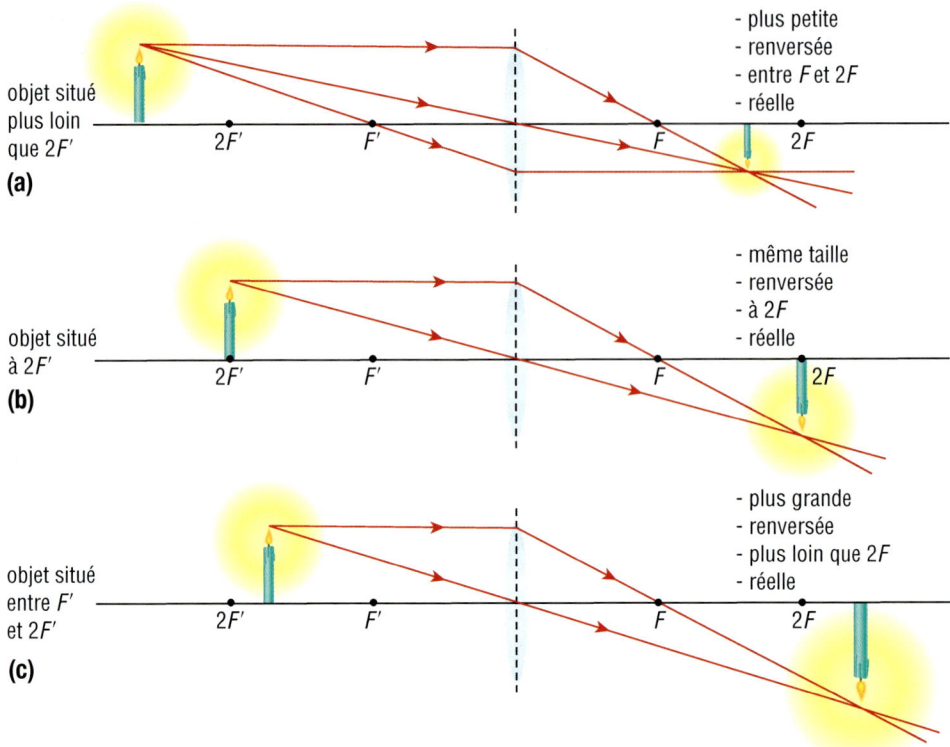

Figure 3 Les lentilles convergentes forment des images réelles lorsque les objets sont situés à trois emplacements différents.

COUP DE POUCE
LECTURE

Faire des liens
Compare la figure 4 de cette page aux trois diagrammes sur les miroirs concaves présentés à la figure 6 (section 11.9 à la page 497). Observe les relations entre les caractéristiques des images.

Lorsqu'un objet est situé plus loin que $2F'$, l'image est plus petite que l'objet et se situe entre $2F$ et F. À mesure que tu approches lentement l'objet de la lentille, l'image s'agrandit. Enfin, la taille de l'image et celle de l'objet deviennent identiques lorsque l'objet est situé à $2F'$; l'image est alors à $2F$. Si tu continues de déplacer l'objet entre $2F'$ et F', la taille de l'image dépasse celle de l'objet; l'image est alors plus loin que $2F$. Pour toutes ces positions, l'image formée est toujours renversée et réelle.

Lorsque tu déplaces l'objet vers le foyer image (F'), aucune image n'est produite. Les rayons réfractés sont alors parallèles et ne se croisent pas pour former une image (figure 4). Même si tu allonges les rayons incidents vers l'arrière, aucune image virtuelle ne se forme, car les rayons sont parallèles et ne forment pas de source virtuelle.

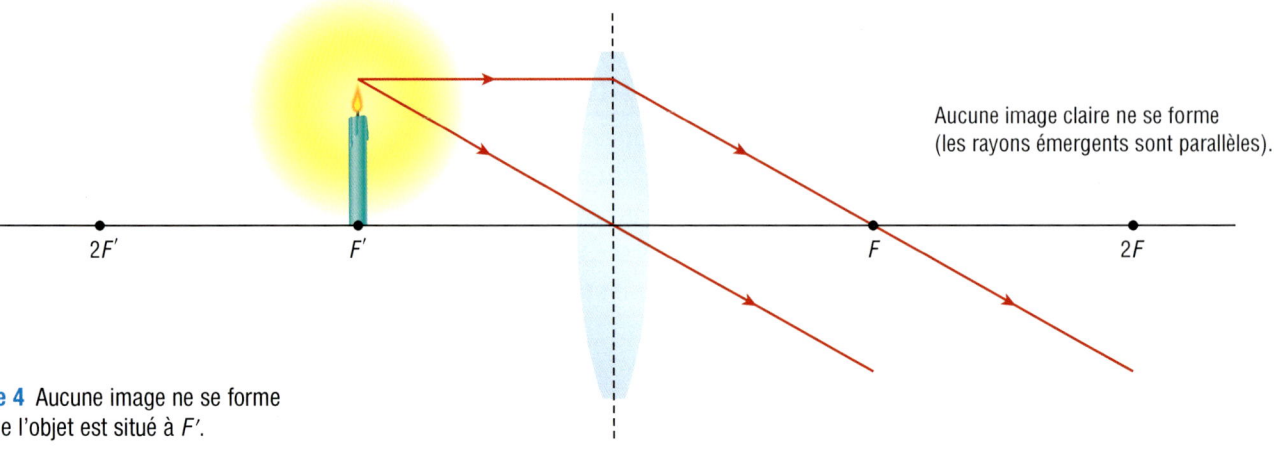

Figure 4 Aucune image ne se forme lorsque l'objet est situé à F'.

Aucune image réelle n'est produite lorsque l'objet se situe entre F' et la lentille. Les rayons réfractés s'écartent plutôt les uns des autres (ils « divergent »). Cependant, le cerveau humain projette ces rayons en direction opposée et produit une image virtuelle derrière l'objet (figure 5). (Les images virtuelles sont souvent décrites en fonction d'un emplacement situé derrière la lentille parce que les rayons lumineux n'atteignent pas réellement l'emplacement de l'image; ils semblent seulement le faire.)

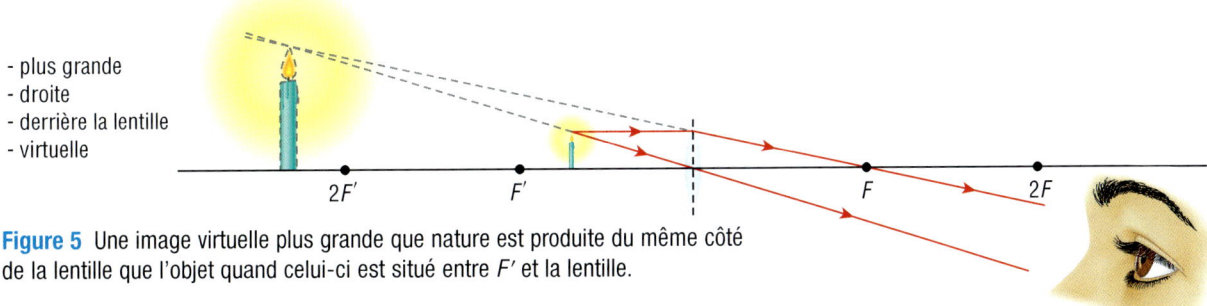

- plus grande
- droite
- derrière la lentille
- virtuelle

Figure 5 Une image virtuelle plus grande que nature est produite du même côté de la lentille que l'objet quand celui-ci est situé entre F' et la lentille.

Le tableau 1 présente un résumé des caractéristiques des images formées par des lentilles convergentes.

Tableau 1 Les caractéristiques des images formées par des lentilles convergentes

OBJET	IMAGE			
Emplacement	Taille	Sens	Emplacement	Type
plus loin que $2F'$	plus petite	renversée	entre $2F$ et F	réelle
à $2F'$	même taille	renversée	à $2F$	réelle
entre $2F'$ et F'	plus grande	renversée	plus loin que $2F$	réelle
à F'	aucune image claire			
en deçà de F'	plus grande	droite	du même côté que l'objet (derrière la lentille)	virtuelle

Comment localiser une image dans une lentille divergente

Les règles de la formation d'une image dans une lentille divergente sont similaires aux règles qui se rapportent à une lentille convergente, à une différence près : les rayons lumineux ne proviennent pas réellement du foyer principal (F), même si on a l'impression que c'est le cas (figure 6).

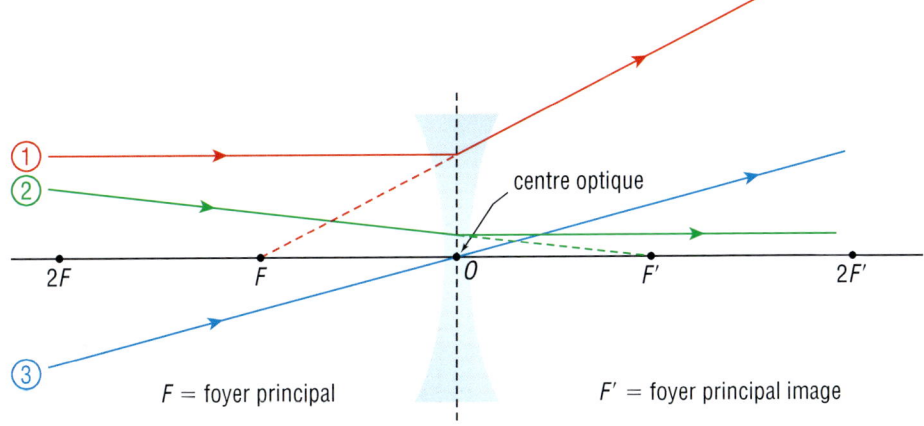

① Un rayon parallèle à l'axe principal est réfracté comme s'il était passé par le foyer principal (F).

② Un rayon qui semble passer par le foyer image (F') est réfracté parallèlement à l'axe principal.

③ Un rayon qui passe par le centre optique (O) continue son trajet en ligne droite.

F = foyer principal F' = foyer principal image

Figure 6 Les règles de la formation d'une image dans une lentille divergente

Les images dans une lentille divergente

Une lentille divergente produit toujours des images aux caractéristiques identiques, quel que soit l'emplacement de l'objet. L'image est toujours plus petite, droite, virtuelle, et située du même côté de la lentille que l'objet (figure 7). Le cerveau humain perçoit cette image virtuelle en prolongeant les rayons divergents en direction opposée jusqu'à une source virtuelle.

Pour en savoir plus sur les lentilles grâce à des simulations informatiques :

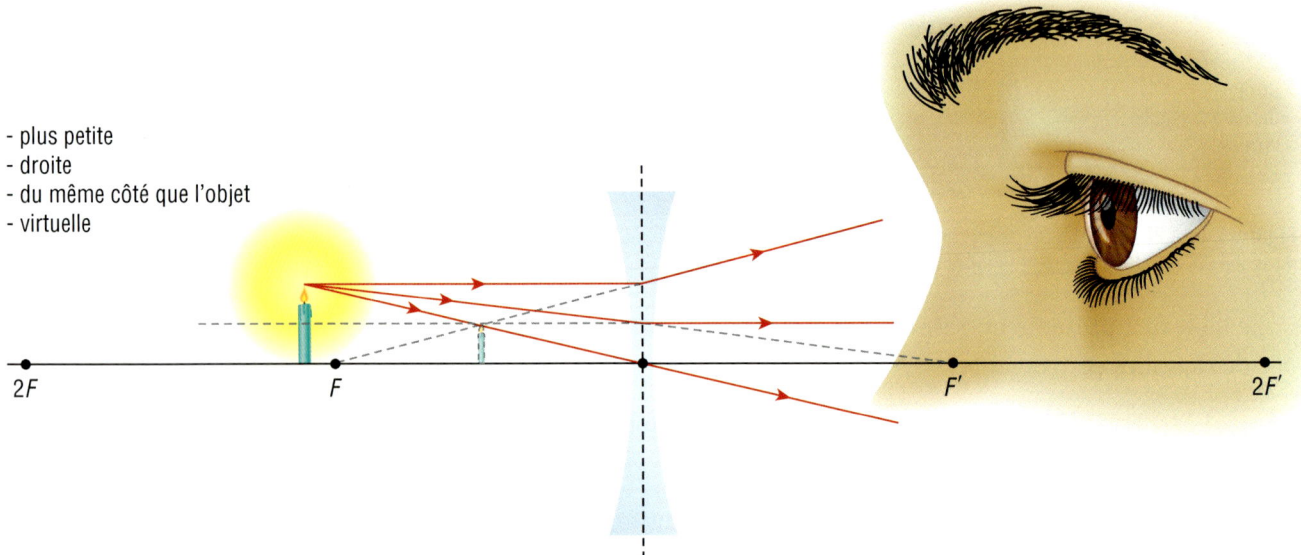

Figure 7 Une lentille divergente produit toujours une image virtuelle, plus petite, droite, et située du même côté de la lentille que l'objet.

- plus petite
- droite
- du même côté que l'objet
- virtuelle

SIGNET de fin d'unité

Comment peux-tu appliquer les caractéristiques des images produites par les lentilles à la planification de l'instrument d'optique que tu dois fabriquer à l'occasion de l'activité de fin d'unité décrite à la page 588 ?

EN RÉSUMÉ

- Une lentille convergente produit des images réelles et virtuelles. La taille et le sens de l'image varient en fonction de l'emplacement de l'objet.

- Une lentille divergente produit toujours une image virtuelle, plus petite et droite.

✓ VÉRIFIE TA COMPRÉHENSION

1. a) Dans tes propres mots, énonce les règles de la formation d'une image dans une lentille convergente.
   b) En quoi ces règles diffèrent-elles légèrement de celles qui se rapportent à une lentille divergente ? CC

2. Recopie la figure 8 dans ton cahier. HP C
   a) Ajoute les rayons lumineux aux diagrammes de manière à localiser l'image de chaque objet.
   b) Décris les caractéristiques de l'image pour chaque objet.

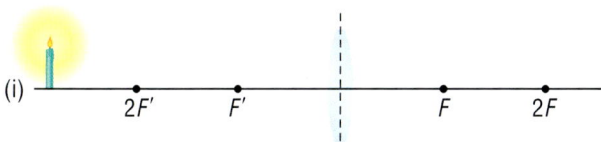

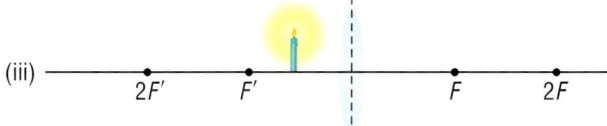

Figure 8

3. Recopie la figure 9 dans ton cahier. Dessine des rayons lumineux pour localiser F. HP C

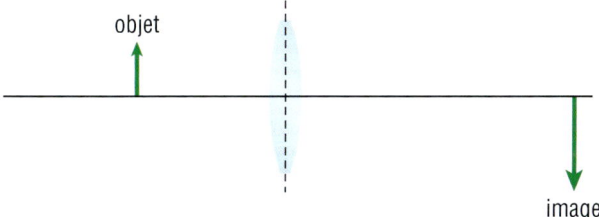

Figure 9

4. Recopie la figure 10 dans ton cahier. HP C
   a) Un écran est utilisé pour recouvrir la moitié de la lentille (figure 10(i)). Dessine des rayons lumineux pour localiser l'image sur le diagramme.
   b) Un écran est utilisé pour recouvrir la moitié de l'objet (figure 10(ii)). Dessine des rayons lumineux pour localiser l'image sur le diagramme.

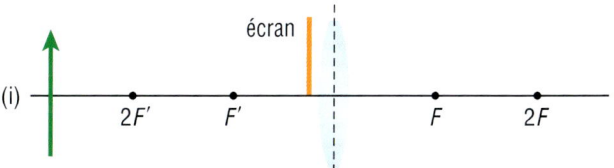

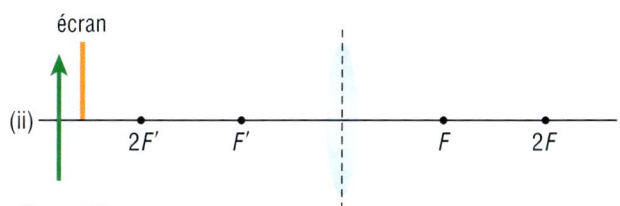

Figure 10

5. Pour quelle raison les lentilles divergentes ne produisent-elles jamais d'images réelles ? CC

6. En quoi une image virtuelle produite par une lentille convergente est-elle différente d'une image virtuelle produite par une lentille divergente ? CC

7. Écris un énoncé général qui s'applique aux deux types de lentilles et résume la relation entre le type et le sens de l'image. HP CC

8. Lorsque tu regardes un film projeté sur un écran, tu vois en fait une image. Les cinéprojecteurs traditionnels sont munis d'une source de lumière et d'une lentille permettant de projeter l'image sur l'écran. HP C
   a) Quel type de lentille se trouve dans le projecteur ? Explique ta réponse.
   b) Dessine un diagramme de rayons qui montre la pellicule (l'objet), la lentille et l'image sur l'écran.
   c) Décris les caractéristiques de cette image.

13.4 Les équations des lentilles

Il existe deux méthodes pour déterminer les caractéristiques des images formées par les lentilles : un diagramme de rayons ou une formule algébrique. Dans la section précédente, tu as utilisé des diagrammes de rayons ; dans celle-ci, tu vas avoir recours à des formules algébriques.

La terminologie des lentilles

La figure 1 illustre ces variables :

d_o = distance de l'objet par rapport au centre optique
d_i = distance de l'image par rapport au centre optique
h_o = hauteur de l'objet
h_i = hauteur de l'image
f = distance focale, soit la distance du foyer principal (F) par rapport au centre optique

Tu remarqueras que la distance focale (f) est la même jusqu'à F et F'.

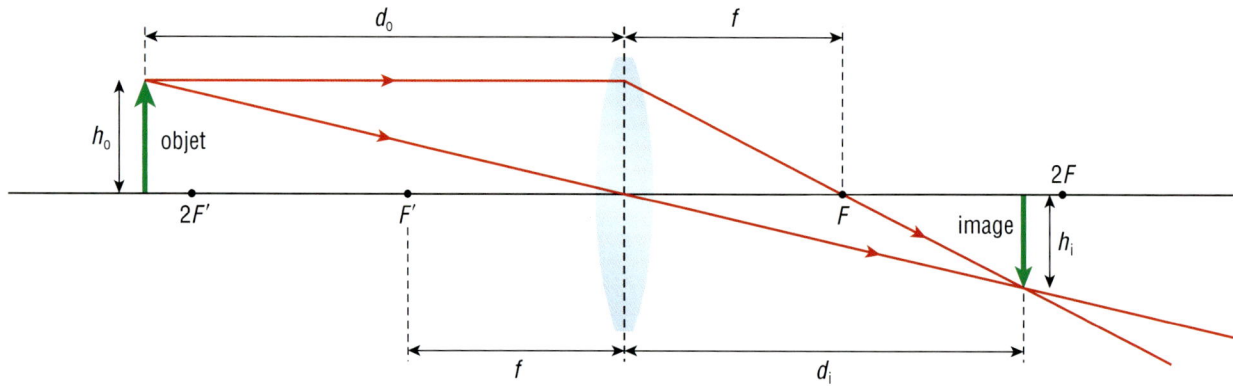

Figure 1 Illustration des variables d_o, d_i, h_o, h_i et f

L'équation des lentilles minces

Il existe une équation très pratique qui relie la distance focale (f), la distance de l'objet (d_o) et la distance de l'image (d_i).

L'équation $\dfrac{1}{d_o} + \dfrac{1}{d_i} = \dfrac{1}{f}$ s'appelle **équation des lentilles minces**.

équation des lentilles minces relation mathématique entre d_o, d_i et f ; $\dfrac{1}{d_o} + \dfrac{1}{d_i} = \dfrac{1}{f}$

Pour utiliser cette équation, tu dois suivre la convention de signes suivante :

- Les distances objets (d_o) sont toujours positives.
- Les distances images (d_i) sont positives dans le cas des images réelles (produites de l'autre côté de la lentille que l'objet), et négatives dans le cas des images virtuelles (produites du même côté de la lentille que l'objet).
- La distance focale (f) est positive dans le cas des lentilles convergentes, et négative dans le cas des lentilles divergentes.

On a d'abord démontré l'équation des lentilles minces au moyen d'un diagramme semblable à celui de la figure 2, à la page suivante. Tu n'as pas besoin de savoir dériver cette équation, mais cela peut être intéressant.

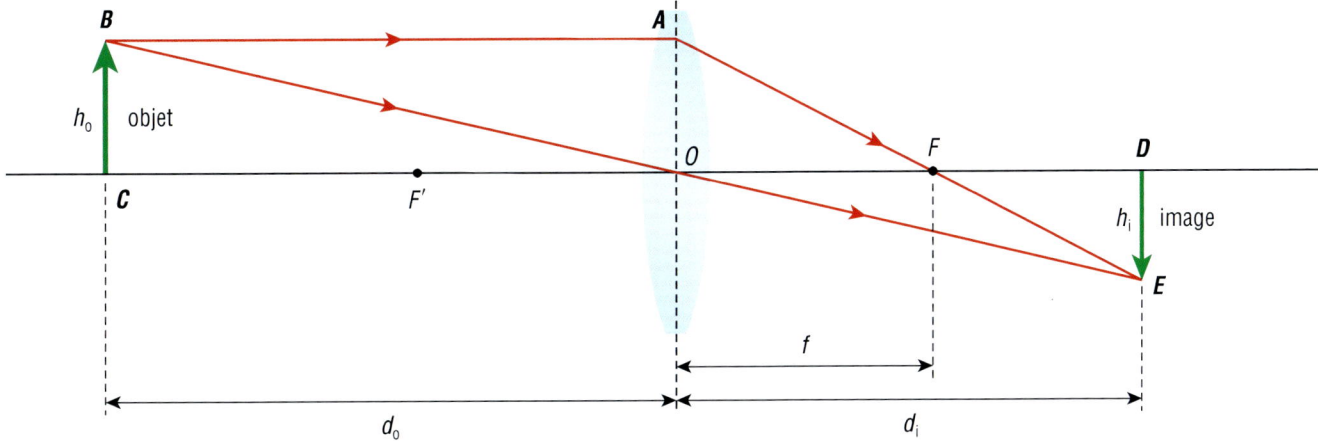

Figure 2 Diagramme permettant de dériver l'équation des lentilles minces

$\dfrac{ED}{DF} = \dfrac{AO}{OF}$ Le $\triangle EDF$ et le $\triangle AOF$ sont semblables (similitude des angles).

$\dfrac{h_i}{d_i - f} = \dfrac{h_o}{f}$

$h_i = \dfrac{h_o}{f}(d_i - f)$ Réorganise l'équation de manière que h_i se trouve du côté gauche.

$\dfrac{h_i}{h_o} = \dfrac{d_i - f}{f}$

Puisque $\dfrac{h_i}{h_o} = \dfrac{d_i}{d_o}$ Le $\triangle EDO$ et le $\triangle BCO$ sont semblables (similitude des angles).

Donc, $\dfrac{d_i}{d_o} = \dfrac{d_i - f}{f}$ Remplace $\dfrac{h_i}{h_o}$ par $\dfrac{d_i}{d_o}$.

$\dfrac{d_i}{d_o} = \dfrac{d_i}{f} - \dfrac{f}{f}$

$\dfrac{1}{d_o} = \dfrac{1}{f} - \dfrac{1}{d_i}$ Divise ensuite chaque élément de l'équation par d_i, puis réorganise l'équation.

$\dfrac{1}{d_o} + \dfrac{1}{d_i} = \dfrac{1}{f}$

Voici des problèmes que tu peux résoudre au moyen de l'équation des lentilles minces.

EXEMPLE DE PROBLÈME 1 Appliquer l'équation des lentilles minces à une lentille convergente

Une lentille convergente a une distance focale de 17 cm. Une chandelle est située à 48 cm de la lentille (figure 3). Quel type d'image va se former et où sera-t-elle située ?

LA BOÎTE À OUTILS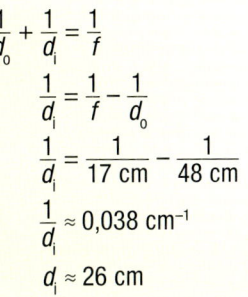
5.D.

Données : $f = 17$ cm
           $d_o = 48$ cm
Recherché : $d_i = ?$
Analyse et solution : $\dfrac{1}{d_o} + \dfrac{1}{d_i} = \dfrac{1}{f}$

$\dfrac{1}{d_i} = \dfrac{1}{f} - \dfrac{1}{d_o}$

$\dfrac{1}{d_i} = \dfrac{1}{17 \text{ cm}} - \dfrac{1}{48 \text{ cm}}$

$\dfrac{1}{d_i} \approx 0{,}038 \text{ cm}^{-1}$

$d_i \approx 26$ cm

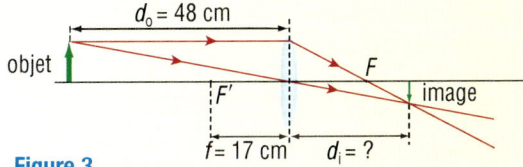

Figure 3

Énoncé : L'image de la chandelle sera réelle et située à environ 26 cm de la lentille, de l'autre côté de la lentille par rapport à l'objet.

L'équation des lentilles minces s'applique également aux lentilles divergentes (figure 4).

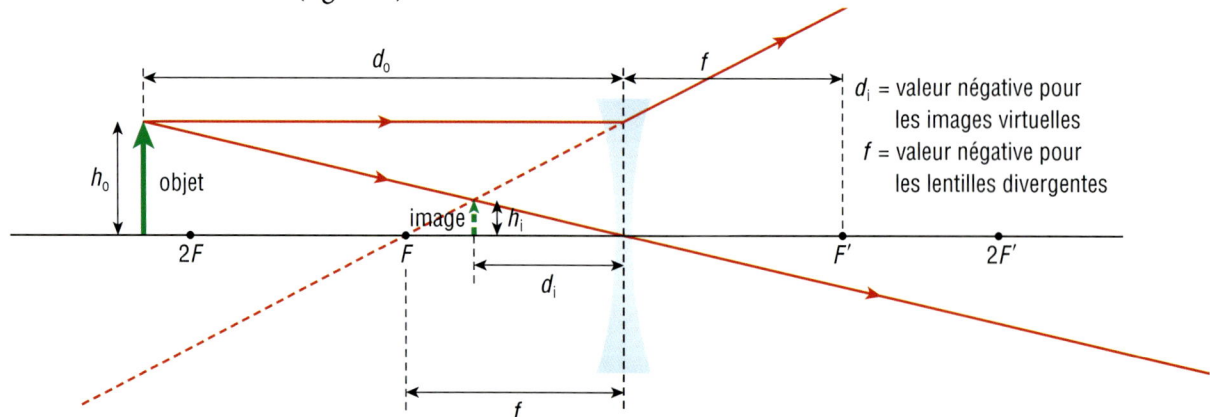

Figure 4 Les variables de l'équation des lentilles minces pour une lentille divergente

EXEMPLE DE PROBLÈME 2 — Appliquer l'équation des lentilles minces à une lentille divergente

Une lentille divergente a une distance focale de 29 cm. Une image virtuelle d'une bille est située à 13 cm devant la lentille (figure 5). Où se trouve la bille ?

Données : $f = -29$ cm
$d_i = -13$ cm

Recherché : $d_o = ?$

Analyse et solution :
$$\frac{1}{d_o} + \frac{1}{d_i} = \frac{1}{f}$$
$$\frac{1}{d_o} = \frac{1}{f} - \frac{1}{d_i}$$
$$\frac{1}{d_o} = \frac{1}{-29 \text{ cm}} - \frac{1}{-13 \text{ cm}}$$
$$\frac{1}{d_o} = 0{,}043 \text{ cm}^{-1}$$
$$d_o \approx 23 \text{ cm}$$

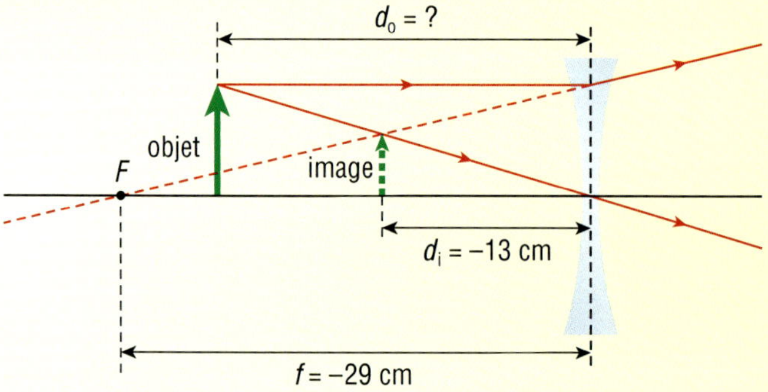

Figure 5

Énoncé : La bille est située à 23 cm de la lentille, du même côté que l'image.

COUP DE POUCE — APPRENTISSAGE

La solution est-elle plausible ?

Lorsque tu résous un problème, tu ne dois pas seulement chercher une réponse. Tu dois aussi prendre un moment pour réfléchir à la réponse que tu as trouvée. Est-elle plausible compte tenu du contexte du problème ? La valeur numérique est-elle appropriée ? Les unités sont-elles correctes ?

L'équation du grandissement

Lorsque tu compares la taille de l'image et la taille de l'objet, tu détermines le grandissement de la lentille. La relation $\frac{h_i}{h_o} = \frac{d_i}{d_o}$ permet de dériver l'équation des lentilles minces et d'obtenir l'équation du grandissement.

> L'équation du grandissement s'exprime ainsi : $g = \frac{h_i}{h_o} = -\frac{d_i}{d_o}$.

La convention de signes est la même que pour l'équation des lentilles minces, mais elle comporte deux éléments additionnels :

- La hauteur de l'objet (h_o) et la hauteur de l'image (h_i) sont positives si elles sont mesurées vers le haut à partir de l'axe principal, et négatives lorsqu'elles sont mesurées vers le bas.
- Le grandissement (g) est positif pour les images droites, et négatif pour les images renversées.

Le grandissement (g) est une grandeur sans dimension parce que les unités s'annulent.

Voici comment utiliser l'équation de grandissement pour résoudre des problèmes.

EXEMPLE DE PROBLÈME 3 — Déterminer le grandissement d'une lentille convergente

Un jouet d'une hauteur de 8,4 cm est installé devant une lentille convergente. Une image réelle et renversée, d'une hauteur de 23 cm, est visible de l'autre côté de la lentille (figure 6). Quel est le grandissement de la lentille ?

Données :	$h_o = 8{,}4$ cm
	$h_i = -23$ cm
Recherché :	$g = ?$
Analyse et solution :	$g = \dfrac{h_i}{h_o}$
	$g = \dfrac{-23 \text{ cm}}{8{,}4 \text{ cm}}$
	$g \approx -2{,}7$

Énoncé : La lentille a un grandissement de −2,7 fois.

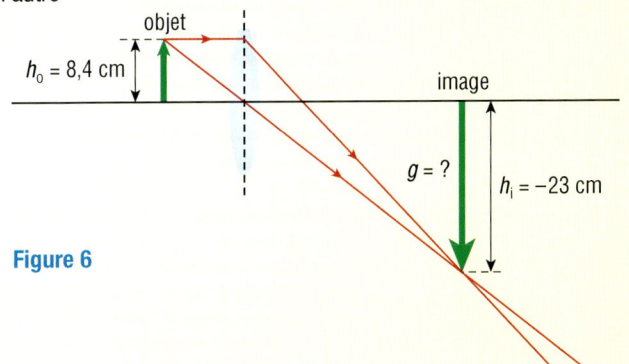

Figure 6

EXEMPLE DE PROBLÈME 4 — Localiser l'image

Un petit bloc d'un jeu de construction est placé à 7,2 cm devant une lentille. On voit une image virtuelle, droite, et agrandie 3,2 fois (figure 7). Où est située l'image ?

Données :	$d_o = 7{,}2$ cm
	$g = 3{,}2$
Recherché :	$d_i = ?$
Analyse et solution :	$g = -\dfrac{d_i}{d_o}$
	$-g d_o = d_i$
	$d_i = -g d_o$
	$d_i = -(3{,}2)(7{,}2 \text{ cm})$
	$d_i \approx -23$ cm

Énoncé : L'image du bloc est située à 23 cm de la lentille, du même côté que l'objet.

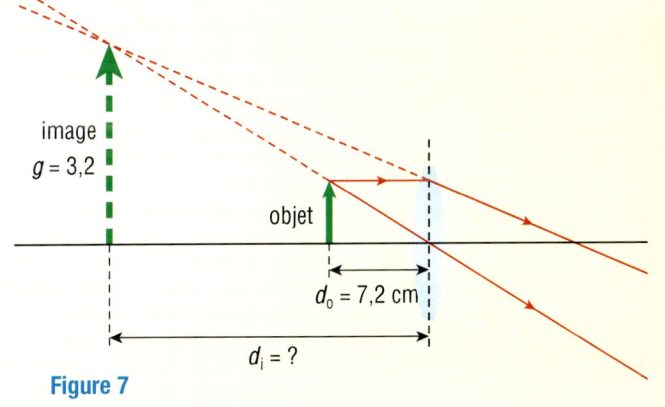

Figure 7

L'équation du grandissement s'applique également aux lentilles divergentes.

EXEMPLE DE PROBLÈME 5 — Déterminer le grandissement d'une lentille divergente

Une pièce de monnaie d'une hauteur de 2,4 cm est placée devant une lentille divergente. Une image virtuelle, droite, et d'une hauteur de 1,7 cm, est visible du même côté de la lentille que la pièce de monnaie (figure 8). Quel est le grandissement de la lentille ?

Données :	$h_o = 2{,}4$ cm
	$h_i = 1{,}7$ cm
Recherché :	$g = ?$
Analyse et solution :	$g = \dfrac{h_i}{h_o}$
	$g = \dfrac{1{,}7 \text{ cm}}{2{,}4 \text{ cm}}$
	$g \approx 0{,}71$

Énoncé : La lentille a un grandissement de 0,71.

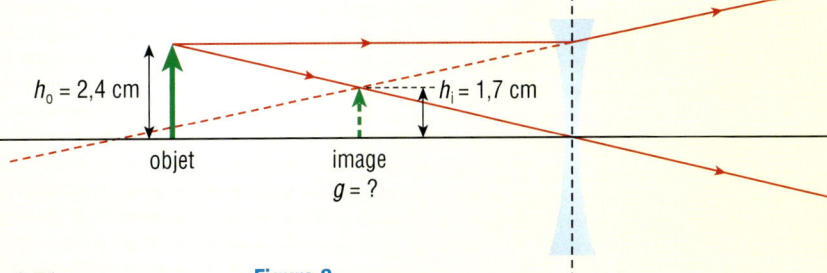

Figure 8

Le tableau 1 présente un résumé de la convention de signes pour les lentilles.

Tableau 1 La convention de signes pour les lentilles

Variable	Positive	Négative
d_o (distance de l'objet)	toujours	jamais
d_i (distance de l'image)	image réelle (image de l'autre côté de la lentille)	image virtuelle (image du même côté de la lentille)
h_o (hauteur de l'objet)	lorsqu'elle est mesurée vers le haut	lorsqu'elle est mesurée vers le bas
h_i (hauteur de l'image)	lorsqu'elle est mesurée vers le haut	lorsqu'elle est mesurée vers le bas
f (distance focale)	lentille convergente	lentille divergente
g (grandissement)	image droite	image renversée

EN RÉSUMÉ

- Équation des lentilles minces : $\dfrac{1}{d_o} + \dfrac{1}{d_i} = \dfrac{1}{f}$
- Équation du grandissement : $g = \dfrac{h_i}{h_o} = -\dfrac{d_i}{d_o}$

VÉRIFIE TA COMPRÉHENSION

Pour chacune des questions ci-dessous, dessine un diagramme de rayons pour justifier ta réponse.

1. Une lentille convergente a une distance focale de 23 cm. Une grenouille est située à 32 cm de la lentille. Utilise l'équation des lentilles minces pour calculer l'emplacement de l'image de la grenouille.

2. Un crayon est situé à 53 cm d'une lentille divergente. Une image virtuelle, droite, du crayon est visible à 18 cm de la lentille. Utilise l'équation des lentilles minces pour calculer la distance focale de cette lentille.

3. Une lentille divergente a une distance focale de 34 cm. Une image virtuelle, droite, d'un petit livre est visible à 13 cm derrière la lentille. Où le livre est-il situé?

4. Une lentille convergente a une distance focale de 16 cm. Un insecte est situé à 11 cm de la lentille. Où est située l'image de l'insecte?

5. Un vase d'une hauteur de 12 cm se trouve devant une lentille convergente. Une image renversée, d'une hauteur de 35 cm, est visible de l'autre côté de la lentille.
    a) Utilise l'équation du grandissement pour calculer le grandissement de la lentille.
    b) Quel type d'image est produite?

6. Une carte à jouer d'une hauteur de 14 cm est installée devant une lentille convergente. Une image réelle, renversée, d'une hauteur de 7,9 cm, est visible de l'autre côté de la lentille. Quel est le grandissement de la lentille?

7. Un timbre-poste d'une hauteur de 2,8 cm est placé devant une lentille divergente. Une image virtuelle, d'une hauteur de 1,3 cm, est visible du même côté de la lentille que le timbre-poste.
    a) Quel est le grandissement de la lentille?
    b) Quel est le sens de l'image?

8. Une petite fourchette est placée à 9,4 cm devant une lentille. Une image virtuelle, droite, et agrandie 5,6 fois est visible.
    a) Où est située l'image?
    b) Quelle est la distance focale de la lentille?
    c) De quel type de lentille s'agit-il? Explique ta réponse.

Les applications des lentilles

13.5

Les lentilles exploitent le phénomène de la réfraction. Les instruments d'optique qui contiennent des lentilles sont utilisés depuis des siècles. Ces instruments ont été très bénéfiques aux êtres humains et ont souvent contribué à l'enrichissement de leurs connaissances. Dans cette section, tu vas étudier quelques instruments d'optique.

L'appareil photo

Une lentille convergente produit une image réelle et renversée tant que l'objet est situé à une distance supérieure à F' (soit le foyer principal image). L'appareil photo est un bon exemple d'instrument qui utilise ce phénomène.

Un appareil photo capte la lumière émise par de grands objets éloignés et produit des images réelles plus petites, soit sur une pellicule (pour les appareils traditionnels), soit sur un capteur (pour les appareils numériques) (figure 1). Donc, un objet doit être situé à plus du double de la distance focale de la lentille (c'est-à-dire plus loin que $2F'$). À mesure que l'objet change de position, son image change d'emplacement. L'emplacement de l'image réelle, toutefois, se situe entre F et $2F$. Tu ne peux pas déplacer d'avant en arrière la pellicule dans un appareil photo afin de produire une image claire. Pour remédier à cette situation, tu dois donc faire avancer ou reculer la lentille. Ainsi, une image claire est toujours produite sur la pellicule. C'est ce que l'on appelle « faire la mise au point ».

> **COUP DE POUCE**
> **ÉCRITURE**
>
> **Rédiger une analyse critique**
> Imagine que tu dois rédiger une analyse critique au sujet d'un appareil photo dont la lentille a une distance focale fixe. Tu peux effectuer une recherche sur les avantages et les inconvénients de différents types de lentilles : objectif à focale fixe, zoom, objectif interchangeable et multiplicateur de focale. Vérifie si certains renseignements ont pu être omis ou semblent incohérents. Pose des questions comme : « Quelle est la principale différence entre le zoom numérique et le zoom optique ? »

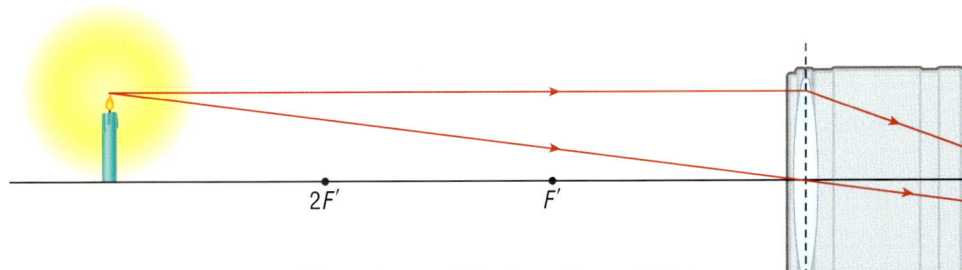

Figure 1 Un appareil photo produit une image réelle plus petite que l'objet.

Les appareils photo traditionnels sont munis de pellicules souples qui captent les images. La pellicule souple est logée dans une capsule qui a été conçue par George Eastman en 1884. Avant cette date, les photographes utilisaient des feuilles de verre enduites de produits chimiques photosensibles. George Eastman n'est pas un nom connu de nos jours, mais l'entreprise qu'il a fondée pour vendre ses produits, Kodak, est très connue.

Aujourd'hui, les appareils photo numériques sont beaucoup plus répandus que les appareils à pellicule. Les appareils photo numériques ne contiennent pas une pellicule, mais plutôt un dispositif photosensible fait de silicone appelé « dispositif à transfert de charge » ou DTC (figure 2). Les DTC sont à la base de plusieurs autres appareils d'optique modernes comme les caméras de télévision, les systèmes d'imagerie médicale, les télescopes et certains types de microscopes.

Figure 2 Dans les appareils photo numériques, un dispositif à transfert de charge (DTC) remplace la pellicule que l'on trouve dans les appareils traditionnels.

> **LE SAVAIS-TU ?**
>
> **L'importance de la taille**
> Le système de projection de films IMAX a été développé au Canada. La pellicule des films IMAX est 10 fois plus grande que la pellicule des films 35 mm traditionnels et elle passe dans le projecteur trois fois plus vite que la pellicule des autres systèmes. Les bobines de pellicule sont si grandes et si lourdes que la pellicule doit être passée dans le projecteur à l'horizontale plutôt qu'à la verticale.

Le cinéprojecteur

D'une certaine manière, un cinéprojecteur est le contraire d'un appareil photo. Un projecteur projette sur un écran une grande image réelle et renversée d'un petit objet (la pellicule) (figure 3). Puisque l'image est plus grande que l'objet, la pellicule doit être située entre F' et $2F'$. De plus, parce que l'image est renversée, la pellicule doit être installée à l'envers dans le projecteur pour que le film soit à l'endroit sur l'écran. Un rétroprojecteur fonctionne de façon similaire.

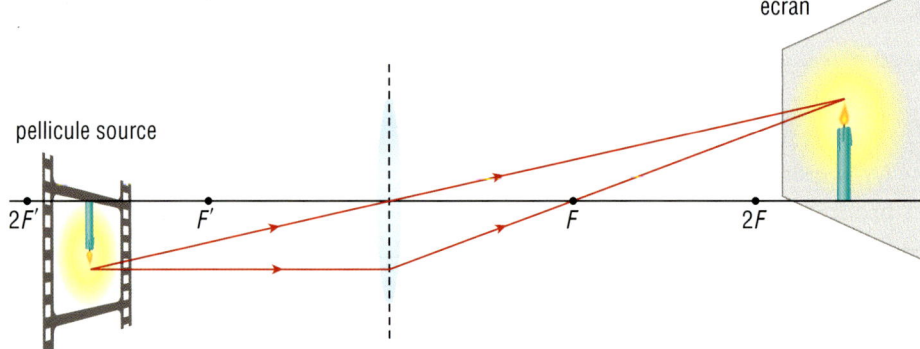

Figure 3 Un projecteur produit une image réelle, renversée, et plus grande que l'objet.

Beaucoup de cinémas ont adopté la projection numérique. Les films qu'on y présente ne sont plus enregistrés sur une pellicule, mais sur un DVD ou sur un disque dur. Parfois, les cinémas reçoivent les films directement par transmission satellite.

La loupe

La loupe constitue sans doute l'instrument d'optique le plus simple qui soit. Il s'agit d'une simple lentille convergente, où les objets observés sont situés entre F' et la lentille. Aucune image réelle n'est produite à cet emplacement. Les rayons réfractés s'écartent les uns des autres (divergent). Cependant, le cerveau humain prolonge ces rayons en direction opposée, formant une image virtuelle, plus grande que nature et située du même côté de la lentille que l'objet (figure 4.)

> **LE SAVAIS-TU ?**
>
> **La plus vieille loupe du monde**
> Le plus ancien exemple d'utilisation d'une loupe pour la production d'une image agrandie est attribué à Ibn al-Haytham dans son ouvrage intitulé *Traité d'optique*, paru en 1021.

(a)

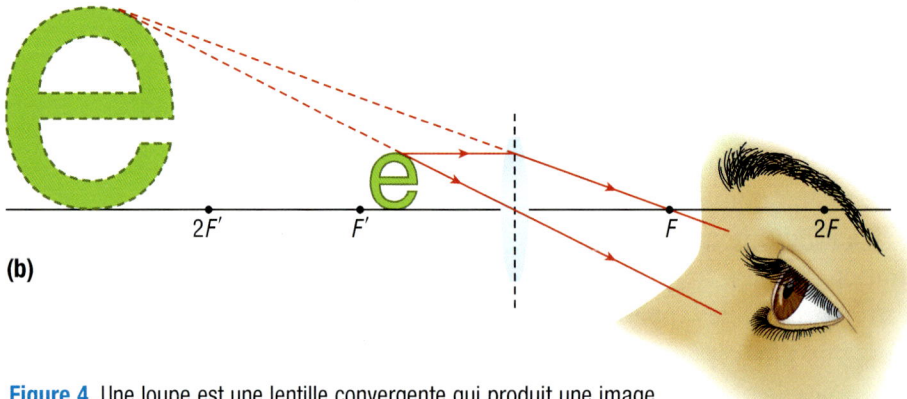

(b)

Figure 4 Une loupe est une lentille convergente qui produit une image virtuelle, droite, plus grande que nature et située du même côté de la lentille que l'objet.

On appelle aussi la loupe « microscope simple ». Le scientifique danois Antonie van Leeuwenhoek est devenu célèbre grâce à ses observations dans des microscopes simples (figure 5). Les microscopes simples de Leeuwenhoek, toutefois, avaient un gros défaut. En effet, les lentilles convergentes avaient des distances focales tellement courtes qu'il fallait les tenir très près des yeux, ce qui entraînait une grande fatigue oculaire. La conception du microscope simple a été améliorée, menant plus tard à la mise au point du microscope composé.

Le microscope composé

Le microscope composé est un assemblage de deux lentilles convergentes. Il produit deux images renversées et agrandies : l'une est réelle, l'autre est virtuelle. L'image réelle est produite par l'objectif. Tu ne la vois pas parce qu'elle est dans le tube du microscope, entre l'objectif et l'oculaire. L'image virtuelle est produite par l'oculaire. Cette image virtuelle, plus grande que nature, est celle que tu vois (figure 6).

Figure 5 À l'aide d'un microscope comme celui-ci, van Leeuwenhoek a été la première personne à observer des bactéries et des cellules sanguines. Les spécimens se trouvaient sur le bout du porte-objet devant la lentille.

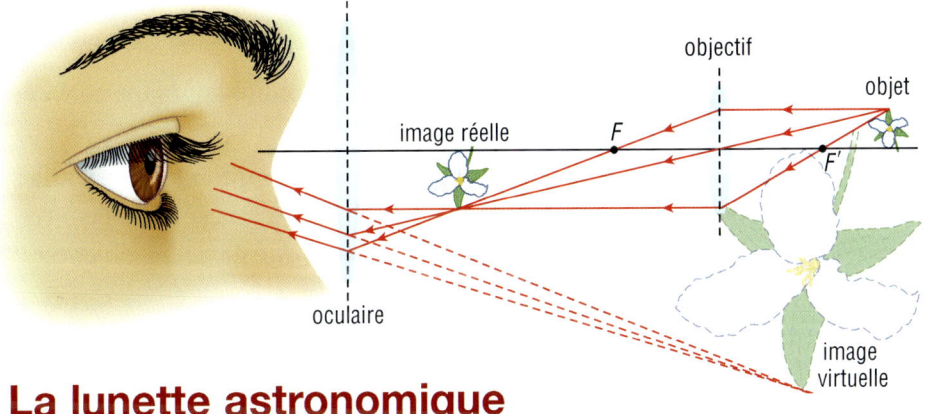

Figure 6 Le microscope composé produit deux images. Cependant, tu peux seulement voir l'image virtuelle, plus grande.

La lunette astronomique

Une lunette astronomique fonctionne selon le même principe qu'un microscope composé, mais l'objet observé avec la lunette astronomique est beaucoup plus éloigné. En fait, l'objet est si loin de $2F'$ que les rayons incidents qui traversent l'objectif sont considérés comme parallèles. Tout comme le microscope composé, la lunette astronomique produit deux images renversées et plus grandes que nature : l'une est réelle et n'est pas visible (elle est à l'intérieur du tube de la lunette), tandis que l'autre est virtuelle, plus grande que nature et visible (figure 7).

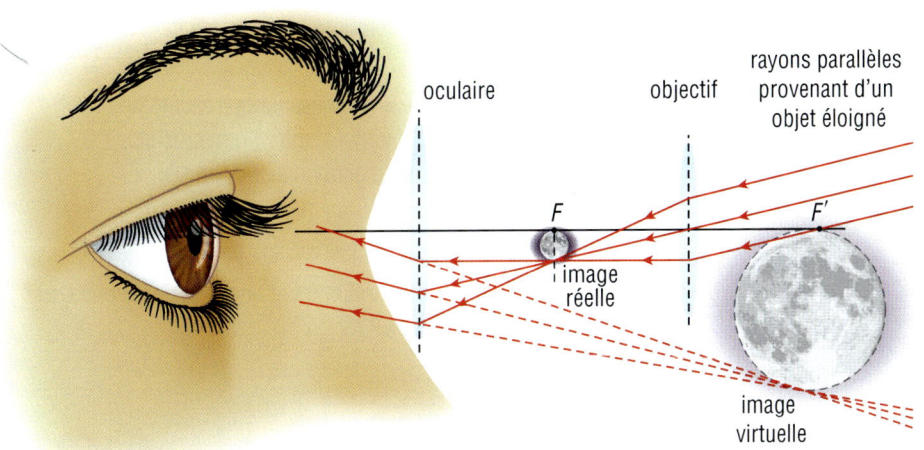

Figure 7 La lunette astronomique produit elle aussi deux images. Cependant, tu peux seulement voir l'image virtuelle, plus grande.

13.5 Les applications des lentilles

Figure 8 Cette lunette astronomique de 1,02 m, à l'Observatoire Yerkes, est la plus grande lunette astronomique du monde.

En raison de la gravité, il y a une limite quant à la taille que peut avoir une lunette astronomique. Si l'objectif est trop grand, il va fléchir sous son propre poids et produire des images déformées. Le plus grand réfracteur du monde est la lunette astronomique de Yerkes, aux États-Unis (figure 8). Son objectif a un diamètre de 1,02 m.

Dans la lunette astronomique, l'image est renversée, ce qui n'est pas un problème pour l'observation d'un corps céleste très éloigné. Il en est tout autrement quand on observe un objet sur Terre. Pour cette application, on doit utiliser une lunette terrestre qui est munie d'une troisième lentille convergente entre l'objectif et l'oculaire. Cette lentille additionnelle permet de corriger l'image renversée ; ainsi, on peut voir une image droite dans l'oculaire.

SIGNET de fin d'unité

Tu vas pouvoir mettre en application ce que tu viens d'apprendre dans cette section sur l'utilisation des lentilles au moment de réaliser l'activité de fin d'unité décrite à la page 588.

EN RÉSUMÉ

- Un appareil photo est muni d'une lentille convergente qui produit une image réelle, renversée, et plus petite que l'objet ; l'objet est situé plus loin que $2F'$; l'image réelle se trouve entre F et $2F$ dans le boîtier de l'appareil.
- Un cinéprojecteur est muni d'une lentille convergente qui produit une image réelle, renversée, et plus grande qu'un petit objet ; l'objet (la pellicule) est situé entre F' et $2F'$; l'image se trouve plus loin que $2F$.
- Une loupe, ou microscope simple, est une lentille convergente dans laquelle l'objet est situé entre la lentille et F'. Une image virtuelle, droite, et plus grande que nature est produite du même côté de la lentille que l'objet.
- Un microscope composé comprend deux lentilles convergentes et produit une image virtuelle, renversée, et plus grande que nature. L'objet est situé près de l'objectif.
- Une lunette astronomique comprend deux lentilles convergentes et produit une image virtuelle, renversée, et plus grande que nature. L'objet est situé si loin de l'objectif que les rayons incidents qui traversent la lentille sont essentiellement parallèles.

VÉRIFIE TA COMPRÉHENSION

1. Pourquoi faut-il faire la mise au point d'un appareil photo ?
2. Décris brièvement trois technologies qui ont été utilisées pour capter des images au moyen d'un appareil photo.
3. a) Pourquoi la pellicule d'un film ne peut-elle jamais être située plus loin que $2F'$?
   b) Où se situe réellement la pellicule ? Pourquoi ?
4. Pourquoi l'image que tu vois sur un écran de cinéma n'est-elle pas renversée ?
5. Pourquoi faut-il que l'objet observé à l'aide d'une loupe soit situé entre F' et la lentille ?
6. Pourquoi est-il impossible d'observer une image réelle dans un microscope composé et dans une lunette astronomique ?
7. À l'aide d'un tableau en T, présente un résumé des similarités et des différences entre un microscope composé et une lunette astronomique.
8. a) Pourquoi ne peut-on pas utiliser une lunette astronomique pour observer des objets sur Terre ?
   b) Comment a-t-on surmonté cet obstacle pour concevoir la lunette terrestre ?

GÉNIALES, LES SCIENCES ! ✅ TPCL

L'anneau d'Einstein

Une des prédictions d'Albert Einstein était que la masse pouvait courber l'espace. Une grande masse, comme une galaxie, déformerait l'espace autour d'elle au point de faire dévier le trajet de la lumière provenant des galaxies derrière elle. L'énorme masse de la galaxie agirait, en fait, comme une gigantesque lentille convergente. La déviation de la lumière par une grande masse s'appelle « effet lenticulaire gravitationnel » (figure 1).

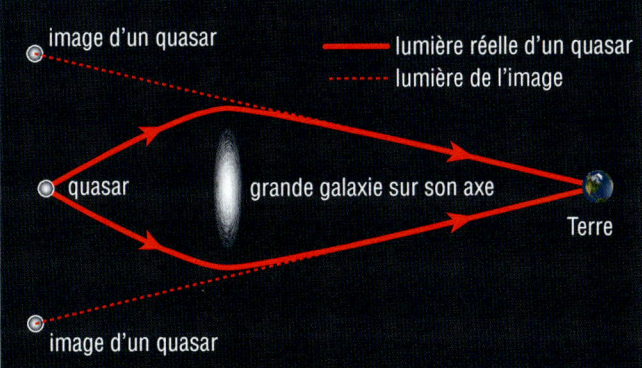

Figure 1 La grande galaxie sert de lentille gravitationnelle et fait dévier la lumière provenant de la galaxie éloignée (quasar) derrière elle.

Pendant longtemps, les scientifiques ne savaient pas si les lentilles gravitationnelles existaient vraiment. De récentes découvertes dans le domaine de l'imagerie ont apporté des preuves concluantes de leur existence. Les traînées et les arches lumineuses de la figure 2 constituent un exemple de l'effet lenticulaire gravitationnel. C'est l'amas dense de galaxies au premier plan qui crée les traînées lumineuses. Cet effet est identique à celui d'une traînée lumineuse produite par une lentille convergente excentrée et de forme irrégulière.

Figure 2 L'amas de galaxies au premier plan agit comme une lentille convergente. Ce phénomène entraîne la déviation en arches de la lumière provenant des galaxies derrière celles qui sont situées au premier plan.

Si la lentille gravitationnelle centrale est symétrique et située directement devant une autre galaxie, elle agit comme une lentille convergente parfaite. La lumière provenant de la galaxie éloignée se présente alors sous la forme d'un anneau fermé plutôt que sous la forme d'arches ou de traînées lumineuses. Ce phénomène est appelé « anneau d'Einstein » (figure 3). Les scientifiques ont déjà observé plusieurs de ces anneaux.

Figure 3 Un anneau d'Einstein photographié par le télescope spatial Hubble

L'univers regorge de phénomènes étonnants et captivants. Savais-tu que l'optique permet de comprendre certains de ces phénomènes physiques étranges ?

13.6 L'œil humain

L'œil humain est l'instrument d'optique qui permet à la plupart d'entre nous de comprendre le monde qui nous entoure ; d'ailleurs, tu t'en sers en ce moment pour lire cette phrase. Il s'agit d'un organe remarquable qui agit comme une fenêtre sur l'univers.

Les parties de l'œil humain

« Je suis une caméra braquée, absolument passive, qui enregistre et ne pense pas ». C'est ainsi que se décrit le narrateur d'un roman de Christophe Isherwood paru en 1939, *Adieu à Berlin*. Dans cette phrase, l'auteur compare l'œil à un appareil photo en tant que mécanisme d'enregistrement des événements. Isherwood utilise l'œil comme une analogie, et l'exemple de l'œil en tant qu'appareil photo est une bonne comparaison.

L'œil humain est un instrument d'optique étonnant qui, de bien des façons, s'apparente à l'appareil photo. Un appareil photo possède un diaphragme qui contrôle la quantité de lumière qui pénètre à l'intérieur. Le diaphragme d'un microscope composé a exactement la même fonction. L'iris de l'œil remplit aussi cette fonction. L'iris est la partie colorée de l'œil. Il s'ouvre et se referme autour de l'ouverture centrale, laissant ainsi entrer plus ou moins de lumière. L'ouverture de l'œil s'appelle « pupille » et ressemble à l'ouverture d'un appareil photo. C'est par la pupille que la lumière pénètre dans l'œil. Un appareil photo possède une lentille convergente qui réfracte la lumière pour former une image claire. L'œil possède également des structures (le cristallin et la cornée) chargées de faire converger la lumière. La cornée est un organe transparent recouvrant la pupille qui focalise la lumière. La lumière est davantage réfractée lorsqu'elle passe par la cornée que par le cristallin.

Dans un appareil photo, l'image est focalisée sur une pellicule ou sur un capteur numérique. Les cellules photosensibles de la rétine à l'arrière de l'œil remplissent cette même fonction. La rétine convertit le signal lumineux en un signal électrique qui est transmis au cerveau par le nerf optique (figure 1). Le nerf optique crée une tache aveugle à l'arrière de l'œil. On appelle cette petite zone ainsi, car elle ne contient aucune cellule photosensible. Tu ne remarques pas cette tache aveugle dans ta vision normale parce que chaque œil compense la tache aveugle de l'autre œil. En d'autres mots, ton œil gauche peut voir l'image imprimée sur la tache aveugle de ton œil droit, et inversement.

LE SAVAIS-TU ?

Les cellules de la rétine
La rétine contient essentiellement deux types de cellules photosensibles : les bâtonnets et les cônes. Ces cellules se distinguent par leur forme. Grâce aux cônes, tu distingues les couleurs. Les bâtonnets sont beaucoup plus sensibles à la lumière et servent surtout à la vision en noir et blanc.

COUP DE POUCE
ÉCRITURE

Rédiger une analyse critique
Pour rédiger une analyse critique sur l'œil humain, tu pourrais faire une comparaison entre ses parties constituantes et celles d'un appareil photo : la pupille et l'ouverture, l'iris et le diaphragme, la rétine et le capteur numérique. Tu pourrais défendre l'opinion selon laquelle l'œil humain a servi de modèle pour l'élaboration de l'appareil photo. Tu peux faire des recherches plus approfondies pour savoir si d'autres personnes partagent ton opinion.

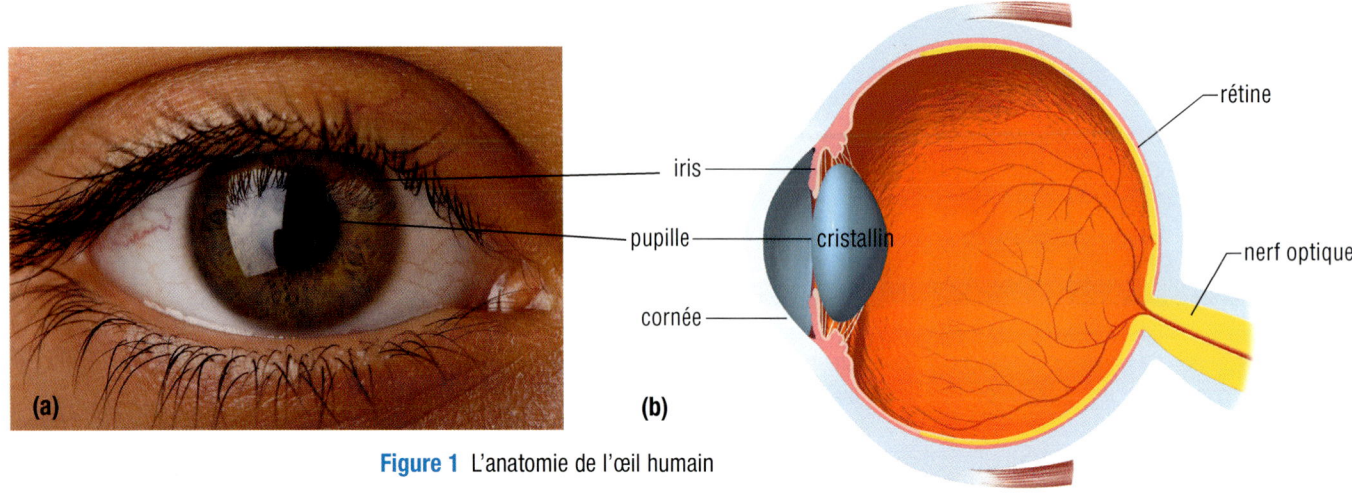

Figure 1 L'anatomie de l'œil humain

SCIENCES EN ACTION — LOCALISER LA TACHE AVEUGLE DE TON ŒIL

HABILETÉS : exécuter, observer, communiquer

LA BOÎTE À OUTILS
3.B.

Matériel : crayon, feuille de papier blanc

1. Dessine un point d'un diamètre de 2 à 3 cm au centre de la feuille de papier. Trace ensuite un « X » de la même taille à 6 cm à la droite du point.

2. Tiens la feuille de papier dans ta main droite, à bout de bras devant tes yeux. Ferme ton œil droit et regarde le « X » avec ton œil gauche. Tu devrais être capable de voir aussi le petit point du coin de l'œil. C'est ce qu'on appelle « vision périphérique ».

3. Continue de regarder le « X » tout en déplaçant lentement la feuille de papier, en l'emmenant directement vers toi. À un moment donné, le point devrait disparaître.

4. Continue de déplacer la feuille jusqu'à ce que le point réapparaisse.

A. Pourquoi le point est-il disparu ?
B. Pourquoi le point est-il réapparu lorsque tu as continué de déplacer la feuille de papier ?
C. Pourquoi ne vois-tu généralement pas ce « trou » dans ta vision ?

La plupart des gens pensent qu'ils voient avec leurs yeux. En réalité, les yeux fonctionnent comme des instruments de captation de la lumière. Nous « voyons » en réalité avec notre cerveau. La combinaison cornée-cristallin dans l'œil agit comme une lentille convergente et produit une image réelle, renversée et plus petite que nature sur la rétine (figure 2). Les impulsions électriques produites par la rétine voyagent par le nerf optique jusqu'au cerveau, où nous « voyons » l'image. Le cerveau traite l'image renversée produite par la rétine et la retourne de manière que l'image que nous « voyons » semble à l'endroit.

LE SAVAIS-TU ?

Gymnastique oculaire
En moyenne, nous clignons des yeux environ 15 000 fois par jour.

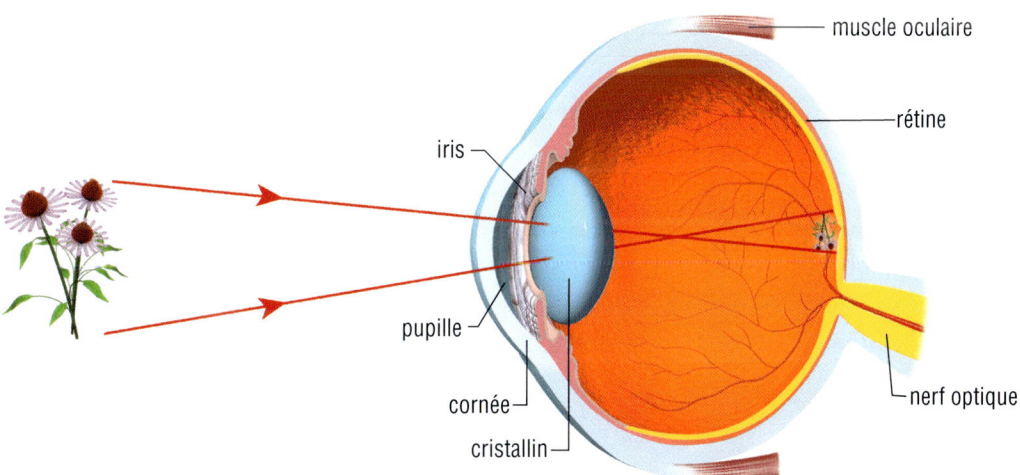

Figure 2 L'œil agit comme une lentille convergente et produit une image réelle, renversée, et plus petite que nature sur la rétine.

L'accommodation oculaire

Pour faire la mise au point d'un appareil photo, il faut sortir ou entrer la lentille parce que la pellicule (ou le capteur numérique) est sur un plan fixe. L'œil humain, toutefois, ne peut pas déplacer le cristallin de cette façon. Les yeux ont évolué autrement pour produire une image claire.

Chez l'être humain, les muscles oculaires, appelés « muscles ciliaires », permettent à l'œil de faire la mise au point sur des objets rapprochés et éloignés en modifiant légèrement la forme du cristallin. Cette modification change la distance focale du cristallin, permettant la mise au point d'une image sur la rétine. Ce processus s'appelle **accommodation**. Un œil en santé peut accommoder de manière à voir des objets rapprochés ou éloignés (figure 3).

accommodation modification de la forme du cristallin provoquée par les muscles oculaires pour permettre la formation d'une image claire sur la rétine

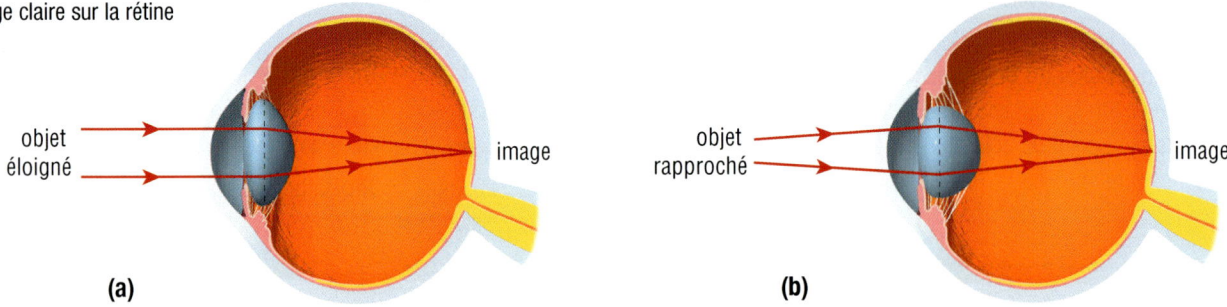

Figure 3 Un œil en santé peut focaliser la lumière provenant d'objets éloignés (a) ou rapprochés (b) sur la rétine. Tu remarqueras que le cristallin est plus épais quand la mise au point se fait sur des objets rapprochés.

Les problèmes de focalisation

Chez certaines personnes, le processus d'accommodation ne se fait pas aussi bien qu'il le devrait. Leurs yeux ne peuvent pas faire la mise au point sur des objets situés à toutes les distances, ce qui entraîne une vision floue. Parfois, ce sont les objets rapprochés qu'elles ne voient pas bien, et parfois, ce sont les objets éloignés.

L'hypermétropie

hypermétropie incapacité de l'œil à focaliser la lumière provenant d'objets rapprochés

Une personne qui souffre d'**hypermétropie** n'a aucune difficulté à voir les objets éloignés ; ce sont les objets rapprochés qui posent un problème parce que l'œil n'arrive pas à réfracter la lumière de manière à former une image claire sur la rétine. L'hypermétropie survient généralement lorsque la distance entre le cristallin et la rétine est trop petite ou lorsque la combinaison cornée-cristallin est trop faible. Dans ce cas, les rayons lumineux provenant d'objets rapprochés sont focalisés *derrière* la rétine (figure 4).

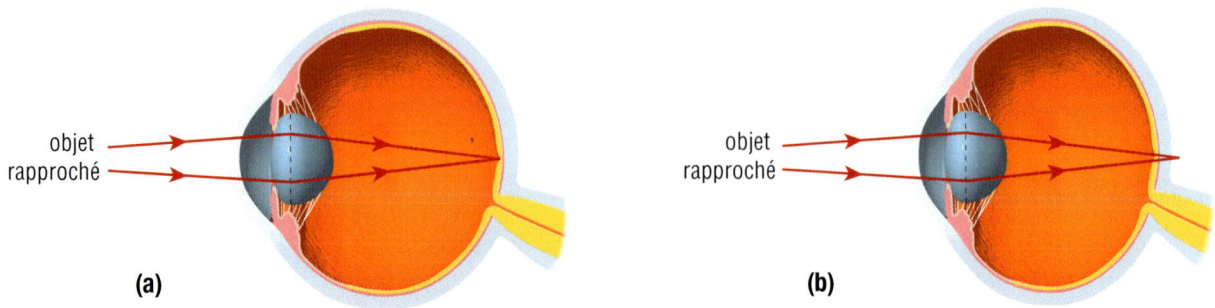

Figure 4 (a) Un œil en santé focalise directement sur la rétine la lumière provenant d'objets rapprochés. (b) L'œil d'une personne hypermétrope focalise la lumière provenant d'objets rapprochés derrière la rétine.

Les yeux d'une personne hypermétrope ont besoin d'aide pour réfracter la lumière. Une lentille convergente peut parfaitement remplir ce rôle. La lentille des lunettes que porte une personne hypermétrope a une forme différente de celle d'une lentille convergente typique; on appelle cette lentille **ménisque divergent**. Un ménisque divergent est une lentille convergente parce que son centre est épais et que ses bords sont minces (figure 5). Cependant, le ménisque divergent est plus joli que la lentille convergente normale, qui est épaisse.

ménisque divergent forme modifiée de la lentille convergente

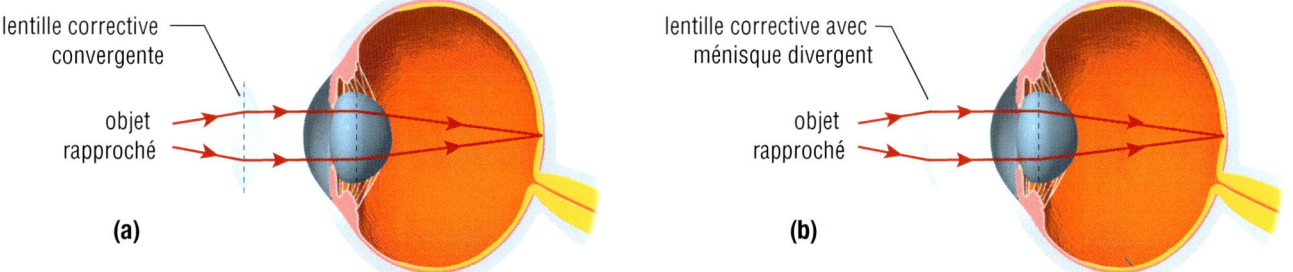

Figure 5 (a) Une lentille corrective convergente permet de corriger l'hypermétropie. (b) Une lentille corrective avec ménisque divergent produit le même effet qu'une lentille convergente parce qu'elle est, elle aussi, plus épaisse au centre.

La presbytie

En vieillissant, de nombreuses personnes éprouvent de la difficulté à lire les petits caractères. Cette difficulté s'explique par le fait que le cristallin perd de son élasticité. Cette diminution de la capacité d'accommodation entraîne un trouble appelé **presbytie**. La presbytie est un trouble de la vision associé à l'âge qui, au contraire de l'hypermétropie, n'est pas causé par le fait que le globe oculaire est trop court pour faire la mise au point. La presbytie peut également être corrigée par le port de lunettes à lentilles convergentes.

presbytie trouble de la vision causé par une diminution de la capacité d'accommodation attribuable à l'âge

La myopie

Les personnes qui souffrent de **myopie** éprouvent de la difficulté à voir de loin. Leurs yeux peuvent focaliser sur la rétine les rayons lumineux provenant d'objets rapprochés; elles voient donc très bien de proche. Ce sont les objets éloignés qui posent un problème. La myopie survient généralement lorsque la distance entre le cristallin et la rétine est trop grande ou lorsque la combinaison cornée-cristallin produit une trop grande convergence des rayons. Les yeux des personnes myopes focalisent la lumière provenant d'objets éloignés *devant* la rétine (figure 6).

myopie incapacité de l'œil à focaliser la lumière provenant d'objets éloignés

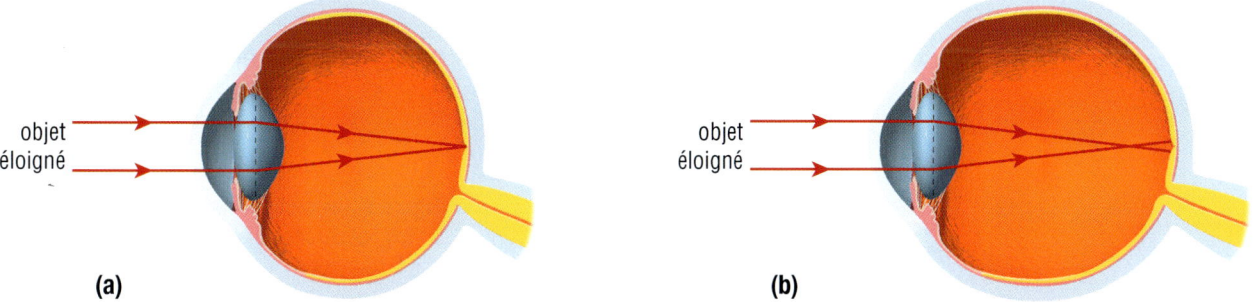

Figure 6 (a) Un œil en santé focalise directement sur la rétine la lumière provenant d'objets éloignés. (b) L'œil d'une personne myope focalise la lumière provenant d'objets éloignés devant la rétine.

LE SAVAIS-TU ?

Un trouble courant
La myopie est un trouble de la vision courant qui affecte près de 30 % de la population canadienne.

ménisque convergent forme modifiée de la lentille divergente

L'œil d'une personne myope peut mettre au point une image si les rayons lumineux provenant de l'objet divergent un peu. Une lentille divergente peut remplir ce rôle. La lentille des lunettes corrigeant la myopie a une forme différente de celle d'une lentille divergente typique ; on appelle cette lentille **ménisque convergent**. Un ménisque convergent est une lentille divergente parce que ses bords sont épais et que son centre est mince (figure 7). Comme pour le ménisque divergent, cette lentille modifiée est plus jolie que la lentille divergente normale.

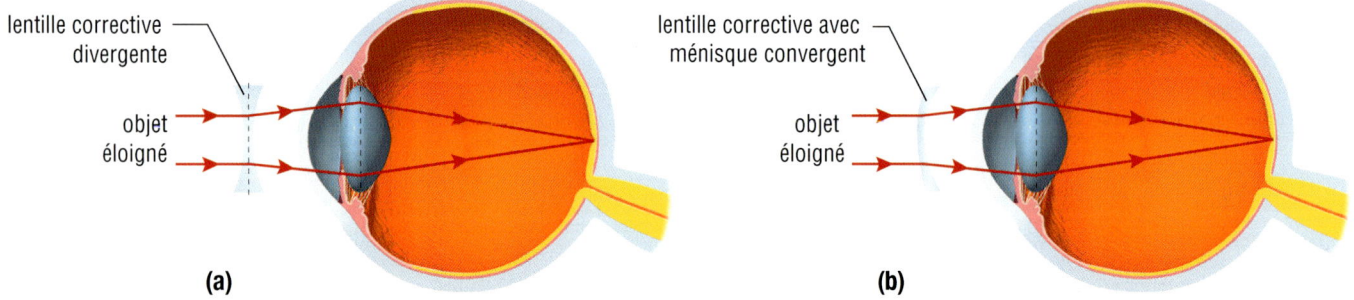

Figure 7 (a) Une lentille corrective divergente permet de corriger la myopie. (b) Une lentille corrective avec ménisque convergent produit le même effet qu'une lentille divergente parce qu'elle est, elle aussi, plus mince au centre.

Les verres de contact

verre de contact lentille placée directement sur la cornée de l'œil

Un **verre de contact** est une lentille que l'on place directement sur la cornée de l'œil. Les verres de contact ont la même fonction que les lunettes. On peut fabriquer les verres de contact pour corriger soit l'hypermétropie, soit la myopie (figure 8). Un verre de contact est généralement invisible lorsqu'il est placé sur la cornée.

Les verres de contact peuvent également être utilisés à des fins esthétiques, pour modifier la couleur de l'iris. Au cinéma, on fait souvent porter des verres de contact colorés aux actrices et acteurs pour les transformer en zombies ou en démons (figure 9).

COUP DE POUCE
ÉCRITURE

Rédiger une analyse critique
Pour rédiger une analyse critique sur les verres de contact, tu pourrais mettre l'accent sur les problèmes éprouvés par certaines personnes, comme l'assèchement des yeux, l'irritation et la vision floue. Tu pourrais conclure en suggérant des solutions possibles à ces problèmes, par exemple : mieux nettoyer ses verres de contact, choisir des verres de contact conçus pour être portés la nuit ou en permanence, opter pour la chirurgie oculaire au laser.

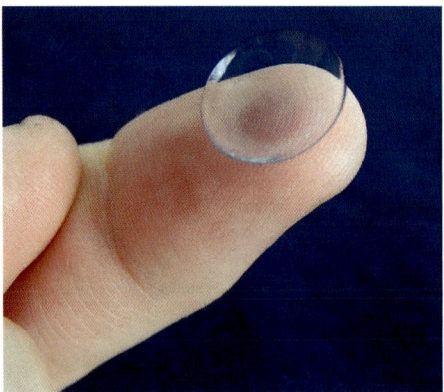

Figure 8 Un verre de contact peut corriger la vue.

Figure 9 Un verre de contact peut donner à l'œil l'apparence d'un œil de chat.

RECHERCHE EN ACTION : D'AUTRES TROUBLES DE LA VISION

HABILETÉS : effectuer une recherche, communiquer

LA BOÎTE À OUTILS 4.A.

L'être humain peut souffrir de troubles de la vision pour de nombreuses autres raisons que celles que tu viens d'étudier. De la même manière que tu rends visite à ton médecin de famille pour faire un bilan de santé, tu dois aussi prendre soin de tes yeux en prenant rendez-vous régulièrement avec une ou un optométriste, qui pourra détecter tout problème de vision.

1. Fais une recherche sur les causes, le développement et le traitement de chacun des troubles de la vision suivants.
   - astigmatisme
   - glaucome
   - cataractes

A. Qu'est-ce qui cause l'astigmatisme ? Comment traite-t-on ce trouble de la vision ?

B. De quelle manière une ou un optométriste peut-elle ou peut-il vérifier si une personne souffre de glaucome ?

C. Quels sont les facteurs qui contribuent à la formation des cataractes ?

D. Prépare une présentation visuelle comportant une brève description de ces troubles de la vision, de leurs causes et de leur traitement.

SIGNET de fin d'unité

Dans cette section, tu as étudié la vision et les troubles de la vision. Comment peux-tu appliquer ces connaissances à la réalisation de l'activité de fin d'unité décrite à la page 588 ?

EN RÉSUMÉ

- La combinaison cornée-cristallin dans l'œil agit comme une lentille convergente ; le cerveau retourne l'image renversée qu'il reçoit de l'œil de manière que tu puisses voir l'image à l'endroit.
- L'œil fait la mise au point grâce à l'accommodation ; les muscles oculaires modifient légèrement la forme du cristallin.
- Une personne hypermétrope ne voit pas bien de proche ; une lentille convergente permet de corriger l'hypermétropie.
- La presbytie est un trouble lié à l'âge. La personne qui en souffre ne voit pas bien de proche en raison d'une diminution de la capacité d'accommodation de l'œil.
- Une personne myope ne voit pas bien de loin ; une lentille divergente permet de corriger la myopie.

VÉRIFIE TA COMPRÉHENSION

1. Décris au moins trois similarités entre un appareil photo et l'œil humain.

2. Le texte précise que c'est en fait avec ton cerveau que tu « vois ». Qu'est-ce qu'on entend par là ?

3. a) Quelle est la différence entre l'hypermétropie et la myopie ?
   b) Quelles formes simples les lentilles doivent-elles avoir pour corriger chacun de ces troubles ?

4. On modifie la forme des lentilles utilisées pour corriger l'hypermétropie et la myopie.
   a) Comment appelle-t-on la forme de ces lentilles modifiées ? Dessine chacune de ces formes.
   b) Pourquoi a-t-on modifié ainsi les formes usuelles des lentilles ?

5. a) En vieillissant, de nombreuses personnes ont besoin de lunettes pour lire. Quel est le trouble de la vision qui affecte généralement ces personnes et qu'est-ce qui le cause ?
   b) Pour corriger ce trouble, les lunettes doivent-elles avoir la forme d'un ménisque divergent ou d'un ménisque convergent ? Explique ta réponse.

6. Dans l'introduction de ce chapitre, tu as lu un extrait du roman *Sa Majesté des Mouches* dans lequel l'auteur explique que l'un des enfants utilise ses lunettes pour allumer un feu. Pourrais-tu allumer un feu de cette manière avec des lunettes conçues pour corriger la myopie ? Explique ta réponse à l'aide d'un diagramme.

13.7 PRONONCE-TOI SUR UN ENJEU

La chirurgie oculaire au laser

Les publicités présentent souvent la chirurgie oculaire au laser comme une solution de rechange aux lunettes et aux verres de contact. De nombreuses cliniques de chirurgie oculaire ont ouvert leurs portes partout au pays (figure 1). De plus en plus utilisée, cette intervention permet de modifier la forme de la cornée au moyen d'un rayon laser, de manière à améliorer la vision.

HABILETÉS
- Définir l'enjeu
- Effectuer une recherche
- Déterminer les options
- Analyser l'enjeu
- Défendre une décision
- Communiquer
- Évaluer

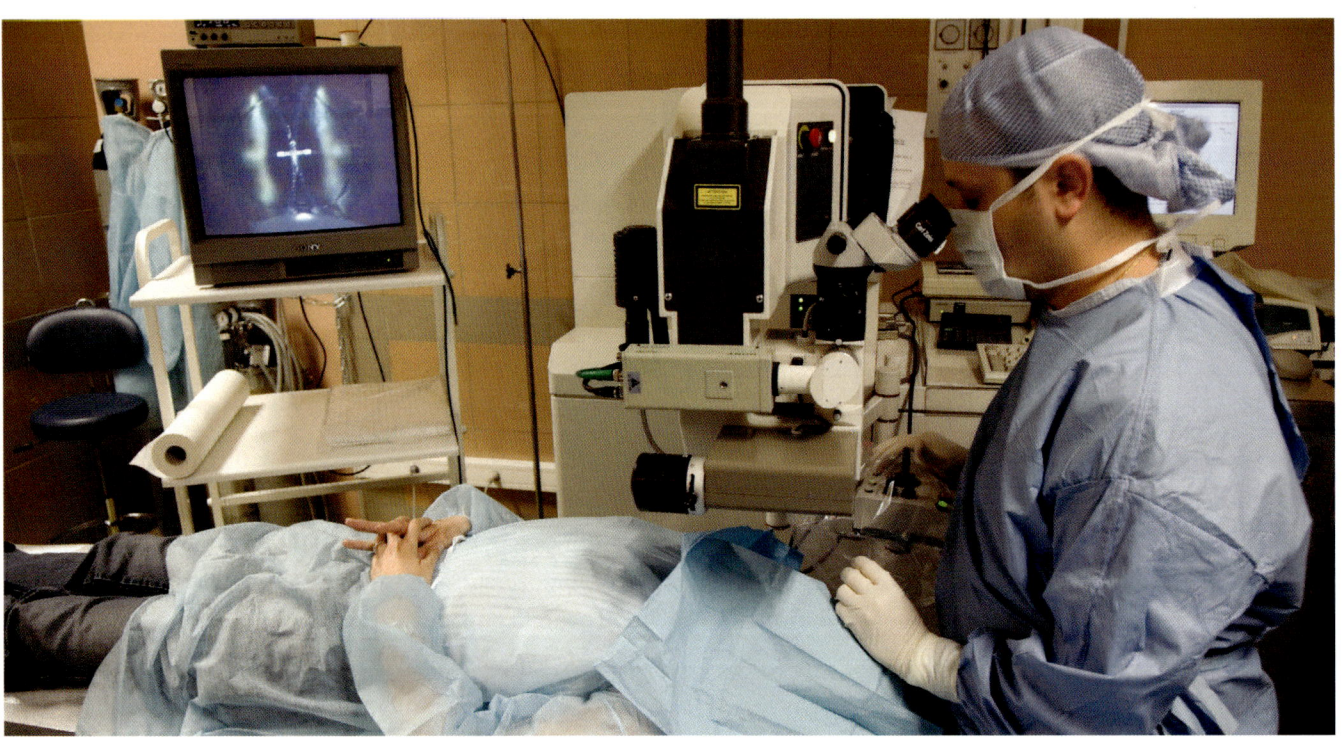

Figure 1 La chirurgie oculaire au laser est devenue une intervention si courante qu'elle est parfois pratiquée dans des cliniques situées dans des centres commerciaux.

Enjeu

Ta meilleure amie est myope (elle ne voit pas bien de loin). Elle porte des lunettes pour corriger son trouble de la vision. Tous les jours, dans l'autobus qui vous amène à l'école, vous voyez des publicités pour les cliniques de chirurgie oculaire au laser. Ces publicités soutiennent qu'elles peuvent vous aider à « vous débarrasser des lunettes et des verres de contact ». Elles vous promettent que vous deviendrez « la personne que vous avez toujours rêvé d'être ! » Un jour, ton amie se confie à toi : elle se demande si la chirurgie au laser est recommandée dans son cas.

Objectif

Ton amie te demande donc ton avis sur la chirurgie oculaire au laser. Tu dois te renseigner sur les controverses entourant la chirurgie au laser. Ensuite, tu vas devoir décider si ton amie devrait subir ou non cette intervention.

Collecte de l'information

LA BOÎTE À OUTILS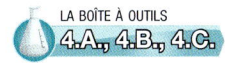

Travaille avec une ou un camarade ou en petit groupe pour te renseigner sur les points suivants concernant la chirurgie oculaire au laser.

- Quelles sont les principales procédures utilisées ?
- Combien de temps dure l'intervention et combien coûte-t-elle ?
- Combien de temps faut-il compter pour la convalescence ?
- Quel est le taux de réussite de l'intervention ?
- Est-ce sécuritaire ?
- Quels sont les effets indésirables potentiels de la chirurgie au laser ?
- L'intervention est-elle appropriée pour tout le monde, peu importe l'âge et l'occupation ?

Songe aux moyens de trouver des renseignements fiables et justes. Selon toi, à quoi servent les sites Web commerciaux, les publicités, les publications gouvernementales et les rapports médicaux ? Quelles sources d'information seraient les plus fiables ?

Examine des solutions possibles

Garde en mémoire les questions suivantes lorsque tu collecteras et analyseras l'information.

- Quels sont les avantages de la chirurgie oculaire au laser ?
- Ton amie répond-elle à tous les critères d'une bonne candidate à la chirurgie oculaire au laser ?
- Quels éléments négatifs ton amie doit-elle connaître avant de prendre une décision ?
- Quelle importance accorde-t-elle à son apparence ?
- Quelles solutions de rechange à la chirurgie pourrais-tu suggérer à ton amie ?
- Ton amie devrait-elle attendre plusieurs années avant de prendre une décision ?

Prends une décision

Donne à ton amie une recommandation claire au sujet de la possibilité de subir une chirurgie oculaire au laser. Exprime clairement les critères qui justifient ta décision.

Communique ton point de vue

Prépare un résumé destiné aux consommatrices et aux consommateurs qui décrit clairement les préoccupations, les enjeux et les solutions possibles en ce qui concerne la chirurgie oculaire au laser. Ton rapport peut se présenter sous la forme d'un article qui sera publié dans un magazine scientifique réputé ou sous la forme d'une brochure qui sera distribuée par un service de santé. Il doit indiquer les facteurs sur lesquels tu as fondé ton analyse (utilise des organisateurs graphiques). En conclusion, exprime une recommandation claire, puis précise les raisons pour lesquelles tu as abouti à cette conclusion.

CHAPITRE 13 À REVOIR

RÉSUMÉ DES CONCEPTS CLÉS

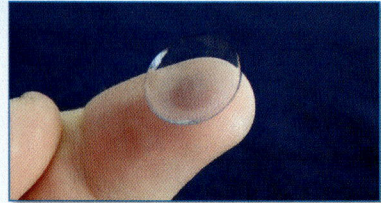

Une lentille est un objet transparent utilisé pour modifier le trajet de la lumière.

- La lumière peut traverser une lentille, mais elle en ressort réfractée (déviée). (13.1)
- La forme et la composition de la lentille ont une incidence sur la manière dont la lumière est réfractée. (13.1)
- On fabrique des lentilles aux caractéristiques spéciales pour des instruments d'optique. (13.5, 13.6)

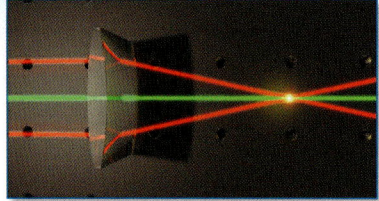

Les rayons lumineux parallèles qui traversent une lentille convergente sont réfractés vers un foyer.

- Une lentille convergente dirige les rayons lumineux parallèles vers un foyer après la réfraction. (13.1)
- Une lentille divergente disperse les rayons lumineux après la réfraction, de sorte qu'ils semblent provenir d'un foyer virtuel. (13.1)
- Le foyer principal d'une *lentille convergente* se situe du côté *opposé* de la lentille par rapport aux rayons incidents. (13.1)
- Le foyer principal d'une *lentille divergente* se situe du *même* côté que les rayons incidents. (13.1)

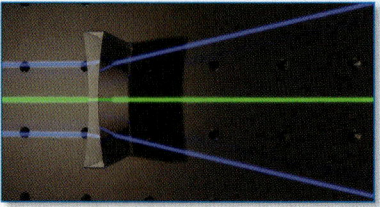

On peut se servir de l'optique géométrique pour déterminer le trajet des rayons lumineux à travers une lentille.

- Une lentille convergente produit une image réelle et renversée d'un objet situé plus loin que F'. L'image est plus petite que l'objet s'il est situé plus loin que $2F'$, de la même taille s'il est situé à $2F$, et plus grande s'il est situé entre $2F'$ et F'. (13.3)
- Une lentille convergente produit une image virtuelle d'un objet situé entre F' et la lentille. Cette image est plus grande que l'objet, droite, et située du même côté de la lentille. (13.3)
- Une lentille divergente produit une image virtuelle plus petite que l'objet, droite, et située du même côté de la lentille. (13.3)

On peut utiliser des diagrammes de rayons et des formules algébriques pour déterminer les caractéristiques d'une image dans une lentille.

- Équation des lentilles minces :
$\frac{1}{d_o} + \frac{1}{d_i} = \frac{1}{f}$ (13.4)

- Équation du grandissement :
$g = \frac{h_i}{h_o} = -\frac{d_i}{d_o}$ (13.4)

Les lentilles ont de nombreuses applications techniques qui sont bénéfiques aux êtres humains.

- Un appareil photo produit une image réelle, renversée, et plus petite qu'un grand objet éloigné. Un cinéprojecteur produit une image réelle, renversée, et plus grande qu'un petit objet rapproché. (13.5)
- Un microscope composé et une lunette astronomique contiennent deux lentilles convergentes et produisent tous deux une image virtuelle, renversée, et plus grande que l'objet. (13.5)

L'œil peut être considéré comme une lentille, et les troubles de la vision peuvent être corrigés au moyen d'autres lentilles.

- La combinaison cornée-cristallin de l'œil agit comme une lentille convergente. Les muscles de l'œil modifient légèrement la forme du cristallin pour permettre la mise au point. (13.6)
- Les lentilles convergentes aident les personnes hypermétropes à voir les objets rapprochés. (13.6)
- Les lentilles divergentes aident les personnes myopes à voir les objets éloignés. (13.6)

QU'EN PENSES-TU MAINTENANT?

Tu as réfléchi aux énoncés ci-dessous au début du chapitre. Tu avais peut-être déjà entendu parler de ces notions à l'école, à la maison ou autour de toi. Reconsidère-les maintenant et détermine si tu es d'accord ou non avec chacun.

1 Les lentilles des appareils photo produisent des images renversées et inversées sur le plan horizontal.
D'accord / En désaccord

2 Si tu es myope, des lunettes épaisses vont t'aider à voir plus clair.
D'accord / En désaccord

3 Si tu recouvres la moitié d'un objet, l'image que tu vas voir à travers une lentille sera aussi la moitié de l'objet.
D'accord / En désaccord

4 Si tu recouvres la moitié d'une lentille, l'image que tu vas voir à travers celle-ci sera aussi la moitié de l'objet.
D'accord / En désaccord

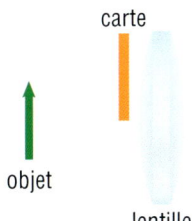

5 Les loupes grossissent les objets grâce à un procédé semblable à celui des microscopes.
D'accord / En désaccord

6 De nombreuses personnes ont besoin de lunettes pour lire lorsqu'elles vieillissent parce que, avec l'âge, la capacité de l'œil à faire la mise au point diminue.
D'accord / En désaccord

**Comment tes réponses ont-elles changé?
Que sais-tu de plus maintenant?**

Vocabulaire

lentille convergente (p. 551)
lentille divergente (p. 551)
centre optique (p. 552)
foyer principal (p. 552)
rayon émergent (p. 556)
équation des lentilles minces (p. 562)
accommodation (p. 574)
hypermétropie (p. 574)
ménisque divergent (p. 575)
presbytie (p. 575)
myopie (p. 575)
ménisque convergent (p. 576)
verre de contact (p. 576)

IDÉES maîtresses

✓ Les caractéristiques et les propriétés de la lumière peuvent être utilisées à différentes fins à l'aide de miroirs et de lentilles.

✓ La société a profité du développement d'une variété de technologies et d'instruments d'optique.

CHAPITRE 13 RÉVISION

Les icônes suivantes t'indiquent la compétence visée par chaque question.

CC Connaissance et compréhension
C Communication
HP Habiletés de la pensée
MA Mise en application

Qu'as-tu retenu?

1. Quel(s) type(s) d'image une lentille convergente produit-elle? (13.3) **CC**

2. Quel(s) type(s) d'image une lentille divergente produit-elle? (13.3) **CC**

3. Comment s'appelle le centre d'une lentille? (13.1) **CC**

4. Nomme au moins trois applications des lentilles qui produisent des images virtuelles. (13.5) **CC**

5. Quel type d'image un microscope composé produit-il? S'il produit plus d'une image, définis le type de chacune. (13.5) **CC**

6. Indique l'emplacement d'un objet observé à l'aide d'une lunette astronomique. (13.5) **CC**

7. Quel trouble de la vision peut-on corriger au moyen d'un ménisque convergent? (13.6) **CC**

8. Quelle structure les muscles de tes yeux ajustent-ils pour modifier légèrement la forme du cristallin? (13.6) **CC**

Qu'as-tu compris?

9. Une lentille convergente a une distance focale de 17 cm. Décris les caractéristiques de l'image d'une chandelle située à ces diverses distances de la lentille : (13.3, 13.4) **HP**
    a) 34 cm
    b) 52 cm
    c) 17 cm
    d) 25 cm
    e) 12 cm

10. Pour quelle raison les lentilles divergentes ne produisent-elles jamais d'images réelles? (13.3) **CC**

11. Quelle est la corrélation entre le type d'image (réelle ou virtuelle) et le sens (renversée ou droite) d'une image pour :
    a) une lentille convergente?
    b) une lentille divergente? (13.3) **CC**

12. Quelles sont les caractéristiques de l'image qui se forme sur la rétine de l'œil? Explique ta réponse. (13.6) **CC**

13. a) Copie la figure 1 dans ton cahier. Ajoute les rayons lumineux de manière à localiser l'image de chaque objet.
    b) Décris les caractéristiques de l'image pour chaque objet. (13.3) **HP** **C**

(i)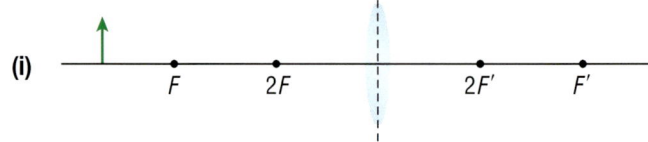

(ii)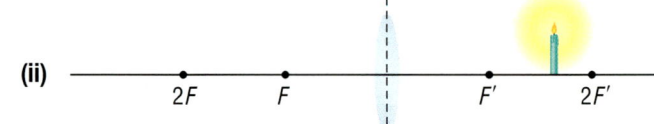

(iii)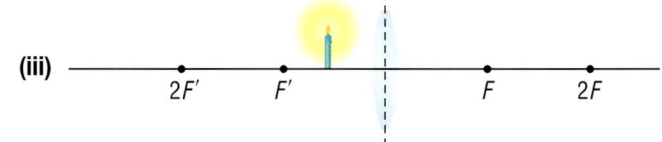

(iv)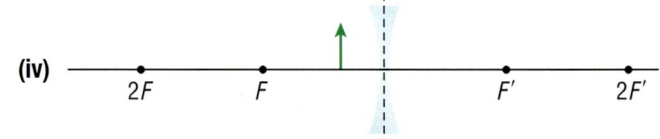

Figure 1

14. Quelle est la différence entre l'hypermétropie et la presbytie? (13.6) **CC**

15. À l'aide de diagrammes, explique comment
    a) une lentille divergente corrige la myopie.
    b) une lentille convergente corrige l'hypermétropie. (13.6) **CC** **C**

16. Quelle est la différence entre l'astigmatisme, le glaucome et les cataractes? (13.6) **CC**

Résous un problème

17. Une lentille convergente a une distance focale de 21 cm. Une chandelle est située à 57 cm de la lentille. (13.3, 13.4) **HP** **C**
    a) Quel type d'image se formera-t-il?
    b) Où sera située l'image de la chandelle?

18. Une loupe a une distance focale de 18 cm. Une feuille est située à 13 cm de la lentille. Où sera formée l'image de la feuille? (13.3, 13.4) **HP** **C**

19. Une rose d'une hauteur de 14 cm se trouve devant une lentille convergente. Une image réelle, renversée, d'une hauteur de 43 cm est visible de l'autre côté de la lentille. Quel est le grandissement de la lentille? (13.3, 13.4)

20. Un bateau jouet d'une hauteur de 18 cm est placé devant une lentille divergente. On observe une image virtuelle plus petite, d'une hauteur de 12 cm. (13.3, 13.4)
    a) Quel est le grandissement de la lentille?
    b) De quel côté de la lentille l'image virtuelle est-elle située?
    c) Cette lentille peut-elle produire une image plus grande que l'objet? Explique ta réponse.

21. Tu fais la mise au point pour prendre la photo d'une abeille sur une fleur. La pellicule dans ton appareil est à 11 cm du centre de la lentille. L'abeille se trouve à 53 cm de l'appareil. Quelle est la distance focale de la lentille de ton appareil photo? (13.3, 13.4)

22. Un objet à l'endroit se trouve à 17 cm devant une lentille. Cette distance est inférieure à la distance focale de la lentille. On voit une image virtuelle, droite, et agrandie 2,8 fois. (13.3, 13.4)
    a) Quel genre de lentille a produit cette image? Explique ta réponse.
    b) Où est située l'image?

23. La figure 2 montre l'emplacement de l'image. Copie le diagramme dans ton cahier en ajoutant les rayons lumineux qui permettent de localiser l'objet. (13.3)

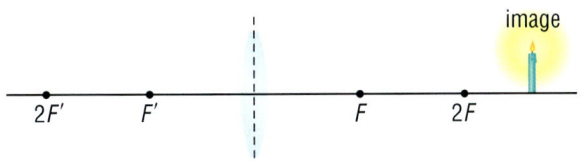

Figure 2

24. Un de tes camarades de classe devait auparavant s'asseoir à l'avant de la classe pour voir ce qui était écrit au tableau. Il porte maintenant des lunettes et peut très bien lire ce qui est écrit au tableau même lorsqu'il est assis à l'arrière de la classe. (13.6)
    a) De quel trouble de la vision souffre ton camarade?
    b) Les lentilles des lunettes de ton camarade sont-elles des ménisques divergents ou des ménisques convergents? Explique ta réponse.

Conçois et interprète

25. Quelles sont les similarités et les différences entre un appareil photo et l'œil humain? (13.5, 13.6)

26. À supposer qu'il est possible de fabriquer une cape d'invisibilité, quel genre de vision aurait une personne qui en porte une? Explique ta réponse en fonction de la manière dont les images sont formées par l'œil humain. (13.6, 12.6)

Réfléchis à ce que tu as appris

27. Dans ce chapitre, tu as appris que les lentilles ont de nombreuses applications pratiques dans la société. Imagine si tous les instruments fabriqués avec des lentilles venaient à disparaître. Quelles seraient les conséquences sur ta vie?

Recherches en ligne

28. Fais une recherche sur les principales découvertes ayant mené à la création des lunettes. Présente tes résultats sous la forme d'une ligne du temps. (13.6)

29. Renseigne-toi sur le fonctionnement des lunettes de vision nocturne. Dessine un diagramme illustrant ce que tu as découvert. (13.6)

30. Comment les lunettes 3D permettent-elles à l'œil de percevoir des images tridimensionnelles? Conçois une brochure pour faire la promotion de cette technologie auprès des cinémas. (13.6)

31. Fais une recherche sur les imperfections suivantes dans les lentilles et sur la manière dont on peut les atténuer. Rédige un court rapport pour présenter tes résultats. (13.5)
    a) aberration chromatique
    b) aberration sphérique

32. Fais une recherche sur les trois métiers ci-dessous pour savoir en quoi ils se distinguent l'un de l'autre. Présente tes résultats dans un tableau. (13.6)
    a) opticienne ou opticien
    b) optométriste
    c) ophtalmologiste

CHAPITRE 13

QUESTIONNAIRE

Les icônes suivantes t'indiquent la compétence visée par chaque question.
- **CC** Connaissance et compréhension
- **C** Communication
- **HP** Habiletés de la pensée
- **MA** Mise en application

Choisis la meilleure réponse pour chacune de ces questions.

1. Lequel des énoncés ci-dessous décrit correctement le trajet d'un rayon lumineux qui traverse le centre optique d'une lentille convergente ? (13.1) **CC**
   a) Le rayon est réfracté parallèlement à l'axe principal.
   b) Le rayon est réfracté en passant par le foyer principal.
   c) Le rayon est réfracté en direction opposée, vers son point d'origine.
   d) Le rayon continue selon son trajet initial et ne subit aucun changement de direction.

2. Un microscope composé produit
   a) une petite image renversée et une image réelle plus grande et droite.
   b) une image réelle renversée et une image virtuelle plus grande et renversée.
   c) une image virtuelle droite et une image virtuelle plus grande et droite.
   d) une petite image renversée et une image virtuelle plus grande et droite. (13.5) **CC**

3. Où dois-tu placer l'objet devant une lentille convergente pour produire une image réelle renversée de la même taille que l'objet ? (13.3) **CC**
   a) à F'
   b) à $2F'$
   c) plus loin que $2F'$
   d) entre $2F'$ et F'

4. Une lentille pouvant agrandir de 1,0
   a) ne produit pas d'image.
   b) produit une image plus grande que l'objet.
   c) produit une image plus petite que l'objet.
   d) produit une image de la même taille que l'objet. (13.4) **CC**

Indique si chacun des énoncés est VRAI ou FAUX. Si tu penses qu'un énoncé est faux, récris-le en le corrigeant.

5. Une lentille convergente produit une image en réfléchissant les rayons lumineux qui touchent sa surface. (13.1) **CC**

6. Lorsque tu appliques l'équation des lentilles minces, tu dois exprimer la distance entre l'objet et le centre optique de la lentille selon une valeur positive. (13.4) **CC**

Copie les énoncés ci-dessous dans ton cahier. Complète-les à l'aide des termes appropriés.

7. Une lentille _____ produit toujours une image du même côté que l'objet. (13.1) **CC**

8. Une loupe produit une image _____ et plus grande d'un objet. (13.5) **CC**

9. Le phénomène appelé « _____ » se produit lorsque le cristallin change de forme pour permettre de focaliser une image sur la rétine. (13.6) **CC**

La figure 1 montre une lentille convexe. Associe chaque terme de la colonne de gauche à la description qui lui convient le mieux dans la colonne de droite.

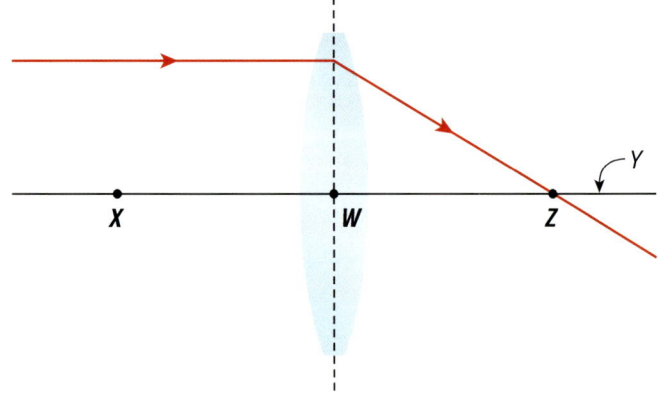

Figure 1

10. a) foyer principal   i) W
    b) centre optique   ii) X
    c) axe principal   iii) Y
    d) foyer image   iv) Z (13.1) **CC**

Rédige une brève réponse à chacune des questions suivantes.

11. Peut-on placer un objet devant une lentille convergente à un certain endroit de manière que la lentille ne produise aucune image réelle ? Explique ta réponse. (13.3) **CC**

12. Une lentille convergente a une distance focale de 15 cm. Une bague est placée à 32 cm de la lentille. À quelle distance de la lentille se trouve l'image de la bague ? Montre tes calculs. (13.3, 13.4)

13. Une petite figurine est placée à 6,5 cm devant une lentille. La lentille produit une image virtuelle agrandie 2,9 fois. (13.3, 13.4)
    a) L'image est-elle située du même côté de la lentille que la figurine ?
    b) À quelle distance de la lentille l'image se trouve-t-elle ? Montre tes calculs.

14. Une fleur d'une hauteur de 10,4 cm est placée devant une lentille divergente. Une image virtuelle droite, mesurant 4,1 cm, est produite du même côté de la lentille que la fleur. Quel est le grandissement de la lentille ? Montre tes calculs. (13.3, 13.4)

15. Une lentille convergente a une distance focale de 22 cm. Un objet est placé à 63 cm de la lentille, et une image de l'objet est produite à 34 cm de la lentille. Si l'on double la distance entre l'objet et la lentille, est-ce que la distance entre l'image et la lentille doublera aussi ? Montre tes calculs. (13.3, 13.4)

16. a) La pellicule qui défile dans un cinéprojecteur est-elle à l'endroit ou à l'envers ?
    b) Explique pour quelle raison il faut installer la pellicule dans le cinéprojecteur selon le sens choisi en a). (13.5)

17. a) Certaines personnes souffrant de presbytie éloignent de leurs yeux le livre qu'elles essaient de lire de manière que leurs yeux puissent distinguer les caractères. En quoi ce geste aide-t-il leurs yeux à faire la mise au point ?
    b) Quel type de lunettes peut aider les personnes qui souffrent de presbytie ? (13.6)

18. Ton amie ne comprend pas comment il est possible d'utiliser une distance de valeur négative dans l'équation des lentilles minces. Explique-lui ce que signifie le signe négatif devant une distance représentant une image virtuelle. (13.4)

19. Tu souhaites prendre une photo d'un groupe de personnes. Au début, tu n'arrives pas à cadrer tout le monde dans la photo. Lorsque tu t'éloignes du groupe, tout le monde est cadré, mais les personnes paraissent plus petites qu'au début. Explique ce qui s'est produit selon les connaissances que tu as acquises sur les lentilles. (13.3, 13.5)

20. Imagine que tu es journaliste à l'époque où Antonie van Leeuwenhoek a inventé son microscope. Tu viens d'assister à une démonstration de l'instrument. Écris pour ton journal un texte d'un paragraphe qui décrit l'événement et ce que tu as vu. (13.5)

21. L'équation du grandissement s'exprime, en mathématiques, de la manière suivante : $g = \dfrac{h_i}{h_o} = -\dfrac{d_i}{d_o}$. Exprime en mots l'équation du grandissement. (13.4)

22. Indique quel type d'instrument d'optique conçu pour permettre l'observation d'objets éloignés serait approprié selon les situations décrites ci-dessous. (13.5)
    a) Une navigatrice en eau libre souhaite observer une masse terrestre au loin.
    b) Un astronome aimerait observer une étoile dans une autre galaxie.

23. Dans ce chapitre, tu as appris que l'œil humain est similaire à un appareil photo à bien des égards. Quelle partie de l'appareil photo a une fonction semblable à celle de la rétine de l'œil qui regarde un objet ? Explique ta réponse. (13.5, 13.6)

24. Dans le cas des lentilles convergentes, pourquoi la distance entre le centre optique et le foyer principal est-elle égale à la distance entre le centre optique et le foyer principal image ? (13.1)

UNITÉ E

À REVOIR

UNITÉ E
La lumière et l'optique géométrique

CHAPITRE 11
La production et la réflexion de la lumière

CONCEPTS CLÉS

 Les instruments d'optique ont de nombreuses applications utiles dans la société.

 La lumière peut être produite naturellement ou artificiellement.

 La lumière est une onde électromagnétique qui voyage à haute vitesse et en ligne droite.

 Quand la lumière est réfléchie sur une surface plane et brillante, l'image qui y apparaît est de même taille et semble être à la même distance de la surface que l'objet réfléchi.

 Dans un miroir plan, l'image se situe au point d'intersection du prolongement des rayons réfléchis vers l'arrière.

 Les miroirs courbes produisent plusieurs types d'images.

CHAPITRE 12
La réfraction de la lumière

CONCEPTS CLÉS

 La lumière change de direction de manière prévisible en traversant différents milieux transparents.

 La lumière dévie vers la normale lorsqu'elle ralentit dans un milieu dont l'indice de réfraction est plus élevé.

 La réflexion totale interne peut se produire lorsqu'un rayon incident est dirigé vers un milieu dont l'indice de réfraction est plus bas.

 Beaucoup d'instruments d'optique font appel à la réfraction et à la réflexion de la lumière.

 La réfraction et la réflexion de la lumière permettent d'expliquer certains phénomènes naturels.

 La compréhension du comportement de la lumière est essentielle dans de nombreuses professions.

CHAPITRE 13
Les lentilles et les instruments d'optique

CONCEPTS CLÉS

 Une lentille est un objet transparent utilisé pour modifier le trajet de la lumière.

 Les rayons lumineux parallèles qui traversent une lentille convergente sont réfractés vers un foyer.

 On peut se servir de l'optique géométrique pour déterminer le trajet des rayons lumineux à travers une lentille.

 On peut utiliser des diagrammes de rayons et des formules algébriques pour déterminer les caractéristiques d'une image dans une lentille.

 Les lentilles ont de nombreuses applications techniques qui sont bénéfiques aux êtres humains.

 L'œil peut être considéré comme une lentille, et les troubles de la vision peuvent être corrigés au moyen d'autres lentilles.

FAIS UN RÉSUMÉ

LA BOÎTE À OUTILS
8.B.

Cette activité de rédaction d'un résumé va t'aider à consolider ton apprentissage des principaux mots de vocabulaire appris dans cette unité.

Partie A : Activité méli-mélo de mots

1. Ta classe est divisée en deux groupes égaux. Chaque élève du groupe 1 reçoit une fiche sur laquelle figure un mot ou un concept que vous avez vu dans cette unité (cartes murales de mots).
2. Chaque élève du groupe 2 reçoit une fiche où figure une définition.
3. L'objectif de l'activité consiste à associer les mots ou les concepts aux définitions appropriées en trouvant l'élève de l'autre groupe qui détient la carte qui va avec la tienne. Une fois que tu as trouvé la bonne carte, ta ou ton camarade et toi pouvez passer à la partie B.

Partie B : Schéma lexical

4. Ta ou ton camarade et toi devez chacun remplir un schéma lexical comme celui qui est illustré à la figure 1.
5. Lorsque tu as terminé, compare ton schéma lexical à celui de ta ou de ton camarade. Observe en quoi vos entrées sont semblables ou différentes. Sur ta feuille, ajoute toute information ou suggestion pertinente figurant sur la feuille de ta ou de ton camarade. Conserve ton schéma lexical pour t'y référer plus tard.
6. Refais les parties A et B avec d'autres mots ou concepts, selon les directives données par ton enseignante ou ton enseignant.

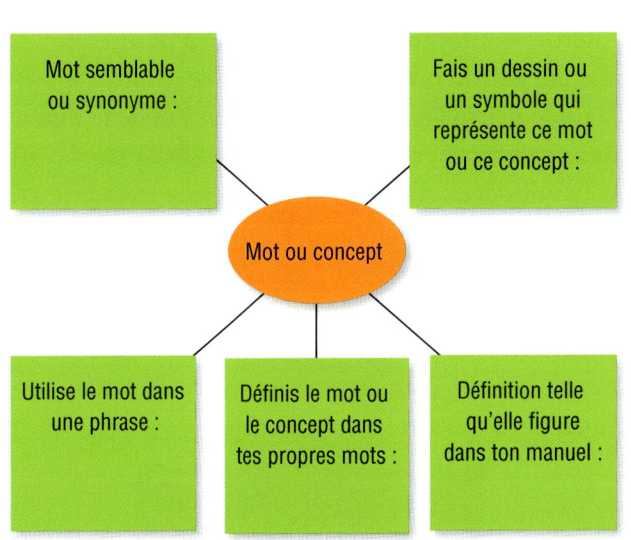

Figure 1

PERSPECTIVES D'AVENIR

Dresse la liste des carrières mentionnées au fil de cette unité. Choisis deux carrières qui t'intéressent, ou deux autres carrières liées à la lumière et aux instruments d'optique. Pour chacune de ces carrières, trouve les renseignements suivants :

- la formation exigée (secondaire et post-secondaire)
- les habiletés / la personnalité / les aptitudes requises
- les tâches et les responsabilités
- les employeurs potentiels
- la rémunération

Utilise les renseignements que tu as trouvés pour concevoir un tableau. Dans ce tableau, tu dois comparer les deux carrières que tu as choisies et expliquer en quoi elles sont liées à la lumière et à l'optique géométrique.

UNITÉ E — ACTIVITÉ DE FIN D'UNITÉ

Construire un instrument d'optique

Les instruments d'optique ont eu des conséquences importantes sur la société et ont grandement enrichi notre compréhension du monde. L'invention du microscope composé, par exemple, a permis au domaine de la microbiologie de voir le jour (figure 1). L'étude des maladies, de leurs causes et de la manière de les prévenir est possible grâce au microscope. Au cours des deux dernières décennies, le télescope a complètement révolutionné notre connaissance de l'astronomie. Les télescopes modernes permettent d'obtenir des images extrêmement détaillées des planètes et des lunes de notre système solaire, de même que des comètes, des anneaux d'Einstein, des supernovas et autres phénomènes.

HABILETÉS
- Se poser une question
- Formuler une hypothèse
- Prédire le résultat
- **Planifier**
- Contrôler les variables
- **Exécuter**
- **Observer**
- **Analyser**
- **Évaluer**
- **Communiquer**

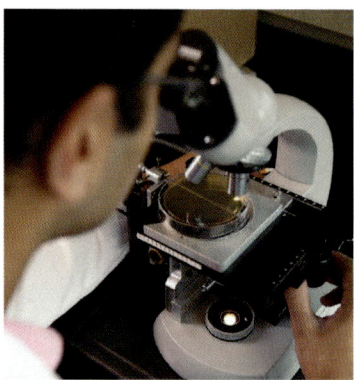

Figure 1 Les microscopes sont des outils précieux pour le diagnostic des maladies, particulièrement celles qui sont causées par des micro-organismes.

En plus de leur rôle d'outil d'exploration scientifique, les instruments d'optique sont souvent utilisés pour le divertissement. Les cinéprojecteurs servent à projeter des films et des documentaires, pour le plus grand plaisir des spectatrices et spectateurs. De nombreuses personnes pratiquent la photographie comme activité de loisir ou prennent des photos-souvenirs lorsqu'elles sont en voyage (figure 2).

Figure 2 Les appareils photo sont devenus si courants que nous ne songeons pratiquement plus à la technologie dont ils sont faits.

Dans cette activité de fin d'unité, tu dois concevoir et fabriquer le prototype d'un instrument d'optique.

Objectif

Fabriquer l'un des instruments d'optique ci-dessous :
- un télescope à réflexion
- un microscope
- un projecteur
- un instrument permettant de voir les espaces non visibles (par exemple, l'arrière de sa tête, les coins cachés dans un magasin, sous ou derrière un meuble)
- un instrument de ta propre invention (soit pour une application sérieuse, soit à des fins de divertissement)

Matériel

Ton instrument d'optique doit être fabriqué avec au moins deux composantes figurant dans cette liste :
- miroir plan
- miroir convergent
- miroir divergent
- prisme
- lentille convergente
- lentille divergente
- boîte à rayons

Ces composantes te seront fournies par ton enseignante ou ton enseignant. Tu peux utiliser plus de deux de ces composantes si l'école dispose de l'équipement nécessaire.

Pour fabriquer ton instrument, il te faudra aussi d'autres pièces de matériel permettant de fixer les composantes optiques. L'école peut éventuellement fournir une partie de ce matériel (par exemple, de la colle, du carton, du ruban adhésif).

Marche à suivre

 LA BOÎTE À OUTILS 3.B., 7.A.

Il est possible que les règlements de l'école stipulent que le matériel scolaire reste sur les lieux. Si c'est le cas, ton enseignante ou ton enseignant allouera du temps pour te permettre de fabriquer ton instrument, d'en faire l'essai et de le modifier dans la classe de sciences ou au laboratoire.

1. Choisis d'abord l'instrument que tu souhaites fabriquer.
2. Conçois ton instrument. La conception doit s'appuyer sur un dessin propre et à l'échelle.
3. Dresse la liste du matériel dont tu vas avoir besoin. Demande à ton enseignante ou à ton enseignant de passer ta liste en revue.
4. Fabrique le prototype de ton instrument.
5. Fais l'essai de ton prototype pour savoir s'il fonctionne.
6. Modifie ton prototype jusqu'à l'obtention d'un résultat que tu juges satisfaisant. La version définitive de ton prototype sera ton instrument d'optique terminé.

Analyse et interprète

a) Dans quelle mesure ton instrument remplit-il la fonction pour laquelle il a été fabriqué ?
b) Quels sont les problèmes que tu as rencontrés pendant la fabrication ?
c) Comment as-tu résolu ces problèmes de fabrication ?
d) Décris l'image que ton instrument produit en fonction des éléments ci-dessous :
   - grandissement
   - qualité de l'image
   - caractéristiques de l'image
e) Ton appareil est-il facile à utiliser ?
f) Si tu devais refaire cette activité, qu'est-ce que tu ferais différemment ?

Approfondis ta démarche

 LA BOÎTE À OUTILS 4.A., 4.B.

g) Dessine un diagramme de rayons pour illustrer la manière dont ton appareil produit une image.
h) Fais la démonstration de ton appareil devant la classe.
i) Fais une recherche sur des exemples réels d'appareils semblables à celui que tu as conçu.

LISTE DE VÉRIFICATION DE L'ÉVALUATION

Ton activité de fin d'unité sera évaluée en fonction des critères suivants :

Connaissance et compréhension
- ☑ Démontrer une connaissance de l'optique géométrique.
- ☑ Démontrer une connaissance des propriétés de production d'images des composantes optiques.

Habiletés de la pensée
- ☑ Concevoir un plan pour la fabrication d'un instrument d'optique.
- ☑ Tenir compte des contraintes liées à la sécurité.
- ☑ Tenir compte de considérations environnementales.
- ☑ Réaliser l'activité de manière structurée.
- ☑ Analyser les résultats.
- ☑ Évaluer la conception de ton appareil et, au besoin, y apporter des modifications.

Communication
- ☑ Rédiger un rapport de laboratoire pertinent comportant le modèle définitif, le matériel utilisé, un diagramme à l'échelle et une évaluation de l'efficacité de l'instrument.
- ☑ Communiquer clairement en faisant la démonstration de ton modèle.
- ☑ Démontrer une compréhension des diagrammes de rayons et des symboles décrivant les composantes optiques.

Mise en application
- ☑ Utiliser au moins deux composantes optiques simultanément.
- ☑ Atteindre l'objectif visé de l'instrument d'optique.
- ☑ Fabriquer un instrument sécuritaire, écologique et solide sur le plan mécanique.
- ☑ Porter attention à l'apparence globale et esthétique de l'instrument.

UNITÉ E — RÉVISION

Les icônes suivantes t'indiquent la compétence visée par chaque question.

- **CC** Connaissance et compréhension
- **C** Communication
- **HP** Habiletés de la pensée
- **MA** Mise en application

Qu'as-tu retenu ?

Choisis la meilleure réponse pour chacune de ces questions.

1. L'angle d'incidence est l'angle entre :
   a) le rayon incident et la surface de la matière
   b) le rayon réfracté et la normale
   c) le rayon incident et la normale
   d) le rayon réfracté et la surface de la matière (11.4) **CC**

2. La lumière réfléchie sur un miroir plan est un exemple de :
   a) réflexion spéculaire
   b) réflexion diffuse
   c) réflexion totale interne
   d) réfraction (11.6) **CC**

3. Lequel des énoncés ci-dessous décrit le mieux ce qu'est l'indice de réfraction d'un milieu ? (12.4) **CC**
   a) la vitesse de la lumière dans le vide multipliée par la vitesse de la lumière dans ce milieu
   b) la vitesse de la lumière dans le vide moins la vitesse de la lumière dans ce milieu
   c) la vitesse de la lumière dans le vide divisée par la vitesse de la lumière dans ce milieu
   d) la vitesse de la lumière dans le vide plus la vitesse de la lumière dans ce milieu

4. Lequel des énoncés ci-dessous décrit le mieux ce qu'est l'angle de réfraction ? (12.1) **CC**
   a) l'angle entre le rayon lumineux réfracté et la normale
   b) l'angle entre le rayon lumineux réfracté et la surface réfléchissante
   c) l'angle entre le rayon lumineux réfracté et le rayon réfléchi
   d) l'angle entre le rayon lumineux réfracté et le rayon incident

5. Quel milieu a un indice de réfraction précis de 1,0 ? (12.4) **CC**
   a) l'huile végétale
   b) le verre
   c) le vide
   d) l'eau

6. Lequel de ces matériaux produira la moins grande réfraction de la lumière ?
   a) matériau A où $n = 1{,}72$
   b) matériau B où $n = 2{,}34$
   c) matériau C où $n = 1{,}58$
   d) matériau D où $n = 1{,}92$ (12.4) **CC**

7. Une image virtuelle, droite, et plus grande que nature est observée dans une lentille convergente. L'objet doit être situé :
   a) plus loin que $2F'$
   b) entre $2F'$ et F'
   c) à F'
   d) entre F' et la lentille (13.3) **CC**

8. Une personne qui souffre d'hypermétropie ou de presbytie voit bien :
   a) les objets éloignés, mais pas les objets rapprochés
   b) à la fois les objets éloignés et les objets rapprochés
   c) les objets rapprochés, mais pas les objets éloignés
   d) aucune de ces réponses (13.6) **CC**

Indique si chacun des énoncés est VRAI ou FAUX. Si tu penses qu'un énoncé est faux, récris-le en le corrigeant.

9. La lumière est une forme d'énergie. (11.1) **CC**

10. La lumière est une onde électromagnétique visible. (11.1) **CC**

11. La lumière a besoin d'un support pour voyager. (11.1) **CC**

12. Un rayon lumineux est soit réfléchi, soit transmis lorsqu'il frappe une surface comme un morceau de verre. (12.1) **CC**

13. Le centre de la lentille s'appelle « centre de courbure ». (13.1) **CC**

14. Une lentille convergente entraîne la dispersion des rayons lumineux après la réfraction. (13.1) **CC**

15. Une lentille en forme de ménisque divergent est une lentille convergente. (13.6) **CC**

16. Un rayon lumineux parallèle à l'axe principal d'une lentille ne sera pas réfracté. (13.3)

17. Einstein avait prédit que les forces gravitationnelles pouvaient faire dévier le trajet de la lumière. (13.5)

18. La fonction de la pellicule d'un appareil photo s'apparente à la fonction de l'iris de l'œil humain. (13.5)

19. Un objet situé au foyer image (F') d'une lentille convergente produit une image qui est exactement de la même taille que l'objet. (13.3)

Copie les énoncés ci-dessous dans ton cahier. Complète-les à l'aide des termes appropriés.

20. Une source qui produit sa propre lumière est dite « _____ ». (11.2)

21. Les ondes électromagnétiques voyagent à la vitesse de _____. (11.1)

22. Les rayons _____ constituent le type de rayonnement électromagnétique qui produit le plus d'énergie. (11.1)

23. Un miroir divergent (convexe) ne peut produire qu'une image _____ (taille) et _____ (sens). (11.9)

24. Une loupe est un exemple de lentille _____. (13.5)

25. À l'angle critique, l'angle de réfraction est _____. (12.5)

26. Une lentille qui est plus mince au centre et plus épaisse sur les contours s'appelle une lentille _____. (13.1)

27. Les rayons lumineux qui sont parallèles à l'axe principal d'une lentille convergente se croisent au point du _____. (13.1)

28. La réflexion totale interne survient si l'angle d'incidence est plus grand que l'angle _____. (12.5)

29. Une personne qui ne voit pas bien de loin est _____. (13.6)

Associe chaque terme de la colonne de gauche à la description qui lui convient le mieux dans la colonne de droite.

30. a) lumière ultraviolette
    b) lumière infrarouge
    c) lumière visible
    d) ondes radioélectriques
    e) rayons X

    i) vision humaine
    ii) lumière noire
    iii) télécommande pour lecteur DVD
    iv) imagerie dentaire
    v) radar (11.1)

Rédige une brève réponse à chacune des questions suivantes.

31. Classe chacune des matières suivantes selon qu'elle est transparente, translucide ou opaque : (11.4)
    a) une feuille de verre propre
    b) l'air d'une journée froide d'hiver
    c) une feuille de verre dépoli
    d) une brique
    e) un arbre
    f) l'air pendant une journée de smog
    g) un verre d'eau

32. Décris la forme d'une lentille convergente comparativement à celle d'une lentille divergente. (13.1)

33. Définis chacun des termes suivants : (11.4, 11.7, 11.9, 12.1, 12.7, 13.4)
    a) angle d'incidence
    b) angle de réfraction
    c) foyer principal
    d) grandissement
    e) mirage
    f) image virtuelle

Qu'as-tu compris?

34. Donne un exemple pour chacun des objets ci-dessous : (11.4)
    a) un objet opaque
    b) un objet transparent
    c) un objet translucide

35. a) En lettres majuscules, écris un mot de trois lettres qui a exactement la même apparence dans un miroir plan.
    b) En lettres majuscules, écris un mot de trois lettres qui a l'apparence d'un autre mot dans un miroir plan. (11.7)

36. Décris comment les trois processus ci-dessous produisent la lumière. (11.2)
    a) une décharge électrique
    b) la bioluminescence
    c) la chimiluminescence

37. Dessine à quoi ressemble le mot **OPTIQUE** dans un miroir plan. (11.7)

38. Quelles sont deux des propriétés des ondes électromagnétiques ? (11.1)

39. Compare le processus d'émission de la lumière par :
    a) l'incandescence et la fluorescence
    b) la triboluminescence et la phosphorescence
    (11.2)

40. Classe les matériaux ci-dessous selon qu'ils produisent une réflexion spéculaire ou diffuse. Justifie ta réponse dans chaque cas. (11.6)
    a) un plancher enduit d'une cire très brillante
    b) une feuille de papier d'aluminium chiffonnée
    c) un tapis épais
    d) une feuille de papier d'aluminium plate, côté brillant sur le dessus

41. Explique pourquoi la lumière laser n'est pas utile pour éclairer une pièce sombre. (11.3)

42. Explique clairement pourquoi les miroirs divergents et les lentilles divergentes ne produisent jamais d'images réelles. Illustre ta réponse avec des diagrammes. (11.9, 13.3)

43. Copie le tableau 1 dans ton cahier, puis remplis-le. (11.6)

Tableau 1 Angles d'incidence et de réflexion

Description	Mesure de l'angle d'incidence	Mesure de l'angle de réflexion
L'angle entre le rayon incident et la normale est de 38°.		
	12°	
L'angle entre le rayon réfléchi et la surface plane d'un miroir est de 43°.		
L'angle entre le rayon réfléchi et la normale est de 23°.		
	0°	0°

44. Copie la figure 1 dans ton cahier.
    a) À l'aide d'au moins trois lignes objet-image et de trois lignes de longueur égale et perpendiculaires au miroir, détermine l'image de chaque objet.
    b) Décris les quatre caractéristiques de chaque image. (11.7)

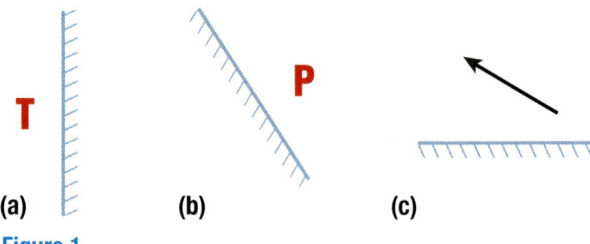

Figure 1

45. Copie la figure 2 dans ton cahier.
    a) Localise l'image de chaque objet.
    b) Décris les quatre caractéristiques de chaque image. (11.9)

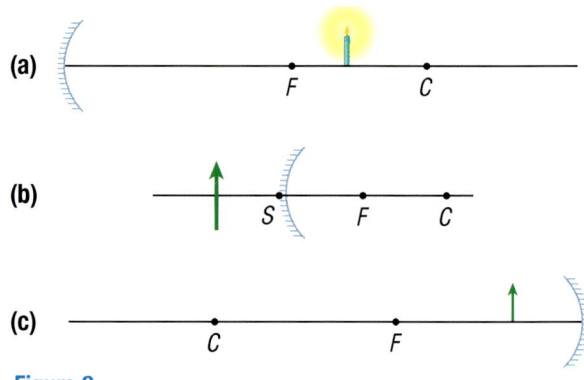

Figure 2

46. La figure 3 représente un faisceau de lumière qui traverse deux milieux différents.
    a) Lequel de ces deux milieux a le plus grand indice de réfraction ?
    b) Dans quel milieu la lumière voyage-t-elle le plus lentement ? (12.4)

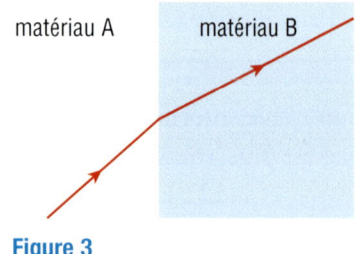

Figure 3

47. Copie la figure 4 dans ton cahier. (13.3)
    a) Localise l'image de chaque objet.
    b) Décris les quatre caractéristiques de chaque image.

(a)

(b)

(c)

Figure 4

Résous un problème

48. Tu aimes bien porter des chemises blanches. Chaque fois que tu laves ta chemise, par contre, tu remarques qu'elle ne ressort jamais de la machine à laver aussi blanche que le jour où tu l'as achetée. Un jour, au supermarché, tu remarques un nouveau savon à lessive dont l'emballage assure que tes chemises deviendront « plus blanches que blanches ». Si cela est vrai, ce nouveau savon à lessive résoudrait ton problème. Analyse et évalue la promesse de ce texte publicitaire. (11.2)

49. L'Australie compte l'un des taux de cancer de la peau les plus élevés du monde. (11.2)
    a) Quelle partie du spectre électromagnétique est dommageable pour la peau?
    b) Quelles mesures peux-tu prendre pour prévenir une partie des dommages et en quoi ces mesures sont-elles efficaces?

50. Ton petit chat aime bien jouer devant un grand miroir accroché au mur. Il essaie continuellement de toucher sa propre image dans le miroir, sans succès, naturellement. Il avance et recule devant le miroir, mais ne parvient jamais à toucher son image. Utilise un diagramme pour démontrer pourquoi ton chat n'arrive pas à toucher sa propre image. (11.7)

51. Un miroir convergent (concave) a un foyer (F) situé à 27 cm.
    a) Un objet est placé à 41 cm du miroir.
       - Où sera située l'image de cet objet?
       - Est-ce que cette image est réellement présente, même si tu ne peux pas la voir?
       - Que dois-tu faire pour voir l'image?
    b) Le même objet est maintenant placé à 20 cm du miroir. Où se situe l'image et pourquoi peux-tu la voir? (11.9)

52. Calcule la vitesse de la lumière dans le verre de silice, qui a un indice de réfraction de 1,46. (12.4)

53. La vitesse de la lumière dans la térébenthine est de $2,04 \times 10^8$ m/s. Quel est l'indice de réfraction de la térébenthine? (12.4)

54. Lorsqu'un rayon lumineux passe de l'air à un milieu transparent, l'angle du rayon par rapport à la normale change de 45° à 30°. Quelle est la vitesse de la lumière dans ce milieu? Montre tes calculs. (12.4)

55. Tu as une lentille divergente avec une distance focale de 30 cm. Une balle de golf est située à 23 cm devant cette lentille. Où est située l'image? Montre tes calculs. (13.3, 13.4)

56. Tu as une lentille convergente avec une distance focale de 34 cm. Un arbre est situé à 45 cm de cette lentille. Calcule l'emplacement de l'image et décris ses caractéristiques. (13.3, 13.4)

57. Une pomme est située à 34 cm d'une lentille convergente. Une image réelle de la pomme est observée à 21 cm de la lentille. Calcule la distance entre la lentille et F. (13.3, 13.4)

58. Tu as une loupe dont le foyer est à 24 cm de la lentille. Tu tiens la loupe à 17 cm d'un petit coquillage.
    a) Calcule l'emplacement de l'image et décris ses caractéristiques.
    b) Calcule le grandissement de la loupe. (13.3, 13.4)

59. Une lentille divergente est placée 13 cm au-dessus d'une sculpture. L'image est située à 5,0 cm de la lentille, du même côté que la sculpture. (13.3, 13.4) CC HP C

    a) Quel type d'image est produite par la lentille ?
    b) Détermine la distance focale de cette lentille.

60. Le foyer d'une lentille divergente est situé à 27 cm. La lentille est placée devant un bol à fruits. Une image virtuelle, droite, est produite à 12 cm du même côté de la lentille que le bol à fruits. Quelle est la distance entre la lentille et le bol à fruits ? (13.3, 13.4) HP C

61. Un chat d'une hauteur de 19 cm est placé devant une lentille convergente. Une image réelle, renversée, d'une hauteur de 58 cm est produite de l'autre côté de la lentille. Calcule le grandissement de la lentille. (13.3, 13.4) HP C

Conçois et interprète

62. Évalue quelle forme d'éclairage serait la plus utile pour t'aider à économiser l'énergie chez toi. Rédige un bref rapport pour présenter un résumé du résultat de tes recherches, de même que ton raisonnement. (11.2) C MA

63. Tu es en voiture avec ta mère sur une route balayée par le vent. Tu remarques des miroirs convexes installés sur des poteaux de chaque côté de la route dans les virages serrés. À quoi servent ces miroirs ? (11.9) MA

64. L'énergie solaire peut être à la fois dommageable et bénéfique pour les êtres humains.

    a) Explique en quoi le Soleil est considéré comme la source originale de presque toute l'énergie consommée par les organismes terrestres.
    b) Conçois un avis public devant être affiché à la piscine de ta municipalité pour expliquer les dangers d'une trop grande exposition au soleil. Ton avis doit contenir des mesures de précaution que les gens peuvent prendre pour se protéger des rayons solaires dangereux. (11.1) C MA

65. Un rayon lumineux qui passe d'un milieu transparent à un autre change à la fois de direction et de vitesse. Dessine un diagramme qui illustre la corrélation entre le changement de direction et le changement de vitesse. (12.1) C

66. À l'aide d'un tableau en T, illustre le fonctionnement de l'œil humain comparativement à celui d'un appareil photo. (13.5, 13.6) C MA

67. Le mot « radiation », synonyme de « rayonnement », a une connotation négative pour beaucoup de personnes. Conçois un argument pour illustrer les aspects positifs de la radiation. (11.1) C MA

68. La vision de ta tante diminue de plus en plus. Elle a maintenant de la difficulté à lire un journal. (13.6) HP C

    a) Comment s'appelle le trouble de la vision dont elle souffre ?
    b) Dessine un diagramme avec des rayons lumineux pour illustrer ce trouble.
    c) Quel type de lentille un optométriste lui recommandera-t-il ? Dessine un diagramme pour illustrer comment cette lentille peut corriger son trouble de la vision.

69. Compare les caractéristiques des images produites par les paires d'instruments d'optique ci-dessous : (11.9, 13.3) CC

    a) une lentille convergente et un miroir convergent
    b) une lentille divergente et un miroir divergent

Réfléchis à ce que tu as appris

70. Imagine que toutes les formes d'ondes électromagnétiques, à l'exception de la lumière, n'existent plus. Quelles seraient les conséquences sur ta vie ? Explique ta réponse.

71. Mis à part le fait que la lumière visible est perceptible par les yeux, il n'y a rien de particulier au sujet de cette bande étroite du spectre électromagnétique. Certaines espèces d'animaux perçoivent la lumière autre que la lumière du spectre visible. Réfléchis à ce en quoi ta vie serait différente si tu pouvais voir *tous* les types de rayonnement électromagnétique.

72. Dans cette unité, tu as vu plusieurs propriétés ou applications étonnantes de la lumière. Choisis les deux propriétés ou applications qui t'ont le plus surprise ou surpris, puis explique ton raisonnement.

73. a) Dessine un schéma conceptuel (base-toi sur la figure 5) où tu es l'élément central et illustre en quoi les miroirs ont une incidence sur ta vie.
b) Dessine un second schéma conceptuel pour illustrer en quoi les lentilles ont une incidence sur ta vie.

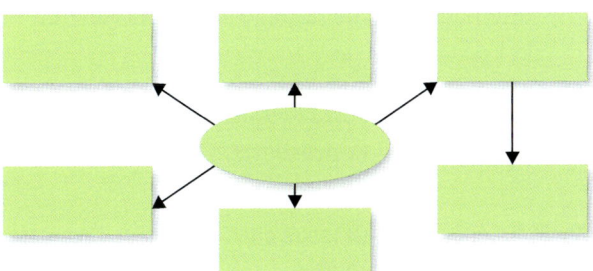

Figure 5

Recherches en ligne

74. Les télescopes à réflexion constituent un outil important pour la recherche astronomique. Effectue une recherche sur les différents types de télescopes à réflexion. Présente tes résultats sous la forme d'une ligne du temps pour illustrer leur développement historique. (11.9)

75. Le laser a de nombreuses applications en médecine. (11.3)
    a) Une de ces applications et la chirurgie oculaire au laser que tu as étudiée dans l'activité 13.7. Fais une recherche sur les autres applications médicales du laser. Présente tes résultats dans un tableau.
    b) Le laser est aussi souvent utilisé à des fins esthétiques. Fais une recherche sur certaines de ces applications du laser. Rédige un texte d'un paragraphe pour présenter un résumé de tes résultats.

76. Fais une recherche pour savoir quel type de télescope Galilée a construit et quelles découvertes importantes il a faites grâce à cet instrument. Rédige un texte de deux paragraphes qui résume tes résultats de recherche. (11.9, 13.5)

77. Le premier télescope spatial du Canada est connu sous le nom « MOST ». Fais une recherche sur MOST. Comment a-t-il été construit et à quoi sert-il? (11.9, 13.5)

78. a) Fais une recherche sur l'historique et le développement du microscope composé. Présente tes résultats sous la forme d'une ligne du temps.
    b) En quoi un microscope électronique est-il différent d'un microscope composé? 13.5)

79. a) L'optique est un domaine qui a apporté de nombreuses contributions positives à la société. Rédige un résumé des applications que tu as étudiées dans cette unité. Ton résumé devrait indiquer pour quelles raisons ces applications sont utiles à la société.
    b) À l'aide d'Internet ou d'autres sources d'information, fais une recherche sur les applications les plus intéressantes de l'optique. Mets l'accent sur des applications que tu n'as pas étudiées dans cette unité, ou que tu as vues très brièvement. Ce second résumé doit exposer les raisons pour lesquelles ces applications sont bénéfiques pour la société. (11.9, 12.5, 13.5)

80. Fais une recherche sur le développement des caméras de cinéma de 1900 à nos jours. (13.5)
    a) Explique de quelle manière les progrès technologiques ont permis aux réalisatrices et réalisateurs de filmer une gamme de plus en plus étendue de sujets.
    b) Choisis deux ou trois techniques ou technologies cinématographiques de spécialité (par exemple, subaquatique, microscopique, image par image) pour illustrer en quoi les progrès dans le monde du cinéma nous ont aidés à parfaire nos connaissances du monde naturel.

UNITÉ E — QUESTIONNAIRE

Les icônes suivantes t'indiquent la compétence visée par chaque question.

- **CC** Connaissance et compréhension
- **C** Communication
- **HP** Habiletés de la pensée
- **MA** Mise en application

Choisis la meilleure réponse pour chacune de ces questions.

1. La réflexion spéculaire est la réflexion produite par
   a) un miroir plan.
   b) un miroir courbe.
   c) une surface inégale.
   d) une surface transparente. (11.6) **CC**

2. Une personne capable de lire des petits caractères sans lunettes mais qui doit porter des lunettes pour conduire souffre probablement
   a) d'astigmatisme.
   b) d'hypermétropie.
   c) de myopie.
   d) de presbytie. (13.6) **CC**

3. Après avoir touché la surface d'une lentille convergente, un rayon lumineux parallèle à l'axe principal passe par
   a) le centre optique.
   b) l'axe principal.
   c) le foyer principal.
   d) le foyer principal image. (13.1) **CC**

4. Comment s'appelle le processus par lequel les matières absorbent l'énergie lumineuse, puis émettent de la lumière? (11.2) **CC**
   a) la chimiluminescence
   b) la fluorescence
   c) l'incandescence
   d) la phosphorescence

5. Dans quelle situation la lumière dévie-t-elle vers la normale? (12.1) **CC**
   a) lorsqu'elle passe à travers du verre
   b) lorsqu'elle passe du verre à l'air
   c) lorsqu'elle passe de l'air à l'eau
   d) lorsqu'elle passe de l'air froid à l'air chaud

Indique si chacun des énoncés est VRAI ou FAUX. Si tu penses qu'un énoncé est faux, récris-le en le corrigeant.

6. Plus l'indice de réfraction d'un milieu est élevé, plus la vitesse de la lumière dans ce milieu est élevée. (12.4) **CC**

7. La lumière visible couvre une bande très étroite du spectre de l'énergie électromagnétique. (11.1) **CC**

8. Pour voir l'image-miroir d'un objet imprimé sur une page, tourne la page à l'envers (tête en bas). (11.6) **CC**

9. La diminution de la capacité d'accommodation peut mener à la presbytie. (13.6) **CC**

Copie les énoncés ci-dessous dans ton cahier. Complète-les à l'aide des termes appropriés.

10. L'angle entre le rayon lumineux qui frappe une surface et la normale s'appelle l'angle d'_____. (11.4) **CC**

11. Les fils chauffants dans un grille-pain deviennent rouges et lumineux lorsqu'ils sont alimentés en électricité. Le processus de production de lumière au moyen d'un objet à haute température s'appelle « _____ ». (11.2) **CC**

Associe chaque terme de la colonne de gauche à la description qui lui convient le mieux dans la colonne de droite.

12. a) transparent
    b) translucide
    c) lumineux
    d) opaque

    i) produit sa propre lumière
    ii) permet à la lumière de le traverser facilement
    iii) permet à une partie de la lumière de le traverser
    iv) ne permet pas à la lumière de le traverser (11.2, 11.4) **CC**

Rédige une brève réponse à chacune des questions suivantes.

13. Un objet est situé entre F' et $2F'$ d'une lentille convergente. Décris la taille et le sens de l'image ainsi produite. (13.3) **CC**

14. L'œil humain peut modifier sa distance focale dans le but de faire la mise au point sur des objets situés à différentes distances. Décris brièvement le mécanisme par lequel l'œil modifie sa distance focale. (13.6) **CC**

15. La figure 1 montre une personne qui regarde dans un périscope. Reproduis le schéma dans ton cahier. Ajoute les miroirs pour le compléter. À l'aide de flèches, illustre le trajet de la lumière qui passe dans le périscope. (11.7)

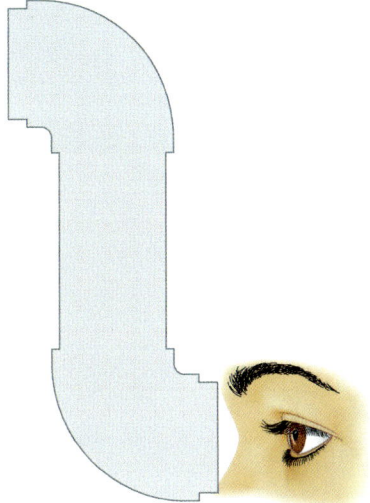

Figure 1

16. Tu veux orienter une lampe de manière que le faisceau lumineux passe dans l'eau d'un aquarium à un angle de 45°. L'indice de réfraction dans l'air est de 1,00, et celui de l'eau est de 1,33. Quel angle d'incidence dois-tu donner à ton faisceau lumineux pour obtenir un angle de 45° dans l'eau? (12.4)

17. Une scientifique cherche à calculer la vitesse de la lumière dans l'hexane, un hydrocarbure liquide clair. (13.3)
    a) Quelles deux données sont nécessaires pour calculer cette vitesse?
    b) Quelle équation la scientifique devrait-elle utiliser? (12.4)

18. a) Copie la figure 2 dans ton cahier. Dessine des rayons lumineux pour localiser l'image.
    b) Décris les caractéristiques de l'image.

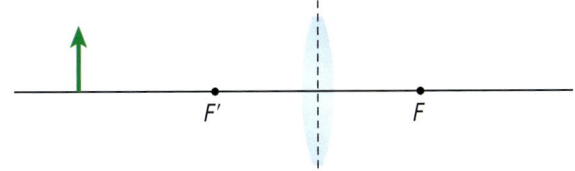

Figure 2

19. a) Compare les ampoules à incandescence et les ampoules fluocompactes sur le plan de la production de lumière.
    b) Tes parents songent à adopter les ampoules fluocompactes plutôt que les ampoules à incandescence chez toi. Décris deux avantages découlant du remplacement des ampoules à incandescence par des ampoules fluocompactes. (11.2)

20. Deux biologistes des milieux marins discutent de la meilleure technique pour tirer des fléchettes anesthésiantes à des requins de manière à leur installer des dispositifs de localisation. Un des biologistes souhaite plonger sous l'eau pour tirer les fléchettes, alors que l'autre veut les tirer du bateau. Bien qu'il soit plus prudent de tirer du bateau, cette technique pose un problème. (12.7)
    a) Décris ce problème.
    b) Explique comment le résoudre.

21. Un élève a acheté une loupe décrite comme ayant un grandissement de 4. (13.4)
    a) Comment cet élève peut-il vérifier le grandissement de sa loupe?
    b) Quelle équation l'élève devrait-il utiliser?

22. Tu as une lentille convergente avec une distance focale de 20 cm. Une tasse est située à 50 cm de cette lentille. (13.3, 13.4)
    a) Quel type d'image sera produite?
    b) Où sera située l'image de la tasse? Montre tes calculs.

23. a) Nomme trois instruments que tu as utilisés qui tirent profit du rayonnement électromagnétique. Choisis des instruments qui utilisent le rayonnement de trois parties différentes du spectre électromagnétique.
    b) Classe les trois instruments par ordre croissant de production d'énergie. (11.1)

24. a) Explique comment un enduit de cire sur une surface en modifie le pouvoir de réflexion spéculaire et de réflexion diffuse.
    b) Décris le processus qui aurait un effet contraire sur cette surface. (11.6)

APPENDICE A — La boîte à outils

TABLE DES MATIÈRES

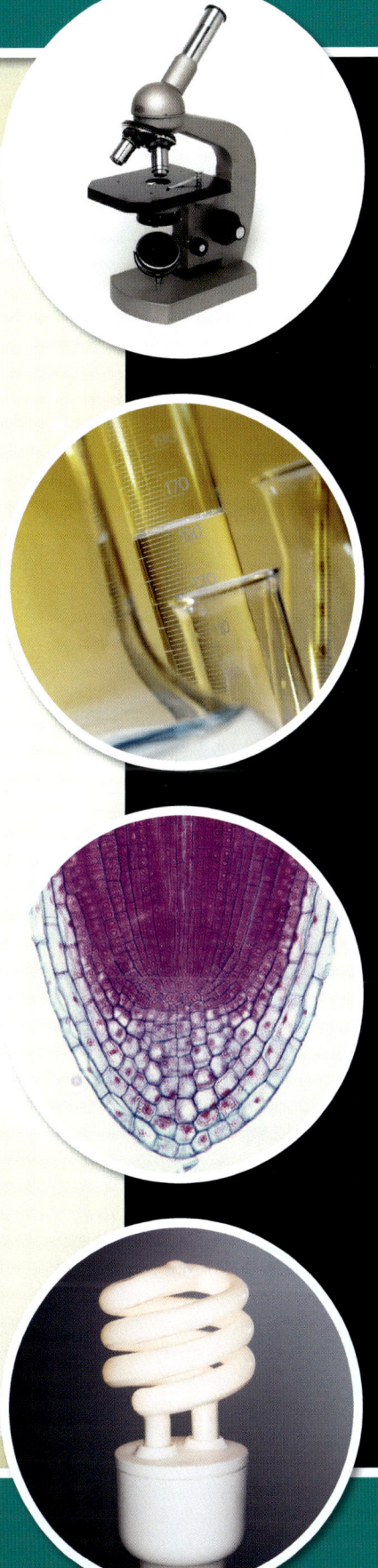

1. **Les mesures de sécurité en sciences**
   - **1.A.** Travailler de manière sécuritaire 600
   - **1.B.** Les principaux risques pour la sécurité 601
   - **1.C.** En cas d'accident 602
   - **1.D.** Les mesures de sécurité et les symboles de danger 603

2. **Le matériel scientifique**
   - **2.A.** Travailler avec des instruments de dissection 604
   - **2.B.** Mesurer la conductivité électrique 604
   - **2.C.** Utiliser le pH-mètre 604
   - **2.D.** Utiliser le microscope 605
   - **2.E.** Utiliser d'autre matériel scientifique 608

3. **La démarche scientifique**
   - **3.A.** Penser comme une ou un scientifique 610
   - **3.B.** Les habiletés en recherche scientifique 610

4. **La recherche**
   - **4.A.** Techniques générales de recherche 618
   - **4.B.** À propos de l'utilisation d'Internet 619
   - **4.C.** Prononce-toi sur un enjeu 620

5. **Utiliser les mathématiques en sciences**
   - **5.A.** Les unités SI 624
   - **5.B.** Résoudre des problèmes numériques à l'aide de la méthode DRASÉ 626
   - **5.C.** La notation scientifique . . . 626
   - **5.D.** L'incertitude des mesures . . .628
   - **5.E.** Utiliser la calculatrice 631
   - **5.F.** Travailler avec les angles . . . 633

6. **Tableaux de données et graphiques**
   - **6.A.** Transformer des données en graphique 634
   - **6.B.** Créer des graphiques par ordinateur 636
   - **6.C.** Interpréter des graphiques . .636

7. **Techniques d'étude**
   - **7.A.** Travailler en équipe 637
   - **7.B.** Te fixer des buts à atteindre et évaluer tes progrès 638
   - **7.C.** Adopter de bonnes habitudes de travail 640

8. **Vers la littératie**
   - **8.A.** Stratégies de lecture 641
   - **8.B.** Organisateurs graphiques . .642

9. **Racines grecques et latines**

10. **Tableau périodique**

1 LES MESURES DE SÉCURITÉ EN SCIENCES

1.A. Travailler de manière sécuritaire

Les expériences en sciences peuvent être très amusantes, mais tout laboratoire comporte des risques pour la sécurité. Tu dois connaître ces risques et prendre les précautions nécessaires pour réduire les risques d'accident.

Pourquoi la sécurité est-elle si importante? Réfléchis aux mesures de sécurité que tu adoptes déjà au quotidien. Dans le laboratoire de ton école, comme dans une cuisine, tu peux éviter les accidents en utilisant le matériel adéquatement et en respectant la marche à suivre. Par exemple, tu peux retirer une pizza du four en toute sécurité en prenant des précautions simples. De la même manière, tu peux manipuler sans danger des substances corrosives en prenant des mesures de sécurité appropriées. La sécurité dans le laboratoire est une question de bon sens et de prévoyance. Les activités et les expériences de ton manuel sont sécuritaires si tu respectes les mesures de sécurité indiquées. Les consignes générales de sécurité sont présentées ci-dessous (tableau 1). Ton enseignante ou ton enseignant peut te fournir des consignes supplémentaires pour des tâches précises.

Tableau 1 Mets en pratique les mesures de sécurité dans la classe de sciences

Prépare-toi	Suis les directives	Agis de manière responsable
• Prépare-toi pour pouvoir te présenter en classe ou au laboratoire avec ton manuel, ton cahier, tes crayons et tout ce dont tu as besoin. • Si tu as des allergies ou un problème médical, assure-toi d'en informer ton enseignante ou ton enseignant. • Travaille de manière propre et ordonnée, et garde aussi ton aire de travail propre et ordonnée. Assure-toi que les allées restent dégagées. • Tes cheveux et tes vêtements ne doivent pas te déranger dans ton activité. Roule tes manches, ajuste les vêtements trop amples et attache tes cheveux. Retire aussi les bijoux qui pourraient te déranger. • Porte des souliers fermés (évite de porter des sandales). • Évite de porter des verres de contact durant les expériences. • Lis attentivement toutes les directives avant de commencer une activité ou une expérience.	• Tu ne dois pas entrer dans un laboratoire en l'absence d'une ou d'un enseignant, ou sans son autorisation. • Écoute les directives de ton enseignante ou de ton enseignant et lis la marche à suivre. Suis-les attentivement. • Si tu ne sais pas exactement ce qu'il faut faire, demande des directives à ton enseignante ou à ton enseignant. • Porte des lunettes de protection ou tout autre matériel pour ta sécurité exigé par ton enseignante ou ton enseignant. • Tu ne dois jamais changer ni entreprendre quoi que ce soit par toi-même sans l'approbation de ton enseignante ou de ton enseignant. • Tu dois obtenir l'autorisation de ton enseignante ou de ton enseignant avant de faire une expérience que tu as élaborée toi-même.	• Prête attention à ta propre sécurité et à celle des autres. • Assure-toi de savoir où se trouvent les fiches techniques santé-sécurité (FTSS), les sorties de secours et tout l'équipement de sécurité, comme la trousse de premiers soins, la couverture antifeu, l'extincteur d'incendie et le laveur d'yeux. • Avise immédiatement ton enseignante ou ton enseignant si tu vois quelque chose de dangereux, comme du verre brisé ou un liquide renversé. Aussi, avise ton enseignante ou ton enseignant si tu vois une ou un autre élève faire quelque chose qui te paraît dangereux. • Reste debout lorsque tu manipules de l'équipement et du matériel. • Évite les mouvements brusques ou rapides dans le laboratoire, surtout en présence de produits chimiques ou d'objets coupants. • Tu ne dois jamais manger, boire ou mâcher de la gomme à l'intérieur du laboratoire. • Tu ne dois pas goûter, toucher ou sentir une substance à l'intérieur du laboratoire, à moins que ton enseignante ou ton enseignant te demande de le faire. • Nettoie et range tout le matériel après avoir terminé. • À la fin de chaque expérience ou activité, lave-toi soigneusement les mains avec de l'eau et du savon.

1.B. Les principaux risques pour la sécurité

Suis les instructions suivantes pour utiliser le matériel et l'équipement en toute sécurité dans la classe de sciences.

1.B.1. Les produits chimiques

Certains produits chimiques utilisés dans les expériences de ton cours de sciences sont dangereux s'ils ne sont pas utilisés correctement. Assure-toi de suivre les consignes suivantes pour éviter les accidents.

- Considère tout produit chimique inconnu comme potentiellement dangereux.
- Évite le plus possible de t'exposer aux produits chimiques. Évite le contact direct entre les produits et ta peau.
- Avant de prélever un produit chimique d'un contenant, lis l'étiquette pour t'assurer qu'il s'agit du bon produit. Referme bien le couvercle une fois que tu as prélevé la quantité nécessaire.
- N'utilise jamais un produit s'il n'y a pas d'étiquette sur le contenant ou si l'étiquette est illisible. Remets ces contenants à ton enseignante ou à ton enseignant.
- Place les éprouvettes dans un support avant d'y verser des liquides. Si tu dois tenir une éprouvette au moment d'y verser un produit, pointe l'ouverture à l'opposé de ton corps et des autres élèves.
- Verse les liquides avec précaution le long des bords du récipient ou le long d'un agitateur pour éviter les éclaboussures. Verse toujours du côté opposé à celui de l'étiquette pour que les gouttes n'entrent pas en contact avec tes mains.
- Quand ton enseignante ou ton enseignant te demande de sentir l'odeur d'un produit chimique, remplis d'abord tes poumons avec de l'air, puis passe ta main au-dessus du produit pour ramener les vapeurs jusqu'à ton nez.
- Ne remets pas les produits chimiques inutilisés dans leur contenant d'origine et ne les jette pas dans l'évier. Suis les directives de ton enseignante ou de ton enseignant pour te débarrasser des surplus de produits chimiques.
- Si une partie de ton corps entre en contact avec un produit chimique, lave-la immédiatement à fond avec de l'eau froide. S'il s'agit de tes yeux, rince-les durant au moins 15 minutes. Avise ton enseignante ou ton enseignant.

1.B.2. Les sources de chaleur

Les sources de chaleur, comme les plaques chauffantes, les ampoules et les becs Bunsen, peuvent occasionner des brûlures douloureuses. Agis prudemment en présence d'objets chauffés.

- Avant d'allumer ton bec Bunsen, fixe-le solidement à un support avec une pince.
- Ton enseignante ou ton enseignant te montrera la méthode appropriée pour allumer et régler la flamme du bec Bunsen. Applique toujours cette méthode.
- Ne laisse jamais sans surveillance bec Bunsen allumé, car la flamme bleue qu'il produit est presque invisible.
- Ne chauffe jamais de matières inflammables au-dessus d'un bec Bunsen. Assure-toi qu'aucun produit inflammable ne se trouve près du brûleur.
- Ne te penche jamais au-dessus du cylindre d'un brûleur.
- Quand tu chauffes un liquide dans un contenant en verre, assure-toi d'utiliser des contenants en verre résistants à la chaleur. Si tu dois chauffer un liquide jusqu'à son point d'ébullition, utilise des paillettes pour ébullition pour éviter les gros bouillons. Pointe l'ouverture du contenant à l'opposé de ton corps et des autres élèves. Ne laisse jamais un liquide en ébullition s'évaporer complètement du contenant.
- Quand tu chauffes une éprouvette au-dessus d'un bec Bunsen, utilise un support à éprouvettes et un bouchon antiéclaboussure. Tiens l'éprouvette inclinée, en pointant l'ouverture à l'opposé de ton corps et des autres élèves. Chauffe d'abord la moitié supérieure du liquide, puis déplace doucement l'éprouvette dans la flamme pour répartir la chaleur de manière égale.

- Éteins toujours le gaz à partir de la valve d'alimentation, jamais en utilisant la vis de réglage du bec Bunsen.
- Si tu te brûles, place immédiatement la région touchée sous l'eau froide et avise ton enseignante ou ton enseignant.

1.B.3. Le verre et les objets coupants

Manipule avec précaution les objets en verre, car ils peuvent se briser ; les éclats de verre et les bords ébréchés sont coupants.

- N'utilise jamais des objets en verre brisés, craqués ou ébréchés.
- Ne ramasse jamais du verre brisé à mains nues. Utilise des gants, un balai et un porte-poussière pour ramasser les morceaux de verre.
- Place les morceaux de verre dans les contenants appropriés marqués « Verre brisé ».
- Si tu te coupes, avise ton enseignante ou ton enseignant immédiatement. Des fragments de verre incrustés ou un saignement continu doivent être examinés par une ou un médecin.
- Choisis l'instrument approprié pour effectuer une tâche. N'utilise jamais un couteau si les ciseaux sont plus appropriés.
- Ne te déplace pas dans le laboratoire avec un scalpel dont la lame est exposée ; place-le d'abord à l'intérieur d'une boîte ou sur un plateau de dissection.

1.B.4. L'électricité et les sources lumineuses

- Ne touche jamais un appareil électrique, un cordon électrique ou une prise de courant avec les mains mouillées.
- Maintiens les appareils électriques éloignés de toute source d'eau.
- N'utilise pas les appareils dont les fils électriques ou les fiches sont endommagés ou si la fiche de terre a été retirée.
- Lorsque tu utilises une source lumineuse, vérifie que les fils électriques de l'appareil d'éclairage ne sont pas effilochés et que la douille est en bon état et bien fixée à un support.
- Assure-toi de placer les cordons électriques de sorte que personne ne puisse trébucher dessus.
- Lorsque tu débranches un appareil, tiens la fiche elle-même pour la retirer de la prise. Ne tire pas sur le cordon électrique.
- Lorsque tu utilises des appareils électriques, commence par régler la tension au plus faible degré et augmente-la graduellement.
- Ne fixe jamais du regard une source lumineuse de forte intensité. Cela peut endommager tes yeux, et ce, même si tu n'éprouves pas de douleur.
- Ne dirige jamais un rayon laser (directement ou par une surface réfléchissante) vers les yeux de qui que ce soit.

1.B.5. Les êtres vivants

- Traite tous les êtres vivants avec attention et respect.
- L'environnement des animaux gardés en classe doit rester propre et sain.
- Porte des gants et lave-toi les mains avant et après avoir nourri ou touché un animal, touché des objets qui font partie de la cage ou de l'aquarium, ou manipulé des cultures bactériennes.
- Les échantillons de sang, d'urine ou de salive humains ne doivent pas être utilisés pour effectuer des tests ou des expériences, afin d'éviter tout risque de transmission de maladies.

1.C. En cas d'accident

En cas de blessure, comme une brûlure, une coupure, un accident électrique, un produit chimique renversé, l'ingestion ou l'inhalation d'un produit chimique, ou une éclaboussure dans les yeux, suis les directives suivantes :

- Si un accident se produit, avise immédiatement ton enseignante ou ton enseignant.
- Si la blessure est causée par le contact d'un produit chimique, rince abondamment la région touchée sous un jet d'eau froide durant au moins 15 minutes. Consulte la fiche technique santé-sécurité (FTSS) pour te renseigner sur le produit chimique concerné. Cette fiche donne de l'information sur les mesures de premiers soins.

Si le produit est entré en contact direct avec tes yeux, demande à une ou à un camarade de t'accompagner immédiatement au laveur d'yeux. Lave tes yeux durant au moins 15 minutes en les maintenant ouverts.

- Si tu as ingéré ou inhalé une substance dangereuse, avise immédiatement ton enseignante ou ton enseignant. Consulte la FTSS pour connaître les mesures de premiers soins.
- S'il s'agit d'une brûlure, place immédiatement la région touchée sous l'eau froide. Cela abaissera la température et empêchera la chaleur de continuer à endommager les tissus.
- S'il s'agit d'un choc électrique, ne touche pas la personne blessée, ni l'appareil qu'elle a utilisé. Coupe l'alimentation électrique à la source ou retire la fiche.

1.D. Les mesures de sécurité et les symboles de danger

Les activités et les expériences de ton manuel *Perspectives* sont sécuritaires si tu prends les précautions nécessaires. Les risques pour la sécurité sont mis en évidence par des symboles de mise en garde (figure 1).

Figure 1 Les risques potentiels pour la sécurité sont mis en évidence par des symboles de mise en garde.

Les dangers précis associés à des produits chimiques dangereux sont indiqués par les symboles correspondants du SIMDUT. Lis attentivement l'information et les instructions appropriées (en lettres rouges). Tu dois comprendre et suivre ces instructions pour pouvoir réaliser l'activité ou l'expérience en toute sécurité. Si tu as des doutes, vérifie auprès de ton enseignante ou de ton enseignant.

1.D.1. Les symboles du SIMDUT

Les symboles du Système d'information sur les matières dangereuses utilisées au travail (SIMDUT) fournissent aux travailleuses et travailleurs ainsi qu'aux élèves des renseignements précis et complets sur les produits dangereux. Le contenant d'origine du produit doit être muni d'une étiquette normalisée et claire, et la même étiquette doit être apposée sur les autres contenants dans lequel ce produit est versé. S'il s'agit d'une matière dangereuse, un ou plusieurs symboles du SIMDUT figureront sur l'étiquette (figure 2).

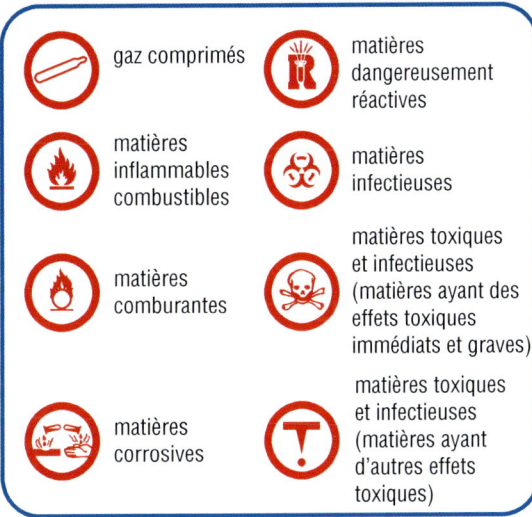

Figure 2 Les symboles du SIMDUT identifient les matières dangereuses en milieu de travail, y compris dans les écoles.

1.D.2. Les symboles de produits ménagers dangereux

Selon la *Loi sur les produits dangereux* du Canada, les entreprises qui fabriquent des produits de consommation doivent indiquer à l'aide du symbole approprié la nature et le degré de risque pour la sécurité. Les symboles de produits ménagers dangereux ont été prévus à cet effet. Chaque symbole est constitué d'un pictogramme et d'un encadré. Le pictogramme désigne le type de danger. Le type d'encadré indique si c'est le produit qui est dangereux ou le contenant lui-même (figure 3).

Figure 3 Les symboles de produits ménagers dangereux apparaissent sur plusieurs contenants de produits utilisés dans les maisons. L'encadré triangulaire indique que le contenant est dangereux. L'encadré octogonal indique que le contenu (le produit à l'intérieur du contenant) est dangereux.

2. LE MATÉRIEL SCIENTIFIQUE

Pour assurer ta sécurité et celle de tes camarades, il est essentiel de choisir les outils et l'équipement adéquats et de les utiliser correctement.

2.A. Travailler avec des instruments de dissection

Les instruments de dissection sont très coupants et doivent être manipulés avec précaution. Lis les conseils de sécurité suivants avant d'entreprendre une dissection (figure 1).

- Tiens toujours l'instrument de dissection par le manche.

- Pour déplacer les instruments de dissection autour de ton poste de travail, place-les tous dans un plateau de dissection et tiens celui-ci à deux mains. Ne transporte pas les instruments directement dans tes mains. Si tu oublies un instrument, retourne le chercher avec le plateau.

- Lorsque tu es à ton poste de travail, imagine que ton plateau de dissection se trouve au centre d'un cercle de 30 cm de diamètre (environ la taille d'une grande assiette). Tes instruments ne doivent jamais sortir de ce cercle. Si tu dois quitter ton poste de travail ou t'en détourner un instant, place d'abord les instruments dans le plateau de dissection. Que ce soit à l'intérieur ou à l'extérieur du plateau de dissection, pose toujours tes instruments à plat, et jamais en travers du bord du plateau.

- Coupe toujours en direction opposée à ton corps et à celui des autres. Coupe toujours vers le bas sur un plateau.

- Si on te demande de rincer un instrument coupant, tiens-le par le manche et rince-le à l'eau courante. N'essuie pas les bords coupants ou les pointes.

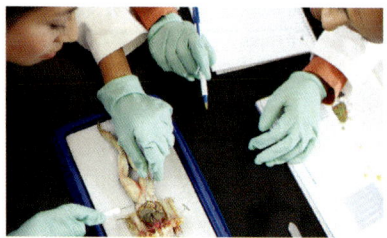

Figure 1 Lorsque tu effectues une dissection, utilise l'équipement de protection et travaille toujours à l'intérieur d'un cercle de 30 cm de diamètre.

2.B. Mesurer la conductivité électrique

Avant d'entreprendre un test de conductivité, demande à ton enseignante ou à ton enseignant les consignes d'utilisation propres à l'équipement fourni par ton école (figure 2). Il existe de nombreuses variétés d'appareils de mesure de la conductivité (conductimètres). Deux électrodes métalliques sont insérées dans l'échantillon à tester.

Figure 2 Utilise seulement des conductimètres à basse tension (alimentés par une batterie).

Dans plusieurs cas, si l'échantillon est un conducteur d'électricité, l'appareil indique un résultat positif (p. ex., un témoin lumineux s'allume). Certains appareils de mesure de la conductivité donnent des résultats plus précis (tableau 1).

Tableau 1 Résultats des tests de conductivité

Observation	Échantillon
lumière vive	bon conducteur
lumière faible	mauvais conducteur
absence de lumière	non conducteur (isolant)

2.C. Utiliser le pH-mètre

Le pH-mètre est utilisé pour mesurer l'acidité ou l'alcalinité (figure 3). Ton enseignante ou ton enseignant te donnera les consignes d'utilisation propres au pH-mètre fourni par ton école. La plupart des pH-mètres doivent d'abord être réglés en plaçant la sonde dans une solution de référence au pH précis et en ajustant l'appareil pour qu'il indique ce pH.

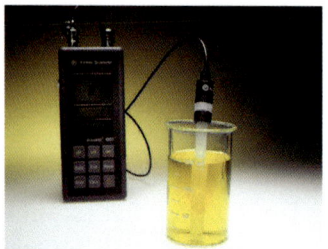

Figure 3 Un pH-mètre

2.D. Utiliser le microscope

Pour voir les cellules et les petits objets et pouvoir les examiner en détail, tu vas utiliser un microscope (figure 4). Tu vas probablement utiliser un microscope optique de type « composé », qui agrandit l'image d'un objet grâce à une combinaison de lentilles et une source lumineuse. L'objet est d'abord grossi par la lentille qui se trouve juste au-dessus de l'objet : l'objectif. Cette image est agrandie à son tour par l'oculaire. La comparaison entre la taille réelle de l'objet et la taille de son image est appelée « grandissement ». Le tableau 2 montre les composantes d'un microscope optique et leurs fonctions.

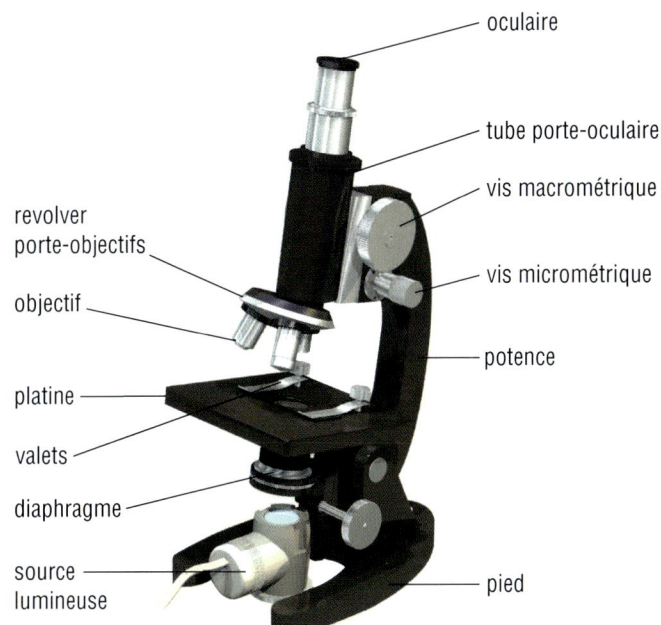

Figure 4 Les composantes d'un microscope optique

Tableau 2 Les composantes d'un microscope optique

Composante	Fonction
platine	• soutient la lame • possède une ouverture centrale qui permet à la lumière de traverser la lame
valets	• se trouvent sur la platine et maintiennent la lame en place
diaphragme	• règle la quantité de lumière qui atteint l'objet observé
objectif	• agrandit l'objet • possède trois puissances de grandissement : faible puissance (4X), puissance moyenne (10X) et haute puissance (40X)
revolver porte-objets	• soutient les lentilles de l'objectif • pivote et permet de changer de lentille
tube porte-oculaire	• contient l'oculaire • contient l'objectif
oculaire	• c'est à travers cette lentille que tu regardes pour voir l'objet • agrandit l'image de l'objet, généralement 10X
vis macrométrique	• déplace le tube porte-oculaire vers le haut ou vers le bas pour faire une mise au point de moyenne précision sur l'objet ou le spécimen • s'utilise uniquement avec la lentille de faible puissance
vis micrométrique	• déplace le tube porte-oculaire pour permettre de faire une mise au point de grande précision sur l'objet ou le spécimen • s'utilise avec la lentille de puissance moyenne et la lentille de haute puissance • s'utilise seulement une fois que l'objet ou le spécimen a été repéré sur la lame et que la mise au point a été faite à l'aide de la vis macrométrique
source lumineuse	• il peut s'agir d'une ampoule électrique ou d'un miroir incliné de manière à diriger une lumière directe vers l'objet observé

2.D.1. Les techniques d'utilisation du microscope

Les techniques de base d'utilisation du microscope te sont présentées sous forme d'instructions. Cela va te permettre de te familiariser avec ces techniques avant d'avoir à les mettre en pratique lors des activités de ton manuel.

MATÉRIEL

- ciseaux
- lame
- lamelle
- compte-gouttes
- microscope optique
- compas ou boîte de Pétri
- crayon à mine
- règle transparente
- petit morceau de papier de journal contenant des lettres
- petit morceau de pelure d'oignon
- eau
- deux morceaux de fil de couleur différente

FAIRE UNE PRÉPARATION SÈCHE

Une préparation sèche est une méthode de préparation de lame qui ne nécessite pas d'eau.

1. Trouve un objet plat et de petite taille, comme une lettre découpée dans une page de journal. La lettre « e » convient bien.
2. Dépose l'objet au centre de la lame.
3. Prends une lamelle entre le pouce et l'index. Place le bord de la lamelle le long d'un côté de l'objet (figure 5). Abaisse délicatement la lamelle de manière à le recouvrir.

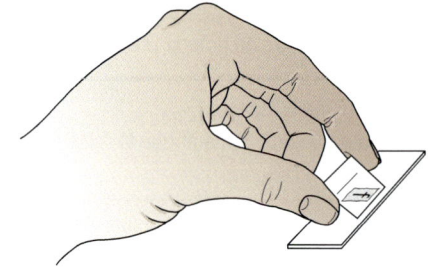

Figure 5

FAIRE UNE PRÉPARATION HUMIDE

Une préparation humide est une méthode de préparation de lame qui comporte une goutte d'eau.

1. Trouve un objet plat et de petite taille, comme un morceau de pelure d'oignon.
2. Place l'objet au centre de la lame.
3. Dépose une ou deux gouttes d'eau sur l'objet (figure 6).

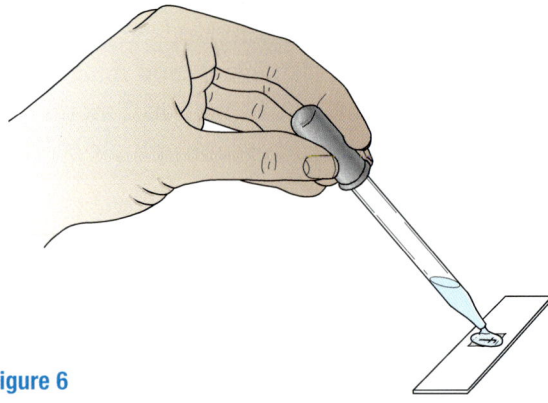

Figure 6

4. Tiens la lamelle entre le pouce et l'index. Places-en un bord sur la lame le long d'un côté de l'objet, en l'inclinant à 45° (figure 7). Abaisse délicatement la lamelle sur l'objet, de façon à permettre à l'air de s'échapper.

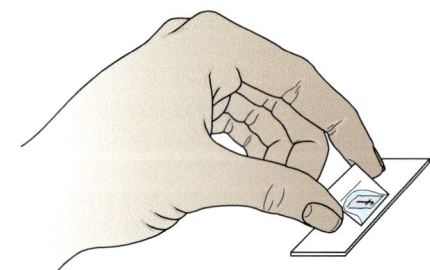

Figure 7

OBSERVER DES OBJETS AU MICROSCOPE

1. Assure-toi que la lentille de faible puissance est en place au-dessus du diaphragme. Soulève l'objectif, ou abaisse la platine au maximum. Place ta préparation sèche au centre de la platine. Fixe-la à l'aide des valets. Allume la source lumineuse (figure 8).

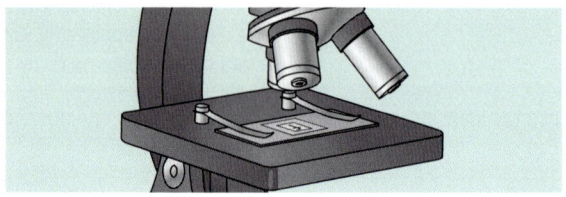

Figure 8

2. Penche-toi d'un côté du microscope pour observer la platine. En utilisant la vis macrométrique, abaisse la lentille de faible puissance jusqu'à ce qu'elle soit proche de l'objet. (Certains microscopes possèdent une platine mobile plutôt que des lentilles mobiles.) La lentille ne doit pas toucher la lamelle (figure 9). Assure-toi de connaître la direction de rotation de la vis qui permet d'élever l'objectif.

Figure 9

3. Regarde à travers l'oculaire. Éloigne lentement l'objectif de la lame à l'aide de la vis micrométrique, jusqu'à ce que l'image soit nette. Remarque que l'image de l'objet est inversée horizontalement et renversée. La région visible s'appelle « champ de vision ».

4. Trace un cercle dans ton cahier pour représenter le champ de vision. Regarde dans le microscope et dessine ce que tu y vois. Fais en sorte que l'objet que tu dessines occupe la même portion du champ de vision que ce que tu observes dans le microscope.

5. Pendant que tu regardes à travers le microscope, éloigne lentement la lame de toi en la déplaçant à l'horizontale. Remarque que l'objet paraît se déplacer vers toi. Puis, déplace la lame vers la gauche. Remarque que l'objet paraît se déplacer vers la droite.

6. Fais pivoter le revolver porte-objectifs pour mettre en place la lentille de puissance moyenne. Fais la mise au point à l'aide de la vis micrométrique. Remarque que l'objet paraît plus gros. Lorsque la lentille de puissance moyenne ou la lentille de haute puissance sont en place, utilise toujours la vis micrométrique ; avec la vis macrométrique, tu pourrais endommager la lame ou les lentilles.

7. Ajuste la position de l'objet pour qu'il se trouve au centre du champ de vision. Mets en place la lentille de haute puissance. Fais de nouveau la mise au point à l'aide de la vis micrométrique. Remarque que la portion visible de l'objet est plus petite que ce que tu observais à l'aide de la lentille de puissance moyenne. Remarque aussi que l'objet paraît encore plus gros.

DÉTERMINER LE CHAMP DE VISION

Le champ de vision est la région que tu observes lorsque tu regardes à travers le microscope.

1. Mets en place la lentille de faible puissance. Pose une règle transparente sur la platine en plaçant les lignes des millimètres directement sous la lentille.

2. À l'aide de la vis macrométrique, fais la mise au point sur les lignes de la règle.

3. Déplace la règle de sorte que l'une des lignes se retrouve juste à la limite extérieure du champ de vision. Note en millimètres le diamètre du champ de vision sous la lentille de faible puissance (figure 10).

Figure 10

4. Mets en place la lentille de puissance moyenne. Répète les étapes 2 et 3 pour mesurer le champ de vision sous cette lentille.

5. La plupart des lentilles de haute puissance produisent un champ de vision d'un diamètre inférieur à 1 mm. Celui-ci ne peut donc pas être mesuré à l'aide d'une règle.

Les étapes suivantes te permettent de calculer le champ de vision d'une lentille de haute puissance.
- Calcule le rapport de grandissement de la lentille de haute puissance et de la lentille de faible puissance.

$$\text{rapport de grandissement} = \frac{\text{grandissement (lentille de haute puissance)}}{\text{grandissement (lentille de faible puissance)}}$$

Par exemple, si le grandissement de la lentille de faible puissance est de 4X et celui de la lentille de haute puissance de 40X, alors :

$$\text{rapport de grandissement} = \frac{40X}{4X} = 10$$

- Utilise le rapport de grandissement pour calculer le diamètre du champ du microscope (le diamètre du champ de vision) sous la lentille de haute puissance.

$$\text{diamètre du champ de vision (haute puissance)} = \frac{\text{diamètre du champ de vision (faible puissance)}}{\text{rapport de grandissement}}$$

Par exemple, si le diamètre du champ de vision (faible puissance) est de 2,5 mm, alors le diamètre du champ de vision (haute puissance)

$$= \frac{2,5 \text{ mm}}{10}$$
$$= 0,25 \text{ mm}$$

ESTIMER LA TAILLE DE L'OBJET

1. Mesure le diamètre du champ de vision en millimètres tel qu'indiqué plus haut.
2. Retire la règle et remplace-la par l'objet à observer.
3. Estime combien d'objets de même taille pourraient être contenus dans le diamètre du champ de vision.
4. Calcule la largeur de l'objet :

$$\text{largeur de l'objet} = \frac{\text{largeur du champ de vision}}{\text{nombre estimé d'objets dans le diamètre du champ de vision}}$$

N'oublie pas d'indiquer les unités de mesure.

RANGER LE MICROSCOPE

Lorsque tu as terminé d'utiliser le microscope pour une activité, suis les étapes suivantes :
1. Fais pivoter le revolver porte-objectifs pour mettre en place la lentille de faible puissance.
2. Soulève les lentilles (ou abaisse la platine) au maximum.
3. Retire la lame et la lamelle (s'il y a lieu).
4. Nettoie la lame et la lamelle et range-les à l'endroit prévu.
5. Range le microscope à sa place en le transportant avec tes deux mains.

2.E. Utiliser d'autre matériel scientifique

Une liste précise de matériel t'est fournie pour certaines activités de ton manuel. Pour certaines autres activités, tu dois déterminer toi-même le matériel nécessaire. Lorsque tu choisis le matériel, pense toujours à la sécurité. Assure-toi d'inclure dans ta liste l'équipement de sécurité approprié, comme les lunettes de protection, les gants ou le tablier de laboratoire. Tu trouveras plus d'information sur la sécurité à la section « Les mesures de sécurité en sciences » (page 600).

La figure 11 montre quelques outils, appareils et instruments nécessaires aux laboratoires de ton manuel.

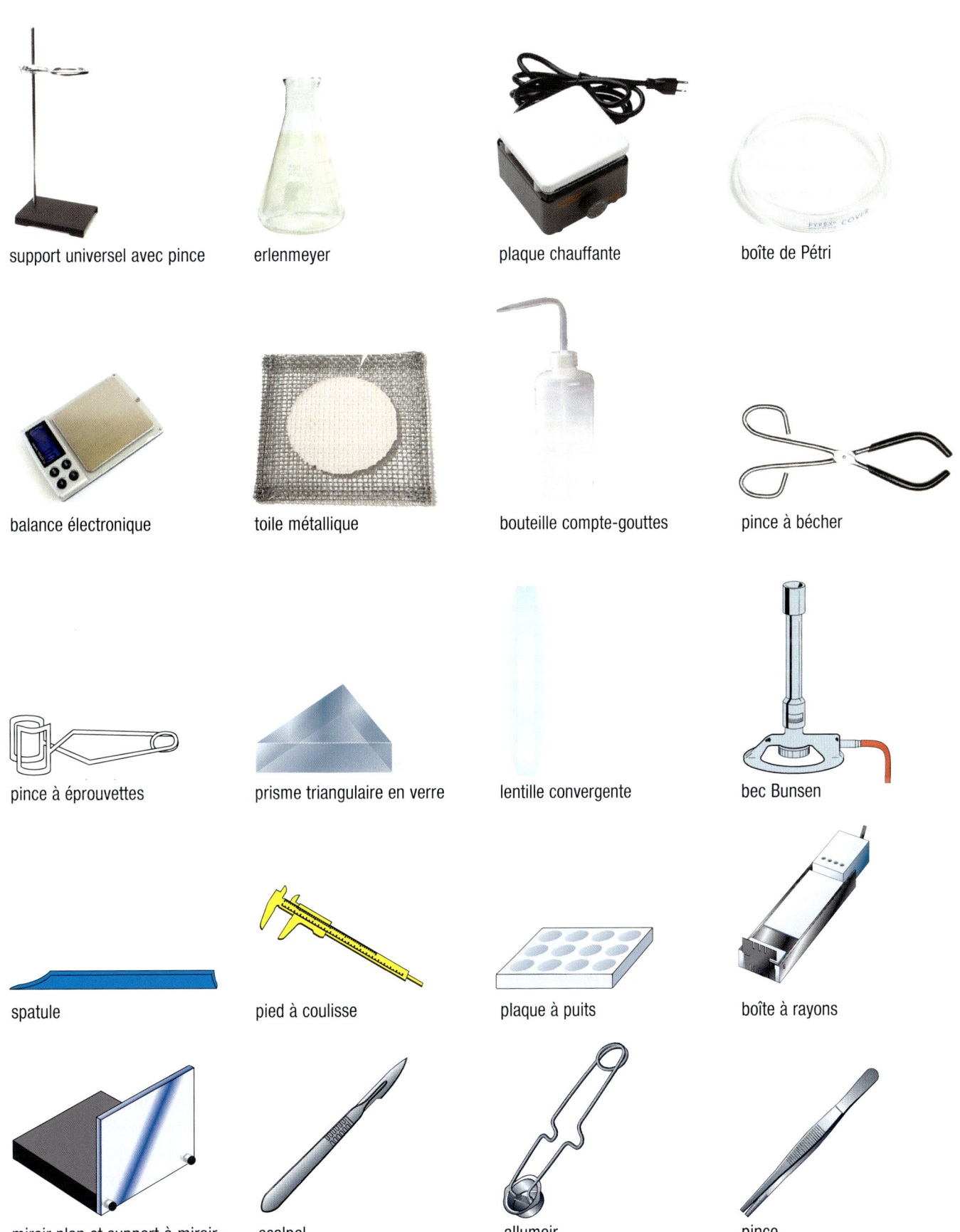

Figure 11 Du matériel scientifique courant

3. LA DÉMARCHE SCIENTIFIQUE

3.A. Penser comme une ou un scientifique

Imagine que tu décides de t'acheter un nouvel appareil électronique. D'abord, tu dresses une liste de questions. Puis, tu collectes de l'information, tu consultes Internet, tu fais le tour des magasins et tu discutes avec tes camarades pour déterminer quel est le meilleur achat. En procédant de cette manière pour résoudre un problème, tu es en train de faire une démarche scientifique et de penser comme une ou un scientifique.

- Les scientifiques étudient le monde naturel pour le décrire. Par exemple, les climatologues étudient les anneaux de croissance des arbres pour faire des inférences sur l'histoire du climat (figure 1).

Figure 1 L'observation et la mesure des anneaux de croissance permettent aux scientifiques de déterminer l'influence du climat sur la croissance des arbres.

- Les scientifiques étudient les objets pour les classifier. Par exemple, les chimistes classent les substances d'après leurs propriétés (figure 2).

Figure 2 Ces deux composés sont semblables parce qu'ils sont insolubles dans l'eau.

- Les scientifiques étudient le monde naturel pour vérifier leurs idées. Par exemple, les biologistes posent des questions sur les liens de cause à effet concernant l'impact des changements climatiques sur l'eau de l'Arctique (figure 3). Les scientifiques formulent aussi des hypothèses pour répondre à leurs questions. Puis, ils conçoivent des expériences pour vérifier leurs hypothèses. Ce processus les mène à de nouvelles idées qui doivent être vérifiées à leur tour et à de nouvelles questions qui demandent des réponses.

Figure 3 On peut effectuer des tests de pH et vérifier la présence de substances dissoutes et d'autres impuretés dans l'eau à partir d'échantillons.

3.B. Les habiletés en recherche scientifique

Il faut se servir d'une grande variété d'habiletés pour faire une démarche scientifique. Consulte cette section quand tu auras des questions sur la manière de te servir des habiletés et processus suivants :

- Se poser une question
- Formuler une hypothèse
- Prédire le résultat
- Planifier
- Contrôler les variables
- Exécuter
- Observer (figure 4, à la page suivante)
- Analyser
- Évaluer
- Communiquer

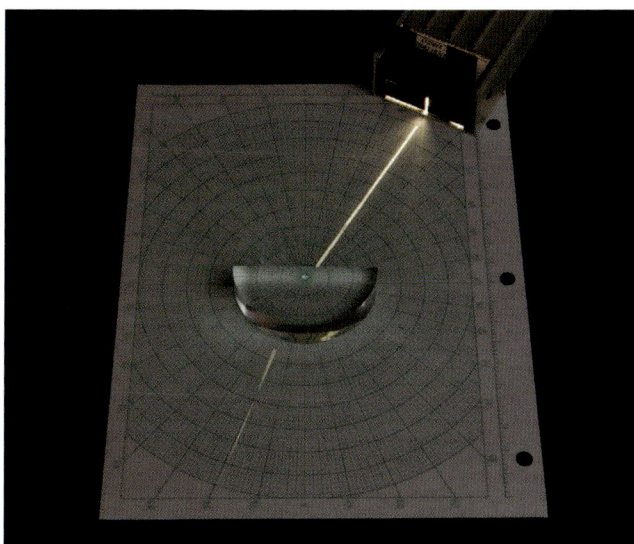

Figure 4 Chaque unité te donne l'occasion de développer une habileté scientifique.

3.B.1. Se poser une question

C'est notre curiosité pour le monde naturel qui nous conduit à faire des expériences scientifiques. En fonction de ce que nous observons, nous nous demandons : « Pourquoi cela se produit-il ? » ou « Que se passerait-il si… ? » Avant d'entreprendre une expérience scientifique, tu dois déterminer avec précision ce que tu veux savoir. Cela va t'aider à formuler une question de recherche qui va te conduire à l'information que tu veux obtenir. Une bonne question scientifique ne doit pas avoir comme réponse un simple « oui » ou « non ». Pour être valables, tes questions doivent mener à une expérience.

Parfois, une expérience a comme point de départ un type particulier de question appelé « question de cause à effet ». Une question de cause à effet vise à déterminer si une chose en cause une autre. Elle peut commencer de plusieurs façons : Quelle est la cause de… ? Comment… modifie-t-il… ?

3.B.2. Contrôler les variables

L'identification des variables est une étape importante dans l'élaboration d'une expérience efficace. Les variables sont l'ensemble des conditions qui peuvent influencer le résultat d'une expérience.

Il y a trois types de variables dans une expérience :
1. La variable qui est modifiée par la chercheuse ou le chercheur est appelée « variable indépendante », ou « variable de cause ».
2. La variable qui subit une modification est appelée « variable dépendante », ou « variable vérifiée ». C'est cette variable que tu vas mesurer pour savoir comment elle est modifiée par la variable indépendante.
3. Toutes les autres conditions qui restent inchangées dans une expérience (c'est-à-dire qui restent les mêmes), ce qui te permet de dire qu'elles n'ont pas déterminé le résultat, sont appelées « variables contrôlées ».

Par exemple, imagine les variables d'une expérience conçue pour vérifier si la présence de sel dissous dans l'eau a un effet sur le point d'ébullition (figure 5). Dans cette expérience,
- la masse de sel dissous est la variable indépendante ;
- le point d'ébullition de l'eau est la variable dépendante ;
- la quantité d'eau dans le bécher et le type de sel utilisé sont deux variables contrôlées.

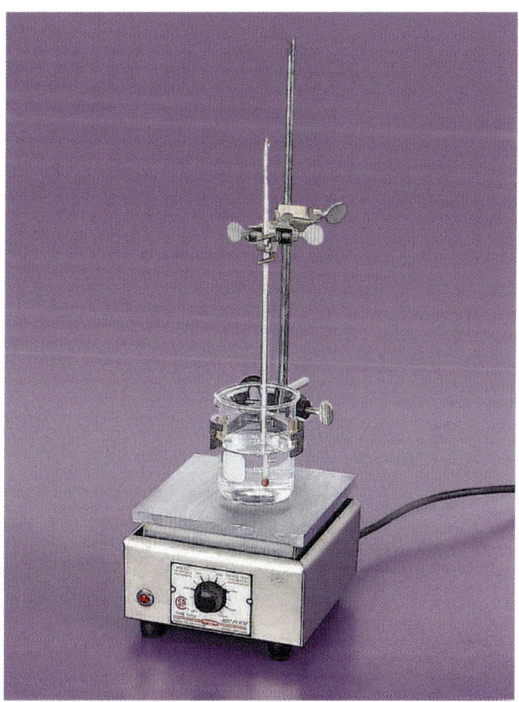

Figure 5 Mesure de la température à laquelle l'eau bout lorsqu'elle contient une quantité de sel dissous

Lorsque les scientifiques font des expériences contrôlées (reporte-toi à la section 1.1.), ils s'assurent de modifier une seule variable à la fois. De cette manière, ils peuvent affirmer que les résultats obtenus sont causés par la variable qu'ils ont eux-mêmes modifiée et non par les autres variables identifiées.

3.B.3. Prédire le résultat et formuler une hypothèse

Une prédiction suggère le résultat possible d'une expérience contrôlée. Les scientifiques basent leurs prédictions sur leurs observations et leurs connaissances. Ils recherchent des régularités dans les données recueillies afin de comprendre ce qui pourrait se produire par la suite ou dans une situation similaire (figure 6). Une prédiction peut être formulée comme un énoncé de type « Si… alors… ». Pour cette expérience, ta prédiction pourrait être : « Si la quantité de sel dissous augmente, alors le point d'ébullition augmentera aussi. »

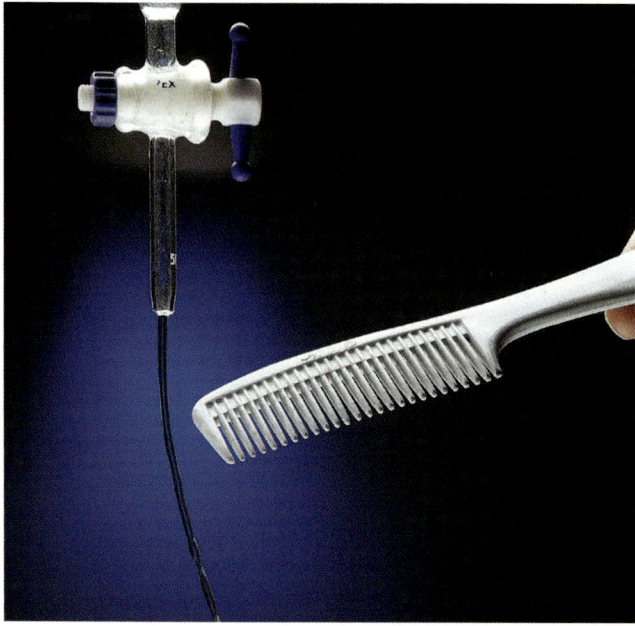

Figure 6 Un objet en plastique chargé positivement, placé près du jet d'eau d'un robinet, aura pour effet de faire courber le jet d'eau. Quelle serait ta prédiction du résultat si on utilisait un objet chargé négativement ?

En résumé, une prédiction est l'énoncé du résultat que tu prévois. Rappelle-toi, par contre, que les prédictions ne sont pas des suppositions. Ce qu'elles suggèrent est basé sur des connaissances antérieures et sur un raisonnement logique. Une prédiction peut servir à formuler une hypothèse. Une hypothèse est une prédiction du résultat d'une expérience et une explication de ce résultat. Une hypothèse peut être formulée comme un énoncé de type « Si… alors… parce que… ». *Si* la variable de cause est modifiée d'une certaine manière, *alors* la variable vérifiée va être modifiée d'une certaine manière, et ce changement se produit pour des raisons précises (*parce que*). Par exemple : « Si on augmente la quantité de sel, alors le point d'ébullition augmentera aussi parce que le sel attire les molécules d'eau et les empêche de se transformer en gaz. » Si tes observations confirment ta prédiction, alors elles appuient ton hypothèse. Tu peux formuler plus d'une hypothèse à partir de la même question ou prédiction. Une ou un camarade de classe pourrait tester l'hypothèse : « Si on augmente la quantité de sel, alors le point d'ébullition restera inchangé parce que l'attraction entre le sel et les molécules d'eau est très faible. » Bien sûr, vous ne pouvez pas avoir toutes ou tous les deux raison. Quand tu mènes une expérience, tes observations ne confirment pas toujours ta prédiction. Parfois, tu conclus que ton hypothèse était fausse. Une expérience qui ne confirme pas ton hypothèse ne signifie pas que c'est une mauvaise expérience ou que tu as perdu ton temps. Elle a contribué à ta connaissance scientifique. Tu peux réévaluer ton hypothèse et concevoir une nouvelle expérience.

3.B.4. Planifier

On t'a demandé de concevoir et de mener l'expérience sur le point d'ébullition de l'eau décrite à la section 3.B.3. D'abord, tu élabores un plan d'expérience. Pour mener une expérience contrôlée qui permet de vérifier ton hypothèse, tu choisis de modifier une seule variable : la quantité de sel dissous. C'est ta variable indépendante. Tu dissous des échantillons de 5,0 g, 10,0 g, 15,0 g et 20,0 g de sel dans des béchers identiques contenant exactement 100 ml d'eau. Tu prépares aussi un bécher contenant de l'eau non salée. Tu chauffes ensuite chaque solution à l'aide de la même plaque chauffante, jusqu'à ce qu'elle commence à bouillir. Tu mesures le point d'ébullition de chacune des solutions à l'aide d'un thermomètre placé dans le liquide : c'est ta variable dépendante.

Maintenant, tu dois déterminer le matériel dont tu as besoin. Assure-toi d'inclure dans ta liste l'équipement de sécurité approprié, comme un tablier de laboratoire et des lunettes de protection. De quelle manière vas-tu maintenir en place le bécher pour qu'il ne tombe pas de la plaque chauffante pendant que l'eau bout ? Vas-tu utiliser de l'eau du robinet ou de l'eau distillée ?

Tu dois rédiger une marche à suivre – une description détaillée de la façon dont tu vas mener ta recherche. Ta marche à suivre devrait être présentée sous la forme d'une série d'étapes numérotées, avec une seule directive par étape. Par exemple :

1. Porter des lunettes de protection, un tablier et des gants résistants à la chaleur.
2. Agencer le matériel tel qu'indiqué par le schéma. (Inclus un schéma avec mots-étiquettes.)
3. Verser 100 ml d'eau distillée dans le bécher.
4. Ajouter une paillette pour ébullition dans le bécher pour éviter la formation de gros bouillons.
5. Dissoudre 5,0 g de chlorure de sodium dans l'eau.
6. Régler le thermostat de la plaque chauffante à 50 %.
7. Attendre que le mélange bouille.
8. Éteindre la plaque et laisser refroidir le bécher.
9. Répéter les étapes 3 à 8 en utilisant 10,0 g, 15,0 g et 20,0 g de chlorure de sodium.
10. Laisser refroidir l'installation avant de la démonter.
11. Une fois le matériel refroidi, le ranger à sa place.

Ta marche à suivre doit être assez claire pour qu'une autre personne que toi puisse l'exécuter et elle doit expliquer comment tu vas traiter et contrôler chacune des variables de ton expérience. La première étape d'une marche à suivre établit généralement les mesures de sécurité à prendre, et la dernière étape concerne le nettoyage et le rangement. Ton enseignante ou ton enseignant doit approuver ta marche à suivre et ta liste de matériel avant que tu procèdes à ton expérience.

3.B.5. Exécuter

Lorsque tu effectues une expérience, assure-toi d'enchaîner les étapes attentivement et minutieusement. Consulte ton enseignante ou ton enseignant si tu crois que des modifications importantes doivent être apportées à ta marche à suivre. Utilise le matériel de manière sécuritaire, adéquate et précise. Assure-toi de prendre des notes détaillées et soignées et de consigner toutes tes observations. Inscris tes données numériques dans un tableau.

3.B.6. Observer

Lorsque tu observes une chose, tu te sers de tes sens pour apprendre. Tu peux aussi utiliser des instruments, comme une balance ou un microscope. Les observations de quantités qui peuvent être mesurées, comme la température, le volume et la masse, sont appelées « observations quantitatives ». Les données numériques qui résultent des observations quantitatives sont généralement rapportées sous forme de tableaux ou de graphiques.

D'autres observations décrivent des caractéristiques qui ne peuvent pas être exprimées par des nombres. Elles sont appelées « observations qualitatives ». La couleur, l'odeur, la transparence et l'état de la matière sont des exemples courants d'observations qualitatives. Les observations qualitatives peuvent être exprimées par des mots, des images ou des schémas avec mots-étiquettes.

Figure 7 Les observations qualitatives comme le changement de couleur, la formation de bulles, une odeur irritante ou un grésillement constituent des indices qu'une réaction chimique entre des substances qui ont été mélangées est peut-être en train de se produire.

À mesure que tu avances dans ton expérience, assure-toi de noter toutes tes observations qualitatives et quantitatives de manière claire et précise. Si un tableau de données convient à ton expérience, utilise-le pour organiser tes observations et tes mesures. (Consulte la section « Tableaux de données et graphiques » à la page 634.) Inclus toutes tes observations et mesures dans ton rapport de laboratoire ou ta présentation finale. Il est important de rester neutre lorsque tu notes tes observations. Note exactement ce que tu observes. Les observations faites au cours d'une expérience peuvent être différentes de celles que tu as prévues.

LES DESSINS SCIENTIFIQUES

Les dessins scientifiques servent à rapporter les observations aussi précisément que possible. Ils peuvent aussi servir à communiquer tes résultats. Ils doivent donc être clairs, bien expliqués et faciles à comprendre. Voici quelques trucs pour t'aider à faire des dessins scientifiques utiles.

Pour commencer

Le matériel et les idées qui suivent vont t'aider à commencer.

- Utilise du papier blanc. Les lignes pourraient rendre tes dessins moins clairs ou empêcher la lecture de tes mots-étiquettes.

- Utilise un crayon à la mine aiguisée plutôt qu'un stylo ou un crayon-feutre, car tu vas probablement devoir effacer des parties de ton dessin pour les tracer de nouveau (figure 8).

- Observe et étudie ton spécimen ou ton dispositif attentivement et remarque les détails et les proportions avant de commencer ton schéma.

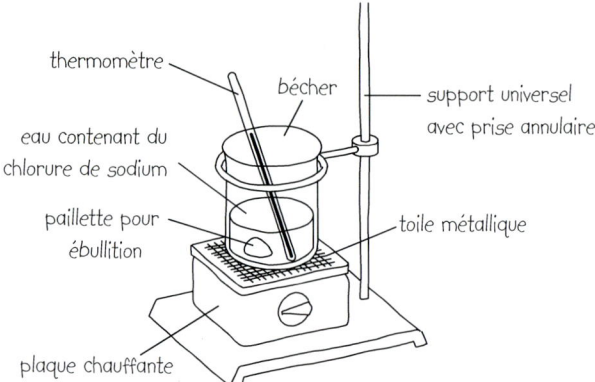

Figure 8 Ton dessin scientifique d'un dispositif expérimental devrait indiquer la manière dont les composantes ont été agencées.

- Tes dessins doivent être suffisamment grands pour montrer des détails. Par exemple, si tu dessines une cellule ou un organisme unicellulaire, tu peux utiliser un tiers de page. Lorsque tu dessines du matériel de laboratoire, ne donne pas de détails inutiles.

- Accompagne ton schéma de mots-étiquettes clairs. Utilise une règle pour tracer les lignes vers les mots-étiquettes.

Le rapport d'échelle

Tu peux indiquer la grandeur réelle de l'objet représenté par ton dessin. Pour cela, tu vas utiliser un rapport appelé « rapport d'échelle ».

- Si ton schéma est 10 fois plus grand que l'objet réel (p. ex., s'il s'agit d'un petit organisme), ton rapport d'échelle est de 10X. En général,

$$\text{rapport d'échelle} = \frac{\text{dimension du dessin}}{\text{dimension réelle de l'objet}}$$

Tu peux aussi montrer la taille réelle de l'objet sur ton schéma (figure 9).

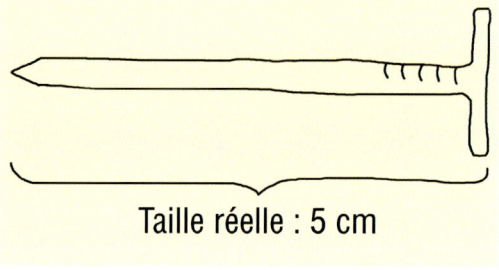

Figure 9 Un exemple de dessin scientifique qui indique la taille réelle de l'objet

Liste de vérification d'un dessin scientifique

✔ Utilise du papier blanc et un crayon à la mine dure et aiguisée.

✔ Dessine l'objet aussi grand que nécessaire pour montrer clairement les détails.

✔ N'utilise pas d'ombres ni la couleur.

✔ Trace des lignes droites jusqu'à l'extérieur du dessin pour relier les mots-étiquettes aux parties correspondantes de ton dessin. Utilise une règle.

✔ Intègre des mots-étiquettes, le titre ou une légende, et, s'il y a lieu, la puissance de grandissement de l'objectif utilisé.

3.B.7. Analyser

Quand tu analyses les données obtenues grâce à une expérience, c'est pour leur trouver un sens. Tu examines et compares les mesures que tu as effectuées. Tu cherches des régularités et des relations qui vont t'aider à expliquer les résultats obtenus et te fournir de nouveaux renseignements sur la question que tu es en train d'explorer.

Une fois que tu as analysé tes données, tu peux vérifier si ta prédiction ou ton hypothèse est correcte. Tu peux aussi rédiger une conclusion pour indiquer si les résultats appuient ou non ton hypothèse (figure 10). Tu peux même formuler une nouvelle hypothèse qui pourra être vérifiée par une nouvelle expérience.

Figure 10 Des élèves analysent des données pour vérifier si les résultats obtenus appuient ou non leur hypothèse de départ.

3.B.8. Évaluer

Quelle est l'utilité des données obtenues lors d'une expérience ? Tu dois obtenir des données de qualité pour pouvoir vérifier la validité de ta prédiction ou de ton hypothèse. Si les données sont faibles ou peu fiables, tu peux quand même déterminer des facteurs à améliorer lorsque tu répéteras l'expérience.

Voici certains facteurs à prendre en considération quand tu évalues les résultats d'une expérience :

- *Plan :* La manière dont tu as planifié ton expérience ou ta marche à suivre a-t-elle posé des problèmes ? As-tu contrôlé toutes les variables, mis à part la variable indépendante ?

- *Matériel :* Aurais-tu pu te servir d'un matériel plus efficace ? Quelque chose a-t-il été mal utilisé ? As-tu éprouvé des difficultés avec une partie du matériel ?

- *Observations :* As-tu noté toutes les observations possibles ? Ou as-tu ignoré certaines observations qui auraient pu s'avérer importantes ?

- *Habiletés :* As-tu utilisé toutes les habiletés requises pour mener ton expérience ? As-tu utilisé une habileté avec laquelle tu venais tout juste de te familiariser ?

Une fois que tu as déterminé les domaines où tu as pu faire des erreurs, tu peux juger de la qualité de tes résultats.

3.B.9. Communiquer

Lorsque tu planifies et mènes ta propre expérience scientifique, il est très important de partager autant la marche à suivre que les résultats. D'autres personnes peuvent vouloir reproduire ton expérience, ou encore utiliser ou appliquer tes résultats dans un contexte différent. Ton rapport devrait refléter la démarche scientifique que tu as utilisée pour ton expérience.

EXEMPLE DE RAPPORT DE LABORATOIRE

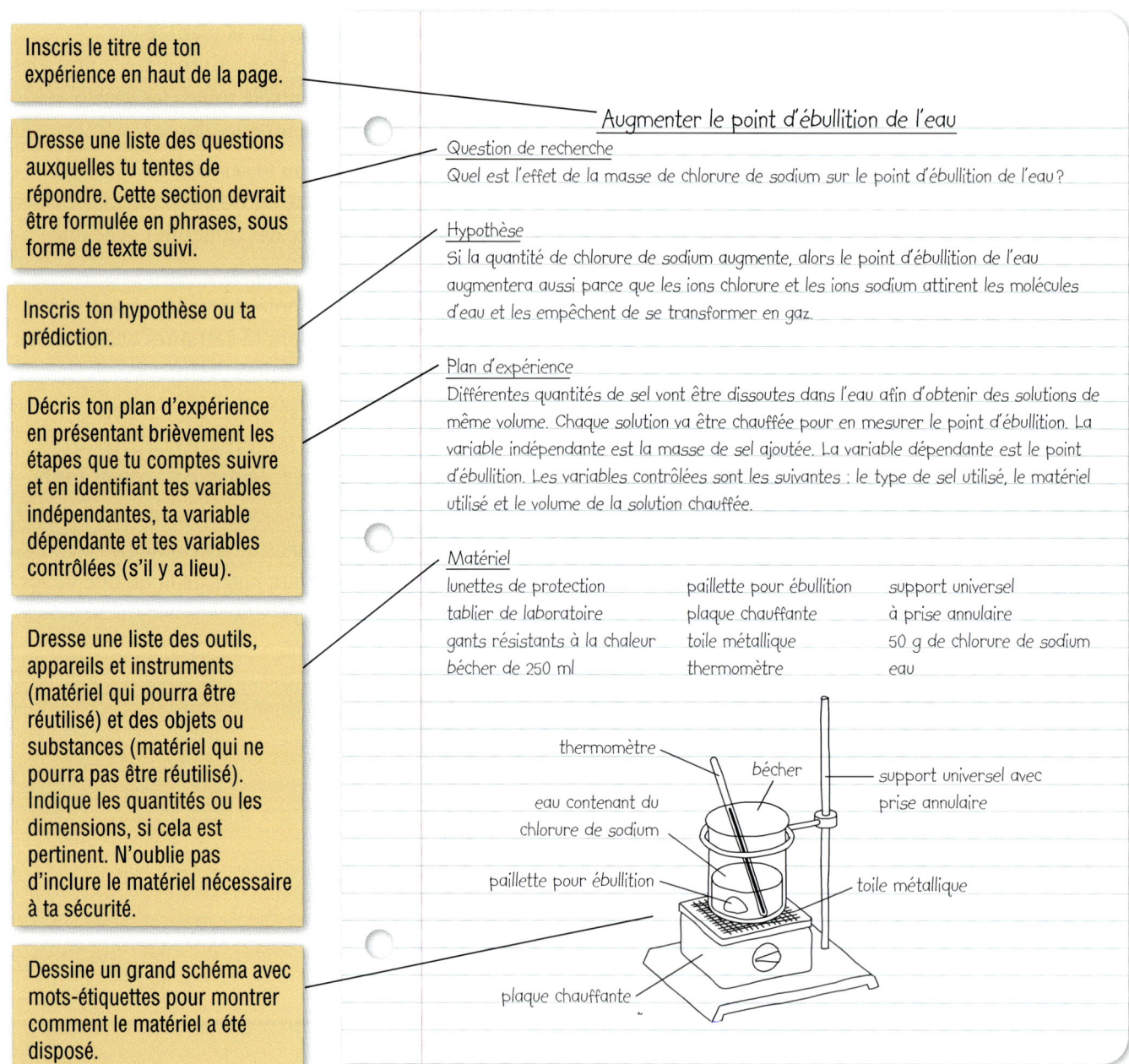

Inscris le titre de ton expérience en haut de la page.

> Augmenter le point d'ébullition de l'eau

Dresse une liste des questions auxquelles tu tentes de répondre. Cette section devrait être formulée en phrases, sous forme de texte suivi.

> Question de recherche
> Quel est l'effet de la masse de chlorure de sodium sur le point d'ébullition de l'eau?

Inscris ton hypothèse ou ta prédiction.

> Hypothèse
> Si la quantité de chlorure de sodium augmente, alors le point d'ébullition de l'eau augmentera aussi parce que les ions chlorure et les ions sodium attirent les molécules d'eau et les empêchent de se transformer en gaz.

Décris ton plan d'expérience en présentant brièvement les étapes que tu comptes suivre et en identifiant tes variables indépendantes, ta variable dépendante et tes variables contrôlées (s'il y a lieu).

> Plan d'expérience
> Différentes quantités de sel vont être dissoutes dans l'eau afin d'obtenir des solutions de même volume. Chaque solution va être chauffée pour en mesurer le point d'ébullition. La variable indépendante est la masse de sel ajoutée. La variable dépendante est le point d'ébullition. Les variables contrôlées sont les suivantes : le type de sel utilisé, le matériel utilisé et le volume de la solution chauffée.

Dresse une liste des outils, appareils et instruments (matériel qui pourra être réutilisé) et des objets ou substances (matériel qui ne pourra pas être réutilisé). Indique les quantités ou les dimensions, si cela est pertinent. N'oublie pas d'inclure le matériel nécessaire à ta sécurité.

> Matériel
> lunettes de protection
> tablier de laboratoire
> gants résistants à la chaleur
> bécher de 250 ml
> paillette pour ébullition
> plaque chauffante
> toile métallique
> thermomètre
> support universel à prise annulaire
> 50 g de chlorure de sodium
> eau

Dessine un grand schéma avec mots-étiquettes pour montrer comment le matériel a été disposé.

616 La boîte à outils

Marche à suivre

1. Des lunettes de protection, un tablier et des gants résistants à la chaleur ont été obtenus.
2. Le matériel a été disposé tel qu'indiqué dans le schéma.
3. 100 ml d'eau ont été versés dans le bécher.
4. Une paillette pour ébullition a été déposée au fond du bécher pour éviter la formation de gros bouillons.
5. 5,0 g de chlorure de sodium ont été dissous dans l'eau.
6. Le thermostat de la plaque chauffante a été réglé à 50 %.
7. La température à laquelle l'eau a commencé à bouillir a été notée.
8. La plaque a été éteinte et le bécher a été laissé à refroidir.
9. Les étapes 3 à 8 ont été répétées avec 10,0 g, 15,0 g et 20,0 g de chlorure de sodium.
10. L'appareil a été refroidi avant d'être rangé.

Observations

Tableau des observations

Masse de chlorure de sodium (g)	Point d'ébullition (°C)
5	100,4
10	100,8
15	101,4
20	101,8

Dans chacun des cas, l'eau a bouilli doucement. De petites bulles se sont formées à l'intérieur de la solution pendant l'ébullition.

Analyse et interprétation

Chaque fois qu'une plus grande quantité de sel a été dissoute dans l'eau, le point d'ébullition a augmenté. La condensation sur le thermomètre a rendu difficile la lecture de certaines températures. Ce problème aurait pu être évité en utilisant une sonde thermique au lieu d'un thermomètre. Les données appuient clairement l'hypothèse : le point d'ébullition de l'eau augmente avec l'augmentation de la masse de chlorure de sodium dissoute.

Approfondissement de la démarche

L'ajout de sel de table (chlorure de sodium) à de l'eau bouillante n'augmente pas de beaucoup son point d'ébullition.

Décris la marche à suivre en numérotant les étapes. Chaque étape doit commencer sur une nouvelle ligne. Inscris les étapes dans l'ordre où tu les as suivies, en utilisant le passé et la voix passive. Assure-toi que tes étapes sont clairement décrites, pour que d'autres personnes puissent reproduire ton expérience. Inclus les mesures de sécurité à respecter.

Présente tes observations sous une forme facile à comprendre. Les observations quantitatives doivent être notées dans un ou plusieurs tableaux avec leurs unités de mesure. Les observations qualitatives peuvent être exprimées par des mots ou des dessins.

Analyse et interprète tes résultats, et évalue ta marche à suivre. Si tu as utilisé des graphiques, fais-y référence ici et présente-les à part sur une feuille de papier millimétré. Rédige une conclusion qui précise si tes résultats appuient ou non ton hypothèse ou ta prédiction. Inclus ici tes réponses à « Analyse et interprète ».

Décris comment les connaissances acquises lors de cette expérience se rapportent à des situations réelles. Comment ces connaissances peuvent-elles être utilisées ? Réponds ici aux questions de « Approfondis ta démarche ».

4. LA RECHERCHE

Dans notre société moderne, une quantité énorme d'information est mise à notre disposition. Une partie de cette information est fiable, l'autre non. Chercher l'information « véridique » qui permet de mener une recherche scientifique peut te sembler difficile. Cependant, la tâche est moins décourageante si tu apprends à être efficace dans ta collecte d'information. Tu dois ensuite savoir comment évaluer la qualité de cette information. Voici quelques trucs pour t'aider dans ta recherche.

4.A. Techniques générales de recherche

4.A.1. Détermine l'information à obtenir
- Détermine ton sujet de recherche.
- Détermine l'objectif de ta recherche.
- Détermine ce que tu sais déjà sur le sujet.
- Détermine ce que tu ne sais pas encore.
- Dresse une liste de questions clés auxquelles tu veux répondre.
- Détermine des catégories d'après ta liste de questions clés.
- Sers-toi de ces catégories pour déterminer des mots clés.

4.A.2. Trouve des sources d'information
Détermine des endroits où tu pourrais trouver de l'information sur ton sujet. Il peut s'agir d'émissions télévisées, de personnes de ta communauté, de documents écrits (figure 1) ou de ressources électroniques (comme les CD-ROM et les sites Web).

Figure 1 La bibliothèque de ton école et la bibliothèque municipale sont d'excellentes sources d'information.

Consulte la section « À propos de l'utilisation d'Internet » à la page 619. N'oublie pas que consulter des sources variées améliorera la qualité de ta recherche.

4.A.3. Évalue la qualité des sources d'information
Examine tes sources et détermine celles qui sont utiles et fiables. Voici cinq facteurs à prendre en considération :
- *Autorité* : Qui a rédigé ou publié l'information, ou qui commandite le site Web ? Peut-on obtenir des preuves de la compétence de cette personne ou de ce groupe ?
- *Exactitude* : Vois-tu des erreurs évidentes ou des incohérences dans l'information ? L'information trouvée concorde-t-elle avec celle d'autres sources fiables ?
- *Actualité* : L'information est-elle à jour ? De l'information scientifique récente a-t-elle été ajoutée ?
- *Pertinence* : L'information est-elle accessible à une personne de ton âge ? Comprends-tu l'information ? Est-elle bien organisée ?
- *Parti pris* : Les faits sont-ils rapportés de manière juste ? As-tu des raisons de croire que l'information contient un parti pris ? Certains faits ont-ils été laissés de côté intentionnellement ?

4.A.4. Note et organise l'information
Une fois que tu as procédé à la collecte et à l'évaluation de tes sources d'information, tu peux commencer à organiser ta recherche. Détermine des catégories ou compose des titres pour ta prise de notes. Utilise des phrases courtes pour noter dans tes propres mots l'information dans ton cahier, dans chaque catégorie ou sous chaque titre. Tu dois faire attention de ne pas copier directement l'information fournie par tes sources. Si tu cites une source, utilise des guillemets. Note le titre, le nom de l'auteure ou de l'auteur, le nom de la maison d'édition, la page et la date de publication pour chacune de tes sources. Pour les sites Web, note l'adresse URL (l'adresse du site). Conserver tous ces détails va te permettre de retracer tes sources par la suite si tu dois clarifier un point précis. Tu auras aussi besoin de ces détails pour élaborer ta bibliographie. Si nécessaire, ajoute des questions à ta liste à mesure que tu trouves de nouveaux renseignements.

Pour t'aider à organiser l'information de manière plus précise, tu peux utiliser des organisateurs graphiques et des schémas. (Consulte la section « Vers la littératie », à la page 641.)

4.A.5. Tire une conclusion

Examine la question de recherche que tu avais formulée au départ. Qu'as-tu appris grâce à l'information recueillie ? Peux-tu formuler et exposer une conclusion basée sur cette information ? As-tu besoin d'information supplémentaire ? Si c'est le cas, où pourrais-tu l'obtenir ? As-tu maintenant une opinion éclairée sur ton sujet de recherche, que tu n'avais pas au début ? Sinon, quels renseignements dois-tu obtenir pour te former une opinion éclairée ?

4.A.6. Évalue ta recherche

Maintenant que ta recherche est complétée, réfléchis à la manière dont tu as collecté et organisé l'information (figure 2). Vois-tu des manières d'améliorer ta démarche de recherche la prochaine fois ? À quel point les sources d'information que tu as sélectionnées étaient-elles fiables ?

Figure 2 Conserve les références de tes sources pour pouvoir retracer l'information obtenue.

4.A.7. Communique tes conclusions

Choisis un moyen de communication qui convient à ton auditoire, à ton objectif et au type de renseignements que tu as recueillis. Vas-tu utiliser des schémas avec mots-étiquettes, des graphiques ou des tableaux ?

4.B. À propos de l'utilisation d'Internet

Internet est un réseau d'information vaste et en constante expansion. Tu peux utiliser des moteurs de recherche pour t'aider dans ta recherche, mais rappelle-toi que toute l'information que tu vas trouver ne sera pas nécessairement utile, fiable ou véridique.

4.B.1. Utiliser un moteur de recherche

Une fois que tu as lancé une recherche, tu devrais voir s'afficher une liste de pages Web. Si tes mots clés sont généraux, tu vas probablement obtenir un grand nombre de résultats correspondants. Par conséquent, tu vas devoir préciser ta recherche. La plupart des moteurs de recherche proposent de l'aide et des astuces de recherche en ligne. Tu peux les consulter pour trouver des moyens d'améliorer ta recherche.

Chaque page Web a une adresse URL (une adresse Web universelle). L'URL peut te donner le nom de l'organisation qui héberge la page Web, ou t'indiquer qu'il s'agit de la page personnelle d'un individu (souvent, cela est indiqué par le caractère ~ dans l'adresse URL). L'adresse URL comprend aussi un nom de domaine, qui fournit des indices sur l'organisation qui héberge la page Web (tableau 1). Par exemple, une adresse URL qui inclut « ec.gc.ca » t'indique que le site est hébergé par Environnement Canada, une source fiable.

Tableau 1 Codes d'organisations et adresses URL courants

Code	Type d'organisation
ca	Canada
com ou co	commerciale
edu ou ac	éducative
org	à but non lucratif
net	fournisseur de services Internet
mil	militaire
gov ou gouv, ou gc	gouvernementale (gc = gouvernement du Canada)
int	organisation internationale

4.B.2. Évaluer la qualité des sources Internet

Tout le monde peut afficher de l'information dans Internet sans s'assurer de son exactitude. Tu dois donc apprendre à déterminer si l'information que tu trouves dans Internet provient d'une source fiable et valable.

Utilise les questions suivantes pour déterminer la qualité d'une source Internet. Plus le nombre de réponses positives est grand, plus il est probable que la source soit de bonne qualité.

- Le commanditaire de la page Web est-il identifié clairement? Le site semble-t-il permanent? Est-il commandité par une organisation reconnue?
- Y a-t-il des renseignements sur l'organisation commanditaire? Par exemple, un numéro de téléphone ou une adresse sont-ils fournis comme coordonnées pour permettre de demander des renseignements?
- La personne qui a rédigé l'information est-elle clairement identifiée? Des preuves de la compétence de l'auteure ou de l'auteur sont-elles fournies?
- Les sources correspondant aux faits énoncés sont-elles indiquées pour permettre de les vérifier?
- Une date est-elle indiquée pour permettre de savoir quand la page a été rédigée, mise en ligne, ou visitée pour la dernière fois?
- La page est-elle présentée comme un service public? Présente-t-elle un point de vue équilibré?

4.B.3. Utiliser les ressources de la bibliothèque de ton école

Plusieurs écoles et conseils scolaires ont accès à des encyclopédies en ligne qui comportent des sections scientifiques. Informe-toi auprès de ton école ou de ton conseil scolaire pour savoir si tu as accès à ces ressources. Il te faudra peut-être un mot de passe.

4.B.4. Utiliser les ressources en ligne

Le symbole ci-dessous t'indique qu'il est possible d'obtenir plus d'information en ligne. Demande à ton enseignante ou à ton enseignant tous les détails qui te permettront de naviguer dans le monde fascinant des sciences et de la technologie!

4.C. Prononce-toi sur un enjeu

Un enjeu est une situation où il faut tenir compte de différents points de vue pour pouvoir prendre une décision. Il est souvent difficile d'en arriver à une décision sur laquelle tout le monde s'accorde. Lorsqu'une décision a un impact sur plusieurs personnes ou sur l'environnement, il est important d'explorer l'enjeu pour pouvoir se prononcer à son sujet. Examine toutes les solutions possibles (les options) et essaie de comprendre tous les différents points de vue – plutôt qu'une seule opinion. Tiens compte des risques et des avantages que comporte chacune des solutions possibles. Essaie de te mettre à la place des différentes parties prenantes pour comprendre leur point de vue.

Se prononcer sur un enjeu, c'est aussi effectuer une recherche sur tes idées et communiquer avec les autres. La figure 3 montre toutes les étapes de la démarche.

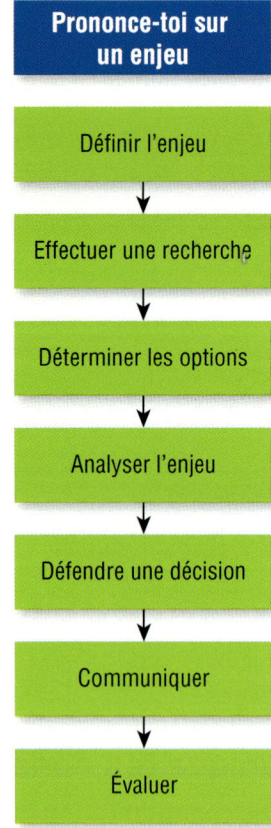

Figure 3 Tu peux avoir à suivre plusieurs ou l'ensemble de ces étapes pour pouvoir te prononcer sur un enjeu.

4.C.1. Définir l'enjeu

La première étape à suivre pour pouvoir te prononcer sur un enjeu est de le définir. Un enjeu peut faire naître plus d'une solution et il y a différents points de vue concernant la solution la meilleure. Au sein de ton équipe (si tu travailles en équipe), essaie de reformuler l'enjeu comme une question : « Qu'est-ce qui serait… ? » L'enjeu peut aussi inclure de l'information sur le *rôle* adopté par la personne qui défend un certain point de vue. Par exemple, tu peux explorer l'enjeu à partir d'un autre point de vue, comme celui d'un propriétaire terrien, d'une employée du gouvernement ou d'un guide touristique. L'enjeu peut aussi inclure une description de ton auditoire – est-ce qu'il s'agira d'autres élèves, d'un comité de représentantes et de représentants du gouvernement, ou de tes parents ? Assure-toi de tenir compte du rôle et de l'auditoire quand tu définis l'enjeu.

4.C.2. Effectuer une recherche

La décision que tu vas prendre doit être basée sur une bonne compréhension de l'enjeu. Tu dois être en mesure de choisir la solution la plus appropriée. Pour cela, collecte des renseignements qui représentent tous les différents points de vue. Formule de bonnes questions et prépare un bon plan de recherche. Ta recherche peut inclure des discussions avec d'autres personnes, la lecture de journaux et de revues qui traitent de ton sujet et des recherches dans Internet.

Lors de ta recherche, assure-toi que tes sources sont fiables, exactes et actuelles. Évite les partis pris (les points de vue qui privilégient un seul aspect de l'enjeu). Il est important que les sources sélectionnées représentent tous les aspects de l'enjeu. Les sources sont-elles fiables ? Aurais-tu pu trouver mieux ailleurs ?

4.C.3. Déterminer les options

Tiens compte de toutes les solutions possibles. Les diverses parties prenantes peuvent avoir des opinions différentes à ce sujet. Tiens compte de toutes les solutions possibles qui te semblent raisonnables. Fais preuve de créativité pour combiner les suggestions. Par exemple, imagine que ton conseil municipal est à la recherche d'une manière d'utiliser un terrain vacant près de ton école. Avec d'autres élèves, tu as demandé au conseil de consacrer ce terrain à l'aménagement d'un parc naturel. Un autre groupe propose de construire sur ce terrain une résidence pour personnes âgées parce qu'il y a une pénurie de ce type d'hébergement. Des membres du conseil d'administration de l'école aimeraient plutôt y aménager une piste de course pour y tenir des événements sportifs.

Après avoir défini l'enjeu et effectué une recherche, ton groupe et toi pouvez dresser une liste de solutions possibles. Vous pourriez par exemple proposer les choix suivants en guise de solutions :

- Transformer le terrain de jeux en parc naturel pour la communauté et pour l'école.
- En faire un terrain de jeux avec une piste de course, pour la communauté et pour l'école.
- Aménager un parc naturel sur une partie du terrain, et un terrain de jeux sur l'autre.
- Utiliser le terrain pour y construire une résidence pour personnes âgées, avec un parc naturel aménagé sur une partie du terrain.

4.C.4. Analyser l'enjeu

Déterminez des critères d'évaluation pour les différentes options. Par exemple, la solution doit-elle être celle qui reçoit le plus grand appui de la communauté ? Doit-elle être celle qui favorise la protection de l'environnement ? Doit-elle être la plus économique à réaliser, ou celle qui crée le plus d'emplois ? Déterminez les critères que vous allez utiliser pour évaluer les options et décider quelle est la meilleure solution.

4.C.5. Défendre une décision

C'est l'étape où tout le monde a l'occasion d'échanger ses idées et l'information recueillie au sujet de l'enjeu. Ton groupe doit évaluer toutes les options et déterminer une solution en se basant sur la liste des critères.

ANALYSE COÛTS-AVANTAGES

Une analyse coûts-avantages est utile pour déterminer la meilleure solution pour un problème complexe. D'abord, ton groupe et toi pouvez explorer les coûts et les avantages possibles associés à une solution proposée. Les coûts ne sont pas toujours d'ordre économique. Il peut s'agir de comparer des avantages et des désavantages. Puis, en vous basant sur votre recherche, essayez de déterminer l'importance relative de chaque coût et de chaque avantage. C'est souvent une question d'opinion. Par contre, toutes les opinions doivent être appuyées par l'information collectée au fil de votre recherche.

Une fois que vous avez complété votre recherche et identifié les coûts et les avantages, vous pourriez faire une analyse coûts-avantages, comme suit :

1. Concevez un tableau semblable au tableau 2.
2. Dressez la liste des coûts et des avantages.
3. Notez chaque coût et chaque avantage selon une échelle de 1 à 5, où 1 représente le coût ou l'avantage le moins important et 5, le plus important.
4. Après avoir noté chacun des coûts et avantages, additionnez les résultats pour obtenir le total. Si le total des avantages l'emporte sur le total des coûts, vous pouvez décider de recommander cette solution.

Tableau 2 Analyse coûts-avantages de l'utilisation du terrain vacant pour la construction d'une résidence pour personnes âgées avec un parc naturel

Coûts		Avantages	
Résultats possibles	Coûts (échelle de 1 à 5)	Résultats possibles	Avantages supposés (échelle de 1 à 5)
Le terrain ne pourra pas être utilisé pour des activités sportives.	2	La résidence répond à une demande pressante d'hébergement pour les personnes âgées.	5
L'entretien sera coûteux.	4	Le parc préservera l'habitat des plantes et des animaux.	4
Le parc sera très petit.	3	Le parc augmentera la valeur de la résidence pour les personnes âgées.	3
Total des coûts	9	Total des avantages	12

4.C.6. Communiquer

Vous recevrez peut-être des instructions sur la manière de communiquer votre décision. Par exemple, la classe pourrait tenir un débat formel. Ou encore, vous pourriez être libres de choisir la méthode que vous préférez pour communiquer votre décision.

Vous pourriez choisir l'une des méthodes suivantes :

- Rédiger un rapport.
- Faire une présentation orale.
- Concevoir une affiche.
- Préparer un diaporama électronique.
- Enregistrer une vidéo (figure 4).
- Organiser un forum de discussion ou un débat de spécialistes.
- Créer un blogue ou une webvidéo.
- Rédiger un article.

Figure 4 Faire une vidéo est un excellent moyen de transmettre de l'information à propos d'un enjeu.

Choisissez un type de présentation qui vous permettra de faire part de votre décision ou de votre recommandation d'une manière qui convient à votre auditoire. Par exemple, si votre auditoire est réduit, il peut être préférable de présenter votre décision en personne. Une présentation orale est une bonne manière de présenter une décision à plusieurs personnes à la fois. Si votre présentation comporte des images, assurez-vous qu'elles soient assez grandes et claires pour être visibles par tous les membres de votre auditoire. Créer une affiche ou un blogue permet aux gens de lire votre recommandation individuellement, mais vous devez trouver un moyen de faire savoir à d'autres personnes où trouver cette information.

Par contre, quels que soient les moyens que vous utilisez, vous devez :

- énoncer clairement votre position en tenant compte de votre auditoire ;
- appuyer votre position par des données objectives, si possible, et par un argument convaincant ;
- vous préparer à défendre votre position devant les membres de l'auditoire qui ont une opinion différente (figure 5).

Figure 5 Assurez-vous de communiquer votre décision d'une manière qui convient à votre auditoire.

4.C.7. Évaluer

La dernière étape du processus de prise de décision consiste à évaluer la décision elle-même et la démarche utilisée pour y arriver. Après avoir pris une décision, examinez attentivement les étapes de la réflexion qui vous a permis de parvenir à cette décision. Voici quelques questions à vous poser afin d'évaluer votre démarche :

- Quel était mon point de vue sur l'enjeu avant d'entreprendre la recherche ? En quoi la recherche a-t-elle modifié mon point de vue de départ ?
- De quelle manière ai-je collecté de l'information sur l'enjeu ? Quels critères ont servi à évaluer la qualité des sources ? La qualité de l'information collectée est-elle satisfaisante ?
- Quelles sources étaient les plus importantes pour la prise de décision ?
- Comment la décision a-t-elle été prise ? Quelle était la démarche utilisée ? Quelles étapes ont été suivies ?
- Mes arguments sont-ils basés sur de l'information objective, valable et convaincante (figure 6) ?
- Jusqu'à quel point la décision prise permet-elle de résoudre le problème ?
- Quels sont les effets probables de la décision, à court terme et à long terme ?
- De quelle manière la décision pourrait-elle toucher les différentes parties ?
- La décision me satisfait-elle ?
- Si je devais prendre de nouveau cette décision, en quoi est-ce que je procéderais différemment ?

Figure 6 Les arguments étaient-ils présentés de manière claire et appuyés par des données ?

5. UTILISER LES MATHÉMATIQUES EN SCIENCES

Communiquer efficacement des données expérimentales est très important en sciences. Pour éviter toute confusion quand tu rapportes ou utilises des mesures dans tes calculs, assure-toi de respecter les conventions et les pratiques suivantes.

5.A. Les unités SI

Les communautés scientifiques de plusieurs pays, dont le Canada, ont convenu d'un système de mesures appelé « SI » (Système international d'unités). Ce système comprend sept unités élémentaires appelées « unités de base » (tableau 1).

Tableau 1 Les sept unités de base du SI

Mesure	Unité	Symbole
longueur	mètre	m
masse	kilogramme	kg*
temps	seconde	s
courant électrique	ampère	A
température	kelvin	K**
quantité de matière	mole	mol
intensité lumineuse	candela	cd

* Le kilogramme est la seule unité de base qui comprend un préfixe.
** Même si l'unité de base de la température est le kelvin (K), on utilise couramment le degré Celsius (°C) pour mesurer la température.

Toutes les autres mesures physiques peuvent être exprimées par une combinaison de ces sept unités de base du SI. Par exemple, la vitesse d'un objet est déterminée par la distance qu'il parcourt en une période de temps donnée. Par conséquent, l'unité de vitesse est donnée en mètres (distance) par seconde (temps), soit m/s. Les unités formées de deux ou plusieurs unités de base sont appelées « unités dérivées ». Certaines unités dérivées ont un nom et un symbole précis. Par exemple, l'unité de force qui permet l'accélération de 1 kg de matière à une vitesse de 1 m/s^2 (mètre par seconde par seconde) s'exprime en newtons (N). En unités de base, le newton correspond à 1 kg·m/s^2. Le point entre kg et m signifie « multiplié par », mais kg·m se lit simplement « kilogramme-mètre ». La barre oblique signifie « divisé par » et se lit « par ». L'unité complète se lit « kilogramme-mètre par seconde carrée ».

Le tableau 2 montre certaines mesures courantes et leurs unités. Remarque que les symboles qui représentent ces mesures sont en italique, ce qui n'est pas le cas des symboles d'unités.

Tableau 2 Unités SI – Mesures courantes

Mesure	Symbole de la mesure	Unité	Symbole de l'unité
distance	d	mètre	m
surface	A	mètre carré	m^2
volume	V	mètre cube	m^3
		litre	L ou l
vitesse	v	mètre par seconde	m/s
accélération	a	mètre par seconde carrée	m/s^2
concentration	c	gramme par litre	g/L
température	t	degré Celsius	°C
pression	p	pascal	Pa
énergie	E	joule	J
travail	W	joule	J
puissance	P	watt	W
potentiel électrique	V	volt	V
résistance électrique	R	ohm	Ω
courant	I	ampère	A

5.A.1 Convertir des unités

Il est important d'utiliser correctement les préfixes SI pour exprimer différents ordres de grandeur. Les préfixes SI agissent comme des multiplicateurs ; ils expriment l'augmentation ou la diminution de la valeur de l'unité, en multiples de 10 (tableau 3, à la page suivante). Les préfixes les plus courants modifient l'ordre de grandeur en multiples de 1 000 (10^3 ou 10^{-3}), à l'exception du préfixe *centi* (10^{-2}), comme dans « centimètre ».

Les préfixes SI permettent aussi de créer des facteurs de conversion (rapports) pour convertir l'ordre de grandeur d'une même unité. Par exemple :

1 km = 1 000 m

Donc, $\dfrac{1 \text{ kg}}{1\,000 \text{ g}} = \dfrac{1\,000 \text{ g}}{1 \text{ kg}} = 1$

Multiplier une quantité par un facteur de conversion revient à la multiplier par 1 : cela ne modifie pas la quantité, seulement l'unité dans laquelle elle s'exprime. Voici comment convertir une unité en une autre.

Tableau 3 Préfixes SI courants

Préfixe	Symbole	Facteur par lequel une unité est multipliée	Exemple
giga	G	1 000 000 000	1 GM = 1 000 000 000 m
méga	M	1 000 000	1 Mm = 1 000 000 m
kilo	k	1 000	1 km = 1 000 m
hecto	h	100	1 hm = 100 m
déca	da	10	1 dam = 10 m
		1	
déci	d	0,1	1 dm = 0,1 m
centi	c	0,01	1 cm = 0,01 m
milli	m	0,001	1 mm = 0,001 m
micro	µ	0,000 001	1 µm = 0,000 001 m
nano	n	0,000 000 001	1 nm = 0,000 000 001 m

EXEMPLE DE PROBLÈME 1   Utiliser les facteurs de conversion

Tu trouves à l'épicerie un bloc de fromage dont la masse est de 1 256 g. Ce type de fromage se vend 15,00 $/kg. Combien coûte le bloc de fromage ?

D'abord, convertis la masse (g) en kg.

Choisis toujours le facteur de conversion qui annule l'unité de départ. Dans ce cas, l'unité de départ est le g. Le facteur de conversion est donc : $\dfrac{1 \text{ kg}}{1\,000 \text{ g}}$

$1\,256 \text{ g} \times \dfrac{1 \text{ kg}}{1\,000 \text{ g}} = 1{,}256 \text{ kg}$

L'unité de départ, g, s'annule (on la divise pour obtenir 1). Le résultat s'exprime en kg.
Maintenant que tu as déterminé la masse en kg, multiplie le prix au kg par la masse en kg.

15,00 $/kg × 1,256 kg = 18,84 $

Le prix du bloc de fromage est de 18,84 $.

EXERCICE

Les conversions

Convertis les unités suivantes. Consulte le tableau 3 au besoin.

a) Convertis 3,5 s en ms.
b) Convertis 5,2 A en mA.
c) Convertis 7,5 µg en ng.

Les facteurs de conversion qui permettent de convertir les millimètres en mètres sont les suivants :

$\dfrac{1\,000 \text{ mm}}{1 \text{ m}}$ et $\dfrac{1 \text{ m}}{1\,000 \text{ mm}}$

On peut utiliser les facteurs de conversion pour toutes les équivalences d'unités ; par exemple :
1 h = 60 min et 1 min = 60 s.

5.B. Résoudre des problèmes numériques à l'aide de la méthode DRASÉ

En sciences, certains problèmes que tu dois résoudre comportent des quantités (nombres), des unités et des équations mathématiques. Une manière efficace de résoudre ces problèmes est la méthode DRASÉ. Cette méthode comprend toujours cinq étapes : Données, Recherché, Analyse, Solution et Énoncé.

Données : Lis le problème attentivement et dresse la liste de toutes les valeurs qui te sont données. N'oublie pas d'inclure les unités.

Recherché : Relis le problème et détermine la valeur à rechercher d'après la question.

Analyse : Relis encore le problème et réfléchis à la relation entre les données et la valeur recherchée. Il existe peut-être une équation mathématique qui te permettrait de calculer cette valeur recherchée à partir des données. Si c'est le cas, écris l'équation à cette étape. Parfois, faire un schéma du problème peut t'aider à bien le comprendre.

Solution : Utilise l'équation que tu as choisie à l'étape « Analyse » pour résoudre le problème. Généralement, tu n'as qu'à substituer les données aux éléments de l'équation et à calculer la valeur recherchée. N'oublie pas d'inclure les unités et d'arrondir la réponse au nombre de chiffres appropriés. (Pour t'aider, consulte les sections 5.C et 5.D.).

Énoncé : Rédige une phrase qui décrit ta réponse à la question formulée à l'étape « Recherché ».

Parfois, deux étapes peuvent être combinées. (Consulte l'exemple de problème 2 ci-dessous.)

5.C. La notation scientifique

Les scientifiques travaillent souvent avec des nombres très grands ou très petits. Ces nombres sont difficiles à utiliser lorsqu'ils sont exprimés dans le système décimal courant. Par exemple, la vitesse de la lumière est d'environ 300 000 000 m/s. Le nombre de zéros empêche d'effectuer des multiplications ou des divisions facilement.

Il est parfois possible de transformer un nombre très grand ou très petit pour le réduire à une expression entre 0,1 et 1 000. Pour cela, il faut changer de préfixe SI. Par exemple, 237 000 000 mm peut être converti en 237 km, et 0,000 895 kg peut être converti en 895 mg.

On peut aussi écrire les nombres très grands ou très petits en utilisant la notation scientifique. La notation scientifique exprime un nombre sous la forme $a \times 10^n$, où la lettre a, appelée « coefficient », a une valeur d'au moins 1 et est inférieure à 10. Le nombre 10 est la base, et n représente l'exposant. La base de l'exposant se lit « 10 à la puissance n ». Les puissances de 10 et leurs équivalents en décimales se trouvent au tableau 4 de la page 627.

EXEMPLE DE PROBLÈME 2   Localiser l'image

Une petite tour de blocs de construction est placée à 7,2 cm devant une lentille. Tu observes une image virtuelle, droite, d'un grandissement de 3,2. Où se trouve l'image ?

Données : $d_o = 7{,}2$ cm
                       $g = 3{,}2$

Recherché : $d_i = ?$

Analyse et solution :
$$g = \frac{-d_i}{d_o}$$
$$-gd_o = d_i$$
$$d_i = -gd_o$$
$$= -(3{,}2)(7{,}2 \text{ cm})$$
$$d_i = -23 \text{ cm}$$

Énoncé : L'image de la tour est située à 23 cm de la lentille, du même côté que l'objet.

Tableau 4 Puissances de 10 et leurs équivalents en décimales

Puissance de 10	Équivalent en décimales
10^9	1 000 000 000
10^8	100 000 000
10^7	10 000 000
10^6	1 000 000
10^5	100 000
10^4	10 000
10^3	1 000
10^2	100
10^1	10
10^0	1
10^{-1}	0,1
10^{-2}	0,01
10^{-3}	0,001
10^{-4}	0,000 1
10^{-5}	0,000 01
10^{-6}	0,000 001
10^{-7}	0,000 000 1
10^{-8}	0,000 000 01
10^{-9}	0,000 000 001

Pour écrire un grand nombre en utilisant la notation scientifique, suis les étapes suivantes :

1. Pour trouver l'exposant, calcule de combien de chiffres vers la gauche tu dois déplacer la virgule décimale pour obtenir un nombre entre 1 et 10. Par exemple, pour exprimer la vitesse de la lumière (300 000 000 m/s) en utilisant la notation scientifique, tu dois déplacer la virgule décimale de 8 chiffres vers la gauche. L'exposant est donc 8.

2. Pour former le coefficient, place la virgule décimale après le premier chiffre. Élimine tous les zéros à droite de la virgule décimale, *sauf* si tous ces chiffres sont des zéros. Dans ce cas, conserve un zéro. Dans notre exemple, le coefficient est 3,0.

3. Combine le coefficient, la base (10) et l'exposant. Par exemple, la vitesse de la lumière s'écrit $3,0 \times 10^8$ m/s.

La notation scientifique permet aussi d'écrire des nombres très petits (inférieurs à 1). Pour trouver l'exposant, calcule de combien de chiffres vers la droite tu dois déplacer la virgule décimale pour obtenir un coefficient entre 1 et 10. Pour les nombres très petits, la base (10) doit être multipliée par un exposant négatif.

Par exemple, en notation scientifique, un millionième de seconde (0,000 001 s) peut s'écrire 1×10^{-6} s. Le tableau 5 te donne des exemples de petits nombres et de grands nombres exprimés en notation scientifique.

Pour multiplier les nombres en notation scientifique, multiplie les coefficients et additionne les exposants. Par exemple,

$$(3 \times 10^3)(5 \times 10^4) = 15 \times 10^{3+4}$$
$$= 15 \times 10^7$$
$$= 1,5 \times 10^8$$

Remarque que lorsque tu écris un nombre en notation scientifique, le coefficient doit être égal ou supérieur à 1, et inférieur à 10.

Pour diviser les nombres en notation scientifique, divise les coefficients et soustrais les exposants. Par exemple,

$$\frac{8 \times 10^6}{2 \times 10^4} = 4 \times 10^{6-4}$$
$$= 4 \times 10^2$$

Tableau 5 Nombres exprimés en notation scientifique

Petit ou grand nombre	Notation décimale courante	Notation scientifique
124,5 millions de km	124 500 000 km	$1,245 \times 10^8$ km
154 mille nm	154 000 nm	$1,54 \times 10^5$ nm
753 billionnièmes de kg	0,000 000 000 753 kg	$7,53 \times 10^{-10}$ kg
315 millardièmes de m	0,000 000 315 m	$3,15 \times 10^{-7}$ m

5.D. L'incertitude des mesures

Il existe deux types de quantités en sciences : les valeurs exactes et les mesures. Les valeurs exactes comprennent les quantités définies : celles qui sont formées à partir d'un préfixe SI (p. ex., 1 km = 1 000 m) et celles qui s'expriment par d'autres définitions (p. ex., 1 h = 60 min).

Les valeurs exactes comprennent aussi les valeurs calculées, comme 5 béchers ou 10 cellules. Toutes les valeurs exactes sont considérées comme absolument certaines. En d'autres mots, 1 km équivaut à exactement 1 000 m, non à 999,9 m ou à 1 000,2 m. De la même manière, 5 béchers, ce n'est pas 4,9 béchers ou 5,1 béchers; lorsqu'il y a 5 béchers, il y a 5 béchers exactement.

Les mesures, par contre, comportent une incertitude. Cette incertitude dépend des caractéristiques de l'instrument de mesure utilisé et des habiletés de la personne qui effectue ces mesures.

5.D.1. Les chiffres significatifs

La certitude d'une mesure est donnée par le nombre de chiffres significatifs de la mesure. Dans les valeurs exactes et les valeurs calculées, les chiffres significatifs sont les chiffres qui sont certains, plus un chiffre estimé (donc incertain). Les chiffres significatifs comprennent tous les chiffres rapportés correctement lorsqu'on prend une mesure.

Par exemple, si 10 personnes différentes lisent individuellement un volume d'eau dans le cylindre gradué de la figure 1, elles seront toutes d'accord pour dire que le volume est d'au moins 50 ml. En d'autres mots, le chiffre 5 est certain. Par contre, le chiffre suivant comporte une incertitude : s'agit-il de 56 ml, 57 ml ou 58 ml ? Le seul moyen de s'assurer du deuxième chiffre est d'utiliser un instrument de mesure plus précis. Pour cette raison, on dit qu'une mesure telle que 57 ml a deux chiffres significatifs : un chiffre certain (5) et un chiffre incertain (7). Le dernier chiffre d'une mesure est toujours un chiffre incertain. Par exemple, 115,6 g comporte trois chiffres certains (115) et un chiffre incertain (6).

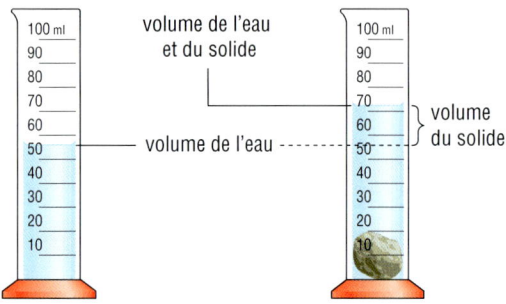

Figure 1 Cette figure montre la difficulté de faire des observations quand on utilise un instrument de mesure peu précis.

Le tableau 6 te donne des directives pour déterminer le nombre de chiffres significatifs ainsi que des exemples pour chaque directive.

Tableau 6 Directives pour déterminer le nombre de chiffres significatifs

Directive	Exemple	
	Nombre	Nombre de chiffres significatifs
Compte de gauche à droite en commençant par le premier chiffre différent de zéro.	345	3
	457,35	5
Le zéro au début d'un nombre n'est jamais significatif.	0,235	3
	0,003	1
Tous les chiffres différents de zéro sont significatifs	1,122 3	4
	76,2	2
Les zéros entre les chiffres sont significatifs.	107,05	5
	0,020 94	4
Les zéros à la fin d'un nombre qui contient une virgule décimale sont significatifs.	10,0	3
	303,0	4
Les zéros à la fin d'un nombre sans virgule décimale sont incertains.	5 400	au moins 2
	200 000	au moins 1
Tous les chiffres du coefficient d'un nombre exprimé en notation scientifique sont significatifs.	$5,4 \times 10^3$	2
	$5,40 \times 10^3$	3
	$5,400 \times 10^3$	4

ARRONDIR LES NOMBRES

Voici les règles à suivre pour arrondir les nombres correctement.

1. Lorsque le premier chiffre éliminé est inférieur à 5, le dernier chiffre significatif conservé (soit le chiffre immédiatement à gauche du chiffre éliminé) ne change pas.

   Exemple :

   3,141 326 arrondi à quatre chiffres significatifs donne 3,141.

2. Lorsque le premier chiffre éliminé est supérieur à 5, ou si c'est un 5 suivi d'au moins un chiffre supérieur à zéro, le dernier chiffre conservé augmente d'une unité.

   Exemples :

   2,221 372 arrondi à cinq chiffres donne 2,221 4.
   4,168 501 arrondi à quatre chiffres donne 4,169.

3. Lorsque le premier chiffre éliminé est 5 suivi seulement par des zéros, le dernier chiffre conservé augmente d'une unité s'il est impair mais reste inchangé s'il est pair. Remarque qu'en suivant cette règle le dernier chiffre est toujours pair.

   Exemples :

   2,35 arrondi à deux chiffres donne 2,4.
   2,45 arrondi à deux chiffres donne 2,4.
   6,75 arrondi à deux chiffres donne 6,8.

4. Lorsque tu additionnes ou soustrais des quantités mesurées, repère la mesure qui compte le moins de chiffres après la décimale. Ta réponse ne peut pas comporter plus de chiffres après la décimale. En d'autres mots, ta réponse ne peut pas être plus précise que la mesure la moins précise.

   Exemple :

   ```
      12,52 g
   + 349,0  g
   +   8,24 g
   ─────────
     369,76 g
   ```

   Comme 349,0 g est la mesure qui comporte le moins de chiffres après la décimale, la réponse doit être arrondie à 369,8 g.

   Exemple :

   ```
     157,85 ml
   −  32,4  ml
   ───────────
     125,45 ml
   ```

   Comme 32,4 ml est la mesure qui comporte le moins de chiffres après la décimale, la réponse doit être arrondie à 125,4 ml. Remarque que la règle 3 s'applique ici.

5. Lorsque tu multiplies ou divises, la réponse ne doit pas contenir plus de chiffres significatifs que la mesure qui comporte le moins de chiffres significatifs.

   Exemples :

   $$m = \frac{1{,}15 \text{ g}}{\text{cm}^3} \times 16 \text{ cm}^3 = 18 \text{ g}$$

   $$\Delta t = 1{,}25 \text{ h} \times \frac{60 \text{ min}}{1 \text{ h}} = 75{,}0 \text{ min}$$

   En d'autres mots, la réponse ne peut pas être plus certaine que la valeur la moins certaine.

   Remarque que, dans le deuxième exemple, 1,25 h est une mesure. Par conséquent, elle comporte une incertitude. Par contre, 60 min/h est une valeur exacte. Comme elle ne comporte pas d'incertitude, le nombre de chiffres significatifs de la réponse finale est déterminé par la valeur mesurée 1,25.

   La règle 5 s'applique aussi lorsque tu multiplies ou divises des mesures exprimées en notation scientifique. Par exemple,

   $$(3{,}5 \times 10^3 \text{ km})(7{,}4 \times 10^2 \text{ km}) = 25{,}9 \times 10^5 \text{ km}^2$$
   $$= 2{,}59 \times 10^6 \text{ km}^2$$
   $$= 2{,}6 \times 10^6 \text{ km}^2$$

   Le coefficient doit être arrondi au même nombre de chiffres significatifs que la mesure qui en comporte le moins (donc, la mesure la moins certaine). Dans cet exemple, les deux mesures comportent seulement deux chiffres significatifs ; le coefficient 2,59 doit donc être arrondi à 2,6 pour donner la réponse finale de $2{,}6 \times 10^6 \text{ km}^2$.

   De la même manière :

   $$\frac{3{,}9 \times 10^6 \text{ m}}{5{,}3 \times 10^3 \text{ s}} = 0{,}737 \, 7 \times 10^3 \text{ m/s}$$
   $$= 7{,}377 \times 10^2 \text{ m/s}$$
   $$= 7{,}4 \times 10^2 \text{ m/s}$$

5.D.2. Les erreurs de mesure

Deux types d'erreurs peuvent se produire lorsqu'on effectue des mesures : les erreurs aléatoires et les erreurs systématiques. L'erreur aléatoire se produit lorsqu'on fait une estimation pour obtenir le dernier chiffre significatif d'une mesure. L'ampleur de l'erreur est déterminée par le degré de précision de l'instrument de mesure utilisé. Par exemple, pour mesurer une longueur à l'aide d'un ruban à mesurer, il faut estimer la valeur entre les lignes de graduation. Si ces lignes sont à intervalle de 1 cm, l'erreur aléatoire et l'imprécision seront plus grandes que si les lignes sont espacées de 1 mm. L'erreur systématique est causée par un problème dans le système de mesure lui-même, comme lorsque le matériel n'est pas réglé correctement. Par exemple, si tu utilises une balance sans l'avoir remise à zéro, toutes les mesures comporteront une erreur systématique.

La précision des mesures dépend de la graduation de l'instrument de mesure. La précision est la valeur de position du dernier chiffre mesurable. Par exemple, une mesure de 12,74 cm est plus précise qu'une mesure de 127,4 cm, parce que 12,74 cm a été mesuré au centième de centimètre près, tandis que 127,4 cm a été mesuré au dixième de centimètre.

Pour additionner ou soustraire des mesures de précision différente, arrondis la réponse au même degré de précision que la mesure la moins précise. Observe l'exemple suivant :

$$\begin{array}{r} 11{,}7 \text{ cm} \\ 3{,}29 \text{ cm} \\ +0{,}542 \text{ cm} \\ \hline 15{,}532 \text{ cm} \end{array}$$

La première mesure, 11,7 cm, comporte une seule décimale et est la moins précise. La réponse doit donc être arrondie à une décimale, soit 15,5 cm.

Quel que soit le degré de précision d'une mesure, celle-ci peut ne pas être exacte. L'exactitude désigne à quel point une mesure se rapproche de la valeur acceptée. La figure 2 illustre les notions de précision et d'exactitude à partir des résultats d'un jeu de fers à cheval.

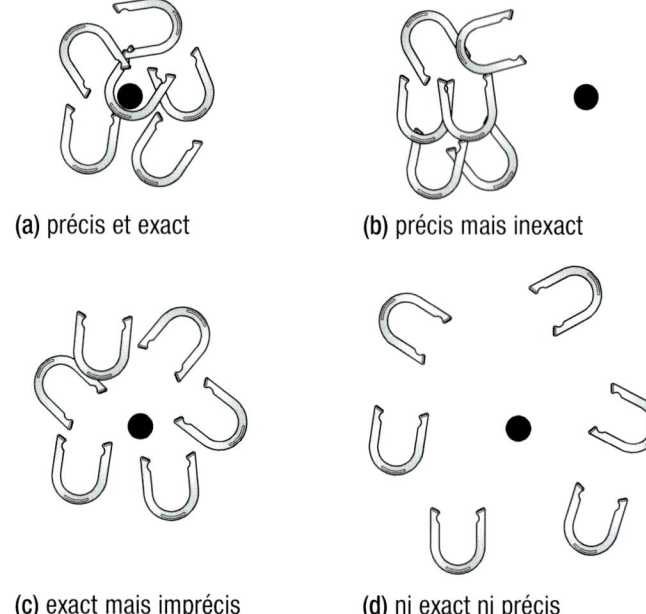

(a) précis et exact   (b) précis mais inexact

(c) exact mais imprécis   (d) ni exact ni précis

Figure 2 La disposition des fers à cheval illustre la comparaison entre l'exactitude et la précision.

Deux facteurs t'indiquent à quel point une mesure est certaine : la précision de l'instrument et la grandeur de la quantité mesurée. Les instruments plus précis donnent des valeurs plus certaines. Par exemple, une mesure de 13 g est moins précise qu'une mesure de 12,76 g parce que la deuxième mesure comprend plus de décimales que la première. La certitude dépend aussi de la grandeur de la mesure. Par exemple, voici deux mesures : 0,4 cm et 15,9 cm. Les deux sont de même précision (ont le même nombre de décimales) : elles ont été prises à un dixième de centimètre près. Par contre, imagine que le degré de précision de l'instrument de mesure est de ± 0,1 cm. Une erreur de 0,1 cm est beaucoup plus importante dans la mesure de 0,4 cm que dans celle de 15,9 cm, parce que la deuxième mesure est plus grande que la première. Pour les deux facteurs – le degré de précision de l'instrument de mesure et la valeur de la quantité mesurée –, plus il y a de chiffres dans une mesure, plus la mesure est certaine.

5.E. Utiliser la calculatrice

La calculatrice est un instrument très utile : elle rend les calculs plus faciles, plus rapides et probablement plus exacts. Par contre, comme tout autre appareil électronique, tu dois apprendre à l'utiliser. Les directives suivantes s'appliquent aux calculatrices scientifiques de base. Si tu as une calculatrice différente, comme une calculatrice graphique, certaines instructions et certaines opérations pourraient correspondre à des touches ou à des séquences différentes ; tu dois donc toujours consulter le guide d'utilisation.

LES FONCTIONS GÉNÉRALES

- La plupart des calculatrices suivent les règles mathématiques habituelles de l'ordre des opérations, soit les multiplications et les divisions avant les additions et les soustractions. Par exemple, si tu calcules y d'après l'équation $y = mx + b$, tu peux entrer les valeurs de m fois x plus b en une séquence. La calculatrice « reconnaît » qu'il faut multiplier m et x avant d'additionner b.

- Les calculatrices ne tiennent pas compte des chiffres significatifs. Par exemple, la calculatrice ne fait pas la différence entre 12 et 12,0.

- Certaines touches de la calculatrice, comme [+/−], [x^2] (et sa deuxième fonction, [$\sqrt{x}$]), [$\frac{1}{x}$]) appliquent l'opération seulement à la valeur affichée, sans tenir compte des autres opérations en cours. Cela veut dire que tu peux rapidement changer le signe d'un nombre, le convertir au nombre réciproque, le mettre au carré ou en déterminer la racine carrée pendant que tu entres ta séquence de calculs.

- N'efface pas les nombres affichés à l'écran de la calculatrice tant que tu n'as pas complété une question : le résultat d'un calcul peut servir à commencer le calcul suivant.

- Toutes les calculatrices scientifiques possèdent au moins une fonction de mémoire qui te permet de conserver un nombre (M+ et STO sont des touches courantes) pour l'utiliser plus tard (en général, à l'aide de la touche MR, ou RCL). Utilise cette fonction pour éviter d'avoir à entrer de nouveau plusieurs chiffres.

LES MULTIPLICATIONS ET LES DIVISIONS

- La division est l'inverse de la multiplication. Diviser par un nombre équivaut donc à le multiplier par l'inverse de ce nombre. Par exemple,

$\dfrac{12 \text{ km}}{0,75 \text{ h}}$ équivaut à $12 \text{ km} \times \dfrac{1}{0,75 \text{ h}}$ et donne $16 \dfrac{\text{km}}{\text{h}}$.

Cela est particulièrement utile quand tu veux diviser par un nombre qui se trouve affiché sur ta calculatrice. Par exemple, imagine que tu viens de convertir 45 min en 0,75 h à l'aide de ta calculatrice et que tu veux maintenant calculer la vitesse.

Nombre affiché : 0,75

Séquence à entrer :

Résultat affiché : 16

- Les parenthèses, ( ), obligent la calculatrice à effectuer la ou les opérations à l'intérieur des parenthèses avant de poursuivre les autres calculs. Le calcul de la pente en est un bon exemple.

$$\text{pente} = \dfrac{\Delta d}{\Delta t}$$
$$= \dfrac{(15,2 - 4,1) \text{ m}}{(6,5 - 3,6) \text{ s}}$$
$$= 3,8 \dfrac{\text{m}}{\text{s}}$$

Si tu n'utilises pas les parenthèses pour résoudre cette équation à la calculatrice, tu devras calculer le numérateur et le dénominateur séparément, puis effectuer la division.

LA NOTATION SCIENTIFIQUE

Plusieurs calculatrices permettent d'entrer un nombre en notation scientifique à l'aide d'une touche spéciale, marquée EXP ou EE. Cette touche correspond à la fonction « $\times 10$ » ; tu n'as donc qu'à entrer l'exposant. Par exemple, pour obtenir

$7{,}5 \times 10^4$, entre [7] [.] [5] [EXP] [4]

$3{,}6 \times 10^{-3}$, entre [3] [.] [6] [EXP] [+/−] [3]

CALCULER LA MOYENNE

Il y a plusieurs méthodes statistiques pour analyser les données expérimentales. L'une des plus courantes et des plus importantes est le calcul de la moyenne arithmétique, souvent appelée simplement « moyenne ». La moyenne d'une série de valeurs est la somme de toutes les valeurs raisonnables divisée par le nombre total de valeurs.

Imagine que tu calcules la croissance des racines de cinq jeunes plantes. Au bout de trois jours, tu as obtenu les mesures suivantes : 1,7 mm, 1,6 mm, 1,8 mm, 0,4 mm et 1,6 mm. Quelle est la croissance moyenne des racines ? L'examen des mesures te montre que celle de 0,4 mm n'est pas du tout cohérente par rapport aux autres. Cette plante a peut-être été atteinte par un champignon, ou un autre problème est peut-être survenu. Tu ne devrais pas inclure ce résultat dans ton calcul de la moyenne, mais le conserver dans ton tableau de données pour que tout le monde puisse comprendre ta décision. En utilisant seulement les données raisonnables,

croissance moyenne des racines =

$$\frac{1{,}7 \text{ mm} + 1{,}6 \text{ mm} + 1{,}8 \text{ mm} + 1{,}6 \text{ mm}}{4} = 1{,}7 \text{ mm}$$

Le calcul de la moyenne arithmétique est important dans tous les domaines scientifiques, parce qu'on utilise souvent plusieurs mesures ou essais pour augmenter la fiabilité des résultats.

LES ÉQUATIONS

L'algèbre est une série de lois et de procédures pour résoudre des équations mathématiques. En général, ces équations contiennent une inconnue. Toute opération effectuée d'un côté de l'équation doit être effectuée aussi de l'autre côté. Pour déterminer la valeur de l'inconnue, tu dois l'isoler d'un côté de l'équation. Pour y arriver, tu dois suivre trois règles :

1. La même quantité peut être additionnée aux deux côtés ou soustraite des deux côtés d'une équation sans modifier l'égalité.

   Les exemples suivants illustrent cette règle :

100 m	= 100 m	$x + b = y$
100 m − 5 m	= 100 m − 5 m	$x + b - b = y - b$
95 m	= 95 m	$x = y - b$

   L'exemple de gauche te montre l'application de cette règle à partir de quantités numériques et d'unités. La règle fonctionne aussi bien avec des symboles de quantités. L'exemple de droite te montre comment isoler x.

2. La même quantité peut être multipliée ou divisée par les deux côtés de l'équation sans modifier l'égalité.

   Les exemples suivants illustrent cette règle. L'exemple de gauche démontre la règle à partir de quantités connues. Utilise la même règle pour isoler l'une des quantités dans une équation qui contient des symboles de quantités. Pour trouver d dans l'exemple de droite, multiplie les deux côtés de l'équation par t. Remarque que t divisé par t égale 1. Le fait de multiplier ou de diviser une quantité par 1 ne modifie pas cette quantité ; par conséquent, $d \times 1 = d$.

120 m	= 120 m	$v = \dfrac{d}{t}$
$\dfrac{120 \text{ m}}{8{,}0 \text{ s}}$	$= \dfrac{120 \text{ m}}{8{,}0 \text{ s}}$	$v \times t = \dfrac{d}{\cancel{t}} \times \cancel{t}$
15 m/s	= 15 m/s	$vt = d$ ou $d = vt$

3. La même puissance (comme la puissance carrée ou la racine carrée) peut être appliquée aux deux côtés de l'équation sans modifier l'égalité.

Les exemples suivants illustrent cette règle :

$25\ s^2 = 25\ s^2$ $\quad\quad b^2 = A$
$\sqrt{25\ s^2} = \sqrt{25\ s^2}$ $\quad\quad \sqrt{b^2} = \sqrt{A}$
$5{,}0\ s = 5{,}0\ s$ $\quad\quad b = \sqrt{A}$

Si plusieurs des règles énumérées ci-dessus doivent être utilisées pour isoler une quantité inconnue, alors tu dois appliquer la règle 1 d'abord, chaque fois que cela est possible, puis la règle 2. En général, la règle 3 doit être utilisée en dernier.

5.F. Travailler avec les angles

Mesurer les angles est une habileté importante en optique géométrique. L'angle auquel un rayon lumineux touche une surface réfléchissante est généralement mesuré à partir d'une ligne perpendiculaire appelée « normale ». On utilise un rapporteur d'angles pour mesurer cet angle d'arrivée (ou angle d'incidence) du rayon lumineux par rapport à la normale (figure 3).

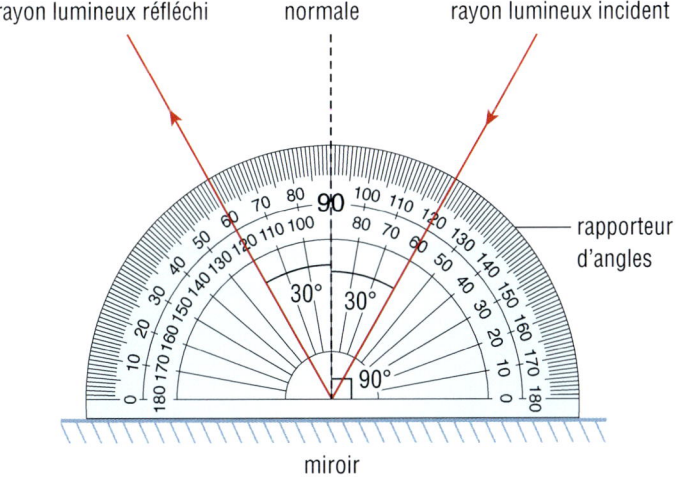

Figure 3 Les angles sont mesurés par rapport à la normale à l'aide d'un rapporteur d'angles.

LE SINUS D'UN ANGLE

Tu auras peut-être à déterminer le sinus d'un angle. Le sinus est une fonction mathématique précise que tu vas explorer plus en détail dans tes cours de sciences et de mathématiques futurs. Pour l'instant, tu dois simplement savoir calculer le sinus d'un angle à l'aide de ta calculatrice. La séquence de touches à utiliser pour déterminer le sinus d'un angle varie selon le modèle de la calculatrice. Par contre, les étapes suivantes fonctionnent avec la plupart des calculatrices courantes :

- Assure-toi que la calculatrice est en mode « degrés ». (Si tu ne sais pas exactement pas comment l'activer, consulte le guide d'utilisation.)
- Appuie sur la touche « sin ».
- Entre la valeur de l'angle (p. ex., 30).
- Appuie sur la touche « égale ».

Le sinus de l'angle de 30° est 0,5.

EXERCICE

Le sinus des angles

Détermine le sinus des angles suivants :

a) 45°   b) 60°   c) 64°   d) 90°

LE SINUS INVERSE

Tu auras parfois à calculer un angle à partir de son sinus.

Si on te fournit le sinus d'un angle, tu peux calculer cet angle. Voici les étapes à suivre :

- Assure-toi que la calculatrice est en mode « degrés ».
- Appuie sur la touche de 2ᵉ fonction, puis sur « $\sin^{-1}$ ».
- Entre la valeur donnée (p. ex., 0,5).
- Appuie sur la touche « égale ».

L'angle qui correspond à un sinus de 0,5 est 30°.

EXERCICE

Les angles de sinus

Détermine les angles des sinus suivants :

e) 0,707 1   f) 0,866 0   g) 0,898 8   h) 1

6 TABLEAUX DE DONNÉES ET GRAPHIQUES

Les tableaux de données sont un moyen efficace d'organiser des observations tant qualitatives que quantitatives. Créer un tableau de données devrait être l'une des premières étapes que tu franchis lorsque tu te prépares pour une expérience. Cela te sera très utile pour consigner les valeurs de la variable indépendante (la cause) et des variables dépendantes (les effets), tel que montré dans le tableau 1.

Tableau 1 Course d'un cerf de Virginie

Temps (s)	Distance (m)
0	0
1,0	13
2,0	25
3,0	40
4,0	51
5,0	66
6,0	78

Pour créer un tableau de données :

- Utilise une règle pour tracer ton tableau.
- Donne-lui un titre qui décrit tes données précisément.
- Précise les unités de mesure, s'il y a lieu.
- Dresse la liste des valeurs de la variable indépendante dans la colonne de gauche de ton tableau.
- Dresse la liste des valeurs des variables dépendantes dans les colonnes de droite.

6.A. Transformer des données en graphique

Un graphique est une représentation visuelle d'un ensemble de données quantitatives. Transformer des données en graphique facilite souvent le repérage de régularités dans les données qui indiquent une relation entre les variables. Il y a plusieurs types de graphiques pour organiser les données. Parmi les graphiques les plus utiles, on trouve les graphiques à barres, les graphiques circulaires et les graphiques linéaires. Chaque graphique a son usage particulier. Tu dois d'abord déterminer lequel convient le mieux au type de données que tu as collectées. Tu peux ensuite créer ton graphique.

LES GRAPHIQUES À BARRES

Un graphique à barres t'aide à faire des comparaisons lorsqu'une variable est exprimée en nombres (p. ex., les précipitations de pluie) et que l'autre variable ne l'est pas (par exemple, les mois). La figure 1 montre la répartition des précipitations de pluie à Ottawa sur une période de 12 mois. Chaque barre représente un mois différent. Le graphique montre clairement la variation des quantités de pluie selon les mois.

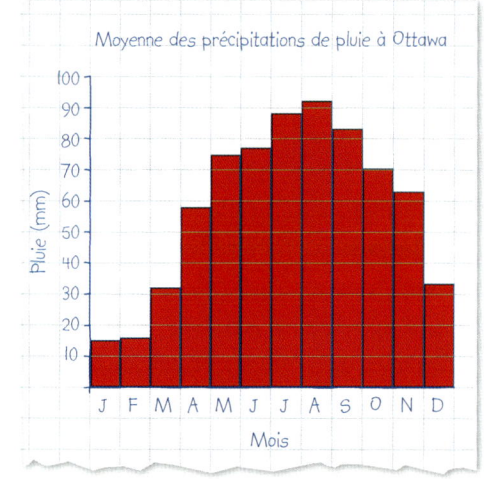

Figure 1 Un graphique à barres

LES GRAPHIQUES CIRCULAIRES

Un graphique circulaire (ou camembert) est utile pour montrer comment un tout est divisé en plusieurs parties. Par exemple, le graphique circulaire présenté à la figure 2 montre que les moyens de transport sont la source principale des émissions de gaz à effet de serre par les individus.

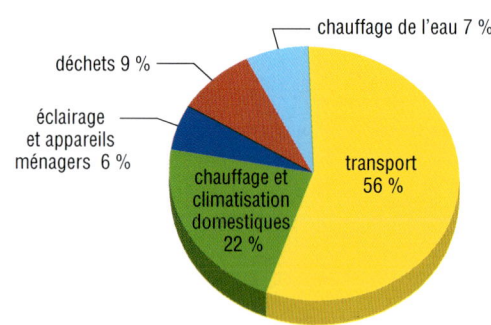

Figure 2 Un graphique circulaire

LES GRAPHIQUES LINÉAIRES

Lorsque les deux variables sont quantitatives, utilise un graphique linéaire. Ce format montre les points pour chaque donnée et une droite de régression qui indique toute relation entre les variables. Par exemple, on peut utiliser les directives et les données du tableau 1 pour créer le graphique linéaire de la figure 3.

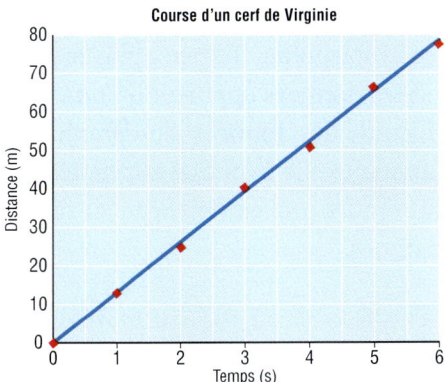

Figure 3 Le graphique linéaire créé à partir des données du tableau 1

Conseils pour créer un graphique linéaire

1. Utilise du papier millimétré. Trace une ligne horizontale près du bas de la feuille (l'axe des x) et une ligne verticale près du bord gauche de la feuille (l'axe des y).
2. En général, la variable indépendante correspond à l'axe des x et la variable dépendante à l'axe des y. Il y a exception lorsque l'une des variables est le temps : le temps doit toujours être disposé le long de l'axe des x. La pente du graphique représente alors toujours un taux. Identifie tes deux axes, sans oublier les unités.
3. Donne un titre à ton graphique. Il doit décrire de façon brève et juste les données représentées par le graphique.
4. Détermine l'intervalle des valeurs pour chaque variable. L'intervalle est la différence entre la plus grande valeur et la plus petite valeur. Souvent, on trace des axes un peu plus longs que l'intervalle.
5. Détermine une échelle pour chaque axe. L'échelle dépendra de l'espace dont tu disposes et de l'intervalle des valeurs sur chacun des axes. Le quadrillage représente généralement des graduations égales, comme 1, 2, 5, 10 ou 100.
6. Dispose les points sur le graphique. À la figure 3, le premier point placé correspond à 0 sur l'axe des x et 0 sur l'axe des y : l'origine.
7. Une fois que tu as disposé tous les points, essaie de visualiser la ligne qui passe par les points pour montrer la relation entre les variables. Tous les points ne se trouveront pas nécessairement sur la ligne. Trace la droite de régression : une ligne droite

ou légèrement courbée qui relie les points de sorte qu'il y ait approximativement le même nombre de points de chaque côté de la ligne. La ligne sert à montrer la tendance de l'ensemble des données.

8. Si tu disposes plus d'une série de données dans le même graphique, utilise des couleurs ou des symboles différents pour chacune.

CALCULER LA PENTE

Si la droite de régression est une ligne droite, cela indique une relation simple entre les deux variables. Tu peux exprimer cette relation linéaire (en ligne droite) par l'équation mathématique suivante :

$$y = mx + b$$

où y est la variable dépendante (sur l'axe des y), x la variable indépendante (sur l'axe des x), m la pente de la droite et b le segment sur l'axe y (le point où la droite touche l'axe des y). Pour déterminer la pente, choisis deux points sur la droite : (x_1, y_1) et (x_2, y_2). (Les points ne doivent pas nécessairement correspondre aux données, mais doivent se trouver sur la droite.) Le calcul de la pente est :

$$m = \frac{\text{différence des ordonnées}}{\text{différence des abscisses}} = \frac{y_2 - y_1}{x_2 - x_1}$$

Pour le graphique de la figure 4, imagine que tu choisis deux points, (1,5 ; 20) et (5,5 ; 72).

$$m = \frac{y_2 - y_1}{x_2 - x_1}$$
$$= \frac{72 \text{ m} - 20 \text{ m}}{5,5 \text{ s} - 1,5 \text{ s}}$$
$$= \frac{52 \text{ m}}{4,0 \text{ s}}$$
$$= 13 \text{ m/s}$$

La pente de la droite est de 13 m/s. Le nombre positif indique une relation directe.

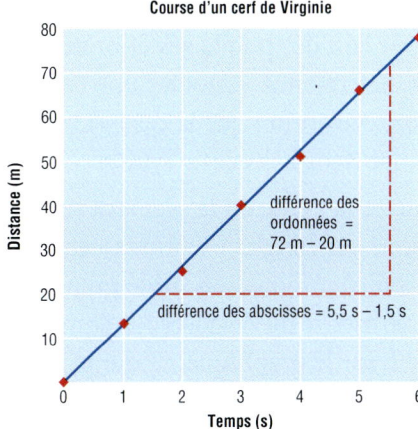

Figure 4 Calcul de la pente d'une droite de régression

6.B. Créer des graphiques par ordinateur

Tu peux utiliser un programme de création de graphiques ou un tableur pour créer des graphiques à barres, circulaires ou linéaires. De plus, ces programmes peuvent déterminer la droite de régression grâce à l'analyse statistique. Les instructions suivantes vont t'aider à créer une droite de régression pour deux variables à l'aide d'un tableur.

MARCHE À SUIVRE POUR CRÉER UN GRAPHIQUE À L'AIDE D'UN TABLEUR

1. Démarre le tableur. Entre les données pour les valeurs de x (la première colonne dans ton tableau de données) qui commencent à la cellule A2. Puis, entre les données pour y à partir de la colonne qui commence en B2.

2. Sélectionne les deux colonnes qui contiennent tes données (A2 … B6). À partir de la barre d'outils, choisis le bouton de création de graphiques. Le curseur peut devenir un symbole, ce qui te permet de « glisser-déposer » pour choisir la taille de ton graphique.

3. Une série de choix vont maintenant t'être proposés, pour que tu puisses préciser le type de graphique que tu veux créer. Celui qui convient le mieux à tes données est appelé « nuage de points ».
   - Clique sur l'onglet « Titres » et entre le titre de ton graphique.
   - Clique sur l'onglet « Axe des ordonnées (X) » et entre l'explication et l'unité pour l'axe des x.
   - Clique sur le bouton « Terminer ».

4. Pour ajouter la droite de régression, pointe ton curseur sur l'un des points sélectionnés et fais un clic droit. Sélectionne « Ajouter une courbe de tendance ». Assure-toi que la case « Linéaire » est sélectionnée dans le menu « Type ».

5. Pour trouver la pente ou le segment sur l'axe des y, clique sur l'onglet « Options » et sélectionne la case « Afficher l'équation sur le graphique ». Cela va permettre de disposer les données pour $y = mx + b$ sur le graphique, ce qui te donnera la pente et le segment sur l'axe des y.

6. Sauvegarde ton tableur avant de quitter le programme.

6.C. Interpréter des graphiques

Lorsque les données d'une expérience sont disposées sur le graphique approprié, les régularités et les relations entre les données deviennent plus faciles à remarquer et à interpréter. Tu peux plus facilement déterminer si tes données appuient ou non ton hypothèse. L'étude des données d'un graphique peut te mener à une nouvelle hypothèse. Cela te permet aussi de comprendre une expérience réalisée par d'autres personnes.

CONSEILS POUR LIRE ET INTERPRÉTER DES GRAPHIQUES

Voici quelques questions pour t'aider à interpréter un graphique :
- Quelles sont les variables représentées ?
- Quelle est la variable dépendante ? Quelle est la variable indépendante ?
- Les variables sont-elles quantitatives ou qualitatives ?
- Si les données sont quantitatives, quelles sont les unités de mesure ?
- Que représentent la plus grande valeur et la plus petite valeur ?
- Quel est l'intervalle entre la plus grande et la plus petite valeur sur chaque axe ?
- Les axes sont-ils continus ? Commencent-ils à zéro ?
- Quelles sont les régularités ou les tendances des variables ?
- S'il s'agit d'une relation linéaire, que pourrait t'indiquer la pente de la droite ?

FAIRE DES PRÉDICTIONS D'APRÈS UN GRAPHIQUE

Si un graphique révèle une régularité, tu peux l'utiliser pour faire des prédictions. Par exemple, tu pourrais utiliser le graphique présenté à la figure 3 (page 635) pour prédire la distance parcourue par le cerf en 8,0 s. Pour cela, tu dois extrapoler le graphique (le prolonger au-delà des points mesurés), en présumant que la tendance observée va se maintenir. Tu dois faire preuve de prudence lorsque tu prédis des valeurs situées au-delà de l'intervalle mesuré. Plus tu t'éloignes de valeurs connues, moins ta prédiction sera fiable.

TECHNIQUES D'ÉTUDE 7

7.A. Travailler en équipe

Le travail d'équipe est tout aussi important en sciences que sur un terrain de jeux ou au gymnase. Les recherches scientifiques sont généralement réalisées par des groupes de personnes qui travaillent ensemble. Les idées sont échangées, les expériences sont planifiées, les données sont analysées et les résultats sont évalués et partagés avec d'autres scientifiques. Le travail en groupe est nécessaire et généralement plus productif que le travail individuel.

À plusieurs reprises durant l'année, on te demandera de travailler avec une ou un camarade, ou plusieurs. Quelle que soit la tâche confiée à ton groupe, vous devez suivre quelques directives pour que l'expérience soit productive et réussie.

7.A.1. Règles générales pour un travail d'équipe efficace

- Gardez l'esprit ouvert. Tout le monde a des idées qui méritent d'être prises en considération.
- Divisez les tâches entre vous. Choisis le rôle qui correspond le mieux à tes forces.
- Travaillez ensemble et à tour de rôle. Encouragez-vous, écoutez-vous, aidez-vous et faites-vous confiance mutuellement. Clarifiez aussi les points qui vous paraissent difficiles à comprendre.
- Rappelez-vous que la réussite de l'équipe est la responsabilité de chacune et de chacun. Chaque membre doit être en mesure de démontrer ce que l'équipe a appris et d'appuyer la décision finale de l'équipe.

7.A.2. Échanger de l'information oralement

Au fil de ton cours de sciences, tu participeras à différentes activités qui t'aideront à exprimer tes idées et à en apprendre de nouvelles. Parmi les plus efficaces, voici trois formes de discussion que ton groupe pourra utiliser pour échanger ses idées :

- Lors d'une **activité réfléchir, partager, discuter**, toi et ta ou ton partenaire devez résoudre un problème. Chacun de vous élabore une réponse (généralement à l'intérieur d'un temps limité). Puis, vous partagez vos réponses pour résoudre le problème. Vous pourriez avoir à communiquer vos résultats au sein d'un plus grand groupe ou à la classe.
- Lors d'une **activité d'apprentissage coopératif**, tu participes activement à deux groupes : ton équipe-foyer et un groupe de spécialistes. Chaque membre de l'équipe-foyer choisit ou se voit attribuer un volet précis de la recherche à effectuer. Au sein du groupe de spécialistes, vous pouvez travailler ensemble pour trouver des réponses aux questions dans votre domaine de recherche. Une fois cette tâche accomplie, tu retournes à ton équipe-foyer, et tu as la responsabilité d'enseigner ce que tu as appris aux membres de l'équipe. Chaque membre de l'équipe-foyer procède de la même façon.

  Les directives concernant le travail en équipe sont importantes pour cette activité. Essaie de les mettre en pratique lorsque tu travailles avec ton équipe-foyer et le groupe de spécialistes.

- Une **table ronde** peut donner l'occasion à ton groupe de réviser ses connaissances. Ton groupe reçoit un stylo, des feuilles et une ou des questions. Faites circuler la feuille et le stylo et rédigez à tour de rôle une ligne de la solution. Il est permis de passer son tour. Continuez le travail jusqu'à ce que la solution soit complète. Vérifiez que tous les membres du groupe comprennent la solution. Enfin, repassez en équipe toutes les étapes de la solution.

7.A.3. Expériences et activités

Ce type de travail est plus efficace lorsqu'il est effectué en petits groupes. Voici d'autres suggestions pour rendre le travail de groupe plus efficace dans le contexte d'expériences et d'activités.

- Assurez-vous que chaque membre de l'équipe comprend et accepte le rôle qui lui est attribué.
- Travaillez à tour de rôle pour vous répartir des tâches semblables et répétitives.
- La sécurité doit passer avant toute chose. Prêtez attention à vos coéquipières et coéquipiers et remarquez où ils se trouvent et ce qu'ils font. Quels sont les risques associés à l'activité ? Quelles sont les mesures de sécurité à prendre ? Que feriez-vous en cas d'urgence ?

- Prenez la responsabilité de votre propre apprentissage. Faites vos propres observations et comparez-les à celles des autres membres du groupe (figure 1).

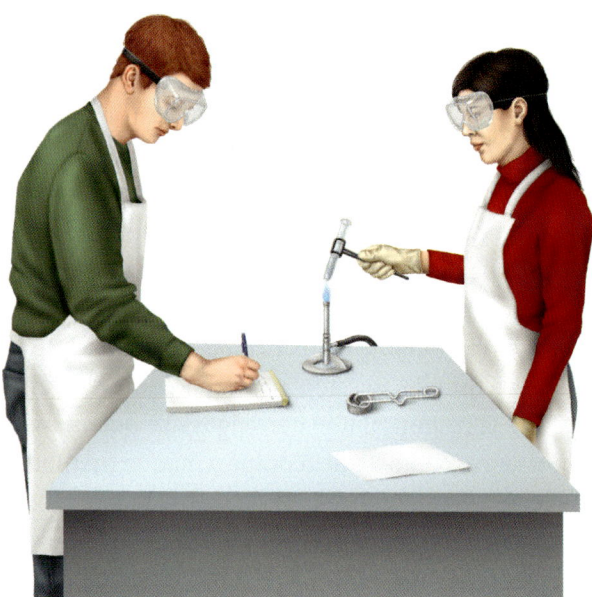

Figure 1 En travaillant avec une un ou un partenaire, ou plusieurs, tu peux partager et comparer tes résultats.

7.A.4. Prononce-toi sur un enjeu

Lorsqu'il faut effectuer une recherche, suivez les directives suivantes :

- Divisez un sujet en plusieurs volets et assignez-en un à chaque membre du groupe.
- Conservez les références de chacune des sources utilisées par le groupe.
- Déterminez le moyen utilisé pour échanger des renseignements (par exemple, des photocopies de feuilles de notes ou une conversation orale).
- Quand vient le moment de prendre une décision et de prendre position sur un enjeu, permettez à chaque membre du groupe de faire sa part. Prenez des décisions en faisant des compromis et en établissant des consensus.
- La communication des points de vue doit être un effort de groupe.

7.A.5. Rétroaction du groupe

Une fois que vous avez accompli une tâche en groupe, évaluez l'efficacité de votre équipe à l'aide de ces critères : points forts et points faibles, avantages et difficultés.

Réfléchis à ton expérience de travail d'équipe en te posant les questions suivantes :

- Quels étaient les points forts de l'équipe ?
- Quels étaient les points faibles de l'équipe ?
- Quels ont été les avantages de travailler en groupe ?
- Quelles difficultés ai-je éprouvées en tant que membre de l'équipe ?

7.B. Te fixer des buts à atteindre et évaluer tes progrès

Pense à l'année dernière. Dans quelles matières as-tu le mieux réussi à l'école ? Selon toi, quels sont les gestes qui t'ont permis de réussir ? Dans quels cours avais-tu des difficultés ? Que pourrais-tu faire cette année pour t'améliorer ? Utilise tes réponses à ces questions pour apporter des changements nouveaux et positifs. Les choses que tu veux accomplir aujourd'hui, cette semaine, ou cette année sont des objectifs. Apprendre à se fixer des objectifs et à concevoir un plan pour les atteindre demande de l'habileté, de la patience et de la pratique.

7.B.1. Te fixer des buts à atteindre

ÉVALUE TES FORCES ET TES FAIBLESSES

Te fixer des objectifs à atteindre commence avec un regard honnête face à toi-même. Tu as peut-être remarqué que tu réussis mieux les projets que les tests et les examens. C'est peut-être parce que tu travailles mieux lorsque tu n'es pas sous pression. Un manque d'attention en classe et de mauvaises habitudes d'étude sont des points faibles qui peuvent réduire ton taux de réussite.

FIXE-TOI DES BUTS RÉALISTES ET FACILES À MESURER

Donne-toi des chances de réussir en te fixant des objectifs que tu es capable d'atteindre. Il n'est peut-être pas réaliste de te dire : « J'aurai la meilleure note de la classe à la fin de l'étape. » Par contre, te fixer l'objectif d'augmenter tes notes de 10 % peut être réaliste. Tu trouveras plus facile d'atteindre tes objectifs lorsque tu as le moyen de mesurer tes progrès. Augmenter tes notes de 10 % est un objectif facile à mesurer. Lorsque tu penses à te fixer des objectifs, rappelle-toi l'acronyme suivant : *un objectif qui me* PARLE ! : Précis, Accessible, Réaliste, Limité dans le temps, et Évaluable.

PARTAGE TES BUTS

Souvent, les personnes que tu estimes peuvent t'aider à te fixer des objectifs et à les clarifier. Une personne qui connaît tes forces et tes faiblesses peut te suggérer des possibilités auxquelles tu n'avais pas pensé. Partager tes buts avec une ou un camarade ou une ou un adulte en qui tu as confiance t'assurera souvent le soutien dont tu as besoin pour atteindre tes objectifs.

RÉDIGE UN PLAN DÉTAILLÉ

Une fois que tu as dressé une liste d'objectifs réalistes, établis un plan détaillé pour les atteindre. Un plan efficace comporte généralement deux parties : le plan d'action et les dates limites.

LE PLAN D'ACTION

Dresse d'abord une liste des actions qui pourraient t'aider à atteindre tes objectifs (figure 2).

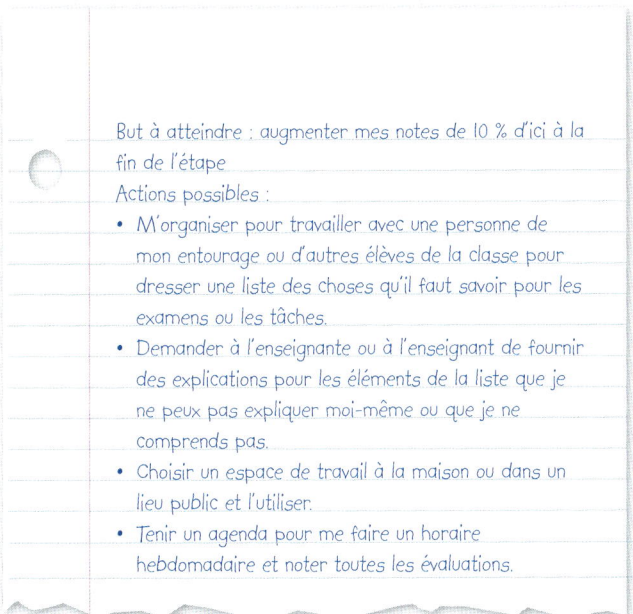

Figure 2 Un exemple de plan d'action pour atteindre un objectif scolaire

Si tu as fait une évaluation honnête de tes forces et de tes faiblesses, alors tu sais ce que tu dois faire pour t'améliorer. Si tu veux améliorer tes notes, tu pourrais essayer de travailler en équipe pour te préparer aux examens. Tu pourrais aussi tenir un agenda ou réorganiser ton espace de travail à la maison.

Détermine ce qui t'empêche d'atteindre ton objectif. Pense au moyen de surmonter les obstacles. Demande à des camarades quels sont leurs trucs pour garder de bonnes habitudes de travail et améliorer leurs notes.

ÉTABLIS DES DATES LIMITES

Imagine que tu veux augmenter tes notes de 10 % d'ici à la fin de l'étape. De combien de temps disposes-tu ? Combien d'examens sont prévus d'ici là ? Procède à rebours à partir de cette date limite à la fin de l'étape. Note les dates de toutes les évaluations entre maintenant et cette date. Ces dates vont te donner des objectifs à court terme qui, si tu les atteins, vont t'aider à atteindre ton objectif global. La figure 3 te montre un exemple d'échéancier.

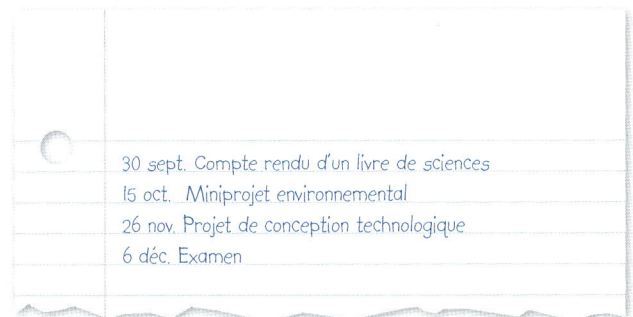

Figure 3 Un exemple d'échéancier des évaluations

Une fois que tu as complété ton échéancier, inscris-en les dates dans un calendrier que tu afficheras dans ton espace de travail. Consulte ton échéancier ou ton calendrier tous les jours.

7.B.2. Évalue tes progrès

N'oublie pas de mesurer tes progrès régulièrement. Il est important d'observer et d'évaluer les résultats de tes examens et activités en cours d'année plutôt que seulement à la fin. Tu peux décider, par exemple, de vérifier tes progrès après la première évaluation. Le résultat obtenu correspond-il à l'objectif d'augmenter tes notes de 10 % d'ici à la fin de l'étape ? Si tu ne sembles pas en voie d'atteindre ton objectif, tu dois peut-être réviser ton plan. Par exemple, tu as peut-être besoin d'étudier individuellement ou avec une ou un camarade plutôt qu'avec un groupe.

Il est toujours possible de changer ton plan ou même d'ajuster ton objectif. Le plus important est que tu continues à progresser et que tu maintiennes ton engagement à t'améliorer.

7.C. Adopter de bonnes habitudes de travail

Étudier est une activité qui peut prendre plusieurs formes. Adopter de bonnes habitudes de travail peut t'aider à étudier et à apprendre plus efficacement. Voici quelques trucs pour t'aider à prendre de bonnes habitudes de travail.

7.C.1. Ton espace de travail

- *Organise ton espace de travail.* L'endroit où tu étudies devrait être soigné et bien organisé. Dispose tes travaux, tes livres, tes revues et tes images à l'endroit approprié (p. ex., place tes livres sur une étagère ou dans une caisse et fais une pile avec tes revues). Tu auras plus de facilité à te concentrer sur ton travail.

- *Trouve un endroit calme pour travailler.* Autant que possible, assure-toi qu'il n'y a pas de distractions là où tu travailles – que ce soit le téléphone, de la musique, la télévision ou des membres de ta famille. S'il y a trop de distractions à la maison, tu peux généralement trouver un espace de travail adéquat à l'école ou à la bibliothèque municipale. Tout endroit calme, où ton travail n'est pas interrompu, peut être favorable.

- *Assure-toi d'être à l'aise dans ton espace de travail.* Si possible, adapte ton espace à tes besoins. Par exemple, assure-toi que l'éclairage est approprié. Détermine ce qui te permet de mieux travailler et aménage un environnement positif propice à un travail efficace et où tu te sens à l'aise.

- *Prépare-toi à l'avance – apporte tout le nécessaire.* Il est important d'avoir à portée de la main tout le matériel dont tu as besoin pour étudier. Tu peux augmenter facilement ton efficacité en rassemblant tes crayons, stylos, cahiers et manuels au même endroit près de ton ordinateur ou sur ton bureau. Si tu dois te lever constamment pour te procurer du matériel, tu auras de la difficulté à maintenir ta concentration et à être efficace.

7.C.2. Tes habitudes de travail

- *Prends des notes.* Prends des notes en classe. Après les cours, revois la section correspondante dans ton manuel. Consulte d'autres sources sur le sujet, comme les journaux, les revues, Internet et la télévision. Demande à une ou à un camarade de partager ses notes avec toi.

- *Utilise des organisateurs graphiques.* Tu peux utiliser plusieurs organisateurs graphiques différents pour t'aider à résumer un concept ou la matière d'une unité (voir la page 642). Cela peut aussi t'aider à relier des concepts différents.

- *Fais-toi un horaire.* Utilise un agenda qui présente une page ou une partie d'une page par jour et apporte-le en classe. Notes-y tous les devoirs, les évaluations et les projets à réaliser. Utilise-le pour dresser ta liste de choses à faire. Cela t'aidera à terminer à temps les travaux à remettre et t'évitera de paniquer à la dernière minute. Écris aussi à quel moment, où et avec qui tu comptes étudier pour certains sujets.

- *Prends des pauses pendant ton étude.* Il est important de planifier des pauses dans ton temps d'étude. Par exemple, tu peux prendre une pause après avoir effectué une ou deux tâches de ta liste de choses à faire. Prendre une pause te permet de te détendre et de te changer les idées pour pouvoir te concentrer de nouveau lorsque tu reprendras le travail.

8.A. Stratégies de lecture

Les compétences et les stratégies de lecture que tu emploies dépendent du type de texte que tu lis. Lire un livre de sciences n'est pas la même chose que lire un roman. Lorsque tu lis un livre de sciences, tu cherches de l'information. Voici quelques stratégies à employer avant, pendant et après ta lecture pour t'aider à chercher de l'information.

8.A.1. Avant la lecture

Survole la section que tu vas lire. Regarde les éléments visuels, les titres et les sous-titres. Utilise ces stratégies et pose-toi ces questions :

- *Fais une prélecture.* Quel est le sujet de cette section ? Comment la matière est-elle organisée ?
- *Fais des liens.* Qu'est-ce que je sais déjà sur le sujet ? Commet le sujet est-il relié aux autres sujets que je connais déjà ?
- *Fais des prédictions.* Quel type d'information est-ce que je vais trouver dans cette section ? Quelles parties vont me fournir le plus de renseignements ?
- *Fixe-toi une intention de lecture.* Quelles sont mes questions sur ce sujet ?

8.A.2. Pendant la lecture

Arrête-toi pour penser à mesure que tu lis. Prends le temps de regarder les photographies, les illustrations, les tableaux et les graphiques, ainsi que les mots.

- *Vérifie ta compréhension.* Quelles sont les idées principales de cette section ? Est-ce que je peux les expliquer dans mes propres mots ? Est-ce que j'ai besoin de relire ? Est-ce que je dois lire plus lentement ?
- *Détermine le sens des mots clés.* Est-ce que je peux trouver le sens des termes qui ne me sont pas familiers grâce aux indices fournis par le contexte ? Est-ce que je comprends le sens des termes mis en gras ? Est-ce qu'il y a quelque chose dans la structure d'un terme nouveau qui va m'aider à me rappeler sa signification ? Est-ce que je devrais consulter le glossaire ?
- *Fais des inférences.* Quelles sont les conclusions que je peux tirer de ma lecture ? Est-ce que je peux tirer des conclusions en « lisant entre les lignes » ?
- *Visualise.* Quelles sont les images mentales que je peux former pour m'aider à comprendre et à me souvenir de ce que je lis ? Est-ce que cela m'aiderait de faire un croquis ?
- *Fais des liens.* En quoi est-ce que cela ressemble à ce que je sais déjà ?
- *Interprète les éléments visuels et graphiques.* Quels renseignements supplémentaires est-ce que je peux trouver dans les photographies, les illustrations, les tableaux et les graphiques ?

8.A.3. Après la lecture

Plusieurs des stratégies que tu utilises pendant la lecture peuvent aussi te servir après la lecture. Dans ton manuel *Perspectives*, par exemple, il y a des résumés et des questions à la fin de chaque section. Ces questions vont t'aider à vérifier ta compréhension et à faire des liens avec ce que tu viens de lire ou avec d'autres parties de ton manuel.

Tu trouveras à la fin de chaque chapitre un résumé des mots clés et une liste de vocabulaire, suivis de la révision du chapitre et du questionnaire du chapitre.

- *Repère l'information dont tu as besoin.* Où est-ce que je peux trouver l'information nécessaire pour répondre aux questions ? Quels sont les mots mis en gras que je devrais repérer ? Quels sont les détails importants ?
- *Synthétise.* Comment est-ce que je peux organiser l'information ? Quel organisateur graphique est-ce que je pourrais utiliser ? Quels titres ou catégories est-ce que je devrais utiliser pour classer les renseignements ?
- *Réagis.* Quelles sont mes opinions sur l'information ? À mon avis, comment le fait décrit par le texte influence-t-il ma vie ou ma communauté ? Est-ce que d'autres élèves partagent mes opinions ?
- *Réfléchis à ce que tu as appris.* Qu'est-ce que je sais maintenant que je ne savais pas auparavant ? Est-ce que certaines de mes idées ont changé en conséquence de ce que j'ai lu ? Quelles sont les questions que je me pose encore ?

8.B. Organisateurs graphiques

Les schémas et les diagrammes utilisés pour organiser et présenter les idées visuellement sont appelés « organisateurs graphiques ». Les organisateurs graphiques sont particulièrement utiles pour les études en sciences, lorsque tu cherches à faire des liens entre différents concepts, idées et données. Différents organisateurs graphiques sont utilisés selon les objectifs à atteindre. Ils peuvent servir à :

- montrer des processus
- organiser des idées et des réflexions
- comparer divers éléments
- montrer des propriétés ou des caractéristiques
- réviser les mots et la terminologie
- collaborer et échanger des idées

POUR MONTRER DES PROCESSUS

Les organisateurs graphiques peuvent montrer les étapes d'un processus (figure 1).

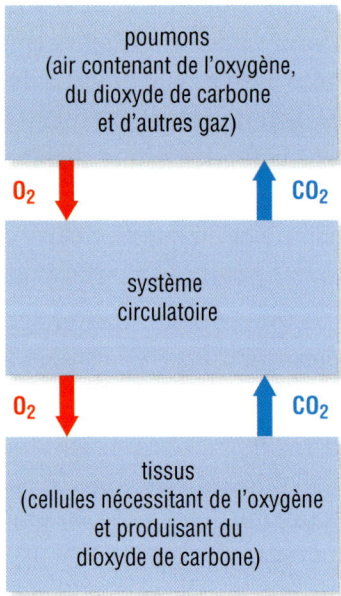

Figure 1 Cet organisateur graphique montre que l'oxygène et le dioxyde de carbone circulent à travers le corps.

POUR ORGANISER DES IDÉES ET DES RÉFLEXIONS

Un **schéma conceptuel** est un diagramme qui montre les relations entre les idées (figure 2). Les mots ou les éléments visuels représentant les idées sont reliés par des flèches et des mots ou des expressions qui expliquent les relations. Tu peux utiliser un schéma conceptuel pour faire un remue-méninges de ce que tu sais déjà, pour cartographier tes connaissances ou pour résumer ce que tu as appris.

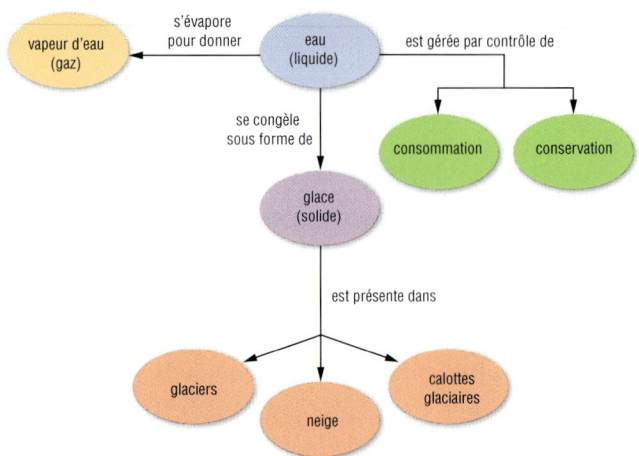

Figure 2 Les schémas conceptuels aident à montrer les liens entre les idées.

Les **toiles d'idées** ressemblent aux schémas conceptuels, mais elles ne comportent pas d'explications des liens entre les idées.

Un **diagramme en arbre** montre des concepts divisés en sous-catégories (figure 3).

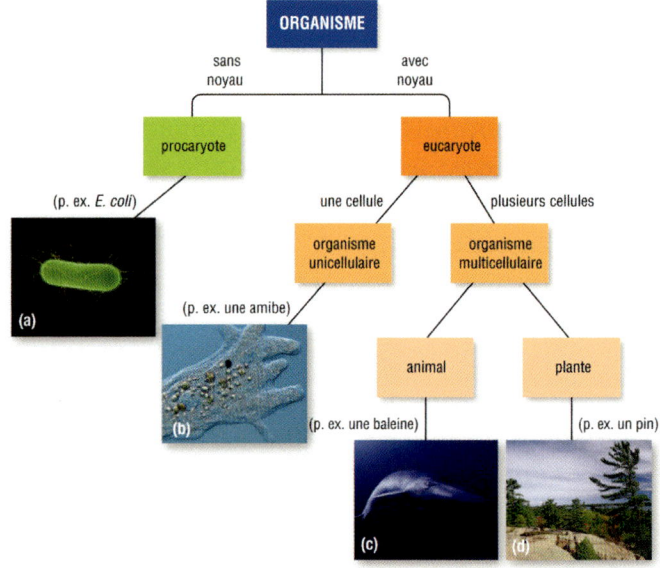

Figure 3 Les diagrammes en arbre sont très utiles pour montrer des classifications.

Un **diagramme en arête de poisson** te permet d'organiser les idées qui sous-tendent un sujet (figure 4).

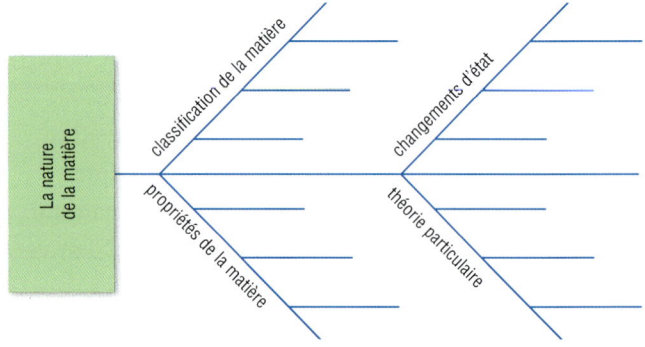

Figure 4 Un diagramme en arête de poisson

Que **savons**-nous ?	Que **voulons**-nous savoir ?	Qu'avons-nous **appris** ?
Le dioxyde de carbone est un gaz à effet de serre.	Y a-t-il d'autres gaz à effet de serre importants ? Si oui, d'où viennent-ils ?	Le méthane et l'oxyde nitreux sont des gaz à effet de serre courants. Le méthane provient de la décomposition de la matière organique et de l'appareil digestif du bétail. L'oxyde nitreux provient des gaz d'échappement des voitures.
L'effet de serre, c'est lorsque l'énergie solaire reste prisonnière de l'atmosphère.	Si l'énergie solaire peut traverser l'atmosphère pour réchauffer la surface de la Terre, de quelle manière les gaz à effet de serre retiennent-ils cette énergie ?	L'atmosphère laisse entrer les rayons solaires, qui touchent la surface de la Terre. Cette énergie est absorbée puis libérée sous forme d'ondes infrarouges. Comme l'atmosphère n'est pas transparente aux infrarouges, l'énergie reste prisonnière de l'atmosphère et réchauffe la Terre.

Figure 5 Un tableau SVA

Tu peux utiliser un **tableau SVA** pour noter ce que tu sais (S), ce que tu veux savoir (V) et, ensuite, ce que tu as appris (A) (figure 5).

POUR COMPARER DIVERS ÉLÉMENTS

Tu peux utiliser un **tableau comparatif** pour consigner et comparer tes observations ou tes résultats (tableau 1).

Tableau 1 Les particules subatomiques

	Proton	**Neutron**	**Électron**
charge électrique	positive	neutre	négative
symbole	p^+	n^0	e^-
emplacement	noyau	noyau	en orbite autour du noyau

Tu peux utiliser un **diagramme de Venn** pour montrer les similitudes et les différences (figure 6).

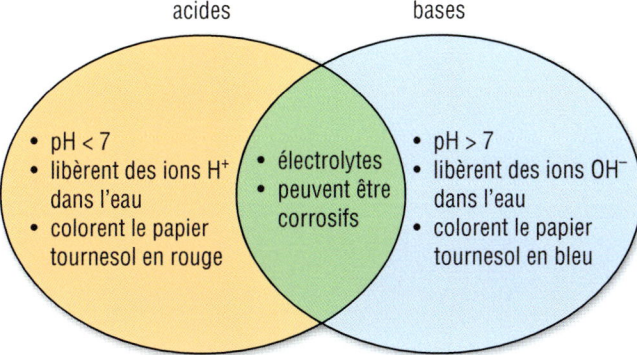

Figure 6 Un diagramme de Venn

Tu peux utiliser un **tableau des similarités et des différences** pour montrer à la fois les ressemblances et les différences entre divers éléments.

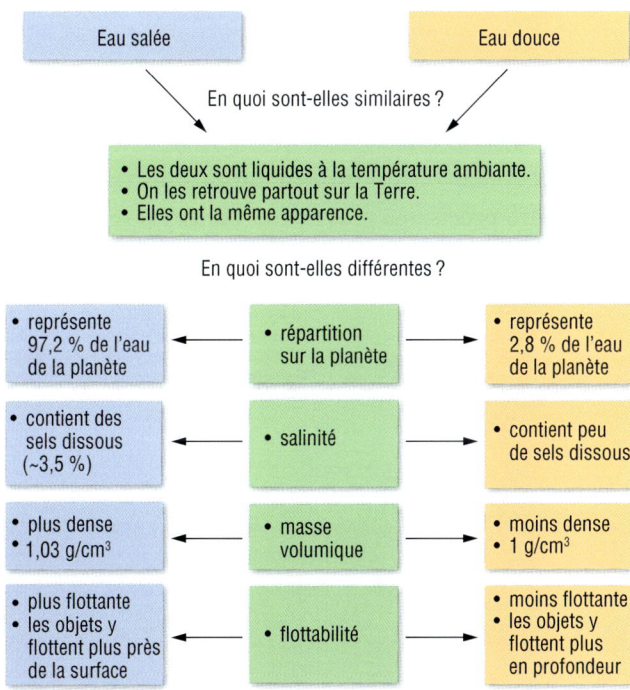

Figure 7 Un tableau des similarités et des différences

POUR MONTRER DES PROPRIÉTÉS ET DES CARACTÉRISTIQUES

Tu peux utiliser un **diagramme à bulles** pour montrer des propriétés et des caractéristiques (figure 8).

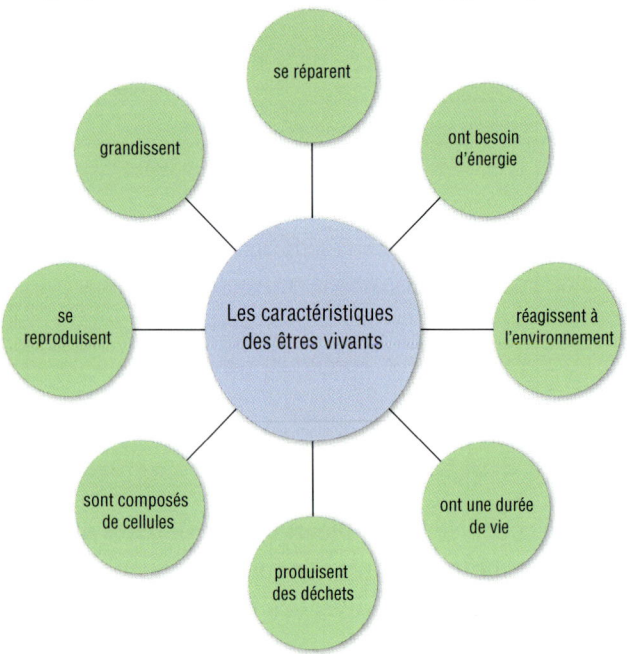

Figure 8 Un diagramme à bulles

POUR RÉVISER LES MOTS ET LA TERMINOLOGIE

Tu peux concevoir un **mur de mots** pour rassembler, sans ordre précis, les mots clé et concepts reliés à un sujet.

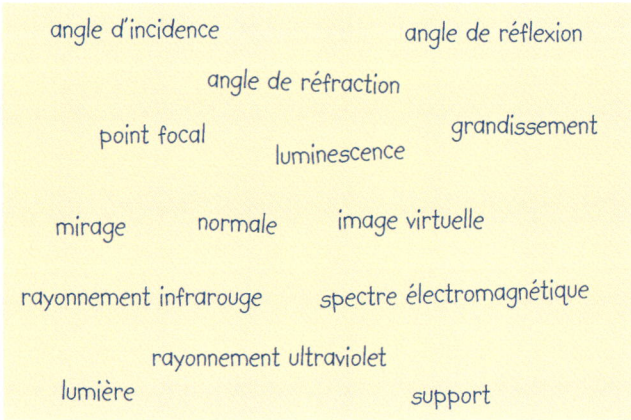

Figure 9 Un mur de mots

POUR COLLABORER ET ÉCHANGER DES IDÉES

Un **napperon organisateur** donne à chaque élève d'un petit groupe un espace pour écrire ce qu'elle ou il sait sur un sujet particulier. Puis, les membres du groupe discutent de toutes les réponses et écrivent dans la section du centre l'idée clé qui en découle.

Avant :

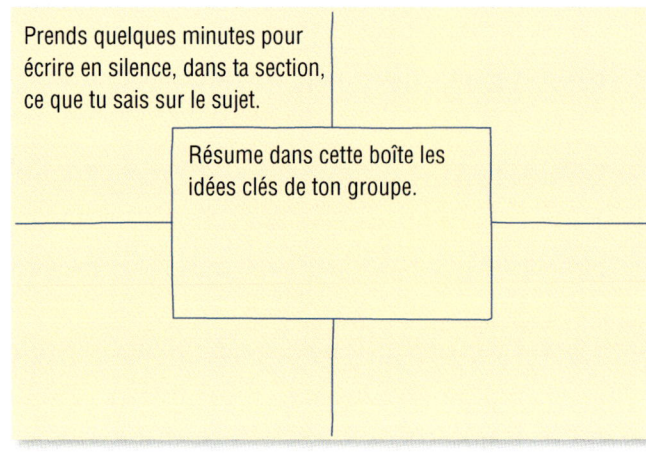

Après :

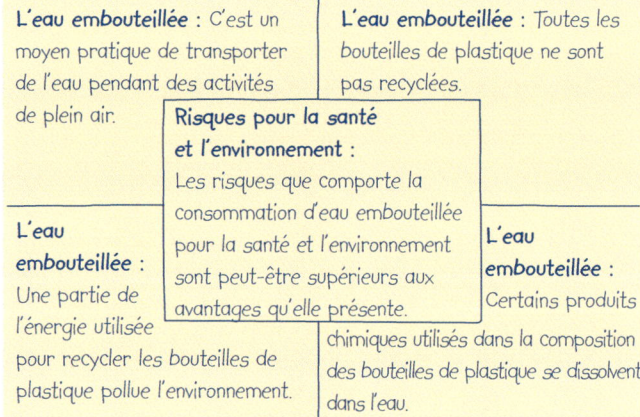

Figure 10 Un napperon organisateur

RACINES GRECQUES ET LATINES

Préfixe	Langue d'origine	Signification	Exemple
anti- ou ant-	grec	opposé	antiacide, Antarctique
anthrop(o)-	grec	lié à l'être humain	anthropique
aqu-	latin	eau	solution aqueuse, écosystème aquatique
bio-	grec	vie	biologie, biosphère
cardio-	grec	lié au cœur	cardiologie
co-	latin	avec ou ensemble	lien covalent, lentille convergente
di-	grec	deux	molécule diatomique
épi-	grec	sur ou au-dessus	épiderme
hal-	grec	sel de mer	halogène, halophile
hémo-	grec	lié au sang	hémoglobine
hydro-	grec	lié à l'eau	hydrosphère, hydroélectrique
infra-	latin	sous ou inférieur	rayonnement infrarouge
inter-	latin	entre	interphase, période interglaciaire
litho-	grec	roche	lithosphère
lum-	latin	lié à la lumière	luminosité
méta-	grec	changement	métamorphose
micro-	grec	petit	micro-organisme
mono-	grec	un	monoxyde de carbone
péri-	grec	autour	système nerveux périphérique, périderme
poly-	grec	plusieurs	ion polyatomique
pro-	grec et latin	avant	prophase
pseudo-	grec	faux	pseudoscience
rétro-	latin	en arrière	rétroréflecteur, rétrograde
sal-	latin	lié au sel	solution saline
therm-	grec	chaleur	thermomètre, thermocline
trans-	latin	à travers ou en travers	transparent, transistor
ultra-	latin	qui dépasse, au-delà	rayonnement ultraviolet
xéno-	grec	étranger ou autre	xénogreffe

Suffixe	Langue d'origine	Signification	Exemple
-gène	grec	qui cause, génère	carcinogène, halogène
-mètre	grec	mesurer	conductimètre
-logie	grec	étude de	géologie
-stase	grec	changement de place	métastase

10 TABLEAU PÉRIODIQUE

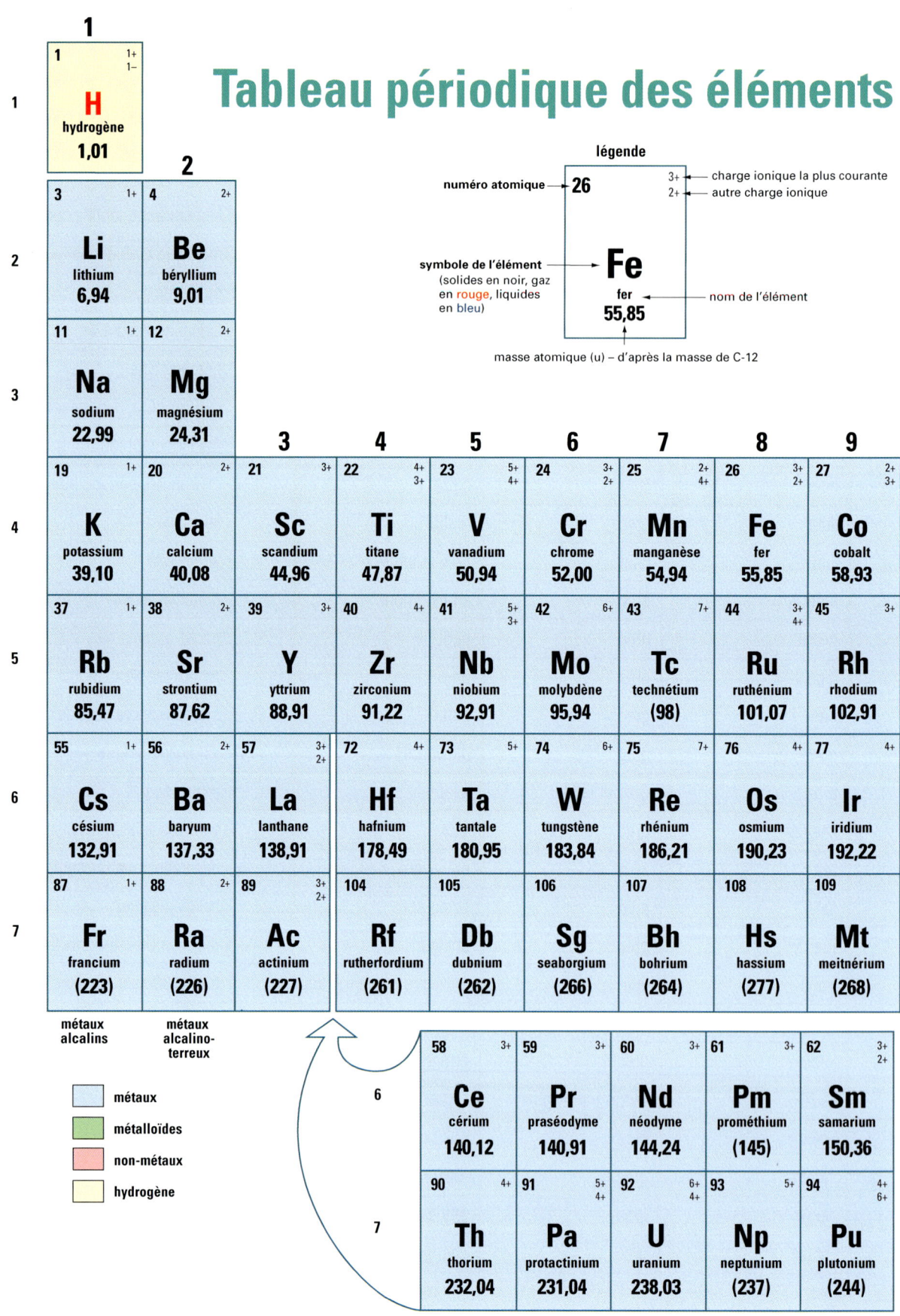

Sciences *Perspectives* 10

Les valeurs mesurées peuvent changer à mesure que les techniques expérimentales se perfectionnent. Les valeurs de la masse molaire atomique dans ce tableau sont basées sur les valeurs du site Web de l'UICPA (2005).

Groupe	10	11	12	13	14	15	16	17	18
1									2 — **He** hélium 4,00
2				5 — **B** bore 10,81	6 — **C** carbone 12,01	7 3− **N** azote 14,01	8 2− **O** oxygène 16,00	9 1− **F** fluor 19,00	10 — **Ne** néon 20,18
3				13 3+ **Al** aluminium 26,98	14 — **Si** silicium 28,09	15 3− **P** phosphore 30,97	16 2− **S** soufre 32,07	17 1− **Cl** chlore 35,45	18 — **Ar** argon 39,95
4	28 2+,3+ **Ni** nickel 58,69	29 2+,1+ **Cu** cuivre 63,55	30 2+ **Zn** zinc 65,41	31 3+ **Ga** gallium 69,72	32 4+ **Ge** germanium 72,64	33 3− **As** arsenic 74,92	34 2− **Se** sélénium 78,96	35 1− **Br** brome 79,90	36 — **Kr** krypton 83,80
5	46 2+,3+ **Pd** palladium 106,42	47 1+ **Ag** argent 107,87	48 2+ **Cd** cadmium 112,41	49 3+ **In** indium 114,82	50 4+,2+ **Sn** étain 118,71	51 3+,5+ **Sb** antimoine 121,76	52 2− **Te** tellure 127,60	53 1− **I** iode 126,90	54 — **Xe** xénon 131,29
6	78 4+,2+ **Pt** platine 195,08	79 3+,1+ **Au** or 196,97	80 2+,1+ **Hg** mercure 200,59	81 1+,3+ **Tl** thallium 204,38	82 2+,4+ **Pb** plomb 207,2	83 3+,5+ **Bi** bismuth 208,98	84 2+,4+ **Po** polonium (209)	85 1− **At** astate (210)	86 — **Rn** radon (222)
7	110 **Ds** darmstadtium (281)	111 **Rg** roentgenium (272)	112 **Uub** ununbium (285)	113 **Uut** ununtrium (284)	114 **Uuq** ununquadium (289)	115 **Uup** ununpentium (288)	116 **Uuh** ununhexium (291)	117 **Uus** ununseptium halogènes	118 **Uuo** ununoctium (294) gaz nobles

| 6 | 63 3+,2+
Eu
europium
151,96 | 64 3+
Gd
gadolinium
157,25 | 65 3+
Tb
terbium
158,93 | 66 3+
Dy
dysprosium
162,50 | 67 3+
Ho
holmium
164,93 | 68 3+
Er
erbium
167,26 | 69 3+
Tm
thulium
168,93 | 70 3+,2+
Yb
ytterbium
173,04 | 71 2+
Lu
lutécium
174,97 |
| 7 | 95 3+,4+
Am
américium
(243) | 96 3+
Cm
curium
(247) | 97 3+,4+
Bk
berkélium
(247) | 98 3+
Cf
californium
(251) | 99 3+
Es
einsteinium
(252) | 100 3+
Fm
fermium
(257) | 101 2+,3+
Md
mendélévium
(258) | 102 2+,3+
No
nobélium
(259) | 103 3+
Lr
lawrencium
(262) |

APPENDICE B

Qu'est-ce que la science ?

LA NATURE DES SCIENCES

Les caractéristiques des sciences

Les sciences englobent à la fois ce que nous savons sur le monde qui nous entoure et la façon dont nous l'explorons pour mieux le comprendre. En d'autres mots, il s'agit d'un ensemble de connaissances et d'un moyen d'en acquérir de nouvelles. Voici les caractéristiques principales à la base des diverses sciences.

- *Les sciences débutent par des observations qui soulèvent des questions.* Le monde naturel est rempli de phénomènes fascinants qui soulèvent des questions. Ces questions sont à la base de la recherche scientifique.
- *Les connaissances scientifiques peuvent provenir d'observations.* Lorsqu'elles sont faites et enregistrées de façon structurée, les observations peuvent fournir des preuves qui enrichissent nos connaissances et améliorent notre compréhension du monde. Les connaissances empiriques incluent les connaissances acquises grâce à une démarche scientifique, de même que des observations et des connaissances héritées du savoir écologique traditionnel (SÉT) des peuples autochtones.
- *Les sciences sont pratiquées différemment selon la culture.* Les méthodes utilisées pour mener des recherches scientifiques varient selon les traditions et les pratiques sociales et culturelles. Toutefois, l'objectif de la recherche scientifique reste partout le même : comprendre et expliquer le monde naturel.
- *Les connaissances scientifiques sont provisoires, mais fiables.* Les hypothèses scientifiques sont des idées qui doivent être mises à l'épreuve. Lorsque des tests répétés produisent des résultats invariables, ces idées peuvent devenir des lois ou des théories qui servent à décrire et à comprendre le monde naturel. Les lois et les théories actuelles sont fiables à cause des nombreux tests effectués, mais elles peuvent être modifiées si de nouvelles données nous portent à penser qu'un changement est nécessaire. En sciences, une conclusion n'est jamais considérée comme définitive.
- *Les sciences sont progressives.* Les connaissances scientifiques se fondent sur celles que nous possédons déjà. Notre compréhension du monde naturel augmente à mesure que les scientifiques acquièrent de nouvelles connaissances et que de nouvelles technologies permettent d'approfondir la recherche scientifique.
- *Les sciences sont reproductibles, s'autocorrigent et ne sont soumises à aucune autorité.* Une hypothèse doit être testée de manière que le même test puisse être reproduit par d'autres personnes. De cette façon, on peut trouver les erreurs et mettre à jour des théories pour expliquer de nouvelles observations. Les sciences modernes n'acceptent pas les affirmations de gens qui occupent des postes d'autorité politique ou sociale, sauf si ces personnes peuvent fournir des données crédibles pour appuyer leurs dires.

Les idées fausses sur les sciences

Bien des gens ne comprennent pas ce que sont les sciences et leur utilité. Quelques-unes des idées fausses les plus répandues sont brièvement décrites ci-dessous.

IDÉE FAUSSE N° 1 : TOUS LES SCIENTIFIQUES N'EMPLOIENT QU'UNE SEULE MÉTHODE SCIENTIFIQUE.

Bien des gens pensent que tous les scientifiques n'emploient qu'une méthode scientifique pour mener leurs recherches. Cette méthode est habituellement décrite en quelques étapes :

1. La ou le scientifique pose une question valable et formule une hypothèse.

2. La ou le scientifique met au point et effectue une expérience, fait des observations et les analyse.
3. La ou le scientifique tire une conclusion fondée sur les données obtenues et la compare avec l'hypothèse afin de déterminer si les données confirment l'hypothèse.

Il s'agit d'une méthode de recherche valide, mais les scientifiques utilisent différentes habiletés, technologies et méthodes. Toutefois, il y a des similitudes. Les sciences suivent des protocoles qui mènent généralement à une conclusion logique en lien avec l'objectif de la recherche. Cependant, il n'y a pas qu'une méthode scientifique employée étape par étape par tous les scientifiques. Le terme « méthode scientifique » désigne l'ensemble des activités mentales et physiques utilisées par les scientifiques pour créer, préciser, approfondir et utiliser des connaissances.

IDÉE FAUSSE N° 2 : LES SCIENCES IMPLIQUENT TOUJOURS UNE EXPÉRIMENTATION.

L'expérimentation n'est pas la seule approche possible pour mener des recherches scientifiques, ni pour construire ses connaissances en sciences. Beaucoup de recherches scientifiques ne comportent pas d'expériences. Certaines sciences, comme l'astronomie et les sciences de l'environnement, ne se prêtent pas à l'expérimentation parce que les scientifiques ne peuvent pas contrôler les conditions dans lesquelles un phénomène a lieu. D'autres types de recherches scientifiques sont tout aussi valides pour permettre l'acquisition d'importantes connaissances scientifiques. Par exemple, une grande partie de ce que nous savons sur les changements climatiques provient d'observations à long terme et de l'analyse des phénomènes naturels.

IDÉE FAUSSE N° 3 : LES RECHERCHES SCIENTIFIQUES FOURNISSENT DES PREUVES.

Même si les recherches scientifiques engendrent des connaissances scientifiques, elles ne peuvent pas fournir de preuves. Les données empiriques peuvent appuyer ou valider une loi ou une théorie, mais elles ne peuvent pas prouver que cette dernière est véridique. Les sciences peuvent seulement démontrer qu'une idée est fausse ou qu'elle a été réfutée. Prends pour exemple la loi de la gravité. Les données recueillies à travers le monde obligent les scientifiques à conclure que les objets plus lourds que l'air tombent toujours au sol, vers le centre de la Terre. Observer un objet plus lourd que l'air se diriger vers le haut (en s'éloignant du centre de la Terre) remettrait sérieusement en doute notre compréhension de la loi de la gravité.

Les lois scientifiques sont fiables. Parce qu'elles se fondent sur un nombre important d'observations, il serait presque impossible de prouver le contraire. En fait, les lois scientifiques se révèlent rarement fausses. La loi de la gravité et d'autres lois scientifiques sont probablement plus près de la « vérité » scientifique qu'on ne le sera jamais.

IDÉE FAUSSE N° 4 : LES SCIENCES N'ONT PAS BEAUCOUP DE SUCCÈS.

Les sciences sont souvent critiquées à cause de ce qu'elles n'ont pas réussi à faire – par exemple, elles n'ont pas trouvé de remède contre le cancer ou le rhume. Pourtant, lorsque nous constatons toutes les réalisations des sciences, nous nous rendons compte qu'elles ont été très utiles pour nous aider à comprendre la structure du monde naturel et de quelle manière il fonctionne. Par exemple, nous pouvons mettre à profit ces connaissances dans divers domaines : la matière est composée d'atomes invisibles, les êtres vivants sont composés de cellules transmettant de l'information dans le matériel génétique (l'ADN), et les continents se déplacent lentement sur la surface de la Terre.

Les connaissances scientifiques et technologiques nous ont permis de nous poser sur la Lune, de communiquer à la vitesse de la lumière et d'opérer à cœur ouvert. De nouvelles avancées dans le diagnostic et le traitement du cancer sont possibles grâce aux scientifiques qui en apprennent davantage sur les causes du cancer et sur la façon dont certains cancers se comportent. Le remède pour tous les cancers n'a pas encore été trouvé, mais grâce à l'acquisition de connaissances, nous y parviendrons un jour. Les sciences ne sont pas parfaites, mais elles sont la façon la plus fiable d'explorer le monde naturel et d'y donner un sens.

IDÉE FAUSSE N° 5 : LES SCIENCES RÉPONDENT À TOUTES LES QUESTIONS.

Bien que la démarche scientifique soit une façon très efficace d'apprendre sur les structures et les fonctions du monde naturel, elle ne peut pas donner de réponses aux questions morales, éthiques et sociales. Devrions-nous permettre l'exploitation minière là où l'écosystème est fragile ? Parmi 10 personnes en attente d'une greffe, laquelle devrait bénéficier d'un don de rein ? Les sciences ne peuvent pas répondre à de telles questions. Malgré tout, les connaissances scientifiques peuvent fournir de l'information afin d'aider les individus et les groupes à prendre des décisions éclairées sur ces questions.

Qu'est-ce que les sciences ne sont pas ?

Il est important de comprendre ce que sont les sciences et de reconnaître ce qui ne relève pas d'elles. Des faits peuvent être présentés, intentionnellement ou non, comme étant scientifiques même si ce n'est pas vraiment le cas. Les exemples sont nombreux à la télévision, dans les magazines et dans Internet.

La pseudo-science

La pseudo-science (*pseudo* signifie « faux ») est une manière de faire des déclarations pour qu'elles paraissent scientifiques, malgré le fait qu'elles n'ont pas été vérifiées scientifiquement et qu'elles ne sont pas soutenues par des données scientifiques solides. Par exemple, la pratique médicale parallèle de la thérapie magnétique (figure 1) s'appuie sur le concept scientifique des champs magnétiques et profite de sa crédibilité. Les adeptes de la thérapie magnétique affirment que les champs magnétiques favorisent la guérison des os et améliorent la circulation sanguine. Ces adeptes, dont des personnes qui se disent scientifiques et qui semblent crédibles, font des témoignages sur les effets curatifs de la thérapie magnétique. Cependant, les quelques tests faits sur la thérapie magnétique n'ont pas suffi à démontrer ses effets curatifs.

Figure 1 Le champ magnétique de la plupart des objets de thérapie magnétique n'est pas assez puissant pour pénétrer la peau.

Les fausses données scientifiques

Les fausses données scientifiques proviennent de scientifiques qui ne respectent pas les normes et pratiques établies en sciences. Elles sont souvent le résultat de méthodes scientifiques influencées par des partis pris. Il y a un parti pris lorsqu'une ou un scientifique laisse ses émotions ou ses valeurs personnelles orienter son analyse dans une certaine direction. En général, les scientifiques s'efforcent d'être objectifs et de ne pas avoir de parti pris lors du processus de recherche. Cependant, les chercheuses et chercheurs sont des êtres humains ; ils peuvent parfois penser qu'une chose est vraie avant d'avoir des données pour le confirmer. En raison de leurs convictions et peut-être du désir de se faire accepter des autres scientifiques, des chercheuses et chercheurs peuvent élaborer et réaliser des expériences de façon que les résultats appuient leur opinion. Des données valides peuvent aussi être analysées et interprétées incorrectement.

Les canulars et les fraudes

Les canulars et les fraudes sont des tentatives intentionnelles d'induire la population en erreur avec de fausses déclarations ou de l'information trompeuse. Les canulars et les fraudes scientifiques misent sur le manque de connaissances scientifiques des gens.

Les canulars peuvent être des plaisanteries, mais ils sont parfois motivés par la cupidité, le désir de popularité ou l'empressement à dévoiler une importante découverte scientifique. La plupart des canulars sont des blagues, et la pire conséquence est l'humiliation d'être « tombé dans le panneau ».

Tomberais-tu dans le panneau d'un canular ? Comment peux-tu te prémunir contre cette déception ? Tu peux étudier attentivement l'affirmation et la comparer à ce que tu sais déjà. La figure 2 est une photographie retouchée d'un tsunami sur le point de détruire une ville. La vague semble être plus haute qu'un édifice de 20 étages. Un étage ayant une hauteur moyenne de 3 mètres, cette vague aurait donc plus de 60 m de haut. Cela est peu probable étant donné qu'une vague de tsunami a généralement une hauteur de 1 à 20 m.

Figure 2 S'agit-il d'un vrai tsunami ?

Les légendes urbaines

Beaucoup d'histoires et d'affirmations intéressantes ont circulé, partout et pendant longtemps, si bien qu'elles sont généralement considérées comme véridiques. Ces histoires, appelées «légendes urbaines», se veulent souvent scientifiques, et beaucoup de gens ne les remettent pas en question. En fait, les légendes urbaines sont habituellement à la fois très exagérées et plausibles sous certains aspects. Même si la plupart de ces histoires sont fausses, quelques-unes sont pourtant vraies. Pour les autres, il s'avère souvent impossible de déterminer si elles sont vraies ou fausses. Peux-tu reconnaître celles qui sont vraies?

- Un sou noir placé sur un rail peut faire dérailler un train.
- Les requins ne peuvent pas avoir le cancer; alors, manger du cartilage de requin peut prévenir le cancer chez l'être humain.
- Une personne avale en moyenne accidentellement huit araignées par année.
- De l'eau qui est portée à ébullition au micro-ondes peut exploser.
- Les lemmings se jettent en bas des falaises pour se suicider.
- Les cheveux repoussent plus épais et plus longs après qu'on les a rasés.
- Nager après avoir mangé peut donner des crampes et causer la noyade.

Les sciences dans la commercialisation

Combien de publicités vois-tu dans une journée? Dix? Cent? Quelles stratégies les publicités utilisent-elles pour attirer notre attention et nous convaincre d'acheter un produit?

Une stratégie largement employée consiste à affirmer que le produit a été élaboré scientifiquement. Le nettoyant facial «formulé scientifiquement» ou les suppléments alimentaires pour la perte de poids «éprouvés en clinique» en sont des exemples. Le public a une image positive des sciences, et les publicitaires s'en servent pour vanter l'efficacité du produit, sa bonne qualité et sa sécurité. Les publicités présentent parfois des images de scientifiques en sarrau blanc dans un laboratoire ou évoquent cette image dans l'esprit des gens. Ce qui pose problème, avec ce genre de publicités, c'est qu'elles laissent entendre que des recherches scientifiques crédibles ont été faites pour développer et tester le produit.

Les publicitaires recourent parfois au langage scientifique pour donner de l'authenticité au produit. Par exemple, une expression souvent utilisée en publicité dans notre monde préoccupé par l'environnement est «sans produits chimiques». Même si cette affirmation semble convaincante à première vue, en y réfléchissant un peu, il est évident qu'il n'y a aucun produit sans produit chimique. Tous les produits sont composés de matières, et celles-ci sont toutes constituées de produits chimiques. Donc, l'affirmation «sans produits chimiques» n'a aucun sens.

SCIENCES EN ACTION — SCIENTIFIQUE OU NON SCIENTIFIQUE?

HABILETÉS : analyser, évaluer

Pour être considérés comme scientifiques, les données ou les renseignements doivent être vérifiables et reproductibles. En d'autres mots, on doit être capable d'effectuer des tests valables afin de déterminer si l'information est fausse. On doit aussi pouvoir reproduire la recherche et obtenir le même résultat. En utilisant ces deux critères et ce que tu as appris sur la nature des sciences et sur ce qu'elles ne sont *pas*, analyse chacun des énoncés suivants et détermine s'ils sont scientifiques ou non scientifiques. Explique ta réponse. (Souviens-toi, le but n'est pas de déterminer si les énoncés sont vrais ou faux, mais s'ils sont scientifiques ou non scientifiques.)

a) Les pyramides ont été construites par des extraterrestres.
b) Le fait de porter un bracelet magnétique améliorera ton jeu au golf.
c) Les rois et reines de l'Égypte ancienne étaient momifiés pour que leur esprit vive après la mort.
d) La vitesse d'un objet tombant avec la gravité augmente de 9,8 m/s chaque seconde.
e) Mettre de l'engrais sur la pelouse rendra l'herbe plus verte.
f) Un Créateur a conçu et dirige l'univers.
g) Plus tu étudies, moins tes notes seront bonnes aux examens.
h) Il y a de la vie ailleurs dans l'univers.
i) Si tu retournes le pot d'une plante, la tige continuera de pousser vers le sol.
j) Les plantes sont conscientes de leur environnement.
k) Tu peux te fier à ton horoscope pour prédire ton avenir.

Même si beaucoup de produits et d'aliments sont effectivement formulés scientifiquement et éprouvés en clinique, il est impossible de juger d'après la publicité si la qualité de la recherche scientifique respecte des normes acceptables. Souvent, une recherche approfondie sur le produit révélera que ce n'est pas le cas.

Se montrer sceptique

Le scepticisme est important pour développer des connaissances de base en sciences. Être sceptique ne signifie pas de rejeter toutes les affirmations que tu lis ou entends, mais plutôt de remettre en question toutes les affirmations, même tes propres croyances et tes conclusions, jusqu'à ce tu aies suffisamment de données pour accepter ou rejeter les affirmations. Une personne sceptique doit avoir l'esprit ouvert et être prête à changer sa perception de la nature lorsque de solides données scientifiques et des arguments logiques lui sont présentés.

Comment peux-tu reconnaître ce qui est scientifique?

Tu lis ou entends des affirmations bizarres et scandaleuses tous les jours sur des sujets touchant aux sciences. Tu dois trouver une façon de reconnaître ce qui est vrai par rapport à ce qui est pseudo-scientifique, de même que ce qui constitue une fausse donnée scientifique ou une légende urbaine. Les habiletés de la recherche scientifique et ton sens critique peuvent t'aider à y voir clair. Tu dois te poser quelques questions lorsque tu es devant une affirmation.

- Est-ce que la source (une personne ou une organisation) de l'affirmation peut fournir des références ou a des compétences appropriées?
- Est-ce qu'il y a un parti pris évident ou un conflit d'intérêts?
- Est-ce que les méthodes scientifiques utilisées pour produire l'information sont valides et appropriées?
- Est-ce que les résultats ont été vérifiés par d'autres scientifiques? Est-ce que d'autres scientifiques sont capables de reproduire la recherche et d'obtenir les mêmes résultats?
- Est-ce que les conclusions ont du sens? S'appuient-elles sur les données recueillies?
- Est-ce que le phénomène ou le produit donne le résultat escompté?

À mesure que tu verras les sujets et les enjeux dans ce manuel ainsi que des déclarations supposément scientifiques dans ton quotidien, analyse l'information mise à ta disposition pour déterminer ce qui est scientifique et ce qui ne l'est pas. Réfléchis de façon critique aux affirmations des personnes qui ont des points de vue différents en prévoyant et en analysant leurs arguments. Par-dessus tout, utilise des données empiriques, le bon sens et tes valeurs personnelles pour t'aider à accepter ou à rejeter un argument.

Le comportement éthique en sciences

L'éthique est l'étude de ce qui est bien ou mal et de la manière dont ce jugement agit sur notre comportement en tant qu'individu ou groupe. L'éthique nous aide à déterminer si un comportement est acceptable ou inacceptable.

En sciences, il y a des comportements acceptables et des comportements inacceptables. Les scientifiques doivent se soumettre à un ensemble de règles générales, ou de lignes directrices, lorsqu'ils mènent une recherche scientifique.

- *Le principe de l'honnêteté scientifique* : Ne pas commettre de fraudes scientifiques. En d'autres mots, ne pas fabriquer, modifier, détruire ou présenter faussement des données. Rapporter rigoureusement tous les résultats.
- *Le principe de l'attention* : Éviter le plus possible les erreurs d'inattention et le manque de rigueur dans tous les aspects du travail scientifique.
- *Le principe de la liberté intellectuelle* : Ne pas avoir peur d'approfondir de nouvelles idées et de critiquer toutes les idées, les anciennes comme les nouvelles.
- *Le principe de l'ouverture* : Partager les données, les résultats, les méthodes, les théories, le matériel, etc. Permettre aux autres de voir son travail et recevoir avec ouverture les critiques et les suggestions.
- *Le principe du mérite* : Ne pas s'attribuer le mérite du travail des autres. Valoriser les résultats probants, et ce, sans préjugés.
- *Le principe de la responsabilité sociale* : Rapporter les résultats d'une recherche scientifique au public s'ils ont des conséquences importantes sur la société, mais seulement après la validation et la vérification des résultats par d'autres scientifiques.

LES SCIENCES, LA TECHNOLOGIE, LA SOCIÉTÉ ET L'ENVIRONNEMENT (STSE)

Les sciences et la technologie sont des domaines distincts, mais nous les confondons souvent. C'est parce qu'ils sont intimement liés et s'imbriquent l'un dans l'autre. Les scientifiques dépendent des technologies pour approfondir leur recherche, tandis que les technologues dépendent des scientifiques pour comprendre la base scientifique des avancées technologiques.

Un partenariat : les sciences et la technologie

Les connaissances et la compréhension des phénomènes naturels sont le résultat de recherches scientifiques. Les technologues et les spécialistes de l'ingénierie mettent à profit ces connaissances dans l'élaboration de produits ou de procédés. Par exemple, les scientifiques veulent savoir de quelle façon différents matériaux influent sur la transmission des rayons X (figure 3). Les technologues utilisent ces connaissances pour explorer l'intérieur des objets solides, y compris le corps humain. Les scientifiques se servent des technologies dans leur recherche. Les technologues et les ingénieures et ingénieurs utilisent les connaissances et les principes scientifiques afin de créer et d'inventer de nouvelles technologies.

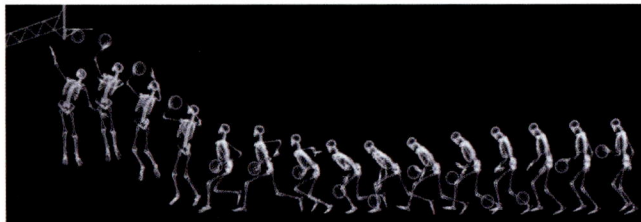

Figure 3 Sachant que les rayons X ne passent pas à travers les matériaux denses tels que les os, les technologues ont créé des machines qui utilisent les rayons X et de la pellicule ou un ordinateur pour avoir une image de l'intérieur du corps humain.

Dans certains cas, les inventions technologiques et les innovations se produisent avant que les principes scientifiques soient connus. Par exemple, autrefois, on se servait de plantes particulières pour traiter certains symptômes, bien avant que les professionnelles et professionnels de la médecine moderne comprennent comment les produits chimiques de ces plantes agissent sur le corps humain. Dans d'autres cas, les découvertes scientifiques ont été possibles grâce aux inventions technologiques. Par exemple, l'invention des lentilles en verre a mené à la réalisation des premiers microscopes (figure 4), permettant ainsi aux scientifiques de voir les micro-organismes qui causent les maladies.

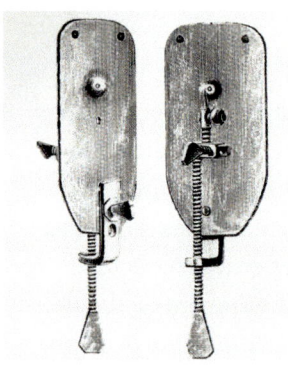

Figure 4 Le développement du microscope optique a été possible grâce à la compréhension de la structure et du comportement des lentilles en verre.

LE SAVAIS-TU ?

La découverte des bactéries
Un scientifique allemand, Antonie van Leeuwenhoek (1632-1723), sans éducation formelle, a conçu beaucoup de microscopes simples, qui lui ont permis de découvrir les bactéries. Il les a décrites comme étant « incroyablement petites, si petites, à mes yeux, que j'ai estimé que même si cent de ces minuscules animaux se couchaient de tout leur long, un à la suite de l'autre, ils ne dépasseraient pas la longueur d'un grain de sable ».

L'invention des lentilles en verre a mené à la création des télescopes, qui ont permis aux astronomes d'observer notre système solaire et l'univers. Avec le temps, les observations et les mesures astronomiques se sont améliorées grâce à cet instrument, ce qui a contribué à remplacer la Terre par le Soleil dans le modèle scientifique du centre de l'univers. De nombreuses autres technologies, comme le thermomètre et l'ordinateur, ont grandement aidé à l'avancement des sciences. Tu peux voir que les sciences et la technologie vont souvent de pair.

Parfois, les inventions technologiques sont le résultat de découvertes scientifiques (tableau 1, à la page 655). Par exemple, la télévision a été inventée après que les scientifiques ont formulé des théories pour expliquer la structure des atomes et pour comprendre les électrons, le courant électrique et l'électromagnétisme. La relation entre les sciences et la technologie est mutuellement bénéfique ; les découvertes scientifiques ont donné lieu à des avancées technologiques qui, à leur tour, ont permis de nouvelles découvertes scientifiques, et ainsi de suite.

Tu as peut-être entendu dans les médias que certaines bactéries pathogènes ont développé une résistance aux antibiotiques. Les virus sont une autre forme de micro-organisme (figure 5). Les scientifiques ont récemment découvert des faits nouveaux sur la façon dont les virus se forment, s'assemblent et s'intègrent dans l'information génétique des cellules vivantes. Les technologues peuvent ainsi créer un virus qui recherchera et détruira les bactéries pathogènes.

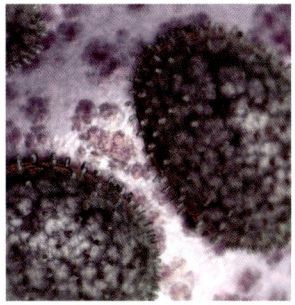

Figure 5 Le virus de la grippe A

Tableau 1 Des exemples de la relation sciences-technologie

Sciences	Technologie	Exemple	
Des biologistes apprennent comment le cœur fonctionne.	Des ingénieures et ingénieurs ainsi que des technologues inventent des valvules prothétiques et des cœurs artificiels.	Une valvule cardiaque de remplacement	
Des chimistes approfondissent leurs connaissances de la structure de matériaux.	Des ingénieures et ingénieurs ainsi que des technologues inventent des produits utiles à partir de matériaux aux propriétés spécifiques.	De nouveaux matériaux comme le Kevlar et le Zylon sont utilisés dans l'équipement de protection.	
Des spécialistes des sciences de la Terre observent de quelles façons les ondes radio se réfléchissent sur différentes surfaces telles que la neige et la pierre.	Des technologues utilisent l'imagerie satellite radar pour regarder la Terre de l'espace.	Une image satellite d'un littoral	
Des physiciennes et physiciens découvrent comment la lumière réagit lorsqu'elle passe à travers différents matériaux ou lorsqu'elle se réfléchit sur ceux-ci.	Des technologues conçoivent des lentilles et des miroirs pour les télescopes, les microscopes et d'autres appareils optiques.	Un télescope optique	

Les sciences, la technologie et la société

Dans la société actuelle, les sciences et la technologie jouent un rôle primordial. Il y a eu de nombreuses découvertes et inventions importantes au cours du dernier siècle – les vaccins, les antibiotiques, les greffes d'organes, le génie génétique, les pesticides, les armes nucléaires, les ordinateurs, les télévisions, les communications par satellite et l'Internet. Les maisons dans lesquelles nous vivons, la nourriture que nous mangeons, les véhicules que nous conduisons et les gadgets électroniques que nous utilisons sont tous issus des sciences et de la technologie (figure 6).

Figure 6 Des exemples des sciences et de la technologie dans notre quotidien : (a) un jeu vidéo de simulation ; (b) le moteur d'une voiture hybride

Il est évident que les sciences et la technologie ont une influence sur la société. Mais celle-ci influe aussi sur les sciences et la technologie. Les valeurs et les priorités de la société à une période particulière peuvent influencer l'orientation et le progrès dans les sciences et la technologie. Par exemple, l'objectif de réduction des gaz à effet de serre favorise le progrès rapide de véhicules et de machineries qui utilisent du carburant de remplacement.

La recherche scientifique et technologique coûte très cher. Les installations de recherche emploient des gens hautement qualifiés ayant un salaire élevé. La recherche consomme de grandes quantités d'énergie et nécessite des outils et du matériel sophistiqué et coûteux. Les fonds pour la recherche proviennent tant du privé que du public. De la recherche au développement, et jusqu'à la mise en marché d'un nouveau produit ou d'un nouveau procédé, il peut s'écouler beaucoup de temps.

La recherche fondamentale

La recherche fondamentale sert à informer les gens sur le fonctionnement du monde naturel ; son principal objectif est de l'explorer pour mieux le comprendre. La recherche fondamentale – dans des domaines comme la biochimie, la physique corpusculaire, l'astronomie et la géologie – reçoit habituellement des fonds des agences de subventions gouvernementales.

Ce type de recherche engendre souvent des connaissances utiles pour les ingénieures et ingénieurs et les technologues. Les priorités du gouvernement, représentant celles du public, déterminent quels domaines de recherche seront subventionnés.

La recherche appliquée

La principale activité de la recherche appliquée consiste à trouver des solutions à des problèmes pratiques, permettant ainsi le progrès technologique. Le financement de la recherche dans le développement de la technologie – par exemple, de nouveaux produits cosmétiques, de l'équipement sportif, des téléphones, des automobiles, du matériel informatique, du matériel médical – est habituellement pris en charge par des entreprises privées. La demande du public pour de nouveaux produits influence le choix des domaines de recherche dans lesquels les entreprises privées investissent.

Il y a des risques et des avantages liés à beaucoup d'innovations scientifiques et technologiques. En effet, il y a parfois des conséquences involontaires liées à leur utilisation. Par exemple, les sites Web de réseautage peuvent grandement faciliter la communication ; cependant, la même technologie peut aussi être utilisée pour commettre des crimes.

Il est difficile, voire impossible, de prédire toutes les conséquences des technologies. Souvent, de nouvelles façons d'appliquer des connaissances scientifiques et technologiques sont découvertes bien après l'étape de la recherche. Une question importante se pose : Qui est responsable des effets négatifs des sciences et de la technologie sur la société : les scientifiques, les sciences et la technologie, ou l'utilisation que l'être humain fait des sciences et de la technologie ?

Les sciences, la technologie et l'environnement

Depuis le début de la révolution industrielle, à la fin du 18e siècle, le monde industrialisé a utilisé les ressources naturelles à un rythme grandissant. En raison de l'augmentation de l'utilisation des ressources naturelles, du développement de la technologie et de la croissance de la population, nous produisons des déchets plus vite que jamais.

SCIENCES EN ACTION

DISTINGUER LA RECHERCHE FONDAMENTALE ET LA RECHERCHE APPLIQUÉE

HABILETÉS : analyser, évaluer, communiquer

Les sciences et la technologie sont si étroitement liées et interdépendantes qu'il est parfois difficile de faire la distinction entre les deux ou de déterminer où l'une se termine et où l'autre commence.

1. En petits groupes, analysez chacune des descriptions suivantes. Discutez de chacune et décidez si elle se rattache à la recherche fondamentale, à la recherche appliquée ou aux deux. Expliquez votre choix dans chaque cas.

- Des chercheurs ont conçu un virus qui transmet l'information génétique à un type particulier de cellule bactérienne, ce qui entraîne l'autodestruction de la bactérie.
- Enlever l'oxygène d'un emballage contenant un produit frais maintient sa fraîcheur plus longtemps au réfrigérateur.
- Les astronautes de la NASA ont constaté que les cristaux formés dans la Station spatiale internationale ont une forme parfaite.
- Un groupe de chercheuses a découvert de quelle façon un virus transmet l'ADN à une cellule vivante.
- Certains matériaux, connus comme étant des supraconducteurs, peuvent conduire l'énergie électrique très efficacement, presque sans perte d'énergie thermique.
- Des chercheurs du gouvernement tentent de trouver pourquoi certains érables perdent toutes leurs feuilles en plein été.
- Des chercheuses ont mis au point une lentille souple qui change de forme grâce à des stimulus électriques.
- Des matériaux supraconducteurs sont utilisés dans de nouveaux ordinateurs.
- Un laboratoire de recherche d'un constructeur automobile a conçu une batterie pour ses voitures électriques qui emmagasine 50 % plus d'énergie que les autres batteries.
- Des chercheuses en chimie ont découvert un nouveau procédé chimique qui absorbe le dioxyde de carbone.

De nombreux sous-produits de l'activité industrielle humaine et des technologies deviennent des polluants. Par exemple, des centaines de millions de téléphones cellulaires sont jetés en Amérique du Nord et se retrouvent dans des sites d'enfouissement (figure 7).

Figure 7 Les téléphones cellulaires contiennent des substances dangereuses telles que du plomb, du mercure et de l'arsenic. Ces métaux peuvent s'infiltrer dans l'eau souterraine s'ils se retrouvent dans des sites d'enfouissement.

Les sciences et la technologie n'ont pas toujours un effet négatif sur l'environnement. Elles ont aussi de nombreux effets positifs. De nouvelles connaissances enrichissent notre compréhension du monde naturel, et de nouvelles technologies nous permettent de vivre dans un environnement de façon plus durable.

La figure 8 illustre de quelle manière la technologie peut transformer l'énergie du Soleil en énergie électrique. Cette technologie est généralement plus écologique que l'utilisation de combustibles fossiles. Des chercheuses et chercheurs de l'industrie automobile s'affairent à mettre au point des véhicules qui fonctionnent avec des sources d'énergie de remplacement et qui consomment moins d'essence. L'objectif est de construire des véhicules ayant moins d'effets négatifs sur l'environnement.

Figure 8 (a) De petits panneaux solaires peuvent recharger ton téléphone cellulaire. (b) De grands panneaux solaires peuvent chauffer l'eau et alimenter ta maison en énergie.

Les relations entre les sciences, la technologie, la société et l'environnement sont complexes. Pour faire un choix éclairé et agir en citoyennes et citoyens responsables, nous devons bien réfléchir aux effets mutuels de chacun de ces éléments. Chaque personne a sa part de responsabilité envers la société et les générations futures et doit contribuer à diffuser la culture scientifique et technologique.

Réponses courtes et réponses numériques

Cette section comprend les réponses courtes et numériques aux questions des sections Vérifie ta compréhension, Révision du chapitre, Questionnaire du chapitre, Révision de l'unité et Questionnaire de l'unité.

Unité B

Section 2.1, p. 32
3. la taille
7. des fonctions structurelles et de protection

Section 2.3, p. 37
1. croissance, reproduction, réparation
4. osmose et diffusion

Section 2.5, p. 44
1. durant l'interphase
5. a) cytocinèse
   b) prophase
   c) anaphase
   d) cytocinèse
   e) télophase
   f) interphase

Section 2.7, p. 55
1. Les cellules cancéreuses ne cessent de se diviser.
2. b) non

Section 2.9, p. 60
2. p. ex., respirer, manger, éliminer des déchets, garder constante la température du corps

Révision du chapitre 2, p. 64-65
1. interphase, mitose, cytocinèse
2. durant l'interphase
4. a) i) végétale ; ii) végétale ; iii) animale ; iv) animale
   b) i) métaphase ; ii) fin de interphase ; iii) métaphase ; iv) télophase
6. la diffusion
10. les fibres fusiformes
14. la pointe des racines
16. a) A : interphase : 85 % ; prophase : 3 % ; métaphase : 1 % ; anaphase : 0,6 % ; télophase : 0,3 % cytocinèse : 0,3 %.
    B : interphase : 77 % ; prophase : 14 % ; métaphase : 3 % ; anaphase : 2 % ; télophase : 1 % ; cytocinèse : 1 %.

Questionnaire du chapitre 2, p. 66-67
1. c)
2. a)
3. a)
4. d)
5. F
6. F
7. V
8. asexuée
9. carcinogènes
10. a) iii)
    b) iv)
    c) i)
    d) ii)
    e) v)
11. 60 chromosomes

Section 3.1, p. 76
2. a) cœur
   b) poumons

Section 3.3, p. 82
3. p. ex., salive, acide gastrique, enzymes, bile, mucus
4. muscles lisses

Section 3.4, p. 87
2. p. ex., sang, oxygène, nutriments, dioxyde de carbone
5. a) artère
   b) capillaire
   c) veine

Section 3.6, p. 95
1. cavité nasale, bouche, trachée, bronches, poumons, bronchioles, alvéoles
5. b) test effectué sur un prélèvement d'estomac ou des sécrétions pulmonaires

Section 3.7, p. 98
4. rejet, infection

Section 3.8, p. 101
1. mouvement, soutien, protection

Section 3.10, p. 107
4. p. ex., la respiration pendant l'exercice, la digestion, l'appétit
6. p. ex., tomodensitométrie

Section 3.11, p. 111
2. a) système circulatoire
3. peau, appareil respiratoire

Révision du chapitre 3, p. 116-117
1. organisme
5. a) muscles lisses
6. a) appareil locomoteur
   b) mouvement
   c) tissu conjonctif, tissu musculaire
7. a) système circulatoire
   b) cœur
10. a) bouger, agripper, lancer, attraper
    b) battre, voler

Questionnaire du chapitre 3, p. 118-119
1. d)
2. a)
3. b)
4. c)
5. F
6. F
7. central ; périphérique
8. alvéoles
9. a) iii)
   b) v)
   c) ii)
   d) iv)
   e) i)
10. p. ex., appareil respiratoire, appareil urinaire
12. poumons

Section 4.1, p. 128
1. le système racinaire et le système foliacé

Section 4.2, p. 133
1. la croissance et la différenciation

Section 4.6, p. 147
3. le méristème apical et le méristème secondaire
5. du méristème apical

Révision du chapitre 4, p. 150-151
1. a) système racinaire, système foliacé
   b) tissu dermique, tissu vasculaire, tissu fondamental
   c) les racines, la tige, les feuilles, les fleurs
   d) le xylème, le phloème
6. la respiration, la croissance, la reproduction (entre autres)
10. les granums
19. les tissus vasculaires
21. oxygène, sucre
23. a) granums
    b) tige
    c) feuille
    d) méristème apical d'une pousse

Questionnaire du chapitre 4, p. 152-153
1. a)
2. b)
3. c)
4. d)
5. d)
6. a)
7. F
8. V
9. V
10. chloroplaste
11. granums
12. le pollen
13. a) iii)
    b) i)
    c) iv)
    d) ii)
16. a) sucre et oxygène
18. l'arbre d'un diamètre de 3 m

Révision de l'unité B, p. 158-163
1. a)
2. b)
3. b)
4. c)
5. b)
6. c)
7. a)
8. c)
9. a)
10. b)
11. d)
12. V
13. F
14. F
15. F
16. F
17. F
18. F
19. F
20. F
21. la moelle osseuse, le sang de cordon
22. nerveux, musculaire
23. urinaire, digestif, circulatoire, respiratoire
24. nerveux
25. l'eau
26. groupes, contracter, détendre
27. haute, faible
28. différenciation cellulaire
29. a) iii)
    b) v)
    c) iv)
    d) ii)
    e) i)
50. climat désertique

Questionnaire de l'unité B, p. 164-165
1. b)
2. d)
3. d)
4. a)
5. V
6. F
7. V
8. secondaires
9. circulatoire
10. a) iii)
    b) iv)
    c) i)
    d) v)
    e) ii)
14. non

Unité C
Section 5.1, p. 178
2. a) physique
   b) chimique
   c) chimique
   d) physique
   e) chimique
   f) chimique
3. a) physique
   b) physique
   c) chimique
   d) chimique
   e) physique
   f) chimique
5. chimique
8. chimique
9. chimique

Section 5.3, p. 183
6. étiquette du lieu de travail
7. p. ex., l'acide chlorhydrique
8. p. ex., un agent de blanchiment au chlore

Section 5.4, p. 187
3. a) fluor
   b) strontium
   c) hélium
   d) iode
   e) potassium
   f) aluminium
   g) néon
5. a) métaux alcalins
   b) 1
6. a) i) non-métal; ii) non-métal; iii) métal; iv) métal

Section 5.5, p. 191
4. a) magnésium plus 2
   b) sulfure moins 2
   c) fer plus 3
   d) brome moins 1
   e) nitrure moins 3

5. a) P^{3-}, Cl^-, Ar
   b) Na^+, F^-, Ne
   c) S^{2-}, Cl^-, Ar
   d) Se^{2-}, Br^-, As^{3-}
   e) Ba^{2+}, I^-, Xe

6. a) 2
   b) 2^+

Section 5.6, p. 195

1. des métaux et des non-métaux

6. a) Na^+, F^- ; 1 : 1
   b) Li^+, N^{3-} ; 3 : 1
   c) F^{3+}, Cl^- ; 1 : 3
   d) K^+, O^{2-} ; 2 : 1

7. a) X : métal ; Y : non-métal
   b) XY_3

9. Ag_2S

Section 5.7, p. 200

2. a) fluorure de calcium
   b) sulfure de potassium
   c) oxyde d'aluminium
   d) bromure de lithium
   e) phosphure de calcium

3. a) KBr
   b) CaO
   c) Na_2S

4. SnO_2

5. bromure de cuivre (I) : CuBr ; bromure de cuivre (II) : $CuBr_2$

7. a) $CaCl_2$
   b) $AlBr_3$
   c) MgS
   d) Li_3N
   e) Ca_3N_2

9. a) $FeBr_2$
   b) MnO_2
   c) $SnCl_4$
   d) Cu_2S
   e) FeN
   f) CuO
   g) chlorure de plomb (II)
   h) oxyde de fer (III)
   i) sulfure d'étain (II)
   j) phosphure de cuivre (II)
   k) bromure de calcium
   l) fluorure de cuivre (II)
   m) phosphure de potassium
   n) phosphure de cuivre (I)

Section 5.9, p. 205

1. a) ion nitrate, nitrate de potassium
   b) ion hydroxyde, hydroxyde de calcium
   c) ion carbonate, carbonate de calcium
   d) ion sulfate, sulfate de cuivre (II)
   e) ion hydroxyde, hydroxyde de potassium
   f) ion nitrate, nitrate de fer (III)
   g) ion chlorate, chlorate de cuivre (II)
   h) ion phosphate, phosphate d'ammonium

2. a) KNO_3
   b) $BaSO_4$
   c) NH_4NO_3
   d) $(NH_4)_2SO_4$
   e) $KClO_3$
   f) $Cu(NO_3)_2$
   g) $PbSO_4$
   h) $Sn_3(PO_4)_2$

3. a) -ate
   b) -ure

4. des engrais

5. a) carbonate d'étain (II)
   b) chlorure de calcium
   c) hydroxyde de fer (III)
   d) oxyde de manganèse (IV)
   e) sulfure de potassium
   f) sulfate d'ammonium
   g) chlorate de manganèse (II)
   h) iodure de plomb (II)

6. a) $CaSO_4$
   b) NH_4Cl
   c) Cu_2CO_3
   d) BaS
   e) $Ca(ClO_3)_2$
   f) $Sn(OH)_2$
   g) $Fe_3(PO_4)_4$
   h) AlN

8. quand le cation est l'ammonium

9. le cation

11. a) NaCl, $NaClO_3$
    b) Cl^-, ClO_3^-
    c) $CaCl_2$, $Ca(ClO_3)_2$

Section 5.10, p. 212

2. a) CO
   b) SF_4
   c) N_2O_4
   d) NBr_3
   e) CS_2

4. a) 1 H, 6 O
   b) 1 H, 2 O

Révision du chapitre 5, p. 216-217

5. a) CO_2 : 1 C, 2 O
   b) N_2 : 2 N
   c) CCl_4 : 1 C, 4 Cl
   d) HBr : 1 H, 1 Br

6. a) chlorure de fer (III), ionique
   b) sulfate de cuivre (II), ionique
   c) triiodure d'azote, moléculaire
   d) oxyde de plomb (IV), ionique
   e) trioxyde de diphosphore, moléculaire
   f) nitrate d'étain (II), ionique
   g) CBr_4, moléculaire
   h) $CaCO_3$, ionique
   i) NO, moléculaire
   j) H_2S, moléculaire

7. a) 10
   b) pas le même nombre
   c) 18
   d) pas le même nombre

8. a) KCl, ionique
   b) CO, moléculaire
   c) CCl_4, moléculaire
   d) CaI_2, ionique
   e) SO_2, moléculaire
   f) Li_2O, ionique

10. a) CaS, sulfure de calcium
    b) $AlCl_3$, chlorure d'aluminium
    c) Na_3P, phosphure de sodium
    d) Al_2S_3, sulfure d'aluminium

11. a) $Ca(NO_3)_2$
    b) Ag_2CO_3
    c) hydroxyde de fer (III)
    d) chlorate de cuivre (II)
    e) $Pb_3(PO_4)_2$

12. a) 1, 1
    b) 1, 1
    c) 2, 1

Questionnaire du chapitre 5, p. 218-219

1. a)
2. c)
3. d)
4. b)
5. V
6. F
7. période
8. noyau
9. a) iv)
   b) i)
   c) iii)
   d) ii)
10. a) ii)
    b) iii)

c) i)
d) iv)

Section 6.1, p. 227

4. a) réactifs : $AgNO_3$, $NaCl$;
   produits : $AgCl$, $NaNO_3$
   b) $AgNO_3$, $NaCl$, $NaNO_3$
   c) $AgCl$
5. a) H_2, $ZnSO_4$, énergie
   b) eau
7. a) sucre + énergie → carbone + eau
8. a) glucose → éthanol + dioxyde de carbone
   b) chimique
9. a) $CO_2 + H_2O \rightarrow H_2CO_3$

Section 6.3, p. 232

6. a) 10 g

Section 6.4, p. 236

5. a) $2\ KI \rightarrow 2\ K + I_2$
   b) $Mg + 2\ AgNO_3 \rightarrow 2\ Ag + Mg(NO_3)_2$
   c) $Na + 2\ H_2O \rightarrow H_2 + 2\ NaOH$
   d) $Pb(NO_3)_2 + 2\ NaCl \rightarrow PbCl_2 + 2\ NaNO_3$
6. a) $2\ C_8H_{18} + 25\ O_2 \rightarrow 16\ CO_2 + 18\ H_2O$
   b) 8 molécules de CO_2
7. a) déjà équilibrée
   b) $2\ K + Br_2 \rightarrow 2\ KBr$
   c) $2\ H_2O_2 \rightarrow 2\ H_2O + O_2$
   d) $4\ Na + O_2 \rightarrow 2\ Na_2O$
   e) $N_2 + 3\ H_2 \rightarrow 2\ NH_3$
   f) déjà équilibrée
   g) $CaSO_4 + 2\ KOH \rightarrow Ca(OH)_2 + K_2SO_4$
   h) $Ba + 2\ HNO_3 \rightarrow H_2 + Ba(NO_3)_2$
   i) $H_3PO_4 + 3\ NaOH \rightarrow 3\ H_2O + Na_3PO_4$
   j) $C_3H_8 + 5\ O_2 \rightarrow 3\ CO_2 + 4\ H_2O$
   k) $Al_4C_3 + 12\ H_2O \rightarrow 3\ CH_4 + 4\ Al(OH)_3$
   l) $FeBr_3 + 3\ Na \rightarrow Fe + 3\ NaBr$
   m) $2\ Fe + 3\ H_2SO_4 \rightarrow 3\ H_2 + Fe_2(SO_4)_3$
   n) $2\ C_2H_6 + 7\ O_2 \rightarrow 4\ CO_2 + 6\ H_2O$
8. a) bichromate d'ammonium → azote + eau + oxyde de chrome
   b) 1,5 g

Section 6.5, p. 239

1. a) décomposition
   b) synthèse
   c) synthèse
   d) décomposition
2. a) $ZnCl_2 \rightarrow Zn + Cl_2$
   b) $2\ K + I_2 \rightarrow 2\ KI$
   c) $K_2O + H_2O \rightarrow 2\ KOH$
   d) $CaCO_3 \rightarrow CaO + CO_2$
3. a) oxyde de cuivre (II) → cuivre + oxygène
   b) décomposition
   c) $2\ CuO \rightarrow 2\ Cu + O_2$
4. a) $H_{2(g)} + Cl_{2(g)} \rightarrow 2\ HCl_{(g)}$; synthèse
   b) $2\ H_2O_{2(l)} \rightarrow 2\ H_2O_{(l)} + O_{2(g)}$; décomposition
   c) $2\ KClO_{3(s)} \rightarrow 2\ KCl_{(s)} + 3\ O_{2(g)}$; décomposition
   d) $3\ H_2 + N_2 \rightarrow 2\ NH_3$; synthèse
   e) $4\ Al + 3\ O_2 \rightarrow Al_2O_3$; décomposition

Section 6.6, p. 243

2. a) un élément et un composé
   b) deux composés
3. a) simple
   b) double
   c) simple
   d) double
   e) simple
4. a) $2\ Al + Fe_2O_3 \rightarrow Al_2O_3 + 2\ Fe$
   b) $BaCl_2 + Na_2SO_4 \rightarrow BaSO_4 + 2\ NaCl$
   c) $Zn + CuSO_4 \rightarrow ZnSO_4 + Cu$
   d) $AgNO_3 + Na_3PO_4 \rightarrow Ag_3PO_4 + NaNO_3$
   e) $2\ Ca + 2\ H_2O \rightarrow H_2 + 2\ Ca(OH)_2$
5. a) déplacement simple
7. a) déplacement simple
8. a) $Ag + 2\ HNO_3 \rightarrow AgNO_3 + NO_2 + H_2O$

Section 6.9, p. 251

2. a) $S_{(s)} + O_{2(g)} \rightarrow SO_{2(g)}$ + énergie
   b) $2\ Ca_{(s)} + O_{2(g)} \rightarrow 2\ CaO_{(s)}$ + énergie
   c) $C_3H_{8(g)} + 5\ O_2 \rightarrow 3\ CO_2 + 4\ H_2O$ + énergie
   d) $C_2H_{4(g)} + 3\ O_2 \rightarrow 2\ CO_2 + 2\ H_2O$ + énergie
3. a) hydrocarbure + oxygène → dioxyde de carbone + eau + énergie
   b) $C_3H_8 + 5\ O_2 \rightarrow 3\ CO_2 + 4\ H_2O$ + énergie
6. réactions de synthèse ; réactions de décomposition ; réactions de déplacement simple ; réactions de déplacement double ; réactions de combustion

Section 6.10, p. 254

3. a) eau, oxygène
   b) électrolytes

Révision du chapitre 6, p. 258-259

1. a) 2
   b) 1
   c) 3
   d) 2
   e) 5
   f) ZnS : solide ; oxygène : gaz ; ZnO : solide ; SO_2 : gaz
3. a) réaction de synthèse
   b) réaction de déplacement double
   c) réaction de combustion
   d) réaction de décomposition
   e) réaction de déplacement simple
11. a) 0,3 g

Questionnaire du chapitre 6, p. 260-261

1. b)
2. d)
3. b)
4. b)
5. V
6. F
7. coefficient
8. produit
9. a) iv)
   b) iii)
   c) ii)
   d) i)
   e) v)
13. produits et réactifs, rapports, états

Section 7.2, p. 271

2. a) base
   b) acide

c) base
d) base
e) base
3. a) hydroxyde de potassium
   b) acide nitrique
   c) $Ba(OH)_{2(aq)}$
   d) hydrogénocarbonate de potassium
   e) $NaHCO_{3(aq)}$
4. H
5. l'ion hydroxyde

Section 7.3, p. 275

2. a) 2
   b) 10
   c) 9
3. a) fortement basique
   b) légèrement acide
   c) fortement acide
   d) fortement acide
   e) légèrement basique

Section 7.5, p. 281

2. a) $HCl_{(aq)} + KOH_{(aq)} \rightarrow KCl_{(aq)} + H_2O_{(l)}$
   b) $H_2SO_{4(aq)} + 2\ KOH_{(aq)} \rightarrow K_2SO_{4(aq)} + 2\ H_2O_{(l)}$
3. a) $H_2CO_{3(aq)} + 2\ KOH_{(aq)} \rightarrow K_2CO_{3(aq)} + 2H_2O_{(l)}$
7. a) CO_2, H_2O et formation d'un sel Ca
   b) $H_2SO_{4(aq)} + CaCO_{3(s)} \rightarrow CaSO_{4(aq)} + H_2O_{(l)} + CO_{2(g)}$

Section 7.8, p. 290

4. a) dioxyde de soufre, oxydes d'azote
   b) par exemple : $3\ NO_{2(g)} + H_2O_{(l)} \rightarrow 2\ HNO_{3(aq)} + NO_{(g)}$
5. a) dioxyde de soufre : < 3 % ; oxyde d'azote : 51 %
6. a) les oiseaux aquatiques et d'autres organismes de grande taille
   b) les poissons et d'autres petits organismes
11. a) $CaO_{(s)} + H_2O_{(l)} \rightarrow Ca(OH)_{2(aq)}$

Révision du chapitre 7, p. 294-295

1. a) acide phosphorique
   b) acide bromhydrique
   c) hydroxyde de fer (III)
   d) acide sulfurique
   e) hydrogénocarbonate de potassium
   f) nitrate de potassium
3. a) hydrogène
   b) hydrogène
   c) acide : jaune ; base : bleu
   d) de l'eau et un sel
4. a) dioxyde de soufre, oxydes d'azote
   b) la combustion de combustibles fossiles, l'exploitation minière et le traitement des métaux
   c) p. ex., épurateurs des cheminées industrielles, convertisseurs catalytiques des véhicules
5. a) $H_3PO_{4(aq)}$, $HBr_{(aq)}$, $H_2SO_{4(aq)}$
   b) $Fe(OH)_3$, $Ca(HCO_3)_2$
   c) $KNO_{3(aq)}$
6. a) p. ex., vinaigre
   b) p. ex., produit de débouchage
8. a) hydroxyde de potassium
   b) eau, sulfate de calcium
   c) phosphate de sodium
9. a) $HCl_{(aq)} + KOH_{(aq)} \rightarrow H_2O_{(l)} + KCl_{(aq)}$
   b) $H_2SO_{4(aq)} + Ca(OH)_{2(aq)} \rightarrow 2\ H_2O_{(l)} + CaSO_{4(s)}$
   c) $H_3PO_{4(aq)} + 3\ NaOH_{(aq)} \rightarrow 3\ H_2O_{(l)} + Na_3PO_{4(aq)}$
15. a) 7,6–7,8
16. A : acide chlorhydrique ; B : hydroxyde de potassium ; C : sucre

Questionnaire du chapitre 7, p. 296-297

1. c)
2. a)
3. b)
4. c)
5. F
6. F
7. F
8. de l'eau
9. pH
10. a) iii)
    b) i)
    c) iv)
    d) ii)
13. a) $HNO_3 + KOH \rightarrow KNO_3 + H_2O$
    b) $2\ Ca(OH)_2 + H_2SO_4 \rightarrow 2\ CaCO_3 + 2\ H_2O$
    c) $H_2SO_4 + 2\ NaOH \rightarrow Na_2SO_4 + 2\ H_2O$
15. a) des ions hydrogène et hydroxyde
    b) de l'eau
    c) réaction de neutralisation
16. a) basique
18. a) à l'une ou l'autre des extrémités de l'échelle de pH

Révision de l'unité C, p. 302-307

1. d)
2. a)
3. b)
4. c)
5. c)
6. d)
7. a)
8. b)
9. c)
10. F
11. V
12. F
13. F
14. F
15. V
16. F
17. F
18. F
19. F
20. F
21. V
22. F
23. V
24. chimique
25. produits
26. élément
27. gaz rare
28. dioxyde de soufre
29. rouille
30. indicateur
31. métaux
32. physique
33. composé
34. 18
35. hydrogène
36. $K_2SO_{4(aq)} + BaCl_{2(aq)} \rightarrow BaSO_{4(s)} + 2\ KCl_{(aq)}$
37. réaction de synthèse

40. réaction de synthèse
41. $2\ C_2H_2 + 5\ O_2 \rightarrow 4\ CO_2 + 2\ H_2O$
43. p. ex., Ar, Cl⁻, P³⁻
44. a) $MgCl_2$
    b) Al_2S_3
    c) $SnSO_4$
    d) Fe_2O_3
    e) $Pb(NO_3)_2$
    f) Ag_3PO_4
    g) H_2SO_4
    h) HCl
    i) ClO_2
    j) N_2O
45. a) oxyde de potassium
    b) sulfure de cuivre (II)
    c) phosphate de sodium
    d) hydroxyde de plomb (II)
    e) acide nitrique
    f) monoxyde de carbone
    g) monoxyde d'azote
47. a) réaction de synthèse
    b) réaction de déplacement simple
    c) réaction de déplacement double
    d) réaction de décomposition
    e) réaction de combustion
48. a) $2\ NH_{3(g)} + H_2SO_{4(aq)} \rightarrow (NH_4)_2SO_{4(aq)}$
    b) $2\ Al_{(s)} + 3\ CuCl_{2(aq)} \rightarrow 2\ AlCl_{3(aq)} + 3\ Cu_{(s)}$
    c) $H_3PO_{4(aq)} + 3\ NaOH_{(aq)} \rightarrow 3\ H_2O_{(l)} + Na_3PO_{4(aq)}$
    d) $Al_2(SO_4)_{3(s)} \rightarrow Al_2O_{3(s)} + 3\ SO_{3(g)}$
    e) $2\ C_2H_{6(g)} + 7\ O_{2(g)} \rightarrow 4\ CO_{2(g)} + 6\ H_2O_{(l)}$
49. a) carbone + oxyde de fer (III) → fer + dioxyde de carbone
    b) $3\ C_{(s)} + 2\ Fe_2O_{3(s)} \rightarrow 4\ Fe_{(l)} + 3\ CO_{2(g)}$
    c) réaction de déplacement simple
53. a) sulfure de potassium
    b) tétrabromure de carbone
    c) oxyde de fer
    d) sulfate de cuivre
    e) nitrate d'argent
    f) dioxyde de plomb
    g) oxyde d'azote (I)
54. $2\ FeCl_3 + SnCl_2 \rightarrow 2\ FeCl_2 + SnCl_4$
56. 43 g
59. 22 g
60. H_3X

Questionnaire de l'unité C, p. 308-309
1. b)
2. a)
3. b)
4. c)
5. a)
6. c)
7. V
8. F
9. V
10. déplacement double
11. acides
12. nitrate de potassium
13. a) iii)
    b) ii)
    c) v)
    d) i)
    e) iv)
14. $HCl + KOH \rightarrow KCl + H_2O$
16. a) Al_2O_3
    b) $FeCl_2$
    c) $(NH_4)_2SO_4$
18. CaX_2
20. a) hydrogène
    b) $Zn + H_2SO_4 \rightarrow ZnSO_4 + H_2$
21. b) $2\ H_2O_2 \rightarrow 2\ H_2O + O_2$

Unité D
Section 8.1, p. 321
1. a) observation sur le temps
   b) observation sur le temps
   c) aspect climatique
   d) observation sur le temps
   e) observation sur le temps

Section 8.2, p. 324
1. a) la température, les précipitations et les communautés végétales
   b) du relief, des sols, des animaux, des facteurs humains
2. a) désertique aride
   b) oui
4. 11

Section 8.4, p. 335
1. a) atmosphère, lithosphère, hydrosphère, êtres humains
2. troposphère, stratosphère, mésosphère, thermosphère, exosphère

Section 8.6, p. 342
3. b) la vapeur d'eau, le dioxyde de carbone
6. a) p. ex., la respiration
   b) p. ex., l'appareil digestif de certains animaux
   c) p. ex., les éruptions volcaniques
   d) p. ex., les calottes glaciaires qui fondent

Révision du chapitre 8, p. 364-365
3. atmosphère, hydrosphère, lithosphère, êtres vivants
4. b) p. ex., le dioxyde de carbone, le méthane, l'oxyde nitreux
7. b) nuage haut, nuage bas, albédo

Questionnaire du chapitre 8, p. 366-367
1. b)
2. c)
3. c)
4. c)
5. d)
6. b)
7. V
8. F
9. F
10. V
11. climat
12. températures
13. indirectes
14. gaz à effet de serre; énergie thermique
15. courants océaniques; température; salinité
16. a) iv)
    b) iii)
    c) ii)
    d) i)
    e) v)
18. b) photosynthèse, respiration

Questionnaire du chapitre 9, p. 400-401
1. c)
2. c)
3. a)
4. a)
5. F
6. V

7. V
8. V
9. puits
10. combustibles fossiles
11. 400 000
12. a) ii)
    b) i)
    c) iv)
    d) iii)

Questionnaire du chapitre 10, p. 440-441
1. c)
2. b)
3. a)
4. d)
5. b)
6. c)
7. F
8. V
9. Groupe d'experts intergouvernemental sur l'évolution du climat (GIEC)
10. pergélisol
11. projections, scénarios
12. a) i)
    b) iv)
    c) ii)
    d) iii)
    e) v)

Révision de l'unité D, p. 446-451
1. b)
2. d)
3. d)
4. b)
5. a)
6. a)
7. b)
8. c)
9. d)
10. d)
11. c)
12. a)
13. c)
14. d)
15. V
16. F
17. F
18. V
19. V
20. V
21. V
22. V
23. F
24. V
25. V
26. F
27. atmosphère; êtres vivants; hydrosphère
28. rayonnement ultraviolet; rayonnement infrarouge; lumière visible; rayonnement infrarouge de plus faible énergie
29. fonte de la glace; dilatation thermique de l'eau
30. dioxyde de carbone
31. énergie thermique
32. albédo
33. boucle de rétroaction
34. intendance
35. absorbée

Questionnaire de l'unité D, p. 452-453
1. c)
2. b)
3. a)
4. c)
5. F
6. F
7. V
8. réfléchit
9. gaz à effet de serre
10. a) iv)
    b) i)
    c) iii)
    d) ii)
11. a) iv)
    b) v)
    c) i)
    d) iii)
    e) ii)

Unité E
Section 11.1, p. 469
9. a) balayage des bagages
   b) vitamine D
   c) radar
   d) télécommande d'un lecteur DVD
   e) télécommunications
   f) traitement du cancer
   g) effets de lumière

Section 11.2, p. 476
3. décharge électrique
5. a) non

Section 11.3, p. 478
2. verte

Section 11.4, p. 481
1. a) plaque de verre, mince feuille réfléchissante à l'arrière du verre

Section 11.6, p. 486
4. a) réflexion diffuse
5. a) 32°
   b) 47°
   c) 50°

Section 11.7, p. 493
6. a) T : taille ; S : sens ; E : emplacement ; T : type

Section 11.9, p. 501
7. a) convexe
   b) derrière le miroir
   c) virtuelle
8. a) plus petite, renversée, entre C et F, réelle
   b) même taille, renversée, au point C, réelle
   c) plus petite, droite, de l'autre côté du miroir entre F et le miroir, virtuelle

Révision du chapitre 11, p. 506-507
7. Le mot est inversé.
10. a) L'objet doit être plus éloigné du miroir que le foyer.
    b) entre la surface du miroir et le foyer
11. a) diffuse
    b) spéculaire
    c) diffuse
    d) spéculaire
15. à 4,2 m
16. Tous les objets sont visibles.
18. plus grande, droite, de l'autre côté du miroir par rapport à l'objet, virtuelle

Questionnaire du chapitre 11, p. 508-509

1. a)
2. d)
3. b)
4. a)
5. V
6. F
7. convexe
8. virtuelle
9. a) iii)
   b) iv)
   c) ii)
   d) v)
   e) i)
19. diffuse

Section 12.1, p. 519

3. a) milieu A : air ; milieu B : glace
   b) non ; non
4. a) en direction opposée à la normale
   b) vers la normale
5. réflexion partielle et réfraction

Section 12.4, p. 525

2. $n_{vinaigre} = 1{,}30$
3. $n_{saphir} = 1{,}78$
4. a) $v_{quartz} = 2{,}05 \times 10^8$ m/s
   b) $v_{diamant} = 1{,}24 \times 10^8$ m/s
5. $v_{solution} = 2{,}01 \times 10^8$ m/s
6. $v_{acétone} = 2{,}21 \times 10^8$ m/s
7. a) $n = 1{,}36$
   b) alcool éthylique
9. a) diminué à 33°

Section 12.5, p. 531

3. a) non
   b) oui
   c) oui
   d) non
8. b) et c)
9. a) milieu B
   b) milieu B
   c) milieu A

Section 12.7, p. 539

2. sous la position apparente
7. non

Révision du chapitre 12, p. 542-543

2. La lumière voyage moins rapidement dans le milieu B.
4. 2,30
5. 90°
6. 24,6°
9. c) non
10. a) milieu A
    b) milieu A
11. non
13. virtuelle
15. $n_{disulfure\ de\ carbone} = 1{,}63$
16. $n_{verre\ de\ trisulfure\ d'arsenic} = 2{,}04$
17. $n_{fluorite} = 1{,}43$
18. $v_{huile\ végétale} = 2{,}04 \times 10^8$ m/s
19. $v_{verre\ de\ plomb} = 1{,}82 \times 10^8$ m/s
20. $v_{zircon} = 1{,}56 \times 10^8$ m/s

Questionnaire du chapitre 12, p. 544-545

1. a)
2. b)
3. d)
4. c)
5. F
6. F
7. V
8. l'angle d'incidence
9. réfléchissent
10. sans dimension
11. a) iii)
    b) v)
    c) i)
    d) ii)
    e) iv)
14. a) dans le milieu B
    b) dans le milieu A
15. $n = 1{,}42$
19. b) non
21. a) périscopes, jumelles, rétroréflecteurs

Section 13.1, p. 553

3. a) deux
4. oui
5. oui
6. a) du côté opposé au rayon incident
   b) du même côté que le rayon incident
   c) l'une est courbée vers l'intérieur, et l'autre vers l'extérieur

Section 13.3, p. 561

8. a) lentille convergente

Section 13.4, p. 566

1. $d_i = 82$ cm
2. $f = -27$ cm
3. $d_o = 21$ cm
4. $d_i = -35$ cm
5. a) $g = -2{,}9$
   b) réelle
6. $g = -0{,}56$
7. a) $g = 0{,}46$
   b) droite
8. a) $d_i = -53$ cm
   b) $f = 11$ cm
   c) lentille convergente

Section 13.6, p. 577

3. b) myopie : lentilles convergentes ; hypermétropie : lentilles divergentes
4. a) ménisque divergent ; ménisque convergent
5. a) presbytie
   b) divergent
6. non

Révision du chapitre 13, p. 582-583

1. réelle et virtuelle
2. virtuelle
3. centre optique
4. par exemple : loupe, lunette astronomique, microscope composé
5. objectif : agrandie, renversée, réelle ; oculaire : agrandie, virtuelle
6. plus loin que $2F'$ pour l'objectif
7. myopie
8. distances variables des objets
17. a) réelle
    b) à 33 cm du centre de la lentille, de l'autre côté de la chandelle
18. $d_i = -47$ cm
19. $g = -3{,}1$
20. a) $g = 0{,}67$
    b) du même côté que le bateau
    c) non
21. $f = 9{,}1$ cm

22. a) convergente
    b) à 48 cm du centre de la lentille; du même côté que l'objet
24. a) myopie
    b) ménisque convergent

Questionnaire du chapitre 13, p. 584-585

1. d)
2. b)
3. b)
4. d)
5. F
6. V
7. divergente
8. virtuelle
9. accommodation
10. a) iv)
    b) i)
    c) iii)
    d) ii)
12. $d_i = 28$ cm
13. a) oui
    b) 18,9 cm
14. $g = 0,39$
16. a) renversée
17. b) des lunettes à lentilles convergentes
23. la pellicule

Révision de l'unité E, p. 590-595

1. c)
2. a)
3. c)
4. a)
5. c)
6. c)
7. b)
8. a)
9. V
10. V
11. F
12. F
13. F
14. F
15. V
16. F
17. V
18. F
19. F
20. lumineuse
21. la lumière
22. X
23. plus petite, droite
24. convergente
25. 90°
26. divergente
27. foyer
28. critique
29. myope
30. a) ii)
    b) iii)
    c) i)
    d) v)
    e) iv)
31. a) transparente
    b) transparent
    c) translucide
    d) opaque
    e) opaque
    f) translucide
    g) transparent
40. a) spéculaire
    b) diffuse
    c) diffuse
    d) spéculaire
46. a) milieu B
    b) milieu B
49. a) ultraviolet
52. $c_{quartz} = 2,05 \times 10^8$ m/s
53. $n_{térébenthine} = 1,47$
54. $c = 2,12 \times 10^8$ m/s
55. $d_i = -13$ cm
56. $d_i = 139$ cm, plus grande, renversée, plus loin que $2F'$, réelle
57. 13 cm
58. a) $d_i = -58$ cm; plus grande, droite, plus loin que $2F'$, virtuelle
    b) $g = 3,4$
59. a) virtuelle
    b) $f = -8,1$ cm
60. $d_o = 22$ cm
61. $g = -3,1$
68. a) presbytie
    c) convergente

Questionnaire de l'unité E, p. 596-597

1. a)
2. c)
3. c)
4. d)
5. c)
6. F
7. V
8. F
9. V
10. incidence
11. incandescence
12. a) ii)
    b) iii)
    c) i)
    d) iv)
13. plus grande, renversée
16. 70°
17. a) c et v_{hexane}
    b) $n = \dfrac{c}{v_{hexane}}$
21. b) $g = \dfrac{h_i}{h_o}$
22. a) réelle
    b) à 33 cm de la lentille, du côté opposé à l'objet

Appendice A

Section 5.A., p. 625

a) 3 500 ms
b) 5 200 mA
c) 7 500 ng

Section 5.F., p. 633

a) 0,707 1
b) 0,866 0
c) 0,898 8
d) 1
e) 45°
f) 60°
g) 64°
h) 90°

Glossaire

A

accommodation modification de la forme du cristallin provoquée par les muscles oculaires pour permettre la formation d'une image claire sur la rétine (p. 574)

acide solution aqueuse qui conduit l'électricité, a un goût aigre, donne une couleur rouge au papier tournesol bleu et neutralise les bases (p. 268)

acier galvanisé acier qui a été recouvert d'une couche protectrice de zinc, qui forme un oxyde dur et insoluble (p. 254)

ADN (acide désoxyribonucléique) substance à l'intérieur du noyau d'une cellule qui contient toute l'information génétique de cette cellule (p. 30)

albédo mesure de la quantité de rayonnement solaire réfléchie par une surface (p. 355)

alvéole minuscule sac d'air dans les poumons, entouré par un réseau de capillaires. C'est l'endroit où s'effectuent les échanges gazeux entre l'air et le sang. (p. 92)

anaphase troisième phase de la mitose, au cours de laquelle le centromère se scinde et les chromatides sœurs se séparent en chromosomes filles qui vont se poster à chacune des extrémités opposées de la cellule (p. 42)

angle critique angle d'incidence qui produit un angle de réfraction de 90° (p. 526)

angle de réflexion angle formé par le rayon réfléchi et la normale (p. 481)

angle de réfraction angle entre le rayon lumineux réfracté et la normale (p. 516)

angle d'incidence angle formé par le rayon incident et la normale (p. 481)

anion ion chargé négativement (p. 190)

anthropique qui résulte de l'activité humaine (p. 384)

appareil digestif système organique composé de la bouche, de l'œsophage, de l'estomac, des intestins, du foie, du pancréas et de la vésicule biliaire. C'est le système qui absorbe, décompose et digère la nourriture, puis excrète les déchets. (p. 80)

appareil locomoteur système organique constitué des os et des muscles squelettiques. Ce système soutient le corps, protège les organes délicats, et rend possible le mouvement. (p. 99)

appareil respiratoire système organique constitué du nez, de la bouche, de la trachée, des bronches et des poumons. Ce système fournit l'oxygène au corps et permet l'expulsion du dioxyde de carbone. (p. 91)

artère vaisseau sanguin à paroi épaisse qui transporte le sang en provenance du cœur (p. 84)

atmosphère ensemble des couches de gaz qui enveloppent la Terre (p. 330)

axe principal ligne reliant le centre de courbure au centre du miroir (p. 496)

B

base solution aqueuse qui conduit l'électricité et donne une couleur bleue au papier tournesol rouge (p. 270)

bioluminescence production de lumière dans les organismes vivants, résultant d'une réaction chimique qui produit peu ou qui ne produit pas de chaleur (p. 475)

biophotonique technologie qui utilise l'énergie lumineuse pour diagnostiquer, surveiller et traiter des cellules et des organismes vivants (p. 55)

boucle de rétroaction phénomène dont le résultat influe sur le phénomène de départ (p. 340)

C

cancer groupe important de maladies qui enclenchent une division cellulaire incontrôlée (p. 48)

capacité tampon capacité d'une substance à résister aux variations du pH (p. 288)

capillaire minuscule vaisseau sanguin à fine paroi qui permet les échanges de gaz, de nutriments et de déchets entre le sang et les tissus corporels (p. 84)

carcinogène tout facteur environnemental qui cause le cancer (p. 49)

cation ion chargé positivement (p. 190)

cellule fille une des deux nouvelles cellules génétiquement identiques résultant de la division d'une cellule mère (p. 40)

cellule méristématique cellule végétale indifférenciée qui peut se diviser et se différencier pour former des cellules spécialisées (p. 129)

cellule souche cellule indifférenciée qui peut se diviser pour former des cellules spécialisées (p. 77)

cellules de garde paire de cellules située dans l'épiderme, qui entoure et contrôle l'ouverture et la fermeture des stomates (p. 137)

cellule spécialisée cellule capable d'effectuer une fonction spécifique (p. 58)

centre de courbure centre de la sphère dont la surface sert de miroir (p. 496)

centre optique point qui se situe exactement au centre de la lentille (p. 552)

centromère structure qui retient ensemble les chromatides qui forment le chromosome (p. 41)

chimiluminescence production directe de lumière au moyen d'une réaction chimique qui produit très peu ou qui ne produit pas de chaleur (p. 473)

chromatide un des deux filaments d'ADN identiques qui composent un chromosome (p. 41)

chromosome   structure du noyau cellulaire constituée d'une portion de l'ADN de la cellule, condensée en une structure qui est visible au microscope optique (p. 41)

circulation thermohaline   flux continu de l'eau autour des océans du monde suscité par les différences dans les températures et la salinité de l'eau (p. 346)

climat   moyenne des conditions atmosphériques dans une région donnée sur une longue période. (p. 320)

combustion   réaction rapide d'une substance avec de l'oxygène produisant des oxydes et de l'énergie. La combustion est le fait de brûler. (p. 248)

combustion complète   réaction de combustion d'hydrocarbures qui consume tout le combustible présent et ne produit que du dioxyde de carbone, de l'eau et de l'énergie. Une combustion complète se produit quand il y a de l'oxygène en abondance. (p. 248)

combustion incomplète   réaction de combustion d'hydrocarbures pouvant produire du monoxyde de carbone, du carbone, du dioxyde de carbone, de la suie, de l'eau et de l'énergie. Une combustion incomplète se produit quand l'oxygène est en quantité limitée. (p. 249)

composé   substance pure composée de deux éléments chimiques ou plus selon un rapport fixe (p. 186)

composé ionique   composé constitué d'un ou de plusieurs ions positifs métalliques (cations) et d'un ou de plusieurs ions négatifs non métalliques (anions) (p. 192)

composé moléculaire   substance pure formée de deux non-métaux ou plus (p. 206)

concentration   quantité d'une substance (le soluté) contenue dans un volume donné de solution (p. 37)

converger   se rencontrer en un point commun (p. 496)

corrosion   décomposition d'un métal à la suite de réactions entre ce métal et certaines substances chimiques de son environnement (p. 252)

courant de convection   courant circulaire causé dans l'air et dans d'autres fluides par l'ascension d'un fluide chaud quand un fluide froid descend (p. 345)

cuticule   couche de cire qui se forme sur les deux faces de la feuille et empêche la diffusion de l'eau et des gaz (p. 137)

cycle cellulaire   les trois stades (interphase, mitose et cytocinèse) par lesquels passe une cellule qui croît et se divise (p. 40)

cytocinèse   stade du cycle cellulaire durant lequel le cytoplasme se divise pour former deux cellules identiques. Ce stade constitue la dernière partie du processus de la division cellulaire. (p. 40)

D

décharge électrique   processus de production de lumière par le passage d'un courant électrique à travers un gaz (p. 471)

dépôts secs   polluants acidifiants qui tombent directement sur terre à l'état sec (p. 286)

dérive des continents   théorie selon laquelle les continents terrestres ont déjà constitué un seul vaste continent appelé « Pangée » (p. 348)

différenciation cellulaire   processus par lequel une cellule se spécialise pour accomplir une fonction spécifique (p. 77)

diffusion   mécanisme de transport permettant aux substances chimiques d'entrer dans la cellule et d'en sortir en passant d'une région de forte concentration à une région de faible concentration (p. 37)

dilatation thermique   augmentation du volume d'une matière, à mesure que sa température s'élève (p. 376)

diode électroluminescente (DEL)   dispositif qui produit de la lumière en faisant circuler un courant électrique dans un semi-conducteur (p. 476)

dispersion   décomposition des couleurs constituant la lumière blanche (p. 538)

diverger   se disperser (p. 499)

données indirectes   données tirées des anneaux de croissance des arbres, des carottes glaciaires ou des fossiles, et qui donnent des indices de ce qu'était le climat du passé (p. 358)

E

échelle de pH   échelle numérique allant de 0 à 14, utilisée pour comparer l'acidité des solutions (p. 272)

effet albédo   boucle de rétroaction positive dans laquelle une augmentation de la température terrestre fait fondre la glace, de sorte que la surface de la Terre absorbe plus de rayonnement, ce qui fait monter la température encore davantage (p. 356)

effet de serre   phénomène naturel par lequel des gaz et des nuages absorbent le rayonnement infrarouge émis par la surface de la Terre, puis le diffusent, réchauffant ainsi l'atmosphère et la surface de la Terre (p. 338)

effet de serre anthropique   augmentation de la quantité de rayonnement infrarouge à faible énergie emprisonnée dans l'atmosphère, provoquée par les plus fortes concentrations de gaz à effet de serre dues à l'activité humaine, et qui entraîne une élévation des températures moyennes à l'échelle de la planète (p. 387)

électrocardiogramme (ECG)   test diagnostique qui mesure l'activité électrique du cœur au cours du cycle de l'activité cardiaque (p. 86)

électrolyte   composé qui, lorsqu'il se dissout dans l'eau, se sépare en plusieurs ions et produit une solution qui conduit l'électricité (p. 194)

élément   substance pure qui ne peut pas être décomposée en substances plus simples (p. 184)

El Niño changement périodique dans la circulation des vents et des courants océaniques du Pacifique qui apporte de l'air chaud et humide sur la côte ouest de l'Amérique du Sud (p. 352)

énergie thermique énergie présente dans le mouvement des particules à une température donnée (p. 327)

équation chimique façon de décrire une réaction chimique à l'aide des formules chimiques des réactifs et des produits (p. 225)

équation des lentilles minces relation mathématique entre d_o, d_i, et f; $1/d_o + 1/d_i = 1/f$ (p. 562)

équation nominative façon de décrire une réaction chimique à l'aide des noms des réactifs et des produits (p. 225)

étude de corrélation étude dans laquelle une chercheuse ou un chercheur examine la relation entre deux variables (p. 8)

étude d'observation observation rigoureuse d'un sujet ou d'un phénomène et enregistrement minutieux des données d'observation dans le but de rassembler de l'information scientifique pour répondre à une question (p. 8)

eucaryote cellule qui contient un noyau et d'autres organites, tous entourés d'une fine membrane (p. 29)

expérience contrôlée expérience dans laquelle on modifie volontairement la variable indépendante pour découvrir quel changement, s'il y en a un, cela va produire sur la variable dépendante (p. 8)

F

fluorescence émission immédiate de lumière visible causée par l'absorption du rayonnement ultraviolet (p. 472)

foyer point où les rayons parallèles à l'axe principal convergent lorsqu'ils sont réfléchis par un miroir concave (p. 496)

foyer principal point sur l'axe principal de la lentille, où les rayons lumineux parallèles à l'axe principal convergent après la réfraction (p. 552)

G

gaz à effet de serre tout gaz atmosphérique (comme la vapeur d'eau, le dioxyde de carbone et le méthane) qui absorbe du rayonnement infrarouge à faible énergie (p. 339)

gaz rares les éléments de la dix-huitième colonne du tableau périodique (groupe 18) (p. 184)

glaciation période dans l'histoire de la Terre où la planète est plus froide et recouverte en grande partie de glace (p. 348)

groupe colonne d'éléments aux propriétés similaires dans le tableau périodique (p. 184)

Groupe d'experts inter-gouvernemental sur l'évolution du climat (GIEC) groupe de plusieurs milliers de climatologues qui ont résumé les plus récents travaux scientifiques sur les changements climatiques (p. 412)

H

halogènes les éléments de la dix-septième colonne du tableau périodique (groupe 17) (p. 184)

hiérarchie structure organisationnelle, où les éléments les plus complexes ou importants se trouvent tout en haut, et les éléments les plus simples ou les moins importants, tout en bas (p. 73)

hydrosphère partie du système climatique qui comprend toute l'eau sur la Terre et autour (p. 333)

hypermétropie incapacité de l'œil à focaliser la lumière provenant d'objets rapprochés (p. 574)

hypothèse réponse plausible ou explication non vérifiée à la question de départ d'une expérience (p. 11)

I

image reproduction d'un objet produite par la lumière (p. 480)

image réelle image qui est visible sur un écran puisque les rayons lumineux se rendent réellement à l'emplacement de l'image (p. 498)

image virtuelle image produite par la lumière qui vient d'une source apparente; la lumière n'atteint pas vraiment l'image et ne vient pas de l'endroit où elle semble être située. (p. 490)

impact des changements climatiques conséquence, sur la société humaine et les milieux naturels, des changements du climat, comme la hausse de la température terrestre à l'échelle planétaire (p. 412)

incandescence production de lumière résultant d'une température élevée (p. 470)

indicateur de pH substance qui change de couleur selon qu'elle est dans un acide ou dans une base (p. 270)

indice de réfraction rapport entre la vitesse de la lumière dans le vide et la vitesse de la lumière dans un milieu, $n = c/v$: cette valeur est égale au rapport du sinus de l'angle d'incidence dans le vide sur le sinus du rayon réfracté dans un milieu, $n = \sin \angle i / \sin \angle R$. (p. 524)

interphase stade du cycle cellulaire durant lequel la cellule exécute ses fonctions normales et son matériel génétique est copié en prévision de la division cellulaire (p. 40)

ion particule chargée qui se crée quand un atome gagne ou perd un ou plusieurs électrons (p. 188)

ion polyatomique ion constitué de plus d'un atome qui agit comme une simple particule (p. 202)

L

lentille convergente lentille qui est plus épaisse au centre et qui fait converger les rayons lumineux incidents parallèles vers un seul point après la réfraction (p. 551)

lentille divergente lentille qui est plus mince au centre et qui fait diverger les rayons lumineux incidents parallèles après la réfraction (p. 551)

liaison covalente liaison entre deux atomes non métalliques qui résulte de la mise en commun de leurs électrons externes (p. 207)

liaison ionique attraction forte et simultanée entre des ions positifs et des ions négatifs dans un composé ionique (p. 192)

lithosphère partie du système climatique constituée de la roche solide, du sol et des minéraux de la croûte terrestre (p. 334)

lixiviation acide processus visant à retirer les métaux lourds des sols contaminés en ajoutant une solution acide au sol et en captant la solution qui s'en échappe (p. 274)

loi de la conservation de la masse énoncé établissant que, dans toute réaction chimique, la masse totale des réactifs est égale à la masse totale des produits (p. 230)

lumière incidente lumière émise par une source et qui frappe un objet (p. 479)

lumière visible toute onde électromagnétique que l'œil humain peut détecter (p. 465)

lumineux qui produit sa propre lumière (p. 470)

M

ménisque convergent forme modifiée de la lentille divergente (p. 576)

ménisque divergent forme modifiée de la lentille convergente (p. 575)

méristème apical cellules indifférenciées aux extrémités des racines et des pousses des plantes. Ces cellules se divisent, ce qui permet la croissance en longueur de la plante et le développement de tissus spécialisés. (p. 143)

méristème secondaire cellules indifférenciées situées sous l'écorce des tiges et des racines des plantes ligneuses. Ces cellules se divisent, ce qui permet à la plante d'augmenter son diamètre et de développer des tissus spécialisés dans la tige. (p. 143)

mesure d'atténuation décision ou mesure délibérée qui réduit les effets négatifs d'un changement indésirable (p. 423)

métaphase deuxième phase de la mitose, durant laquelle les chromosomes s'alignent au milieu de la cellule (p. 41)

métastase processus par lequel des cellules cancéreuses se détachent de la tumeur de départ (primaire) et implantent une autre tumeur (secondaire) ailleurs dans le corps (p. 48)

métaux alcalino-terreux les éléments de la deuxième colonne du tableau périodique (groupe 2) (p. 184)

métaux alcalins les éléments de la première colonne du tableau périodique (sauf l'hydrogène) (groupe 1) (p. 184)

mirage image virtuelle produite à la suite de la réfraction et de la réflexion totale interne dans l'atmosphère terrestre (p. 537)

miroir surface polie qui réfléchit une image (p. 480)

miroir concave (convergent) miroir qui a la forme d'une partie de sphère dont la surface creusée est réflexive (p. 496)

miroir convexe (divergent) miroir qui a la forme d'une partie de sphère dont la surface bombée est réflexive (p. 496)

mitose stade du cycle cellulaire durant lequel l'ADN se divise dans le noyau. Ce stade constitue la première partie du processus de la division cellulaire. (p. 40)

modèle de Bohr-Rutherford modèle qui représente l'agencement des électrons sur les couches entourant le noyau d'un atome (p. 185)

molécule particule dans laquelle les atomes sont joints par des liaisons covalentes (p. 207)

molécule diatomique molécule formée de seulement deux atomes d'un même élément ou d'éléments distincts (p. 207)

mutation changement aléatoire dans l'ADN (p. 49)

myopie incapacité de l'œil à focaliser la lumière provenant d'objets éloignés (p. 575)

N

neurone cellule nerveuse (p. 104)

neutre ni acide ni basique ; pH de 7 (p. 272)

non lumineux qui ne produit pas sa propre lumière (p. 470)

normale ligne perpendiculaire à la surface d'un miroir (p. 481)

O

observation qualitative observation non numérique décrivant les caractéristiques de certains objets ou événements (p. 12)

observation quantitative observation numérique reposant sur la prise de mesures ou sur un calcul (p. 12)

onde électromagnétique onde à la fois électrique et magnétique qui ne requiert aucun support et se propage à la vitesse de la lumière (p. 464)

opaque propriété d'une matière qui ne transmet aucune lumière incidente, mais qui l'absorbe ou la réfléchit complètement. Il est impossible de voir les objets derrière une matière opaque. (p. 479)

optique géométrique étude, par l'observation des rayons lumineux, du comportement de la lumière quand elle frappe des objets (p. 479)

organe structure composée de différents tissus travaillant ensemble pour accomplir une fonction corporelle complexe (p. 74)

organite   structure cellulaire qui exécute une fonction spécifique pour la cellule (p. 29)

osmose   mouvement d'un fluide, généralement de l'eau, à travers une membrane vers une zone de soluté en plus haute concentration (p. 37)

P

parenchyme palissadique   couche de cellules allongées et serrées, située sous la surface du dessus de la feuille et contenant des chloroplastes. Ces cellules font partie du système fondamental de la feuille. (p. 137)

parenchyme spongieux   région interne de la feuille où se trouvent des cellules espacées contenant des chloroplastes. Ces cellules font partie du système fondamental de la feuille. (p. 137)

période   rangée d'éléments du tableau périodique (p. 184)

période interglaciaire   période entre les glaciations au cours de laquelle la Terre se réchauffe (p. 349)

perpendiculaire   qui est à angle droit (p. 481)

pH   mesure de l'acidité ou de la basicité d'une solution (p. 272)

phloème   tissu vasculaire de la plante qui permet la circulation des nutriments dissous et des hormones dans toutes les parties de la plante (p. 132)

phosphorescence   processus de production de lumière par absorption du rayonnement ultraviolet, ce qui permet l'émission d'une lumière visible même après une période prolongée (p. 472)

plan   plat (p. 481)

plan d'expérience   brève description de la marche à suivre pour tester une hypothèse (p. 11)

précipitations acides   toute précipitation (p. ex., pluie, rosée, grêle) dont le pH est inférieur au pH normal de la pluie, qui est d'environ 5,6 (p. 285)

précipité   solide formé pendant une réaction entre deux solutions (p. 242)

prédiction   énoncé qui annonce le résultat d'une expérience contrôlée (p. 11)

presbytie   trouble de la vision causé par une diminution de la capacité d'accommodation attribuable à l'âge (p. 575)

procaryote   cellule qui ne possède ni noyau ni autres organites entourés d'une membrane (p. 29)

produit   substance chimique produite pendant une réaction chimique (p. 225)

profil bioclimatique   représentation graphique des données climatiques actuelles et futures d'un secteur donné (p. 323)

profondeur apparente   profondeur à laquelle un objet semble se situer en raison de la réfraction de la lumière dans un milieu transparent (p. 535)

projection climatique   prévision scientifique du climat du futur, basée sur des observations et des modèles informatiques (p. 408)

propagation par culture de tissus   méthode permettant d'obtenir de nombreux plants identiques en prélevant des cellules sur une plante-mère, en les cultivant de façon à former des callus et en prélevant des parties de callus pour obtenir des plantes complètes (p. 146)

prophase   première phase de la mitose, durant laquelle les chromosomes deviennent visibles et la membrane nucléaire se dissout (p. 41)

propriété chimique   description du comportement d'une substance lorsqu'elle se change en une ou plusieurs nouvelles substances (p. 175)

propriété physique   caractéristique ou description d'une substance qui ne forme pas de nouvelle substance ; par exemple, la couleur, la texture, la masse volumique, l'odeur, la solubilité, le goût, le point de fusion et l'état physique (p. 175)

Protocole de Kyoto   plan élaboré par les Nations Unies pour réduire les émissions de gaz à effet de serre (p. 423)

puits de carbone   réservoir, tel qu'un océan ou une forêt, qui absorbe le dioxyde de carbone présent dans l'atmosphère et emmagasine le carbone sous une autre forme (p. 339)

puits de chaleur   réservoir, tel que l'océan, qui absorbe et emprisonne l'énergie thermique (p. 344)

R

rayon émergent   rayon de lumière qui sort de la lentille après la réfraction (p. 556)

rayon incident   rayon qui frappe une surface réfléchissante (p. 481)

rayon lumineux   droite tracée dans un diagramme pour représenter la direction et le trajet de la lumière (p. 479)

rayonnement   méthode de transfert d'énergie qui ne requiert aucun support ; l'énergie se déplace à la vitesse de la lumière (p. 464)

rayonnement infrarouge   forme de rayonnement invisible à faible énergie (p. 325)

rayonnement ultraviolet   forme de rayonnement invisible à haute énergie (p. 325)

rayon réfléchi   rayon qui est renvoyé dans une autre direction après avoir frappé une surface réfléchissante (p. 481)

réactif   produit chimique présent au début d'une réaction chimique et qui se consume pendant cette réaction (p. 225)

réaction chimique   processus au cours duquel les substances interagissent les unes avec les autres, ce qui cause la formation de nouvelles substances ayant de nouvelles propriétés (p. 225)

réaction de décomposition   réaction durant laquelle une molécule plus grosse ou plus complexe se divise pour former deux ou plusieurs produits plus simples, selon l'équation $AB \rightarrow A + B$ (p. 238)

réaction de déplacement double réaction qui survient lorsque des éléments de différents composés échangent leurs places, produisant ainsi deux nouveaux composés (p. 242)

réaction de déplacement simple réaction pendant laquelle un élément déplace un autre élément d'un composé, ce qui produit un nouveau composé et un nouvel élément (p. 240)

réaction de neutralisation réaction chimique dans laquelle un acide et une base réagissent pour former un composé ionique (un sel) et de l'eau. Le pH de ce produit est plus près de 7. (p. 278)

réaction de synthèse réaction durant laquelle deux réactifs se combinent pour créer un produit plus gros ou plus complexe, selon l'équation A + B → AB (p. 237)

réflexion changement de direction de la lumière qui frappe une surface (p. 480)

réflexion diffuse réflexion de la lumière sur une surface irrégulière ou mate (p. 485)

réflexion spéculaire réflexion de la lumière sur une surface lisse (p. 485)

réflexion totale interne situation qui se produit lorsque l'angle d'incidence est supérieur à l'angle critique (p. 526)

réfraction déviation ou changement de direction de la lumière lorsqu'elle passe d'un milieu à un autre (p. 515)

reproduction asexuée processus de reproduction à partir de seulement un parent. La progéniture issue de la reproduction asexuée est génétiquement identique au parent. (p. 36)

reproduction sexuée processus de reproduction résultant de la fusion de deux cellules sexuelles (gamètes). La progéniture issue de la reproduction sexuée a de l'information génétique de chacun des deux parents. (p. 36)

reproduction végétative processus par lequel une plante produit une progéniture génétiquement identique, à partir de ses pousses ou de ses racines (p. 145)

rétroréflecteur instrument d'optique dans lequel le rayon émergent est parallèle au rayon incident (p. 530)

S

semi-conducteur matière qui permet au courant électrique de circuler dans un seul sens (p. 476)

sommet point d'intersection entre l'axe principal et le miroir (p. 496)

source d'énergie propre source d'énergie qui produit très peu de gaz à effet de serre ou qui n'en produit pas du tout (p. 407)

spectre électromagnétique classification des ondes électromagnétiques basée sur leur énergie (p. 465)

spectre visible séquence continue des couleurs qui composent la lumière blanche (p. 467)

stomate ouverture à la surface d'une feuille qui permet l'échange des gaz (p. 137)

support toute substance physique à travers laquelle l'énergie peut être transférée (p. 464)

symbole d'état symbole indiquant l'état physique de la substance chimique à la température ambiante, p. ex. : solide (s), liquide (l), gazeux (g) ou aqueux (aq) (p. 226)

système circulatoire système organique constitué du cœur, du sang et des vaisseaux sanguins. Ce système transporte l'oxygène et les nutriments dans tout le corps et permet d'évacuer les déchets. (p. 83)

système climatique ensemble complexe de composantes dont les interactions produisent le climat de la Terre (p. 325)

système dermique ensemble des tissus qui se trouvent à la surface externe de la plante (p. 126)

système foliacé système d'une plante à fleurs qui est responsable de la photosynthèse et de la reproduction sexuée. Ce système se compose des feuilles, des fleurs et de la tige. (p. 127)

système fondamental tous les tissus de la plante autres que les tissus dermiques et vasculaires (p. 126)

système nerveux système organique constitué du cerveau, de la moelle épinière et des nerfs périphériques. Ce système est sensible à l'environnement et coordonne les réactions appropriées. (p. 104)

système nerveux central partie du système nerveux constituée du cerveau et de la moelle épinière (p. 104)

système nerveux périphérique partie du système nerveux constituée des nerfs, qui relient le corps au système nerveux central (p. 104)

système organique système constitué d'un ou de plusieurs organes et d'une ou de plusieurs structures qui travaillent ensemble pour accomplir une fonction corporelle vitale, comme la digestion ou la reproduction (p. 74)

système racinaire système qui ancre la plante, absorbe l'eau et les minéraux, et emmagasine la nourriture chez les plantes à fleurs, les fougères et les conifères (p. 126)

système vasculaire ensemble des tissus responsables de la circulation des substances dans une plante (p. 126)

T

tectonique des plaques théorie expliquant le mouvement lent des grandes plaques de la croûte terrestre (p. 348)

télophase dernière phase de la mitose, au cours de laquelle les chromatides se déroulent et une membrane nucléaire se reforme autour des chromosomes se trouvant chacun à une extrémité de la cellule (p. 42)

temps conditions atmosphériques comprenant la température, les précipitations, le vent et l'humidité, en un lieu donné sur une courte période, telle qu'un jour ou une semaine (p. 319)

test de Papanicolaou test qui consiste à faire un prélèvement de cellules du col de l'utérus pour déterminer si elles présentent une croissance anormale (p. 50)

théorie cellulaire théorie énonçant que tous les êtres vivants sont constitués d'une ou de plusieurs cellules, que la cellule est l'unité de base de la vie et que toutes les cellules proviennent de cellules préexistantes (p. 29)

tissu ensemble de cellules similaires qui accomplissent une fonction particulière, mais limitée (p. 74)

tissu conjonctif tissu spécialisé qui soutient et protège les diverses parties du corps (p. 75)

tissu épidermique (épiderme) fine couche de cellules couvrant toutes les surfaces non ligneuses de la plante (p. 131)

tissu épithélial (ou **épithélium**) tissu constitué de minces couches de cellules collées les unes aux autres qui recouvrent la surface du corps, les organes internes et les cavités corporelles (p. 75)

tissu musculaire ensemble de tissus spécialisés contenant des protéines et pouvant se contracter pour permettre au corps de bouger (p. 75)

tissu nerveux tissu spécialisé qui transmet des signaux électriques d'une partie du corps à une autre (p. 75)

tissu péridermique tissu à la surface d'une plante qui produit l'écorce sur les tiges et les racines (p. 131)

translucide propriété d'une matière qui transmet une partie de la lumière incidente, mais en absorbe ou en réfléchit le reste. On ne peut pas voir clairement les objets derrière une matière translucide. (p. 479)

transparent propriété d'une matière qui transmet toute ou presque toute la lumière incidente et permet de voir clairement les objets derrière elle (p. 479)

triboluminescence production de lumière causée par la friction, le broyage ou le frottement de certains cristaux (p. 475)

tumeur masse de cellules dépourvues de fonction au sein de l'organisme qui croissent et se divisent sans discontinuer (p. 48)

tumeur bénigne tumeur qui ne nuit pas aux tissus environnants autrement que par la pression qu'elle exerce sur eux (p. 48)

tumeur maligne tumeur qui nuit au fonctionnement des cellules environnantes; tumeur cancéreuse (p. 48)

V

variable toute condition qui change ou modifie les résultats d'une recherche scientifique (p. 8)

variable dépendante variable qui subit l'influence de la variable indépendante (p. 8)

variable indépendante variable sur laquelle la chercheuse ou le chercheur peut exercer un contrôle (p. 8)

veine vaisseau sanguin qui fait revenir le sang vers le cœur (p. 84)

verre de contact lentille placée directement sur la cornée de l'œil (p. 576)

X

xénogreffe greffe d'un organe ou d'un tissu d'une espèce à une autre (p. 98)

xylème tissu vasculaire de la plante qui permet la circulation de l'eau et des minéraux dissous, des racines jusqu'à la tige et aux feuilles (p. 132)

Index

A

Aberration sphérique, 497, 583
Acide chlorhydrique, 180, 181, 241, 259, 267-269, 273, 275, 278, 280, 281, 294, 295, 303, 304, 309
Acide fluorhydrique, 269
Acide nitrique, 210, 243, 269, 284, 287, 294, 308
Acide phosphorique, 269, 279, 281, 294, 304, 308
Acide sulfurique, 178, 210, 269, 279-283, 286, 291, 294, 299, 304, 309
Acides
    binaires, 269, 271
    classer les, 267
    conductivité électrique des, 269, 270
    déversement d', 282
    en tant que solutions aqueuses, 263, 292, 298
    et carbonates, 268, 278
    et environnement, 263, 264, 267, 282, 283, 285, 287, 289, 290, 292, 298
    et métaux, 268, 271, 292, 293
    et société, 263, 292, 298
    formules des, 269
    noms des, 269
    oxacides, 269, 271, 296
Acné, 272
Activité solaire, 53
ADN (acide désoxyribonucléique)
    analyse d', 114
    chromosomes et, 30
    cycle cellulaire et, 40, 41, 43, 44, 48, 49, 62
    division cellulaire et, 30, 62
    et cancer, 48, 49
    et génie génétique, 134, 148
    et OGM, 134, 135, 148
    et rayons X, 53
    et vieillissement, 45
    reproduction asexuée et, 36, 37
Agassiz. *Voir* Lac
Agriculture, 125, 210, 318, 332, 385, 389, 390, 400, 413, 417, 421, 422, 427, 430, 439
Air
    gaz dans l', 331
    pollution, 281, 284, 424
    qualité, 6, 284
    vitesse de la lumière dans l', 516, 517, 519, 523
Alberta
    industries des combustibles fossiles, 424
    sables bitumineux, 390 fig., 424 fig.
Aldrin, Edwin « Buzz », 512
Alliages, 253
Altitude, zones climatiques et, 335
Aluminium, 187, 190, 196, 198, 200, 205, 216, 254, 256, 260, 271, 274, 288, 304, 309
Aluminium, chlorure d', 193
Aluminium, oxyde d', 197, 227, 239, 243, 252
Alvéoles, 91, 92, 95
Anaphase, 40, 42-44, 47, 62, 64, 66
Angle critique, 526-529, 531-533, 540, 542, 544, 545, 591
Angle d'incidence, 481-486, 489, 497, 504, 506, 509, 520-524, 526-529, 531-533, 536, 540, 542, 544, 590-592, 597, 633, 644

Angle de réflexion, 481-486, 489, 497, 504, 506, 509, 544, 592, 644
Angle de réfraction, 516, 517, 520, 522-527, 531, 540, 542, 590, 591, 644
Animaux
    appareil digestif, 110
    appareil locomoteur, 110
    appareil respiratoire, 93, 110
    cellules, 23, 27, 29-32, 35, 42, 46, 47, 59, 60, 63
    changements climatiques et, 380 fig., 414, 415, 420, 432, 436, 442
    choc acide et, 300
    et méthane, 335, 340, 385
    et pollinisation, 128
    organisation hiérarchique, 73-76
    précipitations acides et, 289
    système nerveux, 88, 110
    systèmes, 139, 148, 149, 154, 155
Anions, 190-193, 196, 202, 214, 218, 269, 302, 305
Antarctique, 320, 322, 323, 331, 334, 358, 373 fig., 374, 376, 380, 381, 411, 414, 438, 451
Antenne parabolique, 498
Antiacides, 271, 280, 284, 296, 299
Appareil de Golgi, 30-32, 58
Appareil digestif, 73, 75, 76, 80-82, 87, 88, 91, 108-111, 114, 116-118, 125, 139, 163, 165
Appareil locomoteur, 75, 99-101, 108-111, 118, 139
Appareil reproducteur, 36, 37, 75, 88, 108, 110, 111
Appareil respiratoire, 75, 88, 89, 91-95, 106, 108-111, 114, 117-119. *Voir aussi* Respiration cellulaire
Appareil urinaire, 75, 83, 108, 109, 111
Appareils photo, 558, 567, 568, 570, 572, 573, 577, 580, 583, 585, 591, 594
Arbres, 144, 145, 315, 321, 339, 355, 358, 359, 361, 362, 364-366, 377, 384-386, 392, 415, 420, 425, 427, 429, 431, 433, 441, 446, 450, 452
Arbres, anneaux de croissance des, 144, 145, 151, 358, 359, 361, 362, 364, 366, 446, 452, 610
Arcs-en-ciel, 466, 513, 538-545
Arctique. *Voir aussi* Océan
    agriculture dans l', 421
    changements climatiques et, 370, 403, 415-417, 436, 442
    fonte des glaces dans l', 334, 354, 416, 434 fig.
    glace de mer, 334, 370, 374, 378, 380, 381, 407, 414, 415
    latitudes et température de l', 329 fig.
    « trou » d'ozone au-dessus de l', 331
Argon, 169, 186 fig., 216, 331, 446, 471, 647
Armstrong, Neil, 512
Artères, 74, 83-86, 119, 139
Ascenseur spatial, 170, 172, 217
Aspirine, 167, 181, 206 fig.
Association des professeurs de sciences de l'Ontario (APSO), 16
Atmosphère, 311, 318, 320, 325, 326, 328, 330, 332, 333, 347, 348, 351, 364-367, 393, 397-400, 440, 441, 446, 447, 451-453

dioxyde de carbone dans l', 331, 335, 339-342, 358, 362, 371, 384-389, 392, 396, 407, 415, 418, 420, 421, 427, 430
    en tant que puits de chaleur, 344, 362
    énergie thermique et, 315, 331, 338-340, 344, 345, 355, 362, 387, 388, 404, 442
    et système climatique, 315, 335, 338, 344, 362, 410, 442
    gaz à effet de serre dans l', 313, 338-342, 369, 384, 386-389, 392, 395, 396, 407, 411, 442, 473
    rayonnement et, 329, 331, 335, 338, 339, 341, 342, 387
    transfert d'énergie dans l', 344-346
Atomes
    et ions, 188-193, 197, 202, 206, 207
    structure, 185
Axe principal, 496, 497, 500, 501, 552, 553, 557, 559, 564, 584, 591, 596
Azote, 331, 339, 342, 362, 366, 386, 390, 400, 427, 452
Azote, dioxyde d', 206, 284, 287
Azote, monoxyde d', 216, 287
Azote, oxyde d', 286, 287, 290, 292

B

Bacon, Francis, 475
Bactéries, 29, 31, 32, 36 fig., 37, 59, 62, 73, 81-83, 94, 102, 106, 131, 135, 137, 159, 211, 272, 285, 466, 475, 569, 654, 655, 657
Baryum, hydroxyde de, 270, 271
Bases
    classer les, 267
    conductivité électrique des, 270
    en tant que composés ioniques, 270, 271
    en tant que solutions aqueuses, 263, 292, 298
    et environnement, 263, 292, 298
    et ions hydroxyde, 278
    et société, 263, 292, 298
    formules des, 271
    noms des, 271
    propriétés des, 263, 267, 270, 292, 298
Basrur, Sheela, 95
Bijoux, 178, 219, 255, 299, 527, 540, 600
Biodiversité, 413, 416, 417, 440
Biologie, 3, 29, 44, 55
Bioluminescence, 475, 476, 504, 508, 592
Biophotonique, 54, 55, 66
Bohr-Rutherford, modèle de, 185-191, 195, 216, 230
Bouche, 80-82, 91, 93, 95, 106, 108, 268
Boucles de rétroaction, 340, 351, 355-357, 364, 366, 367, 388, 389, 396, 398, 399, 401, 407, 417, 422, 453
Brandt, Hennig, 250
Brûlures d'estomac, 81, 265, 280, 293
Buts, se fixer des, 638, 639

C

Cadmium, 176, 242, 274
Calcaire, 205, 284, 288, 290, 291
Calcium
    et appareil locomoteur, 99-101
    ions, 188, 288

Calcium, carbonate de, 216, 239, 260, 281, 284, 288, 290, 299, 339
Calcium, nitrate de, 216, 284
Calcium, oxyde de, 239, 274, 279-281, 290, 303
Calcium, sulfite de, 291
Calculatrices, 631-633
Cancer
    causes du, 49
    cellules et, 48-57, 154
    définition, 48
    dépistage du, 26, 50-52, 55, 62
    diagnostiquer le, 52, 53, 55, 62
    du col de l'utérus, 50, 51
    du poumon, 49, 52
    du sein, 26, 50, 51
    et appareil respiratoire, 94
    guérir le, 26
    microscopie et, 33
    réduire le risque de, 50-52
    sensibilisation et recherche sur le, 26, 52
    traitements, 54, 55
Capacité tampon, 288, 290, 295
Capillaires, 83-85, 92, 93, 95, 109, 119, 177
Carbonates, 202-205, 216, 226, 239, 244-247, 260, 261, 266, 268, 269, 271, 275, 278, 281, 284, 288, 290, 299
Carbone, crédits de, 430, 433
Carbone, dioxyde de, 331, 358, 362, 363, 366, 367, 371, 386, 387, 389, 394, 396-401, 415, 421, 423, 426, 427, 429, 430, 440, 446, 447, 449, 473, 642, 643, 657
    algues et, 418
    cellules et, 37
    dans l'appareil respiratoire, 75, 91-93, 95, 108-110
    dans l'atmosphère, 384, 388, 407
    dans les plantes, 136-139, 148
    émis par les États-Unis, 311
    émissions du Canada, 311, 390, 391
    en tant que gaz à effet de serre, 339, 384, 385
    et écorégions, 420
    et pergélisol, 416
    et températures mondiales, 388
    forêts et, 392
    méthane par rapport au, 340
    molécules de, 342
    oxyde nitreux par rapport au, 341
    produit par les êtres humains, 384, 385
    rayonnement infrarouge et, 342
    respiration cellulaire et, 31, 40, 109, 127, 136, 335
    système circulatoire et, 75, 83, 91, 92, 108-110
Carbone, monoxyde de, 209, 212, 216, 241, 249, 251, 256, 259, 260, 303, 306, 308
Carbone, puits de, 339, 342, 385, 388-390, 392, 396, 401, 421, 430, 449
Carcinogènes, 49, 50, 55, 57, 94, 176
Cartilage, 70, 72, 92, 96, 99-101, 103, 114
Cations, 190-193, 198, 202-205, 214, 218, 219, 240, 242, 269, 302, 305
Cellules
    animales, 23, 27, 29-32, 34-37, 42-44, 46, 47, 58-63
    cancéreuses, 25, 28, 48, 49, 53-57, 62, 154, 160
    de la rétine, 572
    des êtres vivants, 23, 29, 32, 36, 58
    des organismes, 22, 23, 25, 29, 30, 32, 36, 37, 43, 46-48, 58, 60, 62
    et tissus, 69, 75-77, 80, 83, 86, 91, 98, 114
    et vieillissement, 45
    microscope et, 25, 53, 55, 56, 61, 62
    observer les, 34, 35
    structure des, 29-32
    taille des, 38, 39
    végétales, 23, 27, 29-32, 34-36, 42, 46, 47, 58, 60, 62, 63, 127, 129, 130, 133, 139
Cellules de garde, 137-139, 141, 148, 159, 164
Cellules en gobelet, 58, 80, 82
Cellules filles, 40-45, 47, 48, 57, 62
Cellules méristématiques, 129, 130, 133, 143, 148
Cellules souches, 70, 77-79, 114, 116, 118, 129, 147, 148, 150, 159, 160
Cellules spécialisées, 57-61, 73-75, 77, 79, 92, 115, 118, 126, 129-131, 143, 144, 148, 150, 156, 160, 161, 164, 165
Cellulose, 32
Centre de courbure, 496, 497, 500, 502, 507, 590
Centre des congrès et des expositions de Vancouver (CCEV), 404
Centre optique, 552, 553, 557, 559, 562, 584, 585, 596
Centromère, 41, 42, 45
Cerveau, 76, 93, 99, 100, 104, 106, 107, 112, 116, 118, 161, 490, 492, 493, 499, 500, 517, 535, 537, 538, 545, 559, 560, 568, 572, 573, 577
Cerveau, dommages au, 107
Chaleur, puits de, 344, 362
Chaleur, vagues de, 377, 389, 406, 411, 414, 419, 421, 422, 427, 444, 445
Changements
    chimiques, 171, 176-178, 180, 181, 199, 214, 227, 298
    d'état, 176, 214
    physiques, 171, 176-177, 178, 180-181, 214, 227, 298
    réversibles, 176, 177
Changements climatiques, 310-312, 318, 359, 363, 364, 398, 399, 401, 402, 404, 438-441, 443, 444, 446, 448-451, 453
    à court et à long terme, 315, 348-351, 353, 362, 373, 378, 381, 423, 432, 442
    activités humaines et, 371, 373, 384, 387, 393-397, 405, 411, 412, 434, 435, 437
    adaptation aux, 427, 428, 430, 432, 445
    agir pour contrer les, 429-432, 434, 435
    atténuation des, 423, 436
    combustibles fossiles et, 392, 405-407, 410, 411, 419, 422, 437
    conséquences positives des, 378
    effet de serre anthropique et, 369, 387, 388, 396, 442
    en Ontario, 316, 403, 409, 417, 419-423, 425, 431, 436, 442
    et activités traditionnelles, 432, 433
    et agriculture, 413, 417, 421, 422, 427
    et animaux, 414, 415, 420, 432, 436
    et Arctique, 403, 405, 407, 415-417, 422, 436, 437, 442
    et écorégions, 420
    et écosystèmes, 413, 414, 417, 420, 422, 430, 434, 436, 445
    et environnement, 403, 418, 431-433, 436, 442
    et êtres vivants, 413
    et forêts, 412, 421, 422, 427
    et glace de mer, 378, 380, 396, 407, 408, 414, 415
    et Grands Lacs, 419
    et industries, 426
    et intendance environnementale, 431, 432
    et maladies, 413, 414, 417, 421, 445
    et niveau de la mer, 375, 376, 378, 379, 383, 396, 411, 413
    et plantes, 420, 432
    et saisons, 403, 436, 442
    et santé, 413, 419, 432, 433, 436
    et société, 403, 412, 417, 436, 442
    et transport, 425, 426, 428, 433
    et utilisation de l'électricité, 406, 422
    gaz à effet de serre et, 384-389, 393-395, 406-408, 411, 417, 418, 423-425, 428, 432, 434, 435
    géo-ingénierie et, 418
    gouvernements et, 423-425, 428, 432, 434-436, 445
    indicateurs des, 373-378, 393-396
    lac Agassiz et, 354
    satellites et, 379
Charbon, 384, 385, 391, 406, 411, 422, 425, 446
Chimie, 175, 177, 196, 211, 268, 270, 278, 309
Chimiluminescence, 473-476, 504, 508, 592, 596
Chimiothérapie, 26, 54, 55
Chlore, 169, 178, 182, 183, 187, 192, 193, 196, 198, 201, 208, 212, 216, 217, 231, 237-239, 304, 307, 331, 332
Chlore gazeux, 193
Chlorofluorocarbures (CFC), 331, 332, 367, 384, 386, 396, 447
Chlorophylle, 32, 125, 127, 136, 137, 152
Chloroplastes, 30-32, 35, 60, 62, 65, 127, 137, 141, 150, 152, 164
Choc acide, 168, 300
Chromatides, 41-43
Chromosomes, 30, 41-45, 47, 56, 64, 66
Cils, 91
Cinéprojecteur, 561, 568, 570, 580, 585, 588
Circulation thermohaline, 346, 347, 351, 352, 362, 407, 416, 446
Climat(s), 320
    boucles de rétroaction et, 355-357, 407
    classifications des, 322-324
    du Canada, 336, 337
    du passé, 315, 354, 358-361, 373
    étendues d'eau et, 336, 337, 344
    gaz à effet de serre et, 408, 409
    prédictions sur le, 407
    temps et, 319-321, 362
Climatologues, 320, 353, 355, 358, 361, 364, 365, 373, 377, 393, 394, 399, 412, 414
Clones et clonage, 117, 145-147, 150, 158
Cœur, 74, 76, 83-87, 93, 96, 100, 104, 108, 139, 158, 162, 163
Côlon, 80, 82, 159
Combustibles fossiles, 311, 318, 339, 369, 371, 386, 389, 391, 397-400, 405, 406, 408, 409, 419, 426-430, 437, 438, 440, 441, 448, 452
    au Canada, 390 fig.
    combustion des, 286
    composés moléculaires dérivés de, 210
    en Alberta, 424
    et changements climatiques, 407, 422

et dioxyde de carbone, 384
et gaz à effet de serre, 396, 442
et notre mode de vie, 210
et oxydes d'azote, 287
et précipitations acides, 290
et produits pétrochimiques, 171, 210, 212, 214
faibles en soufre, 289
méthane et, 385
réduire notre utilisation de, 392, 410, 411
sources d'énergie propre vs, 410, 411
Combustion, 208, 224, 225, 227, 248-251, 256, 258, 260, 270, 286, 287, 291, 303-307
Combustion complète, 248, 251, 256, 303, 304
Combustion incomplète, 249, 251, 256
Communication (entre scientifiques), 5, 14-15, 19, 616-617, 621-622
Composés
définition, 186, 214
nommer les, 199
Composés ioniques, 171, 192, 193, 202, 204-206, 212, 216, 218, 242, 266, 292, 298, 302
bases en tant que, 270, 271
formules de, 197-200
nommer les, 196, 200, 208, 209, 214
propriétés des, 194, 195, 213, 214
réactions de neutralisation et, 278, 279, 281
Composés moléculaires, 210, 211, 216, 248, 266
acides en tant que, 269-271, 292
formules de, 206, 209, 212
molécules et, 171, 206, 212, 214, 298
nommer les, 208, 209, 212, 214
propriétés des, 213, 214
Composés polyatomiques, 202-205, 214
Concentration, 37, 273
Conduction, 464, 469, 508. *Voir aussi* Conductivité électrique
Conductivité électrique
des acides, 269
des bases, 270
Connaissances empiriques, 649
Convection, 464, 469. *Voir aussi* Courants de convection
Convention-cadre de Copenhague, 424
Converger, définition, 496
Cornée, 572-578, 580
Corrosion, 221, 239, 252-256, 259, 261, 298, 302, 303
Couches sédimentaires, 315, 360, 362
Couleurs, 467-469, 471, 472, 477, 478, 486, 504, 509, 538, 539, 545, 572, 576, 606, 613, 614, 635
Courants atmosphériques, 344, 345, 347, 348, 351-353, 451
Courants de convection, 345, 347, 362, 366, 446, 451, 452
Crise cardiaque, 85-87, 288
Cristal ionique, 193, 195
Cuivre, 198-200, 226, 232, 239, 240, 243-245, 252, 264, 303, 304, 308
Culture scientifique, 3, 5, 16-19
Cuticule, 131, 137-139, 141, 152, 160
Cycle cellulaire, 25, 27, 40-44, 46-49, 62-67, 154, 158, 159, 161, 162
Cycle de l'eau, 333, 335
Cycle du carbone, 339, 384, 449
Cytocinèse, 25, 40-44, 46, 47, 49, 56, 62, 64
Cytoplasme, 30-32, 40, 42, 43, 66

D

Décharge électrique, 471, 472, 476, 504, 506, 508, 592
Déchets dangereux, 176, 179, 473
Déchets, gestion des, 427
Décomposition, 80, 81, 109, 110, 204, 211, 237-239, 244, 245, 250, 252, 254, 256, 258, 260, 274, 308, 309, 340, 385, 392
Déforestation, 385, 386, 389, 392, 400, 427, 431, 445, 447
Dendroctone du pin, 311, 377, 413, 421
Dents, 81, 131, 175, 178, 189, 194, 271, 275, 284, 307
Dépôts secs, 285, 286, 290
Dérive des continents, 348, 349, 353, 362, 452
Dessins scientifiques, 114, 614
Diabète, 78, 82, 113, 119, 159
Diagrammes, compréhension des, 498, 526
Diamants, 524, 525, 527, 544
Diaphragme, 92, 93, 95
Diazote, pentoxyde de, 209, 212
Différenciation cellulaire, 69, 77-79, 120, 121, 129, 154, 155
Diffusion, 5, 19, 27, 37-39, 62, 63, 66, 92, 93, 109, 133, 137, 159, 165, 183
Dilatation thermique, 376, 382, 383, 400, 443
Diode électroluminescente (DEL), 462, 476
Dispersion, 538, 539, 544, 545, 590
Dissection, 88, 102, 103, 114, 602, 604
Diverger, définition, 499
Division cellulaire, 20, 22, 24, 49, 56, 57, 66, 67, 69, 77, 105, 121, 123, 130, 133, 143, 144, 149, 153, 154, 159, 160, 162, 164, 165
et cancer, 25, 48-55
et croissance, 25, 28, 37, 40, 43, 44, 48, 55, 58, 62
et protéines, 45
et réparation, 37
et reproduction, 36, 37
et vieillissement, 45
observer la, 46, 47
stades de la, 40-43
Données
analyse et interprétation des, 13, 14, 469, 615
collecte de, 13
tableaux et graphiques, 634, 636
Données climatiques, 323, 336, 337, 358, 359. *Voir aussi* Données indirectes
Données indirectes, 315, 358-362, 364-366
Dyslexie, 486

E

Eastman, George, 567
Eau. *Voir aussi* Eau souterraine
angle critique de l', 527
atomes de l', 342
cellules et, 37
composés ioniques solubles dans l', 193
courants d', 344, 345
cycle de l', 333
et électricité, 194, 195
et hyponatrémie, 188
et osmose, 37
et plantes, 138
et profondeur apparente, 535, 536, 539, 540
et réactions de neutralisation, 278, 279, 281
et rouille, 252
formule de l', 207, 278
métaux alcalins et, 187
nombre d'atomes dans une molécule d', 207
oxygène de l', 110
respiration cellulaire et, 31
vapeur d', 137-139, 227, 236, 291, 319, 330, 331, 333, 339, 340, 342, 346, 355, 357, 362, 388
vitesse de la lumière dans l', 516, 517, 519, 523, 524
zones climatiques et étendues d', 333
Eau souterraine, 175, 211, 288, 376, 657
Échanges gazeux, 83, 84, 92, 93, 95, 110, 111, 125, 137, 139, 148, 150, 152, 162, 163
Échographie, 52, 53, 62, 112
Écorégions, 323, 324, 361, 420
Écosystèmes, 124, 142, 201, 211, 274, 281, 287, 289, 290, 292, 294, 306, 323, 335, 377, 378, 396, 413, 414, 416, 417, 420, 422, 429, 430, 434, 436, 445
Écozone du bouclier boréal, 323
Écozones, 323, 324, 337, 361
Edison, Thomas, 470, 471
Edwards, Elizabeth, 211
Effet albédo, 355-357, 364, 367, 407, 415-417, 450
Effet de serre, 313, 315, 317, 318, 338-340, 342, 343, 362-364, 366, 367, 386-389, 398, 401, 416, 442, 446, 448, 452, 453. *Voir aussi* Effet de serre anthropique
Effet de serre anthropique, 369, 387, 396, 442
Efficacité énergétique, 426, 427
Einstein, Albert, 571
El Niño, 352, 447
Électricité
acides et, 269, 271
bases et, 270, 271
changements climatiques et, 422
combustibles fossiles et, 210
électrolytes et, 194, 195
sécurité et, 602, 604
Électrocardiogramme (ECG), 86, 87, 163
Électrolytes, 194, 195, 202, 214, 252-255, 270, 296
Électrons, 169, 174, 185-192, 195, 197, 207, 212, 214, 216, 218, 302-305, 308
Électrons, transfert d', 195, 207, 302
Éléments, 184
avec charges ioniques multiples, 198, 199
et composés ioniques, 192, 195, 197
numéro atomique des, 185, 187
Émissions, 206, 241, 263, 285 fig.-287, 289-292, 294, 298, 303, 305-307. *Voir aussi* Émissions de gaz à effet de serre
Émissions de gaz à effet de serre, 311, 390, 394-396, 401, 404, 418, 424. *Voir aussi* Émissions
et climat, 407-409
réduction des, 403, 423, 429, 436, 442
Endoscopie, 52, 55, 62, 528
Énergie
du Soleil, 315, 325, 331, 334, 362, 442
évaporation de l'eau et, 333
propre, 403, 405-411, 426, 428-430, 436, 437, 442
sources d', 410, 411
surface de la Terre et, 326, 327
transfert d', 344-346, 354, 362, 442
Énergie hydroélectrique, 406, 422

Énergie thermique, 327, 331, 333-335, 338-340, 343-347, 354, 364, 367, 391, 404, 410, 411, 416, 426, 446-448, 451
    courants atmosphériques et océaniques et, 315, 362, 442
    dioxyde de carbone et, 388
    effet de serre et, 315, 362, 442
    nuages et, 355
Englehart (Ontario), 279
Environnement
    acides et, 263, 292, 298
    bases et, 263, 292, 298
    cadmium et, 176
    changements climatiques et, 403, 432, 436, 442
    composés moléculaires et, 206
    corrosion et, 221, 252, 254, 256, 298
    déversement de produits chimiques, 212
    minimiser les risques pour l', 283
    précipitations acides et, 287, 290
    réactions chimiques et, 166, 168, 215, 221, 223, 252, 256, 298
    réactions de neutralisation et, 278, 281
Environnement Canada, 320, 336, 390, 429
Enzymes, 31, 48
Épiderme, 131, 132, 137, 139, 141, 148
Épithélium. *Voir* Tissu épithélial
Équateur, 320, 322, 323, 328, 329, 345-347, 352, 354, 362, 364, 378, 405, 437, 447, 448, 451, 453
Équation du grandissement, 564-566, 580, 585
Équation des lentilles minces, 562-564, 566, 580, 584, 585
Équations chimiques, 208, 225, 226, 241, 242, 247, 249, 258-261, 279, 281, 282, 290, 291, 294, 303-305, 308, 309
    coefficients, 197, 204, 231-234, 236, 251
    équilibrées, 221, 231-236, 239, 243, 248, 251, 256, 298, 299, 301
    et loi de la conservation de la masse, 221, 230-232, 236, 256, 298
    et réactions chimiques, 166, 221, 227, 230, 231, 236, 237, 240, 248, 278, 299
Équations nominatives, 225-227, 234, 236, 239, 248, 249, 261, 304, 305, 308, 309
Équilibre énergétique, 325-328, 330, 338, 348, 387
Érié. *Voir* Lac
Éruptions volcaniques, 317, 339, 348, 351, 353, 358, 359, 362, 363, 379, 393, 394, 446, 452
Essence, 175, 208, 210, 217, 223, 251, 257, 259, 287, 384, 391, 426, 657
Estomac, 73, 75, 80-82, 86, 91, 94, 118, 161, 265, 268, 271, 280, 293
Étoile Polaire, 350
Êtres vivants. *Voir aussi* Animaux ; Plantes
    carbone et , 407
    et cellules, 23, 29, 32, 36, 58
    manipulation en laboratoire des, 602
    multicellulaire, 23, 29, 32, 36, 37, 58, 60, 62
    pH et, 275
    système climatique et, 315, 321, 325, 330, 335, 362, 393, 413, 442
    unicellulaires, 23, 29, 32, 36, 60, 62
Études d'observation, 8, 10, 15
Études de corrélation, 8-10, 15
Eucaryotes, 29, 32, 62, 64
Évaluer
    des données et des résultats, 14, 615
    un texte, 514

Evans, Mathew, 471
Exosquelette, 101
Expériences contrôlées, 8, 11, 15, 19, 245, 393, 611, 612
Expérimentation, 475, 650
Expiration, 92, 93

F

Fer, 188, 198-200, 203, 205, 218, 225, 228, 229, 235, 243-245, 252-256, 258, 261, 303-305, 308, 309
Feuilles, 126-133, 136-141, 144, 146-148, 150-153, 159, 160, 164, 225, 286
Fibre optique, 528, 531, 540, 543, 545
Fiche technique santé-sécurité (FTSS), 182, 183, 213
Fleurs, 125-128, 130, 142, 144, 147, 148, 152, 153, 162, 165
Fluor, 185, 186, 188-190, 196, 207, 208, 217, 331
Fluorescence, 33, 472, 473, 476, 504, 508, 592, 596
Fluorure, 188-190, 194, 196, 207, 269
Fœtus, suivi de santé d'un, 112
Foie, 75, 80, 82, 96, 97, 109
Fontaine au cola-menthe, 222
Forêts, 288, 311, 321-323, 342, 379, 384, 385, 389, 390, 392, 396, 398, 400, 401, 412, 413, 421, 422, 427, 428, 431, 440, 447, 450
Fossiles, 315, 358, 360-362
Foucault, Jean, 524
Fox, Terry, 52
Foyer, 496-498, 500-503, 507, 547, 552-554, 557, 559, 562, 567, 580, 584-586, 591, 593, 594. *Voir aussi* Foyer principal
Foyer principal, 552-554, 557, 559, 562, 567, 580, 584, 585, 591
Fusion, 175, 176, 194, 195, 213, 241, 266, 286, 291, 303

G

Gamètes, 36
Gaz. *Voir aussi* Gaz à effet de serre ; Gaz naturel ; Gaz rares
    dans l'atmosphère, 330, 335
    et décharge électrique, 471, 476, 504
    masse des, 230
Gaz à effet de serre (GES), 313, 338, 340, 355, 358, 359, 361, 362, 364-366, 371, 392, 397, 398, 400, 401, 404, 410, 426, 429, 430, 433, 436, 438, 440, 441, 447-451. *Voir aussi* Gaz à effet de serrre anthropiques
    activités humaines et, 369, 389, 396, 442
    Canada en tant que producteur de, 311
    charbon et, 422
    combustibles fossils et, 396, 442
    concentrations des, 369, 384, 386-389, 391, 395, 396, 400
    et changements climatiques, 384-389, 393-395, 406-408, 411, 417, 418, 423-425, 428, 432, 434, 435
    et effet de serre anthropique, 396
    et rayonnement infrarouge, 339, 341, 342
    gaz naturel et, 422
    sources anthropiques des, 384
    sources de, 390, 391, 396
Gaz à effet de serre anthropiques, 369, 384, 386-389, 395, 396, 398, 401, 442, 448, 453
Gaz naturel, 211, 311, 384, 385, 391, 406, 422, 425

Gaz rares, 184, 186-189, 309
Geissler, Heinrich, 471
Génie génétique, 134, 135, 148
Géo-ingénierie, 418
Glace, 316, 322, 325, 330, 333, 335, 346, 348, 364, 370, 375, 380, 398, 400, 407, 408, 440, 441, 444-449, 452, 453. *Voir aussi* Glace de mer ; Périodes glaciaires
    albédo de la, 355-356, 357, 415-417
    calottes glaciaires, 334, 344, 349, 351, 354, 356, 372, 374, 376, 378, 379, 381, 382, 396, 411, 413, 414, 416
    carottes de, 12 fig., 315, 358, 359, 361, 362, 366, 367, 395, 442
    fonte de la, 354, 356, 372-374, 376, 378, 382, 414-416, 434 fig., 443
    sur les Grands Lacs, 419
    température et, 356
Glace de mer, 334, 346, 370, 372, 374-376, 378, 380, 381, 396, 407, 408 fig., 414, 415, 440, 441
Glaciation, définition, 348. *Voir* Périodes glaciaires
Glaciers, 312, 330, 334, 348, 353, 368, 372, 374, 376, 378, 379, 382, 396, 400, 401, 413, 414, 416, 441, 444, 449, 452, 453
Glucose, 31, 32, 82, 127, 136, 139, 213, 227, 266, 384, 385
Grands Lacs
    changements climatiques et, 419
    et énergie hydroélectrique, 422
Granums, 127
Graphiques, 634-636
Grenouilles, 71, 88, 89, 110, 111, 115, 160, 168, 287, 300
Groenland, 328, 329, 334, 358, 374, 376, 411, 414, 416, 438
Groupe d'experts intergouvernemental sur l'évolution du climat (GIEC), 312, 412, 417, 436, 441, 444
Groupes (du tableau périodique), 184

H

Halocarbures, 331, 332
Halogènes, 184, 188
Hayden, Michael, 106
Heinlein, Robert, 320
Hélium, 185, 186 fig., 207, 210, 216, 331, 471, 647
Hémoglobine, 83, 161
Héroïne, 167
Herschel, William, 468
Hertz, Heinrich, 464
Hiérarchie
    de la structure d'une plante, 126
    de la structure des animaux, 73
HOFBrINCl, 208
Humidité, 258, 275, 285, 319-321, 323, 334, 366, 398, 447, 452
Huygens, Christiaan, 516
Hydrocarbures, 248, 249, 251, 256, 258, 261
Hydrogène
    combustion de l', 250, 251
    formule de l', 207
    ions, 190, 269, 272, 273, 278, 292
    liaisons covalentes et, 206, 207
    réaction acides-métaux et, 268
Hydrogène, chlorure d', 169, 208, 212, 231, 237-239, 269

Hydrogène, gaz, 268
Hydrosphère, 315, 330, 333-335, 339, 344, 345, 362, 367, 442, 446
Hypermétropie, 574-577, 582, 590, 596
Hyponatrémie, 188, 191
Hypothèses, 11, 14, 19, 34, 38, 39, 46, 56, 61, 464, 467, 494, 502, 610, 612, 615-617, 636, 649, 650

I

Icebergs, 334, 376, 452
Image(s). *Voir aussi* Images réelles ; Images virtuelles
   dans les lentilles, 551-573, 576, 577, 580, 581, 586
   dans les miroirs, 459, 461, 480, 488-505, 517, 586
   et diagrammes de rayons, 547, 556, 562, 580, 586
   formules algébriques et, 492, 547, 562, 580, 586
   renversée, 497-499, 501, 504, 508, 564-570, 573, 577, 580, 581
Imagerie par résonance magnétique (IRM), 52, 53, 55, 62, 107
Images réelles, 492, 497-501, 503, 504, 506, 555, 558-562, 565-570, 573, 580, 582-584, 592-594
Images virtuelles, 490-493, 499-501, 503, 504, 506, 517, 535, 537, 538, 555, 558-562, 564-566, 568-570, 580, 582-585, 590, 591, 594, 626, 644
Immunisation, 113, 114
Incandescence, 462, 470, 471, 473, 476-478, 504, 507-509, 592, 596, 597
Inclinaison de la Terre, 320, 350, 353, 362
Indicateurs. *Voir* Changements climatiques ; pH
Indice de réfraction, 511, 524-527, 531, 533, 534, 537, 539, 540, 542-545, 586, 590, 592, 593, 596, 597
Industrie
   dioxyde de soufre et, 286
   et émissions de gaz à effet de serre, 426, 427
Inférences, faire des, 124, 151, 181, 224, 226, 231, 254
Information, résumer l', 372, 377, 395
Ingénierie tissulaire, 79
Inspiration, 92, 93, 119
Insuline, 82, 159
Intendance environnementale Ontario, 431
Internet, 619, 620
Interphase, 25, 40-44, 46-48, 62, 64
Intestins, 75, 80-83, 96, 100, 118, 119, 161, 164, 205
Inuites et Inuits, 370
Invertébrés, 101, 287
Invisibilité, 514, 534, 543, 583
Ions
   acides et, 269
   et atomes, 188-192
   formation des, 207
   négatifs, 171
   nommer les, 190
   positifs, 171
Ions hydroxyde, 270, 271, 273, 274, 278, 280, 292, 296
Ions polyatomiques, 202-205, 214, 216, 235, 236, 242, 269

Iris, 572, 573, 576, 591

J

Jardins botaniques royaux (JBR), 124, 142
Jupiter, 350

K

Köppen, Vladimir, 322
Krypton, 471, 647

L

Laboratoire
   accidents en, 602
   équipement de, 604-609
   sources de chaleur en, 601
   verre en, 601, 602
Lac
   Agassiz, 354
   Érié, 336 fig.
Lait de magnésie, 272, 275, 280
Laser, 460, 461, 466, 477, 478, 487, 505, 509, 550, 576, 578, 579, 595
   sécurité lors de l'utilisation, 602
Latitude, zones climatiques et, 328, 329
Lavoisier, Antoine, 230
Leeuwenhoek, Antonie van, 569, 585, 654
Lentille(s)
   applications techniques des, 547, 567-570, 580, 586
   corrective, 575, 576
   définition, 580, 586
   équations, 562-566
   et images, 547, 549, 551-566
   gravitationnelles, 571
   œil en tant que, 547, 586
   optique géométrique et, 547, 586
   rayons incidents et, 552, 553, 556, 570, 580
   réfractions à travers les, 552, 553
   trajet des rayons lumineux à travers les, 553, 580, 586
   types de, 551
Lentille(s) convergente(s), 547, 551, 553-555, 557-561, 568-570, 572, 573, 582-584, 586, 588, 590, 591, 593, 594, 596, 597, 645
   d'un appareil photo, 567
   équation du grandissement pour, 564-566, 580, 585
   équation des lentilles minces pour, 562, 563
   et hypermétropie, 575
   lentilles gravitationnelles et, 571
   œil en tant que, 577, 580
   terminologie des, 552
Lentille(s) divergente(s), 551, 554-561, 576, 580
Leucémie, 53, 78, 79
Lewis, Gilbert, 463
Lewis, Memory, 125
Liaisons covalentes, 206, 207, 212, 214, 216, 302, 308
Liaisons ioniques, 192, 194, 195, 214, 216, 303
Liège, 144, 145, 147
Ligaments, 72, 96, 99-101, 103, 164
Lithium, 169, 185, 186, 191, 195, 200, 216
Lithosphère, 315, 330, 334, 335, 339, 362, 366, 367, 442, 448
Littératie, 641-644
Lixiviation acide, 274, 275, 303
Loi canadienne sur la qualité de l'air, 434

Loi de la conservation de la masse, 221, 230-232, 236, 256, 259, 298, 303, 309
Lois scientifiques, 230, 650
Longueur d'onde, 325, 327
Loupes, 549, 568-570, 581, 582, 584, 591, 593, 597
Lumière
   bâtons lumineux, 473, 474, 476
   déviation de la, 511, 515, 517, 519, 526, 537, 540, 571, 586
   du Soleil, 463, 470, 497, 539, 540
   en tant qu'onde électromagnétique, 459, 464, 465, 469, 504, 514, 534, 586
   et plantes, 136, 137
   incidente, 479, 506, 519, 527, 529, 530
   milieux et, 456, 510, 511, 519, 520, 522-524, 531-533, 540, 586
   modèle ondulatoire de la, 479
   nettoyer avec la, 487
   production de, 459, 470-476, 504, 586
   propriétés de la, 456, 463, 464, 469, 477-479
   réflexion de la, 461, 480, 482, 484-486, 493, 504, 505, 511, 517-519, 526, 538-540, 586. *Voir aussi* Réflexion
   réfraction de la, 511, 515, 516, 518, 519, 521-526, 531, 533-535, 537-540, 586. *Voir aussi* Réfraction
   réversibilité de la, 497, 517, 557
   sources de, 459, 470, 500, 504, 517, 555, 557, 561, 586, 602, 605, 606
   trajet en ligne droite de la, 464, 504, 515, 586
   vitesse de la, 459, 461, 463, 464, 468, 469, 504, 505, 516, 517, 519, 523-525, 539, 540, 586, 626, 627, 650
Lumière blanche, 467-469, 477, 478, 504, 506, 538, 544, 545
Lumière visible, 325, 327, 343, 465-470, 472, 473, 475-477, 498, 509, 538, 591, 594, 596
Lumineux, définition, 470
Lunette astronomique, 569, 570, 580, 582

M

Magnésium, 180, 187, 188, 195-198, 200, 234, 236, 240, 243-247, 249, 251, 261, 267, 268, 271, 280, 288, 294, 295, 303, 304, 306
Magnésium, oxyde de, 234, 240, 249, 251, 261
Maladie coronarienne, 85, 87, 117, 119
Maladies. *Voir aussi* Virus du Nil occidental (VNO)
   changements climatiques et, 421
   de l'appareil locomoteur, 101
   de l'appareil respiratoire, 94, 95
   du système nerveux, 106, 107
   immunisation contre les, 113
   technologies d'imagerie médicale et, 25, 55, 62, 154
Marche à suivre, 12, 613
Marqueurs de relation, 318, 335, 372, 462, 499
Mars (planète), 318, 330
Masse
   gaz et, 230
   nombre de, 186
   réactions chimiques et, 228-232
Matières dangereuses, 179, 182, 183, 600-603. *Voir aussi* SIMDUT
Maxwell, James Clerk, 464
McCulloch, Ernest A., 78
Méiose, 36
Membrane cellulaire, 30-32, 37, 40, 42, 62, 66

Ménisque
  convergent, 576
  divergent, 575
Mercure (planète), 318, 330
Méristèmes, 121, 145, 147, 148, 150, 151, 154.
  apicaux, 144, 147, 164
  secondaires, 143-145, 147, 148
Mésosphère, 331 fig.
Mesures, 628-630
Métaphase, 40, 41, 42-45, 47, 62, 64, 66
Métastase, 48, 55
Métaux
  acides et, 268, 271
  dans le sol, 274
Métaux alcalino-terreux, 184, 309
Métaux alcalins, 184, 187, 188, 217, 309
Méthane, 311, 335, 339-342, 358, 362, 366, 384-387, 389, 391, 392, 394, 396, 400, 416, 427, 440, 446, 448, 452
Méthode DRASÉ, 626
Méthode du chassé-croisé, 198, 204
Micro-ondes, 461, 465, 466, 469, 505, 506, 514, 534
Microbiologie, 588
Microscope(s) et microscopie, 605-608, 654
  composé, 569, 570, 572, 580, 588, 606
  confocal, 33
  et cellules, 25, 62
  multiphotonique, 33
  simple, 569, 570
Milankovitch, Milutin, 350
Milieux
  pour propagation de la lumière, 456, 510, 511, 515-517, 519, 520, 522-527, 531-533, 535, 540, 586
Ministère des Richesses naturelles de l'Ontario (MRNO), 431
Mirages, 538-540, 543, 545
Miroirs, 418, 454-458, 475, 479-486, 488-495, 498, 499, 506-509, 517, 520, 531, 542, 544, 545, 556, 558, 588, 590-597, 605, 609, 633, 655. Voir aussi Miroirs concaves ; Miroirs convexes ; Miroirs plans
  courbes, 459, 461, 496, 500-505, 552, 586
  prismes et, 529
  semi-réfléchissants, 518, 519
Miroirs concaves, 496-501, 506-508, 558
Miroirs convergents. Voir Miroirs concaves
Miroirs convexes, 456, 496, 500, 501, 503, 506, 509, 594
Miroirs divergents. Voir Miroirs convexes
Miroirs plans, 455, 459, 480-482, 484-486, 488-495, 504, 506-509, 517, 529, 531, 545, 586, 588, 590-592, 596, 609
Miroitement, 537, 539, 540, 543
Mitochondries, 31, 32, 59, 66
Mitose, 25, 27, 40-44, 46, 47, 49, 56, 62-67
Modèles climatiques, 369, 396, 407, 408, 411, 423, 436, 438, 442
Modèles informatiques, 393-395, 407, 408, 438, 441, 450
Moelle épinière, 104, 106, 107, 118, 158
Molécules
  définition, 207, 212
  et composés moléculaires, 171, 206, 212, 214, 298
  et liaisons covalentes, 206, 207, 212, 214
Molécules diatomiques, 207, 208, 212, 231, 241

Montagnes, 334, 335, 349, 359, 366, 413, 441, 448
Mucus, 31, 58, 59, 80-82, 91
Mussivand, Tofy, 84
Myopie, 548, 549, 575-578, 580-582, 596

N

Neige, 12, 168, 285, 300, 301, 319, 320, 322, 333, 334, 351, 355, 356, 364, 370, 374, 377, 381, 399, 419, 440, 444, 642, 655
Néon, 186, 189, 191, 216, 471, 647
Nerf optique, 572, 573
Neurones, 104, 105, 107, 159
Neutre, 272-275, 278, 280-282, 292, 296, 297
Neutrons, 174, 186, 187, 189, 191, 195
Newton, Isaac, 468, 538
Nickel, 184, 241, 253, 255, 259, 264, 283, 291, 299
Nitrate d'ammonium, 205, 239, 259
Nitrates, 202-205, 216, 218, 228, 229, 235, 236, 239, 240, 242-247, 259, 269, 284, 304, 308
Nitrites, 202
Nitrosamines, 202
Niveau de la mer, 323, 349, 354, 375, 376, 378, 379, 382, 383, 396, 398, 400, 401, 411-414, 416, 417, 429, 438, 441, 447, 448
Non lumineux, définition, 470
Normale, la
  dans la réflexion, 481, 484, 486, 504
  dans la réfraction, 511, 516, 517, 519, 526, 540
  lumière déviant vers, 586
Notation scientifique, 626-629, 632
Noyau
  d'un atome, 169, 185, 186, 189, 207
  d'une cellule, 30
Nuages, 320, 326, 328, 330, 333, 334, 338, 355-357, 362, 364, 373, 447, 453

O

Observation(s), 12, 613, 649
  des cellules, 34, 35, 46, 47, 61
  enregistrement des, 5
  décrire des, 72
  analyse et interprétation des, 5, 13, 14, 19
  recherches scientifiques et, 5, 19, 358, 393
  études d', 8, 10, 15
Observations qualitatives, 12, 19, 72, 613, 617
Observations quantitatives, 12, 19, 72, 353, 613, 617, 634
Océan
  Arctique, 349, 370, 374, 416, 441
  Pacifique, 346, 349, 352, 412, 451
Océans
  carbone et, 407
  en tant que puits de carbone, 339, 342, 388, 389, 392
  en tant que puits de chaleur, 344, 362
  et courants, 315, 320, 323, 330, 344-348, 351-354, 361, 362, 393, 407, 416, 417, 442
  et vents dominants, 346, 347, 352
  fertilisation des, 418
  transfert d'énergie dans les, 344, 346, 347
Œil (yeux), 104, 106, 110, 180, 199, 201, 228, 244, 267, 274-276, 280, 282, 455, 465, 466, 470, 472, 475, 477, 480, 489, 490, 492, 507, 508, 515, 518, 535, 537, 545, 549, 551, 569, 581-583, 585, 591, 594, 596, 600-603, 654

accommodation de l', 573-575, 577
  en tant que lentille convergente, 573, 575, 577, 580
  et chirurgie au laser, 578, 579
  et lentilles, 547, 586
  et problèmes de focalisation, 574-576. Voir aussi Vision, problèmes de la, parties de l', 572, 573
Ondes électromagnétiques, 506, 509, 534, 591, 592, 594
  antennes paraboliques et, 498
  dans notre société, 466
  et laser, 477, 478
  et lumière, 464-466, 469, 498, 504, 586
  vitesse des, 464, 469
Ondes radio, 464-466, 468, 469, 504, 506, 509, 655
Ontario
  agriculture en, 421
  changements climatiques et, 419-422, 436, 442
  dépôts de déchets dangereux en, 179
  écosystèmes de l', 289
  forêts en, 421
  précipitations acides en, 287-289
  réduction des émissions de gaz à effet de serre en, 423, 425
Ontario vert : Plan d'action de l'Ontario contre le changement climatique, 425
Opaque, définition, 479
Optique, étude de l', 455
Optique géométrique, 479, 481, 486, 535, 547, 580, 586, 587, 589, 633
Optique, instruments d', 455, 456, 459, 504, 511, 513, 529-531, 540, 541, 544, 546, 547, 554, 555, 560, 567, 568, 572, 580, 585-589, 594
Orage électrique, 194, 471
Orbite de la Terre autour du Soleil, 350, 362
Organes, 69-71, 73-76, 80-83, 85, 88, 89, 91, 93, 95, 99-101, 104, 109, 110, 115, 116, 118, 121, 123, 126, 127, 139, 148, 149, 152-158, 160, 161, 163, 164
  et tissus, 114
  greffe d', 96-98
Organisateurs graphiques, 642-644
Organismes génétiquement modifiés (OGM), 134, 135, 148, 162
Organismes multicellulaires, 23, 29, 32, 36, 37, 58, 60, 62, 73, 77, 125
Organismes unicellulaire, 29, 32, 36, 60, 62, 73, 76, 160, 165, 227
Organites, 27, 29-32, 34, 40, 43, 58, 62, 63, 66, 127, 132, 137, 152, 160, 161, 164
Os
  moelle des, 70, 72, 77, 79, 96, 100
  tissus des, 99
Osmose, 37, 62, 66, 138
Ostéoporose, 101, 119, 159
Ouïes, 93, 95, 110, 111, 288
Ouragans, 352, 377, 378, 443-445
Oxyde nitreux, 206, 259, 304, 339, 341, 342, 358, 362, 366, 384, 386, 387, 389, 396, 398, 400, 427, 448
Oxygène
  atomes d', 359, 385
  carottes glaciaires et, 359, 362
  dans la photosynthèse, 127, 133

dans la respiration cellulaire, 31, 40, 109, 127, 133, 136, 335, 339
et appareil respiratoire, 92, 95, 109, 110
et bioluminescence, 475
et muscles squelettiques, 109
et rouille, 252
liaisons covalentes et, 207
Ozone, 331, 332, 335, 339, 340, 342, 362, 365-367, 418, 421, 447, 448, 452, 453

P

Pacifique. *Voir* Océan
Pancréas, 75, 80, 82, 96, 159
Parenchyme palissadique, 137, 139, 141, 148, 158
Parenchyme spongieux, 137-139, 141, 148, 152
Paroi cellulaire, 30-32, 42-44, 62, 66
Peltier, Richard, 376
Perçages, 255
Pergélisol, 334, 370, 379, 414-417, 421, 439, 441, 444
Périodes (du tableau périodique), 184
Périodes glaciaires, 342, 348-354, 357, 359, 362, 364
Périodes interglaciaires, 349-351, 353, 357, 359
Périscopes, 493, 513, 529, 531, 540-542, 597
Pétrole, 311, 390, 438
Pétrole, déversements de, 211
pH
  dans les produits ménagers, 276, 277
  des précipitations acides, 285
  échelle de, 263, 272, 273, 277, 292, 298, 301
  et eau des piscines, 275, 292
  et produits de consommation, 274, 275
  et sol, 273, 274
  indicateurs de, 270, 271, 276, 277, 296, 303
  -mètre, 604
  réactions de neutralisation et, 278, 281
Pharynx, 80, 91
Phloème, 132, 133, 138, 139, 144, 145, 147, 148, 152, 162
Phosphate, 202, 204, 205, 216, 243, 269, 279, 304, 308
Phosphore, 99, 188, 190, 191, 196, 202, 209, 216, 250, 308
Phosphorescence, 472, 476, 504, 506, 592, 596
Photons, 463
Photosynthèse, 65, 123, 131, 138, 139, 149, 151-153, 158, 160, 164, 335, 366, 404, 418, 452
  chlorophylle et, 125, 127, 136, 137
  énergie lumineuse et, 32, 326
  et dioxyde de carbone, 339, 384, 385
  feuilles et, 127-129, 132, 133, 136, 137, 148
  lumière du Soleil et, 463
  phytoplancton et, 463
Phytoplancton, 463
Phytoremédiation, 274, 275
Plan d'expérience, définition, 11
Planification, 10, 11, 612, 613
Plantes. *Voir aussi* Arbres
  à fleurs, 125
  alimentaires, 122
  cellules des, 140, 141, 143, 144, 146
  changements climatiques et, 377, 420, 432
  clonage des, 145-147
  croissance des, 120, 121, 127, 129, 131, 132, 135, 146-148, 154

en tant qu'organismes multicellulaires, 125
  et méthane, 340
  indigènes, 427 fig.
  ligneuses vs non ligneuses, 132
  lumière et, 136, 137
  organisation hiérarchique des, 126
  production à grande échelle des, 146, 147
  produits transgéniques des, 134, 135
  reproduction des, 125
  systèmes des, 125-128, 139, 148, 149, 154, 155
  tissus des, 121, 122, 126, 129, 130-133, 136, 137, 139, 140, 143, 146-149, 154
Plaque, 85, 86
Plaquettes, 77, 83, 118
Plasma, 83, 118
Pluie, 319, 320, 324, 334, 346, 347, 377, 378, 404, 413, 418, 419, 421, 440, 444, 445, 452
Pluies acides, 168, 281
Poils racinaires, 126, 131, 138
Poisson, 93, 95, 110, 111, 134, 135, 279, 281, 287-289, 300, 420
Pollen, 360, 362
Pollinisation, 127, 128, 142, 165
Pollution. *Voir aussi* Émissions ; Smog
  composés moléculaires et, 206, 211
  de l'air, 284, 285
  dispositifs anti-, 206
  peinture qui combat la, 284
Potassium, 185 fig., 186 fig., 187, 234, 236, 239, 288
Poumons, 49, 52, 58, 83, 84, 91-97, 109, 110, 118, 156, 158, 159, 269, 285
Précipitations, 320-322, 324, 334 fig., 336, 337, 346, 352, 358, 360, 361, 366, 378, 412, 417, 421, 422, 440, 444, 446, 448, 449, 452. *Voir aussi* Neige ; Pluie ; Précipitations acides
  carottes glaciaires et, 359
  changements climatiques et, 377
  en Ontario, 419
  et temps, 319
Précipitations acides, 241, 250, 263, 265, 280, 285-294, 297, 298, 301, 303, 305, 306
Prédiction, 11, 612
Presbytie, 575, 577, 582, 585, 590, 596
Pression atmosphérique, 319, 335, 345
Prisme(s)
  et rétroréflecteurs, 530
  rectangulaire, 556, 557
  triangulaires, 467, 468, 477, 478, 529, 531, 538, 540, 609
Procaryotes, 29, 32
Produits, 225, 230, 236
  d'une réaction de neutralisation, 278, 279, 281
Produits chimiques
  dans le laboratoire, 600-602
  déversements de, 279, 280
Produits de consommation, 183, 267, 272, 275, 281, 292, 297, 307, 603. *Voir aussi* Symboles visant les produits ménagers dangereux
  pétrochimie et, 171, 210, 212, 214, 298
  pH et, 274
  réactions chimiques et, 221, 256, 298
Produits ménagers. *Voir* Produits de consommation
Produits pétrochimiques, 171, 210-212, 214, 298
Profils bioclimatiques, 323, 324, 366
Profondeur apparente, 535, 539, 540, 542, 545

Programme Air pur Ontario, 206, 332
Projections climatiques, 408, 410, 411, 415, 438
Propagation par culture de tissus, 146, 147
Propane, 178, 179, 210, 219, 224, 227, 248, 251, 305
Prophase, 40-44, 47, 62, 64, 66, 67
Propriétés chimiques, 171, 175, 178, 183, 214, 216, 218, 219, 221, 256, 298, 305
Propriétés physiques, 172, 175, 178, 183, 184, 187, 211, 213, 214, 216-219, 227, 298, 299, 309
Protéines, 30, 31, 43, 45, 66, 75, 76, 83, 86, 100, 109, 110, 112, 134, 135, 158, 206
Protocole de Kyoto, 401, 423, 424, 428, 434, 453
Protocole de Montréal, 332, 386
Protons, 174, 185-189, 191, 216, 218
Pupille de l'œil, 572, 573

Q

Questions, poser des, 10, 11, 14, 19, 124, 130, 135, 136, 611

R

Racines grecques et latines, 645
Radars, 465, 466, 469, 591, 655
Ramirez, Manuel, 316
Rayonnement infrarouge, 325, 327-329, 334, 335, 338, 339, 341-343, 355, 357, 362, 387, 391, 447, 466
Rayonnement, 464
  changements dans le, 353
  et atmosphère, 335, 338
  et latitude, 328, 329
  et particules, 326
  et radiothérapie, 54
  Soleil et, 325
Rayons émergents, 529, 530, 556-558
Rayons gamma, 465, 466, 469, 504
Rayons incidents, 483, 493, 501, 504, 530, 552, 553, 556, 558, 569, 570, 580
  dans la réflexion, 481, 484, 485, 496, 497, 518
  dans la réfraction, 511, 516-518, 520, 524, 526
Rayons lumineux, 479-482, 497, 504, 507, 509, 517, 520, 522, 527, 532, 533, 535, 538, 574-576, 582-584, 590, 591, 594, 597
  et miroirs, 497-501
  mesurer l'angle formé par des, 633
  parallèles, 496, 498-501, 547, 551-553, 580, 586
  pour localiser une image, 489-491, 495, 556, 559, 561
  télescopes à réflexion et, 498
  trajet à travers une lentille, 586
Rayons réfléchis, 459, 481-486, 493, 494, 497-500, 504, 506, 509, 520, 526, 556, 586, 590, 592
Rayons réfractés, 516, 517, 520-524, 526, 532-534, 551-553, 556, 558, 559, 568, 590
Rayons X, 49, 52, 53, 55, 62, 65, 66, 85, 165, 464-466, 468, 469, 506, 591, 654
Réactifs, 225-228, 230-233, 236-239, 242, 243, 250, 256, 258, 260, 261, 278, 281, 303
Réactions chimiques, 167, 176, 220, 223, 244, 257, 260, 261, 302-305, 475, 613. *Voir aussi* Réactions de décomposition ; Réactions de déplacement double ; Réactions de déplacement simple ; Réactions de synthèse
combustion, 224, 225, 227, 248-251, 256, 286, 287, 291

équations chimiques et, 225-228, 230, 231, 234-236, 239-242, 247, 256, 278, 279, 281, 282, 290, 291, 299
équations décrivant les, 225-228
et chimiluminescence, 473, 474, 476, 504
et environnement, 168, 221, 256, 298
et loi de la conservation de la masse, 221, 230-232, 256, 298
et masse, 228-232
et produits de consommation, 221, 256, 298
propriétés, 221, 225, 246, 247, 256, 298
regroupement des, 237
Réactions de décomposition, 237-239, 244, 245, 250
Réactions de déplacement double, 242, 243, 246, 247, 256, 278, 279
Réactions de déplacement simple, 240, 241, 243, 246, 256, 296
Réactions de neutralisation, 263, 278, 279, 281, 288, 292, 296-298
Réactions de synthèse, 237-239, 244, 249, 251, 261, 304, 308
Réactivité, 275
des solutions acides, 273
des solutions basiques, 273
Récepteurs sensoriels, 106, 107
Recherche
fondamentale vs appliquée, 656
habiletés de, 618-623
Récifs de corail, 358, 359, 362, 365, 366, 414
Réflexes, 106
Réflexion, 454, 456, 458, 459, 461, 480-486, 489-493, 496-498, 504-506, 509, 511, 517-520, 526-534, 537-540, 542, 544, 545, 547, 586, 588, 590-592, 595-597. *Voir aussi* Angle de réflexion
Réflexion diffuse, 485, 486, 506, 590, 597
Réflexion spéculaire, 484-486, 506, 590, 592, 596, 597
Réflexion totale interne, 511, 526-532, 537, 539, 540, 542, 544, 545, 586, 590, 591
Réfraction. *Voir aussi* Angle de réfraction ; Indice de réfraction
à travers une lentille, 552, 553
cause de la, 516
dans différents milieux, 522, 523
dans l'œil humain, 572
déviation de la lumière et, 515
et phénomènes naturels, 511, 535-540, 586
partielle, 517-519
qu'est-ce que la, 515
réflexion et, 517-519
règles de la 516, 517
Régénération, 79, 116, 160
Régions polaires, 322, 334, 344. *Voir aussi* Antarctique ; Arctique
Régions tropicales, 344, 414
Règle de la somme nulle, 197
Reins, 83, 96, 97, 104, 109, 156
Relief
et changements climatiques, 348
et zones climatiques, 334
Reproduction asexuée, 36, 37, 67
Reproduction sexuée, 36
Reproduction végétative, 145-147
Respiration, 92, 93, 95
Respiration cellulaire, 31, 40, 109, 127, 133, 136, 160, 335, 339

Résumé, rédiger un, 174, 182, 185, 198
Réticulum endoplasmique, 30-32, 66
Rétine, 572-575, 582, 584, 585
Rétroréflecteur laser pour la mesure des distances (LR³), 512, 530
Rétroréflecteurs, 486, 512, 530, 531, 540, 545, 645
Ricci, Mario, 264
Roentgen, William Konrad, 464
Rouille, 252-254, 256, 258, 261, 304, 309

S

Sables bitumineux, 390, 424 fig.
Sagan, Carl, 16
Saisons
changements climatiques et, 320, 377, 403, 412, 421, 436, 442
en Ontario, 419
inclinaison de la Terre et, 320, 353, 362
Sang, 53-55, 59, 61, 71, 74, 76, 79, 82-87, 90, 92, 93, 95, 107, 109, 110, 114-119, 139, 158-161, 165, 188, 255, 288, 602, 645
de cordon, 78
Satellites, 320, 331 fig., 351, 375, 379, 381, 463, 476, 568, 656. *Voir aussi* Antenne parabolique
Saturne, 350
Savoir écologique traditionnel (SÉT), 649
Scénarios, 13, 156, 157, 393, 394, 408, 409, 411, 436, 438, 460
Scepticisme, 653
Sciences
canulars et fraudes, 651
caractéristiques des, 649
comportement éthique en, 653
dans la commercialisation, 652, 653
dans notre vie quotidienne, 3, 5, 19
et société, 18
fausses données scientifiques, 651
idées fausses sur les, 649, 650
légendes urbaines, 652
mathématiques en, 624-633
pseudo-science, 651
rapport scientifique, 266, 268, 273
réalisations des, 650
sécurité en, 600-603
Sciences, technologie, société et environnement (STSE), 654-657
Scientifique, démarche, 2-5, 8, 10, 11, 14-16, 18, 19, 55, 610-617
Scientifique, habiletés en recherche, 2, 3, 10, 11, 14, 15
Scientifique, méthode, 2, 3, 8-15, 649, 650
Scientifique, penser comme une ou un, 610-617
Scintillement, 527
Sécurité en laboratoire, 600-603
Semi-conducteurs, 476
SIMDUT (Système d'information sur les matières dangereuses utilisées au travail), 182, 183, 217, 302, 603
Smog, 6, 206, 287, 332, 421, 432, 591
Société
acides et, 263, 292, 298
bases et, 263, 292, 298
changements climatiques et, 403, 407, 412, 417, 436, 442
instruments d'optique dans la, 459, 504

ondes électromagnétiques dans notre, 466
sciences et technologie et, 18
Société canadienne du cancer, 26, 52
Sodium, 185 fig., 186, 188-190, 192, 202, 203, 216, 236-238, 258
Sodium, chlorure de, 192-195, 202, 205, 212, 236, 238, 242, 243, 253, 278, 295, 299
Sodium, hydrogénocarbonate de, 202, 213, 227, 258, 261, 266, 268, 299
Sodium, hydroxyde de, 180, 181, 228, 229, 235, 236, 267, 270, 271, 278, 279, 281, 282, 294, 295, 299, 304
Sodium, nitrite de, 202
Sodium, phosphate de, 202, 204, 243, 304
Sol
oxyde nitreux dans le, 341 fig.
pH et, 273, 274
précipitations acides et, 288
Soleil
d'aspect aplati, 536, 539
énergie du, 315, 317, 320, 325-331, 333, 334, 338, 340, 345, 348, 349, 351, 353, 362, 363, 394, 404, 406, 410, 411, 416, 430, 436, 442
et système climatique de la Terre, 315, 325-329, 362, 442
lumière du, 463
rayonnement du, 313, 325-329, 331, 332, 334, 338, 340, 344, 345, 351, 353, 355-358, 362, 367, 410, 418
Sommet, définition, 496
Soufre, 190, 195, 196, 210, 225, 237, 238, 252, 258, 283, 286, 289-291
Soufre, dioxyde de, 209, 216, 241, 258, 260, 285, 286, 290-292, 300, 303, 351
Soufre, trioxyde de, 178, 209, 286, 304
Sources d'énergie propre, 403, 405-411, 426, 428, 429, 436, 437, 442, 452
Spectre électromagnétique, 465, 469, 504, 593, 594, 597, 644
Spectre visible, 467-469, 477, 504, 509, 545, 594
SRAS (syndrome respiratoire aigu sévère), 94, 95
Stalactites et stalagmites, 360 fig.
Stomates, 137-139, 148, 152, 159, 164
Stratégies de lecture, 7, 641
Stratosphère, 331, 332, 335, 340, 351, 367, 448, 452
Substances
changements, 175-178
chimie en tant qu'étude des, 175
classer les, 171, 214
propriétés des, 171, 175, 214, 298
Sudbury (Ontario), 262, 264, 291
Suie, 248, 249, 251, 256, 258
Support
pour transmission de l'énergie, 464
pour transmission des ondes électromagnétiques, 464, 469, 504
Surface de la Terre
et énergie, 327, 331, 338, 348, 351, 362, 410
température de la, 326, 338, 345, 356
Suzuki, David, 430
Symboles d'état, 226, 227, 233, 236, 237, 239, 243
Symboles visant les produits ménagers dangereux, 272, 274, 277, 603
Système circulatoire, 73-75, 80, 83, 85, 87-89, 91, 92, 95, 108-111, 114, 117, 118, 123, 125, 139, 149, 153, 160, 161, 165

Système climatique, 312, 314, 317, 318, 330, 333, 335, 342, 347, 351, 356, 357, 363, 364, 367, 369, 373, 378, 393-395, 401, 403, 410, 411, 416, 438, 446, 448-451
   et énergie thermique, 344
   gaz à effet de serre et, 407
   glace et, 334
   soleil et, 315, 325-329, 362, 442
   température et, 338
   transfert d'énergie dans le, 344-346, 354, 442
Système dermique, 126, 131, 158. *Voir aussi* Tissus dermiques
Système endocrinien, 75, 108, 111
Système excréteur, 111
Système foliacé, 121, 125-128, 141, 148, 152, 154
Système fondamental, 126, 137. *Voir aussi* Tissus fondamentaux
Système nerveux, 75, 88, 94, 100, 104-108, 110, 111, 114, 116-118, 125, 139, 158, 165
   central, 104, 106, 107, 114
   périphérique, 104, 105, 107
Système racinaire, 121, 125, 126, 128, 141, 148, 154
Système tégumentaire, 108, 110, 111
Système vasculaire, 126, 130, 131, 139. *Voir aussi* Tissus vasculaires
Systèmes organiques, 69, 74-76, 80, 83, 87-89, 91, 99, 104, 111, 114, 116, 153, 154, 158, 159, 161, 164
   interactions entre les, 89, 108-111, 154

T

Tabagisme, 49, 85, 94, 414
Tableau périodique, 174, 184, 185, 187, 189, 191, 217-219, 302, 303, 305, 309, 646-647
Tableaux de données, 634-636
Techniques d'étude, 637-640
Technologie
   des lentilles, 547, 586
   et la vie quotidienne, 3, 5, 16, 19
   et précipitations acides, 263, 292, 298
   et société, 18
   médicale, 18, 20, 21, 33, 63, 87, 107, 114, 115, 117, 149, 157
Technologie médicale, 18, 20, 21, 33
Technologies d'imagerie médicale, 25, 52, 53, 55, 62, 154, 160
Technologies vertes, 404, 425
Tectonique des plaques, 348, 353
Télescope spatial Hubble, 498, 571
Télescopes, 455, 466, 469, 498, 504, 567, 571, 588, 595, 654, 655. *Voir aussi* Lunette astronomique
Teller, James T., 354
Télomères, 45
Télophase, 40, 42, 43, 44, 47, 62, 64, 66, 67
Température(s)
   anomalies de, 373
   au Canada, 374
   de l'air, 326, 335
   de la surface de la Terre, 326, 345
   dioxyde de carbone et, 388
   en Ontario, 419
   et équilibre énergétique, 328
   et glace, 356
   et Grands Lacs, 419
   et temps, 319
   gaz à effet de serre anthropiques et, 386-387

   globale constante, 330
   hausse de, 374, 383, 386-389, 395, 409, 412, 417, 419, 420, 423, 428, 436, 443
   système climatique et, 338
   vapeur d'eau et, 340
Temps
   décrire le, 319
   définition, 319
   et climat, 319-321, 362
   événements extrêmes, 377, 389
   prédire le, 320
   prévisions du, 6
Tendons, 72, 76, 96, 100, 101, 103
Test de Papanicolaou, 50
Théorie cellulaire, 29, 32, 58, 62
Théories, 17, 39, 279, 348-350, 642, 649, 650, 653, 654
Thermosphère, 331 fig.
Thermostat, 326, 327, 429, 613, 617
Thylakoïdes, 127, 152
Till, James E., 78
Timmins (Ontario), 323
Tissu conjonctif, 74-76, 80, 82-84, 92, 99, 101, 105, 107, 114, 117, 119, 158
Tissu épithélial, 72, 75, 76, 80-82, 84, 95, 114, 118, 158
Tissu musculaire, 74-76, 84, 100, 102, 114, 118, 119, 158
Tissu nerveux, 74-76, 81, 84, 104, 114, 118, 158
Tissu péridermique, 131, 152
Tissus
   cellules et, 114
   définition, 74
   et cœur, 84
   et organes, 114
   greffés, 96
   régénération des, 79
   types de, 75, 76
Tissus dermiques, 121, 126, 130, 131, 133, 139, 144, 148, 154, 160. *Voir aussi* Système dermique
Tissus fondamentaux, 121, 126, 130, 132, 133, 139, 144, 148, 153, 154. *Voir aussi* Système fondamental
Tissus vasculaires, 124, 130-133, 137-139, 144, 147, 148, 154, 162, 164. *Voir aussi* Système vasculaire
Titane, dioxyde de, 284
Tomodensitogramme, 53, 107
Toronto
   biophotonique à l'Université de, 55
   réduction des émissions de gaz à effet de serre à, 425
Trachée, 70, 91-93, 95, 96
Translucide, définition, 479
Transparent, définition, 479
Transport, changements climatiques et, 416, 425, 426
Travail d'équipe, 637, 638
Triboluminescence, 475, 476, 504, 506, 592
Troposphère, 331, 332, 335, 340, 345, 367, 447, 448
TSET (taille, sens, emplacement, type), 492, 493, 504, 554
Tuberculose, 70, 94, 95, 159
Tumeurs, 28, 48, 49, 53-55, 58, 62, 65, 66
   bénignes, 28, 48, 53, 62
   malignes, 28, 48, 53, 55, 62

U

Ultraviolet (UV), rayonnement, 284, 325, 327, 331, 332, 340, 367, 447
Ultraviolette (UV), lumière, 33, 284, 472
Union Internationale de la chimie pure et appliquée (UICPA), 196
Unités SI, 624, 625

V

Vaccination. *Voir* Immunisation
Vacuoles, 31, 32, 62
Variable dépendante, 8, 11, 15, 19, 67, 151, 300, 301, 611, 612, 616, 634-636
Variable indépendante, 8, 11, 15, 19, 67, 151, 300, 301, 611, 612, 615, 616, 634-636
Variables, 8-11, 15, 222, 282, 300, 343, 356, 387, 393, 395, 398, 401, 407, 410, 562, 564, 566, 610-613, 615, 634-636
Végétaux. *Voir* Plantes
Veines, 74, 83-85, 96, 119, 139, 159
Vent(s), 320, 330, 364, 377, 447, 452
   dérive des continents et, 348
   dominants, 345-347, 352
   et pollinisation, 127, 128
   vitesse du, 319
Vénus, 318, 330, 356
Verres de contact, 576
Vertébrés, 73, 101, 110
Vésicule biliaire, 80, 82
Virus du Nil occidental (VNO), 90, 117, 445
Virus du papillome humain (VPH), 49, 51
Vision, problèmes de la, 455, 478, 547, 577, 586. *Voir aussi* Œil (yeux)

W

Wilson, Alice, 360
Windsor (Ontario), 336 fig., 337
Woodward, Henry, 471

X

Xénogreffe, 98, 160
Xylème, 132, 133, 138, 139, 144, 145, 147, 148, 152, 158, 162

Y

Young, Thomas, 464
Yukon, 365, 370, 374, 421, 444

Z

Zones climatiques, 322-325, 328, 364
   altitude et, 335
   courants océaniques et, 347
   étendues d'eau et, 333
   relief et, 334
   vents dominants et, 346

Mention des sources

Ces pages constituent un ajout à la page du dépôt légal. Nous avons tout fait pour identifier les propriétaires du matériel utilisé et pour obtenir la permission des détenteurs des droits d'auteur. Si des corrections étaient nécessaires au sujet de l'utilisation d'un matériel particulier, nous les apporterons avec plaisir lors des réimpressions. Nous remercions les auteurs, éditeurs et agents suivants de nous avoir donné l'autorisation d'utiliser le matériel cité.

Légende : b = bas, c = centre, g = gauche, d = droite, h = haut, les lettres [MAJUSCULES] indiquent les mentions relatives aux figures.

Unité A

Chapitre 1. 2 : NASA **3 :** [b] © Park Street/PhotoEdit ; [feu] Le Toronto Star/La Presse Canadienne (Rene Johnston) ; [ours polaire] NORBERT ROSING/National Geographic Image Collection ; [h] Don Farrall/Digital Vision/Getty **4 :** © Jenny E. Ross/Corbis **5 :** [bc] Michael Blann/Lifesize/Getty ; [bg] © ARCTIC IMAGES/Alamy ; [bd] © iStockphoto ; [hc] BRITISH ANTARCTIC SURVEY/SCIENCE PHOTO LIBRARY ; [hg] Monkey Business Images/Shutterstock ; [hd] © 2009 Jupiterimages **6 :** Lucas Oleniuk/Le Toronto Star **7 :** [arr.-pl.] rahulred/Shutterstock **8 :** [hg] Monkey Business Images/Shutterstock **10 :** [b] douglas knight/Shutterstock **11 :** © Ian Shaw/Alamy **12 :** [bg] Photo prise par Andy Bourne ; [bd] © 2009 Jupiterimages ; [hg] BRITISH ANTARCTIC SURVEY/SCIENCE PHOTO LIBRARY **13 :** Graphique adapté de : « Scénarios d'émissions de GES pour la période 2000-2100 (en l'absence de politiques climatiques additionnelles) et projections relatives aux températures en surface » (fig. RID.5, graphique de droite, page 7). GIEC, 2007. *Résumé à l'intention des décideurs.* Dans *Climate Change 2007: The Physical Science Basis,* [sous la dir. de Solomon, S., D. Qin, et autres], Cambridge University Press, Cambridge, Royaume-Uni et New York, NY, É.-U., p. 7. **14 :** Michael Blann/Lifesize/Getty **16 :** Extrait tiré de : SAGAN, Carl, et Ann DRUYAN. *A Demon-Haunted World : Science as a Candle,* The Random House Publishing Group, New York, A Ballantine Book, 1996 ; [extrait APSO] Science Co-ordinators and Consultants Association of Ontario (SCCAO) et l'Association des professeurs de sciences de l'Ontario (STAO/APSO). *Position Paper: The Nature of Science* (2006), p. 1 ; cité dans *Curriculum de l'Ontario, 9e et 10e année – Sciences* (2008), p. 5) [bc] © PHOTOTAKE/Alamy ; [bd] © Daniel J. Cox/Corbis ; [g] © iStockphoto/Andreas Reh **17 :** Brand X Pictures/Photolibrary **19 :** [bc] Michael Blann/Lifesize/Getty ; [bg] © ARCTIC IMAGES/Alamy ; [bd] © iStockphoto ; [hc] BRITISH ANTARCTIC SURVEY/SCIENCE PHOTO LIBRARY ; [hg] Monkey Business Images/Shutterstock ; [hd] © 2009 Jupiterimages

Unité B

Chapitre 2. 20 : Don Farrall/Digital Vision/Getty **21 :** [b] © iStockphoto/Kiyoshi Takahase Segundo ; [dialyse] © Helene Rogers/Alamy ; [chirurgie] © 2009 Jupiterimages ; [radiographie] © iStockphoto/ksass **22 :** [c] © MedicalRF/Corbis ; [g] STEVE GSCHMEISSNER/SCIENCE PHOTO LIBRARY ; [d] BJANKA KADIC/SCIENCE PHOTO LIBRARY **24 :** STEVE GSCHMEISSNER/SCIENCE PHOTO LIBRARY **25 :** [hc] Biophoto Associates/Photo Researchers ; [bd] SMC Images/Photodisc/Getty ; [bg] P&R Fotos/age fotostock/Photolibrary ; [hg] Wim van Egmond/Visuals Unlimited/Getty **26 :** [h] Avec la permission de la Société canadienne du cancer ; [b] Peterborough Examiner/La Presse Canadienne (Clifford Skarstedt) **27 :** [bg] Dorling Kindersley/Getty ; [bd] © 2009 Creatas Images/Jupiterimages ; [cg] Ed Reschke/Peter Arnold ; [cd] ANDREW LAMBERT PHOTOGRAPHY/SCIENCE PHOTO LIBRARY ; [g] STEVE GSCHMEISSNER/SCIENCE PHOTO LIBRARY ; [hd] © Visuals Unlimited/Corbis **28 :** [papier] Robyn Mackenzie/Shutterstock ; [arr.-pl.] rahulred/Shutterstock **29 :** [A] © Eraxion/Dreamstime ; [B] Wim van Egmond/Visuals Unlimited/Getty ; [C] © 2009 David B. Fleetham/Oxford Scientific/Jupiterimages ; [D] © All Canada Photos/Alamy **30 :** [bg] Ed Reschke/Peter Arnold ; [cg] Scimat/Photo Researchers **31 :** [fig. 5] Keith R. Porter/Photo Researchers, [fig. 6] Steve Gschmeissner/Photo Researchers, [fig. 7] SCIENCE PHOTO LIBRARY ; [fig. 8A] Biophoto Associates/Photo Researchers ; [fig. 8B] Steve Gschmeissner/Photo Researchers **32 :** [fig. 9] Ed Reschke/Peter Arnold **33 :** [arr.-pl.] dwphotos/Shutterstock ; [g] Javier Larrea/age fotostock/Photolibrary ; [d] Dr Gopal Murti/Photo Researchers **36 :** [bg] Suzie Gibbons/Garden Picture Library/Photolibrary ; [d] Radius Images/Photolibrary ; [h] Kwangshin Kim/Photo Researchers **41 :** [A, B] P&R Fotos/age fotostock/Photolibrary **42 :** [bg] Dr Robert Calentine/Visuals Unlimited/Getty ; [bd] Ed Reschke/Peter Arnold ; [cg, cd] P&R Fotos/age fotostock/Photolibrary **44 :** Michael Abbey/Photo Researchers **45 :** [arr.-pl.] Svetlana Privezentseva/Shutterstock ; [g] © 2009 Jupiterimages ; [d] © 2009 Creative Concept/Jupiterimages **46 :** [g] Biology Media/Photo Researchers ; [d] Ed Reschke/Peter Arnold **47 :** [A, B, C, D, E] Ed Reschke/Peter Arnold **50 :** [bénin/asymétrie] © Don Garbera/Phototake — Tous droits réservés ; [bénin/bord, bénin/couleur, bénin/diamètre] © ISM/Phototake — Tous droits réservés ; [malin/asymétrie] © Pulse Picture Library/CMP Images/Phototake ; [malin/bord, malin/diamètre, malin/couleur] NMSB/CMSP **52 :** [bg] SMC Images/Photodisc/Getty ; [h] © Bettmann/CORBIS ; [hg] Dave King © Dorling Kindersley, avec la permission du Science Museum de Londres **53 :** [fig. 10] Simon Fraser/Photo Researchers ; [fig. 8] SIMON FRASER/SCIENCE PHOTO LIBRARY ; [fig. 9] SIMON FRASER/FREEMAN HOSPITAL, NEWCASTLE UPON TYNE/SCIENCE PHOTO LIBRARY **54 :** [b] © Luca Medical/Alamy **56 :** [g] © 2009 Image Source/Jupiterimages ; [d] Biodisc/Visuals Unlimited/Getty **58 :** PROF. P. MOTTA/DÉP. D'ANATOMIE/UNIVERSITÉ « LA SAPIENZA », ROME/SCIENCE PHOTO LIBRARY **59 :** [A] PROFESSEURS P.M. MOTTA & S. CORRER/SCIENCE PHOTO LIBRARY ; [B] EYE OF SCIENCE/SCIENCE PHOTO LIBRARY ; [C] STEVE GSCHMEISSNER/SCIENCE PHOTO LIBRARY ; [D] ANDREW SYRED/SCIENCE PHOTO LIBRARY ; [E] Dr David M. Phillips/Visuals Unlimited/Getty ; [F] EYE OF SCIENCE/SCIENCE PHOTO LIBRARY ; [G] STEVE GSCHMEISSNER/SCIENCE PHOTO LIBRARY ; [H] SUSUMU NISHINAGA/SCIENCE PHOTO LIBRARY ; [I] PAUL ZAHL/National Geographic Stock **60 :** [A] Educational Images Ltd./CMSP ; [B] Dr Richard Kessel & Dr Gene Shih/Visuals Unlimited/Getty ; [C] STEVE GSCHMEISSNER/SCIENCE PHOTO LIBRARY ; [D] Dr Richard Kessel & Dr Gene Shih/Visuals Unlimited/Getty ; [E] © Visuals Unlimited/Corbis, [F] Dr Dennis Kunkel/Visuals Unlimited/Getty **61 :** Dr Gopal Murti/Visuals Unlimited/Getty **62, 154 :** [bg] P&R Fotos/age fotostock/Photolibrary ; [bd] SMC Images/Photodisc/Getty ; [hc] Biophoto Associates/Photo Researchers ; [hg] Wim van Egmond/Visuals Unlimited/Getty **63 :** [bg] Dorling Kindersley/Getty ; [bd] © 2009 Creatas Images/Jupiterimages ; [cg] Ed Reschke/Peter Arnold ; [cd] ANDREW LAMBERT PHOTOGRAPHY/SCIENCE PHOTO LIBRARY ; [hg] STEVE GSCHMEISSNER/SCIENCE PHOTO LIBRARY ; [hd] © Visuals Unlimited/Corbis

Chapitre 3. 68 : © MedicalRF/Corbis **69 :** [bd] PHANIE/Photo Researchers ; [hg] © iStockphoto/Kevin Snair **70 :** [h] AP Photo/Hôpital Clinique de Barcelone, HO **71 :** [bg] NANCY KEDERSHA/SCIENCE PHOTO LIBRARY ; [bd] R. Andrew Odum/Peter Arnold ; [cg] Michael Abbey/Photo Researchers ; [cd] © iStockphoto/Kevin Snair ; [hg] urbanraven/BigStockPhoto ; [hd] © Photodisc/Alamy **72 :** [arr.-pl.] rahulred/Shutterstock **73 :** [c] John A. Anderson/Shutterstock ; [h] Olga van de Veer/BigStockPhoto ; [b] Gerald A. DeBoer/Shutterstock **77 :** [b] © Collection CNRI/Phototake — Tous droits réservés. **78 :** PHANIE/Photo Researchers **79 :** Reinhard Dirscherl/Visuals Unlimited/Getty **83 :** [b] NATIONAL CANCER INSTITUTE/SCIENCE PHOTO LIBRARY **84 :** [bg, bd] Ed Reschke/Peter Arnold ; [h] Photo prise par Colin Rowe **85 :** © BSIP Cavallini James **86 :** [l] Medicimage/Photolibrary ; [électrocardiogramme] Oscar Ruben Calero de Diago/BigStockPhoto ; [h] © Dr David M. Phillips/Visuals Unlimited/Alamy **87 :** [b] Dr Gladden Willis/Visuals Unlimited/Getty ; [c] STEVE GSCHMEISSNER/SCIENCE PHOTO LIBRARY ; [h] © Visuals Unlimited/Corbis **88 :** [g] © iStockphoto/Kevin Snair ; [d] CMSP **89 :** [g,d] Educational Images Ltd./CMSP **90 :** [arr.-pl.] Terrance Emerson/Shutterstock ; [bd] Lydia Bilby-Sparling/Shutterstock ; [g] © iStockphoto/Douglas Allen ; [hd] Bernard Weil/GetStock **91 :** [c] SUSUMU NISHINAGA/SCIENCE PHOTO LIBRARY **94 :** GUSTOIMAGES/SCIENCE PHOTO LIBRARY **95 :** [d] Toronto Globe and Mail/La Presse Canadienne (Tibor Kolley) **97 :** [formulaire de consentement au don de vie] Avec la permission du Réseau Trillium pour le don de vie **99 :** [hg] ANDREW SYRED/SCIENCE PHOTO LIBRARY **100 :** [hd] © Visuals Unlimited/Corbis **101 :** [b] Igor Gorelchenkov/Shutterstock **106 :** [bg] AP Photo/Mark Gilliland **107 :** [b] DU CANE MEDICAL IMAGING LTD/SCIENCE PHOTO LIBRARY **109 :** [b] MedicalRF/Photo Researchers ; [h] Susumu Nishinaga/Photo Researchers **110 :** [bc] © 2009 Jupiterimages ; [bg] Ffion/BigStockPhoto ; [cg] © iStockphoto/Les McGlasson ; [cg] James H. Robinson/Photo Researchers ; [h] Cathy Keifer/BigStockPhoto **112 :** [arr.-pl.] dwphotos/Shutterstock ; [g] © Nic Cleave Photography/Alamy **113 :** AP Photo/John Amis **114, 154 :** [bd] PHANIE/Photo Researchers ; [hg] © iStockphoto/Kevin Snair **115 :** [bg] NANCY KEDERSHA/SCIENCE PHOTO LIBRARY ; [bd] R. Andrew Odum/Peter Arnold ; [cg] Michael Abbey/Photo Researchers ; [cd] © iStockphoto/Kevin Snair ; [hg] urbanraven/BigStockPhoto ; [hd] © Photodisc/Alamy

Chapitre 4. 120 : BJANKA KADIC/SCIENCE PHOTO LIBRARY **121 :** [bc] DR KEITH WHEELER/SCIENCE PHOTO LIBRARY ; [bg] Photo tirée de « Transient and Stable Expression of the Firefly Luciferase Gene in Plant Cells and Transgenic Plants », dans OW, David W., et autres. *Science,* 1er novembre 1986, publié par The American Association for the Advancement of Science. Reproduction autorisée par l'AAAS ; [bd] © Biodisc/Visuals Unlimited/Alamy ; [hc] © Graham Oliver/Alamy ; [hg] prism68/Shutterstock ; [hd] Ed Reschke/Peter Arnold **122 :** [b] Mike Flippo/Shutterstock ; [arr.-pl.] Christophe Testi/Shutterstock ; [h] © Macduff Everton/CORBIS **123 :** [bg] Filipe B. Varela/Shutterstock ; [bd] Fredrik Ehrenstrom/Oxford Scientific/Photolibrary ; [cg] © Alaska Stock LLC/Alamy ; [cd] Jasmina007/Shutterstock ; [hg] Maksym Gorpenyuk/Shutterstock ; [hd] David M. Dennis/Oxford Scientific/Photolibrary **124 :** [papier] Robyn Mackenzie/Shutterstock ; [arr.-pl.] rahulred/Shutterstock ; [cg] Pippin Lee/fotoboof **126 :** [bg] GEOFF TOMPKINSON/SCIENCE PHOTO LIBRARY ; [bg] Japan Travel Bureau/Photolibrary ; [bd] Yuji Sakai/Digital Vision/Getty ; [h] Angelo Cavalli/Photodisc/Getty **127 :** [bc] Walid Nohra/Shutterstock ; [bd] © Fackler Poinsettias/Alamy ; [g] © Custom Life Science Images/Alamy ; [h] DR KARI LOUNATMAA/SCIENCE PHOTO LIBRARY **128 :** [b] Ed Reschke/Peter Arnold ; [c] Christian Musat/Shutterstock ; [hd] © blickwinkel/Alamy **129 :** [g] prism68/Shutterstock ; [d] © Biodisc/Visuals Unlimited/Alamy **131 :** [c] © Nigel Cattlin/Alamy ; [g] © BrazilPhotos/Alamy ; [d] Michael Coyne/Lonely Planet **132 :** [b] Ed Reschke/Peter Arnold **134 :** [bd] Photo tirée de « Transient and Stable Expression of the Firefly Luciferase Gene in Plant Cells and Transgenic Plants », dans OW, David W., et autres. *Science,* 1er novembre 1986, publié par The American Association for the Advancement of Science. Reproduction autorisée par l'AAAS ; [g] Science VU/Visuals Unlimited **135 :** Anna Jurkovska/Shutterstock **136 :** [g] © Graham Oliver/Alamy ; [d] © Matthew Mawson/Alamy

137 : [b] Ed Reschke/Peter Arnold **139 :** »[h] DR KEITH WHEELER/SCIENCE PHOTO LIBRARY **140 :** Eye of Science/Photo Researchers **142 :** [arr.-pl.] Terrance Emerson/Shutterstock; [bg] © inga spence/Alamy; [d] Pippin Lee/fotoboof; [hg] © Wayne Higgins/Alamy **144 :** [bg] Doug Fraser; [h] © PHOTOTAKE/Alamy **145 :** [g] Mel McIntyre/Shutterstock; [d] James Randklev/Photographer's Choice/Photolibrary **146 :** [bg] © P. Dumas/Phototake — Tous droits réservés; [bd] SINCLAIR STAMMERS/SCIENCE PHOTO LIBRARY; [hg] Wally Eberhart/Visuals Unlimited/Getty; [hd] Michael Howes/Garden Picture Library/Photolibrary **147 :** Heinrich van den Berg/Gallo Images/Getty **148, 154 :** [bc] DR KEITH WHEELER/SCIENCE PHOTO LIBRARY; [bg] Photo tirée de OW, David W., et autres. « Transient and Stable Expression of the Firefly Luciferase Gene in Plant Cells and Transgenic Plants », *Science*, 1er novembre 1986, publié par The American Association for the Advancement of Science. Reproduction autorisée par l'AAAS; [bd] © Biodisc/Visuals Unlimited/Alamy; [hc] © Graham Oliver/Alamy; [hg] prism68/Shutterstock; [hd] Ed Reschke/Peter Arnold **149 :** [bg] Filipe B. Varela/Shutterstock; [bd] Fredrik Ehrenstrom/Oxford Scientific/Photolibrary; [cg] © Alaska Stock LLC/Alamy; [cd] Jasmina007/Shutterstock; [hg] Maksym Gorpenyuk/Shutterstock; [hd] David M. Dennis/Oxford Scientific/Photolibrary **150 :** [bg] STEVE GSCHMEISSNER/SCIENCE PHOTO LIBRARY; [bd] Ed Reschke/Peter Arnold; [hg] DR DAVID FURNESS, KEELE UNIVERSITY/SCIENCE PHOTO LIBRARY; [hd] EYE OF SCIENCE/SCIENCE PHOTO LIBRARY **151 :** Jerry Horbert/Shutterstock **153 :** [c] DR KEITH WHEELER/SCIENCE PHOTO LIBRARY

Unité C

Chapitre 5. 166 : Le Toronto Star/La Presse Canadienne (Rene Johnston) **167 :** [b] Marc-André Brouillard; [rouille] ©iStockphoto/Ewald Froech; [h] Avec la permission de David Richardson; [camion-citerne] © 2009 Jupiterimages **168 :** [c] SVEN DILLEN/AFP/Getty; [g] NASA Marshall Space Flight; [d] T. Kitchin & V. Hurst/All Canada Photos/Photolibrary **169 :** [billard] © iStockphoto/chris scredon; [bg] © Jewellery specialist/Alamy; [fille] WILLIAM WEST/AFP/Getty; [bouilloire] © Darren Matthews/Alamy **170 :** NASA Marshall Space Flight Center **171 :** [bc] Creatas/Photolibrary; [bd] Feng Yu/Shutterstock; [hc] Charles D. Winters/Photo Researchers/Photolibrary; [hg] © Michael Newman/PhotoEdit; [hd] © Leslie Garland Picture Library/Alamy **172 :** Christian Darkin/Photo Researchers **173 :** [bd] © 2009 Stock Connection/Jupiterimages; [cg] © iStockphoto/Skip O'Donnell; [cd] © David Young-Wolff/PhotoEdit; [hd] Charles Winters/Photo Researchers **174 :** [arr.-pl.] rahulred/Shutterstock **175 :** Phanie/First Light **176 :** JoLin/Shutterstock **177 :** [b] © 2009 BananaStock/Jupiterimages; [chandelle] South12th Photography/Shutterstock; [luciole] Photo Researchers/First Light; [bg] Lambert Photography/Photolibrary; [hg] Martyn F. Chillmaid/SPL/photolibrary; [hd] © sciencephotos/Alamy **179 :** [b] © 2009 Jupiterimages; [arr.-pl.] Terrance Emerson/Shutterstock; [g] Visions LLC/Photolibrary **184 :** [bg] Klaus Guldbrandsen/Photo Researchers; [bd] © Leslie Garland Picture Library/Alamy; [hg] Charles D. Winters/Photo Researchers; [hd] Charles D. Winters/Photo Researchers **185 :** [hc] Charles D. Winters/Photo Researchers/Photolibrary; [hg] Charles D. Winters/Photo Researchers/Photolibrary; [hd] Charles D. Winters/Photo Researchers/Photolibrary **187 :** [bg] Don Farrall/Photodisc/Getty; [bd] Photo Researchers/Photolibrary; [hg] © Leslie Garland Picture Library/Alamy; [hd] © 1989 Richard Megna/Fundamental Photographs **188 :** Novastock/Photolibrary **192 :** [B] Charles D. Winters/Photo Researchers; [C] Charles D. Winters/Photo Researchers; Yoav Levy/Photolibrary; [E] Spencer Jones/Picturearts/Photolibrary; [A] Charles Winters/Photo Researchers **193 :** [hg] Dr Jeremy Burgess/Photo Researchers **196 :** [b] D.Harms/WILDLIFE/Peter Arnold; [cg] Charles D. Winters/Photo Researchers; [h] Dusan Po/Shutterstock **197 :** [b] © 2009 Jupiterimages **198 :** [g] © 1994 Richard Megna/Fundamental Photographs **200 :** Visuals Unlimited/Getty **202 :** [h] Getty **206 :** [bc] cappi thompson/Shutterstock; [bg] Radu Razvan/Shutterstock; [bd] Creatas/Photolibrary; [hg] © Michael Newman/PhotoEdit; [hd] © Didier Dorval/Masterfile **208 :** [A] © Carolinasm/Dreamstime; [B] Dr Tim Evans/Photo Researchers; [C] © Scott Camazine/Phototake — Tous droits réservés. **210 :** [hg] Feng Yu/Shutterstock **211 :** La Presse Canadienne (Sam Leung) **214, 296 :** [bc] Creatas/Photolibrary; [bd] Feng Yu/Shutterstock; [hc] Charles D. Winters/Photo Researchers/Photolibrary; [hg] © Michael Newman/PhotoEdit; [hd] © Leslie Garland Picture Library/Alamy **215 :** [bd] © 2009 Stock Connection/Jupiterimages; [cg] © iStockphoto/Skip O'Donnell; [cd] © David Young-Wolff/PhotoEdit; [hd] Charles Winters/Photo Researchers **217 :** [bg] © Mallory Morrison Lann/Alamy **Chapitre 6. 220 :** SVEN DILLEN/AFP/Getty **221 :** [bg] Andrew Lambert Photography/Photo Researchers; [bc] La Presse Canadienne (Andrew Vaughan); [bd] Boris Spremo/Getstock; [hg] Université de Puget Sound, Tacoma, WA, É.-U.; [hd] © Rob Walls/Alamy **222 :** [d] Edward Kinsman/Photo Researchers; [papier déchiré en arr.-pl.] Robyn Mackenzie/Shutterstock **223 :** [bg] Yuri Arcurs/Shutterstock; [bd] © Dino Fracchia/Alamy; [cg] © 2009 Design Pics/Jupiterimages; [cd] © iStockphoto/Eileen Hart; [hg] Michael Stokes/Shutterstock; [hd] Simone van den Berg/Shutterstock **224 :** [arr.-pl.] rahulred/Shutterstock; [papier] Robyn Mackenzie/Shutterstock; Rene Johnston/Le Toronto Star **225 :** [bc] Andrew Lambert Photography/Photo Researchers; [bg, bd] Martyn F. Chillmaid/Photo Researchers; © iStockphoto/Johann Helgason **226 :** [bg] Andrew Lambert Photography/Photo Researchers; [bd] Charles D. Winters/Photo Researchers **227 :** [b] Charles D. Winters/Photo Researchers **230 :** [h] Shironina Lidiya Alexandrovna/Shutterstock **234 :** Creatas/Photolibrary **237 :** [c] Andrew Lambert Photography/Photo Researchers; [g] Charles Winters/Photo Researchers; [d] Charles D. Winters/Photo Researchers **238 :** [b] © Rick Fischer/Masterfile **239 :** [h] Torstar Syndication Services/La Presse Canadienne **240 :** [bg] Charles D. Winters/Photo Researchers; [bd] Charles D. Winters/Photo Researchers; [h] Université de Puget Sound, Tacoma, WA, É.-U. **241 :** [b] © Paul A. Souders/CORBIS; [h] Charles D. Winters/Photo Researchers **242 :** [bg] Charles D. Winters/Photo Researchers; [d] Charles D. Winters/Photo Researchers **243 :** [b] © Tony Freeman/PhotoEdit; [h] David Taylor/Photo Researchers **244 :** Charles D. Winters/Photo Researchers **248 :** Rene Johnston/Le Toronto Star **249 :** [b] Corbis/Photolibrary; [h] Boris Spremo/Getstock **250 :** [g] © Charles D. Winters/Photo Researchers; [d] © Rob Walls/Alamy **251 :** Avec la permission de Coleman **252 :** © Howard Sandler/iStockphoto **253 :** [bd] 3D4Medical/Getty; [g] La Presse Canadienne (Andrew Vaughan); [hd] DCD/Shutterstock **254 :** Chad McDermott/Shutterstock **255 :** [arr.-pl.] Svetlana Privezentseva/Shutterstock; [g] © Petra Johansson/Alamy; [d] Duard van der Westhuizen/Shutterstock **256, 298 :** [bc] La Presse Canadienne (Andrew Vaughan); [bg] Andrew Lambert Photography/Photo Researchers; [bd] Boris Spremo/Getstock; [hg] Université de Puget Sound, Tacoma, WA, É.-U.; [hd] © Rob Walls/Alamy **257 :** [bg] Yuri Arcurs/Shutterstock; [bd] © Dino Fracchia/Alamy; [cg] © 2009 Design Pics/Jupiterimages; [cd] ©iStockphoto/Eileen Hart; [hg] Michael Stokes/Shutterstock; [hd] Simone van den Berg/Shutterstock
Chapitre 7. 262 : T. Kitchin & V. Hurst/All Canada Photos/Photolibrary **263 :** [produit de débouchage] Pippin Lee/fotoboof; [bg] © Leslie Garland Picture Library/Alamy; [bd] Mike Grandmaison; [hg] © iStockphoto/Jakub Semeniuk; [hd] North Bay Nugget/La Presse Canadienne (Rick Owen/Osprey Media) **264 :** [arr.-pl.] Iakov Kalinin/Shutterstock; [g] © Richard Hamilton Smith/CORBIS; [d] Mike Grandmaison **265 :** [bg] Martyn Chillmaid/Oxford Scientific/Photolibrary; [cg] © Stefan Sollfors/Alamy; [cd] Peter Doomen/Shutterstock; [hg] Biophoto Associates/Photo Researchers; [hd] © 2008 Jupiterimages **266 :** [arr.-pl.] rahulred/Shutterstock **268 :** [hg] Biophoto Associates/Photo Researchers **269 :** [boisson gazeuse (étiquette)] Pippin Lee/fotoboof **270 :** © Leslie Garland Picture Library/Alamy **271 :** Edward H. Gill/CMSP **272 :** [h] Dr Kari Lounatmaa/Photo Researchers **273 :** © Mark Spowart/Alamy **274 :** [produit de débouchage] Pippin Lee/fotoboof; [d] © Rachel Weill/Botanica/Jupiterimages **275 :** Science Faction **279 :** North Bay Nugget/La Presse Canadienne (Rick Owen/Osprey Media) **280 :** [b] David R. Frazier/Photo Researchers; [h] © Ted Spiegel/CORBIS **281 :** [g] © Westend61/Alamy; [d] © Stockphoto/Jakub Semeniuk **282 :** [h] © PHOTOTAKE/Alamy **283 :** Simon Fraser/Photo Researchers **284 :** [b] AP Photo/La Presse Canadienne (Marianna Bertagnolli); [arr.-pl.] Svetlana Privezentseva/Shutterstock **286 :** [graphique circulaire] Source : « Émissions nationales canadiennes et américaines de certains polluants, ventilés par secteur », fig. 26. © Sa Majesté la Reine du chef du Canada, Environnement Canada, 2006. Reproduit avec l'autorisation du ministre des Travaux publics et des Services gouvernementaux Canada. **287 :** Graphique adapté de : Environmental Protection Agency, Washington, D.C.; [achigan] © iStockphoto/George Peters; [mye] © iStockphoto/ROBERTO ADRIAN; [écrevisse] Andrei Nekrassov/Shutterstock; [grenouille] © iStockphoto/Kevin Snair; [huard] Pavel Cheiko/Shutterstock; [éphémère] David Dohnal/Shutterstock; [perche] © iStockphoto/David Dohnal; [salamandre] © Ingram Publishing (Superstock Limited)/Alamy; [escargot] Sasha Radosavljevich/Shutterstock; [h] Source : « Émissions nationales canadiennes et américaines de certains polluants, ventilés par secteur », fig. 26. © Sa Majesté la Reine du chef du Canada, Environnement Canada, 2004. Reproduit avec l'autorisation du ministre des Travaux publics et des Services gouvernementaux Canada, 2009; [truite] ©iStockphoto/arne thaysen **288 :** Mike Grandmaison **289 :** [avant] © 1994 Kristen Brochmann/Fundamental Photographs; [après] © 1994 NYC Parks Photo Archive/Fundamental Photographs **292, 298 :** [bg] © Leslie Garland Picture Library/Alamy; [produit de débouchage] Pippin Lee/fotoboof; [bd] Mike Grandmaison; [hg] © iStockphoto/Jakub Semeniuk; [hd] North Bay Nugget/La Presse Canadienne (Rick Owen/Osprey Media) **293 :** [bg] Martyn Chillmaid/Oxford Scientific/Photolibrary; [cg] © Stefan Sollfors/Alamy; [cd] Peter Doomen/Shutterstock; [hg] Biophoto Associates/Photo Researchers; [hd] © 2008 Jupiterimages **295 :** © Swerve/Alamy **299 :** [antiacide] Linda Muir/Shutterstock; [produit de débouchage] Pippin Lee/fotoboof; [bicarbonate de soude] © mediablitzimages (UK) Limited/Alamy; [batterie] Egidijus Skiparis/Shutterstock; [boisson gazeuse] © iStockphoto/malcolm romain; [peroxyde d'hydrogène] © BroadSpektrum/Alamy; [bijoux] © Matt Brasier/Masterfile; [sel] Spencer Jones/Picturearts/Photolibrary; [clous] © iStockphoto/Steve Gray **300 :** [g] © Patrick Robert/Corbis; [d] Harry Rogers/Photo Researchers **301 :** © Tony Freeman/PhotoEdit **304 :** Soleil Noir/Photonons/Photolibrary **306 :** Stephen Finn/Shutterstock

Unité D

Chapitre 8. 310 : NORBERT ROSING/National Geographic Image Collection **311 :** [b] Mirko Iannace/age fotostock/Photolibrary; [raffinerie] Grant Faint/Photographer's Choice/Photolibrary; [h] © Bob Daemmrich/PhotoEdit; [arbres] ©iStockphoto/Robert Koopmans **312 :** [g] Bildagentur RM/Tips Italia/Photolibrary; [c] Jasper Yellowhead Museum and Archives, 89.36.263, Leonard Jeck fonds; [d] La Presse Canadienne (Dave Chidley) **313 :** [b] Radius Images/Photolibrary; [h] © Michael P. Gadomski/SuperStock **314 :** Bildagentur RM/Tips Italia/Photolibrary **315 :** [bc] InterNetwork Media/Photodisc/Getty; [bg] Linux Patrol/Shutterstock; [bd] © Dietrich Rose/zefa/Corbis; [hc] Thomas Kitchin & Victoria Hurst/First Light/Getty; [hg] © Dale Wilson/Masterfile; [hd] © 2009 Doug Allan/Jupiterimages **316 :** [herbe] digitalife/Shutterstock; [mammouth] © Mary Evans Picture Library/

Alamy; [neige] nfaustino/Shutterstock **317 :** [bd] Ethan Meleg/All Canada Photos/Getty; [cg] Michal Szczepaniak/Shutterstock; [cd] Photodisc/Photolibrary; [hg] Avec la permission du consortium SOHO/EIT. SOHO est un projet international de coopération entre l'ESA et la NASA.; [hd] © Richard Broadwell/Alamy
318 : [papier] Robyn Mackenzie/Shutterstock; [arr.-pl.] rahulred/Shutterstock
319 : [g] Graca Victoria/Shutterstock; [d] Toronto Star/La Presse Canadienne (Rick Madonik) **320 :** British Antarctic Survey/Photo Researchers **321 :** [g] © John Foster/Masterfile; [d] Mike Grandmaison/First Light **322 :** [g] © Masterfile; [d] Sergey I/Shutterstock **325 :** © Dale Wilson/Masterfile **328 :** [b] © Gary Cook/Alamy **329 :** [d] © 2009 Doug Allan/Jupiterimages **330 :** [atmosphère] Michal Szczepaniak/Shutterstock; [hydrosphère] Linux Patrol/Shutterstock; [lithosphère] Eryk Jaegermann/Index Stock Imagery/Photolibrary; [êtres vivants] © iStockphoto/Neta Degany **331 :** [bg] ©NASA/Photo Researchers **332 :** La Presse Canadienne (Nathan Denette) **334 :** [h] Jerry Kobalenko/Photographer's Choice/Getty
335 : Thomas Kitchin & Victoria Hurst/First Light/Getty **336 :** © Ray A. Akey/Alamy
339 : [h] Science Source/USGS/Photo Researchers Inc. **340 :** Wave RF/Photolibrary
341 : © Amazon-Images/Alamy **344 :** [h] UncleGenePhoto/Shutterstock
345 : Adapté de : Federation of American Scientists et Drake, Dr John et Dr Philip Jones, « Developing Models for Predictive Climate Science », Scientific Discovery through Advanced Computing : IOP Publishing. **346 :** Adapté de : NASA Earth Observatory, « Explaining Rapid Climate Change : Tales from the Ice » et Union of Concerned Scientists : « Abrupt Climate Change ». **347 :** NASA Goddard Space Flight Center (NASA-GSFC) **348 :** [h] Henry, P./Peter Arnold **349, 357 :** Source du [diagramme] : « Temperature and CO_2 Concentration in the Atmosphere Over the Past 400 000 Years (From the Vostok Ice Core) - UNEP/GRID-Arendal », A Climate Change Primer. **350 :** [b] Scuddy/Shutterstock **351 :** [g] Photodisc/Getty; [d] NASA/SCIENCE PHOTO LIBRARY **354 :** [b] Avec la permission de James Teller; [arr.-pl.] Terrance Emerson/Shutterstock; [hd] Jon Nelson **355 :** [g] © 2009 Roy Hsu/Workbook Stock/Jupiterimages **358 :** [b] BRITISH ANTARCTIC SURVEY/SCIENCE PHOTO LIBRARY **358 :** [h] ©Ann Ronan Picture Library/Heritage-Images/The Image Works **359 :** [b] Stockbyte/Photolibrary; [hg] © Dietrich Rose/zefa/Corbis; [hd] Peter Kelly **360 :** [bg] © Lowell Georgia/Corbis; [bd] © Garry Black/Masterfile; [h] © Dennis Kunkel/Phototake **362 :** [bc] InterNetwork Media/Photodisc/Getty; [bg] Linux Patrol/Shutterstock; [bd] © Dietrich Rose/zefa/Corbis; [hc] Thomas Kitchin & Victoria Hurst/First Light/Getty; [hg] © Dale Wilson/Masterfile; [hd] © 2009 Doug Allan/Jupiterimages **363 :** [bd] Ethan Meleg/All Canada Photos/Getty; [cg] Michal Szczepaniak/Shutterstock; [cd] Photodisc/Photolibrary; [hg] Avec la permission du consortium SOHO/EIT. SOHO est un projet international de coopération entre l'ESA et la NASA.; [hd] © Richard Broadwell/Alamy
364 : Walter Bibikow/agefotostock/Photolibrary
Chapitre 9. 368 : [médaillon] Jasper Yellowhead Museum and Archives, 89.36.263, Leonard Jeck fonds; © Chunli Li/Dreamstime **369 :** [bc] La Presse Canadienne (Larry MacDougal); [bg] NASA/Goddard Institute for Space Studies; [bd] Graphique adapté de : « Variation des températures à l'échelle du globe et des continents ». GIEC, 2007. *Résumé à l'intention des décideurs.* Dans *Climate Change 2007: The Physical Science Basis.* [sous la dir. de Solomon, S., D. Qin, et autres], Cambridge University Press, Cambridge, Royaume-Uni et New York, NY, É.-U., p. 6; [hc] © Dennis MacDonald/Alamy; [hg] NASA/Goddard Space Flight Center Scientific Visualization Studio. Remerciements à Rob Gerston (GSFC) pour avoir fourni les données; [hd] British Antarctic Survey/Photo Researchers **370 :** [g, d] Graham Ashford, Institut international du développement durable; **371 :** [bg] © Dwayne Newton/PhotoEdit; [bd] Radius Images/Photolibrary; [cg] ©iStockphoto/Jason Lugo; [cd] © Mike Booth/Alamy; [hg] Hulton Archive/American Stock/Getty; [hd] REUTERS/Mathieu Belanger/Landov **372 :** [arr.-pl.] rahulred/Shutterstock; [papier] Robyn Mackenzie/Shutterstock **372, 374 :** [carte géographique] Hugo Ahlenius, « Increases in annual temperatures for a recent five-year period, relative to 1951–1980 », UNEP/GRID-Arendal Maps and Graphics Library, juin 2007. Hansen, J., Sato, M., Ruedy, R., Lo, K., Lea, D.W., et Medina-Elizade, M. (2006). Global temperature change. Proc. Natl. Acad. Sci., 103, 14288-14293. En ligne. http://www.unep.org/geo/ice_snow
373 : [bg] NASA/Goddard Institute for Space Studies; [h] Maxppp/Landov
375 : Graphiques adaptés de : « Variations de la température et du niveau de la mer à l'échelle du globe et de la couverture neigeuse dans l'hémisphère Nord » (parties a et b) (fig. RID.1). GIEC, 2007. *Résumé à l'intention des décideurs.* Dans *Climate Change 2007: The Physical Science Basis.* [sous la dir. de Solomon, S., D. Qin, et autres], Cambridge University Press, Cambridge, Royaume-Uni et New York, NY, É.-U., p. 3; [hg] NASA/Photo Researchers; [hd] NASA/Goddard Space Flight Center Scientific Visualization Studio. Remerciements à Rob Gerston (GSFC) pour avoir fourni les données. **376 :** [b] Avec la permission de Richard Peltier; [h] Image fournie par le SeaWiFS Project, NASA/Goddard Space Flight Center et ORBIMAGE
377 : [g] Xinhua/Landov; [d] © Newspix/Calum Robertson **379 :** [arr.-pl.] dwphotos/Shutterstock; [d] RADARSAT-2 Data and Products © MacDonald, Dettwiler and Associates Ltd. (2008) — Tous droits réservés. RADARSAT est une marque officielle de l'Agence spatiale canadienne; [hg] © Agence spatiale canadienne **380 :** [cartes géographiques] National Snow and Ice Data Center; [hd] Manfred Thonig/Picture Press/Photolibrary **381 :** Doug Fraser **384 :** Graphique adapté de : « Concentrations of Greenhouse Gases, from 0 to 2005 » (FAQ 2.1, fig. 1). GIEC, 2007. *Working Group I Report: The Physical Science Basis,* [sous la dir. de Solomon, S., D. Qin, et autres], Cambridge University Press, Cambridge, Royaume-Uni et New York, NY, É.-U., p. 135. **385 :** [bg] Radius Images/Photolibrary; [bd] TED MEAD/Photolibrary; [hg] © iStockphoto/Imre Cikajlo; [hd] © Dennis MacDonald/Alamy **386 :** Sources du tableau : « Variation des températures à l'échelle du globe et des continents ». GIEC, 2007 : *Résumé à l'intention des décideurs.* Dans *Climate Change 2007: The Physical Science Basis.* [sous la dir. de Solomon, S., D. Qin, et autres], Cambridge University Press, Cambridge, Royaume-Uni et New York, NY, É.-U. Aussi, le *NOAA Annual Greenhouse Gas Index*, National Oceanic and Atmospheric Administration, Earth Systems Research Laboratory, Global Monitoring Division; [b] British Antarctic Survey/Photo Researchers **388 :** © Steve Bloom Images/Alamy **390 :** [b] La Presse Canadienne (Larry MacDougal); [c] © Gloria H. Chomica/Masterfile; [h] © 2009 Jupiterimages **391 :** [A] © Peter Christopher/Masterfile; [B] Larry Lee/Photolibrary; [C] Noel Hendrickson/Photographer's Choice/Getty; [D] © iStockphoto/Amy Walters; [b] Yvan/Shutterstock **392 :** [graphique] « La forêt canadienne est-elle un puits ou une source de carbone ? Octobre 2007 », Ressources naturelles Canada, Service canadien des forêts, Ottawa. *Notes du Service canadien des forêts sur la science et les politiques*, 2 p. Reproduit avec la permission de Ressources naturelles Canada, Service canadien des fôrets, 2009. **393 :** [g] Photodisc/Photolibrary; [d] SCIENCE PHOTO LIBRARY **394 :** Graphique adapté de : « Variation des températures à l'échelle du globe et des continents », GIEC, 2007. *Résumé à l'intention des décideurs.* Dans *Climate Change 2007: The Physical Science Basis.* [sous la dir. de Solomon, S., D. Qin, et autres], Cambridge University Press, Cambridge, Royaume-Uni et New York, NY, É.-U.; [b] INSADCO Photography/Doc-Stock/Photolibrary; [h] DR KEITH WHEELER/SCIENCE PHOTO LIBRARY **396 :** [bc] La Presse Canadienne (Larry MacDougal); [bg] NASA/Goddard Institute for Space Studies; [bd] Graphique adapté de : « Variation des températures à l'échelle du globe et des continents ». GIEC, 2007. *Résumé à l'intention des décideurs.* Dans *Climate Change 2007: The Physical Science Basis,* [sous la dir. de Solomon, S., D. Qin, et autres], Cambridge University Press, Cambridge, Royaume-Uni et New York, NY, É.-U.; [hc] © Dennis MacDonald/Alamy; [hg] NASA/Goddard Space Flight Center Scientific Visualization Studio. Remerciements à Rob Gerston (GSFC) pour avoir fourni les données; [hd] British Antarctic Survey/Photo Researchers **397 :** [bg] © Dwayne Newton/PhotoEdit; [bd] Radius Images/Photolibrary; [cg] © iStockphoto/Jason Lugo; [cd] © Mike Booth/Alamy; [hg] Hulton Archive/American Stock/Getty; [hd] REUTERS/Mathieu Belanger/Landov **399 :** [h] NASA/Goddard Institute for Space Studies
Chapitre 10. 402 : La Presse Canadienne (Dave Chidley) **403 :** [bc] Gary Strand, National Center for Atmospheric Research; [bg] © iStockphoto/YinYang; [bd] Manfred Steinbach/Shutterstock; [hc] © infocusphotos/Alamy; [hg] REUTERS/Rafiqur Rahman/Landov; [hd] Simon Hayter/GetStock **404 :** [tout à droite] Avec la permission du Vancouver Convention Centre; [herbe] digitalife/Shutterstock **405 :** [bg] Eky Chan/Shutterstock; [bd] Albert H. Teich/Shutterstock; [cg] REUTERS/Heino Kalis/Landov; [cd] © iStockphoto/Don Wilkie; [hg] © iStockphoto/Andrew Penner; [hd] Radius Images/Photolibrary
406 : [papier] Robyn Mackenzie/Shutterstock; [arr.-pl.] rahulred/Shutterstock; © Rick Friedman/Corbis **407 :** [d] Lothar Schulz/fStop/Photolibrary **408 :** Gary Strand, National Center for Atmospheric Research **409 :** Graphique adapté de : « Scénarios d'émissions de GES pour la période 2000-2100 (en l'absence de politiques climatiques additionnelles) et projections relatives aux températures en surface » (fig. RID.5, graphique de droite, page 7). GIEC, 2007. *Résumé à l'intention des décideurs.* Dans *Climate Change 2007: The Physical Science Basis,* [sous la dir. de Solomon, S., D. Qin, et autres], Cambridge University Press, Cambridge, Royaume-Uni et New York, NY, É.-U., p. 7. **410 :** [biocarburants] Fesus Robert/Shutterstock; [énergie géothermique] © Mark Boulton/Alamy; [hydroélectricité] Omni Photo Communications/Index Stock Imagery/photolibrary; [énergie nucléaire] John Edwards/Stone/Getty; [énergie solaire] Manfred Steinbach/Shutterstock; [énergie éolienne] © Lloyd Sutton/Masterfile **411 :** Javier Larrea/age fotostock/Photolibrary
412 : [bg] AP Photo/La Presse Canadienne (John McConnico); [d] Avec la permission de Ryan Danby; [hg] TORSTEN BLACKWOOD/AFP/Getty
413 : [fig. 6] © Gideon Mendel/ActionAid/Corbis; [fig. 5] Gerard Soury/Oxford Scientific (OSF)/Photolibrary; [fig. 4] ALEXANDER JOE/AFP/Getty; [fig. 3] REUTERS/Rafiqur Rahman/Landov **415 :** [b] La Presse Canadienne (Sam Soja); [h] © infocusphotos/Alamy **416 :** [b] Richard Olsenius/National Geographic/Getty **417 :** © La Presse Canadienne (Peter McCabe) **418 :** [b] © Hasse Schroder/Jupiterimages; [arr.-pl.] Svetlana Privezentseva/Shutterstock; [hd] © Ashley Cooper/Alamy **419 :** [hg] © Garry Black/Masterfile; [bd] Simon Hayter/GetStock **420 :** [b] Melissa Farlow/National Geographic/Getty **421 :** [g] © Cobretti/Dreamstime; [d] John Czenke/Shutterstock **422 :** © Rick Friedman/Corbis **423 :** Source du graphique : « Émissions de GES du Canada – Émissions de 1990-2007 », *Information sur les sources et les puits de gaz à effet de serre : Inventaire canadien des gaz à effet de serre pour 2007 – Résumé des tendances*, p. 2. © Sa Majesté la Reine du chef du Canada, Environnement Canada, 2006. Reproduit avec l'autorisation du ministre des Travaux publics et des Services gouvernementaux Canada. **424 :** [g] © Dan Lamont/Corbis; [d] La Presse Canadienne (Tom Hanson) **425 :** Source du graphique : « Tableau A11-12 : Résumé des émissions de gaz à effet de serre pour l'Ontario, 1990–2006 », *Rapport d'inventaire national*, 1990–2006, p. 644. © Sa Majesté la Reine du chef du Canada, Environnement Canada, 2006. Reproduit avec l'autorisation du ministre des Travaux publics et des Services gouvernementaux Canada.; [b] Avec la permission de Hatch **426 :** [b] © Ilene MacDonald/Alamy; [c] © iStockphoto/archives; [h] © iStockphoto/YinYang **427 :** [fig. 10] Photo © Toronto and Region Conservation. Tous droits réservés; [fig. 11] Wally Stemberger/Shutterstock; [fig. 12] Alt-6/First Light; [fig. 9] © john t. fowler/Alamy **429 :** Source : « Émissions de GES au Canada par secteur, utilisation finale et sous-secteur – incluant celles liées à l'électricité », *Guide de données sur la consommation d'énergie, 1990 et 1998 à 2004*, Ressources naturelles Canada, 2006, p. 8-10. Reproduit avec l'autorisation du ministre des Travaux publics et des Services gouvernementaux Canada, avec la

permission de Ressources naturelles Canada, 2009. **430** : [g] © 2009 Jupiterimages; [d] © Imageplus/Corbis **431** : Avec la permission du ministère des Richesses naturelles **432** : [fig. 4] © 2009 Jupiterimages; [fig. 5] Joel Blit/Shutterstock; [fig. 6] © Michael Mahovlich/Masterfile; [fig. 7] © Bryan & Cherry Alexander Photography/Alamy; [fig. 8] © J. David Andrews/Masterfile **434** : Paul Souders/The Image Bank/Getty **435** : © Simon Jarratt/Corbis/Jupiterimages **436, 442** : [bc] Gary Strand, National Center for Atmospheric Research; [bg] © iStockphoto/YinYang, [bd] Manfred Steinbach/Shutterstock; [hc] © infocusphotos/Alamy, [hg] REUTERS/Rafiqur Rahman/Landov; [hd] Simon Hayter/GetStock **437** : [bg] Eky Chan/Shutterstock; [bd] Albert H. Teich/Shutterstock; [cg] REUTERS/Heino Kalis/Landov; [cd] © iStockphoto/Don Wilkie; [hg] © iStockphoto/Andrew Penner; [hd] Radius Images/Photolibrary **441** : © iStockphoto/Ashok Rodrigues **443** : © 2007. Dan Piraro. King Features Syndicate **444** : [g] © Brian Sytnyk/Masterfile, [d] © iStockphoto/Klaas Lingbeek van Kranen **449** : [b] Jasper Yellowhead Museum and Archives, 89.36.263, Leonard Jeck fonds; [h] © Chunli Li/Dreamstime **451** : Adapté de : NASA Earth Observatory, Explaining Rapid Climate Change : Tales from the Ice and Union of Concerned Scientists : Abrupt Climate Change.

Unité E

Chapitre 11. 454 : © Park Street/PhotoEdit **455** : [Saturne] NASA Jet Propulsion Laboratory; [amibe] Michael Abbey/Photo Researchers, [b] 2happy/Shutterstock; [h] Medicimage/Photolibrary **456** : [c] Photo prise par George Silk/Time Life Pictures/Getty; [g] Vitaliy Minsk/Shutterstock; [d] Novastock/Photolibrary **457** : [bg] © iStockphoto/David Wilson; [bd] Jozsef Szasz-Fabian/Shutterstock; [hg] Marc-André Brouillard, [hd] © Helen King/Corbis **458** : Vitaliy Minsk/Shutterstock **459** : [bg] Pavel Cheiko/Shutterstock, [bd] © Michael Newman/PhotoEdit; [hc] Kim Steele/Photonica/Getty; [hg] Chris Hill/Shutterstock; [hd] Avec la permission de SOHO (ESA & NASA) **460** : THE KOBAL COLLECTION/DREAMWORKS/PARAMOUNT **461** : [bg] Kablonk! Kablonk!/Photolibrary, [bd] Gary Paul Lewis/Shutterstock, [cd] trailexplorers/Shutterstock **462** : [arr.-pl.] rahulred/Shutterstock **463** : [g] Jeff Schmaltz, MODIS Land Rapid Response Team à la NASA GSFC; [hd] Avec la permission de SOHO (ESA & NASA) **464** : [b] © Baldwin H. Ward & Kathryn C. Ward/Corbis; [h] Terry Underwood Evans/Shutterstock **465** : [b] Yuri Arcurs/Shutterstock **466** : [rayons X] Scott Camazine/Photo Researchers, [rayons gamma] NASA/SCIENCE PHOTO LIBRARY; [rayonnement infrarouge] © 2009 Daisy Rae/FoodPix/Jupiterimages; [micro-onde] trailexplorers/Shutterstock; [ondes radio] Julián Rovagnati/Shutterstock; [rayonnement ultraviolet] Ronald Sumners/Shutterstock; [lumière visible] © 2009 Jupiterimages **468** : [b] X-ray : NASA/CXC/CfA/R. Kraft et autres ; Radio : Avec la permission du Dr Martin Hardcastle/U.S. National Radio Astronomy Observatory; Optical: European Organization for Astronomical Research in the Southern Hemisphere/WFI/M. Rejkuba et autres; [h] Science Source/Photo Researchers **470** : [cg] © imagebroker/Alamy; [ampoule moderne] graphyx/Shutterstock; [hg] © 2009 Jupiterimages **471** : [tout le b] © SSPL/The Image Works; [hg] © Craig Aurness/Corbis, [hd] michael ledray/Shutterstock **472** : [bg] Mark A. Schneider/Photo Researchers; [hg] Imagestate RM/Pictor/Photolibrary **473** : Chris Hill/Shutterstock **474** : © Pierre Arsenault/Alamy **475** : [hd] Kim Steele/Photonica/Getty **476** : Adam Filipowicz/Shutterstock **478** : © Julian Smith/Corbis **480** : [g] © Werner Forman/Corbis, [d] © iStockphoto/Gord Horne **483** : [b] Bridget McPherson/Shutterstock **485** : [b] Pavel Cheiko/Shutterstock, [c] semenovp/Shutterstock, [h] Pavel Cheiko/Shutterstock **487** : [b] Reuters/Landov; [arr.-pl.] dwphotos/Shutterstock; [h] © ANNEBICQUE BERNARD/Corbis SYGMA **488** : [b] The British Library/Imagestate RM/Photolibrary **489** : [bd] © FABRIZIO BENSCH/Reuters/Corbis **490** : [b] © iStockphoto/Loretta Hostettler **491** : [bg] Doug Fraser; [bd] © Zimmytws/Dreamstime **496** : [bd] © Visuals Unlimited/Corbis **497** : [bd] © 2009 Brakefield Photo/Jupiterimages **498** : [bg] Dr R. Jedrzejewski (STScI) NASA, ESA; [bd] Alexey Gostev/Shutterstock; [hd] Oleg Kozlov, Sophy Kozlova/Shutterstock **499** : [bd] © Michael Newman/PhotoEdit **500** : [bd] © Helen King/Corbis **501** : [bg] © Richard Megna/Fundamental Photographs **504, 586** : [bg] Pavel Cheiko/Shutterstock; [bd] © Michael Newman/PhotoEdit; [hc] Kim Steele/Photonica/Getty; [hg] Chris Hill/Shutterstock; [hd] Avec la permission de SOHO (ESA & NASA) **505** : [bg] Kablonk! Kablonk!/Photolibrary; [bd] Gary Paul Lewis/Shutterstock; [cd] trailexplorers/Shutterstock **507** : [bd] Factoria singular fotografia/Shutterstock
Chapitre 12. 510 : Photo prise par George Silk/Time Life Pictures/Getty **511** : [bc] © iStockphoto/Greg Nicholas; [bg] Macs Peter/Shutterstock; [bd] © iStockphoto/Evgeny Terentev; [hc] © Richard Megna/Fundamental Photographs; [hg] © Clayton J. Price/Corbis; [hd] GIPhotoStock/Photo Researchers **512** : Extrait d'une conversation entre astronautes : d'une transcription de la Technical Air-to-Ground Voice Transmission (GOSS NET 1) de la mission Apollo 11. Avec la permission de la NASA.; [arr.-pl.] beaucroft/Shutterstock; [médaillon] NASA **513** : [bg] Chris Anderson/Aurora/Getty, [bd] Stephen St. John/National Geographic/Getty, [cd] 2happy/Shutterstock, [hd] © 2009 Jupiterimages **514** : [arr.-pl.] rahulred/Shutterstock; [cuivre] David Schurig; [papier] Robyn Mackenzie/Shutterstock **516** : [g] © Richard Megna/Fundamental Photographs **517** : [b] Jerome Wexler/Photo Researchers, [h] © Richard Megna/Fundamental Photographs **518** : [g] Albert Cheng/Shutterstock;

[d] © iStockphoto/Adam Neiland **519** : [b] Joe Henderson/Visuals Unlimited; [h] Tyler Fox/Shutterstock **524** : © Visuals Unlimited/Corbis **525** : Wayne Scherr/Photo Researchers **526** : [b] GIPhotoStock/Photo Researchers **527** : [b] © iStockphoto/Evgeny Terentev **528** : [bg] Macs Peter/Shutterstock; [bd] Dave King © Dorling Kindersley, avec la permission du Science Museum, Londres; [h] Edward Kinsman/Photo Researchers **530** : [b] © 2009 Plainpicture/Jupiterimages **534** : [arr.-pl.] Terrance Emerson/Shutterstock; [g] David Schurig; [d] AP Photo/Shizuo Kambayashi **535** : [h] Southern Illinois University/Photo Researchers **536** : [bg] © Mu Xiang Bin/Redlink/Corbis; [hg] © Lawcain/Dreamstime **537** : [bd] © YOSHITSUGU NISHIGAKI/amanaimages/Corbis; [hg] Stephen St. John/National Geographic/Getty **538** : [bg] © iStockphoto/Greg Nicholas; [h] © Clayton J. Price/Corbis **539** : Bill Hatcher/National Geographic/Getty **540, 586** : [bc] © iStockphoto/Greg Nicholas, [bg] Macs Peter/Shutterstock, [bd] © iStockphoto/Evgeny Terentev, [hc] © Richard Megna/Fundamental Photographs, [hg] © Clayton J. Price/Corbis, [hd] GIPhotoStock/Photo Researchers **541** : [bg] Chris Anderson/Aurora/Getty; [bd] Stephen St. John/National Geographic/Getty; [cd] 2happy/Shutterstock; [hd] © 2009 Jupiterimages
Chapitre 13. 546 : Novastock/Photolibrary **547** : [bc] Romanchuck Dimitry/Shutterstock; [bg] Marc-André Brouillard; [bd] © 2009 Jupiterimages; [hc] David Parker/Photo Researchers; [hg] Robert St-Coeur/Shutterstock; [hd] David Parker/Photo Researchers **548** : [médaillon] © iStockphoto/Gene Chutka; [papier] javarman/Shutterstock; © Columbia Pictures/Courtesy Everett Collection **549** : [bd] Iofoto/Dreamstime; [cg] © 2009 Jupiterimages; [cd] Marc-André Brouillard; [hg] Romanchuck Dimitry/Shutterstock **550** : [arr.-pl.] rahulred/Shutterstock **551** : [b] David Parker/Photo Researchers; [h] David Parker/Photo Researchers **567** : [b] © iStockphoto/Sergii Shcherbakov **568** : [bg] Marc-André Brouillard **569** : [hd] Tetra Images/Photolibrary **570** : [h] © Roger Ressmeyer/Corbis **571** : [bg] Source : NASA; [arr.-pl.] Svetlana Privezentseva/Shutterstock, [bg] NASA, ESA, Richard Ellis (Caltech) et Jean-Paul Kneib (Observatoire Midi-Pyrénées, France); [d] NASA, ESA, A. Bolton (Harvard-Smithsonian CfA) et la SLACS Team, STScI **572** : [bg] Chepe Nicoli/Shutterstock **576** : [g] Robert St-Coeur/Shutterstock; [bd] Ciaran Griffin/Stockbyte/Photolibrary **578** : Olivier Voisin/Photo Researchers **580, 586** : [bc] Romanchuck Dimitry/Shutterstock; [bg] Marc-André Brouillard; [bd] © 2009 Jupiterimages; [hc] David Parker/Photo Researchers; [hg] Robert St-Coeur/Shutterstock; [hd] David Parker/Photo Researchers **581** : [bd] © Iofoto/Dreamstime; [cg] © 2009 Jupiterimages; [cd] Marc-André Brouillard; [hg] Romanchuck Dimitry/Shutterstock **588** : [b] © iStockphoto/Ulina Tauer; [h] © Fancy/Veer/Corbis

Appendice A

598 : © Monkeybusinessimages/Dreamstime **599** : [ampoule] © Corbis Premium RF/Alamy; [verrerie] © Steve Allen/Brand X/Corbis; [microscope] © sciencephotos/Alamy; [lame violette] © Biodisc/Visuals Unlimited/Alamy **604** : [conductimètre] tomek_/Shutterstock; [dissection] corbis/First Light; [pH-mètre] Charles D. Winters/Photo Researchers **609** : [erlenmeyer] GIUSEPPI/HAMMILL, *Nelson Science & Tech Perspectives 8*, © 2009 Nelson Education Ltd., p. 386. Photo prise par Dave Starrett; [boite de Pétri] GIUSEPPI/HAMMILL, *Nelson Science & Tech Perspectives 8*. © 2009 Nelson Education Ltd. p. 386. Photo prise par Dave Starrett; [balance] Coprid/Shutterstock; [bouteille compte-gouttes] GIUSEPPI/HAMMILL, *Nelson Science & Tech Perspectives 8*, © 2009 Nelson Education Ltd., p.130. Photo prise par Dave Starrett; [plaque chauffante] GIUSEPPI/HAMMILL, *Nelson Science & Tech Perspectives 8*, © 2009 Nelson Education Ltd., p.386. Photo prise par Dave Starrett; [support universel avec prise annulaire] GIUSEPPI/HAMMILL, *Nelson Science & Tech Perspectives 8*, © 2009 Nelson Education Ltd., p. 386. Photo prise par Dave Starrett **610** : [scientifique] © Patrick Robert/Corbis; [arbre] S.J. Krasemann/Peter Arnold **611** : [eau bouillante] GIUSEPPI/HAMMILL, *Nelson Science & Tech Perspectives 8*, © 2009 Nelson Education Ltd., p. 393. Photo prise par Dave Starrett **612** : [peigne] Charles D. Winters/Photo Researchers **613** : [réaction] Martyn Chillmaid/Oxford Scientific/Photolibrary **615** : [élèves] Laurence Gough/Shutterstock **619** : [travail à la maison] Sofos Design/Shutterstock **622** : [journaliste] © Zeffss/Dreamstime **623** : [travailleurs] Denkou Images/Alamy; [présentation étudiante] ©iStockphoto/Chris Schmidt.

Appendice B

648 : Ulrich Mueller/Shutterstock **651** : [bracelet] © Canadafirst/Dreamstime; [tsunami] © Christophe Fouquin/Fotolia **654** : [microscope] © Bettmann/Corbis; [rayons X] riccardocova/BigStockPhoto **655** : [satellite] Corbis/Photolibrary; [télescope] © Roger Ressmeyer/Corbis; [valvule cardiaque] © 2009 Creatas Images/Jupiterimages; [nouveaux matériaux] © 2009 Hemera Technologies/PhotoObjects/Jupiterimages; [virus] MedicalRF/The Medical File/Peter Arnold **656** : [jeu vidéo] La Presse Canadienne (Nathan Denette); [moteur] Mario Beauregard/age fotostock/Photolibrary **657** : [maison] Tom Uhlenberg/Shutterstock; [téléphone cellulaire] © David Burton/Beateworks/Corbis; [déchets] Peter Grosch/Shutterstock

Photographies en studio : Dave Starrett

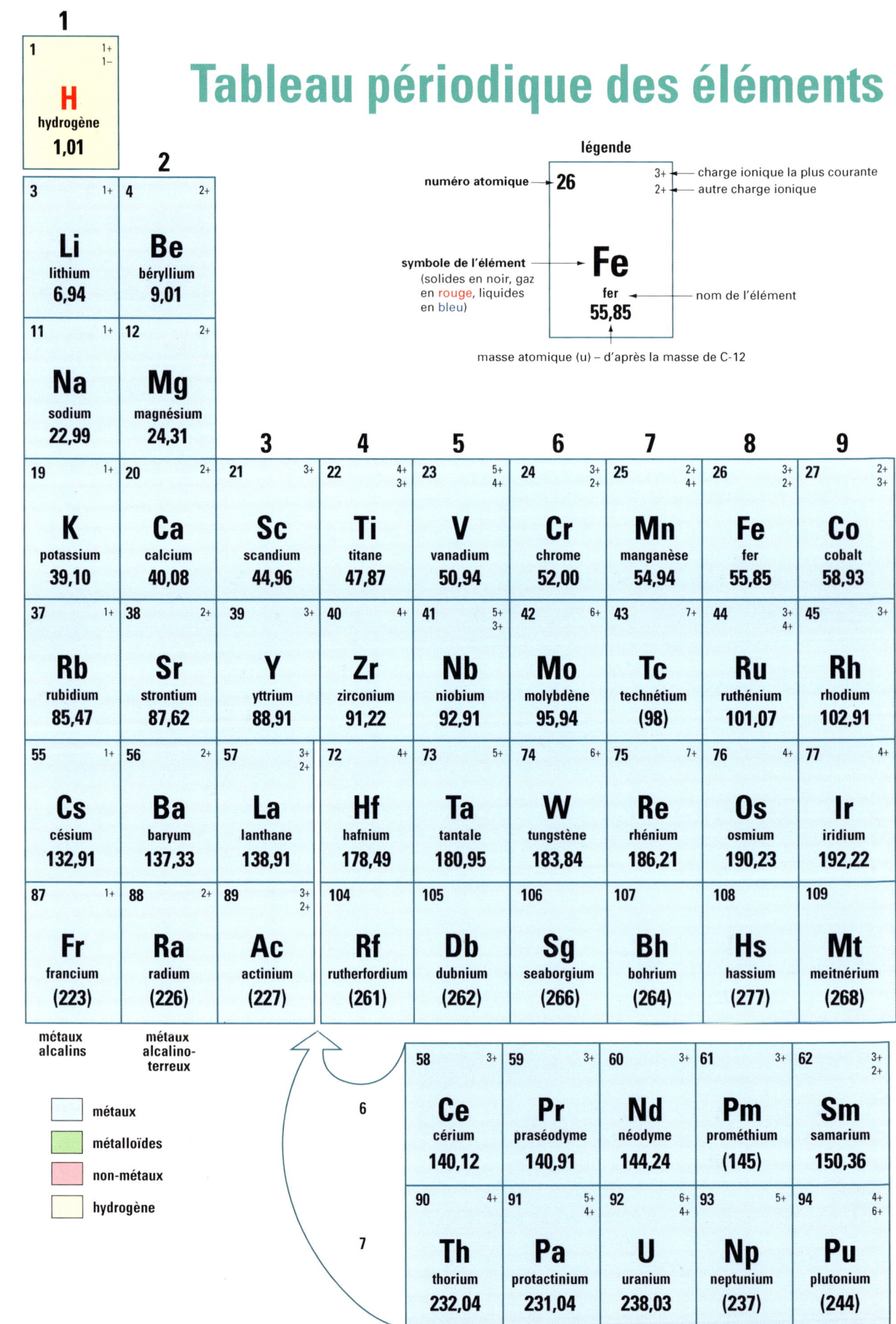